康锦州康泰润滑油添加剂产品序列

单剂部分

类别	牌号	名称
清净剂	BD C010	中性合成磺酸钙
	BD C020	低碱值合成磺酸钙
	BD C030	低碱值合成磺酸钙
	BD C100	中碱值合成磺酸钙
	BD C150	中碱值合成磺酸钙
	BD C300	高碱值合成磺酸钙
	BD C302	高碱值合成磺酸钙
	BD C400	超碱值合成磺酸钙
	BD C350G	超碱值合成磺酸钙
	BD C400G	超碱值合成磺酸钙
	BD C401	超碱值合成磺酸钙
	BD C402	超碱值合成磺酸钙
	BD M400	超碱值合成磺酸镁
	KT P150	硫化烷基酚钙
	KT P250	硫化烷基酚钙
	KT SA 150	烷基水杨酸钙
	KT SA 250	烷基水杨酸钙
无灰分散剂	KT 1051	聚异丁烯单丁二酰亚胺
	KT 1351	聚异丁烯单丁二酰亚胺
	KT 1054	聚异丁烯双丁二酰亚胺
	KT 1354	聚异丁烯双丁二酰亚胺
	KT 1354E	聚异丁烯双丁二酰亚胺
	KT 1355	聚异丁烯多丁二酰亚胺
	KT 1961	高分子量聚异丁烯双丁二酰亚胺
	KT 1963	高分子量聚异丁烯双丁二酰亚胺
	KT 1963A	高分子量聚异丁烯双丁二酰亚胺
	KT 1054B	硼化聚异丁烯双丁二酰亚胺
	KT 1351B	硼化聚异丁烯单丁二酰亚胺
	KT 1354B	硼化聚异丁烯双丁二酰亚胺
	KT 1356PB	硼磷化聚异丁烯双丁二酰亚胺
	KT 1961B	硼化高分子量聚异丁烯双丁二酰亚胺
	KT 1962B	硼化高分子量聚异丁烯双丁二酰亚胺
抗氧抗腐剂	KT 2048	硫磷丁辛伯烷基锌盐
	KT 2080	硫磷双辛伯烷基锌盐
	KT 2081	硫磷双辛伯烷基锌盐
	KT 2082	硫磷双辛伯烷基锌盐
	KT 2036	硫磷双仲烷基锌盐
	KT 2038	硫磷丙辛仲伯烷基锌盐
	KT 2045	硫磷仲伯烷基锌盐
极压抗磨剂	T 321	硫化异丁烯
	T 323	氨基硫代酯
抗氧剂	KT 5135	酚酯型无灰抗氧剂
	KT 5534	烷基二苯胺
	KT 5535	壬基二苯胺
增黏剂	KT 615	乙丙共聚物
	BD 6616L	氢化苯乙烯双烯共聚物
	BD 6618L	氢化苯乙烯双烯共聚物
防锈剂	T 101	低碱值磺酸钙
	KT Z04	复合磺酸锌
	KT B06	复合磺酸钡
	BD C010	中性合成磺酸钙
	BD C020	低碱值合成磺酸钙
降凝剂	BD 8248	聚甲基丙烯酸酯
	KT 8602	聚甲基丙烯酸酯
	T 602HB	聚甲基丙烯酸酯
抗泡剂	T 901	甲基硅油
	KT 903A	消泡剂

复合剂部分

类别	牌号	名称
发动机油复合剂	KT 30180	高性能 SP 汽油发动机油复合剂
	KT 30100	高性能 SN 汽油发动机油复合剂
	KT 30090	SL 汽油发机油复合剂
	KT 31055	重负荷 CK-4 柴油发动机油复合剂
	KT 31108	重负荷 CI-4 柴油发动机油复合剂
	KT 31163	重负荷 CI-4 柴油发动机油复合剂
	KT 31160	重负荷 CI-4 柴油发动机油复合剂
	KT 31161	重负荷 CI-4 柴油发动机油复合剂
	KT 31140	重负荷 CF-4 柴油发动机油复合剂
	KT 32069C	高性能低灰分天然气发动机油复合剂
	KT 32069B	低灰分天然气发动机油复合剂
	KT 32069	双燃料发动机油复合剂
	KT 32169	天然气发动机油复合剂
	KT 33070	四冲程摩托车油复合剂
	KT 33303	二冲程发动机油复合剂
	KT 33303A	二冲程发动机油复合剂
	KT 34415	铁路机车五代油复合剂
	KT 34414	铁路机车四代油复合剂
	KT 34410	铁路机车三代油复合剂
	KT 35170	中速筒状活塞发动机油复合剂
	KT 35320	船用汽缸油复合剂
齿轮油复合剂	KT 44310	通用齿轮油复合剂
	KT 44318	车辆齿轮油复合剂
	KT 44201	通用齿轮油复合剂
	KT 44206	车辆齿轮油复合剂
	KT 44260	蜗轮蜗杆油复合剂
液压油复合剂	KT 55011	无灰抗磨液压油复合剂
	KT 55011B	无灰抗磨液压油复合剂
	KT 55012A	抗磨液压油复合剂
	KT 55015	导轨油复合剂
	KT 55016	液压传动油复合剂
	KT 55023	液力传动油复合剂
金属加工油复合剂	KT 80140A	淬火油复合剂
	KT 84301	深孔钻油复合剂
	KT 86265B	防锈油复合剂
	KT 89505	极压防锈润滑脂复合剂
其他复合剂	KT 120B	导热油复合剂
	KT 5620	高温链条油复合剂
	KT 6001	汽轮机油复合剂
	KT 6003	抗磨汽轮机油复合剂
	KT 6004	抗氨汽轮机油复合剂
	KT 6023	空压机油复合剂
	KT 6024	空压机油复合剂
	KT 6052	冷冻机油复合剂

企业简介 Company Introduction

无锡南方石油添加剂有限公司是集研发、生产、销售为一体的专业化企业。公司建于一九七七年，三十多年来在市场竞争中不断发展壮大。公司现有固定资产1,2000万元、占地80000平方米，位于江苏省无锡市惠山区石塘湾大桥路48号。

公司多年来以技术创新为基础，与国内外著名的科研院所及公司进行广泛的合作和交流。研发了多个具有技术新颖、客户满意、绿色环保、拥有自主知识产权的润滑油添加剂产品。长期为中国石化、中国石油及国内外用户提供优质的产品和优良的服务，受到他们的一致信任和好评，同时也为公司创造了良好的发展前景。

公司目前拥有多个系列几十个品种的润滑油添加剂，具备50000余吨添加剂年生产能力。主要产品有清净剂、无氯浅色型无灰分散剂、抗氧抗腐剂、防锈剂、降凝剂、复合剂（汽油机油、柴油机油、船用油、液压油、汽轮机油、通用齿轮油等）系列产品，能满足不同客户不同层次的需求。

因为创新而发展、因为诚信而开拓。

展望未来，我们将以最大的诚信和热情，为广大用户提供更好的服务和产品，携手并进、共谋发展，共创美好的明天。

运输系统 Transport System

海路运输

陆路罐箱运输

实验室 laboratory

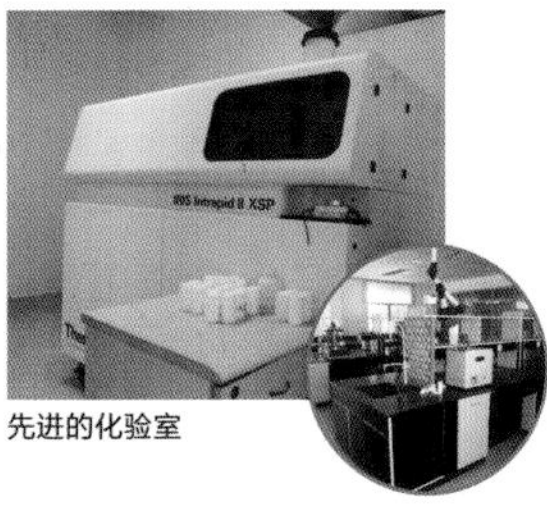
先进的化验室

自动化控制操作台

生产车间 Production Workshop

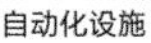
自动化设施

先进的生产车间

油罐区 Oil tank area

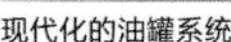
现代化的油罐系统

超大容量油罐区

无处不润滑系列丛书

润滑剂添加剂

基本性质及应用指南

Basic Properties and Application Guide of Lubricant Additives

黄文轩　主编

中国石化出版社

内 容 提 要

本书主要论述了各类润滑剂添加剂、金属加工液用添加剂、润滑脂用添加剂和复合添加剂的发展概况、基本概念、作用机理、主要品种的化学组成、结构、使用性能、简要的合成工艺；介绍了环境对添加剂及油品的影响，以及润滑剂基础油的性质、润滑剂和添加剂的生物降解性及其毒性；介绍了国内润滑剂添加剂的行业标准、国内外石油添加剂和润滑油的分类及 API 、ACEA 和中国的内燃机油的规格指标；介绍了添加剂、润滑剂生物降解性的名词解释；还扼要介绍了润滑剂的主要评定方法；并着重收集了国内外主要添加剂生产厂家的商品牌号、理化性能及主要应用范围；并附有国内外主要添加剂生产厂的名称及生产的品种、发动机油尾气排放标准以及国外主要添加剂公司的名称、地址和添加剂商品牌号的符号。

本书较好地反映了当前国内外润滑剂添加剂产品的概况和发展水平，适用于从事润滑剂和添加剂科研、生产、管理、销售的科研人员和应用的厂矿企业人员参阅。

图书在版编目(CIP)数据

润滑剂添加剂基本性质及应用指南 / 黄文轩主编 .
—北京：中国石化出版社，2021.4
ISBN 978-7-5114-6227-5

Ⅰ. ①润… Ⅱ. ①黄… Ⅲ. ①润滑油-石油添加剂—指南 Ⅳ. ①TE624.8-62

中国版本图书馆 CIP 数据核字(2021)第 067074 号

中国石化出版社出版发行

地址：北京市东城区安定门外大街 58 号
邮编：100011 电话：(010)57512500
发行部电话：(010)57512575
http://www.sinopec-press.com
E-mail:press@sinopec.com
北京富泰印刷有限责任公司印刷
全国各地新华书店经销

*

787×1092 毫米 16 开本 52.75 印张 8 彩页 1237 千字
2021 年 4 月第 1 版 2021 年 4 月第 1 次印刷
定价：188.00 元

《润滑剂添加剂基本性质及应用指南》
编　委　会

主　编　黄文轩

副主编　苏　朔　黄作鑫

编　委　（按姓氏笔画排列）

成　欣　刘依农　刘　琼　庄敏阳

孙文斌　李义雅　李　勇　辛世豪

张　耀　鱼　鲲　徐　冰　谢　欣

前　言

润滑剂添加剂在提高石油产品性能、质量和增加品种方面起着非常重要的作用。而添加剂的种类和品种很多,不同种类的添加剂的性质相差较大。要想用好添加剂,配出优质的石油产品,必须对各类添加剂的性能以及添加剂相互之间的关系有深入的了解。为了便于对添加剂的用途、性能及相互之间的关系有所了解,我们编写了《润滑剂添加剂基本性质及应用指南》,分别对各类润滑剂添加剂的发展概况、基本性质、作用机理和应用进行了介绍。同时,为了方便选用各类添加剂,我们收集了近期国内外几十家生产厂或公司生产的组分添加剂和复合添加剂的品种,并列出了每个品种的理化性质和主要应用,供从事科研、生产管理和采购人员参考。

《润滑剂添加剂基本性质及应用指南》是在《润滑剂添加剂性质及应用》的基础上编写的,对原书进行了较大幅度的修改和补充。

《润滑剂添加剂性质及应用》编写于 2011 年,这 9 年来润滑剂产品发展很快,不论是内燃机油,还是齿轮油、液压油和自动传动液变化都很大,不管是操作条件还是环境要求都越来越苛刻,而且发展了很多新的品种(增加了纳米润滑剂添加剂品种的性能及应用)。例如,北美发展了 ILSAC GF-6(GF-6A 和 GF-6B)、CK-4 和 FA-4 发动机油新的规格;欧洲也推出了 ACEA-2016、ACEA-2018 新规格。2015 年美国汽车工程师协会又推出了 SAE J 300,颁布了 SAE 8、SAE12 和 SAE 16 三个低黏度规格,这对车辆防护是一个极大的挑战。这些新规格的出现给润滑剂和添加剂提出了新的挑战。为了满足这些新润滑剂产品的要求,相应出现了很多新的组分添加剂和各类润滑油的复合剂。因此,我们应该把这几年新发展的技术补充进去,特别是各种润滑剂的复合剂变化更快,需要进行更新。这几年,国内外有关生产添加剂的公司变化也很大,合并、收购和破产的也需要进行更新。

为了将本书编写好,中国石化出版社专门组织了中国石化石油化工科学研究院相关专家参加编写。本书编写人员有:黄文轩,第一章、第八章、第十章,以及各章节中的添加剂产品的商品牌号,附录中的Ⅰ、Ⅱ和Ⅳ及全书初审,同时提出编写此书的整体规划,并提供了一些编写此书的参考资料;刘依农,第二章第

1节、第15节;辛世豪、黄作鑫,第二章第2节及第三章;苏朔,第二章第3节、第7节、第8节,第五章第1节至第3节、第4节部分,第六章第2节、第5节,第九章第2节;李义雅,第二章第4节、第六章第1节部分、第九章第1节部分和附录Ⅲ;刘琼,第二章第5节;庄敏阳,第二章第6节、第14节及第四章;张耀,第二章第9节部分和第11节;成欣,第二章第10节、第13节及第七章第3节;徐冰,第二章第9节部分、第12节及第五章第4节部分;鱼鲲,第六章第3节,第七章第1节、第2节,第十一章第4节;李勇,第六章第4节;孙文斌,第六章第1节中的柴油机油部分,第九章第1节部分,第十一章第1节、第2节部分;谢欣,第六章第1节汽油机油部分、第九章第1节部分、第十一章第2节部分。苏朔对全书进行了汇总、初审,最后由黄文轩审定全书。

《润滑剂添加剂基本性质及应用指南》收集的国内外添加剂产品牌号,大多数都是最近提供的新产品。在收集产品过程中,我们得到了国外主要添加剂公司驻京办事处和国内主要添加剂生产厂等负责人的大力支持。

国外主要添加剂公司驻京办事处Infineum公司的范亦工先生、润英联中国代理商洛克化学(深圳)有限公司的张春生先生和Vanderbilt公司的姚俊兵经理,提供了有关添加剂产品的资料。国内主要添加剂生产厂有:滨州市坤厚工贸有限责任公司蔺国兴经理和张程工程师、无锡南方石油添加剂有限公司孙强经理、锦州康泰润滑油添加剂有限公司的禹培根经理及徐崇光先生、淄博惠华化工有限公司的赵宇经理、太平洋联合(北京)石油化工有限公司的冯雅荣女士、北京国联视讯信息技术股份有限公司石油添加剂网执行总监童颜女士提供了国内有关生产添加剂公司的产品信息,中国石油兰州研发中心的副所长薛卫国高级工程师提供了有关昆仑添加剂产品的资料,禹培根经理还提供了国内有关添加剂产量和品种情况;中国石化出版社田曦编辑提供了有关石油产品及石油产品试验方法的资料,并且参与改写此书的讨论,中国石化石油化工科学研究院的冯熠、王平和张辉等高级工程师提供了国内有关石油产品的标准及生产添加剂产品方面的资料,在此一并表示谢意。

由于作者编写水平有限,不当之处和缺点错误在所难免,尚希读者给以批评指正。

黄文轩
2020年10月

目 录

第一章 概　　论

第1节　石油添加剂的分类[1,2]

石油添加剂在提高石油产品性能、质量和丰富产品品种方面起着非常重要的作用。石油添加剂的种类和品种很多，不同种类添加剂的性质相差较大。要想采用合适的添加剂研发和生产优质的石油产品，就必须了解石油添加剂的分类、各类添加剂的性能以及添加剂相互之间的关系。本节主要就国内外石油添加剂的分类情况作简要介绍。

1.1　国内石油添加剂的分类

我国石油化工行业标准 SH/T 0389—1992(1998 年确认)《石油添加剂的分类》将石油添加剂按应用场合不同，分为润滑剂添加剂、燃料添加剂、复合添加剂和其他添加剂 4 大类，并对前 3 类产品进行了如下细分：

1.1.1　润滑剂添加剂

按作用分为清净剂和分散剂、抗氧抗腐剂、油性剂和摩擦改进剂、极压抗磨剂、抗氧剂和金属减活剂、黏度指数改进剂、防锈剂、降凝剂、抗泡剂等组。

1.1.2　燃料添加剂

按作用分为抗爆剂、金属钝化剂、防冰剂、抗氧防胶剂、抗静电剂、抗磨剂、抗烧蚀剂、低温流动改进剂、防腐蚀剂、消烟剂、助燃剂、十六烷值改进剂、清净分散剂、热安定剂和染色剂等组。

1.1.3　复合添加剂

按应用场合分为汽油机油复合剂、柴油机油复合剂、通用汽车发动机油复合剂、二冲程汽油机油复合剂、铁路机车油复合剂、船用发动机油复合剂、工业齿轮油复合剂、车辆齿轮油复合剂、通用齿轮油复合剂、液压油复合剂、工业润滑油复合剂、防锈油复合剂等组。

1.1.4　其他添加剂

用于沥青添加剂等。

SH/T 0389—1992 标准规定的石油添加剂的分组和组号见表 1-1。

表 1-1　石油添加剂的分组和组号

项目	组　　别	组号
	清净剂和分散剂	1
	抗氧抗腐剂	2
	极压抗磨剂	3
	油性剂和摩擦改进剂	4
润滑剂添加剂	抗氧剂和金属减活剂	5
	黏度指数改进剂	6
	防锈剂	7
	降凝剂	8
	抗泡沫剂	9
	抗爆剂	11
	金属钝化剂	12
	防冰剂	13
	抗氧防胶剂	14
	抗静电剂	15
	抗磨剂	16
	抗烧蚀剂	17
燃料添加剂	流动改进剂	18
	防腐蚀剂	19
	消烟剂	20
	助燃剂	21
	十六烷值改进剂	22
	清净分散剂	23
	热安定剂	24
	染色剂	25
	汽油机油复合剂	30
	柴油机油复合剂	31
	通用汽车发动机油复合剂	32
	二冲程汽油机油复合剂	33
	铁路机车油复合剂	34
	船用发动机油复合剂	35
复合添加剂	工业齿轮油复合剂	40
	车辆齿轮油复合剂	41
	通用齿轮油复合剂	42
	液压油复合剂	50
	工业润滑油复合剂	60
	防锈油复合剂	70
其他添加剂		80

添加剂的符号数字很多，有些人提出不好记，可从下列数字区分是哪一类添加剂：

T101～T1099：代表润滑剂添加剂的代号。

T1101～T2999：代表燃料添加剂的代号。

T3001～T3999：代表内燃机油复合剂的代号。

T4001～T4999：代表齿轮油复合剂的代号。

T5001～T5999：代表液压油复合剂的代号。

T6001～T6999：代表工业润滑油复合剂的代号。

T7001～T7999：代表防锈油复合剂的代号。

T8001～T9999：代表其他添加剂的代号。

1.2 国外石油添加剂的分类

国外对石油添加剂的分类没有统一标准，有的按添加剂的作用进行分类，有的则按油品种类进行分类。正因为如此，国外石油添加剂公司的石油添加剂分类根据各公司的特点自成体系。国外对添加剂有关的有代表性的几本专著[3~6]基本按添加剂的作用进行分类，所划分的添加剂种类大同小异，仅是对同一类添加剂的叫法不同。

1.2.1 改善黏温性能的添加剂的称呼

对于改善润滑油黏温性能的添加剂，有的称增黏剂(Thickener)，有的称黏度改进剂(Viscosity Improver)，有的称黏度指数改进剂(Viscosity Index Improver)。

1.2.2 改善润滑油负荷能力的添加剂的称呼

对于能改善润滑油负荷能力的添加剂，有的统称为载荷添加剂(Load - carrying additive)。若进一步细分，又分别称摩擦改进剂(Friction Modifier，FM)、抗磨剂(Antiwear Agent)和极压剂(Extreme-pressure Agent 或 EP Additive)；也有的称减摩剂(Antifriction Additive)、抗磨剂和极压剂；也有的称油性剂(Oilness Agent)、极压抗磨剂(Extreme Pressure and Antiwear Agent 或 EP-antiwear Agent)等。

即使是根据润滑油添加剂的作用进行分类，也有多种不同的方案[6,7]，见表1-2。

表1-2 根据润滑油添加剂作用提出的添加剂分类方案

方案	分 类
按添加剂主要作用的物理化学概念划分	◇ 改善物理性能：降凝剂、黏度指数改进剂等。 ◇ 改善化学性能：抗氧剂、抗腐蚀剂等。 ◇ 改善物理化学性能：清净剂、分散剂、抗磨剂、磨合剂、防锈剂、抗泡剂等。
按添加剂的主要作用划分	◇ 表面化学作用：载荷添加剂或抗磨剂、抗腐蚀剂、防锈剂、清净剂、分散剂、降凝剂、抗泡剂等。 ◇ 整体作用：抗氧剂、黏度指数改进剂等。
按添加剂的功能划分	◇ 保护金属表面：极压抗磨剂、腐蚀和锈蚀抑制剂、清净剂、分散剂、摩擦改进剂等。 ◇ 扩大润滑剂适应性范围：降凝剂、黏度指数改进剂、密封膨胀剂等。 ◇ 延长润滑剂寿命：抗泡剂、抗氧剂、金属减活剂等。
按添加剂的物理作用或化学作用划分	◇ 物理吸附-解析现象：防水剂、倾点下降剂、油性剂、颜色稳定剂。 ◇ 随温度变化而结构发生变化：黏度指数改进剂。 ◇ 表面或界面张力的变化：抗泡剂、乳化剂。 ◇ 加入基础油中形成某种结构：黏附剂、稠化剂、填充剂。 ◇ 蒸发作用、局部压力或结构的变化：气味剂、颜色稳定剂。

化学作用类型的添加剂由于要在一段时间以内与表面或液体系统中的其他化学物质发生反应，因此添加剂会在作用过程中逐渐被“耗尽”。此外，添加剂的化学作用还会增强其物理作用，如当抗氧剂不能有效控制氧化时，氧化会导致挥发性增强。因为基础液会因氧化分解而产生较小分子，这些较小分子的沸点比原来较大分子的沸点要低，所以更容易挥发。

1.3 国外石油添加剂代号解析[1,8]

不同的国外石油添加剂公司销售的石油添加剂种类繁多，且都有自己的代号，导致大量形式不同的代号给用户造成困扰。实际上，这些代号都有一定的规律，也遵守一定规则。了解这些规律和规则，就能够根据一些添加剂代号大致判断其生产商及类型。

1.3.1 用专用商标符号表示

用专用商标符号表示添加剂的有 Afton(雅富顿)、Sanyo(三洋)、Surpass(萨帕司)、Evonik(赢创工业集团)等公司，比如：

Afton 公司采用 Hitec 商标表示，如 Hitec 543，即无灰抗磨液压油复合添加剂；

Sanyo 公司采用 Aclube 商标表示，如 Aclube 728，即具有增黏和降凝作用的双效聚甲基丙烯酸酯；

Surpass 化学公司采用 Surchem 商标表示，如 Surchem 301，即低碱值磺酸钙清净剂；

Evonik 添加剂有限公司用 Viscoplex 商标表示，如 Viscoplex 2-360，即具有增黏和降凝作用双效的聚甲基丙烯酸酯。

1.3.2 用公司名称表示

用公司名称表示添加剂的有 Lubrizol(路博润)、Nalco(纳尔可)、OSCA(噢司卡)等公司，比如：

Lubrizol 公司，Lubrizol(LZ)677A 为仲醇基 ZDDP；

Nalco 公司，Nalco 5RD-644 为胺型抗氧剂；

OSCA 公司，OSCA 420 为 TBN(总碱值)为 285mgKOH/g 的高碱值烷基水杨酸钙清净剂。

1.3.3 用公司名称加油品名称表示

用公司名称加油品名称表示添加剂的有 Chevron Oronite Company LLC(雪佛龙奥伦耐有限公司)、Chevron 化学公司的 Oronite 添加剂部用 OLOA、OGA、OFA 符号来表示添加剂的名称，比如：

OLOA，Oronite Lubricant Oil Additives(奥伦耐润滑剂添加剂)，如 OLOA 219 为 TBN 为 250mgKOH/g 的高碱值硫化烷基酚钙清净剂；

OGA，Oronite Gasoline Additives(奥伦耐汽油添加剂)，如 OGA 490 为汽油清净分散剂；

OFA，Oronite Fuel Additives (奥伦耐燃料添加剂)，如 OFA 414 为柴油及燃料油流动改进剂。

1.3.4 用该类添加剂的外文字头来表示

用该类添加剂的外文字头来表示添加剂的有 Du Pont(杜邦)等公司。以 Du Pont 公司为例，其添加剂代号含义如下(有的代号前多一个 D，代表杜邦公司)：

AFA，Aviation fuel additive(航空燃料添加剂)，如 AFA-1 为烷基氨烷基磷酸酯腐蚀抑制剂(航空和车用汽油)；

AO，Antioxidant(抗氧剂)，如 AO-29 为 2，6-二叔丁基对甲酚抗氧剂；

DCI，Corrosion inhibitor(腐蚀抑制剂)，如 DCI - 3 为腐蚀抑制剂(汽油和喷气燃料用)；

DMA，Multifunctional Additive(多效添加剂)，如 DMA-4 为混合的烷基酸性磷酸酯胺盐多功能添加剂；

DMD，Metal deactivator(金属减活剂)，如 DMD-2 为 *N*-*N*′-二亚水杨 1，2-丙二胺金属减活剂；

DMS，Metal suppressor(金属钝化剂)，如 DMS 为复合有机胺烷基酸性盐金属钝化剂；

DFE，Difluoroethane(二氟乙烷)，如 DFE 为 1，1-二氟乙烷；

FOA，Fuel oil additive(燃料油添加剂)，如 FOA-3 为有机胺混合物抗氧剂；

LOA，Lube oil additive(润滑油添加剂)，如 LOA-565 为甲基丙烯酸酯聚合物黏度指数改进剂；

RP，Rust preventive(防锈剂)，如 RP-2 为混合烷基酸性磷酸酯胺盐防锈剂(航空/车用汽油和喷气燃料用)。

1.3.5 用专门的符号来表示各类添加剂

用专门的符号来表示各类添加剂的有 Infineum(润英联)、Ciba-Geigy(汽巴-嘉基)、Mayco & Chemical(美高石化)等公司。以 Infineum 公司为例，其添加剂代号的含义如下：

Infineum C 系列，为组分添加剂(烷基/磺酸、抗泡剂、破乳剂、锈蚀及腐蚀抑制剂、抗氧剂、抗磨剂、摩擦改进剂、基础油/溶剂、清净剂/清净剂中间体、分散剂/分散剂剂中间体及衍生物、燃料组分、聚丁烯)，如 Infineum C 9394 为 TBN 为 250mgKOH/g 的硫化烷基酚钙；

Infineum D 系列，为柴油机油复合剂，如 Infineum D 3472 是重负荷(CJ-4)柴油机油复合剂；

Infineum P 系列，为汽油机油复合剂，如 Infineum P 520 是 API SM 汽油机油复合剂；

Infineum S 系列，为小型内燃机油添加剂(2T、4T 摩托车等)，如 Infineum S 911 是 FC、TC/ISO L-EGD 二冲程汽油机油复合剂；

Infineum M 系列，为大型内燃机油添加剂(船用发动机、船用大型发动机、航空和天然气发动机、铁路发动机)，如 Infineum M 7280 是纯天然气发动机油复合剂，Infineum M 7190 是船用中速筒状柴油机油复合剂；

Infineum T 系列，为动力传动液添加剂[齿轮油、拖拉机液压油、ATF(自动变速器油)等，如 Infineum T 4575 是 Dexron Ⅲ ATF 复合剂，Infineum T4490 是工业齿轮油复合剂；

Infineum V 系列，为降凝剂，如 Infineum V 386 是富马酸酯型降凝剂；

Infineum SV 系列，为黏度指数改进剂，如 Infineum SV 250 是氢化异戊二烯苯乙烯共聚物黏度指数改进剂；

Infineum F 系列，为燃料油(汽油、优质柴油、优质加热油)添加剂，如 Infineum F 7525 是高级柴油添加剂；

Infineum N 系列，为工业产品(压缩液、液压油、工业组分、金属加工液)添加剂；

Infineum R 系列，为精炼厂/管线和加工用添加剂(十六烷改进剂、脱蜡助剂、重质燃料/原油流动改进剂、润滑添加剂和中间馏分流动改进剂)，如 Infineum R 378 是中间馏分燃料油流动改进剂。

第 2 节　石油添加剂的作用

石油添加剂是按照一定加剂量加入油品中以加强或赋予油品某种(某些)新性能的化学品，其加剂量由百万分之几(质量分数，如抗泡剂)至 20%(质量分数)或更多[9]。

2.1　石油添加剂的主要功能

添加剂可以在润滑剂中起多种作用，包括能增强现有的理想性能，抑制现有的不良性能，并赋予新的性能[10,11]，这是添加剂的 3 个主要功能。

2.1.1　加强油品已有的性能

使用抗氧化剂、缓蚀剂、消泡剂和破乳剂，能增强现有的基础油性能。

基础油一般都有一定的防锈能力和抗氧性能，如在钢片表面涂上一层矿物油，在 50℃ 和湿度大于 90%的条件下，在潮湿箱内 4h 左右就锈蚀了，这样的防锈性能不能满足工业对设备和零部件的防锈要求；而在同样条件下，加入防锈剂的防锈油的防锈能力可达几百小时以上，甚至超过 1000h。

基础油的抗氧化能力也是有限的，如不加抗氧剂的变压器油，使用寿命在 3～12 个月，若在变压器油中加入对苯二酚，油品的使用寿命可提高到 15 年以上。

2.1.2　抑制对基础油的不良性能

使用倾点下降剂和黏度指数改进剂(VII)，可以抑制基础油的不良性能。精炼后的基础油中含有不同类型的碳氢化合物，其中也包括一些正构烷烃的蜡。当油品的温度下降时，一些蜡质组分会从液体中结晶析出，形成小的晶体，于是液体开始变得浑浊。随着蜡质成分结晶越来越多，晶体会成长为片状。而当温度下降到足够低时，片状晶体会结合成三维网络，使得油品难以流动直至凝固成固体。降凝剂就是通过针对这一性质来发挥其功用，降低油品倾点，改进油品低温流动性的。

润滑油的另一个特点是黏度随温度的变化而变化，温度升高而黏度降低，温度降低黏度变大，但是润滑油的黏度指数越大，黏度随温度变化的程度越小。当温度升高使黏度变得太低时，滑动表面将会产生磨损；当温度下降使黏度变得足够大时，汽车无法启动及泵无法供油而造成磨损。所以润滑油的黏度指数(Viscosity Index，VI)是衡量黏度随温度变化而改变的程度的指标。VI 越大的油品，黏度随温度变化的程度越小，黏温性能就越好。由于矿物油(石蜡基)的黏度指数一般在 96～110，因此要制取黏温性能(Viscosity-temperature Characteristics)优良的多级内燃机油及其他高黏度指数的工业润滑油时，就必须添加黏度指数改进剂（Viscosity Index Improver，VII），多级油的 VI 一般在 130 以上。

2.1.3 赋予基础油新的性能

赋予基础油新的性能的典型例子是乳化剂。基础油与水是不能混溶的，但是有些油品需要加入水来满足使用要求，如可乳化金属加工液和半合成金属加工液中的水含量高达 40%~80%（质量分数），又如水基抗燃液压液中有相当数量的水与油混合。从能量的角度来看，油在水中的分散将大大增加油水的接触面积，如将 10mL 油在水中分散成半径为 0.1μm 的油珠，其产生的界面总面积是 $300m^2$[12]，较未分散前增加了约 100 万倍。这意味着乳化液处于高能态的位置。从热力学的角度来看，处于高能态的乳化液是不稳定的，存在着自发聚结、分层的倾向。但在油中加入乳化剂后，就能使油水生成稳定的乳化液，使润滑油增加新的性能。这是因为乳化剂是一种表面活性剂，在其分子结构上有极性端（极性端亲水）和非极性端（非极性端亲油），能够在油水界面间定向排列，尤其当乳化剂的加剂量足够时，这些排列相当紧密，可形成牢固的界面膜，阻止同类液滴碰撞，减小了聚结作用；同时在油水两相界面间吸附和沉积，降低了分散相和分散介质界面的自由焓，使其聚结倾向降低，从而增加了乳化液稳定性。

2.2 石油添加剂的作用

2.2.1 保持部件清洁

清净剂（Detergents）和分散剂（Dispersants）可减少发动机部件上的有害沉积物的形成与聚集，保持润滑部件的清洁。

（1）清净剂的中和氧化作用或燃烧中生成的有机酸或无机酸物质，能将黏附在活塞上的漆膜和积炭清洗下来，保持部件干净，同时有助于使固体污染物颗粒悬浮于油中。

（2）分散剂可将发动机油中易于生成油泥的固体颗粒物、氧化单体等物质增溶分散于润滑油中[13]，以免其沉积生成低温油泥，从而防止管线堵塞及表面的磨损。

清净剂和分散剂的作用示意见图 1-1[14] 及图 1-2[15]。

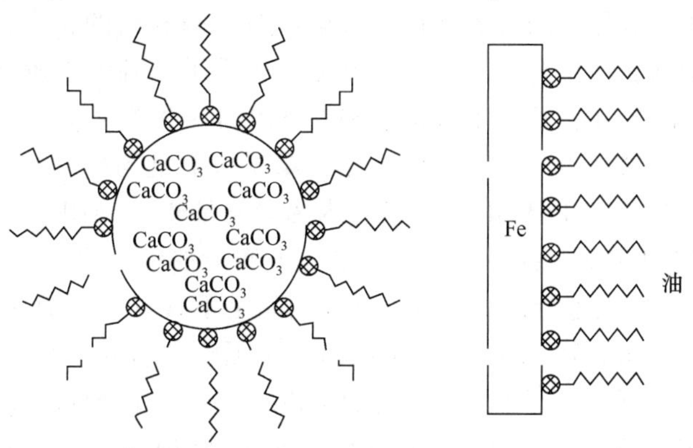

图 1-1 清净剂：表面活性剂/基础油协同作用

2.2.2 防止设备及部件的锈蚀

防锈剂(Rust Preventive 或 Antirust Additive)能在金属表面形成一层薄膜，防止金属与空气中的氧、水分或其他腐蚀性介质接触。防锈剂多是一些极性物质，其分子结构的特点是：一端是极性很强的基团，具有亲水性质；另一端是非极性的烷基，具有疏水性质。当含有防锈剂的油品与金属接触时，防锈剂分子中的极性基团对金属表面有很强的吸附力，在金属表面形成紧密的单分子或多分子保护层，阻止水及腐蚀介质与金属接触，从而起到防锈作用(见图 1-3)[15]。

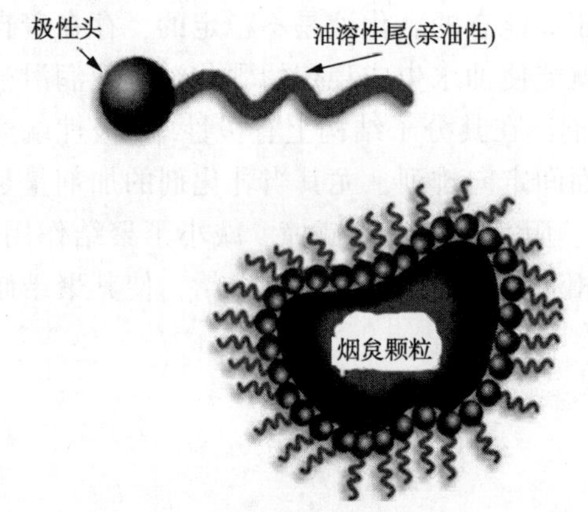

图 1-2　分散剂通过包覆烟炱颗粒形成的胶束

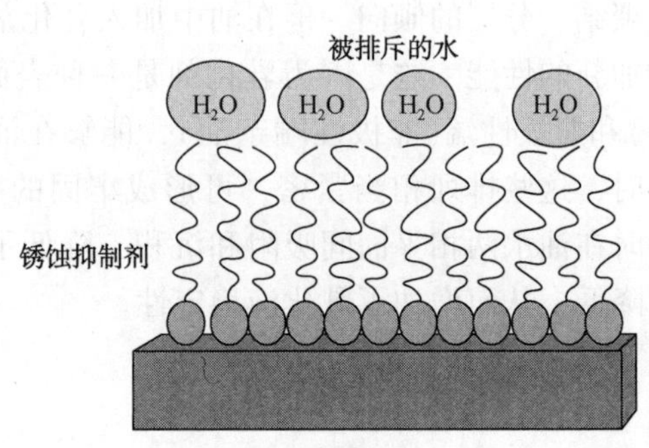

图 1-3　防锈剂分子中极性分子与烃基在金属表面的吸附示意

2.2.3 减缓油品氧化

抗氧剂(Antioxidants)和金属减活剂(Metal Passivator)能提高油品的抗氧化性能和延长油品的储存或使用寿命。

抗氧剂分为自由基终止剂[称为主抗氧剂(Primary Antioxidants)]和过氧化物分解剂[称为副抗氧剂(Secondary　Antioxidants)][9]。能有效抑制自由基的抗氧剂包括含有胺或酚基的化合物，能有效分解过氧化物的抗氧剂包括含硫以及含磷和硫的化合物。不同类型的抗氧剂在不同基础油中的感受性是有差异的，一般在 API Ⅰ类基础油中较差，在 API Ⅲ类和Ⅳ类基础油中最好。屏蔽酚和烷基二苯胺抗氧剂在 API Ⅰ～Ⅳ类基础油中的旋转氧弹试验结果(见图 1-4)就反映了这一点。另一个特点是，氨基抗氧剂与酚基抗氧剂复合具有协同效应。如含受阻酚(3，5-二叔丁基-4-羟基苄基丙烯酸烷基酯)、ADPA(丁基和辛基化二苯胺的混合物)的共混物以 1.0%(质量分数)的含量加入润滑油中，油品采用 ASTM D7097 标准方法在 TEOST MHT 仪器上进行性能测试，基准油品是不含抗氧剂而含其他添加剂的油品，其试验后产生 130mg 的沉积物；加入受阻酚型抗氧剂后，油品试验后的沉积物降到 80mg 左右；加入 ADPA 型抗氧剂后，产生的沉积物的量进一步下降到 55mg 左右；加入 1.0%的受阻酚和 ADPA 复合抗氧剂后，生成的沉积物的量下降到 40mg。TEOST 试验结果再一次表明，ADPA 抗氧剂在高温条件下具有突出的抗氧化性能和良好的协同作用。酚类抗氧剂虽然抗氧性较好，但应用温度较低，而胺类抗氧剂具有突出的高温抗氧性能，对延长诱导期、抑制油品后期氧化效果较好，因此在实际应用中，常与酚类抗氧剂复合，广泛用于多种油品中。

抗氧剂在基础油中的感受性和酚及胺型抗氧剂复合的协同效应见图 1-4 和图 1-5[16]。

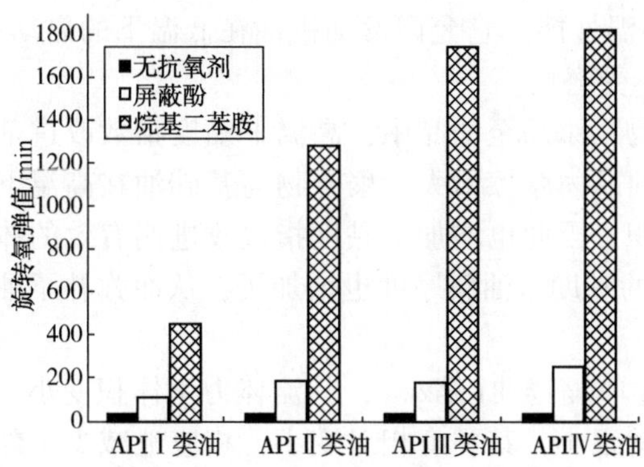

图 1-4 屏蔽酚和烷基二苯胺抗氧剂在 API Ⅰ~Ⅳ类基础油中的旋转氧弹试验结果

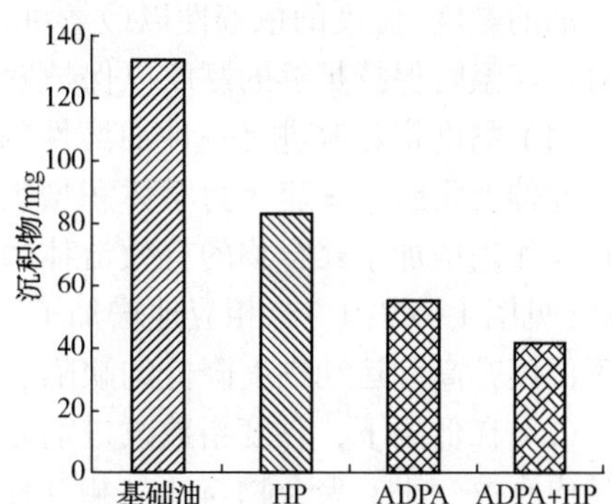

图 1-5 含有Ⅱ类基础油和总共 1.0%(质量分数)抗氧化剂的乘用车机油的热氧化模拟试验仪结果

金属减活剂可通过钝化金属表面或使溶解在油中的金属离子失去活性来阻止金属表面的催化氧化作用。

抗氧剂与金属减活剂复合使用具有协同效应。如苯三唑衍生物(T551)与 2，6-二叔丁基对甲酚抗氧剂复合用于汽轮机油中，未加金属减活剂时都没有通过 IP-280 要求的规格，相应的高温氧化(150℃的旋转氧弹)和低温的 ASTM D-943(95℃)寿命也低。但在配方中加入 0.05~0.7%的 T 551 后，均可通过 IP-280 要求的规格，且相应的旋转氧弹和 ASTM D-943 寿命均有显著提高，最高可达 4800 h。抗氧剂与金属减活剂复合使用其协同效应明显。所以一般都是抗氧剂与金属减活剂复合应用于各种润滑油中，其效果见表 1-3[17]。

表 1-3 T551 在汽轮机油中的抗氧化效果

编号	配方			旋转氧弹/min	ASTM D-943①/h	IP-280②总氧化产物
	原配方	T551/%	总剂量/%			
1	A	—	0.66	268	—	1.89
2	A	0.05	0.71	387	2968	0.23
3	C	—	0.56	211	1211	1.43
4	C	0.05	0.61	218	2552	0.35
5	D	—	0.66	275	2241	1.53
6	D	0.05	0.71	399	3098	0.43
7	H	—	0.63	235	—	12.90
8	H	0.05	0.68	387	4426	0.16
9	H	0.07	0.70	516	4800	0.13

① ASTM D-943，温度 95℃，当总酸值(TAN)超过 2 时为不合格。

② IP-280 总氧化产物小于 1.0%为通过标准。

2.2.4 改善油品的黏温性能

黏度指数改进剂(Viscosity Index Improver)能提高润滑油的运动黏度和黏度指数，降低基础油的黏度-温度的依赖性以改善油品的黏温性能。它允许发动机油在低温下的启动性，同时在高温时保持足够的黏度以保护发动机不受磨损。

(1) 黏度指数改进是一种油溶性的聚合物，添加至油品中，高温下黏度指数改进剂分子线卷伸展膨胀，其流体力学体积增大，使油品内摩擦增大。聚合物与基础油在高温下这种相互作用增加了聚合物的有效流体力学体积，因此也增加了黏度指数改进剂有效的体积分数(见图 1-6 右上)，相应地增加了润滑油的黏度，油膜厚度也增加了，从而弥补了油品由于温度升高而运动黏度降低的缺陷。

(2) 在低温下，黏度指数改进剂分子线卷收缩蜷曲(缩小)，其流体力学体积变小，使油品内摩擦变小，聚合物与油品相互作用也就很小，其黏度相对变小，相应地减少了黏度指数改进剂有效的体积分数(见图 1-6 右下)。

不同温度下黏度指数改进剂聚合物分子的状态见图 1-6[18]，黏度指数改进剂在不同温度下的有效体积分数状态见图 1-7。

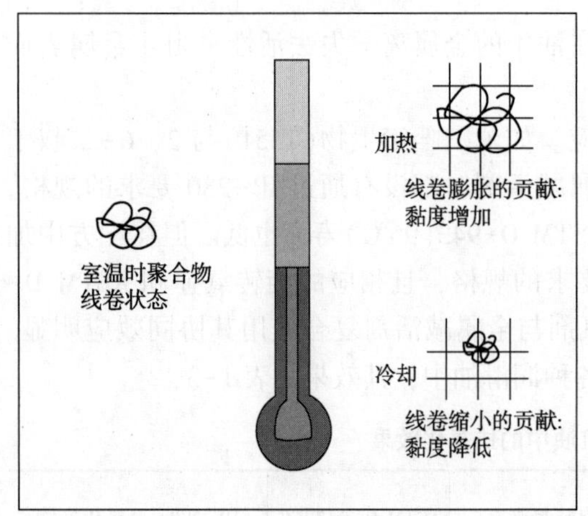

图 1-6 不同温度下黏度指数改进剂聚合物分子的状态

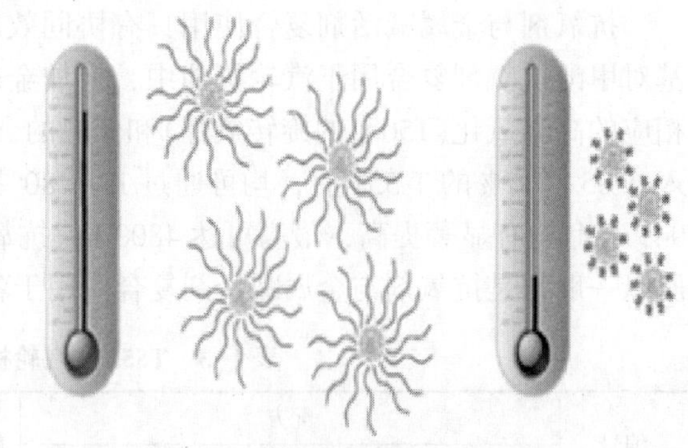

图 1-7 黏度指数改进剂在不同温度下的有效体积分数状态

2.2.5 改善低温流动性

降凝剂或倾点下降剂(Pour Point Depressant)能降低油品的凝固点或倾点，改善油品的低温使用性能。降凝剂在低温下的作用，并不是阻止蜡结晶，而是减少蜡的网状结构的形成，由此降低了被网状结构包裹的油品数量。降凝剂分子中具有与固体烃的齿形链结构相似的烷基侧链，另外还可能含有极性基团芳香核。降凝剂的主要作用机理是：通过与油品中的蜡吸附或共晶来改变蜡结构和大小[19]，从而延缓或防止导致油品凝固的三维网状结晶的形成，以获得更好的低温流动性。

降凝剂作用机理见图 1-8。

2.2.6 抑制油品发泡

抗泡剂(Antifoam Additive)可减少油品的发泡倾向。抗泡剂可以通过降低泡沫界面的表

没有倾点下降剂润滑油的晶体图

含倾点下降剂润滑油的晶体图

图 1-8 降凝剂作用机理示意

面张力，使得气泡更容易破裂来阻止泡沫的形成(见图 1-9)[20]。

2.2.7 减少摩擦、磨损和擦伤

摩擦改进剂或油性剂(Friction Modifier 或 Oiliness Additive)及极压抗磨剂(Extreme Pressure and Antiwear Agent 或 EP-Antiwear Agent)能在各种边界润滑条件下，防止两个滑动表面间的摩擦、磨损或擦伤，延长设备和部件的使用寿命。

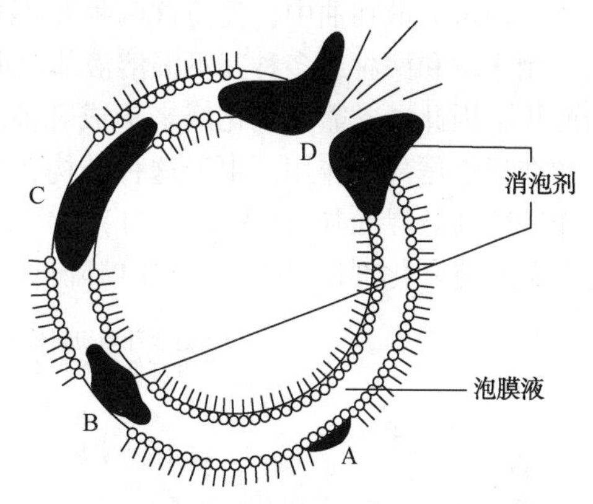

图 1-9 抗泡剂降低气泡局部液膜表面张力的消泡作用示意

摩擦改进剂或油性剂：能吸附在金属表面形成一层保护膜，从而降低移动面之间的摩擦。

极压抗磨剂：大多数是含活性元素的化合物，如含活性硫、磷或氯的化合物，可以与金属表面发生反应生成化学反应膜。生成的硫化、磷化或氯化金属固体保护膜，把两个滑动金属面隔开，生成的这层膜剪切强度低更容易被剪切，从而防止金属的磨损和烧结。硼酸盐作为极压抗磨剂的机理则不同，其在极压状态下不是通过生成化学膜来起润滑作用的，而是通过在摩擦表面上生成半固体(弹性的)、黏着力很强的、“非牺牲”(Nonsacrificial)的硼酸盐膜来防止滑动面之间的磨损和烧结[22]。

惰性极压剂(Passive EP Additives)：这类新发展的极压剂是 TBN(总碱值)为 400~500 的磺酸盐(钙或钠盐)，其作用机理并不是生成化学反应膜，而是形成物理沉积膜，其厚度可达 10~20nm[23]。惰性极压剂一般不单独使用，常与活性硫极压剂复合使用。

在边界润滑过程中，通过在金属表面之间形成薄膜来降低功率损耗，详见图 1-10[21]

2.2.8 形成稳定乳化液或促使乳化液油水分离

将油放入水中，采用机械力等强制分散在水中，当除掉机械力的瞬间，粒子集合，完全分离成水层和油层，这是由于油分散在水中增大了油水界面的总面积，油粒子的界面自由能变大，系统在热力学上成为不稳定状态，为了得到稳定的乳化液必须添加乳化剂(E-

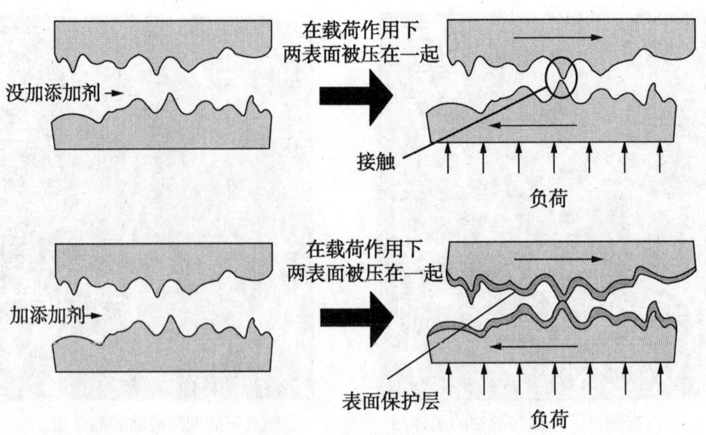

图 1-10　边界润滑图解

mulsifying Agents)。乳化剂吸附于油与水的界面，可以大幅度减少界面张力，减少界面的自由能，使水分散在油中，促使这两种互不相溶的液体形成稳定乳状液。乳化剂是表面活性剂，用于缓和两种或多种互不混溶液体之间界面的形成。乳化液本质上包含非常高的油/水表面积，因此通常需要乳化剂来形成乳液。乳化剂通过具有亲水性的极性头部基团和亲油性的非极性尾部起作用。由于这种结构，乳化剂在流体界面聚集并通过缓冲两相之间的相互作用来降低界面张力(见图 1-11)[24,25]。为了促进自发乳化降低能量需要形成新的界面，通常需要将乳化剂使界面张力(IFT)降低到令人满意的非常低的水平。

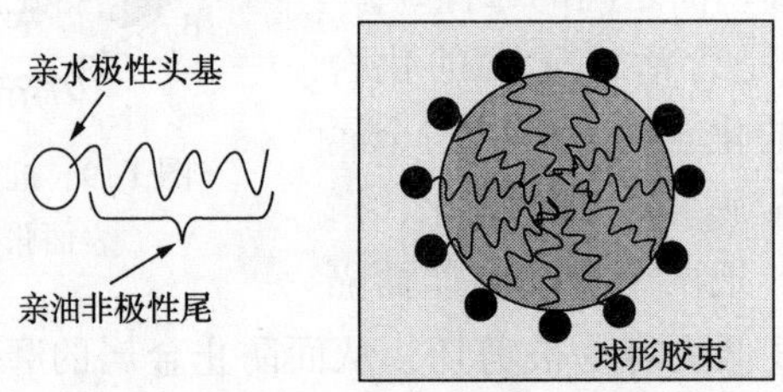

图 1-11　水包油乳化液示意

破乳剂(Demulsifying Agents)可以增加乳化液中的油水界面的张力，使得稳定的乳化液成为热力学上不稳定的状态，破坏了稳定的乳化液，从而促使乳化液的油水分离。破乳剂的作用机理如下：

(1) 表面活性作用。破乳剂都具有高效能的表面活性物质，破乳剂较乳化剂有更高的活性(有文献认为，破乳剂活性应比乳化剂大 100~1000 倍)，使破乳剂能迅速地穿过乳状液外相分散到油水界面上，替换或中和乳化剂，降低乳化水滴的界面张力和界面膜强度，使形成 W/O(油包水)型乳状液变得很不稳定。界面膜在外力作用下极易破裂，从而使乳状液微粒内相的水突破界面膜进入外相，从而使油水分离。这不仅可以破坏已经形成的原油乳状液，还可以防止油水混合物进一步乳化，起到降低油水混合物黏度和加速油水分离的作用。

(2) 反相乳化作用。原油乳状液是在原油中憎水的乳化剂作用下形成的，俗称 W/O 型乳状液，如环烷酸、沥青质等。采用亲水型的破乳剂可以将乳状液转化为 O/W(水包油)型乳状液，借乳化过程的转换以及 O/W 型乳状液的不稳定性而使油水分离。当破乳剂促使油包水转相形成水包油型乳状液时，此时水在外面很容易碰撞聚集成大水滴沉降出来。

2.2.9 提高油品的黏附能力

黏附剂(Tackifiers)是一种润滑剂添加剂，其赋予物质黏性或拉丝性(见图 1-12)[26,27]，并且通常用于提供流体润滑剂的黏附性和润滑脂中的拉丝性。黏附剂的作用是阻止油滴落、流失、甩油或赋予润滑脂特征。对于润滑剂应用，大多数黏附剂是基于矿物基或植物基的稀释剂与溶解的聚合物的组合。黏附剂都是分子量非常大的聚合物，如分子量为(100~400)万的聚异丁烯(PIB)或分子量为 200000 的乙烯共聚物。产品的黏性通常随分子量增加而增加，其功能就是通过增加润滑油黏度来增加油品附着力、防止油膜脱落以及改善润滑脂的黏性，从而能提高油品的黏附能力，改善油品的滞留时间，减少油品的流失和飞溅。润滑剂的操作环境决定了聚合物的选择。高机械剪切和高温有利于乙烯共聚物而不是聚异丁烯。黏附剂的典型应用包括：通过在操作期间限制油的脱落而使用棒状和链状油；通过保持油路的方式润滑的润滑剂，从而防止冷却液污染；润滑脂通过增强黏附和黏性，来减少水冲洗和喷射时的损失；黏附剂也有抗雾作用，它是通过聚结液滴来减少雾量的。一般黏附剂的加入量范围从抗雾剂的 0.02%到润滑脂应用中的 3%。

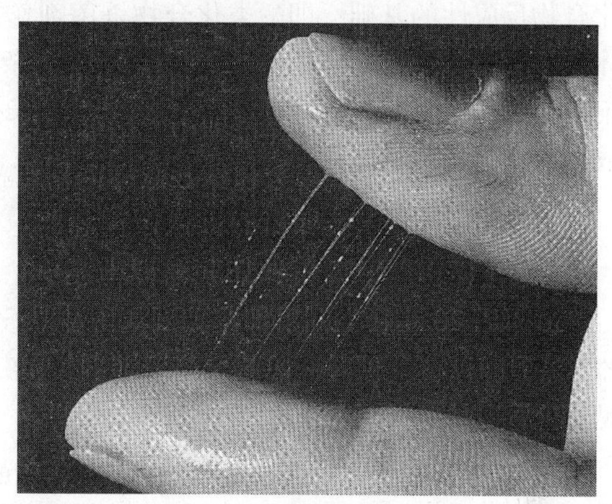

图 1-12 黏附剂的拉丝性

2.2.10 抑制微生物的生长

在水基金属切削液中，乳化切削液具有较好的润滑性和冷却性，是目前用量最大且较为理想的金属切削液，但是也具有易腐败变质、使用寿命较短等缺点。因为乳化切削液中含有矿物油、脂肪酸皂、胺、磺酸盐和水等物质，这些物质易受到微生物的侵袭，而且细菌、真菌等微生物在水中大量繁殖会导致乳化切削液腐败变质。其中：厌氧菌能还原硫酸盐放出硫化氢气体，产生恶臭，污染环境和影响操作人员的健康；亲氧菌能产生有机酸等物质而腐蚀金属；而真菌的大量繁殖将导致块状物产生，易堵塞机床的冷却液的循环管线和滤网。因此，为防止乳化切削液发臭变质及减轻对金属的腐蚀，一般需要在乳化切削液中加入防霉剂，以延长其使用寿命。为了用好杀菌剂，首先要了解影响微生物生长的环境、危害和预防措施。

防霉剂(mildew preventive)，亦称杀菌剂(Bactericide)、抗霉菌剂(Antimycotic Agent)，能阻止乳状液分离、酸败或由于细菌作用而产生的恶臭。这类添加剂可通过贯穿细胞壁，使细胞膜凝固，使新陈代谢停止而杀死细胞，从而抑制工业用乳化液中存在的细菌、霉、酵母等微生物所引起的各种有害作用。

化学杀菌剂对细胞的作用一是抑制微生物代谢活动，二是破坏微生物的代谢机制或破坏菌体结构，起杀菌作用，例如酚类化合物便具备迅速的杀细胞作用或对原形质的毒化作用。一般认为，化合物质贯穿细胞壁，并促使菌体蛋白质凝固、新陈代谢停止而杀死细胞。在复杂的酚置换体中，有使酶系统钝化而使细胞活动停止的基团，而游离的OH基是酚类化合物反应性的基础，即酚类化合物杀菌剂作用主要是对菌体细胞膜有损害作用和促使菌体蛋白质凝固[28]。甲醛化合物的作用机理复杂而不一样，最初的杀菌作用是由于细胞内的不均衡生长，某特定的细胞构成部分，其生长受到抑制，其他部分不受影响，因而不能合成细胞核，繁殖也就停止了[29]。

2.3 润滑油添加剂的类别及其作用

在第1节“石油添加剂的分类”[1]中介绍了润滑油添加剂的不同分类方法。鉴于润滑油添加剂品种繁多，国外书刊上的分类各有差异，仅将润滑油添加剂的主要品种按作用分类，见表1-4。

表1-4 润滑油添加剂的类别及其作用[8,30,31]

项目	添加剂类型	作用	代表性化合物	功能
保护金属表面的添加剂	抗磨剂和极压剂	降低摩擦和磨损，防止擦伤和咬住	ZDDP（二烷基二硫代磷酸锌）、硫化异丁烯、氯化石蜡、烷基磷酸酯胺盐、硫代磷酸酯胺盐、磷酸酯和有机硼化物	与金属表面起化学反应，生成比金属剪切强度低的膜，因此防止了金属与金属接触
	腐蚀和锈蚀抑制剂	防止与润滑剂接触的金属部件的腐蚀和锈蚀	ZDDP、烷基酚盐、磺酸盐脂肪酸及盐和胺化合物	极性组分优先吸附在金属表面，提供保护膜或中和腐蚀酸
	清净剂	保持表面无沉积物	有机金属的磺酸盐、烷基和硫化烷基酚盐、水杨酸盐、硫代磷酸盐、环烷酸盐	与油泥和漆膜等物质进行化学反应，中和以及保持其可溶解性
	分散剂	保持不溶污染物分散在润滑剂里	丁二酰亚胺、丁二酸酯、酚醛胺缩合物	通过分散剂分子的极性，吸附于污染物上相黏结
	摩擦改进剂（FM）	降低摩擦系数	有机脂肪酸、胺及其皂类、动植物油或硫化动植物油、有机磷酸及亚磷酸酯或油酸酯类、二烷基二硫代磷酸钼、烷基二硫代氨基甲酸钼	表面活性物质优先吸附于金属表面
扩大可使用范围的添加剂	降凝剂或倾点下降剂	能够在低温下流动	聚甲基丙烯酸酯、烷基萘、聚α-烯烃	改变蜡结晶形状，降低网状连结
	密封膨胀剂	膨胀弹性密封件	有机磷酸酯和芳烃化合物	与弹性体化学反应，引起稍微膨胀
	黏度指数改进剂（VII）	降低黏度随温度改变的速率	乙丙共聚物、聚甲基丙烯酸酯、聚异丁烯、苯乙烯与异戊二烯或丁二烯共聚物	聚合物随温度升高而膨胀来抵消（阻止）润滑油变稀

续表

项目	添加剂类型	作用	代表性化合物	功能
延长润滑剂寿命的添加剂	抗泡剂	阻止润滑剂生成持续的泡沫	硅聚合物、有机聚合物(丙烯酸酯与烷基醚共聚物)	降低表面张力，加速泡沫破裂
	抗氧剂	降低氧化分解	屏蔽酚类、芳胺化合物、硫化酚化合物、ZDDP	分解过氧化合物，阻止自由基反应
	金属减活剂	降低金属的催化氧化作用	苯三唑衍生物、噻二唑衍生物和含硫氮杂环化合物	一是在金属表面生成化学膜，阻止金属变成离子进入油中；二是络合作用，能与金属离子结合，使之成为非催化活性的物质
其他	黏附剂	提高润滑剂的滞留时间，防止其流失或飞溅	非常高的相对分子质量的有特殊结构的聚异丁烯	增加润滑剂的滞留性和黏附性
	乳化剂	降低表面张力和自由能	烷基磺酸盐、脂肪醇聚氧乙烯醚类、山梨醇月桂酸酯等	乳化剂吸附于油与水的界面，可以大幅度减少其界面张力，减少界面自由能，同时给予静电排斥力和立体保护作用，防止粒子间接触，形成稳定的乳化液
	抗乳化剂	增加油水界面的张力，使之成为不稳定状态	胺的四聚氧丙撑衍生物、环氧丙烷/环氧乙烷共聚物和环氧乙、丙烷嵌段聚醚	破乳剂可增加油水界面的张力，使得稳定的乳化液成为热力学上不稳定的状态，破坏乳化液的稳定性
	防霉剂或杀菌剂	阻止或减缓系统中的细菌生长，防止系统腐败和产生恶臭味	三嗪衍生物、含硼化合物和酚类化合物	化合物质贯穿细胞壁，使细胞膜凝固、新陈代谢停止而杀死细胞；或置换体中有使酶系统钝化而使细胞活动停止的基团；或细胞内的不均衡生长，某特定的细胞构成部分生长受到抑制，其他部分不受影响，因而不能合成细胞核，繁殖也就停止了

添加剂虽然有多种作用，其实归根结底，添加剂只有物理和化学两种作用[27]。在讨论工业应用中大量使用的各种添加剂的化学性质之前，应该考虑各种添加剂在润滑油中起到什么功能，它们的物理和化学作用是什么样的。物理作用可以是物理吸附现象，包括降凝剂、油性剂或摩擦改进剂、颜色稳定剂、随温度变化而结构发生变化添加剂(黏度指数改进剂)，改变表面或界面作用力添加剂(抗泡剂和乳化剂)、加入基础油中形成某种结构的添

加剂(黏附剂、增稠剂和填充剂)、抗雾添加剂、防水剂或影响润滑剂感知质量的添加剂(添味剂、颜色稳定剂或染料、化学标记剂)等。而产生化学作用的添加剂是通过与表面发生化学反应并在使用过程中消耗或化学变化的添加剂，比如：杀菌剂是通过抑制微生物代谢活动，破坏微生物的代谢机制或破坏菌体结构起杀菌作用，抗磨剂是通过与金属表面反应生成薄膜而减轻边界的磨损等(见表1-5)[27]。

表1-5　添加剂的物理和化学作用及功能

产生作用方式	添加剂	功　能
产生物理作用的添加剂	抗泡剂	防止形成稳定的泡沫
	防雾剂	减少雾或气溶胶的趋向
	颜色稳定剂	减缓液体变色
	破乳剂	通过促进液滴凝聚和重力诱导的相分离来增强水和油的分离能力
	染色剂	染色，遮掩颜色，产品认证
	乳化剂	降低界面张力使水分散在油中
	摩擦改进剂	改善金属间的接触，提高表面之间的滑动
	气味抑制剂	防止或屏蔽不良的气味或维持某种气味
	降凝剂	通过降低蜡结晶的形状来改善低温流动性
	黏附剂	改善液体的黏附性能和防滴下能力
	增稠剂、填充剂	将油变成固体或半固体润滑剂
	黏度指数改进剂	改进黏黏温特性
	防水剂	给予润滑脂和其他润滑剂抗水能力
产生化学作用的添加剂	抗菌剂(杀菌剂)	阻止或减缓系统中的细菌生长
	防腐剂(缓蚀剂)	防止表面的腐蚀抗氧剂减缓氧化或油液变差，提高油液的机器寿命
	防锈剂	消除由于水和湿气造成的锈蚀
	抗磨剂	减轻薄膜、边界润滑磨损
	碱性控制剂	中和氧化过程中产生的酸
	清净剂	使表面保持干净
	分散剂	分散和悬浮不完全燃烧、磨损和氧化产物
	极压剂(温度)	阻止烧结，增强载荷能力
	摩擦改进剂	降低摩擦、增强润滑
	金属减活剂	通过钝化金属表面来阻止表面催化作用

2.4　添加剂与基础油的关系

2.4.1　优质油品的条件

添加剂在提高油品质量方面确实起着重要作用，这种作用是有条件的。添加剂也不是万能的，它不能将劣质油品变成优质油品。因为基础油也是影响润滑油性能的另一个重要因素，只有高质量的基础油和先进的添加剂的配方技术相结合，才能生产出高质量的润滑油，二者缺一不可。

添加剂的贡献不仅取决于它的特殊组分，同时也取决于基础油的质量。基础油不仅是添加剂的载体，更重要的是润滑油的主体，在成品润滑油中所占比例随润滑油品种和质量的不同而异，基本在70%～99%的范围内，比如基础油在发动机油中占80%左右、在液压油中的比例高达99%左右(见图1-13)[32]。所以，基础油的物理化学性质决定着润滑油的黏度、氧化稳定性、化学活性和挥发性等，而这些性质又直接影响油品的使用性能和发动机性能(见图1-14)[14]。

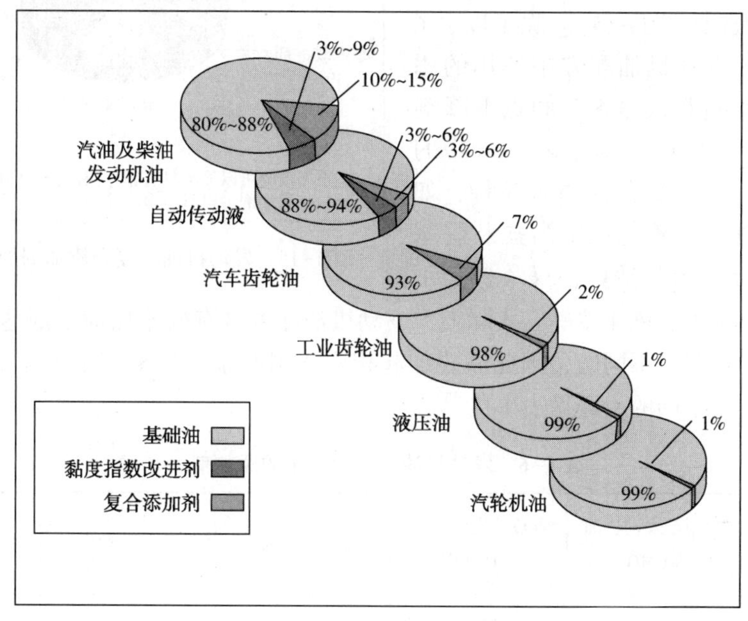

图1-13 不同种类润滑油产品的组成

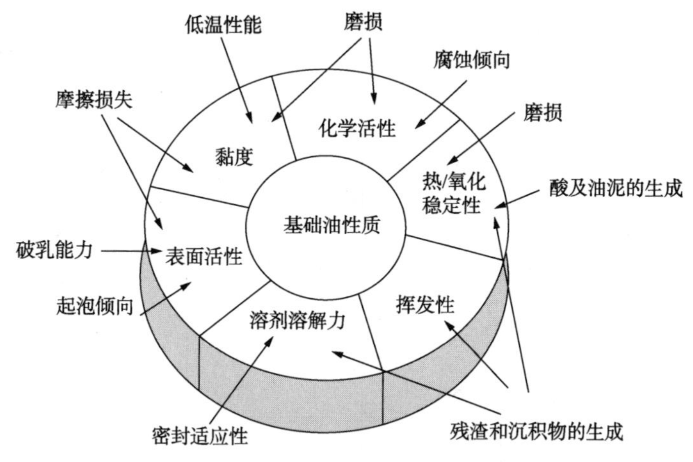

图1-14 基础油与添加剂的相互作用

黏度影响油品的低温启动性和泵送性；氧化性、挥发性和溶解性影响活塞沉积物形成；而黏度和化学活性又影响着发动机的磨损等。所以高质量的基础油是生产高质量润滑油的另一个因素。

优质油品的条件是：添加剂的配方技术+高质量的基础油=高质量的润滑油，二者缺一不可。

2.4.2 发动机油复合剂的组成[32]

发动机油中含有分散剂、清净剂、氧化抑制剂、抗磨剂、摩擦改进剂和腐蚀及锈蚀抑制剂等6大类添加剂，尤其是分散剂比例占一半以上(见图1-15)。除了以上6大类添加剂外，发动机油配方中使用的添加剂还包括黏度指数改进剂、倾点下降剂和抗泡剂等(见表1-6)，对于表1-6中的每一类添加剂，还可细分为很多品种，如清净剂包括磺酸盐、硫化烷基酚盐及烷基水杨酸盐等，分散剂包括单、双及多挂丁二酰亚胺和高分子丁二酰亚胺等。实际上，发动机油配方含有的添加剂单剂达10多种。而不同润滑油起的作用是不同的，因此需要加起相应作用的添加剂来满足，即不同的润滑油所需要的添加剂是不同的，详见表1-7[33]。

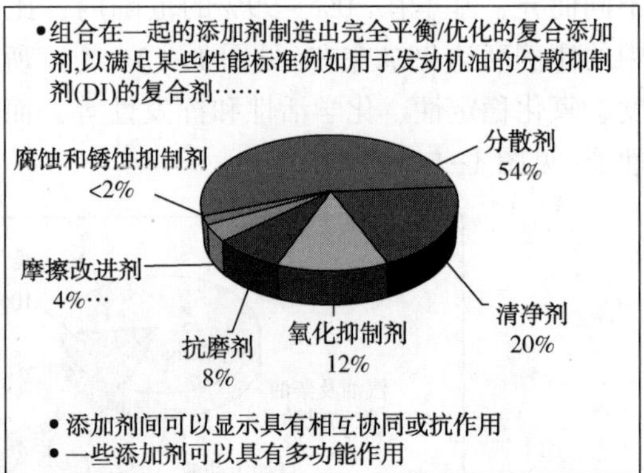

图1-15 发动机油的复合添加剂的组成实例

表1-6 发动机油配方中使用的添加剂

项目	乘用车发动机油 PCMO	重负荷发动机油 HDDEO	航空发动机油	天然气发动机油	2-冲程发动机油
分散剂	√	√	√	√	√
清净剂	√	√		√	√
抗磨剂	√	√	√	√	√
抗氧剂	√	√	√	√	√
腐蚀/锈蚀抑制剂	√	√	√	√	√
摩擦改进剂	√				
倾点下降剂	√	√	√	√	
抗泡剂	√	√			
黏度指数改进剂	√	√			
其他(偶联剂、染料和乳化剂)					√

表 1-7 不同润滑油所需的添加剂

项目	清净剂	分散剂	抗氧抗腐剂	抗氧剂	油性剂	极压剂	防锈剂	VII	抗泡剂	降凝剂	乳化剂	破乳剂	防腐剂	pH值剂	杀菌剂	偶合剂	光亮剂
内燃机油	√	√	√	√	√			√	√	√							
齿轮油				√	√	√	√	√	√	√		√					
液压油				√	√	√	√	√	√	√		√					
自动传动液	√	√		√	√	√	√	√	√	√							
金属加工液				√	√	√	√			√	√	√	√	√	√	√	
压缩机油				√	√		√	√		√							
汽轮机油				√	√		√		√	√							
轴承油				√	√		√	√	√	√		√					
热处理油				√			√	√	√	√							√
机床用油				√	√	√	√	√	√	√							

第 3 节 国内外添加剂发展情况

3.1 国外添加剂发展情况

3.1.1 国外添加剂发展历史

埃及人在公元前 1500 年左右可能已经使用带水或无水基添加剂的动物脂肪来将巨大的石头和雕像运输到最早的金字塔建造地。1859 年 8 月，在美国宾夕法尼亚州的泰特斯维尔(Titusville)发现石油，带动了当地石油工业及添加剂工业的发展。随着铁路和汽车工业规模的快速扩大，由于金属加工液的需要，早期使用了润滑剂添加剂，通常以动物脂肪、鱼油、植物油和菜籽油作为摩擦改进剂。松香油、云母、羊毛脂则是早期的润滑脂添加剂。1700~1800 年的工业革命，对润滑油和润滑油添加剂产生了更大的需求。早在 1916 年，在硫作为添加剂被加入金属加工液之后，磷添加剂也开始被使用。

20 世纪初，石油精炼规模扩大，工艺技术也继续发展。精炼的目的是改进燃料、采暖油（heating oils)和铺路沥青成分的质量，提高收率。原油的高沸点馏分中含有大量的硫和氮，后来发现这些物质作为润滑剂时，硫和氮可延缓氧化和磨损，因此，石油天然非烃成分可认为是第一个现代润滑剂添加剂。主要的石油公司的研究者们致力于从原油中分离出这些材料，并确定其结构。对这些天然物质的提取和分离成为后来直接化学合成添加剂的前奏。

自 20 世纪 30 年代末以来，工业润滑油的性能改进大多数归功于合成润滑剂添加剂的发展和应用。这些改进工作最初是由各大石油公司的研究人员做出的。随着工业的发展，许多润滑剂添加剂公司应运而生，并蓬勃发展起来。

20世纪20年代末，随着汽轮机的发展，出现了2，6-二叔丁基对甲酚(屏蔽酚型)。目前，仍是工业润滑油中的主要抗氧剂之一。同一时期，变压器油中使用了对苯二酚，使变压器油使用寿命从3~12个月延长到15年以上，从而显示了添加剂的巨大作用。

直到1930年，曲轴箱发动机油仅由基础油组成，不含任何添加剂。为确保提供适当的润滑性，这种润滑油的换油期非常短，仅有1500km或更少。

所以20世纪30年代以前，发动机润滑油中很少使用添加剂，一般用直馏的矿物油就能满足其性能要求。随着发动机向大马力高功率发展，换油期的延长(换油期超过3200km)，从而对发动机油的使用性能提出更高的要求，使用当时的润滑油时出现了活塞环沉积物增多，黏环事故不断发生，甚至造成无法正常运转，从而引发了各石油公司去研究对策。1935年，开特皮勒(Caterpillar)公司和加利福尼亚研究公司(California Research)共同研究开发添加环烷酸铝的润滑油以解决此问题。从此，发动机油中进入了加添加剂的时代。从30年代起，埃克森(Exxon)公司成功研制烷基萘降凝剂，即后来众所周知的“巴拉弗洛”(Paraflow)、“巴拉通”(Paratone)聚异丁烯黏度指数改进剂，美孚石油公司和路博润(Lubrizol)公司研制成功各种羧酸盐(皂)。紧接着出现了烷基酚和硫化烷基酚盐、磺酸盐、烷基水杨酸盐和硫代磷酸钡盐等。同时，伴随着发动机功率的提高，巴比特合金轴承材料暴露了难以承受高负荷、高温的缺陷，而逐渐被各种硬质合金(铜、铅、镉银、镉镍等)取代。但由于这些硬质合金较易受到润滑油氧化产物的腐蚀，因此20世纪40年代出现了二烷基二硫代磷酸锌盐(ZDDP)抗氧抗腐剂，较好地解决了氧化腐蚀问题。

润滑剂添加剂发展过程中值得一提的是ZDDP。这种化合物最初用于解决铜-铅轴承的腐蚀问题，后来发现ZDDP还具有优异的抗氧和抗磨性能，这使得ZDDP成为润滑剂中应用最普遍的抗氧、抗磨、防腐多效添加剂，历经半个多世纪一直应用至今。

20世纪50年代，润滑油添加剂在国外有了较大的发展，在内燃机油与工业动力设备用油中得到了使用。内燃机油在润滑油中所占比例较大，使用添加剂的数量大，品种也多。由于较高功率的增压柴油机的推广应用和船用柴油机的大量发展，并逐渐使用高硫燃料，为了有效解决活塞积炭增多和缸套腐蚀磨损趋于严重等问题，此时一个重要进展是碱性和高碱性清净剂被推广到发动机油中。因此，长期以来，国外润滑油添加剂的发展都一直以提高内燃机油的性能为主导。20世纪50年代后期，在内燃机油中，主要是金属清净剂与抗氧抗腐蚀剂复合使用。清净剂主要是磺酸盐、烷基酚盐、烷基水杨酸盐与硫代磷酸盐。抗氧抗腐蚀剂则是二烷基二硫代磷酸锌盐。这些添加剂基本上适应了当时内燃机工作条件的要求，但用其调配出来的内燃机油性能并不理想，而且添加剂的加入量偏高。随着汽车数量的不断增加，城市中车辆停停开开比较频繁，特别在汽油机使用过程中，低温油泥的产生，影响着发动机的正常运转。汽油机曲轴箱中的低温油泥是油品在使用过程中生成的氧化产物，在较低温度下与水乳化、缩聚而成。油中所含的金属清净剂，在此条件下分散性能较差，遇水时多易乳化，对改善低温油泥的功效甚小，因此急需开发对这种低温油泥有效的添加剂。50年代中期，杜邦(Du Pont)公司研究出一种含有碱性氮基团的甲基丙烯酸酯的共聚物无灰添加剂，这种无灰添加剂使低温油泥问题得到一定程度的改善，但不太理想。直到60年代初，国外开发并应用了非聚合型的丁二酰亚胺型无灰分散剂，它具有优异的低温分散性能，在改善低温油泥方面效果显著，才算满意地解决了低温油泥问题。丁二酰亚胺分散剂与金属清净剂复合还具有协同效应，同时能明显提高油品的使用性能并降低添加剂总用量，这是润滑油添加剂领域技术上的一大突破。60年代后期，国外内燃机油用的主要功能添加剂类型已基本定型，即金属清净剂、无灰分散剂及ZDDP。70年代，一方面对上述各种类型添加剂调整化学结构，进行品种系列化，使单剂性能更具特色；另一方面，进一步研究这些添加剂的复合效应，以期达到在符合经济的原则下，使复合添加剂具有更好的综合性能。80年代以后国际市场上，添加剂商品更多地以复合添加剂出售。

多级内燃机油，具有低温性能好、节能而且使用方便等特点，国外一直发展较快。到90年代中期，多级汽油机油市场占有率日本几乎100%，美国约90%多，西欧约占75%；多级柴油机油中，美国约占55%，西欧约占70%[34]，目前，几乎100%的汽油机油是多级油。多级油的质量好坏，与采用何种黏度指数改进剂有关。国外在早期曾用聚异丁烯和聚甲基丙烯酸酯。聚异丁烯的剪切稳定指数尚好，但低温性能最差，到80年代后已逐渐被淘汰。聚甲基丙烯酸酯低温性能最好，增稠能力还可以，而抗剪切稳定性及热稳定性能不理想，但仍是一种良好的黏度指数改进剂，一直保留至今。60年代以后，在国外发展起来的乙烯-丙烯共聚物和苯乙烯与丁二烯(或异戊二烯)的双烯共聚物，具有增稠能力好、剪切稳定性好与低温性能适中等特点。尤其是乙丙共聚物原料易得，价格较便宜，已成为70年代以后在内燃机油中使用较多的黏度指数改进剂。国外黏度指数改进剂一般占添加剂总量的20%左右的比例，如日本1993年为19.0%、1994年18.6%、1995年17.7%、1996年16.9%[35]，1998年美国的黏度指数改进剂的消耗量已占到添加剂总量的25%[36]。但总的来看，目前，黏度指数改进剂约占添加剂总量的20%。至于兼具分散性能的黏度指数改进剂，早在50年代后期就有品种，即聚甲基丙烯酸酯与有机含氮化物的共聚物。但当时并未广泛使用，原因是效果不够理想且价格较贵。70年代，国外为了适应多级内燃机油中要求，分散型黏度指数改进剂发展较快，特别是分散型乙丙共聚物和分散型聚甲基丙烯酸酯已得到广泛应用，使多级内燃机油的综合性能及经济效果更趋合理。

降凝剂在国外润滑油中使用较早，经过长期的应用实践，早期广泛使用的烷基萘与烷基酚已逐渐被聚甲基丙烯酸酯取代。80年代以后，虽然还有少量的烷基萘、醋酸乙烯酯-反丁烯二酸酯共聚物、烷基化聚苯乙烯等降凝剂，针对不同润滑油品的要求加以使用，但大多数国外油品中均使用了聚甲基丙烯酸酯，原因是其用量少、降凝效果好且颜色较浅。

抗氧剂是一个大的类型。工业润滑油，如汽轮机油于20年代就使用了单酚抗氧剂。在内燃机油中主要用二烷基二硫代磷酸锌盐，它兼具抗氧化、抗腐蚀与抗磨损的功能。而在工业润滑油品中主要使用屏蔽酚型、芳胺型抗氧剂及一些含硫氮杂环化合物的金属减活剂。矿物润滑油中多用屏蔽酚型，如2，6-二叔丁基对甲酚、2，6-二叔丁基酚及相对分子质量高的3，5-二叔丁基-4-羟基苯基异辛酸丙酯缩合物等；芳胺型则多用于合成润滑油、润滑脂和发动机油中，如二烷基二苯胺等。70年代以后，国外除在上述各类型抗氧剂的品种进行完善外，主要发展复合剂，并引入了金属减活剂。抗氧剂和金属减活剂复合后具有明显的增效作用，因为金属减活剂能降低金属及其离子在氧化过程中的催化作用，从而延长了油品的氧化诱导期。金属减活剂多为含硫化合物和有机杂环化合物，如苯并三氮唑类及噻二唑类衍生物和杂环化合物等，目前还正在开发新的化合物。不同类型抗氧剂复合使用后，使性能更为全面，经济性更佳。

极压抗磨剂和摩擦改进剂是一类化学活性比较强的有机化合物，如含氯、含硫或含磷的化合物，以及硼酸酯和有机钼化合物。作为单一的化合物，在国外一些油品中早有使用。50 年代，随着机械设备的更新、工作条件变得苛刻、更多的机械部位的应用，要求油品能在边界润滑条件下，减少机件间的磨损与摩擦，例如齿轮传动设备、重型动力设备及硬金属加工等。这一期间在极压抗磨剂方面，如氯化石蜡、各种磷酸酯及二硫化物等得到广泛采用。此外，还有一些机械设备的工作条件，则要求油品具有良好的润滑性(又称油性或摩擦改进性能)，如机床导轨、蜗轮蜗杆等传动方式，则要求添加剂具有抗磨损与降低摩擦系数的功能。这方面在国外用得较多的是硫化鲸鱼油，以及后来发展的各种硫化鲸鱼油代用品，还有各种含磷的酯类化合物、含硼化合物、二烷基二硫代磷酸钼及其胺盐等。70 年代以后，齿轮油中用量较大的极压抗磨剂类型趋向定型，氯化物由于遇水易产生腐蚀、破坏环境及有害健康，已从过去用的硫磷氯锌型添加剂被硫磷型添加剂取代，其中硫化异丁烯成为含硫主剂，而含磷添加剂方面则发展了各种酸性磷酸酯胺盐或硫代磷酸复酯胺盐。随着节能的要求，摩擦改进剂在 80 年代受到重视，在具有节能性能的油品中，绝大多数均采用了加入摩擦改进剂的办法，为了环保在 90 年代出现了无灰抗磨剂。润滑剂添加剂的发展历程见图 1-16[37] 及表 1-8[16]。

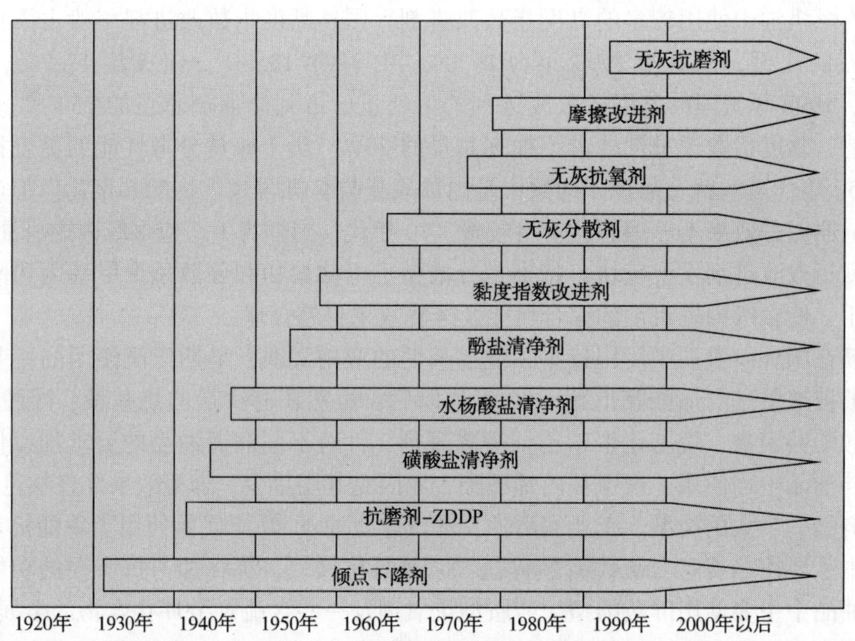

图 1-16　润滑剂添加剂的发展历程

表 1-8　润滑剂添加剂的发展历程

项目	应用	添加剂	注释
公元前	车轮建筑	动物脂肪，油 水	战车，马车 金字塔，搬运重型石头
1500 年	拔金属丝	蜡	金、银金属

续表

项目	应用	添加剂	注释
1750 年	工业	水	工业革命、冷却
1800 年	工业、金属加工液	水和无机物	防锈
1900 年	工业	磷、硫	氧化，耐磨防护脂
1920 年	金属加工液 汽车、发动机油	乳化剂 脂肪酸	可溶性油 减摩
1930 年	发动机油 齿轮	异构烷烃，聚甲基丙烯酸酯 铅皂	倾点下降剂 极压抗磨防护
1940 年	发动机油 发动机油 发动机油	羧酸钙 二硫代磷酸锌 磺酸盐、磷酸盐、酚盐	清净剂 抗磨/抗氧剂 清净剂、分散剂
1950 年	金属加工液 发动机油 发动机油	可溶性油 黏度指数改进剂 碱性磺酸盐 高碱值水杨酸盐	冷却能力 黏温特性改进剂 清净剂 分散剂、酸化、氧化控制
1970 年	工业	固体添加剂 磷酸盐玻璃体 氮化硼 碳氟化合物 低毒性 可生物降解	极压/磨损防护 像添加剂的特氟隆(聚四氟乙烯) 环境友好
1990 年	工业	低挥发性 食品级别 纳米材料	减少排放 食品加工/处理的安全 改善微观润滑

3.1.2 国外主要添加剂公司变化情况

到了 20 世纪 90 年代末，添加剂公司兼并和合并非常剧烈．如 Ethyl 公司先后收购了 Edwin Cooper、Amoco 和 Texaco 等公司的添加剂部分，在 20 世纪 70 年代末期还被排除在九个主要添加剂公司之外[38]，此时的销售额已跃至第 4 位[39]。到 2004 年 7 月，Ethyl 公司在添加剂中只经营四乙基铅的业务，其他添加剂业务全被 Afton Chemical(雅富顿化学)公司取代[40]。1995 年，Exxon 的 Paramins 添加剂部与 Shell 添加剂部各出资 50%组建了 Infineum (润英联)公司，以 Infineum 的商标销售添加剂，Infineum 在 1999 年初开始运转(营业)。RohMax 于 1996 年 7 月 1 日与美国罗门哈斯公司(American company Rohm and Haas)和德国的德国罗姆公司(Röhm GmbH)之间按 50/50 的股份组建了合资企业[41]。1998 年 1 月，RohMax 公司是德国罗姆公司(Darmstade，Germany)的全资子公司[42]。以 RohMax 管理在全世界的生产，后来又兼并了 SKW Trostberg 公司。Lubrizol 公司 1997 年兼并了美国南卡来纳州 Spartanburg 专门生产金属加工液和工业润滑油功能添加剂的 Gateway 添加剂公司；1998 年初兼并了德国汉堡专门生产金属加工液和工业润滑油专用添加剂的 Garl Backer 化学公司，拥有生产润滑油添加剂的先进技术。二者结合在一起组成了 Lubrizol 公司的一个金属加工液添加剂新部门。1999 年，克朗普顿(Crompton)完全与威特科(Witco)的联合。

Chevron 化学公司 Oronite 添加剂于 1998 年 9 月 30 日完全获得 Exxon 化学品 Paratone 烯烃共聚物(OCP)黏度指数改进剂(VII)的商业资产。购买包括 Paratone 的商标、专利和用于发动机油的 OCP VII 领域中的技术信息，Paratone 的商标的名字和配方，使 Oronite 立即构建起黏度指数改进剂市场的领导地位，大于 30%的市场份额，加强了它在汽车发动机润滑油添加剂商业上的战略计划。添加剂公司合资和合并前后情况见表 1-9。

表 1-9　国外公司合并或合资情况

公司收购或合资前		公司收购或合资后	
公司名称	商品牌号符号	公司名称	商品牌号符号
Lubrizol	Lubrizol、Anglamol	Lubrizol	Lubrizol、Anglamol、SYN-ESTER 、ADDCO、ALOX、BECROSAN、CONTRAM
Gateway			
Garl Backer			
Paramins	Paraflow、Paranox 等	Infineum	Infineum C、D、P、S、M、T、V、SV、F
Shell	SAP、Shellvis		
Chevron Oronite Co.	OLOA、OFA、OGA	Chevron Oronite Co.	OLOA、OFA、OGA、Paratone
Ethyl	Ethyl	Afton Chemical	Hitec　TecGARD BioTEC　Greenburn
Edwen Cooper	Hitec E		
Amoco	Amoco		
Texaco	TLA、TFA		
Polartectl			
RÖhm	Viscoplex	Evonik	Viscoplex Viscobase
Rohm& Haas	Acryloid、Plexol		
SKW Trostberg (Albricht & Wilson)	Empicryl		

3.1.3　全球润滑剂及添加剂的生产和消费情况[43~50]

润滑油市场的发展受到国家宏观经济形势以及交通运输、机械设备等行业的发展影响。全球独立润滑油供应商福斯集团(FUCHS PETROLUB SE)、《中国化工报》等发布的数据显示，2008 年全球润滑油需求量为 3600 万吨；受全球金融危机影响，2009 年全球润滑油需求量降至 3220 万吨；2016 年全球润滑油需求量迅速恢复至 3873 万吨。相关数据显示，2017 年全球润滑油的市场需求量达 4001 万吨(见图 1-17)，全球润滑油的消费结构较为稳定，车用润滑油是润滑油最主要的消费品种。由此可见，随着世界经济和燃料油消费的稳步增长，世界润滑油消耗量基本保持稳定。

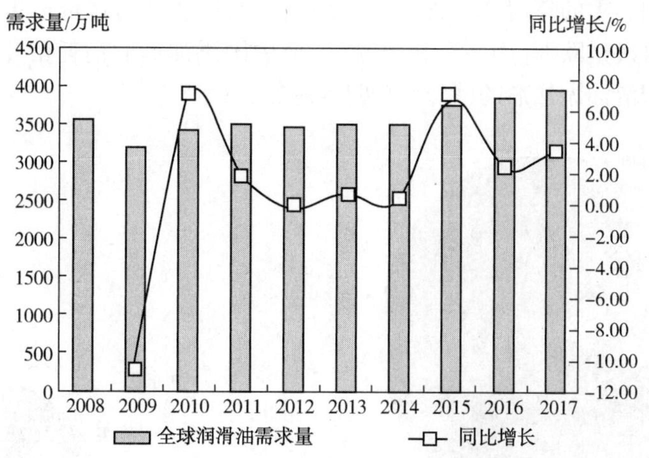

图 1-17 2008~2017 年全球润滑油需求量变化趋势图

全球润滑油的消费结构较为稳定，车用润滑油是润滑油最主要的消费品种。2016 年全球车用润滑油需求量占总需求量一半以上，达到 56%，工业润滑油约占润滑油总需求量的 44%(见图 1-18)。

润滑油市场的发展和需求量的变化总是随各地区市场成熟情况和经济发展阶段的不同而呈现不同特点，其中经济发达国家或地区的润滑油消费量远高于经济落后国家或地区。北美和欧洲是润滑油的主要产地和消费地，但近年来全球的润滑油行业产能及发展重心正在向以中国、印度为代表的亚太发展中国家转移，以中国、印度为代表的亚太发展中国家市场成为全球润滑油需求量增长最快的地区。亚太地区消费总量达到 44%，超过北美(25%)和欧洲(17%)消费之和(40%)，如图 1-19 所示。2017 年，中东占全球润滑油消费量的 4%~5%，大多数国家都是原油驱动的经济体，伊朗是该地区最大的润滑油消费国，其次是沙特阿拉伯和阿联酋(见图 1-20)。

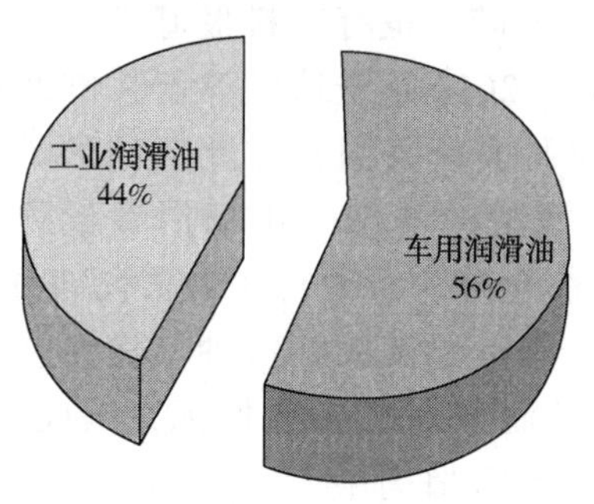

图 1-18 全球润滑油消费结构

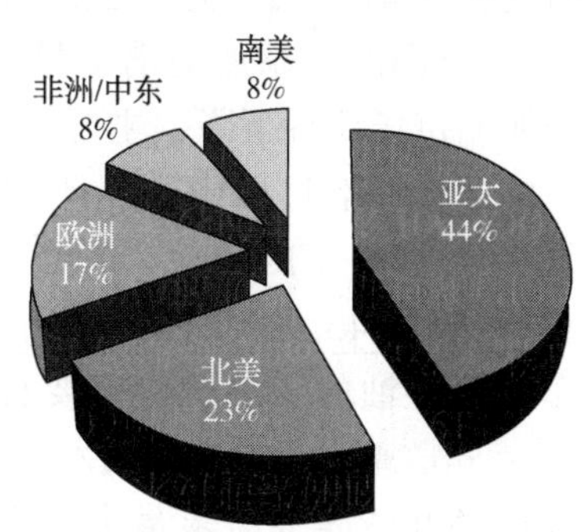

图 1-19 全球润滑油消费区域分布

自 2014 年下半年以来，油价下跌对基础油和单一添加剂的价格产生了重大影响。与 2014 年相比，单一添加剂的价格在 2015 年下降了 15%~20%。但是，DI 复合剂价格几乎没有受到影响，因为复合添加剂的成本中测试费用占了很大一部分。虽然原油价格在 2015~2018 年处在一个较低的水平，但贷款价格是稳定的。政府法规在过去对润滑油添加剂业务产生了重大影响，而且在未来可能仍然很重要，因为升级润滑油是提高燃油经济性和满足更严格的排放控制要求的努力的一部分。全球润滑剂添加剂消费量最多的地区是北美，其次是亚太地区，再次是欧洲(中、东和西欧)，而中国添加剂的消耗量几乎与欧洲相当。以下饼图显示世界润滑油添加剂的消费量(见图 1-21)。

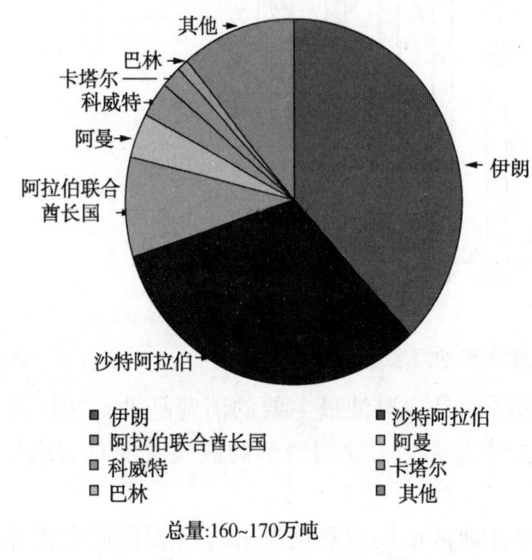

图 1-20　2017 年按国家划分的中东地区的成品润滑剂需求量

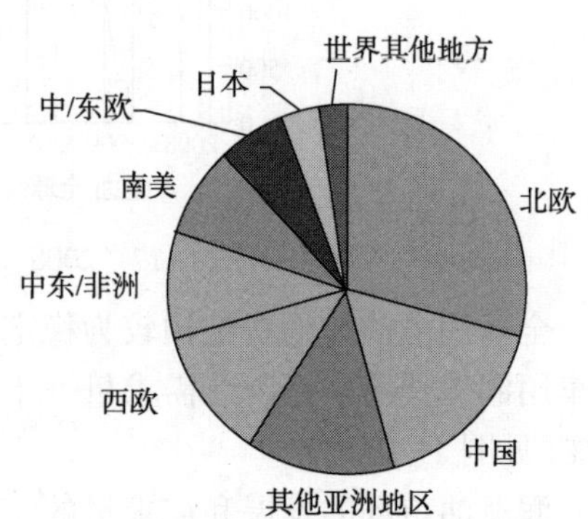

图 1-21　2018 年全球各地区润滑剂添加剂消费所占比例

克莱恩(Kline)公司资料显示，2010 年全球成品润滑剂消耗量为 3.46×10^7 t；添加剂消耗量为 3.7×10^6t，其价值约为 103 亿美元。在润滑剂添加剂中，分散剂、黏度指数改进剂(VII)和清净剂是使用量最大的 3 种添加剂，占添加剂总消耗量的 68%。其他类型的添加剂还包括腐蚀抑制剂、抗磨剂、乳化剂、摩擦改进剂(FM)、抗氧剂。全球润滑剂添加剂需求的复合年均增长率为 3.2%；2015 年，全球润滑剂添加剂需求量达 417 万吨。到 2018 年，全球润滑油添加剂消费量将达到 442 万吨。也有资料报道[51]，在此期间欧洲、北美添加剂市场出现下降，主要由于 2008 年至 2010 年全球经济衰退和 2011 年欧洲主权债务危机导致，不过以中国、印度为代表的亚太新兴国家在此期间的消费量快速增长，保证了全球供需的稳定。2018 年，全球润滑油添加剂市场消费量约为 442 万吨，市场规模达到 143 亿(见图 1-22)。由于目前全球润滑油行业需求大部分为车用润滑油，而车用润滑油的发动机油需要种类更多、质量更高的润滑油，需要在基础油中添加清净剂、分散剂和黏度指数改进剂等来提高润滑油的各项指标，因此，分散剂、黏度指数改进剂和清净剂需求最大。在各类润滑油添加剂中，分散剂、黏度指数改进剂、清净剂 3 大功能添加剂占添加剂总消耗量的 71%，其中分散剂占比最大，约占全球添加剂需求量的 25.1%；其次为黏度指数改进剂，约占全球添加剂需求量的 24.2%；清净剂约占全球添加剂需求量的 20.9%(见图 1-23)，与克莱恩(Kline)公司的资料基本一致。

全球不同类型润滑剂添加剂的需求增长情况见图 1-24。

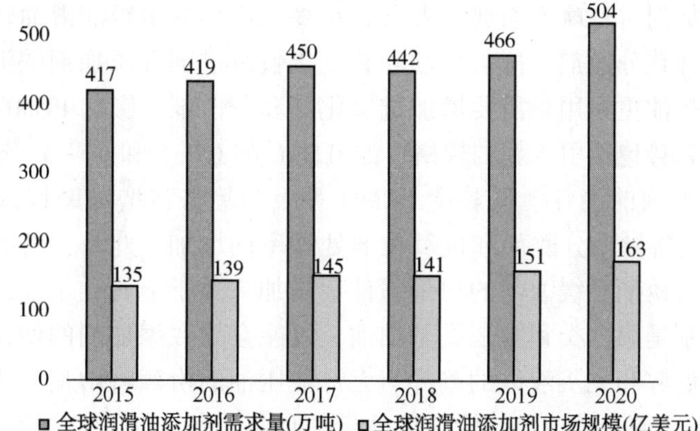

图 1-22　2015~2020 年全球润滑油添加剂市场规模及需求量

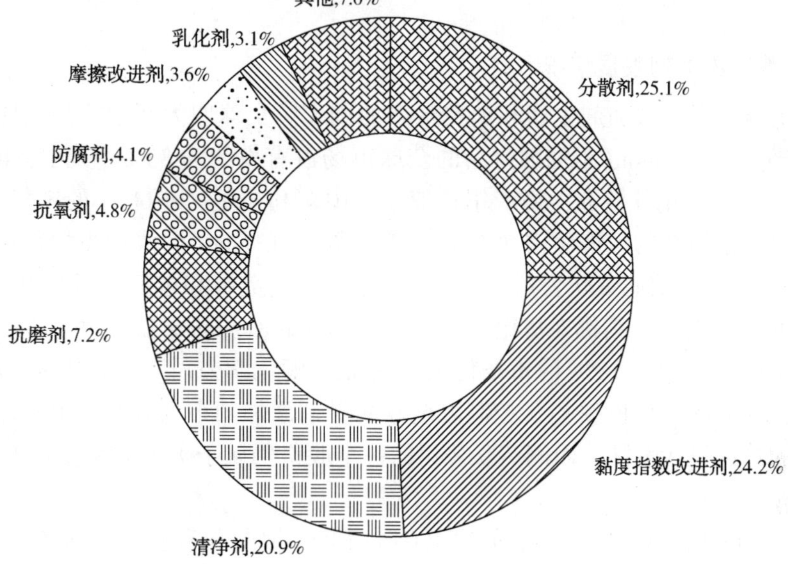

资料来源：　产业研究统垫层。

图 1-23　全球市场添加剂需求量结构

按润滑油类别计算，2012 年重负荷发动机油(HDMO)的添加剂消费量占全球需求的 33%，乘用车机油(PCMO)占 27%，其他汽车润滑油中的添加剂占 7%，金属加工液中的添加剂占 14%，工业机油占 13%，一般工业油占 4%。分散剂、黏度指数改进剂和清净剂是 2012 年总消费量的前三大功能类添加剂，其中分散剂占总消费量的 25%，黏度指数改进剂占 24%，清净剂占 21%。其次是抗磨剂 7%，抗氧化剂 5%，缓蚀剂和摩擦改性剂各占 4%，乳化剂 3%。与工业润滑油相比，PC-

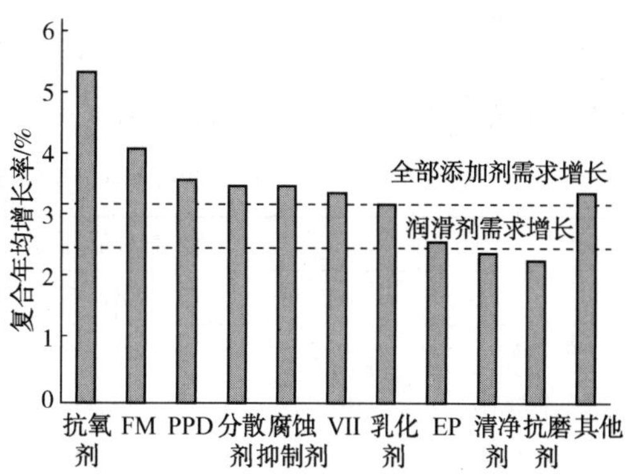

图 1-24　全球润滑剂添加剂需求增长

MO 和 HDMO 添加剂占全球添加剂总需求的 60%。产品从单级润滑油转向高性能的润滑油和多级润滑油会导致分散剂、抗氧化剂和黏度指数改进剂等添加剂的消耗增加。为了延长换油期，使发动机油更耐用，需要增加抗氧化剂和分散剂。影响 PCMO 配方和本产品类别中添加剂需求的趋势包括引入新的规格，如 ILSAC 的 GF-5 和 GF-6，这将增加抗氧化剂和摩擦改进剂等添加剂的消耗。低黏度 PCMO 等级的趋势将增加摩擦改性剂的使用，延长 PCMO 的排放间隔将导致分散剂和抗氧化剂处理率的增加。此外，随着使用乙醇的柔性燃料车辆的使用，防锈剂和缓蚀剂的用量预计会增加。关于金属加工液，更多地使用石蜡基材料的趋势，特别是第二类和第三类基础油，可能会导致添加剂的使用发生一些变化。在液压油方面，有低锌和无灰液体的趋势。无锌液压油的份额将增长，从 2012 年的 7%上升到 2017 年的 12%。而全球成品润滑油消费量估计将以每年 1.7%的速度增长，全球润滑油添加剂消费量预计将以每年 2.2%的速度增长，从 2012 年的 400 万吨增至 2017 年的 450 万吨[52]。

3.1.4 美国添加剂发展情况

美国是全球润滑剂添加剂生产和消费最多的国家。全球四大石油添加剂跨国公司路博润公司[Lubrizol Corporation(添加剂产品的全球市场占有率约为 33%，其中，40%左右的添加剂销往北美，30% 销往欧洲，30% 销往亚太、中东和拉美。2011 年的销售额为 61 亿美元，其中路博润添加剂的销售额占 72%)]、润英联[Infineum(润滑油添加剂产品占全球市场份额 20% 左右，目前润英联公司在欧洲、拉丁美洲、美国和包括中国在内的亚太地区以及中东拥有生产装置)]、雪佛龙奥伦耐[Chevron Oronite Company LLC(美国第三大润滑油添加剂生产和供应商，拥有 18% 的市场份额)]和雅富顿化学公司[Afton Chemical Corporation(在美国拥有 16% 的市场份额)]，控制着全球润滑剂添加剂市场 85%~90%的份额[52]。其中 3 家公司的总部设在美国，而润英联公司的一半股份仍属于美国的埃克森美孚公司(ExxonMobil)。

美国 2012 年润滑剂添加剂需求量达 1.046×10^6 t，其中沉积控制添加剂(deposit control additives)所占比例为 36%，黏度指数改进剂、抗磨和极压添加剂、摩擦改进剂所占比例分别为 23%、11%、8%，其他添加剂所占比例为 22%。预计能够延长润滑剂使用寿命或提高燃料经济性的添加剂，如抗氧剂和摩擦改进剂的需求将会强劲增长，而抗磨剂和极压剂等因含有潜在的不受欢迎的化学元素，其需求增长率将低于平均水平[53]。美国润滑剂添加剂需求情况见表 1-10[54]。

表 1-10 美国润滑剂添加剂的需求

项目	添加剂价值/亿美元			复合年均增长率/%	
	2007 年	2012 年	2017 年	2007~2012 年	2012~2017 年
总需求	25.25	31.25	38.60	4.4	4.3
汽车润滑剂	16.00	19.95	23.95	4.5	3.7
工业润滑剂	9.25	11.30	14.65	4.1	5.3

克莱恩公司统计显示，2012 年美国润滑剂需求量约为 8.0×10^6 t，比经济危机前的 2008

年下降 12%，其主要影响因素有汽车新销量减少、燃油价格逐渐攀升、车辆行驶里程减少、车辆换油周期加长、合成发动机油的应用以及全球经济衰退等[54]。美国润滑剂中添加剂的平均加剂量在 10%(质量分数)以上，是全球润滑剂中平均加剂量最多的国家。

3.1.5 欧洲添加剂发展情况[37]

欧盟已将其成员从 2005 年的 15 个国家到 2014 年扩大到 28 个国家。欧洲包括中/东欧和西欧。西欧是润滑剂生产和消费较发达的地区，由于经济危机的影响，其润滑剂需求增长缓慢；而中/东欧润滑剂需求量增长相对较快。

欧洲曲轴箱润滑油添加剂工业概况：石油添加剂工业是世界经济的重要经营部门，2014 年全球营业额约为 117 亿欧元，研发支出 6 亿欧元。该行业在全球拥有 12，000 名直接员工(3，800 名在欧洲)，在全球拥有 100 多个研发和制造基地(35 家在欧洲)。欧洲石油添加剂工业是主要的出口国。根据 Kline&Company 报告得出的估计值 142 万吨(比欧盟-28 发动机润滑油市场的估计值为 241 万吨要低)，其中 PCMO 为 62 万吨，HDEO 为 80 万吨。DACH 国家(德国、奥地利、瑞士)、英国和法国约占欧盟润滑油添加剂销售的 50%(见图 1-25)。

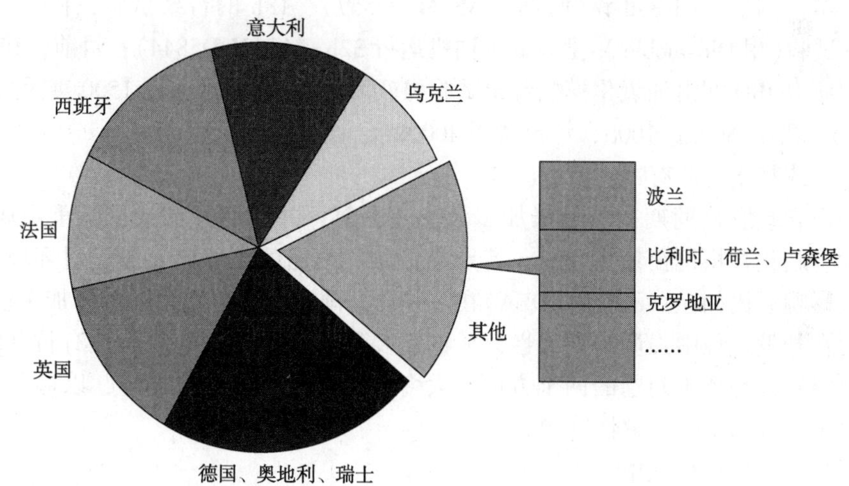

图 1-25 按国家分列的欧洲润滑油消费量(2014 年)

3.1.6 添加剂和基础油发展趋势

到 21 世纪初，环境法规要求汽车发动机的排放标准越来越严，汽车制造商为了达到这个要求，除了改进发动机外，对润滑剂也提出了新要求，因此对添加剂产生诸多影响。

1. 添加剂的发展趋势

润滑剂由基础油和添加剂组成，而基础油主要是矿物油，其次是合成油和环境要求的生物降解性好的基础油。含硫酸灰分、磷和硫的添加剂 SAPS(Sulphated Ash，Phosphorous and Sulphur)，在发动机油中已经引入相当严格的极限值。从而促使添加剂和基础油做相应的改变，所以添加剂有下列倾向[55]：

(1) 降低发动机油中的 SAPS。

在 2003 年下半年，对 SAPS 在发动机油中已经引入相当严格的极限值。2003 年末，

DaimleChrysler 已经引入高性能汽油发动机油的 MB 规格。2004 年中期和 2009 年，ILSAC 已经引入有燃料经济性的 GF-4 和 GF-5 两个规格的 SAPS 都比早期的汽车发动机油规格的含 SAPS 要求更低。在三大功能添加剂(清净剂、抗氧抗腐剂和分散剂)中，清净剂和抗氧抗腐剂都含有 SAPS 等组分。为了满足新环境法规的排放要求，添加剂公司正进一步开发新配方技术，以降低 SAPS 含量，减少对后处理设备的潜在负面影响，特别是润滑油中的 SAPS 对用于后处理设备的催化剂中毒的可能性[56]。

(2) 通过模拟试验降低成本。

不管美国还是欧洲的汽油机油，质量等级每升级一次，相应的复合剂都在原有的基础上得到改进，或是调整了配方，或是用了新的添加剂来适应评定要求，比如 SJ 级汽油机油的高温氧化和低温油泥用程序ⅢE 和ⅤE 来评定，而 SL 级汽油机油则要用程序ⅢF 和程序ⅤG 来评定；又如 GF-3 的氧化试验用ⅢF 来评定，而 GF-4 的氧化试验的评定则用苛刻度相当于ⅢF 两倍的ⅢG 来取代ⅢF，后者的条件更苛刻，在复合剂中就需要更好(或更多)的抗氧剂和分散剂来满足。为了降低研究和开发成本，采用计算机模拟、分子设计和类似接近配方计划和试验的模拟试验。汽车工业认识到，好的模拟台架试验程序有助于降低发动机的试验成本。例如，用 Ball 锈蚀试验(ASTM D6557)、18h 的台架试验，在 2003 年代替了程序ⅡD 试验(用 Oldsmoble V 型 8 缸汽油机运行 32h，ASTM D5844)；目前，在 GF-5 汽油机油的程序 ROBO 润滑油氧化模拟台架试验(170℃，40h，评定费用 1500 美元)已经代替了程序ⅢGA 试验(150℃，100h，评定费用 40000 美元)[57]。

(3) 限制或禁止一些有毒物质的应用。

广大用户和政府长期期待从金属加工液中除去氯，并预期降低或排除重金属，如铅、钙、钼和汞。胺化合物也在禁止之中，特别是仲胺、致癌的正亚硝基胺，对环境、健康和安全有较大影响。比如，二乙醇胺(DEA)在一些欧洲国家已经禁止用于金属加工液。另外，添加剂公司在开发过程中强调早期毒性试验的重要性。毒性试验的复杂性有目共睹，水生毒性和生物降解性是评价问题的两个方面。大多数地区鼓励废油再循环，以避免与废油处理有关的水生毒性和生物降解性问题。

(4) 倾向全球发动机规格。

添加剂公司必须找到新的销售渠道，并发展与供应商的联盟，减少重复试验，推动全球规格标准的适当简化，以及发展与 OEM、润滑油和添加剂公司之间真正的合伙组织。特别是 OEM 工业认为，在欧洲和美国(Ford，Volvo，Jaguar，Renault，Nissan，Mercedes，Chrysler 等)已经开始倾向于全球发动机规格。

通用汽车公司(GM)在支持 ILSAC GF 系列规格的同时，一直致力于为自己车型开发全球统一发动机油规格。其主要理由是：GF 规格主要针对北美和日本生产车型，而欧洲市场则主要使用 ACEA 和 OEM 的规格。通用汽车公司认为，对于全球拥有 18 个发动机制造工厂 20 多种不同规格发动机的通用来说，多种发动机油规格导致了大量重复测试。

通用汽车公司推出全球统一的轻型车发动机油规格 dexos，由 dexos 1 和 dexos 2 两个规格组成，其中 dexos 1 将用于全球 2011 年款汽油轿车(欧洲除外)，2010 年 3~4 月用于初装油，2010 年 8~9 月将用于服务油。dexos 2 将用于欧洲有大量柴油车市场的所有轻型车，已于 2009 年 3~4 月用于初装油，2009 年 8~9 月用于服务油[58]。而 dexos 1 比 GF-4 规格所有性能都有所提高，对 GF-5 规格除了排放系统的耐久性、燃料经济性和 E85 乳化防护三项外，其他的性能都得到了改善，详见图 1-26。

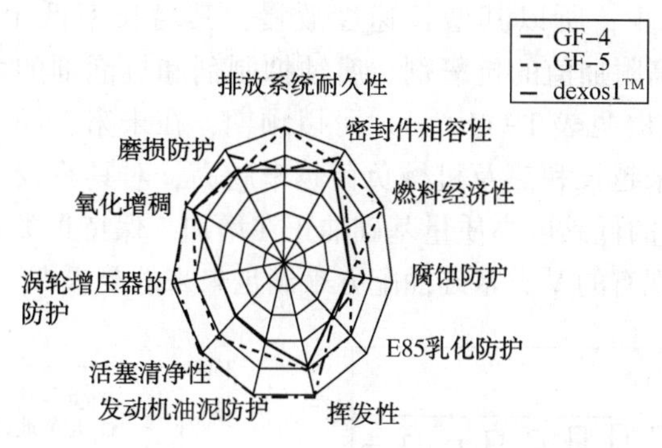

图 1-26　dexos 1 与 GF-4 和 GF-5 的性能比较

（5）纳米润滑技术的发展。

纳米技术已同信息技术、生物技术一并被认为是未来最重要、最核心的三大技术。为占有纳米技术和纳米材料的领域，包括美国、欧洲和日本等 30 多个发达国家制订了自己的发展计划，并且开展了纳米技术科技活动。纳米润滑材料由纳米添加剂、基础油和其他功能添加剂组成，被认为是值得重视的纳米材料之一。目前，从有关纳米技术的报道和申请的专利来看，纳米润滑添加剂主要集中在新品种、制备工艺、复合作用和润滑机理等方面的研究[59]。纳米颗粒不同于微米颗粒，粒度的变化影响了添加剂的结构和性能。比如，天然的二硫化钼结构是钼和硫原子相互交替层的六边形结晶，在结晶结构中，双层的硫原子（阴离子）呈现在每层钼（阳离子）之间。在双硫层内，弱的范德瓦尔斯力能够在剪切的时候进行滑动，二硫化钼既显示了优良的负荷承载能力又显示了低的摩擦系数，所以二硫化钼是优良的固体减摩剂。当二硫化钼粒度呈纳米原子团时，其结构发生了变化。研究发现，纳米原子团不是六边形的结晶结构，而是外形相当于三角形的，纳米二硫化钼呈现为具有催化剂功能和可能被用作碳氢化合物的脱硫催化剂[60]。又如，自然界的硼酸是不溶于矿物油和合成基础油的。过去，微米大小的粒子分散在矿物油基础油中仅仅能维持几周，因为重力的倾向使这些粒子沉淀出来。而纳米硼酸在矿物油基础油中可以稳定很长时间，而且是良好的固体减磨剂。纳米硼酸降低摩擦系数，从而形成了类似于二硫化钼和二硫化钨等固体润滑剂的成层结构。当应用于陶瓷和金属表面时，硼酸可以把摩擦系数降低到 0.02 和 0.1 之间[61]。

2. *基础油的发展趋势*

北美润滑剂工业应用基础油重要的转变是倾向于高质量产品，因为高质量产品可改善排放、扩大燃料经济性并能达到整体可靠性的要求。轿车发动机油带动了这个转变，但是它已经深入到其他产品范围，包括动力传动系统、重负荷和一些工业应用中。这些转变的关键结果之一是，提升了石蜡基基础油的质量，因为基础油代表每个产品配方的关键因素。如今已改变过去以Ⅰ类基础油为基础的状况，而用Ⅱ和Ⅲ类基础油，特别是欧美的比例更高，北美石蜡基基础油的生产能力和全世界Ⅲ类基础油供应情况参看图 1-27 和图 1-28[62]。因为Ⅱ、Ⅱ$^+$和Ⅲ类基础油提供的性能比Ⅰ类基础油好，包括低挥发性、高黏度指数、优良添加剂感受性、改善热及氧化稳定性和燃料经济性能力。这些Ⅱ类和Ⅲ类油有更好的分散性，生成油泥很少，因此能保持发动机更清洁。由于使用了Ⅱ类、Ⅱ⁺类和Ⅲ类基础油，添加沉积控制添加剂将减少，所以其增长速度放慢，其增长率低于平均增长率2%（只有1.8%）；一些用量小的高附加值的抗氧剂、腐蚀抑制剂和抗泡剂的增长则高于平均增长率2%，而达到2.5%~3.0%（见表1-11[63]）。可以预期，在未来，润滑剂热氧化稳定性要求越来越高，液体寿命越来越长和热及机械负荷越来越高，对具有较低黏度的润滑油的趋向将继续，满足OEM要求的低黏度高质量基础油正在增加。保持Ⅳ类和Ⅴ类高质量基础油的使用，主要挑战将是用现有的Ⅴ类基础油配方来满足未来的要求[64]。

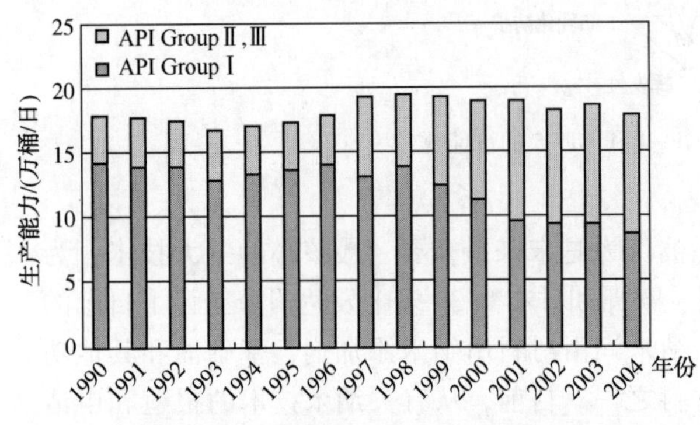

图1-27　北美石蜡基基础油生产能力

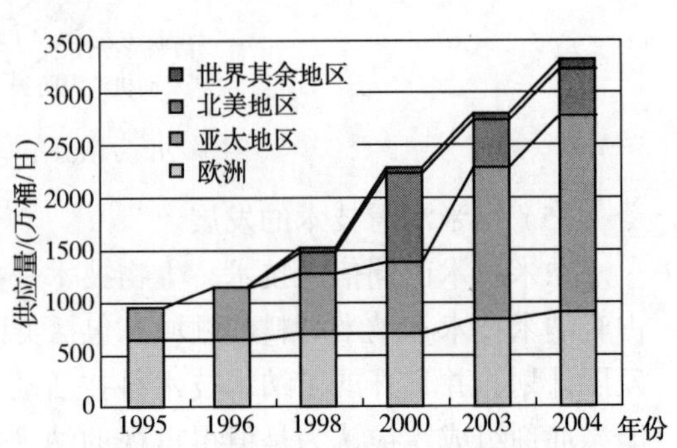

图1-28　全球Ⅲ类基础油的供应情况

表1-11　美国润滑剂添加剂需求

项目	1989年	1999年	2004年	2009年	年增长/%	
					1999/1989	2004/1999
成品润滑剂需求/(10^3m^3)	10098	10790	11139	11605	0.7	0.6
g/L（添加剂/润滑油）	68.3	79.1	77.9	77.9		
润滑剂添加剂需求/万吨	69.36	84.82	87.09	90.49	2.0	0.5
沉积控制添加剂/万吨	34.47	41.05	40.96	41.59	1.8	0.0
黏度改进剂/万吨	12.16	14.92	15.42	16.10	2.1	0.7
抗磨/极压剂/万吨	7.48	8.94	9.25	9.71	1.8	0.7
腐蚀抑制剂/万吨	4.22	5.40	5.90	6.31	2.5	1.8
抗氧剂/万吨	3.95	5.03	5.35	5.67	2.5	1.2
抗泡剂/万吨	2.27	3.04	3.36	3.63	3.0	2.0
倾点下降剂/万吨	1.23	1.63	1.68	1.77	2.9	0.5
其他添加剂/万吨	3.58	4.81	5.17	5.72	3.0	1.5
价格/(美元/吨)	1697.5	1851.9	1896.0	1940.1	0.9	0.5

3.1.7　发动机油添加剂遇到的挑战

新法律对排放控制更加严格——延长排气处理系统寿命和要求较大的燃料经济性。欧洲法规还要求油品有更好的环境兼容性、生物降解性、可再生性和降低环境毒性等。所以，对润滑油中的硫酸灰分、磷和硫，即 SAPS，新规格的极限值更低了。低的 SAPS 极限要求汽油机油需要重新配方。主要的添加剂制造商正在降降低 ZDDP 和清净剂两者的量，并且用较高的无灰抗氧剂、抗磨剂、分散剂和黏度改进剂来取代它们[56]。这些改变对添加剂在排放、ZDDP、提高燃料经济性、延长换油期、新润滑油规格、试验成本、逆向兼容性等 7 个方面提出了严重挑战[65]。

1. 排放

为了进一步改善环境污染，发达国家出台了更严格的汽油机排放法规。低 SAPS 含量的润滑油的配方技术非常复杂，开发成本相当高，要在市场上占更高的份额也需相当长的时间。因此，目前市场上低 SAPS 含量的润滑油还是比较少的，参见图 1-29。图 1-29 中列出的 4 个产品中实际上真正是低 SAPS 的只有 C1 和 Ford 934A 两个，而 2010 年 10 月 1 日生效的 GF-5 的磷和硫含量与 GF-4 一样，是处于中等 SAPS 水平的产品(见表 1-12)。

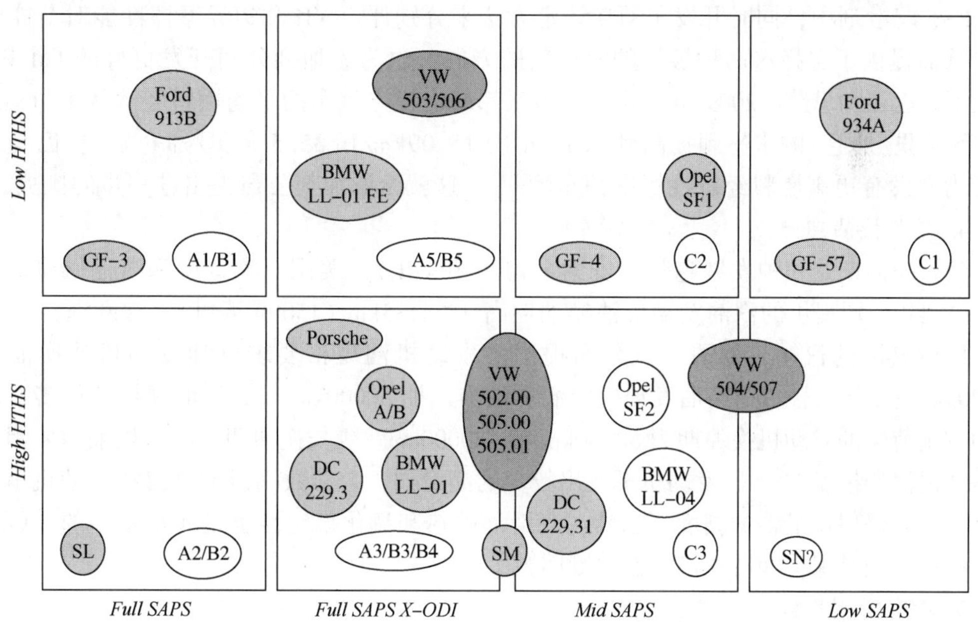

图 1-29 全球高和低 HTHS(高温高剪切)的含 SAPS 量的汽车的润滑剂情况

注：Low HTHS<3. 5mPa · s；High HTHS>3. 5mPa · s。

表 1-12 ACEA—2008 C 规格

参数	低 SAPS—C1	中 SAPS—C_2/C_3	介于二者之间 C_4	GF-5
硫酸灰分/%	≤0. 5	≤0. 8	≤0. 5	—
磷/%	≤0. 05	≥0. 070 ≤0. 090	≤0. 09	≤0. 08 ≥0. 08
硫/%	≤0. 2	≤0. 3	≤0. 2	0W 和 5W≤0. 5 10W-30≤0. 6

2. ZDDP

ZDDP 作为抗氧、抗磨和抗腐蚀等多功能于一身的历经半个多世纪的一种多效添加剂，同时含有 SAPS 元素，是限制和取代的对象。短时间内要在性能和成本两个方面同时取代它，是有一定难度的。目前，在减少 ZDDP 加剂量和降低最高磷含量限值的情况下．一般增加烷基二苯胺、位阻酚及有机钼化合物等添加剂的量[66]。另外一条途径是，用挥发性低的长链伯烷基 ZDDP 代替短链的仲烷基 ZDDP 来确保平均磷保持量最小 79%的要求(GF-5 的磷保持指标)[57]。

3. 燃料经济性

汽车燃油经济性是汽车的一个重要性能，也是每个拥有汽车的人最关心的指标之一。用低黏度的基础油加黏度指数改进剂(VII)和同时加摩擦改进剂(FM)配制多级发动机油，改善了油品的黏温性能，既降低了摩擦阻力又降低了摩擦，改善了汽车的燃料经济性。燃料经济性试验既受汽车润滑剂的黏度影响，又受润滑剂中摩擦改进剂的影响。这就需要能耐高温的效果好的 FM[67] 和 VII。目前的评定方法只能评定这二者的综合效益，在开发 GF-5 润滑剂中，同时开发了ⅥD 评定方法来分别评定 VII 和边界摩擦性能对节能的贡献，从而提供了选择这两种最好的添加剂的方向，也为添加剂公司开发更好的 FM 和 VII 提供了新途径和思路。2009 年 5 月，美国联邦政府提出汽车的平均燃料经济从 11.69km/L(27.5 英里/加仑)的水平到提高到 2016 年的 15.09km/L(35.5 英里/加仑)。奥巴马政府正着力开发有更高燃料经济性标准的车型[57]，这就给添加剂公司提出进一步的挑战。

4. 延长换油期

延长换油期是一种发展趋势。安索公司(AMSOIL)是美国一家老牌润滑油供应商，其 ExxonMobil 公司提供的汽油发动机油换油期高达 24135km (15000 英里)。在欧洲，对 2000 年和以后出厂的汽车，德国大众公司提出的发动机油规格要求汽油发动机油换油期为 30000km 或 2 年，轻负荷柴油发动机的润滑油换油期 50000km 或 2 年的规格。很多欧洲国家的重负荷柴油发动机换油期为 80000km 和 120000km。延长换油期的发动机油主要因素之一是润滑油的挥发度[68]。发动机挥发出较少的润滑油，大多数润滑油仍留在发动机里，并且较长时间仍保持最初的黏度。当然，润滑油的热和氧化稳定性也是非常重要的，所以耐高温的抗氧剂是保持润滑油稳定性关键因数。

5. 新润滑剂规格

API CJ-4 柴油机油规格已经出台，在出台前为了解决 2002 年 CI-4 油满足不了真正带废气循环 EGR 的发动机的要求，而出台了 CI-4$^+$柴油机油规格。几个 OEM(原始设备制造商)组织，如 Caterpillar 也规定了 CJ-4 以外的附加试验要求。当维持竞争润滑油换油期和不仅满足自然的 SAPS. 限制时，与 Cl-4 一致的最大挑战包括提供优质的磨损和腐蚀防护。CJ-4 的设计是用来满足润滑油对灰分、磷和硫限制的要求的。汽油机油的 GF-5 在 2009 年 10 月获得认可，于 2010 年 10 月 1 日生效持行。GF-5 关键问题之一是行业对磷含量的协议。当新发动机和较低排放技术被引入满足较高燃料经济性和较低排放规则时，这些发动机偏向于要求特殊添加剂技术。API SM 和 API CJ-4 新规格已经问世[69]，为满足美国石油学会(API) CK-4 、FA-4 标准的柴油机油已于 2016 年 12 月 1 日上市。API CK-4 、FA-4 必须通过 API CJ-4 现有的 7 个台架测试此外，针对氧化性能和空气释放性，还增加了 2 个台架测试，即 Cat C 13A 和 Volvo T13[70]。即将推出 GF-6[71,72] 新规格的润滑油，在燃料经济性、尾气排放和油品寿命方面都给添加剂提出了新的挑战(见图 1-30)。

6. 试验成本

引入 CI-4 和指导开发 GF-5 试验方法工作，增加了大量需要批准特殊汽车润滑剂配方的发动机试验成本。因为发动机台架试验是相当昂贵的，因此要开发一个配方的费用也是相当高的。因为 CI-4 类别包括 9 个发动机试验和 6 个模拟台架试验，通过设定的 CJ-4 润滑油发动机台架评定试验成本已经超过 60 万美元。而已经提出的 API CK-4 、FA-4，除了要通过 CJ-4 发动机试验外，还需增加了 Cat C 13A 和 Volvo T13[70] 两个新台架测试，试验成本大大增加。

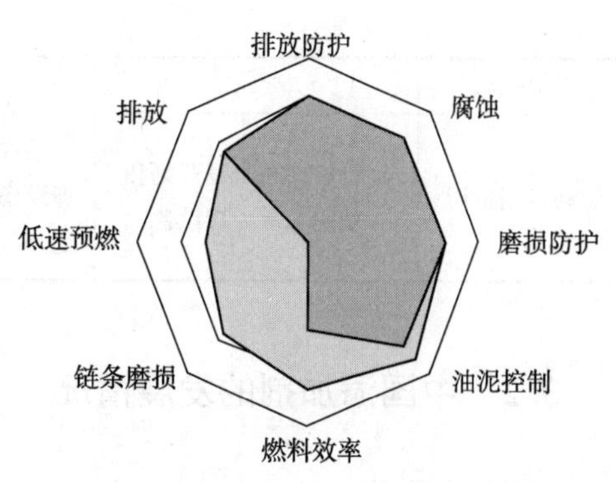

图 1-30 ILSAC GF-6 相对于 GF-5 的性能

7. 逆向兼容性

现代发动机的性能特征不同于老发动机，与老发动机比较，现代发动机所使用的发动机油可能要求不同的添加剂配方技术。但是现代发动机油规格，如 GF-4 和已经出现的 CJ-4在市场上需要全部应用现代发动机。逆向兼容性问题是一个难题。逆向兼容性的最好办法是，做野外行车试验，证明低 SAPS 的润滑油产品能够为老发动机提供良好的保护。新排放要求已经加强化学污染物的限制，限制导致配方的改变，配方的改变必须是逆向兼容性评价的技术。已经推出的 API CK-4 、FA-4 和即将推出的 API GF-6(GF-6A 和 GF-6B) 已经解决了这个问题，即 API CK-4 及 GF-6A 既可用于新开发的新的发动机，又可以逆向兼容；而 FA-4 和 GF-6B 只能用于新开发的新的发动机[70~72]。

实际上，汽车润滑剂生产者面临来自三大压力[73]：用户的压力—要求延长换油期；政府的压力—要求改善排放和燃料经济性；发动机制造厂的压力—设计运行条件越来越苛刻，同时要使用更敏感的二次处理设备。延长换油期意味着润滑油的质量要好和使用寿命要长；改善排放，要求排出的尾气中的氮氧化物、一氧化碳和固体颗粒要少，燃料经济性好，要求节能；发动机条件越来越苛刻，要求润滑油的热稳定性和氧化稳定性要好，使用二次处理设备的 EGR(Exhaust Gas Recirculation，废气再循环系统)必然要引起腐蚀酸的磨损和烟炱的增加，这就要求润滑油的中和性能和分散性能要提高。综合因素改变了对各种添加剂有关要求，润滑剂、添加剂生产者要研究出配方来满足更严格快速变化的规格要求。以上汽车润滑剂生产者面临的三大压力，实际上对添加剂提出了更高的要求。正因为这些压力的存在，推动了添加剂的向前发展。这些要求与添加剂关系见表 1-13。

表 1-13 各种要求与添加剂的关系

压力来源	要求	与添加剂的关系
用户	延长换油期	用合成油、半合成油或加氢裂解的基础油(Ⅱ类和Ⅲ类基础油)替换传统Ⅰ类基础油，加各种高质量的添加剂，来提高添加剂的负荷因素，才能保证润滑油的长寿命
政府	改善排放和燃料经济性	为适应排放要求，要低磷且抗磨性好的润滑油，这样除加少量 ZDDP 外还要加辅助抗磨剂才能达到，用低黏度的基础油加 VII 和摩擦改进剂

续表

压力来源	要求	与添加剂的关系
发动机制造厂	运行条件越来越苛刻和使用二次处理设备	条件越苛刻，要求添加剂的热稳定性、抗氧性和抗磨性要好，二次处理设备 EGR 必然引起腐蚀酸的磨损和烟炱的增加，要求质量好的清净剂和分散剂，来中和酸性物和分散大量的烟炱

3.2 中国添加剂的发展情况

3.2.1 概况

我国润滑油添加剂起步较晚，20 世纪 50 年代中期曾建成了一套烷基萘降凝剂小型工业装置。比较系统的开发研究是在 20 世纪 50 年代末期开始的。1963~1965 年在我国相继建成石油磺酸盐清净剂与二烷基二硫代磷酸锌盐抗氧抗腐剂(T202)的工业装置，从而使内燃机油使用的主要添加剂开始立足于国内。20 世纪 70 年代，硫磷化聚异丁烯钡盐(T108)、烷基水杨酸盐(T09)两种清净剂，聚 α-烯烃降凝剂(T803)、聚异丁烯(T603)与聚甲基丙烯酸酯黏度指数改进剂(T602)、酚型抗氧剂(T501)等分别进行了工业生产。此外一批防锈添加剂，如石油磺酸钡盐(T701)、二壬基萘磺酸钡盐(T705)、十二烯基丁二酸(T746)等也先后工业生产。上述添加剂的投产应用，使我国润滑油添加剂生产能力具有一定的规模，基本上适应了当时国内油品水平的需要。80 年代，国内组织了更多的人力进行添加剂新品种的开发研制；为了加快扩大添加剂生产能力，学习国外添加剂生产技术，特别在反应设备与监控方面的技术，这一期间也同时引进了合成磺酸盐与无灰分散剂的生产技术。到 80 年代末，我国润滑油添加剂生产能力已有相当规模，新开发并投入生产的新品种有硫化异丁烯和硫磷氮极压抗磨剂、金属减活剂、乙丙共聚物黏度指数改进剂、抗氧抗腐蚀剂系列品种，硫化酯类与含磷的油性剂、非硅型抗泡剂及抗乳化剂等。与 60 年代相比，国内润滑油添加剂品种构成也发生了很大变化，大体构成是：清净剂 46.7%、分散剂 15.0%、抗氧剂(含抗氧抗腐剂)11.5%、黏度指数改进剂 13.5%、降凝剂 7.0%、其他剂(极压抗腐剂、防锈剂等)6.3%。到 90 年代，发展了各种有机钼盐摩擦改进剂、烷基二苯胺和高分子酚高温抗氧剂应用于工业及内燃机油中。到 21 世纪，各种纳米添加剂出现，已经开始应用于润滑油中。在销售添加剂类型上，从过去以销售单剂为主逐渐过渡到销售复合剂的阶段上。目前在主要添加剂品种上与国外相当，但在质量上还有一定差距[74]。

3.2.2 中国润滑油及添加剂的增长情况

近些年，随着我国汽车、工程机械、电力、钢铁、机床行业的快速增长，装备技术的不断提升，我国润滑油需求量持续增长，我国已成为全球第二大润滑油市场。自 2008 年以来，中国润滑油需求呈先增长后下降趋势。2017 年，我国润滑油表观消费量为 673.9 万吨，同比增长 12.9%，如图 1-31 所示[75]。

进入 21 世纪，中国润滑剂添加剂产量和质量继续提高。2007 年，中国生产润滑剂添加剂约 15 万吨，与 20 世纪 90 年代中期相比，产量几乎增加一倍；润滑剂添加剂产品结构也出现了变化。2018 年国内添加剂生产量 22 万吨左右，其中分散剂 6.8 万吨，占 30.9%，清

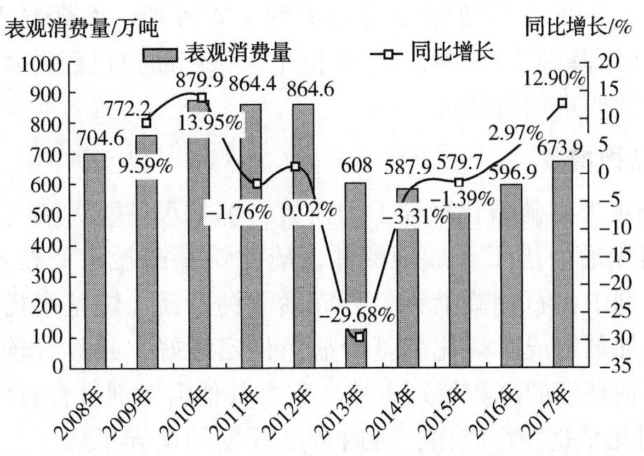

图 1-31　2008～2017 年中国润滑油表观消费量

净剂 5.3 万吨，占 24.1%，黏度指数改进剂 5 万吨，占 22.7%，三项之和 77.7%(这个比例比国外高，国外一般在 70%左右)。进口添加剂约 28 万吨，大多数是复合剂。中国也出口约 5 万吨左右的添加剂，单剂和复合剂各占 50%，多数出口到中东和非洲，也有部分单剂卖给国外四大添加剂公司。2017 年，国内润滑油消耗量 673 万吨，添加剂消耗量 45 万吨，平均加入量已经超过 7%。进入 21 世纪，中国主要润滑剂添加剂比例构成发生了很大的变化。其中，分散剂比例从 16.9%增加到 31%左右，而清净剂比例则从 30%左右下降到 20%左右，从 21 世纪开始分散剂的比例首次超过了清净剂(见表 1-14[74])。

表 1-14　1995 年和 2018 年中国生产的润滑剂添加剂比例构成

项目	添加剂所占比例/%		
	1995 年	2007 年	2018 年
清净剂	30.3	20.9	24.1
分散剂	16.9	31.2	30.9
抗氧剂(包括 ZDDP)	16.2	11.9	11.9
黏度指数改进剂	18.7	12.1	22.7

3.2.3　添加剂结构组成的变化

添加剂的结构发生了很大的变化：一方面是添加剂本身的质量在不断提高；另一方面是添加剂的组成发生了较大的变化，低档的添加剂品种的产量在减少直至淘汰，而高档添加剂品种的产量在增加。1985 年，清净剂和分散剂占添加剂总量的 54.3%，其中低档的硫代磷酸盐(T108 和 T108A)就占了 36.9%(占清净剂和分散剂总量的 67.8%)，当时国内硫磷化聚异丁烯钡盐在清净剂中占了主导地位。因此，在润滑油配方中大多以硫磷化聚异丁烯钡盐为主。而到 1995 年下降到 10.7%，到 20 世纪末该产品已经淘汰。高档的磺酸盐和烷基水杨酸盐的比例，同期从 17%增加到 43.4%。在清净剂和分散剂中是以磺酸盐、烷基水杨酸盐、硫化烷基酚盐和聚异丁烯丁二酰亚胺分散剂等品种为主组成的。特别应该提出的是，无灰分散剂的比例从 1985 年不到 1%的量到 1995 年增加到 16.9%，到 2018 年增加到 30.9%，这对内燃机油质量的提高起到了关键性的作用。另外，当时黏度指数改进剂中的品种主要是聚异丁烯，1995 年黏度指数改进剂约 1.4 万吨，而聚异丁烯就占了 1.3 万吨，约占 90%，到 1998 年下降到 2300 吨，到 20 世纪末该产品也已经淘汰，由乙丙共聚物和聚甲基丙烯酸酯黏度指数改进剂所取代。

3.2.4　添加剂品种增多

1980 年的清净剂主要由硫磷化聚异丁烯钡盐、烷基水杨酸钙和石油磺酸钙组成。自 80 年代中期起，从美国先后引进了合成磺酸盐、硫化烷基酚盐生产技术后，目前，低、中、高和超高碱值的清净剂中由石油磺酸钙、合成磺酸钙及镁、烷基水杨酸钙及镁、环烷酸钙和硫化烷基酚钙等添加剂组成。硫化烷基酚盐热稳定性好，并具有较好的抗氧抗腐性，对解决增压柴油机活塞顶环槽的沉积特别有效，它与其他清净剂复合有增效作用。

1980 年的分散剂几乎是一个空白，国内自己开发的聚异丁烯丁二酰亚胺无灰分散剂刚刚试生产，产量很少。通过自己开发和引进生产技术，已能生产一系列的单、双和多聚异丁烯丁二酰亚胺无灰分散剂等 10 来个系列产品，而且还有硼化的多功能的分散剂；到 90 年代后期，又增加了聚异丁烯丁二酸酯和高分子无灰分散剂。高分子无灰分散剂的高低温的分散性都很好，在高档汽油机油中解决黑油泥问题比较有效。

1980 年的抗氧抗腐剂只有丁、辛醇基二硫代磷酸锌，逐渐发展了热稳定性好的既可用于增压柴油机油，又可用于抗磨液压油的长链双辛醇基二硫代磷酸锌。抗磨性和抗乳化好的用于抗磨液压油的伯、仲醇混合基的二硫代磷酸锌，抗氧抗腐性和抗磨性能特别好、可有效解决发动机凸轮和挺杆的磨损和腐蚀、适用于高档汽油机油的仲醇基二烷基二硫代磷酸锌。目前抗氧抗腐剂已经发展到 10 来个系列产品。

在极压抗磨剂中发展了用于硫磷型齿轮油的含硫和含磷极压抗磨剂。硫化异丁烯颜色浅、油溶性好、硫含量高、极压抗磨性和抗冲击负荷性能好的特点，是硫磷型齿轮油中必用的含硫主剂，国内 20 世纪 70 年代就已经开发出来了，由于环保问题，直到 90 年代才开始稳定地工业化生产；单元素含磷极压抗磨剂也从只有亚磷酸二丁酯和磷酸三甲酚酯的基础上，发展了磷-氮剂、硫-磷剂、硫-磷-氮剂和硫-磷-氮-硼剂等含双元素和多元素的极压抗磨剂系列产品，为开发高档的工业齿轮油和车辆齿轮油打下了牢固的基础。

抗氧剂发展了能耐高温的可应用于汽车及工业润滑油中的无灰型的烷基二苯胺型及酯型 3，5-二叔丁基-4-羟基苯基丙酸酯等高温抗氧剂。

在黏度指数改进剂方面，20 世纪 80 年代初期聚异丁烯占主导地位，只有少量的聚甲基丙烯酸酯。目前发展到以乙丙共聚物为主，同时还开发了具有分散性的乙丙共聚物和聚甲基丙烯酸酯，不但可以用于内燃机油，改善多级油的低温黏度，而且还可以用于齿轮油和自动传动液。

降凝剂除已经生产的烷基萘和聚 α-烯烃降凝剂外，20 世纪 90 年代还开发了由 α-烯烃、马来酐和脂肪胺共聚的降凝剂和苯乙烯-富马酸酯共聚物降凝剂。特别是聚 α-烯烃降凝剂，是我国自己开发的高效浅色降凝剂，到目前为止国外还没有同类的工业产品。它的颜色浅、效果好，可适用于各种润滑油中，其效果与 PMA 相当，但价格比 PMA 便宜。

21 世纪又发展各种纳米添加剂，如纳米硼酸、纳米硼酸钙、纳米硼化稀土减摩剂等。

3.2.5　助剂的发展

国外对助剂的开发非常重视，助剂的用量虽然不多，但起的作用很大，国外对助剂也很保密，一般化合物的名称不公开，而是一些代号，甚至索取样品也比较困难。国内在80年代加强了对添加剂的助剂的发展，如金属减活剂开发了苯三唑型衍生物、噻二唑型衍生物和杂环化合物等系列产品；抗泡剂开发了硅系列、非硅系列和复合抗泡剂系列产品；铜盐抗氧剂和胺与环氧乙烷缩合物、环氧乙烷/环氧丙烷嵌段共聚醚高分子化合物和改性聚醚高分子物抗乳化剂等就是在这个时期开发出来的。

3.2.6 复合添加剂的发展

在90年代以前，国内几乎全是销售单剂，经过几个五年计划的攻关后，复合剂从零开始，配方技术也在逐步提高，现在已经发展到几十个配方。已经研制出汽油机油、柴油机油、通用汽柴油机油、二冲程汽油机油、铁路内燃机油、船用柴油机油、抗磨液压油、工业齿轮油、车辆齿轮油、通用齿轮油以及工业润滑油中的压缩机油、导轨油和HL通用机床油、链条润滑油、涡轮蜗杆油、导热油、油膜轴承油、变压器油、汽轮机油等复合添加剂，2018年复合剂销售的比例达到添加剂总量的50%左右，基本上满足了工业发展的需要。

3.2.7 其他添加剂发展

除了开发以上复合添加剂外，还开发了石油化工、炼油厂设备和油田钻井等所需要的添加剂，如开发出石油化工及炼油厂设备的防腐、防垢的添加剂；加工中的防焦、阻聚、消泡、防催化剂的中毒等添加剂；循环冷却水的处理剂及纺织加工中的油剂以及钻井所用的抗乳化、降黏和密封剂等。解决了设备的锈蚀、结垢以及生产中产生聚合等副反应，延长了生产装置运转周期提高了产品质量。

3.2.8 21世纪添加剂的产量和质量继续提高

20世纪末期以后，在添加剂的质量不断提高和添加剂的产量逐渐增加的同时，加快淘汰低档添加剂产品（如硫磷化聚异丁烯钡盐清净剂和聚异丁烯黏度指数改进剂等产品）。由于添加剂的质量的提高，一些在中国的跨国润滑油公司也购买国产的添加剂。另外，国产的组分添加剂和复合添加剂还出口到东南亚、中东和非洲地区等一些国家，2018年出口添加剂达到5万吨，这也说明国内的添加剂的质量和价格还是有一定的竞争力的。

在汽车润滑油发动机评定方面也大幅度提高，汽油机油方面可评定SM级别和柴油机油达到CH-4的水平。相应也提高了国内开发发动机润滑油水平，汽油机油的质量水平已经达到SL级别以上和柴油机油已经达到CH-4级别以上水平。为适应国内润滑油增长的需求，添加剂的产量大幅度提高。据不完全统计，2018年国产添加剂约22万吨，比20世纪90年代中期的产量增加了2倍。国内较大的添加剂生产公司有无锡南方石油添加剂有限公司、锦州康泰润滑油添加剂公司、新乡市瑞丰新材料股份有限公司、上海海润添加剂有限公司、兰州石化添加剂厂等。

参考文献

[1] 黄文轩. 第一讲：石油添加剂的分类[J]. 石油商技，2015，33(4)：93-96.

[2] 中国石油化工集团公司科技部. 石油产品行业标准汇编2016 [M]. 北京：中国石化出版社，2017：568-571.

[3] Dr M W Ranney. Lubricant Additives[M]. NJ：Noyes Data Corporation，1973：1-292.

[4] 樱井俊南．石油产品添加剂[M]．北京：石油工业出版社，1978：1-562.
[5] 库利叶夫．润滑油和燃料油添加剂化学和工艺[M]．北京：石油工业出版社，1978：1-307.
[6] Leslie. R. Rndnick. Lubricant additives chemistry and application [M]. New York : Marcel Dekker, Inc, 2003：1-734.
[7] 张景河．现代润滑油与燃料添加剂[M]．北京：中国石化出版社，1991：10-11.
[8] 黄文轩．润滑剂添加剂性质及应用[M]．北京：中国石化出版社，2012：644-646.
[9] 王基铭．石油炼制辞典[M]．北京：中国石化出版社，2013：269-291.
[10] Noria Corporation. Lubricant Additives - A Practical Guide. https：//www. machinerylubrication. com/Read/31107/oil-lubricant-additives.
[11] Muhannad A. R. Mohammed. Effect of Additives on the Properties of Different Types of Greases[R/OL]. https：//www. iasj. net/iasj? func=fulltext&aId=77665c.
[12] P·贝歇尔．乳状液理论与实践[M]．傅鹰，译．北京：科学出版社，1964：78.
[13] 候芙生．中国炼油技术[M]．3版．北京：中国石化出版社，2011：703.
[14] J D Burrington, J R Johnson, J K Pudelski. Challenges in Detergents and Dispersants for Engine oils[J]. Chapter from book Practical Advances in Petroleum Processing：579-595, https：//www. researchgate. net/publication/225244054_ Challenges_ in_ Detergents_ and_ Dispersants_ for_ Engine_ Oils.
[15] Noria Corporation. Lubricant Additives - A Practical Guide. https：//www. machinerylubrication. com/Read/31107/oil-lubricant-additives.
[16] Leslie R Rudnick. Lubricant additives chemistry and application[M]. Third Edition . New York：Marcel Dekker Inc, 2017：25-476.
[17] 张镜诚、仲伯禹．T551(C-20)、T561(R3)金属减活剂．国家"七·五"重点科技攻关润滑油攻关论文集(内部资料)，1992：561-574.
[18] Shawn A McCarthy. The future of heavy duty diesel engine oils[J]. Tribology & Lubrication Technology, 70(10)：2014：38-50.
[19] Nehal S Ahmed, Amal M Nassar . Lubricating Oil Additives[J]. Tribology-Lubricants and Lubrication, 2011：249-268, [EB/OL]. 2015-06-01. http：//www. intechopen. com/books/tribology-lubricants-and-lubrication/lubricating-oil-additives.
[20] 张广林，王国良．炼油助剂应用手册[M]．北京：中国石化出版社，2003：202.
[21] Lubricant Additives：Use and Benefits. 2017 ATC (Additive Technical Committee). https：//www. atc-europe. org/public/ATC-TF-DOC-118-Presentation-website. pdf.
[22] 黄文轩．八十年代节能润滑剂——硼酸盐[J]．石油炼制，1985(9)：37-41.
[23] Chinas-Castillo F, Spikes H A. Film Formation by Colloidal Overbased Detergents in Lubricated Contacts[J]. Tribology Transactions, 2000, 43(3)：357-366.
[24] Tom Oleksiak, Jennifer Ineman, Joe Schultz, Monica Ford & Kevin Hughes. Emulsifiers 201-Analyzing performance with surface science[J]. Tribology & Lubrication Technology, 2014(9)：24-33.
[25] Jennifer Ineman, Joe Schultz. Who says oil and water do not mix? [J]. Tribology & Lubrication Technology, 2013, 69(9)：32-38.
[26] Exxon Company. Additives：Their Role in Industrial Lubrication[G]. 1973：20.
[27] Leslie R Rudnick. Lubricant additives chemistry and application(Second Edition)[M]. New York：Marcel Dekker Inc, 2008：357-500.
[28] 张文杰，何红波，洛长征．金属加工液微生物及其控制方法[J]．合成润滑材料，1999(3)：1-3.
[29] 樱井俊南．石油产品添加剂[M]．吴绍祖，刘志泉，周岳峰，译．北京：石油工业出版社，

1978：519.
[30] Lubrizol Corporation. Ready Reference for Lubricant and fuel Performance[R]. 1988：24-27.
[31] T. V. リストン(石井一美译). エンジ油添加剂の種類と機能．トライボロジスト[J]. 1995，40(4)：280-285.
[32] Debbie Sniderman. The chemistry and function of lubricant additives [J] . Tribology & Lubrication Technology，2017，(11)：18-28.
[33] 卢成锹．论我国的润滑油市场[M]. 卢成锹科技论文选集，北京：中国石化出版社，2001：221-231.
[34] 吕兆歧．近年来国内外润滑油市场[J]. 润滑油，1994，(3)：1-6.
[35] ファイソケミカル年鉴[G]，1998 年版．
[36] Kayhryn Carnes. Lube Additives Hold Steady[J]. Lubricants World，2001，11(8)：Refined-product Additives. Add-10~Add-12.
[37] Joerg Wilmink，et al. Lubricant Additives：Use and Benefits. Introducing ATC Document 118，
[38] 石油化工科学研究院赴美考察组．赴美润滑油添加剂及油品评定考察报告[R]. 1980.
[39] Katherine Bui. Market Share and Market Demand. Tomorrow's Chemistries Today Supplement [J]. Lubricants World，2000，10(7)：AS-2-AS-4.
[40] Afton Chemical. From A Passion For Solution …A History of Success[J]. Lubricants World，July/August 2004，IBC.
[41] Tim Cornitius. Additive Trends[J]. Lubricants World，1998，11：24-29.
[42] RohMax. Viscometrics World Solutions[G]. Printed in China.
[43] Geeta Agashe. Global Lubricant Additives Market[EB/OL]. 2011-09-19，http：//blogs. klinegroup. com/2011/09/19/global-lubricant-additives-market/.
[44] 黄文轩．全球润滑剂添加剂发展情况和趋势[J]. 石油商技，2014，32(1)：10-18.
[45] 黄文轩．第三讲：全球润滑剂添加剂的发展情况[J]. 石油商技，2015，33(6)：86-93.
[46] Global Lubricant Additive Consumption to Reach 4. 5 Million Tons by 2017. http：//www. lubrita. com/news/148/671/Global-Lubricant-Additive-Consumption-to-Reach-4-5-Million-Tons-by-2017/.
[47] Hart Energy. LUBRICANTS & ADDITIVES [R/OL]. 2012 - 01 - 01，http：//www. tabpi. org/2012/ssh2. pdf.
[48] 前瞻产业研究院．2018 年全球润滑油行业现状及发展趋势分析 环保节能是产品发展方向．https：//bg. qianzhan. com/trends/detail/506/180201-f3e6ed5d. html.
[49] Sushmita Dutta. Middle east lubricant suppliers seak market diversification[J]. Tribology & lubrication technology，December，2018：18-20.
[50] HIS Markit. Lubricating Oil Additives。Specialty Chemicals Update Program，December 2018，https：//ihsmarkit. com/products/chemical-lubricating-oil-scup. html.
[51] 李佩娟．2018 年全球润滑油行业市场现状及发展趋势 亚太地区最有发展前景．前瞻产业研究院，2019-07-15，http：//www. qianzhan. com/analyst/detail/220/190711-2acc3d08. html.
[52] lubrita. Global Lubricant Additive Consumption to Reach 4. 5 Million Tons by 2017，http：//www. lubrita. com/news/148/671/Global-Lubricant-Additive-Consumption-to-Reach-4-5-Million-Tons-by-2017/.
[53] Freedonia Group. Lubricant Additives[R/OL]. 2015-09-01. http：//www. freedoniagroup. com/brochure/30xx/3020smwe. pdf.
[54] George Gill. US Lube Additives Demand to Grow [J/OL]. LUBE REPORT，2013，13 (18) http：//www. imakenews. com/lng/e_article002689316. cfm.

[55] Kathryn Carnes. Additive Trends[J]. Tribology & Lubrication Technology, September 2005: 32-40.

[56] David Whitby. Chemical limits in automotive engine oils[J]. Tribology & Lubrication Technology, January 2005: 64.

[57] Dr. Neil Canter. SPECIAL REPORT: Proper additive balance needed to meet GF-5[J]. Tribology & Lubrication Technology, September 2010: 10-18.

[58] 吴长城，高辉 . 2009 年及 2010 年美国最新内燃机油规格进展[J]. 润滑油，2010，25(6)：33-42.

[59] 冯克权，赵志强 . 纳米润滑添加剂研究状况和趋势[J]. 润滑油，2008(4)：12-16.

[60] Canter, N. Determining the Structure of Molybdenum Disulfide Nanoclusters[J]. Tribology and Lubrication Technology, 2007(5): 10-1.

[61] Dr. Neil Canter. Friction reducing characteristics of nano boric acid[J]. Trilobogy & Lubrication Technology, 2008(2): 10-11.

[62] H. Ernest Henderson. The North American Basestock Revolution[J]. Lubricants World, September/October 2004: 12-15.

[63] Kathryn Carnes. Lube Additives Hold Steady. Lubricants[J]. World Vol. 11, No8, September 2001, Refined-Product . Add 11-12.

[64] Jeanna Van Rensselar. 10 trends shaping tomorrow is tribology[J]. Trilobogy & Lubrication Technology, 2014 (2): 26-35.

[65] Dr. Neil Canter. Special Report: Additive challenges in meeting new automotive engine specifications[J]. Tribology & Lubrication Technology, September 2006: 10-19.

[66] GLENN A, MAZZAMARO. ILSAC GF-5 发动机油的开发——迟做总比不做好[J]. 石油商技，2007(5)：6-15.

[67] Bünemann, Thomas, Kenbeek, Dick Koen, Perry, Wald, Wai Nyin. Friction Modifiers for Automotive Applications-Rig Tests and Performance[J]. Lubricants World, November, 2002: 18-23.

[68] R. David Whitby. Volatility of engine oils[J]. Trilobogy & Lubrication Technology, 2005(10): 96.

[69] Standard Specification for Performance of Engine Oils[J]. Designation: ASTM D 4485-07.

[70] 吴章辉，何大礼，赵鹏，等 . 解读 API 柴油机油新标准 CK-4 和 FA-4[J]. 石油商技，2017(6)：45-49.

[71] Lubrizol. Coming Soon: New Gasoline and Diesel Motor Oil Specifications. ASPA Winter Meeting, December 2015 Tom Weyenberg, http: //aspalliance. org/wp-content/uploads/2014/10/Lubrizol-ASPA-9Dec2015-Handout. pdf.

[72] Jeanna Van Rensselar. Countdown to GF-6. [J]. Tribology & Lubrication Technology, August 2018: 31-38.

[73] Refined-Product Additives[J]. Lubricants World, 2001, 11(8) : Refined-product Additives. Add-4.

[74] 黄文轩 . 润滑剂添加剂性质及应用[M]. 北京：中国石化出版社，2012：1-19.

[75] 陈晨 . 2018 年中国润滑油行业发展现状分析 汽车用润滑油市场需求前景光明 . 前瞻产业研究院，2018-05-23，https: //www. qianzhan. com/analyst/detail/220/180523-d457c84b. html.

第二章　润滑剂添加剂

第1节　清　净　剂

1.1　概况

清净剂(Detergent)是现代润滑剂的五大添加剂之一[1]，以前把清净剂和分散剂统称为清净分散剂，有时为了区别它们，把含金属的产品称为有灰清净分散剂，把不含金属的产品称为无灰清净分散剂[2]。目前，一些文献把这二者统称为沉积控制的添加剂(Deposit control additives)[3,4]。而清净剂和分散剂在润滑油中的作用还是有区别的，因此，在20世纪70年代以后把清净分散剂分别称为清净剂和分散剂两个品种。1934年，开特皮勒公司进一步提高了柴油机的功率，出现活塞环槽积炭增多和压缩的黏环等问题。美国于1943年发现加有油溶性脂肪酸或环烷酸等有机羧酸金属皂类的柴油机油可以解决黏环问题，于是借用一般水溶性肥皂具有"清净性"这一术语，取名这类油溶性金属皂为清净剂。

清净剂的研究是从金属皂开始的，从脂肪酸和环烷酸皂开始并盛行起来，由于天然产的脂肪酸制得的脂肪酸金属盐及环烷酸金属盐，多数又是润滑油氧化催化剂，于是代替上述的磺酸盐、酚盐和磷酸盐便出现了。清净剂发展到今天的成熟产品有磺酸盐(Sulfonates)、烷基酚盐(Alkylphenates)、硫化烷基酚盐(Sulfurized Alkylphenates)、硫代磷酸盐(Phosphonothiolate)、烷基水杨酸盐(Alkylsalicylates)和环烷酸盐(Naphthenates)等品种，这5类清净剂最初应用的都是中性盐。20世纪40代末和50年代初，伴随着高功率增压柴油机的日益增多和含硫燃料的增加，以及对清净剂中和作用机理的了解和认识的提高，各种清净剂开始向碱式盐或高碱性盐方向发展，50年代末期已经出现了碱值为250mgKOH/g的产品。目前，各种清净剂中高碱性的产品用量占大多数，碱值最高可达400~500mgKOH/g。超过75%的清净剂应用于汽油机油和柴油机油中，清净剂在汽车发动机油中添加量可达3%~15%，而在船用机油中含量会更高。总碱值(TBN)达到100的船用汽缸润滑油中加入的添加剂高达30%，其中大多数是清净剂。进入20世纪末期，环境法规要求汽车发动机的排放标准越来越严，汽车制造商为了达到这个要求，除了改进发动机外，对润滑剂也提出了新要求。2003年下半年，对含硫酸盐灰分、磷和硫的添加剂(SAPS)在引入发动机油中的含量已经有相当严格的极限值[5]。从而促使添加剂和基础油作相应地改变，而清净剂是一些含灰分很高的添加剂，有的还含有硫及磷(如磺酸盐、硫化烷基酚盐和硫代磷酸盐)，所以在汽车发动机油中受到一些限制。

1.2 清净剂的使用性能

清净剂基本结构是由油溶性的 A 部分、亲水基 C 部分及两者连接的极性基 B 部分组成的。A 部分的烃基的影响是随烃基链加长清净剂的分子极性降低，其清净性有所下降，但相应的油溶性变好，其稳定分散作用有所提高。在矿物油等无极性溶剂中，油溶性的 A 向外侧把极性基 C 聚集起来，形成胶束而溶解。连接部分极性基 B 为磺酸基、酚型羟基、水杨酸基、硫代磷酸或膦酸基等。一般来说，强极性的有机酸往往酸性也较强(如水杨酸)，在油中易形成多电荷的细小而稳定的胶团，在金属表面可形成强极性的双电层，故具有较好的清净作用。但其极化性能较差，不易受油中其他极性物质的影响，虽然抗水、抗乳化性能好，但是增溶及稳定分散作用较差。与此相对照，那些极性较弱而极化性能较好的有机酸(如磺酸)，在油中易形成少电荷的、较大的、不稳定的胶团，其清净作用差些，但其胶团很易受油中其他极性物质的作用而灵活地重新组合，可表现出较好的增溶及稳定分散作用。亲水基 C 为金属钙、镁、钠、钡、锂。因此，清净剂是典型的表面活性剂，其溶解状态对清净效果有着极重要的影响。实际上使用的清净剂是复杂的混合物，其缔合数较大地受金属种类、亲油基大小、溶媒的性质的影响，有的文献报道磺酸盐的缔合数为 50 以上。一般来说，酚盐比水杨酸盐的缔合数要小[6]。所以，清净剂的使用性能与清净剂的类型、皂含量多少和总碱值的大小有关，所有的清净剂都有中和酸、分散和增溶的作用，差别在于程度大小而已。磺酸盐还有防锈作用，烷基磷酸盐、烷基水杨酸盐和硫化烷基酚盐没有；而烷基磷酸盐、烷基水杨酸盐和硫化烷基酚盐有抗氧作用，磺酸盐没有。清净剂是有机酸的金属盐，成盐反应的金属量可以等于或超过完全中和酸所需要的量。当金属以化学计量存在时形成的中性盐，被称为中性清净剂，如金属是过量的，被称为碱性、过碱性或超碱性清净剂。清净剂在化学上是以金属比、硫酸盐灰分含量、过碱度、皂含量和总碱值来表示的。皂含量多少即中性盐的含量多少，一般正盐含量越高(稀释油就越少)，其效果就越好，总碱值表示清净剂中和酸能力的大小。

假设清净剂的化学式为$(RSO_3)_vCa_w(CO_3)_x(OH)_y$，并可以计算清净剂皂含量和总碱值。该分子式中的 v、w、x 和 y 分别表示磺酸基、钙原子、碳酸根和羟基数。此化学式金属比(每当量酸的金属总量数)等于 $2w/v$，系数 2 表示钙的二价性。对于一价的钠、钾和锂金属，金属比等于 w/v。过碱度或转化率是金属乘以 100，对一价金属等于$(w \cdot 100)/v$，对二价金属等于$(2w \cdot 100)/v$。中性清净剂或皂的转化率是 100，因为碱的当量和酸碱的当量比是 1，皂含量用式(2-1)来计算，对二价衍生物的磺酸盐、磷酸盐、二价金属衍生物的羧酸盐、烷基水杨酸盐和酚盐清净剂的总碱值可用式(2-2)来计算[7]：

$$皂含量=[(RSO_3)_2Ca]的化学式质量 \cdot 100/(有效化学式质量+稀释油) \quad (2-1)$$

$$总碱值(mgKOH/g)=\frac{2w \times 56100}{有效化学式重量+稀释油重量} \quad (2-2)$$

计算一价金属衍生的羧酸盐、烷基水杨酸盐和酚盐清净剂时，上式的分子为 $w \cdot 56100$。

清净剂一般与分散剂、抗氧抗腐剂复合，主要用于内燃机油(汽油机油、柴油机油、二冲程汽油机油、天然气发动机油、铁路机车用油、拖拉机发动机油和船用发动机油)，具有酸中和、洗涤、分散和增溶等四个方面的作用。

1.3　清净剂的作用

1.3.1　酸中和作用

多数清净剂具有碱值，有的呈高碱值，一般称这种碱值为总碱值(TBN)，TBN 表示中和酸的能力。不同金属盐的中和酸的能力是有差异的，碱性磺酸盐和磷酸盐清净剂属于强酸-强碱盐，只有清净剂的过碱部分，即碳酸盐和氢氧化物有中和酸的能力，而中性的磺酸盐和磷酸盐是皂，没有中和酸的能力。然而碱性羧酸盐、水杨酸盐和酚盐，属于强碱-弱酸盐，使它们成为路易斯碱(Lewis Bases)，不但过碱部分有中和能力，而且皂也有中和酸的能力。高碱值清净剂一般是将碳酸盐($CaCO_3$、$BaCO_3$、$MgCO_3$、Na_2CO_3、Li_2CO_3 等)和氢氧化金属[$Ca(OH)_2$、$Ba(OH)_2$、$Mg(OH)_2$、NaOH、LiOH] 等的超粒子状态的胶体分散在中性的金属型清净剂中。高碱性清净剂具有较大的碱储备，能够在使用过程中，持续地中和润滑油和燃料油氧化生成的含氧酸，阻止它们进一步氧化缩合，从而减少漆膜。同时也可以中和含硫燃料燃烧后生成的氧化硫，阻止它磺化润滑油；也可以中和汽油燃烧后产生的羧酸、硫酸、硝酸等，阻止它们对烃类进一步作用。由于中和了这些无机酸和有机酸，防止了这些酸性物质对发动机金属部件的腐蚀，这一点对使用高硫燃料的柴油机油和船舶用油尤为重要。

1.3.2　洗涤作用

在油中呈胶束的清净剂对生成的漆膜和积炭有很强的吸附性能，它能将黏附在活塞上的漆膜和积炭洗涤下来而分散在油中。一般来说，分散性能越强，这种性能也就越强。

1.3.3　分散作用

清净剂能将已经生成的胶质和炭粒等固体小颗粒加以吸附而分散在油中，防止它们之间凝聚起来形成大颗粒而黏附在汽缸上或沉降为油泥。金属清净剂，特别是磺酸盐，形成两类屏障，对 0~20nm 直径的粒子，它将形成延迟凝聚的吸附膜，而对 500~1500nm 粒子，它将导致离子表面获得同类电荷，它们相互排斥而分散在油中[7]，一般称这种现象为双电子效应。金属清净剂的作用见图 2-1[8]。

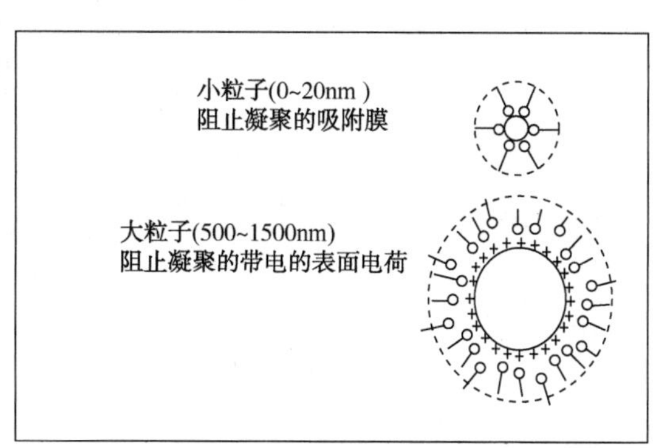

图 2-1　金属清净剂的作用

1.3.4　增溶作用

所谓增溶作用，就是本来在油中不溶解的液体溶质，由于加入少量表面活性剂而溶解

的现象。清净剂是一些表面活性剂，常以胶束分散于油中，它可溶解含羟基与羰基的含氧化合物、含硝基化合物、油泥、烟炱和水分等。这些物质是生成漆膜的中间体，它们被增溶到胶束中心，外面包围了形成此胶束的添加剂分子，因而阻止了进一步氧化与缩合，减少了漆膜与积炭的生成。实际上，清净剂对沉积物前身的增溶作用，也就是能够使这些反应性强的官能团的活力降低，从而阻止它们转变为沉积物，但清净剂的增溶作用比无灰分散剂要小得多。

清净剂基本上是由亲油基、极性基和亲水基团三部分组成。主要清净剂的结构及性能比较列入表 2-1～表 2-3 中。

表 2-1　主要清净剂结构[9]

类别	亲油基团	极性基团	亲水基团	分子结构示意
磺酸盐	烷基芳基 R-苯基；R-萘基	磺酸基 $-SO_3H$	钙、镁、钡、钠 Ca、Mg、Ba、Na	R-苯基-$SO_3\cdot M.SO_3$-苯基-R；(R-苯基-SO_3)$_m$ · M ·（$CaCO_3$）$_n$；M=Ca、Mg、Ba、Na；R=$C_{18\sim25}$烷基；m=1~2
烷基酚盐和硫化烷基酚盐	烷基芳基 R-苯基	酚型羟基 -OH	钙、钡 Ca、Ba	O—M—O 连接两个 R-苯基；O—M—O 连接两个由 S_x 相连的 R-苯基；M=Ca、Ba；R=$C_{9\sim12}$烷基；x=1~4
烷基水杨酸盐	烷基芳基 R-苯基	水杨酸基 HOOC-苯基-HO	钙、钡、镁 Ca、Ba、Mg	R-(OH)苯基-C(=O)—O—M—O—C(=O)-(OH)苯基；M=Ca、Ba、Mg；R=$C_{14\sim18}$烷基
硫代磷酸盐	聚异丁烯 $\text{+}CH_2-C(CH_3)_2\text{+}_n$；$n$=17~20	硫代磷酸或磷酸基 —P(=S)(SH)—SH；—P(=O)(OH)—OH	钙、钡 Ca、Ba	R—P(=X)—S—P(=X)—R，X—M—X；M=Ba、Ca；R=$C_{60\sim70}$；X=S或O

表 2-2 主要清净剂和分散剂的清净分散性能[10]

添加剂	增溶能力		分散能力			洗涤能力		
	增溶固体/%	增溶丙酮酸/(mmol/kg)	分散有机酸分解产物/%	分散沥青/%	分散炭黑/%	防止炭黑吸附/%	洗涤已吸附的炭黑/%	电场下防止炭黑吸附/%
烷基水杨酸钙	0~3	37	—	30~60	10	10	2~4	90~100
烷基酚盐	3.6	32	30~70	30~50	20~30	—	3	90
硫代磷酸钡	—	346	—	—	40	—	—	90
硫化烷基酚钙	—	24	—	—	38	—	—	50
磺酸镁	—	—	70	—	90	—	—	20
磺酸钙	6~10	20	60~100	70~90	100	34	6	10
丁二酰亚胺	8~20	360	—	80~100	100	85	53	0

表 2-3 主要清净剂性能比较[11,12]

类别	分散作用		酸中和作用	增溶作用	防锈作用	抗氧化作用
	效果	机理				
中性、碱性磺酸盐	中	电荷相斥	中	中	有	无
高碱性磺酸盐	中	电荷相斥	大	中	有	无
中性、碱性酚盐	小	电荷相斥	中	小	无	有
高碱性酚盐	小	电荷相斥	大	小	无	有
烷基水杨酸盐	小	电荷相斥	中	小	无	有
硫代磷酸盐	中	电荷相斥	中	中	无	有

1.4 清净剂品种

1.4.1 磺酸盐

磺酸盐是清净剂中使用较早、应用较广和用量最多的一种。

按原料来源不同，可分为石油磺酸盐(Petroleum Sulfonate)和合成磺酸盐(Synthetic Sulfonate)，二者性能和效果差不多，但合成磺酸盐要贵一些。

按碱值来分，有中性或低碱值磺酸盐(Neutral Sulfonate)、中碱值磺酸盐(Middle Base Number Sulfonate)、高碱性磺酸盐(High Base Number Sulfonate) 和超高碱值磺酸盐(Ultra High Base Number Sulfonate)。

按金属的种类分有磺酸钙盐(Calcium Sulfonate)、磺酸镁盐(Magnesium Sulfonate)、磺酸钠盐(Sodium Sulfonate)、磺酸钡盐(Barium Sulfonate) 和磺酸锂盐(Lithium Sulfonate)，但以磺酸钙盐用量较多。自 20 世纪 70 年代以来，磺酸镁盐有所发展，因为它的灰分量低适应了低灰分油的要求，且防锈性好，多用于高档汽油机油，比较容易通过 MS ⅡD 锈蚀试验。而钡盐是重金属，有毒，应用量越来越少，磺酸钡盐作为清净剂几乎完全被淘汰。

中性磺酸盐中的油溶性烷基为 C_{18}~C_{20}或以上，对油有充分溶解性的磺酸分子量在 450 以上。高碱性磺酸钙盐是通过将过剩的碱以碳酸钙($CaCO_3$)的形式分散在胶束中，形成高碱性磺酸盐。以碳酸钙的形式分散的钙盐(m)与磺酸盐的钙盐(n)之比超过 30∶1，其结构如下[3]：

$$[R-C_6H_4-SO_3CaO_3S-C_6H_4-R]_n[CaCO_3]_m$$ 高碱性磺酸盐的结构

中性或低碱值磺酸盐对烟灰等物质的分散作用更好些，而高碱性磺酸盐有较好的中和能力和高温清净性。磺酸盐能牢固地吸附于铁金属表面后形成不透水的保护膜，这保证了它具有良好的防锈性能。与水杨酸盐和酚盐比较，磺酸盐在增溶、分散作用方面比水杨酸盐和酚盐要好，但在苛刻的高温条件下中和速度及清净性又比水杨酸盐和酚盐差，尤其是所有磺酸盐添加剂的抗氧抗腐性都差，高碱值磺酸盐添加剂甚至还有促进氧化作用。为了弥补抗氧性的缺陷，在现代发动机油中除了可将不同高、低碱值复合外，更主要的是将磺酸盐与硫化烷基盐、分散剂、抗氧抗腐剂复合使用。总之，磺酸盐具有高温清净性好，中和能力强，防锈性好，并有一定的分散性，原料易得，价格便宜，它与其他添加剂复合能配制各种内燃机油，也用于船用汽缸油和发动机油。

由于汽车发动机设计向小型化、大功率、高速度方向发展，对发动机油的热稳定性提出了更高要求，因此要求添加剂在高温环境条件下发挥其功能。另外，环境因素及政府公布的条例限制了某些添加剂的使用。一些含氯、硫、磷的添加剂也将限制使用，传统清净剂的高碱值组分是以碳酸盐的形式存在的，这种碳酸化的金属清净剂在苛刻条件下会加速油品氧化，易使润滑油失效，造成金属表面出现磨损。在高碱值金属清净剂中，硼化的高碱值金属清净剂的性能比传统金属清净剂更优越。这种硼酸盐具有优良的抗氧、减摩性能和抗氧化安定性能，不污染环境，不腐蚀金属，被誉为新型多功能润滑油添加剂，已经成为世界各大石油公司研制和开发的重点之一。目前，美国、日本和英国的一些石油及添加剂公司进行了工业化生产。

磺酸盐的分子式如下：

$$[R-C_6H_3(R)-SO_3]_2M$$ 中性磺酸盐

$$[R-C_6H_3(R)-SO_3]_2M\cdot OH$$ 碱性磺酸盐

$$[R-C_6H_3(R)-SO_3]_2M\cdot(CaCO_3)_n$$ 高碱性磺酸盐

$$[R-C_{10}H_5(R)-SO_3]_2M$$ 石油磺酸盐

$$[R-C_6H_3(R)-SO_3]_2M$$ 合成磺酸盐

磺酸盐的结构如图 2-2 所示，高碱值磺酸钙胶束结构示意图如图 2-3 所示。

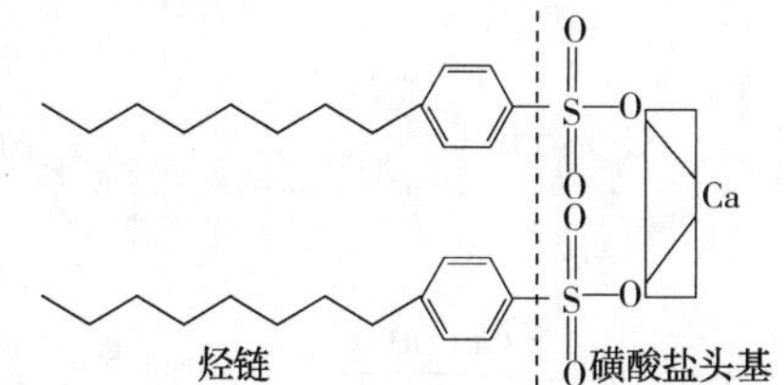

图 2-2　中性磺酸钙盐结构

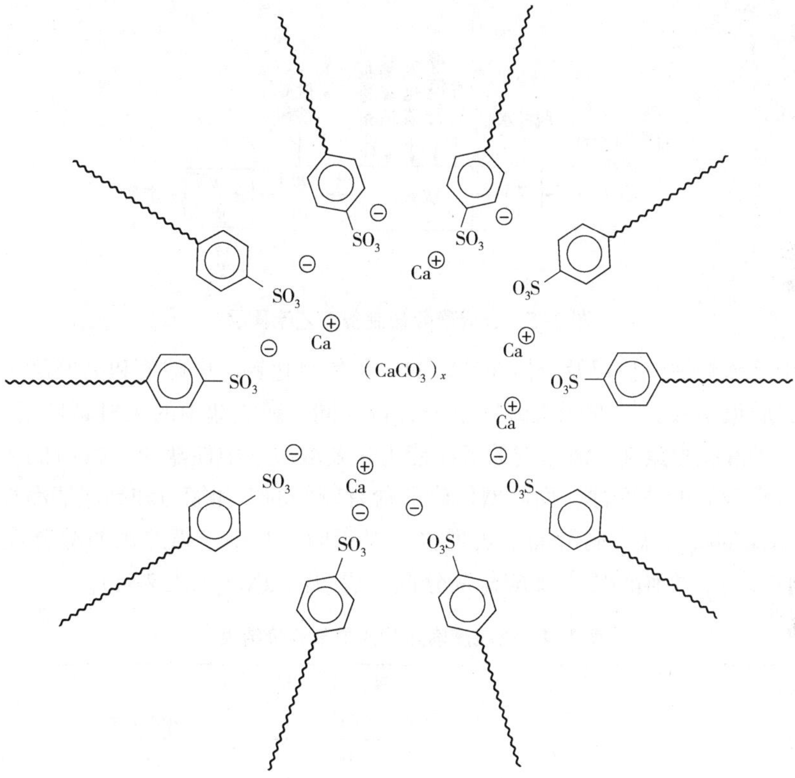

图 2-3　高碱值磺酸钙胶束的示意结构

磺酸盐的合成分为石油磺酸盐和合成烷基苯磺酸盐两种路线。其中，以润滑油馏分作为原料生产的磺酸盐为石油磺酸盐；而以各种合成烷基苯为原料生产的磺酸盐为合成磺酸盐。石油磺酸盐是以相对分子质量为 380 的润滑油馏分为原料的。合成磺酸盐的制备(以钙盐为例)是以生产 12-烷基苯的副产物重烷基苯或烯烃、C_{20} ~ C_{28} 长链 α 烯烃与苯烷基化制得的合成烷基苯为原料，然后用发烟硫酸或 SO_3 进行磺化，得到石油磺酸或合成磺酸；再用石灰与磺酸反应(金属化)生成中性磺酸钙盐；最后碳酸化，在醇类促进剂存在的条件下，加入石灰并通入二氧化碳，得到中碱值或高碱值磺酸钙盐。合成磺酸盐的制备反应方程式见图 2-4，工艺流程见图 2-5[14]。

磺酸盐的性能与其结构和组成密切相关，不同碱值的磺酸盐性能不同，其中低碱值磺酸盐清净性好，高碱值磺酸盐酸中和性好。主要原因是：低碱值磺酸盐一般为钙盐，其化学组

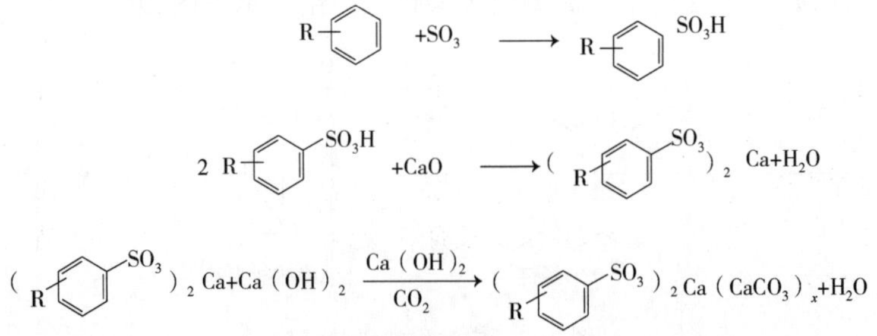

$$R-C_6H_5 + SO_3 \longrightarrow R-C_6H_4-SO_3H$$

$$2\,R-C_6H_4-SO_3H + CaO \longrightarrow (R-C_6H_4-SO_3)_2Ca + H_2O$$

$$(R-C_6H_4-SO_3)_2Ca + Ca(OH)_2 \xrightarrow[CO_2]{Ca(OH)_2} (R-C_6H_4-SO_3)_2Ca(CaCO_3)_x + H_2O$$

图 2-4　磺酸钙合成反应方程式

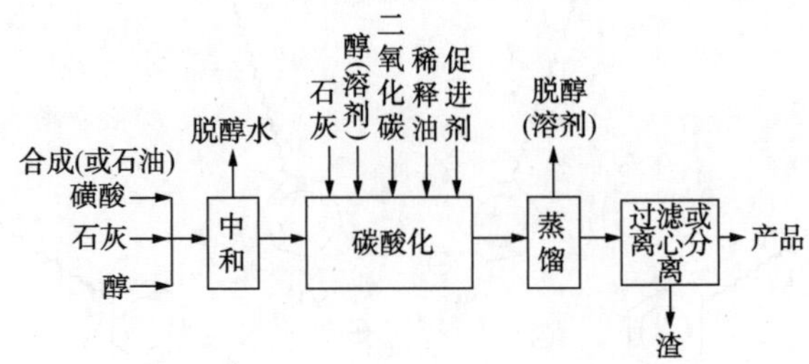

图 2-5　合成磺酸盐制备工艺流程示意

成基本上是中性磺酸钙(皂)以及分散在其中的少量氢氧化钙。中碱值和高碱值磺酸钙盐的主要区别在于，胶束中被分散的无机碱性组分含量不同。磺酸盐中的无机碱性组分含量愈高，碱储备愈好，中和能力愈强。清净剂的清净能力主要取决于中性盐(皂含量)的多少，因而低碱值磺酸钙盐有很好的清净性，而高碱值磺酸盐有较好的中和能力和高温清净性。

而不同金属的磺酸盐在润滑油中表现也不尽相同，其中，磺酸钙的综合性能较好，磺酸镁的防锈性较好，而磺酸锂的硫酸盐灰分低、清净性较好(见表 2-4)。

表 2-4　高碱度磺酸盐的单剂评价结果[15]

添加剂		高碱度长链烷基苯磺酸锂	高碱度长链烷基苯磺酸钙	高碱度长链烷基苯磺酸镁盐	高碱度磺酸钠
色度		0.5~1.0	0.5~1.0	0.5~1.0	1.0~1.5
成焦量/mg		15.7	77	38	33.5
成漆量/mg		10.7	23.2	22.4	26.3
PDSC/min		11.3	7.23	11.42	4.02
分散性		40.7	41.2	42.1	39.8
酸中和速度/s		1820	1953	1916	1874
胶体稳定性/沉淀量		0	0	0	0
硫酸盐灰分/%		0.34	0.44	0.52	0.61
极压抗磨	Pb/kg	45	55	55	50
	d_{60}^{40}/mm	0.85	0.56	0.62	0.61
抗泡性	泡前 24℃	0/0	430/370	40/0	痕迹/0
	93℃	0/0	120/0	70/0	痕迹/0
	泡后 24℃	10/0	340/190	40/0	痕迹/0

另外，最近在开发 GF-6 汽油机油时发现，高碱值的磺酸钙盐容易诱发发动机内的低速早燃现象，其中磺酸钙盐的影响大于磺酸镁盐，高碱值钙盐的影响大于低碱值的钙盐[16,17]。

国内磺酸盐的研究工作从 20 世纪 50 年代末期开始，于 60 年代初期在上海和玉门等地正式投入工业生产，主要是石油磺酸盐，目前能生产低碱值、中碱值、高碱值及超碱值 4 种牌号石油磺酸钙盐。合成磺酸盐的试制工作已完成，目前已经正式投入工业生产。20 世纪 80 年代，锦州炼油厂从美国引进一套生产合成磺酸盐的设备及生产技术，已开始生产中碱性(TBN150)和高碱性(TBN300)的合成磺酸钙两个品种，自己开发了低碱性(TBN20~30)合成磺酸钙。目前，国内磺酸盐生产主要为民营企业，生产的产品主要是 C_{20}~C_{28} 长链烷基苯磺酸盐，分为低碱值、中碱值、高碱值和超高碱值(TBN400)4 个系列品种，产品的规格执行行业标准《合成烷基苯磺酸钙》SH/T 0855—2013 和各自的企业标准，主要用于国内内燃机油和部分出口，可以满足现有国内市场的需求。

1.4.2 烷基酚盐和硫化烷基酚盐

烷基酚盐(Alkylphenplte)型清净剂是 20 世纪 30 年代后期出现的润滑油清净剂之一，从一开始，这类添加剂就迅速被制成各种衍生物，以硫化烷基酚盐、甲醛缩合烷基酚盐、胺甲醛缩合烷基酚盐等形式出现，多数是正盐。自 50 年代起，随着各种高功率柴油机的发展和高硫劣质燃料的应用，为了有效解决活塞积炭增多和缸套腐蚀磨损的问题，又逐渐向高碱性方向发展，TBN 一般在 200~250。从金属的类别来看，有钙盐、镁盐和钡盐，最常用的是钙盐和镁盐，目前用得最多的还是钙盐。但单纯的烷基酚盐性能较差，难于金属化制成高碱性产品，所以硫化烷基酚盐(Sulfurized Salt Alkyl Phenate)与单纯烷基酚盐几乎同时出现，并成为当今世界上应用最广泛的一个品种，其用量仅次于磺酸盐，碱性酚盐占据了清净剂市场的 31%[6]。

目前，硫化烷基酚盐按碱值来分，有低碱值硫化烷基酚盐(TBN 为 100mgKOH/g)、中碱值硫化烷基酚盐(TBN 为 150mgKOH/g 左右)、高碱值硫化烷基酚盐(TBN 为 250mgKOH/g 左右)超高碱值硫化烷基酚钙(TBN 为 300mgKOH/g 以上)。

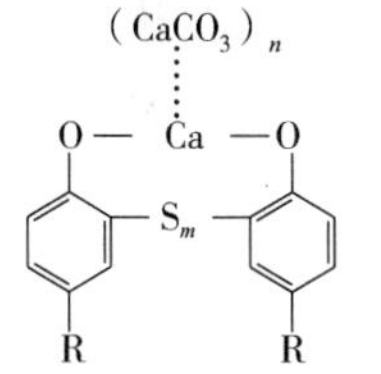

按金属来分，烷基酚盐有钡盐和钙盐，目前钡盐较少，主要是钙盐。高碱值硫化烷基酚钙的结构式见图 2-6，其中：R 为 iC_{12}，$m=2\sim3$。

$(CaCO_3)_n$ … Ca, O, O, S_m, R, R

图 2-6 高碱值硫化烷基酚钙结构式

硫化烷基酚盐具有如下特点：硫化烷基酚盐在油介质内较易离解，故具有特别好的中和能力，同时具有优异的抗氧抗腐性能。加入 3.5%(质量分数)无灰分散剂、ZDDP 及硫化烷基酚钙盐或磺酸盐的 10W-30 油的程序ⅢD 试验结果对比见表 2-5[13]。

表 2-5 高温氧化条件下酚盐与磺酸盐的效果(程序ⅢD 试验)①

添加剂	40h 运动黏度增长/%	添加剂	40h 运动黏度增长/%
无添加剂	1100	磺酸镁	7700
磺酸钙	4900	烷基酚钙盐	300

①配方：3.5%无灰分散剂+ZDDP+酚钙或磺酸盐的 10W-30 油。

硫化烷基酚盐的高温清净性特别好，对抑制增压柴油机油活塞顶环槽的积炭特别有效，是增压柴油机油不可缺少的添加剂之一；硫化烷基酚盐由于有较好的碱性保持性和分水性，广泛用于各档内燃机油中，且目前仍然是船用润滑油的主要添加剂之一。

酚盐与磺酸盐性质区别：高碱值磺酸盐虽具有中和酸的性能，但可能使油品抗氧剂的性能下降，而高碱值的烷基酚盐不但具有中和酸的性能，而且还具有抗氧化性能，见表 2-5[13]。从表 2-5 数据可看出，无添加剂的润滑油经程序ⅢD 试验 40h 后的黏度只增长 1100%，而加有磺酸钙盐和磺酸镁盐后黏度增长分别高达 4900%和 7700%，证明了磺酸盐不但没有抗氧化性能，而且有促进油品氧化的作用。然而，加了烷基酚钙盐的油品其黏度增长只有 300%，说明烷基酚盐具有较好的抗氧化性能。硫化烷基酚盐在油介质内较易离解，这使酚盐具有较强的中和能力；除具有特别好的中和能力和高温清净性外，还具有很好的抗氧化和抗腐蚀性能，与磺酸盐复合后的协合作用或增效作用(Synergism)较佳；尤其是可与磺酸盐在使用性能的诸多方面互相弥补优缺点，比如磺酸盐较差的抗氧化性能可由酚盐来弥补，而酚盐较差的增溶和分散作用则可由磺酸盐来弥补，使油品性能得到改善。硫化烷基酚盐与其他清净剂、分散剂及抗氧抗腐蚀剂复合后，广泛应用于各种内燃机油中，特别是应用于增压柴油机油中来减少活塞顶环槽的积炭，又由于它的碱性保持较好，在船用汽缸油中也得到了很好的应用，因此在西方国家得到了大规模的发展，成为目前最主要的品种之一。

硫化烷基酚盐的一般合成方法：用四聚丙烯在催化剂和在一定温度下与苯酚反应，生成十二烷基酚，然后用十二烷基酚、稀释油、磺酸钙、硫黄粉、碱土金属化合物(如氧化钙或氢氧化钙)和促进剂一起(有时还要通 CO_2)，在一定温度下反应而制得。

具体反应过程如下；

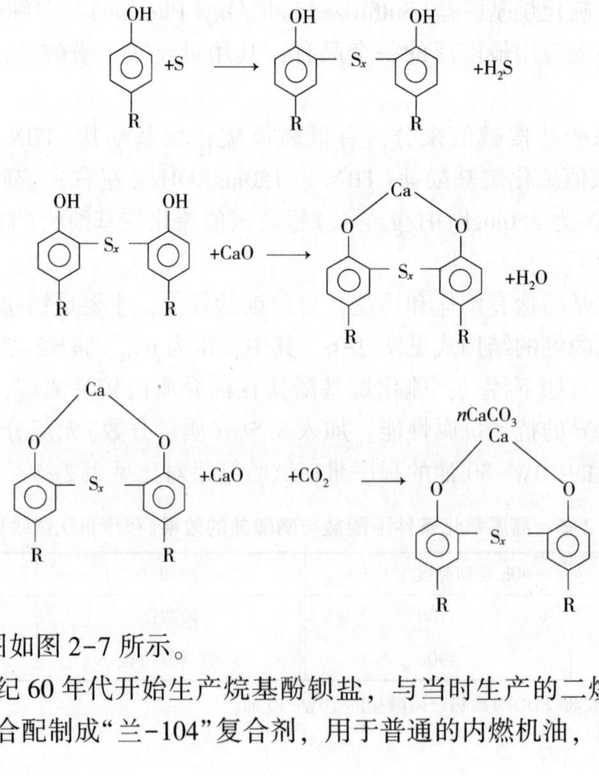

$$\text{HO-C}_6\text{H}_4\text{-R} + \text{S} \longrightarrow \text{R-C}_6\text{H}_3(\text{OH})\text{-S}_x\text{-C}_6\text{H}_3(\text{OH})\text{-R} + \text{H}_2\text{S}$$

$$\text{R-C}_6\text{H}_3(\text{OH})\text{-S}_x\text{-C}_6\text{H}_3(\text{OH})\text{-R} + \text{CaO} \longrightarrow \text{R-C}_6\text{H}_3(\text{O-Ca-O})\text{C}_6\text{H}_3\text{-R (S}_x\text{ bridged)} + \text{H}_2\text{O}$$

$$\text{R-C}_6\text{H}_3(\text{O-Ca-O})\text{C}_6\text{H}_3\text{-R (S}_x\text{ bridged)} + \text{CaO} + \text{CO}_2 \longrightarrow n\text{CaCO}_3 \cdot \text{R-C}_6\text{H}_3(\text{O-Ca-O})\text{C}_6\text{H}_3\text{-R (S}_x\text{ bridged)}$$

反应工艺流程图如图 2-7 所示。

国内早在 20 世纪 60 年代开始生产烷基酚钡盐，与当时生产的二烷基芳基二硫代磷酸锌以 3∶1 的比例复合配制成“兰-104”复合剂，用于普通的内燃机油，由于性能较差，早已

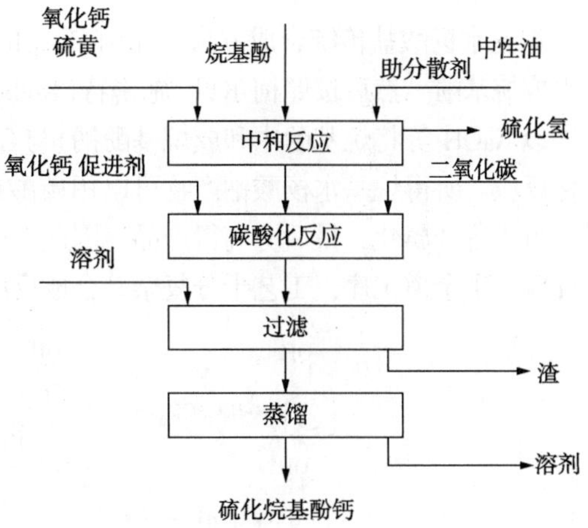

被淘汰。70 年代开始生产高碱性的烷基酚钙盐，也由于性能差已被停产。80 年代开发的高碱性的硫化烷基酚钙盐已开始工业生产，碱值最高可达 240TBN。20 世纪 90 年代初从美国引进了硫化烷基酚钙盐，目前国内可生产总碱值为 130TBN 和 240TBN 的产品。目前国内生产的酚盐均为硫化烷基酚钙，碱值为中碱值(150mgKOH/g)、高碱值(265mgKOH/g)和超高碱值(300mgKOH/g)3 种产品，可以满足国内市场的需求。

图 2-7 高碱值硫化烷基酚钙制备工艺流程示意

1.4.3 烷基水杨酸盐

烷基水杨酸盐是含羟基的芳香羧酸盐，与烷基酚盐不是同一类型，但从其化学结构特性和其表现出的使用性能来看，它与烷基酚盐又具有相近的特点。因为水杨酸盐是用 CO_2 在烷基酚盐的苯环上引入羧基，并将金属由羟基位置转到羧基位置。这种结构转变使其分子极性加强，高温清净性大为提高，并超过硫化烷基酚盐，但其抗氧抗腐性则不及硫化烷基酚盐。早在 1930 年，人们就把水杨酸酯作为多效添加剂使用，接着发展了含金属的水杨酸盐。在 20 世纪 40 年代初期就有专利发表，50 年代开始工业生产及实际应用，开始为正盐，逐渐向碱性盐方向发展，其碱值也有低碱值、中碱值和高碱值的产品，钙盐的最高碱值达 280mgKOH/g，而镁盐可达 350mgKOH/g。金属类型有钙盐、钡盐、锌盐和镁盐，以钙盐用得较多。对提高烷基水杨酸盐性能的研究工作一直没有停止，20 世纪 90 年代初日本将烷基酚分子引入羧酸后，再硫化制备成硫化烷基水杨酸钙(商品牌号为コスモESl6)，与市售水杨酸钙的性能比较，在热稳定性、沉积控制、分散性能和极压性都有较大的改善。其成焦板试验的焦量从 40mg 降低到 2mg，炭黑悬浮稳定性的时间从 1h 提高到 60h，Falex 极压性的失败负荷从 500kg 提高到 682kg，详见表 2-6[118]。壳牌公司用现代烷基水杨酸钙等添加剂配置成 CH-4 重负荷柴油机油和 ILSAC(International Lubricant Standardization and Approval Comunitee) GF-3汽油机油，前者在野外试验了 24×10^6km 后，在清净性和抗磨损方面都取得很好的结果，换油期超过了 OEM 推荐的 CH-4 类型油的要求。后者在纽约由 18 辆车组成的出租汽车车队(通用汽车公司 4.3L 的 V8 发动机)，行驶约 3.2×10^6km 和换油期是推荐的 3 倍后，在高温清净性、低温油泥、磨损和黏度控制等方面都很好[19]。

表 2-6 コスモESl6 与市售烷基水杨酸钙的性质和性能的比较

性质和性能	コスモESl6	市售烷基水杨酸钙	性质和性能	コスモESl6	市售烷基水杨酸钙
密度(20℃)/(g/cm³)	1.03	1.02	成焦板试验(焦量)/mg	2	40
闪点/℃	215	150	热胶凝试验/热稳定指数	1.14	0.82
黏度(100℃)/(mm²/s)	131	22.5	炭黑悬浮稳定性，25%炭黑沉积时间/h	60	1
TBN/(mgKOH/g)	169	168			
钙含量/%	6.0	6.0	极压性(Falex 法)，失败负荷/kg	682	500
硫含量/%	3.5	0.3			

烷基水杨酸盐传统合成方法首先用$C_{14\sim18}$的蜡裂解烯烃，在酸性白土催化剂存在下与苯酚反应生成烷基酚。然后按照柯尔贝-施密特(Kolbe-Schmidt)反应，即在碱性介质下烷基酚钠(为此须先以NaOH等将烷基酚中和成烷基酚钠)与CO_2在0.5~3MPa压力下及120~180℃范围内进行羧基化反应。所得烷基水杨酸钠产物可以用硫酸或盐酸酸化成烷基水杨酸，作为金属化反应的原料，再进行金属化，最后分离得产品。因此，以烷基酚为初始原料来制备烷基水杨酸钙共有五六步反应、十余道工序，工艺十分复杂。合成反应过程及制备工艺流程图如图2-8所示。

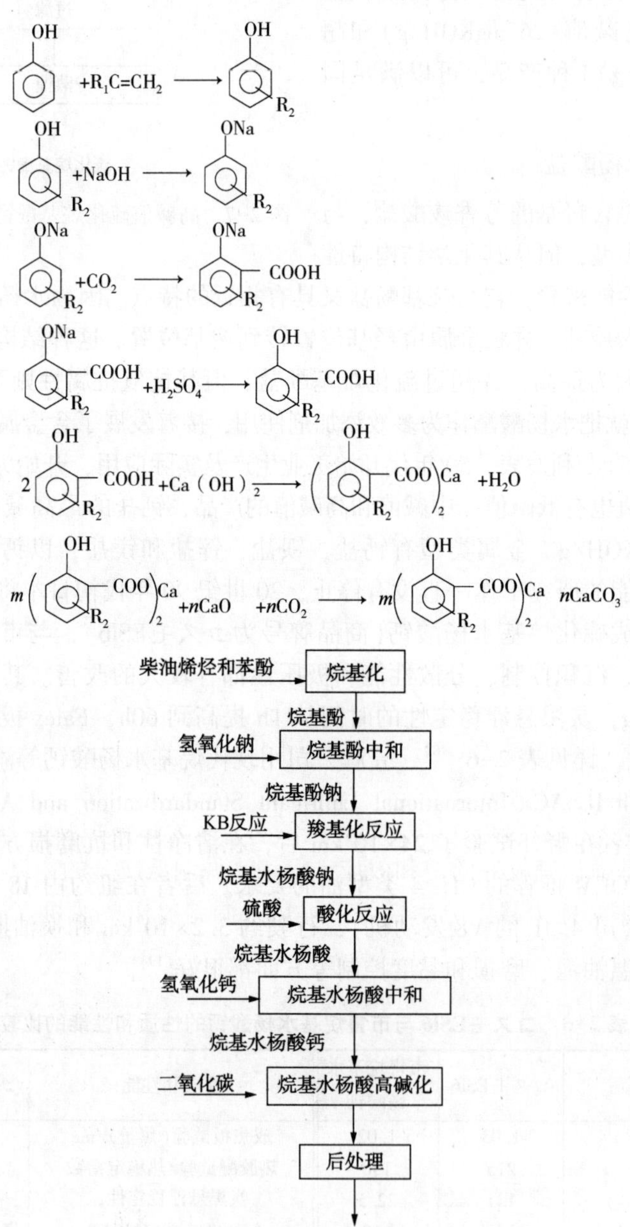

图2-8 高碱值烷基水杨酸钙制备工艺流程示意

目前，国内外采用水杨酸和烯烃直接烷基化反应制备烷基水杨酸的工艺，大大减少了产品中残留的烷基酚含量，使得产品的性能进一步提高[20~22]。反应过程及制备工艺流程图如图 2-9 所示。

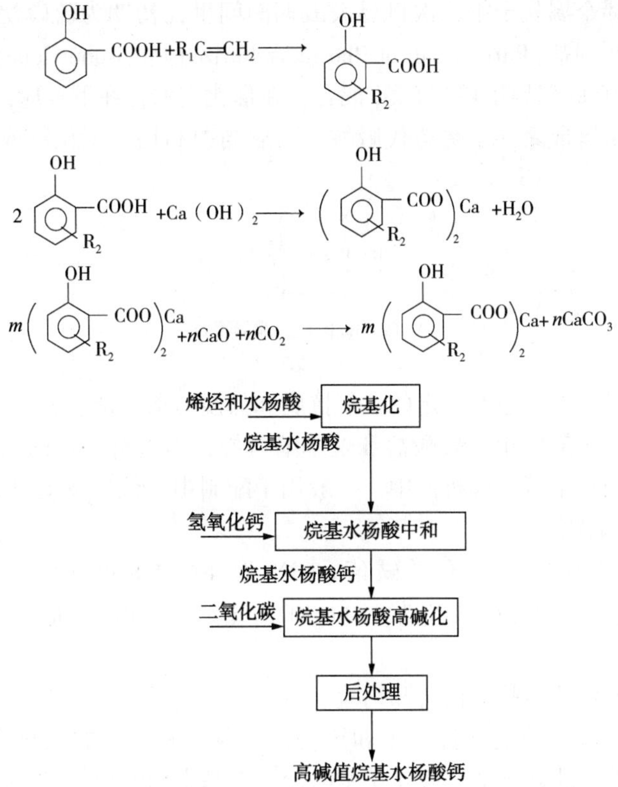

$$\text{OH}\text{-}C_6H_4\text{-COOH} + R_1C{=}CH_2 \longrightarrow \text{OH}(R_2)C_6H_3\text{-COOH}$$

$$2\ \text{OH}(R_2)C_6H_3\text{-COOH} + Ca(OH)_2 \longrightarrow \left(\text{OH}(R_2)C_6H_3\text{-COO}\right)_2Ca + H_2O$$

$$m\left(\text{OH}(R_2)C_6H_3\text{-COO}\right)_2Ca + nCaO + nCO_2 \longrightarrow m\left(\text{OH}(R_2)C_6H_3\text{-COO}\right)_2Ca + nCaCO_3$$

烯烃和水杨酸 → 烷基化

烷基水杨酸 ↓

氢氧化钙 → 烷基水杨酸中和

烷基水杨酸钙 ↓

二氧化碳 → 烷基水杨酸高碱化

↓

后处理

↓

高碱值烷基水杨酸钙

图 2-9 高碱值烷基水杨酸钙新制备工艺流程示意

目前，国内能生产低碱值、中碱值和高碱值 3 个系列的烷基水杨酸钙盐产品，其中高碱值烷基水杨酸钙产品的产量较大。

不同碱值的烷基水杨酸钙的产品性能有所区别，其中低碱值烷基水杨酸盐的灰分低，与高碱值的硫化烷基酚盐有较好的协和效应，可用来调制低灰分的内燃机油。高碱值烷基水杨酸盐碱值高，中和能力强，分水性好，可用来调制船用柴油机油。高碱值烷基水杨酸镁盐灰分低、抗磨性能好，具有一定的防锈能力，可用来调制汽油机油。总之，高碱值烷基水杨酸盐清净性很好，中和能力很强，高温下稳定，并具有一定的抗氧化和抗腐蚀性能，它与其他添加剂复合适用于各种汽、柴油机油。与硫化烷基酚盐相比，清净性更强，但抗氧抗腐蚀性差一些。由于生产工艺复杂，产品成本也较昂贵，其低温分散性也较差，在全球的应用程度不如硫化烷基酚盐普遍，只有壳牌公司、日本 OSCA 公司和苏联有此产品。

国内 20 世纪 60 年代就开始试制烷基水杨酸钙盐，于 70 年代开始生产中碱值的烷基水杨酸钙盐，90 年代在开发了低碱值和高碱值产品的同时，改进了原中碱值的烷基水杨酸钙盐。改进后的产品，高温清净性好，胶体粒子均匀而稳定，与磺酸盐复合后无沉淀生成。

2000年以后，国内企业逐渐采用水杨酸和烯烃直接烷基化反应制备烷基水杨酸的工艺，产品的性能进一步提高。

1.4.4 硫磷化聚异丁烯盐(硫代磷酸盐)

硫磷化聚异丁烯金属盐于第二次世界大战期间问世，初期为硫磷烷基钾盐，广泛应用的是硫磷化聚异丁烯钡盐(Barium Salt of Phosphosulfurized Polyisobutylene)，也有钙盐。它是用相对分子质量约1000聚异丁烯与P_2S_5混合，在催化剂的存在下反应，生成无水的聚异丁烯的硫膦酸酐，再水解成聚异丁烯硫代膦酸，而后同钡和钙的氧化物或氢氧化物反应而制得，其结构式如下：

```
    X       X
    ‖       ‖
R—P—S—P—R
    |       |
    X—M—X
```

M=Ca、Ba,R=$C_{60\sim70}$聚异丁烯

X=S或O

硫代磷酸盐清净性好，还有一定的抗氧抗腐和低温分散性能，在无灰分散剂出现以前，在汽油机油中的低温分散作用比磺酸盐和烷基酚盐好，当时有一定的发展。它的缺点是热稳定性稍差，不宜用在增压柴油机油中，一般用于配制中、低档发动机油，国外在20世纪80年代中期后就已被淘汰。

按碱值来分，硫代磷酸盐有低碱值(TBN为40~50mgKOH/g)、中碱值(TBN为70mgKOH/g左右)、中高碱值(TBN为120mgKOH/g左右)和高碱值(TBN为180mgKOH/g左右)。

按金属来分，硫代磷酸盐有钡盐和钙盐。

硫代磷酸盐具有较好的清净性和中和能力，且兼具有一定的抗氧化性能和抗磨性能，尤其是其低温分散性能比磺酸盐、硫化烷基酚盐和烷基水杨酸盐都好。20世纪50年代出现汽油机油低温油泥问题时，硫代磷酸盐曾一度被认为是解决这一问题较好的清净剂；但当出现了分散性能更好的无灰分散剂后，其这种优点变得不重要了。20世纪90年代左右，硫代磷酸盐(T108和T108A)在国内的清净剂中曾占据主导地位，但目前已退出历史舞台。硫代磷酸盐的主要缺陷是高温稳定性不好，只能在中、低档内燃机油中使用；又兼钡盐有毒，国内于20世纪90年代末期也已淘汰。低碱值的硫磷酸钙由于具有较好的清净性、分散性和抗磨性(见表2-7)仍然在使用[23~25]。

表2-7 硫磷酸钙性能评价结果

添加剂名称	硫磷酸钙	T106B	T122	T151
成焦量/mg	26.4	35.0	28.7	33.4
分散值	0.7245	0.4100	0.4366	0.7174
PDSC/min	5.90	5.98	5.98	5.99
P_B/kg	60	60	60	55
P_D/kg	200	200	200	160
d_{60}^{40}/mm	0.51	0.62	0.63	0.59

硫代磷酸盐属于国内生产较早的清净剂之一，20世纪70年代在锦州石油化工公司和兰州炼油化工总厂进行工业生产，在80年代它是国内主要的清净剂品种，在整个清净剂的产量中超过50%。由于它的性能较差，特别是热稳定性不好，到20世纪90年代其比例逐年下降，到目前已经完全停止了生产，被能配制高档发动机油的磺酸盐、硫化烷基酚盐和烷基水杨酸盐取代。但是，低碱值的硫磷酸钙仍然具有一定的使用空间，广泛用于工业油及内燃机油中[24,25]。

1.4.5 环烷酸盐

环烷酸盐(Naphthenates)在20世纪40年代就出现了，由于它的清净性较差，一直发展很慢。但是它具有优异的扩散性能，壳牌等公司作为船用汽缸油的重要添加剂组分，以保证其在大缸径表面形成连续性油膜而维持其良好的润滑状态。但由于它的清净和分散性能较差而很少用于其他内燃机油中。目前英国的壳牌、法国的Elf和日本的OSCA等几个公司生产此产品，一般总碱值在250~300。一般合成方法是用环烷酸为原料，经钙化、分渣、脱溶剂等工艺而制得，其结构式如下：

$$\left[\text{R-C}_6\text{H}_{10}\text{-COO}\right]_x\text{M} \qquad \left[\text{C}_5\text{H}_9\text{-CH}_2(\text{CH}_2)_x\text{-COO}\right]_y\text{M}$$

国内于20世纪70年代开始小批量生产环烷酸镁盐，新疆蓝德精细化工石油化工股份有限公司生产TBN为200~300的环烷酸钙，主要用于汽车发动机油中。目前该公司已停止生产。

清净剂很少在油品中单独使用，为配制性能较好的油品，大多数由几种添加剂复合使用。一般是清净剂、分散剂和抗氧抗腐蚀剂复合使用，即使是清净剂本身也是几个品种复合使用，来弥补相互的不足。清净剂的用量也因性能要求不同而异。

总之，发动机的操作环境越来越苛刻，热负荷越来越大，这就要求清净剂在苛刻的使用条件下能够发挥优异的性能。今后清净剂的发展趋势如下：(1)在现有的清净剂中引入其他组分，或通过其他元素来达到抗磨、减摩、抗氧化要求；(2)根据内燃机油低硫、磷、低灰分的发展要求(CJ-4要求S小于0.4%，P含量小于0.12%，灰分小于1.0%)，清净剂硫含量进一步降低，因此，低硫、低灰分甚至无灰的清净剂也将会大力发展；(3)降低清净剂生产过程的三废排放，开发绿色的清净剂合成工艺。

1.5 清净剂的商品牌号

1.5.1 国内磺酸盐的商品牌号

国内磺酸盐的商品牌号见表2-8。

1.5.2 国内硫化烷基酚的商品牌号

国内硫化烷基酚的商品牌号见表2-9。

1.5.3 国内烷基水杨酸盐的商品牌号

国内烷基水杨酸盐的商品牌号见表2-10。

表 2-8　国内主要磺酸盐产品商品牌号

产品代号	化学名称	密度/(g/cm^3)	100℃黏度/(mm^2/s)	闪点/℃	Ca/%	浊度/JTU	TBN/(mgKOH/g)	主要性能及应用	生产公司
BD C010	中性合成磺酸钙	0.92~1.00	20~40	≥180	1.9~2.2	≤15	≤8	清净性、防锈性和破乳性好，主要应用于工业润滑油，可代替二壬基磺酸钡	锦州康泰润滑油添加剂股份有限公司
BD C020	低碱值合成磺酸钙	0.92~1.00	实测	≥180	20~35	≤15	20~35	清净性、防锈性好，主要应用于防锈油，也可用于发动机油	
BD C030（T104）	低碱值合成磺酸钙	0.92~1.00	15~40	≥180	2.4~3.0	≤9	20~35	具有良好的清净性、分散性和防锈性，主要用于高档发动机油	
BD C 100	中碱值合成磺酸钙	0.92~1.00	实测	≥180	≥4.0	≤30	70~100	清净性、防锈性好，主要用于高档发动机油及防锈油	
BD C150（T105）	中碱值合成磺酸钙	1.00~1.10	15~40	≥180	6.5~7.5	≤20	150~170	清净性、防锈性好和较好酸中和能力，主要用于高档发动机油及防锈油	
BD C300（T106）	高碱值合成磺酸钙	1.10~1.20	25~60	≥180	11.5~13	≤20	300~315	清净性、防锈性好和酸中和能力强，主要用于高档发动机油、船用油	
BD C302	高碱值合成磺酸钙	1.10~1.20	实测	≥180	≥11.5	≤20	≥295	主要用于金属加工油，也适用于防锈油品	
BD C400（T106A）	超碱值合成磺酸钙	1.15~1.25	60~120	≥180	15~16	≤30	≥395	酸中和能力强、清净性、防锈性好，主要用于船用汽缸油	
BD M400（T107）	超碱值合成磺酸镁	1.1~1.2	50~90	≥180	8.5~10.5（镁）	—	≥395	具有优异的酸中和能力、良好的清净性和防锈性，主要用于高档发动机油，特别是低灰分润滑油	
T101	低碱值石油磺酸钙	0.95~1.05	报告	≥180	2.0~3.0	≤20	20~30	具有较好的清净性、分散性和防锈性，用于车用、船用油和防锈油	无锡南方石油添加剂有限公司
T104	低碱值合成磺酸钙	0.90~1.00	报告	≥180	2.0~3.0	≤20	20~30	具有较好的清净性、分散性和防锈性，用于内燃机油	
T105	中碱值合成磺酸钙	1.00~1.10	≤30	≥170	≥6.5	≤20	≥145	具有较好的酸中和能力和高温清净性，用于中高档内燃机油	
T106B	高碱值合成磺酸钙	1.10~1.20	≤150	≥170	≥11.5	≤30	≥295	具有优异的酸中和能力和良好的清净性，用于中高档内燃机油，重负荷柴油机油	
WX400（T106D）	超碱值合成磺酸钙	1.15~1.25	≤150	≥170	≥14.5	≤30	≥395	具有优异的酸中和能力和良好的清净性及良好抗凝胶能力，用于涡轮增压柴油机油、船用汽缸油、曲轴箱油和润滑脂	

续表

产品代号	化学名称	密度/(g/cm^3)	100℃黏度/(mm^2/s)	闪点/℃	Ca/%	浊度/JTU	TBN/(mgKOH/g)	主要性能及应用	生产公司
RF 1104	低碱值合成磺酸钙	0.90~1.00	≥30	≥180	≤2.0	—	25~35	具有较好的清净性、分散性和防锈性，用于内燃机油	新乡市瑞丰新材料股份有限公司
RF 1105	中碱值合成磺酸钙	1.00~1.05	20~50	≥180	≥6.5	—	≥145	具有较好的酸中和能力和高温清净性，用于中高档内燃机油及防锈油	
RF 1106	高碱值合成磺酸钙	1.10~1.15	25~60	≥180	≥11.5	—	≥295	具有优异的酸中和能力和良好的高温清净性及防锈性，用于各档内燃机油	
RF1106B	高碱值合成磺酸钙	1.10~1.15	25~60	≥180	≥11.5	—	≥295	具有优异的酸中和能力和良好的高温清净性及防锈性，用于各档内燃机油，尤其是用于船用油	
RF1106D	超高碱值合成磺酸钙	1.10~1.25	≤180	≥180	≥14.5	—	≥395	具有极强的酸中和能力和良好的高温清净性、热稳定性，尤其是用于船用汽缸油	
RF1106E	润滑脂专用超高碱值合成磺酸钙	—	≤300	≥180	≥13.0	—	≥395	具有优良的高温性能、机械安定性、极压抗磨性和抗水性，主要用于调制磺酸钙基润滑脂	
RF 1107	超高碱值合成磺酸镁	1.05~1.15	≤250	≥170	≥8.5(镁)	—	≥395	具有优异的酸中和能力、良好的高温清净性和防锈性，主要用于各档内燃机油	
RHY 107	超高碱值磺酸钙	—	—	≥180	15~16.5	—	395~420	具有优异的高温清净性、抗磨性、超强的酸中和性能。用于调制中高档内燃机油及船用机油等	中国石油兰州润滑油研究开发中心
RHY 107G	超高碱值磺酸钙(钙基润滑脂用)	—	—	≥180	15~16.5	—	395~420	具有优异的脂转化效果，具有优良的高温性能、机械安定性、极压抗磨性和抗水性。用于调制不同牌号磺酸钙基润滑脂	
RHY 107M	超高碱值磺酸镁	—	—	≥180	8.5~10.0	—	390~420	具有优良的高温性能，在润滑油中可以降低发动机低速早燃发生频次。主要用于调制中高档内燃机油等	
RHY 106	高碱值磺酸钙	—	63.1	—	12.1	36	310	具有良好的高温清净性和酸中和能力，可以调制不同级别的内燃机油及船用油等	中国石油润滑油分公司
T106	高碱值石油磺酸钙	1.08	25~80	190	11.5~13	—	301	具有很好的高温清净性、酸中和能力和分散性，用于内燃机油中	锦州东工石化产品有限公司

表 2-9　国内主要硫化烷基酚盐产品商品牌号

产品代号	化学名称	密度/(g/cm³)	黏度/(mm²/s)	闪点/℃	Ca/%	S/%	TBN/(mgKOH/g)	主要性能及应用	生产公司
BD P150(T115A)	硫化烷基酚钙	1.0~1.2	实测	≥170	4.7~5.1	2.3~2.7	≥130	具有一定的酸中和能力、抗氧化性好和良好的高温清净性和抗磨作用，主要用于高档发动机油	锦州康泰润滑油添加剂股份有限公司
BD P250(T115B)	硫化烷基酚钙	1.03~1.2	实测	≥170	4.7~5.1	2.3~2.7	≥250	具有较强的酸中和能力、抗氧化性好和良好的高温清净性和抗磨作用，主要用于发动机油，特别是船用汽缸油	
T121(T115A)	中碱值硫化烷基酚钙	1.0~1.2	≤200	≥170	≥5.0	2.2~2.8	≥145	具有很好的高温清净性和较好的抗氧化性能，对抑制柴油机油活塞顶环的积炭生成效果显著，主要用于中高档柴油机油	无锡南方石油添加剂有限公司
T122(S206)	高碱值硫化烷基酚钙	1.0~1.15	≤350	≥170	≥9.0	2.9~3.8	≥245	具有良好的高温清净性和较强的酸中和能力、抗氧抗腐性能，对控制活塞顶环的积炭生成效果显著，一般用于中高档内燃机油和船用汽缸油	
T115C(S206C)	超碱值硫化烷基酚钙	1.10~1.25	报告	≥170	≥10.0	2.3~3.2	≤295	具有良好的高温清净性和很强的酸中和能力、抗氧抗腐性能，对控制活塞顶环的积炭生成效果显著，主要用于船用汽缸油 及中高档内燃机油	
RF 1121	中碱值硫化烷基酚钙	0.98~1.05	30~40	≥170	5.2~6.0	2.3~2.8	150~170	具有很好的温清净性和较好的抗氧化性能，对抑制柴油机油活塞顶环的积炭生成效果显著，主要用于中高档柴油机油	新乡市瑞丰新材料股份有限公司
RF1 122	高碱值硫化烷基酚钙	1.05~1.12	≤320	≥180	8.9~10.5	2.8~3.8	240~285	具有良好的高温清净性和较强的酸中和能力、抗氧抗腐性能，对控制活塞顶环的积炭生成效果显著，一般用于中高档内燃机油和船用汽缸油	
RF1 123	超碱值硫化烷基酚钙	1.08~1.15	≤480	≥180	10.5~12.0	2.8~3.5	295~315	具有良好的高温清净性和很强的酸中和能力、抗氧抗腐性能，对控制活塞顶环的积炭生成效果显著，主要用于船用汽缸油 及中高档内燃机油	

表 2-10 国内烷基水杨酸盐产品商品牌号

产品代号	化学名称	密度/(g/cm³)	黏度/(mm²/s)	闪点/℃	Ca/%	浊度/(JTU)	TBN/(mgKOH/g)	主要性能及应用	生产公司
T 109	烷基水杨酸钙	0.90~1.10	实测	≥180	≥5.5	≤70	≥150	酸中和能力、清净性和抗氧化性较好，主要用于发动机油、船用油，特别是铁路机车及船用中速筒状机油	锦州康泰润滑油添加剂股份有限公司
T10 9A	中碱值烷基水杨酸钙	0.90~1.10	实测	≥170	≥6.0	≤20	≥160	酸中和能力、清净性和抗氧化性较好，不含硫环保性好，主要用于发动机油、船用油	无锡南方石油添加剂有限公司
T10 9B	高碱值烷基水杨酸钙	0.95~1.20	实测	≥170	≥9.0	≤20	≥265	具有优异酸中和能力和较好的清净性，不含硫环保性好，用于船用油、中高档内燃机油	
T10 9C	超碱值烷基水杨酸钙	0.95~1.20	实测	≥170	≥10.0	≤20	≥295	具有很强的酸中和能力和较好的清净性，不含硫环保性好，用于船用油、中高档内燃机油	
RHY 109M	高碱值烷基水杨酸镁	—	—	≥180	6.0~7.0	—	290~320	具有优良的高温性能，在润滑油中可以降低发动机 LSPI(低速早燃)发生频次。主要用于调制中高档内燃机油等	中国石油兰州润滑油研究开发中心
RHY 109B	高碱值水杨酸钙	—	45.0	—	9.71	61	279	具有良好的高温清净性、抗氧抗腐性能和酸中和能力，可以调制不同级别的内燃机油及船用油等	中国石油润滑油分公司
RHY 109	中碱值水杨酸钙	—	39.5	—	5.93	35	162	具有优异的高温清净性、抗氧化性和良好的中和作用，可以调制不同级别的内燃机油	

参 考 文 献

[1] 黄文轩．近几年国内添加剂的发展概况[J]．润滑油，1996，11(6)：25.

[2] Dr. M. W. Ranney. Lubricant Additives[M]. Noyes Data Corporation，1973：3-31.

[3] Tim Cornitius，Additive Trends[J]. Lubricants World，1998，9(11)：24-29.

[4] Katherine Bui. Market Share and Market Demand[J]. Tomorrow's Chemistries Today Supplement to Lubricants World，2000，10(7)：AS-2~AS-4.

[5] David Whitby. Chemical limits in automotive engine oils[J]. Tribology & Lubrication Technology，2005(11)：64.

[6] 上田早苗．金属型清浄剤の動向について[J]．トライボロジスト，1995，40(11)：883-888.

[7] Leslie. R. Rndnick. Lubricant additives chemistry and application[M]. Marcel Dekker，Inc.，New York，NY 10016，U. S. A. 2003：113-133.

[8] Chevron Chemical Company Oronite Additives Division. Autmotive Engine Oils[G]. 1982：11.

[9] 黄文轩，韩长宁．润滑油与燃料添加剂手册[M]．北京：中国石化出版社，1994：8-9.
[10] 石油化工科学研究院七室．润滑油添加剂(Ⅰ)[J]．石油炼制，1978(9)：57.
[11] [日]樱井俊南．石油产品添加剂[M]．吴绍祖，刘志泉，周岳峰译．北京：石油工业出版社，1980：319.
[12] 石油学会志(日)．新石油事典．朝倉書店[M]．1982：475.
[13] 石井一美．エンジ油添加剤の種類と機能[J]．トラィボロジスト，1995，40(4)：280-285.
[14] 候芙生．中国炼油技术[M]．3版．北京：中国石化出版社，2011：705.
[15] 刘依农．高碱值磺酸锂的合成及其在SD15W/40和CD15W/40油品中的应用[J]．石油学报(石油加工)，2012，28(3)：498-504.
[16] Ko Onodera，Tomohiro Kato. Engine Oil Formulation Technology to Prevent Pre-Ignition in Turbocharged Direct Injection Spark ignition Engines[C]．JSAE/SAE 2015 International Powertrains，Fuds & Lubricants Meeting，2015.
[17] Kristin A Fletcher，LisaDingwell，Kongsheng Yang，et a1. Engine Oil Additive impacts on Low Speed Pre-Ignition [J]．SAE Int. J. Fuels Lubr. 2016，9(3)：612-620.
[18]上田早苗．過盐基性硫化フエネートならびに硫化型サリシレートの開發[J]．石油学会志(日)，1992，35(1)：14-25.
[19] Tim Cornitius. Salicylate Detergent Advantages With Set Future Standards[J]．Lubricants World，1998(7)：32-35.
[20]梁依经，李涛．新工艺制备烷基水杨酸盐的性能研究[J]，润滑油，2012，27(1)：30-33.
[21]克鲁普顿公司．润滑油清洁剂的制备方法．CN 100400493C[P]．2008.
[22]朱彦涛．烷基水杨酸钙清净剂制备新工艺[J]．2011大连润滑油技术经济论坛论文专辑，178-180.
[23]刘依农，段庆华．低碱值聚异丁烯硫膦酸钙的研制[J]．石油炼制与化工，2019，50(11)：56-60.
[24]刘依农，段庆华，李玲．一种低碱值清净剂、其制备方法及润滑油组合物：中国，CN 103725357A [P]．2012-10-15.
[25]刘依农，段庆华，李玲．一种齿轮油组合物：CN 103725351A[P]．2012-10-15.
[26] Dr. Ranney M W. Lubricant Additives[M]．Noyes Data Corporation，1973.
[27] Nehal S Ahmed ，Amal M Nassar. Lubricating Oil Additives，Tribology-Lubricants and Lubrication[EB/OL]．2016-03-01. http：//www. intechopen. com/books/tribology-lubricants-and-lubrication/lubricating-oil-additives.
[28] Leslie R Rndnick. Lubricant additives chemistry and application[M]．Second Edition. Marcel Dekker，Inc，Wilmington，2008：143-165.
[29]黄文轩．进口车用机油添加剂的应用[J]．石油炼制，1980，(9)：23-28.
[30] Vicky Villena-Derton. No Single Additive Can Do Everything[J]．Lubricants World，1993，(9)：A6.
[31] Jai G Bansal. Engine Lubricants ：Trends and Challenges. Infineum USA LP，DEER 2012 - Detroit October 19，2012.
[32]ATC Document 49(revision 1)．Lubricant Additives and the Environment[R]．2007.
[33]ACEA. ACEA 2004 European oil sequence for service-fill oils[S]．2004.
[34]ACEA. ACEA 2012 European oil sequence for service-fill oils[S]．2012.
[35]黄文轩．润滑剂添加剂的性质和应用[M]．北京：中国石化出版社，2012：41-48.
[36] 安文杰，赵正华，周光，等．烟炱对柴油机油性能影响及解决方案[J]．润滑油，2015，30(5)：28-31.

第2节 分 散 剂

2.1 概况

无灰分散剂(Ashless Dispersant)的发展与现代汽车工业的发展是分不开的。20世纪40~

50年代，国外汽车保有量增多，特别是美国的小汽车数量急剧增加，使得环境污染加重，并造成城市交通阻塞。为减少对空气的污染，汽车发动机普遍使用了正压进排气(PCV)系统，这样会将酸性物质带到曲轴箱中，从而对内燃机油的性能提出更高的要求。交通阻塞使城市中行驶的汽车经常低速运转和停停开开，汽车处于这种车况时，曲轴箱油的温度低，发动机得不到足够的热来排出燃料燃烧所产生的水，这部分水和燃料烃混合，造成漆膜和油泥沉积物有所增加。正是由于汽车短途行驶的增加及PCV系统的使用，造成润滑油中漆膜和油泥沉积物生成的趋势增大。燃料燃烧产生的大量水蒸气部分被冷凝，与树脂、烟炱和润滑油混合生成大量乳化油泥，导致管道及滤网阻塞，严重影响曲轴箱油的正常使用。以前使用的硫代磷酸盐、磺酸盐、酚盐等金属清净剂对这种低温油泥几乎没有效果，因此急需开发对低温油泥有效的添加剂。1955年，美国杜邦公司研究出一类新型的聚合型分散添加剂，即甲基丙烯酸12~14酯与甲基丙烯二乙基氨基乙酯的共聚物，由于它不含金属，燃烧后无灰，因此被称为无灰添加剂。这种无灰添加剂使低温油泥问题得到一定程度的改善，但效果仍不太理想，直到20世纪60年代，出现了非聚合型的聚异丁烯丁二酰亚胺无灰分散剂，才有效解决了低温油泥问题。无灰分散剂的发现是润滑剂添加剂技术的一大突破，其成为发动机油的三大功能添加剂之一。随着发动机性能的不断改进，20世纪80年代出现了所谓黑油泥(Black Sludge)问题，这就要求内燃机油兼具优异的高温清净性和低温油泥分散性。为了适应这一要求，新型高分子量分散剂应运而生，目前已成为配制高档内燃机油的主要添加剂品种之一。分散剂、清净剂和黏度指数改进剂三者的使用量已占添加剂总量的65%~68%[1,2]。

2.2 分散剂的使用性能

目前，分散剂的主流为以多胺为基础的聚异丁烯丁二酰亚胺，其使用量占分散剂总量的80%以上[3]。其化学结构由亲油基(烃基)、极性基和连接基团三部分组成，见图2-10。亲油基(烃基)是相对分子质量为500~3000的聚异丁烯(PIB)。PIB相对分子质量对分散剂的性能有相当重要的影响：较大相对分子质量PIB制备的分散剂具有较好的黏温特性，能更有效地分散黑色油泥和烟炱，但对成品润滑油的低温特性有负面影响；而低分子量的分散剂在分散油泥和烟炱的效果比较差。除了PIB的相对分子质量外，还有分子量分布(Mw/Mn)、链长和支化度等对分散剂效果的综合作用，相对分子质量分布(分散度)越小越好。连接基是琥珀酸酐、酚和磷酸酯。极性基团通常是氮或氧的衍生物，氨基基团是胺的衍生物，通常是碱性的，一般是二乙烯三胺、三乙烯四胺或四乙烯五胺。含氧基团是醇的衍生物，是中性的，一般是多元醇，如季戊四醇。这样的结构，在润滑油中极易形成胶团，保证了它对液态的初期氧化产物具有极强的增溶作用，以及对积炭、烟灰等固态微粒具有很好的胶溶分散作用。因而，可有效地保证内燃机油的低温分散性能，特别有效地解决了汽油机油的低温油泥问题。所以添加分散剂的汽油机油运行较长时间后，换油时曲轴箱中油泥减少，同时分散剂也提高了对高温氧化所产生的烟灰和润滑油氧化产物的分散和增溶作用，特别是与金属清净剂复合后有增效作用，既提高了润滑油的质量，又降低了添加剂的加入量。由于这方面的优点，聚异丁烯丁二酰亚胺无灰分散剂获得了飞速的发展和应用。

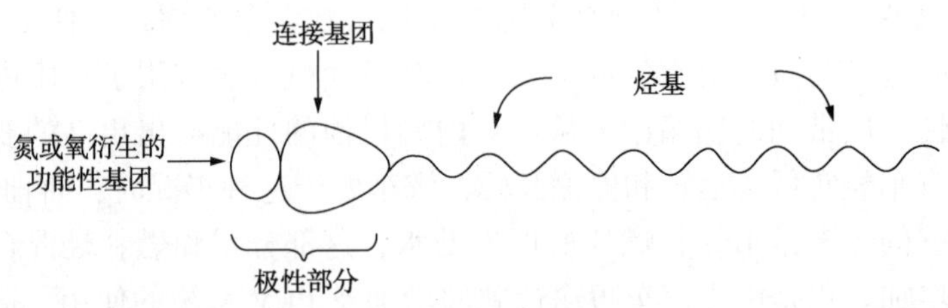

图 2-10　分散剂分子的示意图

就分散剂而论，对密封的损害是普遍的，胺含量越大，密封失效的问题就越严重[4]。从理论上说，这些问题的发生是由于分散剂中存在着低分子的化合物，包括不稳定的游离胺(如烷基铵盐)，或低分子聚异丁烯丁二酰亚胺和聚异丁烯丁二酰胺。因为这些化合物是高极性且分子尺度较小，这些分子极可能扩散到密封材料里，从而改变密封材料的物理和机械性能[5]。之所以使氟橡胶受到损害，是由于氟化合物离子的损失。若除去游离胺和低分子聚异丁烯丁二酰亚胺和聚异丁烯丁二酰胺，将改进密封的性能。可以从化学上进行处理，如用硼酸和环氧化物进行后处理，使之变为无害的物质，或屏蔽其对密封材料的扩散。例如聚异丁烯丁二酰亚胺与硼酸反应后得到的产品，就改进了分散剂的抗磨和对橡胶材料的密封性能[6]。

2.3　分散剂的作用

分散剂在油品中的主要功能是分散和增溶作用。

2.3.1　分散作用

分散剂的油溶性基团比清净剂大 10 多倍，能有效地形成立体屏障膜，使积炭和胶状物不能相互聚集，它可使 0~50nm 大小的粒子被胶溶。这些分散剂(聚异丁烯丁二酰亚胺)的极性基团离子化后，也通过电荷斥力胶溶更大的粒子使之分散于油中。烟炱分散的影响因素之一是分散剂的碱值(TBN)，具有代表性的聚异丁烯丁二酰亚胺分散剂的 TBN 增加对其影响巨大。相对分子质量较大的分散剂的应用价值变得更低，因为在较多单分子聚异丁烯丁二酰亚胺结构和较多氮元素的情况下对分散效果更有利。而聚合型分散剂烷基相对分子质量非常大，它能在离子之间多处形成较厚的屏障膜，胶溶高达 100nm 的粒子，因此分散剂能有效地把 0~100nm 的粒子分散于油中同时也可与油泥相互作用形成胶束分散在油中。见图2-11。

当发动机油含有分散剂时，发动机的污垢倾向是极性，所以分散剂的极性头附着在污垢的极性部分，分散剂的极性基头与油泥作用，使之在油中保持悬浮状态，直到换油时期或者粒子结块足够大的尺寸被润滑油的滤网过滤掉(见图 2-12)[8]。

2.3.2　增溶作用

不溶于油的液体极性物质，如烟炱和树脂，由于存在着和分散剂之间的相互作用而被分散到油中，犹如溶质的溶解现象，即借少量表面活性剂作用使原来不溶解的液态物质“溶解”于介质内。发动机油的油泥是一些氧化产物进行聚合后与冷凝水混合生成的，这些聚合物使发动机油的积炭增加，并附在油箱上阻止了油泵的吸入，从而堵塞滤网。而分散剂能

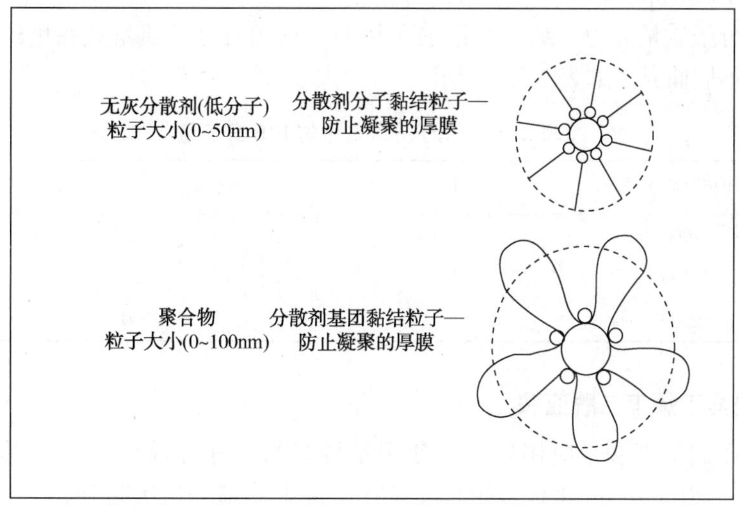

图 2-11 无灰分散剂的作用

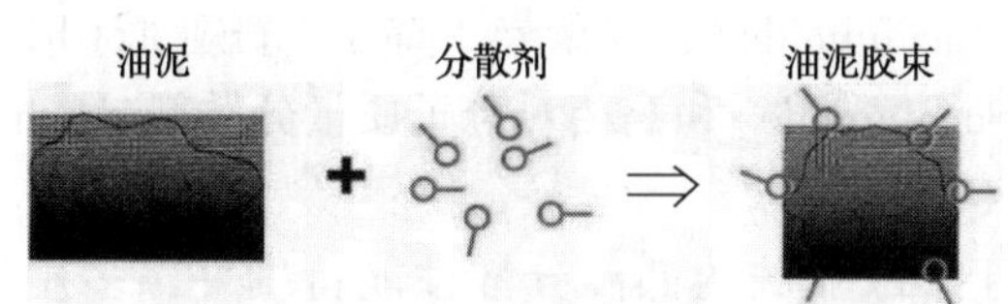

图 2-12 分散剂与油泥作用

与生成油泥的羰基、羧基、羟基、硝基、硫酸酯等直接作用，并溶解这些极性基团。聚异丁烯丁二酰亚胺分散剂有能力与上述不溶于油的液体形成胶束，并且与它们络合成油溶性的液体而分散于油中。分散剂的增溶作用最好，比清净剂高出约 10 倍[3]，烟炱-树脂与分散剂的相互作用见图 2-13[9]。其中，A 是烟炱粒子被包裹在黏性的树脂中；B 是烟炱粒子吸附在黏性的树脂表面；C 是极性基团与极性粒子连接；D 是非极性粒子悬浮在润滑油中。

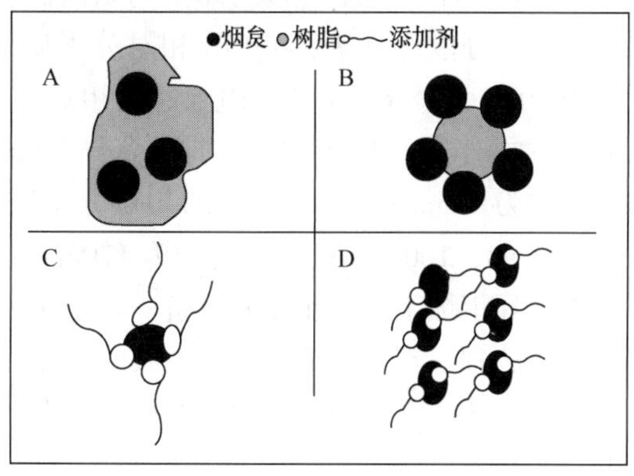

图 2-13 烟炱、树脂、添加剂相互作用

2.4 分散剂的品种

分散剂按结构不同，主要分为聚合型和非聚合型两大类，而聚合型分散剂目前已被列入黏度指数改进剂（在第 9 节黏度指数改进剂中叙述），就不在此叙述。

非聚合型分散剂种类很多，有聚异丁烯丁二酰亚胺（Polyisobutylene Succinimide）、聚异丁烯丁二酸酯（Polyisobutylene Succinate）、苄胺（Benzyl Amine）、硫磷化聚异丁烯聚氧乙烯酯（Polyoxyethylene Ester of Phosphosulfrized Polyisobutylene）或叫无灰磷酸酯（Ashless Phosphonate）、烟炱分散型分散剂和新型分散剂等 6 种。6 种分散剂的亲油基全部是聚异丁

烯(PIB)，因为PIB价格低廉，可以得到各种相对分子质量的PIB，而且油溶性好。现在使用的PIB相对分子质量分为三级，根据聚合物的平均相对分子质量或黏度进行分类，实际上因生产厂家不同而异，如表2-11所示。

表2-11 用于分散剂中的PIB分子量

平均相对分子质量	运动黏度(100℃)/(mm^2/s)
1000	220
1300	680
2200	3200

2.4.1 聚异丁烯丁二酰亚胺

聚异丁烯丁二酰亚胺是应用广泛、使用量最多的一种分散剂，其使用量占分散剂总量的80%以上。20世纪60年代，聚异丁烯丁二酰亚胺就开始大量使用。“第七届世界石油大会”上介绍了这种添加剂。根据性能和用途不同，聚异丁烯丁二酰亚胺可分为单聚异丁烯丁二酰亚胺(Mono-Succinimide)、双聚异丁烯丁二酰亚胺(Bis-Succinimide)、多聚异丁烯丁二酰亚胺(Poly-Succinimide)和高相对分子质量分散剂(High Molecular Weight Dispersant)。

其中，单聚异丁烯丁二酰亚胺的低温分散性能特别好，多用于汽油机油和低档柴油机油。双聚异丁烯丁二酰亚胺和多聚异丁烯丁二酰亚胺的热稳定性能好，更多地用于增压柴油机油中。高分子量聚异丁烯丁二酰亚胺的高温清净性和油泥分散性能都较好，用于高档内燃机油。

单聚异丁烯丁二酰亚胺、双聚异丁烯丁二酰亚胺和多聚异丁烯丁二酰亚胺分散剂均是在一个PIB上只连接一个马来酸酐；而高分子量聚异丁烯丁二酰亚胺不但PIB的分子量变大，而且在一个PIB上连接约两个马来酸酐，具有更好的分散性。试验证明，聚异丁烯丁二酰亚胺的分散性及黏度随PIB相对分子质量的增大而增大，例如：当PIB的相对分子质量为1000时，聚异丁烯丁二酰亚胺的相对分散性为0.17，100℃的运动黏度约为32mm^2/s；当PIB的相对分子质量为2000时，聚异丁烯丁二酰亚胺的相对分散性为0.67，100℃的运动黏度约为135mm^2/s；当PIB的相对分子质量为3000时，聚异丁烯丁二酰亚胺的相对分散性为0.98，100℃的运动黏度约为170mm^2/s。

单聚异丁烯丁二酰亚胺的制备一般使用相对分子质量约1300左右的PIB，双聚异丁烯丁二酰亚胺和多聚异丁烯丁二酰亚胺的制备使用相对分子质量约1000左右的PIB，高分子量聚异丁烯丁二酰亚胺的制备使用相对分子质量约2000的PIB，它们的分子结构见图2-14。

聚异丁烯丁二酰亚胺分散剂主要用于内燃机油，它与高碱值的清净剂进行复配，不仅可以互相弥补使用性能的不足，而且有极佳的协合效应。现代内燃机油中均将高碱值的清净剂与聚异丁烯丁二酰亚胺等无灰分散剂以适当的比例进行复配。

聚异丁烯丁二酰亚胺的工业制备方法分为烃化和胺化两个步骤：烃化主要有热加合法和氯化法。

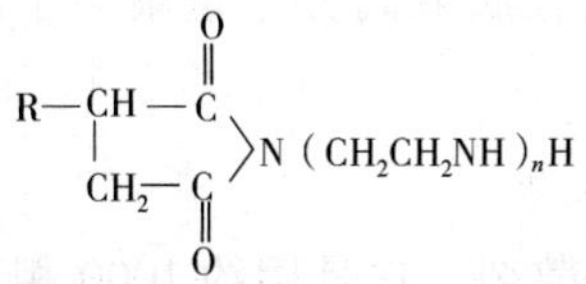

$$R-\underset{\underset{CH_2-\underset{\underset{O}{\|}}{C}}{|}}{CH}-\overset{\overset{O}{\|}}{C}\rangle N(CH_2CH_2NH)_nH$$

单聚异丁烯丁二酰亚胺

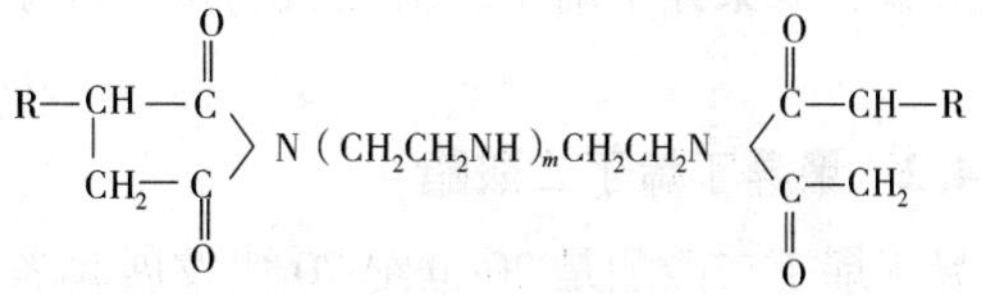

$$R-CH-C(=O),\ CH_2-C(=O)\ \rangle N(CH_2CH_2NH)_mCH_2CH_2N\langle\ C(=O)-CH-R,\ C(=O)-CH_2$$

双聚异丁烯丁二酰亚胺

$$R-CH-C(=O),\ CH_2-C(=O)\ \rangle N(CH_2)_2NH(CH_2)N(CH_2)_2NH(CH_2)N\langle\ C(=O)-CH-R,\ C(=O)-CH_2;\ \text{中间 N 上: } C=O-C(R)H-CH_2-C=O$$

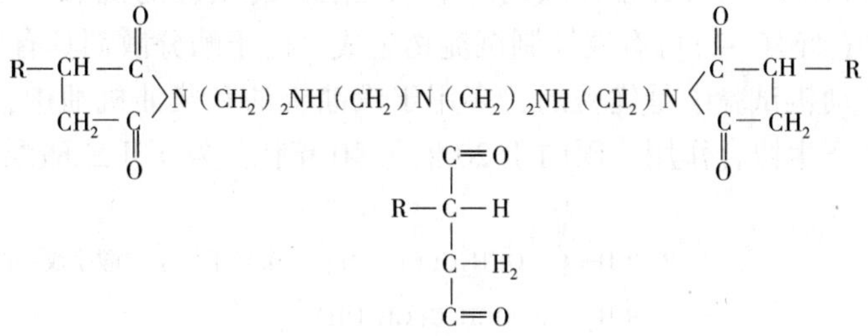

多聚异丁烯丁二酰亚胺

R为聚异丁烯,平均分子量约为1000左右

n=3~4;m=2~3

— O)—(　　单聚异丁烯丁二酰亚胺

— O)—(O —　　双聚异丁烯丁二酰亚胺

- - O | O)—(O | O)—(O | O) —(- -　　高分子量聚异丁烯丁二酰亚胺

— =PIB

O=马来酸酐

) —(=四乙烯五胺

图 2-14　单、双、多和高分子量聚异丁烯丁二酰亚胺示意图

1. 烃化

(1) 热加合法是聚异丁烯与马来酸酐在一定温度下(通常超过 200℃)生成聚异丁烯丁二酸酐(PIBSA);热加合法制备工艺的特点是反应温度较高、周期长、易结焦、沉淀较多,但产品中不残留有机氯。

(2) 氯化法是聚异丁烯与马来酸酐在氯气的存在下缩合成 PIBSA。氯化法制备工艺的特点是反应温度较低、反应速度快、周期短和内部转化好;低反应温度减少了聚异丁烯热分解的机会,不易结焦,沉淀较少,同时也节省了能量;缺点是在制备 PIBSA 过程中产生必须处理的 HCl,另外,分散剂中含有以有机氯形式存在的残余氯(因会导致二噁类化合物的形成,其在环境中的存在备受关注)。

2. 胺化

PIBSA 与不同比例的多烯多胺(一般是三乙烯四胺或四乙烯五胺)反应制得单聚异丁烯

丁二酰亚胺、双聚异丁烯丁二酰亚胺、多聚异丁烯丁二酰亚胺或高分子量聚异丁烯丁二酰亚胺。

2.4.2 聚异丁烯丁二酸酯

聚异丁烯丁二酸酯是20世纪70代发展起来的新的分散剂，它是用约1000相对分子质量的PIB与马来酸酐反应得到一个聚异丁烯丁二酸酐(PIBSA)，再与多元醇[如季戊四醇(PE)]反应得PIBSA-PE型分散剂。丁二酸酯具有很好的抗氧和高温稳定性，在高强度发动机运转中(如1G-2)可有效控制沉淀物生成。由于酯分散剂具有更好的热氧化稳定性，因此在柴油发动机试验中是优秀的，多用于汽油机油和柴油机油中，一般与丁二酰亚胺复合同时使用，产生协合作用。国内于20世纪90年代开发了丁二酸酯。其结构式如下：

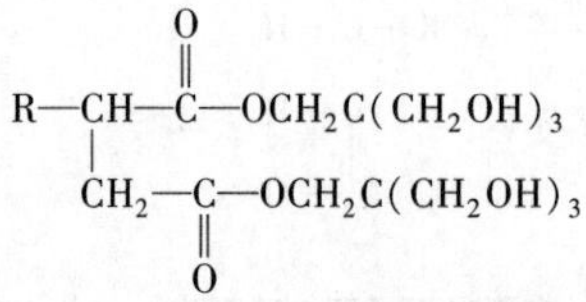

$$\begin{array}{l} \mathrm{R-CH-\overset{O}{\overset{\|}{C}}-OCH_2C(CH_2OH)_3} \\ \quad\;\; | \\ \quad\;\; \mathrm{CH_2-\underset{O}{\underset{\|}{C}}-OCH_2C(CH_2OH)_3} \end{array}$$

聚异丁烯丁二酸季戊四醇酯

Nehal S. Ahmed等人[0]将聚异丁烯丁二酸酐先与季戊四醇(或甘油)按照摩尔比1∶1反应生成酯型无灰分散剂A(或B)；再将产物A(或B)与乙二胺(或二乙烯三胺、三乙烯四胺、四乙烯五胺)按照摩尔比1∶1发生酰胺化反应得到产物A1~A4(或B1~B4)，反应过程如图2-15所示。

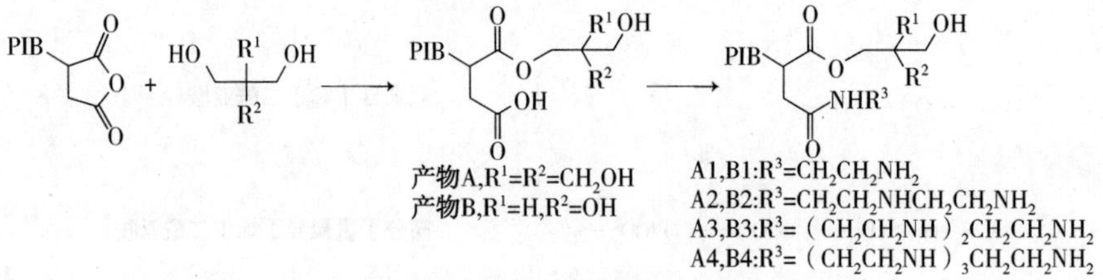

PIB-琥珀酸酐 + HO–CH₂–C(R¹)(R²)–CH₂–OH ⟶ PIB–CH(C(=O)O–CH₂–C(R¹)(R²)–CH₂OH)–CH₂–C(=O)OH ⟶ PIB–CH(C(=O)O–CH₂–C(R¹)(R²)–CH₂OH)–CH₂–C(=O)NHR³

产物A, $R^1=R^2=CH_2OH$
产物B, $R^1=H, R^2=OH$

A1,B1: $R^3=CH_2CH_2NH_2$
A2,B2: $R^3=CH_2CH_2NHCH_2CH_2NH_2$
A3,B3: $R^3=(CH_2CH_2NH)_2CH_2CH_2NH_2$
A4,B4: $R^3=(CH_2CH_2NH)_3CH_2CH_2NH_2$

图2-15 一类复合型无灰分散剂的合成

将合成的无灰分散剂做分散性评价如表2-12所示。此类复合型分散剂兼具丁二酸酯型和丁二酰亚胺型无灰分散剂的结构特点，分散性表现良好。采用B(甘油)作为酯化物，其分散效果要优于A(季戊四醇)，同时提高胺化物中亚氨基含量会进一步提高分散剂的氧化稳定性和分散性。

表2-12 合成样品在不同扩散时间下的油斑实验

样品	不同扩散时间下的分散指数		
	24h	48h	72h
空白样	35	33	32
A1	68	74	79
A2	72	75	81
A3	74	79	82
A4	76	80	85
B1	72	73	77

续表

样品	不同扩散时间下的分散指数		
	24h	48h	72h
B2	73	75	80
B3	65	78	81
B4	75	79	82

2.4.3 无灰磷酸酯

无灰磷酸酯是由聚异丁烯与五硫化二磷反应后再与环氧乙烷反应而制得，具有优良的耐热性，主要用于柴油机油、涡轮汽油发动机专用油等，分散油泥的能力较聚异丁烯丁二酰亚胺差一些，但生成漆膜的倾向小。其结构式如下：

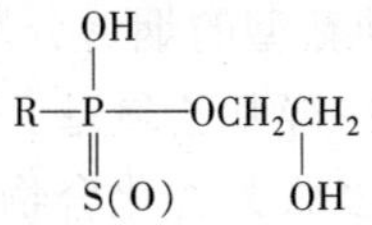

$$\mathrm{R{-}P(OH)({=}S(O)){-}OCH_2CH_2OH}$$

2.4.4 苄胺

苄胺是酚醛胺型的缩合物，即用烷基酚甲醛和胺进行曼尼希(Manich)反应所得的分散剂，在汽、柴油机油中具有较好的分散性和沉积控制性，还具有一定的抗氧性。曼尼希分散剂具有良好的低温性能，常用于汽油机油，其结构式如下：

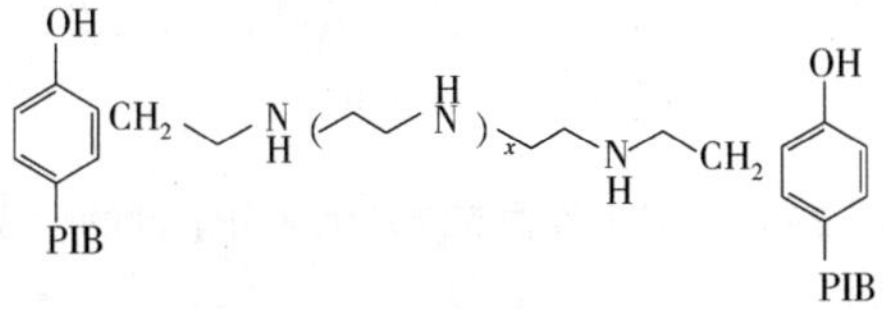

$$\mathrm{HO{-}C_6H_3(PIB){-}CH_2{-}NH{-}(CH_2CH_2NH)_x{-}CH_2CH_2{-}NH{-}CH_2{-}C_6H_3(PIB){-}OH}$$

还应该指出的是，胺分散剂对密封的损害是普遍的，胺含量越大，密封失效的问题就越严重。分散剂之所以使氟橡胶受到损害，是因为分散剂中还有低分子的化合物和游离胺，造成氟化合物离子的损失。若除去游离胺和低分子聚异丁烯丁二酰亚胺和聚异丁烯丁二酰胺，将改进密封的性能。可以利用化学方法进行处理，如用硼酸和环氧化物进行后处理，使之变为无害的物质，或屏蔽其对密封材料的扩散。例如国内外一些添加剂公司都用硼酸对丁二酰亚胺分散剂进行硼化，使其高温性、抗磨性、防锈性等均有提高，尤其是极大地改善了氟橡胶密封的相容性。有的厂家还将硼化聚异丁烯丁二酰亚胺(TB154)用于齿轮油作为防锈剂，发挥了很好的协同作用[11]。

2.4.5 烟炱无灰分散剂

烟炱无灰分散剂是一种双亲性活性物质，可形成油溶性胶束，从而达到清洁的目的。近年来，国外几家主要添加剂生产厂商对烟炱无灰分散剂的研究主要分为芳香胺型、杂原子环型、接枝型以及其他一些类型[12]。芳香胺型无灰分散剂不仅可以有效解决烟炱分散问题，还能控制油品在使用过程中的黏度增长，多家添加剂生产商也将这一类分散剂的研究作为重点研究方向。Gieselman 等制备了含有多个芳香结构的无灰分散剂，如图 2-16 所示。首先，氨基二苯胺与靛红酸酐反应，反应后的产物再与 PIBSA(PIB 的分子量约为 2000)反应，即可得到含有多个芳香结构的无灰分散剂。该分散剂不仅具有良好的烟炱分散性，还可同时改善烟炱引起的润滑剂黏度增长的问题[13]。

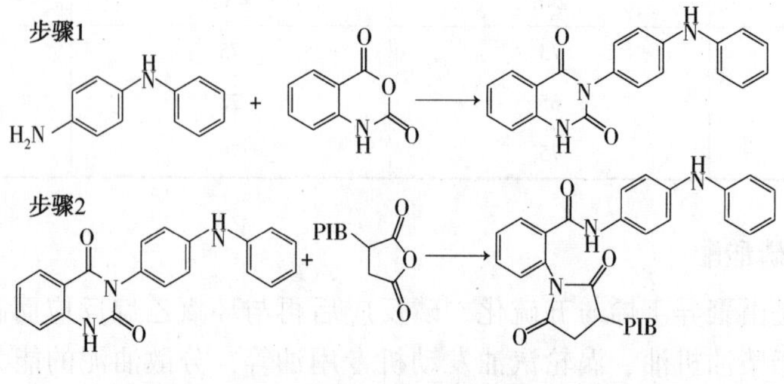

步骤1

步骤2

图 2-16　含多个芳香环烟炱无灰分散剂的合成

Tushar K. Bera 等人[14]报道了一种新型的烟炱分散剂，合成路线如图 2-17 所示。利用 β-萘酚与碳酸亚乙酯反应，得到 2-(2-羟基乙氧基)萘，2-(2-羟基乙氧基)萘经过自聚得到低聚物，烯酐和低聚物酯化得到含多联芳香化合物的烟炱分散剂。在进行烟炱分散台架试验时，这种分散剂产品体现出很好的烟炱分散性能。

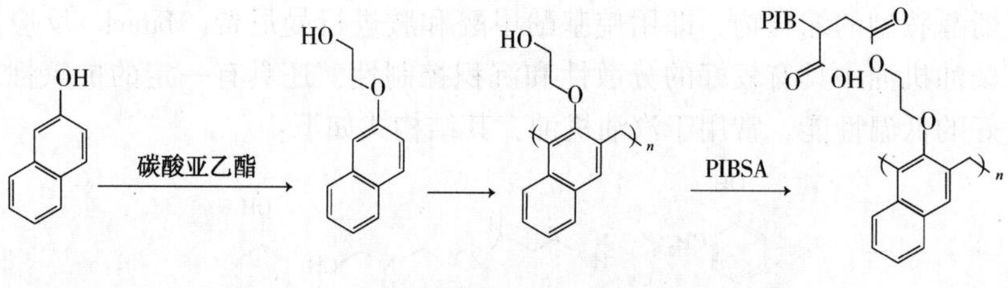

碳酸亚乙酯　PIBSA

图 2-17　多联芳香族烟炱无灰分散剂的合成

2.4.6　新型无灰分散剂

内燃机润滑油的发展与内燃机的制造技术、节能环保要求息息相关。汽车内燃机制造技术的日益成熟和废气排放法规的日益严格，对内燃机润滑油提出了更高要求。随着发动机油规格的升级，传统的无灰分散剂将不能满足高档油品的分散性要求。一种理想的无灰分散剂，仅具有良好的分散性能还远远不够。首先，良好的热稳定性可以使无灰分散剂在发动机的高温工作环境中不至于分解而失效；其次，良好的氧化安定性可以防止分散剂自身转变成沉积物；再次，出于发动机冷启动以及燃料经济性等方面的考虑，良好的低温性能也是必不可少的；最后，若分散剂还具有抗氧抗磨等作用，就可以实现一剂多用。近年来，研究者不断报道新型无灰分散剂的合成研究，旨在开拓具有更加优异性能的无灰分散剂。

Ewan E. Dellbridge 等人提出将以氨基和烃基为端基的聚醚化合物和聚异丁烯丁二酸酐反应，得到一种新型的无灰分散剂。此分散剂极性端更长且氨基更多，由此调制的润滑油将体现更好的分散性；聚醚结构对高温稳定性和抗氧化性的提高有很大的作用。其合成过程如图 2-18 所示。

杂原子环类化合物可弥补芳香胺类无灰分散剂黏度过大的缺陷。Sauer 等利用 1-乙烯基咪唑制备了一种含有杂原子环的多功能接枝聚合物，不仅可有效避免添加剂配方中不同剂之间相互冲突的现象，还有效控制了烟炱、油泥和漆渍的产生[15]。

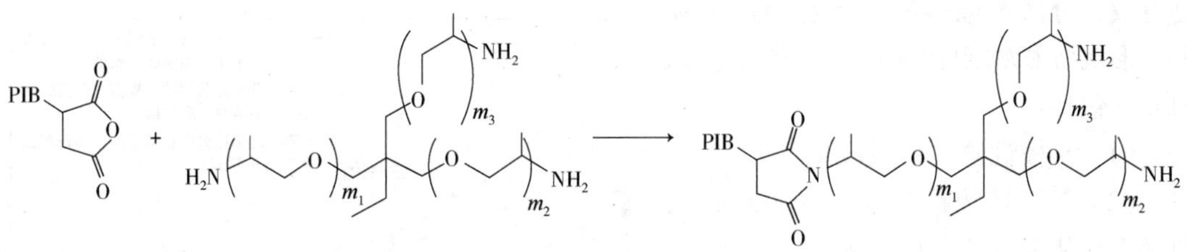

图 2-18 极性端为聚醚的无灰分散剂的合成

目前，除了以上几种主要类型的无灰分散剂以外，还有乙丙共聚物型、聚酯型、纳米粒子型、甲基丙烯酸型和苯二胺型。

2.5 分散剂与清净剂的比较

2.5.1 分散剂与清净剂的差异

分散剂作为现代润滑剂的五大添加剂之一(清净剂、分散剂、黏度指数改进剂、抗磨添加剂和抗氧剂)，与清净剂的不同主要体现在3个重要方面[11,16]：

1. 是否含金属

分散剂不含金属，而清净剂含有金属，一般是钙、镁、钡、钠和锂。这意味着燃烧后的清净剂将生成灰分，而分散剂则不生成灰分。

2. 有无酸中和能力

分散剂没有或只有较小的酸中和能力，而清净剂有酸中和能力。酯型分散剂没有碱性，亚胺、酰亚胺分散剂也只是具有低碱性。亚胺、酰亚胺分散剂的碱性来源于胺的功能。胺是弱碱，因此具有较小的酸中和能力。清净剂，特别是碱性清净剂，含有金属的氢氧化合物和碳酸盐金属胶体，是储备碱的来源，其TBN(总碱值)最高可达500mgKOH/g。这些都是强碱，具有中和燃烧或氧化产生的无机酸的能力，如硫酸和硝酸来源于氧化的有机酸。应指出的是，分散剂中的多烯多胺虽然也有一定的碱值，并能提供油品总碱值，但由于其与金属清净剂相比呈弱碱性，不能有效中和油品燃烧后生成的硫酸和含氧酸，仍会有一些酸性物质遗留下来，造成对部件的腐蚀，因此这种分散剂提供的碱值不是真正有效的碱值，而金属清净剂提供的总碱值则是有效的。

路博润公司所进行的实际行车试验证明了这一点：由清净剂和分散剂共同提供的总碱值虽然比较高，但不能使油品的酸值增长速度变慢；而由清净剂单独提供的总碱值虽然低，但油品的酸值反而较低[17]。行车试验中总碱值/总酸值与油品行驶里程的关系见图2-19。

由图2-19可以看出，虽然由清净剂和分散剂共同提供的油品总碱值(虚线①)高于由清净剂单独提供的油品总碱值(实线②)，但汽车实际行驶30000km左右时，由清净剂单独提供总碱值的油品总酸值(实线④)仍然高于由清净剂和分散剂共同提供总碱值油品的总酸值(虚线③)，这说明由清净剂提供的总碱值是更有效的。

3. 有无分散能力

分散剂的分子量非常大，是清净剂的4~15倍，比清净剂的有机部分(皂)高。因此，通常分散剂的分散能力比清净剂高约10倍。所以，分散剂满足悬浮和增溶的功能比清净剂更有效。分散剂以多种方式悬浮润滑油中，形成沉积物的初期产物。产生沉积的方式包括：

（1）与极性物质形成胶束。

（2）与胶状颗粒结合，从而阻止它们聚集和从溶液中分离出来。

（3）如果聚结物已经形成，则悬浮聚结物于润滑剂中。

（4）改变烟炱颗粒，以阻止它们聚集。而烟炱颗粒的聚集将导致润滑油增稠，这是重负荷柴油机油存在的典型问题。

（5）降低极性物质的表面能和界面能，以阻止它们黏附在金属表面，防止磨损。

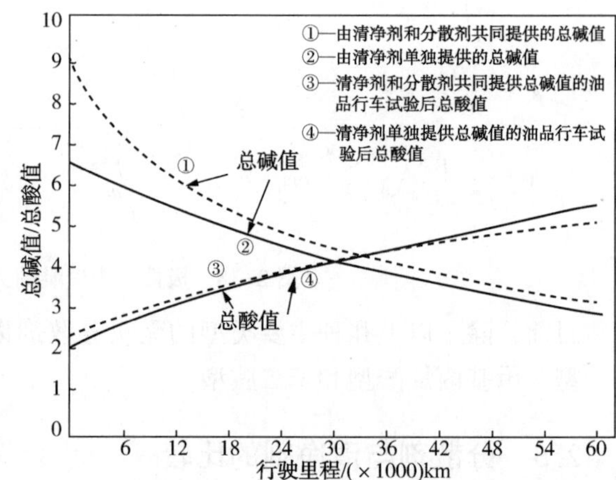

图 2-19　行车试验中油品总碱值/总酸值与行驶里程的关系

2.5.2　分散剂和清净剂的性能比较

清净剂的主要作用是酸中和作用及清净作用，与分散剂相比，其分散性及增溶作用较小，有的清净剂还有抗氧（硫化烷基酚盐和烷基水杨酸盐）和防锈（磺酸盐）作用。

分散剂的主要作用是分散及增溶，其中酸中和作用及清净作用较小。清净剂和分散剂的主要性能比较见表 2-13。

表 2-13　主要的清净剂和分散剂的性能比较

类别	分散作用		酸中和作用	增溶作用	防锈作用	抗氧化作用	备注
	效果	机理					
中性、碱性磺酸盐	中	电荷相斥	中	中	有	无	清净剂
高碱性磺酸盐	中	电荷相斥	大	中	有	无	清净剂
中性、碱性酚盐	小	电荷相斥	中	小	无	有	清净剂
高碱性酚盐	小	电荷相斥	大	小	无	有	清净剂
烷基水杨酸盐	小	电荷相斥	中	小	无	有	清净剂
硫代磷酸盐	中	电荷相斥	中	中	无	有	清净剂
丁二酰亚胺	大	电荷相斥	小	大	无	无	分散剂

2.5.3　分散剂和清净剂的应用比较

在汽油机油中的分散剂加剂量大于清净剂；而在柴油机油中则相反，清净剂的加剂量大于分散剂。20 世纪 90 年代中期，国外典型的汽油机油和柴油机油配方比较见表2-14[18]。

表 2-14　典型的汽油机油与柴油机油配方的比较（1993 年）

项目	轿车发动机油	重负荷柴油机油	项目	轿车发动机油	重负荷柴油机油
ω（无灰分散剂）/%	52.2	37.0	ω（ZDDP）/%	13.0	13.0
ω（清净剂）/%	27.2	34.3	ω（抗氧剂）/%	7.6	15.7

近年来，发动机制造商已经要求降低柴油发动机尾气中 NO_x（氮氧化物）的排放量，以

满足 EPA(美国国家环境保护局)的排放标准。为实现这一要求，需要改进发动机的设计，包括延迟喷油时间、提高活塞环位置，采用 SCR(选择性催化还原)、DPF(柴油机颗粒过滤器)和 EGR(废气再循环)技术等[19]。

EGR 的使用会使润滑油中烟炱量增加。为了解决这一问题，21 世纪初，对发动机油配方组成进行了很大调整，大幅度提高了重负荷柴油机油中分散剂的加剂量，缩小了轿车发动机油和重负荷柴油机油中分散剂加剂量之间的差距[20]。

2005 年，国外典型的汽油机油和柴油机油配方比较见表 2-15。1993 年与 2005 年复合剂配方组成比较见表 2-16。

表 2-15 典型的汽油机油与柴油机油配方的比较(2005 年)

项目	轿车发动机油	重负荷柴油机油	项目	轿车发动机油	重负荷柴油机油
ω(无灰分散剂)/%	53.8	52.1	ω(ZDDP)/%	11.0	11.4
ω(清净剂)/%	26.8	30.2	ω(抑制剂)/%	8.4	6.3

表 2-16 1993 年与 2005 年复合剂配方组成比较

项目	轿车发动机油		重负荷柴油机油	
	1993 年	2005 年	1993 年	2005 年
ω(分散剂)/%	52.2	53.8	37.0	52.1
ω(清净剂)/%	27.2	26.8	34.3	30.2
ω(ZDDP)/%	13.0	11.0	13.0	11.4
ω(抗氧剂)/%	7.6	—	15.7	—
ω(抑制剂)/%	—	8.4	—	6.3
合计/%	100	100	100	100

对比表 2-15、表 2-16 可以看出：

与 1993 年相比，2005 年重负荷柴油机油中的分散剂加剂量大幅度增加，与轿车发动机油分散剂加剂量的差距从 15.2%(质量分数)下降到 1.7%(质量分数)，而清净剂加剂量减少，与轿车发动机油清净剂加剂量的差距从 7.1%(质量分数)下降到 3.4%(质量分数)。

重负荷柴油机油与轿车发动机油的 ZDDP 加剂量也有所下降，分别减少了 1.6 个百分点和 2.0 个百分点。出现上述变化的原因是柴油机增加了 EGR 和 DPF：EGR 使润滑油中烟炱量增加，而烟炱会导致油品黏度急剧增加，并对发动机阀系轴承等部件造成磨损，为此需要添加足够的分散剂来解决这一问题；DPF 要求使用低灰分润滑油的同时，还要求使用低硫燃料，由于低硫燃料要求使用低碱值的油品，所以降低了清净剂的加剂量；而 ZDDP 的减少，既降低了灰分，又减少了磷对尾气后处理的影响。

从表 2-16 可以看出，1993 年与 2005 年的轿车发动机油配方相比，分散剂及清净剂的加剂量变化不大。由于润滑油中对磷做了进一步的限制，所以 2005 年轿车发动机油配方中的 ZDDP 加剂量出现下降(从 13.0%降低到 11.0%)，而 ZDDP 既有抗氧性能又有抗磨性能，缺失的性能需要加入抑制剂(氧化抑制剂及磨损抑制剂)来弥补。2005 年的重负荷柴油机油配方与 1993 年相比变化较大：分散剂加剂量大幅度提高，清净剂及 ZDDP 的加剂量降低，所以缺失的性能也需要通过补充添加剂(抑制剂)来弥补；补充添加剂的加剂量也大幅度下降，从 15.7%(抗氧剂)降到 6.3%(抑制剂)。这也可能是 2005 年重负荷柴油机油配方中大

幅度提高了分散剂加剂量及使用了非传统的基础油的结果。

正因为发动机出现了上述改变，所以也对重负荷柴油机油的灰分等 3 项指标进行了限制。ACEA 2004、2012 规格对重负荷柴油机油中灰分等 3 项指标的限制见表 2-17，北美 2007 年生效的 API CJ-4 重型柴油机油规格对灰分等 3 项指标的限制见表 2-18[21,22]。

表 2-17 ACEA 规格对重负荷柴油机油中灰分、硫、磷的限制

项目	ACEA2004				ACEA2012			
	E2-96	E4-99	E6-04	E7-04	E4-12	E6-12	E7-12	E9-12
ω(硫酸盐灰分)/%	≤2.0	≤2.0	≤1.0	≤2.0	≤2.0	≤1.0	≤2.0	≤1.0
ω(磷)/%			≤0.08			≤0.08		≤0.12
ω(硫)/%			≤0.3			≤0.3		≤0.4

表 2-18 API CJ-4 规格对重负荷柴油机油中灰分、硫、磷的限制

项目	质量指标	分析方法
ω(硫酸盐灰分)/%	≤1.0	ASTM D874
ω(磷)/%	≤0.12	ASTM D4951
ω(硫)/%	≤0.4	ASTM D4951

由表 2-17、表 2-18 可以看出，欧洲对发动机油中的硫及磷的限制比北美严格，而对硫酸盐灰分的限制则比北美宽松。

要降低发动机油的灰分，就要减少清净剂的加剂量；而减少的清净剂需要通过增加分散剂加剂量来弥补。之所以柴油机油中的分散剂加剂量几乎与汽油机油相当，其原因便在于此。限制发动机油的磷及硫含量，实际上是降低油品中 ZDDP(二烷基二硫代磷酸锌)的加剂量，为此只能通过增加无灰的高温抗氧剂及抗磨剂的加剂量来弥补因 ZDDP 减少所带来的性能缺失，以平衡整个配方，使油品满足发动机的使用要求。

正是因为清净剂与分散剂存在性能差异，所以二者复合使用可实现性能互补，达到协合效应。丁二酸亚胺分散剂与高碱值清净剂的恰当复合，不仅可以互相弥补不足，还能全面保证其使用性能[23]。

2.6 我国分散剂的发展情况

国内从 20 世纪 60 年代末就开始试制丁二酰亚胺分散剂，并于 80 年代初在兰州炼油化工总厂进行工业生产。20 世纪 80 年代中期，锦州石油化工公司炼油厂从美国 Lubrizol(路博润)公司引进了丁二酰亚胺分散剂的生产装置和技术；20 世纪 90 年代，自主开发了高分子量丁二酰亚胺分散剂，在 90 年代中期就投入了工业生产。

国内分散剂的发展是极快的。1982 年开始工业生产时，分散剂产量约为 60t，占添加剂总产量的比例还不到 1%；1995 年，分散剂产量已占添加剂总产量的 17%；2007 年，分散剂产量已占添加剂总产量的 31%，超过清净剂占添加剂总产量的比例(20.9%)，使我国添加剂的产品结构发生了根本性的改变[1]。

国内的应用研究已经证明，聚异丁烯丁二酰亚胺无灰分散剂硼化后的抗氧化性、抗磨

损性、油泥分散性等性能得到较明显的提高[25]。

2.7 趋势和展望

2.7.1 分散剂在应用方面

分散剂一般应用于现代汽车发动机油中，应用量为1%~6%，主要是控制油泥。在发动机油中加入分散剂，对汽车柴油机油的烟炱控制特别有效。铁路机车用油要求有好的碱贮备性和高分散性能，需要加入分散剂来实现。中速筒状活塞发动机油倾向于用较少量的分散剂，一般加2%~4%(质量分数)，传统上不循环使用的船用汽缸油不使用分散剂，但目前已开始应用少量的分散剂了。分散剂的加入不但可以提高船用汽缸油的清净分散性，而且可大大减少高碱性添加剂的加剂量，降低产品成本。二冲程汽油发动机油是与燃料油混合燃烧的，若含有过多的金属清净剂和抗氧剂，容易产生磨损和环黏结。为了防止此类事件的发生，多将特殊的分散剂与清净剂复合使用。发动机油的分散剂使用量几乎占分散剂总量的80%。

除发动机油外，分散剂也用于ATF、齿轮油、液压油和精制工艺的防污剂。齿轮油中含有热不稳定的极压添加剂，极压添加剂的分解副产物具有高极性，用分散剂可控制它们，从而避免腐蚀和形成沉积物。聚合物分散剂被用于液压油，以克服湿过滤问题。这一问题是由于液压油配方中的金属磺酸盐清净剂和二烷基二硫代磷酸盐与水反应导致的。

应提出的是，聚异丁烯丁二酰亚胺型的分散剂由于带有低分子的聚异丁烯烷基团，加入过多会使油品低温黏度增大，低温启动性变差，这给配制多级油带来了困难。若采用聚合型分散剂(黏度指数改进剂)代替部分丁二酰亚胺型分散剂，既可改进油品的低温性能，又可提供足够的低温分散性。为了改善分散剂的性能及其与密封材料的兼容性，可以对分散剂进行后处理，如用硼酸、聚环氧化合物、聚羧酸、烷基苯磺酸和烯腈等。经过后处理的分散剂用于发动机油时，据称可提高分散性、改进黏度指数、提高氟化合物弹性体的相容性、水解稳定性和剪切稳定性。

今后开发的分散剂要求以下性能：

(1) 低温下黏度增加要小；

(2) 能有效维持高温黏度；

(3) 优良的烟炱分散能力；

(4) 与其他添加剂有良好的相容性；

(5) 耐水性良好；

(6) 对橡胶密封的兼容性良好；

(7) 添加剂制备中要考虑到环境、卫生等问题。

2.7.2 分散剂重点研究方面

近年来，国内外对无灰分散剂的研究较活跃，主要的研究热点包括：

(1) 对聚异丁烯丁二酰亚胺分散剂进行硼化等改性，以改进分散剂的抗磨性能及其与橡胶密封的兼容性；

(2) 以PIBSA为原料研制新型分散剂，其分散性能比聚异丁烯丁二酰亚胺优秀，同时对黏度指数、低温动力黏度没有负面影响；

(3) 针对某一油品开发新的分散剂，主要是解决油品在使用过程中遇到的高温清净与分散问题。

综合目前具有优异烟炱分散性的市售产品和近几年文献调研可发现，烟炱无灰分散剂的发展趋向于多功能化，含有芳香胺结构或多种胺的复合配方也是无灰分散剂的主要研发方向[26]。

2.8 分散剂的商品牌号

国内分散剂的商品牌号见表 2-19。

表 2-19 国内主要无灰分散剂产品商品牌号

产品代号	化学名称	密度/(g/cm³)	黏度/(mm^2/s)	闪点/℃	N/%	硼/磷/%	碱值/(mgKOH/g)	主要性能及应用	生产公司
KT1051 (T151A)	聚异丁烯单烯基丁二酰亚胺	0.89~0.94	实测	≥180	2.0~2.3	—	50~65	具有良好的低温油泥分散性和清净性，可抑制发动机活塞上的积炭和漆膜生成。用于发动机油和二冲程汽油机油	锦州康泰润滑油添加剂股份有限公司
KT 1054	聚异丁烯双丁二酰亚胺分散剂	0.89~0.95	85~130	≥180	1.15~1.35	—	20~30	具有良好的油泥分散性和清净性，用于汽油机油、二冲程油、自动传动液、变速箱油，还可用于调制节能型及环保型工业油	
KT1351 (T151)	聚异丁烯单丁二酰亚胺	0.89~0.94	120~250	≥170	2.0~2.5	—	45~60	具有良好的低温油泥分散性和清净性，可抑制发动机活塞上的积炭和漆膜生成。用于发动机油和二冲程汽油机油	
KT1354 (T154)	聚异丁烯双丁二酰亚胺	0.89~0.95	100~200	≥180	1.20~1.30	—	20~30	具有良好的低温油泥分散性和清净性，可抑制发动机活塞上的积炭和漆膜生成。用于中低档发动机油	
KT1355 (T155)	聚异丁烯多丁二酰亚胺(低氮)	0.89~0.95	300~400	≥180	0.80~1.10	—	10~25	具有优异的热稳定性、良好的低温油泥分散性和清净性。用于中低档柴油发动机油	
KT1961	高分子量丁二酰亚胺	0.89~0.94	300~400	≥180	1.1~1.2	—	20~30	优异的热稳定性、良好的高温清净性和低温油泥分散性、良好的增溶作用和油溶性、产品中不含氯。用于高档汽油机油、二冲程汽油机油、ATF 和变速箱油	
KT 1963	高分子量丁二酰亚胺	0.89~0.94	300~400	≥180	0.85~1.05	—	20~30	优异的热稳定性、良好的高温清净性和低温油泥分散性、良好的增溶作用和油溶性、产品中不含氯。用于高档汽油机油、二冲程汽油机油、ATF 和变速箱油	

续表

产品代号	化学名称	密度/(g/cm^3)	黏度/(mm^2/s)	闪点/℃	N/%	硼/磷/%	碱值/(mgKOH/g)	主要性能及应用	生产公司
KT1963A	高分子量丁二酰亚胺	0.89~0.94	450~550	≥180	1.1~1.2	—	15~30	优异的稳定性、良好的高温清净性和低温油泥分散性、良好的增溶作用和油溶性、产品中不含氯。用于高档汽油机油、二冲程汽油机油、ATF和变速箱油	锦州康泰润滑油添加剂股份有限公司
KT1054B	硼化聚异丁烯双丁二酰亚胺	0.91~0.97	150~250	≥180	1.1~1.3	1.1~1.3	20~30	具有良好低温油泥分散性和清净性，极好耐高温性、抗氧化性和抗磨性。用于高档汽油机油、二冲程汽油机油、ATF和变速箱油	
KT1354B	硼化聚异丁烯双丁二酰亚胺	0.89~0.95	130~220	≥180	1.10~1.35	≥0.50	20~30	具有良好低温油泥分散性和清净性，极好耐高温性、抗氧化性和抗磨性。用于高档汽油机油、二冲程汽油机油、ATF和变速箱油	
KT1356PB	硼化磷化聚异丁烯双丁二酰亚胺	0.92~0.98	250~450	≥180	1.55~1.9	0.85~1.15 0.6~0.8	15~40	良好的清净性和低温油泥分散性、良好的耐高温性、抗氧化性和抗磨性、产品中不含氯。 用于节能型和长寿命发动机油	
KT1961B	硼化高分子量丁二酰亚胺	0.89~0.95	300~400	≥180	1.05~1.25	0.40~0.6	10~20	具有良好低温油泥分散性和清净性，极好的耐高温性、抗氧化性和抗磨性。用于高档发动机油及节能型和长寿命发动机油	
KT1962B	抗磨型无灰分散剂	0.92~0.98	实测	≥180	1.55~1.90	0.9~1.1	15~30	具有良好低温油泥分散性和清净性，极好耐高温性、抗氧化性和抗磨性。用于高档发动机油及节能型和长寿命发动机油。特别是用于ATF和变速箱油	
KT1354E(T154Z)	聚异丁烯双丁二酰亚胺	0.89~0.95	300~400	≥180	1.1~1.3	—	20~30	具有很好的乳化性能和极好的抗水性。用于民爆炸药的乳化剂，也可用于中低档发动机油	
T151	单烯基丁二酰亚胺	0.85~0.95	≤220	≥180	≥2.0	—	45~60	具有良好低温油泥分散性和清净性，用于内燃机油	无锡南方石油添加剂有限公司
T152	双烯基丁二酰亚胺	—	≤220	≥180	1.15~1.30	—	15~30	具有良好低温油泥分散性和一定的高温清净性，用于内燃机油，也可由于淬火油	

续表

产品代号	化学名称	密度/(g/cm^3)	黏度/(mm^2/s)	闪点/℃	N/%	硼/磷/%	碱值/(mgKOH/g)	主要性能及应用	生产公司
T154A	双烯基丁二酰亚胺		70~150	≥180	1.10~1.30	—	15~30	具有良好低温油泥分散性和一定的高温清净性，用于中高档内燃机油	无锡南方石油添加剂有限公司
T154B	硼化丁二酰亚胺	0.89~0.94	≤200	≥180	1.1~1.35	≥0.35	12~30	具有良好低温油泥分散性和清净性、抗氧化性和抗磨性，用于高档发动机油	
T161	高分子量丁二酰亚胺		300~500	≥180	≥1.00	—	15~30	具有良好低温油泥分散性和优异的高温清净性，用于中、高档汽、柴油机油	
T162	高效无灰	0.90~1.0	≤500	≥180	≥1.00	—	40~50	具有优异低温油泥、烟灰分散能力和优异的高温清净性，用于高档柴油机油	
RF1151	单烯基丁二酰亚胺	—	130~250	≥180	≥2.0	—	45~60	具有优异低温油泥，对高温烟灰具有优良增溶作用，主要用于高档柴油机油	新乡市瑞丰新材料股份有限公司
RF1154	双烯基丁二酰亚胺		130~230	≥180	1.1~1.8	—	15~30	具有良好低温油泥分散性和清净性，可抑制活塞漆膜生成，主要用于高档柴油机油	
RF1161	高分子量丁二酰亚胺		300~500	≥180	1.0~1.3	—	20~30	具有更加优良的低温油泥分散性和高温稳定性，可抑制活塞漆膜生成，主要用于各类内燃机油	
RHY151PB	磷硼化丁二酰亚胺	—	—	—	1.87	0.94/0.75	36.3	具有优异高温清净性和抗磨损性能，能够改善油品的动静摩擦系数，适用于调制 ATF、齿轮油和内燃机油等	中国石油兰州润滑油研究开发中心
RHY162	高分子量丁二酰亚胺	—	—	—	1.97	—	49.3	具有较好的低温油泥、烟炱分散性和高温清净性，适用于调制齿轮油、内燃机油等	
RHY154B	硼化丁二酰亚胺	—	—	—	1.20	0.43	27.4	具有优异低温油泥分散性和高温清净性，适用于调制燃气发动机油、汽油机油、柴油机油等	
RHY155B	硼化无灰分散剂	—	—	—	1.44	1.26	33.5	具有优异低温油泥分散性和高温清净性及良好的抗氧化和抗磨性能，适用于调制燃气发动机油、汽油机油、柴油机油等	

续表

产品代号	化学名称	密度/(g/cm³)	黏度/(mm²/s)	闪点/℃	N/%	硼/磷/%	碱值/(mgKOH/g)	主要性能及应用	生产公司
RHY 151	低分子单挂丁二酰亚胺		39.5	—	2.15	—	48	具有良好的低温油泥分散性，适用于调制柴油机油、汽油机油等产品	中国石油润滑油分公司
RHY 152L	双挂丁二酰亚胺	0.912	150.2	—	1.27	—	20.2	低分子双挂聚异丁烯丁二酰亚胺无灰分散剂适用于调制柴油机油、汽油机油等产	
RHY 166L	高分子量丁二酰亚胺	0.904	348.3	—	1.15	—	22.2	适用于调制柴油机油、汽油机油等产品	
T151	单烯基丁二酰亚胺	0.890~0.930	≤300	≥180	≥2.0	—	40~70	具有优良的控制低温油泥及高温沉积物，低温分散性好，对高温烟炱有好的增溶作用，用于汽、柴油机油	上海海润添加剂有限公司
T154	双烯基丁二酰亚胺	0.890~0.930	70~150	≥170	1.1~1.3	—	15~30	具有较好的低温分散性和高温清净性，良好的配伍性，用于中、低档柴油机油和淬火油、燃料油	
T161	高分子丁二酰亚胺	0.890~0.930	300~500	≥180	≥1.0	—	20~30	具有优异的高、低温清净性和烟炱分散能力，用于中档及高档汽、柴油机油	

参 考 文 献

[1] Geeta Agashe. Global . Lubricant Additives：P CMO and HDMO Market Development and Opportunities[R]. The 15th Annual Fuels & Lubes ASIA CONFERENCE InterContinental Hanoi Westlake Hanoi, Uietnam, 2009.

[2] Geeta Agashe. Global Lubricant Additives Market[EB/OL]. 2011-09-19. http：//blogs. klinegrou p. com/2011/09/19/global-lubricantadditives-market.

[3] 北野幸雄 . 清净分散剂[J]. トライボロジスト, 1995, 40(4)：337-340.

[4] James J. Harrison, William. R Ruhe. Polyalkylene polysuccinimides and post treated dervatived dervaties thereof. U. S. Patent. 6146431(2000).

[5] Carl F Stachew, William D Abraham, James A Supp, James R Shan klin, Gordon D Lamb. Engine oil having dithiocarbamate and aldehyde/epoxide for improved seal performance, sludge and deposit performance. U. S. Patent. 6121211(2000).

[6] Theodore Hall Gasteyer, Gary Dee Lang. Low warpage insulated panel. desige. U. S. Patent. 6335074(2002).

[7] Chevron Chemical Company Oronite Additives Division. Autmotive Engine Oils[G]. 1982：12.

[8] By Dr. Robert M. Gresham. When oil and water do mix[J]. Tribology & Lubrication Technology, 2008(3)：

22-27.

[9] Nehal S Ahmed，Amal M Nassar. Lubricating Oil Additives，Tribology- Lubricants and [EB/OL]. 2 016-02-01. http：//www. intechopen. com/book s/t r ibolog y-lubr ica nt s-a ndlubrication/lubricating-oil-additives Lubrication.

[10] Nehal S Ahmed，Amal M Nasser，Rasha S Kamal. Influence of Some Compounds as Antioxidants and Detergents/Dispersants for Lube Oil[J]. Journal of Dispersion Science&Technology，2011，32（7）：1067-1074.

[11] 马国光，马希福，张传春，等．推广硼酸盐添加剂加快润滑油剂转型升级[J]．润滑油，2015(3)：12-20.

[12] 张歆婕，等．无灰分散剂制备与评价方法的发展现状及趋势[J]．科技视界，2018(26)：287-288.

[13] Gieselman M D，Pudeiski J K，Raguz M G，et al. Lubricating Composition Containing a Carboxylic Functionalised Polymer and Dispersant：US，8569217[P]. 2013.

[14] Bera T k，Diggs N Z，Hartley R J，et al. Soot Dispersants and Lubricating Oil Compositions Containing Same：US20060189492A1 [P]. 2006.

[15] Sauer；Richard P.，Multiple function graft polymer，US 8703873，2014 .

[16] Nehal S Ahmed and Amal M Nassar. Lubricating Oil Additives，Tribology - Lubricants and Lubrication[EB/OL]. 2016-03-01. http：//www. intechopen. com/books/tribology-lubricants-and-lubrication/lubricating-oil-additives.

[17] 黄文轩．进口车用机油添加剂的应用[J]．石油炼制，1980，(9)：23-28.

[18] Vicky Villena-Derton. No Single Additive Can Do Everything[J]. Lubricants World，1993，(9)：A6.

[19] Jai G Bansal. Engine Lubricants ：Trends and Challenges. Infineum USA LP，DEER 2012 - Detroit October 19，2012.

[20] ATC Document 49(revision 1). Lubricant Additives and the Environment[R]. 2007.

[21] ACEA. ACEA 2004 European oil sequence for service-fill oils[S]. 2004.

[22] ACEA. ACEA 2012 European oil sequence for service-fill oils[S]. 2012.

[23] 安文杰，赵正华，周光，等．烟炱对柴油机油性能影响及解决方案[J]．润滑油，2015，30(5)：28-31.

[24] 黄文轩．润滑剂添加剂性质及应用[M]．北京：中国石化出版社，2012：12-14.

[25] 石薇薇，姜永辉，王艳清．硼化无灰分散剂单合成及应用研究[J]．润滑油，2015(5)：54-57.

[26] 张歆婕，等．无灰分散剂制备与评价方法的发展现状及趋势[J]．科技视界，2018(26)：287-288.

第3节　抗氧抗腐剂

3.1　概况

20世纪30年代由于汽车工业的大发展，内燃机的压缩比大幅度提高。伴随着发动机功率的提高，巴比特合金轴承材料暴露了难以承受高负荷、高温的缺陷，开始应用铜-铅(Cu-Pb)、镉-银(Cd-Ag)、镉-镍(Cd-Ni)等硬质合金。但由于这些硬质合金较易受到润滑油氧化产物的腐蚀，要求在油品中加入抗氧抗腐剂(Antioxidant and Corrosion Inhibitor)。1930~1940年，美国集中很大一批力量研究抗氧抗腐剂，逐渐研制出了一些含硫、磷等化合物的抗氧抗腐剂。经过实际应用，于20世纪40年代初筛选出效果较好的二烷基二硫代磷酸锌(Zinc dialkyl dithiophosphate，简称 ZDDP 或 ZDTP)抗氧抗腐剂，此后得到了最广泛的应用。ZDDP 是一种低成本和多功能的添加剂，目前除用于内燃机油外，它还广泛用于抗磨液压油和工业润滑油中。ZDDP 作为添加剂用于发动机油中已有 70 多年的历史。20 世纪 40 年代末期，ZDDP 仅作为一种抗氧化剂，其抗磨性能被忽视，ZDDP 单独作为抗磨剂并没有引起人们的关注。20 世纪 50 年代以后，尽管人们认识到 ZDDP 可保护易磨损的发动机顶阀部件，但对 ZDDP 抗磨机理的认知仍很少。虽然 ZDDP 的应用随着与其他添加剂配伍性的变化而相应变化，但其基本功能没有变。为了减少污染，20 世纪 70 代年的小轿车加装尾气催化转化器，而 ZDDP 中的磷会使催化转化器中的贵金属催化剂中毒。为了避免催化剂中毒，要求发动机油低磷、低灰分化。在 2003 年下半年，对硫酸盐灰分、磷和硫(SAPS)，在发动机油中已经引入相当严格的极限值[1]。由于 ZDDP 同时含有锌、磷和硫，因此其在汽车发动机油中的应用进一步受到限制。目前很多研究取代 ZDDP 的工作正在开展，由于它的成本低、效率高，又是一种多效添加剂，如果从配方中抽出 ZDDP，就必须加新的抗磨剂和抗氧剂，新加入的添加剂的价格可能比 ZDDP 更高，所以工业上关心的新添加剂，不仅集中在性能上，而且也集中在成本上，所以在短期内取代它有一定难度。总之，抗氧抗腐剂也是随着工业发展而前进的。

3.2 作用机理

润滑油的氧化是由于光、热、过渡金属等的作用，产生了自由基而开始进行的。自由基与氧反应产生过氧自由基[ROO·]，过氧自由基与其他分子反应产生过氧化氢[ROOH]和游离基[R·]。过氧化氢进一步分解产生烷氧自由基[RO·]和羟基自由基[HO·]。连锁反应的结果是进一步生成酮、醛、有机酸等，最后进行缩合反应，生成了油泥和漆膜，同时使润滑油的黏度增加。为了防止氧化反应，一种方法是捕捉游离自由基，另一种方法是使过氧化物分解，使其转化为稳定的化合物。酚型和胺型抗氧剂捕捉自由基，是自由基终止剂[2]；而 ZDDP 主要具有分解过氧化物的作用，是过氧化物分解剂[3,4]。也有文献认为，ZDDP 除具有过氧化物分解作用外，还具有捕捉自由基和自由基分解作用[4,5]。所谓自动氧化机理[6]表示如下：

链引发反应：

$$\mathrm{RH} \longrightarrow \mathrm{R}\cdot \tag{2-3}$$

$$\mathrm{ROOH} \longrightarrow \mathrm{RO}\cdot + \cdot\mathrm{OH} \tag{2-4}$$

$$\mathrm{ROOH} + \mathrm{M}^{n+} \longrightarrow \mathrm{RO}\cdot + \mathrm{M}^{(n+1)+} + {}^{-}\mathrm{OH} \tag{2-5}$$

链增长反应：

$$\mathrm{R}\cdot + \mathrm{O_2} \longrightarrow \mathrm{RO_2}\cdot \tag{2-6}$$

$$\mathrm{ROO}\cdot + \mathrm{RH} \xrightarrow{k_p} \mathrm{ROOH} + \mathrm{R}\cdot \tag{2-7}$$

$$\mathrm{RO}\cdot + \mathrm{RH} \longrightarrow \mathrm{ROH} + \mathrm{R}\cdot \tag{2-8}$$

链分枝反应：

$$\mathrm{R}\cdot \xrightarrow{\beta\text{裂解}} \mathrm{R'H} + \mathrm{R''} \tag{2-9}$$

$$\mathrm{RO}\cdot \xrightarrow{\beta\text{裂解}} \mathrm{R'COR''} + \mathrm{R'''} \tag{2-10}$$

链终止反应：

$$R\cdot + R\cdot \longrightarrow RR \tag{2-11}$$

$$R\cdot + RO_2\cdot \longrightarrow ROOH \tag{2-12}$$

$$RO_2\cdot + RO_2\cdot \longrightarrow ROOH + O_2 \tag{2-13}$$

当链受到热、紫外线或机械剪切应力作用时，R-R 键均裂成两个自由基[见式(2-3)]，烷基自由基与氧反应生成烷基过氧化自由基[见式(2-6)]；第二阶段是烷基过氧化自由基从烃分子夺取氢生成烷基过氧化氢和另一个自由基[见式(2-7)]，烷基过氧化氢则进一步分解生成烷氧自由基和羟基自由基[见式(2-4)]。

动力学引导的这些基本反应不能表示所有的反应，但对研究抗氧化方面有着重要指导作用。链反应一开始，就会导致相当于式(2-6)与式(2-5)的反复循环次数的烃分子变质。因此，为防止烃的氧化，必须添加可切断自由基链反应的终止剂或者可抑制链引发的过氧化物分解剂。

二烷基二硫代磷酸锌可以与过氧自由基和烷基过氧化氢反应发挥抗氧化性能。ZDDP 被烷基过氧化氢所氧化的开始阶段包含了快速形成 ZDDP 碱性盐的反应[7]，如式(2-14)所示：

$$4\left[(RO)_2\overset{\overset{\displaystyle S}{\|}}{P}S\right]_2 Zn + R'OOH \longrightarrow \left[(RO)_2\overset{\overset{\displaystyle S}{\|}}{P}S\right]_6 Zn_4O + R'OOH + \left[(RO)_2\overset{\overset{\displaystyle S}{\|}}{P}S\right]_2 \tag{2-14}$$

烷基过氧化氢与中性 ZDDP 反应生成碱性 ZDDP 和二烷基二硫代磷酸基自由基，后者快速生成二烷基二硫代磷酸基二硫化物。当碱性 ZDDP 浓度足够低时，最终会快速发生烷基过氧化氢的中性盐诱导分解反应。此时，二烷基二硫代磷酸基不是自身反应生成二硫化物，而是和烷基过氧化氢反应生成如式(2-15)所示的二烷基二硫代磷酸[7]。

$$(RO)_2\overset{\overset{\displaystyle S}{\|}}{P}S^* + R'OOH \longrightarrow (RO)_2\overset{\overset{\displaystyle S}{\|}}{P}SH + R'OO^* \tag{2-15}$$

二烷基二硫代磷酸快速与烷基过氧化氢反应，产生惰性反应产物，如式(2-16)所示。

$$2(RO)\overset{\overset{\displaystyle S}{\|}}{P}SH + R'OOH \longrightarrow \left[(RO)_2\overset{\overset{\displaystyle S}{\|}}{P}S\right]_2 + R'OH + H_2O \tag{2-16}$$

此外，中性 ZDDP 也可以与烷基过氧自由基反应，如式(2-17)和式(2-18)所示，这是一种产生稳定性过氧化中间体的电子迁移机理。第二个过氧自由基的进攻则会导致生成的二烷基二硫代磷酸基自由基发生分子内的二聚作用。

$$\left[(RO)\overset{\overset{\displaystyle S}{\|}}{P}S\right]_2 Zn + R'OO^* \longrightarrow R'OO^- + (RO)_2\overset{\overset{\displaystyle S}{\|}}{P}SZn^+ + (RO)_2\overset{\overset{\displaystyle S}{\|}}{P}S^+ \tag{2-17}$$

$$(RO)_2P(=S)-S-Zn-S-P(=S)(OR)_2 \xrightarrow{RO_2^{\cdot}} (RO)_2P(=S^{*}-O-O-R)-S-Zn-S-P(=S)(OR)_2 \longleftrightarrow (RO)_2P^{*}(=S^{*}_{*}-O-O-R)-S-Zn-S-P(=S)(OR)_2 \xrightarrow{RO_2^{\cdot}} (RO)_2P(=S)-S-S-P(=S)(OR)_2 + 2RO_2^{-} + Zn^{2+} \quad (2-18)$$

ZDDP 作为抗氧剂不仅通过捕获烷基过氧自由基抑制链反应，同时也破坏了烷基过氧化氢生成自由基的氧化反应路径。经验表明，三种主要类型的 ZDDP 的相对抗氧化性能强弱顺序是：仲烷基 ZDDP>伯烷基 ZDDP>芳基 ZDDP。ZDDP 的抗氧化性能与二烷基二硫代磷酸基的稳定性以及它与烷基过氧化氢反应产生的酸性催化物质有关。

3.3 抗氧抗腐剂的使用性能

抗氧抗腐剂具有代表性的化合物是 ZDDP，它是一种具有抗氧、抗腐和抗磨作用的多效添加剂。ZDDP 的特点是成本低、效率高，又是一种多效添加剂，广泛应用于内燃机油、液压油、传动液、齿轮油、润滑脂和其他润滑油中。它与清净剂和分散剂是汽车发动机油的三大功能添加剂，起抗氧和抗磨作用。ZDDP 的用量大，大多数 ZDDP(几乎 90%以上)最终应用在汽车和轻型卡车的发动机油中[8]。

ZDDP 有不同烷基类型，烷基类型对其性能有很大的影响，使其应用领域也不同。烷基类型有仲烷基、伯烷基(支链或直链短链和长链)和芳烷基。不同结构 ZDDP 的性能关系如下：

从热稳定性来看：烷基芳基>长链伯烷基>短链伯烷基>仲烷基。

从抗磨性来看：仲烷基>短链伯烷基=长链伯烷基>烷基芳基。

从水解安定性和抗磨性来看：仲烷基=长链伯烷基>短链伯烷基>烷基芳基。

3.4 抗氧抗腐剂的品种

抗氧抗腐剂可分为两种类型：二烷基二硫代磷酸盐(MDDP)、二烷基二硫代氨基甲酸盐(Dialkyl dithiocarbamate，简称 MDTC)。

3.4.1 二烷基二硫代磷酸盐

二烷基二硫代磷酸盐是一类多效添加剂，具有抗氧抗腐抗磨作用，而二烷基二硫代磷酸锌(ZDDP)是烷基二硫代磷酸盐中最具代表性的化合物，是使用最多的一种。二烷基二硫代磷酸锌一般与清净剂和分散剂等添加剂复合用于发动机油。ZDDP 能抑制发动机油漆膜、油泥、环槽黏附物的生成，防止汽缸、环槽、凸轮和阀杆的磨损，还能防止轴承腐蚀，常用于发动机油、液压油和齿轮油中。

二烷基二硫代磷酸锌的一般合成方法是：由醇或烷基酚与五氧化二磷进行硫磷化反应生成二烷基二硫代磷酸，经过沉降、过滤脱除未反应的五氧化二磷；在催化剂存在的条件下，与氧化锌进行反应，经脱水、过滤除去过剩的氧化锌，最终得到 ZDDP 产品。反应式如下：

$$4ROH+P_2S_5 \longrightarrow 2\,(R)_2P(=S)-SH+H_2S$$

$$2\,(R)_2P(=S)-SH+ZnO \longrightarrow (RO)_2P(=S)-S-Zn-S-P(=S)(OR)_2 + H_2O$$

ZDDP 的生产工艺流程见图 2-20[9]。ZDDP 的分子结构见图 2-21，碱性 ZDDP 的结构见图 2-22[8]。

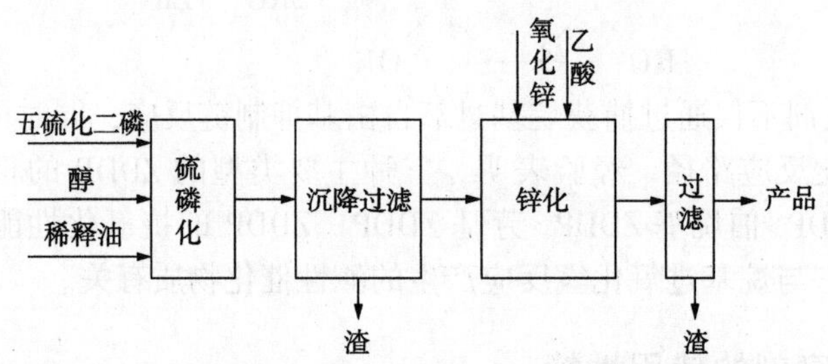

图 2-20　ZDDP 生产工艺流程示意

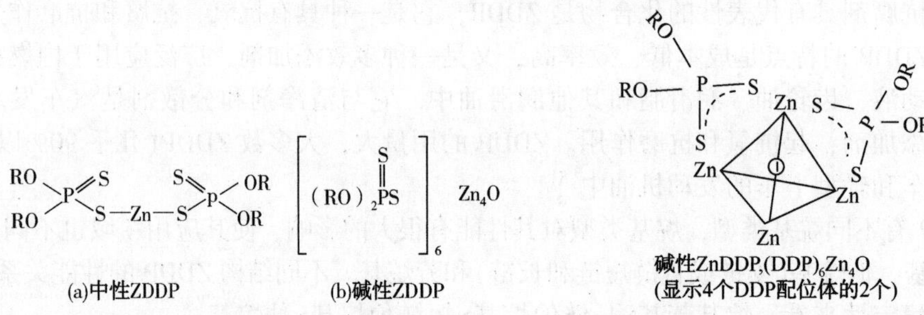

图 2-21　ZDDP 的分子结构示意　　图 2-22　碱性 ZDDP 的结构

二烷基二硫代磷酸锌的烷基结构不同，其产品性能有所差异，所以正确选用不同结构的 ZDDP 是非常重要的。不同结构 ZDDP 的特性详见表 2-20。

表 2-20　不同结构类型的 ZDDP 的特性[10]

ZDDP 的结构类型		仲烷基	短伯烷基	长伯烷基	烷芳基
特性	抗氧性	优	好	优	好
	极压抗磨性	优	好	好	差
	热安定性	差	好	优	优
	水解安定性	优	好	优	差

续表

ZDDP 的结构类型		仲烷基	短伯烷基	长伯烷基	烷芳基
相对成本		低	低	中等	高
发动机性能	汽油机油氧化与磨损	优	好	优	好
	柴油发动机	—	好	优	优(已被淘汰)

短链伯烷基 ZDDP 一般用于普通发动机油。长链伯烷基 ZDDP 的抗氧化性、热稳定性和水解稳定性优异，适用于柴油机油，特别适用于要求热稳定性高的增压柴油发动机油中。仲烷基 ZDDP 的抗氧化性、极压抗磨性和水解稳定性都较好，在高级汽油机油中抑制氧化、防止油品黏度增长及凸轮挺杆磨损特别有效，同时还可用于抗磨液压油中。烷芳基 ZDDP 热稳定性好，特别适用于增压柴油发动机中，但其他性能较差，由于性能单一、成本又高，目前该品种在国内外均已淘汰。

ZDDP 的抗氧化性能和抗磨性能与加入量有关，在一定量的范围内，加量越多其效果越好[3]，用 MS ⅢC 评定抗氧化性能和用 CRC L-38 来评定轴承腐蚀磨损效果，油中 Zn 含量分别为 0.08%、0.10%和 0.14%时，MS ⅢC 试验 40h、48h 和 64h 后可保持液体状态(见表 2-21)。从轴承腐蚀磨损效果来看，油中 Zn 含量从 0.03%增加到 0.07%，其磨损量从 3400mg 下降到 16mg(见表 2-22)。

表 2-21 ZDDP 抑制黏度增长的效果(MS ⅢC)

ZDDP 加入锌的含量/%		0.08	0.10	0.14
37.8℃黏度增长/%	40h 后	1200	650	80
	48h 后	凝固	3700	110
	56h 后		凝固	340
	64h 后			5600

表 2-22 ZDDP 防止铜-铅轴承腐蚀磨损的效果(CRC L-38)

ZDDP 的加入量/%	磨损量/mg
0.03	3400
0.05	1400
0.07	16

不同烷基的 ZDDP 的抗磨效果是不一样的，详见表 2-23、表 2-24 和表 2-25[7]。

表 2-23 程序ⅤE 磨损试验中 ZDDP 类型的比较

醇的类型	ZDDP 中锌的含量/%	程序ⅤE 磨损试验	
		平均值/μm	最大值/μm
C_3 仲醇和 C_8 伯醇混合醇	0.127	36	203
C_8 伯醇	0.124	121	495

表 2-24　程序ⅤD 磨损试验中 ZDDP 类型的比较

醇的类型	ZDDP 中 Zn 的含量/%	程序ⅤD 磨损试验 平均值/μm
C_6 仲醇	0.13	18
C_6 仲醇和 C_8 伯醇混合醇	0.13	48

表 2-25　程序ⅢD 磨损试验中 ZDDP 类型的比较

醇的类型	ZDDP 中 Zn 的含量/%	程序ⅢD 磨损试验 平均值/μm
C_6 仲醇和 C_8 伯醇混合醇	0.13	25
C_8 伯醇混合醇	0.13	175

表 2-23 中ⅤE 的磨损数据证明了伯仲混合烷基的 ZDDP 比伯烷基 ZDDP 的抗磨性能好，表 2-24ⅤD 的磨损数据证明了仲烷基的 ZDDP 比伯仲混合烷基的 ZDDP 抗磨性能好，表 2-25 ⅢD 的磨损数据也证明了伯仲混合烷基的 ZDDP 比伯烷基 ZDDP 的抗磨性能好。为什么仲烷基的 ZDDP 具有优异的抗磨性能？主要是当温度升高时，降解过程很快发生，使得仲烷基 ZDDP 的 β 位置上的氢原子更易失去而形成烯烃。仲烷基 ZDDP 存在叔碳原子，而叔碳原子更容易受到氧的攻击而发生氧化降解。这个机理可以解释为什么仲烷基的 ZDDP 在低温时是活性很高的抗磨剂，图 2-23 显示了仲烷基的 ZDDP 热降解机理。相反，由于伯烷基的 ZDDP 在 β 位置缺少叔氢原子而更加稳定(见图 2-24)，所以仲烷基的 ZDDP 适于用在汽油机油中，而伯烷基 ZDDP 更适于在柴油机这种高温和磨损环境中工作。

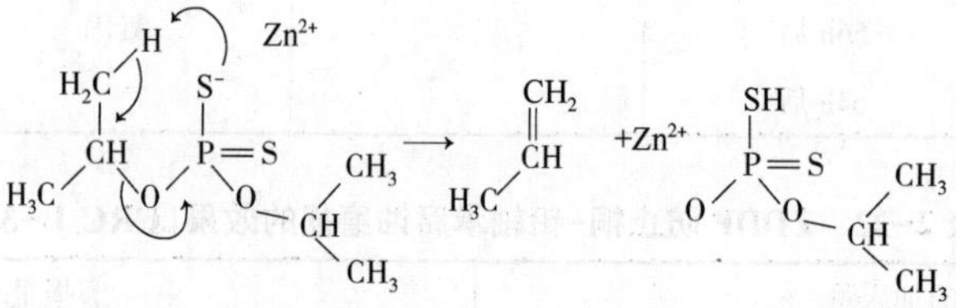

图 2-23　仲烷基的 ZDDP 反应

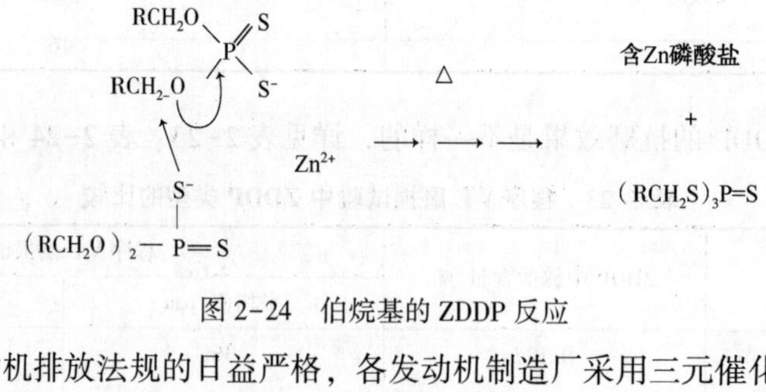

图 2-24　伯烷基的 ZDDP 反应

随着汽车发动机排放法规的日益严格，各发动机制造厂采用三元催化转换器(把烃转化为 CO_2 和水，把 CO 转化为 CO_2，把 NO_x 转化为 N_2，以下简称 TWC)来降低尾气中的有害物质，在排气系统中设置了氧气传感器。发动机油中的磷会使 TWC 中的贵金属催化剂中毒，同时使氧气传感器产生测量误差。汽车厂商认为，目前使用的含 SAPS 发动机油的车辆排出的尾气对后处理设备(如 TWC)的性能和耐久性有害。因此，对于润滑油中的硫酸盐灰分、磷和硫(SAPS)，在发动机油中已经引入相当严格的“限制值”。北美和欧洲都制定了对 SAPS 的限制值，如 1980 年北美首次提出 SF 级汽油机油的磷含量限制值，直到 SN/GF-5 级汽油机油，其 SPAS 的限制值一直在逐步降低。从 2004 年起，ACEA(欧洲汽车制造协会)规格的 C 类“与催化剂兼容的汽油机油和轿车柴油机油的规格指标”对 SAPS 的限制值比 API(美国石油学会) 规格更加严格。API 汽油机油磷含量限制值见表 2-26[11]，及 ACEA 2016 C 类规格对 SAPS 的限制值见表 2-27。

由于增加了油中最小磷保持量，在 GF-5 油中需用高稳定性及低挥发性的 ZDDP 来代替活性高、挥发性大的 ZDDP[12]。实现低磷化对策就意味着减少 ZDDP 的用量，用非磷系添加剂补充其性能。

为解决排放问题，采用的后处理技术及有关元素见表 2-28，配方限制及所涉及的发动机油性能见表 2-29。

表 2-26　API 汽油机油磷含量限制值

项目	SF(1980 年)	SH/GF-1(1992 年)	SJ/GF-2(1996 年)，SL/GF-3(2000 年)	SM/GF-4(2004 年)	SN/GF-5(2010 年)
ω(P)/%	≤0.14	≤0.12	≤0.10	≤0.08，≥0.06	≤0.08，≥0.06
磷含量降低幅度/%	—	14.3	16.7	20~40	油中磷保留量≥79%
ω(ZDDP)/%	≤1.75	≤1.5	≤1.25	1.0~0.75	1.0~0.75
ω(S)/%	—	—	—	0.5~0.7	0.5~0.6

表 2-27　ACEA 2016 C 类规格对 SAPS 的限制值

项目	低 SAPS—C_1	中 SAPS—C_2/C_3	低~中 SAPS—C_4
ω(硫酸盐灰分)/%	≤0.5	≤0.8	≤0.5
ω(P)/%	≤0.05	≥ 0.07 ≤ 0.09	≤0.09
ω(S)/%	≤0.2	≤0.3	≤0.2

表 2-28　为解决排放问题采用的后处理技术及有关元素

项目	应用	后处理技术	有关元素
欧Ⅳ/欧Ⅴ	轿车 重型柴油车	LNT(吸附催化还原)/DPF SCR(选择性催化还原)/DPF(颗粒过滤器)	硫、磷、硫酸盐灰分
GF-4/GF-5	轿车	TWC	磷
API　CJ-4	重型柴油车	DPF	硫、磷、硫酸盐灰分

表 2-29　为解决排放问题的配方限制及所涉及的发动机油性能

项目	配方限制	涉及性能
硫	ZDDP	磨损
		氧化
	清净剂	活塞沉积
		腐蚀
	基础油	能力/灵活性
磷	ZDDP	磨损
		氧化
硫酸盐灰分	清净剂	活塞沉积
		腐蚀、换油期
	ZDDP	磨损
		氧化

ZDDP 对硫、磷及硫酸盐灰分 3 个因素均有影响，如果通过减少 ZDDP 的加剂量来降低其磷含量，将影响发动机油的抗磨性及抗氧化性能。为了改善降低 ZDDP 对性能的影响，一般可采用以下办法来解决：补加含钼化合物来改善抗磨性能，补加屏蔽酚类抗氧剂或二烷基苯胺类抗氧剂来改善抗氧化性能。

此外，还有一种解决办法是合成环境友好的 ZDDP。JAMA（日本汽车制造厂商协会）就磷含量 0.05%（质量分数）的发动机油将导致在最新的汽油发动机中烟炱磨损引发定时链的过度拉伸表示了严重关切。所以 ILSAC GF-4 规格中要求润滑油磷含量不低于 0.06%（质量分数），这一要求在 ILSAC GF-5 规格中被保留，以提供对烟炱磨损的保护[3]；但 ILSAC GF-5 规格中增加了润滑油中 79%（质量分数）的磷保留量的指标，测试方法为程序ⅢG 试验。ZDDP 挥发后进入尾气处理系统并覆盖在 TWC 的贵金属催化剂上，从而阻碍了尾气与贵金属催化剂的充分接触[8]。因此，降低 ZDDP 的挥发就能减少其对 TWC 的毒害。路博润公司已经开发出环境友好、挥发性低的 ZDDP（简称 LV-ZDDP）。LV-ZDDP 是用最优化的混合醇合成，其在保持传统 ZDDP 性能的同时，使挥发性降至最小。LV-ZDDP 的挥发性小，分别加入 LV-ZDDP 和传统 ZDDP 的油品在行驶过程中平均磷保留量比较见图 2-25，加入 LV-ZDDP 和传统 ZDDP 的油品行驶 160 000km 后的性能对比见表 2-30[14]。在油中磷的保留量（质量分数）比传统 ZDDP 高。

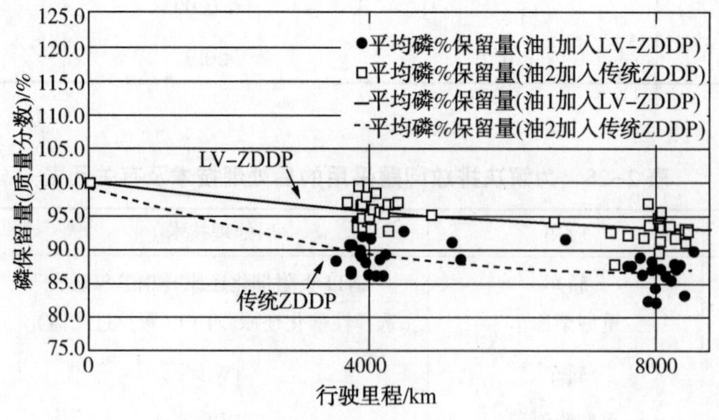

图 2-25　分别加入 LV-ZDDP 和传统 ZDDP 的油品在行驶过程中平均磷保留量比较

表 2-30　加入 LV-ZDDP 和传统 ZDDP 的油品行驶 160000km 后的性能对比

项目	加入 LV-ZDDP 的油品	加入传统 ZDDP 的油品
磷的损失/%	较优	较差
ω(戊烷不溶物)/%	相当	相当
运动黏度增长/%	相当	相当
TAN/TBN 交叉	相当	相当
MRV-35，CCS	相当	相当
磨损金属	相当	相当

一般分子量越大的醇，挥发性倾向越小。值得注意的是，不是单独增大 ZDDP 的分子量就能解决问题。新开发的 ZDDP 要在保持其抗磨性及抗氧化性的同时减少 ZDDP 的挥发性(磷在润滑油中的保留量)，这需要配制不同结构的烷基醇才能取得预期的效果。

如果要完全淘汰 ZDDP，就必须增加抗磨剂和抗氧剂的加剂量，从而增加油品的成本。而 OEM(原始设备制造商)不仅关注油品的性能，更要考虑其成本，因此目前完全替代 ZDDP 有一定难度。

目前还没有完全能取代 ZDDP 的添加剂，用加入高温抗氧性能好的助抗氧剂，是解决减少 ZDDP 用量的低磷发动机油的抗氧性能的主要手段。目前在减少 ZDDP 加剂量和降低最高磷含量限值的情况下，一般增加烷基二苯胺、位阻酚及有机钼化合物等添加剂的量[13]。

国内从 20 世纪 60 年代开始，首先开发了烷基芳基 ZDDP(已淘汰)，然后开发了短链伯醇基 ZDDP、长链伯醇基 ZDDP 及仲醇烷基 ZDDP。目前国内已发展成了系列的 ZDDP 产品，其应用见表 2-31。

表 2-31　国内系列 ZDDP 产品的应用

产品牌号	T201	T202	T203	T204	T205
烷基结构	烷基芳基	短链伯醇基	长链伯醇基	伯仲醇烷基	仲醇烷基
应用	柴油机油 (已经淘汰)	内燃机油	柴油机油 抗磨液压油	抗磨液压油	高级汽油机油

3.4.2　二烷基二硫代氨基甲酸盐

二烷基二硫代氨基甲酸盐(简称 MDTC)是另一类多效添加剂，同样具有抗氧抗腐抗磨作用。MDTC 化合物中的金属对其性能影响较大，含金属铅的 MDTC 极压性能好，含金属钼的 MDTC 减摩性能好。MDTC 耐高温性能比 MDDP(二烷基二硫代磷酸盐)好，其在合成油中，最高能耐 300℃的高温。但 MDTC 价格较贵，在发动机油中通常与 ZDDP 复合使用。MDTC 还被广泛用于齿轮油及润滑脂中。

二烷基二硫代氨基甲酸盐的结构式如下：

$$R_2N-\overset{\overset{\displaystyle S}{\|}}{C}-S-M-S-\overset{\overset{\displaystyle S}{\|}}{C}-NR_2$$

R 为烷基，M 为金属，可为锌、钼、铅、锑、镉等。当 R 为 C_4 烷基时，金属 M 可被—CH_2—代替，得到无灰抗氧抗腐剂，如二烷基二硫代氨基甲酸酯。二烷基二硫代氨基甲酸盐的性能主要与成盐的金属有关，金属不同其性能有差异，应用的油品和加入量都不同。

二烷基二硫代氨基甲酸盐的性能详见表 2-32。

表 2-32　二烷基二硫代氨基甲酸盐的性能

项目	主要性能特点	用途
二烷基二硫代氨基甲酸锌	很好的高温抗氧、抗磨性能以及金属减活和轴承缓蚀作用	0.5%(质量分数)，与 ZDDP 复合，发动机油中作抗氧剂； 0.02%~0.1%(质量分数)，用于汽轮机油； 0.25%~0.75%(质量分数)，用于压缩机油； 0.02%~0.1%(质量分数)，液压油中作抗氧剂、金属减活剂； 0.25%~0.5%(质量分数)，润滑脂中作抗氧剂
二烷基二硫代氨基甲酸镉	在矿物油中的极压、抗磨性好，与 ZDDP、有机硼酸酯和磷酸三苯酯有良好的协同性能，高温抗氧化性能好	—
二烷基二硫代氨基甲酸铅	很好的极压性能	2%~3%(质量分数)，齿轮油和润滑脂中作极压剂； 0.25%~0.5%(质量分数)，液压油、齿轮油和润滑脂中作抗氧剂
二烷基二硫代氨基甲酸锑	较好的极压性和抗氧性	0.5%~1.0%(质量分数)，润滑油中作抗氧剂； 0.25%~0.5%(质量分数)，工业润滑油及润滑脂中作抗氧剂； 0.5%(质量分数)，发动机油中作抗氧剂(与 ZDDP 复合使用)； 2%~5%(质量分数)，齿轮油及润滑脂中作极压剂
二烷基二硫代氨基甲酸钼	良好的抗磨性、减摩性	0.3%~3%(质量分数)，发动机油中作摩擦改进剂
二烷基二硫代氨基甲酸酯	抗磨性、极压性、无灰抗氧性较好	用于低灰分发动机油以及齿轮油和汽轮机油中

国内先后开发了二烷基二硫代氨基甲酸盐，其中有铅、锑、钼盐和无灰型的二烷基二硫代氨基甲酸酯。二烷基二硫代氨基甲酸盐中的铅、锑、钼盐的油溶性差，主要用于润滑脂中，而无灰型的二烷基二硫代氨基甲酸酯的油溶性好，用于配制低灰分的内燃机油，还可用于齿轮油和汽轮机油中。

3.5　国内外抗氧抗腐剂的商品牌号

国内抗氧抗腐剂的商品牌号见表 2-33。

德国莱茵化学公司二烷基二硫代磷酸盐产品商品牌号见表 2-34。

表 2-33 国内抗氧抗腐剂产品商品牌号

产品代号	化学名称	黏度/(mm^2/s)	闪点/℃	S/%	P/%	Zn/%	pH 值	主要性能及应用	生产公司
KT2048(T202)	硫磷丁辛伯烷基锌盐	实测	≥180	14~18	7.0~8.8	8.5~10.0	≥5.5	具有良好的抗氧性、抗腐和抗磨性，用于发动机油、齿轮油、液压油、导轨油和金属加工液	锦州康泰润滑油添加剂股份有限公司
KT2080(T203)	硫磷双辛伯烷基锌盐	实测	≥180	14~18	7.2~8.8	8.5~10.5	≥5.8	具有良好的抗氧性、抗腐和抗磨性、热稳定性和水解安定性，主要用于高档柴油机油、船用油和抗磨液压油	
KT2081(T204)	硫磷双辛伯烷基锌盐	实测	≥180	14~18	7.0~8.0	8.5~10.5	≥6.4	具有良好的抗氧性、抗腐性，突出的抗磨性和水解安定性，主要用于抗磨液压油，也可用于高档柴油机油、船用油	
KT2082	硫磷双辛伯烷基锌盐	实测	≥180	14~18	7.0~8.0	8.5~10.5	≥6.3	具有良好的抗氧性、抗腐性和突出的过滤性、抗磨性和水解安定性，主要用于抗磨液压油，也可调制高档发动机油、船用油	
KT2038(T205)	硫磷丙辛仲伯烷基锌盐	实测	≥180	17~18	8.5~9.5	9.5~10.8	≥5.0	具有良好的抗氧性、抗腐和抗磨性及较好的热稳定性和水解安定性性，主要用于高档汽油机油	
KT2036	硫磷双仲烷基锌盐	实测	≥180	20~22	9.0~12	10~12	—	具有良好的抗氧性、抗腐和抗磨性及较好的热稳定性，主要用于高档发动机油	
KT2045	硫磷仲伯烷基锌盐	实测	≥180	16.5~18.5	8.0~9.2	8.8~10	≥5.0	具有良好的抗氧性、抗腐性、极压抗磨性及较好的热稳定性，主要用于润滑脂和金属加工液	
T202	硫磷丁辛伯烷基锌盐	报告	≥180	14~18	7.2~8.5	8.5~10.0	≥5.5	具有良好的抗氧性、抗腐性、极压抗磨性，主要用于普通内燃机油和工业润滑油	无锡南方石油添加剂有限公司
T203	硫磷双辛伯烷基锌盐	报告	≥180	14~18	7.5~8.8	9.0~10.5	≥5.8	具有良好的抗氧性、抗腐性、极压抗磨性，热稳定性特别好，主要用于中高档柴油机油	
T204	硫磷碱式双辛烷基锌盐	报告	≥180	13.5~16	7.0~8.0	9.0~10.5	≥6.0	具有良好的抗氧性、抗腐性、极压抗磨性，其水解安定性特别好，主要用于中高档柴油机油	
T205	硫磷伯丙辛基锌盐	报告	≥180	17.5~20.5	8.5~9.5	9.5~11.5	≥5.8	具有良好的抗氧性、抗腐性、极压抗磨性，其水解安定性特别好，主要用于普通内燃机油和工业润滑油	

续表

产品代号	化学名称	黏度/(mm^2/s)	闪点/℃	S/%	P/%	Zn/%	pH 值	主要性能及应用	生产公司
T206	二烷基二硫代磷酸锌盐	报告	≥150	20.0~22.0	9.5~10.5	10.3~11.8		具有良好的抗氧性、抗腐性、极压抗磨性，主要用于高档内燃机油和工业润滑油	无锡南方石油添加剂有限公司
T207	二烷基二硫代磷酸锌盐	报告	≥150	11.0~12.5	6.0~7.0	7.6~8.1		具有良好的抗氧性、抗腐性、极压抗磨性，优良的热稳定性，主要用于液压和工业润滑油	
T208	二烷基二硫代磷酸锌盐	报告	≥150	18.0~19.0	8.5~9.5	10.0~11.0		具有良好的抗氧性、抗腐性、极压抗磨性，优良的热稳定性及水解安定性，主要用于液压油、齿轮油、润滑脂及水基液	
RF2202	硫磷丁辛伯烷基锌盐	报告	≥180	14.5~18.0	7.2~8.5	8.5~10.0	≥5.5	具有良好的抗氧性、抗腐性、极压抗磨性，主要用于齿轮油、液压油等多种工业润滑油中及内燃机油	新乡市瑞丰新材料股份有限公司
RF2203	硫磷双辛伯烷基锌盐	报告	≥180	14~18.0	7.5~8.8	9.0~10.5	≥5.8	具有良好的抗氧性、抗腐性、极压抗磨性，热稳定性特别好，主要用于中高档柴油机油及抗磨液压油	
RF2204	硫磷混合伯仲烷基锌盐	报告	≥180	13.5~18.0	6.5~9.0	8.0~10.0	≥5.5	具有良好的抗氧性、抗腐性、抗磨性突出，主要用于中高内燃机油	
RF2204B	硫磷混合伯仲烷基锌盐	报告	≥180	14.5~18.1	7.7~8.4	8.5~10.0	≥5.8	具有突出的抗氧性、抗磨性能，主要用于各档内燃机油中，也可用于齿轮油和液压油中	
RF2205	硫磷二仲烷基锌盐	报告	≥180	15.5~18.5	7.5~8.7	8.5~10.0	≥5.8	具有突出的抗氧性、抗磨性能，广泛用于多种油品，尤其是用于高档汽油机油中	
T202	硫磷丁辛伯烷基锌盐	报告	≥180	14.0~18.0	7.2~8.5	8.5~10.0	≥5.5	具有良好的抗氧性、抗腐和抗磨性，用于发动机油、齿轮油、液压油、导轨油和金属加工液	沈阳华仑润滑油添加剂有限公司
T203	硫磷双辛伯烷基碱性锌盐	报告	180	14.0~18.0	7.5~8.8	9.0~10.5	≥5.8	具有优良的抗氧抗腐及极压抗磨性能，其热稳定性和抗乳化性能好，用于船用油和重负荷柴油机油及抗磨液压油等油品	

续表

产品代号	化学名称	黏度/(mm^2/s)	闪点/℃	S/%	P/%	Zn/%	pH值	主要性能及应用	生产公司
T204	碱式硫磷双辛伯烷基锌盐	—	180	13.5~16.0	7.0~8.0	8.5~10.5	≥6.3	具有抗氧抗磨及抗腐蚀作用，本品具有突出的抗磨性和水解安定性，pH值高。用于调制抗磨液压油，也可用于调制中高档内燃机油、中速船用油	沈阳华仑润滑油添加剂有限公司

表2-34　德国莱茵化学公司二烷基二硫代磷酸盐产品商品牌号

商品牌号	化学组成	锌钼	硫含量	磷含量	色度级	矿物油量	主要应用				
		约%	约%	约%	典型值	约%	金属加工油	金属加工液	液压油	工业齿轮油/发动机油	润滑脂
RC3038	伯/仲烷基 ZnDTP	9.0	17.0	8.5	1.5	20	●				●
RC3045	伯烷基 ZnDTP	10.5	19.0	9.5	4	10	●		●	●/●	●
RC3048	伯烷基 ZnDTP	9.0	16.5	8.5	1.5	15	●		●	●/-	●
RC3058	伯烷基 ZnDTP	9.5	18.0	9.0	5	20	●		●	●/-	●
RC3080	2-乙基己基 ZnDTP	8.0	15.0	7.5	1.5	10		●	●		●
RC3180	2-乙基己基 ZnDDP	9.5	16.0	8.0	1.5	10	●	●	●	-/●	●
RC3580	2-乙基己基 MoDDP	8.0	12.0	6.8	-	20			●	●/●	●
RC3880	二烷基二硫代磷酸胺	0	11.0	5.0	2	10	●		●	●/●	●
RC3890	磷-硫添加剂	0	11.0	5.0	0.5	0	●	●	●	●/●	●

参　考　文　献

[1] David Whitby. Chemical limits in automotive engine oils[J]. Tribology & Lubrication Technology, January 2005: 64.

[2] Gleenm A. Mazzamaro. Ashless Antioxidants Enhance Tomorrow's Engine Oils[J]. Lubrisant World, 2001, July/August: 28-30.

[3] 八並憲治[J]. ペトロテック，1984，7(6)：538-540.

[4]小山三郎．酸化防止剂，さごょめる剂，金属不活剂，消泡剂[J]．潤滑，1984，29(2)：96-100.

[5]黄文轩，韩长宁．润滑油与燃料添加剂手册[M]．北京：中国石化出版社，1994：30.

[6]大勝靖一．酸化防止剤[J]．トライボロジスト，1995，40(4)：332-336.

[7] Leslie R. Rundnick. Lubricant additives: Chemistry and Application(Second Edition)[M]. Taylor & Francis Group, New York, NY 10016, U.S.A. 2009: 51-475.

[8]Fields Scott. ZDDP: Going, going…or not? [J]. Tribology & Lubrication Technology, 2005(5): 24-30.

[9]侯芙生．中国炼油技术[M]．3版．北京：中国石化出版社，2011：701-753.

[10] 上田早苗．過盐基性硫化フエネートならびに硫化型サリシレートの開發[J]．石油学会志(日)，1992，35(1)：14-25.

[11] 黄文轩．汽车润滑油添加剂遇到的挑战和今后发展趋势[J]．石油添加剂，2010，(11)：2-13.
[12] Dr. Neil Canter，. Dr. Neil Canter. SPECIAL REPORT：Proper additive balance needed to meet GF-5[J]. Tribology & Lubrication Technology，2010(9)：10-18.
[13] Glenn A. Mazzamaro. ILSAC GF-5 发动机油的开发——迟做总比不做好[J]．石油商技，2007，(5)：6-15.
[14] Lubrizol Corp. Evolutionary Trends in Additive Technologies [EB/OL]．(2016-06-1)．http：//www. gf-5. com/uploads/File/Additives_2007_Applications_for_Transport_2_22_2008. pdf.

第 4 节　极压抗磨剂

4.1　概况

摩擦磨损是普遍存在的现象，会造成巨大的损失。据统计，美国每年由摩擦磨损造成的损失约 1000 亿美元，中国每年由此带来的损失约 9700 亿元人民币。因此，对减摩抗磨的研究十分必要。据估计，大约有 1/3 的能量消耗在摩擦上，约 80%的零件报废是由磨损造成的[1]。在压力的作用下，抗磨损性能优良的润滑油，可以使机械得到充分润滑，减少部件之间的摩擦和磨损，防止烧结，从而提高机械效率，减少能源消耗，延长机械的使用寿命。所以，提高润滑性、减少摩擦磨损、防止烧结非常重要。人们把可以减少摩擦磨损、防止烧结的各种添加剂统称为载荷添加剂(Load-Carrying Additive)。

载荷添加剂按其作用性质可分为油性剂、抗磨剂和极压剂三类，但抗磨剂和极压剂之间的区分并不是十分严格，有时也很难区分，在某些应用中被归类为抗磨剂，而在另一应用中则被归类为极压剂，有些添加剂兼具极压和抗磨两种性能，因此按国内石油添加剂的分类，把载荷添加剂分为油性剂和极压抗磨剂两类。极压抗磨剂(Extreme Pressure and Anti-wear Agent 或 EP-Antiwear Agent)是随着齿轮，尤其是随着双曲线齿轮的发展而发展起来的。最早使用的油性剂是动植物油脂，首先使用的极压剂是元素硫。齿轮技术最大的发展之一是美国从 1926 年开始使用准双曲线齿轮，它有较大的传递负荷能力，较大的抵抗齿轮破坏能力，重心低，操作平稳，滑动和滚动相结合，对润滑油的要求相当高。原来含动植物油脂的复合油根本不能满足其要求，含元素硫极压剂的润滑油虽然有良好的抗擦伤性能，但不能解决双曲线齿轮的润滑问题，从而促进了硫化猪油(SLO)和环烷酸铅等添加剂的开发。硫化猪油是最早应用的硫类添加剂，它是一种硫化动物三甘油酯。在 20 世纪 30 年代中期把硫-氯型添加剂用在双曲线齿轮润滑中，性能是良好的，但它只能满足轿车润滑的要求，在卡车中，特别是在高扭矩低速条件下有严重磨损。随后开发了硫化鲸鱼油和铅皂配制的硫-铅型齿轮油，广泛应用在工业齿轮的润滑上。20 世纪 30 年代末期，研究人员发现硫化鲸鱼油更容易溶于石蜡基基础油中，即使在低温下也是如此，因为鲸鱼油是一种蜡状的混合物，由脂肪醇/酸的酯化物和少量三甘油酯组成，主要由油醇-油酸的酯化物组成，是一种单酯结构。随后，直到 20 世纪 50 年代，研究人员在硫-氯型添加剂中引入含磷化合物，配成硫-磷-氯-锌型齿轮油，可以同时满足轿车和卡车的要求。但由于硫-磷-氯-锌型齿轮油的热稳定性和氧化安定性不太好，20 世纪 60 年代以后被第一代硫-磷型添加剂取代，随后又发展了第二代硫-磷型添加剂，因为硫-磷型添加剂在高速抗擦伤性、高温安定性和防锈性能方面均优于硫-磷-氯-锌型添加剂。初期的硫化合物是硫化鲸鱼油，随后发展了硫化烃类，特别是硫化异丁烯(Sulphurised Isobutylene，SIB)在硫化物中占了主导地位。磷化合物有磷酸酯、磷酸酯胺盐、硫代磷酸酯、硫代磷酸酯胺盐。除了含硫和磷极压抗磨添加剂外，还有不含氯、硫、磷等活性元素的硼酸盐和高碱值磺酸盐极压抗磨剂。早期使用的铅盐(如环烷酸铅)，由于环境保护等问题逐渐被淘汰。

4.2　极压抗磨剂的使用性能

极压抗磨剂一般不单独使用，常与其他添加剂复合，广泛应用于内燃机油、齿轮油、液压油、压缩机油、金属加工液和润滑脂中。极压抗磨剂是在金属表面承受负荷的条件下，发挥防止滑动的金属表面磨损、擦伤甚至烧结的作用。其作用机理是：当摩擦面接触压力高时，两金属表面的凹凸点互相啮合，产生局部高压、高温，此时含活性硫、磷或氯化合物的极压抗磨剂将与金属表面发生化学反应，生成剪切强度低的硫化、磷化或氯化金属固体保护膜，把两金属面隔开，从而防止金属的磨损和烧结；若是ZDDP、硼酸盐或惰性极压抗磨剂，将生成另外的保护膜。

在一般情况下，两种以上的添加剂复合使用比单独使用会得到更好的效果，这样可使油品的性能更加全面。因为不同类型极压抗磨剂具有不同的特点和使用范围，含硫极压抗磨剂抗烧结性好、抗磨性差，含磷极压抗磨剂抗磨性好、极压性差，二者可互补不足。对于齿轮油配方来说，硫磷型复合剂中的磷系添加剂在低速高扭矩运转下具有形成保护膜的机能，特别是含硫的磷化物在冲击负荷和高速下具有保护金属表面的效果[2]。磷与硫的比率是非常重要的，硫过量时，L-37(磨损)试验不合格[3,4]；磷过量时，L-42(极压)试验不合格[4]。

在极压抗磨剂与极压抗磨剂、摩擦改进剂、防锈剂复合时，要特别注意是协同效应还是对抗效应。如ZDDP与硫化异丁烯复合时的梯姆肯(Timken)试验合格负荷可达268 N，而ZDDP和SIB单独使用时的合格负荷分别为89 N和182 N[2]。在极压抗磨剂中，某些含硫极压抗磨剂与含磷极压抗磨剂复合会产生协同效应，如表2-35所示[5]。

表2-35　硫化烯烃与亚磷酸二丁酯的协同效应

项目	1	2	3	4
亚磷酸二丁酯/%	—	1	—	1
硫化烯烃/%	—	—	5	5
基础油/%	100	99	95	94
四球机试验(GB/T 3142)	—	—	—	—
PB/N	588	1697	902	2197
PD1/N	—	1761	1609	2550

极压抗磨剂与防锈剂、磺酸盐、摩擦改进剂复合使用时，产生对抗效果是众所周知的。在L-42试验合格的配方润滑油中添加0.5%的月桂基琥珀酸酐时，则变成不合格[2]。所以防锈剂会降低极压抗磨剂的效果，磺酸盐的添加量将影响L-37和L-42的结果(见表2-

36)[5]。在确定车辆齿轮油配方时，必须仔细平衡极压性和防锈性，因为这二者经常是互相矛盾的。

表 2-36　防锈剂对极压抗磨剂的影响

项目	1	2
含硫极压抗磨剂	√	√
含磷极压抗磨剂	√	√
碱性石油磺酸盐	√(少量)	√(多量)
CRC L-37	通过	失败
CRC L-42	失败	通过

4.3　极压抗磨剂的品种

常用的极压抗磨剂有含氯极压抗磨剂、含硫极压抗磨剂、含磷极压抗磨剂、金属盐极压抗磨剂、硼酸盐极压抗磨剂和超碱值的磺酸盐极压抗磨剂等。

以含氯、磷、硫为基础的化合物在特殊温度范围内活性元素会与金属表面反应。与边界润滑添加剂比较，作用的环境温度高达200℃，含氯添加剂的活化温度为180~420℃，含磷添加剂的活化温度为200~620℃，含硫添加剂甚至高达600~1000℃。图2-26[6]显示了3种类型极压添加剂的作用温度范围。在与金属表面反应中，3种极压添加剂分别生成氯化铁、磷化铁和硫化铁。金属盐产生化学膜，化学膜可降低摩擦、磨损、金属擦伤，防止烧结。氯基添加剂甚至还能在环境温度下形成膜，但当温度升高时，它们变得很活跃，并且释放出HCl而引起剧烈腐蚀。虽然$FeCl_2$的熔点达670℃，但其最佳运行温度则低得多。据报道，当温度高于300℃时，金属氯化物的效率开始下降，并且当温度为400℃时，摩擦系数已经是最优值，但氯化物膜的摩擦系数比硫化铁膜低得多(见表2-37)。这种膜的摩擦相对较低可能是氯化物成为有效添加剂的一个原因。磷在非常高的温度时才能反应，随后反应速度变慢，但研究人员认为，在空气中的550℃上限是膜中碳氧化的结果，而不是由于金属皂的分解。

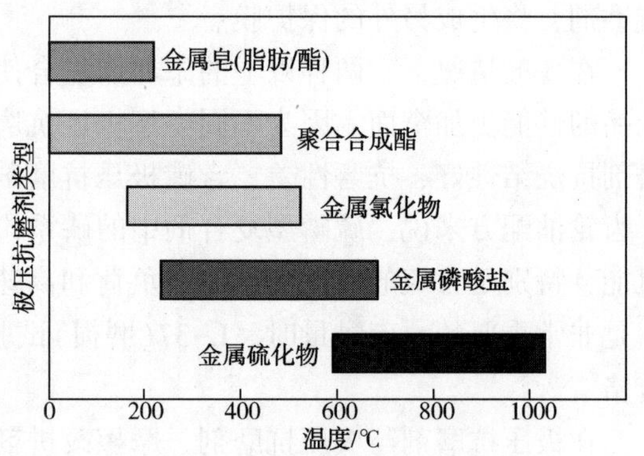

图 2-26　不同极压抗磨剂的活化温度

表 2-37　在滑动铁表面生成的腐蚀膜

润滑剂类型	膜类型	摩擦系数(干)	熔点/℃
干或烃	Fe	1.0	1535
	FeO	0.3	1420
	Fe_3O_4	0.5	1538
	Fe_2O_3	0.6	1565
氯	$FeCl_2$	0.1	670
硫	FeS	0.5	1193

4.3.1 含氯极压抗磨剂

氯是在润滑油工业中应用最早的极压抗磨成分之一，含氯添加剂与含硫添加剂一起，仍在金属加工液中应用。

含氯添加剂是通过与金属表面的化学吸附或与金属表面反应，或分解的元素氯、HCl与金属表面反应，生成$FeCl_2$或$FeCl_3$保护膜，$FeCl_2$的熔点达670℃，与钢铁比较，具有较低的剪切强度，所以显示出抗磨和极压作用。20世纪40~50年代已假设：有机氯极压抗磨剂与铁反应生成氯化铁膜，防止金属与金属接触，氯化铁膜容易剪断，从而降低了摩擦和磨损。后来用俄歇电子能谱(AES)和X射线光电子能谱(XPS)测试摩擦表面，已证实$FeCl_2$或$FeCl_3$的存在以及在防护膜里吸附了有机氯化合物。这个有机氯添加剂的抗磨和极压机理现在已被广泛接受。虽然生成氯化铁的机理还不完全清楚，但已提出生成氯化铁两个不同的机理：一是含氯添加剂可能直接与金属反应生成氯化铁膜；二是添加剂在高温或水解时产生HCl，再与铁反应。两个反应机理共存，其反应式如下。

$$RCl_x+Fe \longrightarrow RCl_{x-2}+FeCl_2$$

$$RCl_x \longrightarrow RCl_{x-2}+2HCl$$

$$2HCl+Fe \longrightarrow FeCl_2+H_2\uparrow$$

氯化铁膜具有与石墨和二硫化钼相似的层状结构，该类膜的摩擦系数小，临界剪切强度低，容易剪切，但是其耐热强度低，在300~400℃时就破裂，遇水发生水解反应，生成盐酸和氢氧化铁，失去润滑作用，并引起化学磨损和锈蚀。常在含氯极压抗磨剂配方中加入腐蚀抑制剂，如胺或碱性磺酸盐添加剂等化合物都可以与HCl中和，并可用作其稳定剂。因此，含氯添加剂应在无水及350℃以下使用较为有效。含氯极压抗磨剂的作用效果取决于它的结构、氯化程度和氯原子的活性，国外一般使用含40%~70%氯的化合物。氯在脂肪烃碳链末端时最为活泼，载荷性能最高；氯在碳链中间时，活性次之；最不活泼的是氯在环上的化合物。常用的含氯极压抗磨剂有脂肪族氯化物和芳香族氯化物，脂肪族氯化物稳定性差，活性强，极压性好，但易引起腐蚀，如氯化石蜡(Chlorinated Paraffin)；芳香族氯化物稳定性好，活性低，极压抗磨性差，腐蚀性小，如五氯联苯。使用最多的是氯化石蜡，原料易得，价格便宜，与其他添加剂复合主要用于配制金属加工油和车辆齿轮油。氯化石蜡按链长有两种分类，见表2-38。

表2-38 氯化石蜡的分类

传统氯化石蜡类别	链长度	现代氯化石蜡类别	链长度
短链氯化石蜡(SCCP)	C_{10}~C_{13}	短链氯化石蜡(SCCP)	C_{10}~C_{13}
中链氯化石蜡(MCCP)	C_{14}~C_{17}	中链氯化石蜡(MCCP)	C_{14}~C_{17}
长链氯化石蜡(LCCP)	C_{18}~C_{30}	长链氯化石蜡(LCCP)	C_{18}~C_{20}
		非常长链氯化石蜡(vLCCP)	C_{21}~C_{30}

由表2-38可看出，对于SCCP和MCCP，两种分类完全一致，LCCP有所差别。在传统氯化石蜡类别中，LCCP的链长比较宽(C_{18}~C_{30})；在现代氯化石蜡类别中，划分更窄、更细，除LCCP(C_{18}~C_{20})外，还有vLCCP(C_{21}~C_{30})。

近年来，氯化物最严重的缺点是环保与毒性问题，含氯极压抗磨剂在车辆齿轮油中的应用显著减少。在润滑剂中应用添加剂的影响力因素是欧盟于2006年12月颁布的REACH（Registration，Evaluation and Authorization of Chemicals）新法规系统[7]。欧盟认为应用最广泛的SCCP和MCCP等氯化石蜡将毒害海洋生命，被列为致癌物质，SCCP已被限制或禁止在美国、加拿大和欧盟使用。MCCP和LCCP虽然没有被限制，但它们需要继续在管理下评估使用，而vLCCP的使用没有任何限制。国内主要生产含氯量为42%和52%左右两种产品的氯化石蜡。

从经济因素来看，配方设计中将继续使用氯化石蜡直到被迫放弃，因为氯化石蜡是市场上性价比最高的极压抗磨剂[8]。氯化石蜡可能最终被禁止，但在未来仍是配方设计中的一种选择，只需要决定使用哪一类型的氯化石蜡。

4.3.2 含硫极压抗磨剂

含硫添加剂在边界润滑中金属与金属高压接触时提供保护。极压活性的强度是添加剂硫含量的函数，通常，高硫含量添加剂比低硫含量添加剂的极压性能更有效。添加剂的硫含量必须要求在热稳定性和不腐蚀含铜合金之间取得平衡。因此，总硫含量和活性硫含量的多少决定了含硫添加剂的使用范围，因为不同结构和不同硫含量的添加剂在不同温度下释放活性硫的速度及量是不同的。如三硫化物和五硫化物，当温度从60℃增加到250℃的时候，三硫化物和五硫化物间的热活性是由于不同的温度增加而产生更多的活性硫，参看图2-27[6]。在高温时，三硫化物释放活性硫的速率比五硫化物慢。因此五硫化物最好用于硫利用率高的低速高扭矩的金属加工操作，而三硫化物最好用于高速金属加工操作，也用于汽车及工业齿轮油，释放的硫将不会对汽车及工业齿轮油系统有害。

通过在石蜡基基础油中分别加入活性、非活性硫化烯烃，考察活性、非活性硫化烯烃的极压性能，结果如图2-28所示[9]。可以看出，随硫含量增加，其烧结负荷提高，且活性硫含量越高，油的烧结负荷也越高。

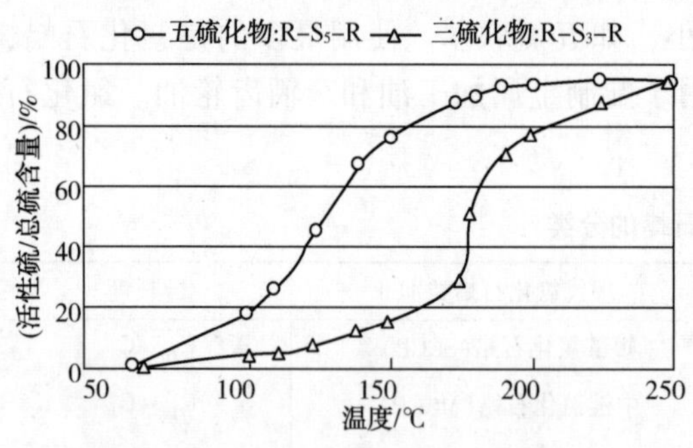

图2-27　分子结构对添加剂性能的影响

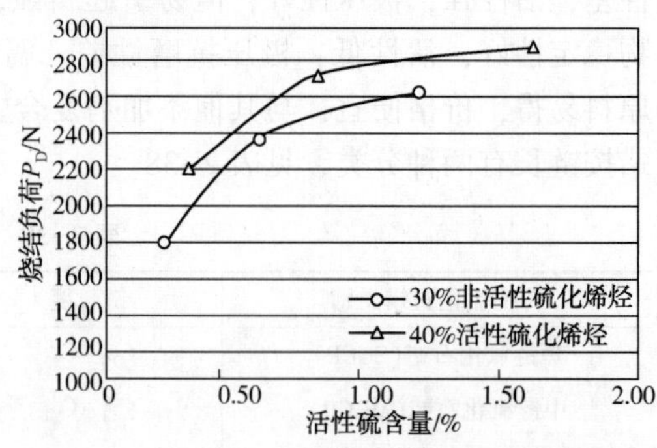

图2-28　活性和非活性硫化烯烃的极压性能

但也有研究表明，活性硫会使硫系极压抗磨剂的抗磨性变差，较高的活性硫含量会快速形成金属硫化物，导致更高的磨损[10]。4种硫系极压抗磨剂的总硫含量、活性硫含量见表2-39，它们的抗磨性能随油中硫含量的变化见图2-29，可以看出，活性硫含量比例越高其抗磨性越差。

表 2-39 硫系极压抗磨剂的总硫含量、活性硫含量

项目	种类	w(总硫含量)/%	w(活性硫)/%	活性硫/总硫含量(ASTM D1662)/%
A	硫化烃	40	36	90
B	硫化烃	20	5	25
C	硫化甘油三酸酯	10	0.5	5
D	硫化甘油三酸酯	18	10.5	58

普遍认为，含硫极压抗磨剂的极压抗磨性能与硫化物的 C—S 键能有关，较弱的 C—S 键较容易生成防护膜，导致较好的抗磨效果。有机硫化物的作用机理首先是在金属表面上吸附，减少金属面之间的摩擦；随着负荷的增加，金属面之间接触点的温度瞬时升高，有机硫化物首先与金属反应形成硫醇铁覆盖膜(S—S 键断裂)，从而起抗磨作用；随着负荷的进一步提高，C—S 链开始断裂，生成硫化铁固体膜，起极压作用。所以，二硫化物随着负荷增加，可以起抗磨和极压作用。其反应示意式如下所示[11,12]。

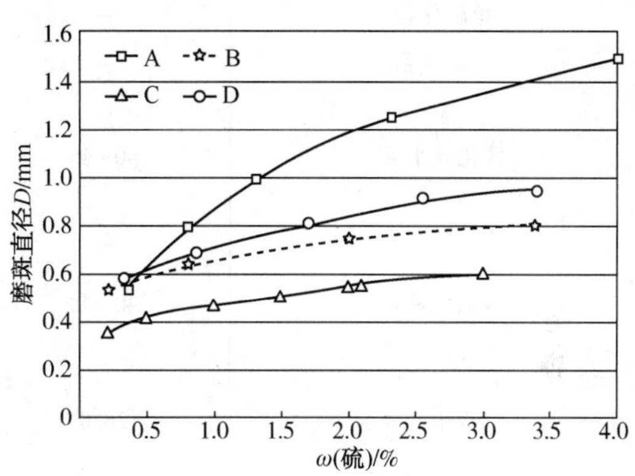

图 2-29 活性和非活性硫化烯烃的极压性能

在铁表面吸附：

$$\mathrm{Fe+R—S—S—R \longrightarrow Fe}\left|\begin{array}{l}\mathrm{S—R}\\ \mathrm{|}\\ \mathrm{S—R}\end{array}\right.$$

形成硫醇铁膜：在边界润滑条件下起抗磨作用

$$\mathrm{Fe}\left|\begin{array}{l}\mathrm{S—R}\\ \mathrm{|}\\ \mathrm{S—R}\end{array}\right. \longrightarrow \mathrm{Fe}\begin{array}{l}\diagup \mathrm{S—R}\\ \diagdown \mathrm{S—R}\end{array}$$

形成硫化铁膜：在边界润滑条件下起极压作用

硫化铁膜的生成

$$\mathrm{Fe}\begin{array}{l}\diagup \mathrm{S—R}\\ \diagdown \mathrm{S—R}\end{array} \longrightarrow \mathrm{FeS+R—S—R}$$

从 1960 年以来，用电子探针显微分析器(EPMA)、俄歇电子能谱仪(AES)和 X 射线光电子能谱(XPS)等现代分析仪器来测定摩擦物表面，发现防护膜是由化学吸附的有机硫添加剂和硫化铁膜组成的，由吸附膜和硫化铁膜分别提供抗磨和极压性能的作用机理。XPS 分析还发现防护膜不仅含有三硫化铁(FeS_3)，而且含有硫酸铁($FeSO_4$)和氧化铁，甚至还含有摩擦聚合物。硫化铁膜没有氯化铁膜那样的层状结构，摩擦系数比氯化铁膜大，但熔点高(FeS 的熔点为 1193℃，FeS_2的熔点为 1171℃)，因硫化铁膜的耐热性好，因此含硫极压抗磨剂抗烧结负荷高，但硫化铁膜较脆，所以含硫极压抗磨剂的抗磨性差。

常用的含硫极压抗磨剂有硫化油脂、硫化烯烃、多硫化物、二硫化二苄、磺原酸酯等。表 2-40 是一些主要含硫极压抗磨剂的分子结构示意式。

表 2-40　一些主要含硫极压抗磨剂的分子结构示意式

含硫极压抗磨剂类型	硫含量/%	化学结构
硫化鲸鱼油	6~15	$CH_3(CH_2)_x$—CH═CH—$(CH_2)_x$COOR（两CH之间以S_2相连）$CH_3(CH_2)_x$—CH═CH—$(CH_2)_x$COOR
硫化油脂	4~18	
单硫化物	—	R—S—R
二硫化物	—	R—S—S—R
硫化异丁烯	40~46	CH_3—C(CH_3)—CH_2—S—S—CH_2—C(CH_3)—CH_3（两季碳间以 S 桥连）
多硫化烯烃	40~48	R_1—CH═CH—R_2（经 S_x 连接）R_3CH—CH—CH—R_4
二硫化二苄	26.0	C_6H_5—CH_2—S—S—CH_2—C_6H_5
烷基多硫化物	25~39	R—$(S)_x$—R

极压抗磨剂的效果取决于润滑油中添加的硫含量与硫化物的热稳定性。例如二烷基单硫化物比二硫化物的热稳定性好，但极压膜形成的能力差，这是由于 S—C 键比 S—S 键结合牢固。二硫化物形成的极压膜能力优异，是由于 S—S 键的结合能弱，游离硫形成保护膜。

1. 硫化烯烃

硫化烯烃(Sulfurized Olefin)有两种，一种是硫化异丁烯(Sulfurized Isobutylene，SIB)，另一种是硫化物中硫含量为 10%~20%，被硫化的烯烃是长链烷基。SIB 是硫化烯烃中很重要的一种，也是应用非常广泛的极压抗磨剂，可以说目前使用的含硫化合物极压抗磨剂，大部分使用的是硫化异丁烯。因为硫化异丁烯的颜色浅，油溶性好，硫含量高(40%~46%)，多半是 S—S 键结合，极压抗磨性好，又具有中等化学活性，对铜腐蚀性较小。用于汽车和工业的各类齿轮油、液压油、润滑脂和切削油中。SIB 的生产工艺流程见图 2-30。

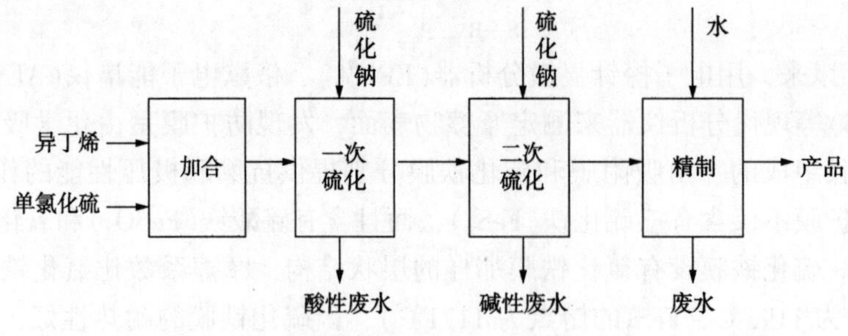

图 2-30　SIB 生产工艺流程

其合成方法是：异丁烯与单氯化硫(S_2Cl_2)，在温度40~50℃下进行加合反应，然后用甲醇作催化剂，加硫化钠(Na_2S)水溶液和异丙醇，回流下进行硫化脱氯，蒸出异丙醇后再用溶剂抽提除去不溶的副产物，蒸出溶剂后过滤得产品。其分子结构示意式如下。

```
      ┌──────────── S ────────────┐
CH3—C—CH2—S—S—CH2—C—CH3
      |                            |
      CH3                          CH3
```

2. 硫化油脂及硫化酯类

最早广泛使用的硫化油脂是硫化猪油(SLO)，它是硫化脂肪酸三甘油酯。1939年发现了溶解性和热稳定性更好的硫化鲸鱼油，也是最重要的发现之一。国际上于1971年禁止鲸鱼油使用在硫载体上，从而开展了大量硫化鲸鱼油代用品的研究工作[13]，出现了植物油和合成酯等新的天然原料。天然油脂与油具有一个或一个以上的碳碳双键，与硫反应生成硫化油脂，与合适的醇类酯化，改善了对矿物油的溶解性。用混合的硫化油脂、硫化酯类及硫化烯烃等配制的添加剂配方一般含5%~12%的硫，具有中等极压抗磨性，还有抗氧性。

3. 磺原酸酯类

磺原酸酯广泛地使用于双曲线齿轮油，极压性能良好，但热稳定性差且有不愉快臭味，现已不再使用。

4. 二硫化二苄

二硫化二苄(Benzyl Disulfide)具有较好的抗磨性，而且还有抗氧化作用，含硫量约26%，为白色结晶，油溶性不好，在油中溶解度最大2.5%，用于齿轮油和合成油中。

5. 烷基多硫化物

多硫化物类中有二叔丁基三硫化物、二叔月桂基三硫化物等。在烷基多硫化物中，带侧链的烷基比直链烷基效果好，由于硫不稳定，储存时有硫析出，安定性差，但活性硫多，多用于切削油。

随着高度精制的API Ⅱ、Ⅲ类基础油以及聚α-烯烃和GTL(天然气制油)等合成基础油的应用，要求使用改性的极压抗磨剂，硫化产品需要具有更高的热稳定性、低铜腐蚀性，并在合成油中有优良的溶解性。用于金属加工的含硫极压抗磨剂需要提高其热稳定性，在高石蜡基基础油甚至合成基础油中需要改善溶解能力。对新一代工业润滑油而言，浅色、低气味(或无味)的产品很受欢迎。

4.3.3 含磷极压抗磨剂

含磷化合物的作用机理说法不一，较老的观点认为：含磷化合物在摩擦表面凸起点处瞬时高温作用下分解，与铁生成磷化铁，它再与铁生成低熔点的共融合金流向凹部，使摩擦表面光滑，防止磨损，这种作用被称为化学抛光。最近有人提出，在边界润滑条件下，磷化物与铁不生成磷化铁，而是亚磷酸铁的混合物。磷化物首先在铁表面吸附，然后在边界条件下发生C—O键断裂，生成亚磷酸铁或磷酸铁有机膜，起抗磨作用；在极压条件下，有机磷酸铁膜进一步反应，生成无机磷酸铁反应膜，使金属之间不发生直接接触，从而保护金属，起极压作用。图2-31是二烷基亚磷酸酯作用示意图。

有人认为，磷系极压抗磨剂的极压抗磨损性与水解稳定性有关，抗水解好的极压性差。磷系极压抗磨剂中，次磷酸酯和磷酸酯(Phosphonate Ester)的极压性最差，因为次磷酸酯和

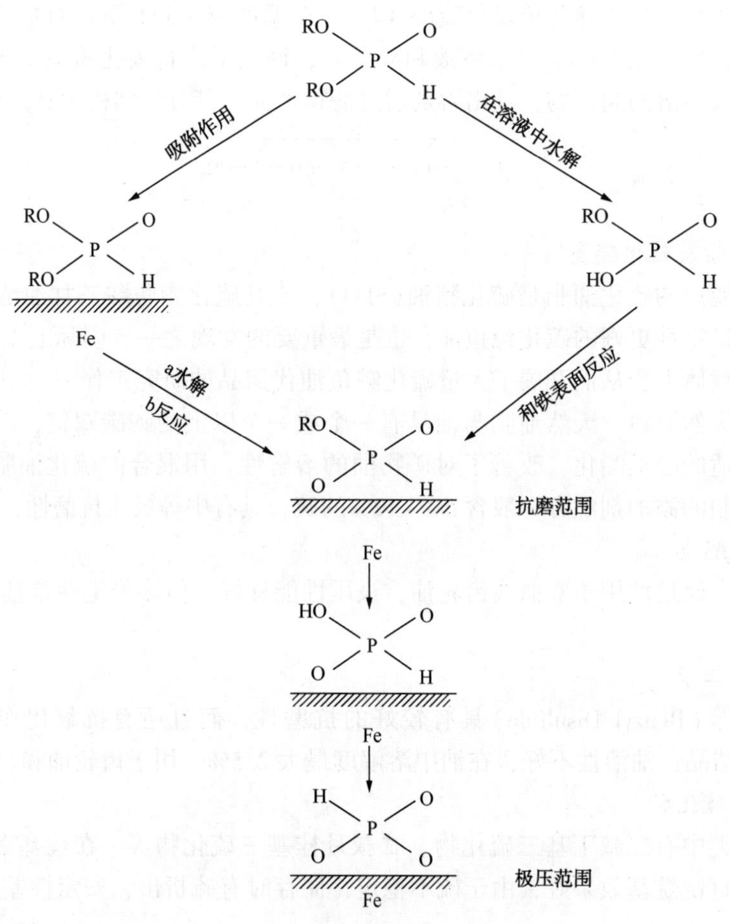

图 2-31　二烷基亚磷酸酯作用示意图

磷酸酯的 C—P 键比磷酸酯的 C—O—P 键要稳定。在磷酸酯中，酸性磷酸酯(Acidic Phosphate Ester)比中性磷酸酯的抗烧结性能要好，因为酸性磷酸酯在金属表面吸附力大和反应性强。含磷极压抗磨剂的极压性能大小顺序如下：

磷酸酯胺盐>磷酸酰胺>亚磷酸酯>酸性磷酸酯>磷酸酯>磷酸酯>次磷酸酯

有机磷添加剂生成防护膜时，在不同材质表面其生成速率明显不同。在高温 500～800℃的汽化离解试验中，铁表面吸附膜的生长速度较快，生成的膜比在镍和石英里要厚，这是因为铁和氧化铁在膜生成中起催化效应。磷系极压抗磨剂的热稳定性越差，其抗磨性越好，但抗磨的持久性下降，添加剂消耗就快。热稳定性依赖于酯化的烷基类型，烷基芳基的热稳定性最好，其次是仲及伯烷基。烷基的 β 位碳上具有多个取代基时，其热稳定性增加。一般来说，磷化物的热稳定性越差，抗磨性就越好[14]。

还应指出的是：通常有机磷添加剂是与有机硫添加剂复合应用的，这主要是为了通过有机硫添加剂来改善生成防护膜的强度和韧性。

磷系极压抗磨剂中用得最广泛的是烷基亚磷酸酯、磷酸酯、酸性磷酸酯、酸性磷酸酯胺盐(磷-氮剂)和硫代磷酸酯胺盐(硫-磷-氮剂)。表 2-41 和表 2-42 是含磷化合物的主要类型及主要含磷极压抗磨剂的品种和化学结构。

表 2-41 含磷化合物的主要类型

磷酸酯			亚磷酸酯/磷酸酯	
烷基或芳基磷酸酯			烷基或芳基亚磷酸酯/磷酸酯	
中性磷酸酯	酸性磷酸酯		中性亚磷酸酯/磷酸酯	酸性亚磷酸酯/磷酸酯
	非乙氧基化	乙氧基烷氧基		中性胺盐
	胺盐	胺盐		

表 2-42 主要含磷极压抗磨剂的品种和化学结构

类型	化合物	化学结构式
亚磷酸酯	亚磷酸二正丁酯	$[C_4H_9O]_2POH$
	二烷基亚磷酸酯	RO—P(—OR)—OH
	三烷基亚磷酸酯	RO—P(—OR)—OR
芳基亚磷酸酯	亚磷酸三壬苯酯	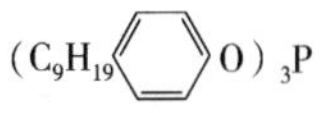 $(C_9H_{19}C_6H_4O)_3P$
	三芳基亚磷酸酯	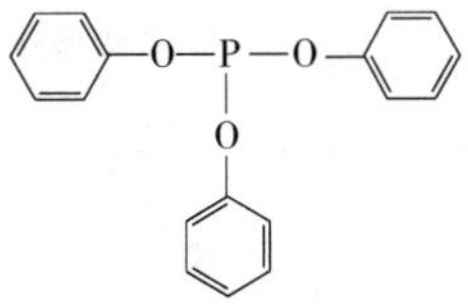 $(C_6H_5O)_3P$
烷基磷酸酯	二月桂基磷酸酯	$(C_{12}H_{25}O)_2P(=O)OH$
	二油基磷酸酯	$(C_{18}H_{35}O)_2P(=O)OH$
	2-十八烷基磷酸酯	$(C_{18}H_{37}O)_2P(=O)OH$
	三烷基磷酸酯	$(RO)_3P=O$
芳基磷酸酯	三芳基磷酸酯	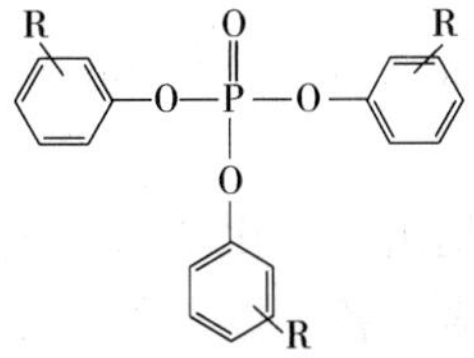 $(RC_6H_4O)_3P=O$

续表

类型	化合物	化学结构式
芳基磷酸酯	磷酸三甲苯酯	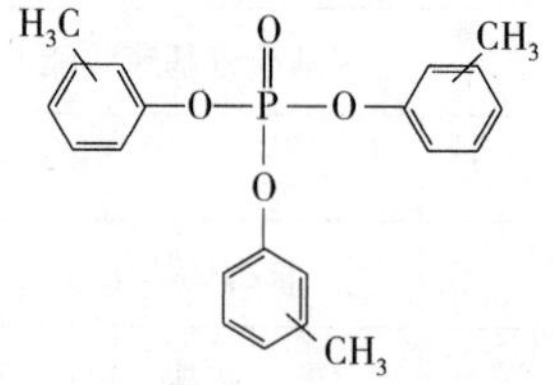 $(CH_3C_6H_4O)_3P{=}O$
	3-二甲苯磷酸酯	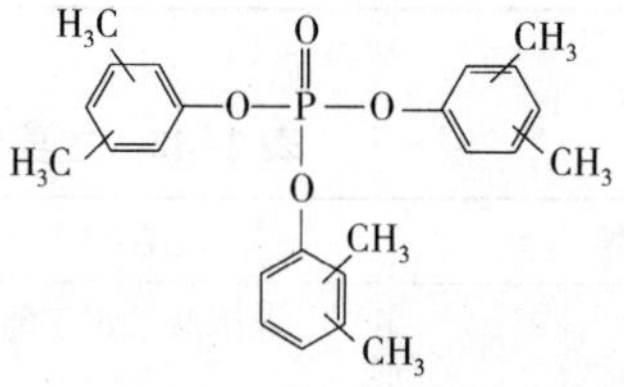 $[(CH_3)_2C_6H_3O]_3P{=}O$
烷基磷酸酯	烷基二烷基磷酸酯	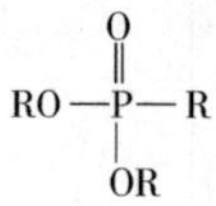 $RO-P(=O)(OR)-R$
	烷基二烷基磷酸酯	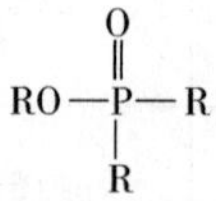 $RO-P(=O)(R)-R$
磷酸酯胺盐	磷酸酯胺盐	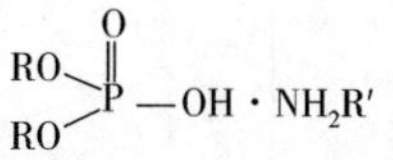 $(RO)_2P(=O)-OH \cdot NH_2R'$
硫代磷酸酯胺盐	硫代磷酸-甲醛-胺缩合物	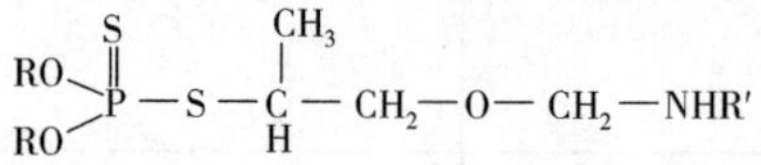 $(RO)_2P(=S)-S-CH(CH_3)-CH_2-O-CH_2-NHR'$
	硫代磷酸复酯胺盐	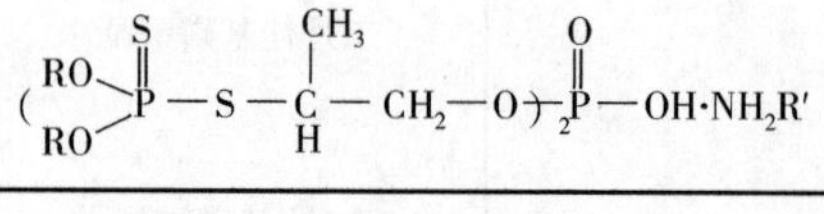 $[(RO)_2P(=S)-S-CH(CH_3)-CH_2-O]_2P(=O)-OH \cdot NH_2R'$

1. 亚磷酸酯

亚磷酸酯(Phosphite Ester)用作极压抗磨剂已经有很多年了，现在市场上常用的亚磷酸酯有亚磷酸二正丁酯(Dibutyl Phosphite，DBP)、亚磷酸三正丁酯(Tributyl Phosphite)、亚磷酸三壬苯基酯(Trisnonylphenyl Phosphite)、亚磷酸三苯基酯(Triphenyl Phosphite)、亚磷酸三异丙基酯(Triisopropyl Phosphite)、亚磷酸三丁基酯(Tripbudyl Phosphite)、亚磷酸三异辛基酯(Triisooctyl Phosphite)、亚磷酸三(2-乙基已基酯)[Tri(2-ethylhexyl) Phosphite]、亚磷酸三月桂基酯(Trilauryl Phosphite)、亚磷酸三异癸基酯(Triisodecyl Phosphite)、亚磷酸二苯基异癸基酯(Diphenylisodecyl Phosphite)、亚磷酸乙基已基二苯酯(Ethylhexyl Diphenyl Phosphite)。

亚磷酸酯是由三氯化磷和相应的脂肪醇或烷基酚在一定温度下反应制得的，如用三氯化磷和苯酚反应制备中性三芳基亚磷酸酯的反应式如下：

$$PCl_3+3ArOH \longrightarrow (ArO)_3P+3HCl$$

亚磷酸酯除具有优良的极压抗磨性能外，还有抗氧性能，分解过氧化物和自由基。亚磷酸酯与空气或润滑油中的水或湿气接触时容易水解，水解程度取决于温度、接触的水量和时间，一般采取干燥的氮气环境、冷藏、密封等措施来预防。亚磷酸酯的载荷性和抗磨性显著地受到烷基或烷芳基链长短和结构的影响。长链磷酸酯比短链磷酸酯的抗磨性好，而短链磷酸酯显示最佳的承载能力，见图 2-32[15]。从图 2-32 可看出，二乙基磷酸酯的磨斑直径是 0.70mm，当增加到二十八烷基磷酸酯时其磨斑直径下降到 0.29mm，其抗磨性能最好。随着烃基的增长，吸附反应和水解性降低，抗擦伤性下降，而抗磨性能变好，表 2-43 是各种二烷基亚磷酸酯的四球机试验结果[1]。

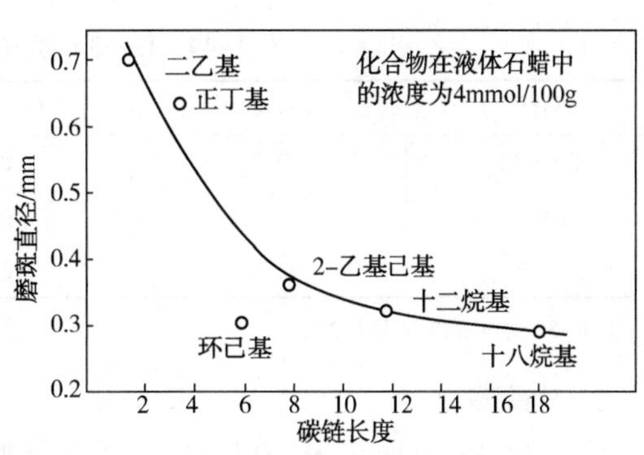

图 2-32　链长对二烷基亚磷酸酯四球抗磨性能的影响

表 2-43　各种二烷基亚磷酸酯的四球机试验结果

亚磷酸酯	质量浓度/%	浓度/(mmol/100g 油)	四球机载荷试验			四球机磨损试验磨斑直径/mm
			平均赫茨负荷/kg	初始胶着负荷/kg	烧结负荷/ kg	
基础油	—	—	10.5	30	110	0.72
二乙基-	0.55	4.0	79	225	225	0.70
二丁基-	0.78	4.0	50.2	155	155	0.64
二(2-乙基己基)-	1.22	4.0	40.9	125	125	0.36
二月桂基-	1.67	4.0	46.5	130	130	0.32
二-十八烷基-	2.34	4.0	51.9	145	145	0.29
二环己基-	0.98	4.0	33.4	95	150	0.31

注：1. 载荷性试验：室温，1500r/min，60s。磨损试验：50℃，负荷 15kg，500r/min。

2. 基础油：37.8℃时运动黏度为 16.24mm²/s，黏度指数为 87 的石蜡基油，含硫 0.01%。

烷基亚磷酸酯用得较多的是亚磷酸二正丁酯，它的极压抗磨性好，但它的活性较高，加多了会引起腐蚀磨损。1985 年，国内送了 5 个 GL-5 的车辆齿轮油到美国西南研究院(South West Research Institute)进行评定，其中 4 个油品都加有亚磷酸二正丁酯(T304)，在 GO-8501 配方中同时加有防锈剂(0.7% T102 中碱值磺酸钙)通过了 L-33 试验，GO-8503 配方比 GO-8501 少加 0.1% T102，质量卡边(2.6)，而 GO-8505 没有加防锈剂来抑制，所以抗腐蚀性最差(38.0)，详见表 2-44[16]。但是，在某些例子里，亚磷酸二正丁酯与硫化烯烃复合，会比单独用亚磷酸二正丁酯的磨损大，有人宣称亚磷酸二正丁酯较高的活性促使硫化烯烃成为一个腐蚀剂。上述 4 个油品中均含有硫化异丁烯，这也进一步证实了亚磷

酸二正丁酯与硫化烯烃复合需要加一种防锈剂来抑制其腐蚀磨损。

表 2-44 L-33 试验中磺酸盐对锈蚀的影响①

油样	GO-8501	GO-8503	GO-8502	GO-8505
T304/%	0.5	0.5	0.3	0.5
T102/%	0.7	0.6	0.5	0
评分	0.75	2.6	18.75	38.0

① L-33 通过标准为小于 2 分。

2. 磷酸酯

磷酸酯(Phosphate)从 20 世纪 20 年代开始就已经成为润滑油的重要添加剂了，它也是液压油及压缩机油的合成基础油，除具有优良的抗磨性能外，还有优异的热稳定性和抗燃性能。其通用分子式是 $O=P(OR)_3$，R 是烷基、芳基或烷基芳基。磷酸酯的性质取决于相对分子质量大小和有机取代基(R)的类型及结构，其物理性状从低黏度的水溶性液体到不溶的高熔点固体。三芳基磷酸酯的水解稳定性和热稳定性优于三烷基磷酸酯，烷基的碳数增加和支链增多也有助于水解稳定性的改善。磷酸酯可以由磷酰氯与醇反应制备三烷基磷酸酯，与酚反应制备三芳基磷酸酯，两个反应式如下所示：

$$3ROH+POCl_3 \longrightarrow O=P(OR)_3+HCl$$

$$3ArOH+POCl_3 \longrightarrow O=P(OAr)_3+HCl$$

磷酸三甲苯基酯(Tricresyl Phosphate，TCP)是应用最早的含磷化合物之一，已经有 40 多年的历史。还有磷酸三(二甲苯)酯(Trixylenyl Phosphates，TXP)和磷酸三(丙基苯基)酯(Tributylphenyl Phosphates，TBP)也是常用的磷酸酯。磷酸酯有较好的抗磨性，腐蚀性小，多用于航空发动机油和抗磨液压油中。烷基磷酸酯与含硫添加剂复合来取代含氯化合物也有很好的效果[17]。亚磷酸酯和相应的磷酸酯进行性能比较发现，亚磷酸酯具有更好的承载能力，但是其抗磨性能较差，其磷酸酯刚好相反，详见表 2-45。

表 2-45 二烷基亚磷酸酯和二烷基磷酸酯的承载性能比较①

亚磷酸酯和磷酸酯类型	最大无卡咬负荷/kg	磨损直径(60min)/mm
二乙基亚磷酸酯	225	0.70
二乙基磷酸酯	160	0.43
二丁基亚磷酸酯	155	0.64
二丁基磷酸酯	85	0.42
二-2-乙基己基亚磷酸酯	125	0.36
二-2-乙基己基磷酸酯	80	0.29
二-十二烷基亚磷酸酯	130	0.32
二-十二烷基磷酸酯	80	0.35

① 添加剂加入量 4mmol/100g 基础油。

3. 酸性磷酸酯

酸性磷酸酯(Acid Phosphate)与二烷基亚磷酸酯类似，也是一类有效的极压抗磨剂，其极压和抗磨性能远远优于磷酸三甲苯基酯(TCP)。一般酸性磷酸酯与中性磷酸酯比较，前者对金属表面吸附能力强，反应活性又高，所以抗烧结负荷大。酸性磷酸酯与水接触时易进一步水解，因此酸性磷酸酯在应用时应尽可能保持干燥，可用氮气氛来防止水解。但是，必须注意，由于摩擦条件有可能引起腐蚀反应，从而造成显著的磨损(见图2-33)。为了减少酸性磷酸酯的腐蚀性同时充分保持其载荷能力，发展了酸性磷酸酯胺盐和磷酸酰胺。代表性的酸性磷酸酯有2-十二烷基酸性磷酸酯和2-十八烷基酸性磷酸酯。烷基酸性磷酸酯的制备是在无水条件下用五氧化二磷与醇(一般有 C_5、C_7、C_8、C_9、C_{18}的醇和 C_{10}~C_{12}的混合醇)反应制得单烷基和双烷基酸性磷酸酯的混合物。反应式如下所示：

$$P_2O_5+3ROH \longrightarrow ROPO(OH)_2+(RO)_2OPOH$$

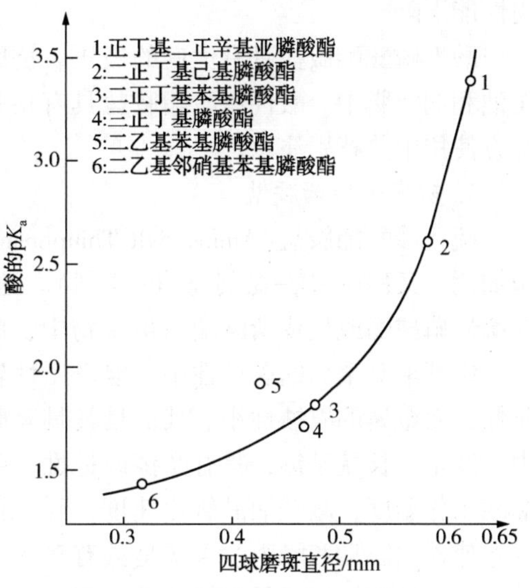

图2-33　酸强度对抗磨性能的影响

4. 酸性磷酸酯胺盐

酸性磷酸酯胺盐(Amine Salt Acid Phosphate)的分子中含有磷和氮两种元素，又称磷-氮剂(P-N 剂)。酸性磷酸酯胺盐是由合适的酸性磷酸酯和相应有机含氮化合物反应制得的。酸性磷酸酯胺盐具有优良的极压抗磨性，还具有较好的抗腐蚀性、防锈性和抗氧化性。代表性的酸性磷酸酯胺盐有酸性磷酸酯十二胺盐及十八胺盐。酸性磷酸酯胺盐的性能与化学结构关系见表2-46。

表2-46　酸性磷酸酯胺盐的性能与化学结构关系

化　合　物		平均赫茨负荷/kg	磨斑直径/mm
二正丁基磷酸酯	酸性磷酸酯	29.7	0.42
	十二烷基胺	30.0	0.29
	正辛基胺	31.3	0.26
	环己胺	30.1	0.28
二(2-乙基)己基磷酸酯	酸性磷酸酯	27.5	0.29
	正辛基胺	15.5	0.68
	正丁基胺	17.5	0.48
	乙基胺	23.6	0.40
	环己胺	23.5	0.29
基础油	液体石蜡	14.2	0.79

注：添加剂加入量为4mmol/100g 油。

从表2-46可看出，酸性磷酸酯胺盐的极压抗磨性受化合物主体结构的影响相当大。二-正丁基酸性磷酸酯的胺盐，由于磷酸酯的烷基呈直链，可以形成最紧密的吸附膜，氨基不可能钻入，因此，胺的结构对极压抗磨损性能几乎没有影响。但是，二(2-乙基)己基磷酸酯的胺盐，由于磷酸酯烷基的体积增大(2-乙基使烷基链的横切面积增大)，使其吸附膜相当疏松。在这些吸附膜的空隙间，直链胺可以钻入，形成不均一的磷酸酯吸附膜，使抗磨损性能下降[1]。

酸性磷酸酯胺盐具有优良的极压、抗磨和防腐性能，广泛应用于工业润滑油、车辆齿轮油和润滑脂中。酸性磷酸酯胺盐具有很强的极性，容易与其他添加剂发生反应，在复合配方使用中要特别注意。

5. 硫代磷酸酯胺盐

硫代磷酸酯胺盐(Amine Salt Thiophosphates)是分子中同时含有硫、磷和氮三种元素的添加剂，又称硫-磷-氮剂(S-P-N 剂)。这类化合物首先具有适宜的极压性和化学稳定性，在酸性磷酸酯或硫代磷酸酯的衍生物中，酸性磷酸酯的极压性最好，但是对金属的腐蚀性强。中性酯对金属的腐蚀性小，但极压性较差。氨基磷酸酯或氨基硫代磷酸酯有较好的极压性，对金属的腐蚀性小。其次是其具有摩擦改进性，氨基磷酸酯或氨基硫代磷酸酯分子中，通常有长烷基链，具有摩擦改进性，可降低齿轮油的摩擦系数，节省能源，降低齿轮油的工作温度，减轻油品氧化速度，延长油品使用寿命，如加入汽车齿轮油中，能防止限滑差速器的震动和噪声。再次是具有多效性，某些氨基磷酸酯或氨基硫代磷酸酯除具有极压性、抗磨性外，还具有抗氧性、防锈性等。最后是配伍性好，氨基磷酸酯或氨基硫代磷酸酯与中性磷酸酯、二烷基二硫代磷酸锌或含硫极压剂等复合使用，可使极压性和抗磨性显著增强。所以，氨基磷酸酯或氨基硫代磷酸酯获得广泛的应用。

硫代磷酸酯胺盐的制备是用脂肪醇与 P_2S_5 反应先制得硫磷酸，然后再与含氮化合物反应制得，常用的有二烷基二硫代磷酸酯胺盐和二烷基二硫代磷酸复酯胺盐。二烷基二硫代磷酸酯胺盐具有极压、抗磨、抗氧和防锈等性能。二烷基二硫代磷酸复酯胺盐在制备时经历了二次磷酸化，其特点是磷硫比比二烷基二硫代磷酸酯胺盐高，具有优良的极压抗磨性、热稳定性和防锈等性能。这类化合物广泛用于各种齿轮油中。其制备方法是用二烷基二硫代磷酸与二醇反应生成 S-羟烷基-*O*, *O*′-二烷基二硫代磷酸三酯。其反应式如下。

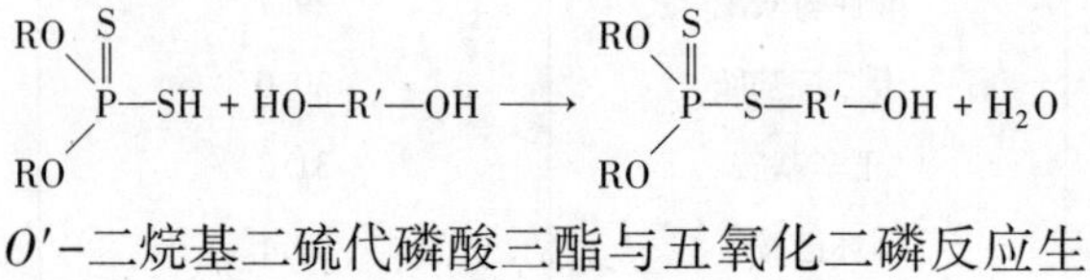

$$(RO)_2P(=S)\text{—SH} + \text{HO—R}'\text{—OH} \longrightarrow (RO)_2P(=S)\text{—S—R}'\text{—OH} + H_2O$$

用 S-羟烷基-*O*, *O*′-二烷基二硫代磷酸三酯与五氧化二磷反应生成二烷基二硫代磷酸复酯，其反应式如下。

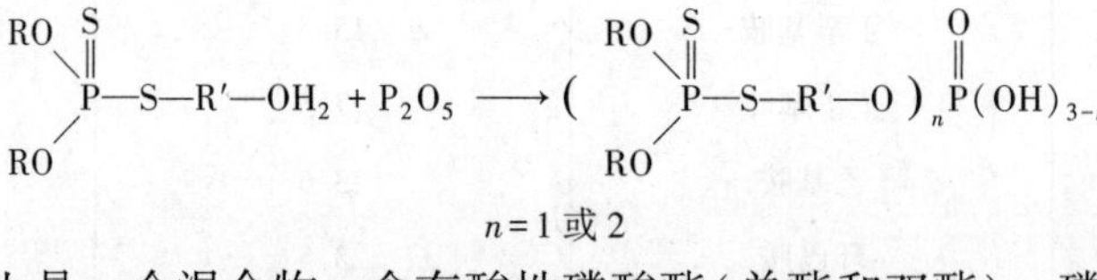

$$(RO)_2P(=S)\text{—S—R}'\text{—OH}_2 + P_2O_5 \longrightarrow \left((RO)_2P(=S)\text{—S—R}'\text{—O}\right)_n P(=O)(OH)_{3-n}$$

$n=1$ 或 2

反应产物实际上是一个混合物，含有酸性磷酸酯(单酯和双酯)、磷酸酯和亚磷酸酯等。二烷基二硫代磷酸复酯和胺反应即得胺盐。

对比以上含硫、磷和氯 3 种活性元素化合物的极压抗磨剂来看：氯系极压抗磨剂形成的氯化铁膜熔点比较低，在 350℃时就失效了，而硫化铁膜在 750℃时仍有效。硫系、磷系和氯系极压抗磨剂与铁表面发生的化学反应活性与载荷能力关系的结果如图 2-34 所示[1,18]。从图 2-34 可看出，化合物的反应性越大，形成极压膜的能力就越大，同时载荷能力也相应提高。

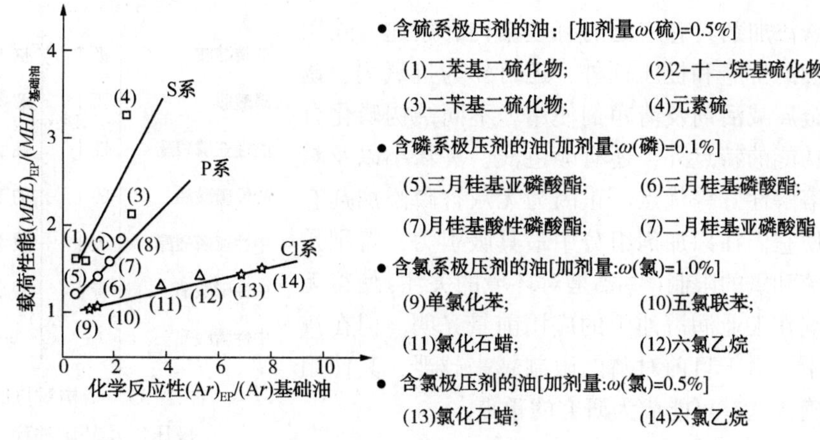

图 2-34 极压剂的化学反应和载荷性能的关系

根据所形成极压膜载荷能力可以得到下面排列次序：

氯系<磷系<硫系

综合以上情况，将磷酸酯化合物的活性、含磷化合物应用范围列入表 2-47 中[17]及其对表面化学、稳定性影响的大致顺序示见图 2-35。

表 2-47 含磷极压抗磨剂的主要应用

应用		三芳基磷酸酯	三烷基磷酸酯	磷酸胺	酸性磷酸酯	烷基/芳基亚磷酸酯
汽车	ATF				√	√
	齿轮油			√		
	动力转向液	√				
	减震器油	√				
	电动车油	√				
工业	液压油	√		√		
	齿轮油			√	√	√
	透平油	√	√			
	压缩机油	√				
	瓦斯油	√		√		
	金属加工液	√	√	√	√	√
	通用拖拉机油	√		√	√	
	润滑脂	√				
	导轨油	√				
	循环油	√				
	植物油		√			
航空	活塞发动机油	√				
	透平发动机油	√				
	润滑脂	√		√	√	

无灰含磷添加剂具有广泛的有效结构和用途，除用作工业润滑油的抗磨和极压剂外，还可作为抗氧剂、锈蚀抑制剂、金属减活剂及清净剂使用。不同结构磷化合物除具有多功能的特点外，还有颜色浅、臭味小以及对其他添加剂溶解性好等优点。正因为无灰含磷添加剂有这些特性，使它们在添加剂组分中最具吸引力，特别是由于目前对硫和氯的限制(主要是对环境的关注)使得无灰含磷添加剂在工业润滑油中的应用前景光明。但在汽车发动机油中，由于目前对磷的限制越来越严，其使用潜力仍不明确，这有可能成为研究的重点。

亚磷酸胺	极↑	抗 |	对↑
磷酸胺	压 |	磨 |	稳 |
酸性亚磷酸酯	性 |	性 |	定 |
酸性磷酸酯	的 |	的 |	性 |
中性亚磷酸酯	改 |	改 |	的 |
中性磷酸酯	善 |	善↓	影 |
中性膦酸酯	—	—	响 |

图 2-35　结构对抗磨、极压以及基础油稳定性影响的大致排列顺序

4.3.4　有机金属盐极压抗磨剂

具有代表性的有机金属盐极压抗磨剂有 ZDDP、二烷基二硫代磷酸钼(MoDDP)、二烷基二硫代氨基甲酸钼(MoDTC)和环烷酸铅(Lead Naphthenate)等品种。化合物不同，其作用机理也不同。

文献报道[9]商品化的 ZDDP 可能含有几个组分：中性锌盐$[(RO)_2PS_2]_2Zn$、碱性双锌盐 $O[(RO)_2PS_2]_3Zn_2$、碱性锌盐$(RO)_2PS_2-Zn-OH$ 和螯合物$[(RO)_2PS_2]_2Zn_2O$。ZDDP 的热分解产物是非常复杂的，得不到固定的结果。已报道 ZDDP 的热分解产物含有烯烃、硫醇、其他硫化物和交联聚合物，如偏磷酸盐、S，S，S-三烷基四硫代磷酸盐、$SP(SR)_3$、O，S，S-三烷基三硫代磷酸盐、$SP(SR)_2(OR)$、O，O，S-三烷基二硫代磷酸盐、$SP(SR)(OR)_2$。二芳基二硫代磷酸盐比二烷基二硫代磷酸盐有更高的热稳定性，其主要的热分解产物是酚。

又由于 ZDDP 含有几个元素，生成的防护膜也很复杂，电子探针显微分析(EPMA)、能量散射分析 X 射线(EDAX)、俄歇电子能谱(AES)、X 射线光电子能谱(XPS)和表面红外测定其元素有 S、P、O、C、Zn 和 Fe。分析结果提出：聚磷酸锌、硫化锌、硫化铁、氧化铁、硫代磷酸盐(酯)和摩擦聚合物在摩擦表面被生成。

ZDDP 在油中的浓度和其他添加剂的存在也影响 ZDDP 在金属上的吸附。较大的 ZDDP 浓度，具有较高的吸附率；其他添加剂的存在，如硫化脂肪、二苄基二硫化物、二苯基胺、n-壬基胺和氯化石蜡，会大大降低 ZDDP 在钢上的吸附。

热稳定性差的 ZDDP 有较大的载荷性，热稳定性增加其载荷性下降。一般碳链对 ZDDP 热稳定性的影响与烷基类型有关，其热稳定性大小顺序如下：

芳基>伯烷基>仲烷基

而 ZDDP 的摩擦系数则与烷基链长短有关，其摩擦系数随烷基链长度增加而降低，如表 2-48 所示[20]。

表 2-48　ZDDP 的直链长度与摩擦系数①

ZDDP 的直链长度	摩擦系数
C_4烷基 ZDDP	0.14
C_6烷基 ZDDP	0.13

续表

ZDDP 的直链长度	摩擦系数
C_8烷基 ZDDP	0.12
C_{10}烷基 ZDDP	0.11
C_{12}烷基 ZDDP	0.10
C_{18}烷基 ZDDP	0.08

① 叔丁基 ZDDP 的摩擦百分数为 0.16。

另外，ZDDP 在不同应用场合下和硫化产品复合使用，不但具有抗磨剂和抗氧剂的功能，还能改善对铜的腐蚀能力，具有协同作用，详见表 2-49[7]。

表 2-49 ZDDP 与硫化产品复合后对铜腐蚀的协同效应

类型	总硫量/%	活性硫/%	处理水平/%	铜腐蚀/级 (3h×100℃)	铜腐蚀/级 (3h×100℃ +1.5%ZnDDP)
硫化甘油三酸酯	48	10.5	5	4c	3b
硫化酯	17	8.5	5	3b	1b
硫化甘油三酸酯	15	5	5	3a	1b

有机钼添加剂是具有良好 AW 和 EP 性能的优良摩擦改进剂，把它加入润滑油中将比 MoS_2在油中分散降低摩擦和磨损的效果要好。正如 ZDDP 那样，MoDDP 和 MoDTC 的 AW 和 EP 机理，或 S-P 添加剂和有机钼复合物的机理也是生成非常复杂的防护膜，其防护膜含有 MoS_2、MoS_3、FeS、$FeSO_4$，甚至还有摩擦聚合物。据称，含有 $FeSO_4$、MoS_2、MoS_3、FeS 的防护膜将较大地增强其抗磨和负荷承载能力[19]。

环烷酸铅作为极压剂在铁表面与铁发生置换，生成铅的薄膜。当铅皂与硫共存时，在铁表面生成 $PbSO_4$、PbS、FeS、Pb 等低熔点共融物。这种极压剂与硫、磷、氯系极压剂的作用机理不一样，以不牺牲摩擦面金属为优点，被称为无损失润滑。环烷酸铅单独应用效果不显著，必须与含硫化合物复合使用，这是因为铅皂在极压条件下要和硫反应生成极压膜才能起到润滑作用。但铅皂的热稳定性差，而且由于重金属的环保问题，该产品逐渐被淘汰。

重金属是污染物，由于环境保护的原因，金属盐极压抗磨剂的使用正在减少。显然，环境友好、性能优异并极其稳定的高级无灰抗磨剂将会成为越来越多润滑油的首选抗磨剂，尤其是对非传统型基础油而言。

4.3.5 含硼极压抗磨剂

含硼极压抗磨剂主要有两种类型：以纳米粒子形式存在的无机硼化物，溶解在油中的有机硼化物。

1. 硼酸盐极压抗磨剂[21~24]

硼酸盐(Borate)是一种具有优异稳定性和载荷性的极压抗磨剂。硼酸盐极压抗磨剂的极压性能好，有极好的油膜强度，在梯姆肯试验机通过负荷可达 45.4kg，而它的接触压力平均值为 2952.9kg/cm^2(42000lb/in)，几乎是铅-硫型齿轮油的 3 倍，是硫-磷型齿轮油的 2

倍(见图 2-36)；硼酸盐润滑剂还具有以下特点：硫、磷和氯化合物的极压抗磨剂是随着润滑油黏度变小，耐负荷性能下降，但是硼酸盐齿轮油随着润滑油黏度变小，耐负荷性能反而提高了(见图 2-37)；热稳定性好，硫-磷型极压抗磨剂的使用温度界限为130℃，而硼酸盐润滑剂仍然是安定的，超过 150℃时仍能使用；对铜不腐蚀，无毒无味，对橡胶密封件的适应性好；硼酸盐的缺点是微溶于水，不适合用于接触大量水而且定期排水的设备中。微米级硼酸盐在润滑油中的稳定性和水解稳定性差，易产生沉淀，比如润滑油中含 2.0%的硼酸钾，油中含水量达到 0.1%时就会产生沉淀。表 2-50 是硼酸盐与其他极压抗磨剂性能比较。

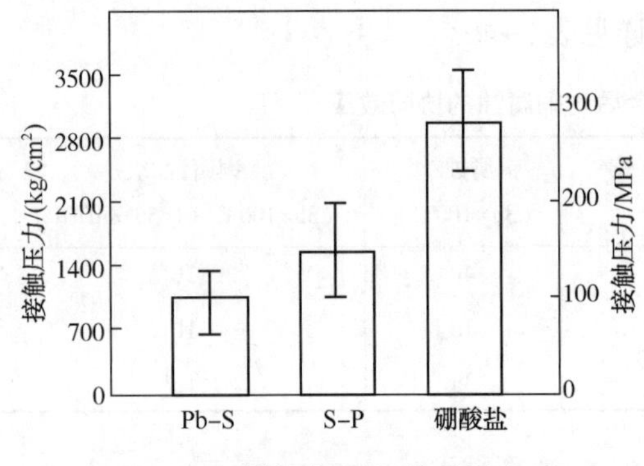

图 2-36 梯姆肯试验(接触压力)

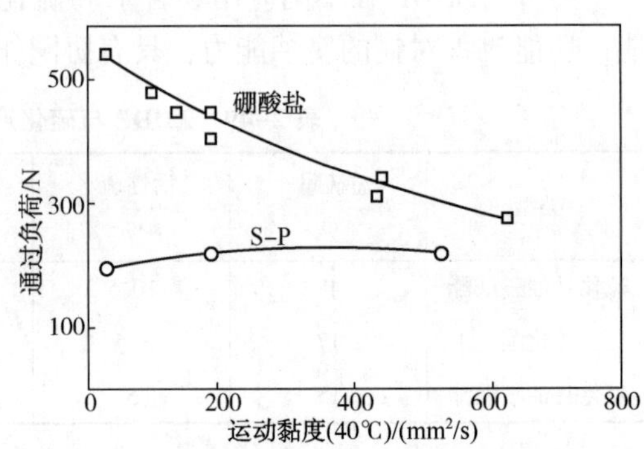

图 2-37 黏度对极压齿轮油润滑剂梯姆肯试验通过负荷的影响

表 2-50 各种极压抗磨剂在不同试验机上的性能对比

极压抗磨剂类型	慢速	快速
	梯姆肯试验：125m/min 四球机：31m/min	FZG 测试：1003m/min Ryder 试验：2830m/min
S-Pb 型极压抗磨剂	很好	不好
ZDDP 型极压抗磨剂	不好	尚好
S-P 型极压抗磨剂	尚好	很好
硼酸盐型极压抗磨剂	很好	很好

硼酸盐极压机理与普通润滑剂不同，普通润滑剂的极压膜是在齿轮表面滑动时产生的热和压力下其与铁发生化学反应生成的。硼酸盐润滑剂在极压状态下，不与金属表面起化学反应，不是生成化学膜来起润滑作用，而是在摩擦表面生成半固体(弹性的)、黏着力很强的、"非牺牲"(Nonsacrificial)的膜。有研究认为：两个滑动表面会产生电荷，胶体的带电离子颗粒(如硼酸盐分散体)朝一个表面或另一个表面移动、沉积。这样就在齿轮表面和轴承表面生成了硼酸盐膜，而滑动又会改善膜对金属的黏附性。硼酸盐膜的厚度是过去极压剂形成极压膜的 10~20 倍。这种膜能承受金属与金属的接触，特别能承受冲击负荷。硼酸盐润滑剂和 S-P 型润滑剂的电泳试验证实了这一理论。在电场中，阴极表面较快地生成了硼酸盐膜，而 S-P 型润滑剂在阴极或阳极表面都没有沉积。在低黏度的基础油中，硼酸盐粒子移动得较快，进一步证实了硼酸盐添加剂的电泳理论，这也解释了为什么硼酸盐添加

剂在低黏度油中有较高的载荷能力。

常用的硼酸盐有偏硼酸钠、偏硼酸钾、三硼酸钾等。通常用乳化脱水法和化学反应法制取这种胶体溶液——油分散水合碱金属硼酸盐（Oil Dispersible Alkali Metal Borate Hydrate）。

乳化脱水法：将 KOH 和硼酸的水溶液加入含中性石油磺酸钙和丁二酰亚胺的润滑油中，然后剧烈搅拌此混合物，形成稳定的微球乳化液。在129℃脱水，得到含水5%的产品。

化学反应法：将碱性石油磺酸钙与硼酸反应，生成硼酸钙（CaB_4O_7）。将硼酸钙与氢氧化钠甲醇溶液反应，生成偏硼酸钠和偏硼酸钙的混合物。滤去较大的颗粒，将微小的硼酸盐粒子分散在油中，形成稳定的胶体溶液，最后蒸出溶剂得产品。

硼酸盐极压抗磨剂适用于齿轮油、拖拉机液压油、润滑脂、金属成型润滑剂和发动机油中。其用量如表 2-51 所示。

表 2-51 硼酸盐极压抗磨剂应用范围及用量

应用范围	加入量/%	应用范围	加入量/%
齿轮润滑剂	6~11	金属成型润滑剂	1~4
拖拉机液压油	1~3	发动机油（作摩擦改进剂）	1
润滑脂	3~6		

2. *硼酸酯极压抗磨剂*

有机硼化物开始用作腐蚀抑制剂[25]，随后用作抗氧剂[26,27]，到 20 世纪 60 年代早期，研究者[28]发现硼酸酯是一种有效的抗磨添加剂。

硼元素含有缺电子空轨道，具有容纳电子的能力。在摩擦条件下，由于机械作用，具有流动性的自由电子易脱离金属原子。这时，硼成为外逸电子载体。接受了外逸电子的硼带有负电性，金属表面有正电性，两者有较大的吸引力，合硼化合物在摩擦表面发生较强的吸附。外逸的自由电子起到拉拢硼化物到金属表面的作用，使得离金属表面较远的硼化合物被拉到金属表面，在金属表面富集，形成致密的吸附膜，从而避免金属直接作用，减少摩擦磨损，也起到了防腐作用。因此，含硼的化合物具有防锈抗磨等多种功效。当摩擦提供足够的能量时，这些被富集吸附的硼化物与摩擦表面的金属作用。硼与表面金属铁作用时形成 Fe_2B、FeB 化合物，表面金属也可与添加剂中的其他活性元素如 N、S、X 等作用。

1967 年以来[29]，三苯基硼酸酯的极压抗磨性能被发现，有机硼化物用作极压抗磨剂的研究取得了很大发展。单独使用硼酸酯时其极压抗磨性很难表现出来，原因是硼酸酯易水解，不太容易吸附在金属表面发生摩擦化学反应。硼酸酯易水解，本质是硼原子为 sp^2 杂化，还存在一个空的 p 轨道，这个空轨道易于接受水等带有未共用电子对亲核试剂的进攻而使硼酸酯水解。因此做了很多改进其稳定性的工作，包括用屏蔽酚进攻 B—O 键[30]以及用胺与硼配位[31]来阻止水解。目前研究最多的提高硼酸酯水解稳定性的方法是在硼酸酯的分子结构中引入氮原子，使氮原子上的孤对电子与硼原子配位形成 N→B 配位键，从而提高硼酸酯的水解稳定性及极压抗磨性。硼酸酯中长碳链的 R 基具有空间位阻作用，也可以减少水解作用。

最初合成的硼酸酯添加剂分子链烷基一般仅由碳和氢两种物质组成，随后酯基也被引入烷基中。为了寻求更高性能多效含硼润滑添加剂，研究者将硫、磷等润滑添加剂活性元素引入硼酸酯分子中，这在一定程度上提高了硼酸酯润滑油添加剂的减摩抗磨性能。同时，国外专利报道了大量含氮的有机硼酸酯，这包括氨基、丁二酰亚氨基、唑啉及咪唑啉等基团的有机硼酸酯。某些含氮硼酸酯添加剂可改善其抗水解、抗腐蚀、抗磨等性能。矿物油基础润滑剂的生物降解性能差，某些还具有生态毒性。有研究成功将硼引入植物油中，合成了硼化植物油。植物油本身没有极压抗磨性，当引入硼后，显示出极强的抗磨极压性。

4.3.6 超碱值磺酸盐极压抗磨剂

除了以上5种极压抗磨剂以外，新开发了一种碱性磺酸盐(Ca、Ba、Na)，在金属切削过程中，同样具有极压抗磨作用，其效果并不亚于硫、磷和氯系极压抗磨剂。但作用机理不是像硫、磷和氯系那样与金属表面生成化学反应膜，估计是一种沉积的物理覆盖碳酸盐保护膜，这种膜剪切强度低，可以减少摩擦和防止熔接。超碱值磺酸盐，是在不同的机理下发挥作用的。超碱值磺酸盐是含有胶状的碳酸盐分散在磺酸盐内部，在与铁相互作用的时候，胶状碳酸盐生成的膜在金属表面间可以充当屏障，沉积膜的厚度可达10~20nm[32]。与氯化物、硫化物和磷为基础的添加剂比较，超碱值磺酸盐生成膜的过程不依赖于温度。据报道，在500℃以下就生成碳酸盐膜。

碱性磺酸盐还可以中和酸性污染物，对金属没有腐蚀，不污染环境，这种极压抗磨剂被称为惰性极压抗磨剂(Passive Extreme Pressure，简称PEP添加剂)[33]。作为极压抗磨剂使用、相对分子质量比较高、碱值比较大的磺酸盐，与用于内燃机油中的清净剂磺酸盐不是一回事，结晶型超碱值磺酸钙的烧结负荷比无定型超碱值磺酸钙高[34]。PEP添加剂用于金属加工液中，国外公司认为，含硫氯添加剂与高碱值磺酸盐(PEP)复合使用有明显的增效作用。在难加工的油型切削液中均复合PEP添加剂，这种添加剂单独使用效果不好，必须和硫、磷、氯型极压抗磨剂复合使用。表2-52[34]是结晶型和无定型两种超碱值磺酸钙与各种含硫化合物复合使用的结果。

表2-52 超碱值磺酸钙与各种含硫化合物复合后的四球极压结果

添加剂及试验方法	基础	A	B	C	D	E	F	G	H
C300C(结晶型超碱值磺酸钙)/%		5				5			5
C400A(无定型超碱值磺酸钙)/%			5				5	5	
SO(二烷基五硫化物，40%硫含量，36%活性硫)/%		5	5						
ZDDP/%				2		2		2	
MoDTC(硫代酰胺钼复合物的混合物，含4.1%Mo)/%					2		2		2
100 SUS基础油/%	100	90	90	98	98	93	93	93	93
四球 极压									
烧结负荷/kg	126	>800	>800	160	160	250	160	200	200
负荷磨损指数/kgf	—	189	173	28	16.8	52.8	23.2	2.29	24.1

两种超碱值磺酸钙与ZDDP/MoDTC复合后对烧结负荷的改进相对较小，而超碱值磺酸盐和硫化烯烃(SO)复合后有巨大的协和作用，其烧结负荷>800kg，负荷磨损指数大于173kgf以上，可能归因于混合应用硫的活性。显然硫化烯烃(SO)的硫比ZDDP和MoDTC的硫有更高的活性，二烷基二硫代磷酸盐和二烷基二硫代氨基甲酸盐配合体阻碍ZDDP和MoDTC中的硫附于金属中心。从烧结负荷和负荷磨损指数的数据可以清楚观察到，超碱值磺酸盐和ZDDP、MoDTC之间的相互作用相对较小，而结晶型超碱值磺酸钙与ZDDP、MoDTC复合后的烧结负荷及负荷磨损指数都比无定型超碱值磺酸钙高。

4.3.7 新型极压抗磨剂

含氮杂环化合物及其衍生物是以含有一个或多个杂原子的五元、六元环系或稠环系为主的一类化合物。这类极压抗磨剂还具有抗氧、金属钝化等多方面性能，克服了传统极压抗磨剂导致油品抗氧化性能降低、金属腐蚀严重的局限性。杂环化合物可以将S、N等活性元素结合起来，分子结构紧凑稳定，热稳定强。随着现代机械的发展，以及满足环保的要求，含氮杂环化合物被认为是一类很有应用前景的新型多功能无灰润滑油添加剂[35~39]。含氮杂环化合物的反应活性可以将不同的官能团结合起来，得到具有多种性能的含氮杂环衍生物。一般认为含氮杂环化合物的作用机理是：分子中的N、S等杂原子中含有孤对电子，这些电子可以与金属原子中的空d轨道配合，吸附在金属表面，发挥减摩抗磨作用；若分子中含有活性S原子，它可以与金属表面发生化学作用生成硫化物反应膜，发挥极压作用。含氮杂环化合物的减摩抗磨和极压性能与分子中杂原子的位置、种类和含量有关。

纳米颗粒具有比表面积大、表面活性高、吸附能力强、硬度高和熔点低等性能。在20世纪90年代初，一些国外学者开始将纳米颗粒应用于润滑系统的研究工作。认为这种新型润滑材料是通过在摩擦表面的微滚动，或形成一层易剪切的薄膜来降低摩擦系数的，并且可以对摩擦表面进行一定程度的填补和修复，对其作用机理也做了一些推测。大概有三种观点：支承负荷的“滚珠轴承”作用[40,41]，膜润滑作用[42]，以及表面修复作用[43,44]。关于纳米抗磨添加剂的研究目前还处于起步阶段，关于纳米粒子作为润滑添加剂使用的效果、作用机理方面的认识还不充分，还有分散稳定性差、表面修饰、制备技术等问题需要解决，真正商业化也较少。

除上述新型极压抗磨剂外，还有研究离子液体[45,46]、稀土化合物[47,48]等极压抗磨剂。这些新型极压抗磨剂的机理都有一定研究，但均没有形成统一的观点，认识还不够清楚，应用也尚有限，还需要进一步研究发展。

4.4 国内极压抗磨剂发展情况

国内极压抗磨剂品种多，质量较好，多种极压抗磨剂均有工业产品，可基本满足润滑油行业的需要，各类极压抗磨剂产品的主要品种如下。

氯系极压抗磨剂：氯化石蜡(T301、T302)，氯含量分别为40%(质量分数)和50%(质量分数)。

硫系极压抗磨剂：硫化异丁烯(T321)、二苄基二硫化物(T322)、多烷基苯苄基硫化物(T324、T324A、T324B)、多硫化物(T325、T325A)等。

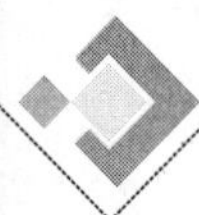

磷系极压抗磨剂：亚磷酸二正丁酯（T304）、磷酸三甲酚酯（T306）、异辛基酸性磷酸酯十八胺盐（T308，磷-氮剂）、丁基异辛基磷酸酯十二胺盐（T308B，磷-氮剂）、硫代磷酸三苯酯（T309，硫-磷剂）、硫磷型含氮衍生物（T305，硫-磷-氮剂）、硫代磷酸胺盐（T307，硫-磷-氮剂）、硼化硫代磷酸酯胺盐（T310，硫-磷-氮-硼剂）等。

有机金属极压抗磨剂：二烷基二硫代磷酸盐（MDDP）、ZDDP（T202、T203、T204、T205、T206、T207）、二烷基二硫代氨基甲酸盐（MDTC）、二丁基二硫代氨基甲酸氧硫化钼（T351）、二丁基二硫代氨基甲酸锑（T352）、二丁基二硫代氨基甲酸铅（T353）、环烷酸铅（T341）等。

硼酸盐极压抗磨剂：硼酸钠盐胶体溶液（T361）、十六烷基硼酸酯（TB-362）、十六烷基硫代硼酸钙（TB-363）、三硼酸钾中性油分散液（TB-369）等。

超高碱值磺酸盐极压抗磨剂：超高碱值磺酸钙（KT3106J）等。

4.5 国内外极压抗磨剂的商品牌号

国内极压抗磨剂的商品牌号见表2-53，国外极压抗磨剂的商品牌号见表2-54~表2-57。

表2-53 国内极压抗磨剂产品商品牌号

产品代号	化合物名称	100℃运动黏度/(mm²/s)	闪点/℃	硫/%	磷/%	氮或锌/%	主要性能及应用	生产公司
T321	硫化异丁烯	5.5~8.0	≥100	40~46		≤0.4（氯）	具有含硫量高、极压性能好、油溶性好和颜色浅等优点，用于齿轮油、金属加工液、润滑脂中	滨州市坤厚化工有限责任公司
T371	硫磷型化合物	—	≥100	≥15.0	≥7.0	—	具有优良的极压抗磨性、减摩性、防腐性和热氧化安定性，适用于高档工业润滑油	
T304	亚磷酸二正丁酯	—	≥120		14.5~16	≤15（酸值）	具有优异的极压、抗磨性能，用于车辆及工业齿轮油、切削油等油品中	惠华石油添加剂有限公司
T306	磷酸三甲酚酯	—	0	—	—	≤0.1（酸值）	具有良好的极压、抗磨、阻燃和耐霉菌性能，挥发性低，用于齿轮油和抗磨液压油中	
T307	硫代磷酸复酯胺盐（硫磷氮剂）	实测	—	≥10.0	≥8.5	≥1.4	具有优异的极压、抗磨性能，热稳定性好，用于车辆及工业齿轮油	
T308B	丁基异辛基酸十二胺盐（磷氮剂）	—	—	—	≥5	≥3	具有抗擦伤、抑制腐蚀和防锈性能，用于齿轮油、液压油和其他工业润滑油	
T321	硫化异丁烯	5.0~11.0	—	40~46	≤0.5（氯）	—	具有含硫量高、极压性能好、油溶性好和颜色浅等优点，与含磷化合物有很好的配伍性，用于配制齿轮油、润滑油脂和金属加工液等产品	

续表

产品代号	化合物名称	100℃运动黏度/(mm^2/s)	闪点/℃	硫/%	磷/%	氮或锌/%	主要性能及应用	生产公司
T323	硫代氨基甲酸酯	13~17	≥130	29~32	—	—	具有突出的抗磨极压性能，而且表现出良好的抗氧效果，主要应用于汽轮机油、液压油、齿轮油、内燃机油等多种油品中	长沙望城石油化工有限公司
RHY315	低污渍极压抗磨剂	—	≥130	—	6.15	1.12	具有较好的极压抗磨性能，是一类综合性能良好的极压抗磨剂，可用于轻金属轧制油、无渍液压油等油品配方中	中国石油兰州润滑油研究开发中心
RHY322	聚醚专用极压抗磨剂	—	—	—	10.24	4.62	以 RHY322A 添加剂为极压抗磨剂调制的 KGW220 聚醚型工业齿轮油各项性能满足指标要求，是一款综合性能优异的添加剂	
RHY317	噻二唑型极压抗磨剂	—	181(熔点)	54.02	—	17.22	具有突出的承载能力，是一种综合性能优异的极压抗磨剂。该添加剂在润滑脂中具有广泛的应用前景	
RHY318	硫代磷酸三苯酯	—	52.8(熔点)	9.45	—	—	作为润滑油脂极压抗磨添加剂产品使用，与其他功能添加剂复配使用可调制冷冻机油、抗磨液压油、油膜轴承油、液力传动油、润滑脂等	中国石油润滑油分公司
POUPC 2089	硫磷酸盐	粉末	>160(熔点)	19~22	8.0~10.0	—	具有极佳极压性能，且无气味，用于润滑脂极大提高烧结负荷，与二硫化钼有极佳协同性能	太平洋（北京）石油化工有限公司产品
POUPC 6002A	噻二唑二聚体	浅黄色粉末	>153	60~64	—	—	浅色低气味、极压抗磨性好，用于润滑脂能极大提升烧结负荷和梯姆肯 OK 值	
T305	硫磷酸含氮衍生物（硫磷氮剂）	—	110	≥10.0	≥5.5	≥1.0	具有优良的极压性、抗磨性能，并有一定的抗氧、防锈作用，用于配制车辆齿轮油和工业齿轮油	沈阳华仑润滑油添加剂有限公司
T307	硫代磷酸复酯胺盐（硫磷氮剂）	实测	—	≥10.0	≥8.5	≥1.4	具有优异的极压、抗磨性能，热稳定性好，用于车辆及工业齿轮油、抗磨液压油、压缩机油和汽车减震器油等	
T308	酸性磷酸酯胺盐	—	—	—	≥5.5	≥2.0	具有抗磨、防锈及抑制腐蚀等功能，油溶性和配伍性良好，可用于齿轮油、液压油及其他工业润滑油中	

续表

产品代号	化合物名称	100℃运动黏度/(mm^2/s)	闪点/℃	硫/%	磷/%	氮或锌/%	主要性能及应用	生产公司
P120 磷之星	磷酸酯胺盐	—	—	—	6.5	3.2	具有优异抗磨性和极压性，可用于调制齿轮油、抗磨液压油、油膜轴承油、润滑脂和各种金属加工用油等	沈阳华仑润滑油添加剂有限公司
T321A	硫化异丁烯	3.32	≥90	44	—	≤0.4(氯)	具有含硫量高、极压性能好、油溶性好和颜色浅等优点，与含磷化合物有很好的配伍性，用于配制车辆齿轮油、工业齿轮油和润滑油脂等	洪泽中鹏石油添加剂有限公司
T352	烷基硫代氨基甲酸锑	—	72~74(熔点)	20~25	—	10~15(锑)	具有抗氧化抗磨、抗极压的作用，已应用于工业润滑油和润滑脂中，作为金属催化钝化剂使用，具有显著的效果	武汉径河化工有限公司
T353	烷基硫代氨基甲酸铅	—	71~73(熔点)	—	—	—	具有抗氧、抗磨、抗极压的作用，用于发动机油、工业润滑油、齿轮油、透平油中和润滑脂	
T323	含硫化合物	13.5~15.5	≥130	29~32	—	—	突出的抗磨极压性能和良好的抗氧效果。用于汽轮机油、液压油、齿轮油、内燃机油中	
T304	亚磷酸二正丁酯	—	120	—	14.5~16	—	具有良好的极压抗磨性，对皮肤有轻度刺激，用于齿轮油和切削油及其他油品	
T306	磷酸三甲酚酯	—	≥230	—	8.4	—	具有良好的极压抗磨性，用于抗磨液压油、润滑脂，也抗燃液压油的组分之一	
T307	硫代磷酸复酯胺盐	13.5~15.5	≥115	≥10	≥8.5	≥1.4	具有优异的极压抗磨性能，用于液压油、齿轮油和极压抗磨性要求高的润滑油	山东瑞兴阻燃科技有限公司
T323	氨基硫代酯	—	≥130	29~32	—	—	具有良好的极压抗磨和抗氧性，用于汽轮机油、液压油、齿轮油和发动机油中	
T399	磷酸二甲酚酯	80~110	≥230	—	7.8	—	具有良好的极压抗磨性和耐高温性能，用于重负荷齿轮油、液压油、内燃机油、锻压加工油、轴承润滑油	

表 2-54　范德比尔特公司极压抗磨剂产品商品牌号

产品代号	化学组成	添加剂类型	密度/(g/cm³)	100 黏度/(mm²/s)	闪点/℃	溶解性	性能及应用
Vanlube SB	硫基添加剂	极压抗磨剂	1.14	10	79	溶于矿物油和合成油，不溶于水	用于工业齿轮油、各种车辆及工业润滑脂作极压抗磨剂，也可用于需要非腐蚀硫的润滑剂中，是一种良好性价比的硫源
Vanlube 73	二烷基二硫代氨基甲酸锑油溶液	抗氧、极压抗磨剂	1.03	11	171	溶于矿物油和合成油，不溶于水	具有抗磨、极压和抗氧性能，用于内燃机油、压缩机油中作抗磨剂和腐蚀抑制剂；在润滑脂中作抗氧和极压抗磨剂
Vanlube 73⁺⁺	二烷基二硫代氨基甲酸盐混合物	抗氧、极压抗磨剂	1.10	33.34	118	溶于矿物油和合成油，不溶于水	该剂是二烷基二硫代氨基甲酸锑盐（SDDC）特有混合物，其承载能力高于SDDC，相当于SDDC与硫化烯烃的混合物，应用于齿轮油和润滑脂
Vanlube 622	二烷基二硫代磷酸锑的油溶液	极压抗磨剂	1.20	5	150	溶于矿物油和合成油，不溶于水	钢板压延油和车辆及工业辆齿轮油的极压抗磨剂，同时还具有减摩性能，用于发动机油、齿轮油、润滑脂和合成油
Vanlube 672E	磷酸酯胺盐	极压抗磨剂	1.02	250	113	溶于矿物油和合成油，不溶于水	具有抗磨和极压性能，能提高传统抗磨剂的极压性能，用于齿轮油、润滑脂、金属加工液和合成油
Vanlube 692E	磷酸酯胺盐	极压抗磨剂	0.99	53	≥65	溶于矿物油和合成油，不溶于水	具有抗磨/抗擦伤、极压性能，用于无灰工业齿轮油中，提供高负载性能。可增强硫化烯烃、氯化石蜡、硫代硫酸盐和硫代氨基甲酸盐剂的极压性能
Vanlube 727	有机硫磷化合物	极压抗磨剂	1.01	2.6	100	溶于矿物油和合成油，不溶于水	用于汽车发动机油、铁路机车柴油机油、压缩机油、气体发动机油、抗磨液压油、汽轮机油作无灰抗磨及抗氧剂
Vanlube 829	5,5-二代双(1,3,4-硫代二唑-2(3H)-硫酮)	抗氧/极压抗磨剂	2.09	—	—	分散于润滑脂	黄色固体粉末，可分散于润滑脂中作极压/抗磨剂和抗氧剂，对铜腐蚀性小

续表

产品代号	化学组成	添加剂类型	密度/（g/cm^3）	100黏度/（mm^2/s）	闪点/℃	溶解性	性能及应用
Vanlube 871	2，5-巯基-1,3,4-噻二唑的烷基聚羧酸酯衍生物	抗氧/极压抗磨剂	1.01	19.6	178	溶于矿物油和合成油，不溶于水	无灰抗氧/抗磨剂，用于发动机油和润滑脂，可改善现有汽、柴油机油复合剂的性能
Vanlube 972M	噻二唑衍生物的聚乙二醇溶液	极压抗磨剂	1.24	6.0	110	不溶于矿物油和水，溶于聚醚	是溶于聚醚PAG中噻二唑衍生物，是无灰极压剂，用于润滑脂、PGA和合成酯中，无灰易混合和可生物降解和无含硫剂的刺激性气味
Vanlube 972NT	噻二唑衍生物的聚乙二醇溶液	极压抗磨剂	1.30	20	188	不溶于矿物油和水，溶于聚醚	是溶于聚醚PAG中噻二唑衍生物，是无灰极压剂，用于润滑脂、PGA和合成酯中，无灰易混合和可生物降解和无刺激性气味
Vanlube 7611M	无灰二硫代磷酸酯	极压抗磨剂	1.08	2.54	142	溶于矿物油和合成油，不溶于水	该添加剂是无灰含硫、磷抗磨剂，可满足无灰或低灰分油品，其性能与ZDDP相当，其抗磨性要优于ZDDP
Vanlube 8610	二烷基二硫代氨基甲酸锑/硫化烯烃混合物	极压抗磨剂	1.16	28.5	100	溶于矿物油和合成油，不溶于水	用于各种润滑油和润滑脂作极压剂和抗氧剂。2%的量就可达到90~100磅的梯姆肯OK值，该剂与其他防锈/抗氧剂和金属减活剂的相容性好
TPS20	二叔十二烷基多硫化物	极压抗磨剂	0.95	53mPa·s（40℃）	>100	溶于矿物油和植物油，不溶于水	非活性的多硫化物，用于黑色加工成型金属加工液中，因为无味，也用于扎制油以及齿轮油、润滑脂及导轨油中
TPS32	二叔十二烷基多硫化物	极压抗磨剂	1.01	64mPa·s（50℃）	153	溶于矿物油和植物油，不溶于水	高活性的多硫化物，用于黑色加工成型金属加工液中，低气味极压剂，也用于半合成金属加工液及工业/汽车润滑脂
TPS44	二叔丁基硫化物	极压抗磨剂	1.01	4mPa·s（20℃）	71	溶于矿物油和植物油，不溶于水	性价比高、热稳定性好的含硫添加剂，应用于需要非活性硫的油品，提供良好的极压和抗磨性能，如齿轮油、润滑脂、导轨油等。

表 2-55 BASF 公司极压抗磨剂的商品牌号

添加剂代号	化合物名称	黏度/(mm^2/s)	熔点/℃	硫含量/%	磷含量/%	氮含量/%	TAN/TBN mgKOH/g	应用
Irgalube TPPT	三苯基硫代磷酸酯	固态	52	9.3	8.9	—	<10	推荐 0.2%~1.0%，用于空压机油、液压油、润滑脂、齿轮油和金属加工液
Irgalube 232	无灰液态丁基三苯基硫代磷酸酯	55	—	8.1	7.9	—	<10	推荐 0.2%~1.0%，用于空压机油、液压油、润滑脂、齿轮油、发动机油、ATF 和金属加工液
rgalube 211	无灰液态壬基化二苯基硫代磷酸醋	3000	—	4.4	4.3	—	<1	推荐 0.5%~2.0%，用于空压机油、液压系统油、润滑脂、齿轮油、发动机油、ATF 和金属加工液
Irgalube 63	无灰液态二硫代磷酸盐	5	—	21.5	9.7	—	<10	推荐 0.2%~0.8%，用于空压机油、液压油、润滑脂、齿轮油和金属加工液
Irgalube 353	无灰液态二硫代磷酸盐	90	—	19.8	9.3	—	160	推荐 0.01%~2.0%，用于空压机油、涡轮机油、液压油、润滑脂、齿轮油、发动机油、ATF 和金属加工液
Irgalube OPH	无灰液态二(辛基)磷酸盐	5	—	—	9.5	—	<10	推荐 0.3%~2.0%，用于空压机油、液压油脂、齿轮油和金属加工液
Irgafos 168	亚磷酸三(二叔丁基苯基)酯	固态	183~186	—	4.8	—	<10	推荐 0.1%~0.3%，用于润滑脂、齿轮油和 ATF
Irgalube 349	磷酸胺混合液	2390	<10	—	4.8	2.7	140/95	推荐 0.1%~1.0%，用于空压机油、涡轮机油、液压油、润滑脂、齿轮油、发动机油、ATF 和金属加工液

表 2-56 莱茵化学公司极压添加剂浅色、低气味含硫系列产品商品牌号

添加剂代号	化学组成	总硫含量	活性硫含量	40℃黏度	色度	铜片腐蚀 3h/100℃	主要应用				
		约%	约%	mm^2/s	典型值	典型值	切削	成型	水基	工业齿轮油/润滑脂	导轨油
硫化脂肪酸酯类											
RC2310	脂肪酸酯	11	1	30	3.5	1b	•	•		-/•	
RC2315	脂肪酸酯	15	4	45	3.5	1b	•	•		-/•	
RC2317	脂肪酸酯	17	8	55	4.5	3a~3b	•		•	-/•	

续表

添加剂代号	化学组成	总硫含量	活性硫含量	40℃黏度	色度	铜片腐蚀3h/100℃	主要应用				
		约%	约%	mm²/s	典型值	典型值	切削	成型	水基	工业齿轮油/润滑脂	导轨油
硫化甘油三酯类											
RC2410	甘油三酯	10	1	350	3.5	1b	●	●	●	–/●	●
RC2411	甘油三酯	9.5	<1	230	3	1b	●	●	●	–/●	●
RC2415	甘油三酯	15	5	300	4	3a~3b	●	●	●		
RC2416	甘油三酯	15	5	230	5.5	1b~3a	●	●	●		
RC2418	甘油三酯	18	9	230	4.5	3b~4c	●	●	●		
硫化烯烃类											
RC2515	脂肪酸酯/烯烃	15	4	640	4	1b	●	●		●/●	●
RC2516	脂肪酸酯/烯烃	15	4	650	4	1b	●	●		●/●	●
RC2519	脂肪酸酯/烯烃	20	10	40	4	1b	●	●			
RC2522	二叔十二烷基三硫化物	21	<1	45	1	1b	●	●	●	●/●	●
RC2526	脂肪酸酯/烃类	26	15	750	4.5	3a~4b	●	●	●		
RC2532	二叔十二烷基五硫化物	32	23	100	1	4c	●	●	●	–/●	
RC2540	二烷基五硫化物	40	36	45	2.5	3b~4b	●	●	●	–/●	
RC2541	二烷基五硫化物	40	35	45	2.5	1b	●	●		–/●	
RC2542	二烷基五硫化物	40	35	45	3	1b	●	●		–/●	
RC2545	硫化异丁烯	45	<5	65	2.5	1b				●/●	

表 2-57 莱茵化学公司极压添加剂深色含硫系列产品商品牌号

添加剂代号	化学组成	总硫含量	活性硫含量	40℃黏度	色度	铜片腐蚀3h/100℃	主要应用				
		约%	约%	mm²/s	典型值	典型值	切削	成型	水基	工业齿轮油/润滑脂	导轨油
RC2811	甘油三酯	11	1	1400	D8	1b	●	●	●	–/●	●
RC2818	脂肪酸酯	18	10	60	D8	3a~3b	●		●	–/●	

参 考 文 献

[1] 张景河．现代润滑油与燃料添加剂[M]. 北京：中国石化出版社，1991：160-236.

[2] R. J. Hartley and A. G. Papay. 耐摩耗剤・極圧剤[J]. トライボロジスト，1995，40(4)：326-331.

[3] A. G Papay & J. G Damrath. Gear Oils and the Function of EP Additives 860757. SAE Paper 860757 (1986)[R].

[4] H. Xia，R. Wang P. JSLE Intl Tribol，Coference，Tokyo，1985：667.

[5] 中国石油化工总公司发展部．车辆齿轮油．中高档润滑油系列小丛书，1992：16-23.

[6] Dr. Neil Canter. Special Report：Trends in extreme pressure additive[J]. Tribology & Lubrication Technology，May 2007，10-18.

[7] Neil Canter. REACH：The Time to Act is Now[J]. Tribology & Lubrication Technology，2007，September：30-39.

[8] Stuart F Brown. Industry Report：Chlorinated paraffins under EPA scrutiny[J]. Tribology & lubrication technology，2016(2)：24-26.

[9] Dr. Neil Canter. EP additives：Regulatory updates of chlorinated paraffins and options on alternatives[J]. Tribology & Lubrication Technology，SEPIEMBER 2014：10-19.

[10] Leslie R Rndnick. Lubricant additives chemistry and application(Second Edition)[M]. Marcel Dekker，Inc.，Designed Materials Group Wilmington，Delaware，USA，2008：63-279.

[11] 黄文轩，韩长宁. 润滑油与燃料添加剂手册[M]. 北京：中国石化出版社，1994：38-41.

[12] 欧风，李晓. 应用摩擦化学的节能润滑技术[M]. 北京：中国标准出版社，1991：57-58.

[13] U. S. Patent. 4053427.

[14] R. J. Hartley and A. G. Papay. 耐摩耗剂・極压剂[J]. トライボロジスト，1995，40(4)：326-331.

[15] ES Forbes. The effect of chemical structure on the load-carrying and adsorption properties of dialkyl phosphites[J]. ASLE Trans，1974，17(4)：263-270.

[16] 黄文轩. 硫-磷型齿轮油(GL-5)台架评定总结[G]. 中国石油化工总公司发展部."六五"炼油技术攻关论文集(内部资料)，1987：350-359.

[17] Leslie. R. Rndnick. Lubricant additives chemistry and application[M]. Marcel Dekker，Inc.，New York，NY 10016，USA，2003.

[18] [日]樱井俊南. 石油产品添加剂[M]. 吴绍祖、刘志泉，周岳峰，译. 北京：石油工业出版社，1980：204-211.

[19] Qunji Xue，Weimin Liu. Tribochemistry and the Development of AW and EP Oil Additive3 - Areview[J]. Lubrication Science 7-1，1994，10：81-92.

[20] P Studt. Boundary lubrication：adsorption of oil additives on steel and ceramic surfaces and its influence on friction and wear[J]. Tribology International，1989，22：111-119.

[21] J. H Adams. Borate-A New Generation EP Gear Lubrican[J]. Lubr Eng，33：241.

[22] 志贺三千男. ペトロテック[J]，1984，7(8)：730-732.

[23] 黄文轩. 八十年代节能润滑剂——硼酸盐[J]. 石油炼制，1985，9：39-41.

[24] 乔玉林，徐世宁，等. 含氮化合物修饰的超细无机硼酸盐润滑油添加剂的结构和性能[J]. 无机材料学报，1998，13(1)：122-126.

[25] Shoemaker BH，Loane CM. Lubricant. U. S Patent 2160917，1939.

[26] Rogers DT，McNab JG. Hydrocarbon lubricant containing sulfurised aliphatic borates as stabilizers. U. S patent 2526506，1950.

[27] Thomas JR，harle OL. Lubricant compositions. U. S Patent 2795548，1957：137.

[28] Cook JF. Antiwear lubricants containing boron esters. U. S Patent 2975134，1961.

[29] Kreuz KL，Fein RS，Dundy M. Extreme-pressure films from borate lubricants. ASLE Transactions，1967，10：67-76.

[30] Braid M. Borate esters and lubricant compositions containing such esters. U. S Patent 4547302，1985.

[31] Small VR，Liston TV. Diethylamine complexes of borated alkyl catechol and lubricating oil compositions containing the same. U. S Patent. 4975211，1990.

[32] F. Chinas - Castillo，h. A. Spikes. Film Formation by Colloidal Overbased Detergents in Lubricated[J]. Tribology Transactions，Volume 43，Issue 3 July 2000：357-366.

[33] 卢成锹科技论文集. 国外金属加工液发展概况[G]. 北京：中国石化出版社，2001：152.

[34] Michael T, Costello, Roberto A. Urrego. Study of Surface Films of ZDDP and MoDTC with Crystalline and Amorphous Overbased Calcium Sulfonates by XPS [J]. Tribology & Lubrication Technology, August 2007, 20-24.

[35] Zhang J Y, Liu W M, Xue Q J. The effect of molecular structure ofheterocyclic compounds containing N, O and S on their tribological performance[J]. Wear, 1999, 231: 65-70.

[36]huang W J, Wu Xh, Zeng Y. A study of the tribology behavior ofheterocyclic derivatives as additives in rape seed oil and mineral oil[J]. J. Synthetic Lubrication, 2004, 21(3): 231-243.

[37] 姚俊兵，王瑞华．噻二唑衍生物在润滑油脂中用作抗磨极压剂[J]．润滑油，2005，20(2)：53-58.

[38] 熊丽萍，何忠义，穆琳，等．2-巯基苯并噻唑咪唑啉的摩擦学性能研究[C]．第十一届全国摩擦学大会，2013：1-3.

[39] Xiong L P, he Z Y, han S, et al. Tribological properties study of N-containingheterocyclic imidazoline derivatives as lubricant additives in water-glycol[J]. Tribology International, 2016, 104: 98-108.

[40] Gupta B K, Bhushan B. Fuiierrene particies as an additive to liquid lubricants and greases for low frictionand wear[J]. Lubrication Engineering, 1994, 50(7): 524-528.

[41] Xu Tao, Zhao Jiazheng, Xu Kang, Xue Qunji. Study on the tribological properties of ultradispersed diamond containing soot as an oil additive[J]. Tribology Transactions, 1997, 40(1): 178-182.

[42] Xue Qunji, Liu Weimin, Zhang Zhijun. Friction and wear properties of a surface-modified TiO_2 nanoparticle as an additive in liquid paraff. Wear, 1997, 213(1-2): 29-32.

[43] 姜秉新，陈波水，董浚修．铜型添加剂摩擦修复作用的可行性研究[J]．润滑与密封，1999，2：50-52.

[44] 胡泽善，陈志莉，王立光．润滑油纳米 SnO 抗磨减摩添加剂的制备与摩擦学性能研究[J]．合成润滑材料，2000，3：15-21.

[45] Yao M, Liang Y, Xia Y, etal. Bisimidazolium ionic liquids as thehigh-performance antiwear additives in poly (ethylene glycol) for steel-steel contacts[J]. ACS applied materials & interfaces, 2009, 1(2): 467-471.

[46] 王中立，胡先海，程从亮，谢金刚，江照雯．氯化石蜡基支载型离子液体在极压抗磨剂中的应用[J]．机械科学与技术，2020，39(2)：253-257.

[47] 揭志强，吴茂英，罗勇新．稀土润滑油脂极压抗磨剂研究进展[J]．稀土，2009，4：76-83.

[48] 罗勇新，吴茂英，李慧芝．稀土化合物用作润滑油极压抗磨剂研究进展[J]．辽宁化工，2007，36(4)：253-256.

第 5 节　油性剂和摩擦改进剂

5.1　概况

在工业上，机械磨损是材料失败的三大原因之一，能源的三分之一消耗在克服摩擦方面，大约 80%的零件也是因为磨损而报废的，我国每年由磨损导致材料损失和能源浪费高达数十亿元，每年因磨损造成的综合损失高达上千亿元[1]。一辆汽车的燃料燃烧的 100kJ 热量只有 38%的热量可以用来做功，其余 62%被排气和冷却散热损失掉。由于压缩冲程和发动机机械摩擦消耗 13%的热量，结果发动机有效功率只剩小 25%[2]。也有报道称，燃烧的燃料在发动机内部摩擦损失的能量为 20%~25%。而发动机中各部件的摩擦损失，活塞组占最大的部分，接近50%[3]。

大多数人一旦听到摩擦和磨损就想到其弊端，其实摩擦对人类来说是一把双刃剑，有时人们离不开摩擦，但有时人们又讨厌摩擦而要尽量克服它。人们在冰路上行走容易栽跟头，在冰路上开车容易打滑刹不住车，原因就是摩擦太小。人们之所以能在道路正常行走和开车，就是人们的鞋子及汽车轮胎和道路之间有摩擦的存在。在工业上也是如此，例如挤压和深拔润滑剂操作必须严格控制加工件和冲模及工具之间的摩擦，摩擦太小会导致加工件不能正确地变成冲模和工具的形状，摩擦太大可能导致加工件延伸得太薄，最终使加工件撕裂开[4]。

人类早在大约50万年前就知道用两个坚硬的物体快速摩擦取火；大约在公元前3500年，人类就认识到滚动比滑动省力，并且发明了轮子。原始人类在狩猎前，用水溅到石头上磨快燧石刀，是人类首次应用润滑技术[5]。

油性剂(Oilliness Additive)通常是动植物油或烃链末端有极性基团的化合物，这些化合物对金属有很强的亲和力，其作用是通过极性基团吸附在摩擦面上，形成分子定向吸附膜，阻止金属相互间的接触，从而减少摩擦和磨损。早期用来改善油品的润滑性多用动植物油脂，故称油性剂。近来发现不仅动植物油脂有这种性质，某些化合物也有同样性质，如有机硼化合物(Organic Boron Compounds)、有机钼化合物(Organic Molybdenum Compounds)等。目前把能降低摩擦面摩擦系数(Friction Coefficient)的物质统称为摩擦改进剂(Friction Modifier，FM)，因此摩擦改进剂的范围比油性剂更为广泛。也有人根据在摩擦面上形成油膜的摩擦系数值来区分摩擦改进剂与抗磨剂和极压剂的差别，形成油膜的摩擦系数为0.01的添加剂称FM，摩擦系数为0.1的添加剂被定义为抗磨剂和极压剂[6]。

最早使用的油性剂是动植物油脂以及油酸(Oleic Acid)、硬脂酸(Stearic Acid)、脂肪醇(Fatty Alcohol)、长链脂肪胺(Long Chain Fatty Amine)、酰胺(Amide)和一些含磷化合物。1939年，硫化鲸鱼油(Sulfurized Sperm Oil)开始用于齿轮油等油品中作极压抗磨剂后，其产量迅速增加，鲸鱼油的需求量猛增，使鲸鱼面临绝种危险，有的国家已禁止捕杀，因此进行了硫化鲸鱼油代用品(Replacement of Sulfurized Sperm Oil)的大量研究工作，出现了很多硫化鲸鱼油代用品。

从1973年第一次石油危机以后，润滑油领域开始重视节能问题，一方面进行了通过发动机油的低黏度化来改善燃料经济性的研究，另一方面通过添加摩擦改进剂来降低边界润滑领域的摩擦[7]。现在工业界节能方向已定，已经对所有的制品实行了节能的对策。以汽车发动机油为中心，积极推行润滑油的节能政策，采用低黏度化、多级化及添加摩擦改进剂的办法来提高能效[6]。有的油品已经规定了节能的要求，如ILSAC GF-1至GF-6汽油机油，因此FM得到了广泛的应用。

5.2 摩擦改进剂使用性能

两个摩擦面之间的润滑状态有流体润滑和边界润滑。不同润滑状态下的摩擦系数是不一样的。首先了解摩擦系数与摩擦区之间的关系，是很有趣的：

干摩擦(无润滑)的摩擦系数$f>0.5$，最高到7，它类似于在不规则的岩石上拖一块不规则石头一样的阻力；

抗磨/极压膜(区)的f是0.1~0.2，它类似于在一块平滑的岩石上拖一块光滑石头一样的阻力；

摩擦改进膜(区)的f是0.01~0.02，它类似于在冰上滑冰一样的阻力；

流体润滑的f是0.001~0.006，它类似于在水上滑翔一样的阻力。

从数字上看，最理想的是流体润滑，其次是摩擦改进膜。当摩擦面的接触压力较低，而滑速又高的时候，摩擦面完全被润滑油隔开时，这种润滑状态被称为流体润滑。流体润滑时，摩擦面之间存在一定厚度的完全油膜，使摩擦面间的固体摩擦变为液体摩擦。摩擦系数大小只取决于液体的黏度大小，所以它的摩擦系数最小，实际上完全的流体润滑是很少的。如果所用润滑油的黏度太低，或者运动速度变小，或者说接触压力增高时，润滑油膜即使在运动状态下也不能将摩擦面完全隔离开来，在这种情况下就处于边界或混合润滑。在边界或混合润滑时，添加摩擦改进剂是决定性的因素，比如在冲程终点时活塞环和汽缸衬里界面是边界润滑状态。在这种情况下，重点是选择合适的添加剂，控制添加剂与添加剂及添加剂与基础油的相互作用。以上的摩擦面润滑情况如图2-38所示[8]，摩擦面突出部分的金属相互接触。这些金属间接触部分的剪切所需力之大是润滑油流动阻力所不可比拟的，所以摩擦力也相应变得很大，也产生了磨损。此时，润滑就变成混合润滑或边界润滑，润滑膜受热及机械的影响而发生破坏，产生较大的摩擦和磨损，最后产生烧结。因此，润滑油中要添加摩擦改进剂和极压抗磨剂，防止在边界润滑状态下的摩擦磨损和烧结问题。

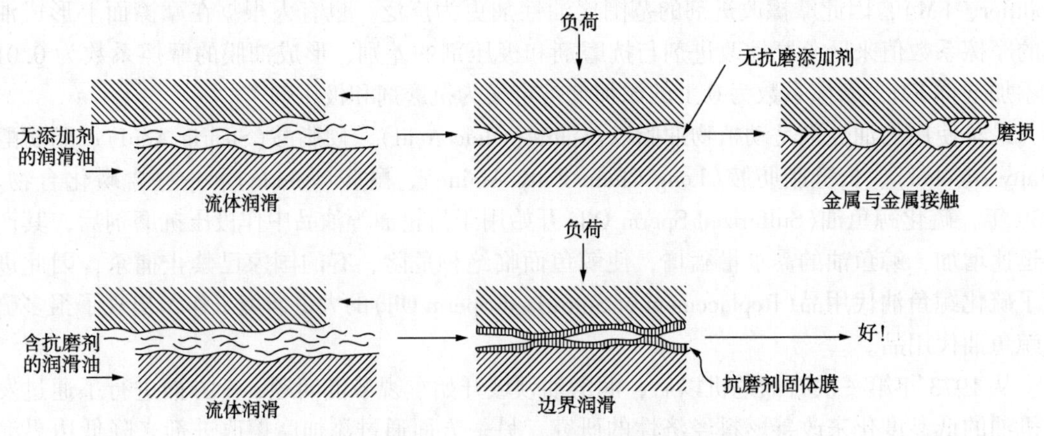

图2-38　流体润滑、边界润滑和添加剂作用原理示意图

图2-39的斯氏曲线就是表示摩擦系数(f)与润滑参数的关系：系统的速度乘润滑油黏度除以负荷，从斯氏曲线可看出边界润滑区的摩擦系数最大，混合润滑区的摩擦系数次之。

发动机的摩擦取决于发动机各部件的操作负荷、速度和温度。这些条件导致复合的润滑状态，如厚润滑油膜是没有金属与金属接触为特征的流体润滑；薄润滑油膜主要是金属与金属接触为主的边界润滑；润滑油膜厚度居中的是接触金属与金属偶然为特征的混合润滑。

图2-40显示的是没有加摩擦改进剂的RL179/2与加有0.5%单油酸甘油酯(GMO)、添加0.5%有机摩擦改进剂A的RL179/2油、添加0.5%有机摩擦改进剂B的RL179/2油磨损的比较(A和B是含有自由羟基和酯化羟基的产品)。所有的摩擦改进剂都显示了在边界润

滑区摩擦系数有较大降低，有机摩擦改进剂 A 或 B 在混合润滑区也较好。

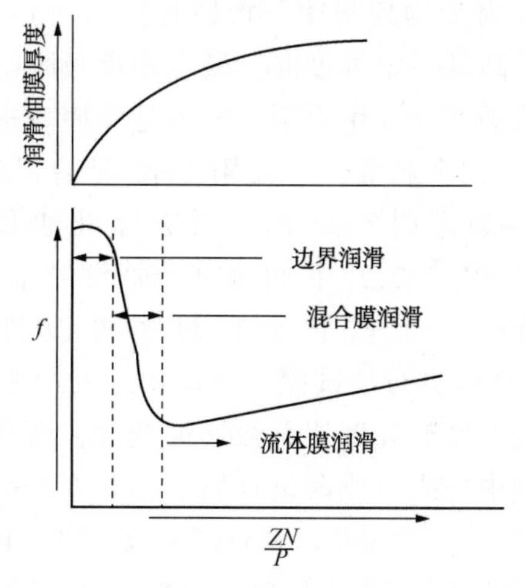

图 2-39　黏度(Z)、速度(N)和负荷(P)与摩擦及膜厚度的关系
Z—黏度；N—速度；P—单位负荷

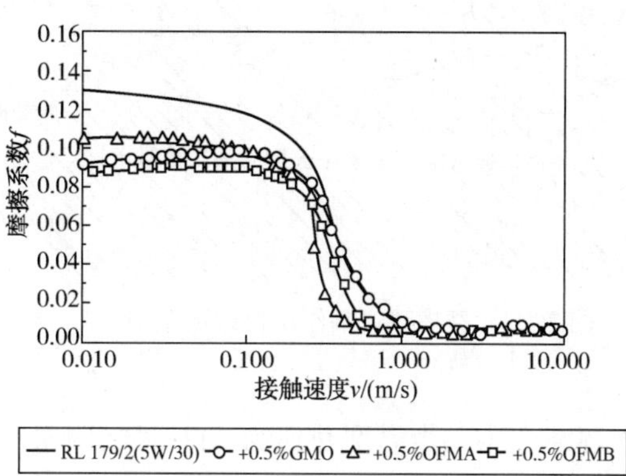

图 2-40　CEC RL179/2 油加和不加有机摩擦改进剂的斯氏曲线

含摩擦改进剂 A 或 B 油的磨损是 RL179/2 参照油和添加 0.5%GMO 的参照油的两倍(见图 2-41)。因此，含 A 和 B 润滑油的接触压力(P)比其他润滑油低两倍。

摩擦改进剂通常应用于边界、混合润滑状态下，以降低摩擦系数，提高润滑性能和能源效率。摩擦改进剂均含有极性基团。含有极性基团的物质对金属表面有很强的亲和力，通过极性基团强有力地吸附在金属表面，形成一种类似于缓冲垫的保护膜把金属分开，防止金属间直接接触，从而减少摩擦及磨损。吸附层的形成是由于分子的极性，溶于油中的摩擦改进剂通过强吸附力与金属表面发生作用，极性基(头部)吸附于金属表面，烃基链(尾部)溶于油中，在油中定向排列，见图 2-42。摩擦改进剂作用机理见图 2-43。

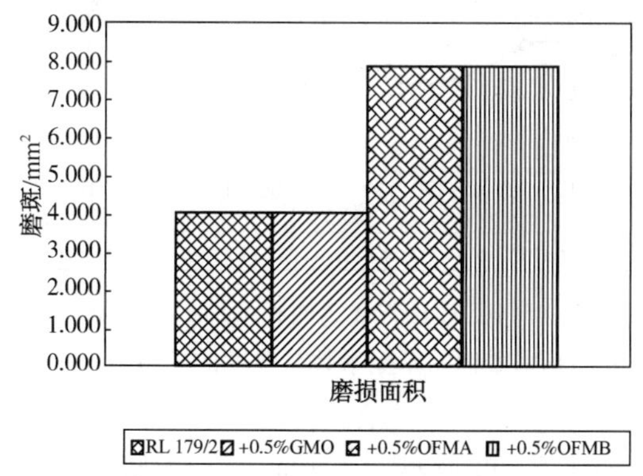

图 2-41　CECRL179/2+有机摩擦改进剂的磨斑

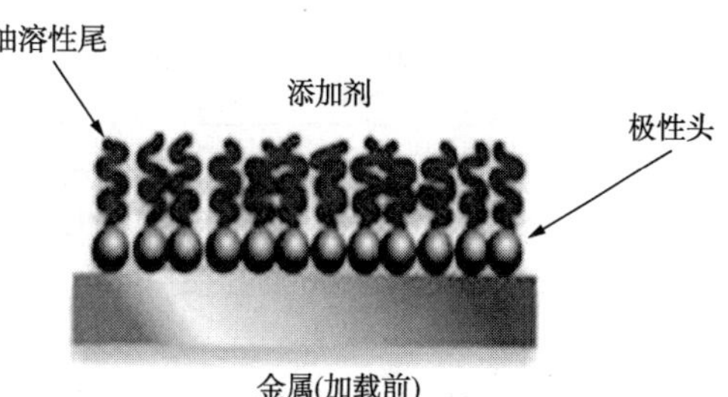

图 2-42　摩擦改进剂物理吸附示意图

摩擦改进剂在金属表面的吸附可分为物理吸附(Physical Adsorption)和化学吸附

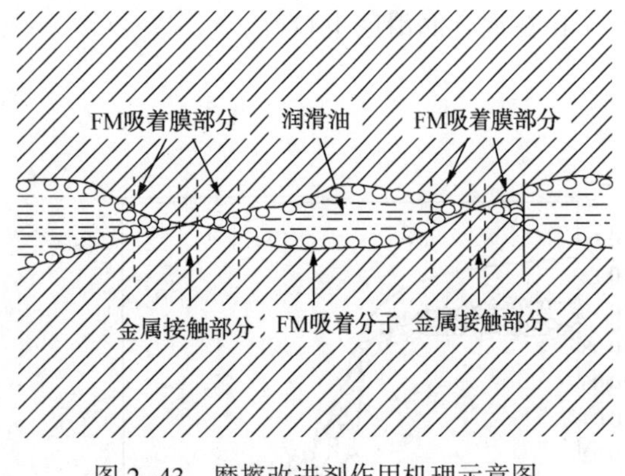

图 2-43　摩擦改进剂作用机理示意图

(Chemical Adsorption)。依靠分子间作用力的吸附为物理吸附。物理吸附是可逆的。当升高到一定温度时，发生物理吸附的摩擦改进剂会发生脱附，这也是摩擦改进剂的另一个特征——吸附是温度的函数。图 2-44 是用 CEC RL.172/2 标准油和在 CEC RL.172/2 中再加单油酸甘油酯(GMO)、油酰胺和有机摩擦改进剂(OFMA)进行的试验。CEC RL.172/2 标准油随温度升高摩擦系数逐渐变大，而在标准油中加入摩擦改进剂后，随温度升高摩擦系数逐渐变小，当温度升到约 70℃时吸附最佳，摩擦系数最小。在较高的温度时，脱附开始发生，并与其他类型表面活性剂产生竞争，导致摩擦系数逐渐增大，然而，随着温度升高，油酰胺一直保持良好的减摩性。

不同的 FM 显示非常不同的性能特征，GMO 和二硫代氨基甲酸钼的性能特征差异很明显。图 2-45 对比了有机摩擦改进剂 GMO 和二硫代氨基甲酸钼的性能差异：GMO 在很宽的温度范围内都有减摩作用，而二硫代氨基甲酸钼(其浓度相当于 0.07%的钼)只有温度高于 120℃以上时开始降低摩擦。这可解释为二硫代氨基甲酸钼及二烷基二硫代磷酸锌交换配合基需要的诱导期。当二硫代氨基甲酸钼与二烷基二硫代磷酸锌交换时，摩擦快速下降。在 140℃试验循环结束时，系统仍没有稳定，因此进一步降低摩擦系数是可能的[3]。

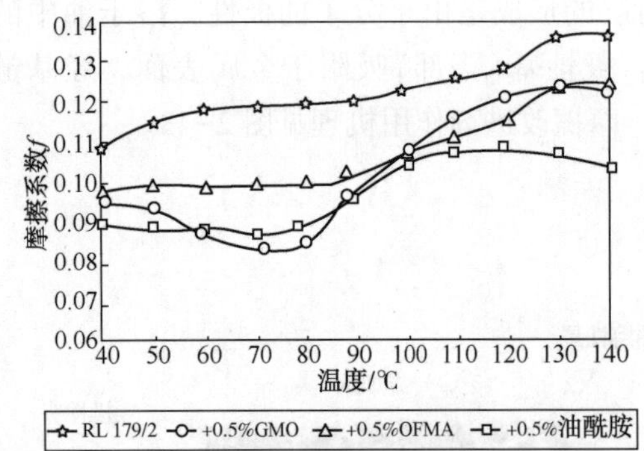

图 2-44　CEC RL.172/2 油加和不加有机摩擦改进剂的摩擦系数与温度的关系

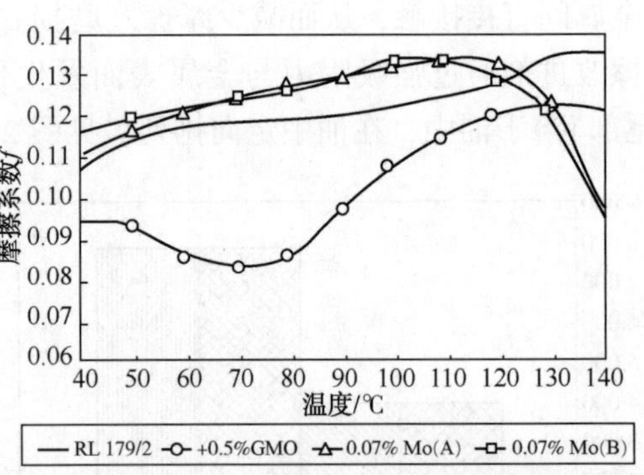

图 2-45　CEC RL172/2 加和不加二硫代氨基甲酸钼的摩擦系数与温度的关系

由此看出，FM 的脱附温度与分子结构有关，如表 2-58 所示[9]，脂肪胺和脂肪酰胺解吸温度较高，因而常常用作车辆齿轮油的摩擦改进剂。

表 2-58　不同摩擦改进剂的脱附温度

摩擦改进剂	解吸温度/℃	摩擦改进剂	解吸温度/℃
ROH	40～100	RNH_2	100～150
RCOOH	70～100	$RCONH_2$	140～170

化学吸附：吸附表面和被吸附分子间发生化学反应的吸附，被称为化学吸附。化学吸附，其吸附能不仅仅是分子间的力，还有化学结合能，比物理吸附能大得多。实际上，化学吸附是一种表面化学反应，与物理吸附不同，一般在温度升高时，化学吸附就相应地剧烈进行。

摩擦改进剂的效果受吸附力的强度与吸附力分子间的附着能的大小支配。拥有-COOH、$-NH_2$等吸附力大的极性基、碳链为直链的摩擦改进剂，其应用效果较好。表 2-59 列出了摩擦改进剂的吸附热与磨损性能的关系。从数据中可看出，吸附热高的，磨损量少[10]。

表 2-59　摩擦改进剂的吸附热与磨损性能的关系

摩擦改进剂	吸附热/(cal/g)①	磨损量/($10^{-6}cm^3$)
矿物油	3.5	8.5
蓖麻油	3.9	4.3
芳香族成分	4.5	3.5
十六(烷)醇	8.0	2.4
油酸	9.6	1.7
蓖麻醇酸	12.3	1.9
硬脂酸	36.0	0.8
十六(烷)胺	38.5	0.4

① 1cal=4.18J。

FM 的减摩效果与极性基在烷基上的位置有关。极性基最适合的位置是在长链的最末端，这样长链状的 FM 分子的极性基端就会垂直地吸附在金属表面，碳氢部分直立于油中，类似于风景画中的树。如果极性基向内侧移动，分子就不是垂直地吸附，极端的场合会平行吸附于表面，阻碍了密集吸附。表 2-60 就是各种十八烷醇异构体对摩擦系数的影响。从表中数据可看出，1-十八烷醇占有面积最小，而摩擦系数值也最小，9-十八烷醇占的面积最大，其摩擦系数值也最大，几乎增加了一倍。相同碳数的硬脂酸的占有面积为 $0.23nm^2$，近似于 1-十八烷醇的值，而硬脂酸的 FM 膜坚韧性比 1-十八烷醇高得多[11]，这是由于极性基的强度所致的。除了极性基在烷基上的位置外，烷基链的长度也关系到 FM 膜的厚度。庚酸在某测定条件下膜的厚度为 80nm，而硬脂酸为 110nm。烷基链长之所以有利于 FM 膜的厚度，其原因是长烷基链分子间的引力增大。FM 最初先形成单分子膜，然后再进行多分子层吸附。FM 分子通过氢键与德拜(Debye)感应力形成将极性基连接起来的二聚物。单分子膜的吸附层在其本身的甲基端上引导二聚物堆积的位置。这样在金属表面进行垂直林立地吸附二聚物，如此反复进行就形成了 FM 膜的层状结构[12]。图 2-46 是摩擦改进剂分子多层吸附的示意图。

金属表面
///////////////////
H H H H H = 极性头
T T T T T T = 烃尾
T T T T T T
H H H H H
H H H H H
T T T T T T
油 油 油
油 油 油
油 油 油
T T T T T T
H H H H H
H H H H H
T T T T T T
T T T T T T
H H H H H
///////////////////
金属表面

图 2-46　摩擦改进剂分子多层吸附的示意图

表 2-60 十八烷醇异构体对摩擦系数的影响

化合物名称	所占面积/nm^2	摩擦系数
1-十八烷醇	0.24	0.12
2-十八烷醇	0.72	0.16
9-十八烷醇	1.12	0.23

为了改进油品的摩擦特性而使用FM，在滑动面的导轨中可防止黏附、滑动；在自动变速机油中可改善离合器板的耐久性、换档性；在限滑差速器用齿轮油中可减少汽车转弯时限滑差速器摩擦片的震动和噪声；在多用途的牵引机油中可提高湿式制动器的效率，防止黏附、滑动；在发动机油和齿轮油中所使用的FM具有降低边界润滑和混合润滑后的摩擦系数，提高磨合速度的作用。

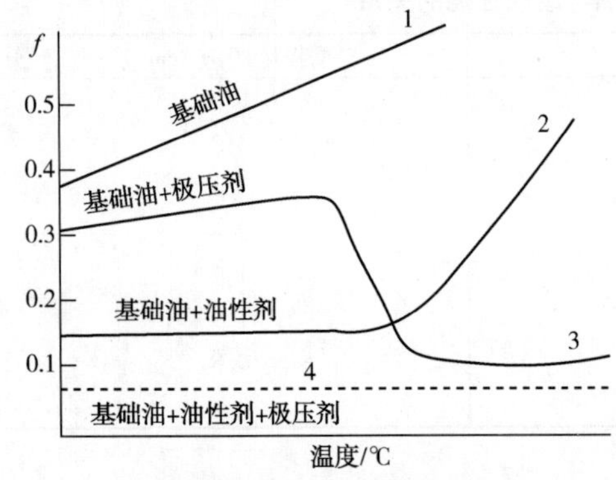

图 2-47 不同类型润滑剂摩擦系数与温度的关系
1—石蜡基基础油(A)；2—A+油性剂；
3—A+极压剂；4—A+极压剂+油性剂。

摩擦改进剂和极压抗磨剂都是在接触表面起作用的添加剂，发挥功效的第一步是在表面吸附。摩擦改进剂的极性通常比极压抗磨剂强。由于竞争吸附作用，摩擦改进剂的分子优先吸附，极压抗磨剂的作用不易发挥。因此，在车辆齿轮油中使用摩擦改进剂必须十分小心，否则会使极压性下降[9]。为了使油品在极压抗磨剂活化温度(T_r)以下也能提供有效的润滑，在油品中采用极压抗磨剂与摩擦改进剂复合将取得好的结果。图 2-47 是在极压润滑油中加入少量脂肪酸油性剂的结果[13]。曲线 1 是基础油，摩擦系数一开始就比较大，以后随温度升高而逐步升高；曲线 2 是加入油性剂的基础油，从室温开始就能提供良好的润滑，当温度升高时油性剂开始脱附，从而使摩擦系数逐渐变大；曲线 3 是加入极压抗磨剂的基础油，在低于 T_r 温度时的润滑效果差，在 T_r 温度以上时能形成保护膜，能提供有效的润滑；曲线 4 是同时加入极压抗磨剂和油性剂的基础油，在低于 T_r 温度时，脂肪酸提供良好的润滑，在高于 T_r 温度时，极压抗磨剂提供良好的润滑。当然这只是理想状况，实际上并不总是能够达到的。

5.3 摩擦改进剂的应用

为保证限滑差速器的正常工作，减少汽车转弯时限滑差速器摩擦片的振动和噪声，在车辆齿轮油中必须加入摩擦改进剂。而在发动机油中，摩擦改进剂的任务是尽可能降低发动机的内摩擦。目前，国内外越来越重视摩擦改进剂，特别是为了节省能源，推出了燃油经济型发动机油，进一步扩大了摩擦改进剂的应用。

美国和欧洲非常重视燃油经济性。美国于 1975 年颁布了油耗标准 CAFE(Corporate Average Fuel Economy，公司平均燃油经济性)，规定了各年度必须达到的百公里油耗指标，具体见表 2-61[2]。改进燃油经济性是开发 GF-5 发动机油规格的三大目标之一。选择高温高剪切黏度(HTHS)为2.7mPa·s的GF-4发动机油为试验油品，采用程序VID台架试验对含有机摩擦改进剂和含钼摩擦改进剂的FEI(相对于基准参考油的燃料经济性改善)进行了考察，具体试验结果见图2-48。其中：油B含有机摩擦改进剂；油I含钼摩擦改进剂；油A、油E、油G则不添加摩擦改进剂。由图2-48可以看出，添加含钼摩擦改进剂的油I达到了GF-5发动机油规格中FEI指标要求。但由于该油的TEOST 33C(发动机油高温氧化沉积物测试)没有通过，需要改进其热稳定性。

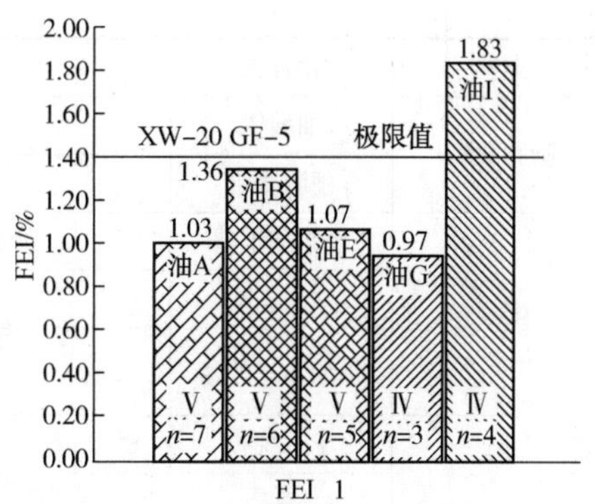

图2-48　不同摩擦改进剂对FEI的影响

表2-61　CAFE中汽车油耗指标

项目	1978年	1980年	1982年	1984年	1990~1994年	1996年	2001年	2006年	2025年
油耗/(km/L)	7.6	8.5	10.2	11.5	—	—	—	—	
百公里油耗/(L/100km)	13.1	11.8	9.8	8.7	8.6	7.8	7	6.4	5

发动机油燃料经济性的改善是通过采用低黏度基础油和加入摩擦改进剂共同实现的。目前，汽油机油的黏度级别已经降到0W-20，而柴油机油的黏度级别已经降到5W-30。2015年1月，SAE J300再次进行修订，增加了2个更低黏度发动机油级别，即0W-12和0W-8。新增的黏度等级，将有利于发动机油生产厂家在生产发动机油时能够对黏度进行参照，也有助于推广节油型发动机及节能型发动机油。路博润(Lubrizol)指出，较低黏度的发动机油会对设备的耐久性产生负面影响。路博润已经开始研发特殊的添加剂产品，以满足超低黏度发动机油满足设备耐久性的要求[14]。因此，更低黏度级别的发动机油一方面能够节省能源和进一步提高燃料经济性，同时也会给设备保护带来极大的挑战，为此开发性能更好的摩擦改进剂就显得特别重要。

5.4　油溶性摩擦改进剂品种

常用的摩擦改进剂如表2-62所示。

表2-62　常用的摩擦改进剂

类型	化合物	分子式
脂肪酸	油酸	$CH_3(CH_2)_7—CH═CH—(CH_2)_7COOH$
	硬脂酸	$CH_3(CH_2)_{16}COOH$
	二聚亚油酸	环己烯环：$CH_2(CH_2)_7COOH$；$_4(CH_2)H_3C$；$CH_2CH_2═CH_2(CH_2)_7COCOH$；$CH_3(CH_2)_4$
脂肪醇	十二醇	$CH_3(CH_2)_{11}OH$
	十六醇	$CH_3(CH_2)_{15}OH$
	油醇	$CH_3(CH_2)_7—CH═CH—(CH_2)_7CH_2OH$

续表

类型	化合物	分子式
脂肪酸皂	油酸铝	$[CH_3(CH_2)_7—CH═CH—(CH_2)_7COO]_3Al$
	硬脂酸铝	$[CH_3(CH_2)_{16}COO]_3Al$
酯类	硬脂酸丁酯	$CH_3(CH_2)_{16}COOC_4H_9$
	油酸丁酯	$CH_3(CH_2)_7—CH═CH—(CH_2)_7COO\ C_4H_9$
	油酸乙二醇酯	$C_{17}H_{33}C(═O)—O—CH_2CH_2OH$
脂肪胺类	十六烷胺	$CH_3(CH_2)_{14}CH_2NH_2$
	苯三唑十八胺盐	苯并三唑（N—N—N—H）$\cdot NH_2—CH_2(CH_2)_{16}CH_3$
脂肪酰胺	油酸酰胺	$C_{17}H_{33}C(═O)—NH_2$
硫化动植物油	硫化棉籽油	—
	硫化烯烃棉籽油	—

5.4.1 脂肪酸、脂肪醇及其盐类

常用的脂肪酸有油酸和硬脂酸，对降低静摩擦系数效果显著，因此润滑性好，可以防止导轨在高负荷及低速下出现黏滑。但脂肪酸油溶性差，长期贮存易产生沉淀，对金属也有一定的腐蚀作用，使用时要注意；硬脂酸铝用来配制导轨油，防爬行性能比较好，长期贮存易出现沉淀；脂肪醇或和脂肪酸酯在铝箔轧制油中有较好的减摩性能，如辛醇、癸醇、月桂醇、油醇等均有较好的减摩性能。相同系列的油性剂，随碳链的增长，摩擦系数减小，如硬脂酸丁酯、棉甲脂、椰甲脂、棕乙脂、油酸乙二醇酯等。

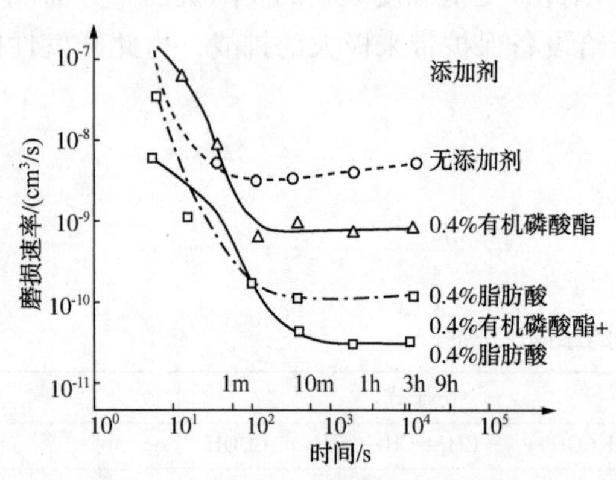

图 2-49 脂肪酸和有机磷酸酯对磨损率的影响

脂肪酸可在金属表面发生化学吸附生成金属皂。实际上，在使用加有脂肪酸的润滑油时，物理吸附和化学吸附同时存在。脂肪酸的反应活性愈高，生成金属皂的速度愈快，吸附膜愈牢固，摩擦系数愈小。特别是脂肪酸与有机磷酸酯复合使用可产生协同效应，磨损率较两种物质单独使用时更低。这种协同作用能降低添加剂使用成本。脂肪酸和有机磷酸酯对磨损率的影响见图 2-49。

5.4.2 二聚酸类及衍生物

二聚酸是由油酸(Oleic acid)或亚油酸(Octadecadienoic acid)在白土催化剂存在下加压热聚而制得，二聚酸不但有油性，而且还有防锈性，其反应方程式如下：

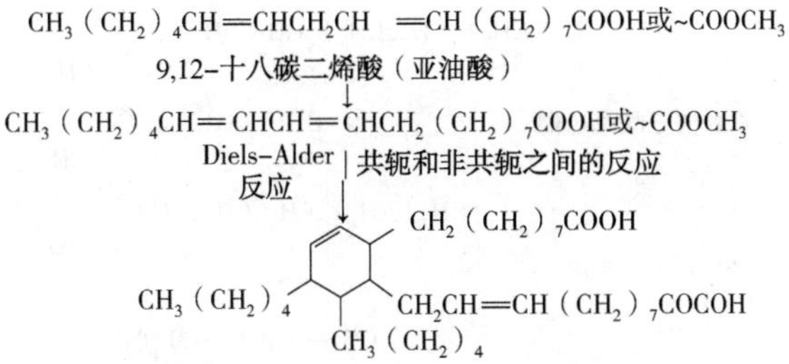

$CH_3(CH_2)_4CH{=}CHCH_2CH{=}CH(CH_2)_7COOH$或~$COOCH_3$

9,12-十八碳二烯酸（亚油酸）

↓

$CH_3(CH_2)_4CH{=}CHCH{=}CHCH_2(CH_2)_7COOH$或~$COOCH_3$

Diels-Alder 反应 ↓ 共轭和非共轭之间的反应

$CH_2(CH_2)_7COOH$

$CH_3(CH_2)_4$ $CH_2CH{=}CH(CH_2)_7COCOH$

$CH_3(CH_2)_4$

二聚酸与乙二醇反应可生成二聚酸乙二醇酯，不但有很好的油性，还具有一定的抗乳化性。二聚酸和二聚酸乙二醇酯可用于冷轧制油，国内20世纪80年代初期开始工业生产二聚酸。

5.4.3 硫化鲸鱼油及硫化鲸鱼油代用品

自1939年发表硫化鲸鱼油的专利以来，硫化鲸鱼油作为油性剂和极压剂在齿轮油、导轨油、蒸汽汽缸油、汽油机磨合油和润滑脂中得到了广泛应用，产量迅速增加。硫化鲸鱼油之所以得到迅速发展，是因为它在高黏度的石蜡基础油中有好的热稳定性、极压抗磨性、减摩性和与其他添加剂的相容性好。硫化鲸鱼油这些性能是它的化学结构决定的，它与大多数天然动植物油是由长链不饱和脂肪酸的三甘油酯组成不同，它主要由长链不饱和脂肪酸和长链不饱和脂肪醇的单酯构成。鲸鱼油含有约74%的单酯，26%三甘油酯(组成鲸鱼油单酯的C_{16}、C_{18}醇约有60%不饱和，C_{14}、C_{16}、C_{18}、C_{20}脂肪酸约有75%不饱和)。由于对鲸鱼油需求增加，1970年达7500t，世界捕鲸量的增长，使鲸鱼面临绝种的危险。1970年6月美国政府通过法令，禁止捕鲸，禁止使用鲸鱼油及鲸鱼副产品。于是引起需要鲸鱼油的各公司争先寻找鲸鱼代用品的热潮。经过几年的研究工作，很多不同的硫化鲸鱼油代用品(Replacement for Sulfurized Sperm Oil)的商品牌号随之诞生。

硫化鲸鱼油代用品大致有三条路线：一是从动植物油制得的混合脂肪酸(饱和脂肪酸和不饱和脂肪酸)与脂肪醇反应生成脂肪酸酯，然后再硫化；二是将动植物油与α-烯烃按一定的比例混合后，然后再硫化；三是将动植物油与脂肪酸酯以一定比例混合后，然后再硫化。

硫化鲸鱼油代用品可能有下列几种成分中的一种或几种组成[15]：

烷基硫醚 $(C_nH_{2n+1})_2S$ n=14~20

$(C_nH_{2n+1})_2S_2$

硫化酯 $CH_3(CH_2)_5CH(CH_2)_2CH(CH_2)_7C(=O)OR$（两个CH间以S相连）

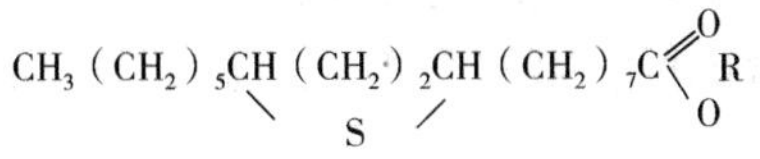

硫化甘油三酸酯

$CH_3(CH_2)_5CH(CH_2)_2CH(CH_2)_7C(=O)O-CH_2$（两个CH间以S相连）

$CH_3(CH_2)_{16}C(=O)O-CH$

$CH_3(CH_2)_7CH-CH(CH_2)_7C(=O)O-CH_2$（两个CH间以S相连）

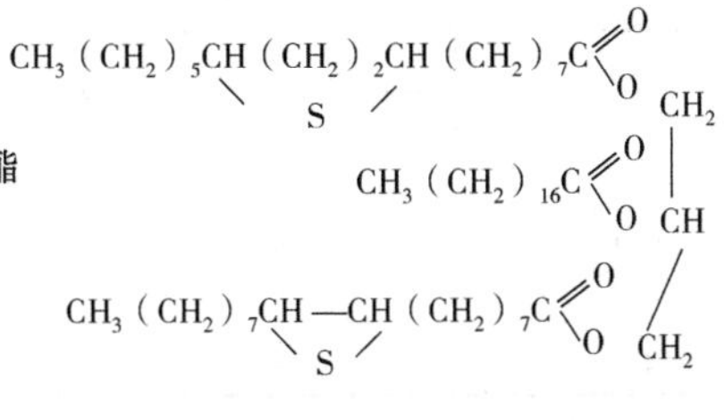

烷基甘油三酸酯硫醚

$CH_3(CH_2)_6CH(CH_2)_2CH(CH_2)_7C(=O)O-CH_2$（两个 CH 之间以 S 桥连）

$CH_3(CH_2)_{16}C(=O)O-CH$

$CH_3(CH_2)_8CH(CH_2)_7C(=O)O-CH_2$

$\quad | S_m$

$CH_3-CH(CH_2)_pCH_3$

二（甘油三酸酯）硫醚

$CH_3(CH_2)_{14}C(=O)O-CH_2$

$CH_3(CH_2)_5CH(CH_2)_2CH(CH_2)_7C(=O)O-CH$（两个 CH 之间以 S 桥连）

$CH_3(CH_2)_8CH(CH_2)_7C(=O)O-CH_2$

$\quad | S_m$

$CH_3(CH_2)_8CH(CH_2)_7C(=O)O-CH_2$

$CH_3(CH_2)_{16}C(=O)O-CH$

$CH_3(CH_2)_5CH(CH_2)CH(CH_2)_7C(=O)O-CH_2$（两个 CH 之间以 S 桥连）

式中m=1,2,3　　P=8~17

国内有两类硫化鲸鱼代用品：一是植物油直接硫化，如硫化棉籽油；二是植物油与α-烯烃按一定的比例混合后，再硫化，如硫化烯烃棉籽油，可用于切削油、液压导轨油、导轨油、工业齿轮油和润滑脂，其特点是油溶性好，对铜片腐蚀性小，并具有油性和极压抗磨性能。

5.4.4 脂肪胺及其衍生物

脂肪胺，吸附热大，磨损量少，而且解析温度高，常用于车辆齿轮油。早期为满足MiL-L-2105（美国军方车辆齿轮油标准）规格使用高脂肪含量的润滑剂，而S-P-CII-Zn型的齿轮油加入十八胺（Octadecyl amine）、二甲基十八胺（Dimethyl octadecyl amine）或二硫代磷酸有机胺衍生物（Dithiophosphoric acid organic amine derivative）用于解决限滑差速器的吱叫声。脂肪胺衍生物中的长链脂肪胺（Long-chain fatty amides）中的油酰胺（Oleylamide）是用甘油三油酸酯与胺反应的产物；特别是脂肪胺的衍生物的另一个产品苯三唑脂肪胺盐是一个具有油性、防锈和抗氧等多效性能的添加剂，它不但可降低摩擦和磨损，而且还有一个突出的优点，那就是它与含硫极压剂复合有很好的协同效应，可有效提高工业齿轮油 Timken OK 负荷，如表 2-63 所示[16]。

表 2-63　苯三唑脂肪胺与硫化异丁烯协合效应

油样号	1#	2#	3#	4#
硫化异丁烯/%	—	—	3	3
苯三唑十二胺盐/%	—	0.1	—	0.1
基础油 N320/%	100	99.9	97	96.9
梯姆肯试验				
通过负荷/N	44	89	133	222

国内开发了苯三唑十八胺盐(T406)，其结构示意式如下：

$$\text{H}\cdot\text{NH}_2\text{—CH}_2(\text{CH}_2)_{16}\text{CH}_3$$

5.4.5 有机钼化合物

有机钼化合物有很好的减摩性，能降低运动部件之间的摩擦系数，是很好的摩擦改进剂。有机钼化合物与其他FM相比，其节能效果较高[17]。添加多少有机钼化合物才能发挥出效果呢？有人用往返摩擦试验机进行评价，结果表明，MoDTC的Mo含量添加到200～250μg/g时开始发挥其效果[18]，其结果见图2-50。检测分析市场出售的有机钼化合物的发动机油，其Mo含量也集中于200～400μg/g[19]。常用的化合物有硫化二烷基二硫代磷酸氧钼(Sulfurized Oxymolybdenum Dialkyl Dithiophosphate)、二烷基二硫代磷酸钼(Molybdenum Dialkyl Dithiophosphate)、硫化二烷基二硫代氨基甲酸氧钼(Sulfurized Oxymolybdenum Dialkyl Dithiocarbamate)等化合物。这类化合物除减摩性外还有抗氧性和极压抗磨性，用于内燃机油和润滑脂中，减小阻力，节省燃料，见表2-64。

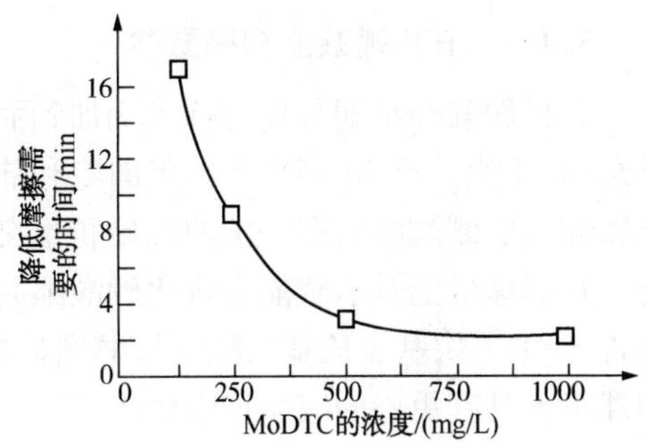

图2-50 摩擦系数下降到0.07需要的时间

表2-64 实际使用的有机钼化合物添加剂[7]

化合物类型	分类	性能	主要用途
MoDTC	油分散型	抗磨剂	润滑脂
		极压剂	
		抗氧剂	
	油溶型	摩擦改进剂	发动机油
		抗氧剂	
		抗磨剂	
MoDDP	油溶型	摩擦改进剂	发动机油
		抗磨剂	切削油、加工油

MoDTC一般比锌、铁、铅的热分解温度高。MoDDP大致与作为抗氧抗腐剂使用的二烷基二硫代磷酸锌的热分解温度相同。

硫化二烷基二硫代磷酸氧钼是润滑油、润滑脂的摩擦改进剂和极压抗磨剂。加0.5%～2.0%的量于内燃机油中作摩擦改进剂，添加2%时，可改善燃料经济性5%～6%。在润滑油、润滑脂中加0.5%～1.0%时作抗氧剂；添加1.0%～3.0%作极压抗磨剂。为了克服对铜的腐蚀性，还必须与金属减活剂复合使用。

有机钼化合物的作用机理有很多报道，测得的被膜组成也不完全一样。村木正芳等研

究了 MoDTC/MoDDP 与 ZDDP 的复合效果，其作用机理为首先是 ZDDP 形成反应膜，然后吸附分解 Mo 化合物，生成 MoS_2 与 MoO_3 的混合被膜[20,21]。有人通过高频往复摩擦试验机进行研究，其结果观察到 MoS_2 的被膜只在润滑面生成，在非润滑面只有 MoO_3[18,22]。有文献报道，MoDTC 和 MoDDP 化合物在摩擦表面分解生成物（MoS_2、MoO_3）形成 FM 被膜[18,23]。为了完全了解有机钼化合物的作用机理，有待今后的进一步研究。

5.4.6 有机硼酸酯和硼酸盐

有机硼酸酯早期是作为抗氧剂加到润滑油中的[24]，用作润滑油减摩抗磨添加剂始于 20 世纪 60 年代，近 10 多年来，美国专利陆续报道了大量硼酸酯减摩抗磨添加剂[25]。烷基只含碳和氢的硼酸酯具有一定的减摩抗磨效果。硼酸酯与有机胺反应产物的抗磨性和极压性能，在四球机上其承载能力将比硼酸酯高 6 倍以上[24]。含咪唑啉、噁唑啉及酰胺的硼酸酯比含 S-十二烷基、巯基乙酸丙三醇硼化物及二甘醇单-二(2-乙基己基)磷酸酯硼化物，在四球机上具有更好的减摩抗磨效果[26]。

硼酸盐和硼酸酯也是很好的摩擦改进剂。

5.5 国内外油性剂和摩擦改进剂商品牌号

国内油性剂和摩擦改进剂的商品牌号见表 2-65，国外油性剂和摩擦改进剂的商品牌号见表 2-66~表 2-68。

表 2-65 国内摩擦改进剂产品商品牌号

产品代号	化合物名称	100℃运动黏度/(mm^2/s)	闪点/℃	硫/%	磷/%	氮或钼/%	主要性能及应用	生产公司
T406	苯三唑脂肪胺盐	淡黄色固体	58~63（熔点）	—	—	≤0.38（磨斑直径）	具有减摩、抗磨、防锈、抗氧等的多效添加剂，用于齿轮油、双曲线齿轮油、抗磨液压油、油膜轴承油、润滑脂中，还可作为防锈剂和气相缓蚀剂	滨州市坤厚化工有限责任公司
T406	苯三唑脂肪胺盐	白色或黄色粉末	52~63（熔点）	—	—	≤0.38（磨斑直径）	具有减摩、抗磨、防锈、抗氧等的多效添加剂，与硫化合物复合有好的协合作用，用于齿轮油、抗磨液压油、油膜轴承油	惠华石油添加剂有限公司
TEB	磷酸三乙酯	—	56.4（熔点）	—	—	—	具有减摩和增加润滑油的极压抗磨性能，用于工业设备用油，亦可作为橡胶和塑料的增塑剂	

续表

产品代号	化合物名称	100℃运动黏度/(mm^2/s)	闪点/℃	硫/%	磷/%	氮或钼/%	主要性能及应用	生产公司
T405	硫化烯烃棉籽油	20~28	≥140	7.5~8.5	—	—	具有极压抗磨并降低摩擦系数作用，油溶性良好，用于导轨油、液压导轨油、中负荷极压工业齿轮油、重负荷极压工业齿轮油和蜗轮蜗杆油中	长沙望城石油化工有限公司
T405A	硫化烯烃棉籽油	40~90	≥140	9.0~10.0	—	—	具有极压抗磨并降低摩擦系数作用，适用于极压润滑脂，它的极压性高，可以满足极压润滑脂的使用要求	
T451	含磷的酯类化合物	—	—	—	≥7.0	≤45(TAN)	具有良好的油溶性、抗磨和降低摩擦的性能。它们主要应用于锭子油、导轨油、主轴油、抱轴瓦油(铁路机车专用)、轧制液和润滑脂，同时在水基冷锻润滑剂中作添加剂	
T451A	含磷的酯类化合物	—	—	—	≥7.0	≤30(TAN)		
POUPC 1001	二烷基二硫代磷酸钼	—	>150	12~16	3~4	9.5~10.5	高钼及低磷含量，低气味、油溶性极佳，用于内燃机油、工业油、润滑脂等	太平洋(北京)石油化工有限公司产品
POUPC 1002	二烷基二硫代氨基甲酸钼	—	—	10~13	—	9.5~10.5	高钼及不含磷，低气味、油溶性好，极佳减摩性能，用于内燃机油、工业油、润滑脂等	
POUPC 1002A	二烷基二硫代氨基甲酸钼	浅黄色粉末	>253(熔点)	25~28	—	26~29	具有高钼含量的粉末，浅色低气味，极佳减摩性能，用于润滑脂中，能完全或部分替代二硫化钼	
POUPC 1002M	二烷基二硫代氨基甲酸钼	—	>130	5.0~7.0	—	4.5~5.5	不含磷，低气味、极佳减摩性能，油溶性极佳，用于内燃机油、工业油、润滑脂等	
POUPC 1003	钼胺酯	40~60	>150	—	—	2~3.5/7~8.5	具有良好的抗磨、减摩、抗氧化性能，该产品不含硫、磷元素，节能环保，用于内燃机油、润滑脂和齿轮油等	
T406E	苯三唑脂肪酸胺盐	油溶性好	—	—	—	—	具有抗磨抗腐、抗氧化、防锈等多种功能，可用于齿轮油、抗磨液压油、油膜轴承油、润滑脂中	沈阳华仑润滑油添加剂有限公司

续表

产品代号	化合物名称	100℃运动黏度/(mm^2/s)	闪点/℃	硫/%	磷/%	氮或钼/%	主要性能及应用	生产公司
T406	苯三唑脂肪胺盐	淡黄色固体	55~63（熔点）	—	—	≤0.38（磨斑直径）	具有油性、抗磨防腐、防锈等性能，与含硫极压剂复合有明显增效作用，用于齿轮油、抗磨液压油、油膜轴承油、润滑脂中	洪泽中鹏石油添加剂有限公司

表 2-66　范德比尔特公司的摩擦改进剂产品的商品牌号

产品代号	化学组成	添加剂类型	密度/(g/cm^3)	100 黏度/(mm^2/s)	闪点/℃	溶解性	性能及应用
Molyvan A	二正丁基二硫代氨基甲酸钼	摩擦改进剂	1.59	—	—	微溶于芳烃，不溶于水	黄色粉末，应用于长效底盘润滑脂，具有极佳的高温稳定性，同时还有抗氧和抗磨性
Molyvan L	二(2-乙基己基)二硫代磷酸钼	摩擦改进剂	1.08	8.6	142	溶于矿物油和合成油，不溶于水	具有减摩、抗氧、抗磨和极压性能，用于发动机油、金属加工液和多种工业及汽车重载下的齿轮油和润滑脂作抗磨和抗氧剂
Molyvan FEI⁺	抗氧剂、抗磨剂和摩擦改进剂复配物	摩擦改进剂	1.01	10.8	178	溶于矿物油和合成油，不溶于水	含有清净剂、分散剂、VII、抗氧剂和有机钼添加剂，用以配制低磷、高钼发动机油，满足高燃料经济性的要求，并改善与汽车尾气催化转换器的相容性
Molyvan 807NT	二烷基二硫代氨基甲酸钼油剂	摩擦改进剂	0.97	13	135	溶于矿物油和合成油，不溶于水	具有减摩、抗磨和极压性能，可与无灰型氨基甲酸酯复合使用，可使发动机油在低磷条件下保持减摩性
Molyvan 822NT	二烷基二硫代氨基甲酸钼油剂	摩擦改进剂	0.97	13	135	溶于矿物油和合成油，不溶于水	具有减摩、抗磨和极压性能，可使发动机油在低磷条件下保持减摩性
Molyvan 855	有机钼复合物	摩擦改进剂	1.08	55	193	溶于矿物油和合成油，不溶于水	油溶性的有机钼摩擦改进剂，特别适用于曲轴箱油，能显著降低油品的摩擦系数，提高油品的燃料经济性
Molyvan 3000	二硫代氨基甲酸钼油剂	摩擦改进剂	1.05	50~100	145	溶于矿物油和合成油，不溶于水	应用于汽油机油，可在油品低磷含量下，改善发动机油的减摩、抗磨和抗氧化性能，提高油品的燃料经济性

续表

产品代号	化学组成	添加剂类型	密度/(g/ cm³)	100 黏度/(mm²/s)	闪点/℃	溶解性	性能及应用
Vanlube 289	有机硼酸酯	抗磨、减摩剂	0.99	22.3	191	溶于矿物油	具有良好的抗磨性能，同时该添加剂不含硫、磷和金属等元素，是配制低 SASP 油品的最佳选择，用于 ATF、压缩机油、发动机油润滑脂和合成油中
Vanlube 289HD	有机硼酸酯	抗磨、减摩剂	0.968	—	160	溶于矿物油和合成油，不溶于水	具有良好的抗磨性能，与其他抗磨剂复合具有抗磨、减摩的协同作用，是配制低 SASP 油品的最佳选择，用于 ATF、压缩机油、发动机油润滑脂和合成油中

表 2-67　润英联添加剂公司的摩擦改进剂产品的商品牌号

产品代号	黏度/(mm²/s)	闪点/℃	钙/%	镁或钼/%	氮或硼/%	硫/%	磷/%	锌/%	TBN	主要性能及应用
Nfineum C7180A	15.1	≥150	—	/5.5	—	—	—	—	—	硫代氨基甲酸钼盐，具有异的抗磨损和抗氧化性能，也有减摩性能，用于提高曲轴箱润滑油的燃料经济性

表 2-68　BASF 公司的摩擦改进剂产品的商品牌号

添加剂代号	化合物名称	黏度/(mm²/s)	熔点/℃	硫含量/%	磷含量/%	氮含量/%	TAN/TBN/(mgKOH/g)	应用
Irgalube F 10A	液态高分子量多效单剂	400	—	—	—	—	<10	推荐 0.5% ~ 1.5%，用于液压油、齿轮油、发动机油、ATF 和金属加工液
Irgalube F 20	液态高分子量多效单剂	175	—	—	—	—	<10	推荐 0.5% ~ 1.5%，用于液压油、齿轮油、发动机油、ATF 和金属加工液

参 考 文 献

[1] 钱伯章．纳米润滑油和燃料油田加基的开发进展[J]．油品资讯，2005，12：20-21.

[2] 卢成锹．赴美润滑油、添加剂及油品评定考察报告[G]．卢成锹科技论文集．北京：中国石化出版社，2001：100-319.

[3] Thomas Bünemann，Dick Kenbeek，Perry Koen，Wai Nyin，Uniqema. Friction Modifiers for Automotive Applications-Rig Tests and Performance[J]. Lubricants World，November，2002：18-23.

[4] R. David Whitby. Unlocking the truth about controlled friction[J]. Tribology & Lubrication Technology, 2006 (5): 56.
[5] Kathryn Carnes. The Ten Greatest Events in Tribologyhistory[J]. Tribology & Lubrication Technology, 2005 (6): 38-47.
[6] 石油化工科学研究院第九研究等．硫系与磷系的极压添加剂的相互作用，国外石油化工动态，1986 (6): 19-44.
[7] 日石レビュー[J], 1985, 27(2): 122~132.
[8] 加滕英勝．有機モリブデソの潤滑特性[J] ペトロテック, 1984, 7(1): 66-68.
[9] Chevron Chemical Company Oronite Additives Division. Autmotive Engine Oils[G], 1982: 11.
[10] 中国石油化工总公司发展部．车辆齿轮油．中高档润滑油系列小丛书，1992: 17-18.
[11] 潤滑[J], 1985, 30(9): 648-651.
[12] P. Studt. Boundary lubrication: adsorption of oil additives on steel and ceramic surfaces and its influence on friction and wear[J]. Tribology International, 1989, 22: 111.
[13] A. G. Papay. 摩擦，摩擦调整剂とその应用[J]. トライボロジスト, 1995, 40(4): 274-279.
[14] 石油化工科学研究院．齿轮油[M]. 北京：石油工业出版社，1980: 11.
[15] David Whitby. The challenge of low-viscosity[J]. Tribology &Lubrication Technology, 2016, (5): 96.
[16] 黄文轩，韩长宁．润滑油与燃料添加剂手册[M]. 北京：中国石化出版社，1994: 51-52.
[17] 侯芙生．中国炼油技术[M]. 3版．北京：中国石化出版社，2011: 723-724.
[18] 内藤康司．がンリンエンジン油[J]．トライボロジスト, 1993, 38(2): 93.
[19] Y. Yamamoto, S. Gondo. Friction adn wear characteristics of Molybdeaum Dithiocarbamate and Molybdeum Dithiophos phate[J]. Tribology Transactions. 1989, 32(2): 251-257.
[20] 田中典義，山本雄二．省エネルギーと潤滑油添加劑[J]. トぅイボロジスト, 1995, 40(4): 302-305.
[21] 村木正芳，和田寿之．ZnDTP共存下における有機モリブデン化合物のすべり摩擦特性[J]. トぅイボロジスト, 1993, 38(10): 919.
[22] Y, Yamamoto, S. Gondo, I. Kamakura, N. Tanaka. Frictioncharactenstics of molgbdenum dithiophosphates [J]. wear, 1986(112): 79-87.
[23] S. Arabyan, I. Holomonov, A. karaulov, A. Vipper. Investigation of the effectiveness of antifriction additives in motor oils by labaratory methods and engine tests[J]. Lubrication Sciecne, 1993(5): 241-256.
[24] 村木正芳，和田寿之．ZnDTP共存下における有機モリブデン化合物の滑り摩擦特性[J]. トぅイボロジスト, 1994, 39(9): 800.
[25] Y. Yamamoto et al[J]. Wear, 1986, 79: 112.
[26] S. G. Arabyan, I. A. Holomonov, A. K. Karaulov & A. B. Vipper. Lubr. Sc., 1993(5): 241.
[27] 刘维民，薛群基．有机硼酸酯润滑油减摩抗磨添加剂[J]. 摩擦学学报，1992, 12(3): 195-202.
[28] 刘维民，薛群基，等．几种含氯硼酸酯添加剂的摩擦学性能研究[J]. 摩擦学学报，1994, 14(3): 238-246.
[29] 单使灵，高大德，韩长宁．不同结构有机硼化合物的减摩性和抗磨性[J]. 石油炼制，1989(4): 40-46.

第6节 固体润滑剂添加剂

6.1 概况

固体润滑剂曾经作为润滑油添加剂加入润滑油中，使用于高温、高负荷等苛刻的润滑条件下。近年来，固体润滑剂在相对缓和的润滑条件下工作的油品(如发动机油)中也得到了应用。在流体润滑状态下，降低润滑油的黏度就可以减少摩擦能量的损失；但在边界润滑条件下，降低摩擦的最有效途径是选择恰当的润滑油添加剂，即极压抗磨剂和摩擦改进剂。摩擦改进剂分为两大类：

(1) 化学摩擦改进剂：其中大部分是极性的或含活性元素(硫、磷和氯)的油溶性大分子化合物。

(2) 机械摩擦改进剂：主要是非油溶性的、悬浮在油中的固体微粒。

石墨、二硫化钼(MoS_2)、聚四氟乙烯(PTFE)粉末、氮化硼(BN)和氰尿酸三聚氰胺盐(MCA)等是最常用的固体润滑剂。固体润滑材料可在超高真空、超低温、强氧化或还原、强辐射、高温、高负荷等条件下有效地进行润滑，突破了润滑油及润滑脂的有效使用极限，是卫星、宇宙飞船、航天器和空间站上不可缺少的润滑剂[1]。

值得一提的是，近年来纳米添加剂发展迅猛，目前已经有大量报道及产品问世，具体的介绍请参见本章第 14 节“纳米添加剂”，在此不做过多赘述。

固体润滑剂(Solid Lubricants)的应用具有很长的历史，石墨(Graphite)、二硫化钼(MoS_2)、铅盐、金属粉末和其他一些固体物质都在工业上得到了较好的应用，如聚四氟乙烯(Polytetrafluoroethylene，PTFE)粉末作为润滑剂添加剂已成功地应用在润滑脂和润滑油中。MoS_2的历史可追溯到 17 世纪，当时的探矿者和开拓者用 MoS_2 润滑矿车车轴。MoS_2 在商业上的应用是在 20 世纪的 20 年代，但是在 40 年代的技术研究中指出：二硫化钼在高真空、高温和高压下的润滑更为有效。20 世纪 50 年代，美国制定了 MoS_2的军用标准。随着人们对 MoS_2减摩机理认知程度的加深，MoS_2在部分产业部门(尤其是航天军工、机电化工)和技术领域(如用于大气或高湿度条件下的干切削加工)作为固体润滑材料的应用越来越多，出现了 MoS_2溅射膜和离子镀膜技术，技术潜力巨大[2]。进入 21 世纪时，MoS_2已经获得巨大的复兴，它的很多应用已经使它成为新的千年物质[3]。

在液体中应用固体润滑剂，稳定性和相溶性是非常关键的[4]，不能用简单的搅拌方法把这些固体(不管颗粒多么细或是胶体)分散到液体中，这样搅拌的固体悬浮体会很快地沉降出来。无论颗粒大小，甚至最细的分散悬浮体，如果不稳定，悬浮的絮凝物也将会沉降出来。因此分散技术是非常重要的[5]，有文献报道[3]：要防止在液体中的固体沉淀，要对初始的固体颗粒进行处理，即在初始的固体颗粒表面涂一层稳定剂来阻止凝聚，这样的悬浮体是很稳定的，并且有很长的贮存寿命。

6.2 固体润滑剂添加剂的使用性能[6]

6.2.1 固体润滑剂添加剂的种类

1. 无机层状结构物质

无机层状结构的固体润滑剂添加剂包括二硫化钼、石墨、氧化物、氮化硼(Boron

Nitride，BN)、二硫化钨(WS_2)、氟化物、软金属等。其中石墨及二硫化钼自古以来就使用在各种润滑油及润滑脂里，由于显示出其有效的润滑性，因此广泛地使用于发动机油、齿轮油等油品中。氮化硼及二硫化钨在高温条件下，显示出优异的润滑性；

2. 高分子化合物

高分子化合物的主要代表是聚四氟乙烯(PTFE)和尼龙、聚乙烯、聚酰亚胺等。按高分子化合物的形状，可分为固体粉末、薄膜和自润滑复合材料3种。固体粉末可分散在气体、液体及胶体中使用；薄膜按工艺可分为喷涂、真空沉积、火焰喷镀、离子喷镀、电泳、烧结等；复合材料则有着多种多样的生产工艺，是新兴的重要润滑材料。PTFE最初使用于润滑脂，最近逐渐使用于润滑油中。

3. 氰尿酸络合物(MCA)

MCA主要使用于轻负荷用润滑脂及焊锡膏。

上述这些物质在滑动面间受力都容易断裂(剪切)，因此具有减少摩擦的作用。同时，由于存在于滑动面间，能有效地防止两个滑动面的直接接触，从而防止基材的磨损。

4. 金属盐

该类固体润滑剂添加剂主要应用于润滑脂中，有的起到增强极压性的作用，如磷酸钙、碳酸钙和二丁基二硫代氨基甲酸钼(T351)等；有的则起到防锈的作用，如磷酸三钠和癸二酸二钠。在润滑脂中使用的金属盐类固体润滑剂对其颗粒的大小并没有非常严格的要求，只需要其为粉末状即可，经过润滑脂的生产和后处理工艺后可以得到有效的分散。

6.2.2 固体润滑剂添加剂的特征

1. 在液体中不溶解，但可分散

大部分固体润滑剂添加剂不溶于油、溶剂和水，而是以微粒的形式分散在溶剂中。

2. 直接作用是减少摩擦

固体润滑剂添加剂直接作用是减少滑动金属面间的摩擦和减少滑动面间的直接接触的频度，其作用结果是降低了油温，减少了磨损，提高了抗磨性和载荷性。而有机极压抗磨剂是通过在滑动面产生的化学反应生成物来防止烧结。必须注意这两者的区别。

3. 通过物理的作用机理减磨

固体润滑剂在润滑油中受滑动面间所产生的摩擦力影响，其层状结晶结构容易剪切，吸收了摩擦应力。

4. 在低温和高温均有效果

固体润滑剂降低摩擦不需要反应，因此即使在低温下也能起润滑作用。几乎所有的固体润滑剂在高于普通润滑油能发挥润滑作用的温度下仍有耐热性，在润滑油成分不能发挥润滑作用的场合下，固体润滑剂起暂时的润滑作用。

6.3 固体润滑剂添加剂的作用机理[6]

6.3.1 减少边界润滑和混合润滑状态下的摩擦

对于发动机、齿轮箱等，其摩擦副间的摩擦状态同时存在流体润滑、混合润滑和边界润滑。在滑动条件下，设备处于高温、高负荷、低速等苛刻使用状态的情况较为普遍。在苛刻的滑动条件下，摩擦急剧增加，如果此时固体润滑添加剂微粒存在于滑动的摩擦副表面间，由于微粒本身容易剪切，就可以减少摩擦。

6.3.2 防止金属间接触，减少磨损

如果油膜变薄，滑动面间的突起部分相互接触，表面产生磨损。磨削的金属粉末再一次引起新的磨损，使磨损急剧增加。若固体润滑剂粒子存在于滑动面间，就可以减少金属间直接接触的频度，可以抑制磨损的产生。

6.3.3 减少相对表面的粗糙度及维持油膜

由于固体润滑剂粒子附着或沉积在滑动表面的较低部位，起到了填平作用，因此减少了相对表面的粗糙度。其结果是容易维持油膜，使流体比例增大。此外，固体润滑剂所特有的效果能使滑动面的微小金属凸出部分通过变形变成平滑的状态。实际上，添加石墨与二硫化钼的工业齿轮油提高了齿面的平滑性，同时降低了油温，减少了电力消耗。

6.4 含固体润滑剂添加剂微粒的润滑油的制备

含固体粒子的润滑油已经在实际应用中取得了效果[7]，但在这类润滑油的制备与应用中，许多技术与理论需要深入研究。其中一类问题是固体微粒形态及其在油中悬浮时的胶体稳定性。Deveries 认为[8]，凡是在发动机油中使用的分散剂都可以在不同程度上对固体微粒润滑油体系起稳定作用。Chao 等[9]认为经过球磨机研磨的石墨微粒中的含氧量是胶体稳定性的决定因素，氧含量越高，石墨润滑油体系的胶体稳定性越高。为了制备稳定的悬浮液，最大程度地利用固体润滑添加剂微粒的润滑性以及在工作中提供稳定的分散性能，使其易于在载体液体中悬浮，需要对固体润滑剂添加剂粒子的表面进行处理。如果未经这种表面处理，将发生固体润滑添加剂微粒的团聚和迅速沉淀。在制备分散悬浮液时，还要考虑固体润滑添加剂微粒的粒径大小和分布。粒径小的微粒比粒径大的微粒更容易悬浮和保持物理稳定性。通常必须对固体润滑剂添加剂进行研磨，使其微粒的大小和分布处在理想范围。

6.4.1 制备方法

含固体润滑添加剂微粒的润滑油是由分散溶剂和固体润滑添加剂组成的，其制备方法因油品的种类、用途、分散溶剂的不同而异。但是不论在哪种场合下，都是通过分散助剂的作用将固体润滑添加剂微粒均匀分散于溶剂中，不产生固体润滑添加剂微粒的凝集和沉淀。含固体润滑添加剂微粒的润滑油的制备流程见图 2-51[6]。

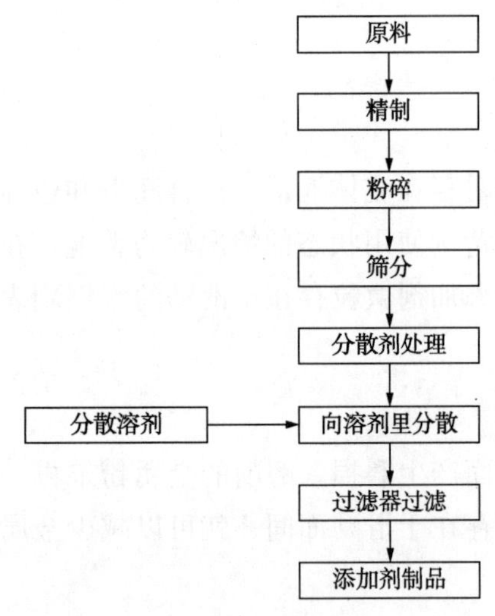

图 2-51　含固体润滑添加剂微粒的润滑油的制备流程示意

6.4.2　油品性能的影响因素

1. 溶剂的类型

固体润滑剂是由分散溶剂和固体润滑剂添加剂组成的，溶剂有精制矿物油、合成油(聚烯烃、硅油等)及水分散体系(醇和水)，固体润滑剂添加剂在以上三类溶剂中的作用是有差异的。一般是将固体润滑剂添加剂微粒分散在溶剂中。对石油系矿物油来说，添加固体润滑剂添加剂来改善摩擦；对合成油来说，添加固体润滑剂添加剂多半是改善耐热性；在水分散体系中使用固体润滑剂添加剂是作为金属塑性加工用润滑脱模剂的添加剂。

2. 固体润滑剂添加剂粒子大小

固体润滑剂添加剂的粒子大小因其用途不同而异，当用于发动机油及齿轮油等液体润滑油时，由于需要稳定地分散在油中，通常固体润滑添加剂的平均粒径为 0.1~10μm。

3. 分散助剂

固体润滑剂添加剂微粒子直接加入到润滑油中会产生凝集和沉淀，堵塞润滑系统细管，使供油停止。使用分散助剂时，由于分散助剂吸附于各个微粒子表面，与润滑基础油产生了亲和性，因此可防止粒子间凝聚。所用分散助剂一般为各种表面活性剂和高分子表面活性剂，但多数是将几种分散助剂进行复合使用。分散助剂应与润滑油基础油具有良好的混合稳定性，与润滑油中含有的其他添加剂间的相互作用产生不利影响应该尽可能少。

也有文献报道用超声波震动作用将非油溶性的 FM 稳定地分散在油中。对 PTFE 的情况，要进行稳定的胶体分散必须做到粒径在微米级以下，化学组成适当，用显微镜观察是在进行布朗运动[10]。

6.5　常用固体润滑剂添加剂品种

6.5.1　石墨

石墨在古代已被作为润滑剂。15 世纪中叶开始出现以石墨为笔芯的铅笔。石墨是一种柔软的结晶形式的炭，外观呈灰色至黑色，不透明，有金属光泽，是柔性的，但不具有弹性。石墨天然存在于变质岩(如大理石、片岩和片麻岩)中。石墨同时具有金属的性质(包括热传导性和导电性)和非金属的性质(包括惰性、高耐热性和润滑性)，这使得它适用于许多工业应用场合，包括高温润滑油、电刷、电机、摩擦材料、电池和燃料电池等。

石墨有天然石墨和人造石墨之分。天然石墨来源于开采石墨矿，矿石经过加工得到有用的石墨，矿石的质量和不同的加工方法直接影响到石墨质量。对润滑性能要求高的需要选择高含碳量的晶体薄片和晶体矿脉石墨。石墨的总含碳量和石墨化程度越高，杂质越少，质量就越好，其润滑性和抗氧性就越好。人造石墨是通过人工合成的，人造石墨又称合成石墨，合成石墨可分为一级和二级。一级石墨的合成是通过电炉在高温高压下煅烧石油焦产生的。此方法得到的石墨产品其纯度高，在石墨化程度和润滑能力都能达到天然石墨的质量。而二级石墨是一级石墨制造电极产品的剩余物，其石墨的晶化和石墨化程度都比较低，比天然石墨和一级石墨的润滑性差，但比较经济，应用于润滑性的领域还是有效的。

石墨的高温稳定性特别好，它是温度越高强度越大的稀有物质，从常温到2500℃的温度范围内，其抗拉、抗弯和抗压强度均随温度的上升而增大，最大值可达常温的2倍。在氧化环境中，石墨能够承受连续温度变化直到450℃，最高氧化温度接近685℃。水蒸气是石墨润滑剂的必要组分，因此在真空中石墨作为润滑剂是无效的。石墨的导热性是很低的，例如一级合成石墨在40℃的导热率约1.3W/m·K，无定形的石墨导热性更小，在特殊的应用中可作为隔热材料使用[11]。石墨还有良好的电导性(但无磁性)，这些特性——润滑性、化学惰性和传导性倍增了它的应用，最新的应用是作防火剂、电池塑料的厚盖剂以及垫圈工业的箔片[12]。石墨的另一个优点可以与水共存，即使是以水作为冷却剂或作为载体而使用石墨，其润滑特性也不会像 MoS_2 那样变差。目前，在水中分散特性良好的胶体石墨已经商品化，并且可以与水混合使用[7]。但石墨不是一个固有的固体润滑剂，低摩擦的石墨不仅取决于它的层状晶体结构，也取决于存在的可冷凝的汽化物，如水和烃类化合物，将容易加速石墨基面层之间的结合能，加速 π 键的断裂[3]。石墨在液体介质中形成稳定的高度分散性悬浮体，被称为胶体石墨。根据分散体应用范围不同，液体介质可以是矿物油、合成油、轻质有机溶剂和水。胶体石墨制剂随液体介质不同可分为水剂、油剂和干剂三种。胶体石墨粉剂规格标准见表2-69。

表2-69　胶体石墨粉剂规格标准

指标名称		型号			
		F-1	F-2	F-3	F-4
颗粒度/μm		4	15	30	100~200
灰分含量/%	不大于	1.0	1.5	2.0	2.0
灰分中不溶于盐酸含量/%	不大于	0.8	1.0	1.5	1.5
研磨性能		合格	合格	合格	合格
通过0.063网目上的筛余物/%	不大于	0.5	0.5	—	—
通过0.075网目上的筛余物/%	不大于	—	—	5	—
通过0.100网目上的筛余物/%	不大于	—	—	—	1.5
水分含量/%	不大于	0.5	0.5	-0.5	0.5
硫含量/%	不大于	—	—	—	0.1

石墨之所以有优良的减摩性，与它的晶体层状结构有关。石墨是由多环碳原子的六边形平面组成的，平面内的每个碳原子内表面之间短键的距离导致了强共价键。图2-52是石墨的结构图，表2-70是石墨的综合性能。弱的范德华力使大量的平面结合在一起形成晶体结构，平面间碳原子 d-间隔键距比较长，因此它就比平面内碳原子间的键要弱。当一个力施加于晶体，将产生一个强的阻力，高屈服强度为润滑剂提供了承载能力。与垂直施加于基体的力同时发生的是滑动力，与滑动方向平行。在平面间的这些弱键很容易沿着这种力的方向来剪切这些平面，这种力使平面分离，导致摩擦减小[11]。

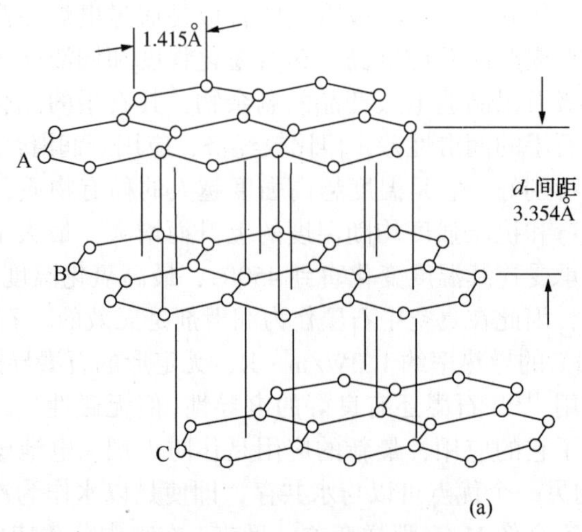

图 2-52　石墨的结构

表 2-70　石墨的综合性能

品种	无定形石墨	天然石墨(二级)	天然石墨(一级)	一级石墨	二级石墨
碳/%	81.0	90.0	99.7	99.9	99.7
石墨/%	28.0	99.9	99.9	99.9	92.3
晶体尺寸/nm	>50	>100	>100	>100	>70
d-间距/nm	0.361	0.355	0.354	0.355	0.359
电阻率/Ω·cm	0.091	0.031	0.029	0.035	0.042
颜色	黑	黑	黑	黑	黑
相对密度	2.31	2.29	2.26	2.25	2.24

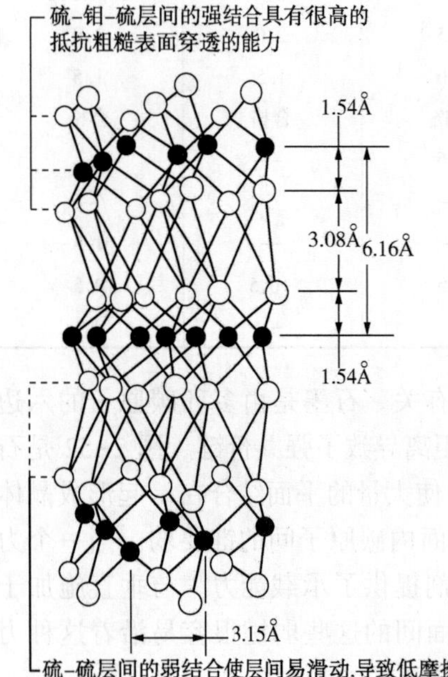

图 2-53　二硫化钼的晶体结构

6.5.2　二硫化钼(MoS_2)

MoS_2又称 Moly，它是由硫和钼原子组成的蓝灰色六边形的晶格结构(见图 2-53)，无论把 MoS_2研磨得多么细，它仍具有一定的层状结构和润滑性质。MoS_2有非常低的摩擦系数。事实上，直到最近 MoS_2获得了最低摩擦系数的世界纪录[3]。当在压力下摩擦时，MoS_2对金属表面有很强的亲和力，它能承受的压力可达 3.45×10^9Pa。表面镀有二硫化钼的零件(如轴承和轴)，可在无润滑油的情况下长期运转。在温度和压力作用下，两金属表面间的二硫化钼和金属表面发生瞬时反应，生成一层非常低摩擦的固体膜来防止两金属表面的接触。当两金属摩擦表面上的这层固体润滑膜发生磨损时，在液体润滑剂中悬浮的 MoS_2会连续不断地在摩擦表面对固体润滑膜形成补充和修复。在没有其他添加剂或润滑剂情况下，二硫化钼生成的固体膜的厚度是压力和时间的函数，但是理想条件下的膜厚度不会超过 1.2μm。一般在发动机润滑油中二硫化钼的最佳加剂量为 1%(质量分数)，颗粒大小为 0.3μm 左右。在航空航天领域，如卫星和航天飞机上，二硫化钼作为润滑剂也得到了应用，其环境温度可达-150 ~ 300 ℃。在这种条件下，MoS_2能黏附在很多金属表面，并且膜的强度超过 3450MPa[3]。在许多场合下，MoS_2的润滑性能超过石墨；在温度低于 400℃的高承载润滑工况下，它是最有效的。但 MoS_2在 350℃时会发生氧化，故其高温特性不如石墨好，而且它的价格也比石墨高。MoS_2的另一个优点是能够在干燥的环境下和真空环境中起到润滑作用，而石墨却不能。因此，MoS_2多用于金属模具的润滑，而很少用于消耗量大的坯料润滑。一般来说，MoS_2的耐载荷能力高于 3×10^9Pa，其在高载荷下可以生成 FeS 那样的铁硫化物或铁-钼硫化物而防止了烧结[13]。表 2-71是二硫化钼的特性[11]，表 2-72 是二硫化钼的规格指标。

表 2-71 二硫化钼的特性

性能	数值	性能	数值
相对分子质量	160.08	导电性	半导体
颜色	蓝灰至黑	导热性(40℃)/(W/m·K)	0.13
光泽	金属光泽	晶体结构	六边形
相对密度	4.80~5.0	工作温度/℃	约 371
体积硬度/Mohs	1.0~1.5	摩擦系数	0.10~0.15
熔点/℃	>1800		

表 2-72 二硫化钼的规格指标

项目		型号		
		0 号	1 号	2 号
二硫化钼的纯度/%		≥98	≥97.5	≥97
二硫化钼的粒度/%	2.3μm	≥95	—	—
	4.0μm	≤5	≥95	—
	7.5μm	—	≤5	—
	10.0μm	—	—	≤0.5
水分/%	不大于	0.5	0.5	0.5
325 筛目筛余物/%	不大于	0.5	0.5	0.5

然而，天然的微米级 MoS_2是六边形的晶格结构，其接触反应是惰性的；当 MoS_2变成单层分散的纳米原子团时，MoS_2呈现的结构是三角形而不是六边形(见图 2-54)，具有催化剂功能并可以被用作碳氢化合物的脱硫催化剂[14]。

研究发现，当二硫化钼分散为单层的纳米原子团时，其唯一的功能是作为催化剂。自然界的天然形状的二硫化钼的接触反应是惰性的，没有这种功能。

6.5.3 氮化硼

氮化硼(BN)又称白石墨或一氮化硼、氮化硼超微粉末、氮化硼棒、六方氮化硼，是一

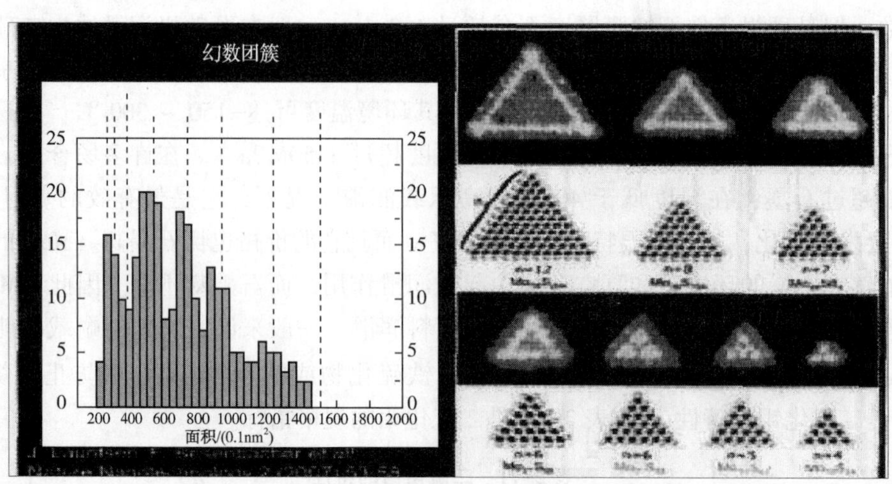

图 2-54　二硫化钼纳米原子团的结构

种柔软、白色、光滑的粉末，也是一种独特的陶瓷润滑剂添加剂。当石墨和 MoS_2 的性能不能满足要求时，氮化硼可以作为一种特殊领域的典型固体润滑剂。氮化硼有立方体和六边形两种晶型，立方体的氮化硼是很坚硬的物质，一般被用作磨料和切割工具的组分，没有润滑性；六边形氮化硼(见图 2-55)类似于石墨和二硫化钼，硼和氮相互结合组成六边形的环状结构，像石墨一样也成片状结构。当一个力平行施加于平面时，使平面易剪切，这种易剪切性提供了期望的减小摩擦及润滑作用。

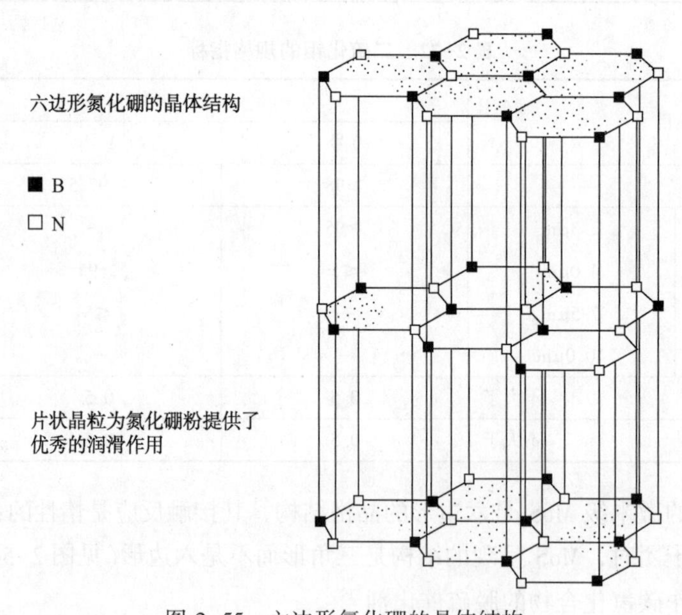

图 2-55　六边形氮化硼的晶体结构

氮化硼具有如下特点：

(1) 抗氧化温度可高达 1000℃，在高温时具有良好的润滑性，是一种优良的高温固体润滑剂。

(2) 具有很强的中子吸收能力。

(3) 化学性质稳定，对各种无机酸、碱、盐溶液及有机溶剂均有相当的抗腐蚀能力，对几乎所有的熔融金属都呈化学惰性，能耐高温至 2000℃。在氮气或氩气中使用时，氮化硼的使用温度可达 2800℃。

因此，无论在干的或潮湿的环境中，氮化硼都能有效地润滑。它比石墨和 MoS_2 更能耐氧化，并且在其工作温度界限内保持着润滑性。在氧化环境中氮化硼的工作温度是 1200℃，这就使氮化硼能应用于很高的工作温度时的润滑，而且熔点高于 3100℃，所以可被用作润滑脱模剂，但价格较贵。氮化硼的一般特性列于表 2-73 中[11]。

表 2-73　六边形氮化硼

性能	数值	性能	数值
分子量	24.83	介电常数	4.2
密度/(g/cm^3)	2.27	导热系数/(W/m·K)	55
晶体结构	六边形	摩擦系数	0.2~0.7
颜色	白色	工作温度(氧化气氛)/℃	1200
介电强度/(kV/mm)	35	粒子尺寸/μm	1~10

6.5.4　聚四氟乙烯

聚四氟乙烯(polytetrafluoroethylene，PTFE)与石墨、MoS_2、BN 等无机固体润滑剂不同，PTFE 是一种有机高聚物，20 世纪 40 年代初期 PTFE 就被用作润滑剂。PTFE 为白色，没有其他润滑剂那样的层状的晶格结构，是带状结晶结构。PTFE 的分子结构见图 2-56[15]。PTFE 是由不规则区(或非结晶区)和 20nm 厚、0.3m 宽的结晶薄层区组成。PTFE 分子中含有 13 或 15 个 CF_2—CF_2 基化学重复单元，没有分支，聚体内不形成支链，故其分子轮廓光滑。这种光滑的分子轮廓使它具有低摩擦系数的特性，又能够在滑动过程中在对偶面上形成转移膜。

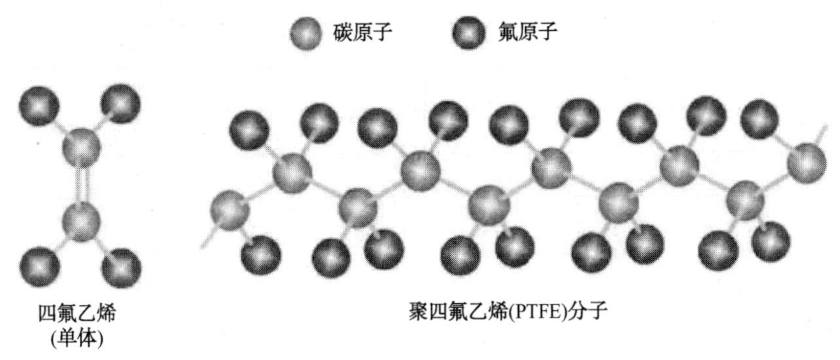

图 2-56　聚四氟乙烯分子结构

PTFE 的耐磨性差，但化学稳定性很好，在高达 260℃ 温度下仍能表现出良好的低摩擦性能。PTFE 比其他任何固体润滑剂的静摩擦系数和动摩擦系数都要小。PTFE 与 MoS_2、石墨的黏合膜摩擦系数的比较见表 2-74[16]。PTFE 的摩擦系数随负荷增加而下降，随摩擦速度的增加而上升。PTFE 在室温下用作黏结膜润滑，应用部位包括紧固件、攻丝化合物、链

条润滑和发动机油。PTFE 可广泛作为润滑脂和润滑油的固体润滑添加剂，PEFE 的物理性质列于表 2-75 中[11]。

表 2-74　几种固体润滑剂的黏合膜摩擦系数的比较

项目	摩擦系数
MoS_2+石墨	0.23
石墨	0.15
PTFE	0.07

表 2-75　聚四氟乙烯的物理性质

性质	数据	性质	数据
相对密度	2.12~2.22	摩擦系数	0.1
硬度/肖氏(Shore) D	0.1	介电常数	2.1
熔点/℃	327	工作温度/℃	约 260

6.5.5　三聚氰胺氰尿酸络合物(MCA)

MCA 是一种具有滑腻感的白色固体粉末，洁白、粒细，摩擦系数较低且随温度升高而下降，其润滑特性与二硫化钼相仿，以粉末、固体润滑膜和复合材料的填料等形式使用，而且价格低廉(仅为二硫化钼的 1/2~1/3)，是一种很受重视的新品种[17]。1980 年，日本油化密胺公司申请了 MCA 生产专利，首先推荐将 MCA 作为润滑性添加剂使用。国内也已经有几个工厂生产 MCA，如杭州化工厂。MCA 的一般性质见表 2-76[18]。

表 2-76　MCA 的一般性质

项　目	结　果
相对分子质量	255.2
相对密度	1.52
粒径/μm	0.5~5
细度	过 300 目
酸度(pH)	成品为中性；悬浮于水中为 6.5~7.5
干燥失重/%	0.5
受热失重/%	
350℃ 5h	3.5
真空(267Pa)，250℃，1h	10
热分解点(升华温度)/℃	440~450
溶解度/(g/m^3)	
在 93℃水中	10
在 70℃二甲基亚砜中	11
毒性：小白鼠试验 LD_{50}/(g/kg)	大于 10

MCA 烧结负荷和摩擦系数都随其添加量的增加而改善，见表 2-77。

表 2-77　MCA 在润滑脂中添加量的影响

MCA 添加量/%	四球机试验		Falex 试验	
	烧结负荷/N	磨损量/mg	烧结负荷	摩擦系数
0	500	3.0	50	0.25
1.15	600	0.7	500	0.12
1.92	700	0.6	500	0.11
2.69	950	0.5	750	0.11
3.85	1000	0.4	750	0.10
5.77	1050	0.3	750	0.09
7.69	1050	0.3	1000	0.08

MCA 化学稳定性好，它几乎不溶于任何有机溶剂，在 300℃以内不发生氧化，不与周围气氛发生化学反应。在室温至 300℃的范围内，随着温度的升高，其摩擦系数均有下降趋势，直至 0.04 左右保持稳定(见图 2-57)。选择适当的防腐蚀剂，可以使 MCA 润滑剂具有良好的存放稳定性。如在 MCA 水基润滑剂中加入 0.2 份 *N*-羟甲基氨基乙醇、0.1 份 *N*-苯甲酰氨基己烷三乙醇胺和 0.1 份 *N*-甲基苯三唑，可以使成品的防腐和防锈性能分别由 2 天和 1 天延长到 90 天以上，其存放稳定性能也达到 90 天[19]。MCA 与其他固体润滑剂复合得好还有协合效应，如将 MCA 和 PTFE 加入羟基钙石、ZnO 润滑脂后，可使烧结负荷提高一倍，磨损量降低到原来的 1/10，详见表 2-78[20]。

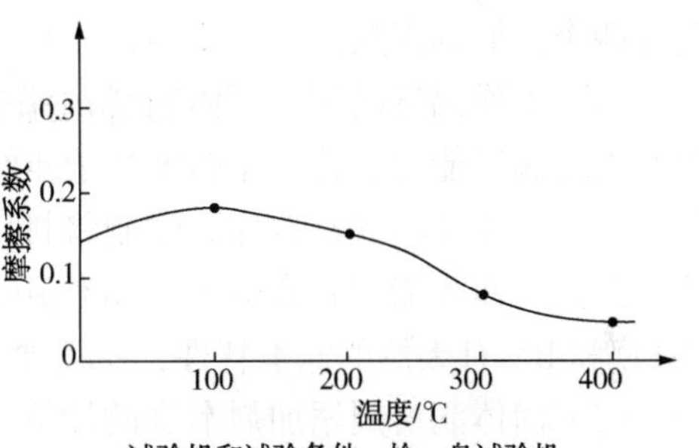

图 2-57　MCA 粉末的摩擦系数-温度曲线

表 2-78　MCA 与其他固体润滑剂复合后的协合效应

固体润滑剂/%			烧结负荷/N	磨损量/mg
MCA	PTFE	ZnO+羟基钙石		
无	无	0.7	500	3.0
6.0	无	0.7	600	1.0
无	6.0	0.7	600	1.0
6.0	6.0	0.7	1050	0.3

6.5.6　固体润滑剂添加剂的性质和性能

几种代表性的固体润滑剂添加剂的基本性质列于表 2-79 中[6, 17]。

表 2-79　几种代表性固体润滑剂添加剂的性质

物质名称	石墨	二硫化钼	氮化硼	聚四氟乙烯	三聚氰胺氰尿酸络合物
化学符号	C	MoS_2	BN	PTFE	MCA
相对密度	2.23~2.25	4.8	2.27	2.2	1.52
晶体结构	六方晶形	六方晶形	六方晶形	—	—
硬度(莫氏)	1~2	1~3	2	—	—

续表

物质名称	石墨	二硫化钼	氮化硼	聚四氟乙烯	三聚氰胺氰尿酸络合物
摩擦系数					
大气中	0.05~0.3	0.006~0.25	2	0.04~0.20	0.04~0.15
真空中	0.4~1.0	0.001~0.2	0.8	0.04~0.20	
热安定性					
大气中	500	350	700	250	—
真空中		1350	1587	550	
颜色	黑色	灰	白	白	白

固体润滑剂添加剂应用中要考虑使用的工作温度、使用环境、润滑剂的性能和成本效益等四个方面的因数：

（1）工作温度决定了固体润滑剂添加剂的种类。当工作温度超过400℃时，MoS_2 将分解而失去润滑能力；若工作温度高于400℃，将不会考虑用 MoS_2 和 PTFE。

（2）工作环境气氛条件的限制将排除某些固体润滑剂添加剂的使用。石墨需要吸附水分子到其表面才能起到有效的润滑作用，所以在真空环境中就不能使用石墨。然而 MoS_2、PTFE 和 BN 有天然的润滑特性，不需要吸附水分子到其表面就能减少摩擦。

（3）固体润滑剂添加剂本身的性能。由于固体润滑剂添加剂粒子减少的能力、表面能和表面化学的影响，有些固体润滑剂添加剂容易在液体中分散，如石墨和 MoS_2 要比 PTFE 及 BN 更容易在液体中分散。固体润滑剂添加剂粒子尺寸对润滑性能有影响，实际上，较大的粒子在表面相对粗糙的基体上显示出较好的性能趋势；在连续运动和高速应用中，表面粗糙度相对较小时，粒子越细效果越好。

（4）成本效益。当有两种以上的固体润滑剂添加剂能满足应用性能时，经济因数将是决定的选择。通常石墨最便宜，高纯度的石墨比低纯度的石墨或二级合成石墨要贵得多，其次是 MoS_2 和 PTFE，最贵的是 BN。表 2-80 是评价不同条件下应用固体润滑剂添加剂的效果。

表 2-80　固体润滑剂添加剂选择和等级

项目	石墨	MoS_2	PTFE	BN
标准大气压	1	1	1	1
真空	3	1	1	1
室温	1	1	1	1
空气中连续工作温度至200℃	1	1	1	1
空气中连续工作温度至400℃	1	3	N/A	1
空气中连续工作温度至450℃	2	3	N/A	1
抛光性能	1	1	3	2
水解稳定性	1	2	2	1
导热系数	2	3	3	1
承载润滑	2	1	1	2
减摩	2	2	1	3
分散性	1	1	3	2
颜色	黑	灰	白	白
相对成本	1	2	2	3

注：1=效果最好，2=效果次之，3=效果较差。

6.6 固体润滑剂添加剂的应用

固体润滑剂添加剂一般在溶剂中配成一种胶体悬浮液(Gel Suspension)，具有改善耐热性、提高耐载荷能力、降低摩擦和磨损、减少噪声和节省能源等效果，可以应用于润滑油、润滑脂、金属加工液和航天等领域。

6.6.1 应用于润滑油

一般是把不同的固体润滑剂添加剂分散在不同的溶剂(矿物油、聚乙二醇、醇和水)中，配制成不同的润滑油，表 2-81 中列出了代表性润滑油所用固体润滑剂添加剂。表 2-82 列出了几种固体添加剂对基础油极压抗磨性及润滑性的影响。

表 2-81 代表性润滑油所用固体润滑剂添加剂[6]

固体润滑剂添加剂	分散溶剂	外观	用途
石墨	矿物油 聚乙二醇 醇 水	黑色 黑色 黑色 黑色	发动机油、齿轮油等通用油 高温润滑(开式链锯润滑等) 干燥膜润滑(链条润滑等) 塑性加工润滑脱模用油
二硫化钼	矿物油 聚乙二醇 醇 水	灰色 灰色 灰色 灰色	发动机油、齿轮油等通用油 高温润滑(开式链锯润滑等) 干燥膜润滑(链条润滑等) 塑性加工润滑油
二硫化钨	矿物油	灰黑色	高温润滑
氮化硼	矿物油 硅油 水	白色 白色 白色	发动机油、齿轮油等 高温润滑干燥膜润滑
聚四氟乙烯	矿物油醇	白色 白色	发动机油、齿轮油等干燥膜润滑
氟化石墨	矿物油	灰色	发动机油、齿轮油等

表 2-82 几种固体润滑添加剂对基础油极压抗磨性及润滑性的影响

项目	1	2	3	4	5	试验方法
润滑剂	基础油	基础油+1%胶体石墨	基础油+1% MoS_2	基础油+1%PTFE	基础油+1%BN	
四球机试验						
磨斑直径 D/mm 196N 392N	 0.678 1.000	 0.695 0.855	 0.680 0.805	 0.50 0.84	 0.37 0.72	ASTM D4172
烧结负荷 P_D/N	1235	1568	1920	1920	1235	ASTM D2783
载荷磨损指数	17.20	18.70	24.30	19.04	19.90	ASTM D2783

续表

项目	1	2	3	4	5	试验方法
润滑剂	基础油	基础油+1%胶体石墨	基础油+1%MoS_2	基础油+1%PTFE	基础油+1%BN	
Falex 润滑试验						
磨损齿数	失败	78	8	10	失败	ASTM D2670
失效负荷/N	3890	4448	19461	>20017	2224	ASTM D3233
摩擦系数(计算值)	0.159	0.132	0.077	0.0568	0.160	—

另一种方法是，有的外国公司把固体润滑剂添加剂配成一种胶体悬浮液，用作减磨剂，应用时加一定量于发动机油中，当其中所含有的固体润滑添加剂与金属接触时，能在金属表面形成低摩擦系数的表面膜，既可减少摩擦，又可以减少磨损，从而达到节省燃料的效果。这种应用方法在国外是有很大争议的[21]。如原设备制造厂(OEM)和主要的润滑油公司继续抵制补充添加剂(Aftermarket Additives)，谴责用补充添加剂配制的无用“蛇油(snake oils)”，潜伏着对在售的高质量产品的有害性。通用汽车公司说：很多目前销售的补充添加剂无助于增强由通用汽车和其他车辆制造厂推荐的高性能全配方的发动机油所提供的防护。ILSAC(国际润滑油标准化和批准委员会)主席，发动机油、燃料和润滑剂部，通用汽车研究及开发中心经理 Dr. Michael L. McMillan 说：“恰恰相反，这些补充添加剂可能破坏(干扰)了在发动机油中已经充分平衡的添加剂，而且引起了真正的伤害——增加磨损或不利尾气排放或燃油的经济性。”这就是为什么通用汽车特别提出警告：在自己的手册中反对添加补充添加剂给通用汽车用户。McMillan 说：“事实上，目前满足车辆制造厂的发动机油，在大多数情况下已经包含了最佳性能的添加剂配方，不需要再补加补充添加剂。这些全配方的润滑油是经过一系列工业上认可的性能试验的测试，而这些试验是与发动机野外行车的临界状况密切联系的。由车辆制造厂推荐的满足高性能的标准润滑油，即由 API 在润滑容器上有确认的符号，或含有 SJ 性能的环行标志，必须通过工业认可的试验来保证磨损防护、锈蚀和腐蚀防护，阻止漆膜和油泥的生成，以及防止润滑油氧化。此外，其他许多润滑油也通过工业标准程序ⅥA 试验进行了车辆燃料经济性的改进，以防止催化剂和排放系统的毒害。”而补充添加剂的制造商没有提供用工业认可的发动机性能试验得到的数据，只是一些可疑和非科学的私人证明书。

目前市场上销售的外国所谓节能剂就是用固体润滑剂添加剂配成的一种胶体悬浮液。例如美国的 Sperryowens 公司生产的 Super TMT 和 Cromwell Orgnization 公司生产的 System “48Plus”，均是非油溶性的摩擦改进剂，它们是固体润滑剂添加剂的胶体悬浮液。Super TMT 是 0.5μm 颗粒度的石墨、聚四氟乙烯、二硫化钼及油溶性摩擦改进剂和抗磨剂，采用分散剂分散在精制的石油馏分油中形成胶体悬浮液而制成；而 System “48 Plus”是由 0.5μm 左右的石墨、二硫化钼及油溶性摩擦改进剂和抗磨剂、腐蚀抑制剂、分散剂和精制矿物油所组成的[22]。

Arco 公司在 20 世纪 70 年代末 80 年代初开始出售 Arco 石墨Ⅲ发动机油，这个奇异的润滑剂含有悬浮的细小的石墨颗粒，Arco 石墨Ⅲ发动机油是由优质的清净剂/分散剂组成的，设计为燃料经济型的发动机润滑剂。这种发动机油复合了优质的发动机油、石墨和化学还原剂“专有的三个处方”，有助于防止摩擦和磨损。在冷启动时石墨能保护发动机部件，因为发动机磨损主要是在冷启动时产生的[5]。

6.6.2　应用于金属加工液(参看第三章金属加工液用添加剂)

6.6.3　应用于润滑脂(参看第四章润滑脂用添加剂)

6.7　使用固体润滑剂添加剂应注意的问题[6]

6.7.1　润滑特性

应根据使用目的来选择所需要的固体润滑剂，必须确认固体润滑剂分散在润滑油中的润滑特性，特别注意与润滑油中含有的其他添加剂(极压剂、抗磨剂等)的相互作用问题。

6.7.2　分散稳定性

相对于各种润滑用途选择合适固体润滑剂的同时，还必须确认固体润滑添加剂在润滑油中可以均匀分散，且体系有较好的稳定性。

6.7.3　附着性、沉积性

为了保持良好的滑动面，固体润滑添加剂对金属表面应有良好的附着性或对凹部的沉积性。MoS_2的粒子比较容易地附着在钢材表面，但是因表面的处理方法不同而有差别。这个问题即使是添加剂厂商也难以确认，分散性保持均衡是业界难题，但今后必须解决。

6.7.4　固体润滑添加剂的消耗和补充

在油品使用过程中，在滑动面上被剪切的同时，固体润滑剂将消耗一部分，在苛刻的润滑条件下将使油品的使用寿命下降，为此要对润滑油的状态(油温、噪声、电力消耗等)进行监测，在适当的时候补加固体润滑添加剂。

关于固体润滑剂作为润滑油添加剂使用的效果、作用机理方面的报道仍然比油溶性的化学添加剂少。固体润滑添加剂在实际使用中显示出了优异性能，但也存在一些问题。需要进一步研究和了解。特别是润滑油中使用的固体润滑剂的稳定性和相容性是要认真对待的，国外许多公司在解决稳定性方面做了很多研究工作，也发表了不少专利，都说解决了稳定性的问题，但在实际应用中有时仍然有悬浮在液体中的固体润滑剂添加剂沉淀的现象。固体润滑剂添加剂在润滑油中的稳定性及与其他油溶性添加剂的配伍性问题，目前的研究虽然取得了长足的进步，但仍然应该高度重视，开展进一步的研究，并给出有效的解决方案。

参　考　文　献

[1] 黄文轩，张英华．固体润滑剂添加剂综述[J]．润滑油，1999，(5)：5-11.

[2] 郭青．二硫化钼固体润滑性能及其应用[J]．精密制造与自动化，2007，(3)：1-4.

[3] Anthony Gaskell. Molybdenum Disulfide：New Life for Old Technology[J]. Lubricants World，1998，8(1)：40-43.

[4] 村木正芳，和田寿之．ZnDTP 共存下における有機モリブデン化合物のすべり摩擦特性[J]．トぅイボロジスト，1993，38(10)：919.

[5] Tim Cornitius. Solid Lubricants-Solidhold in Global Industry[J]. Lubricants World, 1998, 8(9): 28~31.

[6] 山本 智[J]. トョイボロジスト, 1995, 40(4): 357-361.

[7] 西川芳雄[J]. 潤滑(日), 1981, 26(7): 474.

[8] U. S. Patent. 4136040[P].

[9] U. S. Patent. 4434064[P].

[10] A. G. Papay. 摩擦, 摩擦调整剂とその应用[J]. トライボロジスト, 1995, 40(4): 274-279.

[11] Leslie. R. Rndnick. Lubricant additives chemistry and application[M]. Marcel Dekker, Inc., New York, NY 10016, U. S. A. 2003: 171-202.

[12] 村木正芳, 和田寿之. ZnDTP 共存下における有機モリブデン化合物のすべり摩擦特性[J]. トョイボロジスト, 1993, 38(10): 919.

[13] 西村 允. 固体润滑概论(12)—12[J]. 金属加工. 固体润滑, 1989, 9(2): 121-126.

[14] Canter, N. Determining the Structure of Molybdenum Disulfide Nanoclusters[J]. Tribology and Lubrication Technology, 2007(5), 10-11.

[15] Dmitri Kopeliovich. Polytetrafluoroethylene (PTFE) assolid lubricant[EB/OL]. 2016-06-01. http://www.substech.com/dokuwiki/doku.php? id=polytetrafluoroethylene_ptfe_as_solid_lubricant.

[16] Leslie R Rndnick. Lubricant additives chemistry and application(Second Edition)[M]. Marcel Dekker, Inc, Designed Materials Group Wilmington, Delaware, U. S. A., 2008: 173-194.

[17] 汪涛锋、章德胜. 有机固体润滑剂 MCA 的性能评价[J]. 固体润滑, 1989, 9(3): 137-143.

[18] 李明威摘译[J]. 固体润滑, 1982, 2(2): 119.

[19] 特开昭 57-8297[P].

[20] 特开昭 57-65797[P].

[21] Tim Cornitius. Engine Oils & Aftermarket Additives[J]. Lubricants World, 1998, 1: 19-26.

[22] 黄文轩, 韩长宁. 润滑油与燃料添加剂手册[M]. 北京: 中国石化出版社, 1994: 52-53.

第7节 抗氧剂

7.1 概况

在石油产品中使用抗氧剂的历史，一直可追溯到20世纪20年代以前，为了改善含烯烃的裂化汽油氧化稳定性，防止过快的生成胶质沉淀，开始加入各种屏蔽酚、芳胺及氨基酚等作为抗氧剂。20年代末期，随着汽轮机油的发展，2,6-二叔丁基对甲酚(2,6-di-tertiary-butyl-4-methylphenol)问世，此阶段在变压器油中使用了对苯二酚，使油品的使用寿命由1年提高到15年以上。20世纪30年代，由于汽车工业的大发展，内燃机的压缩比大幅度提高，为解决材质的机械强度问题，使用了铜-铅(Cu-Pb)、镉-银(Cd-Ag)等合金，但由于油品的氧化引起这些材质的腐蚀，要求油品中加入抗氧抗腐剂，于20世纪40年代出现了ZDDP抗氧抗腐剂。20世纪60年代，由于航空发动机需要高温无灰抗氧剂，而单酚型的热稳定性不够，于是双酚型抗氧剂在活塞式航空发动机油中获得成功。20世纪70~80年代，随着汽车向高速、高负荷发展，促使油品氧化变稠，对油品的抗氧性能提出更高要求，SF级油除用ZDDP外，还需加入高温抗氧剂。为了减少污染和噪声，20世纪70代年以后的小轿车装有废气催化转化器，而磷易引起催化转化器中的贵金属中毒，为了避免催化剂中毒，要求油品低磷低灰分化。于20世纪80年代出现了铜盐和无磷等抗氧剂。总之，抗氧剂随着工业发展而发展，总的趋势是需要耐高温的高效的抗氧剂。

7.2 抗氧剂的使用性能

由于润滑油在使用中不可避免地要与金属接触，受光、热和氧的作用，而产生氧化。一般烃与空气接触产生氧化称为自动氧化，包括一系列的自由基连锁反应。而油品的氧化速率不仅取决于润滑油的类型，也取决于油品所经受的温度、氧的浓度和催化剂的存在。

由原油加工的润滑剂基础油主要是由25~45个碳原子组成的烃混合物，并且可以分成四个主要类型：石蜡烃(烷烃)、环烷烃(或环石蜡烃)、芳香烃和杂原子化合物。除碳原子(C)外，还含硫(S)、氧(O)、氮(N)等，见图2-58[1]。润滑油的三类组分中，以烷烃的氧化安定性较好，芳烃的抗热氧化安定性最好，环烷烃较差，特别是带有叔碳原子的环烷烃的氧化安定性最差。芳烃的侧链愈多和愈长时，它的氧化安定性就越低，但是没有一种商业的润滑油是单一的，其油品性质以占主要组分的类型为主。一般石蜡基基础油适用于内燃机油，而环烷基的基础油适用于电器用油。

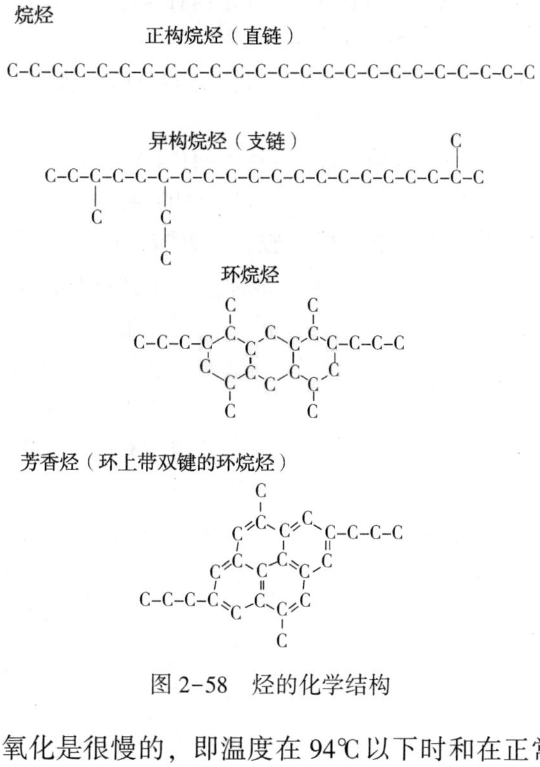

烷烃

正构烷烃（直链）

C-C-C-C-C-C-C-C-C-C-C-C-C-C-C-C-C-C-C-C-C-C-C-C

异构烷烃（支链）

C-C-C-C-C-C-C-C-C-C-C-C-C-C-C-C-C-C-C-C

环烷烃

芳香烃（环上带双键的环烷烃）

图2-58 烃的化学结构

润滑油在常温下的氧化是很慢的，即温度在94℃以下时和在正常大气下氧化是不明显的。当温度超过94℃时，氧化速率变得比较明显。一般认为，在一定温度范围内，每升高10℃，润滑油的氧化速率大约为原来的2倍[2]。从图2-59可看出，温度越高，润滑油的氧化就越剧烈。温度低的时候，氧化曲线向下弯，这是自身抑制型，而温度升高时变成自身催化型。也就是说，随着温度的变化，氧化机理也发生了变化[2,3]。

润滑油的氧化是因溶解于油中的氧所引起的，溶解氧越多，氧化作用也会增大。一般对矿物油(如变压器油)的储存，常采用氮气封存的办法，目的就是减少氧的浓度。所以氧的浓度越大，氧化作用也增强(见图 2-60)。从图 2-60 可看到，氧的分压为一半的时候，氧化的诱导期发生了相当大的变化。加相同浓度的抗氧剂，氧的分压为一半时的诱导期延长了很多。

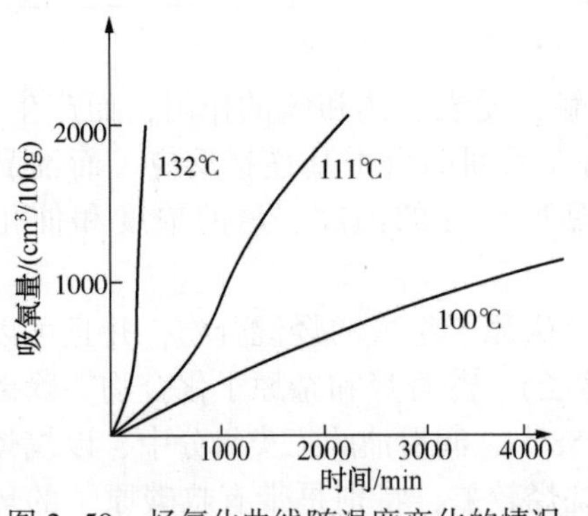

图 2-59 烃氧化曲线随温度变化的情况

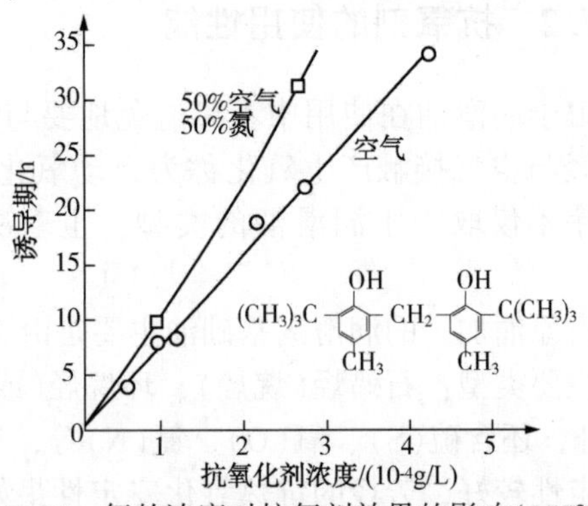

图 2-60 氧的浓度对抗氧剂效果的影响(155℃)

金属(Cu、Fe、Ni、V、Mn 和 Co 等)离子对自由基的形成有催化作用，能加速氧化反应速率[4]。一般认为，金属离子的催化氧化反应过程为：

$$M^{(n+1)+}+R-H \longrightarrow M^{n+}+H^{+}+R\cdot$$

$$M^{n+}+O_2 \longrightarrow M^{(n+1)+}+O_2^{-}$$

此外，油中溶解的过渡金属离子会加速过氧化物的分解，促进自由基的产生，从而R·加速了氧化反应的进行[4,5]：

$$M^{(n+1)}+ROOH \longrightarrow M^{n+}+H^{+}+ROO\cdot$$

$$M^{n+}+ROOH \longrightarrow M^{(n+1)+}+HO^{-}+RO\cdot$$

ROOH 进一步分解和氧化，生成酮、醇、酸、含氧酸，再进行聚合反应，最终成为漆膜、油泥。无论什么样的氧化产物，一般都是有害的。油泥黏附在金属表面，可能引起运动部件的黏结或磨损，堵塞滤网和油管线，降低循环油量。氧化生成的酸将腐蚀金属，氧化也与油品黏度增加有关，而且氧化产物本身也像催化剂那样作用，进一步加速氧化[3]。

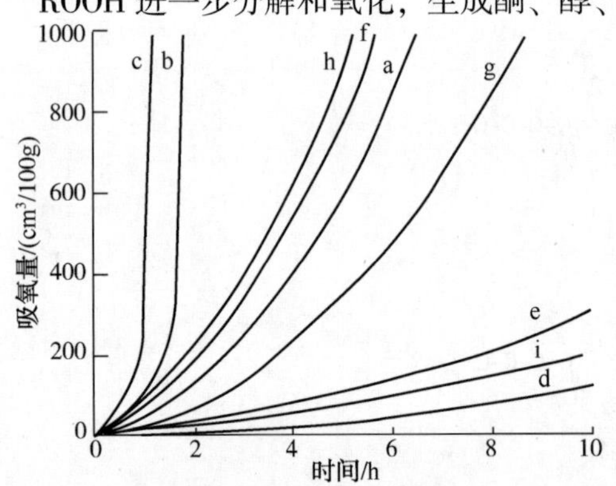

图 2-61 基础油、精制深度、加入金属和抗氧剂对于矿物油在 175℃时氧化倾向的影响

a—深度精制的基础油(SAE 10，VI=112)；b—a+Fe 丝；c—a+Cu 丝；d—a+硫磷抗氧剂；e—+Fe 丝+硫磷抗氧剂；f—正常精制深度的含沥青质润滑油(SAE 10)；g—f+硫磷抗氧剂；h—a+钙清净剂；i—a+钙清净剂+硫磷抗氧剂

从反应历程可以看出，有两种手段可以控制氧化，一是防止生成过氧化物，即当过氧化物一旦形成，就加以破坏，终止链的继续发展或终止自由基的发展。所以阻止生成过氧化物的直接办法，是加入对氧化物有很强亲和力的添加剂——过氧化物分解剂和链终止剂。另外一种手段是研究抑制金属对油品氧化的催化效应。

抗氧剂的效果与基础油的精制深度和所含杂质有关，详见图 2-61[6]。曲线 a 为深度精制的润滑油(SAE 10, VI 112); f为正常精制深度的含沥青的润滑油(SAE 10, VI 20), 其抗氧化性能比深度精制的好; 在a润滑油中加入铜丝和铁丝的曲线b和c, 由于金属的催化作用, 加速了氧化, 但铜比铁的催化作用更强; 曲线d和g是在两个润滑油中加入同样的硫磷抗氧剂, 表明深度精制的润滑油可以很容易让硫磷复合抗氧剂起作用, 这要比正常精制深度的含沥青的润滑油容易得多, 这意味着随芳烃含量的降低, 抗氧剂的效能在提高。

氧化过程是复杂的, 随温度的变化而变化, 为了提高油品的氧化安定性, 将不同类型的抗氧剂复合使用有明显的增效作用。因此, 一般两种以上并用的抗氧剂, 比单一使用时效果好, 例如不同类别或不同品种的抗氧剂复合使用时, 抗氧化能力显著提高, 能起到相辅相成的作用。几种抗氧剂的配伍效果见表2-83[7]和表2-84[8]。

表2-83 自由基终止剂和过氧化物分解剂的配伍效果

自由基终止剂	过氧化物分解剂	过氧化物分解剂浓度/%	诱导期(155℃)/h		
			自由基终止剂浓度/%		
			0	0.0033	0.0067
2,2′-次甲基双(4-甲基叔丁基酚)	二(4-甲基苄基-2)二硫磷酸锌	0 0.0063 0.025	0.5 12.7	6.0 32.0 	12.7 55.0
2,2′-次甲基双(4-甲基叔丁基酚)	二正葵基硫酸酯	0 0.025	0.5 12.2		12.7 54.7
N,*N*′-二仲丁基对苯二胺	二(4-甲基苄基-2)二硫磷酸锌	0 0.025	0.5 12.7		16.1 38.2
2,2-甲基双(4-甲基叔丁基酚)	*N*,*N*′-二仲丁基对苯二胺(自由基终止剂并用例)	0 0.0067	0.5 16.1		12.7 17.0

表2-84 复合抗氧剂在汽轮机油中的增效作用

油品	旋转氧弹试验(ASTM D-2272)/min	氧化试验寿命(ASTM D-943)/h
普通汽轮机油(A油)①	211	1211
A油+芳胺	275	2241
A油+金属减活剂	218	2552
A油+芳胺+金属减活剂	379	3089

① A油中加有2,6-二叔丁基对甲酚。

基础油的类型不同, 对抗氧剂的感受性有很大的差异。如用溶剂精制的Ⅰ类基础油和用加氢精制的Ⅱ类基础油, 对添加剂的感受性是不一样的。了解抗氧剂在不同基础油中的使用规律, 对于合理利用基础油资源、加快润滑油配方的研发速度、降低添加剂成本和推动高档润滑油添加剂的研制开发具有重要意义。

主抗氧剂和辅助抗氧剂复合, 在加氢基础油中有良好的感受性, 但在传统的溶剂精制的中性油中感受性较差[9]。从API对基础油的分类可以了解各类基础油中的硫含量、饱和烃和黏度指数的情况[10]。用屏蔽酚(HP)和烷基二苯胺(NDPA)在Ⅰ~Ⅳ类基础油中

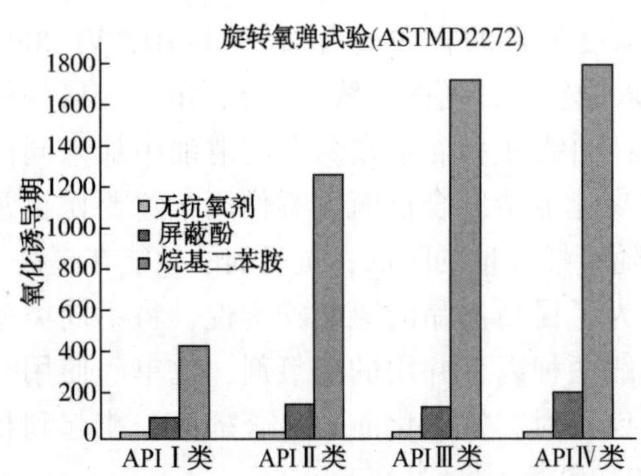

图 2-62　抗氧剂对基础油稳定性的影响

注：屏蔽酚、烷基二苯胺的添加量分别为 0.5%（质量分数）。

进行了试验，其结果是没有加抗氧剂的基础油的抗氧化性能最差，基础油加 HP 抗氧剂时为中等，加 NDPA 抗氧剂最好，详见图 2-62[11]。同时可看出，两种抗氧剂在Ⅰ～Ⅳ类基础油中，从 API Ⅰ～Ⅳ类中的抗氧化性能逐渐提高。

7.3　抗氧剂的作用

润滑剂受热和氧的作用产生自由基、过氧化物，这些活性中间体进一步反应生成醇、醛、酮和水等物质。润滑剂的氧化降解路径图如图 2-63 所示[12]。这些物质在催化作用下进行缩合，缩合物能导致聚合降解产物的形成，最终形成发动机中的油泥和漆膜。结果导致润滑油变稠、发动机磨损增多、润滑性变差和燃料经济性降低。抗氧剂就是抑制自由基的生成，以减少和延缓润滑油的氧化降解，延长润滑油的换油期。

从抑制氧化反应角度来看，润滑油抗氧剂的作用机理主要包含两种：一种是通过供氢清除过氧自由基，终止自由基链传递过程；另一种是通过分解氢过氧化物，抑制氢过氧化物生成自由基的反应过程。

按作用机理，一般将抗氧剂分成两种类型：自由基终止剂，也称为主抗氧剂（Primary antioxidants）；过氧化物分解剂，也称为副抗氧剂（Secondary antioxidants）[12]。主抗氧剂与副抗氧剂复合使用的增效作用特别明显[12]（见图 2-64）。

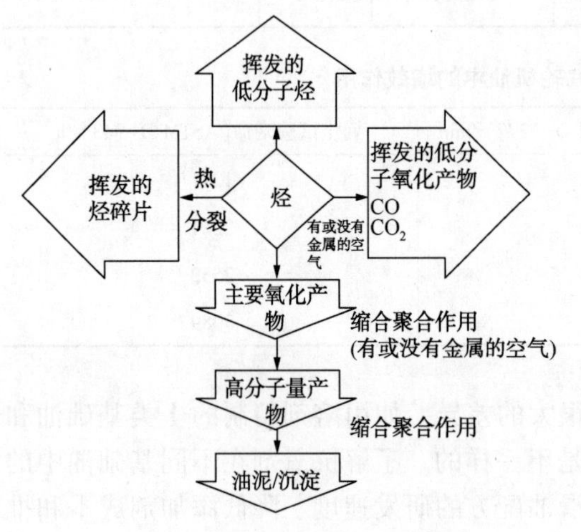

图 2-63　润滑剂的氧化降解路径

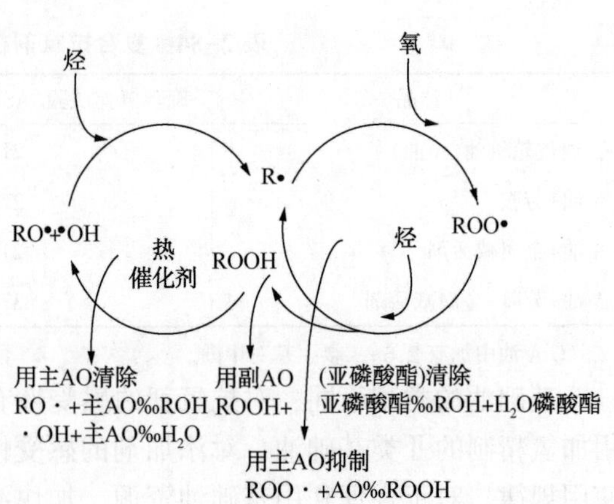

图 2-64　抗氧剂使润滑剂稳定的作用

主抗氧剂主要功能是链终止剂，迅速与烷基过氧自由基（ROO・）、烷氧自由基（RO・）反应。主抗氧剂大多数是受阻胺和屏蔽酚抗氧剂。

副抗氧剂与氢过氧化物反应产生非自由基的稳定产物，因此副抗氧剂又称为氢过氧化物分解剂。副抗氧剂包括硫醚、亚磷酸酯、亚磷酸酯和 ZDDP 等。

屏蔽酚抗氧剂、受阻胺类抗氧剂是典型的自由基终止剂。这种抗氧剂能够同自由基反应，使其变成不活泼的物质，起到终止氧化反应的作用。RO · 及 ROO · 表示自由基，用 AH 表示抗氧剂分子，其反应如下：

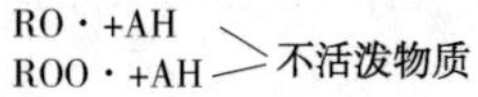

RO · +AH
ROO · +AH ⟶ 不活泼物质

2,6-二叔丁基对甲酚(BHT)是最典型的一种屏蔽酚抗氧剂。以 BHT 为例，烃自由基与氧反应生成烃过氧自由基的反应速度常数(k_2)远远大于烃自由基与 BHT 反应的速度常数(k_1)[11,13]，如图 2-65 所示。因此，在有氧存在时 BHT 与烃自由基几乎不反应，而是 BHT 提供一个氢原子给烷基过氧自由基并俘获它，如图 2-66 所示。BHT 生成的苯氧自由基是通过叔丁基的空间位阻效应和电子共振结构而稳定的。具有共振结构的环己二烯酮自由基能与另外一个烷基过氧自由基结合生成环己二烯酮烷基过氧化物，该化合物在 120℃以下是稳定的。

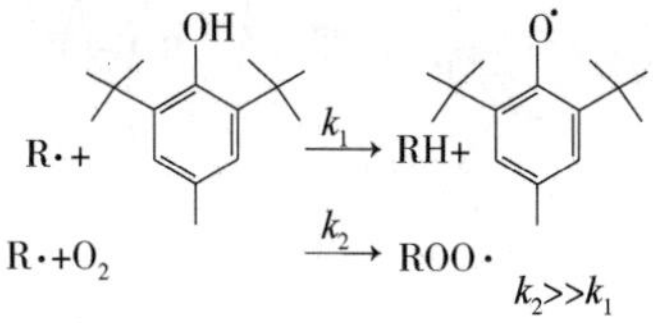

图 2-65 BHT 的反应性

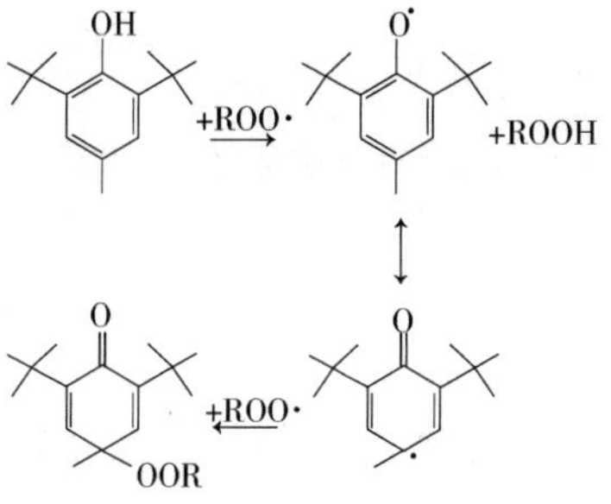

图 2-66 BHT 作为氢供体捕获过氧自由基的反应

烷基化二苯胺作为供氢体捕获自由基的反应过程，如图 2-67 所示。烷基化二苯胺与自由基反应生成氨基自由基。

图 2-67 烷基二苯胺作为供氢体捕获自由基的反应

在较低温度条件下，氨基自由基会继续捕获烷基过氧自由基生成硝酰基自由基，并最终反应生成稳定的 1,4-苯醌和烷基亚硝基苯，如图 2-68 所示[14]。在高温条件下，硝酰基自由基会生成 *N*-仲烷氧基二苯胺，受热发生分子重排再生为烷基化二苯胺，如图 2-69 所示[15]。

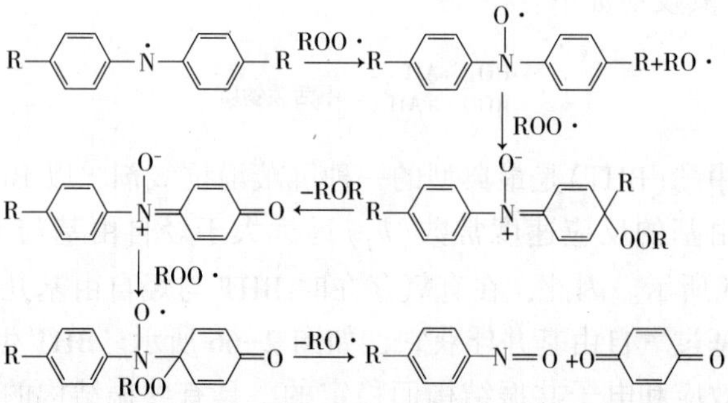

图 2-68 氨基自由基捕获过氧自由基的反应过程

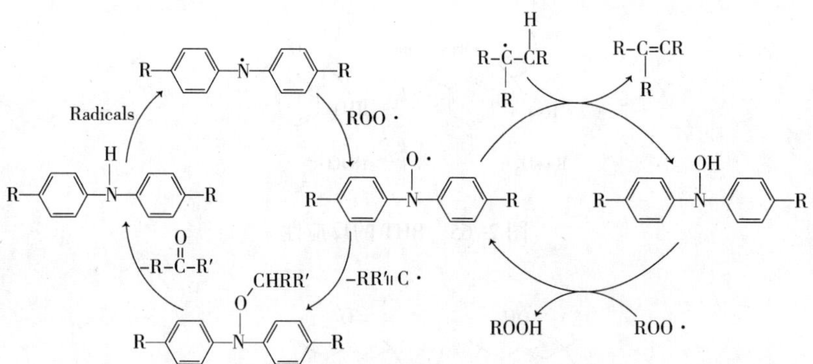

图 2-69 高温条件下烷基化二苯胺的再生机理

7.4 抗氧剂品种

常用的自由基终止剂有屏蔽酚和芳胺型抗氧剂，见表 2-85。

表 2-85 屏蔽酚、芳胺型抗氧剂的类别和结构

类型	化合物名称	分子结构
屏蔽酚	2,6-二叔丁基对甲酚 (2,6-di-*t*-butyl-*p*-cresol)	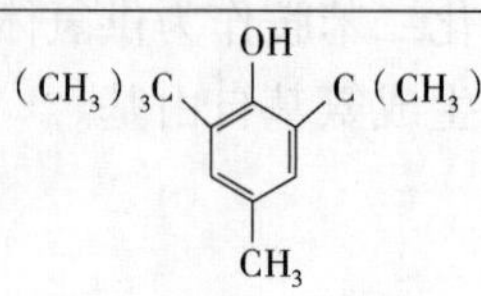
	2,6-二叔丁基酚 (2,6-di-*t*-butylphenol)	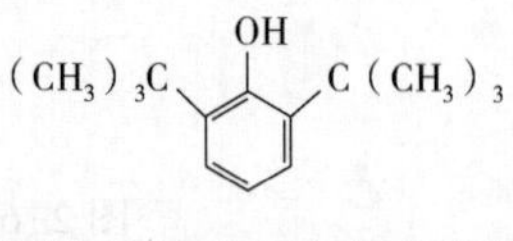

续表

类型	化合物名称	分子结构
屏蔽酚	4,4′-亚甲基双(2,6-二叔丁基酚) [4,4′-methylene-di(2, 6-ditert-butylphenol)]	
	甲叉 4,4′-硫代双-(2,6-二叔丁基酚)	
芳胺型	*N*-苯基-α-萘胺 (Phenyl-α-naphthlamine)	
	二烷基二苯胺 (Dialkyl diphenylamine)	
	烷基化二苯胺 Alkylated diphenylamines(Vanlube NA)	
	二辛基二苯胺	
酚胺型	2,6-二叔丁基 α-二甲基氨基对甲酚	
酚酯型	3,5-二叔丁基-4-羟基苯基丙烯酸甲酯	
	β-(3,5-二叔丁基-4-羟基苯基)丙酸十八碳醇酯	

7.4.1 屏蔽酚型抗氧剂

所谓屏蔽酚指的是在羟基邻位上有较大的位阻基团。

(1) 单酚型抗氧剂。单酚型化合物抗氧性能好，对延长诱导期有效，但应用温度低，在 100℃以下最有效。

单酚型抗氧剂应用最多的是 2,6-二叔丁基对甲酚(BHT)，产品为白色结晶，遇光变黄。RHT 主要应用于工业润滑油中，如汽轮机油、变压器油、液压油和机床用油等，也大量用于燃料油中。国内有两种工艺生产，一是以甲苯为原料，经磺化、中和、碱熔、酸化制取对甲酚，然后再与异丁烯烷基化而成；另一种工艺以甲苯和丙烯为原料，进行烷基化、氧化、酸分解生成间甲酚、对甲酚和丙酮。酚类再与异丁烯烷基化，精馏分去其他烷基酚而制得产品。

（2）双酚型抗氧剂。为了满足较高温度的应用需要，发展了双酚型抗氧剂。具有代表性的化合物是4,4′-亚甲基双(2,6-二叔丁基酚)，其使用温度可达150℃，能用于活塞式航空发动机润滑油、压缩机油等油品中。其他双酚型抗氧剂有甲叉4,4′-硫代双-(2,6二叔丁基酚)等。

（3）酚酯型抗氧剂。酚酯型抗氧剂(Phenolic ester type antioxidant)，一般是指在羟基对位含有酯类基团，用以提高产品的油溶性及热稳定性。一般以β-(3′,5′-二叔丁基-4-羟基苯基)丙酸甲酯(简称3′,5′甲酯)为母体，与醇进行酯交换而得到。具有代表性的酚酯型抗氧剂是β-(3′,5′-二叔丁基-4-羟基苯基)丙酸异辛酯。

酚酯型抗氧剂属于无灰高温抗氧剂，克服了传统酚型抗氧剂易挥发的缺陷，高温性能得到较好改善，除了具有良好的中低温性能外，还可控制高温油泥和沉积物，在矿物油和非传统基础油中有优异的稳定性。当与烷基二苯胺、含钼及硫化合物的抗氧剂复合时，有助于控制氧化和高温沉积[16]。

7.4.2 胺型抗氧剂

胺型抗氧剂使用的工作温度比屏蔽酚型高，抗氧耐久性也比酚型好，对延长诱导期、抑制油品后期氧化效果较好。胺型抗氧剂在控制黏度增长方面比酚型抗氧剂好；酚型抗氧剂与胺型抗氧剂复合在控制活塞沉积方面比胺型抗氧剂更有效[12]。但胺型价格较贵，在酸性物质存在下将失去效果，毒性也较大，易使油品变色，且有潜在生成沉淀的危险，因此使应用受到限制。由于胺类抗氧剂的高温性能好，在某些领域的应用超过酚类抗氧剂。研究发现，二苯基胺和苯基α-萘胺在高于200℃时仍然稳定[17]。

二烷基二苯胺、苯基-α-萘胺是最具代表性的胺型抗氧剂产品。二烷基二苯胺是一种多用途液体胺类抗氧剂，是汽轮机油、液压油、导轨油、压缩机油和其他工业润滑油的通用抗氧剂。该添加剂是一种优秀的、不导致产品颜色加深的润滑脂抗氧剂，可用于调配汽车、航空发动机的无灰曲轴箱油，与酚型抗氧剂复合后有协同作用。苯基-α-萘胺具有突出的高温抗氧化性能，与酚型抗氧剂复合用于汽轮机油和工业齿轮油中。

7.4.3 过氧化物分解剂

过氧化物分解剂包括含硫化合物、硫磷化合物及硫氮化合物等。其中应用较多的是硫磷化合物，如ZDDP(已在本章第3节中做了详细介绍)。具有代表性的硫氮化合物过氧化物分解剂有无灰二烷基二硫代氨基甲酸酯。二烷基二硫代氨基甲酸酯在低浓度时为氢过氧化物分解型抗氧剂，高浓度时为极压剂。

7.4.4 含铜抗氧剂

发动机油对抗氧剂的要求越来越苛刻，单独使用ZDDP很难满足要求，尤其要求使用对三元催化转化器中毒最小的低磷润滑油更是如此，需要无磷抗氧剂来补充ZDDP的作用。发现有机铜化合物作为ZDDP的助抗氧剂是非常有效的。

可溶性铜离子或金属铜对润滑油起到催化氧化作用，但它的作用取决于其应用条件。例如在烃氧化时铜化合物的浓度低于 40μg/g 时，它起强氧化作用，但浓度高时(200μg/g)则是个抗氧剂[18]。主要的铜化合物有羧酸铜、硫代磷酸铜、硫代氨基甲酸铜、含铜的磺酸盐、硫代烷基硼酸铜[19]。环烷酸铜和油酸铜不仅是好的氧化抑制剂[20,21]，而且油酸铜与硼酸酯复合后有很好的抗磨协合效应[22]。

在发动机油中应用高含量的铜是不可能的，但当进行台架氧化试验研究全配方的发动机油的氧化安定性时发现：用可溶性铜离子作抗氧剂，其浓度在 100~200μg/g，在 165℃时，铜起到非常强的抗氧化作用。有专利报道了含有 0.01%~5.0%的 ZDDP 和 60~200μg/g 铜的润滑油品，含有 ZDDP 和不同抗氧剂(包括胺、酚、仲醇基 ZDDP 和不同的铜盐)全配方的润滑油的氧化试验表明，只有 ZDDP 与铜盐混合时才通过了氧化试验。此外，发动机试验表明，只有当铜的浓度低于 60μg/g 时，黏度才有很大的增加，而凸轮和挺杆的磨损比在铜的浓度为 200μg/g 时大[23]。所以，在 Lubrizol 公司的商品发动机油中已经有含铜的复合剂产品[24]。表 2-86 列出在上述条件下三个不同的铜化合物改善油品黏度控制的情况，从而显示出铜化合物抗氧剂在一定条件下比芳香胺和酚型抗氧剂的效果更好[18]。

表 2-86 几种抗氧剂的抗氧性能比较

抗氧剂类型	加入量/mg	铜/(μg/g)	试验时间/h	40℃黏度/mPa·s
无剂			30	>500 时为固体
ZDDP	1.2		48	>500 时为固体
烷基二苯胺	0.5		30	>500 时为固体
受阻酚	0.5		30	>500 时为固体
铜化合物 A	0.10	170	64	310
铜化合物 B	0.32	160	64	300
铜化合物 C	0.12	145	64	410

有机铜抗氧剂是 20 世纪 80 年代开发的产品。国外的有机铜助剂一般是以复合剂形式推出的。例如，Lubrizol 和 Exxon 公司于 20 世纪 80 年代末期提供的 LZ7574U、LZ 7873、ECA 9516、ECA 10728 等汽油机油复合剂中就含有铜，根据推荐的加入量，在油中的含铜量约在 100μg/g[25]。国内也开发了两种类型的有机铜化合物抗氧剂：一类是硫磷酸铜及其复合物(T541、T542)，二是铜盐磺酸钙复合物(T543、T544)。有机铜抗氧剂作为 ZDDP 的助抗氧剂，再与其他添加剂复合，成功地应用在汽油机油的复合剂中。含有 T542 的 T3052 和 T3056 汽油机油复合剂，以 7.7%和 6.7%的量分别配制 10W/30 SF 级的汽油机油，ⅢD 发动机台架试验后，100℃黏度增长小于 50%，证明铜盐抗氧剂在抑制黏度增长上效果显著[26]。

有关铜抗氧剂的作用机理各家观点不尽相同[19]。在厚层氧化试验中，认为 Cu^{+} 具有抑制氧化功能，即可以失去一个电子，使过氧化游离基 ROO·生成负离子 ROO^{-} 而减缓了游离基的链增长反应，具有终止游离基的功能。在板状微量氧化的薄层试验中，认为 Cu^{2-} 抑制氧化，而 Cu^{-} 催化油品氧化，可引发产生游离基，并发生分支反应，引起链的增长。

总之，有机铜抗氧剂具有优良的高温抗氧性能，目前国内外已经广泛应用在汽油机油中，来解决高温抗氧化问题。作为 ZDDP 的助抗氧剂，在配制低磷润滑油、解决催化转化器的催化剂中毒问题上创造了有利条件。

7.5 抗氧剂的复合效应

两个或两个以上添加剂复合时，可能产生增效(协同)或对抗作用。一般复合使用的目的是要获得协同效应。

研究表明，屏蔽酚(HP)类与烷基二苯胺(ADPA)抗氧剂的复合具有协同效应[27,28]。

在 API Ⅰ类基础油中分别加入同等加剂量的 HP、ADPA 抗氧剂和二者复合物所配制的汽轮机油的氧化试验和旋转氧弹试验结果分别见图 2-70、图 2-71。由图 2-70、图 2-71 可见，屏蔽酚和烷基二苯胺两种添加剂表现出明显的复合协同效应。

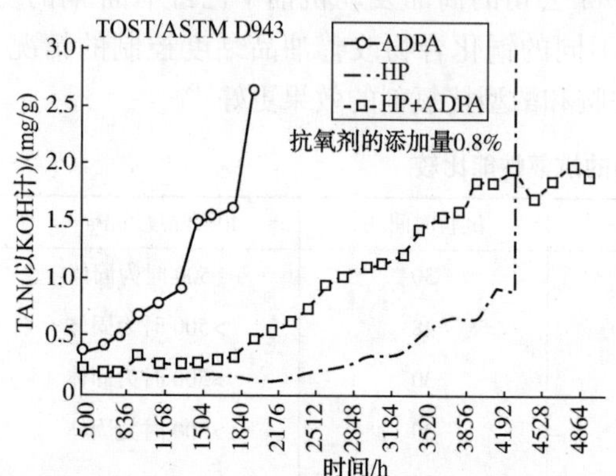

图 2-70　汽轮机油氧化试验结果

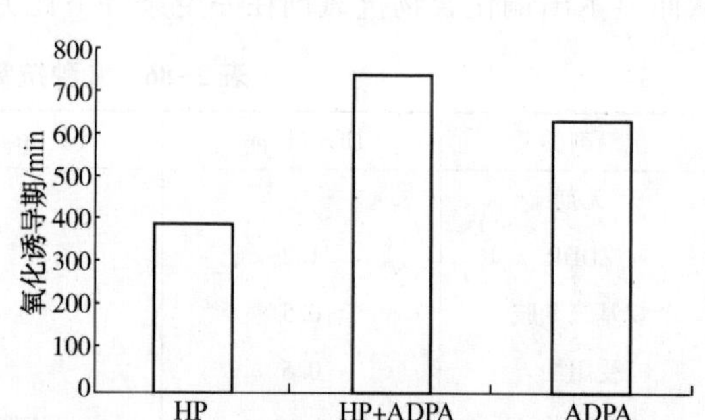

图 2-71　汽轮机油旋转氧弹试验结果

注：试验方法为 ASTM D2272，抗氧剂的添加量为 0.5%。

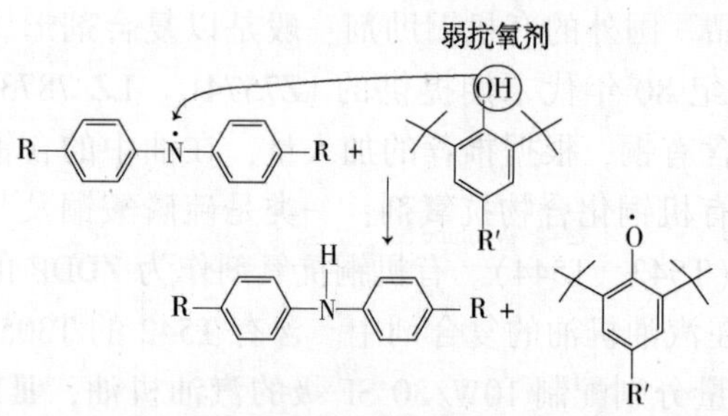

图 2-72　屏蔽酚和烷基二苯胺抗氧剂的协同作用机理

屏蔽酚与烷基二苯胺复合的协同作用机理见图 2-72。烷基二苯胺与烷基过氧自由基的反应速度超过屏蔽酚的反应速度，而屏蔽酚起到了为胺自由基重新生成胺提供氢原子的作用，即通过活性氢(H)的转移，牺牲相对活性较弱的酚类抗氧剂，使活性相对较强的胺类抗氧剂得以再生(见图 2-72)。因此，这两种类型的抗氧剂复合使用寿命比单独使用长[11]。

自由基终止剂和过氧化物分解剂复合使用存在协同作用[29]。将胺类抗氧剂(自由基终止剂)和无灰硫代氨基甲酸酯(过氧化物分解剂)分别加入 PAO 基础油和 650SN 矿物油基础油中，进行 PDSC(压力差式扫描量热)和 RPVOT 氧化试验，结果见图 2-73。从图 2-73 中可以看出，在薄膜氧化和容量氧化条件下，两种抗氧剂均表现出协同作用，抗氧化性能成倍提高。

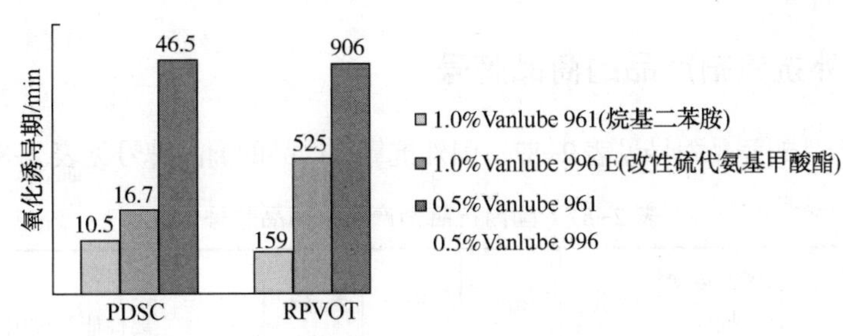

图 2-73　自由基终止剂和过氧化物分解剂的协同作用

自由基终止剂与过氧化物分解剂的抗氧化协同作用机理见图 2-74。由图 2-74 可见，自由基终止剂 InH 与过氧自由基反应，阻止了自由基链的传递和增长，氢过氧化物分解剂 HD 降解氢过氧化物，阻止了链的分支反应。InH 与 HD 协同，同时打断了链式反应的链的增长和链的分支反应，避免了自由基和氢过氧化物之间互为因果、互相催化的循环反应，从而表现出优秀的抗氧化协同作用。

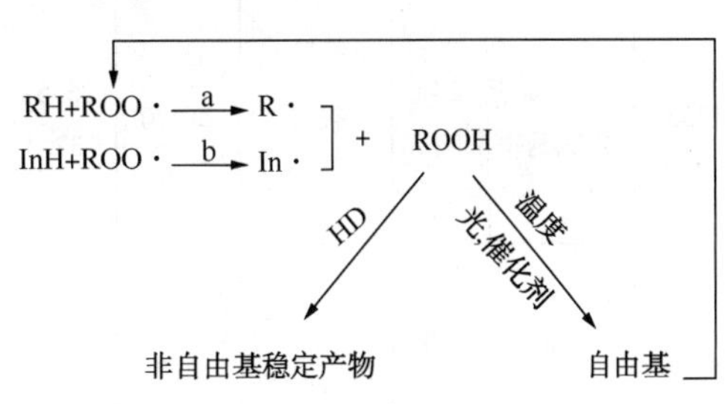

图 2-74　自由基终止剂与过氧化物分解剂的协同作用机理

烷基苯酚抑制剂与芳胺抑制剂在控制沉积物时存在协同增效作用，见图 2-75[11]。图中的数据是欧洲 MWM-B 柴油发动机试验结果，最优的活塞评分(表面清净性)为 100，通过标准为大于 65。由图 2-75 可以看出，两个添加剂复合时，只有达到最佳比例时才能得到最好的性价比，发挥最好的协同作用。

酚酯型抗氧剂(BHC)是一种具有低挥发性和有助于控制氧化和高温沉积物/油泥的有效通用的无灰抗氧剂，若与烷基苯胺复合，对于高温沉积物抑制性能有优良的协同作用。采用 TEOST MHT 方法评定 BHC 及混合烷基苯胺(Vanlube SL)在两种基础油中的高温沉积物抑制性能的试验结果见图 2-76[30]。从图 2-76 中可以看出：在油 A 中，添加抗氧剂后的高温沉积物抑制性能都比基础油大为改善，但混合烷基苯胺的高温沉积物抑制性能比 BHC 好，二者复合后有对抗效应；在油 B 中，BHC 的高温沉积物抑制性能比混合烷基苯胺好，二者复合后有协同效应。

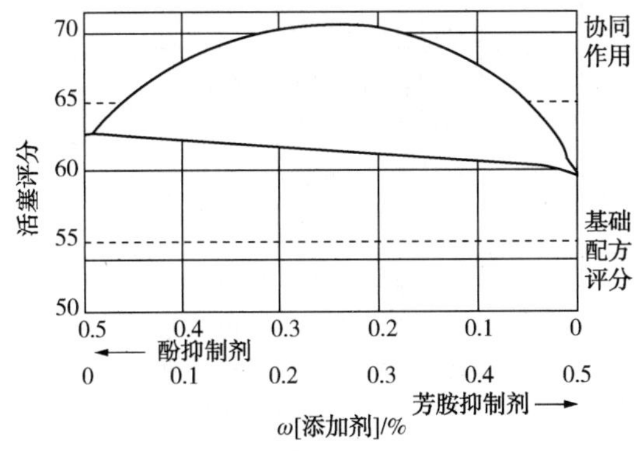

图 2-75　在控制沉积物时烷基苯酚抑制剂与芳胺抑制剂之间的协同作用

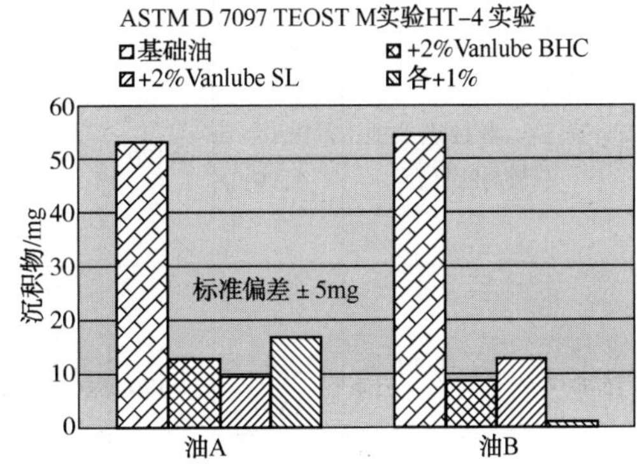

图 2-76　BHC 与混合烷基苯胺的高温沉积物抑制性能

7.6 国内外抗氧剂产品的商品牌号

国内抗氧剂产品的商品牌号见表2-87，国外抗氧剂产品的商品牌号见表2-88~表2-91。

表2-87 国内抗氧剂产品的商品牌号

产品代号	化合物名称	100℃运动黏度/(mm^2/s)	闪点/℃	硫/%	磷/%	氮/钼/%	主要性能及应用	生产公司
T323	二烷基二硫代氨基甲酸酯	报告	≥170	26.5~32.5	—	6.3~6.9	具有较好的抗氧性能，还具有很好的抗磨性和极压性能，油溶性好，配伍性好，用于汽轮机油、液压油、齿轮油、内燃机油等油品中	北京兴普精细化工技术开发公司
T512	酚酯型化合物	6.0~8.5	≥170	—	—	—	具有良好的油溶性、配伍性和抗氧化能力，与T534复合有协同效应，用于内燃机油及工业润滑油中	
T534	丁基辛基二苯胺	7.0~11.0	≥180			4.3~5.0	在高温条件下具有良好的热稳定性和抗氧化能力，配伍性好，用于内燃机油及工业润滑油中	
T536	有机胺化合物	≥350	≥170	—	—	3.2~3.8	具有优良的抗氧化效果，尤其是与酚酯型抗氧剂复合效果更突出，用于汽轮机油、压缩机油、抗磨液压油、润滑脂等油品	
T543	硫氮化合物	13.5~16.5	≥170	0.95~1.05		3.55~3.85	具有高温抗氧化能力，对加氢基础油有良好的感受性，用于内燃机油、液压油、汽轮机油、齿轮油、导热油、润滑脂等油品中	
T545	多种胺类抗氧剂的复合	10.0~13.0	≥180	—	—	4.3~5.0	对控制油品黏度增长有突出的效果，配伍性好，用于液压油、汽轮机油、齿轮油、导热油、润滑脂中	
T546	多种酚类复合	12.0~16.0	≥170	0.8~1.2	—	—	对加氢基础油具有良好的感受性及优异抗氧化能力，配伍性能好，用于内燃机油，液压油、汽轮机油、齿轮油、导热油、润滑脂等油品	

续表

产品代号	化合物名称	100℃运动黏度/(mm²/s)	闪点/℃	硫/%	磷/%	氮/钼/%	主要性能及应用	生产公司
RF3323	硫氮化合物	15~17	≥180	26.5~32.5	—	6.3~7.0	具有很好的抗磨性能和极压性能，与其他添加剂具有良好的配伍性，可用于汽轮机油、液压油、齿轮油、内燃机油及润滑脂	新乡市瑞丰新材料股份有限公司
RF5057	丁、辛基二苯胺	9.0~12.0	≥180	—	—	4.3~5.0	具有优良的抗氧化性能、热安定性、油溶性好，与其他添加剂配伍性好，用于高档内燃机油、导热油、高温链条油、液压油、压缩机油、汽轮机油及润滑脂	
RF1135	酚酯型化合物	6.0~8.5	≥170	—	—	—	具有热安定性好、在高温条件下的抗氧化性能突出、油溶性好、与其他添加剂的配伍性好，可广泛用于高档内燃机油、液压油、齿轮油、导热油、汽轮机油及润滑脂	
RF1035	硫醚型酚类化合物	—	—	4.5~5.5	—	—	具有优良的高温抗氧化效果，与其他添加剂配伍性好，可用于各类高档内燃抗油、汽轮机油、压缩机油、齿轮油、润滑脂等	
POUPC 5002	复合型	—	>180	—	—	5.5~6.0	具有浅色低气味极佳抗高温氧化性能，广泛用于各种车用及工业用润滑油脂和金属加工液	太平洋(北京)石油化工有限公司产品
POUPC 4002	二烷基二硫代氨基甲酸酯	—	>180	28~32	—	—	抗氧抗磨剂，浅色低气味，优良抗氧/极压抗磨性能，广泛应用于内燃机油、齿轮油、高温链条油、液压油和润滑脂等	
T57	胺类化合物	200~700	—	—	—	4.0~5.0	具有优异的抗氧化效能，用于工业润滑油、润滑脂及内燃机油中	锦州东工石化产品有限公司

表 2-88 范德比尔特公司抗氧剂商品牌号

产品代号	化学组成	添加剂类型	密度/(g/cm³)	100 黏度/(mm²/s)	闪点/℃	溶解性	性能及应用
Vanlube AZ	二戊基二硫代氨基甲酸锌油剂	含硫抗氧剂	1.02	9.8	136	溶于矿物油和合成油，不溶于水	用于发动机油、工业润滑油和润滑脂作抗氧剂、轴承腐蚀和磨损抑制剂，特别适用于重负荷曲轴箱油、工业润滑油和汽车变速器油的高温抗氧和腐蚀抑制剂
Vanlube EZ	二戊基二硫代氨基甲酸锌和二戊基二硫代氨基甲酸铵液体	抗氧剂	1.1	40-70	93	溶于矿物油和合成油，不溶于水	多功能添加剂，对工业润滑油和润滑脂具有优异的抗磨、极压、腐蚀抑制和抗氧性能，是 Vanlube AZ 的浓缩物
Vanlube PA	烷基二苯胺、受阻酚复合物	抗氧剂	0.97	255	200	溶于矿物油和合成油，不溶于水	具有抗氧、抗磨和极压性能，用于涡轮机油、液压油、压缩机油、导热油、金属加工液和润滑脂，以及汽、柴油机油中
Vanlube RD	聚 1，2-二羟基-2,2,4 三甲基喹啉	抗氧剂	1.06	片状固体	—	溶于双酯、聚乙二醇，不溶于水及油	用于聚乙二醇和双酯等合成油作抗氧剂，广泛用于聚乙二醇类刹车油中，也是润滑脂的高温抗氧剂
Vanlube SS	辛基二苯胺	高温抗氧剂	1.02	浅黄褐色粉末	—	溶于矿物油和合成油，不溶于水	用于矿物油和合成油的通用抗氧剂，在液压油、工业油、汽车变速箱油、合成或矿物油型发动机油作抗氧剂
Vanlube BHC	酯型受阻酚	抗氧剂	0.97	6.2	152	溶于矿物油和合成油，不溶于水	一种有效多用途无污染无灰抗氧剂，低温下不结晶及不易挥发，在工业油或汽车润滑剂中与烷基二苯胺、钼化合物、含硫抗氧剂或亚硝酸盐有协同效应
Vanlube W-324	有机钨酸酯复合物	抗磨、抗氧、减摩剂		11.6	140	溶于含分散剂的润滑油中	具有抗磨性能、抗氧化、高温沉积物控制和减磨性能，适用于润滑脂和发动机油中
Vanlube 73	二烷基二硫代氨基甲酸锑油溶液	抗氧、极压抗磨剂	1.03	11	171	溶于矿物油和合成油，不溶于水	具有抗磨、极压和抗氧性能，用于内燃机油、压缩机油中作抗磨剂和腐蚀抑制剂；在润滑脂中作抗氧和极压抗磨剂

续表

产品代号	化学组成	添加剂类型	密度/(g/cm³)	100 黏度/(mm²/s)	闪点/℃	溶解性	性能及应用
Vanlube 73++	二烷基二硫代氨基甲酸盐混合物	抗氧、极压抗磨剂	1.10	33.34	118	溶于矿物油和合成油，不溶于水	该剂是二烷基二硫代氨基甲酸锑盐(SDDC)特有混合物，其承载能力高于SDDC，相当于SDDC与硫化烯烃的混合物，应用于齿轮油和润滑脂
Vanlube 81	对，对'-二辛基二苯胺	抗氧剂	1.01	灰白色粉末	—	溶于矿物油和合成油，不溶于水	是矿物油和合成油的无灰高温抗氧剂，也是硅氧烷润滑脂的抗氧剂，用于ATF、压缩机油、发动机油润滑脂和合成油中
Vanlube 407	辛基-N-苯基-α-甲萘胺与专用抗氧剂复合物	抗氧剂	1.02	23.7	212	溶于矿物油、聚醚、合成酯	该剂低剂量时在PDSC及RPVOT试验中有卓越的抗氧化性能，用于工业油、压缩机油、润滑脂和食品级HX-1润滑剂
Vanlube 704S	磷酸酯胺盐复合物	抗氧、抗磨和腐蚀抑制剂	1.03	72	188	溶于矿物油和合成油，不溶于水	多功能防锈剂和腐蚀抑制剂，由于能钝化具有催化金属表面，又具有减活作用，用于齿轮油、金属加工液和合成油中
Vanlube 829	5,5-二代双[1,3,4-硫代二唑-2(3H)-硫酮]	抗氧/极压抗磨剂	2.09	—	—	分散于润滑脂	黄色固体粉末，可分散于润滑脂中作极压/抗磨剂和抗氧剂，对铜腐蚀性小
Vanlube 871	2,5-巯基-1,3,4-噻二唑的烷基聚羧酸酯衍生物	抗氧/极压抗磨剂	1.01	19.6	178	溶于矿物油和合成油，不溶于水	无灰抗氧/抗磨剂，用于发动机油和润滑脂，可改善现有汽、柴油机油复合剂的性能
Vanlube 887	甲基苯三唑油溶液	抗氧剂	1.00	17	146	溶于矿物油和合成油，不溶于水	高温热稳定性好的抗氧剂，与屏蔽酚和硫代氨基甲酸酯抗氧剂复合使用效果更佳
Vanlube 887E	甲基苯三唑酯溶液	抗氧剂	1.01	20	180	溶于矿物油和合成油，不溶于水	高温热稳定性好的抗氧剂，与屏蔽酚和硫代氨基甲酸酯抗氧剂复合使用效果更佳，具有特别好的高温热稳定性

续表

产品代号	化学组成	添加剂类型	密度/(g/cm³)	100 黏度/(mm²/s)	闪点/℃	溶解性	性能及应用
Vanlube 887FG	甲基苯三唑酯溶液	抗氧剂	1.01	20	180	溶于矿物油和合成油，不溶于水	具有特别好的高温稳定性，与受阻酚抗氧剂、无灰氨基甲酸酯复合其抗氧效果最佳，用于 ATF、压缩机油、发动机油、齿轮油润滑脂、液压油和涡轮油中
Vanlube 961	混合辛基丁基二苯胺	抗氧剂	0.98	9.9	190	溶于矿物油和合成油，不溶于水	用于各类润滑脂和压缩机油、液压油、汽轮机油、气体发动机油和循环润滑油作抗氧剂
Vanlube 981	二硫代氨基甲酸酯衍生物	抗氧剂	1.03	6	120	溶于矿物油和合成油，不溶于水	无灰氢过氧化物分解型抗氧剂，用于压缩机油、齿轮油、润滑脂、液压油、合成油和涡轮油等油中
Vanlube 996E	甲基双(二丁基二硫代氨基甲酸酯)与甲基苯三唑衍生物	抗氧剂	1.06	16.4	191	溶于矿物油和合成油，不溶于水	用于各类石油基润滑剂作抗氧剂，同时具有极压性能，虽然含硫量高，但不腐蚀金属
Vanlube 1202	烷基化 *N*-苯基-α-萘胺	抗氧剂	—	—	186	溶于矿物油和合成油，不溶于水	浅白色至红棕色粉末，用于压缩机油、液压油、涡轮油、气体发动机油、循环油等，特别适合发动机油和高温润滑剂
Vanlube 7723	亚甲基(二丁基二硫代氨基甲酸酯)	抗氧剂	1.06	15	177	溶于矿物油和合成油，不溶于水	用于润滑脂、汽轮机油、液压油和导轨油作抗氧剂，同时还有极压性能，与其他极压、抗磨剂具有协同作用。推荐用量：抗氧剂为 0.1%~1.0%；极压剂为 2.0%~4.0%
Vanlube 9317	有机胺化合物的酯溶液	高温抗氧剂	0.98	128	254	溶于矿物油和合成油，不溶于水	优秀的胺类抗氧剂，特别适用于合成酯润滑油，具有卓越高温抗氧性能，与常规抗氧剂比，能显著减少高温油泥及沉积的生成

表 2-89　BASF 公司抗氧剂产品商品牌号

添加剂代号	化合物名称	黏度/(mm^2/s)	熔点/℃	硫含量/%	磷含量/%	氮含量/%	TAN/TBN mgKOH/g	应用
抗氧剂—胺类								
Irganox L 06	烷基化苯基甲基胺	固态	>75			4.2	<10	推荐用量 0.1%~1.0%，用于空压机油、涡轮机油、液压油、润滑脂、发动机油
Irganox L 57	液态辛/丁基二苯胺	280	—			4.5	180	推荐用量 0.2%~1.0%，用于空压机油、涡轮机油、液压油、润滑脂、齿轮油、发动机油、ATF、金属加工液。
抗氧剂—酚类								
Irganox L 101	高分子量苯酚类	固态	110~126				<10	推荐用量 0.2%~1.0%，用于润滑脂和金属加工液
Irganox L 107	高分子量苯酚类	固态	50				<10	推荐用量 0.2%~1.0%，用于空压机油和润滑脂
Irganox L 109	高分子量苯酚类	固态	105				<10	推荐用量 0.2%~0.6%，用于空气压缩机油、润滑脂和金属加工液
Irganox L 115	带硫醚基团的高分子量苯酚	固态	70	4.9			<10	推荐用量 0.1%~0.8%，用于润滑脂、齿轮油和发动机油
Irganox L 135	液态高分子量苯酚	120					<10	推荐用量 0.2%~1.0%，用于空压机油、涡轮机油液压系统、润滑脂、齿轮油、发动机油、ATF 和金属加工液
抗氧剂—亚磷酸盐								
Irgafos4p 168	亚磷酸三(二叔丁基苯基)酯	固态	183~186		4.8		<10	推荐用量 0.1%~0.3%，用于润滑脂、齿轮油和 ATF
抗氧剂—复合剂								
Irganox L 55	胺类抗氧剂混合液	565				4.3	175	推荐用量 0.2%~1.0%，用于空压缩机油、涡轮机油、液压系统、润滑脂、齿轮油、发动机油和 ATF
Irganox L 64	胺类抗氧剂与高分子量苯类抗氧剂混合液	800		10		3.8	145	推荐用量 0.2%~1.0%，用于空压机油、涡轮机油液压系统、润滑脂、齿轮油、发动机油、ATF 和金属加工液

续表

添加剂代号	化合物名称	黏度/(mm^2/s)	熔点/℃	硫含量/%	磷含量/%	氮含量/%	TAN/TBN mgKOH/g	应用
Irganox L 74	无灰抗氧剂与抗氧剂混合液	98		75	2.3	2.3	<10/91	推荐用量 0.5%~1.0%，用于空压机油、润滑脂和齿轮油
rganox L 150	胺类抗氧剂与高分子量苯酚类抗氧剂混合液	2800		0.8		3.2	<10/127	推荐用量 0.1%~0.8%，用于空压机油、涡轮机油、液压系统、润滑脂、齿轮油、发动机油、ATF和金属加工液
Irganox L 620	胺类抗氧剂与高分子量苯酚类抗氧剂混合液	225				2.3	<10/90	推荐用量 0.2%~1.0%，用于空压机油、涡轮机油、液压油、润滑脂、齿轮油、发动机油、ATF和金属加工液

表 2-90 莱茵化学 德莱润公司酚型抗氧剂产品商品牌号

添加剂代号	化学组成	闪点/℃	密度/(kg/m^3)	纯度	主要应用					
					金属加工油/液	动力传动油	工业齿轮油	车辆齿轮油	润滑脂	其他
RC7110	2,6-二-叔丁基对甲酚	127	1030	>99.8	•	•	•		•	透平油、压缩机油
RC7115	空间位阻酚衍生物	198	1040	>99.0		•	•	•	•	中性合成酯类油、透平油、压缩机油、发动机油
RC7120	2,6-二-叔丁基酚	110	910	>99.0	•	•	•	•	•	液压油、中性合成酯类油
RC7201	四[β-(3,5-二叔丁基-4-羟基苯基)丙酸]季戊四醇酯	295	1150	>99.0	•				•	高温应用
RC7207	3-(3,5-二叔丁基-4-羟基苯基)丙酸正十八烷醇酯	270	1020	>99.0					•	高温应用、压缩机油、发动机油
RC7209	己二醇双[3-(3,5-二叔丁基-4-羟基苯基)丙酸酯]	270	1080	>99.0	•				•	高温应用、工业润滑油
RC7215	硫代二乙撑双[3-(3,5-二叔丁基-4-羟基苯基)丙酸酯]	280	1000	>99.0			•		•	高温应用、发动机油
RC7235	3,5-二(1,1-二甲基乙基)-4-羟基苯丙酸酯(C_7~C_9)	150	960	>99.0	•	•	•	•	•	高温应用、工业润滑油

表 2-91 莱茵化学德莱润公司胺类抗氧剂产品商品牌号

添加剂代号	化学组成	氮含量/%	密度/(kg/m³)	运动黏度/(mm^2/s)	主要应用					
					金属加工油/液	动力传动油	工业齿轮油	车辆齿轮油	润滑脂	其他
RC7001	对，对二辛基二苯胺	3.5	900	固体				•	•	合成航空透平油、聚乙二醇、硅油
RC7010	三甲基化喹啉聚合物	7.5	1100	固体					•	刹车油、聚乙二醇、合成酯
RC7130	苯基-α-萘胺	6	1200	固体		•	•	•	•	发动机油、航空透平油
RC7132	胺衍生物	5	1090	300	•	•	•	•	•	导热油、淬火油、链条油
RC7135	二苯胺衍生物	4.3	1090	650	•	•	•	•	•	发动机油、高温链条油、透平油、压缩机油

参 考 文 献

[1] Lubrication Fundamentals -Lubricant Baseoils[J]. Tribology & Lubrication Technology, 2007(9), LF9-11.

[2] 樱井 俊南．石油产品添加剂[M]．吴绍祖，刘志泉，周岳峰，译．北京：石油工业出版社，1980：192.

[3] EXXON. Additives：Their Role in Industrial Lubrication[G]. Exxon Company1973：3-4.

[4] Rudnick L. Lubricant additives chemistry and applications(Second edition.)[M]. New York：Taylor & Francis Group, 2009：3-50.

[5] 大勝靖一．酸化防止剤[J]. トライボロジスト，1995，40(4)：332-336.

[6] D. 克拉曼．润滑剂及其有关产品[M]. 张薄，译．北京：烃加工出版社，1990：121.

[7] 欧风．石油产品应用技术[M]. 北京：石油工业出版社．1983.

[8] 侯祥麟．中国炼油技术[M]. 北京：中国石化出版社，1991：521-552.

[9] Tim Cornitius. Ashless Additive Trends[J]. Lubrisant World, 1998,（9）：30-33.

[10] Harji Gill. Changing Markets for Base Oil Stocks[J]. Lubricants World, July/August 2003：12-14.

[11] Leslie. R. Rndnick. Lubricant additives chemistry and application [M]. Marcel Dekker, Inc., New York, NY 10016 , U. S. A. 2003：418-419.

[12] Glenn A. Mazzamaro. Ashless Antioxidants Enhance Tomorrow's Engine Oils[J]. Lubricants World, 2001, July/August：28-30.

[13] 小山三郎．酸化防止剤ちで剤，金属不活性剤，消泡剤，[J]. 潤滑，1984，29(2)：96-100.

[14] Rasberger M. Oxidative degradation and stabilisation of mineral oil based lubricants, in Chemistry and Technol-

ogy of Lubricants. R. M. Motier and S. T. Orszulik, eds. , Blackie Academic & Professional, London, UK, 1997: 98-143.

[15] Jensen R K , Korcek S, Zinbo M, et al. Regeneration of Amine in Catalytic Inhibition of Oxidation [J]. J. Org. Chem. , 1995, 60 (17): 5396-5400.

[16] 黄文轩. 第12讲: 润滑油抗氧剂的分类、作用机理、主要品种及应用[J]. 石油商技, 2017, 4: 84-95.

[17] Special Section-Additives. Base Oil Changes To Boost Antioxidant Use[J]. Lubricants World, 1993, 10: 21-28.

[18] 黄文轩. 铜化物抗氧剂[J]. 石油炼制, 1987, 3: 71.

[19] 张镜诚. 高温氧化抑制剂铜盐的研究[J]. 石油商技, 1994: 14-18.

[20] U. S. Patent 4122033[P].

[21] E. E. Klaus, J. L. Duda and J. C. Wang. Study of Copper Salts ashigh-temperature Oxidation Inhibor [J]. Lubrication Engineering , 35(2): 316-324.

[22] Junbin Yao, Junxiu Dong and Rengen Xiong. Antiwear Synergism of Borates and Copper Oleate [J]. Lubrication Engineering , 50(9): 695-698.

[23] U. S. Patent 4, 867, 890(1989)[P].

[24] 石油化工科学研究院. 润滑剂发展现状和对策[G], 1998: 53.

[25] 黄文轩, 韩长宁. 润滑油与燃料添加剂手册[M]. 北京: 中国石化出版社, 1994.

[26] Lubrizol. Product Information[G]. The Lubrizol Corporation, 1987.

[27] Leslie R Rndnick. Lubricant additives chemistry and application(Second Edition)[M]. Marcel Dekker, Inc. , Designed Materials Group Wilmington, Delaware, U. S. A, 2008: 3-50.

[28] Dr Neil Canter. Antioxidants[J]. Tribology & Lubrication Technology, 2016, (9): 10-21.

[29] 新型抗氧剂的研究与发展[G]//润滑油编辑部. 论文专辑, 2012 大连润滑油技术经济论坛, 2012 年 9 月: 227-231.

[30] Vanderbilt Company. Lubricant Additives[R]. 2015.

第 8 节　金属减活剂

8.1　概况

油品在使用过程中，在氧存在的条件下，受热、光的作用而发生氧化变质。若润滑油中含有金属，如铜、铁等金属离子，即使含量很低，它们也能起到催化作用，加速油品氧化过程中的自由基链式反应，加速油品的氧化速度，生成酸、油泥和沉淀。酸会使金属部件产生腐蚀、磨损；油泥和沉淀使油品变稠，引起活塞环的黏结以及油路的堵塞，进而降低油品的使用性能。1933 年就已经证实了汽油中含少量的微量铜就能引起油品氧化的结论。即使汽油中添加了抗氧剂，汽油的氧化诱导期也会随汽油中铜含量的增加而降低。随着抗氧剂逐渐被消耗，铜引起的氧化会迅速进行。例如，要想使含铜 1μg/g 的汽油的诱导期达到不含铜汽油的诱导期的水平，需添加 7. 5 倍通常使用量的对苄基苯酚抗氧剂，3. 1 倍通常使用量的邻苯二酚，或 3. 5 倍通常使用量的 α-萘酚[1]。通过增加抗氧剂添加量的办法来提高油品的氧化安定性，显然是非常不经济的。因此，防止金属对氧化的促进作用对于润滑油也是十分重要的。

金属减活剂(Metal Passivator)或金属钝化剂(Metal Deactivator)是抑制金属对氧化和腐蚀起催化作用的润滑油添加剂，也有资料称为抗催化剂添加剂(Anti-catalysts Additives)[2]。石化行业标准 SH/T 0389—1992(1998)《石油添加剂的分类》将金属减活剂划入“润滑剂添加剂”组，将金属钝化剂划入“燃料添加剂”组。

对于润滑油而言，通常是将抗氧剂与金属减活剂(Metal Passivator)复配使用，发挥两者的协同效应，从而大大提高油品的抗氧化能力。

8.2　金属减活剂的作用机理

金属离子对链引发阶段和链支化阶段氢过氧化物的分解具有催化作用。金属离子的催化作用是通过氧化还原机理实现的。此反应机理所需要的活化能低，因此链引发阶段和链支化阶段的反应能在更低的温度下开始。

金属减活剂一般是由含 S、P、N 或其他一些非金属元素组成的有机化合物。不同结构类型的金属减活剂，作用机理不同，其效果也有所不同。金属减活剂有两种作用机理[3]：成膜作用和螯合作用。

成膜作用：金属减活剂分子吸附在金属表面生成化学膜，阻止金属及其离子进入油中，减弱其对油品的催化氧化作用[4]。这种化学膜还能防止活性硫、有机酸或自由基对金属表面的攻击，保护金属表面。金属减活剂分子通过它的极性端吸附在金属表面，而亲油端与润滑剂相互作用，形成化学膜[5]，见图 2-77。

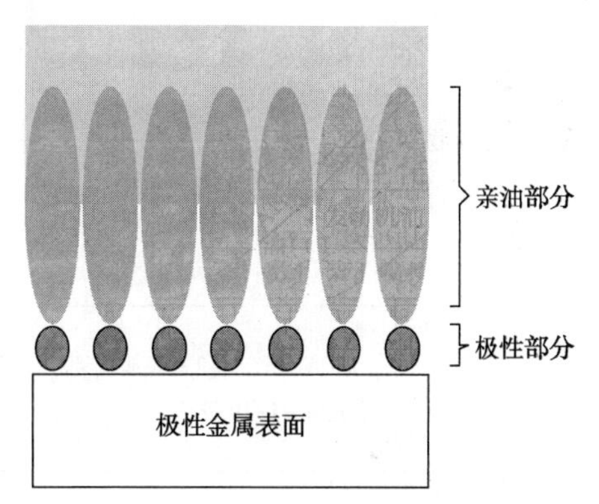

图 2-77　金属减活剂的成膜作用机理示意图

螯合作用：金属减活剂与金属及金属离子反应生成稳定的螯合物，或与沉淀金属离子反应生成不溶物质，对金属离子的催化活性产生掩蔽作用。如 *N*,*N*′-二水杨叉-1,2-丙二胺氨基丙烷与铜可反应生成螯合物，螯合物的分子结构式见图 2-78。

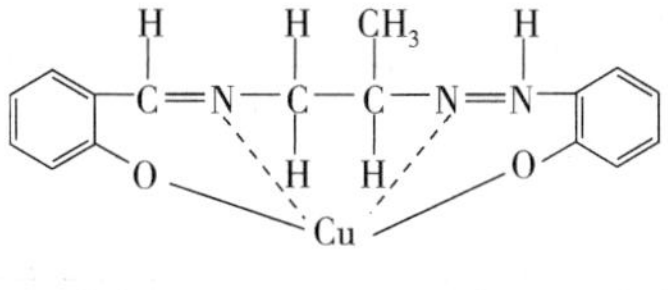

图 2-78　*N*,*N*′-二水杨叉-1,2-丙二胺氨基烷与铜生成的螯合物

两种作用中的任何一种均可降低金属的有害影响[2]。金属减活剂不单独使用，常和抗氧剂一起复合使用，不仅有协合效应，而且还能降低抗氧剂的用量。

金属减活剂抑制了金属或其离子对氧化的催化作用，成为有效的抗氧剂，同时也是一类很好的铜腐蚀抑制剂、抗磨剂、防锈剂，因此在各种油品中得到广泛的应用。金属减活剂主要应用于车用润滑剂和工业润滑剂，包括润滑脂，例如：在汽油机油中能显著改善油品的氧化安定性，在齿轮油中能提高油品的抗磨性，在内燃机油中能改进抗氧抗腐性，在抗磨液压油中能抑制对铜的腐蚀，等等[6]。金属减活剂不仅有抗氧化和抗腐蚀性能，而且还有一定的减磨和抗磨性能。

8.3 金属减活剂品种

常用的有苯三唑衍生物和噻二唑衍生物，见表2-92。

表 2-92 常用的金属减活剂

类型	化合物	结构式
苯三唑衍生物	苯三唑	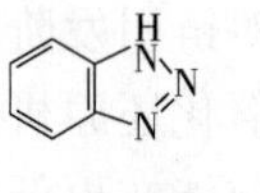
	甲基苯三唑	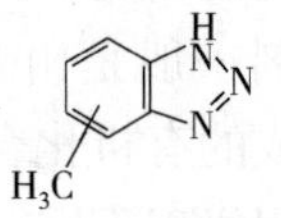 H_3C
	N,*N'*-二烷基氨基亚甲基苯三唑	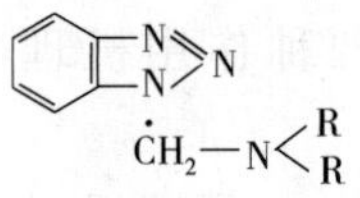 $CH_2-N<R,R$
	N,*N'*-二（2-乙基己基）-甲基-1H-苯三唑-1-甲胺	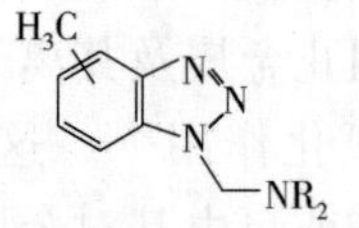 H_3C, NR_2
噻二唑衍生物	2,5-二巯基-1,3,4-噻二唑	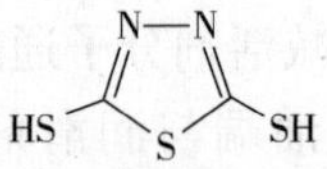 HS, S, SH
	2,5-二巯基-1,3,4-噻二唑衍生物	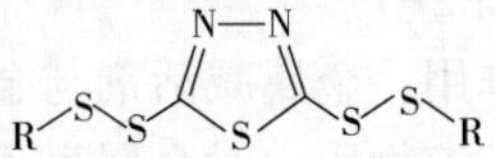 R−S−S−…−S−S−R
	2-巯基苯并噻唑	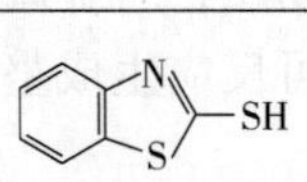 SH
	2-巯基苯并噻唑钠	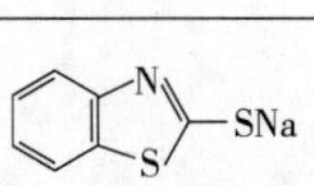 SNa

8.3.1 苯三唑及其衍生物

苯三唑(BTZ)是有色金属铜和银等的抑制剂，它能与铜生成螯合物，是有效的金属减活剂。但苯三唑是水溶性的，几乎不溶于润滑油，要用助溶剂才能加入矿物油中。鉴于苯三唑油溶性差，人们发展了苯三唑的衍生物。苯三唑衍生物与抗氧剂复合使用具有很好的抗氧协同效应。由于苯三唑本身具有金属减活性质，其衍生物仍以金属减活和抗氧性能为主：一方面，苯三唑中的极性基团(如氨基、酰氨基、三氮唑环等)具有孤对电子的氮原子会使得它们在金属表面生成一层致密的化学保护膜，阻止金属变成离子进入油中，减弱其对油品的催化氧化作用，同时这种膜还有保护金属表面的功能，能防止硫和有机酸对金属表面的腐蚀，这也是许多杂环化合物同时具有抗氧化、抑制铜腐蚀和金属减活等多效性能的重要原因；另一方面，化合物中的三唑环是具有较强配位能力的配体，能与金属离子络合成为惰性的物质，使之失去了催化氧化的作用。

目前已发展了一系列苯三唑衍生物金属减活剂产品，如甲基苯三唑(TTZ)、*N*,*N*′-二烷基氨基亚甲基苯三唑、*N*,*N*′ -二(2-乙基己基)-甲基-1H-苯三唑-1-甲胺等。国内开发了*N*,*N*-二正丁基氨基亚甲基苯三唑(T551)，其合成工艺是：以苯三唑、二正丁胺为原料，在甲醛存在下发生Manhich和缩合反应而成，搅拌下顺序加入苯三唑、二正丁胺、甲醛和溶剂，加热至回流温度进行缩合反应，反应结束后，加水沉降并加入酸化试剂中和，加入溶剂抽提，反应物水洗三遍到pH=7，然后对反应物减压蒸馏，冷却后即成。其分子结构式如下：

$$\text{(苯并三唑)}-N-CH_2-N(C_4H_9)_2$$

T551既改善了苯三唑的油溶性，又具有优良的抗氧化、抑制铜腐蚀及金属减活性能。它用量少(0.01%~0.05%)，效果好，与酚型抗氧剂(2,6-二叔丁基对甲酚)复合使用，有突出的增效作用，能显著减少抗氧剂的用量，明显提高油品的抗氧化性能，适用于汽轮机油、压缩机油、变压器油、HL-通用机床用油等油品。T551与抗氧剂复合用于汽轮机油中的效果见表2-93[6]。

表2-93 T551在汽轮机油中的抗氧化效果

项目	ω(加剂量)/%			旋转氧弹诱导期(ASTM D2272)/min	TOST试验(ASTM D943)总酸值达2mgKOH/g的时间/h	ω(总氧化产物)(IP-280)/%
	原配方(基础油+酚型抗氧剂)	T551	总剂量			
1	A	—	0.66	268	—	1.89
2	A	0.05	0.71	387	2.968	0.23
3	B	—	0.76	410	—	0.59
4	B	0.07	0.83	504	2.772	0.21
5	C	—	0.56	211	1.211	1.43
6	C	0.05	0.61	218	2.552	0.35
7	D	—	0.66	275	2.241	1.53
8	D	0.05	0.71	399	3.098	0.43
9	E	—	0.76	328	2.881	<0.1
10	E	0.05	0.81	439	4.370	<0.1
11	F	—	0.82	187	2.540	7.29
12	G	0.05	0.58	295	2.931	0.14

续表

项目	ω(加剂量)/%			旋转氧弹诱导期(ASTM D2272)/min	TOST 试验(ASTM D943)总酸值达 2mgKOH/g 的时间/h	ω(总氧化产物)(IP-280)/%
	原配方(基础油+酚型抗氧剂)	T551	总剂量			
13	H	—	0.63	235	—	12.99
14	H	0.05	0.68	387	4.426	0.16
15	H	0.07	0.70	516	4.800	0.13
16	0.8%(质量分数)Hitec565①			673	3 100	
17	0.7(体积分数)LZ5160②)			379	1 627	
18	加德士油 ISO46			241	2 852	
19	加德士油 ISO32			237	2 068	

①为 Ethyl 公司的汽轮机油复合剂;

②为 Lubrizol 公司的汽轮机油复合剂。

从表 2-93 可以看出,1、3、5、7 不同基础油油样,未加金属减活剂时都没有通过 IP-280 要求的规格,相应的 D-943 寿命也低。但在配方中加入 0.05%~0.7%的 T 551 后,均可通过 IP-280 要求的规格,且相应的 D-943 寿命均有显著的提高,最高可达 4800h。

另外,T551 对不同基础油的感受性及与抗氧剂的协同效应是有差别的,对 H 基础油的感受性及其与抗氧剂的协同效应是最好的。T551 与抗氧剂复合后,油品性能表现超过了国外复合剂及国外同类油品的水平。

T551 是碱性化合物,碱值高达 200 以上,不能与 ZDDP 或氨基甲酸盐共用,因为它们相互作用产生沉淀。

8.3.2 噻二唑衍生物

噻二唑具有良好的抑制铜腐蚀性能,非铁金属减活剂。其衍生物有噻二唑多硫化物、2,5 二巯基 1,3,4 噻二唑(2,5-Dimercapto-1,3,4-thiadiazole,DMTD)、2-巯基苯并噻唑(2Mercaptobenothiazole,MBT)、2-巯基苯并噻唑钠(Sodium 2-mercaptobenothiazole,MBT)等化合物。国内开发了噻二唑多硫化物(T 561),其合成工艺是以水合肼、二硫化碳和氢氧化钠为原料合成 2,5-二巯基噻二唑(DMTD)钠盐,酸化后再加硫醇和过氧化氢氧化偶联,再抽提、水洗、蒸馏得产品(T561)。其分子结构如下:

```
       N—N
       ‖  ‖
RSS—C    C—SSR
      \  /
       S
```

T561 具有优良的油溶性、铜腐蚀抑制性和抗氧化性能,用于液压油能显著降低 ZDDP 对铜的腐蚀和解决水解安定性问题,详见表 2-94。

表 2-94　T561 在抗磨液压油中的效果

试验方法	未加 T561	加 0.037% T561	HF-2 规格要求
水解安定性试验			
铜失重/(mg/cm^2)	3.317	0	0.5

续表

试验方法	未加 T561	加 0.037% T561	HF-2 规格要求
水层酸值/(mgKOH/g)	0.56	1.66	6.0
铜外观/级	腐蚀	1b	无灰黑色
热安定性试验			
沉淀	无	无	无
颜色/号	≤7	≤7	≤7
抗乳化性(40-37-37)/min	14	—	30

从表 2-94 的数据明显看出，没有加 T561 的液压油，其铜已经腐蚀，失重达 3g 多，大大超出规格的无灰黑色和失重不大于 0.5g 的要求，为不合格产品。只加 0.37% T561 后其产品全部符合要求，证明噻二唑衍生物(T561)对铜的抗腐蚀能力相当好，达到 1b 级。这类化合物在低浓度时除了用作金属减活剂外还作为抗氧剂和防腐蚀的应用。2-巯基苯并噻唑、2,5-二巯基唑钠盐、2-巯基苯并噻二唑钠等金属减活剂，都是铜金属的腐蚀抑制剂。2-巯基苯并噻唑是用于含硫燃料、重负荷切削油、金属加工液、液压油及润滑脂等的铜腐蚀抑制剂或减活剂，2,5-二巯基唑钠盐和 2-巯基苯并噻二唑钠是用于含水系统中非铁金属的腐蚀抑制剂和金属减活剂。

除苯三唑衍生物和噻二唑衍生物外，还有杂环硫氮化合物和有机胺化合物等。

8.4　金属减活剂的复合效应

金属减活剂一般不单独使用，而是与抗氧剂复合使用，二者复合后具有显著的协同效应。

苯三唑衍生物与酚类抗氧剂复合应用于汽轮机油中，能够大大提高油品的抗氧化性能。石科院张镜诚将 N,N'-二丁基氨基亚甲基苯三唑(T551)与酚型抗氧剂复合应用于不同基础油配方的汽轮机油中[6]，抗氧化性能效果显著。

陈丽华用评定了金属减活剂(T551 或 8-羟基喹啉衍生物)和抗氧剂 T501 单独及复配对变压器油抗氧化性能的影响，试验结果见表 2-95[7]。由表 2-95 可见，单独加 T501 抗氧剂及单独加金属减活剂后的抗氧化性能都不理想。两种金属减活剂与 T 501 复配，均表现出明显的协同效果。

表 2-95　金属减活剂和抗氧剂单独及复配加入变压器油的试验结果

项目	ω(加剂量)/%			开口杯老化试验①				氧化安定性②		旋转氧弹诱导期③/min
	T501	T551	8-羟基喹啉衍生物	酸值(以 KOH 计)/(mg/g)		$T_g\delta$(90 ℃)		ω(油泥)/%	酸值(以 KOH 计)/(mg/g)	
				试验前	试验后	试验前	试验后			
1	0.2	0		0	0.01	0.000 4	0.003 9	0.14	0.88	167
2	0.3	0		0	0.01	0.000 4	0.002 7	0.01	0.15	184
3	0.5	0		0	0.01	0.000 5	0.001 2	0.01	0.09	206
4	0.7	0		0	0.01	0.000 5	0.000 9	0	0.08	234
5	0	0.01		0	0.01	0.000 5	0.000 7	0.04	0.13	65

续表

项目	ω(加剂量)/%			开口杯老化试验①				氧化安定性②		旋转氧弹诱导期③/min
	T501	T551	8-羟基喹啉衍生物	酸值(以KOH计)/(mg/g)		$T_g\delta$(90 ℃)		ω(油泥)/%	酸值(以KOH计)/(mg/g)	
				试验前	试验后	试验前	试验后			
6	0	0.03		0.01	0.01	0.001 6	0.000 7	0.10	0.32	70
7	0	0.05		0.02	0.02	0.002 3	0.000 6	0.84	0.32	74
8	0		0.01	0	0	0.000 6	0.000 6	0.03	0.01	57
9	0		0.03	0	0.01	0.000 7	0.000 7	0.09	0.20	62
10	0		0.05	0	0.01	0.000 7	0.001 2	0.55	0.32	69
11	0		0.08	0	0.05	0.000 7	0.005 9	5.68	0.40	74
12	0.1	0.01		0.01	0	0.000 6	0.000 4	0.02	0.04	142
13	0.1	0.02		0.01	0.01	0.000 9	0.000 5	0	0.01	185
14	0.1	0.03		0.01	0.01	0.001 0	0.000 6	0	0.04	230
15	0.1		0.01	0	0	0.000 5	0.000 9	0.08	0.01	162
16	0.1		0.02	0	0	0.000 6	0.000 8	0.01	0.01	210
17	0.1		0.03	0	0	0.000 6	0.000 7	0.02	0.02	274

① 开口杯老化试验采用 DL 429.6-91 方法；

② 氧化安定性试验采用 SH/T 0206—1992 方法；

③ 旋转氧弹试验采用 IB E34011—1988 方法(参照 ASTM D2440)。

二硫代氨基甲酸酯是一种具有抗氧、极压和抗磨性能的无灰多功能添加剂。将甲基苯三唑衍生物(50%活性)和二硫代氨基甲酸酯复合加入 API Ⅰ类基础油中，可极大地改善二硫代氨基甲酸酯的抗氧化性能，见图 2-79[5]。

另有数据显示，TTZ 在 RPVOT 试验中(ASTM D2070)中，与一种抗氧剂(AO)及另一种抗氧剂丁基化羟基甲苯(BHT)复合，大大提高了两种抗氧剂的 RPVOT 诱导期，体现出良好的协同效应(见图 2-80)。

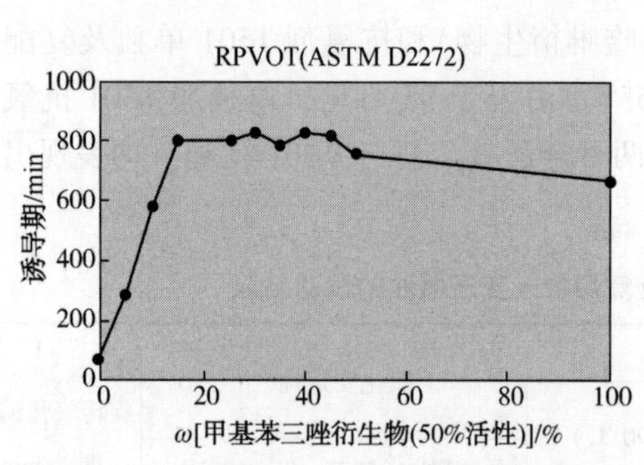

图 2-79 甲基苯三唑衍生物和二硫代氨基甲酸酯复合的协同效应

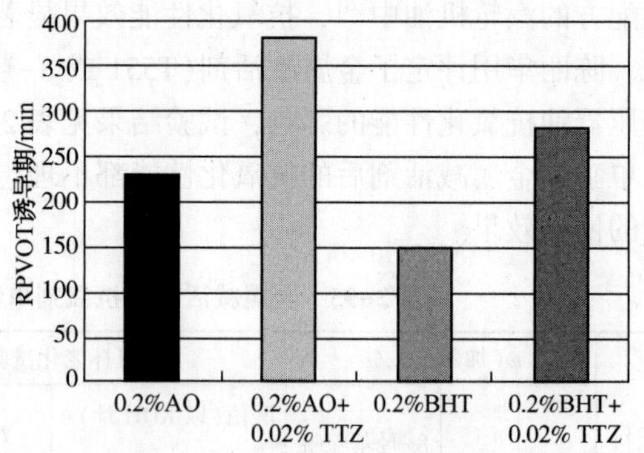

图 2-80 TTZ 与抗氧剂复合的协同效应

噻二唑衍生物(T561)与抗氧剂复合后，对于抑制液压油对铜的腐蚀和解决水解安定性问题起到很重要的作用。T561 在抗磨液压油中显示出良好的抑制铜腐蚀性能[8]。

酚型和胺型抗氧剂二元复合比单独使用一种抗氧剂的效果好，而酚型、胺型抗氧剂及金属减活剂的三元复合可起到更好的协同作用。酚型抗氧剂、胺型抗氧剂与金属减活剂复合的抗氧化性能见图 2-81[9]。

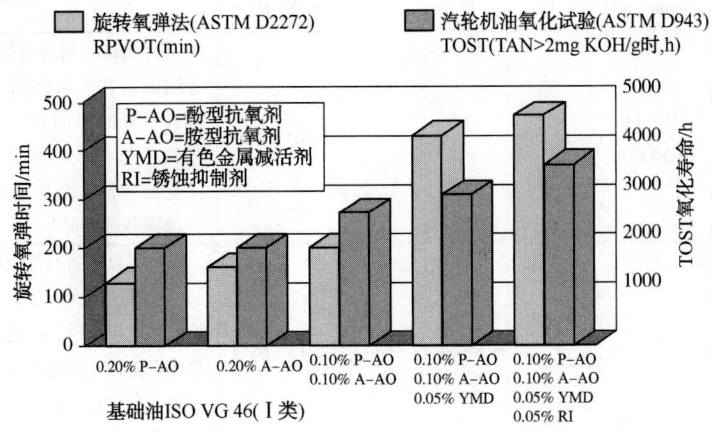

图 2-81 酚型抗氧剂、胺型抗氧剂、有色金属减活剂及锈蚀抑制剂复合的抗氧化性能

由图 2-81 可以看出：单独加入 0.2%(质量分数)酚型或胺型抗氧剂时，旋转氧弹时间均小于 150 min，TOST 氧化寿命也只有 2000h；0.1%(质量分数)酚型抗氧剂+0.1%(质量分数)胺型抗氧剂复合时，旋转氧弹时间提高到 200 min，TOST 氧化寿命提高到 2800h；0.1%(质量分数)酚型抗氧剂+0.1%(质量分数)胺型抗氧剂+0.05%(质量分数)金属减活剂 YMD 三元复合，其旋转氧弹时间和 TOST 氧化寿命分别提高到 400min 和 3100h 以上，抗氧化协同效应显著。

8.5 金属减活剂的商品牌号

国内外金属减活剂的商品牌号见表 2-96~表 2-99。

表 2-96 国内金属减活剂的商品牌号

商品牌号	化合物名称	黏度(100℃)/(mm^2/s)	闪点/℃	硫/磷/%	氮/钼/%	TBN/TAN/(mgKOH/g)	性质和应用	生产单位
T551	苯三唑衍生物	10~14(50℃)	≥130	—	—	210~230	具有优良的铜腐蚀抑制性、金属减活性。与抗氧剂复合具有很好的协同效应，适用于汽轮机油、压缩机油、变压器油、HL-通用机床用油等油品	北京兴普精细化工技术开发公司
T555	苯三唑衍生物	21~25	≥170	—	—	≤125/≤3.0	其碱值、酸值明显比 T551 低，因此与酸性添加剂的作用小，与各种酚型、胺型抗氧剂联合使用优良的协同效应，因此可以替代 T551 广泛用于工业润滑油	

续表

商品牌号	化合物名称	黏度(100℃)/(mm^2/s)	闪点/℃	硫/磷/%	氮/钼/%	TBN/TAN/(mgKOH/g)	性质和应用	生产单位
T551	苯三唑衍生物	10~14(50℃)	≥130	—	—	210~230	具有优良的铜腐蚀抑制性、金属减活性。与抗氧剂复合具有很好的协同效应，应用于汽轮机油、油膜轴承油、工业齿轮油、变压器油及循环油等各种油品中	滨州市坤厚化工有限责任公司
KH561A	苯三唑衍生物	—	—	28~34	—	13~18	具有优良的抗腐性及降低金属活性的能力，以及优良的抗磨性和抗氧化性，广泛用于高档内燃机油、齿轮油及金属加工液中，在液压油中可有效防止对轴承及精密机件的腐蚀	
T551	苯三唑衍生物	10~14(50℃)	≥130	—	—	210~230	具有优良的铜腐蚀抑制性、金属减活性。与抗氧剂复合具有很好的协同效应，适用于汽轮机油、压缩机油、变压器油、HL-通用机床用油等油品	惠华石油添加剂有限公司
T551	苯三唑衍生物	10~14(50℃)	≥130	—	—	210~230	具有优良的铜腐蚀抑制性、金属减活性。与抗氧剂复合具有很好的协同效应，适用于汽轮机油、压缩机油、变压器油、HL-通用机床用油等油品。使用时要注意，由于碱性很大，在调油过程中避免与酸性添加剂直接接触，同时还要避免与 ZDDP 等接触，防止发生反应	长沙望城石油化工有限公司
T552	杂环衍生物	55~65(40℃)	≥130	—	—	145~165	改进了 T551 的某些性能，如提高了油溶性，改善了抗乳化性并有更好地热稳定性。由于它的碱值比 T551 低，应用同 T551	
T553	杂环衍生物	28~36(40℃)	≥130	—	—	300~330	添加 0.005%或者 0.01%就有改善油品氧化的性能，尤其在变压器油中能替代一定量的 T501 或苯基-α 萘胺，降低油品成本，应用于变压器油、抗磨液压油、合成油、HL 通用机床油以及汽轮机油等油品	

续表

商品牌号	化合物名称	黏度(100℃)/(mm²/s)	闪点/℃	硫/磷/%	氮/钼/%	TBN/TAN/(mgKOH/g)	性质和应用	生产单位
T561	噻二唑衍生物	12~20	≥130	26~30		≤120	具有良好的铜腐蚀抑制性和抗氧化性。能降低ZDDP对铜的腐蚀和解决水解安定性问题，对于抑制有机钼添加剂对铜的腐蚀有优良的作用，并可提高内燃机油的抗氧性。适用于调配抗磨液压油、工业齿轮油和汽轮机油	长沙望城石油化工有限公司
T571	杂环衍生物	63~73(40℃)	≥150	—	—	130~155	尤其是Ⅱ类油及Ⅲ类油，在与合适的抗氧剂复配时显示出优越的抗氧化性。用于循环油、变压器油、汽轮机油、抗氧防锈油、液压油、齿轮油、润滑脂及金属加工用油	
POUPC 6001-8	噻二唑衍生物	—	>150	28~36	—	—	具有抗氧抗磨性，广泛用于车辆、工业润滑油脂和金属加工液。有良好的抑制铜腐蚀及助抗氧化性能	太平洋（北京）石油化工有限公司产品
POUPC 6001-9	噻二唑衍生物	—	>150	30~35	—	—	具有抗氧抗磨性，广泛用于车辆、工业润滑油脂和金属加工液。有良好的抑制铜腐蚀及助抗氧化性能	
POUPC 6001-12	噻二唑衍生物	—	>150	26~30	—	—	具有抗氧抗磨性，广泛用于车辆、工业润滑油脂和金属加工液。有良好的抑制铜腐蚀及助抗氧化性能	
POUPC 7001	甲基苯三唑衍生物	浅黄色液体	>140	—	14~15	—	浅色低气味、优良的有色金属腐蚀抑制性能，广泛应用于各种车用及工业用润滑油脂和金属加工液	
POUPC 7002	甲基苯三唑衍生物	棕黄色透明液体	<5(熔点)	—	17~19	—	水溶性好、优良的有色金属腐蚀抑制性能，广泛应用于不冻液、水基液压液及金属加工液中。可替代苯三唑与甲基苯三唑	

续表

商品牌号	化合物名称	黏度(100℃)/(mm^2/s)	闪点/℃	硫/磷/%	氮/钼/%	TBN/TAN/(mgKOH/g)	性质和应用	生产单位
Staradd MF429	苯三唑衍生物	78.89(40℃)	>150	—	14.6	—	低浓度下高活性，在加氢处理油中表现极佳的性能，用于工业润滑油、润滑脂等	上海宏泽化工有限公司
DAILUBE R-300	噻二唑衍生物	—	192	34.5	—	—	推荐金属加工油0.05%~0.1%wt，工业齿轮油0.05%~0.1%wt，用于齿轮油，导轨油等	DIC Corp.

表2-97　范德比尔特公司产品的商品牌号

产品代号	化学组成	添加剂类型	密度/(g/cm^3)	100黏度/(mm^2/s)	闪点/℃	溶解性	性能及应用
Cuvan 303	*N*,*N*-二(2-乙基己基)-甲基-1H-苯并三唑-1-甲胺	金属减活剂	0.95	5.81	125	溶于矿物油和合成油，不溶于水	是一种油溶性腐蚀抑制剂和金属钝化剂，能有效地保护铜、铜合金、镉、钴、银和锌。用于ATF、压缩机油、发动机油、燃料、齿轮油、润滑脂、液压油、金属加工液、合成油、涡轮机油
Cuvan 484	2,5-二巯基-1,3,4-噻二唑衍生物	金属减活剂	1.07	11	76	溶于矿物油和合成油，不溶于水	用于工业和汽车润滑油、润滑脂及金属加工液的铜腐蚀抑制剂和金属减活剂
Cuvan 826	2,5-二巯基-1,3,4-噻二唑衍生物	金属减活剂	1.04	3.32	192	溶于矿物油	用于工业和汽车润滑油、润滑脂及金属加工液的铜腐蚀抑制剂和金属减活剂，还可抑制硫化氢的腐蚀作用及增强油品的抗磨和抗氧化性能
Vanchem DMTD	2,5-二巯基-1,3,4-噻二唑	金属减活剂	1.79	—	—	溶于水、乙醇和丙酮和双酯	化学中间体，与可溶性盐复分解反应、与碱金属成盐反应巯基的氧化反应、与含氧基团的反应等，可制备一些添加剂
Vanchem NATD	30%浓度的2,5-二巯基噻二唑二钠水溶液	金属减活剂	1.22	—	—	溶于水	用于水基体系的非铁金属的腐蚀抑制剂和金属减活剂，也是化学中间体，可制取双巯基化合物等添加剂
Vanlube 601	硫氮杂环化合物	金属减活剂	1.02	23.7	212	溶于矿物油和合成油，不溶于水	是成膜性铜金属减活剂和腐蚀抑制剂及防锈剂，用于矿物油基和合成润滑脂作腐蚀抑制剂和防锈剂

续表

产品代号	化学组成	添加剂类型	密度/(g/cm³)	100黏度/(mm^2/s)	闪点/℃	溶解性	性能及应用
Vanlube 601E	硫氮杂环化合物	金属减活剂	0.98	7	157	溶于矿物油和合成油，不溶于水	是成膜性铜金属减活剂和腐蚀抑制剂及防锈剂，用于矿物油基和合成润滑脂作腐蚀抑制剂和防锈剂

表 2-98 BASF 公司添加剂产品商品牌号

添加剂代号	化合物名称	黏度/(mm^2/s)	熔点/℃	硫含量/%	磷含量/%	氮含量/%	TAN/TBN/(mgKOH/g)	应用
油溶性金属减活剂								
Irgamet 30	液态三唑衍生物	33	—	—	—	17.3	<10/175	推荐用量 0.05%～0.1%，用于空压机油、涡轮机油、液压油、齿轮油、发动机油、ATF 和金属加工液
Irgamet 39	液态甲基苯并三唑衍生物	80	—	—	—	14.8	145	推荐用量 0.02%～0.1%，用于空压机油、涡轮机油、液压油、润滑脂、齿轮油、发动机油、ATF 和金属加工液
水溶性金属减活剂								
Irgamet 42	水溶性液态甲基苯并三唑衍生物	33	<5	—	—	175	165/170	推荐用量 0.1%～0.3%，用于液压油和金属加工液
Irgamet BTZ	苯并三唑	固态	93	—	—	35.3	—	推荐用量 0.01%～1.0%，用于液压油和金属加工液
rgamet TTZ	甲基苯并三唑	固态	85	—	—	31.6	—	推荐用量 0.01%～1.0%，用于液压油和金属加工液
rgamet TT 50	50% 甲基苯并三唑钠盐水溶液	18	-8	—	—	14	—	推荐用量 0.5%～2.0%，用于液压油和金属加工液

表 2-99 莱茵化学 德莱润公司的极压剂及有色金属减活剂的商品牌号

添加剂代号	化学组成	密度/(kg/m³)	总硫含量/%	矿物油含量/%	主要应用					
					金属加工油/液	动力传动油	工业齿轮油	车辆齿轮油	润滑脂	其他
RC8210	二巯基噻二唑衍生物	1070	30	0	•	•	•	•	•	
RC8213	二巯基噻二唑衍生物	1080	36	0	•	•	•	•	•	

续表

添加剂代号	化学组成	密度/(kg/m³)	总硫含量/%	矿物油含量/%	主要应用					
					金属加工油/液	动力传动油	工业齿轮油	车辆齿轮油	润滑脂	其他
RC8220	苯并三氮唑	—	0	0	●	●	●	●	●	
RC8221	甲基苯三唑	—	0	0	●	●	●	●	●	
RC8223	甲基苯三唑衍生物	950	0	0	●	●	●	●	●	燃料
聚合物固体添加剂										
RC8400	聚合物固体极压添加剂	1580	28	0					●	

参 考 文 献

[1] [日]樱井 俊南．石油产品添加剂[M]．吴绍祖，刘志泉，周岳峰，译．北京：石油工业出版社，1980：94.

[2] EXXON Additives. Their Role in Industrial Lubrication[G]. Exxon Company，U. S. A，1973：3-5.

[3] 陈丽华，张春辉．金属减活剂作用机理的探讨[J]．润滑与密封，2003，(1)：73-76.

[4] P. C. Hamblin. 5th lnter，Colloquium Additives for Lub and Oporatinal Fluids[R]，1986：14-16.

[5] Dr. Neil Canter. Metal Deactivators：Inhibitors of metal interactions with lubricants[J]. Tribology & Lubrication Technology，2012(9)：10-23.

[6] 张镜诚，仲伯禹．T551(C-20)、T561(R3)金属减活剂[G]. 国家“七五”重点科技攻关润滑油攻关论文集，1992：561-574.

[7] 陈丽华，张有序．金属减活剂改善变压器油使用性能的探讨[J]. 石油学报（石油加工），2003，(2)：62-68.

[8] 黄文轩．润滑剂添加剂应用指南[M]. 北京：中国石化出版社，2003：107-111.

[9] Dr. Neil Canter. Antioxidants[J]．Tribology & Lubrication Technology，2016，(9)：10-21.

第 9 节　黏度指数改进剂

9.1　概况

润滑油的黏度随温度的升高而降低，黏度指数(Viscosity Index ，VI)是衡量黏度随温度变化而改变的程度的指标。VI 越大的油品，黏度随温度变化的程度越小。由于矿物油(石蜡基）的黏度指数通常在 96 ~ 120，因此要制取黏温性能（Viscosity - temperature Characteristics）优良的多级内燃机油及其他高黏度指数的工业润滑油时，就必须添加黏度指数改进剂(Viscosity Index Improver，VII)或使用合成润滑油。

早在 20 世纪 30 年代，人们就在液压油和大炮齿轮油中加入高分子化合物(High Molecular Compound)，用以改善润滑油的黏温性能。20 世纪 30 年代中期，聚异丁烯(Polyisobutylene，PIB）逐渐得到应用。20 世纪 40 年代，出现了聚甲基丙烯酸酯（Polymethacrylate，PMA）。20 世纪 60 年代末到 70 年代初，出现了乙丙共聚物（Ethlene Propylene Copolymer，EPC）或烯烃共聚物（Olefin Copolymers，OCP）和氢化苯乙烯双烯共聚物（Hydrogenated Styrene-diene Copolymer，HSD），其中包括氢化苯乙烯丁二烯共聚物（Styrene-butadiene Copolymer，SD）及氢化苯乙烯异戊二烯共聚物（Hydrogenated Styrene-isoprene Copolymer，HSP）等高分子化合物。人们称这些高分子化合物为增黏剂（Thickening Agent）。PMA 确实可以增加矿物油的黏度，并且在高温时提高的黏度比低温时更加明显，故此人们称这种高分子化合物为黏度改进剂（Viscosity Improver）。由于这种作用影响到液体的黏温性能，即液体的黏度指数，所以又被称为黏度指数改进剂。20 世纪 80 年代，通过引入第三组分的含氮的极性化合物，又出现了新一代具有分散性的黏度指数改进剂（Dispersant Viscosity Index Improver），如 DPMA（Dispersant Polymethacrylate）、DOCP（Dispersant Olefin Copolymers）。这些化合物除了能增加液体的黏度和黏度指数外，还具有分散性能，可替代部分分散剂。也有专利报道，在 OCP 接枝 2-巯基-1,3,4-噻二唑后，含噻重氮基的 OCP 可提高抗磨性能。

目前多级油快速发展，对黏度指数改进剂的需求增大，据智研咨询在《2018—2024 年中国润滑油添加剂市场分析预测及投资前景预测报告》中统计，黏度指数改进剂占添加剂总消耗量的 22.5%左右。

总之，黏度指数改进剂的应用开始于 20 世纪 30 年代，在 50 至 70 年代是 PIB 和 PMA 占统治地位，70 年代以后 OCP 变成主导地位，PMA、HSD、DOCP、DPMA 及 OCP 与 PMA 复合（OCP/PMA）仍占一定的份额。

为什么黏度指数改进剂受到人们的重视？其原因如下。

9.1.1 改善油品的黏温性能

用 VII 配制的内燃机油、齿轮油和液压油，具有良好的低温启动性和高温润滑性，可同时满足多黏度级别的要求，可四季通用。

9.1.2 节能降耗、降低磨损

与单级润滑油相比，用黏度指数改进剂配制的多级润滑油能降低润滑油和燃料油的消耗，显著降低机械的磨损。由于多级油的黏温性能平滑，黏度随温度的变化幅度比单级油小，在高温时仍保持足够的黏度，保证了运动部件的润滑，从而减少了磨损。在低温时，黏度又比单级油小，使启动容易，从而节省了动力。与同黏度级别的单级油比（如 SAE 10W/30 与 SAE 30 比较），能节省燃料油 2%~3%。多级润滑油与单级润滑油的黏度随温度的变化见表 2-100。

表 2-100 多级润滑油与单级润滑油的黏度随温度的变化比较

项目	SAE30	SAE40	SAE15W-40	对应发动机部位
运动黏度（230℃）/（mm^2/s）	1.7	1.9	2.3	缸套/活塞上部
运动黏度（150℃）/（mm^2/s）	4.3	4.9	5.6	轴承
运动黏度（100℃）/（mm^2/s）	11.4	14.5	14.5	油底壳
运动黏度（40℃）/（mm^2/s）	110	160	110	启动
CCS（-18℃）/mPa·s	15000	20000	5000	冬季冷启动

9.1.3 简化油品

可实现油品的通用化，如通用的拖拉机油可同时作为拖拉机的发动机油、齿轮油、传动油和刹车油。

9.1.4 合理利用资源

由于高黏度基础油的资源短缺，可利用黏度指数改进剂提高低黏度基础油的黏度以替代高黏度基础油，相当于增加了高黏度润滑油的产量，更合理地利用了资源。

黏度指数改进剂用于发动机油中，能使开发的多级发动机油降低对温度的依赖。黏度指数改进剂在 ILSAC GF-5 乘用车发动机油规格中是发动机油的一项关键组分。用黏度指数改进剂配制的多级发动机油，在低温下保持润滑油的泵送性的同时，能够保持在高温高剪切条件下的黏度。

在动力传动系统液中(齿轮油和 ATF)，黏度指数改进剂的主要功能也是在尽可能宽的操作温度范围内使油品的黏度改变最小，同时在油品的使用寿命期间保持良好的剪切稳定性。

应用 VII 最多的是多级发动机油，而发动机油占整个润滑油的比例高达 60%左右。VII 在发动机油中的加剂量最高可达 15%(质量分数)。在各种类添加剂中，VII 的使用量较大，其销售额约占所有添加剂销售额的 23%。

目前燃料经济性较好的节能润滑油，实际上是多级发动机油[由低黏度基础油加入摩擦改进剂(FM)、VII、降凝剂调配而成]。VII 可以减少在混合润滑区和流体动力润滑区的摩擦损失，而 FM 可以减少边界润滑区和混合润滑区内的摩擦损失。在合适的配方下，VII 和 FM 可以以互补的方式发挥作用，降低摩擦，如图 2-82 所示。

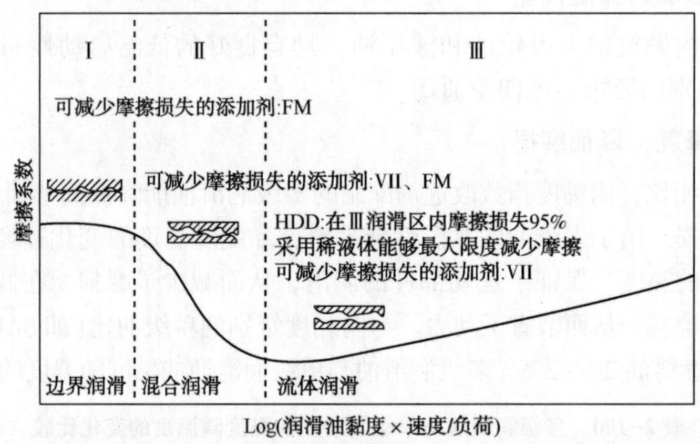

图 2-82 在发动机油配方中使用 VII 和 FM 可以以互补的方式来降低摩擦

9.2 黏度指数改进剂的使用性能

一种好的黏度指数改进剂不仅要求增黏能力强、剪切稳定性好，而且具有较好的低温性能和热氧化安定性能。化学结构与性能是密切相关的，OCP 等碳氢系高聚物增黏作用优异，改进黏度指数(VI)的作用不佳；PMA 等含极性基的聚合物增黏作用不如前者，但改进

VI 的作用优异，同时又具有降凝作用；OCP 与 PMA 的混合聚合物的增黏作用、改进 VI 的作用、低温黏度特性处于两者中间。在这些聚合物分子中引入含氮极性基，就成为具有分散油泥作用的分散型黏度指数改进剂，多数发动机油中使用具有分散性能的黏度指数改进剂。在接受高剪切力的齿轮油、液压油和自动传动液中使用重均相对分子质量为 2 万～10 万的聚合物；注重增黏效果和 VI 改进性能的发动机油中使用重均相对分子质量为 10 万～40 万的聚合物。常用的几种黏度指数改进剂的类型和性能比较列于表 2-101 及表 2-102 中。

表 2-101　常用的几种黏度指数改进剂的类型

黏度指数改进剂名称	缩写	聚合物结构
烯烃共聚物，聚(乙烯/丙烯)[可含二烯三聚单体]	OCP	线型共聚物，可含长支链
线状共聚物，可含长支链	PMA	线型共聚物，可含长支链
氢化自由基聚异戊二烯，可含苯乙烯作为共聚单体	HRI	星型聚合体
氢化苯乙烯-异戊二烯	HIS	线型 A-B 嵌段共聚物
氢化苯乙烯-丁二烯	HSB	线型锥形嵌段共聚物
聚异丁烯	PIB	线型均聚物
苯乙烯酯，苯乙烯和烷基马来酸的交替共聚物	SE	线型共聚物

表 2-102　常用的几种黏度指数改进剂的性能比较

VII		PMA	OCP	HSD	OCP 与 PAM 混合物
增黏作用		○	◎	◎	○
VI 改进作用		◎	○	○	○
剪切稳定性		△-◎	△-○	◎	○
降低倾点作用		◎	×	×	○
低温黏度特性	CCS 黏度	◎	○	○	◎
	BF 黏度	◎	×	×	○
高温剪切黏度		○	○	○	○
氧化稳定性		○	○	○	○

注：◎—非常好；○—良好；△—稍差；×—差；BF—Brookfield。

9.2.1　剪切稳定性

剪切稳定性(Shear Stability)是黏度指数改进剂的一个重要的使用性能，剪切稳定性差的黏度指数改进剂，在剪切应力作用下会发生主链断裂，黏度下降，调和的润滑油不能保持原有的黏度级别，将导致磨损和油耗增加的不利影响。聚合物抵抗剪切作用的能力被称为剪切稳定性。

剪切稳定性与黏度指数改进剂的聚合度(相对分子质量)、分散度(相对分子质量分布)和高聚物在溶液中的流体力学有关。高分子的链愈长(相对分子质量愈大)和分散度愈大，愈易断裂，即剪切稳定性愈差；反之，高聚物相对分子质量越小，剪切稳定性越好，但加入量就大，对清净性不利。因此，只要达到规格要求的剪切安定性即可，而不要一味追求剪切安定性越小越好。

1. 剪切稳定性的表示方法

矿物基础油属于黏度与剪切速率无关的牛顿流体，加有黏度指数改进剂的润滑油(多级油)改变了基础油的流动性能，成为非牛顿流体，黏度随剪切速率的增减而变化。多级油在剪切应力作用下会出现黏度下降，用黏度下降率或黏度损失率(剪切稳定指数，SSI)来表示。聚合物在受

高剪切速率作用时会发生暂时的黏度损失，这时的剪切速率通常在10^4s^{-1}左右，其分子将沿着轴向流动变得有序，聚合物形状从一个球形线团变化为拉长的结构，该结构占较小的流体动力学体积，使得黏度降低。这种黏度损失是可逆的，一旦剪切应力消失，则又能恢复，所以这种黏度损失是暂时性的，用暂时剪切稳定指数(Temporary Shear Stability Index，TSSI)来表示。随着剪切速率进一步增加，越来越多的分子变形，导致更大黏度损失，直到达到最大的变形量。当剪切速率达到10^6s^{-1}以上时，除了暂时黏度损失外，还有高分子断链引起的不可逆的黏度损失，称为永久黏度损失，用永久剪切稳定指数(Permanent Shear Stability Index，PSSI)来表示。聚合物的断链一般发生在链的中间部位，碳-碳键裂开，生成两个较小的分子。图2-83显示了分子的拉长和断裂。两个较小的分子的流体动力学总体积比原始分子小，从而使得黏度变得更小。

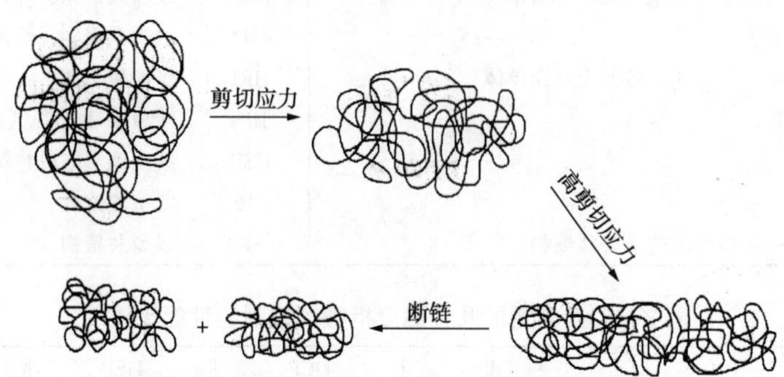

图2-83　剪切作用下聚合物分子的拉长和断链示意

聚合物分子量越大越易变形和机械降解，然而当聚合物相对分子质量足够小时，甚至不会发生永久性的黏度损失，通常不易引起进一步的降解，所以该降解过程具有自限性。

发动机中各部分的剪切速率分布是不同的，暂时黏度损失也不一样，以齿轮、轴承、活塞、汽缸壁最大，暂时黏度损失也大，故在该部位容易引起磨损及擦伤，详见表2-103。

表2-103　汽油机油中的剪切速率

剪切速率		发动机的部位	影响的性质
A	$10^3/s \sim 10^4/s$	后活塞环、阀杆、泵入口	油耗、低温流动性
B	$10^5/s \sim 10^6/s^{-1}$	轴颈轴承、活塞、汽缸壁	轴承磨损、擦伤、热起动
C	$10^6/s^{-1} \sim 10^8/s$	齿轮、凸轮、挺杆	磨损

剪切安定性可用永久剪切稳定指数来表示，其计算公式如下：

$$PSSI=\frac{V_i-V_f}{V_i-V_0}\times 100$$

式中，V_i为油品剪切前100℃时的黏度，mm^2/s；V_f为油品剪切后100℃时的黏度，mm^2/s；V_0为基础油100℃时的黏度，mm^2/s(国外是除Ⅶ以外的油品全配方的黏度)。

测定剪切稳定性的常用方法有三种，即柴油喷嘴法、超声波法和L-38法(L-38发动机运转10h后测定受剪切程度)，而三种方法的苛刻差别很大。美国、欧洲和中国内燃机油的规格分别用L-38法、柴油喷嘴法和超声波法，三种方法均要求剪切后的黏度仍然保持在本等级油品规定的黏度范围之内。表2-104列出乙丙共聚物黏度指数改进剂在不同的方法下SSI数据的比较。

表 2-104 乙丙共聚物在不同测试方法下的 SSI 比较

项目	剪切稳定指数 SSI/%		
	柴油喷嘴法	超声波法	L-38 法
符合美国及中国规格常用的乙丙共聚物	48.5	38	20~22
符合欧洲规格常用的乙丙共聚物	28.3	21.7	12

从表 2-104 数据可看出，符合美国及中国规格常用的乙丙共聚物的 SSI 值在柴油喷嘴法中约为 50%，在超声波法中约为 40%，而在 L-38 法中约为 20%。符合欧洲规格常用的乙丙共聚物的 SSI 值在柴油喷嘴法中约为 30%，在超声波法中约为 22%，而在 L-38 法中约为 12%。由于不同方法测定的 SSI 差别很大，因而在讨论剪切稳定性时一定要说明测定方法。

2. SSI 随应用的设备而变化

油品剪切的苛刻程度的顺序是：汽油机油<柴油机油<自动传动液<液压油<齿轮油。

分子量与 SSI 对各种应用的关系见图 2-84。各种油品都有相应的剪切安定性评价试验方法，以适应该油品的要求。各种油品评定的方法有：

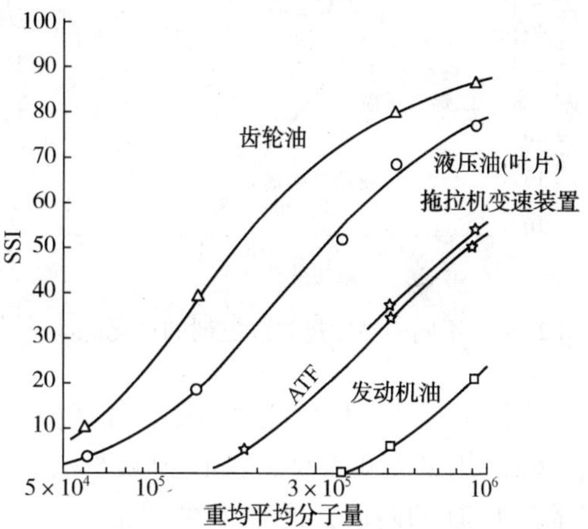

图 2-84 相对分子质量与 SSI 对各种应用的关系

曲轴箱油：超声波法(5min 和 10min 两种)、3200km(2000 英里)道路剪切试验、L-38法、柴油喷嘴法、Peugeot 204(标致 204 试验)。

自动传动液和液压油：Dexron ATF(德士龙 ETF)，HETC T-13，10000 次循环，Chrysler Power Steering Pump Test(克莱斯勒动力转向液压泵试验)，4h×93.3℃(试验条件包括 4137kPa×1700r/min 和 2758kPa×1800r/min 两种)。

齿轮油：A. L. I. Variable Seveity Scoring Test-Shear Stability Determination(A. L. I 可变苛刻评分剪切稳定性测定试验)93.3℃×120h。

Rohm andhaas 公司，用上述方法测定了其产品的 SSI 数据，列于表 2-105。

表 2-105 各种剪切试验方法测定的 SSI

油品	曲轴箱油			ATF	液压油	齿轮油
试验方法	超声波法①	L-38 法，10h	柴油喷嘴法②	Dexron ATF③ 10000 循环	泵试验④	ALIVSST⑤
Acryloid 702⑥	30	20	45	49	52	89
Acryloid955⑦	23	12	36	43	45	—
Acryloid 1017⑧	0	0	0.5	0	1	15~20

①ASTM D-2603 标准，超 5min。

② DIN-51382：Diesel Injector：10W-30/10W-40。

③ Dexron ATF，HETC T-13，10000 循环。

④ Chrysler Power Steering Pump Test，4h×93.3℃，负荷 2758kPa，1800r/min。

⑤ A. L. I. Variable Seveity Scoring Test-Shear Stability Determination，93.3℃×120h。

⑥ Acryloid 702 是具有降凝作用的 PMA，适用于汽油机油。

⑦ Acryloid 955 是具有降凝和分散作用的 PMA，适用于汽、柴油机油。

⑧ Acryloid 1017 是 PMA，适用于自动传动液、液压油和多级齿轮油。

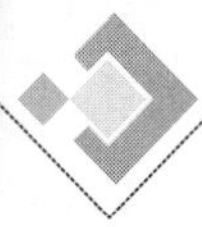

9.2.2 增黏能力

增黏能力(Thickening Power)是黏度指数改进剂的一个很重要的性能。黏度指数改进剂的增黏能力越大，加剂量越小，多级油的成本也就越低。聚合物的增黏能力主要取决于黏度指数改进剂的相对分子质量和分子上的主链碳数(-[$-CH_2-$]-)以及在基础油中的形态。市售的黏度指数改进剂的增黏能力的顺序如下：

HSD≈OCP> PIB>PMA

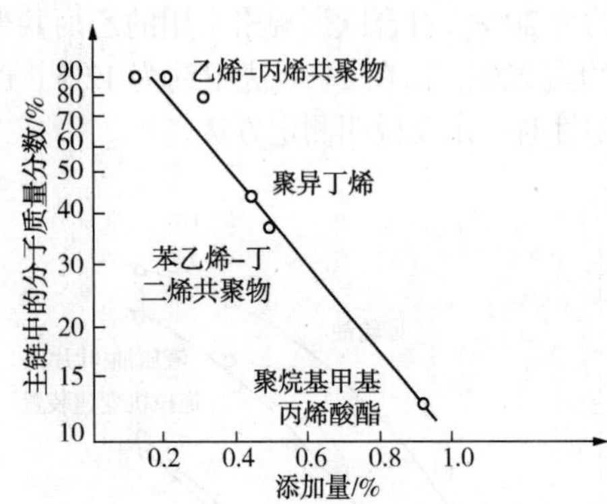

图 2-85　不同的黏度指数改进剂的稠化能力

黏度指数改进剂的增黏能力随相对分子质量的增大而加强，主要是高分子链的长度(主链上的碳数)起主要作用。黏度指数改进剂的增黏能力是一个聚合物主链相对分子质量的函数，但是PMA 分子量只有较小部分(约 15%)在主链上，而OCP 的主干链相对分子质量占到 80%~90%(见图 2-85)。为了保证 PMA 油溶性，其大部分相对分子质量都集中在链的下垂端。因此，当比较具有相似相对分子质量的 PMA 和 OCP 表明，PMA的主干链明显更短些，所以增黏效率也要低一些。

从图 2-85 中可看出，乙丙共聚物的碳原子基本在主链上，所以稠化能力最强。丁苯共聚物居中，PMA 最差。如果配制 10W-40 发动机油，OCP 用量为 0.33%，HSD 为 0.5%，而 PMA 要加 1%，即达到相同稠化能力时，PMA用量是 HSD 的两倍，是 OCP 的三倍。

多级油中的黏度指数改进剂加剂量的大小对油品的清净性有明显的影响，通常油品的清净性随黏度指数改进剂加剂量的增大而变差。因此，与同等质量级别的单级油相比，多级油要多加 10%左右的功能添加剂来弥补由于黏度指数改进剂带来的负面影响。

黏度指数改进剂的增黏能力还与基础油(溶剂)有关，基础油的黏度和烃族组成对黏度指数改进剂的增黏能力有一定的影响。这是因为各种烃族对黏度指数改进剂分子有不同的亲和性(溶剂化作用)，一般环烷烃基础油的增黏能力较石蜡基强。

9.2.3 热氧化安定性

热氧化安定性(Thermal Oxidation Stability)是黏度指数改进剂的另一个重要评价指标。黏度指数改进剂在实际使用中要经受高温氧化、热氧化分解，分解将导致黏度下降、酸值增加、环槽积炭增多等系列问题。高分子聚合物一般在 60℃以下不发生明显的热氧化分解，在 100~200℃开始热氧化分解。聚合物的热氧化安定性与Ⅶ的结构有关。

三种结构的聚合物容易引起氧化降解：第一是叔碳原子上的氢原子(如分子式 2.9-1 所示)容易受到氧的攻击而发生氧化降解，乙丙共聚物属于这种结构；第二是芳基位置的 α-氢原子(如分子式 2.9-2 所示)容易受到氧的攻击，氢化丁苯共聚物属于此种情况；第三是与双键共轭的 α-氢原子(如分子式 2.9-3 所示)容易受到氧的攻击，氢化丁苯共聚物若加氢不完全属这种情况。

$$R_1—CH_2—\underset{\underset{\displaystyle R}{|}}{\underset{\displaystyle CH_2}{|}}{\overset{\overset{\displaystyle H}{|}}{C}}—CH_2—R_3$$

分子式2.9-1

$$R_1—CH_2—\overset{\overset{\displaystyle H}{|}}{\underset{|}{C}}—CH_2—R_2$$
（C 下连苯环）

分子式2.9-2

$$R_1—CH{=}CH—CH_2—R_2$$

分子式2.9-3

由此看来，OCP 和 HSD 都有叔碳原子氢，而且 HSD 可能还有双键共轭的氢原子，所以，OCP 和 HSD 的热氧化安定性不好。而 PMA 和 PIB 没有叔碳原子氢，它们的氧化安定性好。而聚正丁基乙烯基醚(BБ)不仅有叔碳原子氢，且受到醚键的活化，其稳定性最差。市售的 VII 的氧化安定性的顺序为：

PMA>PIB> OCP≈HSD >BБ

9.2.4 低温性能

低温黏度是汽车润滑油的重要的流变学性质。为了使车辆在寒冷的气温下启动，轴承中润滑油的黏度应该低于某一临界值，这个临界值可用低温发动机启动能力试验测定，SAE J300 中对所有“W”等级的润滑油都规定了临界值。VII 对多级油的低温性能有重要影响，而表示多级油低温性能指标的临界值有两个：低温启动性和低温泵送性。

1. 低温启动性

影响低温启动性的因素有很多，其中很重要的一个指标是低温黏度的大小，低温黏度愈小愈易启动。一般用冷启动模拟机(Cold Cranking Simulator，CCS)来测定多级油低温时的表观黏度。冷启动模拟机是在固定了环境温度时的高剪切率操作的流变仪，用来模拟启动时润滑油流进发动机轴承中的情况。发动机启动后，油也必须能够自由流进油泵和分配到发动机各个油管。不同的 VII 的低温性能差异较大，PMA 在很宽的剪切速率范围内都显示出较低的黏度，所以低温启动性 PMA 最好。而 PIB 分子链因有许多甲基侧链，所以比较刚硬，在低温状态下，它的黏度增长较快，故 PIB 的低温性能最差。

2. 低温泵送性

发动机在低温启动时，必须在短时间内使润滑油系统的油压达到正常，以保证发动机各个部位得到及时充分的润滑，否则将造成磨损。发动机油通过泵送至发动机各个部位的能力，称作泵送能力。发动机油的泵送能力取决于泵送条件下的表观黏度。试验表明，多级油的低温泵送黏度不高于 3Pa·s，可保证泵送供油，该黏度称为临界泵送黏度。达到临界泵送黏度的温度叫作临界泵送温度，用小型旋转黏度计(Mini-Rotary Viscometer，MRV)来测定。MRV 是一个低剪切速率的流变仪，用于模拟在寒冷的气温下空转两天的车辆多级油的泵送能力。SAE J300 也规定了所有“W”等级的发动机润滑油的 MRV 黏度上限。MRV 既能测定黏度的流动极限，又能测定气阻极限，MRV 预测的平均泵送温度(BPT)与发动机

平均极限泵送温度有较好的关联性。Brookefield 黏度可以测定黏度流动极限，表 2-106 列出不同类型黏度指数改进剂对低温泵送性能的影响。

表 2-106 黏度指数改进剂种类用量对低温泵送性能的影响

物理性质①	SAE 5W-30			SAE 10W-40		
	Plexol 702	乙丙共聚物	丁苯共聚物	Plexol 702	乙丙共聚物	丁苯共聚物
99℃/(mm^2/s)	11.41	10.87	10.44	15.10	14.31	13.43
32℃/Pa·s	1.2	1.18	1.2	2.4	2.3	2.4
倾点/℃	-46	-40	-43	-46	-34	-43
Brookfield 黏度						
-28.9℃/Pa·s	77.75	117.5	96.5	165	360	227.5
-34.4℃/Pa·s	210	292.5	240	397.5	>1000	560

①：199℃、32℃、-28.9℃、-34.4℃分别由华氏 210℉、0℉、-20℉、-30℉温度换算而来的。

Brookfield 黏度计测定的黏度，其流动极限和小型旋转黏度计是一致的。从表 2-106 可看出，99℃和 32℃黏度相近的三个 VII，Brookfield 黏度有较大的差别，以 PMA 为最好，OCP 最差。在 10W-40 油中，VII 的加入量增加，其影响增强。

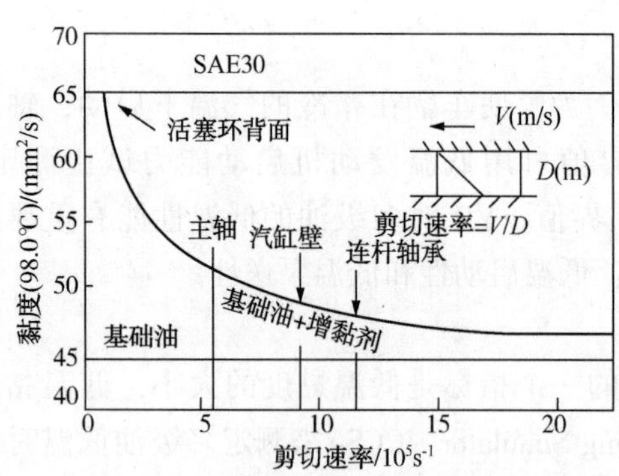

图 2-86 多级油和剪切速率的关系

9.2.5 高温高剪切黏度

黏度对润滑作用有决定性的意义，多级油的高温黏度是采用低剪切速率的毛细管黏度计测定 100℃的运动黏度。而多级油系非牛顿流体，低剪切毛细管测定的黏度，不能反映发动机在高温(150℃)和高剪切速率(10^6s^{-1})工作条件下的黏度。图 2-86 表明，当剪切速率达到 $15×10^5$s 时，对剪切稳定性差的黏度指数改进剂，黏度已经接近基础油的黏度。

经研究表明：在温度 150℃ 和剪切速率 10^6s^{-1}条件下测定的表观黏度与发动机轴承的磨损有较好的相关性。因此，各协会对高温(150℃)高剪切速率(10^6s^{-1})的黏度都有一定的要求。SAE J300 在 1995 年修订时增加了对每个黏度级别的最小的高温高剪切(High-temperature, high-shear-rate, HTHS)黏度。高温高剪切黏度是在非常高的剪切速率(10^6s^{-1})和温度(150℃)下测量的，这与在稳定状态下操作曲轴箱轴承的流动环境是类似的。表 2-107 为不同温度和不同剪切速率下测定黏度的方法。

表 2-107 不同温度和不同剪切速率下测定黏度的方法

温度/℃	剪切速率/s^{-1}	评定性能	仪器和方法
-10～-35	<10	低温泵送性	小型旋转黏度计：GB/T 9171，ASTM D4684
-5～-30	>10^5	低温启动性	冷启动模拟机(CCS)：GB/T 6538，ASTM D5293
100	<10^2	油耗	毛细管黏度计：GB/T 265，ASTM D445

续表

温度/℃	剪切速率/s^{-1}	评定性能	仪器和方法
150	10^6	轴承等磨损	高温高剪切速率黏度计：ASTM D4683，ASTM D4741，CEC L-36-A-90，SH/T0618

9.3　作用机理

多级润滑油是在低黏度基础油中加入黏度指数改进剂后调配而成的，具有较好的黏温性能。黏度指数改进剂都是一些油溶性的链状高分子化合物，在溶剂中溶解时，随所用的溶剂及温度不同而呈不同的状态，即黏度指数改进剂在不同的溶剂中或不同的温度下收缩或伸展也不同。在高温下，高分子化合物分子伸展，其流体力学体积增大，导致液体内摩擦增大，即黏度增加，从而弥补了油品由于温度升高而黏度降低的缺陷；反之，在低温下，高分子化合物分子收缩蜷曲，其流体力学体积变小，内摩擦变小，使油品黏度相对变小，见图2-87和图2-88。溶解在油中的高分子聚合物，在低温下或不良溶剂中，聚合物分子之间相互作用较强，比溶剂的溶解力大，因此聚合物凝聚起来成为小的圆形状态，聚合物分子中没有溶剂分子进入。相反，在高温或良溶剂中，聚合物本身运动能增加，凝聚力减少了，形成溶解性能起决定作用的膨胀状态。这种线状的流体力学体积的大小，决定着这种聚合物对油品增加黏度的程度。

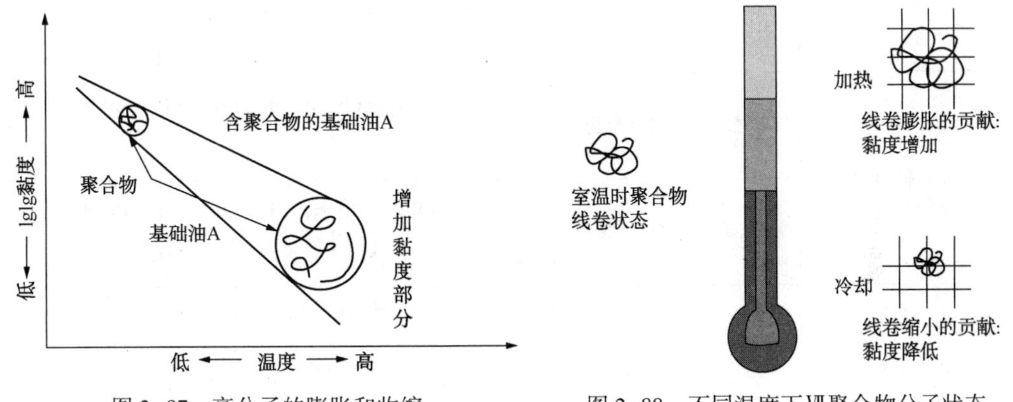

图2-87　高分子的膨胀和收缩　　图2-88　不同温度下Ⅶ聚合物分子状态

9.4　黏度指数改进剂品种

常用的黏度指数改进剂见表2-108。

表2-108　常用的黏度指数改进剂的类型和化学结构

化合物类别	化合物名称	化学结构式
聚异丁烯	非分散型	$\text{+}CH_2-\underset{CH_3}{\overset{CH_3}{C}}\text{+}_m$

续表

化合物类别	化合物名称	化学结构式
聚甲基丙烯酸酯	非分散型	$+CH_2-C(CH_3)(C(=O)-O-R)+_m$ R=C_1~C_{20}
	分散型	$+CH_2-C(CH_3)(C(=O)-O-R_1)+_m+CH_2-C(R_2)(Y)+_n$ R_1=C_1~C_{20}，R_2=H或CH_3，Y=极性基团
乙丙共聚物	非分散型	$-+CH_2-CH_2+_m+CH_2-CH(CH_3)+_n-$
	分散型	$+CH_2-CH_2+_m+CH_2-C(CH_3)(Y)+_n$
苯乙烯双烯共聚物	苯乙烯丁二烯共聚物	$+CH_2-CH(C_6H_5)+_m+CH_2-CH_2-CH_2-CH_2+_n$
	苯乙烯异戊二烯共聚物	$+CH_2-CH(C_6H_5)+_m+CH_2-CH_2-CH(CH_3)-CH_2+_n$
苯乙烯聚酯		$+CH_2-CH(C_6H_5)+_m+CH(C(=O)OR)-CH(C(=O)OR)+_n$
聚正丁基乙烯基醚		$+CH_2-CH(O-C_4H_9)+_m$

9.4.1 聚异丁烯

聚异丁烯(PIB)是用炼油厂裂解的C_4(丁烷-丁烯)馏分或高纯度异丁烯为原料，以三氯化铝/三异丁基铝或三氯化铝甲苯/二氯乙烷作催化剂，在低温下进行选择性聚合，精制后得到的产品，其合成见图2-89。

PIB是最早获得应用的黏度指数改进剂。用于内燃机油的PIB，其相对分子质量在5万左右，用于液压油和齿轮油的相对分子质量在1万左右较好。PIB具有优异的剪切稳定性和热氧化稳定性，但因聚合物分子链有许多甲基侧链，所以比较刚硬，在低温状态下，它的黏度增长很快，因此低温性能不好。在生产多级油方面受到限制，它不能配制低黏度级别（5W-30 及其以下的级别）和大跨度的多级油。

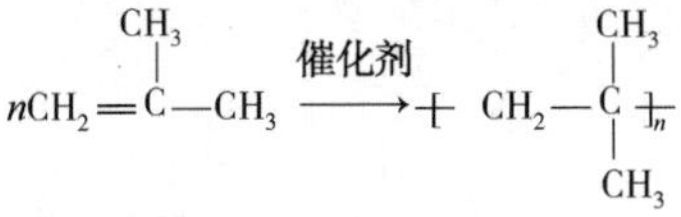

$$nCH_2=\overset{\displaystyle CH_3}{\overset{|}{C}}-CH_3 \xrightarrow{\text{催化剂}} \left[CH_2-\underset{\displaystyle CH_3}{\underset{|}{\overset{\displaystyle CH_3}{\overset{|}{C}}}} \right]_n$$

图 2-89 制备 PIB 反应式

PIB 是通过异丁烯的阳离子聚合形成的液体或半固体乙烯基聚合物，市售的 PIB 的相对分子量通常为数百至数百万不等。根据 C ═C 双键的位置把 PIB 分为高反应性 PIB（HRPIB）和常规 PIB 两类，全球 2018 年 PIB 的产量约为 110～120 万吨。主要集中在北美、欧洲和亚太地区（主要集中在韩国、中国、日本、马来西亚和印度），见图 2-90。PIB 的主要应用是润滑油添加剂，占 PIB 需求的 60%。在润滑油添加剂中，PIB 主要作为生产分散剂的原料（最常用的相对分子量为 1000、1300 和 2300）；其次，PIB 具有较高的黏度而作为增稠剂来替代传统上光亮油，在二冲程发动机油、齿轮油、润滑脂、金属加工液、压缩机流体和船用油等，PIB 常被用作基础油。除润滑油添加剂（占了大多数）外 PIB 还可应用于有燃料添加剂、润滑剂基础油、拉伸膜、密封剂和黏合剂、采矿炸药和化妆品等（见图 2-91）。

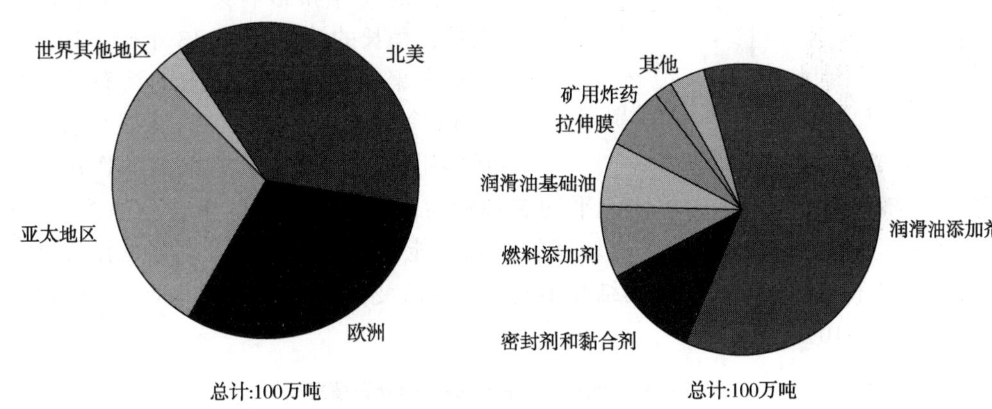

图 2-90 2018 年全球按区域对 PIB 需求　　图 2-91 2018 年全球 PIB 应用需求

9.4.2 聚甲基丙烯酸酯

聚甲基丙烯酸酯（PMA）的制法是甲基丙烯酸在酸性条件下与高碳醇酯化，生成甲基丙烯酸酯，所生成的水不断地被硫酸吸收，使反应不断进行。从粗甲基丙烯酸酯中除去未反应物及副产物，经精制之后，在过氧化苯甲酰或偶氮二异丁腈等引发下进行自由基聚合，还可用十二硫醇控制分子量（在聚合过程中要加一定量的稀释油），其反应式见图 2-92。

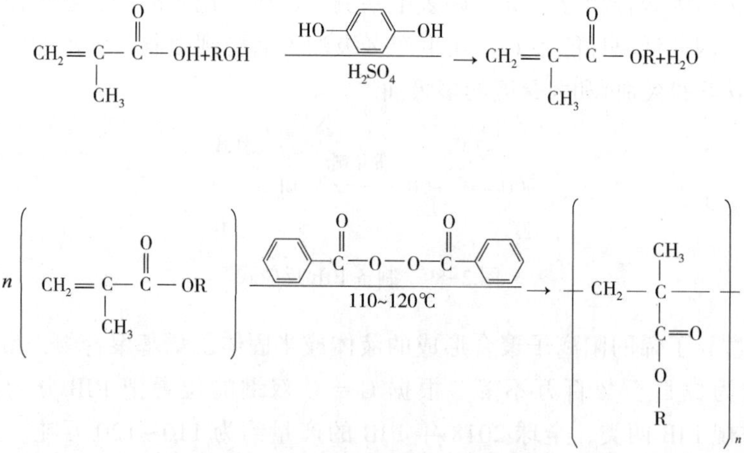

$$CH_2{=}C(CH_3){-}C({=}O){-}OH + ROH \xrightarrow[H_2SO_4]{HO{-}C_6H_4{-}OH} CH_2{=}C(CH_3){-}C({=}O){-}OR + H_2O$$

$$n\,\left(CH_2{=}C(CH_3){-}C({=}O){-}OR\right) \xrightarrow[110\sim120℃]{C_6H_5{-}C({=}O){-}O{-}O{-}C({=}O){-}C_6H_5} \left[{-}CH_2{-}C(CH_3)(C({=}O){-}O{-}R){-}\right]_n$$

图 2-92　制备 PMA 的反应式

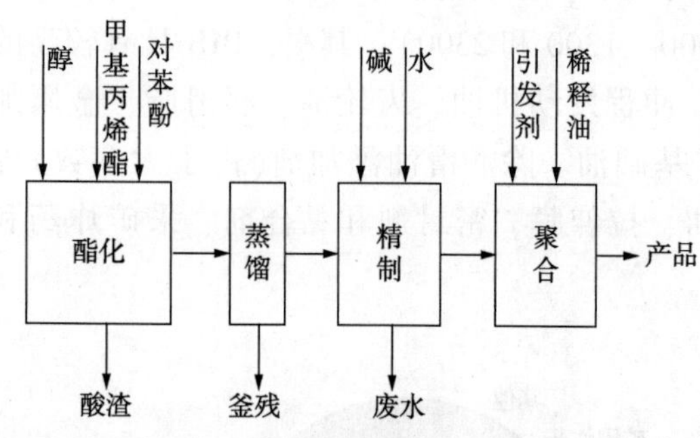

图 2-93　PMA 的生产工艺示意图

典型的聚甲基丙烯酸酯黏度指数改进剂是直链的聚合物，由三段或三条不同长度的碳氢侧链组成的。简单的统计表明，一个 PMA 分子是由 1~7 个碳原子的短链构成的，短链物质主要影响聚合物在低温时的卷曲的尺寸和影响聚合物油溶液的黏度指数；稍长的链是含 8~13 个碳，这部分能够提高聚合物在烃溶液中的溶解性；长链含 14 个或者以上的碳，它能够与蜡结晶相互作用，起到改善低温性能的作用。也有资料报道：PMA 聚合所选用的单体的平均烷基链为 9 时，所得到的聚合物油溶性好(支链或直链都行)，其中 1~4 碳醇具有较好的黏温性能，10~20 碳醇可改善低温性能；特别是 14 碳醇会和蜡结合，改变蜡的结晶结构，从而改变了低温性能。其低、中和高烷基链的分布如表 2-109 所示。

表 2-109　低、中和高烷基链的分布情况

低碳醇烷链	中碳醇烷链	高碳醇烷链
甲基	异癸基	$C_{16}\sim C_{18}$天然椰子油醇
乙基	十三基	$C_{16}\sim C_{20}$合成
丁基	$C_{12}\sim C_{12}$天然	
异丁基	$C_{12}\sim C_{15}$氧化	

PMA 的烷基侧链 R 的碳数对产品的性能影响较大，通过改变 R 的平均碳数、碳数分布和聚合物相对分子质量大小，可以得到一系列不同性能及不同用途的产品。对于单一的只有增黏作用的Ⅶ，R 的平均碳数为 $C_8\sim C_{10}$(平均烷链应为 C_9)，由低碳醇及高碳醇混合而

成，这样得到的聚合物油溶性好，并能提供良好的黏温性能；对于具有增黏降凝双效的Ⅶ，R 的平均碳数为 12 ~14，以 C_{14}为最好。若同时具有增黏、降凝和分散作用，就需要引入第三组分的含氮的极性化合物来共聚，如甲基丙烯酸二甲基(或二乙基)胺乙酯、甲基丙烯酸羟乙基酯、2-甲基-5-乙烯基吡啶。用于内燃机油的 PMA 的相对分子质量在 15 万左右，作为降凝剂的 PMA 的相对分子质量在 10 万以下。若用于要求剪切稳定性特别好的液压油和齿轮油，PMA 的相对分子质量在 2 万~3 万。

PMA 的低温性能特别好，改进油品的黏度指数的效果好，氧化安定性好，但增黏能力、热稳定性和抗机械剪切性能差。特别是高相对分子质量的 PMA，容易受机械引起的永久黏度损失的影响，而黏度损失量是给定剪切应力的溶液分子量(大小)的函数。相对分子质量的分布起着次要作用，如果相对分子质量分布倾向于高相对分子质量聚合物，其黏度损失比具有类似平均相对分子质量的聚合物要大。不同的应用场合有着非常不同的应力，所以任何给定的相对分子质量聚合物的黏度损失也随应用场合不同而变化。可以肯定的是，黏度损失直接与相对分子质量和应用场合的应力大小有关。图 2-94 显示了一系列 PMA 黏度指数改进剂的剪切稳定指数和应用场合剪切程度与相对分子质量的关系。

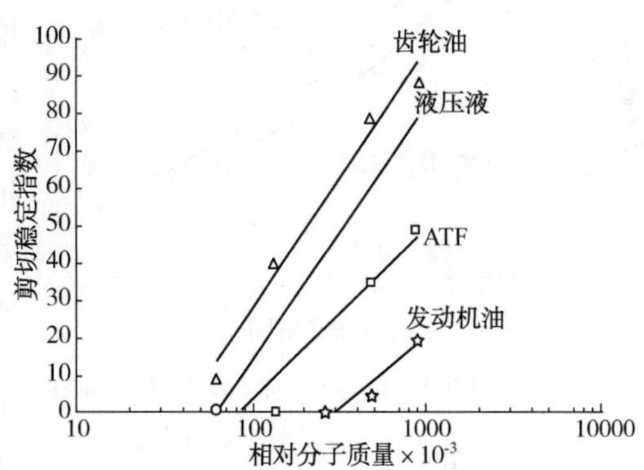

图 2-94　应用中的剪切稳定指数与 PMA Ⅶ相对分子质量和剪切强度的关系

分散型的 PMA 既可用来作为分散剂，又可以作为分散性的黏度指数改进剂。所以分散性的黏度指数改进剂常用在发动机油中，或者代替一部分传统的无灰分散剂，或者仅用来提高其分散性能。

9.4.3　乙丙共聚物

乙丙共聚物是烯烃共聚物(OCP)的一种，目前的烯烃共聚物一般是指乙丙共聚物黏度指数改进剂。由于有较高的增稠效果和相对低的价格，OCP 在发动机润滑油Ⅶ市场占有很大份额。

OCP 是以乙烯和丙烯为原料，用钒作催化剂，用氢或三氯醋酸乙酯调节分子量，直接聚合而成，其合成反应式见图 2-95。在生产过程中，聚合物中乙烯、丙烯的比例要适当，它直接影响产品的性能。若乙烯的含量过高，黏度指数较高，聚合物的结晶度增加，产品的油溶性变差，低温易形成凝胶。为改善乙烯聚合物的结晶度，需加入丙烯共聚。若丙烯的含量过高，会使聚合物侧链增多，主链上的碳数减少，使增黏能力降低，氧化稳定性变差。

$$nCH_2{=}CH_2 + mCH_2{=}\underset{}{CH}(CH_3) \xrightarrow[H_2]{\text{齐格勒-纳塔催化剂}} {+}CH_2{-}CH_2{+}_n{+}CH_2{-}CH(CH_3){+}_m$$

图 2-95　合成乙丙共聚物的反应式

固体的 OCP 黏度指数改进剂与基础油和其他添加剂混合之前，必须先溶解在基础油中。为此首先必须将其研磨成碎末后加入温度为 100～130℃的高质量稀释油中，并不断搅拌，在溶解过程中，不断提高油的黏度。

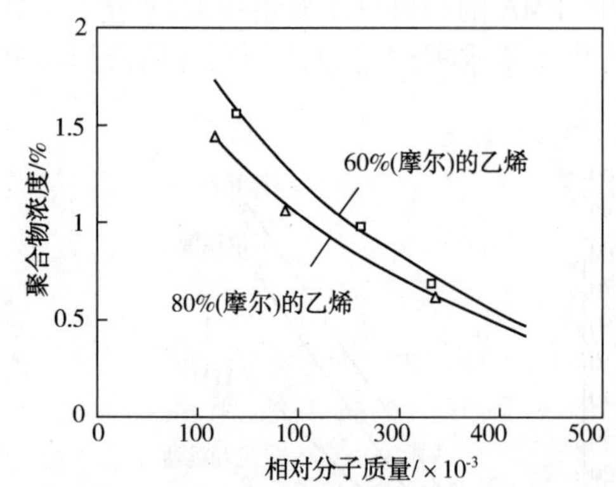

图 2-96　把 130N 的基础油的运动黏度提高到 11.5mm^2/s 所需要的聚合物浓度

目前，国际上要求 OCP 的 SSI 为 25%左右，为了达到这个要求，就要降低 OCP 的相对分子质量，而增稠能力也会相应下降，加剂量就会增加。加剂量的增加，不仅使清净性变差，低温性能也会变差。为了解决这个矛盾，20 世纪 80 年代，国外研究出半结晶型 OCP，其方法是把乙丙共聚物中的乙烯含量提高到 70%(摩尔分数)以上，这样就使 OCP 有了部分结晶。半结晶型的 OCP，在改善剪切稳定性的同时，也改进了增稠能力和低温性能。图 2-96 是 60% 和 80%摩尔乙烯的 OCP 共聚物，要使基础油达到同样运动黏度，前者比后者加更少的聚合物就能达到，所以 80%摩尔的乙烯的共聚物比 60%摩尔的乙烯的共聚物有更高的增稠能力。

半结晶型的 OCP 有较长的乙烯链，有可能在低温下与蜡晶体互相作用。在特定的条件下，高乙烯含量的 OCP 能与降凝剂互相作用，对 MRV 黏度和屈服应力产生负面影响，可能会对降凝剂的类型更加敏感，从而影响配方系统的有效性。目前，这种半结晶型的 OCP 广泛应用于国外的基础油中。由于高乙烯含量的 OCP 有结晶，对高含蜡量的基础油的倾点和低温性能均形成干扰，对某些降凝剂如 T 803 (聚 α-烯烃)也有干扰。因此很难用于中国的高含蜡量的基础油中，润英联的 Infineum V 8800、V 8700、V 8600 均为半结晶型的 OCP。

国外在 20 世纪 80 年代还发展了结晶型 OCP，不是单纯提高乙烯含量，而是通过一个特殊反应装置，使乙烯集中在分子中间，而丙烯在分子的两端(见图 2-97)。结晶型的 OCP 进一步改善了增稠能力和低温性能，见图 2-98。

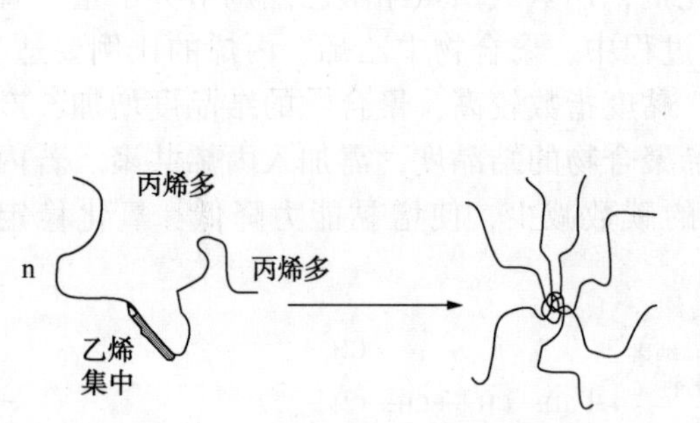

图 2-97　结晶型 OCP 的示意图

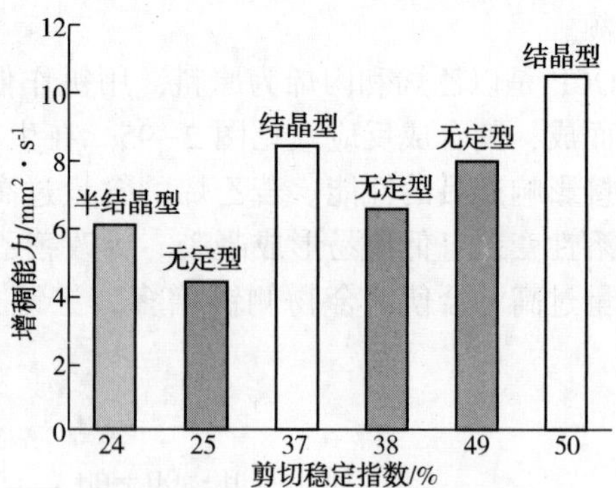

图 2-98　各类型 OCP 的增稠能力的比较

目前有剪切稳定指数为 37%和 50%两种结晶型乙丙共聚物产品，只在美国汽油机油中大量使用。由于其结晶性太强，因此在高含蜡基础油中与降凝剂的配伍性成为问题。结晶型的 OCP 也不适用于中国的含蜡基础油。OCP 与含氮单体的接枝共聚可制取具有分散性的黏度指数改进剂。

9.4.4　氢化苯乙烯双烯共聚物(HSD)

双烯共聚物有苯乙烯丁二烯和苯乙烯异戊二烯两种共聚物。以苯乙烯和丁二烯或异戊二烯为原料，用丁基锂作引发剂制备得到共聚物。用单体与引发剂的比例来控制相对分子质量和相对分子质量分布。溶剂会影响聚合物的结构，以环己烷为溶剂得到 1,4 结构的聚合物，若用四氢呋喃或四甲基乙烯二胺得到 1,2 结构的聚合物。制备无规共聚物时，两单体混合进料。制备嵌段共聚物时，先让一种单体聚合，然后再加入第二种单体。制备星状共聚物时，先让二烯单体聚合，然后把偶联剂加入活性聚合物链中反应生成星状结构。通过加醇和氢化处理的方法使聚合反应中止。加氢的目的是改进其氧化稳定性，加氢后双烯的不饱和键至少减少 98%，而芳烃不饱和键加氢度不能超过 5%。制备双烯共聚物的反应式和加氢示意式示见图 2-99 和图 2-100。

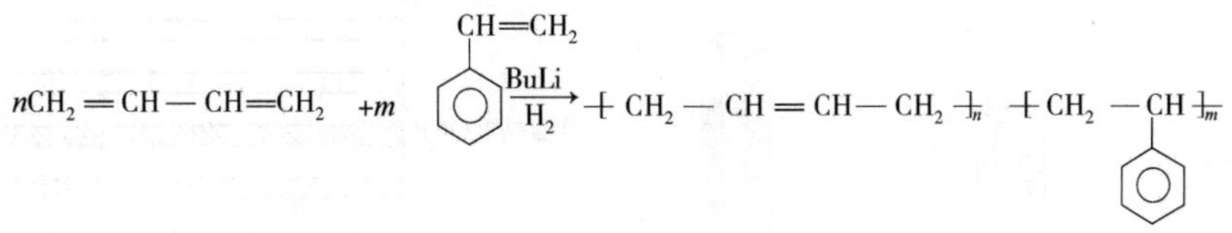

$$n\mathrm{CH_2{=}CH{-}CH{=}CH_2} + m\,\mathrm{C_6H_5{-}CH{=}CH_2} \xrightarrow[\mathrm{H_2}]{\mathrm{BuLi}} \mathrm{\left[CH_2-CH=CH-CH_2\right]_{\mathit{n}}\left[CH_2-CH(C_6H_5)\right]_{\mathit{m}}}$$

图 2-99　制备双烯共聚物的反应式

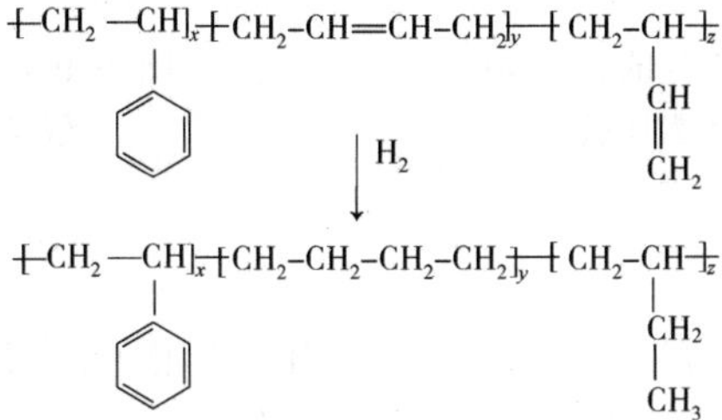

图 2-100　双烯共聚物的加氢示意式

HSD 的相对分子质量在 5 万~10 万，其增稠能力和剪切稳定性很好，与乙丙共聚物接近，低温性能和氧化稳定性较差。这类化合物在高温高剪切下黏度较低，难以满足低黏度多级内燃机油对高温高剪切速率下的黏度要求。壳牌公司开发了嵌段共聚物和星状共聚物两种结构的 HSD(见图 2-101)，均为无定形的高聚物。星状聚合物的剪切稳定性比嵌段聚合物更好。这些聚合体和 OCP 在同种剪切稳定指数标准上相比具有独特的低温特性，但在苛刻的工作条件下会不断使其黏度发生损失。相同剪切稳定指数的星状聚合物的增稠能力比 OCP 要高。

若以剪切稳定指数为 25% 的无定形 OCP 的增稠能力为 100%，则半结晶型 OCP 为 138%，而星状聚合物的 SV260 高达 173%(见图 2-102)，这就意味着 SV260 比相同剪切稳

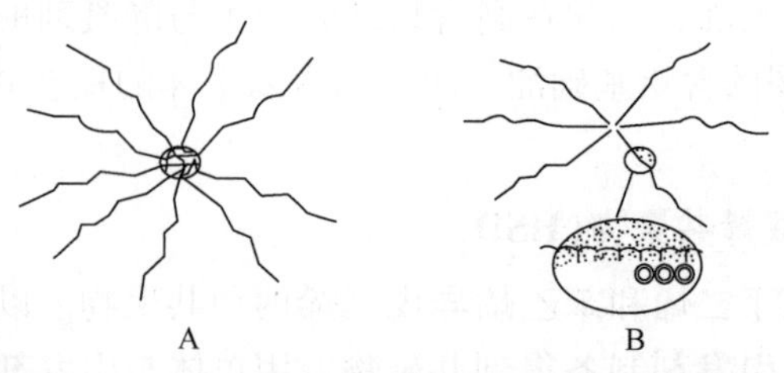

图 2-101　星状共聚物(A)和嵌段共聚物(B)示意图

定性的无定形 OCP 的增稠能力高出 70%，即用量只有 OCP 的 60%，而且 SV 型(星状)聚合物与含蜡基础油和降凝剂没有干扰，其低温启动性能比各种 OCP 黏度指数改进剂都好。从图 2-103 可以看出，低温运动黏度的数据表明无定形 OCP 剪切性能变好，运动黏度性能变差，半结晶型的 OCP 比无定形的运动黏度性能好，结晶型的 OCP 比半结晶型的 OCP 更好，但是 SV 型比所有的 OCP 的低温启动性能更好。

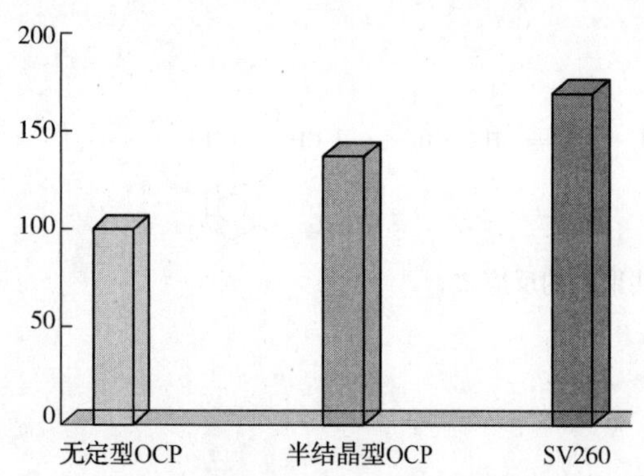

图 2-102　剪切稳定指数为 25%的各种黏度指数改进剂相对增稠能力比较

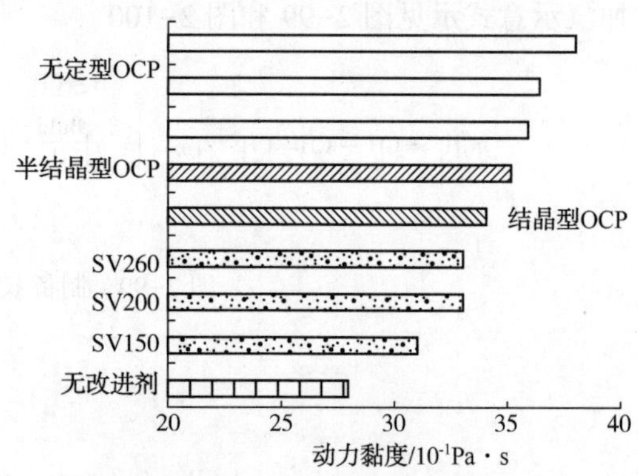

图 2-103　不同黏度指数改进剂低温运动黏度的比较

9.4.5　苯乙烯聚酯

苯乙烯聚酯(Styrene Polyester)是具有一定分散性的酯型黏度指数改进剂，低温性能较好，但剪切稳定性较差，增黏能力也不好。其合成工艺是近似于 1∶1(质量比)的苯乙烯与马来酐共聚后，先用少量含氮化合物进行酰胺化反应，再用混合醇对未酰胺化的酸酐进行酯化而成。苯乙烯聚酯主要用于传导液和多功能拖拉机润滑油添加剂，少量用于内燃机油。

9.4.6　聚正丁基乙烯基醚

聚正丁基乙烯基醚(BБ)，又名维尼波尔(ВИНИПОЛ)，产品的相对分子质量约 1 万，剪切稳定性和低温性能较好，其热稳定性和增稠能力较差，适用于液压油中，不适用于内燃机油。

9.5　国内黏度指数改进剂发展现状

目前，我国已完成生产应用的黏度指数改进剂主要包括聚异丁烯、乙烯丙烯共聚物、聚甲基丙烯酸酯、聚正丁基乙烯基醚等，其中PIB、PMA和OCP类黏度指数改进剂种类相对齐全，基本能够满足各种不同工况的润滑需求。另外，HSD类黏度指数改进剂近几年也有较大发展，目前巴陵石化2万吨/年氢化苯乙烯-异戊二烯类共聚物工业化装置已建成投产。利用该装置，巴陵石化已完成YH-4030和YH-4040两个牌号润滑油黏度指数改进剂的生产。

9.6　黏度指数改进剂发展展望

未来需要开发增稠能力更强和剪切稳定指数更好的黏度指数改进剂，以降低加剂量，节省成本，避免对油品氧化的负面影响。具有增黏、降凝及分散性能的多效黏度指数改进剂将会进一步扩大使用，可以代替部分分散剂，从而改善发动机油的低温启动性和改进密封性能，进一步改善燃料经济性。未来开发具有抗磨性能的黏度指数改进剂也将是一个趋势。

9.7　国内外黏度指数改进剂的商品牌号

国内黏度指数改进剂的商品牌号见表2-110。润英联公司黏度指数改进剂的商品牌号见表2-111，BASF公司黏度指数改进剂的商品牌号见表2-112。

表2-110　国内黏度指数改进剂商品牌号

牌号	化合物名称	密度/(g/cm^3)	100℃黏度/(mm^2/s)	闪点/℃	增稠能力/(mm^2/s)	剪切稳定指数/%	性质和应用	生产单位
T612	乙丙共聚物	≥0.86	≥900	≥170	≥6.5	≤40	原胶为乙丙橡胶0050，具有很好的增稠能力及低温流动性，用于汽油机油	滨州市坤厚化工有限责任公司
T614	乙丙共聚物	≥0.86	≥700	≥170	≥3.4	≤25	原胶为乙丙橡胶0010，具有较好的剪切稳定性及低温流动性，用于柴油机油及工业润滑油	
T661	苯乙烯异戊二烯	≥0.86	≥1000	≥195	≥6.5	≤20	原胶为苯乙烯异戊二烯，具有很好的增稠能力、很好的剪切稳定性及低温流动性，用于柴油机油及工业润滑油	
T667	乙丙共聚物	≥0.86	≥860	≥170	≥3.5	≤25	原胶为乙丙橡胶7067C，具有较好的剪切稳定性及低温流动性，用于柴油机油及工业润滑油	
RHY615	乙丙烯共聚物	0.848	—	—	0.71	17.3	具有优异的高温润滑性和低温流动性，并可降低燃料和润滑油的消耗，用以调制高档内燃机油，如柴油机油、汽油机油等	中国石油润滑油分公司

续表

牌号	化合物名称	密度/(g/cm³)	100℃黏度/(mm²/s)	闪点/℃	增稠能力/(mm²/s)	剪切稳定指数/%	性质和应用	生产单位
KFD9000(SCR-178A)	甲基丙烯酸酯	—	1450	—	6.2	4.7	剪切稳定指数由柴油喷嘴法测定，具有良好的低温流动性和极佳的剪切稳定性，专为液压油和齿轮油特别设计	沈阳长城润滑油制造有限公司
KFD9100(KFD9100)	甲基丙烯酸酯	—	1560	180	8.5	13.1	剪切稳定指数由柴油喷嘴法测定，具有较强的稠化能力、良好的低温流动性，专门为内燃机油设计	
KFD9200(SCR-602)	甲基丙烯酸酯	—	4000	170	20	25	具有优异的稠化能力，用于调和航空液压油、高档内燃机油、冷冻机油、变压器油等	
KFD6200(T612)	乙烯丙烯共聚物	—	1250	185	5.5	45	剪切稳定指数由柴油喷嘴法测定，具有良好的稠化能力，用于汽油机油和自动传动液	
KFD6300(T613)	乙烯丙烯共聚物	—	900	185	5.0	33	剪切稳定指数由柴油喷嘴法测定，具有良好的稠化能力和剪切稳定性，用于内燃机油和自动传动液	
KFD6400(T614)	乙烯丙烯共聚物	—	750	185	4.9	24	剪切稳定指数由柴油喷嘴法测定，具有良好的稠化能力和剪切稳定性，用于内燃机油、自动传动液和工业润滑油等油品	
KFD6500(T615)	乙烯丙烯共聚物	—	2300	185	7.5	18.5	剪切稳定指数由柴油喷嘴法测定，具有优异的稠化能力和剪切稳定性，用于内燃机油、自动传动液、齿轮油和工业润滑油等油品	
KFD6600(T616)	乙烯丙烯共聚物	—	1950	185	8.25	10.5	剪切稳定指数由柴油喷嘴法测定，具有良好的稠化能力和剪切稳定性，用于内燃机油、自动传动液、齿轮油和工业润滑油等油品	

续表

牌号	化合物名称	密度/(g/cm³)	100℃黏度/(mm²/s)	闪点/℃	增稠能力/(mm²/s)	剪切稳定指数/%	性质和应用	生产单位
TF-2610	氢化苯乙烯异戊二烯	0.86	2000~2300	170	8.9%	<10%	优良的剪切稳定性，具有良好的热稳定性和化学稳定性，增黏能力强和可改进油品的黏度指数，适用于配制多级汽油机油	河北拓孚润滑油添加剂有限公司
T F-6-310	聚甲基丙烯酸酯	0.87	1500~2000	170	6.5%	<10%	具有良好的热稳定、化学稳定性和剪切稳定性，适用于低温液压油、ATF、多级别齿轮油	
TF-602HB	聚甲基丙烯酸酯	0.87	2800~3000	—	15%	<10	具有良好的热稳定性，油溶性好，稠化能力，提高黏度指数，适用于低温液压油，合成汽油机油	
TC-602HB	聚甲基丙烯酸酯	0.92	3000 左右	≥180	18	35	VII，增加油品的黏度、提高指数、降低倾点，适用于低黏度大跨度内燃机油、大跨度齿轮油、减震器油	石家庄市藁城区天成油品添加剂厂
TC-602HC	聚甲基丙烯酸酯	0.92	1000 左右	≥180	12	25	VII，增加油品的黏度、提高指数、降低倾点，适用于低温液压油，减震器油、空压机油	
TC-602HD	聚甲基丙烯酸酯	0.91	500 左右	≥170	7	20	VII，增加油品的黏度、提高指数、降低倾点，适用于齿轮油、低温液压油、ATF 自动传动液	
TK-chem V6100	聚甲基丙烯酸酯	0.85~0.95	3600	≥170	20	20~25	剪切稳定指数用超声波方法测定，具有良好的增稠能力，同时具有优异的降凝效果，适用于内燃机油、齿轮油、液压油	大连新意业新材料开发有限公司
TK-chem V6130	聚甲基丙烯酸酯	0.85~0.95	1200	≥170	10	28~32	剪切稳定指数用柴油喷嘴方法测定，具有良好抗剪切能力和增稠特性，同时具有优异的降凝效果，特别适合调制内燃机油，齿轮油、液压油	

续表

牌号	化合物名称	密度/(g/cm³)	100℃黏度/(mm²/s)	闪点/℃	增稠能力/(mm²/s)	剪切稳定指数/%	性质和应用	生产单位
TK-chem V6115	聚甲基丙烯酸酯	0.85~0.95	1100	≥170	8	12~16	剪切稳定指数用柴油喷嘴方法，同时具有降凝效果。用于调和多级内燃机油，与OCP以及HSD等产品相比，可有效改善油品高温高剪和低温特性，提升油品燃油经济性	大连新意业新材料开发有限公司
TK-chem V6260	聚甲基丙烯酸酯	0.85~0.95	1100	≥170	8	55~65	剪切稳定指数用圆锥滚子轴承剪切测定，具有良好增稠和剪切稳定性，适用于液压油、齿轮油、减震器油、传动油	
TK-chem V6245	聚甲基丙烯酸酯	0.85~0.95	1300	≥170	5.5	45~50	剪切稳定指数用圆锥滚子轴承剪切测定，适用于液压油(特别是低温液压油)、齿轮油、减震器油、传动油等油品	
TK-chem 6235	聚甲基丙烯酸酯	0.85~0.95	600	≥170	4.4	35~40	剪切稳定指数用圆锥滚子轴承剪切测定，用于抗剪切要求较高的中高档齿轮油，如新国标75W-90规格的油品	
TK-chem V6220	聚甲基丙烯酸酯	0.85~0.95	350	≥170	3	20~25	剪切稳定指数用圆锥滚子轴承剪切测定。推荐用于抗剪切要求较高的中高档齿轮油的调，如新国标75W-90规格的油品	
TK-chem V6210	聚甲基丙烯酸酯	0.85~0.95	200	≥170	2	9~12	剪切稳定指数用圆锥滚子轴承剪切测定，具有优异的剪切稳定性。用于高档ATF，具有高效的黏温保持性，同时能很好地满足低温布氏黏度要求	
TK-chem V6350	分散型聚甲基丙烯酸酯	0.85~0.95	2600	≥170	15	50	用于ATF的调和，具有优异的分散性，带来良好的抗震颤性能，同时具有良好的低温性能	

续表

牌号	化合物名称	密度/(g/cm³)	100℃黏度/(mm²/s)	闪点/℃	增稠能力/(mm²/s)	剪切稳定指数/%	性质和应用	生产单位
T612	乙丙共聚物	≥0.87	≥1000	≥200	≥6.5	≤40	剪切稳定指数用超声波法测定，具有良好的热稳定性和化学稳定性，增黏能力强和改进油品的黏度指数，适用于配制多级汽油机油	洪泽中鹏石油添加剂有限公司
T614	乙丙共聚物	≥0.87	≥600	≥200	≥4.2	≤25	剪切稳定指数用超声波法测定，具有良好的热稳定、化学稳定性和剪切稳定性，适用于配制多级内燃机油、自动传动液和工业润滑油	
苯乙烯7800	氢化苯乙烯-异戊二烯星型共廉物干胶	—	—	—	4.5	10	剪切稳定指数由柴油喷嘴法测定，可以添加10%~12%的干胶于各种基础油中溶解成为黏度指数改进剂胶液。具有优异的剪切稳定性，用于高档润滑油	多润石化有限公司
苯乙烯FV260	氢化苯乙烯-异戊二烯星型共廉物干胶	—	—	—	6.5	15	剪切稳定指数由柴油喷嘴法测定，可以添加10%~12%的干胶于各种基础油中溶解成为黏度指数改进剂胶液。具有优异的剪切稳定性和增稠能力，用于高档润滑油	
乙丙胶7810	无定形乙烯丙烯共聚物干胶	—	—	—	4.5	23	剪切稳定指数由柴油喷嘴法测定，具有优良的剪切稳定性，加10%~12%的干胶于各种基础油中溶解成为黏度指数改进剂胶液，用于配制内燃机油	
乙丙胶7830	无定形乙烯丙烯共聚物干胶	—	—	—	6.5	35	剪切稳定指数由柴油喷嘴法测定，具有优异的增稠能力，加10%~12%的干胶于各种基础油中溶解成为黏度指数改进剂胶液，用于配制汽油机油	
乙丙胶7850	无定形乙烯丙烯共聚物干胶	—	—	—	7.5	45	剪切稳定指数由柴油喷嘴法测定，具有优异的增稠能力、加10%~12%的干胶于各种基础油中溶解成为黏度指数改进剂胶液，用于配制汽油机油	

续表

牌号	化合物名称	密度/(g/cm³)	100℃黏度/(mm²/s)	闪点/℃	增稠能力/(mm²/s)	剪切稳定指数/%	性质和应用	生产单位
T613	乙烯丙烯共聚物	0.86~0.88	≥1200	≥185	≥5.5	≥35	剪切稳定指数由柴油喷嘴法测定，具有较好的增稠能力，用于配制汽油机油	多润石化有限公司
T614	二元胶乙烯丙烯共聚物	0.86~0.88	≥1000	≥185	≥5.0	≥25	剪切稳定指数由柴油喷嘴法测定，具有优良的剪切稳定性，用于高档润滑油，用于配制中、高档内燃机油	
T615	乙丙共聚物	0.86~0.88	≥800	≥185	≥4.5	≥20	剪切稳定指数由柴油暖嘴法测定，具有优异的剪切稳定性、是调制大跨度高档内燃机油，特别是调制SN/CI-4以上高档润滑油	
YH-1030	氢化苯乙烯双烯共聚物干胶	—	—	—	≥6	≤20	剪切稳定指数由柴油喷嘴法测定，可以将干胶溶解于各种基础油中，制备成黏度指数改进剂，具有优异的剪切稳定性，用于高档润滑油	巴陵石化
YH-4040	氢化苯乙烯双烯共聚物干胶	—	—	—	≥6	≤25	剪切稳定指数由柴油喷嘴法测定，可以将干胶溶解于各种基础油中，制备成黏度指数改进剂，具有优异的剪切稳定性，用于高档润滑油	

表 2-111 润英联公司黏度指数改进剂的商品牌号

产品代号	黏度/(mm²/s)	闪点/℃	钙/%	镁/钼/%	氮/硼/%	硫/%	磷/%	锌/%	TBN	主要性能及应用
Infineum SV163	固体	218								氢化苯乙烯-二烯嵌段共聚物干胶，SSI为9，优异的低温性能和对高温黏度的最佳贡献，用于配制柴油和汽油润滑剂
Infineum SV203	123	210			SSI0-5					异戊二烯苯乙烯星型共聚物油溶液，是SV200在Ⅲ类基础油中溶解而成，具有优的低温性能，用于配制内燃机油
Infineum SV260					SSI≤25					聚氢化苯乙烯异戊二烯型的黏度指数改进剂的干胶，可以直接溶解于矿物油或者其他的合适的液体中，以制备黏度指数改进剂

续表

产品代号	黏度/(mm²/s)	闪点/℃	钙/%	镁/钼/%	氮/硼/%	硫/%	磷/%	锌/%	TBN	主要性能及应用
Infineum SV261	1600	195			SSI≤25					聚氢化苯乙烯异戊二烯型的黏度指数改进剂，低温流动性及对降凝剂的感受性很好，用于配制柴油和汽油润滑剂

表 2-112　BASF 公司黏度指数改进剂的商品牌号

添加剂代号	化合物名称	黏度/(mm²/s)	熔点/℃	硫含量/%	磷含量/%	氮含量/%	TAN/TBN/(mgKOH/g)	应用
lrgaflo 1100 V	甲基丙烯酸酯聚合物的矿物油溶液	800	—					推荐用量 3%～15%，用于液压油、齿轮油和发动机油
lrgaflo 6100 VI	甲基丙烯酸酯聚合物的矿物油溶液	800	—					推荐用量 3%～15%，用于液压油、齿轮油和发动机油
Irgaflo 6300 V	甲基丙烯酸酯聚合物的矿物油溶液	800	—					推荐用量 3%～15%，用于液压油、齿轮油和发动机油

参 考 文 献

[1] John R Baranski, Cyril A. Migdal. Lubricants containing ashless antiwear-dispersant additive having viscosity index improver credit：U S, Patent. 5698500(1997).

[2] Paul E Adams, Richard M Lange, Mark R Baker, et al. Intermediates useful for preparing dispersant-viscosity improvers for lubricating oils：U S, Patent. 6117941(2000).

[3] 宋增红，阎育才，乔旦，等．润滑油添加剂研究进展[J]．润滑油，2019，(5)：16-22.

[4] Geeta Agashe. Global Lubricant Additives：PCMO andhDMO Market Development and Opportunities[R]. The 15th Annual Fuels & Lubes ASIA CONFERENCE InterContinentalhanoi Westlakehanoi, 2009-03-04.

[5] Shawn A McCarthy. The future of heavy duty diesel engine oils[J]. Tribology & Lubrication Technology, 2014(10)：38-50.

[6] Jeanna Van Rensselar. Heavy-duty diesel lubricants[J]. Tribology & Lubrication Technology, 2016(9)：36-45.

[7] Freedonia Group. Lubricant Additives[R/OL]. 2015-09-01. http：//www. freedoniagroup. com/brochure/30xx/3020smwe. pdf.

[8] 黄文轩．第 14 讲：黏度指数改进剂的性能、作用机理、主要品种及应用[J]．石油商技，2017，35(6)：81-92.

[9] Viscosity Index Impreovers General Information[G]. A Edwin Cooper, INC, 1980, Division of Ethyl.

[10] Rohm andhaas Company. Petroleum Chemicals Shear Stability Index(SSI)[G].

[11] 杨道胜，侯泽民．高聚物改善油品黏度指数的机理[J]．润滑油，2013(28)：55-64.

[12] 李林，周涛，周维燕，等．黏度指数改进剂 HSD 的增粘机理[J]．高分子材料科学与工程，2012

(28)：48-51.

[13] Shawn A McCarthy. The future of heavy duty diesel engine oils[J]. Tribology & Lubrication Technology，2014(10)：38-50.

[14] 黄文轩．第二讲：石油添加剂的作用[J]．石油商技，2015，33(5)：93-96.

[15] Anuj Kumar. Analysis：The global polyisobutylene market. Tribology & Lubrication Technology，2019(5)：20-22.

[16] 侯芙生．中国炼油技术[M]．3版．北京：中国石化出版社，2011：716-721.

[17] Leslie R Rudnick. Lubricant additives chemistry and application(Second Edition.) [M]. New York：Marcel Dekker Inc，2008：283-336.

[18] 杨道胜．内燃机油升级换代与黏度指数改进剂的发展趋势[J]．润滑油，2002(1)：16-22.

[19] 张雪涛，张东恒，魏观为，等．分次滴加DVB合成星形异戊二烯-苯乙烯嵌段共聚物[J]．润滑油，2013(28)：23-28.

[20] 张雪涛，张东恒，魏观为，等．氢化苯乙烯-丁二烯-异戊二烯无规共聚物黏度指数改进剂的合成及其性能研究[J]．润滑油，2014(29)：27-31.

[21] 张雪涛，刘洋，张东恒，等．星形氢化异戊二烯-苯乙烯两嵌段共聚物黏度指数改进剂的研制[J]．润滑油，2015(30)：32-37.

[22] 李嵬，李杨，张雪涛，等．星形氢化聚异戊二烯黏度指数改进剂[J]．润滑油，2011(26)：45-48.

[23] 黄海鹏，朱和菊，孟雪梅．4种HSD类黏度指数改进剂的性能考察与比较 [J]．石油商技，2016(3)：40-45.

[24] Neil Canter. Fuel economy[J]. Tribology & Lubrication Technology，2013(9)：14-27.

第10节　防锈剂

10.1　概况

所谓的“锈”，是一种由于氧和水作用在金属表面生成的氧化物和氢氧化物的混合物，有时也包含有由于与空气中的二氧化碳接触而生成的碳酸盐。铁锈是红色的，铜锈是绿色的，而铝和锌的锈称为白锈。从工业上看，最应受到重视的是铁和钢的锈。锈对钢铁制品和机械设备的损害是极其严重的问题。防锈剂(Anti-rust additive)主要是用来防止钢铁的生锈。金属锈蚀问题遍及国民经济各行各业，金属锈蚀会使金属制品的性能和商品价值受到极大的损害，甚至会引起重大故障而使设备报废。据统计，每年由于金属锈蚀所造成的直接经济损失占国内生产总值(GDP)的2%～4%。也有报道称，世界上冶炼得到的金属中约有1/3由于生锈而在工业中报废。为避免锈蚀，人们采取了各种各样的方法，用防锈剂来保护金属制品便是目前最常见的防护方法之一。防锈剂在不同的领域有不同的应用形式。在石油化工领域，常见的石油产品(如汽油、煤油、柴油、润滑油等)，由于其中含有多种形式的有机硫化物等腐蚀性物质，与金属表面直接作用就会产生化学腐蚀，所以要在石油产品中添加防锈剂。这里的防锈剂指的是以油脂或树脂类物质为主体的油溶性防锈剂。在金属加工和保存领域，例如金属切削和精密仪器密封等方面，需要在金属表面涂抹油基或者水基的防锈剂，要求防锈剂具有良好的成膜性和缓蚀性能。国外最早使用牛油、羊毛脂、石油脂类进行金属防锈，到20世纪30年代才逐渐发展为合成防锈剂。20世纪30年代初出现了油溶性石油磺酸盐防锈剂，其后，又出现了烷基或烯基丁二酸等羧酸以及酸性磷酸酯(Acid phosphate)防锈剂，而烷基或烯基丁二酸等羧酸型防锈剂广泛用于汽轮机油。第二次世界大战后，防锈油剂得到迅速发展，并广泛应用于金属制品的防锈。20世纪50年代又出现了多元醇脂肪酸酯(Ployatomic alcohol ester)、有机胺(Organic amine)、有机胺盐(Organic amine salt)、杂环化合物(Heterocyclic compound)、氧化石油脂、氧化石蜡及其金属盐、苯并三氮唑(Benzotriazole)等众多防锈剂品种。到20世纪60年代，国外报道的防锈剂品种达百种以上。我国20世纪60年代初生产并广泛使用了石油磺酸钡和石油磺酸钠等防锈剂，20世纪60年代中期生产了烯基丁二酸(Alkenyl succinic acid)、二壬基萘磺酸钡(Barium dinonylnaphthalene sulfonate)、司本-80(Span 80)、氧化石油脂钡皂、环烷酸锌(Zinc naphenate)、苯并三氮唑。20世纪60年代末至70年代中期发展了烷基磷酸咪唑啉盐、十七烯基咪唑烯基丁二酸盐、*N*-油酰肌氨酸十八胺盐。20世纪80年代又发展了烷基苯磺酸盐(alkylbenzene sulfonate)防锈剂。20世纪90年代又生产合成磺酸盐等防锈剂。2000年之后，国际上对钡化合物的限制越来越严重，稀土金属类磺酸盐的应用越来越多。

10.2 作用机理

现有防锈剂的品种很多，主要有无机防锈剂和有机防锈剂两大类。无机防锈剂大部分使金属表面生成不溶性钝化膜层或反应膜层，起防锈作用。有机防锈剂主要通过物理吸附和化学吸附作用吸附在金属表面，改变金属表面状态而起防锈作用。

有机防锈剂多是一些极性物质，其分子结构的特点是：一端是极性很强的基团，具有亲水性质；另一端是非极性的烷基，具有疏水性质。当含有防锈剂的油品与金属接触时，防锈剂分子中的极性基团对金属表面有很强的吸附力，在金属表面形成紧密的单分子或多分子保护层，阻止腐蚀介质与金属接触，故起到防锈作用，见图2-104。防锈剂还对水及一些腐蚀性物质有增溶作用，将其增溶于胶束中，起到分散或减活作用，从而消除腐蚀性物质对金属的侵蚀。当然，碱性防锈剂对酸性物质还有中和作用，使金属不受酸的侵蚀。

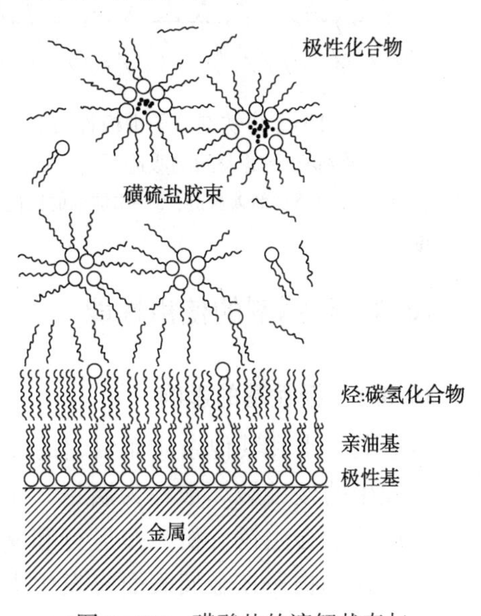

图2-104 磺酸盐的溶解状态与极性化合物的增溶溶解(防锈油膜的结构图)

防锈剂在金属表面的吸附有物理吸附和化学吸附两种，有的情况是二者均有。磺酸盐在金属表面的吸附，目前被认为是一种比较强的物理吸附，但是有人认为是化学吸附。有机胺由于胺中的氮原子有多余的配价电子，能够同吸附在金属表面的水分子借助氢键结合，使水脱离表面，其余胺分子在金属表面产生物理吸附。化学吸附最典型代表是羧酸型防锈剂，如长链脂肪酸。烯基丁二酸能与金属生成盐而牢固地吸附在金属表面。

从以上吸附类型可以看出：防锈剂在金属表面由于极性分子的偶极与金属表面发生静电吸引而形成物理吸附，如果吸附的分子能够与金属起化学作用，则形成化学吸附。还有一些情况是，借助于配价键结合，可认为是介于物理和化学之间的吸附。综上所述，吸附类型有物理吸附、化学吸附、沉淀吸附、感应吸附等。

1. 物理吸附

物理吸附是通过极性化合物的双偶极子与金属表面的静电相互作用的范德华引力形成可逆吸附。

2. 化学吸附

化学吸附是极性基与金属表面形成化学结合，形成非可逆的吸附。脱吸时，吸附分子与金属反应产生的化学反应生成物需要更多的能量来克服较强的化学结合作用而脱离。

3. 沉淀吸附

沉淀吸附是在化学吸附的分子脱附时，由于化学反应生成物对基础油的溶解度小，因此形成沉积到界面的多分子层吸附。

4. 感应吸附

感应吸附是物理吸附与化学吸附相结合，化学吸附的分子上物理吸附其他分子。此外还有通过配位键、电子移动型络合物、氢键等的吸附。

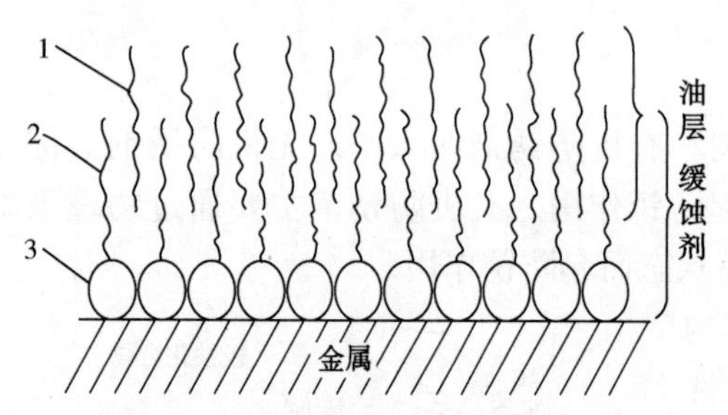

图 2-105　防锈剂分子中极性与烃基在金属表面的吸附示意

1—油分子；2—添加剂碳氢链；3—添加剂的极性头。

防锈油涂到金属表面上，防锈剂分子吸附在金属表面，其上面再排列非极性的油基分子，形成疏水性细密的混合吸附膜(见图 2-105)，阻止水、氧或腐蚀性的物质接触金属表面，防止金属离子化，显示出防锈作用。防锈剂分子的吸附膜越致密、坚固，其防锈性越好。

10.3　防锈剂的使用性能

10.3.1　极性基的影响

由于氧、水和其他杂质而引起的腐蚀或变色被称为生锈或锈蚀，由强腐蚀性化学介质中所发生的侵蚀破坏被称为腐蚀。金属在大气中的锈蚀，水分和氧是其主要因素，缺其一金属就不会生锈。机械在运行和储存中很难不与空气中的氧、湿气或其他腐蚀性介质接触，这些物质在金属表面将发生电化学腐蚀而生锈，要防止锈蚀就得阻止以上物质与金属接触。要防止金属生锈，最经济有效的方法是将加有防锈剂的介质(油或水)涂抹在金属上形成一层吸附膜，与外界的湿气、氧和其他杂质隔绝而达到防锈的目的。防锈剂主要靠极性基团牢牢地吸附在金属表面，所以极性基团及影响防锈剂性能的最主要因素。

围绕防锈剂结构对性能的影响，Baker 等人早就用汽轮机油试验方法(ASTM D665)对 76 种化合物进行过评定，初步得出磺酸盐、羧酸盐(金属盐、胺盐)具有较好的防锈性，羧酸、磷酸酯次之，单胺效果。较差，醇、酚、酯、酮、腈基类最差。若从此结果来看，较强的极性基团往往有更好的防锈效果。极性基的防锈性可区别如下：

防锈性强的极性基：—SO_3，—COO—

具有中等防锈性的极性基：—COOH，$>\overset{\displaystyle O}{\overset{\|}{P}}—OH$

防锈性弱的极性基：

$$—NH，—OH，—C=O，—\underset{\displaystyle OR}{\underset{|}{\overset{\displaystyle O}{\overset{\|}{C}}}}，—C\equiv N$$

多元醇酯如山梨糖醇单油酸酯(Sorbitan Monooleate)具有良好的防锈性。虽然它具有防锈性弱的醇和酯，但分子中含有 5 个羟基和 1 个酯基，综合起来就显出较好的防锈性。不同极性基的化合物在不同的试验中得出的结果也不一样，详见表 2-113。

表 2-113 油溶性防锈剂在不同试验中的性能

防锈剂的种类	给予非常好结果的试验	示出非常坏结果的试验
山梨糖醇单酯	储存	硫酸水浸渍 热稳定性
石油磺酸盐	盐水浸渍 异种金属浸渍 热稳定性	储存
羧酸	储存	盐水浸渍 硫酸水浸渍 热稳定性
有机胺皂	硫酸水浸渍	热稳定性 储存
有机磷酸酯胺盐	湿热 铁氰化钾反应	热稳定性(游离酸的场合下) 储存(胺盐场合下)

10.3.2 亲油基的影响

防锈剂分子在金属表面吸附的同时，其分子间(主要指烃基)依靠范德华引力把它们紧密地吸引在一起。烃基之间的引力不可忽视，它占总吸附能的 40%。

从实践经验知道，相同极性基防锈剂的烃基链长的比烃基链短的防锈性好，直链烃基比支链烃基防锈性好。例如，十七烯基丁二酸比十二烯基丁二酸的防锈性要好，直链烯基丁二酸比支链烯基丁二酸的防锈性要好。

10.4 防锈剂品种

常用的防锈剂按结构分为磺酸盐、羧酸及羧酸衍生物、酯类、有机磷酸及盐类和有机胺及杂环化合物五大类，其化学结构见表 2-114。

表 2-114　常用的防锈剂的类别和化学结构

类别	化合物名称	化学结构
磺酸盐	石油磺酸盐	$[R\text{-}C_{10}H_{10}\text{-}SO_3]_nM$　M：Na，Ca，Ba，Zn，Mg
	二壬基萘磺酸盐	$[(H_{19}C_9)(C_9H_{19})C_{10}H_5SO_3]_nM$　M：Na，Ca，Ba，Zn，NH_4
羧酸	长链羧酸	RCOOH （$R=C_7H_{15}\sim C_{17}H_{35}$）
	烷基苯甲酸	$R\text{-}C_6H_4\text{-}COOH$
	壬基苯氧乙酸	$C_9H_{19}\text{-}C_6H_4\text{-}OCH_2COOH$
	烯基丁二酸(二元酸)	$RCH{=}CH{-}CH(CH_2{-}C(=O){-}OH){-}C(=O){-}OH$
磷酸酯	磷酸酯	$RO{-}P(=O)(OR(H)){-}OH$　$R=C_9H_{15}\sim C_{18}H_{35}$
酯类	山梨糖醇单油酸酯(Span-80)	环状结构：O，H_2C，$CHCH_2OH$，HO-CH，CHOH，C（H，OOCR）
	季戊四醇单油酸酯	$C_{18}H_{33}COOC(CH_2OH)_3$
酰胺		$RC(=O){-}NHR_1$　$R=C_9H_{15}\sim C_{18}H_{35}$，$R_1=C_2H_5\sim C_{18}H_{35}$
杂环化合物	苯并三氮唑	苯并三氮唑（含N-H的三氮唑环并苯环）
	N,N-双(苯丙并三氮唑亚甲基)月桂胺	$(C_6H_4N_3CH_2)_2N{-}C_{12}H_{25}$
	2-氨乙基十七烯基咪唑啉油酸盐	$CH_3(CH_2)_7CH{=}CH(CH_2)_7C{=}N$；$H_2N{-}CH_2{-}CH_2{-}N$；$CH_2C_{17}H_{33}COOH$；$H_2$
	酸性磷酸酯1-(三氨乙基)2-十七烯基咪唑啉	$[(RO)_2P(=O)OH][C_{17}H_{33}C(=N{-}CH_2)(N{-}CH_2)(CH_2CH_2NH)_2H]$

10.4.1 磺酸盐

磺酸盐(Salt Sulphonate)是防锈剂中有代表性的品种，几乎可使用于所有的防锈油里。按原料来源来划分，磺酸盐分为石油磺酸盐和合成磺酸盐。石油磺酸盐是制造白油的副产品，合成磺酸盐有烷基苯磺酸盐和壬基萘磺酸盐(Salt Dinonylnaphthalene Sulfonate)。按金属类型来划分，磺酸盐分为钡盐、钙盐、镁盐、钠盐、锌盐或铵盐。作为清净剂的磺酸盐用得最多的是钙盐，其次是镁盐；而作为防锈剂的磺酸盐用得最多的是钡盐，其次是钠盐和钙盐，除金属磺酸盐外，还有铵盐。按碱值来划分，磺酸盐分为中性磺酸盐和碱性磺酸盐。

金属磺酸盐通常选择钡盐、钙盐或钠盐。这些极性化合物能够提高防锈的能力，润湿金属表面，形成一个更完整、更均匀的涂层。磺酸盐对金属的亲和力可以排出金属表面的水。金属磺酸盐还协助溶解在液体中的蜡和氧化蜡。磺酸钡和磺酸钙提供最好的排水性能，而磺酸钠是最适合制作乳化(水基)防锈剂的。金属磺酸盐有亲水性(极性)的头和疏水性的尾巴(非极性)，伸出的尾远离金属并且提供了一个屏障膜(见图2-106)。金属磺酸盐本身提供金属表面与外界环境之间的屏障，但这个薄膜可能有缺陷。蜡或氧化蜡分子与磺酸盐分子的疏水性的尾巴纠缠在一起，在防锈剂吸附少的地方进行物理吸附形成一个比单独磺酸盐或蜡有更强大的、疏水性更好的膜。例如，含有10%的磺酸盐或氧化蜡的溶剂在潮湿箱中可提供30天的保护(一个共同的测试环境)，而10%的蜡和磺酸盐的复合可以提供超过60天的保护。

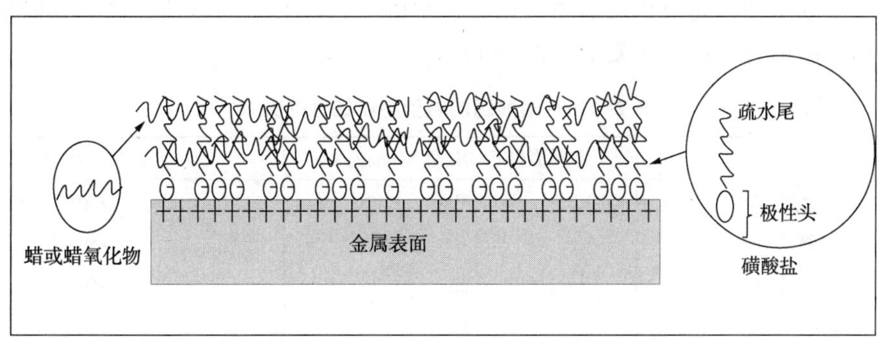

图2-106 金属磺酸盐分子在金属表面形成的防水保护层

磺酸钠具有防锈和乳化性能，多用于防锈乳化油(液)，用于工序间防锈，在金属切削油和切削液中起润滑、冷却、防锈和清洗作用。磺酸钠的相对分子质量越大，其防锈性能越好。磺酸钠的平均相对分子质量与生锈程度的关系见图2-107。

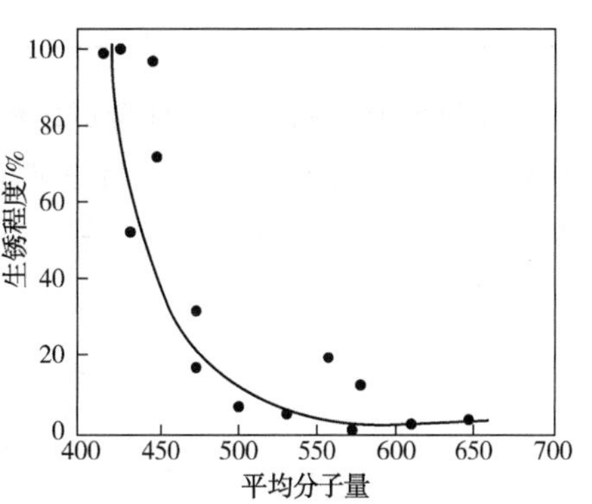

图2-107 磺酸钠的平均相对分子质量与生锈程度(湿润，60天)

石油磺酸钡是国内最早使用及产量较大的防锈剂品种。它的防锈性较好，对多种金属具有优良的防腐性能，以及优良的水置换性、酸中和性，特别是抗盐水性能比较突出。石油磺酸钡或石油磺酸钠均是以润滑油馏分为原料，经磺化制得磺

酸，经金属化后再精制而成，其生产工艺流程见图 2-108。中性磺酸钡结构见图 2-109。

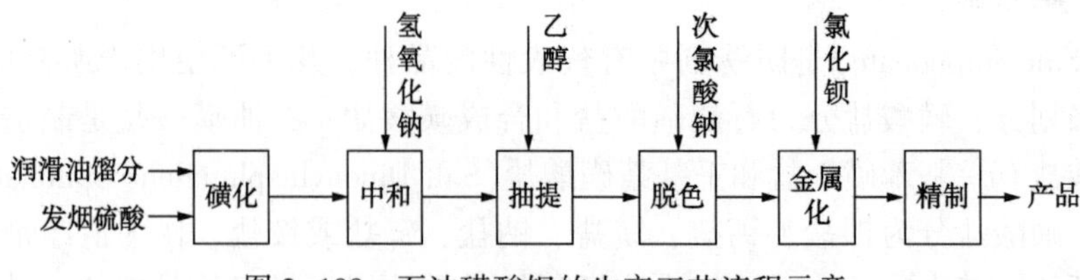

图 2-108　石油磺酸钡的生产工艺流程示意

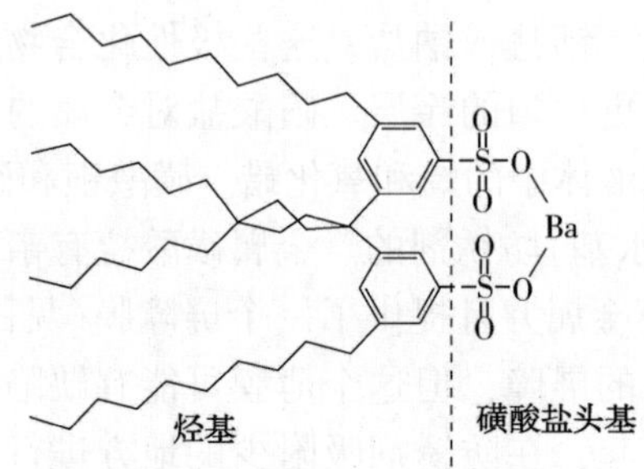

图 2-109　中性磺酸钡结构示意

一般而言，中性、低碱性或中碱性磺酸盐作为防锈剂使用。而高碱值的磺酸盐作为清净剂多用于发动机油，起中和及清净作用。这是因为，磺酸盐的碱值越高，其防锈性就越差。磺酸钙的碱值与防锈性的关系见表 2-115。

表 2-115　磺酸钙的碱值与防锈性的关系

项目	总碱值(以 KOH 计)/(mg/g)	防锈天数/d
石油磺酸钙 A	0	>50
合成磺酸钙 B	0	>50
石油磺酸钙 C	22	>50
合成磺酸钙 D	27	>50
石油磺酸钙 E	305	14
合成磺酸钙 F	400	8

二壬基萘磺酸盐是另一种合成磺酸盐，其制备是先将叠合汽油切割，得到以壬烯为主的(或丙烯三聚体)原料，然后与萘进行烃化，制取二壬基萘，再磺化、金属化而制得。二壬基萘磺酸盐的品种有钡盐、钙盐、锌盐和铵盐几种。以二壬基萘磺酸钡为例，其结构式见图 2-110。

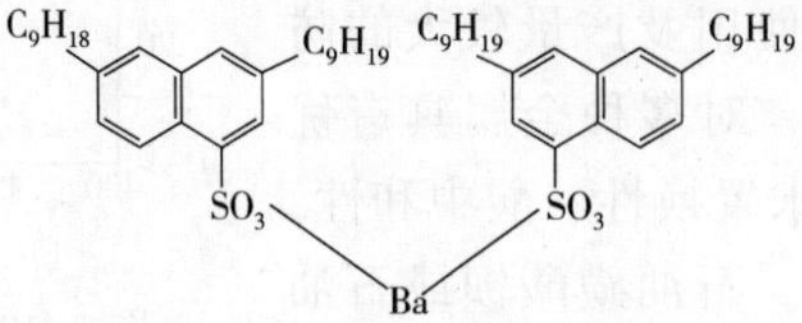

C_9H_{18}　C_9H_{19}　C_9H_{19}　C_9H_{19}　SO_3　SO_3　Ba

图 2-110　二壬基萘磺酸钡的结构式

二壬基萘磺酸钡的油溶性很好、防锈性好，抗盐水性能不如石油磺酸钡，其用途与石油磺酸钡相似，特别适用于调制硬膜及软膜防锈油，也多用于润滑脂中，是一个很重要的防锈剂品种。有的二壬基萘磺酸钡还有抗乳化性能，如中性二壬基萘磺酸钡。二壬基萘磺酸盐的应用见表 2-116。

表 2-116 二壬基萘磺酸盐的应用

项目	加剂量(质量分数)/%	应用
中性二壬基萘磺酸钡盐 碱性二壬基萘磺酸钡盐 二壬基萘磺酸钙盐 二壬基萘磺酸锌盐	0.05~0.2	液压油和汽轮机油防锈剂
中性二壬基萘磺酸钡盐 碱性二壬基萘磺酸钡盐 二壬基萘磺酸钙盐	5.0~10.0	冷轧钢板油
中性二壬基萘磺酸钡盐 碱性二壬基萘磺酸钡盐 二壬基萘磺酸钙盐 二壬基萘磺酸锌盐 二壬基萘磺酸铵盐	0.5~1.0	润滑脂
二壬基萘磺酸锌盐 二壬基萘磺酸铵盐	0.75~1.0	汽车发动机防护油
碱性二壬基萘磺酸钡盐 二壬基萘磺酸钙盐	3.0~5.0	膜型防锈剂
二壬基萘磺酸碱性钡盐 二壬基萘磺酸钙盐	1.0~2.0	凿岩机油
中性二壬基萘磺酸钡盐 二壬基萘磺酸锌盐	0.2~0.5	液压油破乳和防锈
中性二壬基萘磺酸钡盐	5.0	汽车车体防护油
中性二壬基萘磺酸钡盐	2.0	造纸机油
碱性二壬基萘磺酸钡盐	3.0	防腐油
二壬基萘磺酸锌盐	0.5~1.0	高温液压油
二壬基萘磺酸铵盐	10 mg/kg	汽油腐蚀抑制剂
二壬基萘磺酸铵盐	120 mg/kg	水-乙二醇冷冻液腐蚀抑制剂
二壬基萘磺酸铵盐	0.5	自动传动液
二壬基萘磺酸铵盐	1.0	防锈油

随着燃气轮机使用条件越来越苛刻，对润滑油的防锈性能提出了更高的要求。曲胜等用 8%(质量分数)石油磺酸钙与 0.5%(质量分数)苯并三氮唑复合加入环烷基基础油中制备了燃气轮机润滑油，有效改善了润滑油的防锈性能，以解决燃气轮机使用过程中的轴承锈

蚀问题。试验结果显示，在试验开始后 0.5h，表面涂覆不加防锈剂的润滑油的试件就发生了锈蚀现象；而表面涂覆加有防锈剂的润滑油的试件直到 140h 后表面才出现锈蚀现象。防锈剂的加入显著增强了润滑油的防锈能力，能够为金属部件提供长时间的防锈保护。添加研制的防锈剂的润滑油性能考察结果见表 2-117[11]。

表 2-117　添加防锈剂的润滑油性能考察结果

项目	指标要求	润滑油	润滑油+防锈剂	试验方法
湿热试验(湿度≥95%，40℃)/h	≥100	0.5	140	GB/T 2361
腐蚀和氧化安定性(150℃，72h)				GJB 563
金属质量变化/(mg/cm)				
钢	≤±0.2	无	无	
银	≤±0.2	0.16	无	
铝	≤±0.2	无	无	
镁	≤±0.2	无	无	
铜	≤±0.4	0.32	无	
轴承腐蚀模拟试验(湿度≥95%，5~40℃，168h)	通过	腐蚀	通过	SAE　ARP4249
轴承试验(1、2、4、5 支点 50h，3 支点 200h)	通过	轴承锈蚀	通过	—
发动机台架考核(519h)	通过	主轴承锈蚀	通过	—

10.4.2　羧酸及其盐类

长链脂肪酸具有一定的防锈性，羟酸型防锈剂具有较好的抗潮湿性能，百叶箱暴露试验效果也较好，但缺乏酸中和能力对铅、锌的防腐蚀能力较差。羧酸防锈剂用得较多的是烯基或烷基丁二酸，主要是十二烯基丁二酸。十二烯基丁二酸是汽轮机油(又称透平油)的主要防锈剂，一般加量 0.03%~0.5%就能通过液相锈蚀的 B 法。它还广泛用于液压油、导轨油、主轴油和工业润滑油中。脂肪酸金属盐通常比原来的脂肪酸的防锈性能更强。以 0.5%~3%用量与石油磺酸钡(或二壬基萘磺酸钡)复合调制各种防锈油。烯基丁二酸与磺酸钡的质量比一般在(1∶3)~(1∶5)为好。它的抗潮湿性能和百叶箱暴露试验效果好，对钢、铸铁和铜合金都有良好的防锈效果，对铅的防腐性能差。含羧酸基防锈剂有很多，随着结构不同，性能有很大差别。羧基直接连在烃基上，如脂肪酸防锈效果较差，但是，如果通过次甲基或乙撑基再接到极性基，最后接到烃基上，则显示出很好的防锈性。十二烯基丁二酸本身的酸值高，加入油品中影响润滑油的酸值，在应用中受到一定的限制，因此发展了十二烯基丁二酸半酯的品种。烯基丁二酸的合成方法是：通常用叠合汽油或丙烯四聚体制取的十二烯与马来酸酐进行加合反应，再沉降、水洗、常压蒸馏、水解、干燥后得烯基丁二酸产品，其反应式见图 2-111。

羧酸盐防锈剂中比较重要的还有环烷酸锌和羊毛脂镁皂。环烷酸锌的油溶性好，对黑色金属和有色金属均有防锈效果，通常以 2%~3%与石油磺酸钡复合使用，用于封存防锈油中。

羧酸盐及其衍生物也有很多水溶性防锈剂，可以制备水基防锈液。脂肪酸皂、羧酸、

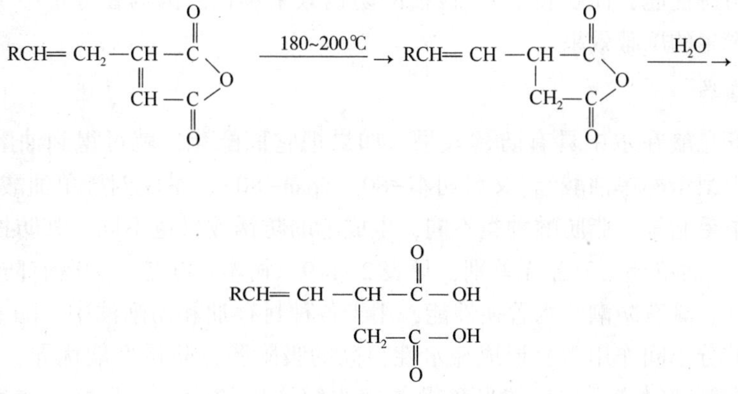

$$RCH{=}CH_2{-}\underset{\|\;\;CH-C(=O)}{CH}{-}C(=O){-}O \xrightarrow{180\sim200℃} RCH{=}CH{-}\underset{|\;\;CH_2-C(=O)}{CH}{-}C(=O){-}O \xrightarrow{H_2O}$$

$$RCH{=}CH{-}\underset{|\;\;CH_2-C(=O)-OH}{CH}{-}C(=O){-}OH$$

图 2-111　制取烯基丁二酸的反应式

磺酸盐、胺类、铵盐、酰胺、酯类及磷酸酯盐等水溶性防锈剂都可以用于水基防锈剂。*N*-酰基氨基酸衍生物是一类新型的性能优良的水基润滑、防锈多功能添加剂。由于分子中含有与蛋白质相似的酰胺键，易于生物降解和安全性好，所以 *N*-酰基氨基酸衍生物是环境友好的水基添加剂[3]。

10.4.3　有机胺

有机胺有单胺、二胺和多胺化合物，直链脂肪胺要比支链脂肪胺的防锈效果好，这类化合物主要用于冶金、化工和石油企业作抗酸缓蚀剂。一般直链脂肪胺不溶于矿物油，因此，脂肪胺要先与油溶性的 *N*-油酸肌氨酸、壬基苯氧乙酸、烷基磷酸或石油磺酸等有机酸中和成盐，才能用于矿物油中，如 *N*-油酸肌氨酸十八胺盐。国外的脂肪胺产品有硬脂酸胺、油胺、大豆油胺。国内的胺盐有 *N*-油酸肌氨酸十八胺盐、十七烯基咪唑啉烯基丁二酸盐。有机胺防锈剂有较好的抗潮湿、水置换、酸中和性能，但百叶箱试验效果较差，对铅腐蚀性较大，对铜和锌也有一定腐蚀性，应用时要慎重。

表 2-118　羧酸铵盐的防锈效果评价①（白色锭子油+5%添加剂）

羧酸铵盐	盐水喷雾试验		湿热试验
	24h	48h	400h
羟基苯硬脂酸椰子烷基铵盐	A	B	A
羟基苯硬脂酸十四烷基铵盐	A	A	A
羟基苯硬脂酸牛脂烷基铵盐	A	A	A
羟基苯硬脂酸油铵盐	A	A	A
羟基苯硬脂酸 *N*-癸基-1,3 丙二铵盐	B	C	C
羟基苯硬脂酸 *N*-十二烷基-1,3 丙二铵盐	B	B	B
羟基苯硬脂酸 *N*-十四烷基-1,3 丙二铵盐	A	A	A
羟基苯硬脂酸 *N*-牛脂烷基-1,3 丙二铵盐	A	A	A
硬脂酸 *N*-十四烷基-1,3 丙二铵盐	E	E	D
石油磺酸钠	D	E	B

①A→D，性能逐步变差。

羟基苯硬脂酸铵盐的盐水喷雾试验和湿热试验结果表明，羟基苯硬脂酸的 C_{14} 以上的铵

盐具有良好的防锈性能，而硬脂酸 C_{14} 铵盐的防锈效果不良，因为在分子中引入较大侧链，增加了吸附膜产生的屏蔽效果。

10.4.4 酯类

己二酸和安息酸在水中具有防锈效果，如果把它们酯化，就可得到油溶性的防锈剂。用得最多的是山梨糖醇单油酸酯(又名司本-80、Span-80)、季戊四醇单油酸酯、十二烯基丁二酸半酯和羊毛脂等。脂肪酸种类不同，生成酯的防锈效果也不同，其防锈效果是油酸>硬脂酸>月桂酸，而单酯与三酯无差别，见表2-119。司本-80是一种既有防锈性又有乳化性的表面活性剂，具有防潮、水置换性能，用于各种封存油和切削油中。酯一般吸附力强，由于亲油基间的分子间作用力，形成疏水性很高的吸附膜，防锈性能优异，但是多半脱脂性差。由于含有制备时未反应的脂肪酸及加水水解产生的游离脂肪酸，因此抗油渍性差，对有色金属，特别是对铅的腐蚀性强。单酯与三酯相比，对锌有较大的腐蚀性。

表 2-119　山梨糖醇酐的部分酯的平均防锈性能比较

添加剂	试验方法，腐蚀率/%					
	湿热	铁氰化钾	盐水浸渍	硫酸水浸渍	热稳定	储存
山梨糖醇酐单月桂酯	19	9	9	80	100	2
山梨糖醇酐三月桂酯	4.5	0	3	90	80	1
山梨糖醇酐单硬脂酸酯	3	0	7.5	65	100	0
山梨糖醇酐三硬脂酸酯	3	2	14	60	80	0
山梨糖醇酐单油酸酯	0	0	0	85	30	0
山梨糖醇酐三油酸酯	0	0	0	90	30	0

十二烯基丁二酸半酯是在十二烯基丁二酸的基础上发展起来的。由于十二烯基丁二酸本身的酸值很高(300~395mgKOH/g)，加入油品中影响润滑油的酸值，使其应用受到限制，从而发展了半酯型的防锈剂。半酯的酸值只有十二烯基丁二酸的一半，约180mgKOH/g，其防锈效果与之相当，将取代十二烯基丁二酸，而用于各种油品中。

羊毛脂是一种天然的脂，羊毛脂是羊身上分泌出附在羊毛上的一种复杂脂状物。在毛纺前必须经过脱脂，洗去羊毛脂，从清洗液中回收，脱臭、脱色，干燥后得到黄褐色脂状物。虽然是古老的防锈剂，但至今仍在广泛使用。羊毛脂既是防锈剂，也是溶剂稀释型软膜防锈油的成膜材料。羊毛脂系及其衍生物防锈剂的低温特性及附着性优异，这是因为它结构上含酯键与羟基，是非结晶性的化合物。对空气具有抗氧能力，涂膜的稳定性好，也具有乳化力和水分保持性的特点。由于吸湿性强、对溶剂溶解性差的缺点，在不降低防锈性的范围内，可以降低羟值。羊毛脂系防锈剂一般显示出良好的防锈性，特别是在海水和盐水中的抗腐蚀性优异，但对金属富有亲和性，脱脂性差。可将其与磺酸盐复合使用，可以显示出优异的防锈性和脱脂性。把羊毛脂制成金属皂，可以提高水置换性和手汗置换性，可用它来生产置换型防锈油。

羊毛脂主要成分是高级脂肪酸、脂肪醇，构成羊毛脂的脂肪酸的95%是饱和脂肪酸，其中90%以上具有支链，含有约30%的羟基酸。羊毛脂脂肪酸的组成见表2-120[15]。

表 2-120　羊毛脂脂肪酸的组成

脂肪酸成分	碳数	含量/%
正构脂肪酸	C_{10}~C_{32}偶数碳	7
正构脂肪酸	C_{13}~C_{17}奇数碳	
异构脂肪酸	C_{10}~C_{32}偶数碳	23
反式异构脂肪酸	C_9~C_{31}奇数碳	30
α-羟基正构脂肪酸	C_{12}~C_{24}偶数碳	15
α-羟基正构脂肪酸	C_{13}~C_{23}奇数碳	
α-羟基异构脂肪酸	C_{14}~C_{24}偶数碳	11
α-羟基反式异构脂肪酸	C_{13}~C_{25}奇数碳	4
ω-羟基正构脂肪酸	C_{26}~C_{34}偶数碳	3
ω-羟基异构脂肪酸	C_{30}~C_{32}偶数碳	0.5
ω-羟基反式异构脂肪酸	C_{27}~C_{33}奇数碳	1
脂肪酸总计	—	94.5
成分不明的	—	5.5

10.4.5　有机磷酸及其盐类

有机磷酸盐主要是正磷酸盐、亚磷酸盐和磷酸盐。磷酸盐通常用高级醇和五氧化二磷进行反应，生成烷基磷酸，再用十二胺或烷基取代咪唑啉中和成盐，这种防锈剂具有防锈、抗磨性能。磷酸盐型防锈剂有单或双十三烷基磷酸十二烷氧基丙基异丙醇胺盐，它具有抗氧、防锈和抗磨性能；烷基磷酸咪唑啉盐，具有防锈和抗磨性能。磷酸酯也可作为极压抗磨剂使用，经常用在润滑油和金属加工油中，与石油磺酸盐、山梨糖醇酐单酯复合使用，可产生优良防锈效果。

10.4.6　杂环化合物

具有孤立电子对的杂环化合物是铜的变色抑制剂，例如苯并三氮唑、哑唑、噻唑、咪唑、吡唑、吡啶、喹啉等。为提高这些杂环化合物的油溶性在其分子中引入烃基，例如烷基咪唑啉的烷基碳数在 10~18 个碳范围时，可作为防锈油用的油溶性防锈剂[16]。杂环化合物防锈剂中要数苯并三氮唑用得最多，它是有色金属铜的出色缓蚀剂、防变色剂，对钢也有一定的防锈效果。但苯三唑难溶于矿物油中，溶于水，一般加入矿物油中要加助溶剂，可先溶于乙醇、丙醇或丁醇后，再加入矿物油，也有溶于邻苯二甲酸丁酯、二辛酯、磷酸三丁酯或磷酸三甲酚酯等助溶剂中，再加入矿物油。为了改善其油溶性，发展了苯并三氮唑十二胺盐、十八胺盐，除了具有防锈性能外，还有抗磨性能。为提高添加剂分子在基础油中的溶解性以及其各项性能，往往向极性苯并三氮唑分子中引入长链非极性的功能性基团或 S、P 等活性元素，得到的苯并三氮唑衍生物除了有着良好的摩擦学性能之外，还具有抗氧抗腐、防锈、分散等其他性能，是一类多效添加剂[17]。

杂环化合物防锈剂中还有烃基取代咪唑啉，如十七烯基咪唑啉烯基丁二酸盐，是一种很好的防锈剂，对黑色金属和有色金属均适用。

10.5 防锈剂的应用[18]

防锈剂既能用于防锈油脂，也能用于水基防锈液中。其中，根据 SH/T 0692《防锈油》，把防锈油分成除指纹型防锈油、溶剂稀释型防锈油、防锈脂、润滑油型防锈油和气相防锈油 5 种类型。水基防锈液则主要用于金属切削等工业生产中，起到冷却、润滑、防锈和清洗等作用。

10.5.1 除指纹型防锈油

除指纹型防锈油又称置换型防锈油。置换型防锈油的特点是，能置换已沾附在金属表面上的手汗，即原来已沾附在金属表面上的手汗因涂覆置换型防锈油而自金属表面被排斥，让位给置换型防锈油，因而使金属免于被手汗腐蚀。涂了置换型防锈油以后，也可防止金属表面因与人手接触而沾染手汗。另外，在金属制件封存以前，还可用置换型防锈油清洗制件表面沾染的手汗及类似污物。在机械制造过程中，工件的加工、转移等难免与人手接触，为了防止金属因手汗而导致锈蚀，工序间必须使用置换型防锈油防锈。置换型防锈油一般以具有强吸附性的磺酸盐为主防锈剂，黏度要求低，常以煤油或汽油稀释，故使用场所应具备通风、防火等安全生产设施。F-23 置换型防锈油适用于有色及黑色金属加工的工序间防锈及短期油封，其配方见表 2-121。

表 2-121 F-23 置换型防锈油配方

项目	组成(质量分数)/%
石油磺酸钡	5~7
羊毛脂镁皂	3~4
司本-80	0.9
苯并三氮唑	0.02~0.05
10 号机械油	12~15
煤油	余量

10.5.2 溶剂稀释型防锈油

溶剂稀释型防锈油是以适当馏分的石油溶剂为溶解介质，再配以成膜材料、防锈剂等调制而成的防锈油，常温涂覆在金属表面，待溶剂挥发后形成一层均匀的防锈膜层，对黑色金属和有色金属均有较好的耐盐雾、抗湿热性，适用于机械制品、军械武器零部件、工具仪表等的长期封存防锈。根据油膜的性质，其又分硬膜防锈油和软膜防锈油两种。

硬膜防锈油的特点是：溶剂挥发后留下一种干燥而坚硬的固态薄膜，防锈期长，可存放在室外，适用于大型加工件、管线等大型钢件。这种硬膜可用汽油或煤油清除掉。对于硬膜防锈油，成膜材料有沥青、氧化沥青、氧茚树脂、石油树脂、叔丁酚甲醛树脂；防锈剂有磺酸盐(磺酸钡和磺酸钙)、氧化石油脂钡皂和羊毛脂等；溶剂有溶剂汽油(120 号、200 号汽油)。74-2 硬膜防锈油的组成见表 2-122。

表 2-122 74-2 硬膜防锈油的组成

项目	添加剂	组成(质量分数)/%
成膜剂	叔丁酚甲醛树脂	20
防锈剂	羊毛脂	10
	二壬基萘磺酸钡	10
	苯并三氮唑	0.3
溶剂	120 溶剂汽油	59.7

软膜防锈油的特点是：溶剂挥发后留下一种软脂状膜，不流失，不黏手，具有较好的防锈性能，适合室内较长时间的封存防锈。软膜很容易用溶剂汽油洗去。对于软膜防锈油，成膜材料有羊毛脂、石蜡、凡士林、蜡膏、氧化蜡膏钡皂、钙皂等；防锈剂有磺酸盐(磺酸钡和磺酸钙)、司本-80 等；溶剂有 120 号、200 号溶剂汽油和少量醇醚。2 号软膜防锈油的组成见表 2-123。

表 2-123 2 号软膜防锈油的组成

项目	添加剂	组成(质量分数)/%
成膜剂	氧化蜡膏钡皂	18.2
防锈剂	二壬基萘磺酸钡	7.4
稀释剂	50 号机械油	1.8
溶剂	200 溶剂汽油	72.6

10.5.3 防锈脂

防锈脂分为石油脂型和皂基脂型。防锈脂耐盐雾，抗湿热性强，防护期长，高温不流失，低温不开裂，油膜透明柔软，涂覆性好，主要用于转动轴承类高精度机械加工表面的封存防锈。石油脂型防锈脂主要作封存防锈，由石蜡、地蜡、凡士林稠化矿物润滑油及羊毛脂、氧化石油脂(或 743 钡皂)、磺酸钡及磺酸钙、羊毛脂镁皂等防锈剂组成。皂基防锈脂主要是由皂基润滑脂加入一些不能破坏皂基结构骨架的防锈剂制得的，如磺酸钠、磺酸钡、磺酸钙、司本-80、743 钡皂、苯三唑、咪唑啉等。663 防锈脂可用于精密多金属构件的长期封存防锈，稀释后用于中间防锈，其组成见表 2-124。

表 2-124 663 防锈脂组成

项目	组成(质量分数)/%	项目	组成(质量分数)/%
石油磺酸钡	10	苯二甲酸二丁酯	3
羊毛脂	5	T501	0.1
苯并三氮唑	0.1	工业凡士林	余量

10.5.4 润滑油型防锈油

润滑油型防锈油是防锈油的主体，品种多，数量大，由基础油和多种润滑油添加剂组成。防锈油脂可分为封存防锈和防锈润滑两类。封存防锈油主要用来封存机械加工过程中的半成品、零部件、组件或整机，用作储存和运输机械加工过程中的防锈。防锈润滑油可

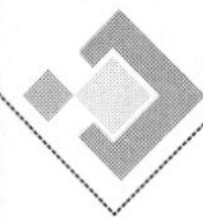

分为以防锈为主、润滑为辅的防锈润滑油和以润滑为主、防锈为辅的润滑防锈油。

(1) 封存防锈油

封存防锈油的品种有很多，由基础油和多种防锈剂调和而成；封存防锈油中有时也加有水置换型或指纹中和置换型防锈剂，以除去加工过程中残留的切削液和指纹、手汗等腐蚀物。主要用于工序间零部件、半成品、组件和成品整机封存，直到运输中的防锈。201 防锈油和 204-1 置换型防锈油分别见表 2-125 及表 2-126。

表 2-125　201 防锈油的组成

添加剂和成膜材料	加入量/%	添加剂和成膜材料	加入量/%
精制石油磺酸钡	20	地蜡	5
环烷酸锌	15	30 号机械油	60

表 2-126　204-1 置换型防锈油的组成

添加剂和成膜材料	加入量/%	添加剂和成膜材料	加入量/%
磺化羊毛脂钙	29.2	汽油	9.74
磺化羊毛脂钠	1.46	30 号机械油	53.6
丁醇	2.9	苯三唑	0.15
乙醇	1.95	水	1~1.5

(2) 防锈润滑两用油

防锈润滑两用油除基础油和防锈剂外，还要加入抗磨剂和抗泡剂等添加剂，主要用于试车后不排油，直接留在机内作封存防锈油，主要有内燃机防锈油、液压设备封存防锈油、防锈仪表油、防锈汽轮机油等。

10.5.5　气相防锈油

气相防锈油是加有气相防锈剂并在常温下能汽化的防锈剂油。由于气相防锈油添加有气相防锈剂，而气相防锈剂在常温时能够慢慢挥发，挥发的气体对金属起防锈作用，因此使用时无须直接涂覆在被保护的金属表面也可以达到保护的目的。气相防锈油可对设备内腔裸露金属起防锈作用，防护期较短，主要用于内燃机、传动设备、齿轮箱、滚筒油压等密闭式润滑设备或体系中起到润滑防锈作用。1 号气相防锈油的配方组成为：1%(质量分数)辛酸三丁胺、1%(质量分数)苯三唑三丁胺、0.5%(质量分数)石油磺酸钠、0.5%(质量分数)石油磺酸钡、1%(质量分数)司本-80、96%(质量分数)32 号机械油。

10.5.6　含水型防锈液

含水型防锈液包括乳化防锈油和水基防锈液，具有环保、节能、无污染的特点，受到国内外的广泛关注。

(1) 乳化防锈油是一种含有乳化剂的防锈油品，使用时用水稀释，成为乳化液。如“乳-1”乳化防锈油的配方组成为：11.5%(质量分数)环烷酸锌、11.5%(质量分数)石油磺酸钡、12.7%(质量分数)磺化油(DAH)、3.5%~5%三乙醇胺油酸皂(10∶7)，余量为 10 号机械油。该油在使用时配制成 2%~3%(质量分数)的水溶液用于工序间防锈。

(2) 水基防锈液是用水溶性防锈剂与水配制成的防锈液，具有良好的防锈性能。几种水溶性防锈剂单独使用及复合后的防锈性能见表 2-127[19]。环保型水性防锈剂具有难燃、低毒、环保等特点，为环境友好型产品，刷涂于钢材表面可形成连续、致密的保护层，隔绝空气中的氧和水与钢材表面接触，达到防锈的目的。形成的保护膜很薄且十分致密，可以保持钢材基体色，防锈操作简单，可采用浸泡、喷涂、刷涂等方式处理。

现有水溶性防锈剂的品种有很多，主要有无机防锈剂和有机防锈剂两大类。无机防锈剂大部分是使金属表面生成不溶性钝化膜层或反应膜层，起防锈作用。常用的无机防锈剂有亚硝酸钠、重铬酸钾、硼酸盐、钼酸盐、钨酸盐等。由于碳酸盐、磷酸盐、硅酸盐的防锈效果不甚理想，一般都要和亚硝酸盐或其他防锈剂复合使用。有机防锈剂主要通过物理吸附和化学吸附作用吸附在金属表面，改变金属表面状态而起防锈作用。有机防锈剂有脂肪酸皂、羧酸、磺酸盐、胺类、铵盐、酰胺、酯类及磷酸酯盐等，以前常用的水溶性有机防锈剂有三乙醇胺、苯甲酸钠、癸二酸等，虽然有一定的防锈作用，但大多要与亚硝酸钠复合使用，才能得到较好的防锈效果[20]。

表 2-127　几种防锈剂单独使用及复合后的防锈性能

项目	外观	腐蚀评级①
0.16%(质量分数)亚硝酸钠	—	C
0.14%(质量分数)亚硝酸钠+0.12%(质量分数)三乙醇胺	—	B
0.16%(质量分数)亚硝酸钠+0.12%(质量分数)三乙醇胺	—	A
0.16%(质量分数)硼酸盐 BM	透明	B
0.14%(质量分数)硼酸盐 BM+0.12%(质量分数)羧酸盐 CM	透明	A
0.12%(质量分数)硼酸盐 BM+0.14%(质量分数)羧酸盐 CM	透明	B
0.16%(质量分数)羧酸盐 CM	透明	B

①对铁块的腐蚀试验，用蒸馏水稀释添加剂，腐蚀时间 4h；腐蚀评级中，A 最好，C 最差。

从表 2-127 可以看出，单独使用亚硝酸钠、硼酸盐 BM 和羧酸盐 CM 的效果并不好，只有复配后才能加强其防锈性能。虽然亚硝酸钠与三乙醇胺复配后也能得到较好的防锈性能，但是亚硝酸钠是一种致癌物质，国内外早已禁用。将硼酸盐 BM 和羧酸盐 CM 以 7∶6(质量比)复合配制的合成型切削液防锈液既有较好的防锈性能，又无毒，是亚硝酸钠理想的替代品。聚丙烯酸共聚物高分子防锈成膜剂既是理想的成膜剂也是防锈剂[14]。环保型植酸系防锈剂应用于金属基板的防锈蚀处理，效果明显。

10.6　防锈剂的发展趋势[21,22]

近几年，为了克服目前水基防锈剂防锈效果差、含亚硝酸盐等有毒物质以及成本较高等缺点，环保型水基防锈剂的研究得到国内外的广泛关注，特别是长效水基防锈剂的研制已成为一种趋势。

近年来，市场上出现了一种多功能防锈剂，可以适应多种条件下金属制品的防护和使用需要。这种防锈剂除了具有良好的防锈性能外，还具有润滑、清洗、减振等功效。现已研制出的润滑防锈两用剂已被广泛应用于内燃机和军工行业，可以不经除膜而直接使用，市场对于这类防锈剂的需求越来越大。

随着环保法规要求越来越严格，以及人们保护环境意识的提高，对防锈剂的组成及使用也提出了相应的要求，因此采用符合环保要求的防锈材料，开发具有可生物降解性的防锈剂产品逐渐成为防锈剂发展的主流。

10.7 国内外防锈剂商品牌号

10.7.1 国内防锈剂产品的商品牌号

国内主要防锈剂产品的商品牌号见表 2-128。

10.7.2 国外主要防锈剂产品的商品牌号

范德比尔特公司防锈剂产品的商品牌号见表 2-129。BASF 公司的防锈剂产品的商品牌号见表 2-130。莱茵化学有限公司的防锈剂产品的商品牌号见表 2-131～表 2-133。

表 2-128 国内公司主要防锈剂的产品商品牌号

商品牌号	化合物名称	密度/（g/cm³）	黏度（100℃）/（mm²/s）	闪点/℃	金属含量/%	酸值/（mgKOH/g）	碱值/（mgKOH/g）	主要性能和应用	生产厂或公司
T746	十二烯基丁二酸	报告	报告	≥100	—	≥4.3（pH 值）	—	具有优良的防锈性能，广泛应用于液压油和汽轮机油	无锡南方石油添加剂有限公司
T747	十二烯基丁二酸半脂	—	报告	≥100	—	130～210	—	具有优良的防锈性能，广泛应用于液压油、机床用油、润滑脂和汽轮机油，特别是要求低酸值的油品	
T746	十二烯基丁二酸	报告	报告	≥90	—	235～295	—	具有优良的防锈性能，广泛应用于液压油、汽轮机油和润滑脂	大连宏辰化工有限公司
T747A	十二烯基丁二酸半脂	—	报告	≥90	—	160～200		具有优良的防锈性能，广泛应用于液压油、机床用油、润滑脂和汽轮机油，特别是要求低酸值的油品	

续表

商品牌号	化合物名称	密度/(g/cm³)	黏度(100℃)/(mm²/s)	闪点/℃	金属含量/%	酸值/(mgKOH/g)	碱值/(mgKOH/g)	主要性能和应用	生产厂或公司
T701	石油磺酸钡	0.980~1.021	—	—	52.2(钡)	—	—	优良的抗潮湿、抗盐雾和水置换性能，对黑色和有色金属具有优良的防锈性能，用于防锈油脂	锦州东工石化产品有限公司
T702	石油磺酸钠	0.980~1.021	—	—	48.5~51.2(钠)	—	—	具有优良的防锈性、乳化性和水置换性能，适用于切削油与乳化油	

表 2-129 范德比尔特公司防锈剂产品的商品牌号

产品代号	化学组成	添加剂类型	密度/(g/cm³)	100 黏度/(mm²/s)	闪点/℃	溶解性	性能及应用
NACAP	50%浓度的2-巯基苯并噻唑钠水溶液	腐蚀抑制剂	1.27	—	—	溶于水、乙醇和乙二醇，不溶于矿物油	用于水基、乙醇和乙二醇的腐蚀抑制剂，对抑制铜金属腐蚀特别有效。广泛用于防冻液产品，作为铜腐蚀抑制剂和碱缓冲剂，同时对铝金属和铜合金也有效
Vanlube RI-A	十二烯基丁二酸衍生物	防锈剂	0.96	19	165	溶于矿物油	用于汽轮机油、导轨油、工业齿轮油和液压油及在润滑脂中作防锈剂
Vanlube RI-BSN	中性二壬基萘磺酸钡轻质矿物油溶液	防锈剂	1.01	65	165	溶于矿物油和合成油，不溶于水	具有高效通用防锈性能，适用于高防锈和高耐水性的油品。可用在潮湿环境下各种渠道油品，如造纸机油、涡轮油、液压油和循环油
Vanlube RI-CSN	中性二壬基萘磺酸钙轻质矿物油溶液	防锈剂	0.98	125	165	溶于矿物油和合成油，不溶于水	具有高效通用防锈性能，适用于高防锈和高耐水性的油品。可用在潮湿环境下各种渠道油品，如造纸机油、涡轮油、液压油和循环油

续表

产品代号	化学组成	添加剂类型	密度/(g/cm³)	100 黏度/(mm²/s)	闪点/℃	溶解性	性能及应用
Vanlube RI-G	4,5-二羟基-1H-咪唑的脂肪酸衍生物	防锈剂	0.94	117	271	溶于矿物油，不溶于水	具有优异的防锈性能，专门用于润滑脂作防锈剂
Vanlube RI-ZSN	中性二壬基萘磺酸锌轻质矿物油溶液	防锈剂	0.971	32	160	溶于矿物油和合成油，不溶于水	具有高效通用防锈性能，适用于高防锈和高耐水性的油品。可以使用在潮湿环境下工作的润滑剂中，如造纸机油、涡轮油、液压油和循环油
Vanlube 739	无灰锈蚀剂油溶液	防锈剂	0.92	5	130	溶于矿物油和合成油，不溶于水	改进润滑油和润滑脂的防锈性能
Vanlube 8912E	磺酸钙	防锈剂	0.97	19	150	溶于矿物油和合成油，不溶于水	具有良好的防锈性和水置换性能。用于齿轮油、润滑脂、液压油、金属加工液、防锈油和涡轮油等
Vanlube 9123	中性磷酸胺盐化合物	防锈剂	0.94	24	96	溶于矿物油和合成油，不溶于水	用于工业润滑油和润滑脂作抗磨和防锈剂，用于齿轮油、润滑脂

表 2-130 BASF 公司防锈剂产品的商品牌号

添加剂代号	化合物名称	黏度/(mm²/s)	熔点/℃	硫含量/%	磷含量/%	氮含量/%	TAN/TBN/(mgKOH/g)	应用
油溶性防锈剂								
Amine O	液态咪唑啉衍生物	114	≤-15	—	—	8.2	160	推荐用量 0.05%～2.0%，用于液压油、润滑脂、齿轮油、ATF 和金属加工液
Irgacor 843	液态羧酸	62	—	—	—	—	115	推荐用量 0.01%～0.07%，用于空压机油、涡轮机油、液压油、润滑脂、齿轮油、发动机油和 ATF
Irgaco～L 12	液态烯基琥珀酸半酯	1500	—	—	—	—	160/215	推荐用量 0.02%～0.1%，用于空压机油、涡轮机油、液压油、齿轮油和金属加工液

续表

添加剂代号	化合物名称	黏度/(mm^2/s)	熔点/℃	硫含量/%	磷含量/%	氮含量/%	TAN/TBN/(mgKOH/g)	应用
Irgacor NPA	液态异构壬基苯氨基乙酸	1750	<0	—	—	—	200	推荐用量 0.02% ~ 0.1%，用于空压机油、涡轮机油和液压油
Irgalube 349	磷酸胺混合液	2390	<10	—	4.8	2.7	140/95	推荐用量 0.1% ~ 1.0%，用于空压机油、涡轮机油、液压油、润滑脂、齿轮油、发动机油、ATF 和金属加工液
Sarkosyl O	液态 N-油酸基肌氨酸	350	—	—	—	3.7	160	推荐用量 0.03% ~ 1.0%，用于液压油、润滑脂、齿轮油、和金属加工液
水溶性防锈剂								
lrgacor DSS G	癸二酸双纳盐	固态	>200	—	—	—	—	推荐用量 0.3% ~ 3.0%，用于润滑脂和金属加工液
lrgacor L 184	Irgacor L 190 中和了 TEA 的水溶液	80	—	—	—	—	—	推荐用量 0.5% ~ 2.2%，用于液压油和金属加工液
lrgacor L 190	湿糕状有机有机聚羧酸	固态	180~182	—	—	18	355	推荐用量 0.2% ~ 1.1%，用于液压油和金属加工液
lrgacor L 190 Plus	湿糕状有机有机聚羧酸	固态	180~182	—	—	22.8	—	推荐用量 0.2% ~ 1.5%，用于液压油和金属加工液

表 2-131　莱茵化学有限公司磺酸盐类防锈剂产品的商品牌号

商品牌号	化学组成	钡、钙、镁、钠/%	动动黏度/(mm^2/s)	碱值/(mgKOH/g)	矿物油量/%	主要应用				
						动力传动油	工业齿轮油	金属加工油/液	防锈油	润滑脂
RC4103	磺酸钡	8.0	中等黏度	33	50			•	•	•
RC4202	磺酸钙/羧酸钙	2.5	高黏度	40	28			•	•	•
RC4203	磺酸钙/羧酸钙	2.6	高黏度	40	28			•	•/-	•
RC4205	中性磺酸钙	1.3	中等黏度	<5	50		•	•	•/-	•
RC4210N	羧酸钙/磺酸钙	0.9	—	10	10			•	•/-	•
RC4211	羧酸钙/磺酸钙	0.4	—	50	30			•	•/-	•
RC4220	中性合成磺酸钙	2.0	高黏度	<6	45	•	•	•	•/-	•

续表

商品牌号	化学组成	钡、钙、镁、钠/%	动动黏度/(mm^2/s)	碱值/(mgKOH/g)	矿物油量/%	主要应用				
						动力传动油	工业齿轮油	金属加工油/液	防锈油	润滑脂
RC4242	高碱值烷基苯磺酸钙	16	中等黏度	400	40			•	•/-	•
RC4295	复合磺酸钙	2.5	高黏度	>20	30			•	•/-	•
RC4302	石油磺酸钠	2.5	高黏度	<5	30			•	•/-	•

表 2-132　莱茵化学有限公司羧酸盐类防锈剂产品的商品牌号

商品牌号	化学组成	锌/%	运动黏度/(mm^2/s)	矿物油量/%	主要应用				
					动力传动油	工业齿轮油	金属加工油/液	防锈油	润滑脂
RC4530	环烷酸锌	6	中等黏度	45		•	•		•
RC4590	脂肪酸锌盐	15	高黏度	0			•	•	•

表 2-133　莱茵化学有限公司羧酸衍生物产品的商品牌号

商品牌号	化学组成	运动黏度/(mm^2/s)	酸值(mgKOH/g)	矿物油量/%	主要应用				
					动力传动油	工业齿轮油	金属加工油/液	防锈油	润滑脂
RC4801	琥珀酸半酯衍生物	1100	160	30	•	•	•	•	•
RC4802	琥珀酸酰胺衍生物	2300	50	50	•	•	•	•	•
RC4803	琥珀酸酰胺衍生物	中等黏度	85	0	•	•	•	•	•
RC4810	中性天然原材料合成磺酸酯	800	—	10			•	•	•
RC4820	胺中和的脂肪醇磺酸半酯	1050	—	0	•	•	•		•

参 考 文 献

[1] [日]樱井俊南．石油产品添加剂[M]．吴绍祖，刘志泉，周岳峰，译．北京：石油工业出版社，1980：239-278.

[2] 顾晴．防锈油的发展趋势[J]．合成润滑材料，2008(2)：18-22.

[3] 蒋海珍．新型水溶性防锈抗磨多功能添加剂的研究[D]．上海：上海大学，2006.

[4] 赤田民生，藤井祥伸．防錆剤腐食防止剤[J]．トライボロジスト，1995，40(4)：341-344.

[5] 张景河．现代润滑油与燃料添加剂[M]．北京：中国石化出版社，1991：116-159.

[6] 龚玉山．防锈油的作用机理[J]．材料保护，1980(05)：10-19.

[7] Nancy McGuire. Fundamentals of rust preventives used for temporary corrosion protection[J]. Tribology & Lubrication Technology, 2016, (9): 28-34.

[8] 侯芙生．中国炼油技术[M]．3版．北京：中国石化出版社，2011：705.
[9] Leslie R Rndnick. Lubricant additives chemistry and application(Second Edition)[M]. Marcel Dekker，Inc，Designed Materials Group Wilmington，Delaware，U. S. A. 2008：134.
[10] 黄文轩．润滑剂添加剂性质及应用[M]．北京：中国石化出版社，2012：192-224.
[11] 曲胜，陈春风，陈磊，等．燃气轮机用防锈剂的研制及性能研究[J]．润滑油，2016，(2)：17-19.
[12] 丁国桢，姚景文．油溶性缓蚀剂DBA在防锈油中的应用[C]．中国腐蚀与防护学会，中国表面工程协会．第十五届全国缓蚀剂学术会议、2008全国防锈技术交流年会联合大会论文集．2008：25-28.
[13] 日石レビュー，1985，27(1)：56~62.
[14] 上田早苗．過盐基性硫化フエネートならびに硫化型サリシレートの開發[J]．石油学会志(日)，1992，35(1)：14-25.
[15] 井上 清．さび止め添加剤の最近の動向[J]．日石レビュー，1985，27(1)：56-62.
[16] 石油化工科学研究院七室．润滑油添加剂(Ⅰ)[J]．石油炼制，1978(9)：57.
[17] 欧阳平，陈国需，李华峰，等．多功能润滑添加剂——苯并三氮唑衍生物的研究进展[J]．润滑油，2010，25(4)：37-40.
[18] 黄文轩．第16讲：防锈剂的作用机理、主要品种及应用[J]．石油商技，2018(2)：84-95.
[19] 张倩，张二水．合成型切削液防锈性能的研究[J]．石油学报(石油加工)，2001(第17卷增刊)：32-35.
[20] 朱超，郭稚弧，胡莹．新型水溶性高分子防锈成膜剂的研究[C]．中国腐蚀与防护学会论文集，1999：569-572.
[21] 中国产业调研网．2015年中国防锈剂行业发展调研与发展趋势分析报告[EB/OL]．http：//www. cir. cn/R_ ShiYouHuaGong/62/FangXiuJiDeFaZhanQuShi. html.
[22] 李月，衣守志，吴家全．环保型水基防锈剂的研制[J]．材料保护，2011(5)：31-33.

第11节　降凝剂

11.1　概况

降凝剂(Pour Point Depressant，PPD)，又称倾点下降剂，能降低润滑油的凝固点或倾点、改善油品的低温流动性能。

几乎所有的石蜡基矿物基础油中都含有少量的蜡。当油品的温度下降时，一些蜡质组分会从液体中结晶析出，形成小的晶体，于是液体开始变得浑浊。这种现象发生时的温度被称为浊点。随着蜡质成分结晶越来越多，晶体会成长为片状，而当温度下降到足够低时，片状晶体会结合成三维网络，使得油品难以流动。这种过程有时被称为凝胶现象，而油品能流动的最低温度被定义为倾点。

20世纪20年代末期，研究人员偶然发现了氯化石蜡与萘的缩合物具有降凝作用，并于1931年申请了第一个降凝剂专利，并开始了工业生产，商品名巴拉弗洛(Paraflow)，经证明在润滑油中有效，至今仍在使用。20世纪30年代中期出现了氯化石蜡和酚的缩合物，商品名叫山驼普尔(Santopour)、聚甲基丙烯酸酯，商品名叫阿克里洛德(Acryloid)等商品的降凝剂；40年代发表了聚丙烯酰胺，烷基聚苯乙烯等；50年代发表了聚丙烯酸酯、马来酸酯-甲基丙烯酸长链烷基酯共聚物等，60年代发表了烯烃聚合物、醋酸乙酯-富马酸酯共聚物等，70 年代发表了 α-烯烃共聚物(α-olefine Copolymer)、马来酸酐-醋酸乙酯共聚物等降凝剂专利。迄今为止发表有关降凝剂专利已有数百篇，合成的降凝剂也有数十种之多，但作为商品出售的不过十余种。常用的有烷基萘(Alkylnaphthalene)、聚酯类(Polyesters)和聚烯烃类(Polyolefine)等三类化合物。

倾点是在规定的试验条件下，保持油品流动的最低温度，是汽车在冬季能否启动的重要因素。在低温下，环烷基油由于黏度增加而失去流动性，称这为黏度倾点，降凝剂对黏度倾点不起作用；而石蜡基油则由于析出蜡结晶形成三维网状结构而失去流动性，降凝剂的作用就在于降低油品的这种倾点。要想得到低倾点的润滑油有两条途径：一是对基础油进行深度脱蜡，可以得到低倾点的润滑油，这样的工艺对油品的收率低，同时脱掉大量有用的正构烃，也有损油品的质量；二是进行适度的脱蜡后，再加降凝剂达到要求的倾点，这是一种比较经济可行的办法，也是当今普遍采用的手段。

11.2 降凝剂的使用性能

11.2.1 降凝剂的化学结构的影响

烷基链长度对降凝效果有影响，降凝机理认为：降凝剂是靠与蜡吸附或与蜡共晶来改变蜡的结构和大小而起作用的，因此降凝剂的化学结构对降凝效果有决定性的影响。

据报道，烷基酚降凝剂从辛基酚开始就显示出降凝作用，烷基侧链愈长效果愈好；烷基萘降凝剂与烷基酚相似，双取代的高分子烷基萘具有降凝作用，而低分子单取代的烷基萘无降凝作用。对聚合型的 PMA 和聚 α-烯烃降凝剂，侧链的平均碳数对降凝效果有决定性的意义，且对某种油品的降凝作用存在一个最佳侧链平均碳数。还应当指出，虽然降凝剂对某种油品的降凝作用取决于其分子的侧链平均碳数，但对不同的油品还具有降凝“选择性”——主要取决于降凝剂分子侧链的碳数分布，表 2-134 是不同降凝剂对不同脱蜡深度的降凝效果[1]。表 2-134 所表明的聚 α-烯烃-1 降凝剂对浅度脱蜡油的降凝效果较好，而对深度脱蜡油的降凝效果较差；聚 α-烯烃-2 降凝剂则刚好相反，也是其侧链平均碳数在起作用，而且对某种油品的降凝作用存在一个最佳侧链平均碳数。烷基萘降凝剂对浅度脱蜡油的降凝效果较好；聚甲基丙烯酸十二酯和十四酯的效果居中，十四酯最好。聚 α-烯烃侧链平均碳数对油品的降凝作用存在一个最佳平均碳数，如图 2-112 所示，其最佳平均碳数在 12.4~12.8。

表 2-134 烷基侧链和基础油对降凝作用的影响

降凝剂	浅度脱蜡油				深度脱蜡油			
	10 机械油	20# 机械油	30# 机械油	10# 车用机油	25# 变压器油	10# 机械油	22# 汽轮机油	30# 汽轮机油
基础油/℃	-6	-3	-3	-3	-27	-20	-15	-14
聚 α-烯烃-1	-26	-28	-20	-20	-32	-30	-30	-28
聚 α-烯烃-2	-12	-12	-6	-7	-52	-46	-34	-30
烷基萘	-26	-19	-14	-12	-30	-27	-21	-22
PMA(十二酯)	-8	-4	-1	-8	-34	-19	-13	-12
PMA(十四酯)	-20	-16	-3	-11	-37	-39	-23	-28
Hitec623(PMA)	-19	-14	-3	-9	-36	-40	-23	-27

链平均碳数起决定性的原因是因为基础油中固体烃(蜡)开始的结晶温度要求与侧链烷基开始的结晶温度一致。但油品中的固体烃组成比较复杂，结晶范围也较宽，因而具有不同侧链长度和结晶温度的降凝剂结构，较单一烷基侧链和结晶温度的降凝剂效果好。为了有较好的适应性，一般降凝剂的烷基侧链采用不同碳数的单体共聚，调整其平均侧链碳数来适应不同的油品。

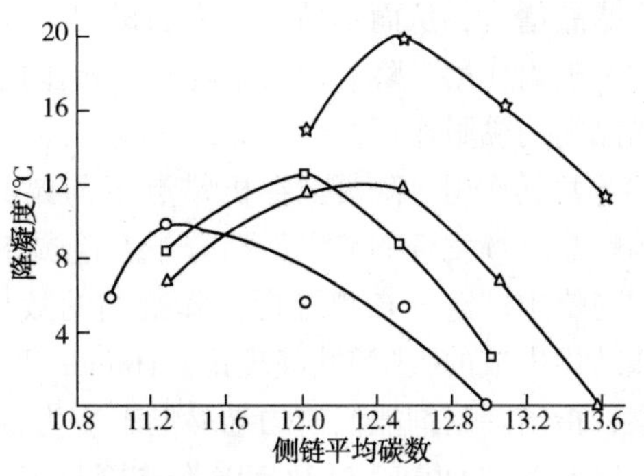

	注：基础油	黏度/(mm^2/s)	凝点/℃
X	大连石油七厂车用机油	9.56	+2
○	上海炼油厂车用机油	10.02	-9
△	锦西石油五厂减四线 A	12.26	-6
•	锦西石油五厂减四线 B	11.99	-15

图 2-112　聚 α-烯烃的侧链平均碳数对降凝作用的影响

11.2.2　基础油的影响

降凝剂的降凝效果与基础油有着密切的关系。同一个降凝剂对凝点或馏分组成不同的基础油，其降凝效果有显著差异，这就是降凝剂对油品的感受性。影响降凝剂对油品的感受性的因素，主要是基础油的脱蜡深度(倾点)和黏度。对脱蜡深度相近的基础油，聚 α-烯烃的最佳侧链平均碳数随基础油黏度的增高而增加。对黏度相近而脱蜡深度不同的基础油，聚 α-烯烃的最佳侧链平均碳数随基础油脱蜡深度降低而增加。

一般来说，降凝剂对不含蜡的环烷烃系油品没有效果，而对含蜡太多的基础油效果也有限；但是对烷烃和环烷烃，降凝剂感受性最好，对少环长侧链的轻芳烃有一定的降凝感受性；通常降凝剂对低黏度油品效果好，而对高黏度油品，则由于在低温下黏度大以及蜡的组成不一样等，所以降凝效果有限。

11.3　作用机理

11.3.1　传统理论

含蜡油之所以在低温下失去流动性，是由于在低温下高熔点的固体烃(石蜡)分子定向排列，形成针状或片状结晶并相互联结，形成三维的网状结构，同时将低熔点的油通过吸附或溶剂化包于其中，致使整个油品失去流动性。当油品含有降凝剂时，降凝剂分子在蜡表面吸附或共晶，对蜡晶的生长方向及形状产生作用。降凝剂不能改变油品的浊点和析出蜡的数量，只是石蜡晶体的外形与大小起了变化，降凝剂能与存在于油品中的蜡质发生共结晶，改变蜡的结晶模式。并且因蜡晶体被降凝剂主链分隔，产生立体位阻作用，蜡晶体就不再能够形成可阻碍流动的三维结构了，从而达到改善油料低温流动性能、降低凝固点的作用。

11.3.2　目前理论

目前，降凝剂的作用机理主要有晶核作用、吸附作用和结晶作用 3 种理论[2]：

(1) 晶核作用。降凝剂在高于油料析蜡温度下结晶析出，成为蜡晶发育中心，使油料

中的小蜡晶增多，从而不易产生大的蜡团。

（2）吸附作用。降凝剂吸附在已经析出的蜡晶晶核活动中心，从而改变蜡结晶的取向，减弱蜡晶间的黏附作用。

（3）共晶作用。降凝剂在析蜡点下与蜡共同析出，从而改变蜡的结晶行为和取向性，并减弱蜡晶继续发育的趋向，蜡分子在降凝剂分子中的烷基链上结晶。降凝剂分子中的碳链分布与蜡中碳链分布越接近，降凝剂的效果越好。此外，Lorensen 等提出了抑制蜡的三维网状结构生成的吸附-共晶理论。Holder 等从热力学方面进行研究，并用低温显微镜进行了观察，指出降凝剂能使蜡的结晶形态变为各向同性。

低温下 VISCOPLEX（EVONIK 公司降凝剂商品名）降凝剂改变蜡结晶的机理见图 2-113。

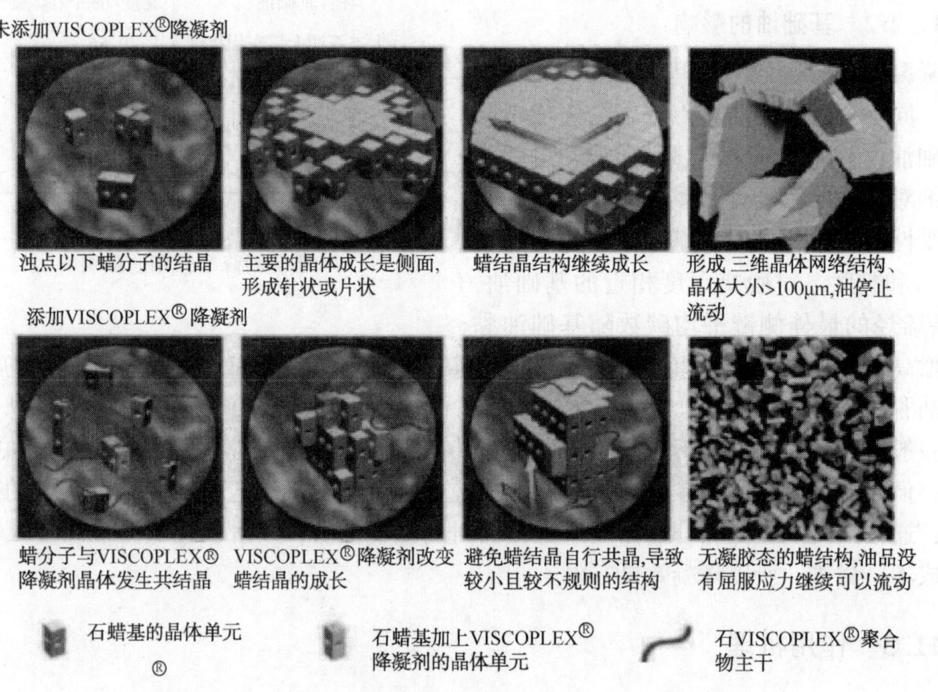

图 2-113　在低温下 VISCOPLEX 降凝剂改变蜡结晶的机理

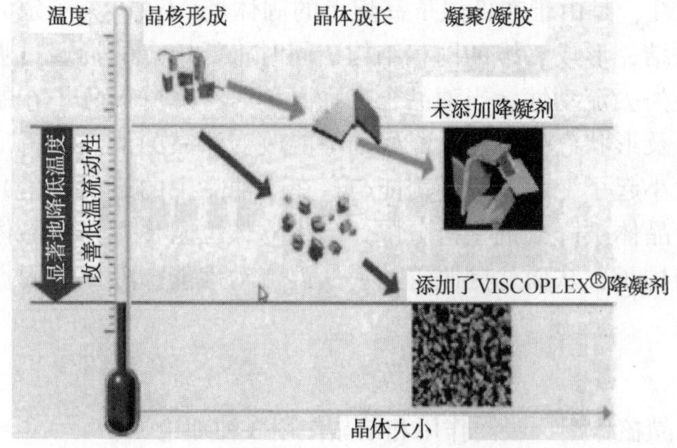

图 2-114　石蜡晶体成长与低温流动性的关系

由图 2-113 可见，在没有加入降凝剂时，油中的蜡开始成长，逐渐形成三维网状而失去流动性；加入降凝剂后，油中的石蜡与降凝剂产生共晶作用，改变了蜡单独结晶成长，从而导致较小且较不规则的结构，无凝胶态的蜡结构可以继续流动。

石蜡晶体成长与低温流动性的关系见图 2-114[3]。

不含降凝剂的基础油中的蜡是呈 20~150μm 直径的针状结晶，如果加入降凝剂，蜡的结晶会变小，蜡的形态也会发生变化。如在加有烷基萘降凝剂的油品中，有 10~15μm 直径的少量带分枝星形结晶；而加了 PMA 的油品中，则有 10~20μm 直径的许多分枝的针状或星形结晶[4,5]。某些高分子聚合物在低温下具有抑制蜡结晶结构的生成的能力，如图 2-115 所示。

(a)不含降凝剂的润滑油晶体图

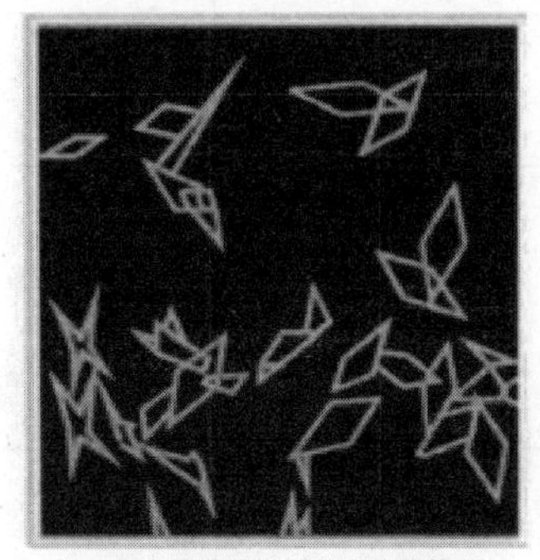

(b)含有降凝剂的润滑油晶体图

图 2-115　降凝剂作用机理示意

进行脱蜡工艺时，不加入 PMA 时脱出的蜡是黏结在一起的块状，而加入 PMA 时则是分散的颗粒状，见图 2-116[6]。不管在哪一种情况下，蜡的表面都证明有降凝剂存在。这是因为，使用烷基芳香族降凝剂时，蜡结晶表面上吸附了芳香族基团；而在使用 PMA 这类具有梳形化学结构的降凝剂时，侧链的烷基和蜡生成了共结晶。

温度	不添加PMA	添加PMA
0℃		

图 2-116　添加/不添加 PMA 脱蜡时蜡析出的照片

另外，结晶的分枝随降凝剂的浓度增加而变多。这是因为，在蜡的表面所存在的降凝剂对结晶生长的方向起支配作用，使其不形成牢固的三维网状构造。

11.4　降凝剂的品种

常用的降凝剂有烷基萘、聚酯类和聚烯烃等，其名称和化学结构见表 2-135。

表 2-135　润滑油主要降凝剂及其结构

类别	化合物名称	化学结构
烷基萘	烷基萘	$\left[\text{C}_{10}\text{H}_6\text{—R}\right]_n$ $R=C_{60\sim66}$

续表

类别	化合物名称	化学结构
聚酯类	聚甲基丙烯酸酯	$\left[CH_2-C(CH_3)(C(=O)OR) \right]_n$ $R=C_{6\sim18}$
	聚丙烯酸酯	$\left[CH_2-CH(C(=O)OR) \right]_n$
	醋酸乙烯/反丁烯二酸酯共聚物	$\left[CH(OC(=O)CH_3)-CH_2-CH(C(=O)OR)-CH(C(=O)OR) \right]_n$
聚烯烃类	聚 α-烯烃	$\left[CH_2-CH(R) \right]_n$ $R=C_{7\sim18}$
	烷基聚苯乙烯	$\left[C(H)(C_6H_4R)-CH_2 \right]_n$

11.4.1 烷基萘

烷基萘降凝剂国外 20 世纪 30 年代就开始应用，使用量较少。烷基萘降凝剂呈深褐色，对中质和重质润滑油的降凝效果好，由于颜色较深，不适合用于浅色油品，多用于内燃机油、齿轮油和全损耗油中。一般加量 0.2%~1.5%。国内从 1954 年开始工业生产，也是我国生产的第一个添加剂品种，产量也较大，占当时整个降凝剂的半数以上，产品代号为 T801[7]。

其合成工艺如下：

先将熔点为 52~55℃ 的石蜡进行氯化，得到氯含量为 12%~12.5%氯化石蜡。

$$RH+2Cl_2 \longrightarrow RCl_2+2HCl$$

用萘与氯化铝预缩合后，再加氯化石蜡、萘进行缩合，经后处理后得产品。

$$RCl_2 + C_{10}H_8 \xrightarrow{AlCl_3} \left[C_{10}H_6 - R \right]_n + HCl$$

由于原料组成复杂，虽然经过后处理除去一些未反应的原料外，其反应物仍然是不同相对分子质量的缩聚物的混合物。R 为 60~66 碳的烃基，n 为 6~7，其中有效组分主要是相对分子质量大于 7000 左右的高分子缩聚产物[8]。

11.4.2 聚甲基丙烯酸酯

聚甲基丙烯酸酯是一种高效浅色降凝剂，对各种润滑油均有很好的降凝效果，同时还兼有改进黏度指数的作用。作为降凝剂，其烷基侧链的平均碳数要在 12 以上才显示降凝效果，以 14 酯的效果最好。为了适应不同脱蜡深度制取的各种黏度及倾点以及不同油源的润滑油，调整烷基侧链的平均碳数，即采用不同碳数的醇搭配，生产出系列的降凝剂产品以满足上述油品的要求。表 2-136 是不同侧链的聚甲基丙烯酸酯对降凝效果的影响。由表 2-136可看出，聚甲基丙烯酸癸酯几乎没有降凝效果，聚甲基丙烯酸十二酯除对-25℃的变压器油效果好外，其他的油品也没有效果，而聚甲基丙烯酸十四酯对 3 种不同的基础油均有良好的降凝作用[9]。

表 2-136 不同侧链的聚甲基丙烯酸酯的降凝效果①

基础油	变压器油		机械油		汽轮机油
凝固点/℃	-10	-25	-7	-18	-6
聚甲基丙烯酸癸酯	-10	-25	-10	-18	-6
聚甲基丙烯酸十二酯	-10	-40	-10	-20	-6
聚甲基丙烯酸十四酯	-24	-34	-38	-44	-30

① 添加量为 0.5%。

通过改变 PMA 的烷基侧链对其倾点的影响较大，表 2-137[10]是 Rohm &hass Company 的不同侧链的 4 个商品降凝剂，对同一个基础油的感受性差别很大，就是同一个添加剂对不同的基础油差别也很大。国外公司就是通过不同侧链来生产一系列降凝剂产品，满足不同基础油及不同倾点的要求。

表 2-137 不同烷基侧链的 PMA 对油品倾点的感受性

基础油		倾点要求/℃	达到要求所需要的加入量/%(质量分数)			
牌号	倾点/℃		Plexol 153	Plexo1 154	Plexo1 155	Plexo1 157
200N	-18	-40	0.3	0.5	0.4	>1.0
350N	-15	-32	0.3	0.3	0.2	>1.0
650N	-15	-29	0.5	0.5	0.5	>1.0
200N	-4	-32	>1.0	0.4	>1.0	>1.0
100N	-12	-34	0.65	0.5	0.35	>1.0
齿轮油	-12	-23	不可能	1.0		

聚丙烯酸酯(PAA)也是一个有效的降凝剂，国外也有商品出售，如 Lubrizol 的 LZ 3152，BASF 的 Glissovisca VAS、Shell 的 SWIM-5X。国内 20 世纪 80 年代也开发了这个降凝剂品种，在国内石蜡基、中间基和环烷基三类原油生产的馏分基础油中均有降凝效果。PAA

与聚 α-烯烃复合有一定的协合效应，PAA 与聚 α-烯烃之质量比 1∶2 为好，见表 2-138[11]。

表 2-138 PAA 与聚 α-烯烃复合后的协合效应(加入量均为质量分数)

基础油	A 油 90%汽轮机油+10%150SN(凝点，-16℃)
99%A 油+1%上 606A(聚丙烯酸酯)	-28
99%A 油+1%T 803(聚 α-烯烃)	-32
98.5%A 油+0.5%上 606A +1%T 803	-39

11.4.3 聚 α-烯烃

聚 α-烯烃降凝剂是我国自行开发的高效降凝剂，到目前为止，国外还没有该产品的工业产品。它的颜色浅，效果好，可适用于各种润滑油中，其效果与 PMA 相当，价格优势明显，聚 α-烯烃降凝剂可根据烷基侧链的平均碳数不同和相对分子质量大小生产一系列产品，如 T803 用于浅度脱蜡油，T803A 和 T803B 可用于深度脱蜡油(T803A 比 T803B 的分子量大)，一般加量 0.1%~1.0%。如前所述，聚 α-烯烃降凝剂的降凝作用主要取决于其烷基侧链碳数和碳数分布，同时也受基础油性质的影响。对各种基础油，降凝度随烯烃的侧链烷基平均碳数而变化，详见表 2-139。从表 2-139 可看出，用单一的 α-烯烃聚合得到的聚十三碳烯烃，与用混合碳数 α-烯烃聚合得到的聚 α-烯烃-1 和聚 α-烯烃-2 比较，虽然前者对个别基础油也显示一定效果，但对不同的基础油的降凝作用差别太大，对某些基础油几乎无降凝作用。而后二者，对各种基础油均有降凝效果。在适当范围内，侧链烷基碳数分布愈宽的聚 α-烯烃-2，其降凝效果愈好[12]。

表 2-139 聚 α-烯烃侧链碳数分布对降凝作用的影响①

基础油代号	A	B	C	D	E	F
基础油凝点/℃	-18	-18	-20	-17	-14	-13
聚 α-烯烃						
聚十三碳烯烃	8	11	6	4	2	0
聚 α-烯烃-1($C_{12\sim14}$)	8	11	10	9	14	15
聚 α-烯烃-2($C_{7\sim19}$)	14	18	14	9	10	15

① 聚 α-烯烃的加入量为 0.25%(质量分数)。

聚 α-烯烃与 811 降凝剂(蜡裂解烯烃、马来酸酐和脂肪胺的共聚物)复合后有协同效应，见表 2-140[13,14]。

表 2-140 T803A 与 T 811 复合后的降凝效果(加量均为质量分数)

基础油	大连 150SN	燕山减二线	兰炼 20#汽轮机油	大连 10#车用机油
基础油凝点/℃	-10	-13	-22	0
0.5% T 811/℃	-19	-27	-34	-14
0.5%T 803A/℃	-25	-26	-32	-6
0.25% T 811 + 0.25% T 803A/℃	-27	-35	-41	-13
0.5% T 811+0.5%T 803A/℃	-32	-33	-44	-13

聚 α-烯烃的合成工艺是：采用软蜡裂解的 α 烯烃为原料，经精制后，在 Ziegler/Natta

催化剂存在下进行聚合，用氢气调节相对分子质量，后处理用酯化水洗除去催化剂。其合成反应式如下：

$$nR—CH=CH_2 \xrightarrow[H_2]{\text{Ziegler/Natta 催化剂}} \left[\underset{\large R}{\underset{|}{CH}}—CH_2 \right]_n$$

11.4.4　富马酸酯共聚物

富马酸酯共聚物也是一个有效的降凝剂。富马酸酯共聚物具有良好的基础油适应性，可有效降低润滑油的倾点，改善润滑油的低温性能。它对车辆发动机油黏度指数改进剂和复合剂的配伍性好，在车用润滑油基础油中有很好的适应性，颜色浅，用于精制的石蜡基、环烷基基础油中，通常加剂量为 0.1%～0.5%(质量分数)。富马酸酯型降凝剂 T882 的合成包括酯化反应和聚合反应两个部分，其反应原理见图 2-117。

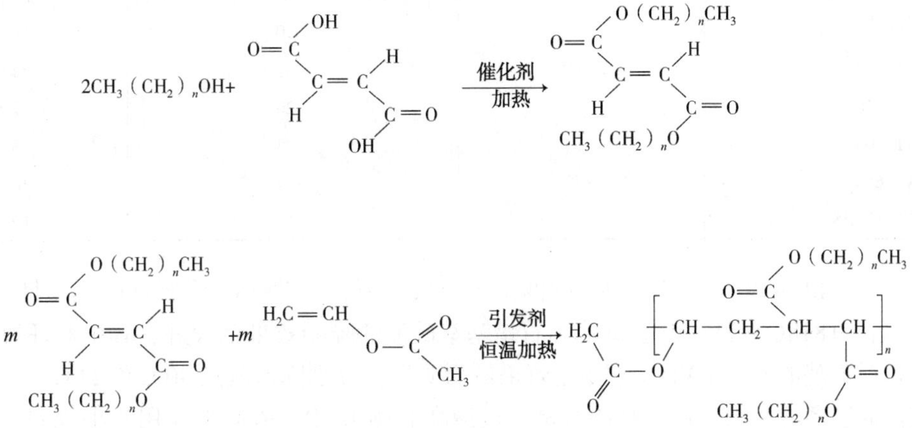

$$2CH_3(CH_2)_nOH + HOOC—CH=CH—COOH \xrightarrow[\text{加热}]{\text{催化剂}} CH_3(CH_2)_nO—CO—CH=CH—CO—O(CH_2)_nCH_3$$

$$m\,CH_3(CH_2)_nO—CO—CH=CH—CO—O(CH_2)_nCH_3 + m\,H_2C=CH—O—CO—CH_3 \xrightarrow[\text{恒温加热}]{\text{引发剂}} \left[\underset{O—CO—CH_3}{CH}—CH_2—\underset{CO—O(CH_2)_nCH_3}{CH}—\underset{CO—O(CH_2)_nCH_3}{CH} \right]_n$$

图 2-117　富马酸酯型降凝剂 T882 的合成

将国产的富马酸酯型降凝剂 T882、进口同类产品 T248 和国内的 T803 聚 α-烯烃降凝剂分别调入车辆润滑油的几种常用基础油中，进行了降凝效果的对比测试，其数值用倾点下降值(降凝度)表示，结果见表 2-141[15]。

表 2-141　T882、T248 及 T803 在不同基础油中的降凝效果比较

项目	基础油倾点/℃	倾点下降值(降凝度)/℃		
		T882	T248	T803
Yubase4(进口)	-21	21	21	21
Yubase6(进口)	-18	21	21	18
150N	-21	18	21	18
500N	-30	15	15	15
150BS	-12	3	3	0

从表 2-141 可以看出，国产 T882 降凝剂与进口的同类产品 T248 的性能相当，优于国产的 T803。由兖矿集团煤化分公司等单位试制的 T818C(醋酸乙烯-富马酸酯高聚物)降凝

剂对环烷基基础油和石蜡基基础油的降凝效果都较好[16]。采用 T818C 降凝剂对辽油常三、辽油减二、辽油减三、盘锦油减三、盘 锦油减四、燕山 HVI-150、燕山 HVI-350、燕山 HVI-50、燕山 HVI-650、燕山 HVI-120BS 基础油进行了降凝试验(辽油及盘锦油系列为环烷基基础油，燕山 HVI 系列为石蜡基基础油)，其降凝效果见表 2-142。

表 2-142　T818C 降凝剂的降凝效果

项目	凝点/℃		凝点下降/℃
	空白	加剂后[加剂量 0.5%(质量分数)]	
辽油常三	-2	-42	40
辽油减二	3	-32	35
辽油减三	8	-18	26
盘锦油减二	1	-24	25
盘锦油减三	7	-15	22
盘锦油减四	5	-10	15
燕山 HVI-150	-11	-33	22
燕山 HVI-350	-9	-26	17
燕山 HVI-500	-10	-23	13
燕山 HVI-650	-8	-17	9
燕山 HVI-120BS	-8	-18	10

由表 2-142 可以看出，不同基础油由于组成不同，对 T818C 降凝剂的感受性(降凝效果)也不同。T818C 对环烷基基础油和石蜡基基础油的降凝效果都较好，其中对环烷基的辽油常三和石蜡基的燕山 HVI-150 作用效果最为明显，分别降低凝点 40℃和 22℃，而对高碳环烷基含量最多的盘锦减四和高碳石蜡含量最高的燕山 HVI-650 的作用效果较差，分别只降低凝点 16℃和 9℃。

11.5　国内外降凝剂产品的商品牌号

国内降凝剂产品的商品牌号见表 2-143。国外降凝剂产品的商品牌号见表 2-144。

表 2-143　国内降凝剂产品的商品牌号

商品牌号	化合物名称	密度/(g/cm^3)	100℃黏度/(mm^2/s)	闪点/℃	降凝度/℃	主要性能和应用	生产厂或公司
T801	烷基萘		实测		≥13	具有良好的降凝效果，颜色深，不宜用于浅色油品中，广泛用于浅度脱蜡的润滑油中	无锡南方石油添加剂有限公司
T803B	聚 α-烯烃		≤1500	≥135	≥18	具有优良的降凝效果，颜色浅，广泛用于不同脱蜡深度及不同黏度的基础油中，如内燃机油、液压油、汽轮机油和齿轮油中	

续表

商品牌号	化合物名称	密度/(g/cm³)	100℃黏度/(mm²/s)	闪点/℃	降凝度/℃	主要性能和应用	生产厂或公司
RIPP-T866	聚甲基丙烯酸酯	0.87~0.93	≤320	≥180	—	具有优异的降凝性能，通用性好，对Ⅰ、Ⅱ、Ⅲ和Ⅲ⁺类基础油均表现出优异的降凝效果，用于发动机油、齿轮油和工业用油	北京兴普精细化工技术开发公司
RHY 803B	聚α-烯烃	—	740	—	18	对于各类基础油有广泛的适应性，性价比较高，能有效降低油品的倾点，改善油品低温性能，产品除具有降凝效果外，还有一定的增黏作用	中国石油润滑油分公司
T6012	聚甲基丙烯酸酯	—	≥400	≥170	—	具有优良的降凝效果，颜色浅，广泛用于内燃机油和工业润滑油	滨州市坤厚化工有限责任公司
KFD8100(T808A)	富马酸酯-醋酸乙烯共聚物	—	210	150	13	具有降凝效果良好，加量小，适用于石蜡基、中间基等基础油	沈阳长城润滑油制造有限公司
KFD8200(T808B)	富马酸酯-醋酸乙烯共聚物	—	260	150	26	对KFD8100产品的改进，适合于含蜡较高、黏度较大的环烷基基础油	
KFD8800(SCR-158)	聚甲基丙烯酸酯	—	165	180	15	具有降凝效果良好，加量小，对石蜡基及中间基基础油均有较好的效果	
KFD8900(SCR-248)	聚甲基丙烯酸酯	—	360	160	16	降凝效果良好，对石蜡基及中间基基础油，特别是加氢精制基础油有较好的效果	
TF-816A	富马酸酯与醋酸乙烯酯共聚物	0.85	100~150	120	—	在基础油中有很好的降凝效果，改善基础油的低温流动性，在基础油中添加量0.3%	河北拓孚润滑油添加剂有限公司
TF-816C	富马酸酯与醋酸乙烯酯共聚物	0.85	100~150	120	—	在基础油中有很好的降凝效果，改善基础油的低温流动性，在基础油中添加量0.3%	
TF-602	聚甲基丙烯酸酯	0.86	600~650	160	—	在基础油中具有良好的降凝效果，可以改善基础油的低温流动性，添加量0.3%	
TF-248	聚甲基丙烯酸酯	0.87	300~400	170	—	在基础油中具有良好的降凝效果，可以改善基础油的低温流动性，添加量0.3%	

续表

商品牌号	化合物名称	密度/(g/cm³)	100℃黏度/(mm²/s)	闪点/℃	降凝度/℃	主要性能和应用	生产厂或公司
TC-806A	醋酸乙烯-富马酸共聚物		50左右	≥120	—	具有优异的降凝效果和剪切稳定性，适用于Ⅰ、Ⅱ类石蜡基基础油	石家庄市藁城区天成油品添加剂厂
TC-806B	醋酸乙烯-富马酸共聚物	—	50左右	≥120	—	具有优异的降凝效果和剪切稳定性，适用于环烷基、再生类基础油	
TC-806C	醋酸乙烯-富马酸共聚物	—	50左右	≥120	—	具有优异的降凝效果和剪切稳定性，适用于Ⅰ、Ⅱ类石蜡基低黏度基础油	
TC-806D	醋酸乙烯-富马酸共聚物	—	50左右	≥120	—	具有优异的降凝效果和剪切稳定性，适用于Ⅰ、Ⅱ类石蜡基低黏度基础油	
TC-602	聚甲基丙酸酯	0.900	≥400	≥160	—	良好的降凝效果，改善润滑油低温流动性，适用于Ⅰ、Ⅱ、Ⅲ、Ⅳ、Ⅴ类基础油	
TC-603	聚甲基丙烯酸酯	0.9900	≥500	≥170	—	良好的降凝效果，改善润滑油低温流动性，适用于Ⅰ、Ⅱ、Ⅲ、Ⅳ、Ⅴ类基础油	
T818系列	醋酸乙烯-反丁烯二酸酯共聚物	—	60~100	≥135	16~22	T818系列降凝剂包括T818A、T818C-1、T818E、T818H等品种。T818A针对深度精制的含蜡量较低的基础油，T818C-1针对浅度精制的含蜡量较高的基础油，T818E降凝剂针对宽馏分含蜡量较高的基础油，T818H针对高黏度高含蜡的基础油	石家庄四方石油添加剂有限公司
T819	甲基丙烯酸酯与马来酸酯共聚物	—	≥400	≥165	18	用于车用润滑油和工业润滑油中	
TK-chem P8101	聚甲基丙烯酸酯降凝剂	0.85~0.95	200	≥170	—	具有优异的降凝效果；适用于内燃机油、齿轮油、液压油等润滑油品，尤其适用于使用中低黏度的基础油和Ⅱ类、Ⅲ类加氢油的配方	大连新意业新材料开发有限公司
TK-chem P8102	聚甲基丙烯酸酯降凝剂	0.85~0.95	200	≥170	—	具有优异的降凝效果；适用于内燃机油、齿轮油、液压油等润滑油品，对Ⅰ类、Ⅱ类、Ⅲ类基础油均具有良好的降凝效果	

表 2-144 BASF 公司添加剂产品的商品牌号

添加剂代号	化合物名称	100℃黏度/(mm^2/s)	熔点/℃	硫含量/%	磷含量/%	氮含量/%	TAN/TBN/(mgKOH/g)	应用
降凝剂								
Irgaflo 610P	甲基丙烯酸酯聚合物的矿物油溶液	65	—	—	—	—	—	推荐用量 0.1%~0.8%，用于润滑脂
Irgaflo 649P	甲基丙烯酸酯聚合物的矿物油溶液	90	—	—	—	—	—	推荐用量 0.1%~0.8%，用于液压油、齿轮油、发动机油和 ATF
Irgaflo 710P	甲基丙烯酸酯聚合物的矿物油溶液	70	—	—	—	—	—	推荐用量 0.1%~0.8%，用于发动机油
Irgaflo 720P	甲基丙烯酸酯聚合物的矿物油溶液	65	—	—	—	—	—	推荐用量 0.1%~0.8%，用于液压油、润滑脂、齿轮油和发动机油

参 考 文 献

[1] 黄文轩．润滑油添加剂基础知识问答之四[J]．润滑油，1993(2)：51-55.

[2] 黄英雄．降凝剂的研究进展[J]．山东化工，2008，(11)：20-22.

[3] EVONIK. VISCOPLEX 降凝剂[EB/OL]. http：//oil-additives. evonik. com/sites/lists/RE/ DocumentsOA / VISCOPLEX-降凝剂-Treatise-ZH. pdf.

[4] Nehal S Ahmed，Amal M Nassar. Lubricating Oil Additives，Tribology-Lubricants and Lubrication[EB/OL]. 2015-06-01. http：//www. intechopen. com/books/tribology-lubricants-and-lubrication/lubricating-oil-additives.

[5] 黄文轩．第二讲：石油添加剂的作用 [J]．石油商技，2015，33(5)：93-96.

[6] 东邦化学工业株式会社．东邦化学及降凝剂介绍 [C]．北京赛维华宇科技发展有限公司．雪佛龙奥伦耐·北京赛维华宇添加剂技术研讨会，2015：30-51.

[7] 黄文轩．润滑剂添加剂性质及应用[M]．北京：中国石化出版社，2012：217.

[8] 石油化工科学研究院综合研究所情报组．降凝剂的动向[G]．国外石油化工资料，1997(13)：21-32.

[9] 张景河．现代润滑油与燃料添加剂[M]．北京：中国石化出版社，1991：289.

[10] 技术座谈小组(石油化工科学研究院)．与罗门哈斯技术座谈资料之一(内部资料)[G]. 1979.

[11] 郭意厚．聚丙烯酸正构烷基酯的合成及其降凝效果的研究[G]．国家"七五"重点科技攻关润滑油攻关论文集(内部资料)，1992：510-522.

[12] 侯芙生．中国炼油技术[M]. 3 版．北京：中国石化出版社，2011：716-718.

[13] 黄文轩．近几年国内添加剂发展状况[J]．润滑油，1996(6)：2-5.

[14] Qiu Yansheng. R & D of Petroleum Product Additives[J]. RIPP NEWSLETTER，1996(4)：1-4.

[15] 李玲，段庆华，张耀，等．富马酸酯型降凝剂在车用发动机油中的应用研究[J]．润滑油，2016，(1)：40-45.

[16] 谢书胜，邹佩良，史瑾燕，等．润滑油降凝剂 T818C 的合成及其降凝作用 [J]．化工中间体，2008(10)：29-31.

第12节　抗泡剂

12.1　概况

在第二次世界大战中，美国飞机和车辆使用的润滑油中发泡成了严重的问题。为了弄明白润滑油生泡的机理和解决的办法，国外一些石油公司、研究院所进行了大量研究工作。1943年，壳牌发展公司和海湾研究发展公司同时发现液态有机硅氧烷(Organo Siloxane)是非常有效的抗泡剂，一直到目前仍是润滑油主要的抗泡剂(Antifoam Agent)品种。后来发现，硅油抗泡剂在使用中存在局限性，如对调合技术十分敏感，在酸性介质中不稳定等。20世纪60年代以后，美国和日本专利先后介绍了用丙烯酸酯或甲基丙烯酸酯的均聚物或共聚物作为非硅抗泡剂[1,2]，非硅型抗泡剂对润滑油具有良好的抗泡性能，抗泡稳定性良好，在酸性介质中仍保持高效，对空气释放值的影响较硅油小，对调合技术不敏感。目前市场上应用的抗泡剂主要是硅型、非硅型和复合抗泡剂三大类。

12.2　抗泡剂的使用性能

12.2.1　润滑油发泡的原因、危害性和抗泡方法

1. 润滑油发泡的原因

润滑油使用过程中与混入空气接触，经循环产生气泡。气泡中浮在油品表面的称为泡沫，分散在油中的称为分散气泡。与前者相关的性能称为消泡性，与后者相关的性能称为空气释放值。润滑油的发泡现象，一般用起泡力(泡沫倾向)和泡沫的稳定性来表示。起泡力表示生成泡沫的难易程度。起泡力强的润滑油，是由于油中除含有空气外，还含有为了改善润滑油的性能而加入的添加剂。这些添加剂大多数是表面活性剂，它们的存在降低了润滑油中气-液界面的表面张力，而表面张力越小，越易起泡，使润滑油的发泡力显著增强。而泡沫稳定性，则与油面的黏度、可塑性和坚韧性等因数有关，表面黏度越大，可塑性和坚韧性越好，泡沫的稳定性就越好，泡沫就难自动破灭。综合起来油品发泡的原因很多，其中主要原因有：

(1) 油品使用了各种添加剂，特别是一些表面活性剂；

(2) 油品本身被氧化变质；

(3) 油品中急速的空气吸入和循环；

(4) 油温上升和压力下降而释放出空气；

(5) 含有空气的润滑油的高速搅拌等。

2. 油品发泡的危害性

(1) 产生气阻，使油泵效率下降甚至中断供油、能耗增加、性能变差；

(2) 破坏润滑油的正常润滑状态，造成机械部件干摩擦，加快机械磨损；

(3) 润滑油与空气的接触面积增大，促进润滑油的氧化变质，缩短润滑油寿命；

(4) 含泡润滑油的溢出，造成缺油事故；

(5) 润滑油的冷却能力下降等。

3. 抗泡方法

通常的抗泡方法有物理抗泡法、机械抗泡法和化学抗泡法三种。

(1) 物理抗泡法，如用升温和降温破泡，升温使润滑油黏度降低、油膜变薄，使泡容易破裂；降温使油膜表面弹性降低、强度下降，使泡膜变得不稳定；

(2) 机械抗泡法，如用急剧的压力变化、离心分离溶液和泡沫、超声波以及过滤等方法；

(3) 化学抗泡法，如添加与发泡物质发生化学反应或溶解发泡物质的化学品以及加抗泡剂等，通常在油品中加入抗泡剂效果最好，方法简单，因此被国内外广泛采用。

12.2.2 影响抗泡剂的使用性能的因素

1. 硅油的抗泡能力与结构的关系

一般抗泡剂不溶于油，是以高度分散的胶体粒子状态存在于油中起作用的。硅油是直链状结构，是由无机物的硅氧健(Si—O)和有机物(R)组成。当R为甲基时，该化合物称甲基硅油，也是目前所应用的主要抗泡剂；若R是乙基、丙基时，该化合物变成乙基或丙基硅油，因逐渐丧失了甲基硅油的特性而接近有机物，表面张力也逐渐增大，从而丧失了抗泡能力。因此硅油在润滑油中，只有处于不溶状态时，才具有抗泡性，若处于溶解状态，不但无抗泡作用，反而起发泡剂的作用。

2. 硅油的黏度与抗泡性能的关系

这当中有两方面的意义：一是不同黏度的抗泡剂加入同一黏度的基础油中，其结果是随抗泡剂(硅油)黏度的增大，其油品的抗泡性变好，见表2-146；二是将不同黏度的硅油加入不同黏度的油品中，其结果是低黏度的润滑油使用高黏度的硅油效果较好，高黏度的润滑油使用低黏度的硅油为好[3]，也有人认为高黏度的硅油在高和低黏度的润滑油中均有好的效果，见表2-147[4,5]。因此在选择硅油作抗泡剂时，应根据油品的轻重选择黏度适当的硅油，否则就得不到好的抗泡效果。另外，同一黏度的硅油在不同黏度的基础油中的效果也是随基础油的黏度增大而变好的，图2-118是同一黏度($500mm^2/s$)的硅油在不同黏度润滑油中的效果。

表2-146 不同黏度的硅油在机械油中的抗泡效果

硅油黏度(25℃)/(mm^2/s)	无抗泡剂	100	200	500	1×10^3	1×10^4	6×10^4	1×10^5	2×10^5
油品在93℃的发泡倾向/mL	24	60	32	28	18	10	4	3	3

表2-147 不同黏度的硅油在不同黏度油品中的抗泡效果

序号	基础油黏度(100℃)/(mm^2/s)	硅油黏度(25℃)/(mm^2/s)	硅油加入量/(μg/g)	抗泡效果/(mL/ mL)		
				Ⅰ	Ⅱ	Ⅲ
1-1	2.35	—	0	200/0	150/0	200/0
1-2	2.35	100	10	150/0	175/0	150/0
1-3	2.35	1000	10	0/0	0/0	0/0
1-4	2.35	硅橡胶	10	0/0	0/0	0/0

续表

序号	基础油黏度(100℃)/(mm²/s)	硅油黏度(25℃)/(mm²/s)	硅油加入量/(μg/g)	抗泡效果/(mL/ mL)		
				Ⅰ	Ⅱ	Ⅲ
2-1	13.73	—	0	260/0	200/0	260/0
2-2	13.73	100	10	60/0	100/0	60/0
2-3	13.73	1000	10	0/0	20/0	0/0
2-4	13.73	硅橡胶	10	0/0	0/0	0/0
3-1	26.13	—	0	280/0	200/0	280/0
3-2	26.13	100	10	50/0	30/0	50/0
3-3	26.13	1000	10	0/0	0/0	0/0
3-4	26.13	硅橡胶	10	0/0	0/0	0/0

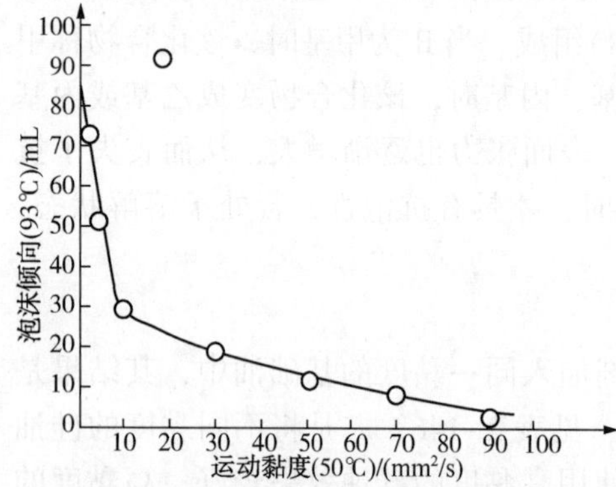

图 2-118　黏度为 500mm²/s 的硅油在不同黏度机械油中的抗泡效果

3. 硅油在润滑油中的分散度与抗泡性的关系

硅油的抗泡性与硅油在油中的分散状态有关，硅油在油中分散得越好，其抗泡性能就越好，抗泡持续性也就越好。硅油在油中的分散度好坏与硅油的粒子直径有关，硅油的粒子直径越小，分散的体系也就越稳定，其抗泡性能就越好，而且抗泡作用持续时间也越长。一般硅油粒子直径在 10μm 以下，特别是粒径在 3μm 以下效果更好[6]。因此，如何将硅油以尽可能小的粒子分散于油中是抗泡效果好坏的关键。因为二甲基硅油的比重大于矿物油，运动黏度大于 250mm²/s(25℃)的二甲基硅油的密度为 0.97，而矿物油的密度为 0.85 ~0.92，所以润滑油中的硅油液珠贮存时会沉降，造成不稳定。一般有以下几种方法：一是将硅油先溶于溶剂中配成 1%的溶液，然后搅拌加入油中，硅油在溶液中的浓度越低，分散于润滑油中的硅油粒子越小，其消泡效果越好(见图 2-119)；二是在高温高速搅拌下加入油中；三是用特殊设备将硅油配成母液再加入润滑油中，如用胶体磨或高速乳化混合机处理制成硅油母液；四是将硅油制成消泡乳剂，如硅油加入司本-60 后加热搅拌，再加入硬脂酸后加热搅拌，然后再加入硫磷化聚异丁烯钡盐搅匀，最后加入 20 号透平油后用胶体磨处理得到黄色均匀膏状消泡乳剂；五是将硅油与适当的表面活性剂物质复合使用，如将高级醇、酯有机胺等与硅油同时加入油品中，可显著提高硅油的抗泡持久性[6]。除了分散方法外，选择合适的

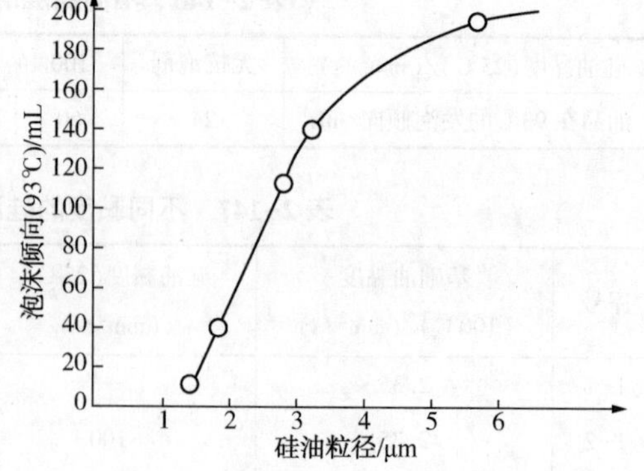

图 2-119　硅油粒径对润滑油抗泡性能的影响

稀释溶剂与之配合也很重要。能溶解硅油的溶剂比较多，如煤油、柴油、石油醚、苯、甲苯等。选用乙基硅油作为助分散剂效果更好。

12.3　抗泡剂的抗泡机理[6]

消泡就是泡沫稳定化的反过程，从机理上看，它包括两个方面：(1)抑制泡沫的产生；(2)消除已产生的气泡。抗泡剂具有较高的表面活性，能形成新的表面膜或改变原有的表面膜，降低泡沫的强度。抗泡剂的作用机理较为复杂，具有代表性的观点有3种，即降低部分表面张力、扩张和渗透。

12.3.1　降低部分表面张力

这种观点认为，由于抗泡剂的表面张力比发泡液小，当抗泡剂与泡膜接触后，吸附于泡膜上，继而浸入膜内，使该部分的表面张力显著降低，而膜面其余部分仍保持着原来较大的表面张力。这种在泡膜上的张力差异，使较强的张力牵引着张力较弱的部分，从而使泡膜破裂，如图2-120所示。

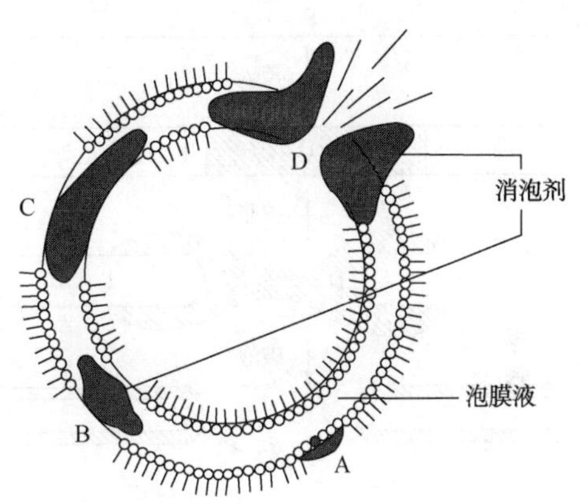

图2-120　消泡剂降低局部液膜表面张力破泡

当抗泡剂的表面张力小于润滑油时，才能起到抗泡作用(硅油的表面张力为$1.5\times10^{-5}\sim20\times10^{-5}$mN/m，石油润滑油的表面张力为30~50mN/m，水的表面张力为72mN/m)。抗泡剂与润滑油的表面张力相差越大，抗泡剂向泡沫中的扩散越快。由于不同的高黏度硅油的表面张力接近，因此可推断它不会影响抗泡剂向润滑油泡膜中的扩散趋势与扩散速度。甲基硅油的黏度及加剂量对润滑油表面张力的影响见表2-148[7]。从表2-148可以看出，对于1~3号基础油，在甲基硅油加剂量相同情况下，在甲基硅油黏度越大，润滑油的表面张力降低就越多，抗泡性越好。对于4~10号基础油，甲基硅油黏度相同时，甲基硅油的加剂量越高，润滑油的表面张力降低越多，抗泡性越好。

表2-148　甲基硅油的黏度及加剂量对润滑油表面张力的影响

项目	甲基硅油的黏度(25℃)/(mm^2/s)	甲基硅油的加剂量/(mg/kg)	表面张力/(mN/m)	
			25℃	90℃
1	100	10	31.0	26.5
2	10000	10	30.5	25.7
3	硅橡胶	10	27.5	22.5
4	4500	0	31.0	27.7
5	4500	3	30.5	26.5
6	4500	5	30.0	26.3
7	4500	10	29.0	25.5

续表

项目	甲基硅油的黏度(25℃)/(mm^2/s)	甲基硅油的加剂量/(mg/kg)	表面张力/(mN/m)	
			25℃	90℃
8	4500	20	29.0	24.5
9	4500	40	27.0	23.3
10	4500	60	25.0	23.0

注：序号 1~3 的基础油的 100℃黏度为 2.35mm^2/s，序号 4~10 的基础油的 100℃黏度为 2.78mm^2/s。

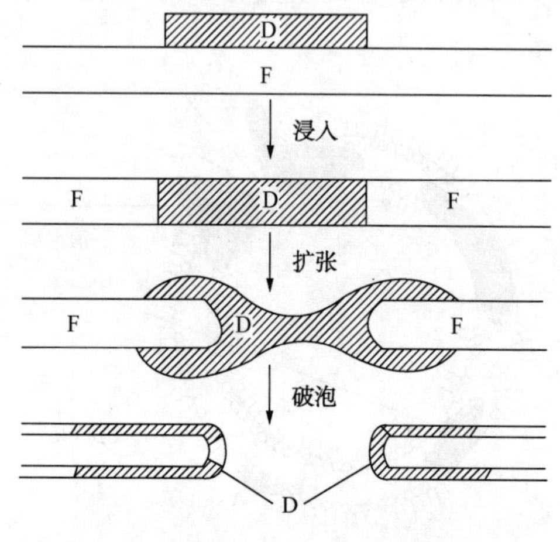

图 2-121　扩张破泡机理

12.3.2　扩张

这种观点认为，抗泡剂小滴 D 浸入泡膜内使之成为膜的一部分，然后在膜上扩张，随着抗泡剂的扩张，抗泡剂最初进入部分开始变薄，最后导致破裂。扩张破泡机理如图 2-121所示。

12.3.3　渗透

这种观点认为，抗泡剂的作用是增加气泡膜对空气的渗透性，从而加速泡沫的合并，减少了泡膜的强度和弹性，达到破泡的目的。

总之，抗泡剂一般不溶于油，而是以高度分散的胶体粒子状态存在于油中，分散的抗泡剂粒子吸附在泡膜上，然后浸入泡膜成为泡膜的一部分，继而在泡膜上扩张，使膜越来越薄而破裂。

12.4　抗泡剂的品种

12.4.1　硅型抗泡剂

硅型抗泡剂(Silicone antifoam additive)是聚硅氧烷(硅油)，主链具有 Si—O—Si 结构，常用的是聚二甲基硅氧烷，又称二甲基硅油，是一种无臭、无味的有机液体，黏度为 20~10000mm^2/s(25℃)，表面张力 21~25mN/m(35℃)，在润滑油及水中的溶解度都很小，可用作润滑油及水基润滑剂的抗泡剂。硅型抗泡剂具有如下特点：

(1) 表面张力低。二甲基硅油的表面张力比水、表面活性剂水溶液及一般油类都要低，因而很适宜作抗泡剂。

(2) 在水及一般油类中的溶解度低且表面活性高。硅油分子结构特殊，主链为硅氧键，为非极性分子，与极性溶剂或水不亲和，与一般油品亲和性也很小。

(3) 挥发性低并具有化学惰性。二甲基硅油挥发性极低，而且还有低的表面张力，二者结合，使其可以在宽温度范围内起消泡作用。

(4) 热稳定性好，凝固点低，在宽温度范围内黏温性能好。

(5) 对油品的析气性有负面影响。硅型抗泡剂的抗泡性能虽然优良，但油溶性较差，对空气释放性影响较大。因为对于分散气泡，它使表面张力降低而生成的气泡直径变小，上浮困难，导致空气释放性差。

(6) 无生理毒性。一般用作抗泡剂的二甲基硅油聚合度较高，而脱除了低聚物的二甲基硅油则是无生理毒性的。

(7) 品种型号多，可供多种发泡体系选择使用。

二甲基硅油的化学式结构如下：

$$CH_3-\overset{\overset{\large CH_3}{|}}{\underset{\underset{\large CH_3}{|}}{Si}}-O\left(-\overset{\overset{\large CH_3}{|}}{\underset{\underset{\large CH_3}{|}}{Si}}-O\right)_n-\overset{\overset{\large CH_3}{|}}{\underset{\underset{\large CH_3}{|}}{Si}}-CH_3$$

二甲基硅油按黏度大小分为不同的牌号，详见表 2-149。

表 2-149 二甲基硅油牌号、黏度及相对分子质量[8]

硅油牌号	运动黏度(25℃)/(mm²/s)	相对分子质量
201-10~20	10~20	1160~1970
201-100	100	7100
201-350	350	15800
201-500	500	19000
201-1000	1000	26500
201-7000~10000	7000~10000	60000

二甲基硅油广泛用于各类润滑油中，一般使用黏度(25℃)为 100~10000mm²/s 的硅油作抗泡剂，加入量在 1~100μg/g。高黏度的润滑油用低黏度的硅油为好；对轻质油品用高黏度的硅油，高黏度的硅油在高、低黏度的润滑油中均有效。还应指出的是，低黏度硅油对润滑油容易分散显示抗泡性，但因溶解度大而缺乏抗泡持续性；高黏度硅油抗泡性差，但持续性好。因此必要时，可将高、低两种黏度的硅油混合使用。如果将不同黏度的硅油加入同一黏度的基础油中，其结果是随着硅油黏度的增大，油品的抗泡性变好。不同黏度的硅油在减一线油中的抗泡效果见表 2-150。

表 2-150 硅油在减一线油中的抗泡效果

项目	抗泡剂加剂量/(mg/kg)	抗泡剂运动黏度(25℃)/(mm²/s)	抗泡性/(mL/mL)		
			24℃	93℃	后 24℃
1	0		200/0	1500/0	200/0
2	10	100	100/0	175/0	150/0
3	10	350	100/0	170/0	100/0
4	10	500	120/0	150/0	120/0
5	10	800	125/0	150/0	125/0
6	10	4500	125/0	30/0	125/0
7	10	6800	75/0	75/0	75/0
8	10	10000	0	50/0	0
9	10	120000	0	30/0	0
10	10	硅橡胶	0	30/0	0

从表 2-150 可以看出，同一黏度的基础油，随着加入抗泡剂(硅油)黏度的增大，油品的抗泡效果变好。

但硅油在应用中存在着局限性，首先对调合技术十分敏感，加入的方法不同，其抗泡效果和消泡持续性差异很大；其次是在酸性介质中不稳定，储存一段时间后，效果变差(见表 2-151 和表 2-152)。

12.4.2 非硅抗泡剂

为了克服硅油的上述缺点，从而发展了非硅抗泡剂(Non-silicone Antifoamant)。非硅抗泡剂大多是一些聚合物，用得较多的是丙烯酸酯或甲基丙烯酸酯的均聚物或共聚物。主要是丙烯酸乙酯、丙烯酸 2-乙基已酯和乙烯基正丁基醚几个单体的无规共聚物，此外还有聚乙二醇醚、聚丁二醇醚、脂肪醇及烷基磷酸酯等。非硅型抗泡剂的效果不如硅油，加剂量比硅油大[0.001%~0.07%(质量分数)]，但对油品的空气释放值影响小，在油品中不易析出，抗泡持久性好，对调合工艺要求不高。硅油在油中分散的细小液珠容易被光学计算器误认为是颗粒物，因此，某些 OEM(原始设备制造商)规定液压油只能使用非硅型抗泡剂。非硅型抗泡剂与某些添加剂，如烷基水杨酸钙(T109)、聚乙烯基正丁基醚(T601)或二壬基萘磺酸钡(T705)联用，会使抗泡性下降，使用时应注意。国内 20 世纪 80 年代以后，也开发了 T 911(上-902A)和 T 912(上-902B)两种非硅抗泡剂，经过实际应用，证明了非硅抗泡剂具有对各种调和技术不敏感，在酸性介质中是高效的，对空气释放值的影响比硅油小，长期储存后抗泡性不下降，稳定性好等优点。两种非硅抗泡剂的化学结构式见图 2-122。

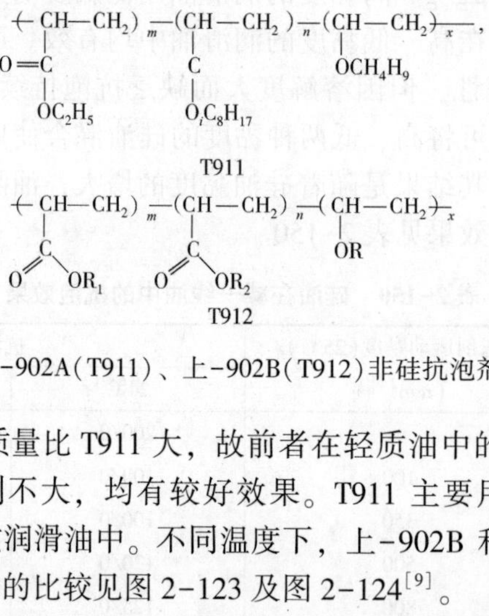

$$-\!\!\left[CH(C(=O)OC_2H_5)-CH_2\right]_m\!-\!\left[CH(C\text{—}O_iC_8H_{17})-CH_2\right]_n\!-\!\left[CH(OCH_4H_9)-CH_2\right]_x\!-,$$

T911

$$-\!\!\left[CH(C(=O)OR_1)-CH_2\right]_m\!-\!\left[CH(C(=O)OR_2)-CH_2\right]_n\!-\!\left[CH(OR)-CH_2\right]_x$$

T912

图 2-122 上-902A(T911)、上-902B(T912)非硅抗泡剂的化学结构

由于 T912 的相对分子质量比 T911 大，故前者在轻质油中的抗泡性比后者好；而在重质油中，它们的抗泡性差别不大，均有较好效果。T911 主要用于中质和重质润滑油中。T912 用于轻质、中质和重质润滑油中。不同温度下，上-902B 和上-902A 在轻质油 100SN 和重质油 750SN 中的抗泡性的比较见图 2-123 及图 2-124[9]。

从图 2-123 及图 2-124 可以看出，上-902A 在轻质油 100SN 中抗泡性较差，而在重质油 750SN 油中抗泡性较好。上-902B 则在轻质油 100SN 中及重质油 750SN 油中均有良好的抗泡性能。

非硅型抗泡剂抗泡稳定性好(硅油不太稳定)，在酸性介质中仍是高效的，对空气释放值的影响比硅油小，详见表 2-151、表 2-152[4]、表 2-153[9] 和图 2-125[6]。

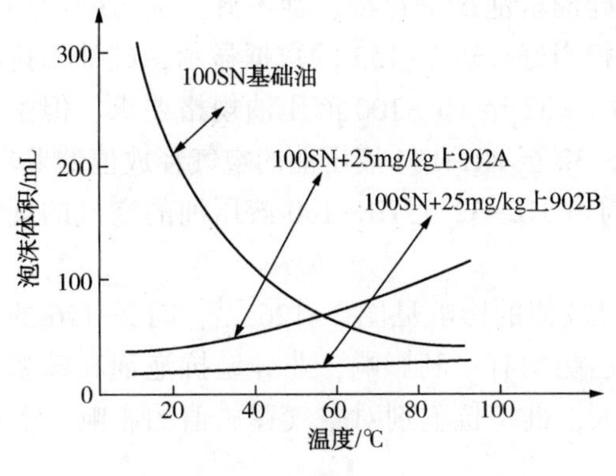

图 2-123 上-902A 和上-902B 在100SN 中的抗泡性

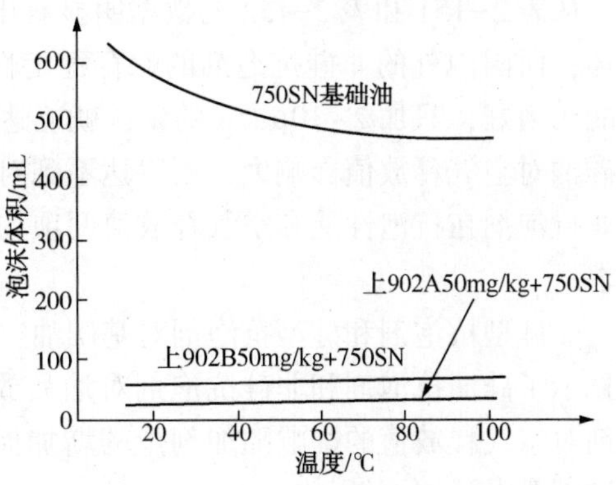

图 2-124 上-902A 和上-902B 在750SN 中的抗泡性

表 2-151 硅油抗泡剂的稳定性

SAE90 车辆齿轮油	储存时间			
	初期	二周	四周	三个月
加入通常硅油抗泡剂	10	245	460	560
加入非硅油抗泡剂(0.05%Hitsc PC_{1244}[①])	14	5	5	无

① Hitsc PC_{1244}：丙烯酸酯均聚物。

表 2-152 硅型和非硅型抗泡剂在高酸值的 15 号双曲线齿轮油中的效果对比

添加剂	储存时间(93℃，发泡倾向/mL)					
	新鲜	半个月	一个月	三个月	六个月	十个月
二甲基硅油/10(μg/g)	10/0	25/0	40/0	120/0	180/0	>250/2
0.05% T912	0/0	0/0	痕迹/0	痕迹/0	痕迹/0	25/0
0.05%Hitsc PC_{1244}	10/0	10/0	14/0	17/0	40/0	75/0

表 2-153 硅油和非硅型抗泡剂对液压油空气释放值的影响

液压油	抗泡剂/(μg/g)		空气释放值		发泡倾向/(mL/mL)		
	硅油	T 912	标准	实测值	24℃	93℃	24℃
HL-32	10	—	≯7′	7′27″	10/0	20/0	5/0
	—	10		4′07″	10/0	30/0	10/0
HL-46	10	—	≯10′	11′42″	5/0	20/0	10/0
	—	10		6′40″	5/0	25/0	5/0
HL-68	5	—	≯12′	14′56″	5/0	5/0	5/0
	—	5		9′28″	10/0	15/0	25/0
	—	10		10′53	10/0	38/0	55/0
HL-100	2	—	≯15′	17′37″	5/0	5/0	5/0
	—	5		13′39″	3/0	20/0	5/0
	—	7		14′44″	0/0	25/0	20/0

从表 2-151 和表 2-152 的数据明显看出，硅油抗泡剂储存稳定性不好，随时间增加而变坏；而国内外的非硅抗泡剂的贮存稳定性都相当好。表 2-153 的数据显示，硅油的抗泡性能相当好，只加 2~10μg/g 的量，就能达到 HL-32 至 HL-100 液压油规格要求，但是由于硅油对空气释放值影响大，所以达不到对 HL-32 至 HL-100 液压油的空气释放值的要求。而非抗泡剂在抗泡性能和空气释放值两项均能符合 HL-32 至 HL-100 液压油的空气的规格要求。

非硅型抗泡剂和硅型抗泡剂对基础油空气释放值的影响见图 2-126[10]。图 2-126 的数据显示了硅油抗泡剂和非硅抗泡剂对油品放气性能均有不利影响，非硅型抗泡剂和硅型抗泡剂对空气释放值的影响随加剂量的增加而增大，硅型抗泡剂对空气释放值的影响比非硅抗泡剂要大。

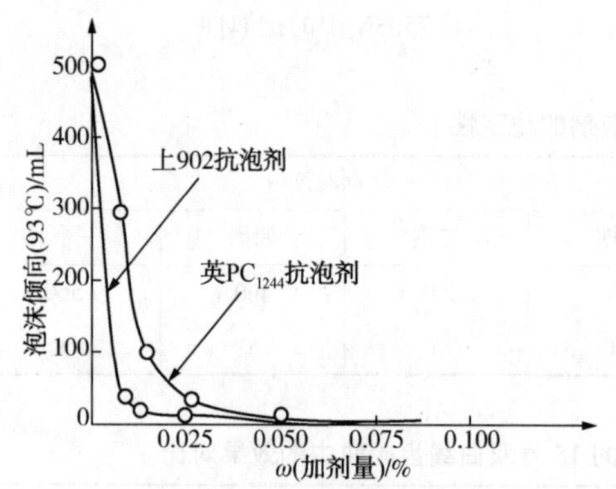

图 2-125 非硅型抗泡剂加剂量与消泡效果的关系

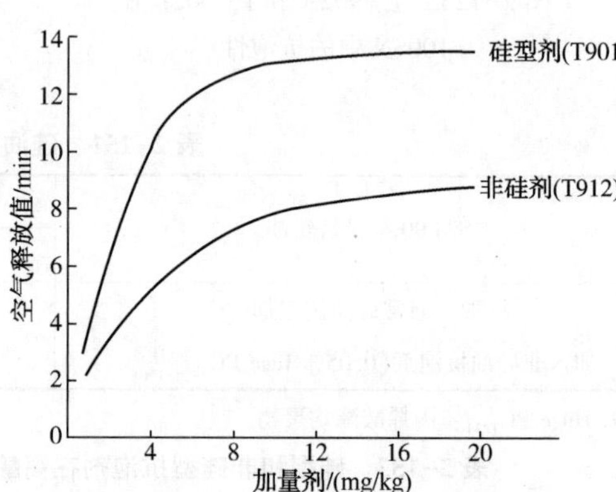

图 2-126 两种类型的抗泡剂对 250N 基础油空气释放值的影响

非硅抗泡剂也有不足之处，如对有些添加剂比较敏感(T109、T601 和 T705)，而硅油与各种添加剂配伍性较好，T912 和硅油在 250SN 油中与常用添加剂的配伍性见表 2-154[11]。

表 2-154 T912 和硅油在 250SN 油中与常用添加剂的配伍性

添加剂		硅油加入量/(μg/g)	T 912 加入量/(μg/g)	抗泡性/(mL/mL)		
名称	加入量/%			24℃	93℃	24℃
低碱值石油磺酸钙(T101)	2	15	0	0/0	0/0	0/0
		0	15	0/0	0/0	0/0
高碱值石油磺酸钙(T103)	2	15	0	5/0	10/0	10/0
		0	15	10/0	10/0	10/0
烷基水杨酸钙(T109)	2	15	0	15/0	10/0	10/0
		0	15	500/0	650/0	420/0
二烷基二硫代磷酸锌(T202)	1	15	0	10/0	10/0	10/0
		0	15	10/0	10/0	10/0

续表

添加剂		硅油加入量/(μg/g)	T 912 加入量/(μg/g)	抗泡性/(mL/mL)		
名称	加入量/%			24℃	93℃	24℃
亚磷酸二丁酯	1	15	0	10/0	10/0	10/0
(T304)		0	15	15/0	35/0	10/0
2,6-二叔丁基对甲酚	1	15	0	5/0	15/0	10/0
(T501)		0	15	0/0	10/0	0/0
聚正丁基乙烯基醚	2	15	0	10/0	10/0	10/0
(T601)		0	15	600/0	600/0	510/0
聚甲基丙烯酸酯	2	15	0	0/0	10/0	5/0
(T602)		0	15	5/0	10/0	0/0
聚异丁烯	22	15	0	0/0	10/0	10/0
(T603)		0	15	50/0	15/0	5/0
二壬基萘磺酸钡	0. 5	15	0	10/0	15/0	10/0
(T705)		0	15	200/0	350/0	250/0
十二烯基丁二酸	0. 3	15	0	15/0	10/0	10/0
(T746)		0	15	0/0	15/0	0/0
烷基萘	0. 5	15	0	10/0	10/0	10/0
(T801)		0	15	0/0	20/0	5/0

表 2-154 数据显示，硅油对常用抗氧剂、黏度指数改进剂、防锈剂、清净剂和分散剂等有良好的配伍性，它们在油品中的存在不影响硅油的抗泡能力；非硅抗泡剂 T912 则在有 T601、T109、T705 存在时，不但没有抗泡性，甚至加强了起泡能力；当 T912 与硅油复合使用时，既有可能加强硅油的抗泡性，同时也克服了非硅抗泡剂在配伍性上的弱点，从而促使了复合抗泡剂的开发。

12. 4. 3 复合抗泡剂

由于硅油和非硅型抗泡剂都有自己的优点及缺点，单独使用很难对所有油品都能达到满意的结果。例如，对于内燃机油、齿轮油，不同的公司使用不同来源的基础油和特种功能添加剂，引起油品的发泡程度也不同，若采用单一的抗泡剂很难达到预期的效果。又如液压油、汽轮机油和通用机床用油等油品，有时因基础油的精制深度不够，或因加入多种添加剂，加入单一的抗泡剂较难使油品的空气释放值和抗泡效果达到预期的结果。为了解决这个问题，从而发展了复合抗泡剂(packages of antifoam additives)。复合抗泡剂平衡了硅型/非硅型抗泡剂这两类抗泡剂的优缺点，由两者以适当比例组成。硅型抗泡剂效果好、用量少，但易使油品空气释放值变差，而在油中分散性差，长期储存易析出。非硅型抗泡剂效果不如硅型抗泡剂，加剂量较大，但对空气释放值影响小，抗泡持久性好。两种类型抗泡剂复合使用，可取长补短。硅型与非硅型抗泡剂性能特点比较列于表 2-155。

表 2-155 硅型与非硅型抗泡剂性能特点比较

抗 泡 剂	二甲基硅油抗泡剂(T901)	聚丙烯酸酯型抗泡剂(T911，T912)
抗泡作用及特点	1. 减少润滑油气泡生成量； 2. 能提高泡沫表面油膜的流动性，使气泡油膜变薄，加快气泡上升到油表面破裂； 3. 具有使气泡变小的作用，用量越大，这种趋势越强烈，造成气泡在油品中释放缓慢	1. 减少润滑油气泡生成量； 2. 能使油品中小气泡合并成大气泡，加速气泡上浮到油表面破裂，从而降低油中小气泡量，有利于改善油品的空气释放值
对油品放气性的影响	有严重的不利影响	不利影响小
配伍性特点	1. 在酸性介质中消泡持久性差； 2. 对现有各种润滑油添加剂均有良好配伍性	1. 在酸性介质中消泡持久性好； 2. 与 T109、T601、T705 三种添加剂复合使用效果变差

若将两种抗泡剂复合后，可发挥各自的优点，避开各自的缺点，达到提高油品抗泡性或改善其空气释放性能的目的，见表 2-156[12]。

表 2-156 抗泡剂复合应用在各种油品的应用效果

油品	油中含主要添加剂	T 901／(μg/g)	上 902B/(μg/g)	放气值/min	抗泡性/(mL/mL)			结论
					24℃	93℃	24℃	
CC 级柴油机油	清净剂	30	0	—	40/0	—	—	不合格
	磺酸盐	20	30	—	15/0	10/0	10/0	合格
	柴油机油复合剂	0	0	—	60/0	—	—	不合格
		40	0	—	45/0	—	—	不合格
		20	20	—	15/0	10/0	15/0	合格
GL-5 车辆齿轮油	抗氧剂	100	0	—	70/0	—	—	不合格
	防锈剂	0	150	—	40/25	—	—	不合格
	极压抗磨剂	40	60	—	10/0	25/0	12/0	合格
抗磨液压油 HM-46	抗氧剂	5	0	11.8	10/0	10/0	5/0	放气未通过
	抗磨剂	0	10	6.2	70/0	65/0	125/0	抗泡性差
	防锈剂 T705	适量	适量	6.3	10/0	15/0	10/0	全通过
机床用油 HL-46	抗氧剂	10	0	10.7	0/0	10/0	0/0	放气未通过
	防锈剂 T705	0	10	6.0	80/0	55/0	105/0	抗泡性差
		适量	适量	6.5	0/0	5/0	0/0	全通过
机床用油（高黏度）HL-100	抗氧剂	2	0	18.3	5/0	10/0	5/0	放气未通过
	防锈剂等	0	5	13.0	45/0	40/0	80/0	全通过
		适量	适量	12.0	0/0	0/0	0/0	全通过

国内上海炼油厂研究所研制出 1 号、2 号和 3 号复合抗泡剂。1 号复合抗泡剂(T921)主要用于对空气释放值要求高的抗磨液压油中；2 号复合抗泡剂(T922)主要用于用了合成磺酸盐的内燃机油和严重发泡的齿轮油中；3 号复合抗泡剂(T923)主要用于含有大量清净剂、分散剂而发泡严重的船用油品中，具有高效抗泡效果。1 号和 2 号复合抗泡剂与硅型和非硅

型抗泡剂的效果比较见表2-157和表2-158。

表2-157 1号复合抗泡剂与硅型和非硅型抗泡剂的应用效果比较

油品牌号	抗泡剂名称及加入量/m(μg/g)	放气值/min	抗泡性/(mL/mL) 24℃	93℃	24℃	说明及结论
L-HM-32（含T705）	T901 10	5.01	15/0	15/0	10/0	放气值差
	T912 10	3.65	95/0	40/0	120/0	抗泡性差
	T 921 50	3.81	5/0	10/0	10/0	合格
L-HM-46（含T705）	T901 5	11.50	5/0	10/0	5/0	放气值差
	T912 10	6.70	110/0	35/0	140/0	抗泡性差
	T 921 60	6.50	5/0	10/0	0/0	合格
L-HM-68（含T705）	T901 2	14.50	5/0	10/0	0/0	放气值不合格
	T912 5	9.38	180/0	45/0	220/0	抗泡性不合格
	T 921 60	9.82	5/0	5/0	10/0	合格
L-HM-100（含T705）	T901 2	18.70	5/0	5/0	0/0	放气值不合格
	T912 5	13.02	85/0	25/0	150/0	抗泡性差
	T921 50	12.01	10/0	15/0	10/0	合格

表2-158 T922与T901/T912在柴油机油及齿轮油中的应用效果比较

抗泡剂		柴油机油（含ECA11288）/(mL/mL)			齿轮油(GL-5)/(mL/mL)		
牌号	加量/(μg/g)	24℃	93℃	24℃	24℃	93℃	24℃
T901	50 100	40/0	360/140	45/0	65/0	—	—
T912	500	45/0	320/100	30/0	40/25	—	—
T922	600 800	10/0	20/0	15/0	15/0	25/0	12/0

由表2-157和表2-158可以看出，单独加硅型抗泡剂或非硅型抗泡剂都不能使产品达到合格要求，而使用复合抗泡剂则能使产品达到合格要求。

T923在中速筒状活塞柴油机油中有良好应用效果，见表2-159[12]。

表2-159 T923在中速筒状活塞柴油配方中的应用效果

项目	抗泡剂	加剂量(质量分数)/%	泡沫特性(倾向/稳定性)/(mL/mL) 24℃	93.5℃	后24℃
L-32	无抗泡剂		620/560	—	—
L-14	T922	0.2	220/0	—	—
L-10	T922	0.1	355/0	0/0	300/0
L-39	T923	0.1	10/0	5/0	0/0
L-42	T923	0.05	15/0	10/0	15/0
L-43	T923	0.05	10/0	10/0	15/0

注：中速机油泡沫特性的合格指标：24℃时，≤300/0mL/mL；93.5℃时，≤25/0mL/mL。

从表 2-159 可以看出，未加抗泡剂的中速筒状活塞柴油机油在 24℃时泡沫特性达 620/560mL/mL，发泡量很大，消泡性很差，加入市售 0.1%～0.2%(质量分数)T922，泡沫倾向仍很高；而 T923 的加剂量只需 0.05%～0.1%(质量分数)，抗泡效果就很好。这是因为，T922 是用于车用柴油机油的抗泡剂，不适用于含有大量清净剂/分散剂的中速筒状活塞柴油机油。

硅型、非硅型抗泡剂和复合抗泡剂的性能比较见表 2-160。

表 2-160 硅油、非硅抗泡剂和复合抗泡剂的特点及适用范围

抗泡剂	特　点	适 用 范 围	推荐用量及加入法
二甲基硅油(T901)	无臭，无味，化学稳定性好，加量小，抗泡效果好，对各种润滑油添加剂均有良好的配伍性。在酸性介质中，消泡持久性差，对加入方法敏感，对放气性有严重不利影响	适用于内燃机油、齿轮油和液压油中	0.0001%～0.001%，需要用轻溶剂稀释后加入或用特殊设备处理后加入
非硅抗泡剂(T911)	相对分子质量较小，重质油中容易分散，抗泡效果显著。在酸性介质中持久消泡性强。对油品的放气性影响小。在轻质油抗泡效果差，不能与 T109、T601、T705 等添加剂复合使用	适用于重质油品，如黏度较大的齿轮油、压缩机油等	0.005%～0.1%，可直接加入，也可用 200 号溶剂汽油稀释后加入
非硅抗泡剂(T912)	相对分子质量较大，在轻、中质油品中抗泡效果显著，对油品的放气性影响小。与 T109、T601、T705 等添加剂复合使用时抗泡效果差	适于配方中不含 T705、T601 等以轻、中质油料为基础油的液压油、汽轮机油、机床油和齿轮油等	0.005%～0.1%，用 200 号溶剂汽油稀释后加入
1 号复合抗泡剂(T921)	与各种添加剂配伍性好，对油品空气释放值影响小，对加入方法不敏感，使用方便，用量较大	适于配方中含有 T705 的高级抗磨液压油，以及有放气性要求的油品	0.001%～0.02%，不需要稀释，可直接加入
2 号复合抗泡剂(T922)	对配方中含有合成磺酸盐或其他发泡性强的物质的油品具有高效的抗泡能力，对加入方法不敏感，使用方便。用量较大，对油品放气性影响较大	特别适用于各种牌号的柴油机油，以及对抗泡性要求高而对放气性无要求的油品使用	0.01%～0.1%，不需要稀释，直接加入
3 号复合抗泡剂(T923)	对配方中含有大量清净剂或其他发泡性强的物质的油品，具有高效的抗泡能力，对加入方法不敏感，使用方便	特别适用于含大量清净剂而发泡严重的船用柴油机油	0.01%～0.1%，不需要稀释，直接加入

12.5 抗泡剂发展展望[13]

二甲基硅油广泛用于各类润滑油，一般使用 25℃黏度为 20～10000mm^2/s 的硅油作为抗泡剂，加剂量在 1～100mg/kg。如果能够把硅油按黏度或相对分子质量分成很多段，并开展不同分段硅油对应不同黏度的基础油的抗泡效果试验，将使硅油具有更有效的抗泡效果，从而获得更为广泛的应用。有机氟改性硅油抗泡剂在水相和油相起泡体系中均具有优良的消泡性能，特别是在含有氟硅表面活性剂的起泡体系中更能体现其优越性，完全适用于油

相体系以及氟硅表面活性剂起泡体系。同时，有机氟改性硅油抗泡剂完全不溶于油相体系，能广泛应用于原油、润滑油、有机溶剂等体系的消泡。但在实际工业化进程中，仍需尽量降低成本，才可能获得更广泛的应用。有机硅型抗泡剂的表面张力低、消泡效率高，但是抑泡性能较差，容易变质；有机硅型聚醚改性抗泡剂兼具有机硅型抗泡剂、聚醚型抗泡剂的优势，具有消泡和抑泡效果好、分散性能高、储存稳定等特点。随着科技的发展，聚醚改性有机硅型抗泡剂将取代性能较差、化学性质不稳定的抗泡剂，进而在未来的市场上占据主导地位。

12.6 国内抗泡剂的商品牌号

国内抗泡剂的商品牌号见表 2-161。

表 2-161 国内抗泡剂的商品牌号

商品牌号	化合物名称	密度/(g/cm^3)	100℃黏度/(mm^2/s)	闪点/℃	酸值/(mgKOH/g)	主要性能和应用	生产厂或公司
1#抗泡剂	复合型抗泡剂	750~850	—	—	pH 值 6.0~7.0	与各种添加剂配伍性好，对油品空气释放性影响小，油溶性好，用于工业润滑油中	锦州东工石化产品有限公司
T901	甲基硅油	—	—	≥300	≤0.01	具有与其他添加剂有良好的配伍性，加量少(1~100mg/L)效果好，对加入方法敏感和对放气性有严重影响	锦州新兴石油添加剂有限责任公司
T903	甲基硅油酯	0.90~0.95	—	≥60	—	具有抗泡性能稳定、对调合技术不敏感、对空气释放性影响小、加量少(2~5mg/L)效果好等特点，用于对抗泡要求高的油品	
1#抗泡剂	复合抗泡剂	0.7~0.8	放气性 12min	≥30	抗泡性 100/0	配伍性好，对空气释放性影响小，适用于各种润滑油，特别是对空气释放值有要求抗磨液压油	
2#抗泡剂	复合抗泡剂	0.7~0.8	抗泡性 25/0	≥30		油溶性好，使用方便，无须稀释可直接加入，用于柴油机油及对抗泡要求高、对空气释放值无要求的油品	
3#水溶性抗泡剂	—	实测	抗泡性 ≤120 —	≥100	pH 值 3.5~5.0	优良的溶性抗泡剂，在水中可充分溶解而不吸附于金属表面，用于防冻液、乳化油、半合成液和合成液	

参 考 文 献

[1] Joseph E. Fields. Hydrocarbon oils of reduce properties. U. S. Patent 3166508(Jan. 19, 1965).

[2] Joseph E. Fields and Edward H. Mottus. Mineral oil containing alkyl polymethacrylate antifoamant. U. S. Patent 3340193(Sept. 5, 1967).

[3] 黄文轩，韩长宁．润滑油与燃料添加剂手册[M]. 北京：中国石化出版社，1994：94.

[4] 上海高桥石化公司炼油厂．上-902 抗泡剂鉴定材料[G]. 1984 年 9 月．

[5] 朱九峰，等．润滑油硅型抗泡剂及其溶剂的选择研究[J]. 石油商技，1995(4)：22-27.

[6] 张景河．现代润滑油与燃料添加剂[M]. 北京：中国石化出版社，1991：294-305.

[7] 李春生，朱九峰，刘瑞萍，等．润滑油硅型抗泡剂的选择[J]. 合成润滑材料，1991(1)：5-8.

[8] 侯芙生．中国炼油技术[M]. 3 版．北京：中国石化出版社，2011：726-727.

[9] 王开毓．上-902B 非硅抗泡剂的制备和应用[C]. 国家"七五"重点科技攻关润滑油攻关论文集，1992：585-595.

[10] 王开毓，徐魏．3 号复合抗泡剂的抑制及其应用[J]. 润滑油，2002(5)：48-51.

[11] 黄文轩．润滑剂添加剂性质及应用[M]. 北京：中国石化出版社，2012：225-234.

[12] 王开毓．抗泡剂复合应用研究[J]. 石油炼制与化工，1994(4)：15-18.

[13] 黄文轩．第 17 讲：抗泡剂的作用机理、主要品种及应用[J]. 石油商技，2018(3)：83-94.

第 13 节　乳化剂和破乳化剂

13.1　概况

乳化剂(Emulsifying Agent)和破乳化剂(Demulsifying Agent)几乎都是表面活性剂(Surfactant)。表面活性剂是指一种能显著降低液体表面张力，或改变两种液体之间或液体与固体之间界面张力的物质，它由亲水的极性部分和亲油的非极性部分组成。极性基团可为羧酸、磺酸、硫酸、氨基或氨基及其盐，也可以是羟基、酰胺基、醚键等；非极性烃链为 8 个碳原子以上的烃链。历史上用得最早的表面活性剂是肥皂。随着胶体化学及合成化学的发展，表面活性剂的种类不断增多，并广泛用于洗涤、渗透、乳化、分散等领域。继肥皂之后，磺化蓖麻油酸酯、脂肪族高级醇硫酸化物、磺化物也陆续工业生产。1940 年，又使用山梨醇、脂肪酸制备出非离子型乳化剂司本(Span)和吐温(Tween)类型。到 20 世纪 50~60 年代，由于石化工业的发展，相继使用环氧乙烷、烷基苯酚作原料，使得非离子表面活性剂的品种增加。20 世纪 60 年代以后，脂肪胺已经能够大量生产，并且伴随 α-烯烃磺酸酯的工业化生产，合成醇开始代替天然醇。由于制取表面活性剂的原材料来源丰富，应用不断扩大，使表面活性剂的产量到 1970 年就达到 29 万吨，在 20 世纪 70 年代的年增长率达 20%。2018 年国内表面活性剂产品合计销量合计 242.11 万吨，同比增长 16.28%。

13.2 表面活性剂的分类[1]

表面活性剂可根据疏水基结构进行分类，分为直链、支链、芳香链、含氟长链等；也可根据亲水基进行分类，分为羧酸盐、硫酸盐、季铵盐、PEO(聚环氧乙烷)衍生物、内酯等。目前，通常将表面活性剂按极性基团的解离性质分为阴离子表面活性剂(Anionic surfactant；Anionic surface active agent)、阳离子表面活性剂(Cationic surface active agent)、两性表面活性剂(Amphoteric surfactant)、非离子表面活性剂(Nonionic surfactant)、特殊类型表面活性剂等。

13.2.1 阴离子表面活性剂

阴离子表面活性剂是指能在水中电离产生负电荷并呈现出表面活性的一类子表面活性剂，常用的有羧酸盐、硫酸酯盐、磺酸盐和磷酸酯等。此类表面活性剂具有良好的去污、发泡、分散、乳化、润湿等作用。阴离子表面活性剂多作为乳化剂应用于金属加工液中，其乳化性能良好，具有一定的清洗和润滑性，但抗硬水能力较差。

13.2.2 阳离子表面活性剂

阳离子表面活性剂是指能在水中生成具有表面活性的憎水性阳离子的一类子表面活性剂，可以分为脂肪胺季铵盐、烷基咪唑啉季铵盐、烷基吡啶季铵盐等。阳离子表面活性剂可用于矿物浮选、抗静电、防腐、抗菌等用途。一般情况下，阳离子表面活性剂不与阴离子表面活性剂配合使用。

13.2.3 两性表面活性剂

两性表面活性剂是指能在水中同时产生具有表面活性的阴离子和阳离子的一类子表面活性剂。分子中带有两个亲水基团，一个带有正电，另一个带有负电。其中带有正电的基团主要是氨基和季氨基，带有负电的基团则主要是羧基和磺酸基，如甜菜碱，其分子式为 $RN^{+}(CH_3)_2CH_2COO^{-}$。这类表面活性剂在水中的离子性质通常与溶液的 pH 值有关。两性离子表面活性剂具有低毒及良好的生物降解特性，且与其他表面活性剂有良好的配伍性，一般可产生协同增效作用，通常具有良好的洗涤、分散、乳化、杀菌、柔软纤维和抗静电等性能。

13.2.4 非离子表面活性剂

非离子表面活性剂是指能在水中生成不显电性离子的一类子表面活性剂。其亲水基主要由具有一定数量的含氧基团构成。由于其稳定性高，可与其他类型的表面活性剂混合使用，具有良好的乳化、渗透、润湿等作用。在金属加工液中，非离子表面活性剂常与阴离子表面活性剂复合使用。其主要特点是：抗硬水能力强，不受 pH 值的限制，但价格较高。

13.2.5 高分子型表面活性剂[2]

一般表面活性剂的分子量大于 3000 以上时被称为高分子表面活性剂。合成高分子表面活性剂与同类小分子表面活性剂相比，高分子表面活性剂在起泡力、渗透力和降低界面张力方面比较差，但是在分散和絮凝力以及成膜性能方面作用较强，而且毒性比较小。聚醚型和聚酰胺型高分子表面活性剂是非离子型表面活性剂；聚乙二醇型高分子表面活性剂是以醚键为亲水结构的高分子表面活性剂，由于它的疏水部分少，降低表面张力作用较小，主要在纺织助剂中用作上浆剂和增强剂，在其他场合也用于分散剂和絮凝剂；聚丙烯酰胺型高分子表面活性剂具有良好的吸附絮凝作用。

13.2.6 特殊类型表面活性剂[3~5]

传统的表面活性剂的分子一般由非极性的亲油(疏水)的碳氢部分和极性亲水(疏油)基组成，结构见图 2-127。1971 年，Buton 等首次合成一族双阳离子头基双烷烃链表面活性剂。1991 年，美国 Emory 大学的 Menger 等合成了以刚性间隔基连接离子头基的双烷烃链表面活性剂，并命名为“Gemini 型表面活性剂”。

Gemini 型表面活性剂与传统的表面活性剂分子结构不同，其典型结构可以看成是由 2 个结构几乎相同的表面活性剂分子通过一个连接基团连接而成，其分子中至少含有 2 个疏水链和 2 个亲水基团(离子或极性基团)，连接链可以是聚亚甲基、聚氧乙烯基、聚氧丙烯基，也有刚性的或杂原子的基团，极性基团可以是阳离子型、非离子型。Gemini 型表面活性剂分子结构由 2 个普通单键单头表面活性剂分子在头基处通过连接基团以化学键连接而成，最典型的结构见图 2-128。

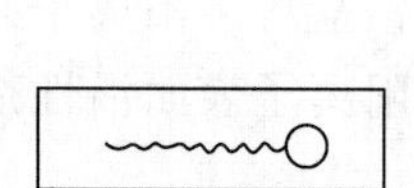

图 2-127　传统表面活性剂(亲水基、疏水基)的分子结构

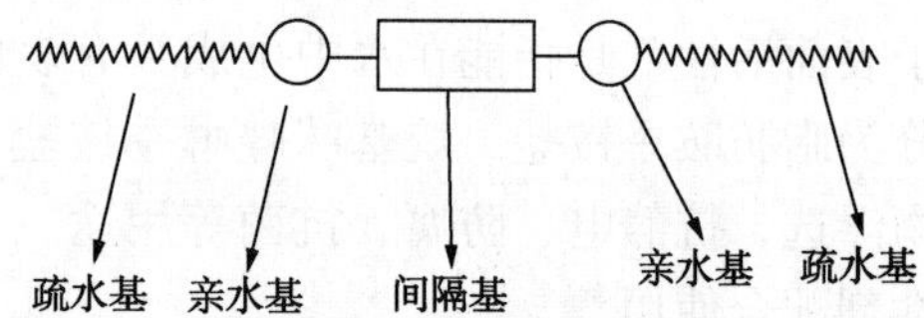

图 2-128　Gemini 型表面活性剂的分子结构

Gemini 型表面活性剂分子的这种结构使碳键间更容易产生强范德华力，离子头基间形成共价键，而且还阻滞了表面活性剂有序聚集过程中头基的分散力，极大地提高了表面活性，明显表现出更容易在气/液面上吸附，更有效地降低表面张力，更好地产生复配协同效应，更容易聚集成胶团，具有更好的湿润性、良好的钙皂能力等普通表面活性剂不具备的独特优势。与传统表面活性剂相比，Gemini 型表面活性剂更易吸附在两相界面上，其吸附能力相当于传统表面活性剂的 10~1000 倍。这表明在表面活性剂应用的各个领域，Gemini 表面活性剂远比传统表面活性剂更高效。由于 Gemini 型表面活性剂的临界胶束浓度(CMC)值比传统表面活性剂低 1~2 个数量级(仅相当于传统表面活性剂的 0.10~0.01)，降低水表面张力的能力更强。Gemini 型表面活性剂可在生物化学、药物化学、石油化学等诸多领域发挥重要的作用。

不同类型表面活性剂的代表物质见表 2-162。

表 2-162　表面活性剂的主要分类

表面活性剂	阴离子型	羧酸盐类	R—COONa
		硫酸盐类	R—OSO_3Na
		磺酸盐类	R—SO_3Na
		磷酸盐类	$(RO)_2PONa$

续表

表面活性剂	阳离子型	季铵盐类	$[R-N(CH_3)_2-CH_3]X$
		咪唑啉类	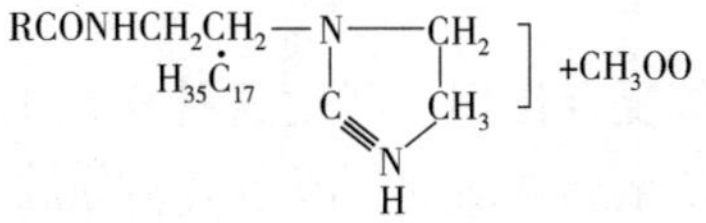 $RCONHCH_2CH_2-N$（咪唑啉环，$H_{35}C_{17}$）$]+CH_3OO$
	两性离子型	羧酸类	$R-NH-CH_2COOH$
		硫酸类	$RCOOCH_2CH_2N(CH_2CH_2SO_3H)_2$
		磺酸类	$R-NHCH_2SO_2Na$
	非离子型	酯型	脂肪酸乙二醇酯：$RCOO(CH_2CH_2O)_nH$
			脂肪酸失水山梨醇酯：Span
		醚型	脂肪醇聚氧乙烯醚 $RO(CH_2CH_2O)_nH$
			烷基酚聚氧乙烯醚 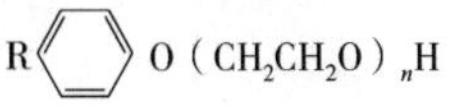 $R-C_6H_4-O(CH_2CH_2O)_nH$
			失水山梨醇脂肪酸脂聚氧乙烯醚：Tween
		酰胺型	烷基醇酰胺 $RCON(CH_2CH_2OH)_2$
	高分子型	聚醚型	$H(CH_2CH_2O)_n(CH(CH_3)-CH_2O)_m(CH_2CH_2O)_nH$
		聚酰胺型	$\{HC(CIONH_2)-CH_2\}_n$
	特殊类型表面活性剂	Gemini 型	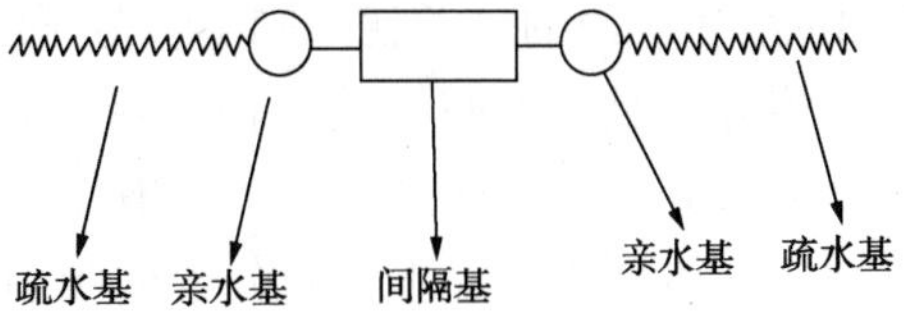 疏水基 亲水基 间隔基 亲水基 疏水基

13.3 乳化剂和抗乳化剂的使用性能

13.3.1 表面活性剂的性质

1. 界面活性

溶液中的溶质吸附到气体-液体、液体-液体和液体-固体界面，显著改变这些界面的性质，将这种性质称为界面活性。通常将具有显著界面活性的物质称为表面活性剂。表面活性剂是一种有机化合物，从分子结构上看由两种基团组成，即由亲油基团（烃基）和亲水基团（极性基）两种性质相反的基团构成，即带有附着某些类型极性头的长碳链尾的典型分子[见图 2-129、图 21-131(a)]。两者共存并保持适当平衡（称 HLB 值）才能显示出良好的

图 2-129 表面活性剂分子示意图

界面活性。极性头易溶于极性溶剂，如水；而碳链尾易溶于非极性溶剂，如油或其他类似长直链非极性的化学品。由于这两种亲媒性而吸附于界面上，显示出具有湿润、浸透、乳化、净洗、分散、可溶化等作用外，并具有润滑、均染、杀菌等复合作用。利用这种作用的表面活性剂类型的润滑油添加剂有乳化剂/破乳剂、防锈剂、金属减活剂、清净剂、分散剂等。

为什么会产生表面张力？这是因为当液体与空气接触时，大量液体中的分子与液体表面的分子之间是有区别的。在整个液体中，分子通过氢键和范德华力等作用力形成最近邻分子之间的弱黏键。然而，液体表面的分子没有那么多的邻近分子，因此有许多“未达到”的弱键，在表面产生过剩的能量。这种过剩的能量会引起表面张力。在系统中，表面张力可以使总的面积比减小到最小。由于物质是由分子或原子组成的，物质内部的分子或原子间存在着一种相互作用力——范德华力；它是一种吸引力，作用范围只有几十个纳米。以液相物质为例，体系中表面层分子与液体内部分子所受范德华力的状态见图 2-130[6]。

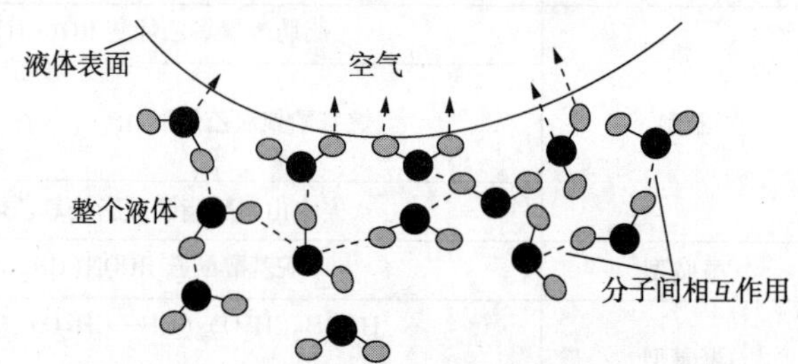

图 2-130 液体表面层分子与内部分子所受范德华力的状态示意

在图 2-130 所示的液体内部，分子周围的分子是完全相同的，其他分子对它的作用力是对称的，彼此相互抵消，总的合力为零，所以分子在液体内部可以自由移动而不消耗功。而处在气相-液相表面的分子就不同了，分子既受到液体内部分子对它的吸引力，又受到液体外部的气体分子对它的吸引力。由于密度的原因，这两个作用力的大小是很不相同的。液体的密度大，分子之间靠得非常近，液体内部分子对液体表面的分子的吸引力大；而气体的密度小，气体分子对液体表面分子的吸引力小，气体分子的作用力远小于液体内部分子对表面层分子的引力，两者比值约为 1/1000。总的合力垂直于表面指向液体内部，其结果是表面层分子被拉入液体内部，在表面产生张力。因而表面层分子与液体内部分子相比相对不稳定，它有向液体内部迁移的趋势。在表面张力作用下，液体表面总有自动缩小的趋势，所以表面张力是液体表面形成一个弯月面的原因之一。

2. 乳化性和破乳化性

所谓乳化即一种液体在另一种不溶性液体中，被分散成细小粒子。在分散的各粒子之间包一层吸附的薄膜，可防止粒子的凝集，形成稳定的乳液。一般油和水相混后，采用机械力学强制使之分散开，当除去机械力的瞬间，粒子集合，完全分离成水层和油层[见图 2-131 (b)]。这是由于油分散在水中，增大了油水界面的总面积(如 $10cm^3$ 的油分散成 0.1μm 的油珠，产生的界面总面积约为 $300m^2$，比原来增加约 100 万倍)[7]，油珠的界面自由能变大，系统在热力学上成为不稳定状态。为了得到稳定的乳化液，添加乳化剂。乳化剂吸附于油与水的界面，可以大幅度减少其界面张力，减少界面自由能，同时给予静电排斥力和立体保护作用，防止粒子间接触，形成水包油型 O/W[见图 2-131(c)]乳化液或油包水型 W/O 乳化液[见图 2-131(d)]。

(a)对水和油有亲和力的极性分子

(b)不溶于水的矿物油滴

(c)水包油型乳液

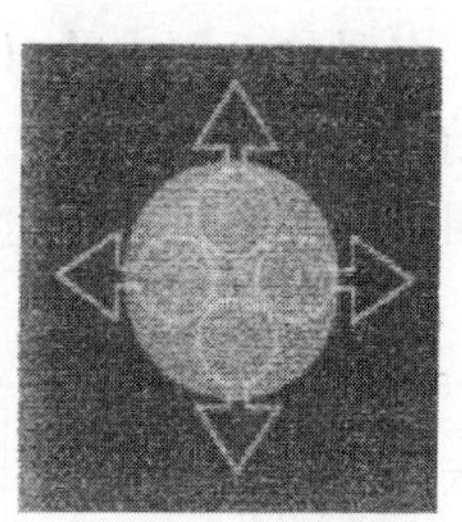

(d)油包水型乳液

图 2-131　表面活性剂分子和乳化液示意图

而与乳化相反，破乳化作用是指增加油与水的界面张力，使得稳定的乳化液处于热力学不稳定状态，破坏了乳化液。破乳化剂大都是水包油(O/W)型表面活性剂，吸附在油-水界面，改变界面的张力，或吸附在乳化剂上破坏乳化剂的亲水-亲油平衡，使乳化液从油包水(W/O)型转变成水包油(O/W)型，在转相过程中油水便分离了。

切削油、磨削油、拔丝油和压延油等金属加工油和不燃性工作液，都是用水和矿物油制成乳化液使用。能使两种以上互不相溶的液体(如水和油)形成稳定的分散体系(乳化液)的物质，称作乳化剂。乳化剂的特点是降低油-水之间的界面张力。在界面上，表面活性剂分子的亲油基和亲水基分别吸附在油相和水相，排列成界面膜，防止乳化粒子结合，促使乳化液稳定。

与之相反，在许多情况下，润滑油会受到水的污染，形成乳状液，导致油品润滑性降低，将损坏机械和缩短油品的寿命。油品中加入抗乳化剂，可以加速油水分离，防止乳化液的形成。

13.3.2　乳化剂的选择方法[8,9]

乳化剂是 O/W 型还是 W/O 型，取决于乳化剂的亲水基与亲油基的平衡值，以 HLB (Hydrophile Lipophile Balance)来表示，因此 HLB 成为选择乳化剂的一个尺度。选择所需要的 HLB 的乳化剂，就能制备成稳定的乳化液。

HLB 值是通过比较各种乳化剂的乳化能力而确定的，但非离子表面活性剂是通过式(2.13-1)或式(2.13-2)计算出来的。式(2.13-1)为只含有聚氧化乙烯的场合，式(2.13-2)为多元醇与脂肪酸酯的场合。

$$\mathrm{HLB}=\frac{E}{5} \tag{2.13-1}$$

$$\mathrm{HLB}=20\left(1-\frac{S}{A}\right) \tag{2.13-2}$$

式中，E 为氧化乙烯基的质量分数；S 为酯的皂价；A 为脂肪酸的酸价。

表面活性剂的亲水性越强，其 HLB 值就越大，而 HLB 值具有加成性。表面活性剂不存在相互作用的情况下，HLB 值通过式(2.13-3)求出：

$$HLB = \sum W_i \times HLB_i \qquad (2.13-3)$$

式中，W_i、HLB_i分别表示表面活性剂 i 成分对全部表面活性剂成分的质量分数及 HLB 值。

一般地，即使是 HLB 值相同的乳化剂，两种以上的混合物比单一组成的乳化效果要好。各种体系要求的 HLB 范围列入表 2-163 中。从表 2-163 可知，只有 HLB 在 4~6 时才适合作 W/O 型乳化剂，HLB 在 8~18 时才适合作 O/W 型乳化剂，HLB 值在其他范围之内的乳化剂虽有其他用途，但不适于乳化之用。

表 2-163 HLB 范围及其应用

范围	应用	范围	应用
3~6	W/O 乳化剂	13~15	洗涤剂
7~9	润湿剂	15~18	增溶剂
8~18	O/W 乳化剂		

具有代表性的乳化剂的 HLB 值列在表 2-164~表 2-166 中[7]。

表 2-164 乳化剂的 HLB 值

乳化剂种类	HLB 值	乳化剂种类	HLB 值
油酸单甘油酯	2.8	山梨糖醇酐单油酸酯$(EO)_{20}$加成物	15.0
山梨糖醇酐硬脂酸酯	4.7	油酸钾盐	20
油醇$(EO)_4$ 加成物①	8.8	月桂基硫酸钠盐	40
壬基酚$(EO)_6$ 加成物	10.8		

① EO：环氧乙烷。

表 2-165 各种乳状液 HLB 值

乳状液	类型	HLB 值范围
雪花膏(防汗 antiperepirant)	O/W	14~17
雪花膏(cold)	O/W	7~16
雪花膏(emollient)	W/O	3~6
矿物油	O/W	9~12
维他命油	O/W	5~10
汽车擦亮剂(polish)	O/W	8~12

表 2-166 乳化各种油所需要之 HLB 值

油的种类		W/O 型乳状液	O/W 型乳状液
硬脂酸		—	17
十六醇		—	13
煤油		—	12.5
羊毛脂(无水)		8	15
油	重矿物油	4	10.5
	轻矿物油	4	10
	硅树脂	—	10.5

续表

油的种类		W/O 型乳状液	O/W 型乳状液
棉籽油		—	7.5
石蜡油		4	10.5
蜡	蜂蜡(Beeswax)	5	10~16
	Canddelilla 蜡	—	14.5
	巴西棕榈蜡(Carnauba)	—	14.5
	微晶蜡(Microcrystalline)	—	9.5
	石蜡(Paraffin)	4	9

HLB 数目有相加性，因而可以预知一种掺合乳化剂之 HLB，例如一种掺合乳化剂有 4 份的 Span-20(HLB 为 8.6)和 6 份的 Tween 60(HLB 为 14.9)，可计算它的有效 HLB 是 $0.4\times8.6+0.6\times14.9=12.3$。此混合物可用以制备煤油的 O/W 乳状液。

应当强调指出，上述混合物并非唯一可得此 HLB 的配方，而且用这个混合物也未必能得到最稳定的乳状液。图 2-132 即可以说明这一点，此图表示某一特殊乳状液的效率与乳化剂混合物 HLB 的关系。指定一对活性剂，用不同比例将其掺和，然后用此混合乳化剂制备一系列的乳状液。图中之钟形曲线(以○表示者)即代表此种结果。自图可看出，高峰之 HLB 在 10.5 与坐标平行的直线(以●表示者)代表用种类不同但 HLB 皆为 10.5 的混合乳化剂所得之结果。显然，有些混合剂的效率比原来效率最高的混合剂还高，也有些则较低[7]。

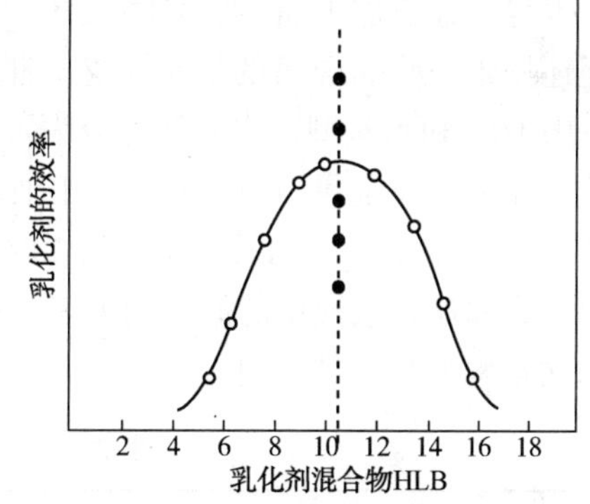

图 2-132 乳化液的效率与润滑剂混合物 HLB 值的关系

钟形曲线是用某一对乳化剂测定的，然后按照最高点的 HLB 选择最合适的乳化剂对

综上所述，我们可用下面的步骤来决定某一乳状液的配方：任意选择一对乳化剂，在预期的范围内改变其 HLB，求得效率最高的 HLB 后，改变乳化剂的种类，但仍维持此最高的 HLB，直到找到效率最高的一对。

应该注意，HLB 概念中未提到乳化剂的浓度。一般来说，制备稳定乳状液所要求的 HLB 与乳化剂浓度的关系并不大。但是在乳状液不稳定的区域内，如乳化剂的浓度很低，或内相的浓度很高等，则可能有影响。

13.3.3 作用机理

乳化剂的特点是降低油-水之间的界面张力。在界面上，表面活性剂分子的亲油基和亲水基分别吸附在油相和水相[见图 2-131(c)、图 2-131(d)]，排列成界面膜，防止乳化粒子结合，促使乳化液稳定。乳化剂能促使两种互不相溶的液体形成稳定乳浊液的物质，是乳浊液的稳定剂，是一类表面活性剂。乳化剂的作用是：当它分散在分散质的表面时，形成薄膜或双电层，可使分散相带有电荷，这样就能阻止分散相的小液滴互相凝结，使形成的乳浊液比较稳定。

抗乳化剂可增加油与水的界面张力，使得稳定的乳化液成为热力学上不稳定状态，破坏了乳化液。抗乳化剂大都是水包油(O/W)型表面活性剂，吸附在油-水界面，改变界面的张力，或吸附在乳化剂上破坏乳化剂亲水-亲油平衡，使乳化液从油包水(W/O)型转变成水包油(O/W)型，在转相过程中油水便分离了。

13.4 表面活性剂的应用

表面活性剂的应用非常广泛，涵盖很多工业领域，下面着重叙述表面活性剂应用于润滑油时的乳化性能和破乳化性能。

13.4.1 乳化剂的性能及应用

乳化剂主要应用于金属加工液和抗燃液压油中。金属加工液是金属的切削、成型、热处理和防护等4类加工所采用的润滑液，其中金属切削油(液)占总量的52%，其余各类依次分别占总量的30%、9%、9%。金属加工液是机械加工工业不可缺少的重要配套材料，其质量、水平、品种直接影响机械零件的加工质量、生产效率、能耗、材耗及生产环境的改善等。金属加工油(液)种类繁多，应用范围很广泛。除了用于各种金属材料加工外，甚至还用于一些非金属的加工工艺。根据组成和介质状态，金属加工油(液)可分为油基型(矿油型)和水基型。水基型可分为可溶性油、半合成液、合成液。油基型和水基型都可用于金属成型及金属切削方面，其中油基型占金属加工油(液)总量的一半以上，而金属加工油(液)占整个工业润滑油总量的20%左右，是消耗量较大和品种较多的工业润滑剂。21世纪，金属加工液应用的添加剂见表2-167[10]。根据切削液的组成和状态，都大致按照水基和油基两大类来进行划分。

表2-167 在MWF中使用的典型添加剂

英 文	中 文	英 文	中 文
Antimicrobial Pesticides(Biocides)	抗微生物杀菌剂(生物杀伤剂)	Emulsifiers	乳化剂
Antimist Agents (Usually tank side addition)	防雾剂(通常为油罐侧添加)	Extreme Pressure Agents	极压剂
Antioxidants (Mainly straight oils)	抗氧剂(主要用于油基)	Lubricity Additives	润滑性添加剂
		Metal Deactivators	金属减活剂
Corrosion Inhibitors	腐蚀抑制剂	Reserve Alkalinity Boosters(Amines)	碱储备增强剂
Coupling Agents	偶联剂		
Defoamers	抗泡剂	Wetting Agents	润湿剂
Dyes	染料		

油基切削液(亦称切削油)一般直接使用，基本成分是基础油。根据不同的加工需要，加入性质不同的各种添加剂，就形成了种类不同的切削油。

水基切削液需要用水稀释后加以使用，根据稀释后的状态可分为可溶性油、半合成油、合成切削液3类：

(1) 可溶性油切削液的原液一般不含水，加水配制的切削液呈乳状；

(2) 合成切削液原液一般不含油，因此可以与水互溶，配制的切削液多为透明状；

(3) 半合成油切削液原液中含油量(油性添加剂含量)较小，而表面活性剂、防锈剂含量较大，加水配制后呈半透明微乳状，外观介于前两者之间。

3 种水基切削液的组成见图 2-133～图 2-135[11]。

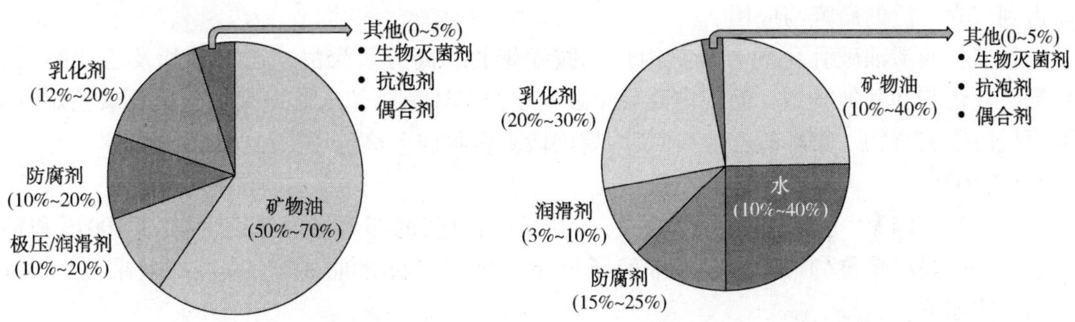

图 2-133 可溶性油切削液的组成

图 2-134 半合成切削液的组成

从图 2-133、图 2-134 可以看出，乳化剂是水溶性金属加工液(可溶性油切削液和半合成切削液)的核心添加剂，所占比例比较大。乳化剂使乳化液更稳定，其关键是乳化剂的选择能控制油滴大小分布。

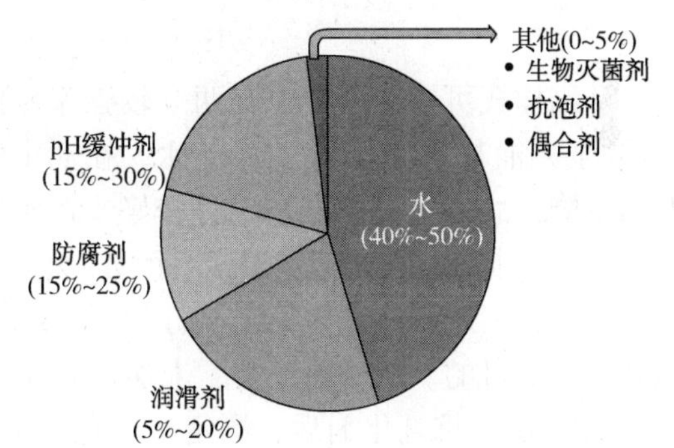

图 2-135 合成切削液的组成

13.4.2 破乳化剂的性能及应用

汽轮机油、液压油、齿轮油、油膜轴承油、船用系统用油在使用过程中容易发生乳化现象。如果润滑油自身抗乳化能力差，不能很快实现油水分离，润滑油就不能起到很好的润滑作用，从而引起机械元件的过度磨损甚至化学腐蚀，造成设备和润滑油的使用寿命缩短。提高润滑油抗乳化能力的简便有效方法之一就是加入破乳化剂。

一般认为，乳化液的破坏需经历分油、絮凝、膜排水、聚结等过程。破乳剂加入后向油水界面扩散，由于破乳剂的界面活性高于油中成膜物质的界面活性，能在油水界面吸附或部分置换界面上吸附的天然乳化剂，并且与油中的成膜物质形成具有比原来界面膜强度更低的混合膜，破坏界面膜，将膜内包覆的水释放出来，水滴互相聚结形成大水滴沉降到底部，油水两相发生分离，达到破乳的目的。

国外关于破乳剂的资料最早见于 1914 年的化学文摘，使用 $FeSO_4$ 溶液对原油乳化液进行化学破乳脱水，之后使用了烧碱、普通皂类(脂肪酸皂、环烷酸皂)以及氧化煤油和柴油等破乳剂。这些破乳剂脱水效率低，可与地层水中的多价金属离子形成不溶性盐，反而有可能在破乳过程中导致乳化液稳定化。随后又出现了第一代低分子量的阴离子破乳剂，即磺酸盐、脂肪酸盐、环烷酸盐类破乳剂。至 20 世纪中叶，开始逐渐使用非离子表面活性剂作为破乳剂，如以烷基酚、脂肪醇为起始剂的聚氧乙基醚。之后又研究了以聚氧乙烯聚丙烯嵌段共聚物为主体的破乳剂，由于此类型的破乳效果好，仍然是目前应用最为广泛的原油破乳剂。20 世纪 70 年代后，聚胺类、两性离子型、聚合物型破乳剂开始出现，取代了单纯环氧乙烷环氧丙烷嵌段聚醚破乳剂，此类破乳剂的最低用量明显降低，但存在专一性强、适应性差的缺点。20 世纪 80 年代后，又发展了甲基丙烯酸甲酯、高极性有机氨衍生物和阳离子酰胺化合物等多种超高相对分子质量破乳剂，以及多组分复配破乳剂，逐步具有了低温破乳、节省热能、快速破乳、提高设备处理效率、扩大破乳剂适用范围的性能特点，从而得到较为广泛的研究与应用。

目前，润滑油破乳化剂有环氧丙烷二胺缩聚物、高分子聚醚、乙二醇酯及乙二醇醚、复配破乳化剂和其他类型，而国内商品化破乳化剂有环氧丙烷二胺缩聚物、聚环氧乙烷/环氧丙烷嵌段聚合物。聚环氧乙烷/环氧丙烷嵌段聚合物属于高分子聚醚类破乳化剂[11]。

1. T1001

国内经过国家“七五”重点技术攻关，先后研制出胺的四聚氧丙撑衍生物(T 1001)和环氧乙、丙烷嵌段聚醚(T 1002)两类非离子型化合物，在润滑油中都有良好的效果。T 1001 的结构式如下：

$$\begin{matrix} H(C_3H_6O)_n & & (C_3H_6O)_nH \\ & \diagdown \quad \diagup & \\ & NRN & \\ & \diagup \quad \diagdown & \\ H(C_3H_6O)_n & & (C_3H_6O)_nH \end{matrix}$$

从结构式可知，分子中有两个较强亲水的叔氨基(—N—)，并有四个大的聚氧丙烯亲油链(弱亲油基)，因此较难溶于水，在油中的溶解度也不大。它在水中的溶解度随温度上升而下降，故对水(抽提)稳定性较好。在矿物油中的溶解度较小，因组分的不同在 0. 15%~0. 3%。根据 HLB=7+∑(亲水基团数)公式计算 HLB 值在 9. 4~12. 4，它应属于 O/W 型表面活性剂，因此可将乳化稳定性好的 W/O 型乳化液转变成不稳定的 O/W 型乳化液，从而达到破乳的目的。从试验证实，未加抗乳化剂的油抗乳化性不好，测定乳化液的类型属于 W/O 型；加入抗乳化剂后，测定抗乳化液类型属于 O/W 型，很快油和水就分离了，改善了抗乳化性。T1001 或复合抗乳化剂主要用于重负荷工业齿轮油、汽轮机油和液压油等要求抗乳化性的油品。工业齿轮油一般加 0. 02%~0. 05%，汽轮机油一般加 0. 01%~0. 10%，抗磨液压油一般加 0. 03%~0. 15%，就有明显的效果。

有些表面活性剂在较高的浓度时有抗乳化作用，而在低浓度时起乳化作用，而另一些表面活性剂则刚刚相反。T1001 抗乳化剂则不同，其抗乳化性随添加量的增加而提高，到一定量后变化不大，但一般不呈现乳化作用，表 2-168 是 T1001 在 N320 S-P 型高极压工业齿轮油中随浓度变化的效果[9]。

表 2-168　浓度对抗乳化性的影响

配　方	SY 2683	
	40-37-3/min	40-40-0/min
N320 S-P 型高极压工业齿轮油	41. 0	47. 5
N320 S-P 型高极压工业齿轮油+0. 025%T1001	30. 8	34. 5
N320 S-P 型高极压工业齿轮油+0. 05%T1001	14. 3	15. 8
N320 S-P 型高极压工业齿轮油+0. 075%T1001	11. 0	12. 3
N320 S-P 型高极压工业齿轮油+0. 10%T1001	8. 0	9. 0
N320 S-P 型高极压工业齿轮油+0. 125%T1001	7. 5	8. 5

润滑油中的添加剂和基础油氧化后都会变质，产生具有表面活性的氧化产物，易形成W/O型乳化液，使油品的抗乳化性变坏。添加T1001后的油虽经苛刻的氧化试验(121℃下321h空气氧化)后，润滑油仍有优良的抗乳化性，表2-169是T1001对齿轮油氧化前后的影响。

表2-169 T1001对工业齿轮油氧化前后抗乳化性的影响

重负荷工业齿轮油	加T1001		不加T1001	
氧化试验(S-200)前后	新油	氧化后油	新油	氧化后油
SY 2863 乳化试验：40-37-3/min	8.0	6.0	24.0	0-0-80-60/min
40-40-0/min	12.0	8.0	60	
GB 8022 试验：油中水(体)/%	0.6	0.8	—	0.2
总游离水/mL	82.6	81.6		7704
乳化层/mL	0.1	0.5		1.2

表2-170是T1001与防锈剂T746复合后，具有增效作用。

表2-170 T1001与T746复合后对防锈性的影响

基础油	T746/%	T1001/%	SY 2674 液相锈蚀试验	
			蒸馏水	合成海水
N32汽轮机基础油	0	0	重锈	重锈
N32汽轮机基础油	0.015	0	中锈	重锈
N32汽轮机基础油	0.015	0.015	无锈	轻锈

破乳剂用于工业齿轮油、液压油、汽轮机油、发动机油等油品，以防止乳化，也用于切削油和轧制油等废乳化液的处理。

2. T1002

T1002：环氧乙烷/环氧丙烷嵌段共聚醚高分子化合物，具有优良的破乳性能，用于工业润滑油。

3. DL-32

DL-32：环氧乙烷/环氧丙烷嵌段共聚醚高分子化合物，具有优良的破乳性能，同时还具有消泡作用，用于所有对抗乳化性有高要求的油品。

4. KR-12

KR-12改性聚醚高分子物，HLB值在10左右或更高，用于工业润滑油。

13.5 破乳化剂和乳化剂发展展望[13]

作为确保润滑油工作效能的重要添加剂，目前破乳化剂的研究与应用主要是胺与环氧乙烷缩合物、乙二醇酯和环氧乙烷/环氧丙烷共聚物，其种类较少，破乳效果需要进一步提高，并且与其他添加剂的配伍性需要改进。从国内外理论与科研研究的发展方向来看，今后研究的方向是各种破乳剂的复配，即利用各种添加剂的优点，将不同性能的添加剂按一定的方式或数量复配，开发出油溶性好、抗乳化效果明显的破乳剂。同时，研究具有广泛

应用场合的通用破乳剂也是今后的研究方向之一。

同时，建议开发低毒或无毒、可生物降解、环境友好的乳化剂，既减少对环境的污染，又能满足我国润滑油行业的发展需要。

13.6 国内外乳化剂和抗乳化剂的商品牌号

国内外乳化剂的商品牌号见表 2-171，国外外乳化剂的商品牌号见表 2-172。

表 2-171 国内乳化剂和破乳化剂产品的商品牌号

商品牌号	化合物名称	密度/(g/cm^3)	100℃黏度/(mm^2/s)	闪点/℃	HLB 值	TBN/TAN/(mgKOH/g)	主要性能和应用	生产公司
KH018H	聚醚型破乳剂		—	≥50	—	—	淡黄色至棕黄色液体，具有较好的油溶性，破乳时间短，加入少(10~150mg/L)，用于高档液压油，内燃机油，尤其适用于调制工业齿轮油	滨州市坤厚化工有限责任公司
R806X	乳化剂	1.1	720(40℃)	—	—	pH 10	多用途乳化剂，具有良好的油溶性和水溶性，能提高乳化油的乳化效果和增溶性，改善漂油现象，用量为 5%~10%	洛阳润得利金属助剂有限公司
R806F	乳化复合剂	0.90	97(40℃)	—	—	pH 9	适合各类油品，作为主乳化剂，可生产多种乳化产品，用量 7%~8%	
R806F1	乳化复合剂	0.90	95(40℃)	—	—	pH 9	用于生产针织乳化油，也可作为主乳化剂生产多种乳化产品，添加量为 7%~8%	
T702	石油磺酸钠	红棕色黏稠液体	—	—	—	pH 7~8	磺酸钠含量有 35%、40%、45% 和 50% 几种牌号，具有较好的防锈和乳化性能	锦州新兴石油添加剂有限责任公司
司苯 80	山糖醇单油酸酯	—	—	—	(皂化值)140~160	≤8	油溶性好，对黑色金属具有防锈作用，对润滑油有乳化作用	
T1001	胺与环氧化合物缩合物	—	14~23	≥110	氮含量 0.40~0.65	60~90	具有优良的破乳、降解和水萃取性能，用于齿轮油、汽轮机油、抗磨液压油和压缩机油	
DL32	聚醚类高分子化合物	0.85~0.95	≥10	≥105	—	50~70	具有优异的破乳效果，能延长润滑油寿命，增强其他助剂在润滑油中的作用，同时具有消泡作用	

续表

商品牌号	化合物名称	密度/(g/cm^3)	100℃黏度/(mm^2/s)	闪点/℃	HLB值	TBN/TAN/(mgKOH/g)	主要性能和应用	生产公司
DL-32	聚醚类高分子化合物	0.9~0.95	—	—	—	60~90	具有优异的破乳效果，能延长润滑油寿命，增强其他助剂在润滑油中的作用，同时具有消泡作用	洪泽中鹏石油添加剂有限公司
Staradd EM202	聚异丁烯丁二酸酰胺	—	—	—	—	pH 10.2	优越的乳化性能，低泡，兼有防锈性能，替代磺酸钠，抗硬水，用于金属加工液	上海宏泽化工有限公司
Staradd EM203	聚异丁烯丁二酸酐	—	—	—	—	—	中和后，具有优异的乳化性能及抗硬水能力，用于金属加工液	
Staradd EM242	聚异丁烯丁二酸酰胺	—	—	—	—	pH 9.8	优越的乳化性能，低泡，兼有防锈性能，替代磺酸钠，抗硬水，用于金属加工液	
Staradd EM208	脂肪酸酰胺	—	—	—	—	pH 9.8	优异的防锈、乳化、润滑性，抗硬水，泡沫低，用于金属加工液	
Staradd EM207	脂肪酸酰胺	—	—	—	—	pH 10.7	优异的防锈、乳化、润滑性，抗硬水，泡沫低，用于金属加工液	

表 2-172　BASF 公司乳化剂的商品牌号

添加剂代号	化合物名称	添加剂类别	40℃黏度/(mm^2/s)	闪点/℃	HLB	羟值	皂化值	应　用
Synative AC B33V	环氧油酸酯	乳化剂	27mPa (20℃)	208	—	—	—	优秀低温性能及乳化能力，无皮肤刺激，用于水溶性金属加工液
Synative AC 2142	蓖麻油乙氧基化物	乳化剂	163mPa (20℃)	162	8	150~155	—	良好的乳化性，用于矿物油或高酯类配方中的水溶性金属加工液
Synative AC 3370V	脂肪醇乙氧基化物(植物油基)	乳化剂	37mPa (20℃)	202	5	157~167	—	优秀低温性能及乳化能力，硬水中稳定，无皮肤刺激，用于水溶性金属加工液和轧钢油
Synative AC 3412V	脂肪醇乙氧基化物(植物油基)	乳化剂	14mPa (50℃)	198	5.5	155~165	—	良好的乳化能力和低温性能，硬水中稳定，无皮肤刺激，用于水溶性金属加工液和轧钢油
Synative AC 3499	脂肪酸单乙醇胺衍生物	乳化剂	308mPa (20℃)	246	3.7	142~172	—	具有防锈性、助乳化能力和硬水稳定性，良好低温及低泡性能，用于水溶性金属加工液和轧钢油

续表

添加剂代号	化合物名称	添加剂类别	40℃黏度/(mm^2/s)	闪点/℃	HLB	羟值	皂化值	应用
Synative AC 3830	脂肪醇乙氧基化物(植物油基)	乳化剂	41mPa(20℃)	212	6.6	148	—	具有良好的低温性、乳化性，硬水中稳定，无皮肤刺激，用于水溶性金属加工液和轧钢油
Synative AC 5102	脂肪醇乙氧基化物(植物油基)	乳化剂	13mPa(50℃)	155~165	5.5	—	—	具有良好的乳化能力，硬水中稳定，无皮肤刺激，用于水溶性金属加工液和轧钢油
Synative AC EP 5LV	脂肪醇乙氧基化物(植物油基)	乳化剂	62mPa(20℃)	116~1213	8.5	232	—	具有良好的低温性及乳化性，硬水中稳定，无皮肤刺激，用于水溶性金属加工液和轧钢油
Synative AC ET 5V	脂肪醇乙氧基化物(植物油基)	乳化剂	67mPa(20℃)	115~125	9.1	20	—	具有良好的乳化能力，硬水中稳定，无皮肤刺激，用于水溶性金属加工液和轧钢油
Synative AC K100	乙氧基化椰油胺	乳化剂	187mPa(20℃)	>250℃	14.2	—	—	具有良好的乳化能力，可与非离子、阴离子和阳离子表面活性剂匹配，用于水溶性金属加工液和轧钢油
Synative AC LS 4L	月桂醇乙氧基化物	乳化剂	—	—	9.4	150~160	—	具有良好的低泡性能，用于水溶性金属加工液
Synative AC LS 24	脂肪醇乙氧基化物(植物油基)	乳化剂	—	—	10.3	110~120	—	具有良好的低泡性能，用于水溶性金属加工液
Synative AC LS 54	脂肪醇乙氧基化物(植物油基)	乳化剂	—	—	14.7	87~90	—	具有良好的低泡性能，用于水溶性金属加工液
Synative AC RT 5	蓖麻油乙氧基化物	乳化剂	936mPa(20℃)	266	4	142	—	具有良好的低温性、乳化性，用于矿物油或高酯类油配方中，以及水溶性金属加工液和轧钢油
Synative AC RT 40	蓖麻油乙氧基化物	乳化剂	1329mPa(20℃)	—	13	—	—	可乳化酯类和矿物油基础油，适用于水包油型乳化液及水溶性金属加工液
Synative XA40	格尔伯特醇乙氧基化物	乳化剂	29mPa(20℃)	>170	10.5	150	—	具有良好的润湿、分散和乳化性能，可与非离子、阴离子和阳离子表面活性剂匹配，用于水溶性金属加工液
Synative XA 60	格尔伯特醇乙氧基化物	乳化剂	60mPa(20℃)	>200	12.5	—	—	具有良好的润湿、分散和乳化性能，可与非离子、阴离子和阳离子表面活性剂匹配，用于水溶性金属加工液

续表

添加剂代号	化合物名称	添加剂类别	40℃黏度/(mm^2/s)	闪点/℃	HLB	羟值	皂化值	应用
Synative X AO 3	羰基醇乙氧基化物	乳化剂	38mPa（20℃）	130	8	65	—	具有良好的润湿、分散和乳化性能，可与非离子、阴离子和阳离子表面活性剂匹配，用于水溶性金属加工液
Synative XLF 403	支链与线性醇丙氧基化物	乳化剂	60mPa（20℃）	—	—	—	—	具有良好的润湿、消泡和生物降解性能，用于水溶性金属加工液
Synative X700	格尔伯特醇乙氧基化物	乳化剂	41mPa（20℃）	>140	10.5	150	—	具有良好的润湿、分散和乳化性能，可与非离子、阴离子和阳离子表面活性剂匹配，用于水溶性金属加工液
Synative X710	格尔伯特醇乙氧基化物	乳化剂	80mPa（20℃）	>180	12.5	100	—	具有良好的润湿、分散和乳化性能，可与非离子、阴离子和阳离子表面活性剂匹配，用于水溶性金属加工液
Synative X720	格尔伯特醇乙氧基化物	乳化剂	400mPa（20℃）	9	14	90	—	具有良好的润湿、分散和乳化性能，可与非离子、阴离子和阳离子表面活性剂匹配，用于水溶性金属加工液
Synative X730	格尔伯特醇乙氧基化物	乳化剂	30mPa（60℃）	>180	15	75	—	具有良好的润湿、分散和乳化性能，可与非离子、阴离子和阳离子表面活性剂匹配，用于水溶性金属加工液
Breox E 200	聚乙二醇	乳化剂	60mPa（60℃）	>170	—	563	—	具有良好的润滑性、脱模能力，用于水基金属加工液
Breox E 400	聚乙二醇	乳化剂	110mPa（60℃）	>250	—	281	—	具有良好润滑性、脱模能力，用于水基金属加工液
Breox E 600	聚乙二醇	乳化剂	40mPa（50℃）	>250	—	187	—	具有良好润滑性、脱模能力，用于水基金属加工液
Synative 17R2	环氧乙烷/环氧丙烷嵌段共聚物	乳化剂	450mPa（20℃）	—	6	50	—	具有良好的润湿、分散、乳化和润滑性能，容易清洗与硬水兼容，用于水溶性金属加工液
Synative 17R4	环氧乙烷/环氧丙烷嵌段共聚物	乳化剂	600mPa（20℃）	—	12	40	—	具有良好的润湿、分散、乳化和润滑性能，容易清洗与硬水兼容，用于水溶性金属加工液
Synative PE 6100	环氧乙烷/环氧丙烷嵌段共聚物	乳化剂	350mPa（20℃）	226	—	56	—	具有良好的润湿、分散、乳化和润滑性能，低泡，与硬水兼容，用于水溶性金属加工液
Synative PE 6400	环氧乙烷/环氧丙烷嵌段共聚物	乳化剂	1000mPa（20℃）	—	—	40	—	具有良好的润湿、分散、乳化和润滑性能，低泡，与硬水兼容，用于水溶性金属加工液

续表

添加剂代号	化合物名称	添加剂类别	40℃黏度/(mm^2/s)	闪点/℃	HLB	羟值	皂化值	应　用
Synative PE 6800	环氧乙烷/环氧丙烷嵌段共聚物	乳化剂	—	—	—	15	—	具有良好的润湿、分散、乳化和润滑性能，低泡，与硬水兼容，用于水溶性金属加工液
Synative PE 10100	环氧乙烷/环氧丙烷嵌段共聚物	乳化剂	800mPa (20℃)	—	—	34	—	具有良好的润湿、分散、乳化和润滑性能，低泡，与硬水兼容，用于水溶性金属加工液
Synative RPE 1720	环氧乙烷/环氧丙烷嵌段共聚物	乳化剂	450mPa (20℃)	—	6	—	—	具有良好的润湿、分散、乳化和润滑性能，低泡，容易清洗，与硬水兼容，用于水溶性金属加工液
Synative RPE 1740	环氧乙烷/环氧丙烷嵌段共聚物	乳化剂	600mPa (20℃)	—	12	—	—	具有良好的润湿、分散、乳化和润滑性能，低泡，容易清洗，与硬水兼容，用于水溶性金属加工液
Synative RPE 2520	环氧乙烷/环氧丙烷嵌段共聚物	乳化剂	600mPa (20℃)	—	—	—	—	具有良好的润湿、分散、乳化和润滑性能，低泡，容易清洗，与硬水兼容，用于水溶性金属加工液
Synative X 300	环氧乙烷/环氧丙烷嵌段共聚物	乳化剂	660mPa (25℃)	—	14	35	—	具有良好的润湿、分散、乳化和润滑性能，低泡，容易清洗，与硬水兼容，用于水溶性金属加工液
Synative X 310	环氧乙烷/环氧丙烷嵌段共聚物	乳化剂	700mPa (25℃)	—	6	30	—	具有良好的润湿、分散、乳化和润滑性能，低泡，容易清洗，与硬水兼容，用于水溶性金属加工液
Synative X 320	环氧乙烷/环氧丙烷嵌段共聚物	乳化剂	350mPa (60℃)	—	8	20	—	具有良好的润湿、分散、乳化和润滑性能，低泡，容易清洗，与硬水兼容，用于水溶性金属加工液

参 考 文 献

[1] 王基铭．石油炼制辞典[M]．北京：中国石化出版社，2012：269-294.

[2] 刘岗，吕生华，马艳芬．高分子表面活性剂的发展及其在皮革工业中的应用[J]．皮革与化工，2009，26(05)：7-14.

[3] 曹云丽，徐伏，王莉，等．Gemini 表面活性剂的性质和应用[J]．化工时刊．2011(1)：42-45.

[4] Gemini 新型表面活性剂的性质及应用[EB/OL]．https：//www.51wendang.com/doc/952c3b2722ccdffbe5750c0a.

[5] 裘灵光，刘卉，程毛杰，等．阳离子 Gemini 表面活性剂与 PVA 相互作用[J]．应用化学，2004(5)：506-508.

[6] Tom Oleksiak, Jennifer Ineman, Joe Schultz, et al. Emulsifiers 201-Analyzing performance with surface science[J]. Tribology & Lubrication Technology, 2014(9): 24-33.
[7] [美] P. 贝歇尔. 乳状液理论与实践[M]. 傅鹰, 译. 北京: 科学出版社, 1964: 78-182.
[8] 荻原敏也, 岩崎徹治. 乳化剂·抗乳化剂[J]. トライボロジスト, 1995, 40(4): 349-352.
[9] 王熏陶. T1001 润滑油抗乳化剂的研究(DM-114)[G]. 国家"七五"重点科技攻关润滑油攻关论文集(内部资料), 1992: 575-584.
[10] Neil Canter heads. Formulating water-based MWFs in the 21st century[J]. Tribology & Lubrication Technology, 2017(3): 42-55.
[11] Jennifer Ineman, Joe Schultz. Emulsifiers 101: Who says oil and water do not mix? [J]. Tribology & Lubrication Technology, 2013(9): 32-39.
[12] 黄文轩. 第 18 讲: 表面活性剂的特性及应用: 乳化剂和破乳化剂[J]. 石油商技, 2018(4): 80-94.
[13] 郭力, 姚婷, 赫敬团, 等. 润滑油破乳剂的研究进展[J]. 化工时刊, 2015(8): 35-37.

第 14 节 纳米添加剂

14.1 概况

14.1.1 纳米材料

纳米科技是 21 世纪的工业革命, 也是第四次工业革命[1]。全球视纳米科技为下一波产业技术革命, 是制造工业下一阶段的核心领域, 也将会重新划分未来全世界高科技竞争的版图, 更可能对人类生活带来不可避免的冲击。纳米技术已同信息技术、生物技术一样被称为未来最重要、最核心的三大高新技术。从全球范围来看, 美国、日本、欧盟、俄罗斯等世界主要国家都将纳米技术产业作为国家重大战略性产业, 纷纷制定了国家层面的发展战略和计划, 重视政府资金投入, 强化产业国际合作与交流。

纳米材料是指在三维空间中至少有一维处于纳米尺寸(0.1~100nm)或由它们作为基本单元构成的材料, 这相当于 10~100 个原子紧密排列在一起的尺度。纳米颗粒材料又称为超微颗粒材料, 由纳米粒子(nanoparticle)组成。2011 年 10 月 19 日, 欧盟委员会通过了对纳米材料的定义。根据欧盟委员会的定义, 纳米材料是一种由基本颗粒组成的粉状或团块状天然或人工材料, 这一基本颗粒的一个或多个三维尺寸在 1~100nm, 并且这一基本颗粒的总数量在整个材料的所有颗粒总数中占 50%以上。

传统物理解释物质整体的行为, 属于宏观形为, 而量子物理解释原子、分子与电子的行为, 属于微观形为。纳米尺寸刚好介于普通尺寸与原子尺寸之间, 而用以解释纳米材料或纳米科技的物理理论, 称为介观(Mesoscope)物理。不同物理现象的尺度范围如图 2-136 所示[1]。

为在纳米技术和纳米材料领域占据一席之地, 世界上已经有 30 多个国家开展了纳米科技方面的研究, 一些发达国家还制订了各自的发展计划, 如美国的"国家纳米技术计划"、欧盟的"第六框架计划"等。同时, 纳米技术投资的增长速度也显著加快[2]。美国科学委员会于 2000 年 3 月提出报告, 称纳米技术将成为 21 世纪前 20 年的主导技术, 成为下一次工业革命的核心。

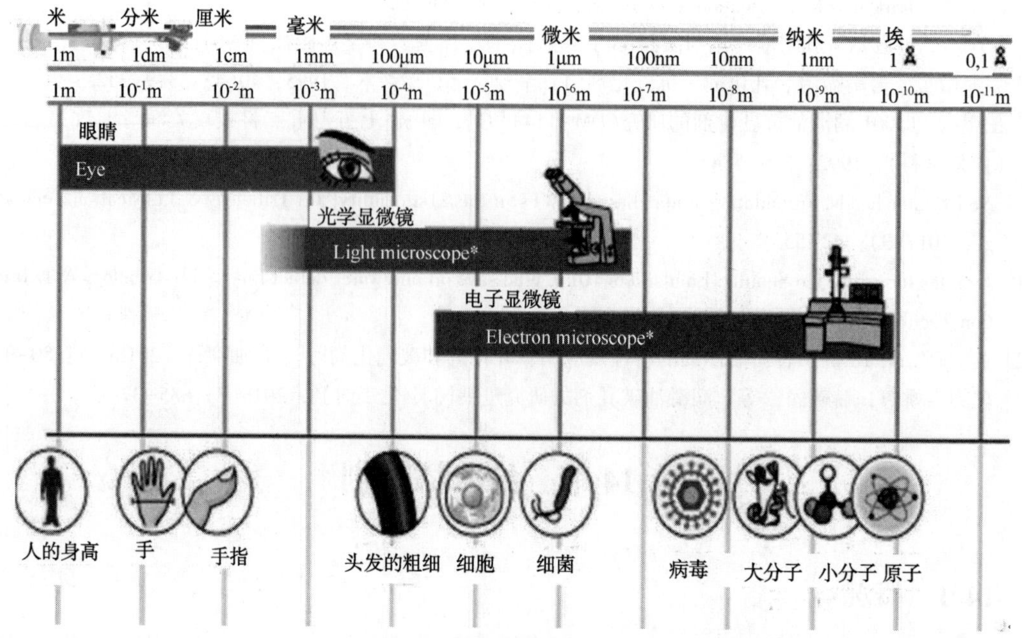

图 2-136　不同物理现象的尺度范围示意

我国从 20 世纪 80 年代起就一直高度重视纳米技术，是较早开展纳米技术研究的国家之一。2001 年我国就成立了国家纳米科技指导协调委员会；同年 7 月，科技部等五部委发布《国家纳米科技发展纲要(2001—2010)》。2001—2009 年，我国用于纳米科技的研发经费超过 26 亿元。我国在纳米材料研究方面与国际保持同步，并已开始产业化。"973"计划、"863"计划设立纳米技术专项，吸引了包括国家杰出青年、中国科学院百人计划、教育部长江学者在内的 342 名高端人才从事纳米技术研究，在基础研究方向取得众多原创性技术成果；清华大学等 50 所大学和中国科学院的 36 个研究所从事纳米技术研究；2009 年，我国发表纳米科技 SCI-E 论文总数首次超越美国，跃居世界第一，专利申请量居世界第二；先后成立"国家纳米技术科学中心"和"纳米技术及应用国家工程研究中心"等国家纳米科技研发载体[3]。

14.1.2　纳米材料的三大特性

当纳米粒子的尺寸减少至与传导电子的波长相当或更小时，周期性的边界条件被破坏，使其物理、化学性质发生很大变化，具备表面效应、小尺寸效应和宏观量子隧道效应。

1. *表面效应*

对直径大于 0.1μm 的颗粒，表面效应可忽略不计；当尺寸小于 0.1μm 时，其表面原子占总原子数的比例急剧增长，从而引起颗粒性质的变化。超微颗粒的表面具有很高的活性。利用表面活性，金属超微颗粒有望成为新一代的高效催化剂、储气材料以及低熔点材料。

2. *小尺寸效应*

由于颗粒尺寸变小所引起的宏观物理性质(光学、热学、磁学、力学)的变化称为小尺寸效应。

3. 宏观量子隧道效应

宏观量子隧道效应是基本的量子现象之一，即当微观粒子的总能量小于势垒高度时，该粒子仍能穿越这一势垒。这种微观粒子贯穿势垒的能力称为隧道效应。近年来，人们发现一些宏观量，例如微颗粒的磁化强度、量子相干器件的磁通量以及电荷等亦具有隧道效应。它们可以穿越宏观系统的势垒产生变化，故称为宏观的量子隧道效应。此概念可定性解释超细镍微粒在低温下保持超顺磁性的现象。

14.1.3　纳米添加剂简述

纳米粒子较高的表面能能在金属表面形成吸附膜，随温度升高渗透至材料中填充金属表面磨痕，对零件受损部位进行自修复。纳米粒子在高温、低温、干燥和极压条件下都表现出优于传统添加剂的抗磨、减摩性能[4]。

纳米材料的研究报道有很多，而且每年申请的专利技术也异常地多。为占领纳米材料的制高点，发达国家开展了纳米技术专利的"圈地运动"。从目前有关纳米技术的报道和专利情况来看，纳米添加剂的研究主要集中在新品种、制备工艺、复合作用及润滑机理等方面。

1. 纳米添加剂的分类

纳米添加剂主要有以下几种分类：

纳米金属单质粉体：主要包括纳米铜、纳米铅、纳米锡、纳米锌、纳米镍、纳米铋等。

纳米碳材料：主要包括富勒烯、碳纳米管、石墨烯、金刚石、石墨等。

层状无机物类：主要有 MoS_2、WS_2等。

纳米氧化物：包括二氧化硅、ZnO、Fe_3O_4、PbO、$ZnAl_2O_4$、TiO_2等纳米粒子。

纳米硫化物：MoS_2、ZnS、硫化铜、硫化铅、硫化锰等纳米粒子。

纳米硼系化合物：包括硼酸、硼酸钙、硼酸钾、硼酸镁、硼酸钛、硼酸铜等。

纳米稀土化合物：包括 LaF_3、CeF_3、稀土氟化物、稀土氢氧化物、稀土硼酸盐等纳米粒子。

高分子纳米微球：聚苯乙烯（PS）纳米微球、具有核壳结构的聚苯乙烯/聚甲基丙烯酸酯（PS/PMMA）纳米微球等。

2. 纳米添加剂的制备

纳米添加剂的制备方法主要有液相法、固相法、气相法[2]。

（1）液相法：共同特点是以均相溶液出发，通过各种途径使溶质与溶剂分离，形成一定形状和大小的颗粒，得到所需要的前驱体，热解后得到纳米离子。此方法主要包括溶胶-凝胶法、沉淀法、微乳化液法及水解法等。

（2）固相法：通过固相到固相的变化制备粉体，所得的粉体和最初固相原料可以是同一物质或不同物质。此方法主要包括物理粉碎法和机械合金法。

（3）气相法：直接利用气体或者通过将物质变成气体，使其在气体状态下发生物理或化学变化，最后冷凝凝聚成纳米颗粒。此方法主要包括蒸发冷凝法和溅射法。

3. 纳米添加剂在润滑剂中的分散

纳米尺度的粒子由于表面能高，容易团聚，难以长期稳定分散于润滑油中，这大大限制了其在润滑油中的应用[5]。如何使纳米粒子在润滑组合物中稳定分散不团聚，是制备含有纳米添加剂的润滑组合物的关键技术之一。目前的分散方法主要有三类：物理或机械分散、分散剂分散、表面改性分散。

(1) 物理或机械分散。物理或机械分散是使用搅拌、研磨、超声等手段进行分散的方法。Koziol KK 等通过超声和机械剪切联合的方法，使碳纳米管可以分散在润滑剂基体中[6]。

(2) 分散剂分散。分散剂分散是指根据润滑基体和纳米粒子的性质选择合适的分散剂来提高悬浮体分散性的方法，是一种简单有效的分散方法。美国埃克森美孚公司使用嵌段聚合物作为分散剂，以帮助碳纳米材料在润滑油中的稳定分散[7]。

(3) 表面改性分散。表面改性分散，即通过物理/化学的方法，在纳米粒子表面引入合适的基团以提高其分散性。根据润滑基材的性质以及润滑性能需求，多种多样的基团可以被引入纳米粒子表面。业已受到研究者关注的可用于无机纳米颗粒表面修饰的有机化合物主要包括有机酸、有机胺、有机硫磷酸、聚异丁烯丁二酰亚胺等，其中含硫-磷-氮有机化合物修饰的纳米颗粒作为润滑油添加剂通常表现出更好的抗磨性能和更高的承载能力，而有机酸修饰的纳米颗粒作为润滑油添加剂通常具有环境友好特性[8]。

14.2 纳米添加剂的润滑作用机理[9~11]

1. 起类似微型“球轴承”的作用

纳米粒子近似为球形，它们起类似微型“球轴承”的作用，从而提高了摩擦副表面的润滑性能。在较小的载荷下，当油膜的厚度与纳米颗粒的直径相当时，这些纳米颗粒就会在摩擦表面间滚动，起到“球轴承”的作用，从而减少摩擦磨损。纳米粒子起支承负荷的“滚珠轴承”作用见图 2-137。

分别对二烷基二硫代磷酸(DDP)修饰的 MoS_2 和超分散金刚石粉末(UDP)纳米粒子作为润滑添加剂进行摩擦试验，结果表明它们具备优良的载荷性能和抗磨减摩能力。根据摩擦副表面的分析结果，认为是由于 MoS_2 纳米粒子的球形结构使得摩擦过程的滑动摩擦变为滚动摩擦，从而降低了摩擦系数，提高了承载能力；而在边界润滑条件下，UDP 粒子不仅支承摩擦件的负荷，而且可以避免摩擦副直接接触，当剪切力破坏润滑膜时，UDP 粒子在摩擦副间的滚动作用可以降低摩擦系数，减少磨损。

2. 薄膜润滑作用机理

在摩擦过程中，纳米粒子能填平摩擦表面处，甚至陷入基体中形成薄膜，改善摩擦表面的形貌，降低摩擦系数，减少磨损量，如图 2-138 所示。

把二乙基己酸(EHA)表面修饰的平均粒径为 5nm 的 TiO_2 纳米粒子添加在基础油中，进行四球机磨损试验，并用 X 射线电子能谱(XPS)测试分析摩擦表面。研究认为，表面修饰的 TiO_2 纳米粒子之所以显示出良好的抗磨能力及载荷性能，是由于 TiO_2 纳米粒子在摩擦表面形成一层高温的边界润滑膜，并可以及时填补损伤部位，具有自修复功能，使摩擦表面始终处于较平整的状态。

3. 修复作用机理

这种修复作用理论认为，由于纳米粒子粒径小，在压力的作用下，纳米粒子易沉积于磨损表面微观缺陷区域，从而对磨损表面起到修复作用，如 CuS 纳米颗粒等极细纳米颗粒可以填充在工作表面的微坑和损伤部位。

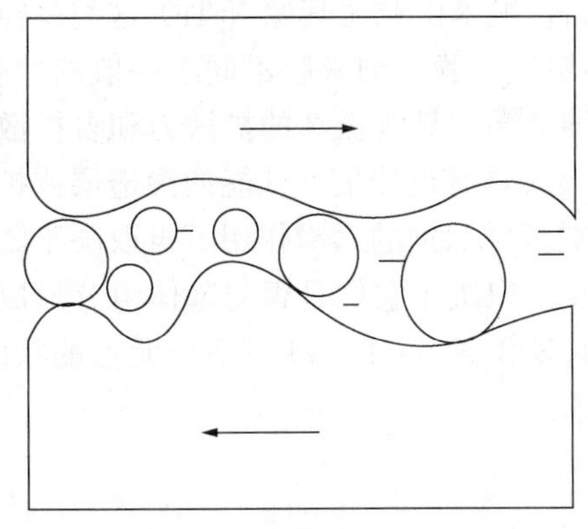

图 2-137 纳米粒子起支承负荷的“滚珠轴承”作用

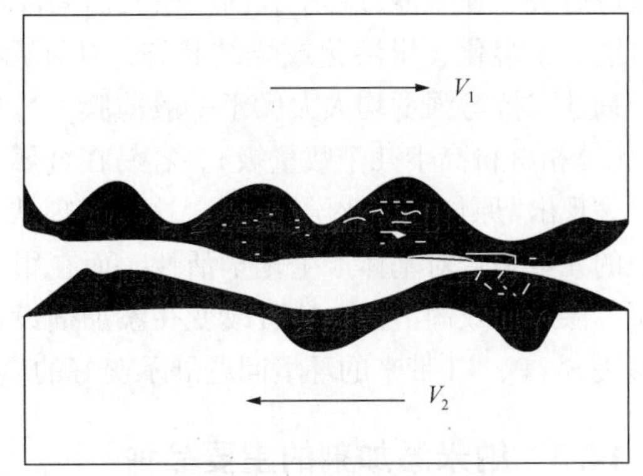

图 2-138 纳米粒子形成致密膜的薄膜润滑作用示意

也有人认为，如果摩擦磨损的零件的某项指标能够反映其新旧程度，并且在添加修复剂后，其旧态指标向新态指标转变，那么就可判定修复剂有自修复效果。有人依据这个观点开展了试验，即利用高精度液压式往复试验机研究了纳米羟基磷酸钙、纳米二氧化钛、纳米氮化钛这 3 种纳米添加剂在润滑条件下 GCr15/45 钢摩擦副的摩擦磨损性能，通过扫描电子显微镜和 EDX(能量色散 X 射线光谱仪)对磨斑进行了微观分析，得到如下结论：纳米添加剂可以降低摩擦副摩擦因数和材料的磨损量，表现出优良的抗磨损性能；3 种纳米添加剂具有不同的自修复机制，其中纳米羟基磷酸钙和纳米二氧化钛的修复机制主要为铺展成膜自修复；而纳米氮化钛为铺展成膜自修复和原位摩擦化学自修复并存；纳米氮化钛的自修复效果最佳，纳米二氧化钛的自修复效果最差。

有人提出了表面修饰有机分子的硼酸盐润滑油添加剂的抗磨减摩机理(见图 2-139)[12]：首先，表面修饰有机分子的超细硼酸盐颗粒吸附在摩擦表面，由于剪切效应，颗粒在摩擦副表面形成非晶态的抗磨沉积膜，从而使剪切阻力减小；与此同时，随着载荷的增大，由于极压效应，含硼添加剂与摩擦副表面发生摩擦化学反应，生成 FeB 膜，从而使表面修饰有机分子硼酸盐添加剂可以实现从低载荷到高载荷的连续润滑。

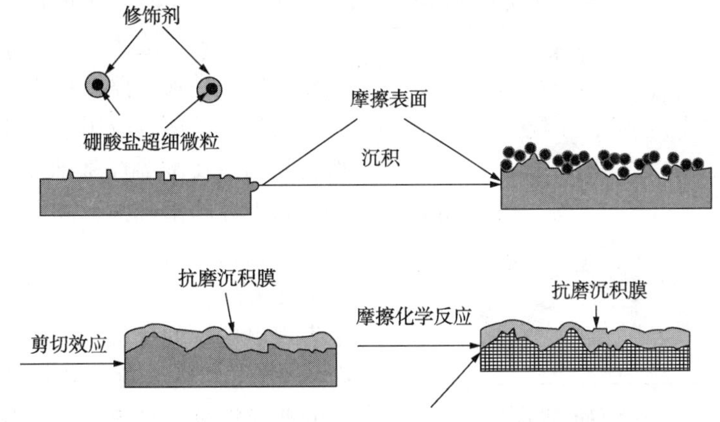

图 2-139 表面修饰有机分子的超细硼酸盐的抗磨减摩机理

还有些研究者认为，纳米添加剂的作用机理不同于传统添加剂，与其本身所具有的纳米效应有关。在摩擦过程中，因摩擦表面局部温度高，纳米微粒尤其像 N_2TiO_2 这类微粒极有可能处于溶化、半溶化或烧结状态，从而形成一层纳米膜。纳米膜不同于一般的薄膜，它的韧性、抗弯强度均大大优于一般薄膜。另外，纳米微粒具有极高的扩散力和自扩散能力(比体相材料高十几个数量级)，容易在金属表面形成具有极佳抗磨性能的渗透层或扩散层，表现出“原位摩擦化学原理”。这种机理认为，纳米添加剂的润滑作用不再取决于添加剂中的元素是否对基体产生化学活性，而在很大程度上取决于它们是否与基体组分形成扩散层、渗透层或固溶体。这可改变在添加剂设计上长期依赖 S、P、Cl 等活性元素的状况，为解决 S、P、Cl 带来的环境问题展示美好的应用前景。

14.3 纳米添加剂的主要品种

14.3.1 纳米润滑剂/极压抗磨添加剂

作为纳米润滑剂及极压抗磨添加剂的有酸、盐、无机纳米粒子、氧化物、硫化物、纳米稀土化合物和纳米金属粉等。

1. 纳米硼酸[13,14]

硼酸普遍作为固体润滑剂使用，当其应用于陶瓷和金属表面时，摩擦系数仅为 0.02~0.1。自然界的硼酸是不溶于矿物油和合成基础油的。过去将微米级大小的硼酸粒子(粒径 1~5μm)分散在矿物基础油中时，其稳定性仅仅能维持几周，因为重力会使这些粒子产生沉淀。近来人们发现，纳米硼酸在润滑剂中更有效(粒径为 50nm 和 100nm)，这些粒子比人类头发宽度的千分之一还小。其在矿物基础油中可以稳定很长时间，但水分会破坏这种稳定性，这是因为水倾向于促进硼酸凝聚成块，凝聚将增大粒子的尺寸。为了长时间保持分散状态的稳定性，需要尽可能除去环境中的水分，同时也可以使用表面活性剂以克服表面凝聚问题。

推测纳米硼酸降低摩擦系数的机理是，形成类似于其他固体润滑剂的成层结构，如二硫化钼和二硫化钨。通过应用显微镜技术和模仿类似于“玫瑰红”的技术已经观察到上述结构。这些纳米微粒的表面是非常有活性的接近碳氢化合物的微粒。纳米硼酸的晶格见图 2-140。

硼酸是一个含有离子键、共价键和氢键的化合物。图 2-140 所示的这种结构能够使纳米硼酸生成表面边界膜，晶格的膜层容易滑到另一层，导致摩擦系数非常低。

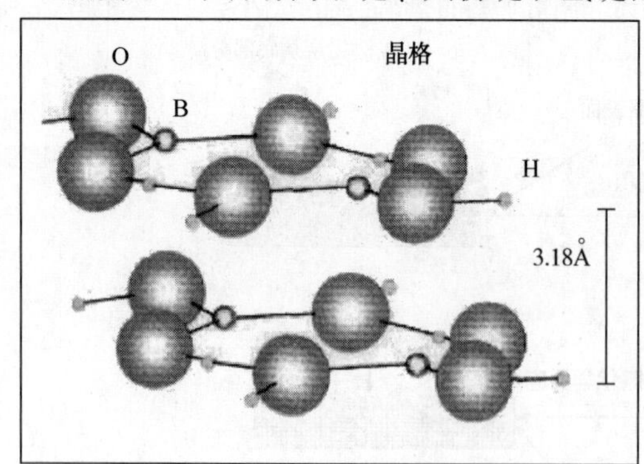

图 2-140 纳米硼酸的晶格

硼酸非常适合应用于 API Ⅰ类、Ⅱ类和Ⅲ类基础油及聚烯烃基础油。硼酸更适合应用于高极性的基础油，如聚乙二醇和多元醇酯。在聚乙二醇中，硼酸有良好的溶解性，在多元醇酯中，硼酸比在碳氢化合物基础油中表现出更好的分散性。硼酸稳定的温度可高达 170℃。纳米硼酸适用于汽车润滑剂配方的普通组分，目前仅发现其与磺酸盐添加剂会产生有害反应。

2. 硼纳米粒基润滑剂添加剂[15]

目前，已经开发了在天然的脂肪酸酯载体中的硼纳米粒基润滑剂添加剂(简称硼纳米剂)。该酯在金属表面的吸附具有高亲和力，并且便于硼纳米剂移动到表面。

硼纳米剂是采用硼酸钾制备的。当硼纳米剂到达金属表面时，硼纳米剂与金属生成能降低摩擦和提供极压性能的螯合膜。在室温时，螯合膜在某种程度上存在；但是在93~260℃时，螯合膜会加速生成。当温度增加时，螯合膜的质量和强度得到改善。

这种硼纳米剂在酯中的分散液具有良好的分散稳定性：在有水存在时不凝聚；不与其他污染物起不利影响；在低和高 pH 值条件下也不受影响。硼纳米剂在分散液 pH 值达到 11 时也是稳定的。在酯中的硼纳米剂可稳定保持 3~4 年。

将硼纳米剂、含硼润滑剂及聚四氟乙烯分别以 3.5%(质量分数)的加剂量加入 100 中性基础油中，考察其摩擦磨损性能。Falex 销和 V 形块试验结果表明，硼纳米剂的失败负荷达到 1814.4kg(4000lbs)，比含硼润滑剂大 3 倍；硼纳米剂的摩擦系数为 0.037，而含硼润滑剂为 0.071；聚四氟乙烯的失败负荷为 1134kg(2500lbs)，摩擦系数为 0.054。

四球磨损试验结果表明，硼纳米剂以 2.5%(质量分数)加剂量加入 10W-40 合成发动机油，可满足 GF-4 规格的要求。在这个试验中，与 2.5%(质量分数)加剂量的 ZDDP(二烷基二硫代磷酸锌)比较，两个添加剂的磨痕直径在 0.35~0.40mm，远小于基础油(无加剂)的 0.85mm。

目前，硼纳米剂在曲轴箱润滑油、齿轮油、润滑脂和金属加工液中获得了应用。在复合锂基润滑脂中，加 3.5%(质量分数)的硼纳米剂能够替代全部抗磨/极压复合剂。在 2%(质量分数)的加剂量水平下，硼纳米剂可以替代发动机初装润滑剂中的传统抗磨复合剂。此外，硼纳米剂没有讨厌的气味，还具有一定的防锈作用，可减少配方中腐蚀抑制剂的加剂量。

3. 无机纳米润滑剂添加剂[16]

无机纳米润滑剂添加剂可吸附在金属表面生成吸附层，在温度和压力增加时降低摩擦和磨损。无机纳米润滑剂添加剂有两方面自动调节的能力：如在柴油发动机中应用时，无机纳米润滑剂添加剂形成平滑的亚微粒膜层，在高温和压力条件下，使粗糙表面间变平；当表面相互作用时，膜层连续不断地被破坏和有效重建。

无机纳米润滑剂添加剂的粒子尺寸的改变取决于应用条件。其原始粒子尺寸为 14nm，但是可能发生从 100nm 到 3nm 的改变。无机纳米润滑剂添加剂粒子的大小直接与相互作用的表面的弹性效应有关。

无机纳米润滑剂添加剂可以加入任何矿物油润滑剂和生物润滑剂中。其主要应用于发动机油和齿轮油，在发动机油中的加剂量为 20μg/L，在齿轮油中的加剂量为 40μg/L；其他应用还包括燃气发动机油和船用润滑油等。

无机纳米润滑剂添加剂的作用机理见图 2-141。

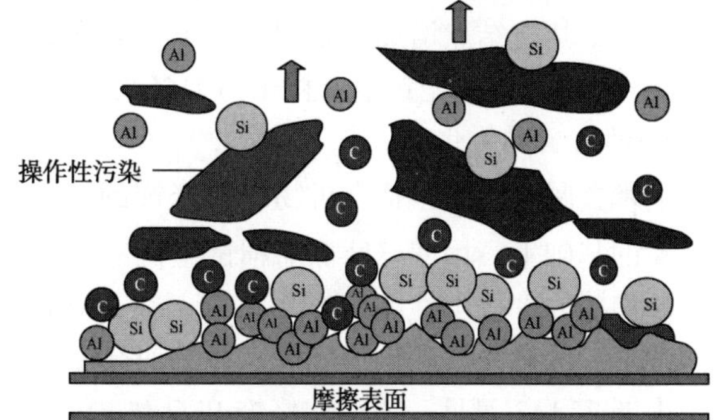

图 2-141 无机纳米润滑剂添加剂的作用机理示意

无机纳米润滑剂添加剂以 10mg/kg

的加剂量加入 10W-40 柴油发动机油中，当负荷从 3400N 增加到 12000N，而摩擦系数从 0.45 下降到 0.12，负荷达到 12000N 时，没有烧结。

无机纳米润滑剂添加剂在 6 缸发动机油、齿轮和辅助的远洋船润滑油中运行了 15 个月，降低了润滑剂和燃料消耗，节省成本达 30 万欧元。

无机纳米润滑剂添加剂的一大优点是延长润滑剂的使用寿命，平均可使润滑剂运行寿命延长 5 倍，但其也存在与水的相容性不好的问题。

4. 二硫化钨纳米粒子[17]

二硫化钨纳米粒子是一系列直径在 60~70nm 的同轴球状物质，这些纳米粒子类似于一个洋葱头(见图 2-142)。当保护层遇到苛刻润滑时，二硫化钨纳米粒子可以散裂或剥落，并且生成保护膜，提供优异的抗磨和极压性能。二硫化钨纳米粒子被应用于各种润滑剂，包括发动机油、齿轮油、链锯油和润滑脂。在这些应用中，纳米粒子成功地分散在矿物油和合成油中。二硫化钨纳米粒子以 5%(质量分数)加剂量在油品中分散时，其在 SRV 试验(ASTM D 5707《用高频率线性摆动试验机测量润滑油脂开裂和磨损特性的标准试验方法》)中体现出对抗磨损性能有改善作用。SRV 试验条件为：应用负荷 200N，50Hz，冲程振幅为 1mm，试验时间 2h。当二硫化钨纳米粒子加入 5W-40 发动机油中时，油品磨痕直径可降低 21%；而在四球磨损试验(ASTM D 4172《润滑液防磨损特性的标准试验方法(四球法)》)中，抗磨损性能提高了 30%。二硫化钨纳米粒子也可以在汽车齿轮油中提供有利的性能。在 5.85 GPa 压力下进行了圆柱球试验，当二硫化钨纳米粒子加入发动机油中，在重负荷汽车 85W-140 齿轮油中运行 2.1×10^6 次循环没有失败。在没有二硫化钨纳米粒子时，齿轮油在 8.0×10^5 次循环后失败，同时也发现了微点腐蚀。

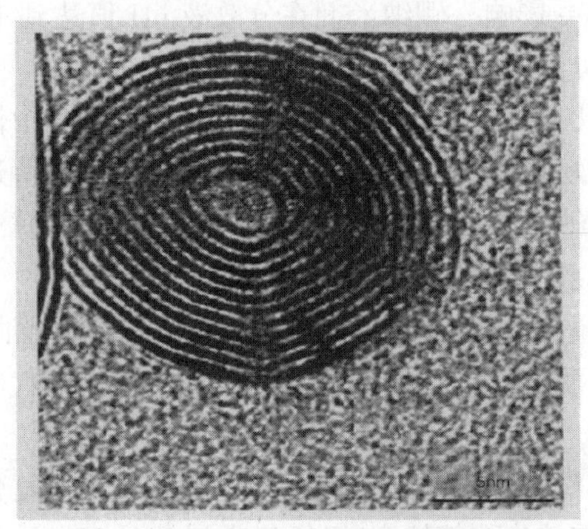

图 2-142　同轴球状二硫化钨纳米粒子

二硫化钨纳米粒子也可以用于提高润滑脂的极压性能。将其以 3%(质量分数)的加剂量加入锂基润滑脂中，在四球极压润滑脂试验(ASTM D 2596《润滑脂极压性能测试方法(四球法)》)中，没有加入添加剂的锂基润滑脂的烧结点为 100kg；将二硫化钨纳米粒子加入锂基润滑脂中，其烧结点增加到 800kg；加 3%(质量分数)二硫化钼于锂基润滑脂中，其烧结点增加到 400kg。二硫化钨纳米粒子与大多数润滑脂的稠化剂兼容。

5. 纳米金属氧化物

纳米金属氧化物包括有机物表面修饰的 PbO、SiO_2、TiO_2 纳米粒子[18]。在合成 PbO 纳米微粒的基础上，用四球摩擦磨损试验机考察了不含任何活性元素的 PbO 纳米微粒作为润滑油添加剂的摩擦学性能和作用机理。在 300N 载荷、含油酸修饰 PbO 纳米微粒的液体石蜡润滑下，摩擦系数和钢球磨斑直径随加剂量的关系见图 2-143。

由图 2-143 可见，当油酸修饰 PbO 纳米微粒加剂量为 0.30%(质量分数)时，可以最大程度地改善基础油的抗磨减摩性能。此时，与未加剂基础油相比，摩擦系数 μ 降低 30%，钢球磨痕直径 WSD 降低 33%，这表明油酸修饰 PbO 纳米微粒可明显提高基础油的抗磨减摩性能和承载能力。

纳米 SiO_2是纳米材料家族中的重要一员，具有低密度、高表面积、低导热系数、高孔隙率等独特的物理化学性质。近年来，已有研究人员将其应用在润滑油添加剂领域。东北大学的霍玉秋等人研究发现，采用正交试验制备的纳米 SiO_2表面含有大量的羟基，这些羟基使得 SiO_2可以在金属表面形成吸附膜，从而在摩擦过程中起到保护金属表面的作用。

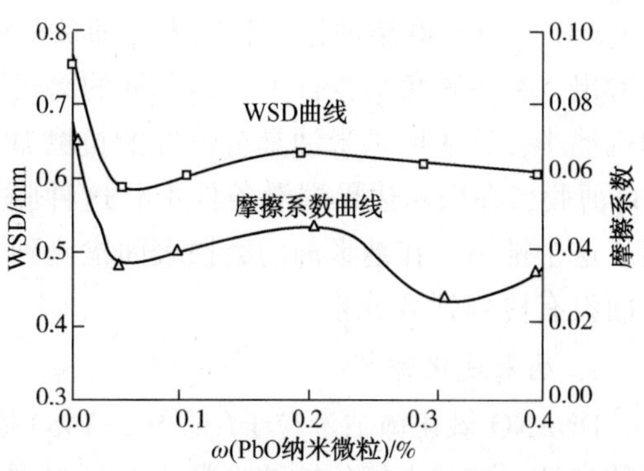

图 2-143 含油酸修饰 PbO 纳米微粒的液体石蜡润滑下摩擦系数和钢球磨斑直径随加剂量的关系

有关有机物表面修饰纳米 TiO_2作为润滑油添加剂的报道有很多，比较有特点的是大连海事大学的孙昂等人利用溶胶-凝胶法制备了硬脂酸修饰的纳米 TiO_2粒子。在万能摩擦试验机上测试了这种纳米粒子的摩擦学性能，结果表明其具有优良的抗磨减摩性能。

6. 纳米氮化硼(hBN)[19]

六方形氮化硼(hBN)也被称为“白色石墨”，因为它有一个类似于石墨的晶体结构(六方形)。hBN 纳米粒子的物理和化学性质见表 2-173。

表 2-173 hBN 纳米粒子的理化性质

项 目	理化性质	项 目	理化性质
外观	白色粉末	硬度/HRC	40
熔点/℃	3000	空气中最大使用温度/℃	1000
平均粒径/nm	70	导热系数/(W/m·K)	27
密度/(kg/m³)	2300	热膨胀系数(25~1000℃)	1×10^{-6}(平行压力方向)

采用超声波均质器将 0.5%(体积分数)的 70nm hBN 纳米粒子分散在 SAE 15W-40 柴油机油(简称纳米油)中，同时用 0.3%(体积分数)的表面活性剂(油酸)预防纳米粒子的沉淀，这种表面活性剂对润滑剂的摩擦性能没有影响。实验室测定的 SAE 15W-40 柴油机油和纳米油的理化性质见表 2-174。

表 2-174 SAE 15W-40 加入 hBN 纳米粒子前后的理化性质对比

项 目	SAE 15W-40	
	加剂前	加剂后
运动黏度/(mm^2/s)		
40℃	106	103
100℃	13.5	14.4
黏度指数	127	131
闪点(开口)/℃	218	218
总碱值(TBN，以 KOH 计)/(mg/g)	7.38	9.58
总酸值(TAN，以 KOH 计)/(mg/g)	4.70	5.63

SAE 15W-40 柴油机油和纳米油随负荷增加的磨斑直径曲线见图 2-144。由图 2-144 可以看出，在各种负荷条件下，纳米油的磨斑直径都比未加 hBN 纳米粒子的 SAE 15W-40 柴油机油小，这表明纳米油具有较好的抗磨减摩性能。这可能是由于在摩擦表面形成了含硼(B)薄膜，在极压边界润滑条件下，这种膜具有低抗剪强度。扫描电镜和能谱分析结果证实了这个推断，在纳米油的磨损表面检测到了 B 元素，而在 SAE 15W-40 发动机油的磨损表面没有检测到 B 元素。

7. 纳米氧化铈[20]

DNANO 氧化铈纳米粒子(见图 2-145)是结合专有超重力沉淀控制技术和分散技术研制出的产品，产品中氧化铈纳米粒子高度结晶，一次粒径小于 100nm。粒子经表面修饰可以分散于各种极性有机溶剂、非极性有机溶剂和水中。

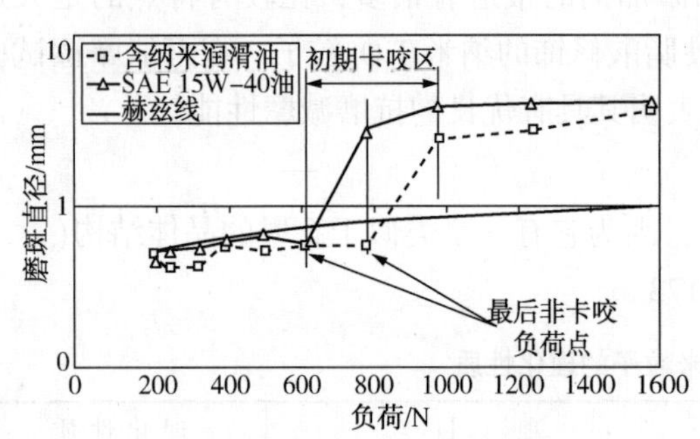

图 2-144 SAE 15W-40 柴油机油和纳米油随负荷增加的磨斑直径曲线

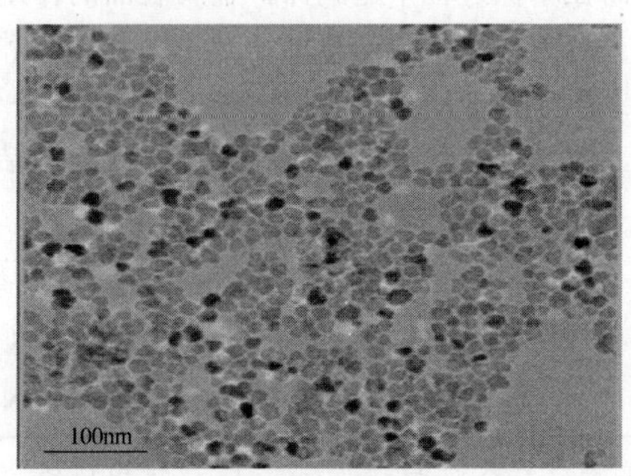

图 2-145 DNANO 氧化铈纳米粒子 SEM 照片

DNANO 氧化铈纳米粒子可以和基础油混合形成 DNANO 氧化铈 Concentrate。加 3%(质量分数)DNANO 氧化铈 Concentrate 于润滑脂中，用四球机测试其抗磨性能，其与 ZDDP(二烷基二硫代磷酸盐)、T321(硫化烯烃)的测试结果比较见表 2-175。

表 2-175 DNANO 氧化铈 Concentrate 和其他添加剂在四球机上试验结果比较

项 目	最大无卡咬负荷 P_B/N	磨斑直径 D/mm	试验方法
无添加剂	294	0.77	GB/T 3142 ASTM D2783
3%(质量分数)DNANO 氧化铈 Concentrate	667	0.45	
1.5%(质量分数)ZDDP 和 1.5%(质量分数)DNANO 氧化铈 Concentrate	706	0.48	
3%(质量分数)ZDDP	618	0.50	
1.2%(质量分数)T321 和 1.8%(质量分数)DNANO 氧化铈 Concentrate	784	0.45	

由表 2-175 可以看出，加入 DNANO 氧化铈 Concentrate 后，最大无卡咬负荷 P_B 达 667N，与加剂前相比提高了 2 倍以上，其磨斑直径也从 0.77mm 下降到 0.45mm。其抗磨性能比 ZDDP 好，与 T321 基本相当。

为了取得最佳效果，DNANO 氧化铈 Concentrate 需要配合其他添加剂一起使用。

8. 纳米稀土化合物：有机物表面修饰的 LaF 、CeF 纳米粒子[18]

稀土化合物的化学稳定性极好，具有良好的润滑性能，但它在润滑油中的分散性很差，限制了其在润滑油中的应用。兰州化学物理研究所利用微乳液法制备了含氮有机物修饰的纳米三氟化镧(LaF_3)，考察了其在润滑油中的摩擦学性能，并对其润滑机理进行了研究。含氮有机物修饰的纳米 La F_3在液体石蜡中具有良好的减摩抗磨性能及较高的承载能力。在相同试验条件下，其在液体石蜡中的减摩抗磨性能优于二烷基二硫代磷酸锌(ZDDP)，承载能力略低于 ZDDP。含氮有机物修饰的纳米 LaF_3与 ZDDP 在液体石蜡中的 极压抗磨性能比较见表 2-176。

表 2-176　纳米 LaF_3添加剂和 ZDDP 在液体石蜡中的极压抗磨性能比较

项　　目	加剂量(质量分数)/%	最大无卡咬负荷 P_B/N	WSD/mm
液体石蜡	100	372	0.71
ZDDP	1	784	0.50
LaF_3	1	375	0.42

9. 纳米金属粉末：有机物表面修饰的铜粉、铝粉、锡粉、铝+锡粉纳米粒子[18]

铜具有优良的传导性、延展性、抗腐蚀性。纳米铜粉在润滑油中的应用得到了广泛的研究。将纳米铜粉作为润滑油添加剂，可阻止磨损和避免润滑表面的划伤，其应用于发动机油能延长发动机的使用寿命。

广州分析测试中心以 $CuSO_4 \cdot H_2O$、$NaHBO_4$ 等为主要原料制备了纳米铜粉，将制备的纳米铜粉添加剂以 3%(质量分数)的加剂量加入到基础油中，在 MS-800 型四球机上检测了油品的抗磨性能，并与不加添加剂的基础油进行了对比，结果见表 2-177。

表 2-177　纳米铜粉添加剂的抗磨性能

项　　目	矿物油 500SN	矿物油 500SN+3%(质量分数)纳米铜粉	试 验 方 法
最大无卡咬负荷 P_B/N	480	800	GB/T 3142
烧结负荷 P_D/N	1 200	2 500	
综合磨损值 ZMZ	21.74	42.58	
磨痕直径 D(400N，60min)/mm	0.749	0.546	
摩擦系数	0.149	0.146	

经过研究，他们还发现：用微乳液法制取的纳米铜粉分散均匀，粒度可控。将纳米铜粉和其他润滑油添加剂进行复配，经研磨制成纳米铜粉润滑油添加剂，能够均匀、稳定地分散在润滑油中。以 3%(质量分数)的加剂量加入到 500SN 基础油中，其最大无卡咬负荷 P_B、烧结负荷 P_D、综合磨损值 ZMZ 分别提高了 80%、108.33%、95.86%；磨痕直径 D、摩擦系数分别降低了 27.10%、2.01%；抗氧化安定性提高了 9 倍；燃油节油率达到了 18.7%。

14.3.2　纳米润滑剂抗氧剂[21]

纳米材料能够作为润滑剂抗氧剂，例如氧化锌纳米粒子能够破坏自由基反应，降低金

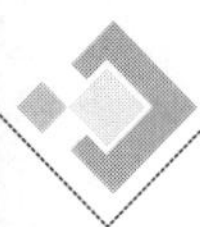

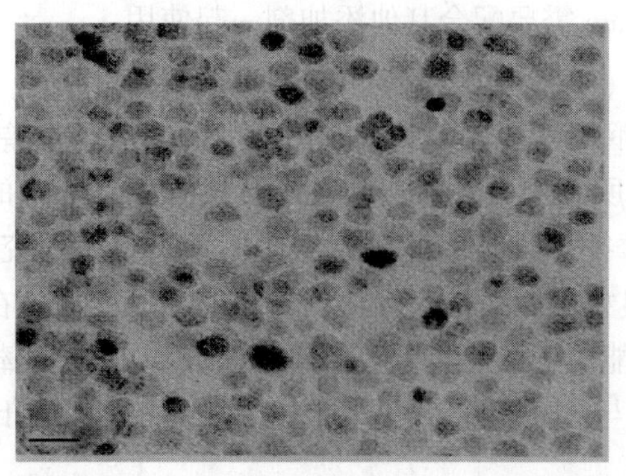

图 2-146 DNANO 氧化锌纳米粒子的 SEM 照片

属离子对烃氧化的催化作用。氧化锌是一种白色无机化合物，它不容易溶解于水和溶剂中。DNANO 氧化锌纳米粒子(见图 2-146)是结合专有超重力沉淀控制技术和分散技术研制出的产品，产品中的氧化锌纳米粒子高度结晶，一次粒径小于 10nm。DNANO 氧化锌纳米粒子可以和基础油混合制成 DNANO 氧化锌 Concentrate (其固含量高达 50%)。由于纳米氧化锌粒子具有较强活性，可以捕捉润滑油长期使用后产生的自由基。纳米氧化锌还是两性化合物，能够中和润滑油氧化生成的酸，因此可以延长润滑油的使用寿命。在润滑脂中加入 DNANO 氧化锌 Concentrate，可以在提高润滑脂稳定性的同时不影响其他性能。与市售氧化锌粉末相比，能显著改善润滑脂的氧化安定性。两者的理化性能比较见表 2-178。

表 2-178 DNANO 氧化锌 Concentrate 与市售氧化锌粉末在润滑脂中的性能比较

项　目	样品 1	样品 2	样品 3
DNANO 氧化锌 Concentrate/%	1.5	—	—
防腐剂/%	2.5	2.5	—
市售氧化锌粉末/%	—	0.8	—
工作锥入度/(0.1mm)	274	283	281
延长工作锥入度/(0.1mm)	306	314	316
四球磨斑直径 D/mm	合格	合格	合格
氧化安定性——压降/kPa	44	60	180/105

DNANO 氧化锌 Concentrate 作为抗氧剂可以用于润滑油脂、电动机润滑油、齿轮油等油品中。

14.3.3 纳米燃料催化助燃剂[22]

DNANO 氧化铈纳米粒子分散在柴油中可以作为燃料催化剂，提高柴油的燃烧效率，减少有害气体的排放，并且更好地保护发动机的金属部件。这主要得益于 DNANO 氧化铈的高比表面积与存氧能力。在柴油中加入 0.01%(质量分数)DNANO 氧化铈纳米粒子，其废气排放指数(FSN)在发动机转速为 3000r/min、4000r/min 时可分别减少 31.3%、37.7%。加与不加 DNANO 氧化铈粒子的废气排放指数(FSN)的比较见图 2-147。

14.4 纳米添加剂研究发展展望[2~3]

将纳米材料应用于润滑体系是一个全新的研究领域。随着纳米科技的飞速发展，纳米材料作为润滑油添加剂已开始显示其优越性能，它可以大大提高润滑油的润滑性能、极压抗磨性能和抗氧化性能。为了进一步推动该领域研究的发展，今后还应在以下方面继续开展工作。

14.4.1 纳米添加剂工艺开发与产业化

纳米材料的比表面能大，容易聚集成大颗粒，因此表现为制成的油品稳定性差，纳米添加剂容易从润滑油中沉淀析出。要获得稳定的含纳米添加剂的油品，目前的研究方向主要集中在两个方面：

(1) 纳米添加剂制备新工艺的研究；

(2) 表面改性(修饰)技术的研究。

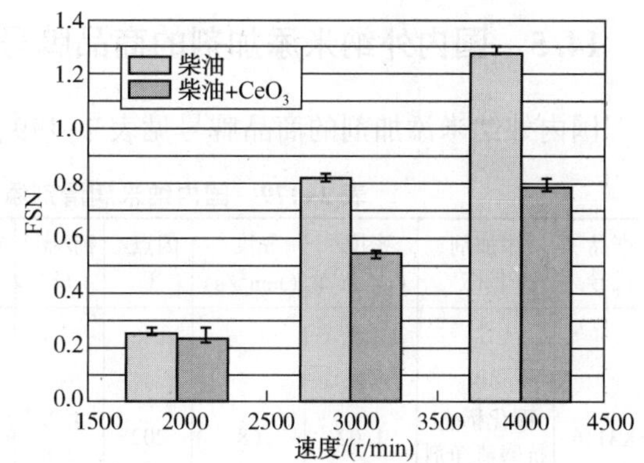

图 2-147 加与不加 DNANO 氧化铈粒子的废气排放指数(FSN)的比较

因此，纳米粒子在润滑介质中的分散稳定性是一个迫切需要解决的问题。这不但需要改进目前的合成方法，以改善其油溶性，还需要合成有效的分散剂和稳定剂。目前对不同纳米粒子的配伍问题的研究还较少，尤其是纳米金属颗粒对油品氧化安定性影响的研究。

14.4.2 纳米润滑油的减摩机理

虽然现有的纳米润滑油减摩机理中有些已经应用于解释各种减摩现象，并且取得了一定成果，但还缺乏进一步的实验验证。

14.4.3 纳米添加剂的复合作用

不同纳米添加剂的复合可以改进润滑剂的润滑性能。一个润滑剂配方是由基础油和多种功能添加剂组成的，如清净剂、分散剂、抗氧剂、防锈剂、抗腐蚀剂等，这就需要纳米添加剂在润滑剂配方中与其他添加剂有良好的兼容及协和作用。因此，不同纳米添加剂复合作用的研究以及纳米添加剂与其他功能添加剂的协和作用研究是研究者未来需要解决的问题。

14.4.4 环保型纳米添加剂

随着全球气候变暖，环保问题已经成为各国政府以及研究者关注的重要课题。为适应环保要求，环保型纳米添加剂的研究与应用也应运而生。目前，环保型纳米添加剂研究的主要方向是采用环保型纳米材料，通过合适的工艺路线以及采用特殊的分散技术和稳定技术，制备环保型纳米润滑剂。

14.4.5 纳米添加剂产品标准化

目前，已经有纳米添加剂产品投放市场，但是并没有统一的纳米添加剂标准。随着纳米添加剂和纳米润滑油、纳米润滑脂研究开发工作的不断深入，相关产品的标准化研究工作已经显得越来越重要。尽快开展相关产品的标准化工作，制定产品标准，规范产品市场，将有助于促进纳米材料在润滑领域应用的健康发展。

总而言之，纳米材料在润滑领域有着广阔的应用前景。大量研究表明，纳米添加剂不仅可以起到抗磨减摩作用，还可以延长器械的使用寿命，减少污染，节约能源，使免维修成为可能。

14.5 国内外纳米添加剂的商品牌号

国内外纳米添加剂的商品牌号见表2-179、表2-180。

表2-179 国内纳米润滑剂添加剂产品的商品牌号(单剂)

产品代号	添加剂名称	密度/(g/cm^3)	黏度/(mm^2/s)	闪点/℃	钙/镧/%	硫/硼/%	TBN/TAN/(mgKOH/g)	主要性能及应用	生产公司
SK3116	硼化稀土抗磨清净剂	1.02	68	202	4.3/2.8	—	176	具有很好的高温清净性、分散性、抗磨性和防锈性，与硫磷型极压抗磨剂有非常好的协同增效性，主要用于内燃机油、螺杆空压机油和防锈油中	青岛索孚润化工科技有限公司
SK3113	油性硼酸减摩抗磨剂	0.88	12.1	207	—	0.53	11.5	可作为通用性油性剂，应用于一切要求降低摩擦阻力、减小磨损程度，节省燃油、电力等动力浪费场所的润滑油脂中	
SK3115	硼化稀土摩擦改进剂	1.03	31	202	1.81	4.42/2.97	2.25(磷)	具有很好的高温抗磨、减摩性、抗氧化性和防锈性，主要用于内燃机油、齿轮油和高温环境的特种油脂中	
SK3118	硼钼稀土摩擦改进剂	1.02	22	196	1.27	6.07/2.25	2.3/2.69(钼/磷)	具有很好的减摩性、抗氧化性和防锈性，主要用于内燃机油和高温环境的特种油脂中	
RST-367	纳米陶瓷	1.28	8	190	—	0.02	—	极压抗磨剂，具有优良的极压抗磨性能，用于内燃机油、齿轮油、液压油等油品	青岛润士通节能油剂有限公司
RST-6012	苯乙烯多烯共聚物	0.84	1225	200	—	12(SSI)	—	黏度指数改进剂，剪切稳定性好，热稳定性好，用于内燃机油	
Moseer 1295	纳米渗硼抗磨分散剂	—	60	≥180	—	≥2.6	≥150	可作为分散剂，用于车用油、工业油中；作为摩擦改进剂，用于要求降低摩擦阻力、节省燃油的电力润滑油脂中	
Moseer 9483	纳米渗硼摩擦改进剂	—	15	180	—	≥2.0	≥100	具有优异的抗磨、减摩、抗氧抗腐性，加入内燃机油，可显著提升极压性能	青岛摩赛尔润滑剂有限公司
Moseer 9760	含硫化合物极压抗磨剂	0.9~1.1	200	—	—	0.5	—	具有优异的极压抗磨性、热氧化稳定性能。加入内燃机油中，可提升发动机动力。加入齿轮油、抗磨液压油中，可增加抗磨修复效果	

续表

产品代号	添加剂名称	密度/(g/cm³)	黏度/(mm²/s)	闪点/℃	钙/镧/%	硫/硼/%	TBN/TAN/(mgKOH/g)	主要性能及应用	生产公司
Moseer 9328	含硫化合物极压抗磨剂	0.9~1.1	200	—	—	0.01	—	具有优异的极压抗磨性，无毒无臭。加入内燃机油中，提升发动机的动力，降低噪声。加入齿轮油、抗磨液压油中，增加抗磨修复效果	青岛摩赛尔润滑剂有限公司
BSD-4815	合成硼酸镧	0.95~1.1	—	195	6(硼酸镧)	—	80	具有高温清净及抗磨性能，用于汽、柴油机油和齿油，在链条油中可很好地控制链条油的结焦，比磺酸钙清净剂更耐高温，清净性更突出	青岛博士德润滑科技有限公司
BSD-4810	硼酸减摩剂	0.90~1.0	—	190	—	2(硼酸)	—	一种新型的防锈和减摩剂，硼酸含量达到2%适合调制高级汽柴机油和齿轮油及防锈油	
BSD-3610B	纳米铜	1.0~1.1	—	180	0.2(铜)	—	1.4	极压抗磨剂，可调制汽、柴、齿油的复合剂及其他特种油品	
BSD-5610B	铜腐蚀抑制剂	0.89~0.95	—	185	3(硼酸镧)	1(硼酸)	—	具有良好的硫化合物对铜腐蚀抑制性能，用于齿轮油	

表 2-180 国内纳米润滑剂添加剂产品的商品牌号(复合剂)

产品代号	100℃黏度/(mm²/s)	闪点/℃	钙/%	钼/%	氮/%	硫/%	磷/%	锌/%	TBN/(mgKOH/g)	主要性能及应用	生产公司
SK58011	58.7	210	3.3	—	0.57	—	1.07	1.23	95	汽油机油复合剂，加 3.2%、4.0% 和 5.3%的量于适当基础油中，可分别满足 SF、SG 和 SJ 发动机油的要求	青岛索孚润化工科技有限公司
SK58020	71.6	208	3.4	—	0.62	—	1.15	1.28	—	汽油机油复合剂，加 7.0%的量于Ⅱ/Ⅲ类基础油中，可调配 5W/40、10W/30 SL 规格的汽油机油	
SK58019	112	202	2.74	0.052	0.81	—	0.89	1.08	87.6	汽油机油复合剂，加 7.7%和 8.6%的量于Ⅲ类基础油中，可分别满足 5W/20 以上多级 SM 和 SN 规格要求	

续表

产品代号	100℃黏度/(mm^2/s)	闪点/℃	钙/%	钼/%	氮/%	硫/%	磷/%	锌/%	TBN/(mgKOH/g)	主要性能及应用	生产公司
SK58156	57.8	213	5.3	—	0.49	—	1.41	1.75	151	柴油机油复合剂，加4.0%和6.5%的量于适当基础油中，可分别满足CD和CF-4规格要求	青岛索孚润化工科技有限公司
SK58122	67	211	3.6	—	0.61	—	1.16	1.39	106	柴油机油复合剂，加9.8%的量于Ⅱ类基础油中，可调配CH-4 10W/40规格要求	
SK58117	83.7	206	3.4	—	0.65	—	1.14	1.39	109	柴油机油复合剂，加11.5%的量于Ⅱ类基础油中，可调配CI-4 10W/30规格要求	
SK58118	181	197	1.28	0.03	1.1	2.1	0.78	0.97	61	柴油机油复合剂，加13.5%和14.3%的量于Ⅱ/Ⅲ类基础油中，可分别满足CJ-4和CK-4 10W/30多级油规格要求	
SK58300	128	207	—	—	1.33	—	—	—	19	二冲程发动机油复合剂，加2.0%、10%和12%的量可分别调制FC风冷、TC-W1和TC-W2水冷二冲程发动机油	
SK58311	52	202	2.92	—	0.57	—	1.91	2.36	83	四冲程发动机油复合剂，加入4.8%、5.3%和6.2%的量于适当基础油中，可分别满足SG、SJ和SL四冲程摩托车机油的要求	
SK58066	113	201	1.51	0.52	1.02	—	0.74	0.93	—	天然气发动机油复合剂，加入11.5%的量于Ⅱ/Ⅲ类基础油中，可调配大功率、涡轮增压的天然气发动机油	
SK58067	82	195	1.32	—	0.74	—	0.77	0.96	—	天然气发动机油复合剂，加入8.9%的量于Ⅱ/Ⅲ类基础油中，可调配低灰天然气发动机油，可满足双燃料轿车油的性能要求	

续表

产品代号	100℃黏度/(mm^2/s)	闪点/℃	钙/%	钼/%	氮/%	硫/%	磷/%	锌/%	TBN/(mgKOH/g)	主要性能及应用	生产公司
SK58571	67.1	205	6.67	—	0.52	—	1.43	1.72	173	中速筒状活塞式发动机油复合剂，加入7.3%的量于适当基础油中，可调配12TBN的船用筒状活塞式发动机油	青岛索孚润化工科技有限公司
SK6109A	44.3(40℃)	112	—	—	0.71	29.3	3.10	—	—	通用齿轮油复合剂，加1.0%、1.5%和3.9%、2.0%的量，可分别调制CKC、CKD工业齿轮油和GL-5、GL-4车辆齿轮油	
SK6110	9.94(40℃)	108	—	—	0.83	27.6	2.76	—	—	通用齿轮油复合剂，加1.0%、1.5%和3.9%、2.0%的量，可分别调制CKC、CKD工业齿轮油和GL-5、GL-4车辆齿轮油要求	
SK7616	77.5(40℃)	163	—	—	0.57	9.7	6.35	—	—	抗磨液压油复合剂，加0.8%~1.0%的量于Ⅱ/Ⅲ类基础油中，可调配各种黏度级别的L-HM、HF-0等规格要求	
SK7618	62.1(40℃)	157	—	—	—	0.9	2.1	0.87	—	无灰抗磨液压油复合剂，加入0.8%~1.0%的量于Ⅱ/Ⅲ类基础油中，可调配各种黏度级别的HF-0规格油要求	
RST-3258	24	190	3.3	—	—	1.8	0.8	0.9	80	通用内燃机油复合剂、加4.0%、4.5%和6.3%的量于合适基础油中，可满足CD/SF、SG/CD和SJ/CF-4规格的油品	青岛润士通节能油剂有限公司
RST-4268	8	170	—	—	—	2	2.3	—	—	车辆齿轮油复合剂，加2.1%和4.2%的量于合适基础油中，可分别满足GL-4和GL-5油要求	

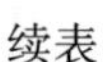
续表

产品代号	100℃黏度/(mm^2/s)	闪点/℃	钙/%	钼/%	氮/%	硫/%	磷/%	锌/%	TBN/(mgKOH/g)	主要性能及应用	生产公司
RST-3298	45	190	4.5	—	—	2	0.79	0.9	106	通用内燃机油复合剂、可调制 CH-4/SM、CI-4/SN 和 CJ-4/SN 油品要求	青岛润士通节能油剂有限公司
RST-4238	6	150	—	—	—	12	1.6	—	—	通用齿轮油复合剂，加 2%和 4%的量于合适基础油中，可分别满足 GL-4 和 GL-5 车辆齿轮油；加 1.2%和 1.5%的量，可分别满足中负荷和重负荷工业齿轮油要求	
RST-5026	8.5	190	—	—	—	3.8	2	1.9	—	抗磨液压油复合剂，加 0.6%~0.8%的量于合适基础油中，可调制抗磨液压油	
RST-5036	8	190	—	—	—	1.2	2.5	—	—	无灰抗磨液压油复合剂，加 0.8%~1.0%的量于合适基础油中，可满足抗磨液压油的要求	
Moseer 21060	≥35	≥190	—	—	—	≥2.1	—	—	≥70	纳米渗硼汽油机油复合剂，加 3.2%、4%和 5.3%的量，可分别配制 SF、SG 和 SJ 规格的油	青岛摩赛尔润滑剂有限公司
Moseer 21066	≥55	≥190	—	—	—	≥1.5	—	—	≥80	纳米渗硼汽油机油复合剂，加 6.5%的量，可配制 SL 级别汽油机油	
Moseer 21070	≥70	≥190	—	—	—	≥1.5	—	—	≥80	纳米渗硼汽油机油复合剂，加 7.5%和 8.5%的量，可分别配制 SM 和 SN 规格油	
Moseer 21158	≥40	≥190	—	—	—	≥2.5	—	—	≥80	柴油机油复合剂，加 3.5%、5.0%和 6.5%的量，可分别配制 CD、CF 和 CF-4 级别柴油机油	
Moseer 21159	≥55	≥190	—	—	—	≥1.9	—	—	≥95	柴油机油复合剂，加 8.0%的量，可配制 CH-4 级别柴油机油	

续表

产品代号	100℃黏度/(mm^2/s)	闪点/℃	钙/%	钼/%	氮/%	硫/%	磷/%	锌/%	TBN/(mgKOH/g)	主要性能及应用	生产公司
Moseer 21160	≥70	≥190	—	—	—	≥1.8	—	—	≥100	柴油机油复合剂，加 9.0%、11.0% 和 13.0% 的量，可分别配制 CI-4、CJ-4 和 CK-4 级别柴油机油	青岛摩赛尔润滑剂有限公司
Moseer 21268	≥55	≥190	—	—	—	≥1.9	—	—	≥90	通用汽柴油机油复合剂，加 4.0% 和 6.5%的量，可分别配制 CD/SG 和 CF-4/SJ 级别通用机油	
Moseer 21278	≥70	≥190	—	—	—	≥1.6	—	—	≥100	纳米渗硼通用汽柴机油复合剂，加 8.0%、9.0%和 11.0%的量，可分别配制 CH-4/SL、CI-4/SL 和 CK-4/SL 规格油	
Moseer 21069	60	185	—	—	—	1.4	—	—	35	双燃料发动机油复合剂，加 5%、7% 和 9%的量，可分别配制 SF、SJ 和 SL/CF 级别双燃料汽油机油	
Moseer 750	—	—	—	—	—	1.5	—	—	200	船用发动机油复合剂，分别加 4%、6%、7.5%的量，可分别调制船用系统油、TBN 为 12、TBN 为 15 的船用中速筒状发动机油。加 7.5%再分别补加 4%、6%和 9%的 T106，可分别调制 TBN 为 25、30 和 40 的船用中速筒状发动机油	
Moseer 53206	7.0~11.0	≥180	—	—	—	≥6.5	—	—	—	无味通用齿轮油复合剂，加 4.0%、2.0%、1.0% 和 2.0%、1.5%、1.0%的量，可分别配制 GL-5、GL-4、GL-3 和 CKE、CKD、CKC 级别齿轮油	
Moseer 53207	≥5.0	≥190	—	—	—	≥1.0	—	—	—	无味通用齿轮油复合剂，加 4.0%、2.0%、1.0% 和 2.0%、1.5%、1.0%的量，可分别配制 GL-5、GL-4、GL-3 和 CKE、CKD、CKC 级别齿轮油	

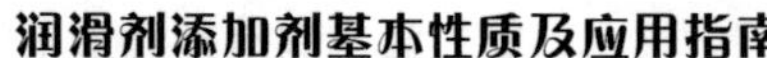

续表

产品代号	100℃黏度/(mm²/s)	闪点/℃	钙/%	钼/%	氮/%	硫/%	磷/%	锌/%	TBN/(mgKOH/g)	主要性能及应用	生产公司
Moseer 53208	≥5	≥120	—	—	—	≥17	—	—	—	通用齿轮油复合剂，加4.0%、2.0%、1.0%和2.0%、1.5%、1.0%的量，可分别配制GL-5、GL－4、GL－3和CKE、CKD、CKC级别齿轮油	青岛摩赛尔润滑剂有限公司
Moseer 53208A	≥5	≥120	—	—	—	≥17	—	—	—	通用齿轮油复合剂，加4.0%、2.0%、1.0%和2.0%、1.5%、1.0%的量，可分别配制GL-5、GL－4、GL－3和CKE、CKD、CKC级别齿轮油	
Moseer 53209	≥4	≥100	—	—	—	≥20	—	—	—	通用齿轮油复合剂(S-P-N-B)，加4.0%、2.0%、1.0%和2.0%、1.5%、1.0%的量，可分别配制GL-5、GL-4、GL－3和CKE、CKD、CKC级别齿轮油	
Moseer 53210	≥4	≥100	—	—	—	≥20	—	—	—	通用齿轮油复合剂(S-P-N-B)，加4.2%、3.9%、2.0%和1.5%、1.3%可分别配制GL－5⁺、GL－5、GL－4和CKE、CKD级齿轮油	
Moseer 5036	7-11	≥140	—	—	—	≥1.5	报告	≥1.1	—	低灰抗磨液压油复合剂，加0.6%和0.8%~1%的量，可分别配制HL和HM、HV级别的抗磨液压油	
Moseer 5786A	≥5.5	≥150	—	—	—	≥4.7	≥3.8	≥2.5	—	抗磨液压油复合剂，加0.6%的量，可配制HM且符合HF-0标准要求的抗磨液压油	
Moseer 5786	≥5.5	≥150	—	—	—	≥8.2	≥4.9	报告	—	抗磨液压油复合剂，加0.6%和0.8%~1%的量，可分别配制HL和HM、HV级别的抗磨液压油	

续表

产品代号	100℃黏度/(mm^2/s)	闪点/℃	钙/%	钼/%	氮/%	硫/%	磷/%	锌/%	TBN/(mgKOH/g)	主要性能及应用	生产公司
Moseer 5039	9~12	≥140	—	—	—	≥1.5	—	—	—	无灰抗磨液压油复合剂，加 0.6% 和 0.8%~1%的量，可分别配制 HL 和 HM、HV 级别的抗磨液压油	青岛摩赛尔润滑剂有限公司
Moseer 5788	≥4.5	≥150	—	—	—	0.6	1.8	—	—	无灰抗磨液压油复合剂，加 0.6% 和 0.8%~1%的量，可分别配制 HL 和 HM、HV 级别的抗磨液压油	
Moser 5435	8~12	≥140	—	—	≥0.3~0.6	≥6.0~7.5	—	—	—	导轨油复合剂，加 2%~3.0%的量，可配制普通液压导轨油	
Moseer 6023	≥实测	≥160	—	—	—	≥1.8	—	—	—	空压机油复合剂，加 0.6%、0.8% 和 1.5%的量，可分别配制 L-DAA、L-DA 空压机油和 L-DAH 回转螺杆压缩机油	

参考文献

[1] 冯荣丰，陈锡添．奈米工程[M]．全华科技图书股份有限公司印行，2003：1-17.

[2] 冯克权，赵志强．纳米润滑添加剂研究状况和趋势[J]．润滑油，2008，23(4)：12-16.

[3] 生物谷．世界及中国纳米技术产业发展情况[EB/OL]．[2017-01-01]．http：//www.bioon.com/trends/news/509713.shtml.

[4] 罗意，杜恭，薛卫国，等．纳米材料在润滑油中的应用研究进展[C]．2019 中国汽车工程学会年会论文集：753-758.

[5] 池雪琴．碳纳米材料在润滑组合物中的分散专利技术综述[J]．中国资源综合利用，2019，37(6)：87-89.

[6] Koziol KK. A method of making carbon nanotube dispersions for the enhancement of the properties of fluids：PCT，WO2009/153576A1[P]. 2009-12-23.

[7] Exxon Res & Eng Co. Lubricant compositions and processes for preparing same：PCT WO2013/181318A1[P]. 2013-12-05.

[8] 刘维民．纳米颗粒及其在润滑油脂中的应用[J]．摩擦学学报，2003，23(4)：265-267.

[9] 朱光耀，朱冠军，顾彩香，等．纳米润滑油添加剂的应用现状与展望[J]．机电设备，2009，26(2)：30-33.

[10] 张华伟．纳米材料作为润滑油添加剂的研究进展[J]．科技成果管理与研究，2009(10)：76-80.

[11] 王晓勇，陈月珠．纳米材料在润滑技术中的应用[J]．化工进展，2001，20(2)：27-30.

[12] 李久盛，许键．纳米硼酸盐作为润滑油添加剂的现状及趋势[J]．润滑油，2015(2)：37-41.

[13] Neil Canter. Friction reducing characteristics of nano-boric acid[J]. Trilobogy & Lubrication Technology,

2008(2)：10-11.

[14] 黄文轩．润滑剂添加剂性质及应用[M]. 北京：中国石化出版社，2012：119-133.

[15] Neil Canter. Boron Nanotechnology-Based Lubricant Additive[J]. Tribology & Lubrication Technology，2009(8)：12-13.

[16] Neil Canter. Inorganic nanolubricant additive[J]. Tribology & Lubrication Technology，2010(7)：12-13.

[17] TECH BEAT. Use of tungsten disulfide nanoparticles as lubricant additives[J]. Tribologys & Lubrication Technology，2012(8)：12-13.

[18] 黄之杰，费逸伟，尚振锋．纳米材料作为润滑油添加剂的应用与发展趋势[J]. 润滑油，2005(2)：22-25.

[19] Muhammad Ilman Hakimi Chua Abdullah. Effect of hexagonal boron nitride nanoparticles as an addictive on the extreme pressure properties of engine oil [J]. Industrial Lubrication and Tribology，2016，68/4：441-445.

[20] 新加坡纳米材料技术公司．D NANO 氧化铈技术参数说明书[EB/OL].[2017-01-01]. http：//nanomt. com/.

[21] 新加坡纳米材料技术公司．D NANO 氧化锌技术参数说明书[EB/OL].[2017-01-01]. http：//nanomt. com/.

[22] Dnano 公司．Dnano 燃油催化助燃剂(DNANO CEAF)[EB/OL].[2017-01-01]. https：//detail. 1688. com/offer/523050999764. html? spm=a2615. 7691456. 0. 0. dDdGHi.

[23] Dnano 公司．极压抗磨剂(DNANO CEAW)[EB/OL].[2017-01-01]. https：//detail. 1688. com/offer/523071362640. html? spm=a2615. 7691456. 0. 0. 79ubAq.

第 15 节　其他润滑剂添加剂

15.1　概况

除了以上 13 类添加剂外，还有黏附剂(Tackiness Agent)、密封膨胀添加剂(Seal Swell Additives)、冲洗油添加剂(Flushing Oil Additive)、防霉剂(Mildew Inhibitor)、杀菌剂(Biocides)、碱储备添加剂(Reserve Alkalinity Additives)、颜色稳定剂(Color Stabilizer)、光稳定剂(Light Stability Agent 或 Light Stabilitier)、工艺加工及油田用添加剂，以及染色剂或着色剂(Dyeing Agent)、脱蜡助剂(Dewax Aid)、各种复合剂的补充添加剂、光亮剂(Brightening Agent)和脱色剂(Decolorizer)等。其他润滑剂添加剂种类不同，其性能也有很大差异，将其主要品种叙述如下。

15.2　黏附剂

为了适应许多工业的应用，润滑油必须不能从轴承上流失或滴落。适合这些目的的润滑油有黏性更大的凝聚力和纤维感。一些黏附剂是皂类化合物，但是普遍应用的是高分子量化合物，如聚丙烯酸酯或聚异丁烯。黏附剂像黏度指数改进剂一样，既增加润滑油的黏度，又提高润滑油的黏度指数，然而黏附剂能增加润滑油一定的黏度，而它增加润滑油的黏附性能超过润滑油变稠的性能。换句话说，黏附剂增加润滑油保留在适当位置的能力远超过增加润滑油的黏度。如果两个成品润滑油，其中一个含黏附剂，并且在相同的操作温度时有同样的黏度，液体的摩擦阻力也近似，但是加黏附剂的润滑油可能漏油或从轴承上飞出的就较少。黏附剂的黏性和纤维感见图 2-148[1]。

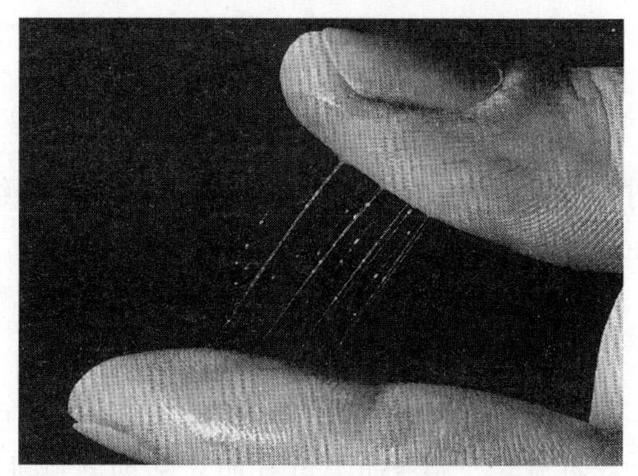

图 2-148 黏附剂的黏性和纤维感

黏附剂主要是一些高分子的聚异丁烯和乙烯-丙烯共聚物化合物，其相对分子质量特别大，通常在 1000000 或更高一些。第一次合成的黏附剂聚合物是 1000000～2000000 分子量的聚异丁烯[2,3]。它的主要作用是增加润滑油的伸长黏性，来改进润滑油在工作表面的滞留时间，减少润滑油的流失和飞溅，从而降低润滑油的损失。一般用在链条润滑油、开式齿轮油、导轨油和润滑脂中。

15.3 防霉剂

防霉剂亦称杀菌剂(bactericide)、抗菌剂(antimycotic agent)，其作用是抑制工业用乳状液中存在的细菌、霉、酵母等微生物引起的各种有害作用。微生物作用于水溶性的切削油、磨削油、液压油或轧制液，容易产生腐败。腐败不仅产生臭味，污染环境，而且使油剂各种性能下降，使被削材料及机械生锈，污染机械，堵塞管线，降低油剂使用寿命。常用的防霉剂有酚类化合物(如邻-苯基酚、邻-苯基酚钠、2,3,4,5-四氯酚、邻苄基对氯酚等)，嗪类化合物[六氢-1,3,5-三(2-羟甲基)-(S)-三嗪、六氢-1,3,5-三乙基-(S)-三嗪]，如加 500～2000μg/g 六氢-1,3,5-三乙基-(S)-三嗪，就可以控制船用发动机润滑剂的微生物污染[2]。

15.4 密封膨胀添加剂[2]

密封调节剂或密封膨胀剂(seal conditioners 或 seal swell additives)可导致橡胶发动机密封件稍微变大(膨胀)，因此预防了泄漏。当系统中一些部件(如密封和垫圈)不能与使用的润滑油液相兼容时，就会发生收缩、膨胀、断裂以及其他方面的恶化。有时在系统中加入少量的芳香族化合物来改善润滑油的密封兼容性能，但芳香族化合物是潜在的致癌性物质，使得用芳香族化合物来改善密封膨胀性的应用逐渐减少。现在需要更多的研究来保证液体与适当密封材料的兼容性以阻止润滑油泄漏，像有机磷酸盐、双酯类油[如 2,2-乙烷基己基癸二酸酯(DOS)、2,2-乙烷基邻苯二甲酸酯(DOP)和己二酸二辛酯(DOA)]等作为密封膨胀添加剂使用。

密封膨胀添加剂在液压油配方中是必需的，因为密封膨胀添加剂有利于减少密封件的形变。然而过量的密封膨胀添加剂可能损害密封件的寿命和密封系统的性能。

正构烃，特别是加氢的矿物油及聚 α-烯烃合成油，对橡胶密封件有收缩作用，密封件收缩后将引起泄漏。为了防止泄漏，添加密封膨胀添加剂是非常重要的，例如将聚 α-烯烃与酯混合就可以达到较理想的密封膨胀性。

15.5 光稳定剂

主要用于塑料、聚酯、环氧醋酸纤维素、聚氯乙烯、聚苯乙烯、有机玻璃、聚丙烯腈树脂等作为光稳定剂，光稳定剂能阻止紫外线对塑料产品导致的光氧化降解，因而使产品在户外的使用寿命大为延长。

15.6 着色剂[4~6]

着色剂主要用于汽油，以示区别该汽油中是否加入了烷基铅抗爆剂。为了宣传的目的和检查泄漏，润滑油中也有加入某种染料进行着色。如一个系统使用两种以上的油品时，加入不同的染料后，就容易判断油的泄漏及混合污染情况。有的油品，如自动传动液，常常加有红色染料。染料也根据雇主的要求提供金属加工液的特殊颜色。其主要实用性是，用水稀释液体，标示产品是存在的，因为这些产品在外观上是清白的，像水一样，着色以示区别。染料是一些油溶性的有机化合物，大多是偶氮化合物的衍生物。染料有固体染料和液体染料两类商品，固体染料是粉末、粒状和珠状的固体，液体染料则是把固体染料溶于溶剂的浓缩液。相同浓度的同一染料在不同溶剂中不一定得到相同的颜色(如染料溶解在高芳烃和石蜡烃基础料中)，人们称这种现象为溶剂效应。红、黄和蓝色是主要的染料，用这三种颜色的染料可配制各种很宽范围的颜色，橙色也可以认为是一个基础染料，从黄到红范围内可产生橙色。染料是否能满足油品的需要，是由它的性质来决定的，色彩和亮度、化学组成、物理状态、在成品汽油中的稳定性、溶解速率、黏度(液体染料)、稳定性(液体染料)和溶解度(粉末和粒状染料)等方面是必须考虑的。如果染料要能满足商品助剂的要求，首先色彩和亮度很重要，加入产品的染料的色度必须有光泽和有吸引力；化学组成对染料的稳定性和互溶有影响，因此应保持化学组成的恒定；油溶性染料在产品贮存中保持稳定(能抗光和抗热)，同时还要求与其他添加剂互溶，如抗爆剂、抗氧剂、金属钝化剂、表面活性剂等。然而，当污染皮肤和油漆时，染料可能具有负面影响。一些水溶性染料是不稳定的，可能变色。一些染料可能通过废水处理系统导致污染。

部分常用的着色剂列入表 2-181。

表 2-181 部分常用的着色剂种类

种　类	化学结构	性能与应用
联苯胺黄 G	Ph—NHCOCH(COCH$_3$)—N=N—C$_6$H$_4$—C$_6$H$_4$—N=N—CH(COCH$_3$)CONH—Ph	淡黄色粉末，熔点 317℃，不溶于水，微溶于乙醇，着色力强，耐晒性好，有较好的透明度，可耐热到 180℃。用于润滑油脂，多用于钙基润滑脂
汗沙黄 10G	Cl—C$_6$H$_3$(NO$_2$)—N=N—CH(COCH$_3$)—CONH—C$_6$H$_4$—Cl	带绿色的淡黄色粉末，熔点 280℃，不溶于水，微溶于乙醇、丙酮和苯，色泽鲜艳，耐光性强，流动性好。用于润滑油脂，如钙基润滑脂着色

续表

种　类	化学结构	性能与应用
油溶黄	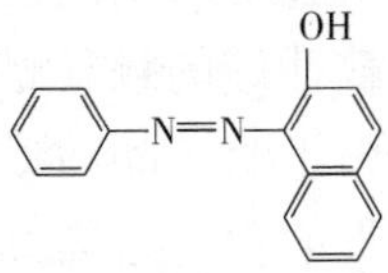	淡黄色粉末，熔点134℃，不溶于水，微溶于乙醇，溶于丙酮和苯，易溶于油脂、矿物油，色泽鲜艳，耐晒牢度较差。用于皮鞋油、地板蜡和油脂着色
油溶红	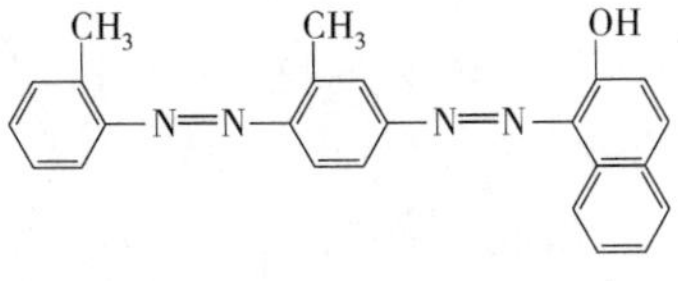	带绿色的淡黄色粉末，熔点184～185℃，不溶于水，微溶于乙醇、丙酮和苯等，耐酸碱性好，可耐热120℃。用于油脂、肥皂、蜡烛、润滑脂和石蜡着色
靛蓝	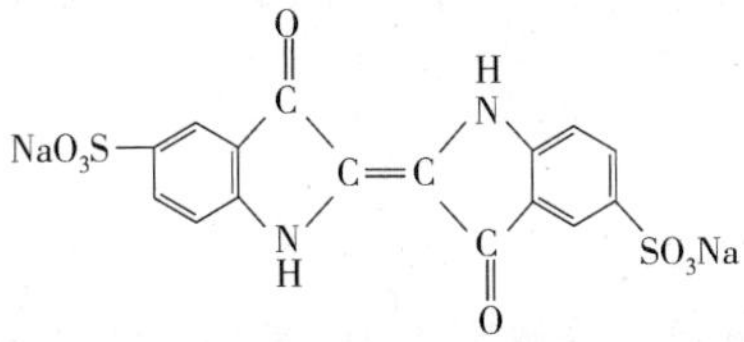	黄色粉末，无臭，溶于水、甘油乙二醇，难溶于乙醇；耐光、耐热性差。用作食用色素，润滑油脂染色剂
燃料绿B	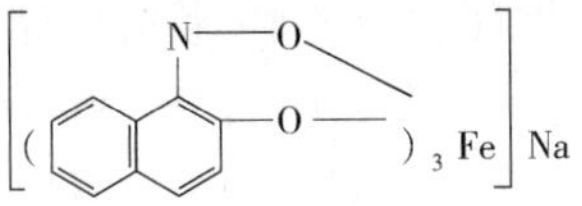	深绿色粉末，不溶于水和一般溶剂；着色力高，遮盖力强，耐油性好，可耐热140℃。用于橡胶、涂料和油墨，润滑油脂着色
萝卜红	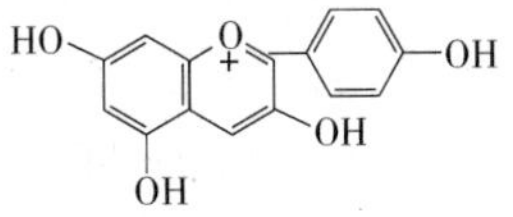	深红色无定形粉末，易吸潮结块；耐热、耐光、耐氧化，着色力高，无毒副作用的天然色素。用作食用、民用和水基润滑剂的染色剂

15.7　脱蜡助剂或脱蜡工艺补充剂

脱蜡助剂又称蜡结晶改进剂(wax crystal modifior)，在溶剂脱蜡过程中使用适当的脱蜡助剂，不仅可以提高过滤速度，还可以提高油收率，降低蜡中含油量。20世纪20～30年代，采用的脱蜡助剂是硅藻土，脱蜡过滤后将硅藻土回收循环使用；20世纪40～50年代，发现烷基水杨酸盐、烷基酚盐、烷基丁二酰亚胺及烷基萘等添加剂都有一定的助滤作用，除烷基萘外，其余添加剂没有得到广泛应用；20世纪60～70年代，脱蜡助剂主要集中在聚烯烃、聚甲基丙烯酸酯、乙烯-醋酸乙烯酯共聚物，这类化合物具有更高助滤效能。1980年以后，仍以聚合物为主，如马来酸二烷基酯-醋酸乙烯酯共聚物、苯乙烯-马来酸酯共聚物[6]、聚甲基丙烯酸酯等，以聚甲基丙烯酸酯居多，其中不少聚合物本身就是降凝剂。在无助滤剂存在下，一个正常的蜡结晶的生长方式，它在 X 轴和 Z 轴方向上的生长速度较快，导致形成大的片状或板状结晶，包油多，渗透性不好。在助滤剂存在时，它对蜡结晶的生长产生了所谓的定向作用，即抑制了蜡结晶在 X 轴和 Z 轴方向上的增长，促进其在 Y 轴方向上的增长。如果有烷基芳香烃类助滤剂(如蜡萘缩合物)存在，它可以吸附在蜡结晶的表面，影响蜡结晶形成薄片。当有两个或更多的芳香核时，它们将分别吸附在不同的蜡片上，

可以把两个以上不同的蜡片连在一起，形成蜡的堆积，使蜡结晶长大。如果有梳状的脱蜡助滤剂分子存在时，如聚甲基丙烯酸酯类，它的分子上有长的侧连，可以与蜡共晶，当它与几个蜡晶共存时，就会把蜡结晶连在一起。由于脱蜡助滤剂在含蜡油冷却过程中所起的成核、吸附和共晶作用，就形成了大小均匀、离散性好的颗粒蜡结晶，便于过滤分离。脱蜡助剂的主要作用是改变蜡结晶的形状和大小，由于蜡结晶的形状和大小的改变，从而改进了脱蜡过程中的过滤速度，既提高了装置的处理能力，又降低了蜡中的含油量，也提高了脱蜡的效率。Evonik 公司的 9 系列就是脱蜡助剂和原油流动改进剂产品。

15.8 复合剂的补充添加剂

补充添加剂又称增强剂(booster)，如工业齿轮润滑油和汽车齿轮润滑油的补充剂，加入后可改进摩擦特性，减少震动和噪声，使乘坐舒适，又减少了机械磨损，延长了设备使用寿命。

15.9 光亮剂

光亮剂是改善淬火油光亮性能的添加剂，光亮性是快速光亮淬火油的重要性能之一。随着热处理工艺的不断改进和发展，对热处理油(尤其是快速光亮淬火油)光亮性能的要求也越来越高。淬火零件在进行淬火之前，温度一般都被加热至 800℃以上。在此温度下，淬火油难免发生分解、聚合、氧化等反应，从而产生少量的非油溶性胶质物质和炭黑等，这些物质会附着在零件的表面，使零件表面失去光泽且影响后续加工。加入具有清净、分散、溶解和置换作用的光亮剂，可以改善淬火油表面的光亮性能[7]。光亮剂一般为山梨糖醇单油酸酯、咪唑啉油酸盐、甲基萜烯树脂、碳原子 12 至 18 的脂肪醇[8,9]。

15.10 脱色剂

润滑油脱色剂主要是用于降低润滑油中有色组分脱除的添加剂，常用的脱色剂为活性白土、凹凸棒石黏土、活性炭、白炭黑，其中活性白土、凹凸棒石黏土效果较好。活性白土是以膨润土为原料，经过人工化学处理加工而成的一种具有较高活性的吸附剂，对于基础油中的氮化物尤其是碱性氮化物吸附能力较强。在不同结构的组分中，白土对组分的吸附能力依次为：胶质、沥青质、芳烃、环烷烃、烷烃[10]。凹凸棒石黏土是一种晶质的水合镁铝硅酸盐黏土矿物，呈青灰色，其主要成分是二氧化硅。凹凸棒石黏土利用其比表面积大、孔穴错综复杂的特点，经过一定的改性后，可很好地与有机物相容，能有效地吸附油品中的色素等杂质，是一种性能优异的吸附剂和脱色剂。凹凸棒土黏土对润滑油的碱氮化合物具有一定的吸附能力，经过吸附后，润滑油的碱氮值有了明显的降低[11]。活性炭脱色能力强，并具有疏水性，能够吸附高分子物质。此外，其对多环芳烃、杂环化合物等也有较强的吸附能力，并且脱色后不会给油品带来异味，能提高油品的稳定性能[12]。最近几年，研究人员开发出新型脱色剂，例如以分子聚合物类为代表的新型吸附材料聚硅酸镁、离子液体对废润滑油进行脱色处理，其中离子液体为[C8mim]BF_4和[Bmim]DBP 效果最佳[12,13]。

15.11　国内外其他润滑剂添加剂的商品牌号

国内其他润滑剂添加剂的商品牌号见表 2-182，国外的范德比尔特公司其他润滑剂添加剂产品的商品牌号见表 2-183。

表 2-182　国内其他润滑剂添加剂产品的商品牌号

产品代号	添加剂名称	添加剂类别	黏度/(mm^2/s)	闪点/℃	钙/%	硫/%	pH 值	主要性能及应用	生产公司
TS-014	顺丁烯二酸酐及特殊助剂	脱色剂	—	≥102	—	—	≥35（酸酐含量）	主要成分是顺丁烯二酸酐及特殊助剂。打破传统酸、碱、白土脱色除臭的复杂工艺，可除去油品中活泼的二烯烃，油品颜色明显改善，并且长期存放不变色	长沙望城石油化工有限公司
POUPC MTD	2,5-二巯基 1,3,4-噻二唑	化学中间体	乳白色-浅黄色粉末	>153	—	58~64	—	其衍生物广泛应用于医药、润滑油脂、金属加工液、橡胶塑料等	太平洋（北京）石油化工有限公司产品
咪唑类油酸盐	—	光亮剂	—	—	—	氮 3-5	PBN/PAN 50~60/40~50	一种极性基较强的大分子化合物，具有较好的浮油分散性、溶解性和置换作用，在淬火油中能防止淬火部件表面炭黑积聚沉淀，从而达到光亮作用。用于淬火油作光亮剂	锦州新兴石油添加剂有限责任公司
Starcide BK	1,3,5-三(2-羟乙基)-六氢-三嗪	杀菌剂	—	—	—	—	9.5~11.5	广谱高效杀菌剂，水基低毒性，用于金属加工液	上海宏泽化工有限公司
Starcide MPF	1,3,5′-三(2-羟丙基)-六氢-三嗪	杀菌剂	—	—	—	—	9.5~11.5	广谱高效杀菌剂，水基低毒性，用于金属加工液	上海宏泽化工有限公司
Starcide MBM	*N*,*N*-亚甲基二吗啉	杀菌剂	—	—	—	—	9.5~11.5	广谱高效杀菌剂，水油均可溶，稳定性和持久性好，用于金属加工液	上海宏泽化工有限公司
Starcide BIT20	1,2-苯并噻唑啉-3 酮(BIT)	杀菌剂	—	—	—	—	8.4~9.4（5%水溶液）	pH 稳定性好，热稳定性好，长效，不含甲醛，用于金属加工液	上海宏泽化工有限公司

续表

产品代号	添加剂名称	添加剂类别	黏度/(mm^2/s)	闪点/℃	钙/%	硫/%	pH 值	主要性能及应用	生产公司
Starcide IPBC30	碘代丙炔基丁基氨基甲酸酯	杀菌剂	—	—	—	—	—	高性能、低毒性杀真菌剂，用于金属加工液	上海宏泽化工有限公司
Starcide SPT40	吡啶硫酮钠	杀菌剂	—	—	—	—	9.5	遇铁离子易变色，用于金属加工液	
Starcide F100	正丁基苯骈异噻唑啉酮	杀菌剂	—	—	—	—	—	高性能、低毒性杀真菌剂，对含磷产品有特效，用于金属加工液	
Starcide F11	增强型异噻唑啉酮衍生物	杀菌剂	—	—	—	—	7.0（0.1%水溶液）	高性能、低毒性杀真菌剂，对含磷产品有特效，用于金属加工液	

表 2-183 范德比尔特公司其他润滑剂添加剂产品的商品牌号

产品代号	化学组成	添加剂类型	密度/(g/mm^3)	100 黏度/(mm^2/s)	闪点/℃	溶解性	性能及应用
Vanlube TK-100	乙丙共聚物溶液	黏附性增强剂	0.88	4500	121	溶于矿物油和合成油，不溶于水	用于导轨油、链条油和润滑脂中，可提高链条油、导轨油和润滑脂的黏附性能
Vanlube TK-200	聚异丁烯溶液	润滑油脂黏附性增强剂	0.9	2400	160	溶于矿物油和合成油	该剂为高分子量、低黏度的 PIB 聚合物溶液，可使润滑脂和工业润滑油黏附于需要润滑和保护的表面，也可作为金属加工液的抗雾剂
Vanlub TK-223	聚异丁烯溶液	润滑脂黏附性增强剂	0.9	7300	160	溶于矿物油和合成油	该剂为高分子量、低黏度的 PIB 聚合物溶液，可使润滑脂和工业润滑油黏附于需要润滑和保护的表面，也可作为金属加工液的抗雾剂
Vanlube 1305	专利配方	补强复合剂	1.0	230	186	溶于全配方发动机油，不溶于水	低灰分、不含磷的发动机油性能强化复合剂，可提高发动机油的燃料经济性、抗氧化性、沉积抑制性能和补强的抗磨性能

参 考 文 献

[1] Exxon Company. Additives: Their Role in Industrial Lubrication[G]. 1973: 20.

[2] Leslie R Rudnick. Lubricant additives chemistry and application (Second Edition) [M]. New York: Marcel

Dekker Inc，2008：357-396.

［3］Dasch J M，Ang C C，Mood M，Knowles D. “Variables Affecting Mist Generation from Metal Removal Fluids”［J］. Lubrication Engineering，2002(58)：10-17.

［4］Ethyl International. “Dyes，Antiknock Service manual”［G］.

［5］DU PONT Petroleum Chemicals. Antiknocks Additives［G］. Petroleum Chemicals Division.

［6］张广林，王国良．炼油助剂应用手册［M］. 北京：中国石化出版社，2003：213-227.

［7］刘风闯．淬火油复合添加剂研究［J］. 润滑油，2002，17(3)：49-53.

［8］王东海，徐莲芬，朱述民．快速光亮淬火油组合物［P］. 中国．CN92104023.7，1992.

［9］刘维民，金芝珊，夏延秋，薛群基．铜管拉拔润滑油复合添加剂［P］. 中国．CN00106668.4，2000.

［10］王延臻，李瑞丽．白土精制对润滑油基础油脱色与脱氮作用的探讨［J］. 石油炼制与化工，2000，31(11)：61-62.

［11］杨会娟，张海荣，郭海军，陈新德．改性凹凸棒土对润滑油的吸附性能研究［J］. 广东化工，2014，16(41)：67-68.

［12］张贤明，董玉，吴云，等．废润滑油脱色技术研究及应用进展［J］. 应用化工，2014，43(6)：1128-1132.

［13］罗力，吕涯．再生润滑油最优脱色效果离子液体的选择［J］. 化工进展，2017，36(6)：2115-2122.

第三章　金属加工液的性能及其应用的添加剂

第1节　概　　述

1.1　概况

金属加工液(Metal Working Fluid)是金属及其合金在切削、成型、防护和处理等过程所用的润滑剂以及防锈、热处理过程中使用的介质，其质量、水平、品质直接影响机械零件的加工质量、生产效率、能耗、材耗及生产环境的改善等。金属加工液是润滑油中的重要品种之一，覆盖 GB/T 7631.5—1989《润滑剂和有关产品(L类)的分类》共 18 组中的 3 组，即 M 组金属加工润滑剂、R 组暂时保护防腐蚀液体和 U 组热处理油液，根据加工工艺类型的不同，可分为金属成型、金属切削、金属防护和金属处理四大类。其中金属成型和金属切削液的需求量占整个金属加工液总量的 80%以上。金属加工液在国外占润滑油总量的 10%以上，在国内也占 5%~6%(见图 3-1)[1]。近 10 年，来全球金属加工润滑剂平均年增长率约 8.5%，中国市场的金属加工油液消费量年均增长率 8%左右[2]。

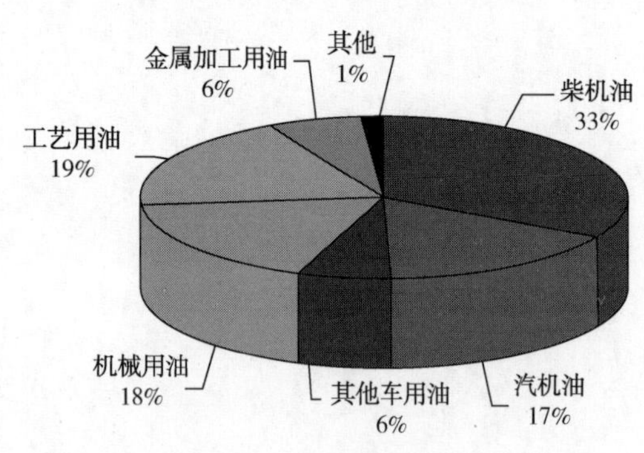

图 3-1　2009 年中国各类润滑油消费比重

2013 年，中国市场金属加工液消费量为 32~40 万吨/年。其中切削油液消费量为 14~16 万吨/年，成型油液 12 万吨/年，防锈油液 3~4 万吨/年，热处理油 3 万吨/年(见图 3-2)。金属加工油液用量虽不少，但品种繁多，批量小，更新快，且油品应用服务要求很高，对废液处理和劳保条件的要求也越来越高。2012 年 Kline 公司金属加工油市场调查报告显示，在中国市场主要金属加工油生产商中，市场份额排名在前 13 位的，其销量总和仅占总量的 1/3，而其他 400~500 家中小调和厂共享着全国市场的 2/3 份额(见图 3-3)。

金属加工液会带来许多负面影响，要使所有负面影响减少到最小，如烟雾导致呼吸问题、皮炎、真菌和微生物的生长，腐败的微生物还会散发出臭气。这些负面影响可能导致雇员健康和安全问题，以及堵塞过滤器和其他操作问题，这些负面影响可加相关的添加剂加以解决。

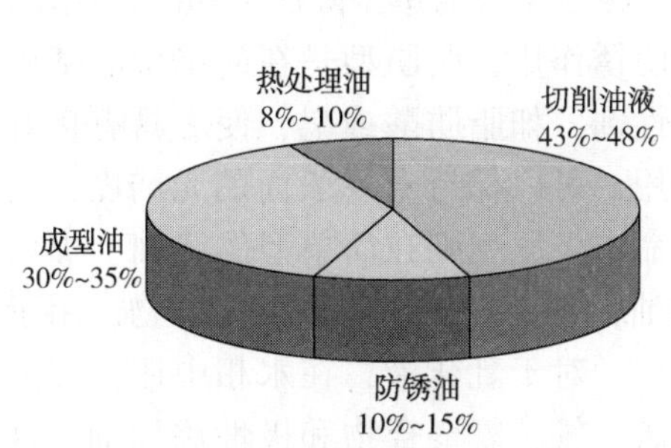

图 3-2 金属加工油分类
数据来源：《2014-2018 年中国金属加工油产业发展深度分析报告》。

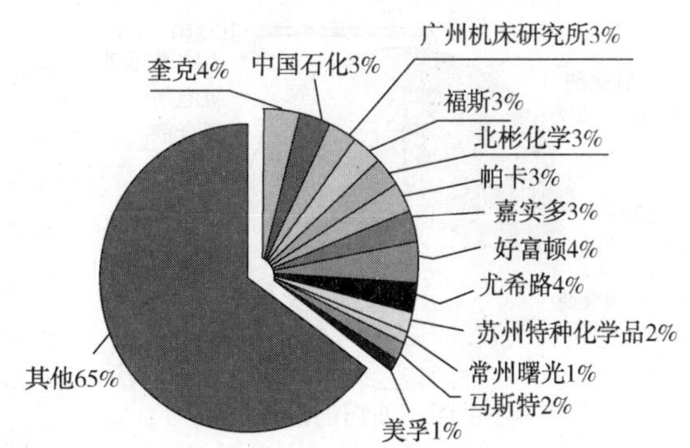

图 3-3 中国市场主要供应商的份额
数据来源：《2012 年 kline 金属加工油市场调查报告》。

1.2 金属加工液的介质形态

金属加工液按形态分为油型(straight oil)、可溶性油(soluble oil)、半合成液(semi-synthetics)和合成液(synthetics)四种。

油型：油型由基础油和添加剂组成，其基础油有矿物油、合成油、聚烯烃、烷基苯酯类油；添加剂有油性剂、极压剂、防锈剂、抗氧剂、抗雾剂等。油型切削油具有良好的润滑性，但是冷却性能较差。其中，普通型切削油由矿物油加防锈剂、抗氧剂及与动植物油复合，用于有色金属及加工条件不苛刻但工件的光洁度要求高的场合；在普通切削油中加入一定量的硫、磷和氯元素后即为极压切削油，它用于加工条件苛刻、硬度较高的金属加工，也用于切削速度较低而光洁度要求较高的场合。

可溶性油：可溶性油由基础油、添加剂和水组成，其基础油有矿物油、合成油；添加剂由润滑性添加剂、极压剂、防锈剂、乳化剂、偶合剂、抗菌剂、抗泡剂组成。可溶性油由矿物油、乳化剂、防锈剂、偶合剂、杀菌剂、防雾剂等组成母液。使用时用水(20∶1)稀释母液，形成不透明的乳化液。其性能具有切削油所具有的润滑性，又具有水所具备的冷却性。可溶性油应用范围广泛，不但用于黑色金属的加工，也能用于有色金属加工，它的 pH 值通常保持在 8~9，一般的车、钻、铣、磨都可以用。

半合成液：由少量的油(10%~30%)、乳化剂(10%~20%)和其他添加剂(10%~20%)组成母液。油基经水稀释成工作液后呈透明或半透明状，半合成液实际上也是一种乳化液，只是其油相的液滴较小(0.06~1.0μm)，看起来呈透明或半透明状。半合成液的润滑性不如可溶性油，但是其冷却性能和清洗性能好，使用于高速切削及磨削加工。

合成液：也称化学型金属加工液，是一种不含油的透明溶液，主要由水和水溶性添加剂(约占 50%)组成。合成液也可以根据加入添加剂的不同而形成不同性能特点的品种，使用时稀释成 2%~10%的水溶液。它具有极好的冷却和清洗作用，原则上讲，凡是乳化液和半合成液可以用的地方都可以使用合成液。合成液容易过滤并能循环使用，不容易变臭且使用寿命长。

三种水基切削液的组成见图 3-4~图 3-6[3]。

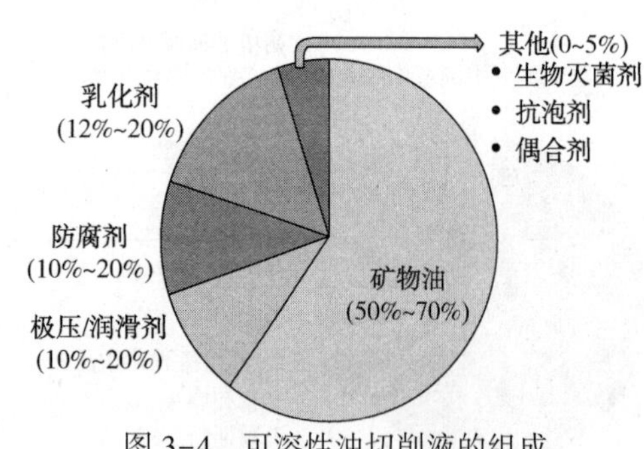

图 3-4　可溶性油切削液的组成

这四类金属加工液又可进一步分为简单型、脂肪型和极压型。简单型除润滑和冷却作用外，还具有防锈作用；脂肪型是在简单型的基础上加入油性剂，如脂肪酸或皂，使之具有良好的减摩作用，可以保持金属表面的光洁度，延长刀具寿命；极压型则在简单型的基础上加入极压剂和油性剂，如硫、磷、氯化合物，用于高负荷操作。对于乳化液，在水相中还要加入水溶性的碳、氢、氧聚合物和极性添加剂。这几类金属加工油液所用的添加剂类型见表 3-1，四种金属加工油液的区别见表 3-2。

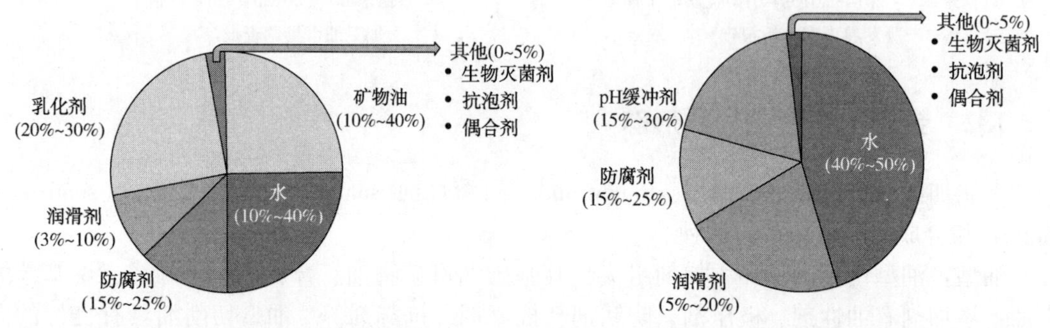

图 3-5　半合成切削液的组成　　　　图 3-6　合成切削液的组成

表 3-1　四种金属加工油液使用添加剂的类型

添加剂	油型			可溶性油			半合成液			合成液		
	简单型	脂肪型	极压型	简单型	脂肪型	极压型	简单型	脂肪型	极压型	简单型	脂肪型	极压型
防锈剂	√	√	√	√	√	√	√	√	√	√	√	√
杀菌剂				√	√	√	√	√	√	√	√	√
乳化剂				√	√	√	√	√	√			
偶合剂				√	√	√	√	√	√			
脂肪酸、皂		√	√		√	√		√	√		√	√
硫、磷、氯及 PEP 极压型			√			√			√			√
水溶性聚合物及极性化合物									√		√	√

表 3-2　四种金属加工油液的区别

种　类	含油量/%	乳化液颗粒大小/μm	外　观
油型	100	—	透明
可溶性油	60~90	>1	乳白色
半合成液	10~30	0.1~1.0	乳状蓝色
		0.05~0.1	半透明灰色
		<0.05	透明
合成液	0		透明

第2节　金属加工油液的分类

2.1　ISO 6743/7分类标准

国际标准化组织(ISO)根据各国的要求，于1980年开展了金属加工润滑剂的分类工作，1986年通过了ISO 6743-7：1986分类标准。该标准将切削和成型两类金属加工润滑剂按用途、性能要求和配方组成分为MH和MA两大类，计17小类。其中MH应用于以润滑要求为主的场合，MA类应用于以冷却要求为主的场合。此两大类金属加工润滑剂可用于切削、研磨、电加工、薄板成型(冲压)、挤压、拉拔、锻造和轧制等8种金属加工工艺。从分类中可看到，每一种小类的润滑剂可以满足一个以上工艺要求，如MHB可以满足6种加工工艺要求，MHE和MAB分别可以满足4种加工工艺要求，从而达到简化品种的目的。表3-3是国标GB7631.5—1989等效采用ISO 6743-7：1986的分类标准，表3-4按使用范围的M组产品品种分类，表3-5和表3-6是纯油型和水溶性金属加工润滑剂所选用的组分类别。

表3-3　润滑剂和有关产品(L类)的分类第5部分：M组(金属加工)

类别字母符号	总应用	特殊应用	更具体用途	产品类型(或)最终使用要求	符号	备　注
M	金属加工	用于切削、研磨或放电等金属除去工艺；用于冲压、深拉、压延、强力旋压、拉拔、冷锻和热锻、挤压、模压、冷轧等金属或成型工艺	首先要求润滑性的加工工艺	具有抗腐蚀性液体	MHA	使用这些未经稀释的液体，具有抗氧性，在特殊成型加工时可加入填充剂
				具有减磨性的MHA型液体	MHB	
				具有极压性(EP)无化学活性的MHA型液体	MHC	—
				具有极压性(EP)有化学活性的MHA型液体	MHD	—
				具有极压性(EP)无化学活性的MHA型液体	MHE	—
				具有极压性(EP)有化学活性的MHB型液体	MHF	—
				用于单独使用或用MHA液体稀释的脂、膏和蜡	MHG	对于特殊用途，可加入填充剂
				皂、粉末、固体润滑剂等其他混合物	MHH	使用此类产品不需要稀释
		用于切削、研磨等金属除去工艺；用于冲压、深拉、压延、旋压、线材拉拔、冷锻和热锻、挤压、模压等金属或成型工艺	首先要求冷却性的加工工艺	与水混合的浓缩物，具有防锈性乳化液	MAA	—
				具有减摩性的MAA型浓缩物	MAB	—
				具有极压性(EP)的MAA型浓缩物	MAC	—
				具有极压性(EP)的MAB型浓缩物	MAD	—
				与水混合的浓缩物，具有防锈性半透明乳化液(微乳化液)	MAE	使用时，这类乳化液会变成不透明
				具有减摩性或极压性(EP)的MAE型浓缩物	MAF	
				与水混合的浓缩物，具有防锈性透明溶液	MAG	对于特殊用途，可加填充剂
				具有减摩性或极压性(EP)的MHG型浓缩物	MAH	
				润滑脂和膏与水混合物	MAJ	

表 3-4　按使用范围的 M 组产品品种分类表①

加工品种工艺	切削	研磨	电火花加工	变薄拉伸旋压	挤压	拔丝	锻造模压	轧制
L-MHA	○		○					○
L-MHB	○			○	○	○	○	○
L-MHC	○	○		○		●	●	
L-MHD	○			○				
L-MHE	○	○		○	○			
L-MHF	○	○		○				
L-MHG				○		○		
L-MHH						○		
L-MAA	○			○				●
L-MAB	○			○		○	●	○
L-MAC	○			●		●		
L-MAD	○			○	○			
L-MAE	○	●						
L-MAF	○	●						
L-MAG	●	○		●			○	○
L-MAH	○	○					○	
L-MAJ				○		○		

①○为主要使用，●为可能使用。

表 3-5　按性质和特性的 M 组产品品种分类表第 1 部分：纯油

符　号	产品类型和主要性质					
	精制矿物油①	其他	减摩性	EP②(can)③	EP②(ca)④	备注
L-MHA	○					
L-MHB	○		○			
L-MHC	○			○		
L-MHD	○				○	
L-MHE	○		○	○		
L-MHF	○		○		○	
L-MHG		○				
L-MHH		○				

①或合成液；②EP 指代极压性；③can 指代无化学活性；④ca 指代有化学活性。

表 3-6　按性质和特性的 M 组产品品种分类表第 2 部分：水溶液

	产品类型和主要性质						
	乳化液	微乳化液	溶液	其他	减摩性	EP①	备注
L-MAA	○						
L-MAB	○					○	
L-MAC	○						

续表

	产品类型和主要性质						
	乳化液	微乳化液	溶液	其他	减摩性	EP①	备注
L-MAD	○					○	
L-MAE		○					
L-MAF		○			○和(或)	○	
L-MAG			○				
L-MAH			○		○和(或)	○	
L-MAJ							润滑脂膏

①EP 指代极压性。

2.2　ASTM D 2881 分类标准

ASTM D 2881—1983 金属加工润滑剂及有关材料分类标准是将金属加工液按其选用的材料分为油和油基液体、乳化液和分散型液体、化学溶液、固体润滑剂和其他等五类(见表 3-7)[4]；而 ASTM D 2881-03 按金属加工液和相关材料分为三个很宽类别：含油液体(petroleum oil-containing fluids)、无油液体(non-petroleum fluids)和固体及半固体材料(solid and semi-solid materials)三类[5]。新分类里取消了油和油基液体后，把油基液体划分到含油液体(可溶性油、半合成油、纯油型)里，把化学溶液改成“无油的合成液”(溶解的合成液、乳化合成液、纯合成液)，意思差不多，保留了固体润滑剂，取消了其他类别。从变化中可明显看出，纯油基加工液的比例减少，水基加工液比例加大，这是因为与油基加工油相比，水基加工液具有环保、廉价、安全(防火性好)、冷却性好等优点，从而促进了水溶性金属加工液的发展。一般水溶性切削(原液)的生产量占总切削油基的 32%，如果用 30 倍水稀释，其实际生产比率约占 93%(这种倾向同美国是一致的，美国约占 95%)[6]，所以金属加工液以油为主逐渐向水基方向发展。

表 3-7　ASTM D 2881—1983 按化学组成分类

类　别	详细内容	
一、油和油基液体	1. 矿物油	
	2. 脂肪油	1)纯脂肪油 2)含氯脂肪油 3)含硫脂肪油 4)含氯、含硫
	3. 复合油	1)矿物油复合脂肪油 2)矿物油复合硫化脂肪油或硫化非脂肪油 3)硫化或氯化矿物油 4)矿物油复合氯化脂肪油或氯化非脂肪油 5)矿物油复合硫、氯化脂肪油、硫、氯化非脂肪油 6)复合 2)、4)的矿物油 7)矿物油脂肪油复合含磷、氮剂或固体润滑剂

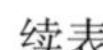

类　别	详细内容	
二、乳化液和分散型液体	1. 水包油型(溶解油)	1)矿物油型乳化液 2)矿物油复合脂肪乳化油 3)重负荷或EP型乳化液
	2. 油包水型	1)矿物油型乳化液 2)矿物油复合脂肪乳化 3)重负荷或EP型乳化
	3. 胶体乳化液	1)普通型 2)脂肪型 3)重负荷或EP型
	4. 分散型	1)物理法分散溶液(液体) 2)物理法分散型(固体)
三、化学溶液(胶体真溶液)	1. 有机型	水溶性有机物低表面张力透明液体
	2. 无机型	—
	3. 混合型	1)高表面张力(>0.045N/m) 2)中等表面张力(0.036~0.044N/m) 3)低表面张力(<35N/m)
四、固体润滑剂	1. 粉状	1)晶体型、石墨、PbS、云母、MoS_2、$CaCO_3$、CaO、ZnO、ZnS 2)聚合物、聚乙烯、PTPE 3)上述1)、2)、3)混合物
	2. 透明膜	1)硼化合物 2)玻璃 3)磷酸盐
	3. 脂和糊状物	—
	4. 干膜	1)粒状涂层 2)树脂涂层 3)透明涂层盐和玻璃类
	5. 化学转化涂层	1)磷酸盐 2)草酸盐
五、其他	1. 氯化非油状物	—
	2. 硫氯化非油状物	—
	3. 上述1和2的混合物	—
	4. 有机物、醇、乙二醇、聚、乙二醇、醚、硫化物以及固体材料	—

ASTM D 2881-03 金属加工液的分类基础如下：

1. 可溶性油(Soluble Oil：)Ⅲ

1）含矿物油液体(Petroleum Oil-Containing Fluids)

① 用水稀释前一般含>30%的油；② 含乳化剂、腐蚀抑制剂和其他添加剂；③ 用水稀释时生成的微乳化液(平均粒子大小>1.0μm)；④ 最终应用时用水稀释。

2）半合成油(Semi-synthetic Oil)

① 用水稀释前一般含≤30%油；②含乳化剂、腐蚀抑制剂和其他添加剂；③用水稀释时生成的微乳化液(平均粒子大小<1.0μm)；④最终应用时用水稀释。

3）纯油型(Straight Oil)

① 含油但基本上没有水；②不能被乳化；③可以含腐蚀抑制剂、润滑性添加剂和其他添加剂。

2. 无矿物油的合成液(Synthetic Non-Petroleum Fluids)

1）溶解合成液(Solution Synthetic Fluid)

① 不含矿物油；②与水混合时生成均相的真溶液(没有胶束)；③最终使用时与水混合。

2）乳化合成液(Emulsion Synthetic Fluid)

① 含乳化剂但没有油；②当添加水时产生乳化液；③最终使用时与水混合。

3）纯合成液(Straight Synthetic Oil)

① 既无油又没有水；②最终使用时没有规定用乳化的水稀释。

3. 固体润滑剂(Solid Lubricants)

1）粉末(Powders)

① 结晶；②聚合型；③磷酸盐。

2）玻璃物质(Vitreous Materials)

① 硼酸盐；② 玻璃；③无定形。

3）润滑脂和糊状物(Greases and Pastes)

① 润滑脂；②分散或溶于非水溶液；③分散或溶于水里。

4）固体膜(Solid Films)

① 粒状涂层；②树脂涂层；③玻璃质涂层。

2.3　日本金属加工液规格标准

日本在 1962 年公布了一个全国统一的比较完整的规格标准 JIS K2241，1986 年公布了新的版本，其具体内容见表 3-8~表 3-10，其中表 3-8 是非水溶液切削液，表 3-9 是水溶液切削液，表 3-10 是一般使用的切削液与 JISK 2241 的关系[7]。

JIS K2241 的油型分类大致与 ISO 类似。油型的 1 类相当于 ISO 的 MHA 和 MHB。2 类的 1~6 号为非活性极压切削油，相当于 ISO 的 MHC 和 MHE；2 类的 11~17 号为活性极压切削油，相当于 ISO 的 MHD 和 MHF。

JIS K2241 的水型分类与 ISO 的分类有较大差别。JIS 的现行标准中只有乳化液和半合成液，没有合成液。原因是 20 世纪 70 年代中期发现在以 $NaNO_2$ 和醇胺为主要成分的合成液

中有致癌物质亚硝酸胺，而又未能找到可代替亚硝酸胺的理想的水溶性防锈剂，故在 1980 年以后的标准中删去了合成液部分。JIS 的乳化液与半合成液各有三个小类，即普通的、极压的与用于有色金属的。

表 3-8　JIS K2241 非水溶性切削液的质量及性质

种类		40℃运动黏度/(mm^2/s)	脂肪油含量/%	氯含量/%	总硫/%	铜片腐蚀		闪点/℃	倾点/℃	耐负荷/(kg/cm^2)
						100℃/1h	150℃/1h			
1种	1号	10 以下	3~8	—	—	—	—	70℃以上	—	1.0 以上
	2号		8~15							
	3号		15 以上							
	4号	10 以下	3~8					130℃以上		1.5 以上
	5号		8~15							
	6号		15 以上							
2种	1号	10 以下		1~5	5 以下	2 以下	2 以上	70℃以上	−5℃以下	2.0 以上
	2号			5~15						
	3号	10~50	3~10	1~5				130℃以上		
	4号			5~15						
	5号		10 以上	1~5						
	6号			5~15						
	11号	10 以下	—	1~5		3 以上	—	70℃以上		2.5 以上
	12号			5~15						
	13号	10~50	3~10	1~5				130℃以上		
	14号			5~15						
	15号		10 以上	1~5						
	16号			5~15						
	17号	50 以上	—					150℃以上	—	

表 3-9　JIS K2241 水基切削液的质量及性质①

种类		表面张力/(Dyn/cm)	乳化稳定度(室温，24h)/mL				不挥发分/%	pH	氯/%	总硫/%	泡沫试验(24h±2℃)	耐腐蚀性(室温 48h)
			水		硬水							
			油层	浅黄色层	油层	浅黄色层						
W1种	1号	—	痕迹	2.5 以下	2.5 以下	2.5 以下	90 以上	8.5~10.5	1~15	5 以下	1 以下	没有变色(钢片)
	2号											
	3号							8.0~11.5				没有变色铝及铜片
W2种	1号	40 以下		—		—	30 以上	8.5~10.5	1~15			未变色(钢片)
	2号											
	3号							8.0~10.5	—	—		未变色铝及铜片

注①：不挥发分、氯、硫含量是指原液，其余是指在 20~30℃室温下，W1 种稀释 20 倍，W2 种稀释 30 倍的水溶液。

表 3-10　一般使用的切削液与 JISK 2241 的关系

<table>
<tr><td rowspan="9">非水溶性切削油</td><td rowspan="7">非活性型</td><td>矿物油</td><td>柴油、机械油</td><td>—</td></tr>
<tr><td>油脂类</td><td>大豆油、牛脂</td><td>—</td></tr>
<tr><td>混合油</td><td>矿物油、油性剂</td><td>1 种 6 号</td></tr>
<tr><td rowspan="4">极压油</td><td>矿物油、油性剂、氯系极压剂</td><td rowspan="2">2 种 1~6 号</td></tr>
<tr><td>矿物油、油性剂、氯系极压剂、非活性硫系极压剂</td></tr>
<tr><td>矿物油、油性剂、非活性硫系极压剂</td><td>—</td></tr>
<tr><td>矿物油、磷系极压剂</td><td>—</td></tr>
<tr><td rowspan="2">活性型</td><td rowspan="2">极压油</td><td>矿物油、油性剂、氯系极压剂、活性硫系极压剂</td><td>2 种 1~17 号</td></tr>
<tr><td>矿物油、油性剂、活性硫系极压剂</td><td>—</td></tr>
<tr><td rowspan="3">水溶性切削、磨削油(液)</td><td>乳化液型</td><td colspan="2">矿物油、表面活性剂、偶合剂、防腐蚀剂、极压剂、油性剂</td><td>W1 种 1~3 号</td></tr>
<tr><td>可溶型</td><td colspan="2">大量表面活性剂、矿物油、极压剂、油性剂、防锈剂</td><td>W2 种 1~3 号</td></tr>
<tr><td>化学溶液型</td><td colspan="2">无机盐、有机胺、表面活性剂</td><td>—</td></tr>
</table>

第 3 节　金属加工液的使用性能

3.1.1　金属切削加工液的作用

金属切削加工有车、铣、钻、切、磨、抛光和电蚀等加工，在切削加工过程中，切削以很大的压力及相当快的速度沿前刀面流出。由于金属的塑性变形，切削与前刀面以及工作件与后刀面的摩擦，在切削过程中要产生大量的热量。据估算，切削过程所消耗的能量只有 1%~3%以残余应力贮存在切削和工件中，97%以上的能量将转化为热量，其中约三分之二是塑性变形的能耗，三分之一是摩擦能耗。由于切削区很小，热量集中，切削与刀具面的温度很高，切削时最高可达 800℃，磨削时可达 1200℃。刀具在高温下硬度和强度都会大幅度下降而使其使用寿命急剧缩短。有人指出，刀具的使用寿命和切削时刀具温度的 20 次方成反比[8]。金属切削液(metal removal fluids)能解决以上问题，其具体作用是润滑、冷却和清洗。

1. 润滑作用

在切削过程中的润滑作用，可以减少刀面与切削、后刀面与加工表面间的摩擦，形成部分润滑膜，从而减少切削力、摩擦和功率消耗，降低刀具与工件坯料摩擦部位的表面温度和刀具的磨损，改善工件材料的切削加工性能(表面光洁度)。

在磨削过程中，加入磨削液后，磨削液渗入砂轮磨粒、工件及磨粒、磨屑之间形成润滑膜，使界面间的摩擦减少，防止磨粒切削刃磨损和黏附切屑，从而减少磨削力和摩擦热，提高砂轮耐用度以及工件表面质量。

2. 冷却作用

在切削过程中产生的热量使工件、刀具(砂轮)温度升高。过高的温度可降低刀具的强度和硬度，造成刀具寿命缩短，而且因热变形影响工件的尺寸精度。

切削液通过减少摩擦和带走热量可以有效降低切削温度，减少工件和刀具的热变形，保持刀具硬度，提高加工精度和刀具的耐用度(延长刀具寿命)。切削液的冷却性能和导热系数、比热容、汽化热以及黏度(流动性)有关。切削液有油基和水基，而水的导热系数和比热容远远高于油，因此水的冷却性能要优于油。

3. 清洗作用

在金属切削过程中，要求切削液有良好的清洗作用。除去切削过程中生成的切屑、磨屑和铁粉、油污和砂粒，防止这些细小颗粒黏结或附着在机床、刀具(砂轮)、工件上，使刀具或砂轮的切削刃口保持锋利，不致影响切削效果。对于油基切削油，黏度越低，其清洗能力越强，尤其是含有煤油、柴油等轻组分的切削油，渗透性和清洗性就越好。对于含有表面活性剂的水基切削液，清洗效果较好，因为它能在表面形成吸附膜，阻止粒子和油泥黏附在工件、刀具及砂轮上，同时它能渗入到粒子及油泥黏附的界面，把这些物质从界面分离，随切削液带走，保持切削液清洁。

4. 其他作用

为了解决切削液带来的副作用，金属切削液要具有防锈性、抗腐蚀性能、抗雾性能、抗腐败和抗泡性能等。因为工件要与环境介质及切削液组分分解成氧化变质的油泥等腐蚀性介质接触而腐蚀，与切削液接触的机床部件表面也会因此而锈蚀。此外，工件在加工后或工序之间流转过程中暂时存放时，也要求切削液有一定的防锈能力，防止环境介质及残存切削液中的腐蚀性物质对金属的侵蚀；还要求切削液在使用过程中无烟、雾或少雾；对细菌和霉菌有一定的抵抗能力不腐败变质和发臭，对人体无危害及无刺激性气味等[9]。此外，为了降低金属加工过程中模具、刀具等工件间的摩擦，提高加工效率和工件表面质量，金属加工对切削液的表面性能有较高的要求，如浸润性能、沉降性能等。这些性能对金属加工液能否起到良好的润滑、冷却、清洗作用至关重要[10]。一般来说，低黏度液体比高黏度液体渗透性好，油基加工液的渗透性比水基加工液渗透性好[11]。研究表明，油基金属加工液产品的黏度越小，金属粉末沉降越快，液体在金属表面吸附、浸润越快，同时水基金属加工液的沉降性能、浸润性能明显优于油基产品[12]。

3.1.2 金属切削液的组成

金属切削液的组成比较复杂，而且切削液的性能要求也在日益提高，特别是安全和环保方面的要求越来越严格，所以许多老的添加剂被淘汰，同时新的添加剂不断涌现，使得切削液的组成结构一直处于不断变化之中。表 3-11 和表 3-12 分别为油基及水基切削液的组成。

表 3-11　油基切削液的组成

成　　分		普通切削液/%	非活性 EP 切削液/%	活性 EP 切削液/%
基础油	矿物油	60~100	40~90	40~90
	硫化矿物油	0	0	40~100
油性剂	脂肪	0~40	10~40	10~40
	其他	0~10	0~10	0~10
极压剂	含硫添加剂	0	0~10	不确定
	硫含量	0	0~2	0.2~5
	含氯添加剂	0	5~40	5~40
	氯含量	0	1~20	1~20
	其他		不确定	
防锈及抗腐蚀添加剂		0~5	0~5	0~5
抗氧剂		0~1	0~1	0~1

表 3-12　水溶切削油剂及代表性添加剂

成分	乳化油/%	半合成液/%	合成液/%	备注
基础油	50~80	0~20	—	机械油
油脂及脂肪酸	0~30	5~30	—	动植物油脂、高级脂肪酸等
极压添加剂	0~30	0~20	—	氯化石蜡、硫化油脂等
胺、无机碱	0~5	10~40	10~40	三乙醇胺、氢氧化钾等
表面活性剂	15~35	5~20	0~5	脂肪酸皂、聚氧化乙烯衍生物等
有机防锈剂	0~5	5~10	0~20	羧酸盐、胺的衍生物等
无机防锈剂	—	0~10	0~20	磷酸盐、硼酸盐
杀菌剂	2 以下	2 以下	2 以下	三嗪类化合物等
非铁金属防腐蚀剂	1 以下	1 以下	1 以下	苯并三唑等
抗泡剂	1 以下	1 以下	1 以下	聚硅氧烷乳化液
水	0~10	5~40	20~50	
标准稀释倍数	10~50	30~80	30~100	—
适用加工	一般切削加工	切削、磨削加工	磨削加工	

在普通型切削油中加入一定量的含硫、磷、氯等元素的极压剂即为极压切削油。其中含硫极压剂的切削油对铜有较强腐蚀性，也就是说其中的硫比较活泼，故此类切削油又被称为活性极压切削油；极压剂中硫不够活泼或未加含硫极压剂的，称为非活性极压切削油。含硫添加剂有非常好的切削性能，硫的活性越高切削效果越好。活性极压切削油适合于加工条件苛刻、硬度较高的金属加工，也用于切削速度较低而光洁度要求较高的场合，如拉削、攻丝等。由于硫、氯等极压剂易造成生锈、腐蚀等问题，所以不适用于铜等有色金属的加工。此外，在高速切削时，由于切削区温度较高，加有较多极压剂的切削油会引起刀具的化学磨损，降低了刀具寿命，因此并非在一切场合都适合选用极压性较高的切削油。

近年来，金属切削液的绿色环保作用日益得到人们的认可和重视。绿色环保型金属切

削液的研究、开发和应用已经成为机械行业的重要方向。在添加剂方面，主要表现为替代氯化石蜡、降低有机胺和含磷化合物的添加量。氯化石蜡作为极压抗磨剂用于切削液组分，由于存在致癌风险和后处理污染环境等缺点，替代该物质已成为未来的发展趋势。降低有机胺和含磷化合物的添加量有助于减轻该类物质导致水体污染和富营养化的风险。因此，使用无氯、低磷、低氮已成为未来环保切削液的发展方向[13,14]。

3.2 金属成型加工液

金属成型加工有锻造、轧制、挤压、拉拔、薄板成型等加工。金属成型加工与金属切削加工不同，金属切削成型即金属切削过程，如车、铣、钻、切磨、抛光加工等，都是以一定的速度和足够大的力通过某种工具或研磨对材料进行加工，将多余部分以金属碎屑的形式除去成型，所以又称有削成型；而金属成型加工从热熔金属到成品的完成，一般加工工序是铸模成型，即通过轧、拉拔、挤压等手段，通过塑性变形改变金属毛坯形状，使加工件从厚变薄或从粗变细而成型为产品，又称无削成型。金属成型加工液的作用如下。

3.2.1 减少或控制摩擦

对被加工金属和工(模)具起润滑、冷却等作用从而减少动力消耗。不同的工艺种类对控制摩擦的要求有所不同，降低摩擦可降低所需功率，使材质产生更均匀的变形。例如在拔丝和深拉过程中，减少摩擦可降低拉力，可以防止产品的断裂或增大每个加工道次的变形量，从而提高效率。但在轧制过程中，过小的摩擦系数会造成轧辊“咬”不住坯料的现象。挤压和深拔润滑剂是另外的精确控制摩擦的临界需要的例子。应用在挤压和深拔过程中的润滑剂操作必须控制加工件和冲模及工具之间的摩擦，使冲模及工具的磨损减少到最小，保护金属的固定夹具和控制加工件的温度。太小的摩擦导致加工件不能正确地变形成冲模和工具的形状，太大的摩擦导致在不正当的位置延伸得太薄，可能导致加工件撕裂开[15]。

3.2.2 具有良好的成膜性

生成的膜能分开膜具与工件表面，防止金属与金属接触，这对降低模具磨损有利。膜厚不一定相同，只要能保护表面不致受到磨损颗粒的磨损就行。

3.2.3 减少模具磨损和延长工模具使用寿命

降低模具磨损和延长使用寿命的同时改善了加工金属表面质量和公差，并提高了光洁度。

3.2.4 控制表面温度

控制加工件在加工过程中的热量损失所造成的温度梯度以减少加工变形，对冷却加工过程中产生的热量，起均匀的散热作用。

3.2.5 保护加工金属表面不受氧化或锈蚀

以上是对成型加工液的整体性的要求，对某一个具体加工过程，其侧重点可能有很大的不同，详见表3-13[16]。

表 3-13　五种成型加工工艺对金属成型加工液的要求

工　艺	对金属加工液的要求
冲床、拉伸	1）较低的摩擦系数和良好的离型性 2）良好的附着性和延伸性 3）易于清洗，对后续工序无不良影响
挤压	1）较高的承载能力 2）良好的黏附性，在工作条件下不被挤掉 3）良好的延伸性，“瞬时”能覆盖裸露新生面 4）低的摩擦系数
拉拔	1）良好的润滑性 2）良好的冷却性 3）不污染制品与环境
锻造、模锻	1）良好的高温成膜性和脱模性（热模锻时） 2）良好的热稳定性 3）良好的冷却性和隔热性能 4）良好的润滑性
轧制	1）适度的摩擦系数 2）对于冷轧退火后的制品不生成班迹

第 4 节　金属加工液用添加剂

4.1　概况

金属加工液使用的添加剂与其他油品所用添加剂很不相同，金属加工液常用的添加剂有乳化剂、偶合剂、净水剂/软化剂（螯合剂）、碱贮备添加剂、抗烟雾添加剂、抗细菌的杀菌剂、催冷剂等，就是与润滑油通用的边界润滑添加剂、极压抗磨添加剂、防锈剂、腐蚀抑制剂、抗氧剂、金属减活剂、抗泡剂也有差别。比如含硫的极压抗磨添加剂，其他润滑油使用活性硫低的产品，而金属加工液经常用高活性硫的产品。金属加工液常用的油基和水基金属加工液所用的添加剂见表 3-14 和表 3-15。

表 3-14　油基金属加工液常用添加剂

添加剂类型	化　合　物
油性剂	动物油、植物油、脂肪酸、高级脂肪醇、合成酯
极压抗磨剂	氯化石蜡、氯化脂肪、硫化脂肪、硫化烯烃、硫化矿物油、硫醚、磷酸酯、亚磷酸酯和超碱值的磺酸盐（PEP）
防锈剂	磺酸盐、羧酸盐、环烷酸盐、磷酸盐、醇胺盐、硼酸盐、钼酸盐、多元醇酯、羧酸、胺类、苯并三氮唑、噻唑类等
抗氧剂	屏蔽酚、胺类、含硫化合物
抗烟雾剂	乙烯、丙烯共聚物和聚异丁烯
降凝剂	烷基萘、聚甲基丙烯酸酯
抗泡剂	有机硅、丙烯酸酯共聚物

表 3-15　水基金属加工液常用添加剂

添加剂类型	化　合　物
油性剂	油脂类：动物系油脂、植物系油脂 酯类：米糠油甲酯、棕榈油甲酯等
极压抗磨剂	氯系：氯化石蜡、氯化脂肪酸酯、氯化脂肪酸 硫系：硫化脂肪、硫化矿物油、硫化物、硫、氯化油脂 磷系：磷酸盐、亚磷酸盐 其他：有机金属化合物、硫代磷酸盐、钼化合物和超碱值的磺酸盐等
表面活性剂	阴离子系： 脂肪酸衍生物：脂肪酸皂、环烷酸皂 硫酸酯型：长链醇硫酸酯、动植物油的硫酸化油酯 磺酸型：磺酸盐等 非离子系： 聚氧化乙烯系：聚氧化乙烯烷基苯基醚、聚氧化乙烯单脂肪酸酯 多价醇：山梨糖醇酐单脂肪酸酯(司本-80) 烷基醇酰胺：脂肪酸二乙醇酰胺等
防锈剂	磺酸盐、环烷酸盐、羧酸、胺类、磷酸盐、醇胺盐、硼酸盐、钼酸盐等
碱储备添加剂	链烷醇胺、单乙醇胺、三乙醇胺、氨甲基丙醇、2-(氨基乙氧基)乙醇和磺酸盐等
偶合剂	异丙醇、乙二醇、多元醇
抗烟雾剂	聚环氧乙烷
抗泡剂	有机硅、高级醇、聚醚等
杀菌剂	甲醛缩合物：三嗪(六氢化-1,3,5-三[羟乙基]-S-三嗪)、噁唑烷4,4-二甲基-1,3-噁唑烷、7-乙基双环噁唑烷、三羟甲基-硝基甲烷、六氢-1,3,5-三(2-羟甲基)-(S)-三嗪、六氢-1,3,5-三甲基-(S)-三嗪、六氢三嗪噁唑啉等 酚类化合物：2-苯基-苯酚(OPP)及其钠盐、4-氯-3-甲基-苯酚、邻-苯基酚、邻苯基酚钠、2,3,4,5-四氯酚、邻苄基对氯酚

4.2　边界润滑性添加剂

边界润滑性添加剂(Boundary Lubricity Additives)或称油性剂(Oiliness Additives)、摩擦改进剂(Friction Modifier)，是通过吸附在金属表面上生成膜以减轻金属与金属接触来提高液体的润滑性。这些具有代表性添加剂的结构具有吸附于金属界面的极性头和与矿物油或水兼容的烃尾。润滑剂的作用是，能降低加工过程中的摩擦阻力和工具磨损，获得更好的加工精度和表面质量，延长工具使用寿命。典型的化合物有动物油、植物油、脂肪酸、脂肪酸酯、高级脂肪醇、合成酯等。

4.3　极压添加剂

极压添加剂(Extreme Pressure Additives)是一些特殊的与金属表面反应的边界润滑性添加剂，而不是吸附在金属表面。在苛刻的金属加工条件下，极压添加剂的加入将使刀具和加工件间形成金属盐层或物理屏障。生成的金属盐层起屏障作用来降低摩擦、磨损和损害。

有四种主要类型的极压添加剂，它们是含氯、磷、硫为基础的化合物和超碱值的磺酸盐。前三个极压添加剂的作用机理是，在特殊的温度范围内活性元素与金属表面反应。与边界润滑添加剂比较，操作的环境温度高达 200℃，含氯的添加剂的活化温度在 180℃ 和 420℃之间，含磷添加剂操作温度更高，含硫添加剂甚至高达 1000℃。典型的化合物有氯化石蜡、氯化脂肪、硫化脂肪、硫化烯烃、磷酸酯、亚磷酸酯和超碱值的磺酸盐。极压添加剂提供使金属与金属接触和改进刀具寿命所需要的性能。

极压添加剂可以不要求加工点提高到活化的特定添加剂的温度，例如使用水溶性硫化添加剂。在不苛刻的应用中，水溶性硫化添加剂将不能活化，因为稀释应用时的水含量较高；当配制成半合成金属加工液时，特别是在拉拔和冲压过程中，在苛刻应用中，水溶性极压添加剂是有效的[17]。

含氯极压剂，以氯化石蜡为代表，有较好的极压性能，用于一般加工，包括重负荷拉伸和冲剪，也适合不锈钢加工。但氯化石蜡安定性较差，易水解，对金属有腐蚀作用，而氯化物最严重的缺点是环保与毒性问题。不同的规章标准控制着全世界的氯化石蜡的应用。氯化石蜡应用的决定是以国家利益为基础的。配方设计师必须从地区和全世界的观点来决定他们产品的生产线并判断使用氯化石蜡的方式。影响在润滑剂中应用所有添加剂的驱动力是众所周知的 REACH（Registration，Evaluation and Authorization of Chemicals）新的法规系统[18,19]，REACH 是在 2006 年 12 月由欧洲联盟制定的。欧盟认为，最广泛应用的中等长度链的氯化石蜡将毒害海洋生命。

含硫极压剂主要有硫化脂肪（动植物油）、硫化脂肪酸酯、硫化烃类、硫化聚合酯、烃基多硫/聚硫化物、水溶性硫化物等，用于研磨油、珩磨油、拉拔油、切削油、深孔钻油、轧制油等。硫化物的极压活性强度是添加剂硫含量的函数，通常高硫含量的添加剂比低硫含量添加剂的极压性能更高。因此，总硫含量和活性硫含量的多少决定含硫添加剂的使用范围，因为不同结构和硫含量的添加剂在不同温度下释放活性硫的速度及量是有差异的。当温度从 60℃增加到 250℃的时候，三硫化物和五硫化物间的热活性是不同的（见图 3-7）。温度增加导致产生的活性硫就越多。在高温时，三硫化物释放的活性硫的速率比五硫化物慢。因此五硫化物最好用于硫必须容易利用的低速高扭矩的金属加工操作，而三硫化物最好用于高速金属加工操作[17]。

含磷极压剂，主要有油溶性磷酸酯/亚磷酸酯、水溶性磷酸酯。磷极压剂有良好的极压和抗磨性能，可用于冲压油、轧制油、深孔钻油。

在新技术研究过程中发现，碱性磺酸盐（包括 Ca、Ba、Na）可用作清净剂，中性磺酸盐可用作防锈剂，在金属切削过程中，它们同样具有极压抗磨作用，其效果不亚于含 S、P、Cl 元素的极压抗磨剂。其作用机理显然不是和金属表面生成化学反应膜，估计是一种物理覆盖的碳酸盐保护膜，具有低的剪切强度。超碱值的磺酸盐是含有胶状的碳酸盐分散在磺酸盐内部，在与铁相互作用的时候，胶状的碳酸盐将生成的膜在金属表面间可以充当屏障，沉积膜的厚度可达 10~20nm[20]。它可以减少摩擦、防止熔接，还可以中和酸性污染物，对金属不产生腐蚀，同时不造成环境污染，容易通过环保规定。这种极压

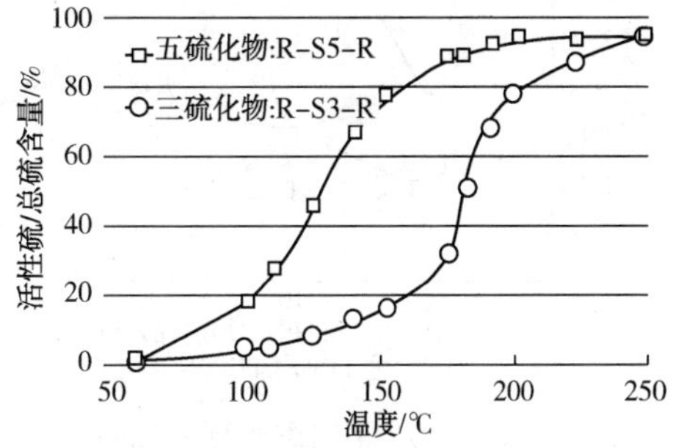

图 3-7　复合 EP 添加剂：分子结构控制性能

抗磨剂被称为惰性的极压抗磨剂(Passive Extreme Pressure，简称PEP)。根据不同的使用要求，这类磺酸盐根据相对分子质量、烷链长短与支链度、芳基的性质、阳离子、碱值大小，根据稀释剂的不同还可以分为不同的品种牌号，形成系列产品。一般来说，作为极压剂使用，需要相对分子质量比较高、碱值比较大的磺酸盐；超碱值磺酸盐生成膜的过程与以氯化物、硫化物和磷化物为基础的添加剂相比不同，其不依赖于温度。据报告，碳酸盐膜生成温度在500℃以下。在难加工的油型切削液中均复合PEP添加剂，这种添加剂单独使用效果不好，必须和硫、磷、氯型极压抗磨剂复合使用。PEP添加剂可以取代含氯添加剂用于低速、高负荷、钛与不锈钢硬金属加工。PEP单独使用及与硫烯复合用于攻丝加工中与其他添加剂对比分别列于图3-8和图3-9中[4]。从图3-9可看出，四种EP添加剂在攻丝加工中，磺酸钠的效率最高，氯化石蜡最差；在复合硫烯后，其攻丝效率顺序不变，仍然是磺酸钠最好，氯化石蜡最差，不同的是，其效率都有很大的提高。

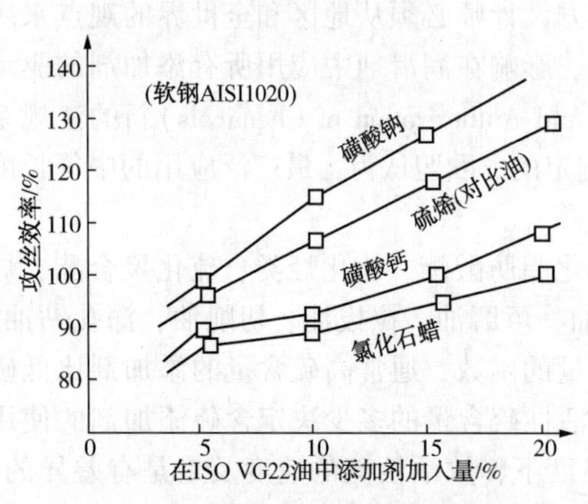

图3-8 不同单独添加剂的性能对比

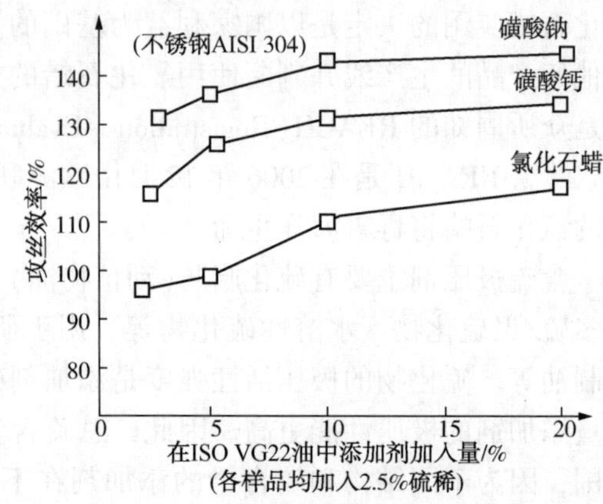

图3-9 与2.5%的硫烯复合后的性能对比

用Falex试验机评定其失效负荷，其顺序基本相同，仍然是磺酸钠比磺酸钙好，氯化石蜡比硫化烯烃好，硫化烯烃最差。与硫化烯烃复合后，其失效负荷的顺序完全与攻丝效率一样，详见图3-10和图3-11。

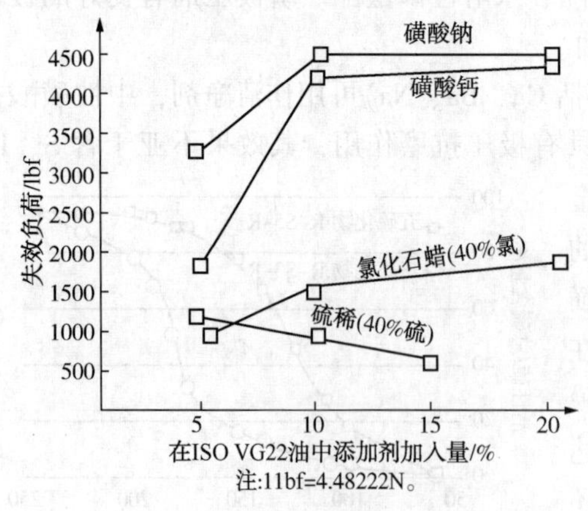

图3-10 不同添加剂在Falex试验机上的性能对比

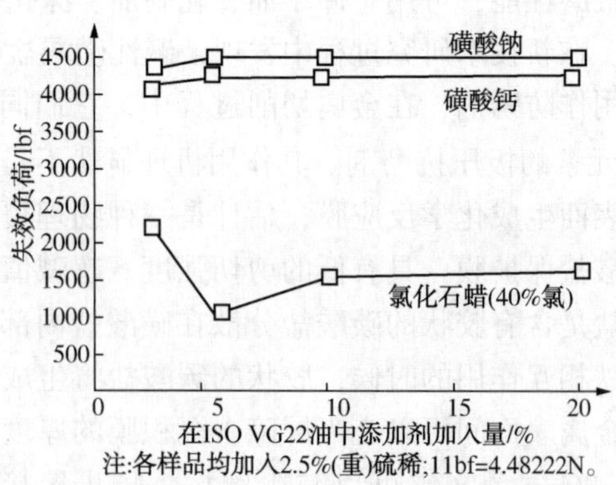

图3-11 与2.5%的硫烯复合后在Falex试验机上的性能对比

综合以上情况，油性剂多用于高速、低或中负荷的加工中，而极压抗磨剂多用于低速重负荷的加工中，见表 3-16[21]。

表 3-16　每种应用的液体

操作苛刻度	合 成 液	半 合 成 液	可 溶 性 油
轻负荷	锈蚀抑制剂和清洗剂但是无润滑剂	低油含量（15%～10%）+锈蚀抑制剂	—
中负荷	某些聚合物润滑剂	高油含量（20%～30%）	高油含量+/-酯和脂肪
重负荷	高含量聚合物润滑剂+磷酸酯	高油含量+EP 润滑剂	高油含量+EP 润滑剂

4.4　碱储备添加剂

碱贮备添加剂（Reserve Alkalinity Additives）也称 pH 碱性缓冲剂（pH Alkalinity Buffers），起维持碱值、防止腐蚀、延缓加工液变质的作用。微生物新陈代谢而产生的有机酸有可能会降低加工液的 pH 值，而降低了 pH 值的加工液会腐蚀金属材料。pH 值降低还会导致乳化液相分离以及加工液其他成分效率的降低，包括防微生物添加剂或杀菌剂。为了保证合适的性能，加工液的碱度必须要求有一定的 pH 值。碱贮备添加剂机理是，通过碱质来中和酸性污染物和保持适当范围的 pH 值，但碱值太高会刺激皮肤（人的皮肤是呈酸性的，其 pH 值为 5.5～6.5）和侵蚀软金属，碱值太低又影响腐蚀与加工液变质，一般 pH 值保持在 9 左右为宜。这些添加剂也与其他组分起乳化剂作用来稳定液体。典型的化合物有链烷醇胺、单乙醇胺、三乙醇胺、氨甲基丙醇、2-（氨基乙氧基）乙醇和磺酸盐等[21]。

4.5　抗氧剂

抗氧剂（Antioxidand）主要是终止自由基氧化链式反应，从而终止氧化反应的进一步进行，以延长产品的使用寿命。用于金属加工液油型的抗氧剂的类型包括有机芳胺、酚化合物和含硫化合物，有机胺有 *N*-苯基-*α*-萘胺、烷基苯胺等，酚化合物有高分子酚类化合物。

4.6　金属减活剂

金属减活剂（Metal Deactivators）主要是阻止金属表面产生促进氧化的金属离子和减轻腐蚀。金属减活剂是通过在金属表面生成保护涂层而起作用的，其化合物有巯基苯并噻唑、甲苯基三唑和苯并三唑等。

4.7　乳化添加剂

乳化时界面的面积大大增加，例如将 $10cm^3$ 的油分散成半径 0.1μm 的油珠，产生的界面总面积约为 $300m^2$，比原来约增加 100 万倍[23]。这种体系是不稳定的，要想使体系稳定就需要加入乳化剂。乳化剂（Emulsifiers）的作用就是降低分散相与分散媒之间的界面张力，使之成为易混合状态，再进行机械搅拌，使其成为稳定的乳化状态，最后由于界面配向吸

附，使分子间同侧联系，在液体周围生成某种程度的强韧的保护膜，来防止粒子的凝集及再聚合，从而成为稳定的乳化液。其典型的乳化剂有阴离子型、阳离子型和非离子型几大类。

阴离子型乳化剂有羧酸盐、硫酸盐、磺酸盐和磷酸盐；

阳离子型乳化剂有季铵盐类和咪唑啉类；

非离子型乳化剂有Span（司本）型、OP型、Tween（吐温）型和平平加型。

Span型乳化剂是失水山梨醇脂肪酸酯衍生物，其产品有Span-20、Span-40、Span-60、Span-80、Span-85等。

OP型乳化剂是烷基酚与环氧乙烷缩合物，主要是壬基酚环氧乙烷缩合，其常用产品有OP-4、OP-7、OP-10等，数字表示与聚氧乙烯醚聚合的数量，数字越大，其水溶性越强。

Tween型乳化剂是失水山梨醇脂肪酸脂聚氧乙烯醚，其化合物有Tween-20、Tween-40、Tween-60、Tween-80、Tween-85等。

平平加型乳化剂是脂肪醇与环氧乙烷缩合物。

几种非离子类型乳化剂主要产品的名称、化合物和LHB值示于表3-17[23]。

表3-17　非离子类型部分产品的名称、化合物和LHB值

非离子型产品	化合物	LHB值	备注
San-20	失水山梨醇单月桂酸酯	8.6	
San-40	失水山梨醇单棕榈酸酯	6.7	
San-60	失水山梨醇单硬脂酸酯	4.7	
San-80	失水山梨醇单油酸酯	4.3	W/O乳状液
San-85	失水山梨醇三油酸酯	1.8	
Tween-20	失水山梨醇单月桂脂肪酸酯聚氧乙烯醚	16.7	
Tween-40	失水山梨醇单棕榈酸酯聚氧乙烯醚	15.6	
Tween-60	失水山梨醇单硬酯酸酯聚氧乙烯醚	14.9	
Tween-80	失水山梨醇单油酸酯聚氧乙烯醚	15	
Tween-85	失水山梨醇三油酸酯聚氧乙烯醚	11	
OP-4	烷基酚与环氧乙烷缩合物	5	
OP-7	烷基酚与环氧乙烷缩合物	12	
OP-10	烷基酚与环氧乙烷缩合物	14.5	
平平加A-20	脂肪醇环氧乙烷缩合物	16	
平平加O-20	月桂醇环氧乙烷缩合物	16.5	
平平加SA-20	脂肪醇环氧乙烷缩合物	15	

4.8　防锈剂

防锈剂（Rust Preventive或Antirust Additive）是一些极性物质，其分子结构的特点是：一端是极性很强的基团，具有亲水性质；另一端是非极性的烷基，具有疏水性质。当含有防锈剂的溶液与金属接触时，防锈剂分子中的极性基团对金属表面有很强的吸附力，在金属表面形成紧密的单分子或多分子保护层，阻止腐蚀介质与金属接触，故起到防锈作用。典型防锈剂有石油磺酸盐、合成磺酸盐(钡、钠、钙、锌盐)、二壬基萘磺酸盐、咪唑啉衍生物、羧酸盐、环烷酸盐、磷酸盐、醇胺盐、多元醇酯、有机酸、胺类、酰胺、硼酸胺及酯、钼酸盐和杂环化合物等。

4.9　偶合剂

偶合剂(Coupler)用以增加油中皂的溶解度来稳定水稀释浓缩的金属加工液，预防组分的分离。偶合剂还用于水基润滑剂(如金属加工液)，加快对水分散速度，使两种不相溶的物质能偶合在一起。偶合剂主要是一些醇和醇醚类化合物，如乙醇、乙二醇、己二醇、甲基纤维素、丙二醇、二甘醇、丁基二甘醇、二甘醇醚、乙二醇醚、三甘醇、三乙醇胺和非离子环氧基化合物。

4.10　螯合剂

螯合剂(Chelating Agents)也称水软化剂(Water Softeners)或调节剂(Conditioners)，可降低硬水(钙和镁离子)对金属加工乳化液稳定性的影响[21]。水是一种极性化合物，蒸发潜热大、比热容大、传热能力强，可以溶解许多离子和非离子化合物。所以天然水中含有很多二价的钙、镁等阳离子和氯、硫酸根阴离子，阳离子浓度超过 400×10^{-6} 时就容易生成沉淀物质($CaCO_3$ 和 $MgCO_3$)，阴离子浓度超过 100×10^{-6} 时会造成腐蚀。水中的金属阳离子含量高，硬度(硬度是指单位水所消耗的皂量)就大，而消耗的皂量就多。所以水的硬度太高就会造成：(1)由于钙和镁离子与乳化剂反应破坏乳化；(2)降低防锈剂的效用；(3)与杀菌剂作用，降低杀菌剂的效果，使细菌繁殖。因此水的硬度不能太高，不同类型的水的硬度见表 3-18。所以加螯合剂的目的就是与钙和镁盐结合来防止它们与阳离子乳化剂反应[4]。典型的化合物有烷醇胺的脂肪酸盐，如乙二胺四乙酸钠、乙二胺四十六烷酸、羟基乙叉二磷酸等。

表 3-18　水硬度指标

项　　目	指标/10^{-6}	项　　目	指标/10^{-6}
十分软化水	<17	硬水	105~210
软化水	17~52	很硬水	>210
中等软化水	15~105		

4.11　抗雾剂

抗雾剂(Antimist additives)的作用是使在机械作用时分散在空气中的润滑剂的量减少到最少。金属加工液在使用过程中要经历泵循环、喷射与高速旋转工件的激烈撞击，被其打碎，形成细小液滴飘浮在工作环境中，并伴随着高温部件表面和整个切削空间的高温蒸发形成油雾。切削液薄雾形成的机理见图 3-12。在车间飘浮的油雾颗粒直径大部分集中在 1μm 左右。这些小的油雾颗粒很容易被人体吸收，且由于金属加工液在机械加工车间大量使用，造成机械加工车间的油雾浓度超标，飘浮在空气中的油雾粒子不仅污染环境，还严重危害了工人的身心健康。纯油加工液影响薄雾的产生因素有液体浓度、液体的挥发性、

流体速度、刀具速度和刀具磨损，特别是刀具的磨损对薄雾产生影响最大[24]。因为金属加工液的烟雾，其中≤5μm 的液滴颗粒会对人体造成危害，导致一些职业疾病，如增加了有关哮喘、支气管炎、呼吸道发炎的危险和呼吸困难，以及外部过敏症。外部过敏症可能引起日益严重的周期性的呼吸困难，随后重复发生。暴露也可能引起眼睛、鼻子和咽喉的发炎。为了操作人员健康，在切削油(液)中需要加入抗雾剂。抗雾剂通常是一些高聚物，因为聚合物可提高液体的伸长黏性(Elongational Viscosity)，提高液体的伸长黏性是为了液体可以伸展应用的压力，但黏性流体细丝的延长受张力的约束，张力抑制了延长的破裂点，细丝缩短为相应的大滴，就无气雾产生。为抑制气雾，聚合物必须是伸展结构。在一个两相系统内，为使聚合物达到伸展状态的最多要求是聚合物处在连续相而不是分散相。因此，传统的油溶性黏附剂聚合物对油型切削油是有效抑制剂，但对可溶性油和合成冷却液是无效的，因为此类液体需要水溶性聚合物，如聚(亚烷基)乙二醇和离子交联聚合物等。典型的抗雾剂是一些聚合物，油基体系的有乙烯、丙烯共聚物和聚异丁烯，其相对分子质量在1000000~2000000[25]；而水基体系的典型化合物是聚环氧乙烷。

除了化学法抗雾剂外也有机械抗雾方法，如安装排风泵、油雾捕集器或在机床周围设置防护罩、防溅挡板等设备。实践证明，有效的机械装置虽然也可以大幅度降低油雾量，但是如果不同时加抗雾剂的加工液，车间的油雾不能达到令人满意的水平，详见图 3-13[26]。因为机械方式控制油雾毕竟是一种生成的油雾再收集或者排放的被动过程，当车间油雾达到极限值标准继续趋于严酷时，单靠这种方法将难以满足降雾要求。而加抗雾剂加工液，能使小颗粒油雾迅速集聚沉降，从而有效降低起雾量和加大油雾沉降速度。图 3-13 中的 3 号曲线也证明了在实际生产车间里使用加抗雾剂的切削油时，车间实测油雾比普通切削油(曲线 2)降低 70%左右。

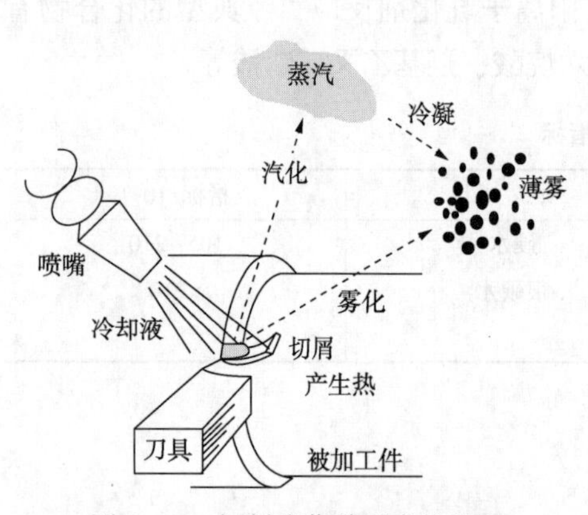

图 3-12　切削液薄雾形成的机理

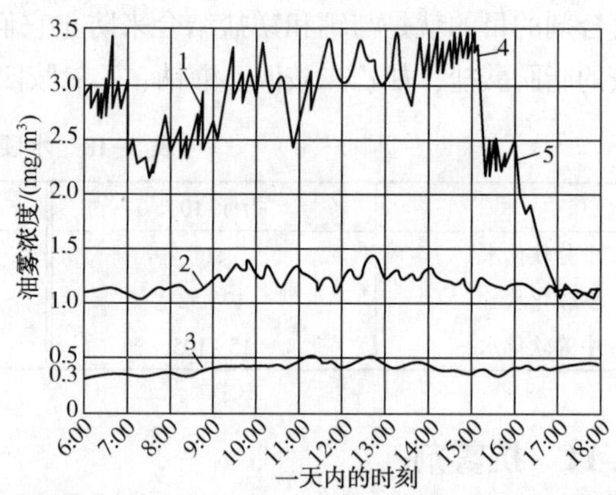

图 3-13　在 12h 期间车间内油雾浓度情况

1—普通纯切削油，不抽气；2—普通纯切削油，加抽气；3—加抗雾剂的切削油，加抽气；4—抽气机开车；5—整个抽气系统开车。

4.12　杀菌剂

在水基金属切削液中，乳化切削液具有较好的润滑性和冷却性，是目前用量最大且较为理想的金属切削液，但是也具有易腐败变质、使用寿命较短等缺点。因为乳化切削液中含有矿物油、脂肪酸皂、胺、磺酸盐和水等物质，这些物质易受到微生物的侵袭，而且细菌、真菌等微生物在水中大量繁殖会导致乳化切削液腐败变质，其中：厌氧菌能还原硫酸盐放出硫化氢气体，产生恶臭；好氧菌能产生有机酸等物质而腐蚀金属；而真菌的大量繁殖将导致块状物产生，易堵塞机床的冷却液循环管线和滤网。因此，为防止乳化切削液发臭变质及减轻对金属的腐蚀，一般需要在乳化切削液中加入杀菌剂(Biocide)，以延长其使用寿命。为了用好杀菌剂，首先要了解影响微生物生长的环境、危害和预防措施。

4.12.1　微生物的生长环境

影响微生物生长最基本的因素是水的有效性、营养成分、体系 pH 值和温度以及是否存在化学抑制剂。水是金属加工液中一个重要的成分，因此微生物的生长已成为一个主要的关心问题。像其他生物一样，细菌和真菌也需要赖以生存的水，而这些水存在于所有的乳化油型、半合成型和合成型金属加工液中。至于营养物质，金属加工液能提供微生物生长的所有营养物质，这其中包括碳、氮、磷、硫和其他微量元素。少量的无机盐对微生物的生长也是至关重要的，即水的硬度变化将影响到微生物的存活。同时，水中应该保持一定水平的无机盐浓度，太高的盐浓度会抑制微生物的生长。至于 pH 值，适合细菌生长的理想的 pH 值水平为中性或偏酸性，即 pH 值为 6.5~7.5；适合真菌生长的 pH 值范围为 4.5~5.0。但是，在这些 pH 值范围之外，细菌和真菌都还能够在加工液中存活。大量的微生物会在加工液典型的 pH 值范围内出现，当 pH 值为 8.5 或更高时，其种类的多样性将会降低。在一般情况下，当细菌和真菌总数上升时，pH 值也随之降低，这是因为微生物的新陈代谢产物多为酸性物质，因此监控 pH 值在一定程度上也能反映微生物繁殖的情况。大量微生物最适宜的温度范围为 30~35℃，这同时也是金属加工液体系的适宜温度范围。通过控制这些各种各样的微生物的生长条件，可以达到控制甚至阻止微生物生长和扩散的目的。水的性质和 pH 值是两个最容易掌握的因素。同时，营养物质的有效性可以通过基本原材料的选择来加以控制，这些原材料应对微生物有更好的天然抵抗能力。有些成分如硼酸盐、胺类和杀菌剂能抑制微生物的生长。控制加工液的温度很困难。对于氧气，如果其不能减少微生物的生长，但至少可以改变微生物的种群。例如，如果金属加工液不暴露在空气中也不循环，那么需氧菌种群就有可能完全转变成兼性厌氧菌群或专性厌氧菌群。

4.12.2　微生物的危害性

常用金属加工液的形态有纯油型和水型两种，纯油型不含水，对微生物具有较好的稳定性；而水型进一步分为乳化油、半合成液和合成液三种，它们都含有水分，最容易受到微生物的攻击，因为水基金属加工液中给微生物提供了水和丰富的有机及无机营养素的生存条件。若不对微生物的生长进行任何控制，将严重影响到金属加工液的性能和中心系统的操作。由于微生物的分解(代谢)而产生的有机酸，有可能会降低加工液的 pH 值，pH 值的降低还会导致乳化液相分离以及加工液其他成分效率的降低，从而引起加工性能的降低而导致机械、工件和刀具的腐蚀，以及加工液润滑性和稳定性的丧失；同时还会导致黏性物质的产生而堵塞管道，降低油剂使用寿命，并产生难闻的气味。特别是在周末，加工液停止循环，其中氧含量下降，那么需氧菌种就有可能完全转变成兼性厌氧菌群或专性厌氧

菌群。通过这种方式而产生的臭气通常被称为“周一早晨的臭味”，又称“黑色星期一”。这些臭味将对工人的工作意愿产生强烈的负面影响。微生物的生长还会引起对皮肤和呼吸道的刺激，影响操作人员的身心健康。因此防止水基金属加工液的微生物的生长是非常重要的。

4.12.3 微生物的控制

抑制微生物的手段有物理法和化学法。物理法有热处理法、照射法和过滤法等。热处理法就是把加工液加热到约142℃下保持30min；照射法有紫外线照射法、高能电子照射法和伽马射线照射法等；过滤法主要是除去加工液中的微粒材料，因为微生物种群能够在微粒表面生长，除去了这些颗粒物，能够保持加工液的清洁，减少微生物的侵害。化学法就是加杀菌剂，在金属加工液中，加杀菌剂是最普遍的控制微生物的方法。其杀菌剂的种类有甲醛缩合物和酚类化合物等。

1. 甲醛缩合物

甲醛缩合物是最常用的金属加工液杀菌剂，它们通过释放甲醛来控制微生物的生长；这类杀菌剂具有很宽的抗微生物的范围，一般认为其抗细菌的效率比抗真菌的高。甲醛的一个不利特点是微生物有一种能对它产生抵抗能力的趋势，因为甲醛有着非特定的作用模式。主要的化合物和商品包括以下几种[27]。

三嗪(苯基-1,3,5-三[羟乙基]-S-三嗪)是最常用最经济的甲醛缩合物金属加工液杀菌剂。当体系的pH值在适当的碱性范围内，该杀菌剂是溶于水且稳定存在的，它是一种由单乙醇胺和甲醛合成的三元环状化合物。这种杀菌剂通常以78%含量的水溶液供应，使用时加入碱性物质。一般认为，抗菌剂的经验用量在稀释液中占0.15%。噁唑烷(Oxazolidines)是另一类常见的甲醛缩合物金属加工液杀菌剂化学物质，有4,4-二甲基-1,3-噁唑烷(4,4-dimethyl-1,3-oxazolidine)和7-乙基双环噁唑烷(7-ethyl bicyclooxazolidine)。这些物质可以是油溶性的，也可以是水溶性的，并且很容易在金属加工浓缩液或者稀释液中添加。像三嗪一样，噁唑烷主要体现出杀细菌性，但在较高浓度下也具有杀真菌性，一般加入量在750~1500μg/g活性成分之间。噁唑烷同时可作为金属加工液浓缩物的防腐剂，还能作为加工液的添加剂。

三羟甲基-硝基甲烷(Tris-[hydroxymethyl] nitromethane)是另一种用于金属加工液中的甲醛释放型杀菌剂，它具有比其他品种更快速的杀菌效果。因为三羟甲基-硝基甲烷的快速杀菌性，使它成为在需要快速减少细菌的应用情况下的理想选择。在停止工作前，在系统中加入这种杀菌剂可以十分有效地阻止“周一早晨的臭气”的发生。它还经常用在能快速杀菌、低碱值、以无氯化学物质为首要杀菌剂的铝滚轧情况下。三羟甲基-硝基甲烷能与异噻唑啉酮杀菌剂很好地协同工作，特别是在铝滚轧应用中[28]。三羟甲基-硝基甲烷的加入量在1000~2000μg/g。

2-溴-2-硝基-1,3丙二醇(2-bromo-2-nitro-1,3-propanediol)拌棉醇杀菌剂，在杀菌过程中不释放甲醛。实践证明，其杀死株铜绿单胞菌的效果很好。这种水溶性的杀菌剂在pH值8.0以上时，化学性质并不能长期稳定。该杀菌剂常用量的活性组分在50~400μg/g范围内。

4-(2-硝基丁基)-吗啉(4-[2-nitrobutyl]morpholine)和4,4′-(2-乙基-2-硝基环丙烷)

二吗啉(4,4′-[2-ethyl-2-nitrotrimethylene] dimorpholine)的混合物对金属加工液中的细菌和真菌的杀菌效果都较好。它们有较高的油溶性能力，一般都加在金属加工液的母液中。为了同时优化其抗细菌和真菌的效率，其使用量应该在500~1500μg/g活性成分之间。

2. 酚类化合物

酚类化合物最常用的有2-苯基-苯酚(2-phenyl phenol，OPP)和OPP的钠盐(Sodium of OPP)。作为杀菌剂，OPP可以用在加工液槽中，也可以用在加工液的母液中。OPP的钠盐在水中具有更高的溶解性，而OPP更容易加到低水成分的加工母液中。这些化合物的应用范围很广，能有效地抵抗细菌和真菌(包括酵母和霉菌)。OPP和OPP的钠盐可以用于很宽的pH值范围，但在pH大于9时，它们的性能和溶解性最好。OPP和OPP的钠盐的用量分别为500~1500μg/g及500~1000μg/g。

4-氯-3-甲基-苯酚(4-chloro-3-methyl-phenol)，具有非常宽的杀菌能力，活性成分能有效地抗细菌、酵母和霉菌，在pH值为4~8时有效，但在碱性范围内其稳定性比OPP和OPP的钠盐差。该杀菌剂可以加到金属加工液的母液中，也可以作为加工槽的添加剂，其加入量为500~2000μg/g。

邻-苯基酚、邻-苯基酚钠、2,3,4,5-四氯酚、邻苄基对氯酚也是有效的杀菌剂。

近来又发展了含环氧丙烷加成胺类化合物、含环氧化合物加成型氨基酸化合物、含特定苯胺类、含环烷基胺类及含吡咯烷类化合物防霉剂。与三嗪类、噻唑啉类比，这些杀菌剂的抗微生物的性能优异，特别是抗酵母真菌效果显著，长期使用可抑制腐败臭味，延长了油剂使用寿命延长，改善了操作环境[6]。

3. 防污物质聚合物

除了以上的物理和化学方法外，防污物质聚合物可减少金属加工液系统中的生物量。防污物质聚合物的作用机理是，在金属表面生成涂层防止微生物在表面上生长。从这一点来说，它属于物理法，但是需要加化学物质。这些化学物质不是直接杀死微生物，而是在金属表面生成一层防止微生物生长的涂层，可以说它是属于化学和物理相结合的方法。防污染肽(Peptidomimetic，PMPI)聚合物能够在一些金属表面生成涂层，抑制金属表面微生物的生长，同时也使微生物远离金属表面。微生物生长的测试方法是：通过适当应用有效抗菌剂处理一段时间，在系统中测试微生物浓度，从液体中取样品，然后培育自然发展三天。但是这种类型的测试只显示液体中微生物的浓度。细菌和真菌更可能在表面生长，如金属加工液系统的金属方面。它们生成有机族的生物量，其有机族的生物量的密度比再循环的金属加工液大100000~1000000倍。这些生物量用现代的抗菌剂技术是非常难被破坏的。一个适当的方法是防止上述生物的生成，那就是防污染肽聚合物。Phillip Messersmith与Evanston是西北大学生物医学工程副教授，开发的聚合物是一个结合肽或缩氨酸和防垢污染的甘氨酸衍生物的低聚物的混合物。结合肽或缩氨酸隶属于由蚌类开发的联合蛋白质，包括在防污染组分中的甲氧/乙基侧链能够使类似的低聚物重复聚乙二醇(PEG)个体。乙二醇是众所周知的防污染聚合物。这个防污物质被称为肽的聚合物。

利用光波导光谱(OWLS)测定PMPI在降低蛋白质吸附钛表面的效率，这个技术测定金属表面物质折射指数的变化和敏感到ng/cm^{2}蛋白质。不用PMPI处理的钛表面20min再造人类血清，测定未处理的表面吸附蛋白质层约435 ng/cm^2。相反，测定用PMPI处理的钛表面蛋白质的吸附下降到 4ng/cm^2。用细胞人工培养 165 天的钛表面的荧光显微镜图示于图 3-14中。图左边的一半显示的是在未处理的金属表面有 3T3 纤维原细胞存在，细胞膜被染成绿色，所以可能更容易看到。相反，在图 3-14 的右边，在用 PMPI 处理的金属表面仅发现几个细胞[29]。

图 3-14　用 PMPI 处理和未处理的钛表面蛋白质的吸附的情况

也有文献报道[30]，Jin 已经确定零化合价离子是从水中除掉微生物的有效技术。零化合价离子是元素铁，在过去使用元素铁处理水中污染物时，铁用作处理水中污染物的机理是氧化还原作用(还原、氧化)过程。被氧化的铁将产生少许腐蚀产物，释放的电子有利于降低化学污染。

两名研究员第一次发现零价铁从水中消除病毒和细菌也有效。人们已经确定零价铁消除病毒非常有效，但是也可能用于处理细菌，而病毒和细菌是更难处理的。用泵打入含有微生物(细菌)的溶液，通过一个含沙子和零价铁混合物的圆柱体，这个圆柱体的作用类似于过滤器。在金属加工液系统中，零价铁作为潜在的抗菌剂，但是存在铁腐蚀产品的可能性，如铁和含铁氧化物可能最终进入金属加工液系统，那将导致一个问题。

金属加工液在 pH 约为 9 的碱性条件下操作，在水中显示碱性。进入金属加工液系统，铁腐蚀产品的机会是极少的。零价铁将转变成铁(Ⅱ)，当铁(Ⅱ)生成时，吸附在铁表面并且不能被过滤器过滤掉。

4.12.4　杀菌剂的作用机理

酚类化合物的作用机理是迅速地杀细胞作用或对原形质的毒化作用。一般认为，化合物贯穿细胞壁，使细胞膜凝固，新陈代谢停止而杀死细胞。在复杂的酚置换体中，有使酶系统钝化而使细胞活动停止的基团，而游离的 OH 基是酚类化合物反应性的基础。也就是说，酚类化合物杀菌剂作用主要是对菌体细胞膜有损害作用和促使菌体蛋白质凝固[31]。甲醛化合物的作用机理更加复杂，最初的杀菌作用是，由于细胞内的不均衡生长，某特定的细胞构成部分的生长受到抑制，其他部分不受影响，因而不能合成细胞核，繁殖也就停止了[32]。

4.12.5　杀菌剂的毒性

一般应选无毒或低毒和化合物。杀菌剂的品种有很多，表 3-19 是部分杀菌剂的毒性[32]。

表 3-19 部分杀菌剂的毒性

类 别	化 学 名 称	分子结构式	兔一次口服/LD_{50}①
甲醛衍生物类	2-羟基-2-硝基-1，3-丙二醇	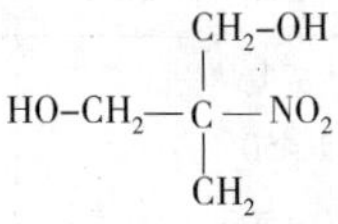 CH_2-OH；HO-CH_2—C—NO_2；CH_2	1900mg/kg
	六氢-1,3,5-三(2羟甲基)-(S)-三嗪	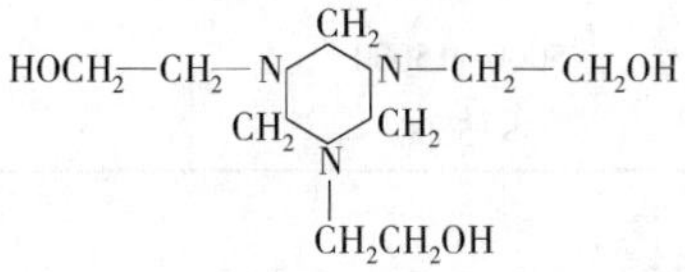 HOCH_2—CH_2—N；CH_2；N—CH_2—CH_2OH；CH_2；CH_2；N；CH_2CH_2OH	920mL/kg
	六氢-1,3,5-三甲基)-(S)-三嗪	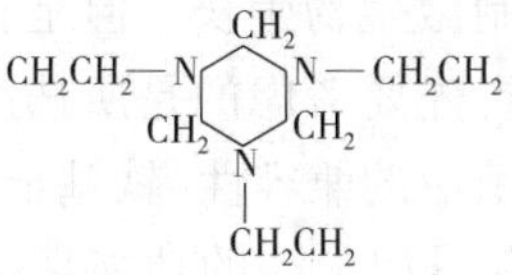 CH_2CH_2—N；CH_2；N—CH_2CH_2；CH_2；CH_2；N；CH_2CH_2	0. 316mL/kg
	六氢-三嗪-噁唑烷衍生物	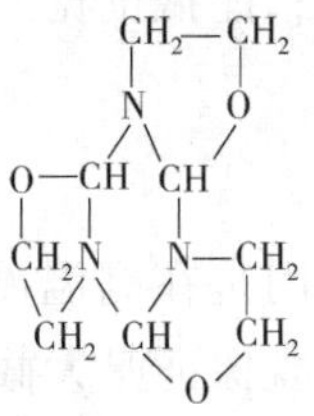 CH_2—CH_2；N；O；O—CH；CH；CH_2N；N—CH_2；CH_2；CH；CH_2；O	1200mL/kg
酚类化合物	邻-苯基酚	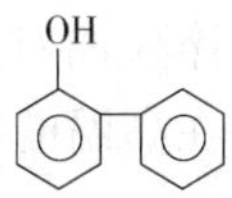 OH	2700mg/kg
	2,3,4,6-四氯酚	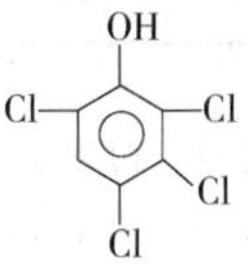 OH；Cl；Cl；Cl；Cl	140mg/kg
	邻苄基二氯酚	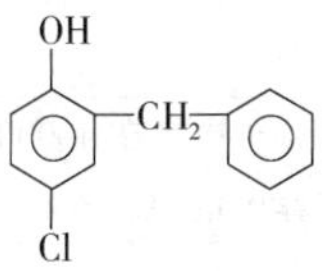 OH；CH_2；Cl	1700mg/kg
其他	1,2-苯并异噻唑啉-3-酮	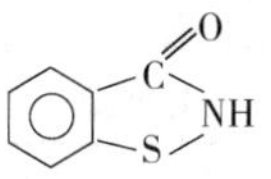 O；C；NH；S	625~1250mg/kg

① LD_{50}是指一次给药(经口)后，引起半数实验动物死亡之剂量。

毒性是相对的，有些物质通过呼吸道产生毒性，但口服却无毒；另一些物质口服有毒，但对皮肤无害。化学物质按口服急性中毒分级如表 3-20 所示[8]。

表 3-20　急性中毒分级表

毒性分级	大白鼠一次经口 LD_{50}/(mg/kg)	人的可能致死量	
		g/kg	总量(g/60kg)
剧毒	≤1	<0.05	0.1
高毒	1~50	>0.05	4
中等毒	50~500	>0.5	30
低毒	500~5000	>5	250
微毒	5000~15000	>15	1200
实际无毒	>15000	>15	>1200

4.12.6　杀菌剂的选择

杀菌剂虽然能控制和抑制微生物生长，但是它们都具有毒性，所以使用杀菌剂要特别小心，需要考虑很多因素：首先要考虑的是所选产品是否有环保局(EPA)在金属加工液应用中的使用注册；其次是加工液的兼容性(铁基金属与非铁基金属有着对杀菌剂不同的兼容能力)，即杀菌剂不能影响金属加工液的功能性，其中包括润滑性、防腐性和稳定性；最后，杀菌剂也应该具有成本效益，能抵抗宽范围的微生物。

4.13　催冷剂[33]

淬火油(Quenching Oil)的作用是在高温冷却阶段，有快而均匀的冷却速度。在对流冷却阶段，冷却速度均匀、缓慢，既保证厚大截面工作的淬硬，又使工件的淬火变形微小。

在机械热处理加工过程中使用的淬火油，必须具有较好的冷却能力。催冷剂(Cooling Accelerant)加入淬火油中能够提高淬火油对热处理加工件的冷却能力，加速淬火工件与介质间的热传递，明显改善淬火工件在高温的冷却效果。常用催冷剂见表 3-21。

表 3-21　淬火油常用催冷剂

催冷剂名称	性能及应用
无规聚丙烯	无味无臭，相对分子质量在 25000~35000，常温下可溶于汽油、煤油和润滑油等，可作为各种淬火油的催冷剂，推荐用量 0.5%~2.0%
石油磺酸钠	有良好的淬火冷却性能，可作为淬火油的催冷剂，润滑油的防锈剂和乳化剂，推荐用量 1%~6%
聚异丁烯	相对分子质量在 40000~50000，具有一定的淬火冷却性能，可作为淬火油的催冷剂，推荐用量 1%~6%
TZQ 淬火剂	为羧酸及酯类的共聚物衍生物，浅黄色黏稠液体，无毒、不燃，与水互溶。淬火效果比水和油好，具有工件清洗方便、不污染环境等特点，可取代和节约淬火用油，适用于各种碳钢、合金钢的淬火，可用作水基淬火液的淬火剂

4.14　染料

染料(dyes)可根据雇主希望提供金属加工液的特殊颜色。其主要实用性是给水稀释液体标示产品是存在的，因为这些产品在外观上是清白的，像水一样。然而，当污染皮肤和油漆时，染料可能具有负面影响。一些水溶性染料是不稳定的(可能变色)，一些染料可能通过废水处理系统而污染下游[22]。

4.15　固体润滑剂添加剂

在金属加工液中，固体润滑剂添加剂中用得较多的是石墨、二硫化钼(MoS_2)、聚四氟乙烯(PTTE)、氮化硼以及无机金属盐等。因为固体润滑剂添加剂在高温下也能发挥润滑作用，它在切削、磨削、压力加工和锻造等金属加工方面的应用是很活跃的。实际上，目前在以锻造为主的塑性加工领域已经使用了固体润滑剂，而在切削、磨削领域的应用还停留在试用阶段。

在选择固体润滑剂添加剂标准时，首先要考虑应用的工作温度。工作温度决定了使用固体润滑剂添加剂的种类。通常 MoS_2 的承载力比石墨强，然而在工作温度超过 400℃时，MoS_2 的分解使它失去了润滑能力。因此，如果工作温度超过 400℃，将不会考虑用 MoS_2，而是石墨和氮化硼等。其次要考虑的是环境。环境条件的限制将排除某些固体润滑剂，如在真空环境中不能使用石墨，因为石墨需要吸附水分子到它的表面才能起到有效的润滑功能。另外，MoS_2、聚四氟乙烯和氮化硼有天然的润滑特性，不需要水分子吸附在它们的表面就能减少摩擦。再次要考虑的是润滑剂的性能，用固体润滑剂添加剂来加强液体或黏着的固体润滑剂膜。有些固体润滑剂比其他润滑剂容易在液体中分散，例如石墨和 MoS_2 要比 PTTE 和氮化硼更容易在液体中分散，这主要是由粒子尺寸减小的能力、表面能量和固体润滑剂添加剂表面化学性决定的。最后，是成本效益。在满足使用条件下，经济因素将是决定性的选择。石墨最便宜，其次是 MoS_2、PTTE，最贵的是氮化硼。

金属塑性变性的大多数应用都利用固体润滑剂作为主要或者次要润滑剂。

MoS_2 在室温下可作为金属加工的固体润滑剂。实际上在冷锻压的应用中，MoS_2 是首选的固体润滑剂，因为它能承载施加给成形部件的高载荷和压力。在某些情况下，MoS_2 是通过干粉转磨抛光坯料的方法应用的。通常先要对坯料进行磷化处理以使 MoS_2 锚固在表面和磷化层结构内。磷化层对粉体起到了锚固作用，并使润滑剂随金属变性一起前进。表 3-22 比较了裸钢和涂层钢的锻压性能：使用润滑剂后，压力机的吨位明显降低了，锻压坯料的峰值高度增加了。如果工作温度超过 400℃，冷锻压就不适用了，将用石墨或氮化硼来代替。

表 3-22　冷锻压润滑

试　　样	压力机吨位/t	峰值高度/mm
裸钢(未处理钢)	80.2	10.67
裸钢+磷酸锌	79.6	11.11
裸钢+磷酸锌+MoS_2	78.4	11.46

塑性加工用的固体润滑剂需要具有摩擦系数低、在加工的温度下是稳定的、对金属模具和坯料均无腐蚀、不污染环境和脱模性好等特性；另外，塑性加工都必须承受 2×10^9Pa 以上的压力，尤其是在升温加工的温锻和热锻的情况下，都要使用以石墨为主的固体润滑剂。

一般在冷锻加工钢的情况下，采取表面化学处理方法，用磷酸锌和钠皂对坯料进行表面处理，反应既生成磷酸层表面，而且磷酸层表面也发生反应生成锌皂。锌皂具有很低的摩擦特性，即使在高载荷下也能防止金属接触，广泛用于挤压加工或单纯的压力加工。

冷锻：一般用复合润滑剂，如果金属变形小，比如在镦或压的情况下，则用高黏度流体，如果冲击速度高，则采用低黏度润滑剂。典型的使用：磷酸盐涂层适用于碳钢或低合金钢，草酸盐涂层适用于不锈钢。

温锻：受温度的限制，大多数有机类润滑剂不能使用，而必须使用固体润滑剂或无机盐。钢铁的温加工温度是300~800℃，在低于500℃的温度下使用的润滑剂是水加石墨，但同时要加氧化硼以防止石墨氧化。

热锻时钢的温度要上升到1100~1200℃，而金属模具的温度是150~300℃，最高可达500℃，因而这时的润滑膜要承受700℃以上的温度梯度。如此苛刻条件下，可以使用以石墨为主体的润滑剂，其组成列于表3-23中[34]。

表3-23　水基金属模具润滑剂

组　分	含量/%	应用目的
胶体石墨	36.60	润滑、脱模剂
水	38.60	载体、冷却剂
乙二醇	9.02	流动剂、抗氧剂
钼酸钠	5.00	黏结剂、防腐剂
五硼酸钠	3.18	黏结剂
碳酸钠	4.83	流动剂、形成润滑膜
羧甲基纤维素钠盐	0.77	黏结剂、分散安定剂

添加10%~15%胶体石墨(粒径为0.1~1μm)作为原液，在实际使用时，再将其调制成浓度为1%~2%的稀溶液，并用喷雾器喷涂在金属模具上，使之在金属模具的表面形成固体润滑膜。这种方法的缺点是很难清除掉残留在成品表面上的石墨。为了避免石墨的灰黑色污染，有时也使用白色或无色的BN、ZnS或磷酸盐等。

4.16　国内外主要金属加工液用添加剂商品牌号

国内主要金属加工液用添加剂的商品牌号见表3-24；国外的范德比尔特公司产品商品牌号见表3-25，BASF添加剂产品见表3-26，莱茵化学有限公司金属加工液用添加剂见表3-27~表3-31。

表3-24　国内主要金属加工液用添加剂商品牌号

产品代号	添加剂化学名称	密度/(g/cm^3)	黏度/(mm^2/s)	闪点/℃	钙/%	总硫(活性硫)/%	碱值/(mgKOH/g)	主要性能及应用	生产公司
BD C302	高碱值合成磺酸钙	1.1~1.2	实测	≥180	≥11.5	≥1.25	≥295	具有良好的极压性、防锈性和油溶性，主要用于金属加工油，也适用于防锈油品	锦州康泰润滑油添加剂股份有限公司

续表

产品代号	添加剂化学名称	密度/(g/cm³)	黏度/(mm²/s)	闪点/℃	钙/%	总硫(活性硫)/%	碱值/(mgKOH/g)	主要性能及应用	生产公司
BD C401	超碱值磺酸钙	1.15~1.25	实测	≥180	≥15	≥1.2	≥395	具有良好的极压抗磨性、防锈性和油溶性好，是一款可替代氯化石蜡的环保型极压剂，用于金属加工液中	锦州康泰润滑油添加剂股份有限公司
BD C402	超碱值磺酸钙	1.15~1.25	实测	≥180	≥15	≥1.2	≥395	具有良好的极压抗磨性、防锈性和油溶性，是可替代氯化石蜡的环保型极压剂，用于金属加工液中	
KT84301(KT41301)	深孔油复合剂	实测	实测	≥150	—	≥10	≥180	具有较好的极压性和气味小。推荐加10%~15%于低黏度润滑油中，可满足高负荷深孔钻的需求	
H1062	淬火油复合剂	—	实测	≥16	—	—	—	具有催冷速度快、油溶性好、抗氧化性能好和保持机件光洁度等特点，加2.5%、3.0%和3.5%的量于合适基础油中，可调制普通淬火油、快速淬火油和快速光亮淬火油	淄博惠华石油添加剂有限公司
F606-8	水性防锈复合剂	1.1	—	—	—	—	pH值9.5	对黑色金属和有色金属均有良好的防锈性能，可按一定比例加入自来水中调制防锈水，也可加入微乳液和全合成切削液中提高产品的防锈性，使用浓度为2%~3%	洛阳润得利金属助剂有限公司
R806A	乳化油复合剂	1.0	684	—	—	—	pH值9	适合石蜡基150SN、200SN等基础油，生产防锈乳化油和轧制乳化油，用量为15%~18%	
R806C	乳化油复合剂	0.98	450	—	—	—	pH值9	适合中间基非标基础油，生产各种乳化切削油和轧制乳化油，加15%~16%的量	
R806D	乳化油复合剂	0.98	410	—	—	—	pH值9	适合低黏度环烷基基础油，如5号、7号、10号等基础油，生产各种切削乳化油，用量15%~18%	
R806F	乳化复合剂	0.90	97	—	—	—	pH值9	适合各类油品，作为主乳化剂生产多种乳化产品，用量7%~8%	
R806F1	乳化复合剂	0.90	95	—	—	—	pH值9	用于生产针织乳化油，也可作为主乳化剂生产多种乳化产品，添加量为7%~8%	

续表

产品代号	添加剂化学名称	密度/(g/cm³)	黏度/(mm²/s)	闪点/℃	钙/%	总硫(活性硫)/%	碱值/(mgKOH/g)	主要性能及应用	生产公司
R806T	智能乳化油复合剂	0.98	150	—	—	—	pH 值 9	适合各类混合基础油，生产防锈乳化切削油，用量为15%~20%	洛阳润得利金属助剂有限公司
R806X	乳化剂	1.1	750	—	—	—	pH 值 10	多用途乳化剂，具有良好的油溶性和水溶性，能提高乳化油的乳化效果和增溶性，改善漂油现象，用量为5%~10%	
R806B	微乳液复合剂	1.0	720	—	—	—	pH 值 9.5	适合各种金属的加工工艺，同自来水按1:1比例配制成微乳半合成浓缩液	
R806N	全合成切削液复合剂	—	—	—	—	—	pH 值 9.5	适用于黑色或有色金属加工工艺，该复合剂不含亚纳和重金属有害物质，同水按1:1比例配制成全合成浓缩液	
T571	杂环衍生物	—	63~73	≥150	—	—	135~155	具有良好的铜腐蚀抑制性和抗氧性，用于循环油、变压器油、汽轮机油、防锈油、液压油、齿轮油、润滑脂及金属加工油	长沙望城石油化工有限公司
Dailube GS-440L	硫化烯烃	1.047	—	150	—	40 (38)	—	适合针对黑色金属的各种苛刻切削、成型加工	DIC Corp.
Dailube IS-35	硫化烯烃	—	—	178	—	32 (20)	—	与氯化石蜡特性一致	
Dailube SLA-325	硫化脂肪酸酯/烯烃	1.016	16	160	—	26 (18)	—	强极压性、高润滑性，专为黑色金属的苛刻加工设计	
Staradd EP117H	硫化脂肪酸酯	0.971	—	约165	—	17 (8)	—	黏度低、渗透性好，适合黑色金属的各种切削加工	上海宏泽化工有限公司
Dailube IS-30	硫化烯烃	0.967	—	—	—	29 (2.4)	—	高极压性，适用于切削、成型，以及轧制油中	DIC Corp.
Dailube SLN-315	硫化脂肪酸酯/烯烃	0.975	33	206	—	14.5 (3.7)	—	适合有色、黑色金属各种重负荷切削、成型加工	
Dailube SLN-111	硫化脂肪酸酯	0.980	100	194	—	11 (1.7)	—	高润滑性，适合有色、黑色金属的冲压、深拉拔、轧制成型加工	
Dailube GS-230S	硫化甲基酯	0.965	—	210	—	10.2 (1.8)	—	超低黏度，极佳渗透性，适用于高速加工和轧制	

续表

产品代号	添加剂化学名称	密度/(g/cm³)	黏度/(mm²/s)	闪点/℃	钙/%	总硫(活性硫)/%	碱值/(mgKOH/g)	主要性能及应用	生产公司
Dailube GS-240	硫化脂肪酸酯	0.980)	—	206	—	10	—	近似无味，-10℃可流动，适用于切削、成型、轧制、导轨油	DIC Corp.
Dailube GS-550	硫化脂肪酸	0.999	18	220	—	10 (5.7)	—	用链烷醇胺中和后，即可溶于水，可调配全合成或半合成金属加工液	
Dailube SDA-115	硫化脂肪酸酯	1.008	82	190	—	14.5 (4.3)	—	适合黑色金属的切削、冲压、螺帽成型加工	
Dailube S-220	硫化脂肪酸酯	1.007	—	242	—	11 (3.2)	—	适合成型、切削，在轧制中性能更优；也可用于润滑脂和导轨油中	

表 3-25 范德比尔特公司产品商品牌号

产品代号	化学组成	添加剂类型	密度/(g/cm³)	100 黏度/(mm²/s)	闪点/℃	溶解性	性能及应用
Cuvan 303	N,N-二(2-乙基己基)-甲基-1H-苯井三睡-1-甲肢	金属减活剂	0.95	5.81	125	溶于矿物油和合成油，不溶于水	是一种油溶性腐蚀抑制剂和金属钝化剂，能有效地保护铜、铜合金、镉、钴、银和锌。用于ATF、压缩机油、发动机油、燃料、齿轮油、润滑脂、液压油、金属加工液、合成油、涡轮机油
Cuvan 484	2,5-二巯基-1,3,4-噻二唑衍生物	金属减活剂	1.07	11	76	溶于矿物油和合成油，不溶于水	用于工业和汽车润滑油、润滑脂及金属加工液的铜腐蚀抑制剂和金属减活剂
Cuvan 826	2,5-二巯基-1,3,4-噻二唑衍生物	金属减活剂	1.04	3.32	192	溶于矿物油	用于工业和汽车润滑油、润滑脂及金属加工液的铜腐蚀抑制剂和金属减活剂，还可抑制硫化氢的腐蚀作用及增强油品的抗磨和抗氧化性能
Molyvan L	二(2-乙基己基)二硫代磷酸钼	摩擦改进剂	1.08	8.6	142	溶于矿物油和合成油，不溶于水	具有减摩、抗氧、抗磨和极压性能，用于发动机油、金属加工液和多种工业及汽车重载下的齿轮油和润滑脂作抗磨和抗氧剂
Vanlube PA	烷基二苯胺、受阻酚复合物	抗氧剂	0.97	255	200	溶于矿物油和合成油，不溶于水	具有抗氧、抗磨和极压性能，用于涡轮机油、液压油、压缩机油、导热油、金属加工液和润滑脂，以及汽、柴油机油中

续表

产品代号	化学组成	添加剂类型	密度/(g/cm^3)	100黏度/(mm^2/s)	闪点/℃	溶解性	性能及应用
Vanlub TK-223	聚异丁烯溶液	润滑脂黏附性增强剂	0.9	7300	160	溶于矿物油和合成油	该剂为高分子量、低黏度的PIB聚合物溶液，可使润滑脂和工业润滑油黏附于需要润滑和保护的表面，也可作为金属加工液的抗雾剂
Vanlube 704S	磷酸酯胺盐复合物	抗氧、抗磨和腐蚀抑制剂	1.03	72	188	溶于矿物油和合成油，不溶于水	多功能防锈剂和腐蚀抑制剂，由于能钝化，具有催化金属表面的作用，又具有减活作用，用于齿轮油、金属加工液和合成油中
Vanlube 719	磷酸铵复合剂	极压抗磨剂	0.99	48	85	溶于矿物油和合成油，不溶于水	具有极压抗磨、高温稳定和破乳化性能，用于钢板压延油、工业齿轮油中，具有极佳的极压抗磨、高温稳定性和破乳化性能
Vanlube 8912E	磺酸钙	防锈剂	0.97	19	150	溶于矿物油和合成油，不溶于水	具有良好的防锈性和水置换性能，用于齿轮油、润滑脂、液压油、金属加工液、防锈油和涡轮油等
TPS 20	二叔十二烷基多硫化物	极压抗磨剂	0.95	53mPa·s（40℃）	>100	溶于矿物油和植物油，不溶于水	非活性的多硫化物，用于黑色加工成型金属加工液中，因为无味也用于扎制油以及齿轮油、润滑脂及导轨油中
TPS 32	二叔十二烷基多硫化物	极压抗磨剂	1.01	64mPa·s（50℃）	153	溶于矿物油和植物油，不溶于水	高活性的多硫化物，用于黑色加工成型金属加工液中，低气味极压剂，也用于半合成金属加工液及工业/汽车润滑脂

表3-26　BASF公司添加剂产品

添加剂代号	化合物名称	添加剂类别	40℃黏度/(mm^2/s)	闪点/℃	HLB	羟值	皂化值	应　用
lrgalube Base 10	十二烷酸哌啶基酯	碱值储备剂	13	—	—	—	—	推荐用量0.6%～5%，用于空压机油、涡轮机油、发动机油和金属加工液
Synative AC B33V	环氧油酸酯	乳化剂	27mPa（20℃）	208	—	—	—	优秀低温性能及乳化能力，无皮肤刺激，用于水溶性金属加工液
Synative AC 2142	蓖麻油乙氧基化物	乳化剂	163mPa（20℃）	162	8	150～155	—	良好乳化性，用于矿物油或高酯类配方中的水溶性金属加工液

续表

添加剂代号	化合物名称	添加剂类别	40℃黏度/(mm^2/s)	闪点/℃	HLB	羟值	皂化值	应　用
Synative AC 3370V	脂肪醇乙氧基化物（植物油基）	乳化剂	37mPa（20℃）	202	5	157~167	—	优秀低温性能及乳化能力，硬水中稳定，无皮肤刺激，用于水溶性金属加工液和轧钢油
Synative AC 3412V	脂肪醇乙氧基化物（植物油基）	乳化剂	14mPa（50℃）	198	5.5	155~165	—	良好乳化能力和低温性能，硬水中稳定，无皮肤刺激，用于水溶性金属加工液和轧钢油
Synative AC 3499	脂肪酸单乙醇胺衍生物	乳化剂	308mPa（20℃）	246	3.7	142~172	—	具有防锈性、助乳化能力和硬水稳定性及良好低温及低泡性能，用于水溶性金属加工液和轧钢油
Synative AC 3830	脂肪醇乙氧基化物（植物油基）	乳化剂	41mPa（20℃）	212	6.6	148	—	具有良好低温性、乳化性，硬水中稳定，无皮肤刺激，用于水溶性金属加工液和轧钢油
Synative AC 5102	脂肪醇乙氧基化物（植物油基）	乳化剂	13mPa（50℃）	155~165	5.5	—	—	具有良好乳化能力，硬水中稳定，无皮肤刺激，用于水溶性金属加工液和轧钢油
Synative AC EP 5LV	脂肪醇乙氧基化物（植物油基）	乳化剂	62mPa（20℃）	116~1213	8.5	232	—	具有良好低温性及乳化性，硬水中稳定，无皮肤刺激，用于水溶性金属加工液和轧钢油
Synative AC ET 5V	脂肪醇乙氧基化物（植物油基）	乳化剂	67mPa（20℃）	115~125	9.1	20	—	具有良好乳化能力，硬水中稳定，无皮肤刺激，用于水溶性金属加工液和轧钢油
Synative AC K100	乙氧基化椰油胺	乳化剂	187mPa（20℃）	>250℃	14.2	—	—	具有良好乳化能力，可与非离子、阴离子和阳离子表面活性剂匹配，用于水溶性金属加工液和轧钢油
Synative AC LS 4L	月桂醇乙氧基化物	乳化剂	—	—	9.4	150~160	—	具有良好低泡性能，用于水溶性金属加工液
Synative AC LS 24	脂肪醇乙氧基化物（植物油基）	乳化剂	—	—	10.3	110~120	—	具有良好低泡性能，用于水溶性金属加工液
Synative AC LS 54	脂肪醇乙氧基化物（植物油基）	乳化剂	—	—	14.7	87~90	—	具有良好低泡性能，用于水溶性金属加工液
Synative AC RT 5	蓖麻油乙氧基化物	乳化剂	936mPa（20℃）	266	4	142	—	具有良好低温性、乳化性，用于矿物油或高酯类油配方中，用于水溶性金属加工液和轧钢油

续表

添加剂代号	化合物名称	添加剂类别	40℃黏度/(mm²/s)	闪点/℃	HLB	羟值	皂化值	应　用
Synative AC RT 40	蓖麻油乙氧基化物	乳化剂	1329mPa (20℃)	—	13	—	—	可乳化酯类和矿物油基础油，适用于水包油型乳化液及水溶性金属加工液
Synative XA 40	格尔伯特醇乙氧基化物	乳化剂	29mPa (20℃)	>170	10.5	150	—	具有良好的润湿、分散和乳化性能，可与非离子、阴离子和阳离子表面活性剂匹配，用于水溶性金属加工液
Synative XA 60	格尔伯特醇乙氧基化物	乳化剂	60mPa (20℃)	>200	12.5	—	—	具有良好的润湿、分散和乳化性能，可与非离子、阴离子和阳离子表面活性剂匹配，用于水溶性金属加工液
Synative X AO 3	羰基醇乙氧基化物	乳化剂	38mPa (20℃)	130	8	65	—	具有良好的润湿、分散和乳化性能，可与非离子、阴离子和阳离子表面活性剂匹配，用于水溶性金属加工液
Synative XLF 403	支链与线性醇丙氧基化物	乳化剂	60mPa (20℃)	—	—	—	—	具有良好的润湿、消泡和生物降解性能，用于水溶性金属加工液
Synative X700	格尔伯特醇乙氧基化物	乳化剂	41mPa (20℃)	>140	10.5	150	—	具有良好的润湿、分散和乳化性能，可与非离子、阴离子和阳离子表面活性剂匹配，用于水溶性金属加工液
Synative X710	格尔伯特醇乙氧基化物	乳化剂	80mPa (20℃)	>180	12.5	100	—	具有良好的润湿、分散和乳化性能，可与非离子、阴离子和阳离子表面活性剂匹配，用于水溶性金属加工液
Synative X720	格尔伯特醇乙氧基化物	乳化剂	400mPa (20℃)	9	14	90	—	具有良好的润湿、分散和乳化性能，可与非离子、阴离子和阳离子表面活性剂匹配，用于水溶性金属加工液
Synative X730	格尔伯特醇乙氧基化物	乳化剂	30mPa (60℃)	>180	15	75	—	具有良好的润湿、分散和乳化性能，可与非离子、阴离子和阳离子表面活性剂匹配，用于水溶性金属加工液
Breox E 200	聚乙二醇	乳化剂	60mPa (60℃)	>170	—	563	—	具有良好润滑性、脱模能力，用于水基金属加工液

续表

添加剂代号	化合物名称	添加剂类别	40℃黏度/（mm^2/s）	闪点/℃	HLB	羟值	皂化值	应　用
Breox E 400	聚乙二醇	乳化剂	110mPa（60℃）	>250	—	281	—	具有良好润滑性、脱模能力，用于水基金属加工液
Breox E 600	聚乙二醇	乳化剂	40mPa（50℃）	>250	—	187	—	具有良好润滑性、脱模能力，用于水基金属加工液
Synative 17R2	环氧乙烷/环氧丙烷嵌段共聚物	乳化剂	450mPa（20℃）	—	6	50	—	具有良好的润湿、分散、乳化和润滑性能，容易清洗与硬水兼容，用于水溶性金属加工液
Synative 17R4	环氧乙烷/环氧丙烷嵌段共聚物	乳化剂	600mPa（20℃）	—	12	40	—	具有良好的润湿、分散、乳化和润滑性能，容易清洗与硬水兼容，用于水溶性金属加工液
Synative PE 6100	环氧乙烷/环氧丙烷嵌段共聚物	乳化剂	350mPa（20℃）	226	—	56	—	具有良好的润湿、分散、乳化和润滑性能，低泡，与硬水兼容，用于水溶性金属加工液
Synative PE 6400	环氧乙烷/环氧丙烷嵌段共聚物	乳化剂	1000mPa（20℃）	—	—	40	—	具有良好的润湿、分散、乳化和润滑性能，低泡，与硬水兼容，用于水溶性金属加工液
Synative PE 6800	环氧乙烷/环氧丙烷嵌段共聚物	乳化剂	—	—	—	15	—	具有良好的润湿、分散、乳化和润滑性能，低泡，与硬水兼容，用于水溶性金属加工液
Synative PE 10100	环氧乙烷/环氧丙烷嵌段共聚物	乳化剂	800mPa（20℃）	—	—	34	—	具有良好的润湿、分散、乳化和润滑性能，低泡，与硬水兼容，用于水溶性金属加工液
Synative RPE 1720	环氧乙烷/环氧丙烷嵌段共聚物	乳化剂	450mPa（20℃）	—	6	—	—	具有良好的润湿、分散、乳化和润滑性能，低泡、容易清洗，与硬水兼容，用于水溶性金属加工液
Synative RPE 1740	环氧乙烷/环氧丙烷嵌段共聚物	乳化剂	600mPa（20℃）	—	12	—	—	具有良好的润湿、分散、乳化和润滑性能，低泡、容易清洗，与硬水兼容，用于水溶性金属加工液
Synative RPE 2520	环氧乙烷/环氧丙烷嵌段共聚物	乳化剂	600mPa（20℃）	—	—	—	—	具有良好的润湿、分散、乳化和润滑性能，低泡、容易清洗，与硬水兼容，用于水溶性金属加工液
Synative X300	环氧乙烷/环氧丙烷嵌段共聚物	乳化剂	660mPa（25℃）	—	14	35	—	具有良好的润湿、分散、乳化和润滑性能，低泡、容易清洗，与硬水兼容，用于水溶性金属加工液

续表

添加剂代号	化合物名称	添加剂类别	40℃黏度/(mm^2/s)	闪点/℃	HLB	羟值	皂化值	应　用
Synative X310	环氧乙烷/环氧丙烷嵌段共聚物	乳化剂	700mPa (25℃)	—	6	30	—	具有良好的润湿、分散、乳化和润滑性能，低泡、容易清洗，与硬水兼容，用于水溶性金属加工液
Synative X320	环氧乙烷/环氧丙烷嵌段共聚物	乳化剂	350mPa (60℃)	—	8	20	—	具有良好的润湿、分散、乳化和润滑性能，低泡、容易清洗，与硬水兼容，用于水溶性金属加工液
Synative AL 50/55V	油醇/十六烷混合醇（基于植物油）	偶合剂	—	—	—	215	<1.0	具有高的添加剂兼容能力，可减少泡沫，在酯类油和矿物油有良好的溶剂性，用于润滑脂、水溶性金属加工液和纯油
Synative AL 80/85V	油醇/十六烷混合醇（基于植物油）	偶合剂	—	~180	—	210	<1.0	具有高的添加剂兼容能力及良好低温性能，可减少泡沫，在酯类油和矿物油有良好的溶剂性，用于润滑脂、水溶性金属加工液和纯油
Synative AL 90/95V	油醇/十六烷混合醇（基于植物油）	偶合剂	19	~180	—	210	<1.0	具有高的添加剂兼容能力及良好低温性能，可减少泡沫，在酯类油和矿物油有良好的溶剂性，用于润滑脂、水溶性金属加工液和纯油
Synative AL C_{12}/98-100	月桂醇	增溶剂	12	136	—	298~302	<0.4	适用于铝加工和微量润滑，并可作为乳化液浓缩液增溶剂
Synative AL C_{12}~C_{14} 50/50	饱和 C_{12}~C_{14} 脂肪醇	增溶剂	—	—	—	275~285	<0.5	适用于铝加工和微量润滑，并可作为乳化液浓缩液增溶剂
Synative AL G16	格尔伯特醇	偶合剂	—	160	—	212	<6	极佳的低温性能和良好的氧化安定性，在酯类油和矿物油有良好的溶剂性，用于润滑脂、水溶性金属加工液和纯油
Synative AL G20	格尔伯特醇	偶合剂	26	~180	—	162	<3	极佳的低温性能和良好的氧化安定性，在酯类油和矿物油有良好的溶剂性，用于润滑脂、水溶性金属加工液和纯油
Synative AL S	C_{12}~C_{14}脂肪醇	偶合剂	13	~140	—	289	<0.5	具有良好的高温稳定性、添加剂兼容能力和消泡效果，用于润滑脂和铝加工油

续表

添加剂代号	化合物名称	添加剂类别	40℃黏度/(mm^2/s)	闪点/℃	HLB	羟值	皂化值	应　用
Synative AL T	C_{12}~C_{18}脂肪醇	偶合剂	—	~130	—	272	<1.2	具有良好的高温稳定性、添加剂兼容能力和消泡效果，用于润滑脂和铝加工油
Synative AC 3499	脂肪酸单乙醇胺衍生物	腐蚀抑制剂	—	—	—	—	—	具有良好的防锈性、助乳化能力和硬水稳定性以及润滑性、低温性能和低泡性能，用于水溶性金属加工液、纯油、扎钢油
Synative CI 500	烷基磷酸酯	腐蚀抑制剂	—	—	—	—	—	适用于钢铁，尤其是用于铝和铝钢合金可生物降解，用于水溶性金属加工液、纯油、扎钢油
Synative CI 510	聚醚磷酸酯	腐蚀抑制剂	—	—	—	—	—	适用于钢铁和铝，具有润滑性，可生物降解，用于水溶性金属加工液、纯油、扎钢油
Synative L 190 PLUS	多元羧酸	腐蚀抑制剂	—	—	—	—	—	对多金属体系具有良好的腐蚀抑制能力，与硬水兼容，低泡和优秀的空气释放性，用于水溶性金属加工液、纯油、扎钢油
Synative FCC P12	100%烷氧基非离子表面活	消泡剂	—	—	—	—	—	高性能泡沫抑制剂，专用于低温(10~30℃)下的应用冷水环境，比如蔬菜和淀粉加工、造纸工艺等，用于水溶性金属加工液
Synative AC AMH 2	混合型消泡剂	消泡剂	—	—	—	—	—	纯油消泡剂，使用浓度低，溶于酯类和矿物油，用于水溶性金属加工液

表 3-27　莱茵化学有限公司金属加工液用水溶性添加剂的商品牌号

添加剂代号	化学组成	水溶性(20℃)	运动黏度/(mm^2/s)	主要应用				
				乳化型金属加工液	半合成金属加工液	水溶性金属加工液	水基金属加工液槽边添加	水基抗燃液压液
RC5001	聚亚烷基二醇	水溶	160		●	●	●	●
RC5007	聚亚烷基二醇	水溶	1100			●		●
RC5010	高分子聚合物	水溶	750	●	●	●	●	

表 3-28　莱茵化学 德莱润金属加工液水溶性极压剂的商品牌号

添加剂代号	化学组成	水溶性(20℃)	运动黏度/(约%)	主要应用				
				乳化型金属加工液	半合成金属加工液	水溶性金属加工液	水基金属加工液槽边添加	水基抗燃液压液
RC5201	硫-氮添加剂	中和后水溶	63		●	●		
RC5202	硫-氮添加剂	水溶	21		●	●	●	●
RC5250	硫化脂肪酸	中和后可乳化	15	●	●	●		

表 3-29 莱茵化学有限公司金属加工液深色硫系极压剂的商品牌号

添加剂代号	化学组成	总硫含量/(约%)	活性硫含量/(约%)	40℃黏度/(mm^2/s)	色度(典型值)	铜片腐蚀 3h/100℃(典型值)	主要应用				
							切削	成型	水基	工业齿轮油/润滑脂	导轨油
RC2811	甘油三酯	11	1	1400	D8	1b	●	●	●	-/●	●
RC2818	脂肪酸酯	18	10	60	D8	3a-3b	●		●	-/●	

表 3-30 莱茵化学有限公司金属加工液用腐蚀抑制剂的商品牌号

添加剂代号	化学组成	水溶性(20℃)	防腐材料	主要应用					
				乳化型金属加工液	半合成金属加工液	水溶性金属加工液	水基金属加工液槽边添加	水基抗燃液压液	水基金属清洗液与防冻液
RC5401	中和的有机腐蚀抑制剂(三胺基己酸三嗪)	水溶	铁		●	●	●	●	●
RC5402	合成有机腐蚀抑制剂(三胺基己酸三嗪)	水溶	铁、铜、钴		●	●	●	●	●
RC5428	芳磺基羧酸	中和后水溶	铁		●	●		●	●
RC5800	中和的甲基苯三唑	水溶	铜、钴	●	●	●	●	●	●
RC5801	溶解的甲基苯三唑	水溶(高达 1%)	铜、钴	●	●	●	●	●	●

表 3-31 莱茵化学德莱润 PA 金属加工复合剂的商品牌号

添加剂代号	化学组成	磷/(约%)	硫/(约%)	40℃运动黏度/(mm^2/s)	材质					主要应用		
					钢	不锈钢	铝	黄色金属	钛	切削	成型	冲压
RC9720	极压抗磨/防锈	0.3	16.0	105	●	●	●	●	●	●	●	
RC9730	极压/抗磨/防锈	0.7	16.0	220	●	●	●	●		●	●	●

参考文献

[1] 高辉，马爽，孙忠镭 . 2009 中国润滑油行业报告[J]. 润滑油，2010(6)：1-7.

[2] 李谨 . 金属加工油液发展趋势和长城产品线策划[J]. 石油石化节能与减排，2015，5(05)：5-9.

[3] Jennifer Ineman，Joe Schultz. Emulsifiers 101：Who says oil and water do not mix? [J]. Tribology & Lubrication Technology，2013(9)：32-39.

[4] 卢成锹，韩锡安 . 国外金属加工液发展概况[M]. 卢成锹科技论文集 . 北京：中国石化出版社，2001：145-163.

[5] Standard Classification for Metal Working Fluids and Related Materials[S]. ASTM D 2881-03(2009).

[6] 张英华 . 抗菌剂的水溶性切削油剂[G]. 石油化工科学研究院(文献调研报告)，1993 年 6 月：1-34.

[7] 张英华 . 国外切削油的发展概况[G]. 石油化工科学研究院(文献调研报告)，1990 年 8 月：1-27.

[8] 中国石油化工总公司发展部 . 切削液 . 中高档润滑油系列小丛书，1992：3.

[9] 天津泰伦特化学有限公司 . 国内切削液现状剖析及未来发展方向预测[J]. 金属加工(冷加工)，2015(06)：15-17.

[10] 王文昌，陆春，顾浩 . 黏度与表面张力对硅片切割液稳定性能影响的研究[J]. 太阳能学报，2015，

36(2)：387-391.

[11] 王先会．金属加工油剂选用指南[M]．北京：中国石化出版社，2013：85.

[12] 郎需进，张杰，尤龙刚，陈志忠，火鹏飞．不同体系金属加工液表面性能研究[J]．润滑油，2017，32(05)：33-35.

[13]尤龙刚，鲁倩，陈志忠，等．环保型切削液的研究进展和发展趋势[J]．润滑油，2015，30(2)：7-10.

[14] 刘刚．金属加工液面临的环保和健康挑战[J]．石油商技，2016(1)：82-87.

[15] R. David Whitby. Unlocking the truth about controlled friction[J]. Tribology & Lubrication Technology, May 2006.

[16] 汪德涛．国内外最新润滑油及润滑脂实用手册[M]．广州：广东科技出版社，1997：392-394.

[17] Dr. Neil Canter. Special Report：Trends in extreme pressure additive[J]. Tribology & Lubrication Technology, May 2007：10-18.

[18] Leslie. R. Rndnick. Lubricant additives chemistry and application[M]. Marcel Dekker，Inc.，New York，NY 10016，U. S. A. 2003：371-385.

[19] Neil Canter. REACH：The Time to Act is Now[J]. Tribology & Lubrication Technology，September 2007：30-39.

[20] F. Chinas-Castillo，H. A. Spikes . Film Formation by Colloidal Overbased Detergents in Lubric. ated[J]. Tribology Transactions，Volume 43，Issue 3 July 2000.

[21] Jerry P. Byers. Selecting the "perfect" metalworking fluid[J]. Tribology & Lubrication Technology，March 2009：25-35.

[22] Robert M. Gresha. The mysterious world of MWF additives[J]. Tribology & Lubrication Technology，September 2006：30-32.

[23] (美)P. 贝歇尔．乳状液理论与实践[M]．傅膺，译．北京：科学出版社出版 1964：78-181.

[24] Dasch，Jean M. Variables affecting mist generation from metal removal fluids[J]. Lubrication Engineering，Mar. 2002 .

[25] Jean M. Dasch，James B. D'Arcy，Donald J. Smolenski. Effectiveness of Antimisting Polymers in Metal Removal Fluids Laboratory and Plant Studies[J]. Tribology & Lubrication Technology，FEBRUARY 2006：36-44.

[26] 傅树琴，周炜，等．金属加工润滑剂油雾控制的现状与进展[J]．润滑油，2003(6)：1-5.

[27] Leslie. R. Rndnick. Lubricant additives chemistry and application(second Edition)[M]. New York：Marcel Dekker Inc，2008：384-396.

[28]D. F Heenan，et al. Isothiazolinone microbicrobiocide-mediated steel corrosion and its control in aluminum hot rolling emulsions[J]. Lub Eng 47：545-548，1991.

[29] Canter N. Antifouling polymer minimizes biomasses in MWF systems[J]. Tribology & Lubrication Technology January 2006：15-16.

[30] Youwen You，Jie Han，Pei C，Chiu，Yan Jin，Canter N. Removing microbes from water[J]. Tribology & Lubrication Technology April 2008：12-13.

[31] 张文杰，何红波，洛长征．金属加工液微生物及其控制方法[J]．合成润滑材料，1999(3)：1-3.

[32] [日]樱井俊南．石油产品添加剂[M]．吴绍祖，刘志泉，周岳峰，译．北京：石油工业出版社，1980：512-524.

[33] 唐晓东．石油加工助剂作用原理与应用[M]．北京：石油工业出版社，2004：183.

[34] 西村允．固体润滑概论(12)——12. 金属加工[J]．固体润滑，1989，9(2)：121-126.

第四章　润滑脂的性能和润滑脂用添加剂

第1节　润滑脂的概述

1.1　概况

润滑脂是古老润滑材料之一，在天然润滑剂的早期历史中，应该特别提到的是润滑脂。事实上，第一个配方润滑剂很可能是润滑脂[1]。动物脂肪(牛脂)也许是早期常常选择的物质，因为这种动物脂肪很容易得到。大约在公元前1400年的古埃及就用润滑脂来润滑战车的车轮。早期润滑脂由羊油和牛油组成，有时也混入石灰。润滑脂一词来源于crass us，拉丁语意为脂肪[2]。在我国周代，即公元前1066年至公元前771年，《诗经邶风·泉水》中提到载脂载辖(车轴末端的销子)，即记载了使用动物油脂作为车轴的润滑剂的史实。事实上，按现代的标准来看，最早的润滑脂可以认为是环境友好可生物降解的。润滑脂是将稠化剂分散于一种或多种液体润滑剂(润滑油)中形成的一种稳定的固体或半固体的产品，这种产品可以加入旨在改善某种特性的添加剂。其主要优势在于，润滑脂能黏附在相互接触的两摩擦表面。润滑脂一般不会从润滑部位流失。润滑脂中的稠化剂就是用来减少重力、压力或者离心运动所造成的润滑脂的流失。

今天，超过80%的轴承使用润滑脂润滑。目前广泛使用的锂基润滑脂是在20世纪40年代初推出的；20世纪60年代又推出了复合锂基润滑脂[3]。润滑脂的应用领域非常广泛，几乎涵盖了工业机械、农业机械、交通运输行业、航空航天业、电子信息业和各类军事装备，但是对润滑脂的研究和认识远不如对润滑油的研究。所以润滑脂的产量比润滑油低很多。2019年，全球润滑脂产量达到1.207×10^6 t，比2018年(1.174×10^6t)略有增加；中国润滑脂总产量达到4.327×10^5t，比2018年(3.826×10^5t)增加0.501×10^5t，占全球润滑脂总产量的35.85%，保持世界第一。全球润滑脂仍以锂基润滑脂和复合锂基润滑脂为主，它们在2018年全球润滑脂产量中占比分别为50.94%和21.31%。润滑脂基础油类型仍以矿物油为主，占比约88.97%，其余主要为合成或半合成基础油[4,5]。

1.1.1　润滑油和润滑脂功能上的差异

润滑油和润滑脂在功能上的相同之处是都能对移动的金属部件起润滑作用，但是它们之间也有差异[3,6,7]：

(1) 从外观上看，润滑油是液体，而润滑脂是固化了的停留在摩擦部位的半固体或固体的润滑剂。

(2) 从组成来看，润滑油含有70%~99%(质量分数)的基础油、1%~30%(质量分数)的添加剂；润滑脂通常含有70%~95%(质量分数)的基础油、3%~30%(质量分数)的稠化剂和0~10%(质量分数)的添加剂。添加剂决定润滑油的类型，如内燃机油、齿轮油、液压油等；而稠化剂决定润滑脂的类型，如锂基润滑脂、钙基润滑脂、复合锂基润滑脂等。

(3) 从添加剂的种类来看，润滑油大多数应用油溶性的液体添加剂，很少用固体添加剂来配制，偶尔使用也有沉淀的风险；而润滑脂不但使用液体添加剂，而且大量使用固体添加剂，使用的固体添加剂约有25种，包括二硫化钼、石墨和PTFE(聚四氟乙烯)粉末等。

1.1.2 润滑脂的优势

润滑脂作为润滑剂与润滑油比还有下列三大优势：在使用润滑油会泄漏的场所、需要润滑剂作为天然密封物质时和需要有更厚的润滑油膜时适于使用润滑脂。

从流变学的观点来看，润滑脂是理想的润滑剂。在静止或非常低的剪切下，显示像固体的性质和仍保留在应用的地方。而在高剪切速率下，黏度迅速下降导致较少黏性阻力，润滑脂的这种流变两重性显示出超过润滑油的与众不同的优势[8]。

1.2 润滑脂的主要性能及特点

1.2.1 润滑脂的主要性能[9,10]

1. 触变性

润滑脂在一定剪速下受到剪切作用，随着剪切时间的增加，脂中纤维结构骨架逐渐变形互解，稠度下降，脂变稀；当剪切停止时，结构骨架又逐渐恢复，脂又变稠。这种由稠变稀、由稀变稠的现象被称为触变性。通常以稠度为衡量润滑脂触变性质的指标，它与润滑脂在润滑部位保持能力、密封性能以及脂的输送和加注方式有关。目前国际上通用的稠度等级是按照美国润滑脂协会的稠度等级，将润滑脂分为9个等级。润滑脂的稠度通常用锥入度度量，锥入度表示在规定的负荷、时间和温度条件下，标准针或锥垂穿入固体或半固体石油产品的深度，以1/10mm表示，反映润滑脂的软硬程度。锥入度值愈大，表示稠度愈小，反之，稠度愈大。另外，由于润滑脂在剪切作用下会发生稠度的变化，因此用润滑脂受机械作用(剪切)后其改变的程度来表示其机械安定性，一般用机械作用前后锥入度(或微锥入度)的差值表示，差值越小，机械安定性越好。

2. 流动性

润滑脂的流动性能取决于它的组成和结构，同时也与剪切速率、温度有关。润滑脂的流动性能主要通过脂的相似黏度、强度极限、低温转矩等性能评定。

润滑脂黏度的表示单位与润滑油的黏度不同，润滑油的黏度(40℃和100℃)以运动黏度表示，单位为mm^2/s。而润滑脂是非牛顿液体，其流动不服从理想液体流动定律，所以润滑脂通常用表观黏度或相似黏度来表示，单位为Pa·s。润滑脂的相似黏度不仅取决于剪切速率，也取决于温度，因此在说明润滑脂的黏度时，必须指明温度和剪切速率。在一定的剪切速率下，润滑脂的相似黏度随温度而改变。为了反映某些润滑脂受温度影响而引起相似黏度的改变，也可以用固定的剪切速率下不同温度的相似黏度曲线，即黏度-温度曲线。黏度-温度曲线具有重要的实用价值，特别是在较低温度下，如果相似黏度很大，则流

动性很差，润滑脂不易进入摩擦部位的工作表面，而且会产生很大的滑动、转动阻力。而当周围环境和工作温度变高时，如果相似黏度下降迅速，它就大大变软甚至流动，在实际应用时可能发生流失现象。

3. 强度极限

润滑脂的强度极限是指引起试样开始流动所需的最小剪切应力，又称极限剪切应力。润滑脂强度极限是温度的函数，温度升高，脂的强度极限变小，温度降低时，脂的强度极限变大，它的大小取决于稠化剂的种类与含量。根据高温时的强度极限可以说明润滑脂工作温度的大致上限。如果润滑脂在某一高温下强度极限较高，则它在机械使用部位能够很好地工作；相反，若强度极限已很低，实际使用时易流失。在低温时可以判断耐寒性能，特别是起动力矩。理想润滑脂的强度极限因温度变化而变更很小，而且这个温度幅度范围越宽，则适用范围越广。一般来说，润滑脂流动性能常常以高温下的强度极限值来预计是否易于流失，而以低温下的相似黏度预计其是否能正常流动。

4. 低温流动性

衡量润滑脂低温性能的重要指标之一是低温转矩，即在低温下(-20℃以下)润滑脂阻滞滚动轴承转动的程度。润滑脂的低温转矩由起动转矩和转动60min后的15s内转矩的平均值表示。低温转矩的大小关系到用润滑脂润滑的轴承低温启动的难易和功率损失，与润滑脂组成流动性等关系很大，对使用脂润滑的微型电机、精密仪器仪表的低温使用性能有很大影响。润滑脂的低温转矩直接反映了润滑脂的低温流动性。在低温下测得的低温启动转矩值越小，则启动功率消耗越小，即润滑脂的低温性能越好，在低温下使用的效果也就越好。相反，某些润滑脂在低温下启动转矩值较大，甚至出现卡住现象，则表明该润滑脂的低温性能差，也就不适合在低温下应用。

5. 滴点

润滑脂在润滑脂滴点计的脂杯中滴出第一滴试样的温度称为润滑脂的滴点。滴点是表示润滑脂热安定性能的指标[11]。润滑脂的滴点主要取决于稠化剂的种类和含量，非皂基润滑脂的滴点高，如膨润土、硅胶无机润滑脂无滴点，而聚脲、酞菁铜、阴丹士林等有机稠化剂滴点可高达250℃，甚至300℃以上。润滑脂的滴点有助于鉴别润滑脂类型和粗略估计润滑脂的最高使用温度。一般说来，对于皂基脂，其使用温度应低于滴点20~30℃，滴点愈高，其耐热性愈好。

6. 蒸发损失

润滑脂的蒸发损失表示润滑脂在高温条件下长期使用时，润滑脂油分挥发的程度。挥发性越小，越为理想。润滑脂的蒸发主要是基础油的蒸发，由于基础油的蒸发使润滑脂中皂的浓度相应增大，从而导致润滑脂的稠度改变、内摩擦增大、滴点升高等，而且缩短润滑脂的使用寿命。因而，润滑脂的蒸发性主要取决于基础油的性质、馏分组成和分子量。所以润滑脂的蒸发性是影响使用寿命的一个重要因素，特别是对于高温、宽温度范围或高真空度条件下使用的润滑脂尤为重要。

7. 胶体安定性

润滑脂的胶体安定性是指润滑脂在一定温度和压力下保持胶体结构稳定、防止润滑油从润滑脂中析出的性能，也就是润滑脂抵抗分油的能力，通常把润滑脂析出油的数量换算为质量百分数来表示。润滑脂的胶体安定性反映出润滑脂在长期储存中与实际应用时分油趋势，如果润滑脂产品在储存期间发生大量析油现象，这就说明该润滑脂的胶体安定性很差。如果润滑脂的胶体安定性差，则在受热、压力、离心力等作用下易于发生严重分油，导致寿命迅速降低，并使润滑脂变稠变干，失去润滑作用。

8. 氧化安定性

氧化安定性是指润滑脂在长期储存或长期高温下使用时抵抗热和氧的作用，而保持其性质不发生永久变化的能力。由于氧化，往往发生游离碱含量降低或游离有机酸含量增大，相似黏度下降，外观颜色变深，出现异臭味。稠度、强度极限、相似黏度下降，生成腐蚀性产物和破坏润滑脂结构的物质，造成皂油分离。因此，在润滑脂长期贮存中，应存放在干燥通风的环境中，防止阳光曝晒，并应定期检查游离碱或游离有机酸、腐蚀性等项目的变化，以保证其质量。

1.2.2 润滑脂的特点[10]

由润滑脂的性能可看出，润滑脂与润滑油有许多相似之处，但也有自己的特点，首先从外观来看，润滑脂是固体或半固体，而润滑油是液体；润滑脂有触变性能和滴点等，润滑油没有。由于有这些差别，润滑脂与润滑油比较有下列特点。

1. 不流失、不滴落

与摩擦部位处于静止状态时，润滑脂能够保持其原来形状，不致受重力作用而自动流失，也不会在垂直的表面上滑落或从缝隙处滴漏出去。对于停停开开或者不常开动的摩擦部位，补充润滑材料非常困难的部位(例如天车空中作业润滑部位)以及敞开式的或密封不良部位，润滑脂是非常适用的。

2. 不泄漏、不飞溅

当摩擦部位处于运动状态时，润滑脂不会像润滑油那样受离心力的作用而甩漏，也不会从密封不良部位飞溅出来。滴油或飞溅油现象几乎可以完全避免，这样就可以防止污染环境和污染产品。这对于造纸、纺织、食品工业等尤为重要。

3. 使用温度范围

润滑脂的工作温度范围比润滑油宽，如一般润滑脂均可在-20~60℃或者-20~120℃下使用。

4. 耐压性高

润滑脂在金属表面上的吸附能力要比润滑油大得多，并能形成比较坚固的油膜，承受比润滑油较高的工作负荷，这是由于润滑脂内含有大量极性物质的结果。此外，它将作为基础脂，当加入极性添加剂后，感受性也较润滑油好。

5. 使用寿命长、消耗量少

润滑脂长期使用而不更换时，仍能保证良好的润滑作用，因为真正起到润滑作用的只是靠近摩擦表面极少部分的润滑脂，而且依靠皂纤维的牵动作用不断更新往返，因而使用寿命相当长。而润滑油则需经常添加，否则不能保证机械正常润滑。从数量上看，润滑油的消耗量比润滑脂要多15~20倍。因此，润滑部位选用润滑脂要比选用润滑油多许多。如

汽车的润滑部位，采用润滑脂约占三分之二。由于润滑脂的使用寿命长、消耗量少，设备维修保养期长，保养费用亦相应降低。

6. 防护性能好

润滑脂涂抹在金属表面或零件上，是一种良好的防护材料，而且防护期长。这是因为润滑脂不会受本身重力的影响而从防护体表面自动流失掉。一般润滑脂层都比油层厚，而且润滑脂(除了个别品种外)的抗水性远比润滑油好，防止水或水蒸气渗透到金属表面的能力也强。润滑脂能隔离酸、碱、湿气、氧气和水，避免工作表面受到直接侵蚀，而润滑油的防护能力比较差，仅能在短暂的时间内起一定的防护作用。

7. 密封性能好

润滑脂可防止灰尘进入工作表面，避免杂质混入磨损机械零件。对于轴承之类的空间结构比较复杂、润滑面的精密度要求比较高的工作部件，润滑脂可以把尘土杂质阻挡在轴承外表面，并能把主要空隙填满，起到封闭作用。又如农用拖拉机、收割机等，整个机械都与泥土、砂砾接触，它们的转动部位采用润滑脂不仅能起到润滑作用，而且在一定程度上还起到封闭作用，使泥沙隔离在轴承外壳，不进入内侧，但润滑油就没有这种能力。

8. 有缓冲减震作用

由于润滑脂的黏滞性大，油性比较好，所以对于某些常常要求改变运动方向和承受很大冲击力的机械，例如拐轴、方向接头、破碎机等润滑部位，润滑脂能起到一定缓冲减震作用。在某些部件上，如齿轮传动装置等，润滑脂还能减低噪声，而润滑油在缓冲及减少噪声方面较差。

虽然润滑脂有以上优点，但与润滑油相比也存在一些缺点。例如，由于润滑脂呈固态或半流体状态，它在润滑面上的启动力矩和运转力矩都比较大，相似黏度也较大，流动性比较差，在高转速部位使用润滑脂不如使用润滑油好，在极高速(如30000r/min)下不能使用润滑脂。此外，由于它几乎不存在散热性能，也不能像润滑油那样不断带走摩擦表面由于磨损而出现的金属屑和其他杂质，同时在高温下有相转变且容易氧化变质的缺点，因此它的使用范围也受到一定限制。

1.3 润滑脂的选用

作为润滑剂，无论是润滑油还是润滑脂，以及固体润滑材料，均应达到减少摩擦与磨损、防止腐蚀和生锈、防止杂质混入、去除杂质、具有散热作用、延长设备使用寿命、容易使用且有经济性等目的。润滑脂的品种、牌号有很多，其性能也各不相同。为了给所润滑的机械设备选择适宜品种、牌号的润滑脂，必须考虑机械的润滑部位所起主要作用的诸因素，同时还要考虑所用润滑脂的性能，而后决定选择结果。

1.3.1 选用润滑脂的原则

按润滑脂所起的作用大致可分为减摩、防护和密封三大类。因此需要根据润滑脂的部位，确定润滑脂所起的作用以哪一个为主，据此来选用符合要求的润滑脂。

(1) 作为减摩的润滑脂，主要应考虑耐高低温范围、耐转速的界限、负荷大小等。

(2) 作为防护的润滑脂，则应考虑接触的金属、接触的介质是水汽还是化学气体；在润滑脂的性能方面，则要着重考虑对金属的防护性指标，如抗氧化性、抗水性等方面性能。

(3) 作为密封润滑脂，则应首先考虑接触的密封材料(橡胶、塑料或金属)，尤其是用橡胶和塑料为密封件时，一定要搞清楚橡胶的牌号，根据润滑脂同橡胶的相容性来选择适宜的润滑脂。其次应考虑接触的介质(水、醇或油)，介质是水或醇类应选用大黏度石蜡基的基础油的酰胺润滑脂、脲基润滑脂。然后应考虑是静密封还是动密封，若是静密封应选择黏稠一点的密封润滑脂，若是动密封应选择基础油黏度不能太大的润滑脂。

1.3.2　根据润滑部位的工作温度

机械摩擦部位的温度高低及温度的变化对润滑脂的润滑作用和使用寿命有决定性的影响。因为润滑脂本身是一种胶体分散体系，它的流动性质如相似黏度和强度极限等也随温度而变化。温度越高，润滑脂的使用寿命越短。这主要是由于温度越高，润滑脂内基础油的蒸发损失、氧化变质和胶体萎缩分油现象等越易加速。当然，稠化剂和基础油的种类不同，润滑脂的寿命也不一样。一般说来，大部分润滑脂的使用温度和寿命之间的关系是，每当轴承温度升高 10~15℃，润滑脂寿命下降 1/2。因此，在选择高温用润滑脂时，要注意选择抗氧化安定性好、热蒸发损失小、滴点高的润滑脂。但应注意，润滑脂的滴点并不标志着使用的最高温度，一般是低于滴点的 20~30℃，甚至更低些。因为使用温度越接近于滴点，则脂分油和基础油的蒸发越严重，当达到滴点温度时，润滑脂会很快流失而不能保持润滑作用。

1.3.3　根据润滑部位的运转速度

由于润滑脂属于流变体系，它的相似黏度随剪切速度而改变。因此，润滑脂的物理状态和润滑作用对润滑部件的运转速度特别敏感，这一点与润滑油有着明显的不同。

运转速度越快，润滑脂所承受的剪切应力就越大，相似黏度下降越明显。在高剪切应力下，稠化剂形成的纤维“骨架”遭受到的破坏作用也越大，从而大大缩短了使用寿命，甚至将脂甩出润滑部件之外。同时，由于转速高，产生的热量也较多，而润滑脂的散热性又比润滑油差些，故更增加了摩擦点的温升，也导致寿命缩短。在高剪切应力下，当工作部位的运转速度提高一倍时，润滑脂的使用寿命只相当原寿命的十分之一，可见影响之大。

润滑脂所能适应的转速是有限的，这种限制通常用 dn 值来表示。所谓 dn 值就是轴承内径与转速的乘积。dn 值大于 300000 时，一般不宜采用润滑脂润滑。这主要是因为润滑脂的流动性不能适应这样高的转速。但是随着润滑脂技术的进步，近年来的耐高转速润滑脂的 dn 值已经可达 10^6。

在高转速条件下，要选用低黏度矿物油制成的润滑脂，如锂基脂、钙基脂或合成油润滑脂。因为这些脂的机械安定性好，抗机械剪切能力强，一般通过 100000 次的剪切试验后，锥入度差值在 50 以内。在同样的温度、负荷下，转速高时，则要求选用流动性好即锥入度较大的润滑脂。

对于低速用的润滑脂，应选择以高黏度矿物油制成的高锥入度牌号的润滑脂，以保证

具有足够的黏附性和适当的极压性，来满足低速运转、负荷较重的要求。

1.3.4 根据润滑部位的负荷

负荷是指工作轴承上单位面积承受的压力，用 kPa 表示。在使用中，常把负荷超过 4.9×10^6kPa 时，称为重负荷，负荷在 $2.9\times10^6\sim4.9\times10^6$kPa 称为中负荷，$2.9\times10^6$kPa 以下称为轻负荷。

轴承上承受的负荷有两种，即径向负荷和轴向负荷。二者对润滑脂寿命都有较大的影响。对于推力轴承而言，轴向负荷更为重要。在选择润滑脂时，对于负荷这一因素，应考虑下述几点。

1. 对于重负荷设备

(1) 使用同一品种系列时，要选用稠化剂含量较高，即稠度大(锥入度小)的润滑脂。

(2) 要选用基础油黏度较大的润滑脂。

(3) 如果负荷特别高，则要选用加有极压添加剂或固体添加剂(如二硫化钼、石墨)的润滑脂。

2. 对于中负荷和低负荷设备

(1) 所用皂基润滑脂要求是短纤维结构的。

(2) 用中等黏度的润滑油作基础油。

(3) 一般选用 2 号脂为宜。

对于负荷这一因素而言，不论是轻负荷还是重负荷，主要考虑润滑脂的抗磨和极压性能，然后再考虑其他性能。

1.3.5 根据润滑部位的环境和所接触的介质

润滑部位所处的环境和所接触的介质对润滑脂的性能有极大影响。潮湿或易与水接触的部位，不宜选择钠基润滑脂，甚至可以不选用锂基润滑脂。因为钠基润滑脂抗水性较差，遇水容易变稀流失和乳化。有些部位用锂基脂也无法满足要求，如立式水泵的轴承可以说是经常浸泡在水中的，用锂基脂也发生乳化，寿命很短，轴承很容易损坏。针对这种部位，应当选用抗水性良好的复合铝基润滑脂或脲基润滑脂。汽车、拖拉机和坦克底盘，常在潮湿和易与水接触的环境下工作，我国目前多用钙基润滑脂或锂基润滑脂，国外多选用抗水性能更好的锂-钙基脂或脲基润滑脂。

与酸或酸性气体接触的部位，不宜选用锂基脂或复合钙、复合铝、膨润土润滑脂。这些润滑脂遇酸(弱酸)或酸性气体，如空气中含微量 HCl，脂变稀流失，造成轴承防护性不良，容易腐蚀，更为严重的是润滑不良。还有某些印染厂使用活性染料放出 HCl 气体，不仅设备造成腐蚀，而且使轴承内的润滑脂很容易变质，则应使用全氟润滑脂。

同海水或食盐水接触的部位，应当选用复合铝基脂；同天然橡胶或油漆接触的部位，应避免选用酯类油尤其是双酯类型油为基础油的润滑脂；接触燃料油类或石油基润滑油类介质的部位，应选用特种耐油密封润滑脂；同甲醇相接触的，也应选用专用脂等等。

1. 矿物油及合成油润滑脂的分类、性能和应用特征

矿物油及合成油润滑脂的分类、性能和应用特征见表 4-1。

表 4-1　矿物油及合成油润滑脂的分类、性能和应用特征

润滑脂		注　释						
稠化剂	基础油	使用温度/℃	滴点/℃	抗水性①	防腐性②	极压性①	滚动轴承适应性	应　用
钙基(12-羟基硬脂酸钙)	矿物油	-20～70	<130	+++	0/2	++	--	密封脂
锂基(12-羟基硬脂酸钙)	矿物油	-30～120	<200	+	0/3	+	+++	滚动轴承基础脂
	酯类油	-60～120	<200	+	0/3	+	+++	低温润滑脂 高温润滑脂 高速润滑脂
	PAO	-50～120	<200	+	0/1	-	+	低温、高速润滑脂
	聚乙二醇	-40～140	=200	-	1/5	++	++	高温润滑脂
	硅油	-60～160	=200	+	0/3	--	++	高、低温润滑脂
钠基	矿物油	-20～100	130/200	--	2/5	+	++	滚动轴承基础脂
复合铝基	矿物油	-30～140	>230	++	0/3	++	+++	高温润滑脂
复合锂基	PAO	-50～150	>250	+	0/1	+	++	滚动轴承基础脂
	矿物油	-30～140	>250	+	0/1	+	++	滚动轴承基础脂
复合钡基	矿物油	-30～120	>200	++	0/1	+++	+++	极压润滑脂
	酯类油	-40～120	>200	++	0/1	+++	+++	高速、极压、低温润滑脂
复合钙基	矿物油	-30～120	>200	++	0/1	+++	+++	极压润滑脂 低温润滑脂 密封脂
	酯类油	-50～140	>200	++	0/1	+++	+++	高速、极压、低温润滑脂
复合钠基	矿物油	-30～160	>220	-	0/1	++	+++	低温润滑脂
	硅油	-50～200	>220	-	0/1	--	++	长寿命润滑脂
膨润土	矿物油	-20～160	>220	++	0/5	++	+++	高温润滑脂
聚脲	矿物油	-20～160	>250	++	0/1	-	++	高温润滑脂
	酯类油	-40～180	>250	++	0/1	-	++	高温润滑脂 长寿命润滑脂
	PAO	-40～165	>250	++	0/1	-	++	同酯类油
	聚苯醚	-5～200	>250	++	0/1	++	++	高温、长寿命润滑脂
聚合物(聚乙烯、聚四氟乙烯、氯化乙丙烯)	硅油	-50～200	无	++	0/3	--	++	高温、长寿命润滑脂
	聚苯醚	-40～250	不可测量	++	0/1	++	++	高温、长寿命润滑脂

① +++为很好，++为好，+为一般，-为差，--为较差。

② 0 防锈性最好，1 为较好，2 为一般，3 为不好，5 为较差。

2. 添加剂的类型及对润滑脂的作用

添加剂的类型及对润滑脂的作用见表 4-2。

润滑脂主要类型和性能见表 4-3。

表 4-2　添加剂的类型及对润滑脂的作用

添加剂	典型物质	作　用
极压添加剂	有机硫、磷、氯化合物	通过摩擦副表面反应膜提高负载能力，防止烧结
抗磨剂	有机硫、磷、氯化合物，二烷基二硫代磷酸锌	在混合摩擦情况下，生成化学反应膜以减少磨损
摩擦改进剂	脂肪、脂肪酸衍生物，含磷化合物	降低摩擦损失，阻止微动磨损和降低噪声
抗腐蚀剂	金属磺酸盐、胺类衍生物、二烷基二硫代磷酸锌	在有水条件下，防止腐蚀
抗氧剂	酚类衍生物、芳族胺、二烷基二硫代磷酸锌	阻止氧化
固体添加剂	石墨、二硫化钼、聚四氟乙烯、氧化物、磷化盐、滑石粉	改进负载能力，减少腐蚀磨损和微动磨损
黏附剂	聚异丁烯、烯烃共聚物	改进润滑剂在物体表面的附着能力

表 4-3　润滑脂主要类型和性能

序号	稠化剂	基础油	使用温度/℃	抗水性能	其　他
1	钠皂	矿物油	-20~100	不抗水	遇水乳化，在某些条件下易流失
2	锂皂	矿物油	-30~120	90℃以下防水	遇水乳化，在长剪切下变软；多功能润滑脂
3	复合锂皂	矿物油	-30~140	抗水	耐高温；多功能润滑脂
4	钙皂	矿物油	-20~70	抗水性良好	不吸水，耐水密封性能好
5	铝皂	矿物油	-20~70	抗水	防水密封作用好
6	复合钠皂	矿物油	-30~160	约90℃以下防水	与钠基脂比，适用于更高温度和载荷
7	复合钙皂	矿物油	-30~120	抗水性优良	多功能润滑脂，适用于较高温度和载荷(决定于基础油的黏度的大小)
8	复合钡皂	矿物油	-30~120	抗水性优良	适用于较高温度和载荷(决定于基础油的黏度的大小)，防蒸汽
9	聚脲	矿物油	-20~160	抗水	适用于较高温度和载荷
10	复合铝皂	矿物油	-30~140	抗水	适用于较高温度和载荷(决定于基础油的黏度的大小)
11	膨润土	矿物油或酯类油	-20~160	抗水	凝胶型润滑脂，适用于高温、低转速条件下的润滑
12	锂皂	酯类油	-60~120	抗水	适用于低温、高转速条件下的润滑
13	复合锂皂	酯类油	-50~160	抗水	适用于宽温度范围的通用润滑脂
14	复合钡皂	酯类油	-40~120	抗水	适用于高速、低温、蒸汽环境下的润滑
15	复合钙皂	酯类油	-50~140	抗水	适用于高速、低温、蒸汽环境下的润滑
16	锂皂	硅油	-60~160	抗水性优良	适用于低载荷、中低速、高低温润滑

第 2 节　润滑脂的分类

润滑脂产品品种繁多，牌号杂乱。为了满足各种机械设备和润滑部件的润滑要求，出现了许多不同冠名及牌号而组分基本类似的专用润滑脂产品。因此，润滑脂的分类[10,11]一直是人们关注的问题。世界上一些国家和国际标准化的润滑脂分类方法不尽相同，通观各种有关润滑脂的分类方法，可以归纳为三种主要的分类命名方法：按润滑脂稠化剂类型分类和命名，按润滑脂使用性能或使用场合分类和命名，按润滑脂分类体系表分类和命名。

2.1　按稠化剂类型分类和命名

润滑脂按稠化剂类型可分为皂基润滑脂(单皂基润滑脂、混合皂基润滑脂和复合皂基润滑脂)、非皂基润滑脂(无机润滑脂和有机润滑脂)和烃基润滑脂三大类。这种分类方法实际是以皂基润滑脂为主体。我们通常接触到的润滑脂，或我们泛指的润滑脂是指以石油润滑油为基础油的皂基润滑脂。这类产品占润滑脂总产量的90%以上，从品种上说也占润滑脂总数的大部分。烃基脂主要用于防护，无机和有机类润滑脂主要作特种用途专用脂。皂基润滑脂又可按稠化剂的不同分成各种单皂基润滑脂、混合皂基脂和复合皂基脂。

单皂基润滑脂包括钠基润滑脂、钙基润滑脂、锂基润滑脂、铝基润滑脂、钡基润滑脂、铅基润滑脂；混合皂基润滑脂包括钙-钠基润滑脂、铝-钙基润滑脂、锂-钙基润滑脂、钡-铅基润滑脂、锂-铅基润滑脂；复合皂基润滑脂包括复合锂基润滑脂、复合钙基润滑脂、复合铝基润滑脂、复合钛基润滑脂等。

在非皂基润滑脂中，又分为无机润滑脂和有机润滑脂。无机稠化剂润滑脂有膨润土润滑脂、硅胶润滑脂、炭黑润滑脂等；有机稠化润滑脂有酞菁铜润滑脂、聚脲润滑脂、复合聚脲润滑脂等。

烃基润滑脂包括用石蜡或地蜡作稠化剂生产的润滑脂。烃基润滑脂一般有钢丝绳润滑脂、特种仪器润滑脂等。

2.2　按润滑脂主要用途分类

许多润滑脂可能具有多方面的使用性能和多种用途，但往往只选择其主要使用性能和用途进行分类和命名，如减磨润滑脂、防护润滑脂和密封润滑脂等，详见表4-4。这种分类方法比较笼统，因为润滑脂实际用途是以减摩为主，而单用减摩特性又不能详细划分出具体品种。通常各种润滑脂都兼备减摩、防护、密封等功能，故以用途分类只能分出某种产品的主要功能。

表4-4　按主要用途分类

<table>
<tr><td rowspan="14">润滑脂</td><td rowspan="5">减摩润滑脂</td><td>通用减摩润滑脂</td></tr>
<tr><td>低温减摩润滑脂</td></tr>
<tr><td>高温减摩润滑脂</td></tr>
<tr><td>极压减摩润滑脂</td></tr>
<tr><td>专用减摩润滑脂</td></tr>
<tr><td rowspan="3">防护润滑脂</td><td>通用防护润滑脂</td></tr>
<tr><td>专用防护润滑脂</td></tr>
<tr><td>封存防护润滑脂</td></tr>
<tr><td rowspan="2">密封润滑脂</td><td>通用密封润滑脂</td></tr>
<tr><td>专用密封润滑脂</td></tr>
<tr><td rowspan="2">分散润滑脂</td><td>一般切削膏</td></tr>
<tr><td>防锈切削膏</td></tr>
<tr><td colspan="2">增摩润滑脂</td></tr>
</table>

2.3 按润滑脂主要性能分类

世界各国对润滑脂分类方法都极为重视。国际标准化组织(ISO)经过多年多次国际会议研究，于1987年提出了润滑脂分类的国际标准ISO 6743-9：1987。此标准的特点是排除了按稠化剂类型、应用部门和应用部位作为分类命名的基础，而是完全按润滑脂应用场合的操作条件、操作环境、需要润滑脂具备的各种使用性能作为分类代号的基础。使用性能包括最低使用温度、最高使用温度、抗水和防锈水平、极压抗磨性能和稠度牌号等状况。因为润滑脂产品属类为X类，后面用4个英文字母分别表示使用性能水平，再用一个数字表示稠度等级，由此组成的代号可以反映这种润滑脂的使用性能水平。

我国于1990年接受ISO 6743-9：1987，并等效采用该标准制定了我国国家标准GB/T 7631.8—90。这种润滑脂分类方法的主要内容见表4-5~表4-7。

表4-5 按使用性能的分类代号

总的用途	使用要求									标记	备注
	操作温度范围				水污染③	字母4	负荷EP	字母5	稠度		
	最低温度①/℃	字母2	最高温度②/℃	字母3							
用润滑脂的场合	0 -20 -30 -40 <-40	A B C D E	60 90 120 140 160 180 >180	A B C D E F G	在水污染的条件下，润滑脂的润滑性、抗水性和防锈性	A B C D E F G H I	在高负荷或低负荷下，表示润滑脂的润滑性和极压性，用A表示非极压性型脂，用B表示极压性型脂	A B	可选用如下稠度号： 000 00 0 1 2 3 4 5 6	一般润滑脂的标记是由代号字母X与其他4个字母及稠度等级号联系在一起来标记的	见备注文字说明

①设备启动或运转时，或者泵送润滑脂时所经历的最低温度。
②在使用时，被润滑的部件的最高温度。
③见表4-6。
备注文字说明：包含在这个分类体系范围里的所有润滑脂彼此相容是不可能的，而由于缺乏相容性，可能导致润滑脂性能水平的剧烈降低。因此，在允许不同的润滑脂相接触之前，应和产销部门协商。

表4-6 水污染(抗水性和防锈性)代号的确定

环境条件①	防锈性②	字 母
L	L	A
L	M	B
L	H	C
M	L	D
M	M	E
M	H	F
H	L	G
H	M	H
H	H	I

①L表示干燥环境，M表示静态潮湿环境，H表示水洗。
②L表示不防锈，M表示淡水存在下的防锈性，H表示盐水存在下的防锈性。

润滑脂稠度等级划分见表4-7。

表 4-7　润滑脂稠度等级划分

稠度等级	000	00	0	1	2	3	4	5	6
锥入度 1/10mm	445~475	400~430	355~385	310~340	265~295	220~250	175~205	130~160	85~115

例如，一种润滑脂用在下述操作条件：

最低操作温度：-20℃；最高操作温度：160℃；环境条件：经受水洗；防锈性：不需要防锈；负荷条件：高负荷；稠度等级：00。

这种润滑脂的代号应为 L-XBEGB 00。

此种分类法适用于各种设备、机械部件、车辆等润滑和防护，可用于所有种类的润滑脂，但不适用于接触食品、抗辐射、高真空的特种润滑脂。由此可见，以使用性能为基础的分类法对于量大面广的绝大部分润滑脂品种和绝大部分应用场合均可适用，使用户可合理选择润滑脂，对于性能类同的产品，便于简化品种。此分类法也布设了品种框架，便于开发新产品，也指导人们不再研制雷同的品种。此外，此分类法也有不足之处，例如极压性能部分分得不细。

第 3 节　润滑脂的组成

润滑脂是由许多不同组分组成的，而每一个组分都赋予润滑脂某些特性。当然，各组分的比例和制造工艺对润滑脂的性能也有直接影响。

润滑脂主要由基础油、稠化剂和添加剂三部分组成。

3.1　基础油

在润滑脂的组分中，基础油的质量分数大约为 70%，某些润滑脂品种中甚至含有 97%左右的基础油。因此基础油对润滑脂产品的性能影响非常大，润滑脂的许多性能取决于基础油的性质。

通常将润滑脂基础油分为矿物基础油(简称矿物油)和合成基础油(简称合成油)。矿物油是开采出来的原油经过常减压蒸馏、溶剂精制、脱蜡和脱沥青等炼制工艺和精制工艺而制得的。不同产地的原油所含烃组成不同，所制备的润滑脂基础油的烃组成和性质也不同。通常矿物油按照烃组成的差异可分为环烷基润滑油、石蜡基润滑油和中间基润滑油。而合成油则是由各种化工原料通过化学反应(例如聚合、缩合、酯化和取代反应等)，并通过控制生产工艺条件而得到的产物。按合成原料的不同，合成润滑油可分为聚烯烃、聚醚、聚硅氧烷、合成酯、全氟油等。

由于矿物基润滑油具有价格便宜、易于获得、润滑性能优良等优点，目前以矿物油为基础油的润滑脂占到全部润滑脂的 90%左右。但在一些特殊场合，对于一些特殊设备，为了满足特殊性能的要求，润滑脂的基础油必须全部或部分采用合成油。

3.1.1　矿物油

矿物润滑油是指油田开采的原油经脱水、脱盐、常压蒸馏、减压蒸馏、溶剂精制、脱蜡和脱沥青等过程后，所得到的油状混合物。其主要成分为各种烃类，根据黏度不同，所

含的烃类平均相对分子质量也不同，黏度越大，平均分子量越高，反之则平均分子量越小。通常，根据生产工艺以及精制深度的不同，矿物油又可细分为润滑油基础油、馏分油和成品油。润滑油基础油的组成与基础油的性质有着密切的关系，详见表4–8。

表4–8 基础油的组成与性质的关系

	饱和烃			芳烃			非烃		
	正构烷烃	异构烷烃	环烷烃	单环芳烃	双环芳烃	多环芳烃	硫化物	氮化物	氧化物
黏温性能	优	优	良	良	稍差	差	差	差	差
蒸发损失	低	低	较高	较高	高	高	差	差	差
低温流动性	差	优	良	良	良	差	差	差	差
氧化安定性	优	优	良	良	稍差	差	抗氧化	差	差
溶解能力	差	差	良	优	优	优	—	—	—
抗乳化性	优	优	优	良	稍差	差	差	差	差

制造润滑脂使用的基础油，一般是按使用条件进行选择，有的只用一种油，也有的将几种油调和使用。在低温、轻负荷、高速轴承上使用的润滑脂，选用低黏度、低倾点、黏温性较好的基础油；用中等负荷、中速和温度不太高的机械中，选用中等黏度的基础油；在高温、重负荷、低速下的滑滑脂，选用高黏度润滑油，如20号航空润滑油、汽缸油等较为适宜；对于使用温度范围较宽的润滑脂，要求基础油黏温性好、低温流动性好、倾点低以及高温下蒸发小和不易氧化，这种情况一般使用合成油，以满足某些特殊条件的使用要求。

石蜡基基础油和环烷基基础油相比，石蜡基油黏度指数高，润滑性能好，但倾点高，而环烷基油倾点低，低温性能好。

在润滑脂生产中，需要使用70%~85%的基础油，因此基础油与金属皂之间的亲和能力是决定润滑脂优劣的关键性因素。环烷基基础油倾点低，又以环状结构为主，因此用环烷基基础油生产的润滑脂不仅倾点低，而且不容易析出油分。优质润滑脂几乎都选用环烷基基础油作为基础油，尤其是低温润滑脂，必须使用环烷基基础油。在润滑脂皂化过程中，产生皂类的数量在很大程度上受到稠化剂与调配用基础油相容性的影响。环烷基基础油分子对金属皂类的亲合力较大，随着皂类数量的增加，油品的机械稳定性得以改善，因此可增加油品的工作负载。环烷基基础油的较高溶解度使其在特定数量的昂贵皂类成分中可调入更多的油品，而不会改变油脂的稠度，有助于降低配方成本。环烷基基础油实际上不含蜡，因此，用环烷基基础油生产的润滑脂具有优良的低温润滑性能，这对使用于寒冷地区的集中润滑脂供应系统特别重要[12]。

最近有资料报道，润滑脂中也使用高黏度的光亮油，而且占相当的比例。润滑脂配方中光亮油原料的主要用途是增加黏度。使用光亮润滑油的润滑脂在运行中没有工作温度的波动(应用中的温度曲线相对平坦)，因此，当润滑脂用于高温时，它们与稠化剂混合。使用光亮油最多的是重负荷发动机油和汽车齿轮油，其次是加工油、工业用齿轮油、船用汽缸油及润滑脂。2017年，光亮油库存供应略微超过需求，全年光亮油的消费量约为270万吨[13]。

3.1.2　合成油

随着现代工业、交通及航空工业的发展，需要越来越多的能在高温、低温、宽温及真空等条件下使用的润滑脂。矿物油可以满足一般机械的润滑要求，而在-60℃以下至150℃以上的温度区域，合成润滑油已取代矿物油用作生产润滑脂的基础油。虽然合成油具有比矿物油更优异的抗氧化性能和高、低温性能等优点，但由于合成油的价格比较昂贵，所以限制了其在润滑脂中的使用。一些特殊的润滑脂，如耐高温、高负荷、高转速、高真空、高能辐射、强氧化腐蚀等苛刻条件的润滑脂产品，必须使用合成油作为基础油。

合成润滑油是指由化学合成工艺而制得的润滑油品，它与石油润滑油相比，具有下列特点。

(1) 具有较好的耐高温性能。合成油热安定性好，热分解温度高，闪点及自燃点高，因此具有较高的使用温度，一般可使用至150℃以上。

(2) 具有良好的低温性能及黏温性能。大多数合成润滑油的凝点低，低温黏度小，黏度指数高，这就保证了合成油可在低温下使用。由于大部分合成油同时具有优良的高温性能和低温性能，所以它们比矿物润滑油的使用温度范围宽。

(3) 具有较低的挥发性。合成油一般是一种纯化合物，其沸点范围较窄，而矿物润滑油是一段馏分油，在一定温度下其轻馏分易挥发。

(4) 其他特殊性能。氟氯碳油、聚全氟烷基醚等具有极好的化学稳定性，聚苯醚具有极好的耐辐射性等。

正是由于合成油具有矿物油所不能满足使用要求的一些特殊性，用来作为润滑脂的基础油才可能制得耐高温、高负荷、高转速、高真空、高能辐射、强氧化腐蚀等苛刻条件的润滑脂产品。

常用的合成油润滑脂基础油列于表4-9[14]。

表4-9　常用于合成润滑脂的基础油

基　础　油	特　　性
双酯	适用于-30℃的润滑脂
多元醇酯	黏度高于双酯，好的氧化稳定性，低挥发性
季戊四醇酯	用于-40~177℃有优异润滑性的合成脂
PAG	老化中残炭低，用作发弧光电设备上的润滑脂
PAO	新一类的合成润滑脂，改善与酯热塑性和弹性体的相容性
聚丁烯	另一类合成烃，比PAO黏温性好，有好的黏性和抗水性，高剪切易降解
硅氧烷	热-氧化稳定性突出，化学惰性，高低温使用均好，非凡的黏度特性，苯基硅氧烷的黏度指数超过600
卤化碳	对氧的化学惰性，优秀的先天极压润滑性，低黏度的具有极低温性能
聚苯醚(PPE)	得到五环和六环分子两种，除抗辐射外，有突出的热-氧化稳定性和高表面能，已广泛用于润滑贵金属的电接触
磷酸酯	用于制造最贵的润滑脂，用以抗燃
全氟聚醚(PEPE)	支链和线型的液体做合成润滑脂，对氧和大多数化学品有惰性，有最高的热-氧化稳定性，直链聚合物PEPE有优秀的黏度指数和低温性能
多烷化环戊烷	市场上最新合成液，在高真空和高温下低挥发

3.2 稠化剂

稠化剂与基础油一样，对润滑脂的性能有重要的影响。可以说，稠化剂的发展带动了整个润滑脂行业的技术进步。润滑脂的稠化剂有皂类和非皂类两大类，皂类主要是高级脂肪酸的金属皂。脂肪酸包括牛油、羊油、猪油、花生油、棉籽油等动植物油，以及硬脂酸和硬化油等的加工油。此外，还有石蜡氧化分离出的合成脂肪酸的馏分酸。所用的碱类，主要是碱金属和碱土金属的氢氧化物(见图 4-1)[10]。

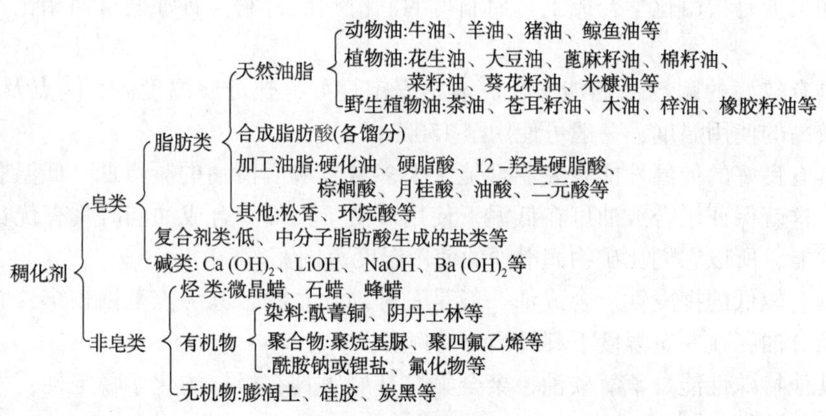

图 4-1 润滑脂稠化剂

用脂肪酸皂稠化矿物油或合成润滑油而制得的润滑脂，被称为皂基润滑脂，也是最常用的润滑脂。皂基润滑脂可分为单皂基脂(如钙、钠、锂基脂)和混合皂基脂(如钙钠、钙铝及锂钙基脂)等。

除了单皂基和混合皂基脂外，还有复合基稠化剂，即由脂肪酸金属皂与低分子酸金属盐类复合而成，这类润滑脂被称为复合皂基脂，如复合钙基脂、复合铝基脂、复合锂基脂等。

非皂基无机稠化剂最早使用的无机物是膨润土，其后又有硅胶，炭黑等。这些无机物在实际使用时，都经过表面活化处理，如用二甲基双十八烷基胺处理的膨润土。

非皂基有机稠化剂主要用芳基脲、酞菁铜、阴丹士林等。此外，还有地蜡、凡士林等高分子烃类和聚四氟乙烯、聚烷基脲等高分子聚合物。

非皂基有机稠化剂是某些特种润滑脂所必需的，特别是聚脲基润滑脂和聚四氟乙烯基润滑脂，是专用脂、长寿命脂的发展方向。

稠化剂占润滑脂质量的5%~30%，它的主要作用是浮悬油液并保持润滑脂在摩擦表面密切接触和较高的附着能力(与润滑油液相比较)，并能减少润滑油液的流动性，因而能防止润滑脂流失、滴落或溅散。它同时也有一定的润滑、抗压、缓冲和密封效应，随温度的变化较小，在防腐蚀、沾污方面比润滑油液有更大的优点，黏温性能也较好。

目前，皂基润滑脂仍占润滑脂总量的 90%上下。表 4-10 为各种稠化剂所制润滑脂的性能比较。润滑脂的基础油液即液体润滑油，一般占润滑脂含量 70%~90%[9]。

表 4-10　各种稠化剂所制脂的性能比较

稠化剂		脂的外观	滴点	最高使用温度	抗水性	防护性	机械安定性	主要使用范围	备注
名称	用量/%								
钙皂									
水化钙皂	12~18	光滑、油性的	75~100	60~80	好	好	中等	广用，价廉	
复合钙皂	7~12	光滑、油性的	200~250	150~200	中	中	好	多用，高温	
锂皂									
硬脂酸锂	8~15	光滑、油性的	200~210	100~120	好	中	低	高温，低温航空用	
12-羟基硬脂酸	6~12	光滑、油性的	200~210	120~140	好	中	好	多用，航空脂	
钠皂									
普通钠皂	15~30	粒状或纤维状	120~200	110~130	低	低	中	高温、价廉	
复合钠皂	15~25	粒状或光滑的	200~250	150~200	低	低	好	高温、仪表	
钡皂									
普通钡皂	20~40	光滑、油性的	90~120	80~100	好	好	好	海洋机械	
复合钡皂	20~30	光滑或细粒，油性	120~190	120~150	好	好	好	多用	
铝皂									
普通铝皂	10~20	光滑、胶黏的半流体	70~100	60~80	很好	很好	低	海洋机械防护脂	
复合铝皂	6~10	光滑、油性的	250~300	200~220	好	好	很好	多用	
钙钠皂	同钠基脂								
固体烃	15~30	凡士林状	50~70	40~60	很好	很好	好	防护用	
硅胶	6~10	光滑、透明油性	—	150~250	好	中~低	好	多用、核反应堆和火箭机械、高速轻负荷	对腐蚀性介质和核辐射安定
膨润土	9~11	光滑	—	120~150	好	中~低	中~低	多用、航空高温轴承	对核辐射安定
MoS_2 或石墨（油膏）	50~90	粗黑	—	300~400	好	中~低		螺纹接头、低速轴承	对核辐射安定
染料	20~50	细粒、带色	—	250~300	好	中~低	好	低负荷、高温轴承	
聚脲基	8~25	光滑、半透明油性	250 以上	150~200	好	好	好	宽温范围、高速摩擦部件、多用	
聚合物含氟烃	20~40	凡士林细粒	250 以上	80~150	满意	低	低	同腐蚀介质接触的部件（火箭及化学生产）等、高温轴承	对强氧化剂、碱非常安定，密度约 $2g/cm^3$
聚丙烯、聚乙烯等	10~15	凡士林状		60~100	好	好	中	真空密封、食品工业机械用	有老化倾向

3.3 润滑脂添加剂

润滑脂的组成中除了基础油和稠化剂之外，还经常加入第三种组分，是为了改善润滑脂的某些性能，这类物质被称为添加剂。添加剂可以在润滑脂中起多种作用，包括：增强现有的理想性能，抑制现有的不良性能，并赋予新的性能[15]。其性能和应用详见下一节。

第4节 润滑脂用添加剂

4.1 概况

润滑脂中的添加剂的类型及作用机理和润滑油是一样的，一般来说，凡适用于润滑油的添加剂也适用于润滑脂。但是，由于润滑脂的用途与多数润滑油产品(如内燃机油、液压油等)不同，因此润滑脂产品中一般不用清净剂、分散剂和消泡剂等。因为润滑脂自身流动性比不上润滑油，所以润滑脂中加入添加剂的量一般比润滑油大一些。另外，润滑脂是非牛顿流体且是胶体分散体．有许多添加剂是极性化合物，加入时有时会造成润滑脂胶体结构具有破坏作用，导致润滑脂稠度和滴点下降、分油量增加、机械安定性变差、使用性能变坏，因此添加剂必须与润滑脂的稠化剂相兼容，在添加极性混合物时要特别小心。关于与添加剂的兼容问题，各种润滑脂稠化剂的表现不同，一般来说，锂皂稠化剂比有机黏土稠化剂有更好的添加剂兼容性。因此，像磺酸钙等防锈蚀添加剂可以在锂皂增稠的润滑脂中表现出很好的性能，但它在有机膨润土稠化的润滑脂中将会引起明显的软化，所以性能添加剂必须与润滑脂稠化剂类型相匹配。润滑油和润滑脂使用添加剂的另外一点不同是，润滑脂可以使用固体添加剂。虽然对固体添加剂已经做了很多的努力，企图把它分散悬浮在润滑油中，但这样一个体系一般都有分层或堵塞滤网的趋势，而润滑脂的半固体状态很容易使得固体添加剂较好地分散在其中。所以对一些油溶性差的添加剂，在润滑油中不能使用，但可用于润滑脂中。此外，向润滑脂内加入添加剂还要考虑到以下方面。

1. 添加剂的副作用

添加剂大多为极性物质。润滑脂是胶体分散体系，稠化剂-基础油二相分散体系的平衡可能会因此发生变化，所以除了研究改善某一性能的效果之外，还必须研究对润滑脂稳定性的影响，如对胶体安定性、机械安定性和稠化能力等的影响。

锂基和复合锂基润滑脂是目前最具有发展前景、产量最大、应用面最广的润滑脂品种，这得益于其对各种添加剂均有良好的配伍性。但即便如此，添加剂的加入也对锂基和复合锂基润滑脂的各项性能造成了影响。俸颢等人发现极压抗磨添加剂 T304、T323 和 T404 加入不同组分的复合锂基润滑脂中，均会造成锥入度增大同时伴有滴点的降低，差值可达 20 个单位以上，这说明润滑脂的胶体结构在一定程度上受到了影响[16]。研究人员认为，3 种极压抗磨添加剂支链的存在产生了空间位阻效应，均不利于形成较紧密的混合胶体结构，而且润滑脂本身的混合胶体结构因其加入而受到一定程度的破坏，进而影响润滑脂的理化性能，使稠化剂的稠化能力(表现为锥入度)和润滑脂的抗高温能力(表现为滴点)均有不同程度的下降。

膨润土润滑脂对添加剂的感受性不如皂基润滑脂好[11]，这可能与有机膨润土上的覆盖剂的影响有关。试验表明，无论是有机化合物的抗氧剂或者防锈剂，都会降低有机膨润土稠化剂的稠化能力，导致润滑脂变稀，因此在制备膨润土润滑脂时，选择有机化合物的添加剂必须考察添加剂与膨润土润滑脂的配伍性，不但要求添加剂具有良好的效果，还要求对润滑脂的胶体破坏尽可能小。

2. 添加剂用量和种类

润滑油的添加剂虽然多半适用于润滑脂，但因润滑脂组成内极性物质有可能与添加剂产生复合效应，在很多情况下要达到同样的效果，润滑脂所需添加剂用量与润滑油的也会不同，比如润滑油必要时可用高酸值或高碱值剂，而润滑脂不能使用。

3. 添加剂的分散

润滑油添加剂的必要条件为溶解于基础油或形成稳定的分散体系，但对润滑脂不一定要求油溶性，只要能机械地微细均匀分散即可。

4. 加入添加剂的工艺条件

添加剂大多属于受热不稳定的化合物，而润滑脂制备过程大多是加热到热熔融状态后再冷却研磨制成，因此必须考虑加入添加剂的工艺条件。一般需先将添加剂溶于润滑脂的基础油内，然后在制脂冷却过程时或循环冷却时，将溶有添加剂的基础油以冷却方式加入脂内。

润滑脂常用添加剂的类型有结构改善剂 、抗氧剂 、金属减活剂、摩擦改进剂、极压抗磨添加剂 、锈蚀和腐蚀抑制剂、黏度指数改进剂、黏附剂、固体润滑添加剂和抗水聚合物等[17]。下面以结构改善剂、抗氧剂、金属减活剂、摩擦改进剂、极压抗磨添加剂、锈蚀和腐蚀抑制剂等的类型和应用进行介绍。

4.2　结构改善剂

结构改善剂又称稳定剂或胶溶剂，它的作用是改善润滑脂的胶体结构，从而达到改善润滑脂的某些性能的目的。

结构改善剂是一些极性较强但分子较小的化合物，如有机酸、甘油、醇、胺等。水也是一种常用的结构改善剂。结构改善剂的作用机理是：由于它含有极性基团，能吸附在皂分子极性端间，使皂纤维中的皂分子的排列距离相应增大，使基础油膨化到皂纤维内的量增大。此外，皂纤维内外表面增大，皂油间的吸附也就增大。因此，在结构改善剂存在时，可使皂和基础油形成较稳定的胶体结构。

结构改善剂的类型随稠化剂和基础油而不同，如甘油是一些皂基润滑脂的结构改善剂；锂基润滑脂中常加微量环烷酸皂；钙基润滑脂中加少量水或醋酸钙；钡基润滑脂中加醋酸钡；膨润土润滑脂中加微量水；铝基润滑脂中加油酸等。

实践中发现，结构改善剂的用量过多或过少都对润滑脂的质量有不利影响。例如，结构改善剂过少，皂的聚结程度较大，膨化和吸附的油量较少，皂-油体系不安定；反之，结构改善剂过多，由于极性的影响，也会造成胶体结构的破坏，润滑脂的稠度也会降低。所以，结构改善剂的用量要适当，一般结构改善剂的用量是由试验来确定的。

4.3 抗氧剂

润滑脂中抗氧剂的作用机理同润滑油一样，主要是终止氧化反应之链锁反应的反应链，从而终止氧化反应的进一步进行，以延长润滑脂的使用寿命。润滑脂的氧化主要是基础油氧化的结果。由于皂基润滑脂中的金属对氧化有催化作用，能加速基础油的氧化，因此润滑脂比润滑油更易氧化。根据稠化剂中金属种类的不同，催化效果也有所差异，如铝、钙等金属皂比钠皂、锂皂的催化作用弱。

用于润滑脂的抗氧剂的类型有有机胺、酚化合物、硫代氨基甲酸盐、有机硫化物、磷化物等。有机胺有 *N*-苯基-α-萘胺、烷基苯胺等，是一类高温抗氧剂，在高温下最有效，使用温度可达 150℃以上；酚类化合物主要是高相对分子质量酚和烷基苯酚类化合物，在低温下最有效，而高分子酚比单酚类化合物的热稳定性好；有机硫化物是吩噻嗪类等；一般在润滑脂中加入烷基酚型、仲胺型和取代酚型几种抗氧剂复合使用，以适应在更宽的温度范围下工作。在某些情况下，多种抗氧剂有协同作用，如受阻酚和芳胺复合。润滑脂的抗氧化剂的种类有很多，常用的品种见表 4-11[2,18]。

表 4-11 用于润滑脂的主要抗氧剂

添加剂类型	典型化合物	用量/%	备注
胺	二烷基二苯胺	0.1~1	高温下最有效
	苯基-α-萘胺	0.1~1	
酰胺	乙二胺四醋酸四苄基酰胺	2~10	170℃以下有效
脲类化合物	1-(烷基苯甲基)-3-苯基脲	0.1~5	酯类油皂基脂用
酚的衍生物	2,6-二叔丁基对甲酚	0.05~1.0	在低温下最有效
硫代氨基甲酸盐	二烷基二硫代氨基甲酸铝或锌	0.1~2	—
	二丁基二硫代氨基甲酸铅或锌	0.1~1.0	—
	二烷基二硫代氨基甲酸钼	0.1~1.0	—
其他有机硫化物	二芳基二硫化物	—	
	吩噻嗪	0.1~1.0	高温抗氧剂
磷化物	烷基酚亚磷酸酯	0.1~0.5	—
	三(二叔丁基苯基)磷酸酯	—	
含硒化合物	双十二烷基硒	0.1~0.5	高温抗氧剂
	二芳基硒	2.0~5.0	—
无机酸盐	磷酸三钠	0.5~1.0	钠基脂用

硫代氨基甲酸盐是具有抗氧、抗磨和抗腐蚀性能的多功能添加剂，以含钼和锌化合物居多。硫代氨基甲酸盐可提高润滑脂的极压性能，也可能影响其他性能(如抗氧性能)，这就需要加入胺化合物来改善。如抗氧剂对一种有机黏土润滑脂氧化稳定性的改善见表 4-12[2]。

表 4-12 抗氧剂对有机黏土润滑脂的氧化稳定性的改善

项 目	有机黏土润滑脂 600 SUS 石蜡基础油	Molyvan A 有机黏土润滑脂+1.4% 2-正丁基双二硫代氨基甲酸钼	Molyvan NA Molyvan A+0.5% 烷基二苯胺
四球机试验			
烧结负荷 P_D/N	1234.8	1960	1960
磨损直径/mm	0.61	0.52	
氧化稳定性①			
500h 后压力降/kPa	91	117	83

①试验方法为 ASTM D 942。

从表 4-12 可看出，在有机黏土润滑脂中加入 1.4%的 2-正丁基双二硫代氨基甲酸钼(Molyvan A)后，润滑脂的极压性和抗磨性都有改善，但是在氧化稳定性评定中，压力降增大，氧化稳定性下降。在润滑脂中再加入 0.5%的烷基二苯胺(Molyvan NA)后，四球机烧结负荷保持不变，而压力降减少了 34kPa，说明在保持了极压性能的前提下，改善了氧化稳定性。

4.4 金属减活剂

金属减活剂是由含 S、P、N 或其他一些非金属元素组成的有机化合物。由于皂基润滑脂中的金属对氧化有催化作用，能加速基础油的氧化，为了提高抗氧化效率，还需要钝化金属的催化作用。在润滑脂中多数是抗氧剂与金属减活剂复合使用，因为一般两者复合使用有增效作用。所谓的金属减活剂有两种：螯合剂和钝化剂。螯合剂通过与金属反应捕获催化金属来形成活性较低的物质。钝化剂作用于金属表面，或在金属表面形成保护层[19]。因而金属减活剂不仅抑制了金属或其离子对氧化的催化作用，成为有效的抗氧剂，同时也是一类很好的铜腐蚀抑制剂、抗磨剂、防锈剂。金属减活剂的作用机理：一是金属减活剂在金属表面生成化学膜，阻止金属变成离子进入油中，减弱其对油品的催化氧化作用，这种化学膜还有保护金属表面的作用，能防止活性硫、有机酸对铜表面的腐蚀；二是络合作用，金属减活剂能与金属离子结合，使之成为非催化活性的物质。在润滑脂中使用的金属减活剂有：含有氮或硫、胺、硫化物和磷酸盐的有机化合物；2,5-二巯基-1,3,4-噻二唑的衍生物；苯并三唑和甲苯基三唑；二亚水杨基丙二胺。

4.5 摩擦改进剂

摩擦力是阻止相互接触的两物体或两表面做相对运动的力，润滑剂是用来减小摩擦力的。剧烈摩擦会产热，并且因为要使相互接触的两部分做相对运动，所以需要更大的力或动力，这样的摩擦会降低工作效率。因为所有的表面都是糙的，即使用肉眼观察很平的表面，当进行显微检测时会发现它是由一系列波峰和波谷组成的(见图 4-2)。当润滑膜厚度不足以保护金属表面时，摩擦的一方或双方就会产生磨损。磨损是做相对运动的两物体表面的凹凸体发生相互作用而直接造成的物质损失。磨损造成物质损失和磨斑，使设备各部件的形状、尺寸随之改变，因此磨损会缩短各摩擦部件的使用寿命。严重的磨损会导致设备失效和安全事故。润滑油和润滑脂的作用就是减少摩擦表面之间的摩擦和磨损，当两摩擦面间加有润滑剂时，摩擦和磨损可以降低到最小。根据摩擦副间润滑剂膜厚度大小，可以将润滑分为三种情况，它们是边界润滑、弹性流体动压润滑(混合润滑)和流体动压润滑。

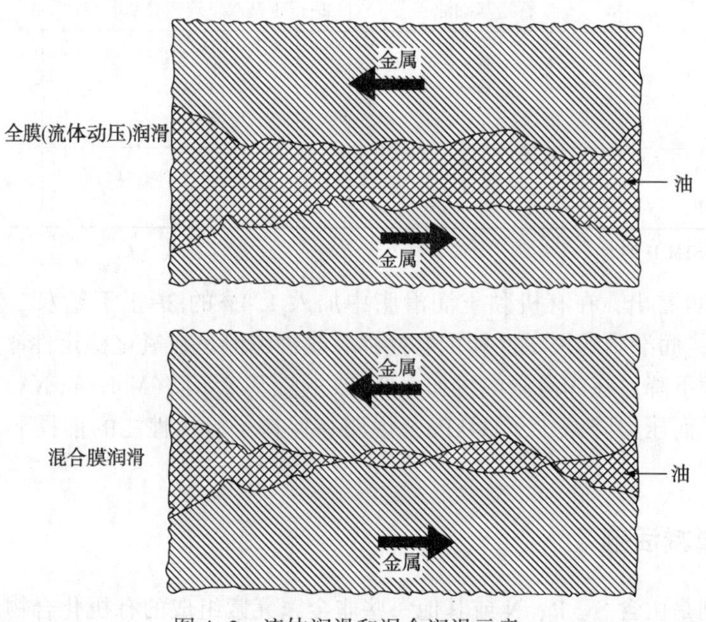

图 4-2　流体润滑和混合润滑示意

表 4-13 测绘出了各个润滑区域的润滑膜厚度、相应凹凸体尺寸大小及边界润滑区域的滑动磨损碎片尺寸。

流体动压润滑发生于两摩擦副被润滑剂分隔开的区域。在这个区域里，因油品的黏度随着机械摩擦副的运动，能产生足以将两摩擦副完全分隔开的流体压力。

弹性流体动压润滑发生于润滑膜厚度不足以完全分隔开两摩擦副的润滑区域。在这个区域里，表面凹凸体相互接触导致磨损发生。润滑剂连续充满整个凹凸体接触的区域。弹性流体动压润滑膜的厚度比边界润滑膜大，但比流体润滑膜小。

表 4-13　润滑膜、凹凸体及边界润滑碎片尺寸[2]

	大致尺寸范围/μm		大致尺寸范围/μm
单分子层	0.002~0.2	滚动磨损碎片	0.07~10
滑动磨损碎片	0.002~0.1	流体动压膜	2~100
边界膜	0.002~3	凹凸体尖半径	10~1000
弹性流体膜	0.01~5	集中接触宽度	30~500
凹凸体高度	0.01~5		

边界润滑区域两摩擦面间的润滑膜厚度仅为几个分子层。在此区域，因为摩擦副表面紧紧相连，摩擦和磨损就取决于摩擦副表面性质和润滑剂性质了。边界膜的形式可降低表面能，因此从热力学角度来讲，边界膜是有利的。边界膜是由含极性基团的分子层形成的，正因为如此，边界膜是靠化学或物理吸附在摩擦副表面的。即使是润滑剂分子断裂产生的

氧化产物，也能吸附在金属表面并且进入润滑区域。边界润滑在温和的条件下和苛刻的条件下均会产生。

物理吸附是一个可逆过程，物质分子在表面发生吸附和脱附，而不发生化学变化。添加剂通过物理吸附起保护摩擦副作用的是其极性结构。这是因为至少有两种现象必定发生：极性分子必定对摩擦副表面具有优先亲和力；同时极性分子应当在表面优先定位排列以便能更牢地吸附在表面。醇类、酸类和胺类即是长链分子末端具有功能团的极性物质例子。极性分子能紧紧吸附并紧密排列在表面相应位置，以提供更牢固的润滑膜。因为物理吸附力相对较弱，因此，这些润滑膜在低温到中温条件下有效。大量润滑剂中新的分子能不断地替代摩擦副表面因物理脱附或机械外力脱附的分子。

但是化学吸附则是不可逆的过程，这个过程中润滑流体分子或添加剂组分与摩擦副表面反应生成低剪切应力的保护层。当这层新的低剪切应力保护物质消耗完时，其余的添加剂又参加反应形成新的保护层。化学吸附的保护作用发生在高温条件下，因为需要进行化学反应成表面膜。极压添加剂能在400℃保护润滑表面。

当负荷增大或润滑剂黏度降低，或轴承转速减少，流体润滑膜油膜厚度随之变得很薄；当润滑剂含有添加剂时，则局部形成弹性流体润滑；当不含添加剂时，甚至不成为完全的油膜，而进入所谓干摩擦状态，如图4-3所示[20]。aA_r为实际接触面积，必须由摩擦化学反应膜来解决，即加摩擦改进剂或极压抗磨剂来改善。

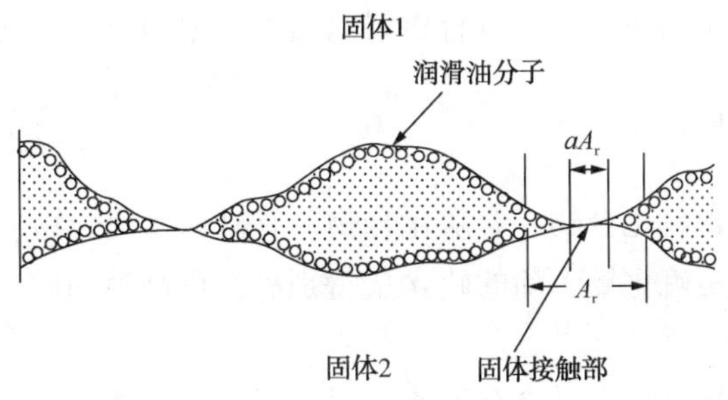

图4-3 边界润滑状态示意

摩擦改进剂（Friction Modifier，FM）也称边界润滑性添加剂（Boundary Lubricity Additives）或油性剂（Oilliness Additive），所谓术语“油性”就是来源于天然资源——动物或植物里。19世纪中叶的美国用作原始的润滑剂是从抹香鲸得到的润滑油。在1850年，抹香鲸润滑油产量平均超过16667t/d[21]。

通常是动植物油或在烃链末端有极性基团的化合物，这些化合物对金属有很强的亲和力，其作用是通过极性基团吸附在摩擦面上，形成分子定向吸附膜，阻止金属互相间的接触，从而减少摩擦和磨损。早期用来改善油品的润滑性多用动植物油脂，故称油性剂。近来发现，不仅动植物油脂有这种性质，其他某些化合物也有同样性质，如有机硼化合物（Organic Boron Compounds）、有机钼化合物（Organic Molybdenum Compounds）等，目前把能降低摩擦面的摩擦系数（Friction Coefficient）的物质称为摩擦改进剂，因此摩擦改进剂的范围比油性剂更为广泛。也有人根据在摩擦面上形成被膜的摩擦系数值来区分摩擦改进剂与抗磨剂和极压剂的差别，形成被膜的摩擦系数为 0.01 的添加剂称 FM，摩擦系数为 0.1 的添加剂定义为抗磨剂和极压剂[22]。

常用的摩擦改进剂类型有—COOH、—OH、—NH_2 等极性基团，对金属表面有很强的吸附能力，形成吸附膜，从而降低摩擦和磨损。主要化合物有：

（1）一些硫化动植物油、含氮化合物、钼化合物；

（2）硫化动植物油，既有油性又有抗磨和极压性能，其化合物有硫化棉籽油、硫化猪油，根据产品的需要有不同的硫含量的产品，硫化动植物油硫含量越高，其极压性越好；

（3）含氮化合物有十六烷胺 、苯三唑十八胺盐；

（4）钼化合物有二烷基二硫代磷酸钼盐，是多功能添加剂。

内燃机油质量的提高，需要相应的添加剂技术的发展，改善内燃机油的性能。其中，摩擦改进剂具有非常重要的作用，其发展趋势和研究动向主要表现在以下几个方面[23]：

（1）单剂功能加强，向多功能方向发展；

（2）无灰添加剂的开发以及功能的加强，代替或部分代替目前的有灰金属添加剂，如氮或硼化合物；

（3）摩擦改进剂类型的探索，寻找更有效的添加剂类型，特别是某些稀土元素（钨）添加剂的研究，有望取得良好的进展；

（4）研究能够替代金属硫磷酸盐的添加剂，减少磷对发动机系统的影响；

（5）添加剂复合技术的研究，以符合更好的经济原则和综合性能。

4.6 极压抗磨剂

极压抗磨剂是一些含硫化合物、含磷化合物、有机金属化合物、硼酸盐和其他化合物。

含硫化合物中特别是硫化异丁烯的硫含量特别高，可高达 40%~48%，多半是硫-硫键结合，极压性能特别好。

含磷化合物中不少化合物同时含有硫磷元素，其极压和抗磨性能好。

有机金属化合物主要是二烷基二硫代氨基甲酸盐（MDTC）和二烷基二硫代磷酸盐（MDDP），这类化合物具有抗氧、抗磨和抗腐的性能，是一种多功能添加剂。

硼酸盐是一种具有优异稳定性和载荷性的极压抗磨剂。硼酸盐极压抗磨剂的极压性能好，有极好的油膜强度，在梯姆肯试验机通过负荷可达 45.4kg；而它的接触压力平均值为 2952.9kg/cm^2，几乎是铅-硫型齿轮油的 3 倍，是硫-磷型齿轮油的 2 倍，热稳定性好。硫-磷型极压抗磨剂的使用温度界限为 130℃，而硼酸盐润滑剂仍然是安定的，就是超过 150℃时仍能使用，对铜不腐蚀，无毒无味，对橡胶密封件的适应性好。硼酸盐的缺点是微溶于水，不适合于接触大量水而且定期排水的设备中[24]。

一些含磷、氯、硫的化合物具有抗磨和极压性。一般磷化合物具有抗磨性，而氯化物与硫化物具有极压性。同时含氯和磷化合物及含磷或硫化合物，既具有极压性，又具有抗磨性。为了改进润滑脂的抗磨性和极压性，可以混合使用两种或更多的添加剂。

抗磨和极压剂的类型见表 4-14[18]。

表 4-14　抗磨和极压添加剂

添加剂类型	典型化合物	用量/%	备　注
硫化合物	硫化鲸鱼油	1~10	
	硫化异丁烯	40~48	
	双-丁基黄原酸盐	1~10	
	苯间二酚硫化物	0.1~20	
	二芳基二硫化物	—	
氯和氟化物	三氟氯乙烯调聚物	1~10	硅油脂用
磷化合物	三甲苯磷酸酯	0.5~3	抗磨添加剂
	二正辛基磷酸酯	—	
	异癸基磷酸二苯酯	—	
硫、氯、磷化合物	硫代双二氯酚	0.2~5	膨润土用
	三-(2-氯乙基)-亚磷酸酯	0.1~5	合成油锂基脂用
钼和硫化物	二硫代氨基甲酸氧化钼	>1	抗磨、极压、抗氧
某些金属化合物	环烷酸铝	—	和其添加剂共用
	二烷基二硫代氨基甲酸锑	2~3	—
	磷酸钙和硫化铋混合物	0~10	
	羫基钨	1	抗磨添加剂
其他	二环已胺	0.1~3	
	硼酸酯或硼酸盐	1~10	

二烷基二硫代氨基甲酸盐是近 20 多年来引人注目的通用多效添加剂，这类添加剂已成功地用于许多润滑脂和发动机油及工业润滑油中。二烷基二硫代氨基甲酸的二价和三价金属盐，是润滑剂的多效能添加剂，如二丁基二硫代氨基甲酸钼、锑、铅等化合物具有抗氧化、抗磨和极压剂的功能，有的还具有金属钝化剂的功能。锌盐和镉盐主要用作抗氧剂，但也兼有一些抗磨和极压性能。钼、铅、锑盐主要用作抗磨极压添加剂，但也兼有一些抗氧化性能。锌盐还可起到金属钝化剂的作用。

应该注意的是，不同类型添加剂在同一种润滑脂中或同一类型添加剂在不同润滑脂中的效果是不一样的，同一个添加剂对某些润滑脂效果好，而在另一种润滑脂中效果差甚至相反。单一添加剂有时能够满足应用和规范要求，但添加剂的联合使用既可以产生协同效应又会产生对抗效应，从而对加剂量造成影响，这需要人们仔细去摸索。通常，多功能极压(EP)润滑脂的复合添加剂包含 5 种不同的添加剂单剂，约占产品重量的 4%。一个典型的多功能极压润滑脂复合剂组成见表 4-15[6]。

表 4-15　多功能极压润滑脂：典型的复合剂

添　加　剂	加剂量(质量分数)/%	添　加　剂	加剂量(质量分数)/%
极压剂	2.00	抗氧剂	0.25
抗磨剂	1.00	金属减活剂	0.15
防锈剂	0.6	合计	4.00

以下几个例子是单一添加剂和添加剂联合使用的情况[2]。

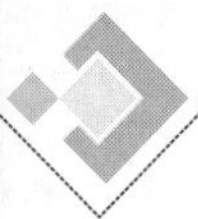

4.6.1 不同添加剂在同一个润滑脂中的评定效果的差异

4种含有机钼的不同添加剂，以相同的量加到同一种润滑脂中，考察其抗磨性能，结果见表4-16。由表中数据得知，Molyvan L的抗磨性能最好，Molyvan A抗磨性能最差，可能Molyvan A是粉末物质，在润滑脂中任何不均匀性的分散可能导致润滑脂的磨斑增大(见表4-16)。

表4-16 复合锂基润滑脂中有机钼化合物的效果

添加剂	加入量/%	四球极压烧结负荷/N	四球磨损直径/mm
基础润滑脂(880 SUS石蜡基础油的混合物)	—	1235	0.68
Molyvan L［二(2-乙基己基)二硫代磷酸钼］	3	1960	0.48
Molyvan 822(二烷基二硫代氨基甲酸钼油溶液)	3	2450	0.60
Molyvan 855(有机钼复合物)	3	2450	0.58
Molyvan A(2-正丁基二硫代氨基甲酸钼)	3	2450	0.76

4.6.2 摩擦改进剂与极压抗磨剂联合使用效应

图4-4是有机磷酸酯(极压抗磨剂)和脂肪酸(摩擦改进剂)单独和复合使用的情况，显然二者复合使用后，能产生比单独使用每一物质时具有更低的磨损率。这种协同能够降低添加剂的成本，并减少添加剂对产品稳定性等不利影响的可能性。非常明显，复合后其磨损率比单独使用时得到较大的改善，二者复合后产生了协同效应。

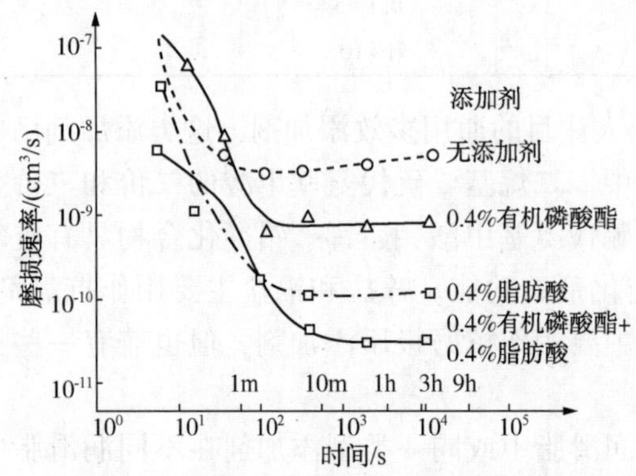

图4-4 脂肪酸和磷酸酯对磨损率的影响

4.6.3 添加剂的协同效应和对抗效应

通常，两种或两种以上添加剂复合后比单一添加剂有更好的性能，有的可能是协同效应，而有的则可能成对抗效应。表4-17是在复合铝基基础脂中，单一的Irgalube 63的极压/抗磨性能比Irgalube TPPT好；而Vanlube 829与单一的Irgalube TPPT复合及Vanlube 829与Irgalube 63复合后的极压性能都比单一的Vanlube 829和Irgalube TPPT的效果好，由于负荷增加，所以抗磨性能变差了。表4-18是磷酸盐/硫代硫酸盐混合物(Desiluble 88)与MoS_2复合后在复合锂基脂和复合铝基脂中的极压及抗磨性能，在复合锂基中的极压性能不变而磨损性能变差，表现出对抗效应，在复合铝基中的极压及抗磨性能都得到改善，则是协同效应。

4.6.4 不同类型的润滑脂对不同类型的添加剂的感受性的差异

表4-19是有灰极压抗磨剂(Desiluble 88)在复合铝基脂和复合锂基脂中添加后，润滑脂的极压性能提高了很多，无灰极压抗磨剂(Irgalube 63)添加后虽然有提高但幅度相对较小，这说明不同的添加剂在不同的润滑脂中的感受性是不同的。

表 4-17　几种添加剂在在复合铝基脂中的应用效果

项　　目	烧结负荷 P_D/N	磨损直径/mm
复合铝基基础脂(880 SUS 石蜡基础油的混合物)	126	0.68
复合铝基基础脂+3%Irgalube TPPT(三苯基硫代硫酸盐)	200	0.55
复合铝基基础脂+1%Vanlube 829+3%Irgalube TPPT	400	0.88
复合铝基基础脂+3%Irgalube 63(无灰二硫代磷酸酯)	250	0.50
复合铝基基础脂+1%Vanlube 829+3%Irgalube 63	400	0.60

表 4-18　Desilube 88 和 MoS_2 复配在复合铝基脂极压抗磨效果比复合锂基润滑脂好

项　　目	烧结负荷 P_D/N	磨损直径/mm
复合锂基脂(600 SUS 石蜡基混合物)+1.3%MoS_2	4900	0.72
复合锂基脂+3.0%Desiluble 88+1.3%MoS_2	4900	1.0
复合铝基脂(900 SUS 石蜡基混合物)+1.3%MoS_2	3920	0.90
复合铝基脂+Desiluble 88+1.3%%MoS_2	7840	0.8

表 4-19　硫-磷型添加剂在复合铝基基础脂与复合鲤基润滑脂中的应用效果

添加剂	添加剂量/%	烧结负荷 P_D/N	磨损直径/mm
复合铝基脂(900 SUS 石蜡基础油的混合物)	0	1372	0.59
复合铝基脂+Desiluble 88	3.0	7840	0.76
复合铝基脂+Irgalube 63(无灰二硫代磷酸酯)	3.0	2450	0.60
复合锂基脂(600 SUS 石蜡基础油)	0	1764	0.61
复合锂基脂+Desiluble 88	3.0	6076	0.88
复合锂基脂+Irgalube 63	3.0	3087	0.55

4.7　防锈剂[2,25]

为了提高润滑脂的防护性，防止空气、水分等透过润滑脂膜，造成金属的生锈，需要在润滑脂中加入防锈添加剂。作为防锈添加剂的物质是一些有机极性化合物，如金属皂、有机酸、酯、胺等。其作用机理是：这些极性化合物吸附在金属表面，或是与金属发生化学反应而生成盐，它们在金属表面形成致密而稳定的薄膜使金属面与水分和空气相隔离，从而起到防锈作用。防锈剂主要有：

磺酸盐和环烷酸盐：石油(合成)磺酸钡、石油(合成)磺酸钙、石油(合成)磺酸钠、中性及碱性二壬基磺酸钡、环烷酸锌等；

酯类：山梨糖醇单油酸酯(司本-80)、季戊四醇单油酸酯；

杂环化合物：十七烯基咪唑啉、巯基苯并噻唑、苯三唑等；

羧酸及羧酸盐：十二烯基丁二酸、苯氧基乙酸、油酰肌氨酸、羧酸钠盐等。

一般来说，润滑脂本身就有较厚的覆盖油膜．具有防锈性，故在通常条件下不加防锈添加剂。但近年来，都要求润滑脂具有良好的防锈性，因而要求加防锈剂。有时为了提高

润滑脂的极压性能，可能会导致对金属材料的腐蚀，需要加入防锈剂。但是防锈剂是极性化合物，或多或少对润滑脂的胶体结构有破坏作用。

防锈剂与其他添加剂一样，也很少单独使用，而几种添加剂复合使用，不仅是防锈剂之间复合，而且还有不同类型的添加剂复合使用以达到增效作用。以下几个例子就是添加剂之间的复合效果。

4.7.1 金属减活剂与极压抗磨剂复合能抑制对铜片的锈蚀

表 4-20 是在聚脲基润滑脂中加入 MoDTC 后，铜的腐蚀试验不合格，但在将 MoDTC 与 DMS2-GL(二硫化 2,5-二巯基-1,3,4-三噻重氮二聚物和聚乙二醇)复合后，其铜片腐蚀从 4a 级降到 1b 级，有很大的改善。

表 4-20 含 MoDTC 的聚脲基润滑脂与 DMS2-GL 复合后的效果[25]

项 目	铜片评级
聚脲润滑脂	1a
聚脲润滑脂+2%MoDTC	4a
聚脲润滑脂+1.5%MoDTC+0.5%DMS2-GL	1b

4.7.2 极压/抗磨剂与防锈剂复合对防锈性影响

二者的复合不但没有影响其防锈性能，而且大大改善了抗磨性。表 4-21 是极压/抗磨剂与防锈剂在 12-羟基硬脂酸锂基脂中复合应用效果，在低负荷时 Vanlube 73 在 12-羟基硬脂酸锂基润滑脂中不起减磨作用，但在加入磺酸盐防锈剂后，仍保持了 2450N 的烧结负荷，但磨斑直径从 0.73mm 下降到 0.47mm，抗磨性能得到大大改善。

表 4-21 极压抗磨剂与防锈剂在 12-羟基硬脂酸锂基脂中复合后应用效果

添 加 剂	烧结负荷 P_D/N	磨斑直径/mm
12-羟基硬脂酸锂基脂+3.0%Vanlube 73[三(二烷基二硫代氨基甲酸)锑]	2450	0.73
12-羟基硬脂酸锂基脂+3.0%Vanlube 73+1.0%Na-sul ZS-HT(二壬基萘磺酸锌/羧酸锌复合物)	2450	0.47

4.7.3 不同极压抗磨剂与防锈剂复合使用具有协同作用

碳酸钙能提高复合铝基基础脂的极压/抗磨性能；Amine O 和 Sarkosyl O 这两种防锈剂能使复合铝基基础脂通过 ASTM D1743 试验，但对抗磨性能有不利影响；当碳酸钙与 AmineO 和 Sarkosyl O 这两种防锈剂复配使用后，既提高了复合铝基基础脂的极压/抗磨性能，又通过了防锈试验，起到了良好的协同作用(见表 4-22)。

表 4-22 极压剂与防锈剂复合后的协和作用

项 目	烧结负荷 P_D/N	磨斑直径/mm	防锈试验(ASTM D1743)
复合铝基基础脂(550SUS 工业白油)	1372	0.62	未通过
复合铝基基础脂+4.0%碳酸钙	3087	0.49	—

续表

项　　目	烧结负荷 P_D/N	磨斑直径/mm	防锈试验(ASTM D1743)
复合铝基基础脂+3.0%Desilube 88	4900	1.04	—
复合铝基基础脂+0.5%Amine O(取代咪唑啉)+0.5% Sarkosyl O(N-油烯肌氨酸)	1568	0.80	通过
复合铝基基础脂碳酸钙+4%Amine O+0.5%Sarkosyl O	3087	0.55	通过

4.8　黏度指数改进剂[26~28]

黏度指数改进剂通常是油溶性有机聚合物。在润滑脂中，聚合物可以与皂增稠剂形成互相渗透的网络，提高黏性、抗水性以及增加油的增稠能力、改善黏温性能和氧化稳定性等。为了改善油脂的抗水性，聚合物必须形成网络结构。该网络可以通过结晶相[例如半结晶 OCP(烯烃共聚物)]和较少溶解的硬相[例如 SEBS(苯乙烯/乙烯/丁烯共聚物)]，通过氢键(例如酸酐接枝的 OCP)或通过长链缠结进行物理交联来形成，见图4-5。如将1%(质量分数)的高相对分子质量聚异戊二烯加入植物油基润滑脂中，在水喷淋试验中，油脂损失从83%(质量分数)下降到17%(质量分数)。通过将1%(质量分数)的乙丙共聚物添加到矿物油基润滑脂中，油脂损失从73%(质量分数)下降到15%(质量分数)。在基础润滑脂A中加入不同的黏度指数改进剂，样品的水喷淋、水冲洗性能和锥入度见表4-23。由表4-23可见，相对于基础润滑脂A，所有聚合物添加剂的添加都改善了水喷淋性能。OCP-P 聚合物的表现尤其突出，它是一种专利产品，可显著改善水冲洗和水喷淋性能。

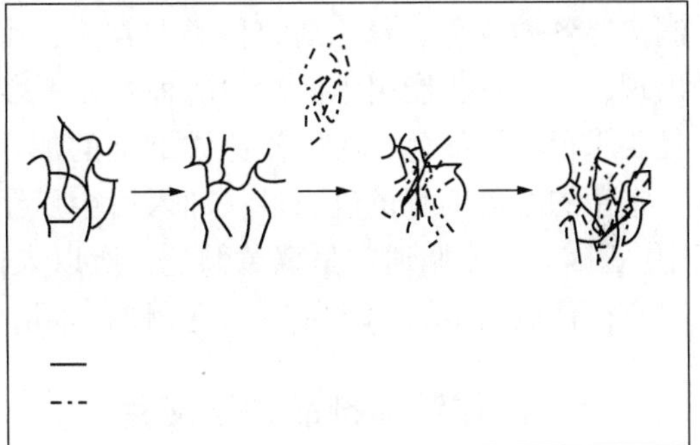

图4-5　聚合物与皂稠化剂形成相互渗透的网络示意

表4-23　不同黏度指数改进剂对基础润滑脂A性能的影响

项　　目	水喷雾(ASTM D4049)/%	水冲洗(ASTM D1264)/%	锥入度(ASTM D217)/(0.1mm)
基础润滑脂 A	52	23.50	314
基础润滑脂 A+1%(质量分数)OCP	20	10.75	317
基础润滑脂 A+1%(质量分数)SEBS	9	11.50	275
基础润滑脂 A+4%(质量分数)OCP-A	23	14.25	306
基础润滑脂 A+0.25%(质量分数)OCP-B	26	25.00	294
基础润滑脂 A+4%(质量分数)OCP-P	7	1.75	278

4.9　黏附剂

对于开式齿轮、链条、齿条、弹簧和轨道等机械装置来说，长期受到惯性和振动的影

响，润滑脂极易脱落而失去润滑作用。为防止润滑脂飞散以及改进润滑性和延长润滑寿命，需要在润滑脂中加入一定量的黏附剂。另外，润滑脂在重型设备中使用时通常要承受强大的冲击力，当使用黏附剂时，润滑脂能获得额外减震的缓冲性能。润滑脂的黏附性能改善润滑脂对金属的附着力，使润滑脂更容易保留在摩擦表面上，从而避免轴承及配件处润滑脂被甩落，同时加有黏附剂的润滑脂的抗水性得以大大提高。黏附剂都是一些高分子化合物，常用的化合物有聚异丁烯(PIB)、聚丁烯、乙烯-丙烯共聚物(OCP)等。

4.10 润滑脂着色剂[11]

现代润滑脂中通常不需要加入一些着色剂，但有些润滑脂由于稠化剂本身带颜色或含有的添加剂或使用的基础油具有某种特殊颜色，因而显示出不同的颜色。只有少数一些需要特殊外观的产品或厂家为了将本厂产品与其他厂家产品加以区别才加入一些着色剂，赋予润滑脂各种颜色。着色剂的种类非常多，生产厂家也分布在各地，每年都有新的颜料品种出现，但是真正能用于润滑脂的种类并不多。由于润滑脂中使用的着色剂都是油溶性的，并且要求很容易显色，所以颜色添加剂的加入量都很小，不会对润滑脂的其他性能有所影响。常用的着色剂有黄色颜料，加入后会赋予润滑脂各种黄颜色外观，最常用于钙基润滑脂中(正因为钙基脂通常呈现黄颜色，所以人们通常把润滑脂叫作黄油)。其他主要着色剂颜料有橙色黄(油溶橙)颜料、红色颜料(油溶红和油溶红 G)和绿色颜料等。

4.11 固体添加剂品种及应用

有些资料认为润滑脂由基础油、稠化剂、添加剂和填充剂四部分组成[29]，填充剂实际上是添加剂中的固体添加剂。固体添加剂是用于改善润滑脂的极压抗磨和降低摩擦的有机化合物或无机化合物，在润滑剂漏失时起保护作用。为了改善润滑脂在高温下的润滑性和极压抗磨性、降低摩擦系数和增强密封性，经常向润滑脂中添加非油溶性固体添加剂。固体添加剂具有多方面的作用当润滑脂在高温下经受冲击负荷或振动负荷时，固体添加剂具有补强功能，可以防止摩擦件过热、异常磨损或卡咬，如在大型挖土机的轴承中，载荷的快速加载会使溶解的极压添加剂反应生成牺牲膜以引起金属的擦伤。因此，固体添加剂在润滑脂里被用来提供在冲击载荷过程中金属表面的物理分离，这些润滑剂一般能够在金属表面形成膜以减轻滑动摩擦。

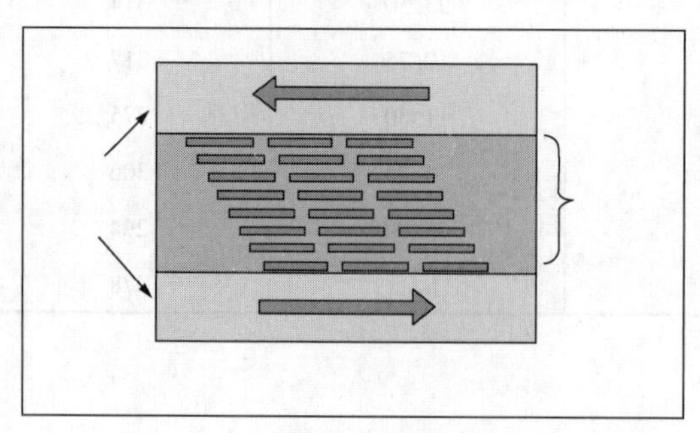

图 4-6 固体添加剂润滑机理示意

大多数时候，添加固体添加剂的主要目的是提高润滑脂的承载性能，特别是在滑动和冲击载荷的情况下。对于速度慢、负荷大的应用场合，添加固体润滑剂(如二硫化钼)可能是防止磨损问题的唯一方法。固体添加剂形成易于剪切的结构平面，像甲板上的扑克牌一样相互滑动，见图 4-6[6]。

4.11.1 固体润滑剂添加剂

固体润滑剂的种类有很多，但作为润滑

脂用的固体添加剂，其效果优良而又理想的尚少。目前适合作固体添加剂的有以下几种：

(1) 层状结构物质，石墨、二硫化钼、二硫硫化钨、氮化硼等；

(2) 软金属，铝、锌、锡、银等；

(3) 高分子材料，尼龙、聚四氟乙烯、聚乙烯、聚酰亚胺等；

(4) 其他氧化物有氧化铅、氧化锑、氧化硼等：氟化物有氟化钡、氟化钙等；有机物有二聚氰、有机铝等。

4.11.2　固体润滑剂添加剂的应用

各类固体润滑剂添加剂的详细性质见本书第二章第六节“固体润滑剂添加剂”，此处主要介绍固体润滑剂添加剂在润滑脂中的应用。

1. *石墨*

石墨是碳的同素异构体，它具有良好的耐压抗磨性、化学和辐射稳定性，不溶于水、抗强酸和强碱，一般作为抗磨添加剂加入润滑脂中。石墨加入润滑脂后，由于石墨的晶体对于粗糙不平的金属表面有填平作用，因而提高了润滑脂的耐压强度。石墨的高温稳定性特别好，它是温度越高强度越大的稀有物质，从常温到2500℃的温度范围内，其抗拉、抗弯和抗压强度均随温度的上升而增大，最大值可达常温的2倍。润滑脂中一般加鳞片状石墨或胶体石墨1%~3%，最多加到10%。但应指出，无定形石墨是腐蚀性的，所以不能在润滑脂内使用。由于石墨脂主要用于在高负荷的机械设备上，因而多用于高黏度润滑油。又由于石墨能在金属表面形成坚固的润滑膜，并有耐水性能，因而适用于水压机、矿山机械、压延机等重型机械轴承和大型齿轮上。

石墨也被用作钛复合润滑脂，一般的应用中，在非极压条件下，钛复合润滑脂一般不含任何添加剂或石墨；在特殊应用中，如水泥厂的矢圈轮(Girth Gear)和在钢铁厂的极压重负荷条件下的应用中，掺和了一定比例的石墨钛复合润滑脂得到了最好的结果[30]。石墨和MoS_2按一定比例调配具有协和效应，在润滑脂中掺入3%石墨和2%MoS_2后，烧结负荷从315kg提高到700kg，而磨损痕迹从0.6mm降到0.5mm[31]。

2. *二硫化钼*

二硫化钼的润滑性在抗磨固体添加剂中居首位，仅在特殊条件下才次于石墨和氮化硼。天然或合成高纯度MoS_2含量不低于98.5%(质量分数)。粉末状二硫化钼可用作润滑脂的组分，其主要粒度范围为1~8μm。在大气压下，二硫化钼的使用温度范围为-150~300℃。在这种条件下，MoS_2能黏附在很多金属表面，并且所形成的固体润滑膜的强度超过3450MPa。MoS_2的润滑性能在许多场合下优于石墨。当温度低于400℃时，对于高承载润滑条件下来说，MoS_2是最有效的。但MoS_2在350℃时会发生氧化，故其高温特性比石墨差，而且其价格也比石墨贵。MoS_2还能够在干燥或真空环境中起到润滑作用，而石墨却不能。因此，MoS_2多用于金属模具的润滑，而很少用于消耗量大的坯料的润滑。MoS_2在高载荷下可以生成铁的硫化物(如FeS)或铁-钼硫化物，从而防止烧结。润滑脂中添加胶体二硫化钼的量一般在1%~10%，添加最多的是钙基脂、锂基脂、复合皂基脂等。表4-24[32]是二硫化钼添加到膨润土润滑脂中所进行烧结负荷试验的结果。从烧结负荷来看，添加10%的MoS_2时最高；但从同一载荷下的磨损痕迹来进行比较，基本上是MoS_2的添加量越多，磨损越少。因此认为，固体润滑剂添加剂加量高的润滑脂能使轴承的寿命延长，图4-7就是这种结果的一个例证。可以看出，在 MoS_2添加量高的情况下，轴承寿命明显延长，并以 30%～50%的添加量为好。

表 4-24　加 MoS_2 膨润土润滑脂的烧结负荷与磨损试验的结果[①]

添加量	0	1%	3%	5%	10%	25%	50%
载荷/Pa	磨痕/mm						
400	0.32	0.32	0.30	0.30	0.32	0.30	0.30
600	0.57	0.42	0.39	0.42	0.42	0.36	0.32
800	0.65	0.49	0.50	0.42	0.44	0.46	0.32
1000	2.03	1.81	0.48	0.49	0.49	0.48	0.32
1200	2.13	2.00	1.61	1.57	0.58	0.55	0.58
1400	2.41	2.14	1.90	1.74	1.72	0.92	0.95
1600	烧结	烧结	2.05	1.84	1.82	1.10	0.95
1899			2.21	1.91	2.02	1.22	0.97
2000			2.30	2.05	2.08	1.32	烧结
2200			烧结	2.24	2.32	1.40	
2400				烧结	2.54	烧结	
2600					烧结		

① 试验机：Shell 四球试验机。转速：1450r/min。试验时间：10s。

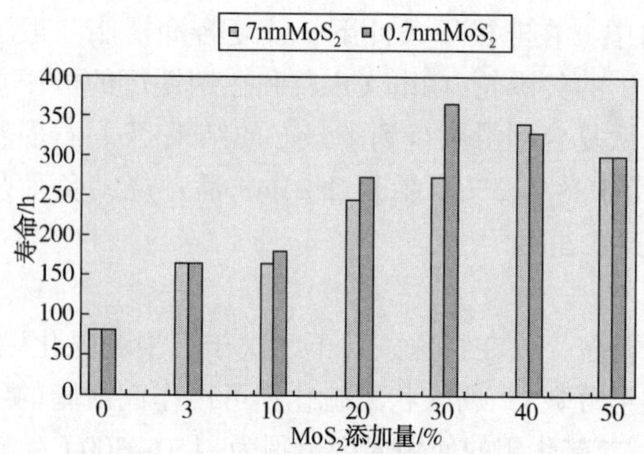

图 4-7　加 MoS_2 的锂基润滑脂的滚珠轴承试验结果

1999 年夏，Dow Corning 公司开发了 Molykote G-4500 和 Molykote G-4700 两个合成润滑脂，两个合成润滑脂降低了磨损、停机时间和维护成本[33]。Molykote G-4500 是以 PAO(聚 α-烯烃)为基础油，加有复合铝稠化剂、Teflen(PTFE)和其他增强剂，可满足美国食品和药品管理局的规定。适用于食品加工机械的轴承、混合器、马达和输送机，在低温和高温操作的设备以及其他要求的白色润滑脂的地方。Molykote G-4700，也是以 PAO 为基础油，加有复合锂稠化剂、用 MoS_2 来增强这个极压润滑剂。它与传统石油基润滑剂比较有较高的负荷承载能力、较好的抗磨性能、较宽的使用温度和较长的使用寿命。

3. 氮化硼(BN)

BN 又称为白石墨或一氮化硼、氮化硼超微粉末、氮化硼棒、六方氮化硼，是一种柔软、白色、光滑的粉末，也是具有独特性能的陶瓷润滑添加剂。当石墨和 MoS_2的性能不能满足要求时，BN 可以作为一种应用于特殊领域的典型固体润滑剂。

BN 具有如下特点：

（1）抗氧化温度可高达 1000℃，在高温时具有良好的润滑性。

（2）具有很强的中子吸收能力。

（3）化学性质稳定，对各种无机酸、碱、盐溶液及有机溶剂均有相当的抗腐蚀能力，对几乎所有的熔融金属都呈化学惰性，能耐高温至 2000℃。在氮气或氩气中使用时，BN 的使用温度可达 2800℃。

因此，在干燥或潮湿的环境中，BN 都能实现有效的润滑。BN 比石墨和 MoS_2 具有更好的抗氧化性能，并在其允许的工作温度范围内保持着润滑性，这使得 BN 可被应用于很高的工作温度时的润滑；由于 BN 的熔点高于 3100℃，因此可被用作润滑脱模剂，但 BN 价格较贵。

4. 三聚氰胺氰尿酸络合物（MCA）

MCA 是一种具有滑腻感的白色固体粉末，洁白、粒细、摩擦系数较低，摩擦系数随温度升高而下降，润滑特性与二硫化钼相仿，可以粉末、固体润滑膜和复合材料的填料等形式使用，而且价格低廉（仅为二硫化钼的 1/2～1/3），是一种很受重视的新品种[33]。1980 年，日本油化密胺公司申请了 MCA 生产专利，首先推荐作为润滑性添加剂使用。国内也已经有几个工厂生产 MCA。

MCA 烧结负荷和摩擦系数都随其添加量的增加而改善，见表 4-25。

表 4-25　MCA 在润滑脂中添加量的影响

MCA 添加量/%	四球机试验		Falex 试验	
	烧结负荷/N	磨损量/mg	烧结负荷	摩擦系数
0	500	3.0	50	0.25
1.15	600	0.7	500	0.12
1.92	700	0.6	500	0.11
2.69	950	0.5	750	0.11
3.85	1000	0.4	750	0.10
5.77	1050	0.3	750	0.09
7.69	>1050	0.3	1000	0.08

用 MCA 制成的润滑脂膜膏可用于高级数控机床的卡盘，如 MFC-1 成膜膏由精炼矿物油、MCA 及其他助剂经高温炼制而成，其夹紧力可达 34200N，优于其他润滑脂，详见表 4-26[34]。

表 4-26　几种润滑材料的夹紧力

润滑材料	夹紧力/N	输入油压/MPa
MFC-1	34200	6.3
特种润滑脂	22000	6.5
1#极压锂基润滑脂	22000	6.5
2#极压锂基润滑脂	28000	6.5
3#极压膨润土	30000	6.5
85-ZB-79-2 减摩脂	22000	6.5
70#机油	17000	6.5

5. 聚四氟乙烯

聚四氟乙烯(PTFE)是一种润滑性能优异的固体润滑剂添加剂，已经实现颗粒的微纳米化，在一些润滑油脂中已进行了应用。把 PTFE 颗粒加入脲基润滑脂中可以改善其润滑性能。PTFE 颗粒加入脲基润滑脂中的性能改善，用四球机评定的结果见图 4-7 和图 4-8[35]。从图 4-8 可看出，PTFE 加量在 3%左右时摩擦系数最小，再增加量反而变大；从图 4-9 的磨斑来看，加量在 1%左右时磨斑直径最小，再增加量反而变差。

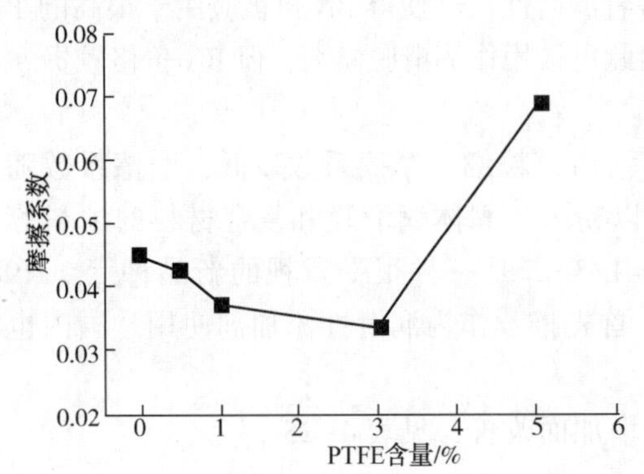

图 4-8　PTFE 摩擦系数随含量变化对比曲线

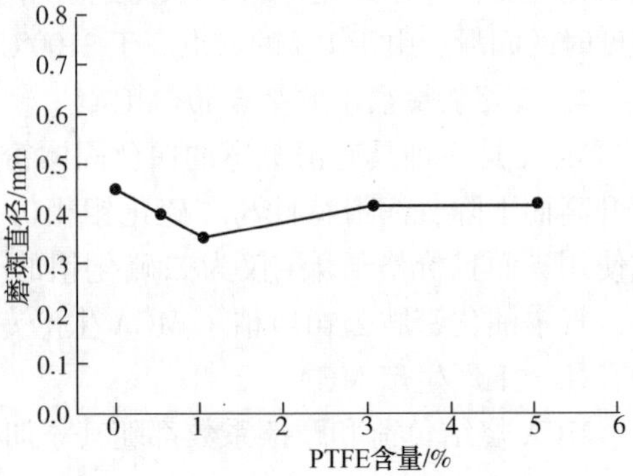

图 4-9　磨斑直径随 PTFE 含量变化曲线

与石墨、MoS_2、BN 等无机固体润滑剂不同，PTFE 是一种有机高聚物。20 世纪 40 年代初期，PTFE 就被用作润滑剂。PTFE 的耐磨性差，但化学稳定性很好，在高达 260℃的温度下仍能表现出良好的润滑性能。PTFE 比其他任何固体润滑剂的静摩擦系数和动摩擦系数都要小。PTFE 与 MoS_2、石墨的黏合膜摩擦系数的比较见表 4-27。

表 4-27　几种固体润滑剂的黏合膜摩擦系数的比较

项　目	摩擦系数	项　目	摩擦系数
MoS_2+石墨	0.23	PTFE	0.07
石墨	0.15		

PTFE 的摩擦系数随负荷增加而下降，随摩擦速度的增加而上升，可广泛用作润滑脂和润滑油的固体润滑添加剂。几种代表性的固体润滑剂添加剂的基本润滑性质见表 4-28[36]。

表 4-28　代表性固体润滑剂添加剂的性质

项　目	石墨	二硫化钼	氮化硼	聚四氟乙烯
化学符号	C	MoS_2	BN	PTFE
比重	2.23~2.25	4.8	2.27	2.2
晶体结构	六方晶形	六方晶形	六方晶形	—
硬度(莫氏)	1~2	1~3	2	—
摩擦系数				
大气中	0.05~0.3	0.006~0.25	0.2	0.04~0.2
真空中	0.4~1.0	0.001~0.2	0.8	0.04~0.2

续表

项　　目	石墨	二硫化钼	氮化硼	聚四氟乙烯
热安定性/℃				
大气中	500	350	700	250
真空中		1350	1587	550
颜色	黑色	灰	白	白

综上所述，石墨、二硫化钼、氮化硼都具有六方晶系的晶体结构。因为与基础平面平行的结合力弱，所以这些晶体在其中间都易平行滑动，即内摩擦力小。同时都能支持垂直于基础上的载荷，故承载力强、摩擦系数小，具有作为固体润滑剂添加剂的最佳性质。

4.12　润滑脂添加剂的类型和品种汇总

用在润滑脂中的所有添加剂类型及品种列于表4-29中[2,37]。

表4-29　润滑脂用添加剂

添加剂功能	添加剂类型	相关的性能试验
抗氧剂	位阻酚 二芳胺 吩噻嗪 三甲基二氢喹啉的低聚体 二烷基二硫代氨基甲酸金属盐 无灰二烷基二硫代氨基甲酸酯 二烷基二硫代磷酸金属盐	ASTM D 5483 润滑脂氧化诱导期测定法(压力差示扫描量热计法) ASTM D 942 润滑脂氧化安定性测定法(氧弹法)
锈蚀抑制剂	烷基琥珀酸衍生物 乙氧基酚类 含氧杂环化合物 脂肪胺 脂肪酸和胺的盐 金属磺酸盐 磺酸胺 取代咪唑啉 环烷酸铅 环烷酸铋 亚硝酸钠 癸二酸钠	ASTM D 1743 润滑脂防腐性能测定法 ASTM D 5969 在稀释合成海水环境中润滑脂防腐性测定法 ASTM D 6138 动态潮湿条件下润滑脂防腐蚀性能测定法(EMCOR 试验)
金属减活剂	双亚水杨基丙二胺 2,5-二巯基-1,3,4-噻重氮衍生物	ASTM D 4048 润滑脂铜腐蚀测定法
抗磨添加剂	烷基磷酸酯和盐 二烷基二硫代磷酸盐 二烷基二硫代氨基甲酸金属盐 磷酸酯 二硫代磷酸酯 2,5-二巯基-1,3,4-噻重氮衍生物 羧酸钼	ASTM D 5707 润滑脂摩擦磨损性能测定法(高频线性振动试验机法) ASTM D 2266 润滑脂抗磨性能测定法(四球机法)

续表

添加剂功能	添加剂类型	相关的性能试验
可溶性极压抗磨剂	硫化酯 硫化烯烃 二芳基二硫化物 有机硫和磷化合物 环烷酸铅 环烷酸铋 二烷基二硫代氨基甲酸锑 二烷基二硫代磷酸锑 磷酸酯铵盐 氯化石蜡 高分子复合酯 硼酸酯	ASTM D 5707 润滑脂摩擦磨损性能测定法（高频线性振动试验机法） ASTM D 2596 润滑脂极压性能测定法（四球机法）
固体极压添加剂	硼酸金属盐 二硫化钼 全氟化聚烯烃 石墨 碳酸钙 磷酸钙 醋酸钙 氮化硼 硼酸 金属粉末 磷酸盐玻璃	同上
黏附剂	聚异丁烯 烯烃共聚物	无 ASTM 标准试验方法
抗水聚合物	无规聚丙烯 聚乙烯 功能化聚烯烃 烷基丁二酰亚胺 聚异丁烯 苯乙烯丁二烯嵌段共聚物	ASTM D 4049 润滑脂耐水喷雾试验法 ASTM D 1264 润滑脂的抗水淋性测定法

4.13 润滑脂及其添加剂应用的未来趋势[28]

未来对润滑脂的需求与流体润滑剂是相似的。人们对润滑脂的期望是，在更高的压力下有更长的使用寿命、更高的工作温度和更少的脂消耗量。这就要求润滑脂使用更稳定的稠化剂、合成基础油和性能更好的极压抗磨剂，以延长其功能寿命。

润滑脂使用的添加剂可能会有逐渐过渡到向不含金属添加剂的趋势。随着人们对润滑脂的期望越来越高，用无灰添加剂取代金属基表面活性添加剂的难度越来越大，价格也越来越昂贵。

随着应用场合对润滑脂性能的要求越来越严格，需要润滑脂在较高温度下工作更长时间。设备制造商正在设计、生产更小、更轻部件，以提供更高的功率密度。较高的功率密度意味着较高的工作温度，将对所使用的润滑脂的类型和质量产生重大影响。为满足以上要求，目前正在研制具有更好热稳定性的润滑脂添加剂。

轴承用户希望获得使用寿命更长的润滑脂，以减少油脂消耗和浪费，减少频繁的再循环，降低对环境的影响。将抗磨剂和抗氧剂合理复配，可以显著提高润滑脂寿命。同时，这些添加剂必须具有较低的人体毒性和生态毒性，符合环境的要求。

高性能润滑脂如复合锂基润滑脂、复合铝基润滑脂、磺酸钙基润滑脂和聚脲基润滑脂将逐渐取代具有较不理想特性的润滑脂。这种趋势的两个驱动力是现代机械设计和可持续性：前者有利于制造更紧凑、更高效的机械，同时还能提供更高的功率输出；后者将迫使人们寻求长寿命或终身密封润滑脂。这将增加对更先进的添加剂的需求，以实现对不同稠化剂类型润滑脂的性能要求。即使是复合磺酸钙基润滑脂也可能需要加入额外的添加剂，以使其适合极端情况。

4.14 国内外润滑脂添加剂商品牌号

国内润滑脂用添加剂的商品牌号见表 4-30。国外范德比尔特公司和莱茵化学有限公司润滑脂用添加剂的商品牌号分别见表 4-31 和表 4-32。

表 4-30 国内主要润滑脂用添加剂的商品牌号

产品代号	添加剂化学名称	黏度/(mm^2/s)	闪点/℃	钙/钼/%	硫/%	磷/%	碱值/酸值/(mgKOH/g)	主要性能及应用	生产公司
BD C350G	超碱值合成磺酸钙	120~180	≥180	14~15	1.9~2.1	—	350~390	主要用于生产复合磺酸钙基润滑脂	锦州康泰润滑油添加剂股份有限公司
BD C400G	超碱值磺酸钙	实测	≥180	≥15	≥1.2	—	—	脂转化性、极压抗磨性、抗水性和高温性能好，主要用于生产复合磺酸钙基润滑脂	
KT89505 (KT9505)	极压防锈油润滑脂复合剂	实测	≥170	—	≥14	≥4.2	—	具有优异的极压抗磨性、优良的分水性和防锈性，加 5%于 3#锂基脂中四球机的 P_B 值≥784N	
RF1106E	专用超高碱值合成磺酸钙	1.10~1.30	≤300	≥180	≥14.0	≥1.2	≥390	具有优良的高温性、极压抗磨性和抗水性能，主要用于调制磺酸钙基润滑脂	
RF1106E	润滑脂专用超高碱值合成磺酸钙	—	≤300	≥180	≥13.0	—	≥395	具有优良的高温性能、机械安定性、极压抗磨性和抗水性，主要用于调制磺酸钙基润滑脂	新乡市瑞丰新材料股份有限公司
T405A	硫化烯烃棉籽油	40~90	≥140	—	9.0~10.5	—	≤5	具有极压性高，主要应用于极压锂基润滑脂和极压复合铝基润滑脂	长沙望城石油化工有限公司

续表

产品代号	添加剂化学名称	黏度/(mm^2/s)	闪点/℃	钙/钼/%	硫/%	磷/%	碱值/酸值/(mgKOH/g)	主要性能及应用	生产公司
T451	含磷的酯类化合物	—	—	—	—	≥7.0	≤45	具有极压性高，主要应用于极压锂基润滑脂和极压复合铝基润滑脂	长沙望城石油化工有限公司
T451A	含磷的酯类化合物	—	—	—	—	≥7.0	≤30	具有良好抗磨和减摩性能。应用于锭子油、导轨油、主轴油、抱轴瓦油(铁路机车专用)、轧制液和润滑脂	
T571	杂环衍生物	63~73	≥150	—	—	—	135~155	具有良好的抑制铜腐蚀(在Ⅱ类油及Ⅲ类油中)。用于循环油、变压器油、汽轮机油、抗氧防锈油、液压油、齿轮油、润滑脂及金属加工油	
POUPC 1002A	二烷基二硫代氨基甲酸钼	浅黄色粉末	>253(熔点)	26~29	25~28	—	—	具有高钼含量的粉末，浅色低气味，极佳减摩性能，用于润滑脂中，能完全或部分替代二硫化钼	太平洋(北京)石油化工有限公司
POUPC 2089	硫磷酸盐	粉末	>160(熔点)	—	19~22	8.0~10.0	—	具有极佳极压性能且无气味，用于润滑脂，能极大提高烧结负荷，与二硫化钼有极佳协同性能	
POUPC 6002A	噻二唑二聚体	浅黄色粉末	>153	—	60~64	—	—	浅色低气味、极压抗磨性好，用于润滑脂，能极大提升烧结负荷和梯姆肯OK值	
RHY107G	超高碱值磺酸钙(钙基润滑脂用)	—	≥180	15~16.5	—	—	395~420	具有优异的脂转化效果，具有优良的高温性能、极压抗磨性和抗水性，用于调制不同牌号磺酸钙基润滑脂	兰州润滑油研究开发中心
T351	烷基硫代氨基甲酸钼	黄色粉末	260(熔点)	—	20~25	—	—	一种新型的极压抗磨剂，用于矿物油和合成酯类油的锂基润滑油脂中，能显著提高抗磨和承载负荷的能力	武汉径河化工有限公司
T352	烷基硫代氨基甲酸锑	—	72~74(熔点)	10~15(锑)	—	—	—	具有抗氧化抗磨、抗极压的作用，已应用于工业润滑油和润滑脂中，作为金属催化钝化剂使用，具有显著的效果	
T353	烷基硫代氨基甲酸铅	—	71~73(熔点)	—	—	—	—	具有抗氧、抗磨、抗极压的作用，用于发动机油、工业润滑油、齿轮油、透平油中和润滑脂	

表 4-31 范德比尔特公司润滑脂用添加剂产品的商品牌号

产品代号	化学组成	添加剂类型	密度/(g/cm^3)	100 黏度/(mm^2/s)	闪点/℃	溶解性	性能及应用
Cuvan 303	*N*,*N*-二(2-乙基己基)-甲基-1H-苯并三唑-1-甲胺	金属减活剂	0.95	5.81	125	溶于矿物油和合成油，不溶于水	是一种油溶性腐蚀抑制剂和金属钝化剂，能有效地保护铜、铜合金、镉、钴、银和锌。用于 ATF、压缩机油、发动机油、燃料、齿轮油、润滑脂、液压油、金属加工液、合成油、涡轮机油
Cuvan 484	2,5-二巯基-1,3,4-噻二唑衍生物	金属减活剂	1.07	11	76	溶于矿物油和合成油，不溶于水	用于工业和汽车润滑油、润滑脂及金属加工液的铜腐蚀抑制剂和金属减活剂
Cuvan 826	2,5-二巯基-1,3,4-噻二唑衍生物	金属减活剂	1.04	3.32	192	溶于矿物油	用于工业和汽车润滑油、润滑脂及金属加工液的铜腐蚀抑制剂和金属减活剂，还可抑制硫化氢的腐蚀作用及增强油品的抗磨和抗氧化性能
Molyvan A	二正丁基二硫代氨基甲酸钼	摩擦改进剂	1.59	—	—	微溶于芳烃，不溶于水	黄色粉末，应用于长效底盘润滑脂，具有极佳的高温稳定性，同时还有抗氧和抗磨性
Molyvan L	二(2-乙基己基)二硫代磷酸钼	摩擦改进剂	1.08	8.6	142	溶于矿物油和合成油，不溶于水	具有减摩、抗氧、抗磨和极压性能，用于发动机油、金属加工液和多种工业及汽车重载下的齿轮油和润滑脂作抗磨剂和抗氧剂
Vanlube 0902	含磷、硫多功能复合剂	多功能复合剂	1.06	10~30	>90	溶于矿物油和合成油，不溶于水	具有优异的防腐、抗氧和抗磨性能的无灰复合剂，推荐用量 3.0%~4.0%，用于 12-OH 硬脂酸锂基脂和 12-OH 硬脂酸复合锂基脂中以及工业齿轮油中
Vanlube TK-100	乙丙共聚物溶液	黏附性增强剂	0.88	4500	121	溶于矿物油和合成油，不溶于水	用于导轨油、链条油和润滑脂中，可提高链条油、导轨油和润滑脂的黏附性能
Vanlube TK-200	聚异丁烯溶液	润滑油脂黏附性增强剂	0.9	2400	160	溶于矿物油和合成油	该剂为高分子量、低黏度的 PIB 聚合物溶液，可使润滑脂和工业润滑油黏附于需要润滑和保护的表面，也可作为金属加工液的抗雾剂
Vanlub TK-223	聚异丁烯溶液	润滑脂黏附性增强剂	0.9	7300	160	溶于矿物油和合成油	该剂为高分子量、低黏度的 PIB 聚合物溶液，可使润滑脂和工业润滑油黏附于需要润滑和保护的表面，也可作为金属加工液的抗雾剂

续表

产品代号	化学组成	添加剂类型	密度/(g/cm^3)	100黏度/(mm^2/s)	闪点/℃	溶解性	性能及应用
Vanlube PA	烷基二苯胺、受阻酚复合物	抗氧剂	0.97	255	200	溶于矿物油和合成油，不溶于水	具有抗氧、抗磨和极压性能，用于涡轮机油、液压油、压缩机油、导热油、金属加工液和润滑脂，以及汽、柴油机油中
Vanlube RD	聚1,2-二羟基-2,2,4三甲基喹啉	抗氧剂	1.06	片状固体	—	溶于双酯、聚乙二醇，不溶于水及油	用于聚乙二醇和双酯等合成油作抗氧剂，广泛用于聚乙二醇类刹车油中，也是润滑脂的高温抗氧剂
Vanlube SB	硫基添加剂	极压抗磨剂	1.14	10	79	溶于矿物油和合成油，不溶于水	用于工业齿轮油、各种车辆及工业润滑脂作极压抗磨剂，也可用于需要非腐蚀硫的润滑剂中，是一种良好性价比的硫源
Vanlube RI-A	十二烯基丁二酸衍生物	防锈剂	0.96	19	165	溶于矿物油	用于汽轮机油、导轨油、工业齿轮油和液压油及润滑脂中作防锈剂
Vanlube RI-G	4,5-二羟基-1H-咪唑的脂肪酸衍生物	防锈剂	0.94	117	271	溶于矿物油，不溶于水	具有优异的防锈性能，专门用于润滑脂作防锈剂
Vanlube W-324	有机钨酸酯复合物	抗磨剂、抗氧剂、减摩剂	—	11.6	140	溶于含分散剂的润滑油中	具有抗磨性能、抗氧化、高温沉积物控制和减摩性能，适用于润滑脂和发动机油中
Vanlube 73	二烷基二硫代氨基甲酸锑油溶液	抗氧剂、极压抗磨剂	1.03	11	171	溶于矿物油和合成油，不溶于水	具有抗磨、极压和抗氧性能，用于内燃机油、压缩机油中作抗磨剂和腐蚀抑制剂；在润滑脂中作抗氧剂和极压抗磨剂
Vanlube 289	有机硼酸酯	抗磨剂、减摩剂	0.99	22.3	191	溶于矿物油	具有良好的抗磨性能，同时该添加剂不含硫、磷和金属等元素，是配制低SASP油品的最佳选择，用于ATF、压缩机油、发动机油润滑脂和合成油中
Vanlube 289HD	有机硼酸酯	抗磨剂、减摩剂	0.968	—	160	溶于矿物油和合成油，不溶于水	具有良好的抗磨性能，与其他抗磨剂复合具有抗磨、减摩的协同作用，是配制低SASP油品的最佳选择，用于ATF、压缩机油、发动机油、润滑脂和合成油中
Vanlube 601	硫氮杂环化合物	金属减活剂	1.02	23.7	212	溶于矿物油和合成油，不溶于水	是成膜性铜金属减活剂和腐蚀抑制剂及防锈剂，用于矿物油基和合成润滑脂作腐蚀抑制剂和防锈剂
Vanlube 601E	硫氮杂环化合物	金属减活剂	0.98	7	157	溶于矿物油和合成油，不溶于水	是成膜性铜金属减活剂和腐蚀抑制剂及防锈剂，用于矿物油基和合成润滑脂作腐蚀抑制剂和防锈剂

续表

产品代号	化学组成	添加剂类型	密度/(g/cm^3)	100 黏度/(mm^2/s)	闪点/℃	溶解性	性能及应用
Vanlube 622	二烷基二硫代磷酸锑的油溶液	极压抗磨剂	1.20	5	150	溶于矿物油和合成油，不溶于水	钢板压延油和车辆及工业辆齿轮油的极压抗磨剂，同时还具有减摩性能，用于发动机油、齿轮油、润滑脂和合成油
Vanlube 672E	磷酸酯胺盐	极压抗磨剂	1.02	250	113	溶于矿物油和合成油，不溶于水	具有抗磨和极压性能，能提高传统抗磨剂的极压性能，用于齿轮油、润滑脂、金属加工液和合成油
Vanlube 739	无灰锈蚀剂油溶液	防锈剂	0.92	5	130	溶于矿物油和合成油，不溶于水	改进润滑油和润滑脂的防锈性能
Vanlube 829	5,5-二代双(1,3,4-硫代二唑-2(3H)-硫酮)	抗氧/极压抗磨剂	2.09	—	—	分散于润滑脂中	黄色固体粉末，可分散于润滑脂中作极压/抗磨剂和抗氧剂，对铜腐蚀性小
Vanlube 871	2,5-巯基-1,3,4-噻二唑的烷基聚羧酸酯衍生物	抗氧/极压抗磨剂	1.01	19.6	178	溶于矿物油和合成油，不溶于水	无灰抗氧/抗磨剂，用于发动机油和润滑脂，可改善现有汽、柴油机油复合剂的性能
Vanlube 887FG	甲基苯三唑酯溶液	抗氧剂	1.01	20	180	溶于矿物油和合成油，不溶于水	具有特别好的高温稳定性，与受阻酚抗氧剂、无灰氨基甲酸酯复合其抗氧效果最佳，用于 ATF、压缩机油、发动机油、齿轮油、润滑脂、液压油和涡轮油中
Vanlube 972NT	噻二唑衍生物的聚乙二醇溶液	极压抗磨剂	1.30	20	188	不溶于矿物油和水，溶于聚醚	是溶于聚醚 PAG 中噻二唑衍生物，是无灰极压剂，用于润滑脂、PGA 和合成酯中，无灰易混合，可生物降解，无刺激性气味
Vanlube 981	二硫代氨基甲酸酯衍生物	抗氧剂	1.03	6	120	溶于矿物油和合成油，不溶于水	无灰氢过氧化物分解型抗氧剂，用于压缩机油、齿轮油、润滑脂、液压油、合成油和涡轮油等油中
Vanlube 0902	含磷、硫多功能复合剂	多功能复合剂	1.06	10~30	>90	溶于矿物油和合成油，不溶于水	具有优异的防腐、抗氧和抗磨性能的无灰复合剂，推荐用量 3.0%~4.0%，用于 12-OH 硬脂酸锂基脂和 12-OH 硬脂酸复合锂基脂中以及工业齿轮油中
Vanlube 8610	二烷基二硫代氨基甲酸锑/硫化烯烃混合物	极压抗磨剂	1.16	28.5	100	溶于矿物油和合成油，不溶于水	用于各种润滑油和润滑脂作极压剂和抗氧剂。2%的量就可达到 90~100bl 的梯姆肯 OK 值，该剂与其他防锈/抗氧剂和金属减活剂的相容性好

续表

产品代号	化学组成	添加剂类型	密度/(g/cm³)	100黏度/(mm²/s)	闪点/℃	溶解性	性能及应用
Vanlube 8912E	磺酸钙	防锈剂	0.97	19	150	溶于矿物油和合成油，不溶于水	具有良好的防锈性和水置换性能，用于齿轮油、润滑脂、液压油、金属加工液、防锈油和涡轮油等
Vanlube 9123	中性磷酸胺盐化合物	防锈剂	0.94	24	96	溶于矿物油和合成油，不溶于水	用于工业润滑油和润滑脂作抗磨和防锈剂，用于齿轮油、润滑脂
TPS 20	二叔十二烷基多硫化物	极压抗磨剂	0.95	53mPa·s（40℃）	>100	溶于矿物油和植物油，不溶于水	非活性的多硫化物，用于黑色加工成型金属加工液中，因为无味也用于扎制油以及齿轮油、润滑脂及导轨油中
TPS 32	二叔十二烷基多硫化物	极压抗磨剂	1.01	64mPa·s（50℃）	153	溶于矿物油和植物油，不溶于水	高活性的多硫化物，用于黑色加工成型金属加工液中，低气味极压剂，也用于半合成金属加工液及工业/汽车润滑脂
TPS 44	二叔丁基硫化物	极压抗磨剂	1.01	4mPa·s（20℃）	71	溶于矿物油和植物油，不溶于水	是性价比高、热稳定性好含硫添加剂，应用于需要非活性硫的油品，提供良好的极压和抗磨性能，如齿轮油、润滑脂、导轨油等

表4-32　莱茵化学有限公司润滑脂用复合添加剂产品的商品牌号

添加剂代号	化学组成	锌/(约%)	磷/(约%)	硫/(约%)	氮/(约%)	40℃运动黏度/(mm²/s)	矿油含量/(约%)	性能				
								抗磨	极压	抗氧	防锈	铜片腐蚀 24h/120℃
RC 99502	极压抗磨/防锈	4.5	3.7	15.6	1.1	80	9	++	+++	++	++	+
RC 9505	极压/抗磨/防锈	5.1	4.5	14.5	0.3	250	21	++	+	++	+	++
RC 9506	极压/抗磨/防锈	3.3	2.4	22.2	0.3	80	15	++	+++	+++	+	+++

注：+++=极好；++=很好；+=好。

参考文献

[1] Kathryn Carnes. The Ten Greatest Events in Tribology History[J]. Tribology & Lubrication Technology, June 2005: 38-47.

[2] Leslie R. Rudnick. Lubricant additives chemistry and applications(Second edition)[M]. New York: Taylor & Francis Group, 2009: 585-634.

[3] Jeanna Van Rensselar. Grease chemistry: THICKENER STRUCTURE[J]. Tribology & Lubrication Technology, 2017, 12: 26-30.

[4] 姚立丹，杨海宁. 2019年中国及全球润滑脂生产状况分析[J]. 石油商技，2020，(5)：4-22.

[5] 姚立丹，杨海宁. 2018年中国润滑脂生产情况调查报告[J]. 石油商技，2019(4)：4-9.

[6] Stuart F. Brown. Additives for lubricating grease[J]. Tribology & Lubrication Technology，2015(12)：18-21.

[7] Debbie Sniderman. The chemistry and function of lubricant additives[J]. Tribology & Lubrication Technology，2017(11)：18-28.

[8] Paul Bessette. Clean grease is not an oxymoron[J]. Tribology & Lubrication Technology，2006(04)：26-31.

[9] 汪德涛．国内外最新润滑油及润滑脂实用手册[M]．广州：广东科技出版社，1997：392-394.

[10] 王丙申，钟昌龄，孙淑华，张澄清．石油产品应用指南[M]．北京：石油工业出版社，2002：335-470.

[11] 朱廷彬．润滑脂技术大全[M].3 版．北京：中国石化出版社，2015：296-297.

[12] 申宝武．环烷基基础油浅谈[J]．石油商技，2007(12)：46-48.

[13] Anuj Kumar. The evolving global bright stock market[J]. Tribology & Lubrication Technology，2018(6)：28-32.

[14] [美]鲁德尼克．合成润滑剂及其应用[M]．李普庆，关子杰，耿英杰，等译.2 版．北京：中国石化出版社，2006：389-401.

[15] Muhannad A. R. Mohammed. Effect of Additives on the Properties of Different Types of Greases[R/OL]. https：//www. iasj. net/iasj？ func=fulltext&aId=77665c.

[16] 俸颢，毛大恒，刘巧红，等．几种极压抗磨添加剂在高温复合锂基脂中的作用研究[J]．化工技术与开发，2006(5)：11-15.

[17] 黄文轩．润滑脂添加剂的类型与应用[J]．石油商技，2007(6)：40-45.

[18] 中国油品资讯网．润滑脂中常用的添加剂[J]．油品资讯，2006. NO. 11.

[19] Dr. Robert M. Antioxidants：The challenge for additive manufacturers[J] TRIBOLOGY & LUBRICATION TECHNOLOGY，2018(8)：28-29.

[20] 欧风，李晓．应用摩擦化学的节能润滑技术[M]．北京：中国标准出版社，1991：65-66.

[21] Dr. Neil Canter. Special Report：Boundary Lubricity Additives[J]. Tribology & Lubrication Technology，September 2009：10-18.

[22] 石油化工科学研究院第九研究室．硫系与磷系的极压添加剂的相互作用．国外石油化工动态，1986(6)：19-44.

[23] 付兴国．润滑油及添加剂技术进展与市场分析[M]．北京：石油工业出版社，2004.

[24] 黄文轩．八十年代节能润滑剂——硼酸盐[J]．石油炼制，1985(9)：37-40.

[25] Jian-Qiang Hu. Study on tribological and corrosion inhibiting properties of thiadiazole derivative as lubricant grease additive[J]. Industrial lubrication and tribology，58/6，(2006)320-323.

[26] Muhannad A. R. Mohammed. Effect of Additives on the Properties of Different Types of Greases[R/OL]. https：//www. iasj. net/iasj？ func=fulltext&aId=77665c.

[27] Daniel M. Vargo. The Adhesiveness of Grease[R/OL]. NLGI 第 81 届年会报告．http：//functionalproducts. com/documents/articles/Grease/3% 20Paper% 20The% 20Adhesiveness% 20of% 20Grease% 20 -% 20Final. pdf.

[28] Dr. Neil Canter. Grease additives：Important contributors not to be overlooked[J]. Tribology & Lubrication Technology，2012(10)：28-38.

[29] 张澄清，李庆德．润滑脂应用指南[M]．北京：中国石化出版社，1993：20.

[30] Tim Cornitius. Solid Lubricants-Solid Hold in Global Industry[J]. Lubricants World，1998，8(9)：28-31.

[31] Anthony Gaskell. Molybdenum Disulfide：New Life for Old Technology[J]. Lubricants World，1998，8(1)：40-43.

[32] 西村允. 固体润滑概论(11)——添加固体润滑剂的油脂[J]. 固体润滑，1989，9(1)：56-62.

[33] 汪涛锋，章德胜. 有机固体润滑剂 MCA 的性能评价[J]. 固体润滑，1989，9(3)：137-143.

[34] 李明威摘译[J]. 固体润滑，1982，2(2)：119.

[35] 曲建俊，周宏光，赵志强，刘志卓. PTFE 颗粒对脲基润滑脂摩擦学特性的影响[J]. 润滑油，2010(6)：34-37.

[36] 黄文轩，张英华. 固体润滑剂添加剂综述[J]. 润滑油，1999(5)：1-5.

[37] 全国石油产品和润滑剂标准化技术委员会. 石油和石油化工标准化工作简报，2019 年第 2 期，2019 年 7 月.

第五章　润滑剂基础油

第1节　基础油的概况

1.1　概况

润滑剂基础油来源于三个方面[1]：原油、化学合成和不同于原油的天然资源(脂肪、蜡、植物等)。原油来源基础油主要是矿物油基础油，其次是合成油和生物降解性好的生物基基础油。矿物油基础油约占95%，合成油基础油和生物降解性好的生物基基础油约占5%。

1.1.1　来自原油

整个20世纪，矿物油基础油是原油用溶剂精制生产石蜡基础油，其加工方法是蒸馏、溶剂抽提和溶剂脱蜡。API(美国石油协会)把这些基础油划分为I类，并且长期是全球润滑剂工业的支柱。到了20世纪70年代，一个新加工方法被引入北美精制工业，在活性催化剂存在下，提高操作条件(如温度、压力、空速)，利用氢转化不理想分子而得到基础油，API把这类基础油分为Ⅱ类。到20世纪90年代初，又用软蜡作为原料，以加氢裂解为基础(BP)或以蜡异构化为基础(Shell，Exxon)生产基础油，这些基础油有非常高的黏度指数(very high viscosity index，VHVI)或极高的黏度指数(ultra high viscosity index，UHVI)，其黏度指数(VI)最高达到140。这类基础油的黏度指数水平比Ⅱ类基础油的黏度指数（95~100 VI）高，API把这些黏度指数最低为120的高黏度指数的基础油确定为Ⅲ类[2]。

1.1.2　来自化学合成

合成烃在1877年由C. Frriedel 和 J. M. Crafts 首次合成，而真正的第一次商业开发的合成烃直到1929年才由印地安纳标准石油(Standard Oil of Indiana)公司实现。1939年，德国人通过费-托法(Fischer-Tropsch process)用一氧化碳和氢生产合成油来取代石油。这些工业上以煤气化技术为基础生产基础油有三条工艺。一条工艺用蜡裂解的烯烃聚合生产润滑油，另一条路线是煤焦油馏分的费-托法。第三路线是合成法，于1968年最后完成了三种合格类型的合成油产品：一种是烷基苯齐聚的配方，另一种是双酯，第三种是烯烃齐聚或PAO。20世纪70年代，这些合成油规格被转化成军队的MIL-L-46167(润滑油、内燃机油和航空油品)规格[3]。

然而，这些合成润滑油最初在市场上没有需求，因为成本太高。20世纪70年代前，PAO合成油在商业市场上的份额还非常小，然而直到20世纪70年代的Mobil 1号发动机油出现在商业市场上时，PAO 的油品才成为高端用户的主要润滑剂产品。随着社会经济发展，高端润滑剂得到越来越重要而广泛的应用，对 PAO 合成油的需求持续显著增长。API 把 PAO 划分为Ⅳ类，其他合成油为Ⅴ类。

合成润滑油虽然比矿物润滑油价格高，但由于性能优良、使用寿命长、机械磨损小，以其优异、独特的性能在许多领域弥补了矿物油性能上的不足，所以仍得到了广泛的应用，因此使用合成润滑油仍然可以获得良好的经济效益[4]。

1.1.3 来自天然资源(脂肪、动植物等)

脂肪油或润滑脂术语“油性”就是来源于天然资源——动植物油。19 世纪中叶的美国，原始的润滑剂是从抹香鲸得到的润滑油。在 1850 年，抹香鲸润滑油产量平均超过 15898700L/d。但是来源于天然的润滑剂不能持久，1870 年石油成为更加容易得到的产品，从那时候起，石油产品已经成为主要应用的基础油料，一直持续到现在[5]。

1.2 基础油的作用[6]

基础油主要用于生产润滑油或其他产品的精制油品，它可以单独直接使用，也可以和其他油品或添加剂掺和使用。由于它占油品的主要部分并对油品的主要性能或基础性能起到主导作用，人们习惯称它为基础油。另外，从当今油品发展情况来看，各类润滑油品均由基础油与各种添加剂调制而成，基础油是润滑油中的主要成分，其含量在润滑油中一般为 80%~99%。基础油在油品中的重要性显而易见，其质量的高低将直接影响到润滑油产品的性能，视油品种类和性能要求而有所调节。在阐述基础油时，有一个名词应予涉及，那便是“中性油”。所谓中性油仅指经过精制但未加添加剂的各种低、中黏度润滑油的统称，可以用以调制各种润滑油用的基础油。由于在基础油交易市场中，习惯以各种黏度牌号的中性油成交，有时会直接将中性油视作基础油。但是，中性油尚不能含有黏度更稠的光亮油，所以中性油不能包括全部基础油。

基础油的作用从宏观上讲为润滑油的理化性质和使用性能，提供最基本的作用。基础油可以在润滑性、冷却性、清洗性、流动性、防腐性、环保要求等性能上提供最基本的保证。但是，还无法满足机械设备对于润滑油品所追求的各项特定要求，必须依赖各种添加剂的调入才能全面满足油品的性能要求。

1.2.1 润滑性和流动性

基础油的润滑和减摩作用集中体现在基础油的黏度分布方面。以 40℃ 运动黏度为例，它的分布可以从黏度 $4mm^2/s$ 开始一直到 $150mm^2/s$，说明了可以根据机械设备各个摩擦副接触面的间隙和运转速度提供在操作浓度下所需黏度的油品。这点在摩擦学设计中就是摩擦副所需的油膜厚度。以发动机为例，曲轴与主轴、连杆与连杆、活塞环与缸套、凸轮与拉杆等，各摩擦副均以一定速度做相对运动，为了减少功率损失和摩擦，保证摩擦副正常动作，必须在摩擦副接触面之间注满润滑油，保持足够的油膜厚度。因为在一定的油膜厚度条件下，可以使机件运动处在全流体润滑状态。此时，机件的摩擦系数可以维持在 0.001~0.01，保证机件的顺利运转而且功率损失降低，磨损也很小。

基础油的流动性或黏度对于润滑作用的贡献还特别表现在低温(例如-30℃左右)时能

具有足够的流动能力，以便当机具启动时，能在极短时间内使润滑油抵达各个摩擦副之间，使其维持一定油膜厚度，以减缓发生在启动时的剧烈磨损。现在特高黏度指数基础油的低温流动性，便能满足此种要求。例如黏度指数在120以上的基础油，便可以调制各种多级发动机油，在油品中可以不加或少加黏度指数改进剂，便可使油品的其他性能有所改善。总之，基于高黏度指数的油低黏度化成为改进油品性质的着力点之一。

1.2.2　冷却性

利用水作为机件设备冷却传媒是大家都熟知和得到广泛使用的，因为水的比热和导热系数比油类大而且黏度也比油小，因此水的冷却性能比油优越。但是，利用油类的循环或直接溅流作为一些机械的冷却传媒仍有一定使用范围和起到重要作用。以内燃发动机为例，内燃机的热效率只有30%~40%，其余部分消耗于摩擦使发动机发热并通过排气进入大气。随着内燃发动机不断运转，必须定配冷却系统以带走各种热量。通过水箱循环能冷却发动机上部的汽缸盖、汽缸套和配气系统的热量，约占60%；但是，主轴承、连杆轴承、摇臂和其轴承、活塞以及在发动机下部的其他部件，均要由内燃机油来冷却，约占40%。又如金属加工中的切削过程，由于切削区很小，热量集中，切削区的温度可高达800℃，磨削时更会高达1400℃。但是，刀具在长期高温条件下，其硬度和强度大幅度下降，刀具使用寿命也急剧缩短。在金属加工过程中，根据加工要求，除了利用水、各种乳化液外，有时也要利用低黏度油类冷却剂来吸收热量，才能保证金属加工全过程顺利进行。

1.2.3　清洗性或清洁性

基础油的清洗性或清洁性，表现在选用合适的黏度和一定循环流量情况下，保持机具摩擦副的洁净和运行灵活，不发生黏结或金属表面被污染等不良现象。例如在金属磨削加工时，所产生的金属屑和砂粒以及粉末等，就是依据油的渗透，使之在碎屑之间以及碎屑与刀具之间保持一定的油膜厚度，达到减少摩擦、脱除碎屑、降低温升等有利于加工操作的效果。又如在内燃发动机运转过程中，通过油的循环，防止了油泥和漆膜的沉积，保护发动机零部件的清洁。另外，由于油泥颗粒小于油的油膜厚度，可以防止磨损或其他损伤。油的清洗性或清洁性，实质上也是油的润滑性能的补充，这二者是相辅相成的关系。

1.2.4　防腐性

基础油的防腐性(包括防锈性)在于用油膜覆盖或浸泡使金属隔绝周围环境，以防止化学污染和大气、水的电化学作用产生的破坏。

基础油的防腐作用还体现在基础油自身的良好氧化安定性，即在油品使用中，能抑制氧化生成腐蚀性物质的倾向，从而起到防腐作用。尽管一些油品中另加有防腐剂或防锈添加剂，可以强化油品的防腐效果，但是，即使在加有这些添加剂的油中，基础油仍然从机理上对防腐(或防锈)效果有不可或缺的作用。

1.2.5　密封性

根据机械结构参数和操作工况，选用合适黏度(包括质量)的油，以减少不必要窜渗或泄漏，在机械操作中是经常遇到的。例如内燃发动机的活塞与配套、活塞环与环槽之间均有一定间隙，而且金属表面均留有一定的加工粗糙度。因此，当机械运动时，间隙和凹凸不平加工粗糙度之间需要油膜的正压力加以密封，才能防止燃气窜入曲轴，协助活塞环，在活塞做往复运动时充满油膜才能起到密封作用。

1.2.6 环保性

从20世纪70~80年代起，润滑剂面临新的变革和更高要求，除了保持原有的减少机械摩擦、磨损、提供润滑等基本功能外，对于满足环保要求或对环境少污染或无害化方面提出了一些要求，基础油也承担着一定使命并也可以有所作为或贡献。

矿物基础油的蒸发性，涉及柴油发动机的颗粒排放(PM)和耗油量(耗油量直接和Pm有关)。例如油的蒸发性指标从20%~22%下降到只有15%时，其耗油量可减少35%~40%，PM值可以降低50%以上。

另外，基础油是影响润滑剂生物降解性或对环境无污染或少污染的决定性因素。采用各种植物油、酯类油可使生物降解性能接近100%。改变烃类结构的特定基础油也可以提高生物降解水平。

从以上所述基础油在油品中的作用，可以看出基础油在油品研制中处于重要地位，其中有些是添加剂不能代替的，当然添加剂可以强化这些作用。总之，在润滑剂研究和开发过程中，基础油和添加剂之间具有相辅相成、相互补充的关系。但是，随着润滑剂的发展，具有长寿命、无污染、环保无害化、高燃料经济性的油品，将随着机械使用工况的变化而日益受到关注。以石油基润滑油基础油占90%以上的局面将会被打破，各种非传统基础油和酯类油等合成型基础油将被广泛采用。

第2节 基础油的分类

2.1 API分类

长期以来，生产润滑油基础油的原料主要取自石蜡基原油，仅有少部分的环烷基(芳香基)原油。基础油各项质量指标由各大石油公司内部控制，全球没有统一的分类及其相应的质量指标。尽管如此，对于基础油的加工工艺及其加工深度，以及所得基础油组成，各种烃类和非烃类对基础油理化性质以及润滑油品性能上的影响进行了大量科学实验，从而得出了一定结论。随着世界石蜡基原油资源的日趋短缺，特别是20世纪60年代以来，生产润滑油基础油的加氢工艺在不断发展和得到工业应用。例如，加氢处理技术、加氢催化脱蜡工艺、加氢石蜡异构化生产超高黏度指数的润滑油基础油的生产技术等，逐步形成了一条全氢法生产润滑油基础油的生产线。从此，润滑油基础油的制备完全突破了受原油资源的限制，实现了从低质原油或低黏度指数资源中生产出高黏度指数甚至特高黏度指数的润滑油基础油。

20世纪90年代，由于设备制造商对于油品的规格要求不断提高，各项环保法和环保要求也日益严格，再加上加氢技术生产基础油发展迅速，美国石油学会(API)对内燃机润滑油使用的基础油进行了分类，并得到世界范围内认可。这个分类办法及时满足了时代发展的需要，使基础油质量提高到一个新的高度，为油品开发奠定了基础。美国石油学会在API 1509内燃机润滑油登记及认证系统中将润滑油基础油按照饱和烃含量、硫含量和黏度指数分成API Ⅰ、Ⅱ、Ⅲ、Ⅳ和Ⅴ等5类基础油，见表5-1。API Ⅰ类基础油饱和烃含量小于90%，并且硫含量大于0.03%，而且黏度指数在80~120。API Ⅰ类基础油一般由溶剂精制、溶剂脱蜡、白土补充精制或加氢补充精制等传统工艺生产。API Ⅱ类基础油黏度指数与API Ⅰ类基础油要求相同，但饱和烃含量要求≥90%，并且硫含量≤0.03%。API Ⅱ类基础油一般由加氢工艺或加氢与传统溶剂精制或溶剂脱蜡组合工艺生产。API Ⅲ类基础油饱和烃和硫含量与API Ⅱ类基础油要求相同，但黏度指数要求≥120。API Ⅲ类基础油一般由加氢工艺生产。API Ⅳ类基础油为聚α-烯烃合成基础油，API Ⅴ类基础油为所有其他类型合成基础油。

表5-1 API基础油分类

类别	硫含量/%	饱和烃含量/%	黏度指数
Ⅰ	>0.03	<90	80≤Ⅵ<120
Ⅱ	≤0.03	≥90	80≤Ⅵ<120
Ⅲ	≤0.03	≥90	≥120
Ⅳ	聚α-烯烃(PAO)		
Ⅴ	所有非Ⅰ、Ⅱ、Ⅲ或Ⅳ类基础油		

表5-1中的基础油：从上到下其硫含量逐渐降低，黏度指数逐渐增高，倾点逐渐降低[7]。

2003年，欧洲润滑剂工业技术协会(ATIEL)采用(正式通过)第六类润滑油基础油料的定义——聚内烯烃(Polyinternalolefins，PIO)。除了新Ⅵ类基础油料外，ATIEL支持北美API的基础油料的分类[8]。而API一致同意把PIO分成Ⅲ类或Ⅴ类基础油[9]。

目前国际标准化组织(ISO)未对润滑油基础油做统一分类，世界各大公司一般根据黏度指数将润滑油基础油分为五类，见表5-2[10]。

表5-2 Shell公司基础油分类标准

基础油类别	代号	黏度指数	基础油类别	代号	黏度指数
低黏度指数	LVI	40	很高黏度指数	VHVI	>120
中黏度指数	MVI	40~80	超高黏度指数	UHVI	>140
高黏度指数	HVI	>95			

2.2 国内基础油的分类

1980年，我国开始建立润滑油基础油标准。1995年，原中国石油化工总公司颁布了润滑油基础油分类标准Q/SHR001—95(见表5-3)，主要修改了分类方法，对基础油按超高、很高、高、中和低黏度指数进行了分类，区分了通用基础油和专用基础油，增加了低凝和深精制两类专用基础油标准。润滑油基础油的代号是根据黏度指数和适用范围确定的。每个品种由一组英文字母组成的代号来表示。

表 5-3 Q/SHR001—95 标准中润滑油基础油分类

项 目		超高黏度指数	很高黏度指数	高黏度指数	中黏度指数	低黏度指数
黏度指数		VI≥140	120≤VI<140	90≤VI<120	40≤VI<90	VI<40
通用基础油		UHVI	VHVI	HVI	MVI	LVI
专用基础油	低凝	UHVIW	VHVIW	HVIW	MVIW	—
	深度精制	UHVIS	VHVIS	HVIS	MVIS	—

表 5-3 中的分类与国际上一些公司的分类是一致的，主要是按基础油的黏度指数来划分的。其代号由表示黏度指数高低的英文字母组成，以“UH 为超高(Ultra High)”“VH 为非常高(Very High)”“H 为高(High)”“M 为中(Middle)”和“L 为低(Low)”与 VI 为黏度指数(Viscosity Index)等符号来表示。其中低凝基础油是在通用基础油的分类后加“W”(为“Winter”的英文字头)，如 VHVIW、HVIW、MVIW 等，该类基础油要求倾点在-15℃以下。深度精制的基础油是在通用基础油分类后加“S”(为“Super”的英文字头)，如 VHIS、MVIS、LVIS 等，该类基础油要求有更好的氧化安定性，旋转氧弹诱导期要求在 200min 以上。

2005 年，中国石化参照 API 标准发布润滑油基础油协议标准，取代 Q/SHR001—95，并于 2012 年进行了修订。2018 年 5 月，中国石化发布实施《润滑油基础油分类及规格》企业标准 Q/SH PRD0731—2018。该标准根据饱和烃含量、硫含量、黏度指数将润滑油基础油分为 0 类、Ⅰ类、Ⅱ类、Ⅲ类，其中 0 类包括 MVI，Ⅰ类基础油包括 HVI Ia、Ib、Ic，Ⅱ类基础油包括 HVI Ⅱ和Ⅱ⁺，Ⅲ类基础油包括 HVI Ⅲ和Ⅲ⁺，见表 5-4。

表 5-4 中国石化企业标准 Q/SH PRD0731—2018 中润滑油基础油的分类

项目	类别							
	0 类	Ⅰ类			Ⅱ类		Ⅲ类	
	MVI	HVIⅠa	HVIⅠb	HVIⅠc	HVIⅡ	HVIⅡ⁺	HVIⅢ	HVIⅢ⁺
饱和烃含量(质量分数)/%	<90 和/或≥0.03	<90 和/或≥0.03	<90 和/或≥0.03	<90 和/或≥0.03	≥90	≥96	≥98	≥98
硫含量(质量分数)/%					<0.03	<0.03	<0.03	<0.03
黏度指数	≥60	≥80	≥90	≥95	90~<110	≥110	≥120	≥130

中国石油于 2009 年发布了《通用润滑油基础油》企业标准 Q/SY 44—2009，该标准将通用润滑油基础油按饱和烃含量和黏度指数的高低分为三类共七个品种。其中，Ⅰ类分为 MVI、HVI、HVIS、HVIW 四个品种；Ⅱ类分为 HVIH、HVIP 两个品种；Ⅲ类只设 VHVI 一个品种，详见表 5-5。

Ⅰ类润滑油基础油的黏度等级按赛氏通用黏度划分，其数值为某黏度等级基础油的运动黏度所对应的赛氏通用黏度整数近似值。黏度等级以 40℃赛氏通用黏度[秒(s)]表示的牌号有 150、200、300、400、500、600、650、750；黏度等级以 100℃赛氏通用黏度[秒(s)]表示的牌号有 90BS、120BS、150BS。Ⅱ类、Ⅲ类基础油的黏度等级以 100℃运动黏度中心值来表示。润滑油基础油的具体黏度牌号见表 5-6。

表 5-5　中国石油企业标准 Q/SY 44-2009 中通用润滑油基础油的分类

项　目	Ⅰ		Ⅱ		Ⅲ
	MVI	HVI HVIS HVIW	HVIH	HVIP	VHVI
饱和烃	<90	<90	≥90	≥90	≥90
黏度指数 VI	80≤VI<90	95≤VI<120	80≤VI<110	110≤VI<120	≥120

表 5-6　润滑油基础油黏度牌号

Ⅰ类基础油黏度牌号

黏度等级	150	200	300	400	500	600	650	750	90BS	120BS	150BS
运动黏度（40℃）/（mm^2/s）	28.0~<34.0	35.0~<42.0	50.0~<62.0	74.0~<90.0	90.0~<110	110~<120	120~<135	135~<160	—		
运动黏度（100℃）/（mm^2/s）	—								17.0~<22.0	22.0~<28.0	28.0~<34.0

Ⅱ类、Ⅲ类基础油黏度牌号

黏度等级	2	4	5	6	8	10	12	14	16	20	26	30
运动黏度（100℃）/（mm^2/s）	1.50~<2.50	3.50~<4.50	4.50~<5.50	5.50~<6.50	7.50~<9.00	9.00~<11.0	11.0~<13.0	13.0~<15.0	15.0~<17.0	17.0~<22.0	22.0~<28.0	28.0~<34.0

低黏度组分也称作中性油（Neutral），黏度等级以 40℃赛氏通用黏度（s）表示；高黏度组分也称作光亮油（Bright stock），黏度等级以 100℃赛氏通用黏度（s）表示。中性油和光亮油基础油的黏度牌号见表 5-7 和表 5-8。

表 5-7　中性油黏度牌号及黏度范围

黏度牌号	运动黏度范围（40℃）/（mm^2/s）	赛氏通用黏度范围（40℃）/s
60	9~10	55~59
75	13~15	70~74
100	20~22	98~106
150	28~32	133~151
200	38~42	178~196
300	55~63	256~292
350	65~72	302~334
500	95~107	440~496
600	110~125	510~579
650	120~135	556~625

续表

黏度牌号	运动黏度范围(40℃)/(mm^2/s)	赛氏通用黏度范围(40℃)/s
750	135~150	625~695
900	160~180	741~834
1200	200~230	927~1065

表 5-8　光亮油黏度牌号及黏度范围

黏度牌号	运动黏度范围(100℃)/(mm^2/s)	赛氏通用黏度范围(100℃)/s
90	16~22	82~107
120	25~28	120~134
125/140	26~30	125~143
150	30~33	143~156
200/220	41~45	193~211

2.3　代号说明

润滑油通用基础油产品代号为：

中性油：通用基础油代号——赛氏 40℃通用黏度(s)整数近似值

光亮油：通用基础油代号——赛氏 100℃通用黏度(s)BS 整数近似值

润滑油专用基础产品代号为：

中性油：通用基础油代号专用符号——赛氏 40℃通用黏度(s) 整数近似值

光亮油：通用基础油代号专用符号——赛氏 100℃通用黏度(s)BS 整数近似值

例如：

高黏度指数 150 中性油代号：HVI 150

中黏度指数低凝 150 中性油代号：MVI W 150

高黏度指数 150 光亮油代号：HVI 150BS

中黏度指数深度精制 90 光亮油代号：MVI S 90BS

第 3 节　矿物油的性能特征

3.1　概况

API 把矿物油分成Ⅰ、Ⅱ和Ⅲ类，第Ⅰ类基础油属于用常规溶剂精制法生产的基础油，第Ⅱ、Ⅲ二类要用加氢工艺生产。利用 α-烯烃齐聚生产的合成烃油(PAO)属于 API 第Ⅳ类基础油，API 第Ⅴ类基础油实际上是以酯类油为主的非烃合成油基础油，也可能涵盖某些环保型基础油，它的具体理化性质尚待明确；也有文献把环烷基基础油也分为Ⅴ类基础油[11]。

2005~2014 年，全球基础油结构分布的变化情况见表 5-9[12]。可以看出，在这 10 年中，API Ⅰ类基础油所占比例持续下降，从 65%下降到 45%；API Ⅱ类/Ⅲ类基础油所占比例持续增长，从 21%上升至 42%；API Ⅲ类基础油的增幅最大。

表 5-9 2005~2014 年全球基础油结构分布变化情况

项 目	2005 年/%	2014 年/%	增长率/%
基础油结构分布			
API Ⅰ类基础油	65	45	-30.77
API Ⅱ类基础油	16	31	93.75
API Ⅲ类基础油	5	11	120
环烷基油	11	9	-18.18
再生油	2	4	100
总产能/(10^4t/a)	4987.83	5604.22	12.33

2015 年、2016 年，中国各种类基础油的需求分布情况见图 5-1。Ⅰ类基础油需求正在减少，Ⅱ类、Ⅲ类基础油需求量不断增加，Ⅱ类基础油替换Ⅰ类基础油已成为不可逆转的趋势[13]。

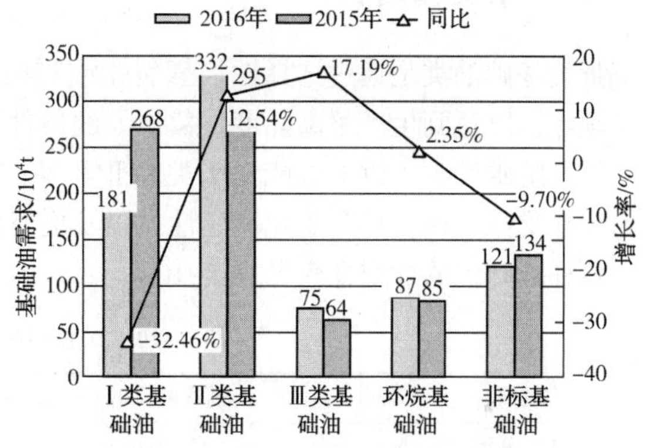

图 5-1 2015 年、2016 年中国基础油需求分布情况

3.2 Ⅰ类基础油

Ⅰ类基础油的加工工艺是原油经减压蒸馏切割出所需黏度的数段润滑油馏分，通常可得到 100N、325N 和 500N 3 种润滑油馏分。减压切出的馏分再经过溶剂精制除去多环短侧链芳烃、氮化合物和硫化合物等非理想组分，提高了基础油的黏度指数，并且改善了黏温性能，降低了残炭值，改善了油的色泽及对添加剂的感受性。溶剂精制后再进行溶剂脱蜡(也有先脱蜡再溶剂精制)除去油中的蜡，降低油的倾点，改善油的低温流动性。最后进行白土或加氢补充精制，除去油中残存的一些溶剂和杂质等，通过补充精制后得到的基础油在色泽、氧化稳定性和热稳定性方面都得到改善。若是减压残渣油，首先进行丙烷脱沥青，再经上述溶剂、脱蜡及白土补充精制等加工过程得到宝贵的高黏度的光亮油。

Ⅰ类常规基础油的理化性质较一般，黏度指数在 95~105，烃含量高。视原油种类和加工深度，基础油中芳烃达 4%~30%，硫和氮含量较高，蒸发损失波动范围在 18%~35%，曲轴箱低温黏度(CCS 黏度)的波动范围在 1300~1500mPa·s。此外，具有一定的氧化安定性。这类基础油目前大量用于调制各种润滑油品。但是，由于燃料经济性和环保立法等要求，使设备制造商对油品提出了更高要求。因此，这类基础油的使用已开始减少，有的油品，例如 SH、CF-4 以上高级油品，10W-30 多级以上跨度多级油品，以及性能优越的工业

润滑油中，这类油品已经无法满足要求。

3.3　Ⅱ类基础油

Ⅱ类基础油是通过催化剂进行加氢精制，使润滑油原料与氢气发生各种加氢反应。其目的是包括除去硫、氮、氧等杂质，同时保留住润滑油理想组分，将稠环芳烃和低黏度指数组分通过加氢饱和或加氢裂化转化为理想组分，从而使润滑油质量得到显著提高。

Ⅱ类基础油的特点是硫含量很低(<20μg/g)，芳烃含量较常规基础油低，小于10%，饱和烃含量可达90%以上，黏度指数一般为120，比Ⅰ类基础油高。其蒸发损失率和氧化稳定性都比Ⅰ类基础油好，且外观更好，几乎无色，对于抗氧剂的感受性较好，所配制的油品氧化稳定性优良，可满足某些长寿命油品的使用需求。Ⅱ类基础油生产技术和与之相匹配的添加剂已经巨大地影响了润滑油产品的性能。在一些应用场合，如汽轮机油，用Ⅱ类基础油调制的润滑油寿命甚至超过了昂贵的PAO合成油。

3.4　Ⅲ类基础油

Ⅲ类基础油类是通过选择性加氢裂化或临氢异构化将油中的蜡脱除或转化，降低润滑油的倾点，以达到生产很高黏度指数油品的条件下同时改善润滑油的低温性能。

Ⅲ类基础油类提供的性能比Ⅰ类和Ⅱ类基础油好，包括低挥发性、高黏度指数、优良添加剂感受性、改善热和氧化稳定性，以及更好的燃料经济性等。

几种基础油的性质比较见表5-10。

表5-10　矿物油的性质比较[1]

性质	溶剂萃取	加氢精制	蜡异构化
API分类	Ⅰ	Ⅱ	Ⅲ
100℃黏度/(mm^2/s)	3.9	4.0	3.9
40℃黏度/(mm^2/s)	18.7	19.6	16.2
黏度指数	100	101	142
挥发性(Noack)/%	27	28	16
倾点/℃	-15	-15	-21
芳香烃/%	17	0.6	0.3
饱和烃含量/%			
石蜡烃	32.8	23.5	86.1
烷环烃	50.2	75.9	23.6
硫含量/%	0.3	0	0

Ⅰ~Ⅲ类基础油对添加剂的感受性是不一样的，如烷基二苯胺(ADPA)抗氧剂的加量在0.5%及0.7%的情况下，在Ⅲ类基础油中的感受性都比在Ⅰ类和Ⅱ类基础油好；氨基甲酸酯(Vanlube 996E)抗氧剂加量在0.5%时，在Ⅱ类基础油中感受性最好(诱导期达1500min)，在Ⅲ类基础油中次之(诱导期约1300min)，而在Ⅰ类基础油中的感受性最差(只有约

400min)；当加量提高到0.7%时，在Ⅱ类和Ⅲ类基础油中的感受性相当(诱导期都提高到约1700min)，而在Ⅰ类基础油中的感受性只提高到约700min，详见图5-2和图5-3[14]。

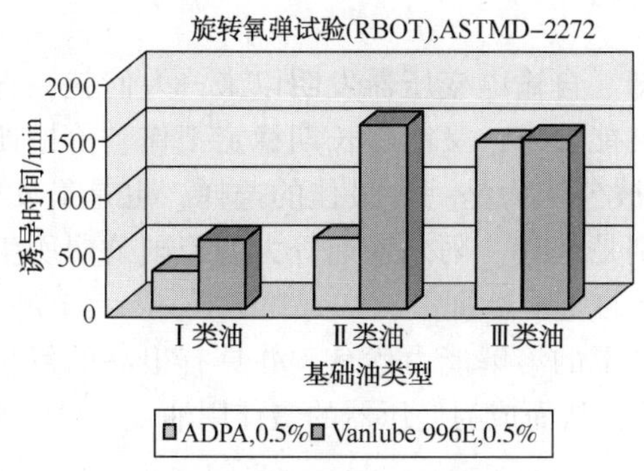

图5-2 不同抗氧剂在不同基础油中感受性的比较

注：基础油中含0.05%防锈剂Vanlube RI-A，ADPA为丁基/辛基二苯胺化合物，下同。

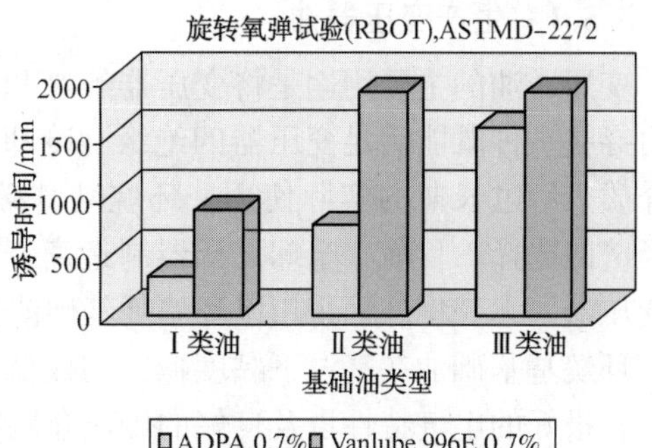

图5-3 改变抗氧剂的量在不同基础油中感受性的比较

表5-11论证了70%的Ⅲ类基础油与30%Ⅰ类或Ⅱ类基础油调和可以生产类似于Ⅱ⁺类基础油的性质。

表5-11 用Ⅰ/Ⅲ和Ⅱ/Ⅲ类基础油混合生产Ⅱ+类基础油[2]

项目	基础油或混合基础油				
	Ⅱ+①	Ⅱ/Ⅲ②	Ⅰ/Ⅲ②	Ⅱ/Ⅲ②	Ⅰ/Ⅲ②
运动100℃动黏度/(mm^2/s)	4.58	4.6	4.5	4.4	4.5
黏度指数	117.7	118	116	115	117
冷起动黏度(-25℃)/cp	1363	1460	1425	1310	1400
倾点/℃	-17	-15	-15	-15	-15

注：资料来源：ICIS-LOR/ILMA，2003，12。

①代表四个北美商业Ⅱ+类基础油平均值；

② 30%(体积)Ⅰ类或Ⅱ类与70%(体积)Ⅲ类调和。

3.5 环烷基基础油[15]

环烷基原油是各类原油中最宝贵的资源之一，其储量仅占原油总储量的2%~3%。目前世界上只有委内瑞拉、美国、加拿大和中国拥有环烷基原油资源。新疆克拉玛依地区作为中国环烷基原油的“富集区”储量丰富，产量稳定。环烷基基础油是以环烷基原油为原料，经过分馏、精制提纯后得到的以饱和环状碳链结构为主的矿物油。为了得到颜色较浅而氧化安定性较高的精炼基础油，也大量采用了加氢处理工艺，来严格控制芳烃含量，同时确保环烷基基础油具有良好的溶解性。

从环烷基基础油的发展历史来看，环烷基基础油的用途可以分为主要用途和次要用途。

主要用途：用于生产变压器油、橡胶填充油、金属加工液(水基液和高添加剂加剂量的油基产品）和冷冻机油。

次要用途：用于生产金属加工油。

3.5.1 生产变压器油

变压器油的主要用途是将变压器绝缘和冷却。自输电变压器发明以来，人们就一直在努力寻找一种既能满足变压器的绝缘、冷却等性能要求，又能够长期稳定工作、价格便宜的介质。经过长期的实际使用，环烷基基础油被公认为是一种最佳的选择，也是最安全、最经济的选择。目前，全球变压器制造商，特别是 ABB、阿尔斯通等大型跨国公司所生产的变压器，无一例外地采用以环烷基基础油生产的变压器油。

环烷基基础油在高温下黏度低，在极低温度下的溶解能力优良，并具有很高的氧化安定性、极好的电气特性以及良好的传热介质特性，从而成为变压器的最佳用油。

3.5.2 生产橡胶用油

合成橡胶厂为改善橡胶的某些性能，需要将矿物油加入合成橡胶中，这种油品被称为橡胶填充油，环烷基基础油是制造橡胶油的理想原料。在合成橡胶的橡胶链状结构中通常含有苯环结构，根据相似相溶的原理，在橡胶轮胎制造中，往往使用芳烃油，其次就是环烷基油。但芳烃油是一种毒性强的物质，凡是与人体密切接触的物品都不能使用。随着人们对健康、安全、环保的呼声日益高涨，对于芳烃油的使用限制会越来越多。目前，西方发达国家已制定了各种各样的限制措施，禁止使用含有芳香烃的油品。而对于环烷基油而言，它是一种饱和烃，没有毒副作用，同时具有高溶解度、多环芳烃含量低和浅颜色的特点。环烷基油与橡胶之间也具有较好的相容性。因此，环烷基油在橡胶行业得到了日益广泛的应用。

3.5.3 生产润滑脂用基础油

在润滑脂生产中，需要使用70%~85%的基础油，因此基础油与金属皂之间的亲和能力是决定润滑脂优劣的关键性因素。环烷基基础油倾点低，又以环状结构为主，因此用环烷基基础油生产的润滑脂不仅倾点低，而且不容易析出油分。优质润滑脂几乎都选用环烷基油作为基础油，尤其是低温润滑脂，必须使用环烷基基础油。在润滑脂皂化过程中，产生皂类的数量在很大程度上受到增稠剂与调配用基础油相容性的影响。环烷基基础油分子对金属皂类的亲合力较大，随着皂类数量的增加，油品的机械稳定性得以改善，因此可增加油品的工作负载。环烷基基础油的较高溶解度使得在特定数量的昂贵皂类成分中可调入更多的油品，而不会改变油脂的稠度，有助于降低配方成本。环烷基基础油实际上不含蜡，因此，用环烷基基础油生产的润滑脂具有优良的低温润滑性能，这对使用于寒冷地区的集中润滑脂供应系统特别重要。

3.5.4 生产金属加工液

环烷基基础油具有高溶解度和低芳烃含量这两个最佳特性，环烷基基础油的高溶解度使得配制乳化类金属加工液更为容易，所需皂类和添加剂将会减少，而且成本较低。由于添加剂彻底分散，因此乳化液稳定性优良，在低温下不会分层。

3.5.5 生产工业润滑油

环烷基基础油可以用于生产冷冻机油。对于制冷压缩机用的冷冻机油，由于工作的特殊性，要求冷冻机油有很低的倾点，通常倾点要小于-30℃。另外，还要求冷冻机油与冷媒之间能够互溶，产品的化学稳定性极好，能够与压缩机同寿命。尽管目前多元醇酯等部分合成基础油可以满足这些苛刻的要求，但是使用环烷基基础油无疑是最经济的手段。因此，环烷基油成为制造冷冻机油的主要原料。

除冷冻机油外，环烷基基础油还用于生产压缩机油、低倾点液压油、减振器油等产品。

第4节 合成油

4.1 概况

合成润滑油完全是采用有机合成方法制备的具有一定化学结构和特殊性能的润滑油。制备合成油的原料可以是动植物油脂，也可以用石油或其他化工产品。在化学组成上，矿物油是以各种不同化学结构的烃类为主要成分的混合物。合成润滑油的每一个品种都是单一的纯物质或同系物的混合物。构成合成润滑油的元素除碳、氢之外，还包括氧、硅、磷和卤素等。在碳氢结构中引入含有这些元素的官能团，是合成润滑油的特征。合成润滑油与矿物润滑油相比，在性能上具有一系列优点，可以解决矿物润滑油不能解决的问题，因此日益得到重视。合成润滑油不但是许多军工产品的重要润滑材料，而且在民用方面也有很大的潜力。合成润滑油虽然比矿物润滑油的价格高，但由于性能优良、使用寿命长、机械磨损小，因此使用合成润滑油仍然可以收到良好的经济效益。根据合成润滑油基础油的化学结构，美国材料试验学会(ASTM)特设委员会制定了一个合成润滑油基础油的试行分类法，将合成润滑油基础油分为三大类——合成烃、有机酯和其他(见表5-12)，并且按照化学组成进行了分类(见表5-13)。在全世界所需的合成润滑基础油中，PAO约占45%的份额，有机酯约占25%，多元醇酯约占10%，磷酸酯类和聚异丁烯(PIB)约占5%，烷基苯占比小于5%[16]。

表5-12 合成润滑油基础油的分类

分类		主要产品
合成烃	烷基化芳烃	烷基苯、烷基萘
	烯烃齐聚物	聚α-烯烃、聚内烯烃
	聚异丁烯	聚异丁烯
有机酯	双酯	己二酸酯、壬二酸酯、癸二酸酯
	多元醇酯	季戊四醇酯、三羟甲基辛烷酯
	聚酯	—
其他	卤代烃	如氟烷、氟氯烷、氟硅烷
	磷酸酯	三甲苯磷酸酯
	聚乙二醇醚	聚(亚烷基)二醇醚
	聚苯醚	双酚氧基苯基醚、双酚基氧代苯
	硅酸酯	正硅酸酯、硅酸酯二聚体、三聚体
	硅油	甲基硅油、乙基硅油和甲苯基硅油

表 5-13　按化学组成分类的合成液

合成液	主要产品	元素组成
合成烃	PAO、PIO、单烷基苯、双烷基苯、烷基萘	C、H
聚亚烷基二醇(PAG)	聚亚烷基二醇	C、H、O
碳酸酯	双碳酸酯、新戊醇聚酯	C、H、O
磷酸酯	芳基磷酸酯、烷基磷酸酯、烷基芳基磷酸酯	C、H、O、P
硅酮油	硅酮油、聚硅酮油、硅酸酯	C、H、O、Si
聚苯醚	—	C、H、O
聚氟醚	烷基氟油	C、F、O
氟氯烃	氟氯乙烷	C、F、Cl
聚甲基丙烯酸酯/聚烯烃共聚物	—	C、H、O

合成润滑油的性能特点：(1)大多数合成润滑油比矿物油黏度指数高；(2)热安定性好和热分解温度高；(3)闪点及自燃点高；(4)对添加剂的感受性好；(5)低的挥发损失。除了以上性能外，还有一些其他特殊性能：如含氟润滑油具有优良的化学稳定性，聚苯及聚苯醚具有抗辐射性能，酯类及聚醚合成油具有优良生物降解功能等。表 5-14 列出了各类合成润滑油的黏度指数及凝点的范围。表 5-14、表 5-15 分别列出合成油与矿物油的性能比较[17]。

表 5-14　各类合成油的黏度指数、凝点、热分解温度及整体极限工作温度范围

类别	黏度指数	凝点/℃	热分解温度/℃	工作温/℃	
				长期	短期
矿物油	50~130	-45~-6	250~340	93~121	135~149
聚 α-烯烃	120~240	-80~-20	338	177~232	316~343
双酯	110~190	<-80~-40	283	175	200~220
多元醇酯	60~90	<-80~-15	316	177~190	218~232
聚醚	90~280	-65~5	279	163~177	204~218
磷酸酯	30~60	<-50~-15	194~421	93~177	135~232
硅油	100~500	<-90~10	388	218~274	316~343
硅酸盐	110~300	<-60	340~450	191~218	260~288
聚苯醚	-100~10	-15~20	454	316~371	427~482
全氟碳化合物	-240~10	<-60~16	—	288~343	309~454
聚全氟烷基醚	23~355	-77~-40	—	232~260	288~343

表 5-15　四种基础油的生物降解性能比较

性质	矿物油	植物油	合成酯	聚乙二醇
生物降解性/%	10~40	70~100	10~100	10~90
黏度指数	90~100	100~250	120~220	100~200
倾点/℃	-54~-15	-20~10	-60~-20	-40~20
与矿物油相容性	—	好	好	不溶
氧化稳定性	好	一般	好	差
相对价格比	1	2~3	5~20	2~4

表 5-16 合成油超过矿物油的性能优势

降低	倾点	挥发性	毒性	沉积物	
增加	氧化稳定性	黏度指数	分散性	润滑性	抗燃性

4.2 聚 α-烯烃[17]

4.2.1 聚 α-烯烃的制备

聚 α-烯烃(Polyalphaolefin，PAO)是以线性 α-烯烃(一般用 1-癸烯或其衍生材料)为原料，以三氯化铝、BF_3 为催化剂，在醇或者弱羧酸作为助催化剂条件下进行聚合反应。聚合粗产物采用碱水淬灭，沉降分出水相，然后用更多的水洗以除去所有残存催化剂，蒸馏除去未反应单体和二聚体，然后进行加氢使残存的双键饱和来提高产品的热稳定性，最后进行蒸馏分离，调和出不同黏度级别的产品。低黏度 PAO 典型组成见表 5-17。图 5-4 是 1-癸烯用 BF_3-正丁醇催化剂在 30℃下反应所得低聚物分布气相色谱图。

表 5-17 低黏度聚 α-烯烃的典型组成

组成	正常范围①/%				
	PAO 2	PAO 4	PAO 6	PAO 8	PAO 10
二聚物	99.0	0.6	0.1	—	0.1
三聚物	1.0	84.4	33.9	6.0	1.1
四聚物	—	14.5	43.5	55.7	42.5
五聚物	—	0.5	17.4	27.2	32.3
六聚物	—	—	3.8	7.0	11.8
七聚物	—	—	1.3	4.1	12.2

①气体色谱测定。

4.2.2 聚 α-烯烃的性能

1. 物理性能

PAO 基础油具有高黏度指数、高闪点、高燃点、低倾点、低挥发性、热及氧化安定性好、与大多数添加剂兼容性好等优点，同时还具有水解稳定性好的特点，在高端润滑油中得到广泛应用。PAO 基础油的生物降解性随黏度的增加而降低，低黏度的 PAO 基础油(100℃ 黏度 $2mm^2/s$、$4mm^2/s$)是容易生物降解的[18,19]，达到 65%以上，聚 α-烯烃润滑油也被认为对哺乳动物无毒、无刺激。用 1-癸烯为原料聚合得到的 5 个等级的低黏度聚 α-烯烃商品的典型物理性质如表 5-18 所示，高黏度的聚 α-烯烃商品的典型物理性质见表 5-19。

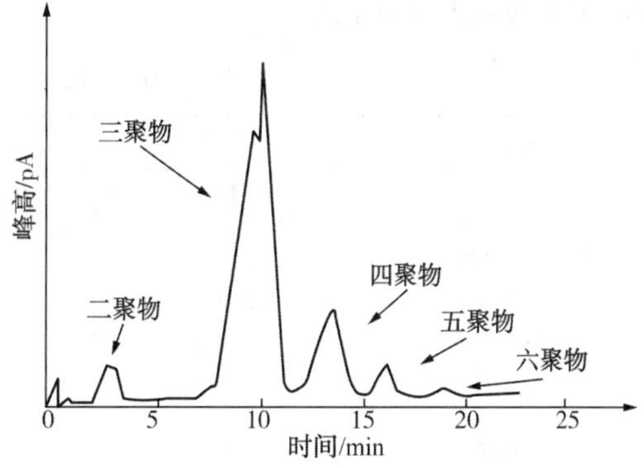

图 5-4 典型齐聚物的气体色谱

表 5-18　商品低黏度聚 α-烯烃的物理性质

参数	PAO 2	PAO 4	PAO 6	PAO 8	PAO 10
运动黏度/(mm^2/s)					
100℃	1.70	4.1	5.80	8.00	10.00
40℃	5.00	19.00	31.00	48.00	66.00
-40℃	252	2900	7800	19000	39000
黏度指数	—	126	138	139	137
倾点/℃	-66	-66	-57	-48	-48
闪点/℃	157	220	246	260	266
NOACK 损失①/%	—	<14.0	6.4	4.1	3.2

①250℃挥发度。

表 5-19　工业化高黏度聚 α-烯烃的物理性质

参数	聚 α-烯烃 40	聚 α-烯烃 100
运动黏度/(mm^2/s)		
100℃	39.00	100
40℃	396.00	1240
-20℃	40500	250000
倾点/℃	-36	-30
闪点/℃	281	283

与矿物油相比，商品 PAO 润滑油物理性能的优异性非常明显。表 5-20 是黏度为 6.0mm^2/s 的商品 PAO 与黏度接近的Ⅰ、Ⅱ和Ⅲ类矿物油比较，PAO 的黏温性能比Ⅰ类和Ⅱ类优异，闪点和蒸发损失也有类似的规律，而且 PAO 的低温流动性比Ⅰ类、Ⅱ和Ⅲ类矿物油都好，在-40℃时 PAO 仍然是液体，而Ⅰ、Ⅱ和Ⅲ类矿物油都成了固体。PAO 润滑油具有优异的低温性能，表 5-21 和表 5-22 分别是黏度为 4mm^2/s 和 6mm^2/s 的 PAO 润滑油与矿物油的低温性能比较。

表 5-20　API 分类的基础油和性能比较

参数	PAO	200SN	160HT	VHVI
基础油分类	Ⅳ	Ⅰ	Ⅱ	Ⅲ
运动黏度/(mm^2/s)				
100℃	5.80	6.31	5.77	5.14
40℃	31.00	40.8	33.1	24.1
-40℃	7800	固体	固体	固体
黏度指数	138	102	116	149
倾点/℃	-57	-6	-15	-15
闪点/℃	246	212	220	230
NOACK 损失①/%	6.4	18.8	16.6	8.8

①250℃测试。

表 5-21　低温性能(曲轴箱)

润滑油	100℃黏度/(mm^2/s)	倾点/℃	-25℃ CCS 黏度/mPa·s	-25℃ 布氏黏度/mPa·s
PAO	3.90	-64	490	600
极高黏度指数	3.70	-27	580	1160
高黏度指数	4.50	-12	1350	固体
100SN	3.79	-21	1280	固体

表 5-22　低温性能(曲轴箱)

润滑油	100℃黏度/(mm^2/s)	40℃黏度/(mm^2/s)	-25℃ CCS 黏度/mPa·s	-25℃ 布氏黏度/mPa·s
PAO	5.86	-58	1300	1550
极高黏度指数	5.38	-9	1530	固体
高黏度指数	5.84	-9	3250	固体
高黏度指数	5.79	-9	2740	固体
100SN	5.17	-12	4600	固体

PAO 的另一个优点是与矿物油可完全混溶，所以少量的 PAO 与矿物油相混对降低矿物油挥发性有显著影响。PAO 的热氧化和水解稳定性也相当优异。由于聚 α-烯烃具有比较全面的优质性能，因此具有广泛的用途，其应用范畴几乎遍及工业的全部领域，是合成油中发展最快的一种。所以在汽车发动机油、齿轮油与无级变速器油、循环油、液压油、液力传动油、压缩机油、润滑脂基础油、导热油、工艺油，以及一些工业用高级润滑油等油品中都得到了应用。

2. 化学性质

1）热安定性

许多操作要求润滑油在高温下使用，因此热安定性就显得非常重要。在成焦板试验中，矿物油热安定性最差，烷基苯比矿物油稍好一点。对比可知，黏度相同的 PAO 和双酯性能相当，最好的是 PAO 与一种多元醇酯的混合物(见表 5-23)。因此在曲轴箱润滑油配方中，PAO 与双酯和一种多元醇酯常常联用。

表 5-23　几种基础油的成焦板试验①

基础油	清洁度	基础油	清洁度
4.0mm^2/s 矿物油	0	5.4mm^2/s 二元酯	8.0
4.0mm^2/s PAO	8.0	4.0mm^2/s PAO 与多元醇酯混合物	9.5
5.0mm^2/s 烷基芳烃	2.0		

①试验条件：焦板试验温度 310℃，槽温 121℃。操作：6min 喷溅，1.5min 烘烤。评价系统：10=清洁。

2）氧化安定性

未加抗氧剂的 PAO 的氧化稳定性不如未加添加剂的矿物油，因为矿物油中含有天然抗

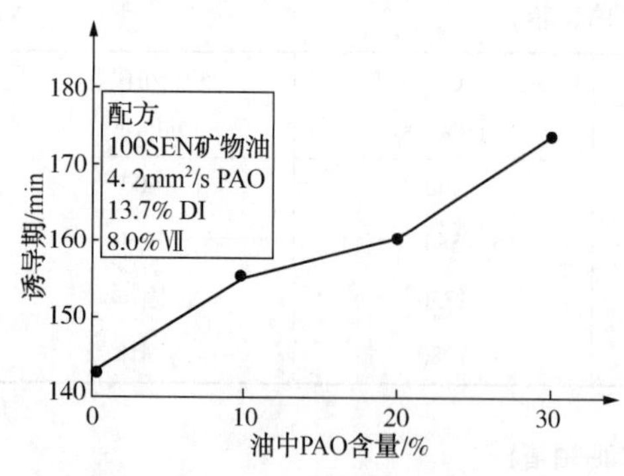

图 5-5　全配方润滑油薄膜吸氧试验

氧剂。但是加入少量抗氧剂后，PAO 的感受性较好(见图 5-5)。PAO 对抗磨和其他添加剂的感受性也非常好。

全配方试验油中含 13.7%清净剂及 8.0%黏度指数改进剂，基础油由 100 SN 矿物油及 4.2mm^2/s PAO 组成。当油品中 PAO 由 0 增加至 30%时，其诱导期从 143min 增至 173min，明显改进了润滑油的抗氧化性能。

3. 化学结构与性能

ExxonMobil 化学公司为了满足配方设计师和 OEM 增加高性能润滑剂的需求，用专利的茂金属(metallocene)作催化剂制备了 SpectraSyn EliteTM mPAO，而且其产品有独特的类似于传统 PAO 的梳妆结构，但是没有侧链(见图 5-6)。SpectraSyn EliteTM mPAO 能够改善苛刻应用时的剪切稳定性(见图 5-7)，能够调和高黏度指数的润滑剂，能够使油品在保持足够的高温黏度时有好的低温流动性，如低温布氏黏度大大下降，特别是在低温-28.9℃时的优势更明显(见图 5-8)[20]。

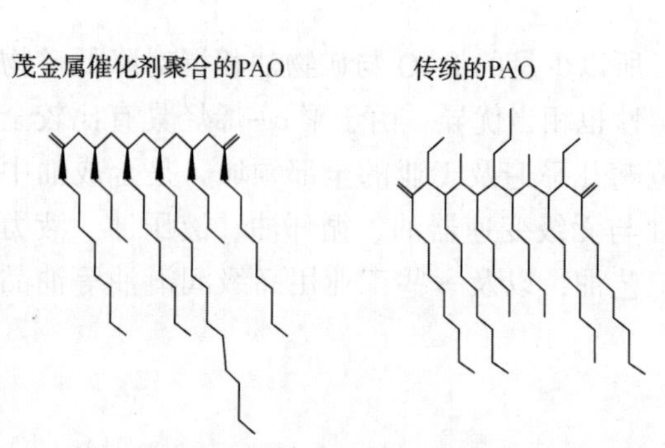

图 5-6　茂金属(metallocene)PAO 和传统的 PAO 分子结构

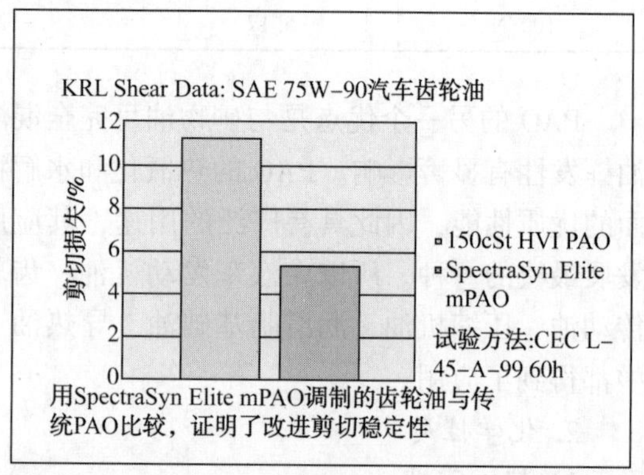

图 5-7　用 SpectraSyn Elite mPAO 和传统 PAO 调制的 75W-90 齿轮油的剪切黏度损失比较

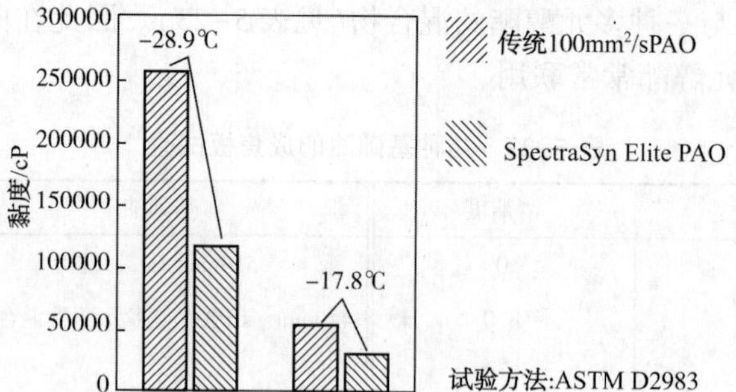

图 5-8　ISO VG 460 循环油在-17.8℃和-28.9℃时的 Brookfield 黏度比较

4. PAO 基础油的优缺点

与矿物油比较，PAO 基础油具有下列优缺点(见表 5-24)。

表 5-24　PAO 基础油的优缺点

优点	特别适用的领域	缺点	不适用的领域
好的低温流动性 高热和氧化稳定性 高温下低挥发度 高黏度指数 好的摩擦行为(混合膜) 与矿物油和酯油的混溶性好 水解稳定性好 好的腐蚀保护 无毒	内燃机油 压缩机油 液压油 齿轮油 润滑脂	有限的生物降解 有限的添加剂溶解性	高性能齿轮油 快速生物降解的油

4.2.3　聚 α-烯烃的应用

1. 曲轴箱润滑油

PAO 润滑油能为现在的高级车辆提供优异的性能，除了能在更高的温度下运行的优异的热及氧化稳定性外，PAO 润滑油的导热系数和热容都比相应的矿物油好，故设备运行的温度较低，对硬件提供更好的保护。PAO 润滑油倾点低，有优异的低温流动性，冷启动性能极好，改善了燃料经济性。

2. 自动传动液(ATF)

在常规的 ATF 中加 10%~20%PAO 能改善低温流动性，全 PAO 自动传动液与矿物油比较有更良好的低温性能、较低的挥发度、优异的热氧化稳定性和较好的抗磨性能。

3. 液压油

PAO 润滑油有优异的低温流动性、很低的挥发度和优越的水解、热及氧化稳定性，这些性能是其他某些润滑油所不能达到的，是理想的基础油之一。

4. 金属加工液

PAO 润滑油可工作的冲模温度可达 160~170℃，聚异丁烯油为 150℃，矿物油 100~120℃，酯类油只有 90℃，PAO 润滑油明显优于其他几种润滑油。

4.3　聚异丁烯[17]

4.3.1　聚异丁烯的制备

聚异丁烯(PIB)是以高浓度异丁烯气体为原料、路易斯酸为催化剂，选择性聚合而成。聚合完成后，从聚合产物中除去残留的催化剂，蒸馏除去未反应的丁烯、丁烷和较轻的聚合物后，得到最终的聚异丁烯产物。

4.3.2　聚异丁烯的性能

1. 物理性能

市场上的聚异丁烯黏度从低黏度 03 级到半固体 2000 级(见表 5-25)，其黏度为 100℃下 1~45000mm^2/s，相当于相对分子质量 180~5800。聚异丁烯的黏温性能、闪点、黏度指数、密度等都随其相对分子质量的增加而增加，而倾点随其相对分子质量增加而提高(变差)。

表 5-25　市场上的聚异丁烯黏度范围及其典型的物理特性

特性，级	方法	03	04	07	3	5	10	30	150	200	600	2000
相对分子量	D3593	260	310	440	620	780	950	1250	2300	2600	4200	5000
40℃黏度/(mm^2/s)	D 445	6.6	15	126	1090	2900	7200	21000	133000	185000	620000	1800000
100℃黏度/(mm^2/s)	D 445	2	3.4	13	55	103	225	635	3065	4250	12200	40500
100℃黏度/SSU	D 445	32	39	70	270	480	1050	2960	14300	20000	57000	190000
黏度指数	D2270	90	92	95	98	100	125	181	246	264	306	378
闪点(开)/℃	D 93	105	120	130	140	155	165	170	175	175	180	190
闪点(闭)/℃	D 92	110	135	145	155	190	210	240	250	270	270	280
倾点/℃	IP15	-60	-60	-30	-21	-12	-7	4	18	24	35	50
相对密度(20℃)	IP190	0.815	0.835	0.852	0.874	0.882	0.891	0.895	0.904	0.91	0.914	0.917
色度	D1209	40	40	40	40	40	40	40	40	40	40	40
折光率	D1747	1.461	1.467	1.474	1.487	1.49	1.484	1.498	1.503	1.504	1.505	1.508
溴价/(gBr/100g)	IP129	—	—	40	27	20	16	12	8	6	4	3
酸值/(mgKOH/s)	D 974	0.03	0.03	0.03	0.03	0.03	0.03	0.03	0.03	0.03	0.03	0.03
水含量/(μg/g)	D1744	40	40	40	40	40	40	40	40	40	40	40
残炭/%	D 189	<0.01	<0.01	<0.01	<0.01	<0.01	<0.01	<0.01	<0.01	<0.01	<0.01	<0.01

注：①级的计算为100℃赛氏黏度，SSU除以100后的大约整数。

资料来源：BP化学内部出版物，1970~1997年。

2. 化学性能

聚异丁烯与PAO和酯类合成油相比，具有沉积物少、毒性低、稠化能力和剪切稳定性好等优点，但是其相同黏度下的挥发性和抗氧性较差；聚异丁烯与矿物油相比，聚异丁烯具有燃烧清洁、无锈斑、低排烟、黏附性好、剪切稳定性好、低毒性和低沉积物的特性。这些性能有利于二冲程油、汽车和工业用油、金属加工液、压缩机润滑剂、润滑脂和钢缆防护剂的应用。

聚异丁烯的沉积物生成趋势与PAO和酯类油及矿物油相比是非常低的(见图5-9)，在相同条件下，光亮油生成的残炭高达2.1%，酯类油也有0.6%，而聚异丁烯小于0.01%，几乎没有残炭。

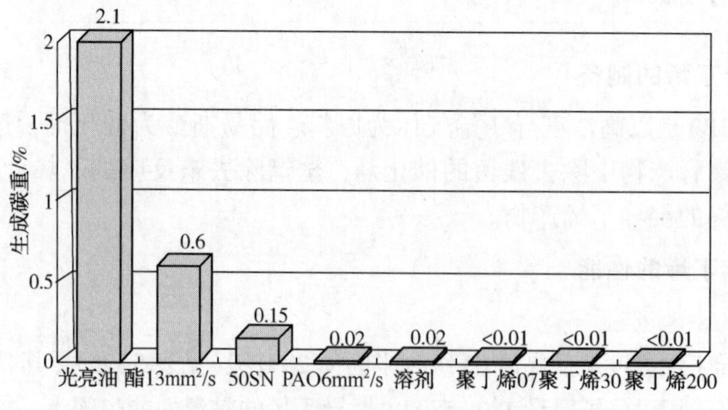

图 5-9　合成油和矿物油生成的残炭比较

毒性方面，聚异丁烯的口服毒性也是非常低的，在鼠上的 LD50 值大于 15.4～34.1g/kg；长期慢性口服研究，老鼠食用 2%聚异丁烯，狗则是 1000μg/(kg·d)，经 2 年也没有治疗有关的影响。聚异丁烯在润滑剂的应用中的优势及各种润滑剂应用中最常用的聚异丁烯的黏度等级分别列入表 5-26 及表 5-27 中。

表 5-26 在油和润滑剂应用中聚异丁烯的主要性能优势

应用	主要性能优势
通用	基础油调节和黏度控制
二冲程油	低烟 JASO 和全球油、低排气系统堵塞、低颗粒、好润滑性
金属加工润滑剂	无斑、低沉积、低毒、低生物降解
齿轮油	剪切稳定、黏度指数改进剂
压缩机润滑剂	润滑性好、惰性、低毒、电性能好
钢缆防护剂	黏附性、厌水性、惰性、好的润滑性、非危险性

表 5-27 每种润滑剂应用中最常用的聚异丁烯等级

应用	03	04	07	3	5	10	30	150	200	600	2000
黏度调节						√	√	√	√	√	√
二冲程油			√		√	√	√				
金属加工润滑剂		√	√			√	√		√	√	√
LDPE 压缩机油			√				√	√	√		
齿轮/液压油					√		√	√	√	√	√
润滑脂	√	√		√		√	√			√	√
钢缆防护剂						√	√				√

3. 与矿物油比较

与矿物油相比，聚异丁烯基础油的优缺点如表 5-28 所示。

表 5-28 聚异丁烯基础油的优缺点

优点	特别适用的领域	缺点	不适用的领域
可得到许多黏度级别 无毒 清洁燃烧无残炭 好的润滑特性 与矿物油混溶性好 抗腐蚀性好	二冲程发动机油 乙烯气压缩机油 金属加工润滑剂 润滑脂 钢缆润滑剂	低氧化稳定性 高蒸发损失 黏温性能差	大多数循环润滑剂

4.3.3 聚异丁烯应用

1. 二冲程发动机油

二冲程发动机没有单独的润滑系统，而是把润滑油与汽油混合后通过汽化器或注油泵引入发动机燃烧室。润滑油的作用是润滑曲轴、轴承和汽缸，然后与燃料一起消耗掉，是

一次性的。而聚异丁烯燃烧后无残炭和烟少，生成的沉积物少，不会堵塞排气系统和使火花塞跨接。聚异丁烯的清净性、润滑性、无残炭和少烟性能较好地适合在二冲程发动机油中应用。由于聚异丁烯无毒和少烟或无烟排放，也有利于环境的改善。

2. 压缩机油

在润滑压缩机筒体时，润滑剂与压缩乙烯接触，一些润滑剂溶在乙烯气中并被连续地带到反应器参加反应，聚合后少量润滑剂存在于低密度聚乙烯(LDPE)产品中，因此最重要的是压缩机筒体润滑剂既不能影响聚合反应，也不能由于 LDPE 的低浓度存在而使产品性能降级。聚异丁烯提供了高压密封，连续油膜生成抗氧和有限的挥发性，也符合纯度、低水含量、低沉积物生成、惰性与食品接触得到认可等方面的性质，也是人们对润滑剂希望的性能。

3. 金属加工润滑剂

在铝板和箔的轧制中，润滑剂能减少轧辊和金属板间的摩擦。在高质量板和箔生产中，为了保证好的表面光洁度，很重要的是在轧制时保留在铝板上的润滑剂在退火后不能产生斑痕。脱硫的石脑油或无色煤油作润滑剂，退火后在铝板上有斑痕不能接受，而聚异丁烯退火后没有斑痕，保证了质量。典型的冷轧铝润滑剂含 0.5%~2.0%的油酸、月桂醇、硬脂酸丁酯或棕榈油作润滑性添加剂和 100℃黏度 2~4mm^2/s 的聚异丁烯。

在钢管拉拔中，100℃黏度 13~225mm^2/s 的聚异丁烯单用或加入极压添加剂作钢管的润滑剂来代替矿物油，能改善模具寿命，又可取消在用矿物油时的清洁步骤。钢管在 500~600℃退火时聚异丁烯迅速挥发，得到完好的金属表面。

所有黏度级别的聚异丁烯都能乳化而产生水包油乳化液作润滑和冷却，聚异丁烯乳化液除了能与矿物油乳化液同样地作为切削液的功能外，还由于聚异丁烯不易生物降解，可以有更长的使用寿命，而较少由于润滑剂失效而造成不愉快的气味。聚异丁烯不含芳烃，与皮肤接触无毒，改善了操作工人的安全。

4. 润滑脂

用聚异丁烯脂与矿物油制的润滑脂比较，可改善黏温特性、黏附性和黏附强度，减少渗油。由于聚异丁烯无毒，还可以用于制造食品加工的润滑脂或与医药及食物接触医药生产的润滑剂。

5. 钢缆润滑剂

聚异丁烯具有钢缆润滑剂要求的物理特性，聚异丁烯是惰性的、不干燥的、有黏附性的，对钢缆提供有效的润滑和腐蚀保护。中到低黏度的聚异丁烯具有较好的润滑剂的综合特性，高黏度的聚异丁烯也用于密封式钢缆的润滑剂配方中。

4.4 烷基苯[17,21]

4.4.1 烷基苯的制备

烷基苯是由芳烃与烯烃、卤代烷或醇，在 Friedel-Graft 催化剂催化作用下进行烷基化制得。在烷基化反应中，烯烃是最常用的，因为烯烃廉价易得，并且在烷基化时无副产物生成。烯烃可以是 8~18 个碳的 α-烯烃、丙烯烃或支化烯烃，用这些大分子烯烃能生产至少 25 个碳、相对分子质量大于 300 的烷基苯。重烷基苯也可以在生产洗涤剂厂的副产物处得到，因为重烷基苯不适合作洗涤剂，是优越的润滑油基础油。洗涤剂生产的有两种烷基化产物，直链烷基苯(LAB)和支链烷基苯(BAB)。

4.4.2　烷基苯的性能

1. 物理性能

直链烷基苯的黏度指数一般大于100，具有很低的倾点及较好的低温黏度(40℃)。支链的烷基苯通常黏度指数很低并且低温黏度(40℃)较差，详见表5-29。

表5-29　烷基苯润滑油的黏度性能

商品名	V-9050	DV-600	二烯基-600	Zerol 150	Zerol 300
润滑油来源	Vista 二-LAB	Conoco 二-LAB	Conoco 单-LAB	Shrieve BAB	Shrieve BAB
100℃黏度/(mm^2/s)	4.3	5.1	1.77	4.35	5.8
40℃黏度/(mm^2/s)	22.0	29.1	5.9	33.46	57.0
-40℃黏度/(mm^2/s)	6000	8600	500	—	—
黏度指数	100	115	73	25	14
倾点/℃	-60	-54	<-68	-40	-35
平均相对分子质量	397	397	—	—	NA
闪点/℃	215	229	152	170	275
相当密度	0.89	0.87	0.87	0.87	0.87

烷基苯的另一个性能是溶解能力非常好，比聚α-烯烃和低黏度的矿物油都好。苯胺点是衡量溶解能力的一个指标，苯胺点越低，其溶解能力越好(见表5-30)。由于烷基苯具有优越的溶解能力，可以在许多合成工业润滑油或发动机油配方中用作酯的替代物，可降低成本。烷基苯的挥发性低于类似黏度的矿物油而高于PAO(见表5-31)。

表5-30　烷基苯与PAO及矿物油的苯胺点比较

	直链二烷基苯	PAO	矿物油
100℃黏度/(mm^2/s)	4.2	3.9	4.0
苯胺点①/℃	77.8	116.7	100

①用ASTM D 611测定。

表5-31　烷基苯与PAO、矿物油的闪点和NOACK挥发性比较①

比较项目	100SUS					200SUS
	烷基苯	PAO	矿物油	烷基苯	PAO	矿物油
100℃黏度/(mm^2/s)	4.2	3.9	4.0	6.5	6.0	6.2
NOACK挥发性/%	17.3	14.4	27.1	10.8	7.9	10.1
闪点/℃	215②	215②	200②	230②	242③	224③

①SUS为赛氏通用秒。

②闪点用ASTM D93或马丁-宾斯基闭杯测定。

③闪点用ASTM D92或克利夫兰开杯测定。

2. 化学性能

1）热安定性

商品的二烷基苯的热安定性比酯好得多，与PAO类似。专用的三-n-烷基苯，在371℃氮气中试验时，聚α-烯烃黏度损失75%，而烷基苯液黏度仅损失11%~29%(见表5-32)。

表5-32 烷基苯润滑油与聚α-烯烃合成油基础油的热安定性比较

润滑油类型	38℃黏度损失①	润滑油类型	38℃黏度损失①
聚α-烯烃二聚物	75.3	1，3，5-n-庚基苯	11.2
商品C_{12}烷基苯	72.7	1，3，5-n-辛基苯	29.1

①在304不锈钢弹中，371℃，氮气中，6h。

2）氧化安定性

烷基苯的氧化安定性与PAO相类似或更好，见表5-33。

表5-33 烷基苯与PAO、矿物油的氧化安定性比较

润滑油类型	直链二烷基苯	PAO	100SUS矿物油
旋转氧弹①/min	23	17	20
汽轮机油氧化试验②/h	109	39	23

①旋转氧弹试验，ASTM D2272，在150℃，有水及铜催化剂时，氧压90psig。

②ASTM D943试验在95℃，有水及铁-铜催化剂时，恒定的空气吹扫。

4.4.3 烷基苯的应用

由于烷基苯抗氧化、抗水解、低温性能和抗高温的性能好，所以烷基苯应用在发动机油、齿轮油、液压油、空气压缩机油、冷冻机油和气体透平液以及寒区应用的润滑脂。一种低黏度烷基苯液，在铝冷轧生产高度抛光铝金属表面时，表现出超出深度精制石蜡基油的优点；又由于烷基苯优越的电气绝缘性能和低吸水性，可用作电气绝缘油。但是，烷基苯的负面影响是有毒和芳烃型的生物降解性差。

4.5 烷基萘[17,22~24]

4.5.1 烷基萘的制备

从1930年起，烷基萘开始作为合成润滑油基础油；1975年首次报道了烷基萘作为润滑油基础油的高氧化安定性；20世纪80年代以后，不少专利发表了烷基萘的生产和使用。烷基萘是由萘和烷基化剂在酸性催化剂存在下(见图5-10)发生烷基化反应制备而成的。醇、烷基卤化物或烯烃均可作为烷基化剂，最普通的烷基化剂是烯烃。

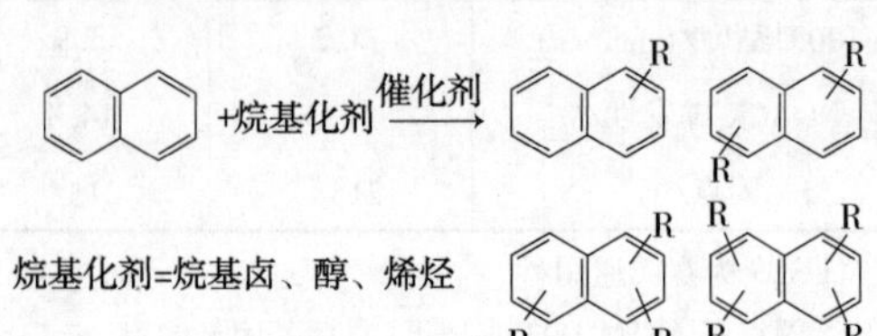

图5-10 弗瑞德-克来福特法的萘的烷基化

烷基萘核心的萘系统由两个带富电子、共轭π系统融合的六元环组成，即两个苯环互相结合。延伸的芳香烃系统给这类化合物更独特

的热氧化稳定性，特别是在热氧化和水解稳定性方面超过其他合成油。萘环上取代的烷基多少和烷基链的长短直接影响烷基萘基础油的黏度、倾点和挥发性等物理性能。烷基萘的一般结构见图 5-11。

烯烃和萘的烷基化反应会产生具有不同取代基个数的烷基萘。用气相色谱分离(GC)分析，显示几个不同分子量组分的基团，可以鉴别这个基团是单烷基萘(MAN)、双烷基萘(DAN)和多烷基萘(PAN)，见图 5-12。

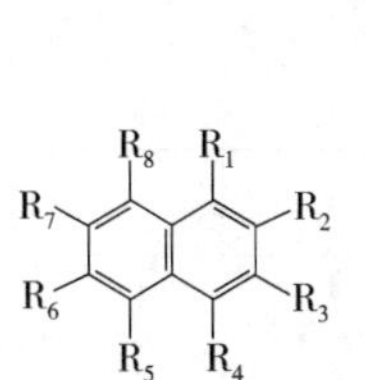

图 5-11　烷基萘结构

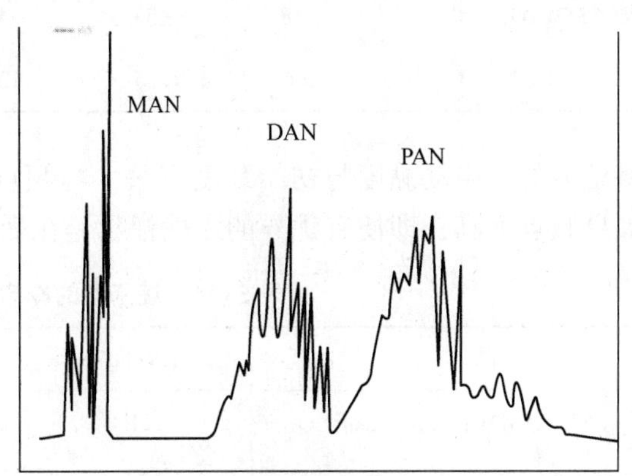

图 5-12　烷基萘的气相色谱图

4.5.2　烷基萘的性能

1. 物理性质

烷基萘的物理性质首先取决于两个主要因素：烷基链的长度；附在烷基萘上的烷基数量(烷基化程度)。

黏度、倾点和挥发性等物理性质将主要取决于烷基链的长度，以及在萘环上的烷基数量。通过不同的提纯技术，可以把这些组分分离到一定的纯度而获得特殊的物理性质。

1) 黏度和挥发性

烷基萘的黏度一般是随烷基链链长、烷基化的程度和支链长度增加而增加的。因而单烷基萘有非常低的黏度，但是挥发性比多烷基萘高(KR-015 属于 DAN，KR-019 及 KR-023 分别属于 PAN #1 和 PAN #2)，见表 5-34。

表 5-34　烷基萘的黏度和挥发性

产品	KR-007A	KR-008	KR-010	KR-015	KR-019	KR-023
40℃运动黏度(ASTM D445)/(mm^2/s)	21.8	38.0	72.1	114	177	193
100℃运动黏度(ASTM D 445)/(mm^2/s)	3.8	5.6	9.2	13.5	18.7	19.8
黏度指数	22	90	103	110	118	118
Noack 挥发性(DIN 51851)，250℃	39%	8.4%	11.0%	2.2%	1.8%	<1.0%

从表 5-33 可看出，烷基萘的挥发性随黏度增加而降低，而黏度指数随黏度的增加而增加。黏度的增加标志着烷基链的长度增加，其黏度变大和挥发性降低是很自然的事。其黏度从 KR-007A的 21.8mm^2/s 增加到 KR-023 的 193mm^2/s，相应的挥发性从 39%降低到小于 1.0%。

2）倾点和闪点

烷基萘的倾点随萘环上的取代基增加而升高。一般单烷基萘有更低的倾点和闪点，线性烷基萘的倾点比相应的支链烷基萘衍生物要高，见表 5-35。

表 5-35　烷基萘的倾点和闪点

产品	KR-007A	KR-008	KR-010	KR-015	KR-019	KR-023
倾点(ASTM D97)/℃	-48	-33	-48	-39	-26	-21
闪点(ASTM D92)/℃	206	236	220	260	285	310

而基础油的冷启动黏度与初始黏度有关，与倾点高低关联不大。倾点是低温应用的临界值，如果倾点太高，即使有优异的黏度指数，在低温时也不可用，见表 5-36。

表 5-36　烷基萘的冷启动黏度

产品	KR-007A	KR-008	KR-010
40℃运动黏度(ASTM D445)/(mm^2/s)	21.8	38.0	72.1
100℃运动黏度(ASTM D445)/(mm^2/s)	3.8	5.6	9.2
倾点(ASTM D97)/℃	-48	-33	-48
-30℃的冷启动模拟黏度/cPs	6485	9030	23389
-35℃的冷启动模拟黏度/cPs	14315	25159	52918

从表 5-36 可看出，KR-007A 和 KR-010 的倾点一样，KR-010 的倾点比 KR-008 低，而冷启动模拟黏度还是 KR-010 最大，因为 KR-010 的初始黏度最大。

3）苯胺点和添加剂溶解性

苯胺点是物质极性间接的量度标准和溶解极性物质的能力。苯胺点的定义是苯胺和试验物质按 1∶1 混合成一个单相时的温度。低苯胺点预示液体具有高极性和有好的溶解特性，表 5-37 比较了几种基础油的溶解能力。

表 5-37　几种基础油的溶解性比较

基础油	单酯、双酯和多元酯	单烷基萘	多烷基萘	PAO，Ⅱ 和 Ⅲ 类矿物油
溶解温度/℃	-7~5	40~55	85~105	115~135
极性	高————————→低			

烷基萘基础油的溶解性比酯类基础油小，但比 PAO、Ⅱ和Ⅲ类矿物油好，单烷基萘比多烷基萘的溶解性好。因为随着的烷基化程度越高，标志着极性越低。由于烷基萘具有芳烃的结构，其极性化合物的烷基萘对添加剂有良好的溶解力，所以烷基萘有类似于酯类的苯胺点(见图 5-13)[24]，可用烷基萘代替酯加入 PAO 中来改善添加剂的溶解力，可降低其产品成本。

2. 烷基萘的化学性能

1）热稳定性

在没有氧气存在的条件下，有机化合物纯热稳定性主要取决于分子上烷基化程度和化学键的极性。烷基萘是只含共价的 C—C 和 C—H 键的芳香烃，有非常高键离解能（C—H 键为 100 kcal/mol；C—C 键为 85 kcal/mol）。然而，在金属催化剂存在下，如铁或铜等，合成烃的热稳定性可能降低。

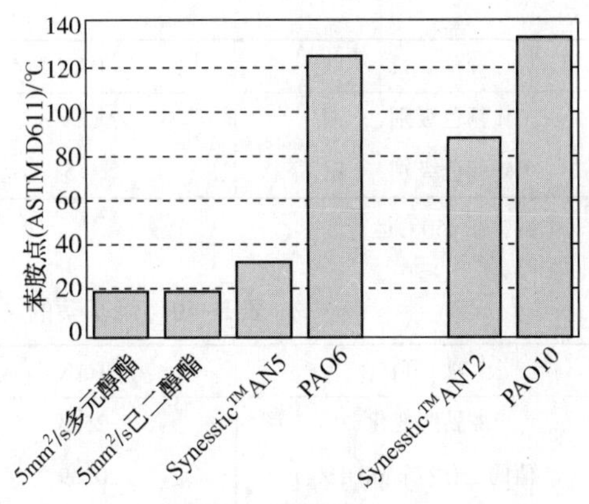

图 5-13 SynessticTM AN Basestocks 的溶解力

注：Synesstic™ AN Basestocks 5 和 12 为烷基萘 100℃黏度分别为 $5mm^2/s$ 和 $12mm^2/s$；Polyol ester 和 Adipate ester 分别为 100℃黏度 $5mm^2/s$ 的多元醇酯和己二酸酯。

用联邦试验方法 FTM 3411 评价烷基萘的热稳定性。本方法是在没有水气和氧的钢取样管的密封的玻璃管里，把化合物加热到 274℃运行 96h。黏度、酸值及颜色的变化和钢取样管的腐蚀有液体分解的表现。表 5-38 结果示出烷基萘没有重大的分解。控制 Cincinnati Milacron 试验是用 150℃和 200℃加压条件取代标准的 135℃。结果显示无油泥生成（生成的油泥的量可忽略不计）和对所有烷基萘在 150℃时的黏度增长几乎无变化（见表 5-39）。然而，PAN #1 和 PAN #2 烷基萘在 200℃时（见表 5-40）与 DAN 比较改进了性能，包括多烷基化不仅降低了挥发性也提高了产品的热稳定性。

表 5-38 烷基萘的热稳定性

项 目	DAN（KR-015）	PAN #1（KR-019）	PAN#2（KR-023）
40℃运动黏度的%变化	0.6%	0.7%	0.1%
初始酸值 /（mgKOH/g）	0	0	0.02
酸值的变化	0	0	-0.02
金属重量的变化/（mg/cm^2）	0.017	0.034	0.033
金属外观	暗褐色	暗褐色	暗褐色
沉淀物	无	无	无
新油的外观	浅黄色	浅黄色	黄色
最终油的外观	浅黄色	浅黄色	黄色
实验室外观	清洁	清洁	清洁

表 5-39 烷基萘的 Cincinnati Milacron① 热稳定性

项 目	DAN	PAN#1	PAN #2
%黏度变化	3.8	2.1	4.0
酸值的变化/（mgKOH/g）	0.03	0.03	0.02
总油泥/（mg/100mL）	0.45	0.65	0.5
纸质过滤器沉淀/（mg/10mL）	0.15	0.25	0.1
微孔过滤器沉淀/（mg/100mL）	0.40	0.40	0.4

续表

项　目	DAN	PAN#1	PAN #2
CM 颜色级别 - 铜	2	3	2.5
CM 颜色级别 - 钢	1.5	1	1

①试验在 150℃运行。

表 5-40　烷基萘的 Cincinnati Milacron①热稳定性

项　目	DAN	PAN#1	PAN #2
%黏度变化	25.3	11.8	13.6
酸值的变化/(mgKOH/g)	0.09	0.07	0.09
总油泥/(mg/100mL)	1.40	0.60	1.40
纸质过滤器沉淀/(mg/10mL)	0.20	0.10	1.00
微孔过滤器沉淀/(mg/100mL)	1.40	0.40	0.4
CM 颜色级别-铜	5	2	2.2
CM 颜色级别-钢	8	5	4.5

①试验在 200℃运行。

2）氧化安定性

烷基萘中富有电子的萘环，能捕捉烃基及过氧根，使氧化链崩溃，防止了氧化降解，所以含烷基萘的润滑油具有优越的氧化安定性。烷基萘的结构也将影响其氧化安定性和使用寿命，烷基萘润滑油的使用寿命随烷基替代物链长增加、烷基替代物的 α/β 比增加和二烷基萘含量的减少而增加。表 5-41 显示，1-辛烯萘和 1-癸烯萘的 α/β 比分别为 1.44 和 1.33 时，其使用寿命分别为 88 h 和 75h；当 α/β 比降到 0.28 和 0.61 时，其使用寿命也分别降到为 15h 和 18h。

表 5-41　不同化学组成烷基萘的相对使用寿命

烷基萘的化学成分	40℃黏度/(mm^2/s)	倾点/℃	α/β 比	寿命①/h
1-辛烯萘	10.54	<-45	1.44	88
1-癸烯萘	11.93	<-45	1.33	75
1-十六烯萘	27.03	<-45	1.63	65
1-辛烯萘	—	—	0.28	15
1-癸烯萘	—	—	0.61	18
二异丙基萘	—	—	—	2

①氧化试验 170℃，氧化流量 3L/h，有铜线催化剂时运行。寿命是总酸值达到 1.0mgKOH/g 的时间。

3）抗磨性能

用 ASTM D4172 测定磨损，没有加抗磨剂的基础油，烷基萘抗磨性能比矿物油好，与 PAO 相当，加抗磨剂后的三个基础油的效果相当，见图 5-14。

4）辐射稳定性

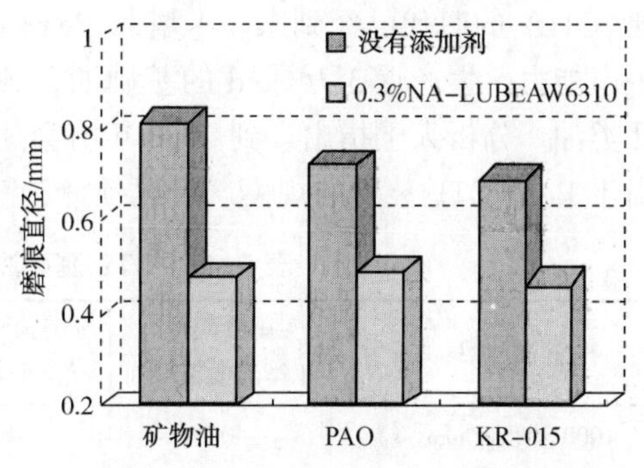

图 5-14 烷基萘的抗磨效果比较

最近研究集中在烷基萘与标准基础油和全配方基础油辐射稳定性的比较，评价了氢的化学回收率。原子氢在损害理论中起重要作用，被称为氢脆，影响滚动轴承。例如，在高压试验期间，整个轴承钢珠区域分布的氢上升到超过 1μg/g 时，将引起严重的轴承损害。开发的定量气相色谱法分析测定在辐射润滑油的顶部空间的低浓度分子氢，其结果示于表 5-42 中。表 5-42 显示，烷基萘比其他基础油、纯石蜡基油或全配方真空泵油具有高辐射稳定性。G-值是辐射的化学回收率和它代表生成氢分子的量，耗费辐射能 100eV。G-值是基础油抗辐射的敏感性的尺度。

表 5-42 在 100eV 辐射能时烷基萘的辐射稳定性

项 目	G-值（H2）	项 目	G-值（H2）
$8mm^2/s$ 纯石蜡基油	32	纯 DAN	0.05
$11mm^2/s$ 全配方真空泵油（矿物油基础油）	17		

4.5.3 烷基萘的应用

由于烷基萘液有优异的热及氧化安定性，可用于回转式空气压缩机油、高温导热油、真空泵油及金属加工油等。

综上所述，烷基萘合成基础油与矿物油及合成油比较具有下列优势：

（1）极好的热氧化稳定性；

（2）与酯类基础油比较有极好的水解稳定性；

（3）比 PAO、Ⅱ类和Ⅲ类基础油的溶解特性好；

（4）好的添加剂感受性，对酯类的表面竞争少；

（5）高链长度取代基的烷基萘有更低的挥发性；

（6）较低的倾点；

（7）极好的润滑油膜厚度。

4.6 天然气合成油[25~27]

天然气合成油(GTL)作润滑油基础油是市场前景看好的一项新技术，也是性价比非常好的一种基础油。由表 5-43 的数据可见，GTL 基础油既不含硫也不含芳烃，氧化安定性极好，黏度指数特高，除倾点外，都可以与聚 α-烯烃Ⅳ类油相比，甚至比聚 α-烯烃油还好。

GTL 基础油是由合成油通过加氢裂化-加氢异构化生产出来的。目前雪佛龙、壳牌、埃克森美孚等公司均掌握有 GTL 基础油生产技术。炼油专家 Amy Claxton 于 2012 年做出分析认为，预计有三套大型 GTL 装置可望在 2020 年前投产。Amy Claxton 表示，天然气制合成

油(GTL)的时代已经到来。卡塔尔 Pearl GTL 装置已于 2012 年中期全部量产，达到满负荷生产能力，生产近 3 万桶/d 的基础油，其结构为 $4mm^2/s$ 和 $8mm^2/s$ Ⅲ类油和轻质 $3mm^2/s$ Ⅱ类油。分析人士指出，到 2020 年将会建设三套以上的 GTL 基础油装置，每一套都可能相当于 Pearl GTL 装置的规模。可以预计，三套 GTL 装置将再增加 9 万桶/d。

表 5-43　GTL 基础油性质与其他几种基础油的比较

项　目	美国墨西哥湾 Ⅰ类溶剂精制油	美国西海岸 Ⅱ类油	美国西海岸 Ⅲ类油	美国西海岸 PAOⅣ类油	Syntroleum GTL 油
100℃黏度/(mm^2/s)	4.1	4.1	4.1	4.0	4.1
黏度指数	99	104	127	120	136
倾点/℃	-18	-12	-15	-57	-22
闪点/℃	—	—	210	218	212
硫含量/(μg/g)	3900	10	6	0	0
Noack 蒸发损失/%	28	27.5	14.5	13.0	12.5
芳烃含量/%	23	<1	<1	0	0

4.7　酯类油[17]

酯类油是综合性能较好、开发应用最早的一类合成润滑油，目前世界上的喷气发动机润滑油几乎全部是酯类油。酯类油的分子中都含有酯基官能团-COOR。根据分子中酯基的多少和位置，酯类油可分为单酯、双酯、多元醇酯、复酯和聚酯。

4.7.1　酯类油的制备

酯类油的制备有酯化、中和和过滤三步。

单酯由一元酸(如油酸、硬脂酸)与一元醇(通常为 8~13 碳醇)反应制得；双酯由线性二元酸与支链一元醇反应制得；多元醇酯由多元醇(如新戊醇、三羟甲基丙烷、季戊四醇或双季戊四醇)与一元酸(一般为 C_7~C_{18} 酸)反应制得；复合多元醇酯由多元醇，如新戊醇(NPG)、三羟甲基丙烷(TMP)或季戊四醇(PE)和双酯末端带有酸或醇制成低分子聚合物。聚酯是 α-烯烃和马来酸或富马酸与短链或中长链醇酯化的共聚物。酯生成后，没有反应的酸用碳酸钠或氢氧化钙中和然后过滤去除。

4.7.2　酯类油的性能

1. 物理性能

单油酸酯有非常高的黏度指数，但黏度低。

双酯有很好的黏度指数、生物降解性和倾点，因为双酯具有“哑铃”形结构，其线性二元酸部分有较好的黏度指数，而支链末端使其有低倾点；又由于双酯的支链部分在线性部分末端，围绕酯链自由旋转仍很好，给予双酯优秀的黏度指数和倾点。双酯的缺点是相对分子质量低，限制了其黏度范围。

多元醇酯的优缺点基本上与双酯相同，生物降解性和热稳定性比双酯更好。

复合多元醇酯有很大的灵活性，可以由聚合度控制黏度，其优点是生物降解性好、黏度指数高和倾点比较低。

聚酯的黏度指数高(140～250)、润滑性好、水解稳定性好，与矿物油和常用的润滑油添加剂相容性也好。

单油酸酯、双酯、多元醇酯、复合多元醇酯和聚酯的物理特性分别列入表 5-44～表 5-48 中。

表 5-44 单油酸酯物理特性

醇基团	40℃黏度/(mm^2/s)	100℃黏度/(mm^2/s)	黏度指数	倾点/℃
甲基	4.4	1.7	—	-12
异丁基	6.0	2.2	219	-50
2-乙基己基	8.0	2.8	238	-35
异辛基	9.1	2.9	192	—
癸基	10.2	3.4	246	-3

表 5-45 双酯物理特性

烷基团	40℃黏度/(mm^2/s)	100℃黏度/(mm^2/s)	黏度指数	倾点/℃	挥发性	生物降解
2-乙基己基						
己二酸	8.0	2.4	124	-68	44.3	97
壬二酸	10.7	3.0	137	-64	29.0	99
癸二酸	11.8	3.1	126	-60	18.3	96
十二双酸	14.3	3.8	168	-57	—	—
异癸基						
己二酸	15.2	3.6	121	-62	15.5	84
壬二酸	18.1	4.3	151	-65	9.8	86
癸二酸	20.2	4.8	169	-60	6.2	100
十二双酸	23.4	5.2	162	-41	4.3	93
异十三基						
己二酸	27	5.4	139	-51	4.8	92
癸二酸	36.7	6.7	141	-52	3.7	80
十二双酸	40.7	7.6	156	-50	2.9	76

注：挥发性是指 Noack 250℃/h 挥发的百分数。

生物降解 CEC-L-33-A-96(21d)/%。

表 5-46 多元醇酯物理特性

烷基团	40℃黏度/(mm^2/s)	100℃黏度/(mm^2/s)	黏度指数	倾点/℃	挥发性	生物降解
新戊醇						
n-C_7	5.6	1.9	—	-64	—	100
n-C_9	8.6	2.6	145	-55	31.2	97
c-C_8～C_{10}	8.1	2.4	119	-53	32.4	100

续表

烷基团	40℃黏度/(mm²/s)	100℃黏度/(mm²/s)	黏度指数	倾点/℃	挥发性	生物降解
三羟甲基丙烷						
n-C_7	13.9	3.4	120	-60	11.8	100
n-C_9	21.0	4.6	139	-51	2.3	100
n-C_8~C_{10}	20.4	4.5	137	-43	2.9	96
油酸	46.8	9.4	191	-39		100
C_9	51.7	7.2	98	-32	6.7	7
季戊四醇						
n-C_9	32.2	6.1	140	-7	0.9	100
n-C_8/C_{10}	30.0	5.9	145	-4	0.9	100
异-C_9	129.2	11.6	70	-22	—	-8
n-C_5/ n-C_7/异-C_9	33.7	5.9	110	-46	2.2	69
双季戊四醇						
n-C_5/ n-C_7/异-C_9	230.0	19.5	120	-15	1.2	—

表 5-47 复合多元醇酯的物理特性

烷基团	40℃黏度/(mm²/s)	100℃黏度/(mm²/s)	黏度指数	倾点/℃	挥发性	生物降解
NPG	40.9	7.7	160	-42	—	98
TMP	115.9	16.5	154	-54	—	94
NPG	132.0	17.1	141	-38	—	92
TMP	274.0	34.7	174	-27	3.7	89
TMP	306.1	35.2	161	-30	2.9	79

表 5-48 聚酯与其他合成基础油的黏度数据与流动性对比

基础油	运动黏度/(mm²/s)		黏度指数	倾点/℃
	40℃	100℃		
聚酯 6	27	5.6	138	-42
聚酯 34	340	34	139	-32
聚酯 300	4300	300	225	-18
PAO 6	33	6.0	140	-57
PAO 40	403	40	151	-40
二异癸基己二酸酯	15.1	3.6	136	<-70
三甲基丙烷三庚酸酯	15.0	3.5	124	-60
五赤藓醇四异癸酸酯	75.9	8.44	75	-55

综合来看，酯类油的特性是：

(1) 酯的黏度随酸的链长增加、醇的链长增加和酯的聚合度的增加而增加。

(2) 黏温特性。酯类油的黏温特性良好，黏度指数较高。加长酯分子的主链，黏度增大，黏度指数增高。主链长度相同时，带侧链的黏度较大，黏度指数较低，带芳基侧链的黏度指数更低。双酯中常用的癸二酸酯、壬二酸酯的黏度指数均在150以上。

(3) 低温性能。双酯中带支链醇的，通常具有较低的凝点，常用癸二酸酯和壬二酸酯的凝点均为-60℃以下。同一类型的酯，随着分子量的增加而低温黏度增加。酯化不完全、部分羟基的存在，会使酯的低温黏度明显增加。

(4) 高温性能。酯类油具有良好的高温性能。润滑油的闪点和蒸发度影响油品在使用中的油耗、使用寿命和使用安全性，与其分子组成有关。同一类型的酯，随着相对分子质量的增加，闪点升高，蒸发度降低。

2. 化学性能

1) 热和氧化稳定性

酯链是非常稳定的，从键能来估算，酯链的稳定性比C—C键更好，不含抗氧剂的酯类基础油的氧化稳定性与矿物油相似或稍差，含抗氧剂的酯类基础油则有更优秀的性能。酯的热氧化稳定性因其结构的不同而有所差异。直链酸的酯比支链更稳定，短链酸的酯比长链的更稳定。多元醇酯的热稳定性比双酯好，季戊四醇酯的热稳定性好于三羟甲基丙烷酯，更好于新戊基多元醇酯。

2) 水解稳定性

酯的水解产物是醇和酸，因此要求酯类润滑剂水解稳定性要好。酯类润滑剂水解稳定性取决于酯分子的几何结构、酯使用的添加剂、酯的加工参数(酸值、酯化度、生产残留物的催化剂及中和剂等)和使用系统。几何结构的空间屏蔽效应可以阻止酯基的水解。一般多元醇的水解稳定性好于双酯，支链多元醇酯好于线性多元醇酯。聚酯链因其特殊的分子几何形状，其水解稳定性优于大多数传统的酯。添加剂的影响主要是酸性添加剂对酯的水解稳定性有负面影响。酸性抗磨剂的磷酸三甲酚酯(TCP)比大多数酯的稳定性低，这些添加剂裂解产生酸，酸再次催化酯的水解，但是酸接受剂又能明显改善酯的水解稳定性，表5-49是酸性抗磨剂、中性抗磨剂对直链和支链多元醇酯的影响以及酸接受剂能改善酯的稳定性情况。从表中可看出酸性抗磨剂促进了直链多元醇酯的水解，而对支链多元醇酯没有影响，中性抗磨剂的影响大大低于酸性抗磨剂。

表5-49 两星期饮料瓶试验(ASTM D2619)中支链和添加剂对酯水解稳定性的影响

酯类型①	初黏度/(mm^2/s)	黏度变化/(mm^2/s)	初酸值/(mgKOH/g)	酸值变化/(mgKOH/g)
线性PE	31.4	-0.7	0.02	1.90
线性PE+AW	31.2	-2.5	0.45	56.40
线性PE+AWN	31.4	-1.2	0.02	19.5
线性PE+AC	31.4	-0.4	0.02	0.01
支链PE	45.1	-0.06	0.02	0.19
支链PE+AW	44.9	-0.4	0.47	0.55

①AW—抗磨剂，酸性磷酸酯；AWN—中性抗磨剂；AC—酸接受剂，环氧化物。

3）润滑性

酯分子中的酯基之所以具有高极性是由于酯链的氧原子的单独孤对电子对。极性分子是非常有效的润滑剂，因为它们在金属表面生成物理吸附膜，在金属表面比矿物油黏附性更好。大多数金属氧化表面在水蒸气存在下部分羟基化，在羟基化表面参与生成氢键时作为氢原子的给予者或接收者。酯类润滑剂分子参与形成氢键，更容易金属表面吸附，从而导致对磨损的保护和减少摩擦。所以酯分子易吸附在摩擦表面上形成油膜，因而酯类油比非极性的矿物油是更有效的润滑剂。所以酯类油的润滑性一般优于同黏度的矿物油。表5-50列出酯类油的四球机试验及微震动摩擦磨损(SRV)试验的结果[28]。

表5-50　四球机及SRV试验结果

酯名	四球机试验①				SRV试验②	
	最大无卡咬负荷 P_B/N	烧结负荷 P_D/N	平均赫兹负荷ZMZ/N	磨迹直径③ d_{30}^{20}/mm	磨迹直径/mm	平均摩擦系数
HP-8(精制矿物油)	392	1236	162.0	0.68	0.52	—
三羟甲基丙烷酯($C_7 \sim C_9$)	441	1372	198.9	0.69	0.42	0.07
季戊四醇酯($C_5 \sim C_8$)	392	1224	222.5	0.71	0.41	0.08
双季戊四醇酯($C_5 \sim C_8$)	490	—	248.9	0.74	0.38	0.07
癸二酸二2-乙基己酯	313.6	1234.8	227.4	0.65	0.47	0.08
新戊基二元醇双酯(C_9)	372.4	1568	309.7	0.58	0.45	0.08
二异十三醇癸二酸酯	392	1234.8	270.5	0.48	0.34	0.08
三羟甲基丙烷己二酸C_7酸复酯	617.4	1960	360.6	0.38	0.37	0.08
二乙二醇己二酸苄醇异辛醇多酯	313.6	1568	305.8	0.75	0.32	0.07

①四球机试验条件：1500r/min，室温。

②SRV试验条件：100N，50Hz，振幅0.3mm，1h，室温。

③负荷196N，30min。

4）溶解性

酯与矿物油完全相溶，以及可以与PAO调和，同时还解决了PAO对添加剂的溶解问题，酯/PAO混合物是合成内燃机油理想的基础油。

5）酯的生物降解性

酯的结构影响其生物降解性，单酯、双酯和直链多元醇酯的生物降解性好(见表5-51)。酯对皮肤没有刺激性，毒性也很低。

表5-51　几种酯的生物降解性

酯类型	CECL33A(在21d)/%	OECD301B(在28d)/%
单酯	70~100	30~90
双酯	70~100	10~80
邻苯二甲酸酯	40~100	5~70
偏苯三酸酯	0~70	0~40
二聚酸酯	20~80	10~50

续表

酯类型	CECL33A(在21d)/%	OECD301B(在28d)/%
直链多元醇酯	80~100	50~90
支链多元醇酯	0~40	9~40
复合多元醇酯	70~100	60~90

3. 与矿物油比较

与矿物油比较，双酯和多元醇酯的优缺点列入表5-52中。

表5-52 双酯和多元醇酯的优缺点

优点	特别适用的领域	缺点	不适用的领域
好的氧化稳定性 好的低温流动行为 高黏度指数 高温下低蒸发损失 与矿物油任意混溶 好的磨损和擦伤保护 无毒 快速生物降解	航空透平油 内燃机油 压缩机油 齿轮和液压油 冷冻机油 快速生物降解润滑剂	低黏度 与密封材料和涂料相容性有限 水解无毒性差 中等腐蚀保护	有关腐蚀保护要求高的应用

4.7.3 酯类油的应用

1. 内燃机油

一般使用双酯和多元醇酯，也使用二聚酸酯、聚酯、单酯和邻苯二甲酸酯。酯/PAO的混合物在现代车用内燃机油配方中的优点已超过矿物油，有更好的燃料和润滑油经济性，改善冷启动，改善发动机清洁性和磨损保护。近10年的一些发动机台架试验表明，酯/PAO的混合物是合成内燃机油的理想基础油。

2. 二冲程油

通常使用的二聚酸酯和多元醇酯相对于矿物油的优点是使发动机清洁，减少黏环、沉积物在环槽、裙部、内腔的堆积，改善点火性能和火花塞寿命。二冲程油排放尾气中的颗粒分析发现，这些颗粒95%来自未燃烧的润滑剂，若用羧基酯代替矿物油作二冲程油，其排放中聚芳烃(主要致癌物之一)将减少25%。酯的高生物降解性和低毒性使其成为一类环境友好的润滑剂。

3. 压缩机油

通常用双酯、多元醇酯、邻苯二甲酸酯和偏苯三酸酯。酯类油的润滑性好，能减少磨损，延长机械的使用寿命。酯类压缩机油在压缩的气体中生成的油泥和漆膜少，而现代往复式空压机的高出口温度易造成积炭堆积在出口阀上，它们会引起着火和爆炸。酯类油特别是偏苯三酯和多元醇酯比相似的矿物油有好的抗氧性和低挥发性，使活塞和增压器阀的沉积物减少，因而酯的高温稳定性和溶解作用减少了着火和爆炸的危险。

4. 航空润滑油

第一代航空润滑油是双酯，已逐渐让位于更昂贵而热稳定性更好的第二代和第三代多

元醇酯。第二代航空气体透平润滑油 100℃黏度为 5mm²/s，第三代润滑油 100℃黏度为 4~5mm²/s。随着喷气发动机功率的提高，对润滑油的热稳定性的要求也在增加，最大的操作温度已达 178~200℃。

5. 液压油

一般使用双酯和多元醇酯以及复酯，其生物降解性、抗燃性、高低温流动性、热稳定性、抗磨性及再回收性能好；汽车齿轮油用双酯和多元醇酯，其环保、抗磨和换挡感觉性能好。双酯与 PAO 调和可用作抗燃液压油(MIL-H-83288C)。

6. 金属加工液

通常用单酯、双酯，有时也用多元酯、聚酯和邻苯二甲酸酯，其优点是环境友好、减摩及极压性和生物降解性好、低毒，用聚酯加极压抗磨剂来代替氯化石蜡用于高性能、重负荷加工液。

7. 润滑脂

通常用双酯和多元醇酯，有时也用邻苯二甲酸酯和偏苯三酸酯，其低温流动性、高温性能和生物降解性好，低毒。

4.8 磷酸酯[17,29]

4.8.1 磷酸酯的制备

最重要的磷酸酯基础油有三大类：三芳基磷酸酯、三烷基磷酸酯和芳基烷基磷酸酯。

三芳基磷酸酯是用酚类化合物与三氯氧化磷在氯化镁或氯化铝存在下反应制得；一般有 CDP(甲苯二苯磷酸酯)、IPPP(异丙基苯基磷酸酯)、TBPP(磷酸叔丁苯基苯酯)、TCP(三甲苯基磷酸酯)、TPP(三苯基磷酸酯)、TXP[三(二甲苯)磷酸酯]。

烷基磷酸酯与三芳基磷酸酯制备相类似，一般用醇钠与三氯氧化磷反应制得；一般有 TBP[三丁基磷酸酯(三正丁基磷酸酯)]、TBEP(三丁氧基乙基磷酸酯)、TiBP(三异丁基磷酸酯)、TOP(三辛基磷酸酯)。

烷基芳基磷酸酯一般有 DBPP(二丁基苯基磷酸酯)、EHDPP(2-乙基已基二苯基磷酸酯)、IDDPP(异癸基二苯基磷酸酯)。

4.8.2 磷酸酯的性能

磷酸酯(Phosphate Esters)分正磷酸酯和亚磷酸酯。正磷酸酯又可分为伯、仲、叔磷酸酯，适合作合成润滑油的磷酸酯主要是叔磷酸酯。适用的磷酸酯有三正丁基磷酸酯、三(2-乙基已基)磷酸酯、甲苯基二苯基磷酸酯和三苯基磷酸酯。磷酸酯氧化安定性比较好，油性好，但热安定性差，多数磷酸酯不超过 200℃。磷酸酯极压抗磨性能好，同时不易燃烧，可作某些抗燃性液压油组分，三甲苯基磷酸酯也常用作极压抗磨添加剂。

1. 磷酸酯的黏度和密度性能

黏度及其随温度的变化显著影响设备设计及润滑油/液压油的选择和性能。在商业上，三芳基磷酸酯以 ISO 22-ISO 100 的黏度等级出售。三芳基磷酸酯的倾点一般在-20~-10℃之间。其黏度指数较差，一般低于 100，有时接近 0，可加典型的黏度指数改进剂来改善。磷酸酯的黏度、倾点和黏度指数可以通过三烷基磷酸酯与三芳基磷酸酯物理混合以达到比单组分更好的结果。黏度随分子量的增大而增大，烷基芳基磷酸酯黏度适中，并有较好的黏温特性，表 5-53 是磷酸酯的黏度性能。磷酸酯的黏度虽低，但其有稳定性极好的优点，因为基于稳定的芳环和相对较短的烷基。磷酸酯的密度在 0.90~1.25g/cm^3，挥发性通常低于相应黏度的矿物油。

表 5-53　磷酸酯的黏度性能

名称	黏度/(mm^2/s)				黏度指数	倾点/℃
	0℃	20℃	40℃	100℃		
TBP	7	3.9	2.6	1.06	118	<-90
TiBP	10	4.9	3.0	1.12	—	<-90
TBEP	26	12	6.7	2.0	90	-90
TOP，三-2-乙基己基磷酸酯	36	16	7.9	2.0	145	-90
三-*n*-辛基	—	—	8.4	2.5	148	-1
DBPP	—	—	4.45	1.2	—	<-70
三-2-乙基己基-苯基磷酸酯	—	—	8.6	2.2	67	—
EHDPP	61	25.6	8.6	2.25	—	-54
IDDPP	—	19.6	—	3.0	—	-50
CDP	220	44	16.5	3.2	35	-34
三(3-异丙基苯基)磷酸酯	—	—	42.7	5.53	—	59
三(4-异丙基苯基)磷酸酯	—	—	53.6	6.14	—	50
TCP	1000	76	24	3.8	0	-28
TXP	1700	170	43	5.2	<0	-20
IPPP 22	400	65	22	3.8	25	-28
IPPP 32	900	76	31	4.3	20	-22
IPPP 46	1600	140	43	5.2	10	-18
IPPP 68	7600	280	65	6.3	0	-11
IPPP 100	14400	550	103	6.6	<0	-8
TBPP 22	449	72	24	4.0	35	-30
TBPP 32	1500	90	31	4.6	25	-23
TBPP 46	2500	160	43	5.3	15	-18
TBPP 68	9000	290	65	6.3	5	-11
TBPP 100	18000	700	100	7.8	<0	-5

2. 难燃性

难燃性是磷酸酯最突出特性之一。在极高温度下磷酸酯也能燃烧，但它不传播火焰，或着火后会很快自灭。因为磷酸酯燃烧热低、放热少，不支持燃烧，当火源离开后，磷酸酯就自动灭火。磷酸酯工业润滑油被分类为HF-D型润滑油及Ⅱ组较不易燃的润滑油。最能真实反映磷酸酯抗燃性能的方法是进行模拟试验，例如热歧管试验等。表5-54列出了一些磷酸酯和矿物油的抗燃性的比较[28]。

表5-54 磷酸酯的抗燃性

名称	闪点(开口)/℃	燃点/℃	自燃点/℃	热歧管试验		热板抗燃着火温度/℃
				510℃	704℃	
三乙基磷酸酯	134	151	—	通过	着火	—
三丁基磷酸酯	150	188	426	通过	着火	—
三甲苯基磷酸酯(混合)	224	360	—	通过	通过	>800
三间甲苯基磷酸酯	240	322	650	通过	通过	>800
三(二甲苯基)磷酸酯	245	340	650	通过	通过	>800
矿物油汽轮机油	200	240	<360	着火	着火	450

3. 润滑性

由于磷酸酯含有元素磷，是一种很好的润滑材料，磷酸酯与铁金属表面反应形成磷化铁及磷酸铁提供边界润滑。这些较低熔点化合物(有时被称为易熔质或合金)因塑性流动而变形，落入表面凹凸不平的低点，因而增加了接触面积，降低了压力点。磷酸盐膜在摩擦下保护了润滑表面的完整性。三芳基磷酸酯可用作极压抗磨剂。

4. 水解稳定性

由于磷酸酯是有机醇或酚与无机磷酸反应的产物，故其水解稳定性不好。在一定条件下，磷酸酯可以水解，特别是油中的酸性物质会起到催化水解的作用。

5. 热氧化稳定性

磷酸酯的热稳定性和氧化稳定性取决于酯的化学结构。通常，三芳基磷酸酯的允许使用温度范围不超过150~170℃，烷基芳基磷酸酯的允许使用温度范围不超过105~121℃。结构上的对称性是三芳基磷酸酯具有高的热氧化稳定性的重要原因。

6. 溶解性

磷酸酯对许多有机化合物具有极强的溶解能力，是一种很好的溶剂。优良的溶解性使各种添加剂易溶于磷酸酯中，有利于改善磷酸酯的性能。磷酸酯作为助溶剂可改进金属减活剂和抗氧剂在矿物油或聚α-烯烃基础油中的溶解度，从而提供抗磨、密封膨胀和金属钝化性能。

7. 毒性

磷酸酯的毒性因结构组成不同差别很大，有的无毒，有的低毒，有的甚至剧毒。如磷酸三甲苯酯的毒性是由其中的邻位异构体引起的，大量接触人体后，神经、肌肉器官受损，呈现出四肢麻痹，此外对皮肤、眼睛和呼吸道有一定刺激作用。因此在制备与使用过程中应严格控制磷酸酯的结构组成，采取必要的安全措施，以降低其毒性，防止其危害。

8. 与矿物油相比

与矿物油相比，磷酸酯类基础油的优缺点列入表5-55。

表 5-55　磷酸酯类基础油的优缺点

优点	特别适用的领域	缺点	不适用的领域
抗燃 好的氧化稳定性 好的低温流动性 优秀的磨损和擦伤保护 高辐射稳定性 三芳基磷酸酯无毒 快速生物降解	抗燃液压油 气体透平油	中等水解稳定性 中等腐蚀保护 黏度指数低 有限的密封材料相容性 与矿物油不相溶	除上述应用外，无其他应用

4.8.3　磷酸酯的应用

根据上述特性，磷酸酯主要用作抗燃液压油，如 4611 抗燃液压油。其次是用作抗磨添加剂和煤矿机械的润滑油等。

4.9　聚亚烷基二醇[17,29]

4.9.1　聚亚烷基二醇的制备

聚亚烷基二醇(Polyalkylene Glycols，PAG)是以环氧乙烷、环氧丙烷、环氧丁烷等为原料，在催化剂作用下开环均聚或共聚制得的线型聚合物。

4.9.2　PAG 的性能

聚亚烷基二醇是环氧乙烷、环氧丙烷、环氧丁烷的均聚物或环氧乙烷、环氧丙烷、环氧丁烷的共聚物的通称。PAG 是独特的合成润滑剂，含氧量高，清洁性好，用于石油产品有积炭和有油泥的场合，可变化结构成为水溶性或油溶性产品，它是仅有的水溶性润滑剂。

1. 黏温性能

PAG 的突出特点是，随着 PAG 分子量的增加，其黏度和黏度指数相应增加。相对分子量和黏度相近的 PAG，其黏度指数顺序为双醚>单醚>双羟基醚>三羟基醚。PAG 的 50℃时的运动黏度在 6~1000mm^2/s 范围内变化，黏度指数比矿物油大得多，为 170~245。黏度指数随氧化乙烯与氧化丙烯的比例的增加而上升，氧化丙烯与氧化丁烯的比例也一样，表 5-56 的数据反映了这个趋势。

表 5-56　聚亚烷基二醇二甲醚的黏度及黏度指数

用作合成的单体	100℃黏度/(mm^2/s)	黏度指数
EO	9.960	245
EO/PO=7/3	8.575	229
EO/PO=5/5	11.04	227
EO/PO3/7	9.760	225
PO	9.760	214
PO/BO=7/3	10.84	195
PO/BO=5/5	10.92	187
PO/BO=3/7	9.388	157

2. 黏压特性

PAG 的黏压特性决定于其化学结构和分子链的长短，黏压系数通常低于同黏度矿物油的黏压系数。

3. 低温流动性

PAG 一般具有较低的凝点，低温流动性较好。

4. 润滑性

基于 PAG 的极性，加上具有较低的黏性系数，在几乎所有润滑状态下都能形成非常稳定的具有大吸附力和承载能力的润滑剂膜，具有较低的摩擦系数和较强的抗剪切能力。PAG 的润滑性优于矿物油、聚 α-烯烃和双酯，但不如多元醇酯和磷酸酯。

5. 热氧化稳定性

与矿物油和其他合成油相比，PAG 的热氧化稳定性并不优越，在氧的作用下 PAG 容易断链，生成低分子的羰基和羰基化合物，在高温下迅速挥发掉。PAG 氧化产生极性氧化产物，而 PAG 本身也是极性的，可溶解这些氧化产物，因此 PAG 在高温下不会生成沉积物和胶状物质，黏度逐渐降低而不会升高。但 PAG 对抗氧剂有良好的感受性，加入酚类、芳胺类抗氧剂后，PAG 的分解温度可提高到 240~250℃。

6. 溶解性能

PAG 的溶解性取决于其结构，由氧化乙烯衍生的分子有水溶性，由氧化丙烯衍生的分子具有水不溶性，所以调整 PAG 分子中环氧烷比例可得到不同溶解度的 PAG。环氧乙烷的比例越高，在水中溶解度就越大。随分子量降低和末端羟基比例的升高，水溶性增强。环氧乙烷、环氧丙烷共聚醚的水溶性随温度的升高而降低。当温度升高到一定程度时，聚醚析出，此性能被称为逆溶性。利用这一特性，PAG 水溶液可作为良好的淬火液和金属切削液。表 5-57 是从 EO/PO 到 PO 衍生分子的溶解性。

表 5-57　PAG 在常用溶剂中的溶解性

溶剂	1：9=PAG①：溶剂			1：9=PAG：溶剂		
	水不溶性②	水溶性③	水溶性④	水不溶性②	水溶性③	水溶性④
丙酮	S	S	S	S	S	S
环已烷	S	I	I	S	S	S
丁醚	S	S	I	S	S	S
甘油	S	S	S	S	S	S
已烷	I	I	I	I	S	S
异丙醇	I	I	I	I	I	I
甲醇	S	I	I	S	S	I
2-辛醇	S	S	S	S	S	S
甲苯	S	S	S	S	S	S
二氧乙烷	S	S	S	S	S	S
乙二醇	S	S	S	S	S	S

①S—溶解，I—不溶解。

②PAGb—聚丙烯二醇丁醚，MW(分子质量)= 1550。

③PAG—50：50 氧化乙烯/氧化丙烯共聚物，MW = 1590。

④PAGd—75：25 氧化乙烯/氧化丙烯共聚物，MW = 2470。

7. 毒性

PAG有很低的毒性，摄入的毒性很低，较低相对分子质量的PAG毒性最高，测定的LD50值的范围从4mL/kg到超过60mL/kg，用狗和老鼠做动物试验，狗和鼠长期食用表面无甚影响。

8. 与矿物油比较

与矿物油比较，PAG基础油的优缺点列入表5-58。

表5-58 PAG基础油的优缺点

优点	特别适用的领域	缺点	不适用的领域
高的热和氧化稳定性 高黏度指数 优秀的磨损和擦伤保护 好的摩擦行为(铜/青铜) 好的低温流动性 化学稳定性好 抗燃 快速生物降解 高温下低挥发损失 使用温度范围宽 辐射稳定性好	涡轮蜗杆油 抗燃液压油 压缩机油 快速生物降解润滑剂 纺织油 汽车空调冷冻机油 金属加工润滑剂	不能与矿物油混溶 与添加剂混溶困难 有限的密封材料和涂料相容性 250~350℃以下分解无毒， 此温度以上分解生成有毒蒸汽 价格高昂	内燃机油 高性能齿轮油和液压油

4.9.3 PAG的应用

由于PAG具有许多优良性能，加之PAG的原料环氧烷为石油化工产品，价廉易得，因此应用范围不断扩大，目前主要用于高温润滑剂、齿轮润滑油、制动液、难燃型液压液、金属加工液、压缩机油、冷冻机油、真空泵油等。

1. 抗燃液压油

抗燃液压油用于不能容许着火的场合(如铸铝、钢厂和矿山)，传统上用于水-乙二醇的PAG液、油-水乳化液、磷酸酯和多元醇酯。水-乙二醇的PAG液其抗燃性与油-水乳化液相似，其抗燃性很好。

2. 齿轮润滑油

PAG中加入一些抗磨或极压添加剂后，是一种理想的齿轮润滑剂，用于大、中功率传动的蜗轮蜗杆、闭式齿轮和汽车减速齿轮上，可降低齿轮磨损，延长换油期和检修期。

3. 金属加工液

在水基切削液和研磨液中，PAG常用作润滑性添加剂和用作拉伸、成型膜锻和扎制的润滑剂。由于PAG的水溶性、油溶性以及逆溶性，在金属加工液中主要用作切削液和淬火液。当用作切削液时，冷却性、润滑性、无沉淀和起泡倾向、渗透力等较好，对大部分金属不腐蚀，较少受水质与水硬度的影响，更能抗微生物攻击，比乳化液较易维护，因此是一种优良的金属切削液。当含PAG的金属加工液与热模或刀具接触时，其中PAG从水中分解出来以液滴附在热模或刀具表面形成流体动力学润滑膜。合成金属加工液配方中常含有PAG和水溶性极压添加剂(如脂肪酸磷酸酯)，PAG与脂肪酸或磷酸酯结合有协和效应，其润滑性好于它们独立组分等浓度的效果，这种协和效应使水基金属加工液具有优秀的润滑性和良好的冷却性。

4. 润滑脂基础油

PAG 可用作润滑脂基础油，主要用于生产制动器和离合器用润滑脂、耐烃溶剂用润滑脂、大于 300℃高温下固定用螺栓、链条用高温摩擦件用润滑脂以及仪器机械用润滑脂等。其中在汽车制动器和离合器中使用时，其主要优点是与其中的橡胶件有良好的相容性和优良的抗氧性。

5. 纺织润滑剂

水溶性的 PAG 广泛用于纺织工业，在用水从纺织物中洗去时无斑渍，PAG 在氧存在下中等温度时氧化不会生成有色副产物，这些特点特别适用于纺织工业，因为颜色对纺织工业很重要。

6. 压缩机油、冷冻机油和真空泵油

由于 PAG 具有良好的黏温性能、低温流动性、氧化稳定性和润滑性，对烃类气体和氢气的溶解度小，和氟利昂气体有好的相容性，因此很适合作氢气、乙烯和天然气的压缩机油以及冷冻机油和真空泵油。

7. 二冲程发动机油

PAG 在汽油中有很好的溶解性，它能提供良好的润滑性和清净性，PAG 基二冲程发动机润滑剂的清洁燃烧特性消除了发动机有关的火花塞的跨连、燃烧室和排气口堵塞问题。

4.10 硅油[17,29~31]

硅油又称聚硅氧烷或聚硅醚，作为合成硅油使用的主要是甲基硅油、乙基硅油、甲基苯基硅油等。

4.10.1 硅油的性能

1. 化学稳定性好

硅油对大多数一般建筑材料呈现化学惰性，通常水及无机酸或碱的水溶液对用作机械方面用途的硅氧烷不起作用。只有强酸或强碱在氧化条件下才会引起硅油的分子重排及加速其凝胶化作用。

2. 黏温特性

硅油的黏温特性好，各种硅油随温度变化其黏度变化很小，硅油的黏温变化曲线比矿物油平稳，黏温系数比较小。

3. 热稳定性和氧化稳定性

硅油在 150℃下与空气接触不易变质，在 200℃时与氧气接触的氧化作用也较慢，此时硅油的氧化安定性仍比矿物油和酯类油等好。它的使用温度可达 200℃，闪点在 300℃以上，凝点在-50℃以下。

甲基硅油在 200℃以下氧化稳定性很好，200℃左右开始缓慢氧化，温度升高，氧化速度加快。甲基苯基硅油的氧化稳定性随着苯含量的增高而增强。在苯含量相同时，苯基在末端的比在主链的氧化稳定性更好些，见表 5-59[28]。

表 5-59 几种硅油的氧化试验结果(油中通入空气 50ml/min)

试油名称	200℃，72h 后		250℃，14h 后		300℃，14h 后	
	黏度变化 (Δv_{50})/%	酸值增加/ (mgKOH/g)	黏度变化 (Δv_{50})/%	酸值增加/ (mgKOH/g)	黏度变化 (Δv_{50})/%	酸值增加/ (mgKOH/g)
甲基硅油(v_{50} =492.4mm²/s)	0.8	0	凝胶		凝胶	
甲基苯基硅油苯基含量 5% (v_{50} =40.3mm²/s)	4.2	0	10.3	0.02	105	0.05
甲基苯基硅油苯基含量 17% (v_{50} =196.8mm²/s)	3.5	0	8.1	0.01	凝胶	
甲基氯苯基硅油氯含量 7.5% (v_{50} =36.1mm²/s)	7	0.01	18.5	0.05		

4. 黏压系数

硅油的黏压系数 α 比较小，即黏度随压力的变化较小。改变其侧链的长短和性质可改变 α 的大小。如果侧链是 H，如甲基氢基硅氧烷，则 α 变小，而侧链是苯基，如甲基苯基硅氧烷，则 α 增大。

5. 润滑性

与其他合成润滑油相比，硅油的边界润滑性，特别是对钢-钢摩擦副的润滑性较差，又不易与矿物油相溶，这是限制硅油使用的因素之一。

6. 剪切稳定性

低黏度的硅油基本上属于牛顿型液体，在 25℃下 40~1000mm²/s 的二甲基硅油其黏度基本上不随剪切速率的不同而改变。但是黏度超过 1000mm²/s 的硅油，其黏度将随剪切速率的改变而变化，黏度越大下降越多。

7. 低温性能

硅油的低温流动性很好，也是硅油的优点。表 5-60 是甲、乙基硅油的黏度与凝固点的性能。

表 5-60 甲、乙基硅油的性能

硅原子数	乙基硅油		甲基硅油	
	38℃黏度/(mm²/s)	凝固点/℃	38℃黏度/(mm²/s)	凝固点/℃
3	4.17	-143	0.07	-80
4	7.98	-138	1.09	-70
5	12.16	-135	1.50	-80
6	17.30	-126	1.91	-100
7	23.90	-124	2.58	—
8	33.55	-123	2.87	—

8. 与矿物油比较

与矿物油比较，硅油的优缺点列入表 5-61。

表 5-61　硅油基础油的优缺点

优点	特别适用的领域	缺点	不适用的领域
非常高黏度指数，黏温性能好 非常好的热和氧化稳定性 优秀的低温流动性 低蒸发损失 高化学稳定性 优秀的密封材料相容性 好的电性能 高闪点	高温液压油 润滑脂 与化学品或电接触的特种润滑剂	混合膜润滑性差 与矿物油和添加剂不混溶 价格高	在混合膜条件下的任何应用

4.10.2　硅油的应用

硅油主要用于电子电器、汽车运输、机械、轻工、化工、纤维、办公设备、医药及食品工业等行业领域中。硅油还在许多铸造(模塑)作业中广泛用作脱模剂，其耐高温、抗烟雾是理想的脱模剂。表 5-62 所列的是各种硅油的性能及应用领域。

表 5-62　常用硅油的应用

硅油类型	性能	应用
二甲基	优良黏度-温度特性，水解稳定性，低表面张力，橡胶和塑料上的优良润滑性，具防水功能	塑性轴承，压片材料，切削刀具，模塑及挤出零部件，缝纫线，复配用基础油，液压油，制动液
氟	良好润滑性、化学惰性、耐溶剂，延长轴承使用寿命，优良高温性能，高载荷特性	润滑脂基础油，液压油，轴承，化工过程压缩机，真空泵，化工及腐蚀性介质中使用
苯基甲基	增高的热稳定性，良好的高温和低温稳定性，优良抗辐射性，改进的抗氧化性	润滑脂基础油(连续操作维护及润滑)，橡胶和塑料上的润滑，液压油，胶线，纤维
烷基甲基	动态条件下展现厚膜，与有机材料相容性极好，不污染已上漆的表面	润滑脂基础油，有难度的粉末冶金，模铸，金属加工，切削油，渗透油
苯基氯甲基	显著改善的高温润滑性，氯为金属提供有效边际润滑所需的化学反应性	微型轴承，润滑脂基础油，高环境温度作业用轴承，钟及计时器，液压系统，录音机，真空泵

4.11　氟油[17,29,30]

氟油是分子中含有氟元素的合成润滑油，通常是烷烃中的氢被氟、氯取代而形成的氟碳化合物或氟氯碳化合物，较重要的有全氟烃、氟氯碳和全氟烃基聚醚等。

4.11.1　氟油的性能

1. 全氟烃基聚醚(Perfluoroalkypolyethers，PFPE)

PFPE 润滑油首先由杜邦公司开发，先应用于军用和航天。PFPE 润滑油完全由碳、氟和氧组成。它们是无色、无味的液体，对所有的化学剂完全惰性。市售的 PFPE 润滑油一般有四种不同类型的结构：

全氟烃基聚醚-K：非直链分子，含一个类型的醚团是均聚物；

全氟烃基聚醚-Y：非直链分子，含两个类型的醚团是共聚物；

全氟烃基聚醚-Z：直链分子，含两个类型的醚团是共聚物；

全氟烃基聚醚-D：直链分子，含一个类型的醚团是均聚物。

市售全氟烃基聚醚的性质见表 5-63。从表 5-63 可看出，同一类型的产品，黏度、黏度指数和密度随分子量的增加而增加，倾点则变差。总体来说，大多数全氟烃基聚醚(少数低分子除外)的黏度指数都比矿物油优越。

表 5-63　市售全氟烃基聚醚的性质

PFPE 类型	平均分子量	黏度/(mm^2/s)			黏度指数	倾点/℃	密度/(g/cm^3)
		20℃	40℃	100℃			
PFPE K-100	1350	7	4	—	—	<-70	1.87(0℃)
PFPE K-101	1500	16	8	2	—	<-70	1.89(0℃)
PFPE K-102	1750	36	15	3	59	-63	1.91(0℃)
PFPE K-103	2300	80	30	5	121	-60	1.92(0℃)
PFPE K-104	3100	180	60	9	124	-51	1.93(0℃)
PFPE K-105	5000	550	160	18	134	-36	1.94(0℃)
PFPE K-106	6250	810	240	25	134	-30	1.95(0℃)
PFPE K-107	8250	1600	440	42	155	-58	1.95(0℃)
PFPE Y-04	1500	38	15	3.2	60	-58	1.87(20℃)
PFPE Y-06	1800	60	22	3.9	70	-50	1.88(20℃)
PFPE Y-25	3200	250	80	10	108	-35	1.90(20℃)
PFPE Y-45	4100	470	147	16	117	-30	1.91(20℃)
PFPE-YR	6250	1200	345	33	135	-25	1.91(20℃)
PFPE-YRL-1500	6600	1500	420	40	135	-25	1.91(20℃)
PFPE-YH-1800	7250	1850	510	47	135	-20	1.92(20℃)
PFPE-Z-03	4000	30	18	5.6	317	-90	1.82(20℃)
PFPE-Z-15	8000	160	92	28	334	-80	1.84(20℃)
PFPE-Z-25	9500	260	159	49	358	-75	1.85(20℃)
PFPE - Z-60	13000	600	355	98	360	-63	1.85(20℃)
PFPE-D-S-20	2700	53	25	—	150	-75	1.86(20℃)
PFPE-D-S-65	4500	150	65	—	180	-65	1.873(20℃)
PFPE-D-S-100	5600	250	100	—	200	-60	1.878(20℃)
PFPE-D-S-200	8400	500	200	—	210	-53	1.894(20℃)

2. 一般物理性能

全氟烃油是无色无味液体，它的密度为相应烃的2倍左右，分子量大于相应烃的2.5~4倍，倾点较高。氟氯碳的轻、中馏分是无色液体，减压蒸馏所得重馏分是白色脂状物质。它的密度比全氟烃油稍小，接近于$2g/cm^3$，凝点稍高，黏温性能比全氟烃油好。

聚全氟丙醚油也是无色液体，密度为$1.8 \sim 1.9g/cm^3$，与全氟烃油和氟氯碳油相比，其凝点较低，黏温性能最好，聚全氟甲乙醚的倾点更低。

3. 黏度特性

全氟烃油在上述三类含氟油中，黏温性最差，氟氯碳油的黏温性比全氟烃油好。全氟醚油分子中由于引入了醚键，增加了主链的活动度，因此其黏温性优于全氟烃，而其稳定性相似。全氟聚甲乙醚的黏温性比全氟聚异丙醚更好。

4. 化学稳定性

含氟油的最大特点是具有优异的化学稳定性，这是矿物油和其他合成油无法比拟的。在100℃以下，它们与浓硝酸、浓硫酸、浓盐酸、王水、铬酸洗液、氢氧化钾、氢氧化钠的水溶液、氟化氢、氯化氢等接触时都不发生化学反应。

5. 氧化稳定性

这三类含氟油在空气中加热不燃烧，与氟气、过氧化氢水溶液、高锰酸钾水溶液等在100℃以下不反应；氟氯碳油与氟化氯气态(100℃以下)或液态均不发生反应；全氟醚油在300℃与发烟硝酸或四氧化二氮接触不发生爆炸。

6. 热稳定性

全氟聚异丙醚油的热稳定温度为260~300℃，氟氯碳油的为220~280℃，全氟烃油的为220~260℃。全氟聚异丙醚油在250℃下加热100h，其黏度无明显变化，特别是经过氟化精制的油，颜色仍为无色，但其酸值稍有增加。

7. 润滑性

在正常和苛刻条件下，全氟烃基聚醚油都是优越的润滑剂，在重负荷、高速及高温下也表现良好。含氟润滑油的润滑性一般比矿物油好，用四球机测定其最大无卡咬负荷，氟氯碳油最高，全氟聚异丙醚次之，全氟烃居末。

8. 溶解度

全氟烃基聚醚油不溶于普通溶剂、酸及碱，但溶于高度氟化溶剂(如三氟三氯乙烷、六氟化苯、全氟辛烷等)。

9. 耐辐射

与许多用作润滑油或动力油的材料比较，全氟烃基聚醚-K油对辐射稳定。一般照射全氟烃基聚醚-K油，仅对其物理性质有小的影响。

由于全氟聚醚液体的溶解能力很有限，在其中很少能加入添加剂以改善其性能。在真空极压条件下，氟醚与金属表面发生作用，发生腐蚀，这一点限制了其性能的发挥。为了改善全氟聚醚油在极压下的性能，可以通过抑制或显著降低金属与全氟聚醚油之间的反应，可添加特制的添加剂来达到改善性能的目的。

10. 与矿物油比较

与矿物油比较，全氟醚的优缺点列入表5-64。

表 5-64 全氟醚的优缺点

优点	特别适用的领域	缺点	不适用的领域
极好的热和氧化稳定性 最高的化学稳定性 非常好的低温流动性和倾点低 低的蒸发损失 极宽的应用温度范围 优秀的密封材料和涂料相容性 高辐射稳定性 好的磨损和擦伤保护 优秀的摩擦性能， 特别是钢/磷青铜接触 抗燃	极高的抗燃液压油 核反应器润滑剂 特种润滑脂 空间应用	与矿物油、酯、 合成烃和添加剂不相溶 价格非常高	除上述应用外，无其他应用

4.11.2 氟油的应用

由于氟油具有许多优异的性能，如有很宽的使用温度范围、低蒸气压、好的黏温性能和化学惰性等，尽管价格较贵，在核工业、航天工业以及民用工业中获得了应用。

4.12 合成液体的比较[17]

特定的摩擦接触的工作条件和环保的要求决定了润滑剂的应用，这两个影响因素使得对润滑剂的要求复杂化。各个要求的范围和重要性控制了润滑剂的范围和限制程度，关于液体的应用的限制性，要分别从物理和化学的影响来分析。物理影响与温度和压力有关，这两个因素控制了所用液体范围，若液体在低温和高压下成为固体，或在低压和高温下成为蒸气，就限制了该液体的应用。化学影响与氧化和辐射有关，它们都受温度的影响。润滑油在常温下的氧化是很慢的，当温度超过 94℃时，氧化速率变得比较明显，一般温度的影响是每增高 10℃时，氧化速率增加一倍[32,33]。温度越高，润滑油的氧化就越剧烈。

4.12.1 液体润滑剂的物理和化学性能

1. 液体润滑油特性对比列入表 5-65 中。

表 5-65 液体润滑油特性对比(包括价格)

特性	最高温度(无氧)/℃	最高温度(有氧)/℃	因黏度下降的最高温度/℃	因黏度增加的最低温度/℃	密度/(g/cm³)	黏度指数	抗水性	抗化学品	极压润滑	毒性	相对矿物油价格
双酯	250	210	150	-35	0.91	145	好	怕碱	好	轻	5
新戊醇酯	300	240	180	-65	1.01	140	好	怕碱	好	轻	10
磷酸酯	120	120	100	-55	1.12	0	中	差	非常好	有些	10

续表

特性	最高温度（无氧）/℃	最高温度（有氧）/℃	因黏度下降的最高温度/℃	因黏度增加的最低温度/℃	密度/(g/cm³)	黏度指数	抗水性	抗化学品	极压润滑	毒性	相对矿物油价格
甲基硅油	220	180	200	-50	0.97	200	非常好	怕强碱	中，钢-钢差	无	25
苯甲基硅油	320	250	250	-30	1.06	175	非常好	怕强碱	中，钢-钢差	无	50
氯苯甲基硅油	305	230	280	-65	1.04	195	好	怕碱	好	无	60
PAG（含抗氧剂）	260	200	200	-20	1.02	160	好	怕氧化剂	非常好	低	5
氯化二苯	315	145	100	-10	1.42	-200~25	优秀	好	非常好	热汽毒	10
硅酸酯二硅烷	300	200	240	-60	1.02	150	差	差	中	轻	10
聚苯醚	450	320	150	0	1.19	-60	非常好	好	中	低	250
碳氟化合物	300	300	140	-50	1.95	-25	优秀	怕碱、胺	非常好	无	300
矿物油	200	150	200	0~50	0.88	0~140	优秀	非常好	好	轻	1

各种基础油的相对成本由图 5-15 看得更清楚[34]

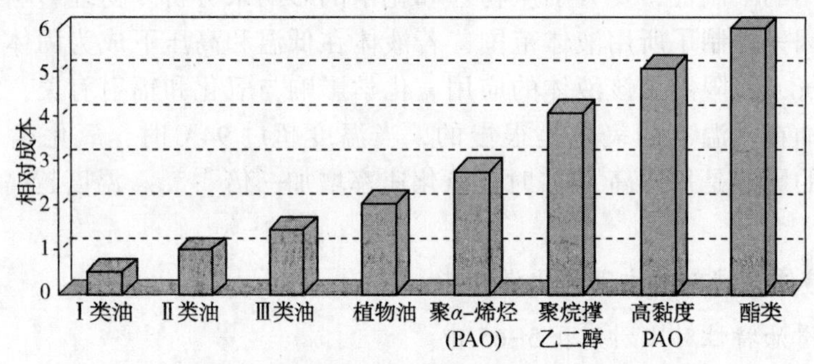

图 5-15　各种基础油的相对成本

由图 5-15 可看出，Ⅰ类基础油的成本最低，而酯类的成本最高。

2. 不同的设备对润滑油的要求

不同的设备对润滑油的要求是不一样的，应该根据应用要求来选择液体润滑剂。

表 5-66 比较了液体润滑剂的稳定性、黏度和润滑特性，从表中也可看出，没有任何一个液体润滑剂对所有性能都是优秀或很好的。

4.12.2　重要合成油的物理、化学和技术特性

重要合成油的物理、化学和技术特性总比较列入表 5-67 中。

表 5-66 不同液体润滑剂的稳定性、黏度和润滑特性的相对比较

合成液	热稳定性	氧化稳定性	水解稳定性	挥发性	低温流动性	黏度指数	压-黏	天然的润滑和抗磨性	加添加剂的抗磨性	疲劳寿命
矿物油(石蜡基)	好	中	优秀	差/中	中/好	好	好	好	优秀	中/好
PAO	非常好	非常好	优秀	非常好	优秀	非常好	好	好	优秀	好
双酯	好	非常好	中	好	非常好	非常好	非常好	中	好	中
多元醇酯	好	非常好	中	好	非常好	非常好	非常好	中	好	中/好
PAG	好	好	好	好	非常好	非常好	非常好	好	好	中
磷酸酯	中	好	中	中/好	中/好	中/好	非常好	优秀	优秀	中
硅氧烷	非常好	好	优秀	优秀	非常好	优秀	优秀	差	中	中/好
烷基苯	好	好	优秀	好	好	非常好	好	好	优秀	好
碳氟化合物	优秀	优秀	好	差	中	中	中	中/好	好	中/好
聚苯醚	优秀	好	优秀	好	差	中	差	好	好	好
硅酸酯	好	好	中/差	好	优秀	优秀	非常好	差	非常好	差
硅烃	优秀	非常好	优秀	—	优秀	优秀	—	—	—	—

表 5-67 重要合成油性能比较①

性质	黏温性	倾点	黏度范围	氧化稳定性	热稳定性	蒸发损失	抗燃闪点	水解稳定性	腐蚀保护	密封件相容性	油漆相容	与矿物油溶解	与添加剂溶解	润滑性	毒性	生物降解性	价格
矿物油	4	5	4	4	4	4	5	1	1	3	1	—	1	3	3	4	—
聚异丁烯	5	4	5	4	4	4	5	1	1	3	1	1	1	3	1	5	3~5
聚 α-烯烃	2	1	2	2	4	2	5	1	1	2	1	1	2	3	1	5	3~5
烷基苯	4	3	3	4	4	3	5	1	1	3	1	1	1	3	5	5	3~5

续表

性质	黏温性	倾点	黏度范围	氧化稳定性	热稳定性	蒸发损失	抗燃闪点	水解稳定性	腐蚀保护	密封件相容性	油漆相容	与矿物油溶解	与添加剂溶解	润滑性	毒性	生物降解性	价格
聚烃基乙二醇	2	3	3	3	3	3	4	3	3	3	4	5	4	2	3	5	6~10
全氟醚	4	3	1	1	1	1	1	1	5	1	2	5	5	1	1	5	500
聚苯醚	5	5	5	2	1	3	4	1	4	3	4	3	2	1	3	5	200~500
二羰酸酯	2	1	2	2/3	3	1	4	4	4	4	4	2	2	2	3	2/1	4~10
新戊烷聚酯	2	2	2	2	2	1	4	4	4	4	4	2	2	2	3	2/1	4~10
三芳基磷酸酯	5	4	2	2	2	2	1/2	4	4	5	5	4	1	1	4/5	2	5~10
三烷基磷酸酯	1	1	3	4	3	2	1/2	3	4	5	5	4	1	3	4/5	2	5~10
硅油	1	1	1	2	2	2	3	3	3	3	3	5	5	5	1	5	30~100
硅酸酯	1	2	1	2	3	3	4	4	5	3	4	4	3	4	4	4	20~30
硅烃	2	3	2	3	2	2	4	1	1	2	1	1	3	3	2	5	30~70
氟氯碳	4	3	5	1	2	3	1	2	5	4	3	5	5	1	2	5	300~400
环磷酸酯流体	5	3	4/5	3	3/4	3	1/2	3	3	3/4	3/4	5	4	2/3	2	—	30~50
二烷基碳酸酯	3	3	2	2	3	4	3	3	1	3	2	2	2	2	1	1	4~10
烷基环戊烷	3	3	1	2	4	1	5	1	1	2	1	1	3	3	1	5	3~8
PAMA/PAO 共聚物	2	2	2	2	3	1	4/5	2	2	1	1	1	1	2	1	4/5	5~10
菜籽油	2	3	3	5	4	3	5	5	1	4	4	1	3	1	1	1	2~3

①1—最好；2—较好；3—中等；4—较差；5—最差。

从表5-66总对比表明，合成油仅在某些特性上优于矿物油，通常之所以选择合成油，是因为它具有的某些特性是矿物油无法提供的，选择的润滑和功能液也包括了此特定特性，因此选用的合成油是针对某种应用而对另外的应用并不一定适宜。

4.13　国内外合成润滑剂的商品牌号

4.13.1　国内合成润滑剂的商品牌号

营口星火化工有限公司合成酯类润滑油的商品牌号见表5-68~表5-72。

表5-68　聚酯系列商品牌号

产品名称	密度/(g/cm^3)	黏度/(mm^2/s)		黏度指数	倾点/℃	闪点/℃	酸值/(mgKOH/g)	蒸发损失/%
		40℃	100℃					
SparkJ115	0.93	115	16.5	155	-49	259	0.05	1.0
SparkJ135	0.93	350	36.7	152	-39	273	0.05	1.5
SparkJ460	0.93	510	50	158	-35	280	0.05	1.5
SparkJ680	0.93	670	58	150	-29	280	0.05	1.7
SparkJ1500	0.93	1450	115	175	-26	250	0.05	2
SparkJ4600	0.93	5100	285	190	-14	250	0.05	2
SparkJ15000	0.93	15000	1000	280	-15	257	0.18	2
SparkJ17000	0.93	17000	1215	300	-15	257	0.18	2
SparkJ20000	0.93	20000	1415	308	-13	257	0.18	2
SparkJ25000	0.93	25000	1665	308	-10	250	0.18	2

表5-69　偏苯三酸酯系列商品牌号

产品名称	黏度/(mm^2/s)		黏度指数	倾点/℃	闪点/℃	酸值/(mgKOH/g)
	40℃	100℃				
TM108	48~52	7~9	120	-40	270	0.05
TM118	55~59	7.5~9.5	115	-50	270	0.05
TM119	80.4	9.7	99	-47	275	0.05
TM100	104	10.7	83	-42	275	0.05
TM143	143	13.1	83	-45	280	0.05
TM150	135~165	21~25	180	-35	270	0.1
TM220	198~242	27~33	160	-35	270	0.1
TM306	306	20.2	73	-23	280	0.05
TM320	288~352	34~43	180	-35	270	0.1
TM320B	320	32	140	-35	280	0.05
TM460	414~505	48~55	180	-35	270	0.1
TM680	612~748	64~78	180	-35	270	0.1
TM2000	1800~2200	140~155	180	-35	270	0.1

表 5-70　季戊四醇酯系列商品牌号

产品名称	黏度/(mm²/s)		黏度指数	倾点/℃	闪点/℃	酸值/(mgKOH/g)
	40℃	100℃				
PE108	29	5.9	150	-7	280	0.05
PE321	31.2	5.8	111	-58	280	0.05
PE304	40~48	5.7~6.7	100	-54	250	0.05
PE305	57~60	8~10	125	-45	260	0.05
PE306	65~73	7.9~9.3	106	-51	275	0.05
PE343	19	4.3	136	-58	257	0.05
PE451	25	5.0	130	-60	255	0.05
POE100	90~110	11~14	120	-37	290	0.05
POE150	125~140	13~15	110	-39	290	0.05
POE170	166.1	16.51	104	-35	290	0.05
POE220	198~242	20~24	120	-30	290	0.05
POE320	288~352	27~32	120	-30	300	0.05

表 5-71　甲基丙烷酯系列商品牌号

产品名称	黏度/(mm²/s)		黏度指数	倾点/℃	闪点/℃	酸值/(mgKOH/g)
	40℃	100℃				
TMP607	13.5	304	140	-70	230	0.05
TMP108A	20	4.4	140	-53	250	0.05
TMP108B	20	4.4	140	-40	250	0.05
TMP108C	20	4.4	140	-35	250	0.05
TMP108D	18.1	4.2	130	-59	225	0.05

表 5-72　双酯系列商品牌号

产品名称	黏度/(mm²/s)		黏度指数	倾点/℃	闪点/℃	酸值/(mgKOH/g)
	40℃	100℃				
DA21	4.0	1.4	120	-60	140	0.05
DA22	7.8	2.4	137	-70	205	0.05
DA31	11.1	3.1	150	-60	220	0.05
DA32	9.5	2.8	149	-65	207	0.05
DA34	12	3.2	137	-60	199	0.05
DA41	14	3.6	144	-57	231	0.05
A51	27	5.4	142	-57	247	0.05

上海纳克(NACO)润滑技术有限公司合成润滑剂的商品牌号见表5-73~表5-77。

表5-73 聚α-烯烃合成油的商品牌号

牌号	密度/(g/cm³)	运动黏度/(mm²/s)		黏度指数	闪点/℃	倾点/℃	SSI	总碱值酸值/(mgKOH)	蒸发损失/%
		100℃	40℃						
NacoFlow V600	0.8495	615	7500	271	300	-21	4	0.01	0.8
NacoFlow V1000	0.849	1010	11700	310	>300	-21	10.6	0.01	<0.1

表5-74 SinoSyn聚α-烯烃合成油的商品牌号

牌号	密度/(g/cm³)	运动黏度/(mm²/s)		黏度指数	闪点/℃	倾点/℃	色度	酸值/(mgKOH)	蒸发损失/%
		100℃	40℃						
SinoSyn PAO10	0.835	9.9	61	148	260	-52	<0.5	0.01	3.2
SinoSyn PAO15	—	15	109.1	145	266	—	<0.5	—	3.1
SinoSyn PAO20	—	20	159	147	268	-45	<0.5	—	2.7
SinoSyn PAO40	0.845	40.3	386	154	295	-40	<0.5	0.01	0.7
SinoSyn PAO40A	0.850	40.5	387	156	295	-40	<0.5	0.01	0.7
SinoSyn PAO100	0.853	100.8	1258	170	300	-33	<0.5	0.01	0.6
SinoSyn PAO100A	0.853	101	1150	179	300	-30	<0.5	0.01	0.6

表5-75 合成酯类油的商品牌号

牌号	密度/(g/cm³)	运动黏度/(mm²/s)		黏度指数	闪点/℃	倾点/℃	色度	酸值/(mgKOH)	蒸发损失/%
		100℃	40℃						
单酯									
PriEco 1779	0.973		8.5		220	0	0.5	0.09	—
双酯									
PriEco 2006	0.917	3.3	11.68	155	223	<-60	0.5	0.05	—
PriEco 2016	0.945		3.86		136	-70	<0.5	0.03	—
饱和多元醇酯									
PriEco 3000	0.94	4.4	19.5	140	250	-51	0.5	0.05	3
PriEco 3009	0.99	5.0	24.5	134	266	-58	0.5	0.04	4.5
PriEco 3030	0.99	25.6	310	106	305	-40	3	0.2	—
聚酯									
PriEco 4030	0.92	3000	43000	300	270	—	<0.5	0.3	1
不饱和多元醇酯									
PriEco 6000	0.90	9.53	46.45	195	345	-45	2	0.35	—

续表

牌号	密度/(g/cm³)	运动黏度/(mm²/s)		黏度指数	闪点/℃	倾点/℃	色度	酸值/(mgKOH)	蒸发损失/%
		100℃	40℃						
PriEco6001	0.91	13	65	208	310	-27	2	0.5	—
苯多酸酯									
PriEco 8004	0.973	8	51.7	124	282	-40	0.5	0.05	0.4
PriEco 8005	0.965	9.6	71.4	116	273	-48	1	0.05	1.8

表 5-76 烷基萘合成油的商品牌号

牌号	密度/(g/cm³)	运动黏度/(mm²/s)		黏度指数	闪点/℃	倾点/℃	酸值/(mgKOH)	苯胺点/℃	蒸发损失/%
		100℃	40℃						
SynNaph 5	0.907	4.84	30	71	220	-50	0.01	32	12.5
SynNaph 15	0.885	15.1	140	109	260	-40	0.01	96	2.2
SynNaph 23	0.875	20.5	206	115	300	-39	0.01	110	1.3
SynNaph 25	0.870	25.1	247	132	290	-17	0.01	118	1.2
SynNaph 30	0.872	29.85	301	135	>300	-20	0.01	125	<1

表 5-77 二烷基苯合成油的商品牌号

牌号	密度/(g/cm³)	运动黏度/(mm²/s)		黏度指数	闪点/℃	倾点/℃	CCS(-35℃)/mPa·s	苯胺点/℃	蒸发损失/%
		100℃	40℃						
SynNaph DAP4	0.860	4.4	21.06	120	223	-53	3180	80	10.2

4.13.2 国外合成润滑剂的商品牌号

埃克森美孚(ExxonMobil)化工合成基础油的商品牌号见表 5-78~表 5-82。

表 5-78 SpectraSyn Elite mPAO 的商品牌号

牌号	密度/(g/cm³)	运动黏度/(mm²/s)		黏度指数	倾点/℃	闪点/℃
		100℃	40℃			
SpectraSyn Elite 65	0.846	65	614	179	-42	277
SpectraSyn Elite 150	0.849	156	1705	206	-33	282

表 5-79 SpectraSyn PAO 的商品牌号

牌号	密度/(g/cm³)	运动黏度/(mm²/s)		黏度指数	倾点/℃	CCS(A/B)*/mPa·s	挥发率/%	闪点/℃
		100℃	40℃					
SpectraSyn 2	0.798	1.7	5.0	—	-66	—	—	157
SpectraSyn 2B	0.799	1.8	5.0	—	-54	—	—	149

续表

牌号	密度/(g/cm³)	运动黏度/(mm²/s)		黏度指数	倾点/℃	CCS(A/B)*/mPa·s	挥发率/%	闪点/℃
		100℃	40℃					
SpectraSyn 2C	0.798	2.0	6.4	—	-57	—	—	>150
SpectraSyn 4	0.820	4.1	19.0	126	-66	1424A	<14.0	220
SpectraSyn 5	0.824	5.1	25.0	138	-57	2420A	6.8	240
SpectraSyn 6	0.827	5.8	31.0	138	-57	2260B	6.4	246
SpectraSyn 8	0.833	8.0	48	139	-48	4800B	4.1	260
SpectraSyn 10	0.835	10.0	66	137	-48	8840B	3.2	266
SpectraSyn 40	0.850	39.0	396	147	-36	—	—	281
SpectraSyn 100	0.853	100.0	1240	170	-30	—	—	283

注：*CCS(A/B)：A=-35℃、B=-30℃。

表 5-80 SpectraSyn Plus PAO 的商品牌号

牌号	密度/(g/cm³)	运动黏度/(mm²/s)		黏度指数	倾点/℃	CCS(-35℃)/mPa·s	挥发率/%	闪点/℃
		100℃	40℃					
SpectraSyn Plus 3.6	0.816	3.6	15.4	120	<-65	1050	<17	224
SpectraSyn Plus4	0.820	3.9	17.2	126	<-60	1290	<12	228
SpectraSyn Plus 6	0.827	5.9	30.3	143	<-54	3600	<6	246

表 5-81 Esterex 合成酯的商品牌号

牌号	密度/(g/cm³)	运动黏度/(mm²/s)		黏度指数	倾点/℃	闪点/℃	水/(mg/L)	总碱值/(mgKOH)	生物可降解性/%
		100℃	40℃						
Esterex A32	0.9728	2.8	9.5	149	-65	207	<500	<0.08	70.2
Esterex A34	0.922	3.2	12	137	-60	199	<1000	<0.08	78.5
Esterex A41	0.921	3.6	14	144	-57	231	<500	0.01	76.5
Esterex A51	0.915	5.4	27	136	-57	247	<350	0.02	58.5
Esterex NP343	0.945	4.3	19	136	-48	257	<350	0.02	76.4
Esterex NP451	0.993	5.0	25	130	-60	255	<500	0.01	83.6
Esterex P61	0.967	5.4	38	62	-42	224	<1000	<0.07	71.4
Esterex P81	0.955	8.3	84	52	-33	265	<1000	<0.14	54.5
Esterex TM111	0.978	11.9	124	81	-33	274	<1000	<0.16	<1.0

注：A=己二酸酯、NP=多元醇酯、P=邻苯二甲酸酯、TM=偏苯三酸酯。

表 5-82 烷基萘合成油的商品牌号

牌号	密度/(g/cm³)	运动黏度/(mm²/s)		黏度指数	倾点/℃	闪点/℃	色度	水/(mg/L)	总碱值/(mgKOH)
		100℃	40℃						
Synesstic 5	0.908	4.7	29	74	-39	222	<1.5	<50	<0.05
Synesstic 12	0.887	12.4	109	105	-36	258	<4.0	<50	<0.05

法国 NYCO 公司的单酯、双酯、新多元醇酯、复酯的商品牌号见表 5-83。

表 5-83　法国 NYCO 公司的单酯、双酯、新多元醇酯、复酯的商品牌号

产品代号	产品名称	40℃运动黏度/(mm^2/s)	黏度指数	倾点/℃	闪点/℃	NOACK 蒸发损失（1h，250℃）	性能及应用
Nycobase ADD	己二酸的双酯	14	145	-69	232	11.5%	具有极好的低温性能，可提高添加剂溶解性和分散性，推荐用于生产低温润滑脂
Nycobase ADT	己二酸的双酯	26	136	-58	240	4.2%	
Nycobase 7300	饱和三羟甲基羧酸酯	14	120	-66	235	8.5%	具有卓越的抗氧化、抗结焦能力、低挥发性和极好的低温流变学特性，推荐用于低温润滑脂和高温润滑脂中
Nycobase 9300	饱和三羟甲基羧酸酯	21	140	-45	260	2.3%	具有高抗氧化性、低挥发性、高黏度指数、低倾点和摩擦改良/抗磨性能，推荐用于高性能的润滑脂中
Nycobase 1040X	羧酸单季戊四醇酯	94	88	-27	272	2.0%	具有卓越的抗氧化性能、挥发性慢、清净性高等特点，推荐用于高温链条油和润滑脂中
Nycobase 1060X	羧酸双季戊四醇酯	250	92	-25	296	0.4%	具有极高的热稳定性和水解稳定性，是高温润滑脂的绝佳选择
Nycobase 9600X	羧酸型双季戊四醇酯	380	88	-15	295	0.3%	该结构最大程度地提高热稳定性、挥发性低、抗氧化能力强、抗结焦性能极低。与 NYCOPERF AO337 抗氧剂体系联用，可生产优异的高温润滑油脂
Nycobase 9670X	羧酸型双季戊四醇酯	174	107	-30	285	0.3%	
Nycobase 8397	复合酯	1000	164	-21	292	79［生物降解性 OECD 301B（%）］	具有高度生物降解性，可用于生产符合欧洲生态标签、VGP 要求和其他环境标准的可生物降解润滑脂，特别适用于高黏性可生物降解的海洋开放齿轮润滑脂

续表

产品代号	产品名称	40℃运动黏度/(mm^2/s)	黏度指数	倾点/℃	闪点/℃	NOACK蒸发损失(1h, 250℃)	性能及应用
Nycobase 6001	三羟基丙烷羧酸复合酯	10077	230	-6	286	1.2%	抗氧化能力强，润滑性能和膜厚度良好。适用于需要高黏度的高温用途的润滑脂或齿轮油，还可替代光亮油或作为增稠及用于润滑油脂中
Nycobase 32409 FG	食品级饱和新多元醇酯	21.2	141	-48	255	2.4	产品热稳定性优异，低温性能良好，具有可生物降解性和可再生碳含量高等性能，与不同等级的基础油具有良好的整体相容性。可用于偶尔接触食品的 NSF H1 注册润滑剂
Nycobase 32506 FG	食品级饱和新多元醇酯	390	89	-20	295	0.3	

参 考 文 献

[1] Lubricant base oils[J]. Tribology & Lubrication Technology, August 2007: LF 9-11.

[2] H. Ernest Henderson. The North American Basestock Revolution[J]. Lubricants World, September/October 2004: 12-15.

[3] Maurice Lepera. Synthetic Automotive Engine Oils A Brief Hitory[J]. Lubricants World , January 2000: 29-32.

[4] 唐俊杰. 合成润滑油基础知识讲座之一[J]. 润滑油，1999(5)：59-64.

[5] Dr. Neil Canter. Special Report: Boundary Lubricity Additives[J]. Tribology & Lubrication Technology, September 2009: 10-18.

[6] 北京联合润华科技公司. 车用润滑油宝典[M]. 北京：中国石化出版社，2003：30-34.

[7] Lubricant Additives: Use and Benefits. 2017 ATC (Additive Technical Committee).

[8] Rob Harvan. Synthetic Base Stocks—What's It All About? [J]. Lubricants World, April 2004: 12-19.

[9] Kathryn Carnes. Europeans adopt Group VI base oils, API unlikely to follow suit[J]. Tribology & Lubrication Technology, December 2003: 12-14.

[10] 王丙申，钟昌龄，孙淑华，张澄清. 石油产品应用指南[M]. 北京：石油工业出版社，2002：75.

[11] Wan-Seop Kwon, SK Corp., Daejeon, Republic of Korea, H. Ernest Henderson. Effects of dumbbell blending of light and heavy hydrocracked base oils on performance of automatic transmission fluids[J]. Tribology & Lubrication Technology, January 2007: 40-52.

[12] 安军信，行程，吕玲. 国内外润滑油基础油的供需现状及发展趋势[J]. 石油商技，2015(1)：11-19.

[13] 吴曲波. 中国润滑油市场发展现状及未来趋势[J]. 石油商技，2017，6：4-7.

[14] R. T. Vanderbilt Company, Inc. Lubricant Additives[G]. 2008 年 4 月.

[15] 申宝武. 环烷基基础油浅谈[J]. 石油商技，2007，6：46-48.

[16] 安军信. 合成润滑油的市场地位及发展趋势[J]. 合成润滑材料，2016，2：14-17

[17] [美]鲁德尼克．合成润滑剂及其应用[M]．李普庆，关子杰，耿英杰，等译．2版．北京：中国石化出版社，2006：3-216.

[18] Joel F，Carpenter. Biodegradability of Polyalphaolefin（PAO）Basestocks[J]. Lubrication Engineering，1994（5）：359-362.

[19] Joel F，Carpenter. Biodegradability and Toxicity of Polyalphaolefin Base stocks[J]. Jour. Syn. Lubr.，1995，12(1)：13-20.

[20] Sandra Mazzo-Skalski. SpectraSyn EliteTM mPAO Extends Synthetic Basestock Performance Range[J]. Tribology & Lubrication Technology，November，2010：40-42.

[21] W. Page Greenwood. Advanced High Porformance Synthetic Basestocks[J]. Tribology & Lubrication Technology，November，2006：36-38.

[22] NA- LUBE KR Series of Alkylated Naphthalene Synthetic Base stocks[J]. Tribology & Lubrication Technology，November，2006：44-46.

[23] 李鹏，张东恒，熊晶，逄翠翠．烷基萘的合成及性能、应用概述[J]．润滑油，2015，4：5-8.

[24] Dr. Michel J. Hourani（STLE-member），Dr. Ed T. Hessell（STLE-member），Richard A. Abramshe and James Liang. Alkylated naphthalenes as High performance Synthetic Lubricating Fluids[J]. Tribology & Lubrication Technology，July 2008：42-47.

[25] 钱伯章．GTL润滑油市场与发展前景[J]．润滑油，2014，2：1-5.

[26] 吴长彧，王栋，胡静，高辉．天然气合成基础油发展现状及展望[J]．现代化工，2014，3：5-9.

[27] 黄小珠，王泽爱，宫卫国，邓诗铅．费托合成基础油加工技术研究进展[J]．化工进展，2016，35：135-139.

[28] 侯芙生．中国炼油技术[M]．3版．北京：中国石化出版社，2011：589-619.

[29] 谢凤，杨宏伟．合成油的种类、性能及应用[J]．油品资讯，2006，11：29-31.

[30] 朱廷彬．润滑脂技术大全[M]．北京：中国石化出版社，2005.

[31] 卢成锹．非烃润滑剂性能及应用(文献总结)[M]．卢成锹科技论文选集．北京：中国石化出版社，2000：3-26.

[32] [日]樱井 俊南．石油产品添加剂[M]．吴绍祖，刘志泉，周岳峰，译．北京：石油工业出版社，1980：406.

[33] EXXON Additives：Their Role in Industrial Lubrication[R]. Exxon Company，U. S. A.

[34] Leslie R. Rudnick. Lubricant additives chemistry and applications(Second edition.)[M]. New York：Taylor & Francis Group，2009：447-448.

第六章　润滑油复合添加剂

20 世纪 30 年代以前，国外润滑油中很少使用添加剂。随着发动机设计的进步和机械设备的发展，对润滑油的性能提出了越来越高的要求。为了满足这些润滑油的使用要求，润滑油添加剂技术在 20 世纪 50~60 年代得以迅速发展，因此这一时期是润滑油品种和数量发展最快的时期。内燃机油在润滑油中的比例超过一半，而内燃机油使用的三大功能添加剂是清净剂、分散剂和抗氧抗腐剂。清净剂类型主要是磺酸盐、烷基酚盐及硫化烷基酚盐、烷基水杨酸盐和硫代磷酸盐，抗氧抗腐剂是二烷基二硫代磷酸锌(ZDDP)。60 年代初，国外开发应用了丁二酰亚胺无灰分散剂，经过对丁二酰亚胺与金属清净剂复合效应的研究，发现二者复合使用后，明显地提高了油品性能并降低了添加剂总用量，是润滑油添加剂技术领域的一大突破。70 年代，润滑油添加剂的发展基本上处于平稳发展时期，添加剂的发展主要是改进各种类型的添加剂结构、品种系列化、提高单剂性能，同时进一步研究这些添加剂的复合效应。80 年代以后，国际市场上润滑油添加剂主要以复合剂的形式出售。本章主要叙述数量最多和最重要的内燃机油、齿轮油、液压油和自动传动液等的复合添加剂。

第 1 节　内燃机油复合添加剂

1.1　概况

内燃机油(Inernal Combustion Engine Oil)无论从数量上和质量上都占有特别重要的地位，它被认为是带动整个润滑油工艺技术进步的主要油品之一。在 1998 年美国消耗的 982kt 润滑剂添加剂中，汽车润滑剂用添加剂占 76%，金属加工液用添加剂占 13%，工业发动机润滑剂用添加剂占 7%，工业润滑剂用添加剂占 3%，润滑脂用添加剂占 1%，而内燃机油(汽车润滑剂和工业发动机润滑剂)用添加剂就占了整个添加剂的 83%[1]。内燃机油包括汽油机油(Gasoline Engine Oil)、柴油机油(Diesel Engine Oil)、通用车用发动机油(Multi-functional Crankcase Oil)、二冲程汽油机油(Two-stock Gasoline Engine Oil)、天然气发动机油(Natural Gas Engine Oil)、铁路机车用油(Rairoad Engine Oil)、拖拉机发动机油(Troctor Oil)和船舶柴油机润滑油(Marine Diesel Engine Oil)及陆地固定式发动机油(Stationary Engine Oil)。内燃机油所用的添加剂占整个添加剂种类的 20%，而数量约占整个添加剂总量的 80%[2]。它们所用添加剂的类型有清净剂、分散剂、抗氧抗腐剂、降凝剂、黏度指数改进剂(VII)、防锈剂、抗磨及摩擦改进剂(FM)和抗泡剂等。

1.2 内燃机油复合添加剂品种

1.2.1 汽油机油复合添加剂(Gasoline Engine Oil Additive Package)

20世纪40年代前，由于发动机功率小、车速慢，故采用不加添加剂的矿物油(相当于SA规格)，就能满足润滑的需要，在20世纪50年代前行车里程只有1600km或更少[3]。由于发动机向高速高功率发展，机油温度升高，机油的氧化和轴承腐蚀、部件磨损及高温沉积增多等问题严重，相应出现了加有二烷基二硫代磷酸锌和各种正盐或低碱值的清净剂的润滑油。20世纪40年代中期至60年代为解决汽车低温油泥问题，于50年代开发了聚合型分散剂，对解决低温油泥问题有一定改善，直到60年代开发了丁二酰亚胺型无灰分散剂与ZDDP和各种清净剂复合的配方(相当于API SD级油)才比较满意地解决了这类问题。

从20世纪50年代开始，美国汽油机油发展从API SA、SB、SC、SD、SE、SF、SG、SH、SJ、SL、SM、SN和SP级油13代，几乎每5年提高一个等级。SA级汽油机油是不加添加剂的矿物油；SB级油也只加抗氧剂和抗磨剂；自1962年建立了MS程序以来，于1964年发展了SC级油。

国外汽油机油质量变化的原因主要有三点：一是环保的严格要求，二是汽车节能法的限制；三是汽车行驶条件的改进对润滑油发展的影响。

1968年美国公布了排气法，对小汽车和轻型卡车的排气提出了严格的要求，为满足排气法的要求，首先在汽车上安装了PCV(Positive Crankcase Ventlation)阀，把发动机串气漏入曲轴箱的尾气引出返回到汽缸进行二次燃烧。这样虽改善了汽车的排放，但恶化了曲轴箱内润滑油的环境，容易生成油泥，从而于1968年发展了SD级油，提高了油品的低温分散性能。

20世纪70年代，美国的高速公路发展很快，车速提高，同时汽车开空调，使润滑油的油温升高，除了使润滑油的高温氧化、高低温沉积和锈蚀问题更加严重外，还加剧了润滑油高温变稠，这就要求其润滑油具有很好的低温分散、高温抗氧和清净性能，要求改善油品的耐高温性能，从而在1972年发展了SE级油，解决了油品高温变稠的问题。

70年代后期，美国汽车开始小型化，油箱变小，于1975年在汽车上安装了催化转化器，1977年开始使用三元催化剂(把烃转化为CO_2和水，把CO转化为CO_2，把NO_x转化为N_2)，为了适应催化转化器的需要，保护贵金属催化剂不致中毒，于1980年开始使用无铅汽油，同时要求润滑油中的磷含量小于0.14%和灰分小于1.0%，进一步要求提高润滑油的高温性能，从而在1980年发展了SF级油。

80年代中期，欧洲首先发现汽车反复在高温高速和低温低速交叉行驶情况下，容易产生“黑油泥(Black sludge)”，美国也发现类似情况。但美国高速公路上允许的车速(100km/h)没有欧洲高(德国不限速)，因而在美国生成的“黑油泥”没有欧洲那么硬脆。为了解决“黑油泥”的问题，于1988年发展了SG级油，进一步提高了润滑油的热稳定性和分散性能。

SG级油的出现，大大改善了“黑油泥”的问题，但市场上销售的SG级油的质量很不稳定，差别很大，汽车制造商很不满意。为此，美日共同组织了国际润滑油标准和批准委员会(International Lubricant Standardization and Approval Committee，简称 ILSAC)，并提出新的配方审批办法(MVMA)，提出了与 SG 级汽油机油规格相当的 GF-1，增加了要求的节能指标。ILSAC 规格的油品基本相当于对应 API 规格汽油机油的要求，同时加上节能的指标要求，在理化指标上 ILSAC 增加了部分要求。随后又发展了对应 SJ 的 GF-2、对应 SL 的 GF-3、对应 SM 的 GF-4、对应 SN 的 GF-5 级别油品规格。

SH 级油添加剂的量将比 SG 级油多加 20%左右，油品的质量也提高了约 20%，从而确保了油品的质量。随后又相继于 1996 年、2000 年、2004 年、2009 年先后发展了 API SJ、SL、SM 和 SN 级润滑油，每隔大约 5 年升级一次。SH/GF-1 级油确保了油品的质量稳定，使油品的质量得到进一步提高。

SH 级油确保了油品的质量稳定，使油品的质量得到进一步提高。

SJ 级油的质量与 SH 级油相当，但油中的磷含量比 SH 油低，从小于 0.12%降到小于 0.1%，改善了催化转化器的兼容性，延长了催化剂的使用寿命，改善了挥发性、高温沉积和低温泵送等性能。

SL 级油的质量与 SJ 级油比较，抗氧化和低温分散性能都提高了。

SM 级油的质量与 SL 级油比较，其尾气污染物排放减少，还提高了高温抗磨性、沉积物控制能力、氧化稳定性、低温防锈/防腐性和用后泵送性。油中的磷含量比 SL 油低，从 0.1%降到 0.08%(与催化剂兼容，而磨损要求的磷含量最小 0.06%)。

SN/GF-5 级油的性能与 GF-4 级油比较看出，GF-5 级油实现了开发时的三大目标：改善燃料经济性、排气系统的兼容性和发动机油及发动机部件的耐久性。开发出的 GF-5 级油在排气系统的耐久性、改善燃料经济性和发动机油的耐久性(包括较好的油泥防护、活塞的清净性、涡轮增压器防护、改善密封兼容性，以及使用乙醇燃料高达 E-85 时对锈蚀的防护和对润滑油乳化防护的改善)都得到改善[4]，API SN 的性能指标与 GF-5 比较，除磷保持性、沉积物、乳化保持性不要求外，其他完全相同。

最新一代的 SP 规格汽油机油在 2019 年获得通过，从 2020 年 5 月 1 日开始应用。与 SP 规格相对应的 GF-6 规格也在相同的时间开始应用。GF-6 比 GF-5 显著提高了综合性能，详见图 6-1[5]。

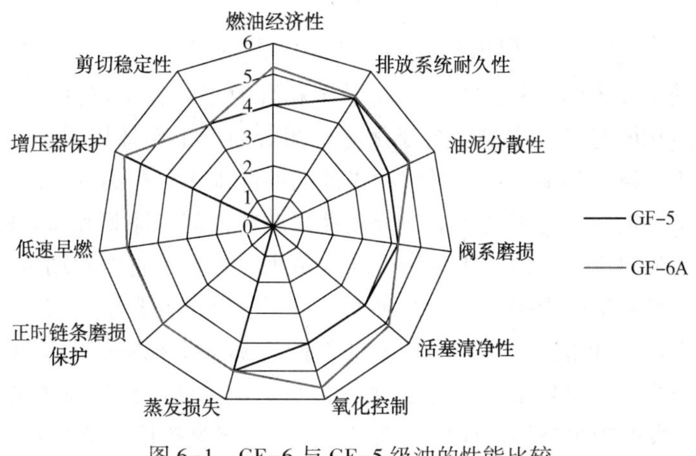

图 6-1 GF-6 与 GF-5 级油的性能比较

经过8年的努力，API润滑油标准小组于2019年4月4日批准了GF-6规格标准，首个GF-6规格认证于2020年5月开始实施。GF-6规格的磷含量与GF-5完全一样(排气系统的兼容性要求≤0.08%，磨损要求≥0.06%)，但是GF-6规格提高了控制磷的挥发性指标要求(用程序ⅢHB来评定其磷保持量≥81%)，所以相应改变了加入ZDDP的类型，用更加低挥发性的ZDDP代替以前挥发性较大的ZDDP来减小磷挥发到排气中，满足了GF-6对催化剂兼容性的需要，从而改善了排气系统的耐久性。燃料经济性则采用低黏度油，选择适当的黏度指数改进剂与摩擦改进剂相复合。在燃料经济性方面，GF-6比GF-5改善了0.5%，而若以GF-1的燃料消耗为基础线，GF-5的燃料经济性的改善超过了2%(见图6-2)[4]。

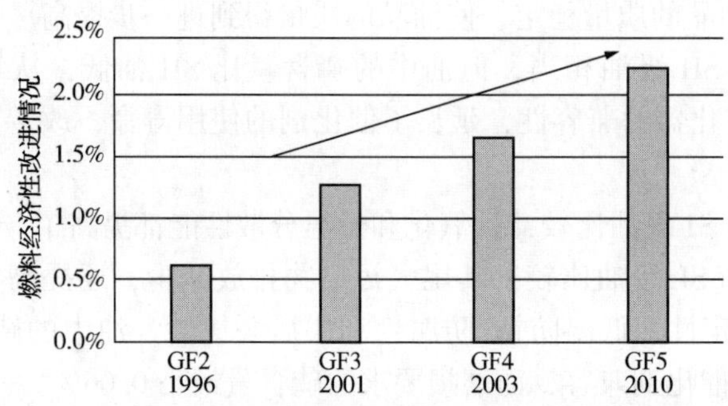

图6-2　以GF-1为基础线的燃料经济性的改进情况

由Chevron Oronite解释的API汽油机油分类的相关性能比较见图6-3。

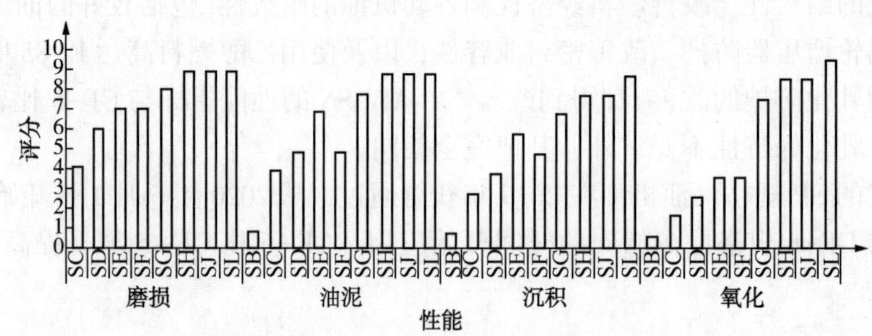

图6-3　汽油机油分类的相关性能

随着汽油发动机技术的不断发展，涡轮增压和缸内直喷技术得到广泛应用。随着发动机性能提升和小型化的趋势，这些新的变化使得润滑油的工作环境更加苛刻，引发低速早燃、积炭加剧和正时链条的新问题，对汽油机油的性能提出了更高的要求，主要包括：

(1) 提升润滑油的抗氧化能力和清净分散性来改善油泥、漆膜和积炭的形成；

(2) 配方优化通过降低润滑油中的金属盐含量来改善增压直喷发动机的低速早燃问题；

(3) 提升润滑油的磨损保护功能，改善发动机正时链条的磨损。

同时，现有发动机润滑油的基础油、添加剂配方和黏度级别已无法满足日益严苛的排放法规和燃油经济性以及更好的节油性能保持力和更低的润滑油挥发度要求。基于以上背景，ILSAC决定开发性能更高的汽油机油规格GF-6来解决新技术带来的新问题以及满足日益严格的排放和燃油经济性法规。GF-6规格是ILSAC即将发布和执行的最新汽油机油标准，该标准在 GF-5 的基础上对润滑油的性能提出了更高的要求。最新一代的汽油机油 SP/GF-6 规格于 2020 年开始进行认证和应用。分为 GF-6A 和 GF-6B 两个规格，其中：GF-6A 包含目前 ILSAC 中的所有黏度级别并与以往的黏度级别完全相同；GF-6B 将包括在 SAE J300 中新定义的黏度级别 0W-16，只涉及 SE J300 中 150℃高温高剪切黏度小于2.6mPa·s 的新的黏度级别，不与其他黏度级别兼容。

GF-6 相比 GF-5 将在清净分散性、降低油泥、漆膜和积炭的形成，抗氧化性和燃油经济性等方面提高，并且在润滑油的基础油和添加剂方面有所优化来改善目前面临的低速早燃和磨损等问题并提升润滑油的燃油经济性。SP/GF-6 规格测试升级了 4 个发动机台架试验，采用程序ⅢH、ⅢHA 和ⅢHB 代替了程序ⅢG、ⅢGA 和ⅢGB，程序ⅣB 代替了程序ⅣA，程序ⅤH 代替了程序ⅤG，程序ⅥE 代替了程序ⅥD，另外增加了两个全新开发的发动机台架试验，分别是测试增压直喷发动机的低速早燃发生次数的台架试验，和评价润滑油保护发动机正时链条的磨损的台架试验。GF-6A 和 GF-6B 的规格指标除了节能台架测试要求外完全相同，GF-6A 规格采用了程序ⅥE 进行燃油经济性测试，GF-6B 规格采用了程序ⅥF 进行燃油经济性测试。Sequence ⅣB 抗磨测试被设计用于评估机油保护组件的能力。其方法为通过丰田 2NRFE 1.5L 燃油喷射发动机 200h 的连续工作检测进气阀的磨损程度。

欧洲内燃机油规格比美国内燃机油规格更加复杂，发表规格的单位更多。美国主要规格由 API 发表，而在欧洲则是由欧洲汽车制造商协会（European Automobile Constructors Association，简称 ACEA）再加上单独的 OEM（设备生产原厂商）规格。主要的 OEM，如奔驰、大众及沃尔沃都积极地推进它们的内部规格，但一般它们均要求以满足 ACEA 为先决条件。欧洲的轿车制造商要求在更高功率发动机上延长换油期及提高燃料经济性。

欧洲发动机油实行统一规格的时间比美国晚，欧洲共同市场汽车制造商协会（CCMC）是欧洲汽车制造商协会（ACEA）的前身。CCMC 于 1983 年开始陆续发布汽油机油规格 G1、G2、G3、G4 和 G5（分别相当于 API 的 SE、SF，低黏度的 SF、SG 和低黏度的 SG）和柴油机油规格 D1、D2、D3、D4 和 D5（分别相当于 API 的 CC/SE、CD/SE、CE、CD 和 CE）。1992 年，CCMC 解体，由 ACEA 取代。ACEA 从 1996 年开始发布其系列发动机油规格，且基本上每两年更新一次。

早期的 ACEA 发动机油规格分为 3 类，用英文字母加以区别：

（1）A 类：汽油机油。

（2）B 类：轻负荷柴油机油。

（3）E 类：重负荷柴油机油。

从 2004 年开始，ACEA 规格进行了如下修订：

（1）A 类和 B 类规格合并为 A/B 程序，规定了轿车汽油机和轻负荷柴油机装填及服务用发动机油的要求。

（2）增加了 C 程序，规定了带后处理系统的轿车汽油机和轻负荷柴油机装填及服务用且与催化剂兼容发动机油的要求。

（3）保留了 E 程序，规定了重负荷柴油机装填及服务用发动机油的要求。

ACEA 规格的每一程序都有几个级别，以反映不同的性能要求。其中，各级别名称以两个数字来反映执行的年份，且更新后的级别必须与原规格相容。

欧洲汽车工业协会 ACEA 于 2004 年 10 月底发布了发动机油 ACEA 2004 规格。为了满足 2005 年欧Ⅳ汽车排放法规，欧洲的 OEM 在汽车及发动机上进行了许多改进。汽油机方面使用更高效的三元催化剂，稀薄燃烧及增压等；柴油机方面使用废气循环加微粒过滤器或选择性催化等措施。为了满足这些要求，轿车机油方面将原来的汽油机油 A 类及轿车柴油机油 B 类合并为 A1/B1-04、A3/B3-04、A3/B4-04 及 A5/B5-04，它们的运转性能与 2002 版相同，并另加一类要求更好保护催化剂的油品 C-04 类，其性能水平为 A5/B5-04，但附加硫、磷及灰分限制。为什么不取消 A/B 类只用 C 类呢？这是因为相当一批 OEM 认为，A/B 类可以在它们的轿车中满足欧Ⅳ的要求，而且运转性能有不同层次。取消 A2/B2 的原因是，它与 A1/B1 相同且无节能要求。取消 A4 是因为 A4 是留给直喷汽油机油的，但直喷汽油机由于种种原因一直未能出台，故予以取消。设立 A3/B4 是用于直喷柴油机轿车，由于 B4 比 B3 苛刻，所以也满足 A3/B3。

ACEA 于 2012 年 12 月 14 日正式发布了 ACEA 2012 规格，于 2012 年 12 月 14 日起生效。ACEA 2010 在之后一年内仍可注册，1 年后即 2013 年 12 月 14 日后停止注册，并于 2014 年 12 月 14 日被废除。与 ACEA 2010 相比，ACEA 2012 的改动主要如下。

ACEA 2012 首先重点考虑的是生物柴油的影响。适用于轿车机油的 A5/B5 和所有 C 系列规范要加一项 GFC-Lu-43A-11 试验方法，用 B10 柴油进行 144 h、170℃的催化老化试验，要求在 144 h 后运动黏度增长不可大于 200%，且机油不能凝固。对低温泵送试验 CEC L-105 LTPT，边界泵送黏度和屈服应力的数值参考 SAE J300 对新油的规定，除 A3/B3 不要求此试验，其余规格均有要求。考察的发动机试验为 CEC-L-104 OM646LA Bio，该规格发布时此方法在制定完善中，但注明一旦完成就需进行试验，指标要求为活塞清净性及油泥等的评分报告。

对于黑油泥试验，使用 M271 EVO 或是以前的 M271 试验，取消了可以使用 M111 数据的规定，规格发布时 M271 EVO 试验正在完善中。中温分散试验将 DV6 列为 DV4 发动机试验的替代试验，对活塞评分限值做了更改。对于 OM646LA 磨损试验，将 A1/B1、A3/B3 区分开来，并对限值做了相应的更改，A3/B4、A5/B5、C3、C4 增加了活塞清净性评分和发动机平均油泥评分两项指标，分别为不小于 12 和不小于 8.8。直喷柴油机清净性试验 VW TDI 需要试验后油品的总碱值和总酸值。橡胶相容性试验对乙烯丙烯酸酯橡胶（AEM）提出了明确的要求，使用 CEC L-039-96 方法，即硬度变化限值为-5%~15%，拉伸强度的变化率不大于-35%，断裂伸长率的变化不大于-50%，体积变化率为-5%~15%。A1/B1 的诺瓦克蒸发损失由之前的不大于 15%变为更严格的不大于 13%。

ACEA 2012 中 E 系列与 ACEA 2010 相比变化不大，只在 E6 和 E9 规格中增加了发动机油可适用于欧Ⅵ排放阶段发动机的说明。

自 2016 年 12 月 1 日起，ACEA 开始核发满足新规格 ACEA 2016 的油品注册，在 2017 年 12 月 1 日前，ACEA 仍可注册 ACEA 2012 新配方。ACEA 2016 包括轻型发动机油 A/B 系列、带尾气后处理装置轻型发动机油 C 系列和重负荷柴油发动机油 E 系列。A/B 系列废除了 A1/B1，分为 A3/B3-16、A3/B4-16、A5/B5-16 三类，C 系列在原有基础上增加 C5 规格要求，即为 C1-16、C2-16、C3-16、C4-16、C5-16 五类，C5 规格主要是为改善燃油经济性、适应尾气后处理装置的使用。与 ACEA 2012 相比，ACEA 2016 的主要变动如下：

(1) 理化性能方面。增加 100℃高温高剪切黏度试验，主要对 A5/B5 和所有 C 系列有报告要求；生物柴油的氧化安定性试验调整为 CEC L-109-16，对 A/B 系列和 C 系列均有此项要求；橡胶相容性试验引入新的 CEC L-112 试验，采用 OEM 使用的新弹性体密封材料。

(2) 发动机试验方面。由于 TU3M 发动机备件不足，引入程序ⅥB 作为阀系磨损的替代试验，删除 TU3M 试验；删除高温沉积物、活塞黏环评定试验 CEC L-088-02(TU5JP-L4)，由汽油直喷发动机清净性试验 CEC L-111-16(EP6CDT)代替 TU5 氧化试验；DV4 已被淘汰，由满足欧Ⅴ排放标准的 DV6 发动机试验替代，用于测试烟炱含量 5.5%时引起的黏度增长；生物柴油对活塞清净性、活塞环黏结、油泥性能影响的评定试验采用 CEC L-104-16(OM646LA Bio)。

(3) ACEA 2016 的 E 系列仍为 E4、E6、E7、E9 四个性能级别，增加了 100℃的高温高剪切黏度试验，橡胶相容性试验由 CEC L-112-16 取代 CEC L-039-96；增加生物柴油的氧化安定性试验 CEC L-109-16，取消了发动机油中烟炱含量试验 Mack T-11；增加了生物柴油对活塞清净性及油泥性能影响的评定试验 CEC L-104-16(OM646LA Bio)。

ACEA2012、ACEA2016 的详细规格指标见第九章(见表 9-13~表 9-16)，ACEA 计划于 2021 年推出 ACEA—2020。

欧洲轿车的特点是所用柴油发动机油密度较大，且由于其燃油价格高于美国，故十分注意节能；其次是动力性和排放，因而采用了节能的小型化和高压缩比设计。由于车小，排量小而功率大，耗油少，其功率比美国车要高出 30%，加上车速快，换油期长，所以活塞环的温度高，产生高温沉积倾向也大，使欧洲对发动机油的要求无论在抗氧化、抗磨损、油泥分散性还是挥发性等方面都比美国苛刻，剪切安定性比美国苛刻很多。此外，欧洲除要求做 VH 低温油泥试验外，还要求通过 M271 黑色油泥试验。

欧洲 ACEA 规格标准的特点是：(1)既有欧洲自己规定的评定项目，也采用一些美国 API 评定项目(如 VH)，形成了欧洲统一的汽油机油规格；(2)欧洲与美国 API 汽油机油规格相比，欧洲汽油机油规格在美国 API 标准的基础上又增加了黑色油泥(专门建立 MB M271 台架)、节能(用 MB Mlll 台架)试验；(3)由于近几年欧洲燃油中生物柴油的使用，规格中增加了生物柴油对油品抗氧化安定性影响的发动机试验(OM646 Bio)和模拟试验；(4)ACEA标准十分重视模拟性能试验，在标准中列入了许多模拟试验项目，如高温高剪切黏度(HTHS)、总碱值、硫酸盐灰分、低温泵送黏度等。

ACEA 规格演变过程和结果见表 6-1 和表 6-2。

表 6-1　1996 年引入的润滑油程序定期提升情况

公布日期	首次启用日期	新要求日期	停用日期
ACEA 1996	1996 年 1 月 1 日	1997 年 3 月 1 日	2000 年 3 月 1 日
ACEA 1998	1998 年 3 月 1 日	1999 年 3 月 1 日	2002 年 3 月 1 日
ACEA 1999	1999 年 9 月 1 日	2000 年 9 月 1 日	2004 年 2 月 1 日
ACEA 2002	2002 年 2 月 1 日	2003 年 2 月 1 日	2006 年 11 月 1 日
ACEA 2004	2004 年 11 月 1 日	2005 年 11 月 1 日	2009 年 12 月 31 日

续表

公布日期	首次启用日期	新要求日期	停用日期
ACEA 2007	2007 年 2 月 1 日	2008 年 2 月 1 日	2010 年 12 月 22 日
ACEA 2008	2008 年 12 月 22 日	2009 年 12 月 22 日	2012 年 12 月 22 日
ACEA 2010	2010 年 12 月 22 日	2011 年 12 月 22 日	2014 年 12 月 14 日
ACEA 2012	2012 年 12 月 14 日	2013 年 12 月 14 日	2018 年 12 月 1 日
ACEA 2016	2016 年 12 月 1 日	2017 年 12 月 1 日	

表 6-2　每个润滑油程序改变情况

	ACEA 1996	ACEA 1998	ACEA 1999	ACEA 2002	ACEA 2004	ACEA 2007	ACEA 2008	ACEA 2010	ACEA 2012	ACEA 2016
A	A1-96	A1-98	A1-98	A1-02	—	—	—	—		
	A2-96	A2-96 #2	A2-96 #2	A2-96 #3	—	—	—	—		
	A3-96	A3-98	A3-98	A3-02	A1/B1-04	A1/B1-04	A1/B1-08	A1/B1-10	A1/B1-12	A1/B1-16
	—	—	—	A5-02	A3/B3-04	A3/B3-04	A3/B3-08	A3/B3-10	A3/B3-12	A3/B3-16
B	B1-96	B1-98	B1-98	B1-02	A3/B4-04	A3/B4-04	A3/B4-08	A3/B4-10	A3/B4-12	A3/B4-16
	B2-96	B2-98	B2-98	B2-98 #2	A5/B5-04	A5/B5-04	A5/B5-08	A5/B5-10	A5/B5-12	A5/B5-16
	B3-96	B3-98	B3-98	B3-98 #2	—	—	—	—		
	—	B4-98	B4-98	B4-02	—	—	—	—		
	—	—	—	B5-02	—	—	—	—		
C	—	—	—	—	C1-04	C1-04	C1-08	C1-10	C1-12	C1-16
	—	—	—	—	C2-04	C2-04	C2-08	C2-10	C2-12	C2-16
	—	—	—	—	C3-04	C3-07	C3-08	C3-10	C3-12	C3-16
	—	—	—	—	—	C4-07	C4-08	C4-10	C4-12	C4-16
E	E1-96	E1-96#2	—	—	—	—	—	—		C5-16
	E2-96	E2-96#2	E2-96#3	E2-96#3	E2-96#5	E2-96#5	—	—		
	E3-96	E3-96#2	E3-96#3	E3-96#3	—	—	—	—		
	—	E4-98	E4-99	E4-99	E4-99#3	E4-07	E4-08	E4-08#2		
	—	—	E5-99	E5-99	—	—	—	—	E4-12	E4-16
	—	—	—	—	E6-04	E6-04#2	E6-08	E6-08#2	—	—
	—	—	—	—	E7-04	E7-04#2	E7-08	E7-08#2	E6-12	E6-16
	—	—	—	—	—	—	E9-08	E9-08#2	E7-12	E7-16

中国汽油机油规格标准基本上仿照美国 API 的规格标准。

润滑油中从加入单剂(抗氧剂)，逐步发展到加入多种添加剂的比较完整的复合配方，即复合添加剂，可以说现在任何一类内燃机油中都加有四种以上的添加剂。而汽油机油加入的功能添加剂有清净剂、分散剂、抗氧抗腐剂，特别要求低温分散及抗磨性能好，解决低温油泥和凸轮挺杆的磨损问题。一般清净剂用磺酸钙、磺酸镁和硫化烷基酚钙；分散剂用单丁二酰亚胺(氮含量2%左右)、高分子量丁二酰亚胺；抗氧抗腐剂用仲醇或伯仲醇二烷基二硫代磷酸锌、二烷基氨基甲酸锌以及二烷基二苯胺、烷基酚等辅助抗氧剂，为了节能还要加酯类、硫磷酸钼和二烷基氨基甲酸钼等摩擦改进剂。不管美国还是欧洲的汽油机油，质量等级每升级一次，相应的复合剂都在原有的基础上得到改进，或是调整了配方，或是用了新的添加剂来适应评定要求，例如：SJ 级汽油机油的高温氧化和低温油泥用程序ⅢE 和ⅤE，而 SL 级汽油机油则要用程序ⅢF 和程序ⅤG 来评定，后者的条件更苛刻，在复合剂中就需要更好(或更多)的抗氧剂和分散剂来满足。复合添加剂往往是几种不同类型或同一类型的几个不同品种的添加剂的复合使用，两个或两个以上添加剂复合时，可能产生增效(协合)或对抗作用。为了取得最佳而又最经济的效果，在添加剂复合时，一般应遵循以下原则：

(1) 添加剂复合时，优先考虑协合效应。两种或两种以上添加剂复合使用时，所带来的功效大于各添加剂单独使用的功效之和，这就是添加剂的协合效应，协合效应也叫超加合效应。一般清净剂与分散剂或抗氧剂与金属减活剂复合得好，都有增效作用。其实任何添加剂之间都有协合效应的可能，人们期待的是协合效应，即 1+1>2。

(2) 添加剂复合时，应避免对抗作用。极压剂和摩擦改进剂都是在接触表面起作用的添加剂，发挥功效的第一步是在表面吸附，摩擦改进剂的极性通常比极压剂强，由于竞争吸附作用，摩擦改进剂的分子优先吸附，极压剂的作用不易发挥，因此在车辆齿轮油中使用摩擦改进剂必须十分小心。防锈剂会降低极压剂的效果，在确定车辆齿轮油添加剂配方时，必须仔细平衡极压性和防锈性之间的关系。润滑油添加剂配方技术的本质就是寻求添加剂的协合效应，避免对抗效应，即避免 1+1<2。

(3) 不搞单项冠军，配方中某一项指标特别好，可能会牺牲其他性能，甚至影响配方的全面性能。

(4) 全面平衡复合添加剂之间性能，达到规格要求。

以上原则就是为了在试验中达到最大效果，因为要开发一个配方的费用也是相当高的。

美国汽油机油发展概况及评定设备和美、日、欧规格评定对比见表 6-3 和表 6-4。

表 6-3　美国汽油机油发展概况及评定设备

公布年份	API 等级	API 旧分类	轴瓦腐蚀(L-38)	锈蚀(程序Ⅱ)	高温氧化(程序Ⅲ)	磨损(程序Ⅳ)	低温油泥(程序Ⅴ)	节能(程序Ⅵ)	低速早燃	链条磨损	备注
—	SA	ML	—	—	—	—	—	—	—	—	无添加剂
—	SB	MM	L-38	—	—	Ⅳ	—	—	—	—	抗磨，抗氧剂
1964	SC	MS	L-38	ⅡA	ⅢA	Ⅳ	ⅤA	—	—	—	—
1968	SD	MS	L-38	ⅡB	ⅢB	Ⅳ	ⅤB	—	—	—	—
1972	SE	—	L-38	ⅡC	ⅢC	—	ⅤC	—	—	—	—
1980	SF	—	L-38	ⅡD	ⅢD	—	ⅤD	—	—	—	—
1989	SG	—	L-38	ⅡD	ⅢE	—	ⅤE	—	—	—	1H2
1992	SH/GF-1	—	L-38	ⅡD	ⅢE	—	ⅤE	Ⅵ	—	—	—

续表

公布年份	API等级	API旧分类	轴瓦腐蚀（L-38）	锈蚀（程序Ⅱ）	高温氧化（程序Ⅲ）	磨损（程序Ⅳ）	低温油泥（程序Ⅴ）	节能（程序Ⅵ）	低速早燃	链条磨损	备注
1996	SJ/GF-2	—	L-38	ⅡD	ⅢE	—	ⅤE	ⅥA	—	—	—
2000	SL/GF-3	—	Ⅷ	BRT	ⅢF	ⅣA	ⅤG	ⅥB	—	—	—
2004	SM/GF-4	—	Ⅷ	BRT	ⅢG	ⅣA	ⅤG	ⅥB	—	—	ⅢGA 评价旧油低温黏度
2010	SN/GF-5	—	Ⅷ	BRT	ⅢG	ⅣA	ⅤG	ⅥD	—	—	ⅢGB 评定磷挥发性
2020	SP/GF-6	—	Ⅷ	BRT	ⅢH	ⅣB	ⅤH	ⅥE ⅥF	Ⅸ	Ⅹ	ⅢHA 评价旧油低温黏度；ⅢHB 评定磷挥发性

表 6-4　美、日、西欧汽油机油规格评定对比

项目	美、日					西欧		
	GF-2	GF-3	GF-4	GF-5	GF-6	CCMC（G4/G5）	ACEA A-98	ACEA A1/B1-08
1. 轴瓦腐蚀	L-38	L-38	Ⅷ	Ⅷ	Ⅷ	L-38/W-1	—	—
2. 锈蚀	Ⅱ D	RBT	RBT	RBT	RBT	Ⅱ D	—	—
3. 高温氧化	ⅢE	ⅢF	ⅢG	ⅢG	ⅢH	Ⅲ E	Ⅲ E	—
4. 高温清净	—	TOEST 33C	TEOST MHT	TEOST 33C MHT	TEOST 33C	Ford Cortina	TU 3M	TU5JP-L4
5. 低温油泥	ⅤE	ⅤG	ⅤG	ⅤG	ⅤH	ⅤE	ⅤE	ⅤG
6. 黑色油泥	—	—	—	—	—	M102E	M111	M111
7. 节能	Ⅵ A	Ⅵ B	ⅥB	ⅥB	ⅥE	—	M111	M111
8. 早燃	—	—			Ⅸ	Fiat 132	—	—
9. 磨损	—	ⅣA	ⅣA	ⅣA	ⅣB Ⅹ	TU 3	TU 3M	TU 3M OM646LA

1.2.2　柴油机油复合添加剂（Diesel Engine Oil Additive Package）

1. 美国 API 规格

1969~1970 年，API、ASTM、SAE 3 家共同发布了商业用途柴油发动机的以 C 开头的分类规格，最初仅代表 CA、CB、CC 和 CD 四级。而美国 1955 年就公布了相当于 CD 级的系列 3 柴油机油，于 1970 年才正式命名。于 1987 年才公布了 CE 级柴油机油，1988 年公布了 CD-Ⅱ，1990 年公布了 CF-4，1993 年公布了 CF 和 CF-Ⅱ规格，1994 年公布了 CG-4，1998 年公布了 CH-4。从 20 世纪 80 年代开始，柴油机油系列从单一体系变为三个系列体系。随发动机设计和操作工况的改变，导致新的规格加入该分类体系。美国柴油机油发展不像汽油机油那样快，美国汽油机油几乎每 5 年提高一个等级。

美国柴油机油从1955年到1990年的30多年时间里，经历了CD、CE、CF三个规格变化。CD级油品评定试验台架使用Caterpillar lG2方法，CC级油品使用Caterpillar · 1H2方法，1G2条件要比1H2苛刻。CD级油主要是为了适应增压的高功率柴油机的油温提高(活塞头部温度达250℃以上)、高温氧化生成物增多、易导致活塞黏环和磨损而提出来的，这一级别油品维持了30多年之久，是寿命最长的规格。20世纪80年代后，美国及欧洲涡轮增压高功率重负荷柴油发动机在持续高速的苛刻工况条件下，出现了高温氧化等问题。1987年美国Cummins(康明斯)公司和Mack(马克)公司在研制出评定台架基础上正式颁布了CE级油规格，并于1988年生效。该规格在CD规格要求基础上，增加了Cummins NTC-400(六缸增压、直喷四冲程发动机，评定油耗、缸套抛光、高温清净性等)、Mack T-6(评定清净性、环磨损、油黏度升高、油耗)和MackT-7(评定油的分散性和黏度升高等)三个发动机台架试验，这样对油品质量要求较CD高了许多。1988年汽车排放法生效后，由于排放要求更加严格，同时发现CE级油不适用于直喷式柴油机，经常出现弹簧损坏、油环黏结等现象，因此，发展了CF-4油规格标准，可用于含硫柴油，并于1990年生效。1994年美国环保局(EPA)规定了柴油机排放标准，要求必须使用低硫(<0.05%)低芳烃柴油，同时也由于柴油发动机设计上的一些调整，制定了CG-4规格。1998年后，柴油机排放标准将更加严格，出现了CH-4油品规格。同时，美国、欧洲共同提出了柴油机油PC-7(CH-4)规格，已于1998年11月制定实施。另外，美国、欧洲共同又提出柴油机油PC-9规格。

美国柴油机油的发展源于日益严格的排放要求，柴油机的设计制造技术不断创新，促使采用更高功率的发动机，并延长换油期。柴油机排放控制始于20世纪80年代中期的美国和欧洲。在这些地区，人们普遍认为柴油机PM和NO_x的排放是首要的空气污染源。美国颁布空气清洁法(Clean Act)的结果是于1991年产生了第一个排放法规US 1991，规定了NO_x排放不大于8.16g/kW · h。随后美国的排放法规越来越严格，US 1994规定PM含量降低到0.136g/kW · h，US 1998规定NO_x排放标准为5.44g/kW · h。到2002年底，与未进行排放控制时相比，PM和NO_x的排放量将减少90%。根据目前美国环保局建议的2007年排放控制标准，NO_x的排放将再减少90%，达到0.12g/kW · h，PM为0.01g/kW · h。单靠柴油机汽缸增压的方式，不能达到2002年美国的排放控制水平，必须使用后处理装置，如废气再循环系统(EGR，即Exhaust Gas Recirculation)。

关于油品性能的评定，CF-4油的Cummins NTC-400台架试验因缺少标准试件已改为进行第二次1K和腐蚀试验(BCT)，Mack T-6、Mack T-7试验也分别由Mack T-9和Mack T-8A代替。

一是用于越野卡车和非车用柴油机系列，即CD和CF(CG)系列，这类系列柴油机对排放要求不严格，一般使用单级油。

二是使用于二冲程大功率柴油机油系列，即CD-Ⅱ和CF-Ⅱ(CG-Ⅱ)系列，这类柴油机主要使用在城市的公共汽车、学校校车、矿山运输车和坦克上(目前国内没有生产和使用这类二冲程柴油机)。

三是使用在高速公路上行驶的大功率重负荷柴油车的柴油机油系列，即CE及CF-4系列。这类柴油机运转条件比较苛刻，排放要求比较严格，还要控制油耗，例如牵引集装箱远距离运输的系列8柴油车，载重大于25t。

由此可见，从 CE 发展到 CK-4 及 FA-4 级油的性能如下：

CE：20 世纪 80 年代，美国柴油机不断向着大功率、重负荷增压柴油机发展，行驶条件更为苛刻；1988 年，美国开始对颗粒物进行限制，因此要求所有柴油机油具有比 CD 级油更好的活塞清净性、氧化稳定性以及更小的磨损，从而发展了 CE 级油。CE 级油用于 1983 年以后生产的柴油机，既可在低速、高负荷，又可以在高速、高负荷下使用。CE 级油相对于 CD 级油增加了机油耗以及对活塞沉积物评价，增加了 Cummins NTC-400、Mark T-6 和 Mark T-8 三个台架试验，都是直喷柴油机。

CF-4：20 世纪 90 年代，NO_x 和颗粒物进一步降低，柴油喷入形式由进入预燃室改为直喷，喷嘴压力加大，发现 CE 级油不适用于直喷式柴油机，经常出现弹簧损坏、油环黏结等现象，因此，1991 年发展了 CF-4 油。

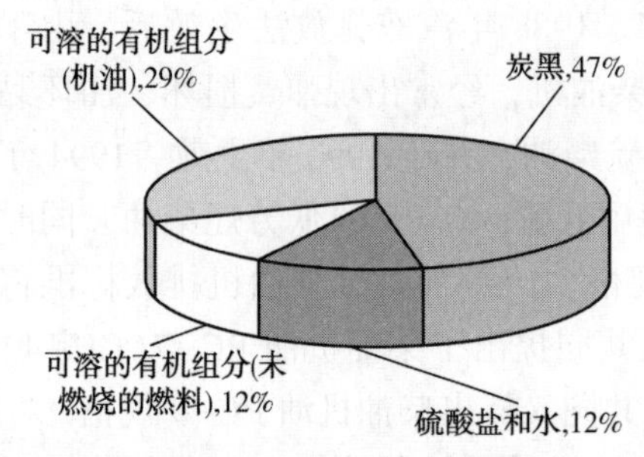

图 6-4　柴油机排放的颗粒物组成

CG-4：到 1994 年，颗粒物在 1988 年的基础上降低了 83%，颗粒物是由炭黑、硫酸盐、水以及可溶的有机组分(润滑油和未燃的燃料)四部分组成(见图 6-4)[6]。而柴油中的硫含量被认为是柴油性质中影响颗粒物排放的主要因素之一，降低柴油中硫含量可以直接降低颗粒物中硫酸盐含量。所以，当时柴油硫含量的水平从 5000μg/g 降到了 500μg/g，于是 1995 年发展了 CG-4 级油。在 CG-4 级油的规格中，所有的台架试验都用的是硫含量为 500μg/g 的燃料。CG-4 级油主要用于低硫燃料的重负荷柴油机。

CH-4：自 1991 年以来，环保方面已经两次降低 NO_x 和颗粒物的排放标准，到 1998 年美国 NO_x 在 1994 年的基础上又降低了 20%，比 1988 年降低了近 90%。汽车生产厂商采用延迟点火来达到目标。缸内的燃烧峰温越高，NO_x 排放值就越大，因此，与以前的发动机的喷油定时提前角都比较小，增大了燃烧气体与汽缸壁间的接触面积，低温燃烧区增加，也就降低了 NO_x，这样做的同时带来机油中烟炱量增加的问题。在做功和排气冲程中，烟炱会被汽缸衬套上的润滑液膜吸附下来。这些吸附在润滑液膜中的炭黑在吸气冲程中由活塞环(刮油环)随润滑油一同被刮入曲轴箱，引起了严重的实际行车问题，包括机油黏度升高和过滤器堵塞等。为均衡解决上述问题，柴油机油规格从 CG-4 升级到 CH-4。CG-4 级油只适用低硫燃料，使之受到限制，而 CH-4 级油既可用低硫燃料，又可用高硫燃料。

CI-4：为了进一步降低 NO_x 排放，2002 年，除了 Caterpillar 生产厂商外，大多数重质发动机都安装了低水平(10%~15%)的废气再循环后处理系统，对带 EGR 系统的柴油发动机润滑油提出了更加严格的要求。采用废气再循环后处理系统后果是：(1)尾气中的一部分硫酸及硫酸盐进入缸内，增加了缸内酸的浓度；(2)据初步测算，尾气换热器使需要通过发动机冷却系统带走的热负荷增加了 25%，使润滑油温度升高，油底壳的温度可达到 120~127℃，从而加速了润滑油氧化。此外，进入发动机进行再循环的废气还会将大量的炭黑、氮氧化物、硫氧化物、水蒸气以及非完全燃烧所产生的酸类物质带入发动机内部。炭黑含量的增加使润滑油变稠，造成腐蚀磨损。此外，氮氧化物、硫氧化物、酸性燃烧和水还会增加活塞环的腐蚀和汽缸套的磨损。因此，用于废气再循环后处理系统的润滑油必须能够承受热和烟炱以及控制酸腐蚀的能力，从而在 2002 年发展了 API CI-4 重负荷发动机油。

CJ-4：油品规格的发展要求 2005~2010 年排放进一步减少，传统的技术在降低 NO_x 的同时倾向于增加颗粒物的排放，反之亦然。因此，EGR 和延迟点火时间已经不能满足更为苛刻的排放标准，汽车生产厂商需要采用新的技术来降低排放，它们采用了废气处理催化剂、粒子捕捉器等技术。使用了粒子捕捉器后，由于粒子的快速沉积，过滤器装置很快被堵塞，从而导致排气背压增加、功率下降并使油耗增加。所以，使用粒子捕捉器的一个先决条件就是，要求采用超低硫柴油(15μg/g)，因此需要发展一个新油品规格 CJ-4 来满足，而 CJ-4 规格采用的柴油硫含量从 500μg/g 降至 15μg/g。API CJ-4 规格的性能可满足 2007 年车型的要求，其性能与 CI-4 和 CI-4⁺比较，在油耗、阀组磨损的防护、轴承的防护、烟炱的控制活塞沉积和排放的环境友好方面都有很大改善，详见图 6-5①。

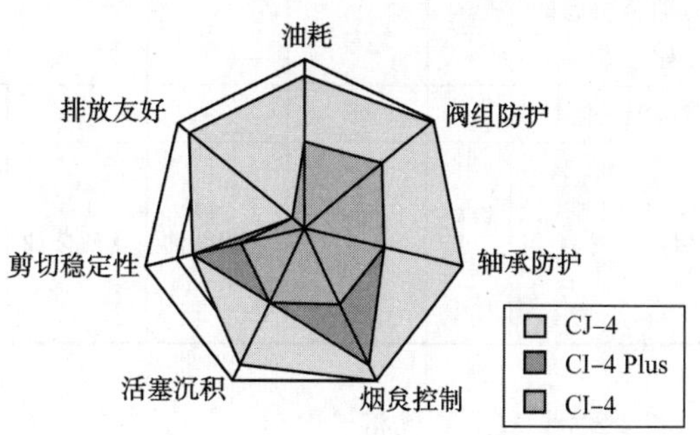

图 6-5　API CJ-4 与 CI-4 和 CI-4+的性能比较

①资料来源：The Lubrizol Corporation 2006, all rights reserved。

CK-4 及 FA-4：2016 年 12 月 API 新的机油标准 CK-4 和 FA-4 正式颁布，CK-4 和 FA-4是 API 自 CJ-4 后时隔 10 年推出的最新一代柴油机油规格。CK-4 和 FA-4 规格的主要区别在于黏度等级及高温高剪切(HTHS)通过指标，其他理化性能及发动机台架试验完全一致。CK-4 不仅适用于现有新型的高排放标准的非公路柴油机，也能向后(逆向)兼容各种旧式的非公路重负荷柴油机，能够为柴油机提供更好的保护，并延长换油周期。FA-4 则主要针对公路车辆所使用的柴油机，可满足更严苛的环保法规，具有低黏度特征，以提高车辆的燃油经济性。但 FA-4 不兼容现有的柴油机，只适用于新生产的符合道路尾气排放法规。与上一代 CJ-4 规格相比，CK-4 和 FA-4 规格采用了两个新的发动机台架试验即 Mack T-13 和 COAT，分别评定油品的热氧化性能和充气性能[7]。

美国的柴油机油发展从 API CA、CB、CC、CD、CE、CF-4、CG-4、CH-4、CI-4、CJ-4 和 CK-4 及 FA-4 级油，它们的部分评定方法列入表 6-5 中。

表 6-5　美国柴油机油发展历程和台架评定试验

API 油品等级	CC	CD（1955 年）	CE（1988 年）	CF-4（1991 年）	CG-4（1994 年）	CH-4（1998 年）	CI-4（2002 年）	CJ-4（2007 年）	CK-4 及 FA-4（2016 年）
1. 轴瓦腐蚀及剪切稳定性	L-38	L-38	L-38	L-38	L-38	T-9	F-10	F-12	F-12
2. 活塞清净性（单缸）	1H-2	1G-2	1G-2	1K	1N	1P、1K	1R、1K	1N	1N
3. 烟炱引起黏度增长	—	—	Mack T-7	Mack T-7	Mack T-8	Mack T-8E	Mack T-8E	Mack T-11	Mack T-11
4. 活塞清净性（多缸）	—	—	—	—	—	—	—	Cat C13	Cat C13

续表

API 油品等级	CC	CD（1955 年）	CE（1988 年）	CF-4（1991 年）	CG-4（1994 年）	CH-4（1998 年）	CI-4（2002 年）	CJ-4（2007 年）	CK-4 及 FA-4（2016 年）
5. 机油油耗	—	—	NTC-400	NTC-400	—	M11（EGR）	M11（EGR）	ISM	ISM
6. 烟炱引起的磨损	—	—	—	—	GM 6.2L L10	M111	RFWT	RFWT、ISB	RFWT、ISB
7. 高温氧化	—	—	—	—	ⅢE	ⅢE	ⅢF 或ⅢG	ⅢF 或ⅢG	Mack T-13
燃料	含硫柴油	含硫柴油	含硫柴油	含硫柴油	低硫柴油	低硫柴油	低硫柴油 ~500mg/L	超低硫柴油 15~500mg/L	超低硫柴油 15~500mg/L

2. 欧洲 ACEA 规格[8]

1998 年 3 月 1 日，ACEA 颁布了小轿车柴油机油 B1-98、B2-98、B3-98、B4-98，重负荷柴油机油 E1-96(第二版)、E2-96(第二版)、E3-96(第二版)、E4-98。小轿车柴油机油 ACEA B-98 规格与 ACEA B-96 不同点如下：新增了 B4 规格，符合此规定的柴油机油用于直喷式轿车柴油机，要求使用 VW 直喷涡轮增压柴油机评定油品的高温清净性；磨损试验 OM 602A 对油品黏度的增加、缸套抛光、汽缸磨损、机油耗量规定了具体指标；中温分散性试验用发动机由 XUDllATE 变为 XUDllBTE，后者是该系列发动机的最新型式，使用电控柴油喷射系统；油品与弹性密封材料的配伍性、高温抗泡性、燃料经济性的变化与汽油机油类似。重负荷柴油机油 ACEA E-98 与 ACEA E-96 规格不同之处如下：增设了 E4 规格，适用于低硫柴油直喷式高功率柴油机，要求进行梅赛德斯-奔驰汽车 Euro2 重负荷柴油机 OM44lLA 试验，评定缸套抛光、活塞清净性和涡轮增压器沉积物，还要进行 Mack T-8E 试验，评价油品的烟炱分散性，这是 Mack T-8E 试验第一次用于欧洲发动机油规格；在缸套抛光 OM 364A 或 OM364 LA 试验中，E1-96(第二版)要求试验结果优于参考油 RL133 和 RL 134 的平均值；E2-96(第二版)要求试验结果优于参考油 RL133 和 RL 134 的平均值；E3-96(第二版)要求试验结果优于参考油 RL133。

1999 年 9 月 1 日将 ACEAE 规格提高，取消 E1 规格，加入 E5-99，将 E4-98 提升为 E4-99，这是由于欧洲的轿车原厂商要求在更高功率发动机上延长换油期和提高燃料经济性。E5-99 规格较 API CH-4 规格性能要高一些，是欧洲针对满足 Euro 3 排放标准的发动机制定的最新柴油机油规格。

2002 年 2 月 1 日，ACEA 在 1999 年规格的基础上，发布了 ACEA 2002 年规格。其中 ACEA B-02 规格比起 ACEA B-98 规格主要有如下变化：在目前的 4 种橡胶相容性试验上增加了 AEM 橡胶类型；B5-02 增加了 VW DI；B4-02、B5-02 中的 VW DI 将更加严格；XUDl lBTE 试验要更加严格；OM 602A 规定了具体的限制指标。而 ACEA E-02 规格比起 ACEA E-99规格则变化不大，主要变化是在目前的 4 种橡胶相容性试验上增加了 AEM 橡胶类型。

ACEA 于 2004 年 10 月底发布了发动机油 ACEA 2004 规格。重负荷柴油机油方面设立

E2-96、E4-04、E6-04、E7-04。与轿车机油不同，取消了2002版的规格而保留E2-96是为了老发动机的需要。在欧洲重负荷柴油机方面，奔驰向来是举足轻重的，E4就是MB p228.5，要求加上硫、磷及灰分限制的MBp228.51就升级为E6-04，但奔驰推荐MBp228.5也还要使用，所以又保留E4为E4-04。另外，一些不用奔驰规格的OEM从E3发展到E5，然后升级为E7，取消了老的E3、E5，只有新的E7-04，此E7-04基本相当于API CI-4的水平。

ACEA2007规格草案在2007年2月28日正式发布并执行，重负荷柴油机油方面设立E2-96(第五版)、E4-07、E6-04(第二版)、E7-04(第二版)。

ACEA在2008年12月22日发布了ACEA 2008规格，重负荷柴油机油方面设立了E4-08、E6-08、E7-08和E9-08规格。

ACEA在2010年12月22日分别发布了ACEA 2010规格，重负荷柴油机油方面设立了E4-08[#2]、E6-08[#2]、E7-08[#2]和E9-08[#2]规格。

ACEA在2012年12月14日发布了ACEA 2012规格，重负荷柴油机油方面设立了E4-12、E6-12、E7-12和E9-12规格。

ACEA在2016年12月1日发布了ACEA 2016规格，重负荷柴油机油方面设立了E4-16、E6-16、E7-16和E9-16规格，这也是欧洲最新规格。

欧洲排放控制法规的调整和试验周期与美国的不同，因此很难进行直接的比较。大体上，Euro 1相当于US 1994，Euro 3相当于US l998/1999。世界上大多数国家都采用欧洲的排放标准，只有少部分使用美国的标准。在未来的3~5年内，Euro 2或与Euro 2相当的排放标准，在这些国家仍然是适宜的。由于需要巨大的开发费用和良好的应用基础，美国、日本和西欧以外的国家和地区不可能出现更为严格的排放法规。一方面，已经淘汰的低级柴油机油(如API CD/CE)，继续控制全球大部分市场。

另一方面，高质量的柴油机与汽油机不同，柴油机是压燃式，而汽油机是点燃式，两者有所差异。一是柴油机的烟灰多，烟灰容易在顶环槽内沉积和活塞环区形成沉积；二是柴油中含硫量比汽油多，燃烧后生成酸导致环和缸套的腐蚀磨损；三是柴油机压缩比比汽油机高得多，热效率高，其热负荷就大，汽缸区的温度也高，高温易促使润滑油氧化变质；另外，压缩比高带来的问题就是NO_x高，同时柴油不易燃烧完全，容易产生颗粒物(PM)。因此，柴油机不能用通常的三元催化剂转换器来降低NO_x，因为柴油机尾气中无过剩氧的还原环境，以及颗粒物又容易把催化剂堵塞，影响催化剂的使用寿命。从以上三个特点可看出，要求柴油机油应具有良好的高温清净性、酸中和性能、热氧化安定性以及其他性能。汽油机油和柴油机油虽然用的三大功能添加剂都是清净剂、分散剂和抗氧抗腐剂等，由于解决问题的侧重点不同，因此在复合剂中加入的比例也就有所差异。汽油机低温油泥比较突出，故加入的分散剂比例比柴油机油的大，其品种是单丁二酰亚胺和高分子分散剂；相反，柴油机的高温清净性及抗氧性能问题比较突出，在柴油机油的复合配方中加入清净剂的比例比汽油机油大，特别是负荷大的CD级以上的柴油机油复合剂中还要加一些硫化烷基酚盐来解决高温抗氧问题，其分散剂要用热稳定性好的双或多丁二酰亚胺和高相对分子质量丁二酰亚胺，而抗氧剂的ZDDP也要用热稳定性更好的长链二烷基二硫代磷酸锌，而汽油机油要用抗磨性好的仲醇基的ZDDP。目前，为了解决尾气催化剂中毒问题，逐步在减少

ZDDP 的用量，而加一些二烷基苯胺或酚酯型抗氧剂作为补充。

美国和欧洲的柴油机油的添加剂配方也不同，因为美国和欧洲大功率柴油机油规格的主要差别是：美国重点评定活塞清净性，欧洲重点评定缸套抛光。奔驰公司规定，美国生产的柴油机油要用到该公司的大功率重负荷柴油机上，必须补充做 OM364A 抛光试验和 OM616A 的磨损试验。美国生产的大功率柴油机油分为欧洲配方和美国配方。在美国配方中，使用碱值高，灰分低的镁盐清净剂，但在欧洲配方中，只使用钙盐清净剂，原因是清净剂在使用过程中容易分解生成 MgO 或 CaO。这二者都是磨料，MgO 的硬度比 CaO 大，容易造成缸套抛光，故不用在欧洲配方中。为了解决缸套抛光问题，柴油机油的配方中需增大清净剂的用量，灰分可以高达 2%[9]。从国外 20 世纪 90 年代一个典型的发动机油配方中可以看出汽油机油和柴油机油复合配方加添加剂的差异，详见图 6-6 和表 6-6[10]。

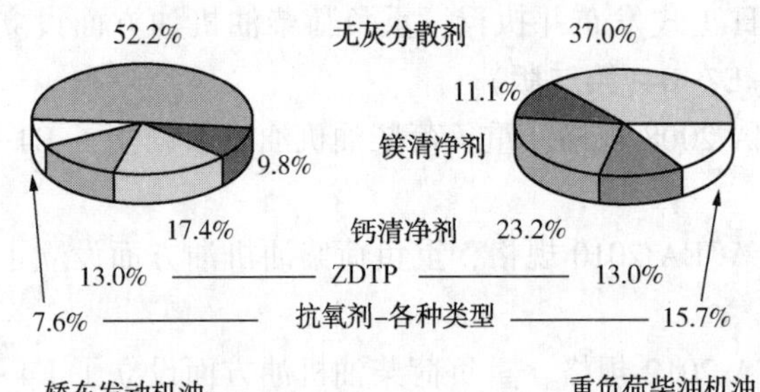

图 6-6　20 世纪 90 年代典型的发动机油配方比例

表 6-6　20 世纪 90 年代典型的发动机油配方比例

添加剂	轿车发动机油	重负荷柴油机油
分散剂/%	52.2	37.0
镁清净剂/%	9.8	11.1
钙清净剂/%	17.4	23.2
ZDDP/%	13.0	13.0
抗氧剂系列/%	7.6	15.7
合计	100	100

从典型的发动机油配方中可看出：汽油机油中的分散剂比柴油机油多 15.2%(汽油机油为 52.2%，柴油机油为 37.0%)，而清净剂却少 7.1%(汽油机油为 27.2%，柴油机油为 34.3%)；抗氧剂方面，除 ZDDP 相同外，柴油机油还额外多加了 8.1%的抗氧剂(汽油机油补加 7.6%，而柴油机油要补加 15.7%)。复合剂中这些变化都是根据柴油机油的特点决定的，由此看出，复合剂中各种添加剂的比例要根据不同的油品来确定。

近年来，发动机制造商已经要求降低柴油发动机尾气中 NO_x 的排放量，以满足 EPA(美国国家环境保护局)的排放标准。为实现这一要求，需要改进发动机的设计，包括延迟喷油时间、提高活塞环位置，采用 SCR(选择性催化还原)、DPF(柴油机颗粒过滤器)和 EGR(废气再循环)技术等。

EGR 的使用会使润滑油中烟炱量增加。为了解决这一问题，21 世纪初，对发动机油配方组成进行了很大调整，大幅度提高了重负荷柴油机油中分散剂的加剂量，缩小了轿车发动机油和重负荷柴油机油中分散剂加剂量之间的差距，见图 6-7[11] 和表 6-7。

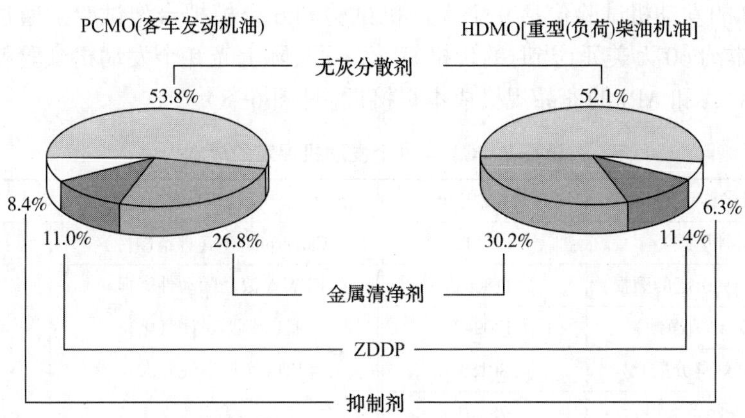

图 6-7 2005 年典型的复合剂配方组成

表 6-7 2005 年与 1993 年复合剂配方组成比较

项目	PCMO		HDMO	
	1993 年	2005 年	1993 年	2005 年
ω(无灰分散剂)/%	52.2	53.8	37.0	52.1
ω(金属清净剂)/%	27.2	26.8	34.3	30.2
ω(ZDDP)/%	13.0	11.0	13.0	11.4
ω(抑制剂)/%	7.6	8.4	15.7	6.3
合计	100	100	100	100

从表 6-7 可看出：

(1) 在 2005 年复合剂配方中，无灰分散剂在 PCMO 和 HDMO 中都占主导地位，其中：2005 年 HDMO 配方中的无灰分散剂比例比 1993 年提高了 15.1%；无灰分散剂与金属清净剂的比例差距越来越大，由 1993 年配方的 2.7%扩大到 2005 年配方的 21.9%，因为 2002 年美国已经推出 API CI-4 柴油机油，采用废气再循环(EGR)技术，燃烧温度降低，便减少了 NO_x 的生成数量，再循环的废气还会将大量的炭黑、烟炱留在润滑油中，需要增加分散剂来解决润滑油变稠和磨损问题。

(2) 金属清净剂在 PCMO 和 HDMO 配方中所占比例变化较小，大致为 30%；同时金属清净剂在汽油机油、柴油机油中的比例几乎相当。

(3) 2005 年，ZDDP 在复合剂中的含量比 1993 年减少了 2%(质量分数)左右，是对硫酸盐灰分、磷和硫(SAPS)严格限制的反映。

因此，复合剂配方组成的变化是通过提高分散剂的加剂量、严格控制清净剂和降低 ZDDP 的加剂量、严格限制发动机油中的 SAPS 含量，有效改进排气系统的耐久性，降低有毒污染物的排放，从而创造巨大的环境效益。以上配方只是一个大约比例，实际上要得到一个性能好的复合剂配方是比较复杂的。在加入每一种单剂后，都要通过有关评定方法来确认，配方定型后，还要通过相关的台架评定甚至行车试验才算成为一个真正的复合剂的配方。目前，国内外都有各种质量等级的内燃机油复合添加剂。而发动机台架评定是很昂贵的，如 CJ-4 的发动机试验包括 9 个发动机试验和 6 个模拟台架试验，通过设定的 CJ-4 润滑油试验成本约 60 万美元(当时的价格)[12]。而实际上光 9 个发动机试验就超过了 60 万美元(见表 6-8)，和 API 的商品规格成本很接近(见图 6-8)。

表 6-8 CJ-4 九个发动机评定的成本

发动机名称	价格/美元	发动机名称	价格/美元
Mack T-12(评磨损)	131513	Catperpilar 1N(评清净性)	30046
Cummins ISM(评烟炱引起的磨损)	118641	RFWT(滚动随动件磨损)	12372
Catperpilar C13(评清净性)	170942	ⅢF 或ⅢG(评氧化)	43101 或 47643
Mack T-11(评烟炱分散)	80184	EOAT(评空气混入)	7638
Cummins ISB(评阀系磨损)	78510	合计	672947 或 677489

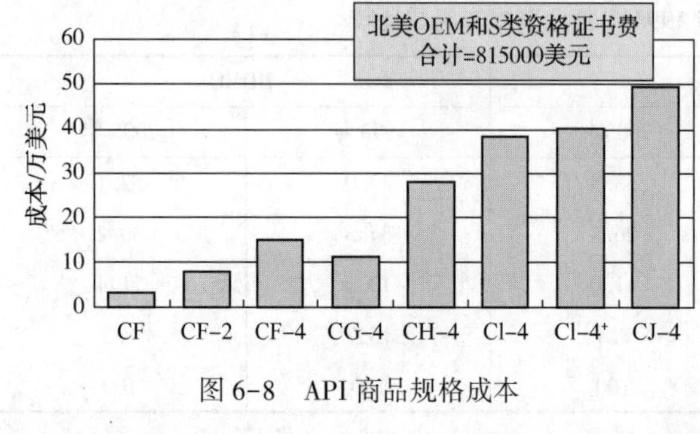

图 6-8 API 商品规格成本

1.2.3 通用汽柴油机油复合添加剂(Multifunctional Crankcase Oil Additive Package)

西方国家的汽车运输车队一般是由汽油机和柴油机两种汽车组成的混合车队。如果分别用汽油机油和柴油机油两种润滑油来满足要求，往往会出现错用油的现象而造成事故。通用油就是为了适应这种情况下而产生的，它的出现能简化发动机油品种，方便了用户，又解决了错用油的问题。美国的混合车队通用油约占 80%以上[13]，西欧的柴油机油全部采用通用油，其 MIL-L-2104B/MIL-L-46152A 和 MIL-L-2104C 规格的油各占 60%和 40%[14]。

1964 年美军公布了第一个通用油规格 MIL-L-2104B(CC/SC)，随后出现了 MIL-L-2104C(CD/SD)、MIL-L-2104D(CD、CD-Ⅱ/SE)、MIL-L-2104E(CD/SF)、MIL-L-2104F、MIL-L-46152(SD/CC)、MIL-L-46152A(SE/CC)、MIL-L-46152B/C(SF/CC)、MIL-L-46152D(SG/CD)等。当然，通用油的润滑性能要同时满足汽油机油和柴油机油的性能，而汽油机油着重要求有好的低温油泥分散性和低灰分，而柴油机油则着重要求有好的高温清净性和酸中和能力。要兼顾这两方面的要求，通用油的复合配方组分之间就要进行精心的选择和平衡。一般在 CC/SD 级以下的通用油的复合剂中多采用分散剂、清净剂(磺酸盐)和 ZDDP 三组分进行复合配制就能满足其性能要求(不少公司 CC 级油中也加入硫化烷基酚盐)；而在配制 CD/SE 级以上水平的复合配方时，其复合剂的组分就复杂得多了，分散剂中可能有两种以上的复合，清净剂中除磺酸盐(其中包括磺酸钙及磺酸镁盐复合)外，还要加热稳定性好的清净剂，如烷基水杨酸盐或硫化烷基酚盐，抗氧抗腐剂中的 ZDDP，除伯醇基外还有仲醇基及长链伯烷基醇等抗磨与热稳性好的 ZDDP 之间的复合。总之，其复合剂中的添加剂是复杂的。在经济上，通用油的添加剂用量比非通用油要多一些，成本也高一些，但通用油的换油期比非通用油要长，润滑油油耗也低，二者相抵，消用通用油在经济上仍然是合理的。

中国在发展汽油机油和柴油机油复合剂的同时，也发展了通用油复合剂。

1.2.4　二冲程和四冲程摩托车汽油机油复合添加剂

1. 二冲程摩托车汽油机油复合添加剂(Two-stroke Gasoline Engine Oil Additive Package)

目前，全球约70%摩托车采用二冲程发动机，其余为四冲程发动机。由于二冲程汽油机高速、高强化、高稀释比和低排放的需要，对二冲程汽油机油的使用性能提出了更高的要求。早在20世纪60年代后期，日本、美国、欧洲等国家相继进行了二冲程专用油的开发和研究，实现了从矿物油到二冲程专用油的过渡。20世纪70年代中期，API、ASTM及CEC等组织共同开始了二冲程油标准的规格化工作。此后的20年间，二冲程油的分类进展较快，近年来已逐步趋向于全球统一。

自1985年ASTM、SAE、API、CEC共同推出TSC-1、TSC-2、TSC-3、TSC-4系列的二冲程汽油机油规格，其中TSC-4为大功率水冷舷外机油规格。但实际上美国并没进行过TSC-1和TSC-2的正式评定，仅进行过TSC-3和TSC-4的评定。由于TSC系列的性能分类评定油品的设备及配件供应不足，同时评定合格的油品在使用中仍出现高温黏环和拉缸等现象，与实际结果无相关性，1987年ASTM公布了TC风冷二冲程油及TD水冷舷外机油的规格。与原规格相比，主要改进了燃油比和发动机的型号。1988年根据舷外机的使用特性，NMMA公布了更高规格的TC-WⅡ以代替TD，并增加了混溶性、流动性、防锈性和滤清器堵塞限制，但在使用过程中仍不同程度地受测试零件和发动机损坏以及环保要求限制。因此，二冲程汽油机油的发展要求有一个质量更高、能满足使用要求的规格标准和评定方法。

二冲程汽油发动机与四冲程发动机不同，它没有单独的润滑油系统，而是把润滑油与汽油预混合后通过汽化器进入发动机燃烧室，汽油汽化后润滑油留在运动部件上沉积一层薄膜提供润滑，这种润滑是一次性的。相同功率的发动机，二冲程的比四冲程的发动机消耗的燃料要多，因此，二冲程汽油发动机对燃烧室的沉积非常敏感，特别是润滑油中的有机金属清净剂生成的灰分，会污染火花塞而引起预点火烧毁活塞。二冲程汽油机油要求具有良好的高温润滑性、燃烧清净性、抗早燃性等，因此二冲程汽油机油应具有以下特点：

(1) 润滑性要好，防止擦伤或拉缸；

(2) 清净性和抗氧化性要好，保持发动机清洁；

(3) 燃烧后灰分及沉积要少，防止预点火和排出的废气要干净，烟要少；

(4) 防锈性要好，防止发动机部件锈蚀和腐蚀；

(5) 混溶性和流动性要好，使润滑油与燃料能充分混合。

因此对二冲程汽油机油的要求是很高的，一定要用专用油品，即用二冲程汽油机油复合剂与基础油调配而成二冲程汽油机润滑油。

2. 二者切勿混用

二冲程汽油机油为什么不能用四冲程发动机润滑油？因为：

(1) 四冲程发动机油中含有ZDDP，它会导致火花塞生垢及沉积；

(2) 四冲程发动机油中含灰分高，燃烧后有沉积及导致过早点火；

(3) 单级油含高黏度基础油，会导致沉积物及油烟多；

(4) 多级油中含有氧化稳定性好的聚合物，会导致不完全燃烧和严重沉积物；

(5) 四冲程发动机油中不含溶剂，与燃料的混合性差。

反之，四冲程摩托车及汽油机也不能用二冲程汽油机油，因为：它不含四冲程发动机油所必需的清净剂及抗磨损添加剂；四冲程发动机若使用了二冲程汽油机油将导致高磨损、产生大量曲轴箱油泥(分散性能不够)、活塞变黑及黏环(由清净性低引起的)、压缩能力(功率)损失及损坏发动机。因此，二冲程摩托车与四冲程摩托车的润滑油不能混用，必须用它们的专用油品。

3. 差异比较

二冲程汽油机油和四冲程汽油机油所用添加剂的差异见表6-9[15]。

表6-9 二冲程及四冲程发动机油组成的比较①

基础油和添加剂组成		四冲程	二冲程
基础油组成	矿物油	○	○
	稀释油(煤油或柴油馏分)	×	○
	合成油：聚 α-烯烃	△	△
	酯	△	△
	低分子量聚异丁烯	×	△~○
	植物油	×	△
添加剂组成	黏度指数改进剂	△~○	×
	降凝剂	△~○	△~○
	ZDDP	○	×
	无灰抗氧剂	△~○	×
	金属清净剂：超碱性	○	×
	中性~碱性	△	△~○
	分散剂	○	○
	防锈剂	△	△
	消泡剂	○	△
性状	硫酸灰分/%	0.5~1.5	0~0.2
	碱性	3~10	0.5~8②

①○—通常应该添加的；△—根据需要添加的；×—通常不应该添加的

②船用舷外机的二冲程发动机油的碱值高。

目前的二冲程发动机润滑油与以前大不相同，1958年前，是用不加添加剂的直馏矿物油或含有相当低的磺酸盐或酚盐，到20世纪60年代后采用了无灰分散剂和清净剂复合，或者只加高达10%左右的无灰分散剂配制成无灰润滑油。目前还要考虑环保——排烟量及生物降解性。

从基础油来看，有矿物油、聚异丁烯(PIB)、酯类合成油、聚 α-烯烃润滑油、植物油等，一般使用矿物油，要求低排烟时加入一定比例的低相对分子质量聚异丁烯，要求生物降解性时还要使用酯类合成油；为了改善与燃料的混合性，基础油中还要加一部分煤油或柴油馏分；为了维护活塞清净性，添加清净剂、分散性。但是水冷与空气冷却的二冲程发动机在调配油上有很大的不同，在容易冷却的水冷发动机中，在中低温领域，无灰分散剂容易发挥作用，因此主要添加无灰添加剂。调配空气冷却的发动机油时，一般加耐热性优异的金属系清净剂。在混合润滑系统中，燃料与润滑油是以混合溶解状态贮存在供给槽里，而分离润滑系统中，燃料与润滑油以不同的路线贮存、供给，为此必须有良好的流动性，还需添加降凝剂，而且根据情况添加防锈剂和抗泡剂。二冲程发动机油不像四冲程发动机油那样循环使用，因此不添加抗氧剂和黏度指数改进剂。一个典型的 FC 无烟二冲程发动机油配方是：30%950MW PIB+42. 9%600N+23. 0%低芳烃溶剂+4. 1%OLOA 5596(二冲程发动机油复合剂)。

影响二冲程发动机油的清净性、润滑性和排烟量的因素与加入的添加剂类型和基础油有关。清净剂和分散剂可以提高油品的清净性，若油品中的灰分含量高，则排气烟度大，沉积物也增多。因此油品中避免使用高碱值的清净剂来控制灰分含量，日本二冲程发动机油硫酸灰分最高不超过 0. 25%。使用聚异丁烯或光亮油基础油组分，都能有效地提高油品的润滑性，防止活塞发生卡住。聚异丁烯还能降低油品的排烟量，因为在相同相对分子质量大小下，聚异丁烯分解温度比矿物油低，易于燃烧完全，所以排烟量少。一般合理的复合剂的配方是低碱值高皂含量的磺酸盐与分散剂复合，再与聚异丁烯、基础油和溶剂调配而成二冲程发动机油。在配方中含 55%的聚丁烯就能改善排烟量、发动机沉积和排气系统的堵塞[16]。

4. 四冲程摩托车汽油机油复合添加剂

传统的二冲程摩托车发动机正在被更大的对环保更有利的四冲程设计的发动机取代。现在，有些人的四冲程摩托车使用轿车发动机油，这种轿车发动机油对摩托车不太好，可造成使用上出问题，如离合器打滑。

摩托车比汽车行驶的温度更高，发动机速度更快，输出比率更大，而油底壳又小得多。这使润滑工况环境更加苛刻——由于速度快，功率比大和润滑油量少，造成操作温度更高。这两个问题引起润滑油的增稠、氧化、沉积和磨损。另外，很多摩托车采用风冷冷却方式，使润滑油要经受更高的温度。

除此以外，很多四冲程摩托车的发动机都和变速器相连接。这些摩托车都有用发动机油润滑的“湿式离合器”以及所有的发动机部件，即传动装置或齿轮箱和离合器，此外亦可能包括一个动力传送和一个起动离合器。

湿式离合器摩托车发动机油润滑的部件有变速器(齿轮箱)、启动离合器、发动机、功率传送离合器和反转矩限制器离合器。而小轿车是专用油分别润滑变速器和发动机，二者的发动机和二者的用油的差异见表 6-10 及表 6-11[17]。

表 6-10　四冲程摩托车发动机与轿车用汽油发动机的主要区别

项目	四冲程摩托车发动机	轿车四冲程汽油发动机
转速/(r/min)	7000~12000	3000~6000
排量	一般为几十到几百毫升	一般为 1000 到几千毫升
缸数	多为单缸	多缸
冷却方式	多为空冷	水冷

续表

项目	四冲程摩托车发动机	轿车四冲程汽油发动机
离合器	与曲轴箱相通润滑	与曲轴箱分开
装油量/L	1	4

表 6-11　四冲程摩托车和小轿车用油中差异

车型	湿式离合器摩托车	小轿车
润滑油品种	一种润滑油润滑	专用油分别润滑变速器和发动机
润滑部位	变速器(齿轮箱) 启动离合器 发动机 功率传送离合器 反转矩限制器离合器	发动机油润滑发动机 自动传动液润滑变速器 每一种润滑油都是按所要求的润滑质量和性质而专门配制的

因此要求四冲程摩托车润滑油对离合器摩擦性能是：在静止状态下摩擦平稳上升(初期摩擦)，在高速下摩擦曲线上升或持平(动态摩擦)。而一般轿车发动机油性能不好：在静止状态下摩擦时低速增加，以后摩擦曲线为下降趋势。

对四冲程摩托车润滑油要求是：

(1) 有优良的离合器摩擦特性，有利于离合器走合和稳定操作；

(2) 有极好的抗氧化和磨损性能，有利于延长换油期和发动机寿命；

(3) 能严格控制油泥和油膜，有利于减少发动机上的沉积物；

(4) 有极好的高温高剪切性能，有利于增加高温油膜强度；

(5) 低温性能好；

(6) 灰分低。

四冲程摩托车这种“一体化”的装配，对四冲程摩托车发动机专用油提出了更高、更特殊的性能要求，即不但要满足汽油发动机油的诸项基本性能要求(如高温清净性、低温分散性、抗氧抗腐性、抗磨性等)，而且还要满足离合器、变速器、齿轮传动装置等特殊性能要求。

若用小轿车发动机油将造成：摩托车开始在低温下会发生启动困难，齿轮转换器逐渐变差。继续使用将使摩托车离合片严重磨损及受热变色。因为，小轿车发动机油为了满足燃油经济性的要求，节能型发动机油选择了较轻的基础油。为了降低摩擦系数，加入了摩擦改进剂，向着低黏度、低摩擦方向发展。这些配方完全是针对汽车用汽油发动机而设计的，只是满足了汽油发动机有关部件的润滑(主要是活塞与汽缸壁、轴承与轴瓦、凸轮与挺杆三大摩擦副)，未考虑四冲程摩托车发动机如前所述的种种特点。这些油品在汽车中使用效果好，但将 SH/GF-1、SJ/GF~2 等节能型汽油机油用于四冲程摩托车时，由于黏度低、致使油膜强度弱而产生故障。由于配方不适应，导致离合器打滑、磨损加剧、变速器齿轮传动持久性变差，换挡黏涩、迟钝、磨损大，有噪声，部分齿面发生点蚀、擦伤，使离合器、变速器、齿轮传动寿命降低，挥发度高．机油消耗大，排放恶化。

为此，1996 年 4 月，日本摩托车分会(JASE)成立了四冲程摩托车发动机油研究小组，并提出了 JASO 规格。欧洲 CEC 也成立了四冲程摩托车发动机油研究小组。由于各研究机构加强了密切协作，故四冲程摩托车油规格研究工作进展很快。1998 年 3 月，JASO 核准并公布了日本四冲程摩托车发动机专用油规格（JASO T 903—98）和摩擦试验方法（JASO T904—98），这是世界上首次公布的四冲程摩托车发动机油标准。该规格从 3 个方面对四冲程摩托车发动机专用油提出了要求。

（1）理化性质：为了保证电控燃油喷射及催化转化器的正常使用和寿命，防止排气系统堵塞，规定了硫酸盐灰分不大于 1.2%。为防止传动机构齿轮表面出现点蚀擦伤等，保证齿轮持久性，要求高温高剪切黏度（150℃）大于 2.9mPa·s。为了控制发动机油耗量，蒸发损失控制在 20%以内，而剪切稳定性则根据不同的黏度牌号提出了各自的要求。

（2）使用性：四冲程摩托车发动机专用油质量等级与汽油机油相同，必须通过 API、ILSAC 和 ACEA 各质量等级相应的台架试验评定。通常要求使用质量较高的汽油机油。普通汽油机油（SD、SC 及以下等级）根本不能满足四冲程摩托车的使用要求。老式汽油机油的工作温度一般在 90℃以下，而摩托车发动机油的工作温度大大超过了 90℃。

（3）摩擦性能：由于摩托车所用的离合器结构不同，一般用 SAE NO.2 试验机，按 JASO T904—98 试验方法评定离合器的摩擦性能。从静摩擦特性指数（SFI）、动摩擦特性指数（DFI）及制动时间指数（STI）3 个方面将其分为 MA 及 MB 两类油。MA 类油适用于高摩擦系数要求的摩托车型，目前我国生产的四冲程摩托车基本上都要求使用 MA 类油；而 MB 类油适用于低摩擦系数的摩托车型，可提供更大的输出功率，主要适用于北美，特别是北美的本田车。

专用的四冲程摩托车机油大大提高了发动机的清净性、挥发性、阀系磨损性、高温持久性、离合器摩擦特性以及密封橡胶相容性等，减少了故障率，节约了维修费用，为四冲程摩托车用户提供了极大的方便和安全保障。

目前全球约 30%摩托车均采用四冲程发动机，市场份额正不断上升，这主要由于它在排放及噪声方面有优势。发动机油与传动件共用润滑油，包括湿式离合器，过去一直使用普通汽油机油，出现不少问题。因此，国外开发了专用小型四冲程摩托车复合剂以满足其要求，如 Lubrizol 7819 和 Infineum S 1850，日本使用摩托车正牌油。几种润滑油在四冲程摩托车离合器上的性能见图 6-9[17]。

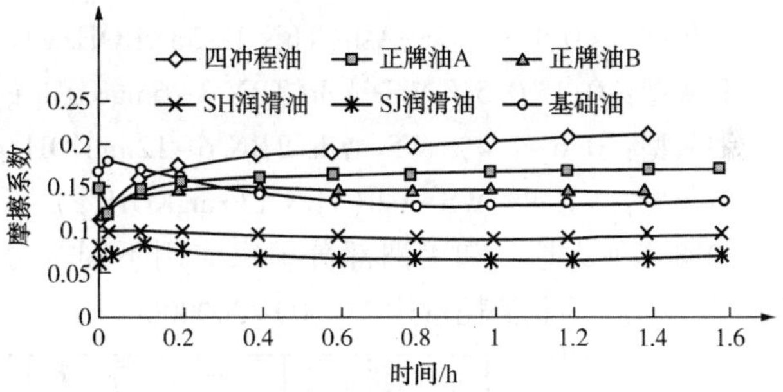

图 6-9 几种润滑油在四冲程离合器的摩擦性能

1.2.5 天然气发动机油复合添加剂（Natural Gas Engine Oil Additive Package）

天然气发动机通常是用来输送天然气的动力装置，主要是四冲程发动机在固定转速、负荷下运转。与汽、柴油发动机油所用燃料不同，汽、柴油发动机的燃料是汽油和柴油，而天然发动机的燃料是天然气。天然气的类型（特别是硫含量）对润滑油影响很大，以低硫天然气作燃料时，其润滑油不需要像柴油机油那样多的添加剂，因此较低碱值的润滑油就足够了；当以高硫天然气作燃料时，尤其是当硫化氢含量很高时，就需要更高碱值的润滑油了。

天然气发动机在富气-贫气条件下操作，在高温下极易生成氮氧化合物（NO_x），它是一种强氧化促进剂，串入润滑油中使油很快氧化败坏，因此首先要控制氧化和硝化。空气中氧气和氮气混合后，由于发动机所产生的高温，加剧了 NO_x 的生成，而 NO_x 化合物与油品作用，导致黏度上升、腐蚀性磨损，产生油泥及漆膜沉积和过滤器阻塞等后果。因此要求高质量的基础油与添加剂(抗氧剂)相配合，以增强其润滑油的抗氧化和硝化的能力，以及分散所产生的沉积物。其次是降低磨损，虽然工业上应用的天然气发动机通常运行的速度和负荷基本不变，大多数情况下是全流体润滑，而活塞环在上死点及下死点则是边界润滑。因此润滑油仍需给阀和阀座提供足够的保护。再次是抗腐及防锈性能，尤其是运用腐蚀性气体时。这些气体中可能含有有机酸、硫化物、卤代烃，它们会生成强酸并产生腐蚀。因此润滑油中要有更高 TBN 及适合的添加剂来中和与分散不同类型的酸性物质。最后，润滑油要有足够的分散性能来分散杂物及氧化产物，使之处于悬浮状态，防止环卡住和油泥生成及沉积。这就需要高质量的基础油与足够的分散剂来配合。

目前燃气发动机油没有工业标准，SAE 和 ASTM 及发动机制造商正在共同努力制定天然气发动机油标准。拟议中的分类标准是 NG-1(化学当量发动机)、NG-2(贫燃发动机)及 NG-3(汽车燃气发动机)。

天然气虽然是化石燃料，由于其清洁燃烧特性而成为重要的能源。天然气具有较低的温室气体排放，因此与原油或煤炭等其他燃料相比，环境影响较低。天然气是第三大一次能源，在 2017 年占全球一次能源需求的略低于四分之一；预计到 2040 年，天然气的份额将增至全球一次能源需求的四分之一以上。

天然气按润滑油类型、黏度和灰分分为不同类型，灰分含量是选择燃气发动机油的重要标准，因为它在发动机的功能中起着非常重要的作用。在灰分含量方面，燃气发动机油可分为高灰分、中灰分、低灰分和无灰油四类：

无灰型：<0.1% WS-Ash(TBN 1~3mgKOH/g)

低灰型：0.1~0.5% WS-Ash(TBN 3~6mgKOH/g)

中灰型：0.6~1.4% WS-Ash(TBN 6~12mgKOH/g)

高灰型：>1.4% WS-Ash(TBN 13+mgKOH/g)

2018 年亚太地区和美洲部分国家应用不同灰分的燃气发动机油情况见图 6-10[18]，2018 年 NGEO 的总消耗量达 250000~300000t。

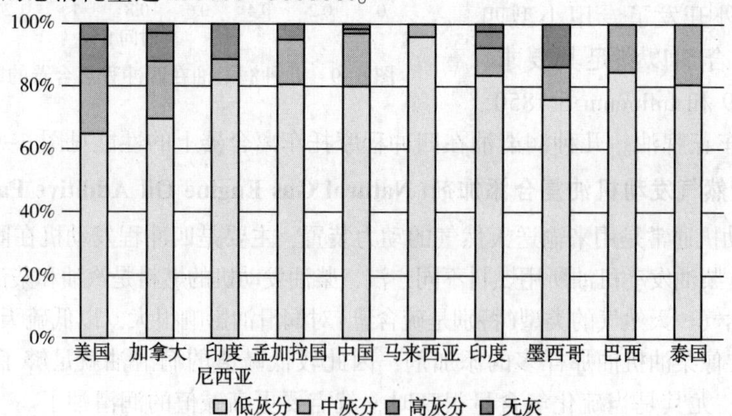

图 6-10 2018 年亚太地区和美洲部分国家应用不同灰分的燃气发动机油情况

要求润滑油要有很好的抗氧化安定性和分散性能。天然气发动机的燃料是天然气，很干净，若是无灰型和低灰型的油品，其复合剂中一般不用或少用有机金属清净剂，而是用抗氧抗腐剂与无灰分散剂相复合。若是中灰型和高灰型油品，其复合剂中除了抗氧抗腐剂与无灰分散剂外还要加入清净剂来提供碱值中和生成的酸性物质以减少腐蚀磨损。目前，特别是环保要求烧清洁燃料，天然气是首选的燃料。因此添加剂中要有优良的高温抗氧剂、抗磨剂、分散剂，而且要求油品具有好的抗硝化的能力，因为天然气发动机在高温下易生成氮氧化合物，它是一种强氧化剂。

1.2.6 铁路机车发动机油复合添加剂(Railrod Engine Oil Additive Package)

铁路机车也是用柴油机油。自1912年第一台铁路机车柴油机制造成功以来，其功率和质量都在不断地改进和提高。20世纪50年代中期以前是非增压发动机，功率在1103~1471kW，而润滑油推荐用第一代油，其添加剂量4%~5%。1964年推荐第二代油，其添加剂量在7%左右。1968年推荐第三代油，其添加剂量达到10%左右。到20世纪70年代后半期已普遍采用增压发动机，其平均有效压力从60年代中期的1.43MPa增加到1.95MPa，每台机车的总功效相应地从1986kW增到2942kW，柴油中硫含量从过去的0.2%~0.3%提高到0.5%，润滑油则推荐具有高碱性和高分散性的第四代油，其中加入的添加剂量为14%~15%。由于燃料油进一步变差，硫含量增多，将促使其润滑油继续向更高的碱性和高分散性方向发展，1989年美国已经发展了第五代油。而在1997年12月美国EPA就制定了限制铁路内燃机车尾气排放标准，但当时标准较温和。2004年又制定了铁路内燃机车和内路船用低硫柴油指标，要求2007~2011年使用柴油硫含量不超过500μg/g，2012~2014年进一步降到15μg/g。2008年9月，美国铁路机车维修者协会(LMOA)报道了过剩灰分沉积物堵塞废气涡轮的滤网和阀系，使其不能正常运转的事故。另外，OEM采取一系列降低排放的措施，如延迟点火结合改进冷却进气系统、增加喷嘴压力和喷油速度、增加压缩比和降低润滑油消耗等措施导致烟炱显著增加，原来的四、五代油的烟炱分散能力不够，因此有必要推出降低碱值和增加分散性的新油品规格来满足阶段3排放要求。所以2009年5月4日，LMOA召开会议，重申将在2009年推出铁路内燃机车六代油规格[19]。为了满足各代油品的需要，国内外发展了相应的复合剂，目前主要用3~5代油复合剂。20世纪50年代以后，美国铁路机车维修者协会(LMOA)和美国通用电气公司(GE)分别提出内燃机车柴油机油的使用分类和主要性能，详细情况见表6-12和表6-13，中国铁路机车性能等主要参数见表6-14。

表6-12 铁路机车用油的发展过程

LMOA分类	第一代油	第二代油	第三代油	第四代油	第五代油	第六代油	第七代油
GE公司分类	普通	优质Ⅰ类	优质Ⅱ类	超性能	—	—	—
总碱值/(mgKOH/g) ASTM D664法 ASTM D2896法	 3.5~5.5 5	 5.0~6.5 7	 7.0~8.0 10	 10.0~11 13	 17 20	 9	 —
硫酸灰分/%	0.3~0.5	0.5~0.7	1.0~1.2	1.5	2.3	—	—
相对分散性	1	3	3~4	5	—	—	—

续表

LMOA 分类	第一代油	第二代油	第三代油	第四代油	第五代油	第六代油	第七代油
使用要求	防止黏环	延长油滤清器寿命和换油期	改善碱保持性、分散性和控制不溶物	适应更苛刻的发动机操作条件	用于大于1%硫含量燃料，改善抗磨性	—	—
油品特点	改善清净性、抗氧性，提高抗腐蚀和碱保持性	改善二冲程发动机油碱保持性，降低活塞环磨损	进一步改善碱保持性和减少不溶物	有相当高的碱性和分散性，可用于苛刻条件的发动机	节能，改善低温、抗氧化性能和分散性及减少不溶物，延长换油期到180天	满足3阶段排放，提高分散性能，降低硫酸灰分	满足4阶段排放
API 类别	CA/CB	CC	CD	CD+	比 CF-4 好	—	—
添加剂配方特点	Ca/抗氧剂	第一次加入了分散剂	加入较多分散剂	高碱值和对清净性、分散性更高的要求	增加酚盐量提高清净性和 TBN	—	—
添加剂加入量/%	5	7	10	13	19	—	—
推荐日期	1950 年	1964 年	1969 年	1977 年	1980 年及以后	2009 年	可能 2015

表 6-13　第一代到第五代铁路柴油机油主要性能

项目 \ LMOA 分类①	第一代油	第二代油	第三代油	第四代油	第五代油
总碱值(D2896)/(mgKOH/g)	5	7	10	13	20
硫酸灰分/%	0.3~0.5	0.5~0.7	1~1.2	1.5	1.5~1.8
相对分散性	0	1	1.4	1.75	↑②
顶环槽充炭/%	100	90	40	30	↓
过滤器相对寿命	0.4	1.0	1.25	1.8	↑
汽缸清洁与控制磨损	1	3	4~5	6	↑
GE 氧化黏度增长/%	10~20	10~15	5~15	5~8	↓
添加剂加入量/%	4.8~6	10~11	10~11	14~15	14~17
API 类别	CA/CB	CC	CD	CD+	比 CF-4 好

①LMOA—Locomotive Mainterance Operation Association(美国铁路机车维修者协会)。

②↑表示增加或提高，↓表示减少或降低。

表 6-14　我国铁路内燃机车性能、柴油机型号和主要参数①

机车型号	额定功率/hp	柴油机类型	平均有效压力/(kgf/cm^2)	平均活塞速度/(m/s)	强化系数	采用油
东风 1(DF)	1800	10L207E	6.23	7.2	45	二代油
2	1800	19L207E	6.23	7.2	45	—

续表

机车型号	额定功率/hp	柴油机类型	平均有效压力/(kgf/cm^2)	平均活塞速度/(m/s)	强化系数	采用油
3	1080	6L207E	6.23	7.2	45	—
4	3300	1624Z	13.57	10.08	68.5	四代油
8	4500	16280Z	14.42	9.5	68.5	—
DF11	5300	16V280ZJG	17.95	9.5	85.3	四代油或五代油
东方红 1	910X2	12V175Z	10.15	10.25	52	二代油
东方红 3	1250X2	12V180Z	12.96	10.25	66.4	—
北京	2700	12240Z	15.65	9.53	74.6	—
ND2	2100	12LDA28	9.46	9	42.6	—
ND4	4000	AC0240	16.4	9.9	81.2	四代油
ND5	4000	7FDL	20.5	8.9	91.2	—
NY5	1700X2	MB839	12.3	11.5	70.7	三代油
NY6	2150X2	MB16V652	15.5	11.5	89.1	—
NY7	2500X2	MA956	13.1	11.5	75.3	

①资料来源：http：//sinolube. sinopec. com/information/for_ industries/railway_ eng/20090313/6834. shtml。

内燃机车有银轴承和非银轴承两种，在银轴承的内燃机车用的润滑油中，不允许用含对银轴承有腐蚀的 ZDDP 添加剂。美国铁路柴油机油就分为含和不含 ZDDP 抗氧抗腐剂两类，对不含 ZDDP 的非锌油用于柴油机增压器与曲拐销等轴瓦表面镀银的机车(如通用汽车公司生产的机车)，而含 ZDDP 的含锌油用于无银轴瓦的机车。美国 1990 年开始就使用第五代油了。

铁路机车用润滑油要具有分散性、高温清净性和碱保持性好的几个特点。高分散性主要是要分散燃烧后生成的烟灰，保证纸质滤清器的寿命；高温清净性主要是确保顶活塞环区干净和避免环卡死；碱保持性好主要是中和燃料燃烧后和氧化后生成的酸性物质来减少腐蚀磨损。试验表明[20]，对一定硫含量来说，TBN 为 10 的新油比 TBN 为 7 的新油试验后的磨损要小，见图 6-11。一般来说，油品的 TBN 每增加 1 个单位，磨损可下降 10%。使用碱保持性好的油品，过滤器的使用寿命可延至 1 年以上。碱值主要依靠高碱值的清净剂来提供，通常多用中碱值和高碱值的硫化烷基酚钙和低碱值磺酸钙；分散性能由分散剂来提供。而高碱值的磺酸钙对银轴承润滑性能不利。

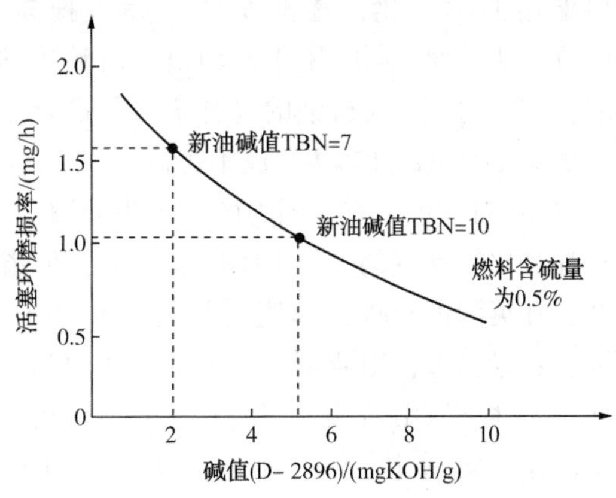

图 6-11 内燃机车柴油机油碱值对活塞环磨损影响

应当指出，铁路机车用润滑油与汽车发动机润滑油不同，它没有统一可接受的评价润

滑油的标准，每个发动机制造商都有其自己对润滑油要求标准及试验程序，只有通过它们提出的要求后才有可能被批准，详见表 6-15[21]。大多数机车润滑油是 CD 级水平，都具有很好的碱保持性以补偿烧高硫燃料的需要。对一些组分要严加限制，如锌，以防护发动机部件的损伤，大多数用 SAE40 的单级油，也有用多级油的以便获得更好的燃料经济性。

表 6-15　铁路发动机制造商对润滑油的要求

发动机制造商	SAE 黏度级别	TBN ASTM D2896	硫酸灰分/%	锌含量		API 水平	道路试验要求
				最大	最小		
G. M. EMD	40	10~20	—	10(μg/g)	—	—	3 个机车，1 年
G. E	40	10~20	—		—	—	3 个机车
M. T. U	30 40 15W-40		1.5 1.5 1.8	— — —	0.05% 0.05% 0.05%	SE/CC SE/CC SE/CC	要求 要求 要求
ALCO	40	10~20	—	—	—	CD	—
Bombardier	40	7~13	—	—	—	CD	—
Sulzer	40	—	—	—	—	CD	要求
SEMT Pielstick	40	10 最小	—	—	—	CD	要求
S. A. C. M	40	10 最小	—	—	—	CD	要求

1.2.7　拖拉机润滑油复合添加剂(Tractor Oil Additive Package)

拖拉机是农用机械，20 世纪 50 年代以前只使用发动机油和齿轮油，比较简单。由于农业机械的发展、附属设备的增多，增加了液压油和刹车油，一种车有四种油之多，不同的拖拉机制造商又要求自己的专用油品，这样用油就更复杂了。为了避免用错油的危险，用户要求用油单一化，逐渐发展了超级拖拉机通用油(Super Tractor Oil Universal，简称 STOU)，即一种油同时用于发动机、齿轮传动系统、液压系统和刹车系统。目前，国外已发展了这种通用拖拉机油的复合剂。要适合多种机械化系统润滑的要求，配方是相当复杂的，加量多(13%~15%)，成本也高。

STOU 对欧洲是有吸引力的，因为欧洲农场小，拖拉机数量少，用油量不多，而又要用多种油是比较麻烦的，虽 STOU 成本高，但省了不少麻烦，故仍愿意用。目前在西欧相当普及，在英国占 90%，其他欧洲国家占 50%~70%。但美国不同，农场比较大，拖拉机功率大，数量也多，用油量大，应用多种油问题不大。因此，对成本考虑较多，就不愿意用 STOU，这种 STOU 在美国没有得到普遍认可。我国农用拖拉机功率小，使用较分散，STOU 对我国不一定适用。但对小拖拉机，使用国外称之为通用油(Tractor Oil Universal，简称 TOU)即用于发动机和齿轮传动系统的通用润滑油，还是有一定的现实意义的。国内小型拖拉机(包括手扶拖拉机)使用“农用柴油机油(GB 20419—2006)”，若是大型拖拉机使用“柴油机油(GB 11122—2006)”。

1.2.8　船舶柴油机油复合添加剂(Marine Diesel Oil Additive Package)

船舶柴油发动机有二冲程和四冲程两类，二冲程为大型低速或十字头发动机，四冲程为中速和高速柴油发动机，两类都是涡轮增压的。船舶柴油发动机润滑剂的总的作用是：降低机械的摩擦，使发动机部件的磨损降到最小值，散热，防止部件上的有害沉积物和密封等作用。船舶柴油发动机润滑剂分汽缸润滑油、系统润滑油和曲轴箱润滑油三类。

1. 汽缸润滑油

最先研制出的汽缸油是乳化型汽缸润滑油，是将水溶性高碱性化合物如乙酸钙，用一种乳化剂掺混到合适的基础油里，水占乳化液质量的21%。这种汽缸润滑油由于稳定性差已被完全淘汰。后来研制出一种不溶于油的碱性物质，在油里保持极细颗粒的悬浮状态，这种汽缸润滑油有良好的中和酸和承载能力，但长期储存时，一部分极细颗粒的碱性物质会脱离悬浮状态，形成泥渣状沉淀物，也基本淘汰。20 世纪 50 年代开始研制一种油溶性汽缸润滑油，它是在油中加入油溶性的碱性添加剂而成的。这类汽缸润滑油除具有良好的中和能力、承载能力、降低磨损外，还有长期储藏时添加剂不会沉淀下来、使用时能保持汽缸内部清洁等特性。现在大型低速十字头发动机都是使用这种润滑油，一般均选用 SAE 50 黏度等级，要求油膜强度大，并具有优良的抗磨损性、酸中和性及清净分散性。20 世纪 50 年代开始发展这类油时，碱值只有 10~40mgKOH/g，以后随着船用燃料向重油劣质(含硫量高)发展，逐渐出现碱值高达 70~100mgKOH/g 的汽缸油。但用得最多的 TBN 是70mgKOH/g 品种，它适用于硫含量 2.5%~3.5%的船用燃料。

低速十字头型柴油机(Cross-head Type Marine Diesel Engines)冲程长，汽缸和曲轴箱的润滑是分开的：汽缸活塞部分用船用汽缸润滑油(Marine Cylinder Lubricants)，曲轴箱部分用船用系统油(Marine System Oils)，中速筒状活塞式发动机(Medium Speed Trunk Piston Engine)用中速筒状活塞式发动机油(Medium Speed Trunk Piston Engine Oils)，即曲轴箱润滑油(Crankcase Oil)。

低速十字头柴油机是大功率二冲程柴油机，它的汽缸和曲轴箱是分开润滑的，即用两种润滑油。汽缸润滑油是用来保证活塞、活塞圈与活塞衬套的润滑，汽缸润滑油是喷入汽缸内与燃料一起燃烧的，是一次性的。汽缸润滑油应具有良好的酸中和能力，来中和含硫燃料燃烧后生成的硫酸，防止腐蚀磨损，正常的磨损率大约在 1000h 磨损 0.1mm(有的只有 0.05~0.08mm)；优良的扩散性及油膜强度，以少量的润滑油保证汽缸表面的润滑；良好的清净性及分散性来抑制燃料燃烧后生成的沉积物，防止阻塞出口；必须有足够的热稳定性及抗氧性能，来防止润滑油膜的变质和损坏等。一般汽缸润滑油的 TBN 高达 40~100，含有 20%~40%的添加剂，常用的添加剂有高碱性磺酸盐、高碱性硫化烷基酚盐、高碱性环烷酸盐、高碱性烷基水杨酸盐和无灰分散剂，往往是一种或几种清净剂一起或者再与分散剂复合使用，各添加剂公司已发展了多种汽缸润滑油的复合剂。

中和能力是汽缸润滑油主要性能之一，不同的清净剂的中和速度是不一样的，各种清净剂的中和速度列于表 6-16 中，图 6-12 是高碱值清净剂中和酸的示意图[20]。为了控制活塞环和缸套的腐蚀磨损，要加足够的碱值的清净剂来达到具有高的 TBN 和有效的 TBN 的油品，一般加磺酸钙、硫化烷基酚钙和环烷酸钙清净剂，单独加磺酸钙的中和速度慢。从中和速度来看，配方中一定要使用硫化烷基酚钙。因为磺酸钙的分子间斥力大，烷基酚分子间斥力小些，因此烷基酚容易吸附在酸滴表面，酸中和反应速度快。为了保证清净性，磺酸钙中的皂含量不能低于 18%。除了清净剂外，还要复合分散剂，使不溶的颗粒分散在油

中，使发动机部件清洁。

表 6-16 不同类型添加剂的中和速度

序号	添加剂类型（配成 TBN=70 的润滑油）	中和速度/min
1	油/高碱值磺酸钙	27
2	油/高碱值磺酸钙（将油中游离中性磺酸钙用甲醇抽出）	很慢
3	将抽出的中性磺酸钙加入油中	28
4	油/高碱值硫化烷基酚钙	8
5	油/磺酸镁	6
6	油/烷基酚镁	4
7	试验汽缸润滑油	9
8	商品汽缸润滑油	11

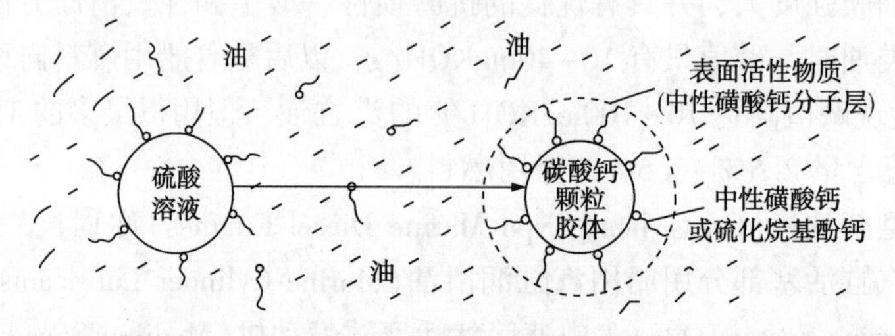

图 6-12 高碱值清净剂与酸中和示意图

表 6-17 是世界主要造船厂对十字头发动机润滑油的要求。

表 6-17 十字头发动机的基本情况和主要要求

项目	Sulzer	M. A. N.	G. M. T.	Burmeister &Wain
最大的 BMEP①	14	15~未来 16	14	17
汽缸润滑油进料速率/(g/hp·h)	0.7~0.8	0.6	0.5	0.3+0.5
活塞冷却	水	油	水	油
最大环槽温度/℃	220	240	220	不清楚
润滑油套管温度/℃	70	60	85	50~60
汽缸润滑油 TBN				
直馏燃料	5~10	5~10	5~10	5~10
B 类燃料（1%~2%硫）	20~40	20~40	20~40	20~40
高硫残渣燃料	40~75	40~70	40~70	40~70
衬里磨损类型	磨蚀	磨蚀~轻微腐蚀	磨蚀~轻微腐蚀	磨蚀
环平均寿命/h	10000	8000~10000	8000~10000	10000
环黏附/破裂	仅环有毛病	非标准环破裂	偶然黏附	无
环划伤	无	无	无	无
槽磨损	可接受	轻微	轻微	无

续表

项目	Sulzer	M. A. N.	G. M. T.	Burmeister &Wain
口堵塞	. 轻微	进口轻微	轻微	无
模拟试验要求	无	润滑油氧化试验全分析	无~常规分析	无
过滤器堵塞	好	. 好	—	好

①BMEB 是指制动平均有效压力(brake mean effective pressure)。

2. 系统油

最先使用的是精制较好的纯矿物油，不加添加剂，而是通过油中本身的天然抗氧组分，允许水洗分油以除去酸性物和其他污染物。另有一种含有抗氧和防锈剂的系统油，改进了纯矿物油的抗氧和防锈性能，但碱性太低，目前使用也很少。20 世纪 50 年代发展了清净-分散剂油，这种油除在油中加抗氧、防锈剂外，还加入清净剂，具有抗氧、防腐以及防高温沉积物性能，一般不能水洗分油，但不可避免地要被水污染。所以，这种系统油还要具有较好的抗水性能和破乳性能，目前已广泛应用。

船舶系统润滑油是用于二冲程十字头发动机曲轴箱和传动机件的润滑，是循环使用的。润滑后的润滑油通过离心分离和过滤净化，净化后的润滑油通过冷却器到达发动机轴承及滑槽循环。如果是用油冷却的话，同样的润滑油还要通过活塞。轴承润滑是十字头发动机系统润滑油的主要功能，要求要有适当的黏度和必须有特殊的承载能力来防护轴承的磨损；若是油冷却，润滑油还要暴露在非常高的温度下，要求油有良好的氧化及热稳定性，来抑制黏度增长、沉积和酸性腐蚀物的生成。船舶系统润滑油一般用 TBN 为 6~8 的重负荷柴油机油，要求油品具有优良的抗氧抗腐防锈和良好的分水或抗水、抗乳化性能。

3. 中速筒状活塞式柴油机油

自 30 世纪 60 年代初期法国研制成功可以燃烧劣质重油的 PC-2 型中速筒状活塞柴油机(简称中速机)后，因其具有体积小、重量轻、功率范围大、投资费用低等优点，已被广泛用于船舶运输业，与使用“悠久”的大型低速十字头柴油机争雄。中速机油的发展可分为三代：

第一代中速机油，没有或较少加入金属清净剂；

第二代中速机油，只加入金属清净剂和少量抗氧剂；

第三代中速机油，不但加入金属清净剂，而且加无灰分散剂和抗氧剂。现在使用的是第三代中速机油，具有良好的抗氧、防腐、抗水性以及碱性保持性和控制活塞沉积物性能。

由于中速柴油机的燃料也向重质、劣质燃料方面发展，大马力的船用中速机烧的燃料硫含量有的高达 2.50% 以上，所以中速机油碱值也跟汽缸油一样不断地提高。现已有 40mgKOH/g 的中速机油，使用得最多的是 25~30mgKOH/g 的中速机油。

筒状活塞四冲程发动机油有中速和高速两种类型，所用润滑油为曲轴箱润滑油，属循环润滑方式，换油期一般达 2000~4000h，也可运行 10000h 以上，甚至多年不换油，只是补充新油而已[22]。这就要求油品具有足够的有效碱值和碱保持性以及润滑性、热氧化安定性和抗乳化性。其润滑油品的 TBN 一般为 10~40，其碱值水平的高低与发动机应用的燃料相匹配，燃料硫含量越高，其碱值也越高。其添加剂用高碱性的硫化烷基酚盐、磺酸盐、

无灰分散剂等复合，一般不用ZDDP，用硫化烷基酚盐来代替。因为ZDDP对水比较敏感，使用后，船用机油离心脱水时，由于它的存在而使大量的添加剂分离出去，这一点对于船用添加剂是较为重要的。清净剂多用钙化合物作为碱值的来源，这是因为当钙化合物与硫酸中和后，生成的硫酸钙的硬度比硫酸钡和硫酸镁的硬度要低，使磨损降低，详见表6-18[23]。国外发展了各种复合剂来满足其润滑要求，其添加剂配方也是在不断变化和发展的，从A到D顺序发展，目前使用D类油，详见表6-19。全世界主要造船厂的四冲程柴油发动机的基本情况和要求见表6-20。

表6-18 无机化合物的物理性质

无机化合物		熔点/℃	分解点/℃	硬度(莫氏度)①
钙	氧化钙	2550	3400	3.5
	羧酸钙	1050	900	3
	硫酸钙	1450	1000	1.5~2
	硅酸钙	1540	—	4.5
钡	氧化钡	1920	2000	3.5
	羧酸钡	1300	1380	3.3
	硫酸钡	1580	1500	3
镁	氧化镁	2500	2800	6.5
	羧酸镁	350	280	4.5
	硫酸镁	1124	1124	3

①莫氏度：滑石=1，石英=7，金刚石=10。

表6-19 中速筒状活塞发动机油添加剂配方变化

油品	A	B	C	D
添加剂类型	无/少量清净剂	仅用清净剂	清净剂、分散剂	性能完全平衡
抗氧性能	差	中等	好	好~优
控制活塞沉积	差	中等	好	好~优
抗腐蚀	差	中等	好	好~优
抗乳化	有时差	满意	好	好~优
碱保持性	差	满意	失败~好	好
水分离性	差	失败	失败~好	好

表6-20 四冲程柴油发动机的基本情况和要求

项目	SEMT	Sulzer	M. A. N.	G. M. T.	K. H. Deutz	Paxman	Mirlees	B & W
最大BMEP	21	21	20	18	18.5	16	17.5	19
汽缸进料速率/GMS/HP/HR	—	0.8~09	0.8~1.2	1.0	1.0	—	—	—
活塞冷却	油	油	油	油	油	套管	油	油

续表

项目	SEMT	Sulzer	M. A. N.	G. M. T.	K. H. Deutz	Paxman	Mirlees	B & W
环槽温度/℃	≤180	≤220	≤190	≤210	≤170	≤250	≤220	≤210
润滑油 TBN 直馏燃料 B 类燃料 （1%~2%硫） 高硫残渣燃料	10 15~20 25~30	MIL-B SAE40 MIL-B SAE40 MIL-B SAE4 25~40	5~10 10~15 15~25	MIL-B SAE30 MIL-B SAE30 MIL-B SAE30 ≥25	7~10 10~15 25	MIL-L-46152 MIL-C —	12 15 20+	2~10 10~16 16~25
衬里磨损类型	磨蚀	磨蚀	磨蚀	磨蚀	磨蚀	磨蚀	磨蚀	磨蚀
平均环寿命	12000	12000	10000~15000	10000+	10000	8000	12000	8000~10000
环黏附/破裂	无	无	无	无	无	Yes-YJ	无	无
环划伤	偶然	偶然	无	好-高功率	内腔抛光倾向	好-onRPH	无	无
槽磨损	轻微	轻微	无	轻微	无	轻微	轻微	无
模拟试验要求	无	无	基础油氧化及调和的 IR	无	无	无	轴承腐蚀试验	无

还应提出的，是船用柴油机所用的燃料大多是劣质的残渣燃料，燃料的含硫量高达2%~5%，因为燃料的费用占整个操作成本的65%，硫含量高的燃料燃烧后将产生大量酸性气体而引起对发动机损害，因此对油品的质量要求更高。对三种润滑油的要求列于表6-21中。

表6-21　船用柴油机油的要求[24]

低速十字头型柴油机		中速筒状活塞式发动机油
汽缸润滑油	系统润滑剂	曲轴箱润滑剂
硫酸中和	好油膜强度	控制活塞沉积和防护环黏结
划痕防护	漏油和燃烧废料的控制	油泥和漆膜控制
良好油膜强度	轴承、曲轴、链条和传动的润滑	锈蚀控制和碱保持
清净力	净化器分离不溶物和水	中和燃烧的酸
活塞、环和排气口清净	低的乳化性	防止轴承腐蚀
抗磨性	锈蚀和氧化抑制	提供耐挤压、耐负荷性能
与系统润滑油相适应	SAE 30	提供良好的水过滤性和分离性
SAE 50	API CB	SAE 40，API CD

综合上述，当代柴油机类型很多，但大致可按单缸功率或转速的范围分类，如表6-22和图6-13所示。

表 6-22　柴油机分类[22,24]

柴油机类别	缸径/mm	常用转速/(r/min)	常见单缸功率/kW	用途
低速(十字头)	760~1060	90~150 (100左右)	1.47×103~2.94×103	货船、散装船、油船
中速筒状活塞	300~600	230~750 (500左右)	3.68×102~1.47×103	货船、散装船、油船、集装箱船、船上辅机、电厂
中高速	200~400	600~1500 (1000左右)	73.6~220.6	铁路机车、电厂、小货船、拖船、拖网船、船上辅机
高速	100~200	600~2250 (2000左右)	22.1~73.6	货车、建筑业、农业、小船、船上辅机、辅助发电机、泵、压缩机
轻型		4000左右	7.36~22.1	小轿车
低功率		1000~4000	2.21~7.36	评定试验机或其他用途

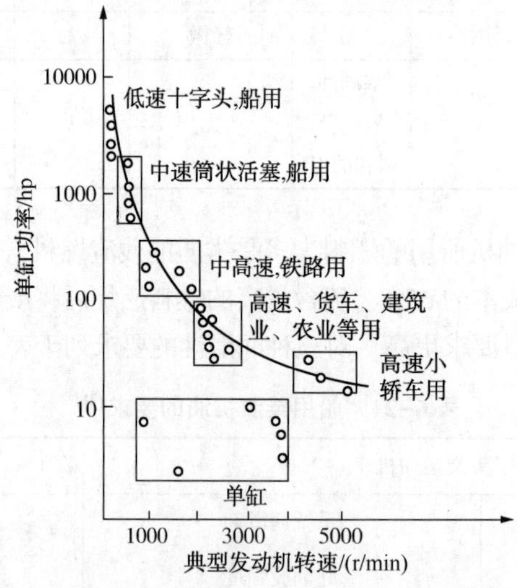

图 6-13　现代柴油机类别(1hp=745.7W)

国内内燃机油复合剂配方发展是相当快的，在各个领域内都开展了工作，也取得了相当大的进展。汽油机油已经有SC至SN级油复合剂，柴油机油有CC和CK-4级油复合剂，通用汽柴油机油复合添加剂有SC/CC、SD/CC、SE/CC、SF/CC、SF/CD。在铁路机车用油方面，国内已经达到第三代和第四代油复合剂的质量水平，基本满足了国内机车用油的要求。拖拉机油大多用柴油机油来满足，二冲程汽油机油有Ⅱ档和Ⅲ档质量水平的复合剂和船用发动机油的汽缸润滑油、系统润滑油和曲轴箱润滑油三种类型的复合剂。

1.3　国内外内燃机油复合添加剂的商品牌号

国内内燃机油复合添加剂的商品牌号见表6-23。国外润英联添加剂公司内燃机油复合剂产品的商品牌号见表6-24。

表 6-23 国内内燃机油复合剂商品牌号

产品代号	黏度/（mm^2/s）	闪点/℃	钙/%	镁/钼/%	氮/硼/%	硫/%	磷/%	锌/%	TBN	主要性能及应用	生产公司
KT30090	100~140	≥180	≥3.0	—	≥0.65	—	—	≥1.4	≥92	通用发动机油复合剂，加7.2%、6.8%和5.8%的量于合适的基础油中，可分别满足SL/CF、SJ/CF和SG/CD质量水平的要求	锦州康泰润滑油添加剂股份有限公司
KT30100	80~120	≥180	≥2.7	≥0.18	≥1.02/≥0.09	≥2.5	≥0.9	≥0.63	≥95	汽油机油复合剂，加7.6%、7.28%和7.6%的量于Ⅱ、Ⅲ类油中，可分别满足SN、SM和SL质量水平的要求	
KT31055	≥100	≥180	≥1.6	≥0.01	≥0.9/0.055	≥2.1	≥0.65	≥0.75	≥66	柴油机油复合剂，加13.6%、13.2%、13%和12.5%的量于Ⅱ、Ⅲ类或合成油中，可分别满足10W-30黏度级别的CK-4/SM、CJ-4SM、CI-4/SM和CH-4/SM等的质量水平的油	
KT31108	100~125	≥180	3.2~3.6	0.016~0.025	0.6~0.75/0.18~0.22		1.1~1.25	1.2~1.4	105~115	柴油机油复合剂，加9.6%、8.6%和6.2%的量于Ⅱ、Ⅲ类油中，可分别满足10W-30黏度级别的CI-4、CH-4和CF-4/SL等的质量水平的油	
KT31140	90~130	≥180	≥5.0	—	≥0.5	—	≥1.4	≥1.6	≥140	柴油机油复合剂，加5.8%、4.0%、和2.8%的量于合适的基础油中，可分别满足CF-4/SG、CD/SF和CC/SE级等的质量水平的油	

续表

产品代号	黏度/(mm²/s)	闪点/℃	钙/%	镁/钼/%	氮/硼/%	硫/%	磷/%	锌/%	TBN	主要性能及应用	生产公司
KT31160	≥150	≥180	≥2.1	—	≥0.65	—	≥0.8	≥0.9	≥68	柴油机油复合剂，加13%和11.5%的量于Ⅱ、Ⅲ类油中，可分别满足10W-30黏度级别的CI-4/SL和CH-4/SL等的质量水平的油	锦州康泰润滑油添加剂股份有限公司
KT31161	105~150	≥180	≥3.0	≥0.025	≥0.6/0.14	—	≥0.95	≥1.1	≥110	柴油机油复合剂，加12%、7.5%、6.2%和4.8%的量于合适的基础油中，可分别满足CI-4(CH-4/SL)、CF-4/SL、CF-4/SJ和CD/SF多级油质量水平的油	
KT33030 A	实测	≥180	—	—	≥1.8	≥2.5	—	—	≥30	二冲程发动机油复合剂，加10%、8%和5%的量，可分别满足EGE、EGD和FC/EGC二冲程发动机油。参考组分比例：35%基础油+30% PIB+5%~10% KT33303A+0.5% KT8602+余量煤油	
KT33070	90~130	≥180	≥2.9	—	≥0.7	—	—	≥1.3	≥92	四冲程摩托车机油复合剂，加7.8%、5.5%。和4.5%的量于合适的基础油中，可分别满足SL、SJ和SF四冲程摩托车机油	
KT34410	110	≥180	≥3.2	—	≥0.5	—	—	≥1.1	≥100	铁路机车油复合剂，加10.5%的量于适当的基础油中，可调制铁路机车三代润滑油	

续表

产品代号	黏度/(mm^2/s)	闪点/℃	钙/%	镁/钼/%	氮/硼/%	硫/%	磷/%	锌/%	TBN	主要性能及应用	生产公司
KT34414	实测	≥180	≥3.3	—	≥0.4	--	—	≥1.1	≥100	铁路机车油复合剂，加14%的量于合适的基础油中，可满足ND4机车和国产高功率铁路机车四代润滑油	锦州康泰润滑油添加剂股份有限公司
KT34415	实测	≥180	≥3.8	—	≥0.56	—	—	≥0.8	≥115	铁路机车油复合剂，加15.6%的量于适当的基础油中，可调制铁路机车五代润滑油	
KT 35320	实测	≥180	≥6.0	—	≥0.25	—	—	≥0.75	≥170	船用汽缸油复合剂，分别加16%、20%和22%于合适的基础油中，可分别满足40TBN50、40TBN65和50TBN70质量水平的船用汽缸油要求	
KT35170	实测	≥180	≥6.0	—	≥0.25	—	—	≥0.75	≥170	中速筒状活塞发动机油复合剂，加7%及再分别补加5%、7%和11% BD P250的量于适当的基础油中，可分别满足12TBN、25TBN、30TBN和40TBN的中速筒状活塞发动机油的要求	
KT32069	实测	≥180	≥1.8	—	≥0.82	—	≥0.5	≥0.65	≥60	双燃料发动机油复合剂，加(9)%、5(5.5)%和4.2(4.5)%的量于合适的基础油中，可分别满足SJ/LPG(多级)、SF(多级)和SE(多级)质量水平的要求	

续表

产品代号	黏度/(mm^2/s)	闪点/℃	钙/%	镁/钼/%	氮/硼/%	硫/%	磷/%	锌/%	TBN	主要性能及应用	生产公司
KT32069B	实测	≥180	1.1~1.3	—	≥0.9/0.1~0.2	—	—	0.72~0.85	40	低灰分天然气发动机油复合剂，加9%的量于合适的基础油中，可满足燃气发动机油的要求	锦州康泰润滑油添加剂股份有限公司
KT32069C	实测	≥180	≥1.5	—	≥1.25	—	—	≥0.7	≥78	低灰分天然气发动机油复合剂，加9.8%的量于合适的基础油中，可调制高级燃气发动机油、重负荷发动机油和固定式燃气发动机油产品	
KT32169	实测	≥180	≥1.8	≥0.06	≥0.95/≥0.2	—	—	≥0.85	≥66	天然气发动机油复合剂，加8.5%的量于合适的基础油中，特别适用于油改气发动机油，可满足CND/LNG/CF-4/SJ质量水平	
T3068	报告	≥170	≥1.8	—	≥0.9	—	≥0.8	≥0.9	≥65	汽油机油复合剂，加7.8%和5.5%于Ⅰ、Ⅱ类基础油中，可分别满足5W-30级别以上的SJ和SG多级油要求	无锡南方石油添加剂有限公司
WX2211	81.57	≥170	≥305	—	≥0.5	—	≥1.6	≥2.1	≥105	汽油机油复合剂，加4.7%、5.6%和6.7%的量于合适的基础油中，可分别满足SG、SJ和SL机油的要求	
WX2212	75.52	≥170	≥2.5	—	≥0.75	—	≥1.1	≥1.15	≥85	汽油机油复合剂，加7.5%和7.8%于合适的基础油中，可分别满足SM和SN级油要求	

续表

产品代号	黏度/(mm^2/s)	闪点/℃	钙/%	镁/钼/%	氮/硼/%	硫/%	磷/%	锌/%	TBN	主要性能及应用	生产公司
WX2165	125	≥170	≥4.3	—	≥0.5	—	—	≥1.8	≥135	柴油机油复合剂，加6.0%和3.7%于合适的基础油中，可分别满足CF-4和CD机油的要求	无锡南方石油添加剂有限公司
WX2166	215	165	≥2.0	—	≥0.8	—	≥0.85	≥0.95	≥70	柴油机油复合剂，加9.5%于合适的基础油中，可满足CH-4级油使用性能	
T2168	实测	≥170	≥3.8	—	≥0.5	—	≥1.2	≥1.4	≥105	柴油机油复合剂，加7.5%和5.5%于合适的基础油中，可分别满足10W-40级别以上的CF-4和CF多级油要求	
T2188	实测	≥170	≥3.4	≥0.33	≥0.7/≥0.12	—	≥0.95	≥1.1	≥125	通用内燃机油复合剂，加10%、11%、9%和10%于Ⅰ、Ⅱ类基础油中，可分别满足10W-30级别以上的CH-4/SJ、CI-4/SL、CH-4和CI-4多级油要求	
T3232	报告	≥170	≥4.4	—	—	—	≥1.5	≥1.5	≥130	通用内燃机油复合剂，加4.2%于Ⅰ、Ⅱ类基础油中，可满足15W-40级别以上的SF/CD多级油要求	
WX3129	实测	≥180	≥5.0	—	≥0.3	—	—	≥0.8	≥150	船用系统油复合剂，加4.9%于合适的基础油中，可满足船用系统油要求	

续表

产品代号	黏度/（mm^2/s）	闪点/℃	钙/%	镁/钼/%	氮/硼/%	硫/%	磷/%	锌/%	TBN	主要性能及应用	生产公司
WX3128	报告	≥170	≥6.8	—	—	—	—	≥0.38	≥195	中速筒状发动机油复合剂，不同的加剂量可分别调制 TBN12、TBN25 和 TBN40 的中速筒状发动机油	无锡南方石油添加剂有限公司
WX3130	报告	≥170	≥10.5	—	—	—	—	—	≥312	船用汽缸油复合剂，加 22.5% 于合适的基础油中，可调制 TBN70 的低速十字头船用汽缸油	
RF6133	报告	≥170	≥2.65	—	≥0.75	—	≥1.75	≥1.95	≥90	汽油机油复合剂，加 4% 和 4.3%的量于合适的基础油中，可分别配制 15W-40 的 SE 和 10W-30 的 SF 质量级别的油	新乡市瑞丰新材料股份有限公司
RF6141	报告	≥170	≥3.3	≥0.1	≥0.8	—	≥1.35	≥1.5	≥105	汽油机油复合剂，加 5.6%的量于合适的基础油中，可配制 SG 规格的油	
RF6152	报告	≥170	≥1.85	—	≥0.95	—	0.8~1.2	≥1.85	≥68	汽油机油复合剂，加 7.2%的量于合适的基础油中，可配制 5W-30 的 SJ 规格的多级油	
RF6162	报告	≥170	≥2.15	≥0.03	≥1.35	—	0.85~1.05	≥0.98	≥88	汽油机油复合剂，加 7.6%的量于合适的基础油中，可配制 5W-30 的 SL 规格的多级油	
RF6170	报告	≥180	≥1.7	—	≥0.8	≥1.45	—	≥0.8	≥64	汽油机油复合剂，加 9.0%的量于合适的基础油中，可配制 SM 规格的油	

续表

产品代号	黏度/(mm^2/s)	闪点/℃	钙/%	镁/钼/%	氮/硼/%	硫/%	磷/%	锌/%	TBN	主要性能及应用	生产公司
RF6173	报告	≥180	≥2.3	—	—	报告	—	≥0.9	≥85	汽油机油复合剂，加9.6%的量于合适的基础油中，可配制SN规格的油	新乡市瑞丰新材料股份有限公司
RF6175	报告	≥180	—	≥0.04	—	≥1.9	—	≥0.85	≥75	汽油机油复合剂，加7.6%和9.0%的量于合适的基础油中，可分别配制SM和SN规格的油	
RF6033	报告	≥180	≥5.65	—	0.5	—	—	≥0.85	≥160	柴油机油复合剂，加4%和5%的量于合适的基础油中，可分别配制CD单级及10W-30以上的多级油要求	
RF6042	报告	≥170	≥3.8	—	≥0.6	—	≥1.3	≥1.4	≥105	柴油机油复合剂，加7.4%的量于合适的基础油中，可配制10W-40以上黏度级别的CF-4规格的多级油要求	
RF6061	报告	≥170	≥1.7	—	≥0.6	—	≥0.9	≥1.1	≥71	柴油机油复合剂，加10.8%的量于合适的基础油中，可配制CH-4规格的15W-40以上的多级油要求	
RF6066	227	≥180	3.0	—	—	—	1.1	1.3	106	柴油机油复合剂，加8.5%和10.5%的量于合适的基础油中，可分别配制CH-4和CI-4规格的油	
RF6071	250	≥180	2.3	—	—	—	1.2	1.3	85	柴油机油复合剂，加13.4%的量于合适的基础油中，可配制CI-4规格的油	

续表

产品代号	黏度/(mm²/s)	闪点/℃	钙/%	镁/钼/%	氮/硼/%	硫/%	磷/%	锌/%	TBN	主要性能及应用	生产公司
RF6072	250	≥180	2.3	—	—	—	1.2	1.3	85	柴油机油复合剂，加 13.4%的量于合适的基础油中，可配制 CI-4⁺规格的油	新乡市瑞丰新材料股份有限公司
RF6500	报告	—	3.38	0.092	—	—	1.58	1.8	107	通用内燃机油复合剂，加 4.2%、4.8%和 5.8%的量于合适的基础油中，可分别配制 SL/CF、SJ/CF 和 SG/CD 规格的油品	
RF6163	90	≥170	0.8	—	0.9	—	—	—	42	二冲程摩托车油复合剂，加 4%和 5.5%的量于合适的基础油中，可分别配制 FB 和 FC 规格的摩托车油	
RF6164	81	≥180	3.1	—	0.8	—	1.9	2.2	95	四冲程摩托车油复合剂，加 4.5%、5.0%、5.5%和 6.0%的量于合适的基础油中，可分别配制 SF、SG、SJ 和 SL 规格的四冲程摩托车油	
RF6204	报告	≥170	≥1.6	—	≥1.35	—	≥0.6	≥0.7	≥60	天然气发动机油复合剂，加 11.8%的量于合适的基础油中，可配制 5W-40 的天然气发动机油	
RF6302	实测≥145	—	≥5.2	—	≥0.4	—	—	≥0.95	≥145	船用系统油复合剂，加 5.5%的量于合适的基础油中，可配制船用系统油	
RF6312	报告	≥180	≥12	—	—	—	—	—	≥320	船用汽缸油复合剂，加 16%、21%和 22%的量于合适的基础油中，可分别配制 50、65 和 70TBN 规格的汽缸油	

续表

产品代号	黏度/(mm^2/s)	闪点/℃	钙/%	镁/钼/%	氮/硼/%	硫/%	磷/%	锌/%	TBN	主要性能及应用	生产公司
RF6323	报告	≥180	≥2.8	—	≥0.5	—	≥1.3	≥1.6	≥90	中速筒状活塞发动机油复合剂，玉 RF6324 复合可分别配制 12、20、30、40、50 和 55TBN 中速筒状活塞发动机油	新乡市瑞丰新材料股份有限公司
KH 3066	—	≥200	≥2.5	—	≥0.65	—	≥0.6	≥0.65	—	天然气发动机油复合剂，具有灰分低、清净分散能力强、高温抗氧和抗磨效果好的特点，加 8% ~9%于合适的基础油中，可满足烧天然气的发动机油	滨州市坤厚化工有限责任公司
KH 3067	—	≥200	≥3.2	—	≥0.8	—	≥0.4	≥0.7	—	双燃料汽油机油复合剂，加 4.7%（5.8%）、5.6%（6.2%）、7.0%（7.6%）和 8.5%（9.3%）于合适的基础油中，可分别满足 SF（多级）、SG（多级）、SJ（多级）和 SL（多级）质量水平的油	
KH 3068	—	≥200	≥3.5	—	≥0.4	—	≥0.8	≥1.0	—	汽油机油复合剂，加 4.3%（5.2%）、5.0%（5.5%）、6.0%（6.5%）和 7.3%（8.0%）于Ⅰ、Ⅱ类基础油中，可分别满足 SF（多级）、SG（多级）、SJ（多级）和 SL（多级）级质量水平的油	
KH 3071	—	≥200	≥2.8	—	≥0.9	—	0.6~0.8	≥0.8	110	汽油机油复合剂，加 10% 和 11%于Ⅰ/Ⅱ类基础油中，可分别满足 SM 和 SN 级汽油机油质量水平的油	

续表

产品代号	黏度/(mm^2/s)	闪点/℃	钙/%	镁/钼/%	氮/硼/%	硫/%	磷/%	锌/%	TBN	主要性能及应用	生产公司
KH 3148	—	≥200	≥3.4	—	≥0.48	—	≥0.8	≥1.0	110	柴油机油复合剂，加4.0%(3.8%)和8.0%(7.5%)于Ⅰ类(Ⅱ类)基础油中，可分别满足CD和CF-4级质量水平的油	滨州市坤厚化工有限责任公司
KH 3158	报告	≥200	≥3.6	—	≥0.46	—	≥0.8	≥0.9	100	柴油机油复合剂，加4.2%(4.0%)和8.5%(8.0%)于Ⅰ类(Ⅱ类)基础油中，可分别满足CD和CF-4级质量水平的油	
KH 3161	—	≥200	≥3.0	—	—	—	≥0.8	≥0.85	110	柴油机油复合剂，加11%于Ⅰ/Ⅱ类基础油中，可满足CH-4级柴油机油使用性能	
KH 3171	—	≥200	≥3.5	—	≥0.5	—	≥0.7	≥0.7	100	柴油机油复合剂，加12%于Ⅰ/Ⅱ类基础油中，可满足CI-4级柴油机油使用性能	
KH 3167	报告	≥200	≥3.2	—	—	—	≥0.7	≥0.85	110	双燃料柴油机油复合剂，加8.0%和11.5%于合适的基础油中，可分别满足多级的CF-4和CH-4级柴油机油使用性能	
KH 3212	—	≥200	≥3.5	—	≥0.4	—	≥0.8	≥1.0	110	通用内燃机油复合剂，加7.6%(7.8%)和5.0%(5.4%)于Ⅰ、Ⅱ类基础油中，可分别满足SG/CF-4单级(多级)、SF/CF单级(多级)等级质量水平的油	

续表

产品代号	黏度/(mm^2/s)	闪点/℃	钙/%	镁/钼/%	氮/硼/%	硫/%	磷/%	锌/%	TBN	主要性能及应用	生产公司
KH 3084	实测	≥180	≥2.0	—	≥0.6	≥3.5	—	≥1.0	65	四冲程摩托车油复合剂，加4.5%、5.0%、7.0%和8.0%于合适的基础油中，可分别满足SE、SF、SH和SJ级质量水平的油	滨州市坤厚化工有限责任公司
KH 3082	报告	≥180	≥0.6	—	≥0.7	≥1.6	—	≥1.0	23	二冲程摩托车油复合剂，加4.4%和5.4%于合适的基础油中，可分别满足FB和FC质量级别水平的油	
KH3416	实测	≥200	≥3.0	—	≥0.4	—	—	≥1.1	100	铁路机车四代发动机油复合剂，加14%于Ⅱ/Ⅲ类基础油中，可满足四代铁路机车发动机油的使用性能	
KH 3601	报告	≥150	≥0.8	—	≥1.7	≥4.5	—	≥2.0	—	拖拉机液压传动多用油复合剂，加4%~5%于合适的基础油中，可满足拖拉机液压传动油的要求	
KH 3548	—	≥200	≥5.0	—	≥0.4	≥2.5	—	≥1.0	145	船用油复合剂，加4%和8%于基础油中，可分别调制TBN6和TBN12的船用系统油，加10%可调制TBN15的中速筒状活塞发动机油	
KH 3530	—	≥200	≥7.5	—	—	—	—	≥0.5	200	中速筒状活塞发动机油复合剂，可分别调制TBN12、TBN20、TBN30和TBN40的中速筒状活塞发动机油	

续表

产品代号	黏度/(mm^2/s)	闪点/℃	钙/%	镁/钼/%	氮/硼/%	硫/%	磷/%	锌/%	TBN	主要性能及应用	生产公司
KH 3570	—	≥200	≥12.0	—	—	—	—	≥0.1	320	船用十字头汽缸油复合剂，加12.5%、15.8%和22%于合适的基础油中，可分别调制TBN40、TBN50和TBN70的船用十字头汽缸油	滨州市坤厚化工有限责任公司
T6080	实测	≥200	≥3.0	—	≥0.5	—	≥1.0	≥1.0	—	汽油机油复合剂，加4.5%、5.0%、7.0%、9.0%和11.0%的量于Ⅰ、Ⅱ类基础油中，可分别满足SF、SG、SJ、SL和SM质量级别的汽油机油	淄博惠华石油添加剂有限公司
T8011	实测	≥200	≥3.0	—	≥0.5	—	≥1.0	≥1.0	—	柴油机油复合剂，加5.0%、7.0%、9.0%和11.0%的量于Ⅰ、Ⅱ类基础油中，可分别满足CD、CF-4、CH-4和CI-4质量级别的柴油机油	
HP8080	报告	≥170	≥2.1	—	≥1.35	—	0.85~1.00	≥0.98	≥85	汽油机油复合剂，加8.6%满足API SL/GF-3多黏度级别发动机油的要求	上海海润添加剂有限公司
HD6060	报告	≥170	≥1.7	—	≥1.0	—	≥0.9	≥1.1	≥71	柴油机油复合剂，加10.5%满足API CH-4多黏度级别发动机油的要求	
HD6041	≤105	≥180	≥5.25	—	—	≥0.45	—	≥0.77	≥145	柴油机油复合剂，加5.3%、4.0%分别可满足API CD多级和全部单级发动机油的要求	

续表

产品代号	黏度/(mm²/s)	闪点/℃	钙/%	镁/钼/%	氮/硼/%	硫/%	磷/%	锌/%	TBN	主要性能及应用	生产公司
HP8100	报告	≥170	≥1.2	≥0.4	—	—	≥0.7	≥0.8	≥75	汽油机油复合剂，加8.7%满足API SP/GF-6多黏度级别发动机油的要求	上海海润添加剂有限公司
HP8070	报告	≥170	≥1.9	—	—	≥0.95	0.8-1.2	≥1.09	≥65	汽油机油复合剂，加7.8%满足API SJ多黏度级别发动机油的要求	
HD6050	报告	≥170	≥3.8	—	—	≥0.5	≥1.2	≥1.4	≥110	柴油机油复合剂，加7.6%满足API CF-4多黏度级别发动机油的要求	
HD6070	报告	≥170	≥1.7	无	≥1	—	≥0.9	≥1.1	≥80	柴油机油复合剂，加9.8%满足API CH-4多黏度级别发动机油的要求	
HP6080	报告	≥170	≥2.6	—	—	≥0.75	≥1.7	≥1.97	≥88	汽油机油复合剂，加4.3%满足API SF的单级和多级汽油机油要求	
T3503	报告	≥170	≥9.3	—	—	—	—	—	≥246	船用油复合剂，加28.7%满足5070汽缸油要求	
T3502	报告	≥170	≥9.2	—	—	—	—	—	≥243	船用油复合剂，加15.6%满足5040汽缸油要求	
HD6070	报告	≥170	≥1.7	无	≥1.0	—	≥0.9	≥1.1	≥71	柴油机油复合剂加13.4%满足API CI-4多黏度级别发动机油要求	
HD6080	报告	≥170	≥1	无	≥0.8	1.6~2.5	0.65~0.78	≥0.7	≥50	柴油机油复合剂加15.3%满足API CK-4多黏度级别发动机油要求	

续表

产品代号	黏度/(mm²/s)	闪点/℃	钙/%	镁/钼/%	氮/硼/%	硫/%	磷/%	锌/%	TBN	主要性能及应用	生产公司
RHY3151C	—	—	—	—	0.48	3.64	1.64	—	111	柴油机油复合剂，加5.85%的量于合适的基础油中，可调制CF-4规格的油品	兰州润滑油研究开发中心
RHY3153E	—	—	—	—	1.02	2.72	1.06	—	116	柴油机油复合剂，加10.6%的量于合适的基础油中，可调制CI-4/CH-4规格的油品	
RHY3404	—	—	—	—	0.41	1.59	0.75	—	96	铁路机车油复合剂，加剂量13.2%，于合适的基础油中，可满足ND5机车和国产东风系列的大马力机车的用油要求	
RHY3154	—	—	—	—	1.14	2.72	0.55	—	69	柴油机油复合剂，加14.1%的量于适宜的基础油中，可调制长效节能柴油机油	
RHY3064C	—	—	5.0	—	—	3.5	1.5	—	140	汽油机油复合剂，加4.4%可满足SJ规格的油品，然后再补加0.3%ZDDP，可调制SJ质量级别的四冲程摩托车油	
RHY3072A	—	—	3.4	—	—	4.3	1.3	—	111	汽油机油复合剂，加5.7%可满足SL规格的油品，然后再补加0.3%ZDDP，可调制SL质量级别的四冲程摩托车油	

续表

产品代号	黏度/(mm²/s)	闪点/℃	钙/%	镁/钼/%	氮/硼/%	硫/%	磷/%	锌/%	TBN	主要性能及应用	生产公司
RHY3071	—	—	1.5	—	—	1.9	0.7	—	64	汽油机油复合剂，加12.4%于适宜的基础油中，可满足SL规格的油品，然后再补加适量减摩剂后可调合满足GF-3的5W-40多级油	兰州润滑油研究开发中心
RHY3073A	—	—	1.0	—	—	2.4	0.8	—	84	汽油机油复合剂，加9.1%的量于适宜的基础油中，可调合满足要求抗低速早燃节能汽油机油	
RHY3053	130	—	—	—	0.94	1.92	—	—	63.6	汽油机油复合剂，具有低磷、节能的特点，加12.4%的量于合适的基础油中，可调制5W-30黏度级别的SL级的多级汽油机油；补加0.75%减摩剂后还可以调制GF-3 5W-40高黏度节能汽油机油	中国石油润滑油分公司
RHY3064	307.2	—	—	—	0.90	2.06	—	—	70.0	汽油机油复合剂，加8.8%的量于合适基础油中，可调制5W-30黏度级别的SL级汽油机油，补加0.7%减摩剂后还可以调制GF-3、5W-30节能汽油机油	
RHY3071	130.9	—	—	—	0.94	1.92	—	—	60.3	低磷汽油机油复合剂，加12.4%的量于合适的基础油中，可以调制5W-30的SL规格的汽油机油，再补加0.75%减摩剂后还可以调制5W-40的GF-3汽油机油	

续表

产品代号	黏度/(mm²/s)	闪点/℃	钙/%	镁/钼/%	氮/硼/%	硫/%	磷/%	锌/%	TBN	主要性能及应用	生产公司
RHY3072	182.9	—	—	—	0.9	2.06	—	—	70	汽油机油复合剂，加剂量 8.8%于合适的基础油中，可以调制 5W-30 的 SL 规格油，再补加 0.7%减摩剂后还可以调制 5W-30 的 GF-3 规格油	中国石油润滑油分公司
RHY3073	123.4	—	—	—	0.89	1.62	—	—	74.3	汽油机油复合剂，加 9.1%于合适的基础油中，可以调制 5W-30 的 SN 汽油机油，再补加 0.7% 减摩剂后可调制 5W-30 的 SM/GF-4 油	
RHY3121	103.4	—	5.1	—	—	—	—	—	150	柴油机油复合剂，加 7.2%的量于合适的基础油中，可调制 5W-40 的高碱值 CD 柴油机油	
RHY3150	135.8	—	—	—	4.9	1.92	—	—	81.5	柴油机油复合剂，加 14%的量于合适的基础油中，可调制 10W-40 的 CH-4 规格的油品	
RHY3151B	138.4	—	—	—	0.52	3.51	—	—	100	柴油机油复合剂，加 7.6%的量于合适的基础油中，可调制 10W-40 的 CF-4 质量级别的油	
RHY3152	376.3	—	—	—	0.64	2.62	—	—	126	柴油机油复合剂，加 4.7%的量于合适的基础油中，可以调制 15W-40 的 CD 质量级别的油品	

续表

产品代号	黏度/(mm^2/s)	闪点/℃	钙/%	镁/钼/%	氮/硼/%	硫/%	磷/%	锌/%	TBN	主要性能及应用	生产公司
RHY3153	135.8	—	—	—	0.49	1.92	—	—	81.5	柴油机油复合剂，加17%的量于合适的基础油中，可调制10W-30的CI-4、CI-4+质量级别的油品	中国石油润滑油分公司
RHY3061A	47.92	—	—	—	—	—	1.02	—	71.0	四冲程摩托车油复合剂，加10.1%的量于合适的基础油中，可调制SJ质量级别的四冲程摩托车油	
RHY3601	80.47	—	—	—	—	—	2.07	0.66	45.6	加9.0%的量于合适的基础油中，可以调制10W-40以上黏度级别的重负荷燃气发动机油和低灰型固定式燃气发动机油	
RHY3601A	84.15	—	—	—	0.87	—	2.07	—	37.8	加10.1%的量于合适的基础油中，可以调制10W-40以上黏度级别的重负荷燃气发动机油	
RHY3701	107	—	—	—	1.25	—	—	—	33.1	无灰燃气发动机油复合剂，加7.8%的量于合适的基础油中，可调制固定式燃气发动机油，满足二冲程天然气发动机及天然气压缩机(组)的润滑需求	
RHY3704	74.55	—	—	—	0.923	3.86	—	—	84.9	加8.5%的量于合适的基础油中，可调制固定式燃气发动机油，满足四冲程天然气发动机及天然气压缩机(组)的润滑需求	

续表

产品代号	黏度/(mm²/s)	闪点/℃	钙/%	镁/钼/%	氮/硼/%	硫/%	磷/%	锌/%	TBN	主要性能及应用	生产公司
RHY3705	65.69	—	—	—	0.957	4.0	—	—	75.8	双燃料发动机油复合剂，加9.5%的量于合适的基础油中，可调制双燃料发动机油	中国石油润滑油分公司
RHY3404	95.2	—	—	—	0.41	1.59	—	—	96	铁路机车润滑油复合剂，加13.2%的量于合适的基础油中，可以调制20W-40黏度级别的铁路机车四代润滑油	
RHY3125	91.25	—	6.92	—	1.46	—	—	—	192	船用发动机油复合剂，加3.85%的量于合适的基础油中，可调制内河、近海船舶柴油机使用要求	
RHY3511	33.5	—	5.19	—	—	—	—	—	131	船用发动机油复合剂，加3.85%的量于合适的基础油中，可调制低速十字头二冲程柴油发动机油和船用系统油的要求	
RHY3533	88	—	10.8	—	—	—	—	—	320	船用发动机油复合剂，加22.0%和31.5%的量于合适的基础油中，可分别调制TBN70和TBN120低速二冲程十字头柴油机油	

续表

产品代号	黏度/(mm^2/s)	闪点/℃	钙/%	镁/钼/%	氮/硼/%	硫/%	磷/%	锌/%	TBN	主要性能及应用	生产公司
XT-3200	实测	≥180	≥2.5	≥0.19/≥0.15	≥1.05/≥2.10	≥2.10	≥0.78	≥0.91	≥96	汽油机油复合剂，加8.5%、7.5%和7.8%的量，可分别满足SN、SM和GF-5级别性能要求	锦州新兴石油添加剂有限责任公司
XT-3282	实测	≥180	≥2.67	≥0.12	≥0.75	—	≥1.5	≥1.81	≥83	汽油机油复合剂，加7.8%、6.6%、5.3%、4.7%、4.1%和3.6%的量，可分别满足SM、SL、SJ、SG、SF和SE性能要求	
XT-63285	实测	≥180	≥3.40	—	0.54	—	≥1.4	≥1.8	≥106	汽油机油复合剂，加6.6%和5.3%的量，可分别满足SL和SJ性能要求	
XT-3199	实测	≥180	≥0.91	≥0.38/≥0.06	≥0.9/≥0.22	≥2.14	≥0.75	≥0.85	≥50	通用汽、柴油机油复合剂，加14.7%、14.2%和13.8%的量，可分别满足CJ-4、CI-4⁺和CI-4、CF/SM规格的要求	
XT-63295	报告	—	≥3.07	≥0.175/≥0.01	≥0.65/≥3.07	—	≥0.92	≥1.02	94	柴油机油复合剂，以11.95%和11.40%的量于Ⅱ、Ⅲ、Ⅳ类基础油中，可分别满足CI-4和CH-4性能要求	
XT-3263	报告	≥180	≥3.3	0.13	0.65	—	≥1.2	≥1.5	105	柴油机油复合剂，加入11.8%、8.3%、6.0%和4.8%的量，可分别满足CI-4、CH-4、CF-4和CF规格性能的要求	

续表

产品代号	黏度/(mm²/s)	闪点/℃	钙/%	镁/钼/%	氮/硼/%	硫/%	磷/%	锌/%	TBN	主要性能及应用	生产公司
XT-3199	实测	≥180	≥0.91	≥0.38/≥0.06	≥0.9/≥0.22	≥2.14	≥0.75	≥0.85	≥50	通用汽、柴油机油复合剂，加14.7%、14.2%和13.8%的量，可分别满足 CJ-4、CI-4⁺和 CI-4、CF/SM 规格的要求	锦州新兴石油添加剂有限责任公司
XT-3201	实测	实测	1.96	—	0.89	—	0.73	0.89	90	加入8.5%的量，可满足大型固定式和大功率移动式 CNG 天然气发动机性能要求	
XT-3067	143	180	1.17	—	0.89/0.10	—	0.68	0.76	47.8	加剂量10.5%，用于液化石油气(LNG)、压缩天然气(CNG)为燃料的发动机或液化石油气/汽油、压缩天然气/汽油、双燃料发动机油	
XT-3307	实测	—	≥2.6	—	≥0.6	—	≥1.4	—	≥80	加入6.6%、5.5%、5.0%、4.5%，可分别满足 SL、SJ、SG、SF 级别档次	
XT-3281	报告	≥170	≥2.2	—	≥1.0	8.0	≥2.6	—	—	拖拉机三用油复合剂，加剂量4%~4.5%	
XT-64312	实测	≥180	≥3.2	—	0.38	—	—	—	≥110	铁路机车油复合剂，加14%剂量于适当的基础油中，可调制满足 ND4 机车和国产铁路机车四代润油	

续表

产品代号	黏度/(mm²/s)	闪点/℃	钙/%	镁/钼/%	氮/硼/%	硫/%	磷/%	锌/%	TBN	主要性能及应用	生产公司
XT-3595	≥118	≥180	≥1.2	—	—	—	—	—	≥320	加入12.5%、16%和22%的量，可分别满足40TBN、50TBN和70TBN船用汽缸油	锦州新兴石油添加剂有限责任公司
KFD3000(T3253)	≥100	≥150	≥5.0	—	—	≥2.5	≥0.9	—	—	柴油机油复合剂，加4.5%和6%~6.5%的量，可分别配制CD和CF-4规格的油	沈阳长城润滑油制造有限公司
KFD3600(T3256)	135	190	2.4	—	0.5	—	0.85	0.93	88	通用内燃机油复合剂，加12%和10.5%的量，可分别配制CI-4/SL和CH-4/SJ规格的油	
TC-8800	60~80	≥170	≥2.0	—	≥0.9	—	≥1.0	≥1.2	≥100	加4.5%的量，可满足CD的柴油机油要求	石家庄市藁城区天成油品添加剂厂
TC-8801	60~80	≥180	≥1.5	—	≥1.0	—	≥1.0	≥1.0	≥110	加6.0%的量，可满足CF-4的柴油机油要求	
TC-8802	60~80	≥180	≥1.5	—	≥1.0	—	≥0.8	≥1.0	≥120	加9.0%的量，可满足CH-4的柴油机油要求	
TC-8803	60~80	≥180	≥2.5	—	≥1.0	—	≥1.2	≥1.0	≥130	加12.0%的量，可满足CI-4的柴油机油要求	
TC-3800	60~80	≥180	≥2.0	—	≥0.8	—	≥1.2	≥1.2	≥110	加4.5%的量，可满足SF的汽油机油要求	
TC-3801	60~80	≥180	≥2.0	—	≥1.0	—	≥1.0	≥1.0	≥115	加5.0%和5.8%及7.5%的量，可分别满足SG及SJ和SL的汽油机油要求	

续表

产品代号	黏度/(mm^2/s)	闪点/℃	钙/%	镁/钼/%	氮/硼/%	硫/%	磷/%	锌/%	TBN	主要性能及应用	生产公司
TC-3802	50~70	≥180	≥2.0	—	≥0.8	—	≥1.2	≥1.2	≥120	加9.2%和10.5%的量，可分别满足SM及SN的汽油机油要求	石家庄市藁城区天成油品添加剂厂
TC-3611	60~80	≥180	≥1.5	—	≥1.0	—	≥1.0	≥1.0	≥110	加7.0%的量，可满足SF/CF-4发动机油的要求	
DG32301	实测	≥180	≥3.0	—	≥0.6	—	≤1	≥1.0	85.95	通用发动机油复合剂，加11.5%的量于合适的基础油中，可满足CI-4/SL油质量水平的要求	锦州东工石化产品有限公司

表6-24　润英联添加剂公司内燃机油复合剂产品的商品牌号

产品代号	黏度/(mm^2/s)	闪点/℃	钙/%	镁/钼/%	氮/硼/%	硫/%	磷/%	锌/%	TBN	主要性能及应用
Infineum S1880	126	184	2.67	—	0.64	—	1.70	1.87	84	汽油机油复合剂，加6.6%、5.25%和4.5%(+0.22%ZDDP)的量于合适的基础油中，可满足10W-30黏度级别以上的SL、SJ和SG多级润滑油规格，以及JASO MA/MA2四冲程摩托车用油规格
Infineum P5206	134	180	2.44	0.11	0.85	—	1.01	1.11	89	汽油机油复合剂，加7.6%的量于合适的基础油中，配合非分散型VII，可调配满足5W-20以上SN多级润滑油规格
Infineum P5706	72	—	2.46	0.04	0.79	—	0.77	0.84	85	PCMO复合剂，加9.8量于合适的基础油中，可调配分别满足0W-20以上SN和10W-40以上的GF-5/SN多级润滑油规格
Infineum P5810	144	178	1.08	1.1	0.9/0.06	2.5	1.0	1.1	102	ACEA汽油机油复合剂，加10.8%于Ⅱ类基础油中，可调配分别满足10W-40以上的ACEA A3/B4与SN多级润滑油规格，以及MB-229.3等规格

续表

产品代号	黏度/(mm^2/s)	闪点/℃	钙/%	镁/钼/%	氮/硼/%	硫/%	磷/%	锌/%	TBN	主要性能及应用
Infineum P6660	179	≥110	2.02	—	0.69/0.05	—	0.72	0.79	76	“全SAPS”客车润滑油复合剂，加13.3%的量于Ⅲ类基础油中，符合API SL、API SM、SN、CF、ACEA A3/B4-10、A3/B3-10、A5/B5-10、A1/B1-10、MB 229.5 和 VW 501 01、502 00、505 00等规格
Infineum D1248	129	183	0.67	2.51	0.53	—	1.48	1.62	141	柴油机油复合剂，加6.5%的量于合适的基础油中，可满足10W-30黏度级别以上的CF-4多级油规格
Infineum D3384	164	180	1.07	1.01	0.72	—	1.28	1.41	93.5	内燃机油复合剂，加9.2%、8.05%和6.9%的量于合适的基础油中，可分别满足10W-40的CH-4/SJ、CG-4/SH/SG及CF-4/SH/SG多级油性能要求的油品
Infineum D3451	146	182	0.89	0.88	0.70	—	1.08	1.18	77	内燃机油复合剂，加11.9%和11.0%的量于Ⅰ或Ⅱ类基础油中，可分别满足15W-40的CI-4/SL和CH-4/SJ性能级别的油品
Infineum D3494	170	201	—	0.05	—	2.21	—	—	75	柴油机油复合剂，加13.2%的量于合适的基础油中，可满足15W-40黏度级别CJ-4质量规格以及OEM特定的油品
Infineum D3503	183	184	—	0.69/0.05	0.75	1.99	0.79	0.87	68	优质柴油机油复合剂，加14.5%的量于合适的基础油中，可满足10W-30黏度级别的API CK-4及FA-4和OEM性能规范的发动机油
Infineum M7280	125	188	1.06	—	0.9	—	0.24	0.26	53.5	天然气发动机油复合剂，加9.2%、10.5%、11.7%和12.1%的量于合适的基础油中，可分别满足SAE40/15W-40黏度级别的含0.41%、0.47%、0.54和0.54%灰分的天然气发动机油

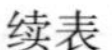

续表

产品代号	黏度/(mm^2/s)	闪点/℃	钙/%	镁/钼/%	氮/硼/%	硫/%	磷/%	锌/%	TBN	主要性能及应用
Infineum M7180A	85	180	13.0	—	—	—	—	—	350	350TBN 的钙清净剂，专门为调和高性能船用中速筒状柴油机油而开发的清净剂，该剂与 M7081A 复合剂一起用于调配各种高碱值润滑油，详见 Infineum M7081A
Infineum M7081A	46	155	—	—	1.11	—	0.95	1.05	31	船用中速筒状柴油机油复合剂，加(M7081A+M7180A)1.5+1.6%、4.6+3.4%、4.6+8.4、4.6+11.4%、4.6+14.4%%和4.6+15.8%的量于合适的基础油中，可分别配制 6、12、30、40、50 和 55TBN 船用中速筒状柴油机油
Infineum S810	195	160	—	—	1.24	—	—	—	—	二冲程舷外机油复合剂，具有极低的水生动物毒性，加 20.3%~21.1%的量于合适的溶剂和基础油中，可满足 NMMA TC-W3 规格要求
Infineum S911	89	≥120	—	—	0.76	—	—	—	46	二冲程摩托车油复合剂，配合 PIB 的使用，加 1.3%、1.7%、2.25%和2.5%的量于合适的基础油中，可分别满足 JASO FB 及 ISO-L-EGB、JASO FC 及 ISO-L-EGC、API TC 和 ISO-L-EGD 规格要求
Infineum T4311	81	130	—	—	1.5	0.55	0.4	—	—	加 10.0%的量与适当的黏度改进剂和基础油配合，适用于 FFL2 或 FFL4 的 DCT 应用

第2节　齿轮油复合添加剂

2.1　概况

齿轮传动是工业上最常用的运动和能量传递方式，多半以极压为特点，极易造成摩擦磨损。随着现代技术的不断发展，机械设备向着体积小、重量轻、高效率和长寿命的方向发展，齿轮传动则向重载、高速方向发展。

齿轮类型一般有正齿轮、螺旋齿轮、斜(伞)齿轮和蜗轮蜗杆。而现代齿轮技术的发展源于美国1925年在汽车上采用了准双曲线齿轮[25]。这是因为准双曲面齿轮具有较高负荷承载能力，并稳定、平衡和有效地运转。但准双曲面齿轮是滑动和滚动相结合，接触面间的相对滑动速度较大，使润滑剂承受更苛刻的条件。因此，准双曲面齿轮要求齿轮油的极压防护水平比其他任何形式的齿轮要高[26]。

相互作用齿轮间的滑动和滚动数量会因齿轮的类型有很大的不同，对于直齿的正齿轮，在同一时间内每个啮合齿轮仅有一个齿支撑载荷，而角齿轮和曲线齿轮则被设计成在同一时间内允许每个啮合齿轮中多于一个齿来支撑载荷，这样就可以增加其承载能力。因为滑动和滚动的数量以及各种齿轮类型的承载能力是会明显变化的，所以其齿轮油的性能要求也会相应发生变化，也就是在油中添加的添加剂的变化。如轻负荷的直齿轮要求其齿轮油仅仅需要具有锈蚀和氧化抑制剂，而重负荷的准双曲面齿轮则要求其齿轮油具有高水平的极压添加剂。在蜗轮蜗杆中，其运动几乎全部是滑动和轻负荷的，并且小的蜗轮蜗杆为了更好的耐滑动磨损性还可以由青铜制造而成。对于这种类型的齿轮油要加摩擦改进剂。一些通用齿轮类型见表6-25[27,28]，齿轮示意图见图6-14。

表6-25　一般齿轮类型和性能

齿轮类型	齿轮装置的结构	注解
正齿轮	平行于齿轮轴切成的直齿	用于中等载荷和中等速度
斜齿轮	与齿轮轴成一个角度切成的齿	用于正齿轮更高的速度和载荷
双螺旋齿轮	呈“V”形切成的齿	相似于准双曲面齿轮，但齿轮的“V”齿可以消除轴载荷
锥齿轮	在斜截锥形的有角表面上切成的直齿	用于改变轴运动方向，它们的轴中心线相交并且成直角。用于中等载荷和中等速度
弧齿锥齿轮	相似于锥齿轮，但是在径向上呈一定角度切成的齿	用于比锥齿更高的速度和载荷，比锥齿轮运动安静
准双曲面齿轮	相似于弧齿锥齿轮，但齿切成可以适应不同平面上的轴中心线	用于高负荷和低噪声运行，啮合齿轮之间的相互作用是严格的滑动。齿的载荷可以很高，这就要求其齿轮油具有更好的极压性能
蜗轮蜗杆	齿轮盘与螺旋齿轮呈直角转动	啮合齿轮的接触是严格的滑动。具有适当的齿轮齿设计时，啮合齿的载荷可以保持在很低水平

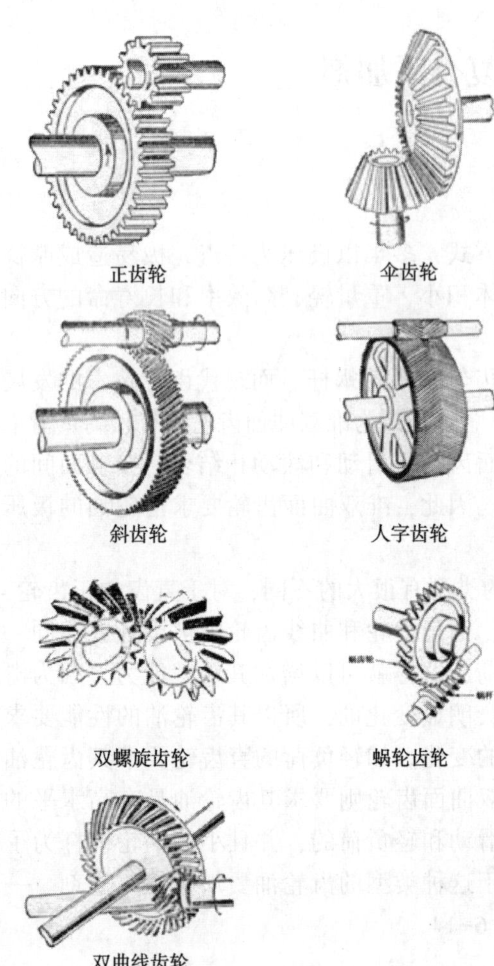

图 6-14　一般齿轮示意图

齿轮使用寿命的长短，承载能力的大小，除了与齿轮的尺寸、材料、齿面硬度和加工精度有关外，还与齿轮油所起的保护作用密不可分。齿轮的进步，促使齿轮油的质量逐步提高。作为提高油品性能的重要手段之一的添加剂，也由简单到复杂、从低质量向高质量方向发展。

齿轮及其传动方式种类很多，在润滑实践上还是多以车辆齿轮和工业齿轮的润滑进行分类。齿轮油分为车辆齿轮油和工业齿轮油。

目前，国际上尚无统一的车辆齿轮油规格标准。车辆齿轮油的分类大多采用美国石油学会 API 1560—2012《汽车手动变速箱、手动驱动桥和车桥的使用分类》标准，黏度等级划分采用美国汽车工程师学会 SAE J306—2005《汽车齿轮润滑油黏度分类》标准，产品规格则以美军标重负荷车辆齿轮油规格 MIL-L—2105 系列、美国材料与试验协会 ASTM D7450—13《API GL-5 类后桥齿轮润滑油的性能规格》、SAE J2360—2012《用于商业及军用用途的汽车齿轮润滑油》以及 GB 13895—2018《重负荷车辆齿轮油(GL-5)》最有代表性[29]。

在 20 世纪 80 年代，API GL-5 规格足以满足大部分汽车驱动桥的润滑需求，GL-5 需要通过 ASTM 制定和选用的 5 个基本性能试验(锈蚀、铜片腐蚀、磨损、极压性和抗泡性)。美国石油学会在 API GL-5 规格基础上，在 90 年代制定了手动变速箱及驱动桥油的两个推荐性使用分类，把重负荷双曲线后桥齿轮用油定为 PG-2，其性能要高于 API GL-5 油。在密封适应性、抗磨耐久性、防滑性、抗震颤性、高温抗氧化性等方面提出新要求；将手动变速箱用油定为 MT-1(PG-1)，增加了对密封适应性、同步性、换挡感受、长的使用寿命等方面性能要求。美军 MIL-PRF-2105E 规格也在 2003 年正式生效，在 MIL-L-2015D 基础上补加了 MT-1 规格，使车辆齿轮油真正满足多效性要求。目前，MIL-PRF-2105E 标准已被美国军方取消，并用 SAE J2360 标准替代。SAE J2360 定义了用于准双曲面后桥和非同步器手动变速箱的车辆齿轮油的性能，作为许多顶级 OEM 的基本油品规格要求[27]。SAE J2360 标准包含了 API GL-5、API MT-1 和 MIL-PRF-2105E 等标准所规定的所有最新的后桥和变速器测试要求，能满足其要求的油品性能水平超出了 API GL-5 重负荷齿轮油性能规格的要求[30]。

工业齿轮箱是机械传动设备不可缺少的关键部件，应用广泛。随着齿轮箱技术的不断发展，对工业齿轮油的质量要求也越来越高，技术标准也不断更新[31]。国内外工业齿轮油的标准繁多，其中使用广泛、认可度较高的有《润滑剂、工业润滑油和有关产品(L类)分类 第6部分：C组(齿轮)》ISO 6743-6：2018标准，《润滑剂、工业用油和相关产品(L类).C组(齿轮)—第1部分：闭式齿轮系统用润滑剂规格》ISO 12925-1：2018标准，《工业齿轮润滑》AGMA 9005-F16标准，《润滑剂．润滑油 第3部分：润滑油CLP最低要求》DIN 51517-3标准，以及《工业闭式齿轮油》GB 5903—2011标准。2018年1月发布的《润滑剂、工业润滑油和有关产品(L类)分类 第6部分：C组(齿轮)》ISO 6743-6—2018版本是目前国际上最权威的工业齿轮油分类标准。同时，齿轮箱制造商对齿轮油规格的影响也越来越大，其中以西门子弗兰德(Flender)规格最具代表性，Flender AS7300规格已成为国际上工业齿轮油质量的最高标准[32]。

齿轮油复合添加剂(Gear Oil Additive Package)包括汽车齿轮油复合添加剂(Automotive Gear Oil Additve Package)、工业齿轮油复合添加剂(Industrial Gear Oil Additve Package)和通用齿轮油复合添加剂(Multipurpose Gear Oil Additve Package)。齿轮油复合剂一般用极压抗磨剂(含硫、磷和氯极压抗磨剂)、摩擦改进剂、抗氧剂、抗乳化剂、防锈及防腐剂、降凝剂、黏度指数改进剂等复合而成。

2.2　齿轮油复合剂品种

2.2.1　车辆齿轮油复合添加剂

早期的汽车齿轮油配方中是加入活性硫为添加剂，逐步发展成用硫化脂肪与氯化合物或铅化合物相混合。但用这些添加剂配制的齿轮油有腐蚀性，特别是有水存在时更为严重。为了克服存在的问题，又进一步发展成含有硫-氯元素相复合的运用于轿车的汽车齿轮油。因此，直到20世纪40年代末期，小轿车和卡车用的齿轮油仍然是分开的。直到第二次世界大战后的50年代才在汽车齿轮油中引进了二烷基二硫代磷酸锌(ZDDP)，发展成为可通用于轿车和卡车齿轮油的硫、磷、氯、锌(S-P-Cl-Zn)型四元素的准双曲面齿轮油。

1950年，美军发表了MIL-L-2105规格，用CRC-L-19台架评价高速性能，用CRC-L-20台架评价高扭矩性能。以后由于卡车载重和功率的提高，1958年美军发表了MIL-L-2105A规格，大大提高了高速和高扭矩性能。由于汽车工业不断追求高速度、大功率，到20世纪60年代初，需要热安定性和氧化安定性更高的润滑油。1962年美军发表了以MIL-L-2105B规格(包括SAE80、SAE 90和SAE140三个黏度等级的单级油)为对象配制的第一代硫-磷(S-P)型准双曲面齿轮油，这种新的硫-磷型齿轮油在高速抗擦伤性、高温安定性和防锈性能方面均优于S-P-C1-Zn型四元素准双曲面齿轮油，其质量相当于GL-5水平。1968年，福特汽车公司制定新规格ESW-M2C105A。它是以大偏置双曲线齿轮后桥驱动轿车为对象的，要求高速性能比GL-5油还要高50%。1969年，API把这种高性能的油定为GL-6。由于评价和发展问题，GL-6齿轮油在提出不久就废除了。70年代进一步发展了既用于汽车齿轮，同时又运用于工业齿轮的第二代S-P型齿轮油的复合剂。其热稳定性和氧化稳定性又均优于第一代S-P型齿轮油。S-P-Cl-Zn型四元素齿轮油复合剂主要由ZDDP

和氯化石蜡为主配制而成，而S-P型齿轮油的复合剂主要由硫化烯烃和磷酸酯(磷酸酯胺盐或硫代磷酸酯胺盐)为主，再加上抗氧剂、防锈剂及抗泡剂等添加剂复配而成。1989年出现第三代S-P型齿轮油。总体来说，第一代S-P型齿轮油的高温稳定性和水解安定性相对较差，导致含磷添加剂消耗较快，形成较多油泥，抗腐蚀性差等问题；第二代S-P型齿轮油有较好的水解安定性，解决了磷添加剂消耗快的问题，并制得了可以在车辆齿轮油和工业齿轮油通用的复合添加剂，但高温稳定性仍不令人满意；第三代S-P型齿轮油具有很好的高温稳定性和防止沉积物生成的能力[33]。随着基础油质量的提高和添加剂技术的进步，车辆齿轮油中的添加剂的量也在逐步减少，如满足GL-5水平的S-P-C1-Zn型四元素齿轮油的加剂量在10%左右，而第一代S-P型双曲面齿轮油的加剂量在7%左右，目前S-P双曲面齿轮油的加剂量已经降到3.8%~4.2%的水平，说明添加剂技术取得了很大的进步。

车辆齿轮油所用添加剂要保证油品具有优良的承载能力，在低速高扭矩和高速冲击载荷条件下都能保护齿面。不同的添加剂在双曲线齿轮油中作用也不同，某些极压剂和摩擦改进剂在上述两种工作条件下的表现列于表6-26中[28]。由表6-26可见，硫化烯烃在高速冲击载荷条件下有效，低活性硫化脂肪酸酯在高扭矩条件下有效，低活性硫化脂肪酸、酸性亚磷酸酯和中性硫代磷酸酯在两种情况下皆有效。脂肪酸和脂肪酸酯摩擦改进剂在高扭矩条件下有效，但在高速冲击载荷条件下有害。

表6-26　不同的添加剂在双曲线齿轮油中的作用①

添加剂	在双曲线齿轮油中的作用	
	高速冲击载荷	高扭矩
含氯极压抗磨剂	+	→(+)
硫化烯烃(低活性)	+	(—)
硫化烯烃(高活性)	+	—
硫化脂肪酸酯(低活性)	(—)→(+)	+
硫化脂肪酸(低活性)	+	+
脂肪酸酯	—	+
脂肪酸	(—)→—	+
酸性亚磷酸酯	+	+
中性亚磷酸酯	○	○
中性磷酸酯	○	○
中性硫代磷酸酯	+	+

①+表示有效；(+)表示稍有效；○表示无效，但无害；(—)表示稍有害；—表示有害。

目前，国外发达国家主要用质量水平在GL-5及GL-4以上规格的S-P(S-P -N)型齿轮油，多数用GL-5水平的油，而S-P-C1-Zn型四元素齿轮油已被淘汰。

国外车辆齿轮油规格的主要评定要求见表6-27[34]。北美和欧洲不同车型齿轮油消耗情况见图6-15[35]。

表 6-27 GL-5、MT-1、MIL 2105E 和 SAE J2360 的评定要求

试验	项目	GL-5	MT-1	MIL-L-2105D	MIL-PRF-2105E	SAE J2360
CRC L-33	防锈	√	—	√	√	√
CRC L-37	极压/抗磨	√	—	√	√	√
CRC L-42	抗冲击	√	—	√	√	√
CRC L-60	氧化	√	—	√	—	—
CRC L-60-1	沉积物生成	—	√	—	√	√
密封件试验	配伍性	—	√	—	√	√
变速箱试验	同步性能	—	√	—	√	—
FZG 试验	磨损	—	√	—	—	—
ASTM D130	铜片腐蚀	√	√	√	√	√
ASTM D892	抗泡	√	√	√	√	√
贮存及配伍性试验	贮存安定性及配伍性	√	√	√	√	√
行车试验	实际行车性能	—	—	—	√	√

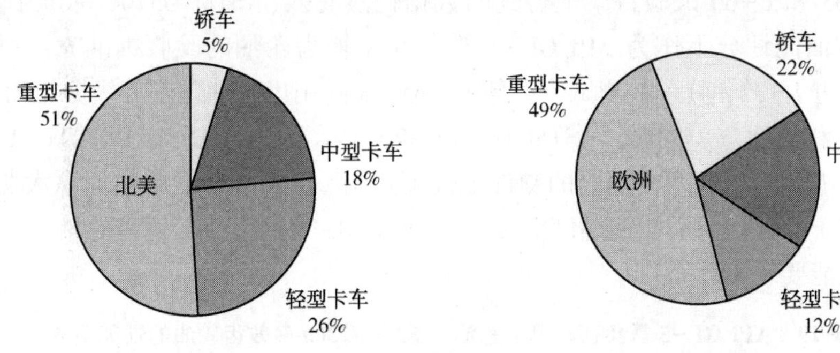

图 6-15 北美和欧洲不同车型齿轮油消耗情况

欧洲没有统一的车辆齿轮油规格，但是各汽车厂有自己的规格。欧洲一般也采用 API 车辆齿轮油规格，有的汽车公司附加内部试验，但 GL-5 车辆齿轮油要补充两个试验，一是同步器试验，二是密封试验。

API 1560—2012 标准的具体分类见表 6-28。由于缺失配件或试验装置，API GL-1、GL-2、GL-3、GL-6 为无效分类，已不再使用，ASTM 也不再保留与这些分类有关的性能试验；API GL-4、GL-5 和 MT-1 为有效分类。API 1560—2012 标准规定了 API GL-5 重负荷车辆齿轮油的性能规格按照 ASTM D7450-13 标准的最新版本来定义；同时提出只要符合 SAE J2360 标准的润滑油，都符合 API GL-5 重负荷车辆齿轮油的范畴[29]。

表 6-28 API 1560—2012《汽车手动变速箱、手动驱动桥和车桥的使用分类》

项目	使用说明	备注
GL-1	适用于极温和的操作状态，直馏或精制矿物油就可满足要求，可加入抗氧剂、防锈剂和抗泡剂改善其性能	不再使用
GL-2	适用于在 GL-1 不能满足的负荷、温度和滑动变速下工作的汽车蜗轮后桥齿轮的润滑	不再使用

续表

项目	使用说明	备注
GL-3	适用于速度和负荷比较苛刻的汽车手动变速箱及较缓和的螺旋伞齿轮驱动桥，此产品的承载能力高于 GL-1 和 GL-2，但低于 GL-4	不再使用
GL-4	适用于速度和负荷比较苛刻的螺旋伞齿轮和较缓和的双曲线齿轮的润滑，可用于手动变速器和驱动桥。尽管该分类仍在商业上用于描述此类产品，但用于性能评定的设备已无法获得	
GL-5	适用于在高速或低速及高扭矩条件下工作的齿轮（尤其是后桥中的准双曲面齿轮）	
GL-6	适用于具有极高小齿轮偏置设计的齿轮润滑，这种设计超过了 API GL-5 重负荷车辆齿轮油提供的功能	不再使用
MT-1	适用于客车和重型卡车上使用的非同步手动变速器，能提供防止化合物热降解、部件磨损及密封件变坏的性能。这些性能是 GL-4 和 GL-5 所不具有的。API MT-1 的性能规格按照 ASTM D5760《手动变速箱齿轮油的性能规格》的最新版本来定义	

近些年来，ASTM 对 GL-5 进行了更新和完善，ASTM D7450—2013 标准已规定了用 ASTM D7038(L-33-1)替代 L-33 方法，用 ASTM D5704(L-60-1)替代 L-60 方法，但是已经在校正的 L-33 和 L-60 试验台架上得到的数据仍然有效(ASTM D5704 标准中新增的积炭、漆膜评分和油泥评分不作为 API GL-5 重负荷车辆齿轮油的验收标准)，并明确规定 75W/XX 油要通过 L-37 和 L-42 测试，最新的 SAE J306 用齿轮油黏度等级分类增加新的黏度等级 SAE 110 和 190[36]。同时，ASTM D7450—2013 标准要求 ASTM D6121(原 L-37)和 ASTM D7452(原 L-42)可在两个不同的操作条件下进行(一般指标准版和加拿大版)，所用的试验条件取决于受评估的润滑油黏度等级[28]。API GL-5 重负荷车辆齿轮油与 SAE J2360 多效齿轮油的性能要求见表 6-29。

表 6-29 API GL-5 重负荷车辆齿轮油与 SAE J2360 多效齿轮油的性能要求

分析项目	API GL-5 的性能要求(ASTM D7450—2013)	SAE J2360—2019 标准的性能要求	试验方法
铜片腐蚀(121℃，3h)/级	≤ 3	≤ 2a	ASTM D130
泡沫倾向性			ASTM D892
程序Ⅰ/mL	≤20	≤20	
程序Ⅱ/mL	≤50	≤50	
程序Ⅲ/mL	≤20	≤20	
抗擦伤试验	优于参比油或与参比油性能相当	优于参比油或与参比油性能相当	ASTM D7452(L-42)
最终锈蚀性能评价	≥ 9.0	≥ 9.0	ASTM D7038(L-33-1)
承载能力试验			ASTM D6121(L-37)或 ASTM D8165(L-37-1)
螺脊/评级	≥8	≥8	
波纹/评级	≥8	≥8	
磨损/评级	≥5	≥5	
点蚀/剥落/评级	≥9.3	≥9.3	
擦伤/评级	≥10	≥10	

续表

分析项目	API GL-5 的性能要求（ASTM D7450—2013）	SAE J2360—2019 标准的性能要求	试验方法
热氧化稳定性			
100℃运动黏度增长/%	≤ 100	≤ 100	ASTM D5704 (L-60-1)或原 L-60
w(戊烷不溶物)/%	≤ 3.0	≤ 3.0	
w(甲苯不溶物)/%	≤ 2.0	≤ 2.0	
积碳漆膜/评分	—	≥75	
油泥评分	—	≥9.4	
密封相容性试验	—		ASTM D5662
聚丙烯酸酯(150℃, 150h)			
伸长率/%		≥-60	
硬度变化		≥-35；≤5	
体积变化率/%		≥-5；≤30	
氟橡胶(150℃, 240h)			
伸长率/%		≥-75	
硬度变化		≥-5；≤10	
体积变化率/%		≥-5；≤15	

我国车辆齿轮油经过发展、产品升级换代，质量水平不断提升。20 世纪 80~90 年代，经过科研攻关，研制生产了完全符合 API GL-5 质量水平的重负荷车辆齿轮油，并制定了 GB 13895—92《重负荷车辆齿轮油(GL-5)》国家强制性标准[37]。在 GB 13895—92 实施长达近 30 年的时间里，我国重负荷车辆齿轮油的应用市场也发生了诸多深刻变化，比如要求更长的换油周期、更多的黏度等级、更好的燃油经济性和更高的低温性能等。为满足设备的润滑要求和应用市场的新需求，在参照美国材料与试验协会 ASTM D7450—2013 标准基础上，我国对 GL-5 标准进行了更新升级，制定了 GB 13895—2018 重负荷车辆齿轮油(GL-5)标准，并于 2019 年 2 月 1 日正式实施。GB 13895—2018 重负荷车辆齿轮油(GL-5)的性能要求见表 6-30。GB 13895—2018 标准所属重负荷车辆齿轮油(GL-5)产品，主要适用于汽车驱动桥，特别适用于在高速冲击负荷、高速低扭矩工况下的双曲线齿轮，不再适用于手动变速器。为了满足市场需求，GB 13895—2018 标准中扩展了 GL-5 重负荷车辆齿轮油的黏度级别，即共设置了 75W-90、80W-90、80W-110、80W-140、85W-90、85W-110、85W-140、90、110 和 140 共 10 个 SAE 黏度级别，相比 GB 13895—92 增加了 75W-90、80W-110、80W-140、85W-110 以及 110 等 5 个黏度级别[38]。

表 6-30 GB 13895—2018 重负荷车辆齿轮油(GL-5)的性能要求和试验方法

分析项目	质量指标	试验方法
铜片腐蚀(121℃, 3h)，级	≤3	GB/T 5096
泡沫倾向性/mL		GB/T 12579
24℃	≤ 20	
93.5℃	≤ 50	
后 24℃	≤ 20	

续表

分析项目	质量指标	试验方法
抗擦伤试验	优于参比油或与参比油性能相当	SH/T 0519
最终锈蚀性能评价	≥9.0	NB/SH/T 0517
承载能力试验		NB/SH/T 0518
螺脊/评级	≥8	
波纹/评级	≥8	
磨损/评级	≥5	
点蚀/剥落/评级	≥9.3	
擦伤/评级	≥10	
热氧化稳定性		SH/T 0520
100℃运动黏度增长/%	≤100	
w(戊烷不溶物)/%	≤3.0	
w(甲苯不溶物)/%	≤2.0	

2.2.2 工业齿轮油复合添加剂

工业齿轮油应用极为广泛，其发展是随着基础油加工深度的提高和添加剂性能的改进而逐步发展的。

最早的工业齿轮油采用残渣油，利用残渣油的硫作为极压剂，同时加入脂肪油增大黏附性。但这种添加剂的溶解性和安定性差，又有腐蚀，而且在高负荷下还有擦伤。为了满足机械工业的需要，极压工业齿轮油中开始用铅皂、硫化油脂(硫化鲸鱼油)及渣油配制的黑色齿轮油。加有这类添加剂的极压齿轮油具有一定的极压抗磨、抗腐蚀和热安定性。但自20世纪60年代以来，由于钢铁工业的迅速发展，大量采用高速、大型、通用设备，对工业齿轮油的要求大大提高。设备的负荷增加，齿轮油中需要加入更好的极压抗磨剂；齿轮油接触水的机会增多，需要加入抗乳化剂和防锈剂来提高油品的分水性和防锈性；设备的负荷增大使齿轮运转的温度升高，需要更好的热稳定性的油品。由于这些原因，由铅-硫系极压剂配制的工业齿轮油在热稳定性和抗乳性方面都远远满足不了这些要求，而铅化合物又有毒，污染环境，从而发展了硫-磷型极压工业齿轮油，相应出现了S-P型复合剂。铅-硫型极压剂中硫化合物，早期主要是硫化鲸鱼油。1972年后，由于美国禁止使用硫化鲸鱼油，从而发展了硫化鲸鱼油代用品——硫化脂肪。硫化脂肪和磷酸酯为主剂组成了早期的硫-磷型工业齿轮油，进一步发展，硫化脂肪被硫化烃类取代而组成了第一代硫-磷型极压剂，1974年又发展到第二代硫-磷型极压剂。由于氮元素的引入，使齿轮油对金属的抗腐蚀性能有了明显的改善。目前工业齿轮油被称为第三代S-P型齿轮油，第三代S-P型工业齿轮油是以馏分油为基础油，加入高效的硫磷氮复合添加剂配成的。添加剂类型的变化，不但改善了齿轮油的性能，而且在满足同类水平油品质量时，其添加量大大下降：初期满足美钢224规格时，需加4%~5%的添加剂，目前降到小于2%，从而也降低了产品成本，提高了经济效益。

在工业齿轮的润滑中，以闭式齿轮箱润滑为主体。闭式齿轮油分为抗氧防锈齿轮油、中负荷工业齿轮油、重负荷工业齿轮油和涡轮涡杆油四类：

(1) 抗氧防锈齿轮油。以精制矿油为基础油，具有抗氧、抗腐、防锈、抗泡等特点，无极压抗磨等添加剂，适用于轻负荷下运转的齿轮，如齿面接触应力小于500N/mm^{2}的一般齿轮传动。

(2) 中负荷工业齿轮油。在抗氧防锈油的基础上提高了极压抗磨性。适用于中等负荷运转的齿轮，如齿面接触应力小于1100N/mm^2 的矿山等机械的齿轮传动。国外常常用重负荷工业齿轮油代用，不设此档，我国根据国内机械状况，保留了这一档次。

(3) 重负荷工业齿轮油。在中负荷工业齿轮油的基础上进一步提高了极压抗磨性、热氧化安定性、抗乳化性。适合于重负荷、高温有水混入等工况下运转的齿轮，如齿面接触应力大于1100N/mm^2 的冶金轧钢、井下采掘等高温、有冲击、含水部位的齿轮传动。它是闭式齿轮油中的最高质量档次。

(4) 蜗轮蜗杆油。适用于钢-铜结构的涡轮涡杆传动系统，是以精制矿油和油脂为基础油，除具有明显的降低摩擦系数的特点外，还具有抗氧、抗腐、防锈、抗泡等能力。

不同负荷的齿轮油的加剂量和类型也是不同的，抗氧防锈齿轮油一般只加抗氧剂和防锈剂；中负荷工业齿轮油除了加抗氧剂和防锈剂外还要加极压抗磨剂；重负荷工业齿轮油除了加抗氧剂、防锈剂和极压抗磨剂外，还要加抗乳化剂，但极压抗磨剂的量要比中负荷工业齿轮油的多，可能是多种极压抗磨剂复合；涡轮涡杆齿面相对滑动速度大，摩擦热大，须用高黏度的油加摩擦改进剂和抗磨剂的油。工业齿轮油所用添加剂列于表6-31 中。

表 6-31　工业齿轮油所用添加剂[27]

添加剂功能	添加剂类型	相关的性能试验
抗氧剂	位阻酚 二芳基胺 吩噻嗪 二烷基二硫代氨基甲酸金属盐 无灰二烷基二硫代氨基甲酸酯 二烷基二硫代磷酸金属盐	ASTM D6186 润滑油氧化诱导期测定法(压力差扫描量热法 PDSC)
锈蚀抑制剂	烷基琥珀酸衍生物 乙氧基酚类 脂肪酸 脂肪酸和胺的盐 磺酸銨 硫代咪唑啉	ASTM D665 含抑制剂的矿物油在水存在下的防锈性能测定法
金属减活剂	苯并三唑 巯基苯并噻唑 2-巯基苯并噻唑 噻重氮 甲基苯三唑衍生物	ASTM D130 通过铜片变色试验检验石油产品对铜的腐蚀的标准试验方法

续表

添加剂功能	添加剂类型	相关的性能试验
抗磨添加剂	烷基磷酸酯和盐 二烷基二硫代磷酸盐 磷酸酯 二硫代磷酸酯 2，5-二巯基-13，4-噻重氮衍生物 羧酸钼	ASTM D4172 润滑液防磨损特性的标准试验方法（四球法）
可溶性极压添加剂	硫化酯 硫化烯烃 二芳基二硫化物 二芳基二硫代磷酸酯 环烷酸铅 环烷酸铋 二烷基二硫代氨基甲酸锑 二烷基二硫代磷酸锑 磷酸酯铵盐 氯化石蜡 高分子量复合酯 硼酸酯	ASTM D5182 评估润滑油的擦伤载荷能力的标准试验方法(FZG 法) ASTM D2782 测量润滑油极压特性的标准试验方法（梯姆肯法） ASTM D2783 测量润滑油极压特性的标准试验方法（四球试验法）
固体极压添加剂	二硫化钼 石墨	见上述极压特性和抗磨特性的试验方法
黏附剂	聚异丁烯	无 ASTM 标准试验方法
破乳剂	聚烷氧基酚 聚烷氧基多元醇 聚烷氧基聚胺	ASTM D1401 石油产品和合成液的水分离能力标准试验方法 ASTM D2711 润滑油破乳化特性的标准试验方法
摩擦改进剂	无酸动物脂 长链酯 长链酰胺	ASTM D5183 用四球磨损试验机确定润滑剂摩擦系数的标准试验方法
降凝剂	聚甲基丙烯酸酯	ASTM D97 石油产品倾点测定法 ASTM D5949 石油产品倾点测定法
泡沫抑制剂	聚二甲基硅油 聚丙烯酸酯	ASTM D 892 润滑油起泡特性的标准试验方法
剪切稳定的黏度指数改进剂	聚甲基丙烯酸酯 烯烃共聚物 苯乙烯双烯共聚物	
抗雾剂	聚异丁烯	ASTM D3705 润滑液雾化性能试验方法

目前行业内通行的工业齿轮油分类标准为 ISO 6743-6—2018《润滑剂、工业润滑油和有关产品(L类) 分类第 6 部分：C 组(齿轮)》。国内齿轮润滑剂分类标准 GB/T 7631. 7—1995《润滑剂和有关产品(L 类) 的分类 第 7 部分：C 组(齿轮)》即等效采用了 ISO 6743-6—1990 标准。油品质量标准 ISO 12925-1《润滑剂、工业用油和相关产品(L 类).(齿轮)C 种.

第1部分：闭式齿轮系统用润滑剂规范》根据ISO 6743-6—2018这一最新版本标准在2018年随之进行了更新[30]。ISO 6743-6—2018为28年来的首次修订，与上一版本相比变化很大，具体见表6-32。

表6-32 ISO 6743-6—2018工业齿轮油技术规格变化

项目	组成和特性①	典型应用②	ISO 6743-6—1990	ISO 6743-6—2018
L-CKB	精制矿物油，并具有抗氧化、抗腐蚀和抗泡	轻负荷或中负荷下运转的齿轮	√③	√
L-CKC	CKB油品，并提高其极压性和抗磨性	保持在正常或中等恒定油温和重负荷下运转的齿轮	√	√
L-CKD	CKC油品，并提高其热氧化安定性	在高的恒定油温和重负荷下运转的齿轮	√	√
L-CKSMP	具有优异的热氧化安定性、抗腐蚀、极压抗磨性和抗微点蚀性能的矿物型、半合成型或全合成油品	在高的恒定油温和重负荷下运转的齿轮	×④	√
L-CKE	CKB油品，并具有低的摩擦系	在高摩擦下运转的蜗轮	√	√
L-CKTG	以甘油三酯及其衍生物为基础油，具有优异抗氧化、抗腐蚀和极压抗磨性能的齿轮	在高摩擦下运转的蜗轮，并要求使用环境可接受类油品，该油品具有可生物降解性能或低生物毒性	×	√
L-CKES	具有优异抗氧化、抗腐蚀和极压抗磨性能的合成酯类齿轮油		×	√
L-CKPG	具有优异抗氧化、抗腐蚀和极压抗磨性能的聚醚类齿轮油	用于要求使用环境可接受类油品的设备，该油品具有可生物降解性能或低生物毒性	×	√
L-CKPR	以聚α-烯烃或矿物型白油为主要组分，同时含有其他组分，如聚醚、合成烃或合成酯，并具有优异抗氧化、抗腐蚀和极压抗磨性能的齿轮油		×	√
L-CKS	在极低和极高温条件下使用的具有抗氧化、抗摩擦和抗腐蚀的润滑剂	在更低的或更高的恒定油温和轻负荷下运转的齿轮	√	×
L-CKT	用于极低或极高温度以及重负荷下的CKS型润滑剂	在更低或更高油温和重负荷下运转的齿轮	√	×

续表

项目	组成和特性①	典型应用②	ISO 6743-6—1990	ISO 6743-6—2018
L-CSPG	用于特殊低温和高温条件下，具有优异抗氧化、腐蚀保护性能的聚醚类齿轮油	在更低或更高油温和轻负荷或中负荷下运转的齿轮	×	√
L-CSPR	用于特殊低温和高温条件下，以聚α-烯烃为主要组分，具有优异抗氧化和腐蚀保护性能的齿轮油		×	√
L-CTPG	CSPG油，提升极压性能	在更低或更高油温和重负荷下运转的齿轮	×	√
L-CTPR	CSPR油，提升极压性能	在更低或更高油温和重负荷下运转的齿轮	×	√
L-CKG	具有抗氧化、极压和抗磨性的润滑脂	中等速度下中负荷或重负荷下运转的齿轮	√	√
L-CKH	具有抗腐蚀性的矿物型、半合成型或全合成型的高黏产品	在中等环境温度和中负荷下运转的开式齿轮	√	√
L-CKJ	CKH型产品，并提高其极压性和抗磨性	在中等环境温度和重负荷下运转的开式齿轮	√	√
L-CKK	具有改善极压、抗磨、抗腐和热稳定性的润滑脂	在高的或更高环境温度和重负荷下运转的开式齿轮	√	√
L-CKL	为运行在极限负荷条件下使用的改善抗擦伤性和抗腐蚀性的产品	可能在特殊重负荷下运转的开式齿轮	√	√

①表述内容以最新版本标准为准；
②表述内容以最新版本标准为准；
③“√”代表此版本标准含有该规格；
④“×”代表此版本标准不含该规格。

美国钢铁公司 AIST 224 标准一直以来代表工业齿轮油最高规格，我国制定的《GB 5903—2011 工业闭式齿轮油》国家标准中 L-CKD 齿轮油质量达到了这一标准。此外，常用的工业齿轮油规格还有 ISO 12925-1—2018、北美 AGMA 9005-E02 EP、欧洲 DIN 51517-3等。国际上有代表性的不同工业齿轮油规格的比较见表 6-33。蜗轮蜗杆油的规格见表 6-34[39]。

除了上述规格，工业齿轮油发展的一个重要趋势是，OEM 对齿轮油品规格变化的影响越来越大。一般来讲，这些 OEM 规格往往都需要认证，获得认证的油品才能在被 OEM 厂商推荐使用。国外重要的 OEM（包括轴承制造商、齿轮箱制造商和设备制造商）提出的油品规格有 SIEMENS 的 Flender 规格，David Brown 的 David Brown SL. 53. 101 规格，Cincinnati Machine 的 Cincinnati Milacron 规格等[39]。

表 6-33 国际上有代表性的不同工业齿轮油规格的比较

性能试验		AGMA 250. 03	AGMA 250. 04	US Steel 224	DIN 51517-3	ISO 12925 (CKD)	David Brown SL 53. 101(5E)	GB 5903-2011(CKD)
梯姆肯(OK 负荷)/N		≥200. 2	≥266. 9	≥266. 9	—	—	报告	≥266. 9
四球机烧结负荷/kg		—	—	≥250	—	—	报告	≥250
负荷磨损指数(LW1)/kg		—	—	≥45	—	—	—	≥45
四球磨损(54℃, 1800r/min, 20kg, 1h)/mm		—	—	≤0. 35	—	—	—	≤0. 35
FZG(A/8. 3/90)/级		≥9	≥11	≥11	≥11	≥11	≥11	≥11
抗乳化试验 (ASTM D2711)	油中水/%	≤1	≤1	≤2	—	≤2	≤1	≤2
	总分离水/mL	≥50	≥60	≥80	—	≥80	≥60	≥80
	乳化层/mL	≤2	≤2	≤1	—	≤1	≤2	≤1
氧化稳定性	95℃×312h 100℃黏度增长/%	≤10	≤10	—	报告	—	≤10	—
	121℃×312h 100℃黏度增长/%	—	—	≤6	≤6	≤6	报告	≤6
	沉淀值/mL			≤0. 1		≤0. 1		≤0. 1
铜片锈蚀(100℃×3h)/级		≤1b	≤1	≤1b	≤1b	≤1b	≤1b	≤1b
锈蚀	蒸馏水(A)	通过	通过	通过	通过	通过	通过	—
	合成海水(B)	通过	—	通过	—	通过	报告	通过
抗泡沫性	24℃/(mL/mL)	75/10	75/10	—	100/10	100/10	75/10	50/0
	93℃/(mL/mL)	75/10	75/10	—	100/10	100/10	75/10	50/0
	24℃/(mL/mL)	75/10	75/10	—	100/10	100/10	75/10	50/0

表 6-34 蜗轮蜗杆油的规格

项目		指标		试验方法
		MIL-L-1504E(轻负荷)	MIL-L-18486B(重负荷)	
比重		报告	—	ASTM D287
API 度		报告	—	ASTM D287
40℃黏度/(mm^2/s)		410-560	—	ASTM D445
99℃黏度/(mm^2/s)			95~105	ASTM D88
黏度指数		90	120	ASTM D2270
倾点/℃		-6	-12. 2	ASTM D97
闪点/℃		246	177	ASTM D92
燃点/℃		—	210	ASTM D92
油脂/%		5~7	—	—
油脂性质		无酸牛油或等效物	—	—
颜色		报告	—	ASTM D1500
水溶性酸碱		中性	—	FED-STD-791
酸和碱值最大		—	0. 30	ASTM D974
中和值		0. 75	—	ASTM D974
水分/%	最大	无	0. 0	ASTM D95
灰分/%	最大	0. 05	—	ASTM D412
残炭/%	最大	2. 05	—	ASTM D504
硫/%			1. 25	
总硫/%	最大	1. 00		ASTM D129
沉淀值最大		0. 05	—	ASTM D91
皂化值		—	25. 0	ASTM D94

续表

项目	指标		试验方法
	MIL-L-1504E(轻负荷)	MIL-L-18486B(重负荷)	
氯/%	—	0.0	ASTM D808
成沟点/℃	—	-20.0	—
铜片腐蚀	—	轻微失去光泽或变暗 1 级	ASTM D130
防锈、失重	—	0.002	—
抗载荷能力			
综合磨损指数/N(kg)	—	178(40)	—
泡沫性/mL			
24℃	—	300	ASTM D892
93℃		25	
24℃		300	

2.2.3　通用齿轮油复合添加剂

由于车用齿轮油和工业齿轮油所用的含硫和含磷的极压抗磨剂基本上大同小异，这就为发展通用齿轮油复合剂打下了基础。通用齿轮油复合剂既方便用户，又减少了错用油的可能性，故促使其更快的发展。目前，单独用于车辆齿轮油或工业齿轮油中的复合剂越来越少，更多是通用型的复合剂。在发展这类配方时，考虑到车用齿轮油和工业齿轮油两方面的性能要求，只是改变加入不同复合剂的量，便可满足不同类型和不同质量水平的齿轮油的要求。现以国产的通用齿轮油复合添加剂为例，就可看出优越性，见表 6-35。

表 6-35　通用齿轮油复合添加剂的应用

齿轮油类型	质量水平	推荐加剂量/%
车辆齿轮油	GL-4	2.1
	GL-5	4.2
工业齿轮油	中负荷工业齿轮油	1.0
	重负荷工业齿轮油	1.5

由此看出，通用齿轮油复合剂的有利之处是：添加剂的性能稳定，使用方便，可减少调和误差；贮存方便，可以避免储存多种单功能添加剂的麻烦，也节省了费用；对生产添加剂的公司或厂家来说，可以把若干添加剂配套销售。

我国车辆齿轮油的生产开始于 20 世纪 60 年代初，它是以渣油与馏分油混兑而成的，其使用性能差、寿命短、耗能大，从而发展了馏分型车辆齿轮油，以精制矿物油或合成油为基础油，加入氯化石蜡和二烷基二硫代磷酸锌(ZDDP)等添加剂配制成 S-P-Cl-Zn 型准双曲面齿轮油，达到了 GL-4 的质量水平。虽然四元素的齿轮油比渣油型齿轮油的性能有所提高，但抗氧化和防锈性能仍然较差。为了满足国产和进口车辆的要求，于 20 世纪 80 年代研制出以中性油和光亮油调和的基础油，再加入硫化烃类、磷酸酯衍生物以及抗氧和防锈等剂复合而成。目前，国内四元素齿轮油基本淘汰，以 SP(SPN)型齿轮油为主。国内已经有工业齿轮油、车辆齿轮油和通用齿轮油复合剂，其加剂量与国外相当，完全能满足 USS224 和 GL-5 的规格要求。

2.3　齿轮油复合添加剂的商品牌号

国内齿轮油复合添加剂的商品牌号见表 6-36。

表 6-36 国内齿轮油复合剂商品牌号

产品代号	密度/（g/cm^3）	黏度/（mm^2/s）	闪点/℃	硫/%	磷/%	氮/%	主要性能及应用	生产公司
KT44201（KT4201）	实测	实测	≥90	≥29	≥1.5	≥0.5	通用齿轮油复合剂，加 4.8% 和 2.4% 于合适的基础油中，可分别满足 GL-5 和 GL-4 车辆齿轮油要求，加 1.6% 和 1.2% 可分别满足重负荷和中复合工业齿轮油要求	锦州康泰润滑油添加剂股份有限公司
KT44310	实测	实测	≥90	≥35	≥1.2	≥0.5	通用齿轮油复合剂，加 4.0% 和 2.0% 于合适的基础油中，可分别满足 GL-5 和 GL-4 车辆齿轮油要求，加 1.2% 和 1.0% 可分别满足重负荷和中复合工业齿轮油要求	
KT44206（KT4206）	实测	实测	≥90	≥33	≥1.2	≥0.5	车辆齿轮油复合剂，加 4.2% 和 2.1% 于合适的基础油中，可分别满足 GL-5 和 GL-4 车辆齿轮油要求	
T4221	实测	实测	≥90	≥30	≥1.35	≥0.35	通用齿轮油复合剂，加 4.2% 和 2.1% 于合适的基础油中，可分别满足 GL-5 和 GL-4 多级车辆齿轮油要求；加 1.5% 和 1.0% 于合适的基础油中，可分别满足多级重负荷和中负荷工业齿轮油要求	无锡南方石油添加剂有限公司
RF4201	报告	报告	报告	20	1.1	—	车辆齿轮油复合剂，加 4.2% 的量于合适的基础油中，可满足 GL-5 油质量级别的要求	新乡市瑞丰新材料股份有限公司

续表

产品代号	密度/（g/cm^3）	黏度/（mm^2/s）	闪点/℃	硫/%	磷/%	氮/%	主要性能及应用	生产公司
KH 4208	—	报告	≥130	≥29	≥2.0	≥0.7	通用齿轮油复合剂，加 4.2%、2.4%、1.2% 、1.6%和 1.0%的量于合适的基础油中，可分别满足 GL-5、GL-4、GL-3、重负荷和中负荷工业齿轮油的要求	滨州市坤厚化工有限责任公司
KH 4218	0.999	报告	报告	≥28	≥2.0	≥0.4	通用齿轮油复合剂，加 4.2%、2.1%、1.1% 、1.6%和 1.0%的量于合适的基础油中，可分别满足 GL-5、GL-4、GL-3、重负荷和中负荷工业齿轮油的要求	
KH 4226	—	报告	≥120	≥28	≥1.9	≥0.4	低气味齿轮油复合剂，加 4.2%、2.4%、1.2% 和 1.6%的量于合适的基础油中，可分别满足 GL-5、GL-4、GL-3、和重负荷工业齿轮油的要求	
KH 4268	实测	实测	≥140	≥13.5	≥3.0	≥0.35	蜗轮蜗杆油复合剂，加 1.6%~2.0%和 2.7%~3.0%的量于合适的基础油中，可分别调制 L-CKE 和 L-CKE/P 规格的润滑油	
H8018A	0.9~1.1	实测	≥90	≥30.0	≥1.5	≥0.5	通用齿轮油复合剂，具有低气味、环保等特点，加 3.8%、1.9%、1.5%和 1.0%的量于合适的基础油中，可分别满足 GL-5、GL-4、重负荷和中负荷工业齿轮油的要求	淄博惠华石油添加剂有限公司

续表

产品代号	密度/（g/cm^3）	黏度/（mm^2/s）	闪点/℃	硫/%	磷/%	氮/%	主要性能及应用	生产公司
H4212	0.9~1.2	报告	≥90	≥30.0	≥1.5	≥0.5	通用齿轮油复合剂，具有低气味、环保等特点，加4.0%、2.0%、1.5%和1.0%的量于合适的基础油中，可分别满足GL-5、GL-4、重负荷和中负荷工业齿轮油的要求	淄博惠华石油添加剂有限公司
H4216	1.0~1.1	实测	≥90	≥20.0	≥1.8	≥0.5	超极压的车辆齿轮油复合添加剂，加4.5%和2.25%的量于合适的基础油中，可分别满足GL-5和GL-4规格的润滑油，特别适用于苛刻路况重载卡车后桥用油	
H4306	0.9~1.2	实测	≥100	≥25.0	≥1.5	—	蜗轮蜗杆油复合剂，加入1.5%~1.6%的量于合适的基础油中，可调制L-CKE蜗轮蜗杆油；加入1.6%~1.8%可调制L-CKE/P蜗轮蜗杆油	
RHY588	—	38.92	—	5.66	—	—	工业齿轮油复合剂，加0.6%的量于合适的基础油中，主要用于调制机器人油、KGW重负荷工业齿轮油及合成压缩机油等产品	中国石油兰州润滑油研究开发中心
RHY4208A	—	4.267（40℃）	—	36.82	0.97	—	通用齿轮油复合剂，加4%和5%的量于合适的基础油中，可分别调制80W/90 GL-5和75W/90 GL-5；加0.68%~1.53%和0.85%~1.7%，可分别调制CKC中负荷和CKD重负荷工业齿轮油；以加剂量为0.85%~1.7%可调制CKD重负荷工业闭式齿轮油	

续表

产品代号	密度/(g/cm^3)	黏度/(mm^2/s)	闪点/℃	硫/%	磷/%	氮/%	主要性能及应用	生产公司
RHY4163	—	4.59	—	30.54	1.88	—	手动变速箱油复合剂，加3.0%和4.0%的量，可分别调制80W/90和75W/90长寿命商用车手动变速箱油	
RHY4164	—	53.81	—	5.25	2.22	—	手动变速箱油复合剂，加8.55%剂量可调制75W-80黏度级别以上的乘用车手动变速箱油，延长变速箱使用寿命	中国石油兰州润滑油研究开发中心
RHY4163	—	4.59	—	30.54	1.88	—	手动变速箱油复合剂，加3.0%和4.0%的量，可分别调制80W/90和75W/90长寿命商用车手动变速箱油	
RHY4164	—	53.81	—	5.25	2.22	—	手动变速箱油复合剂，加8.55%剂量可调制75W-80黏度级别以上的乘用车手动变速箱油，延长变速箱使用寿命	
RHY4208A	—	4.267(40℃)	—	36.82	0.97	—	通用齿轮油复合剂，加4%和5%的量于合适的基础油中，可分别调制80W/90 GL-5和75W/90 GL-5；加0.68%~1.53%和0.85%~1.7%，可分别调制CKC中负荷和CKD重负荷工业齿轮油；以加剂量为0.85%~1.7%可调制CKD重负荷工业闭式齿轮油	中国石油润滑油分公司
RHY4026	—	4.677	—	7.7	—	—	工业齿轮油复合剂，加0.4%~2.0%的量，可调制合成工业齿轮油、中负荷工业齿轮油等油品，加1.0%~2.0%剂量，再辅以适量补强剂可调制重负荷工业齿轮油、合成酯抗燃液压油	

续表

产品代号	密度/(g/cm³)	黏度/(mm²/s)	闪点/℃	硫/%	磷/%	氮/%	主要性能及应用	生产公司
XT-4221	—	120	180	28	3.3	0.4	通用齿轮油复合剂，加入4.8%、2.4%、1.6%和1.2%的量，可分别调制GL-5、GL-4、重负荷和中负荷工业齿轮油质量水平	锦州新兴石油添加剂有限责任公司
XT-4218	—	—	≥135	30.0	1.2	0.9	通用齿轮油复合剂，加4.2%、2.1%、1.5%和1.1%的量，可分别调制GL-5、GL-4、重负荷和中负荷工业齿轮油质量水平	
XT-64219	—	实测	≥95	≥32	≥1.4	≥0.60	车辆齿轮油复合剂，加4.0%和2.0%的量于合适的基础油中，可分别调制75W-90的GL-5和GL-4规格的油	
KFD4800(T4208)	—	30~60	≥90	—	—	—	车辆齿轮油复合剂，加2.1%和4.2%的量，可分别配制GL-4和GL-5规格的油	沈阳长城润滑油制造有限公司
T4238	0.98~1.03	4.5~7.3	≥125	≥27	≥1.5	≥0.4	车用齿轮油复合剂，加4.2%和2.1%的量于合适的基础油中，可分别满足GL-5和GL-4车辆齿轮油要求	锦州东工石化产品有限公司

第3节　液压油复合添加剂

3.1　概况

自18世纪发明水压机后，液压技术开始获得较广泛的应用。最早期液压系统用的液体是水，这就限制了工作温度，且易引起腐蚀和润滑问题。直到20世纪20年代后期，矿物油才被逐渐采用。这些无添加剂的矿物油比水有更好的润滑性，但仍存在因生成胶质和酸值而腐蚀设备的问题。20世纪40年代，防锈抗氧(R & O)油广泛用作液压油。防锈抗氧液压油中的防锈剂通常是有机羧酸而抗氧剂多为受阻酚。这些液体在某些特定的工况下运行良好，故至今仍广泛地应用于工业中。

随着泵的设计现代化，以及在液压系统中广泛使用叶片泵，在其工作压力大于6.9MPa的状态下，磨损问题变得突出，因而在液压油中使用了抗磨剂。最早使用的是三甲酚磷酸酯(TCP)，其抗磨性能比防锈抗氧液压油有显著的改善，然而与20世纪50~60年代的普通机油相比，其抗磨性能不足。这些机油能很好地保护叶片泵不受磨损，所使用的抗磨剂是ZDDP。此后的液压油(Hydraulic Fluid)就加有这种多效添加剂。加有此剂的油品，不仅提供抗磨性、防锈性和抗氧性，还表现出良好的抗乳化性能。几种液压油的性能对比见表6-37。

表6-37　液压油磨损试验性能比较

试验	方法	液压油类型		
		R & O	含TCP剂	含ZDDP剂
100h叶片泵磨损试验	ASTM D2882			
环和叶片磨损/mg		691	240	19
FZG/级	DIN 51354第二部分	6	8	12
Ryder/N	ASTM D 1947	8896	9408	13789
四球机磨损直径/mm	ASTM D 4172	0.60	0.30	0.30

含ZDDP添加剂的液压油在20世纪60~70年代得到了广泛的应用。但到20世纪70年代中期，由于高压泵的出现，产生了对铜的腐蚀和磨损。在1976年，某些高压活塞泵在满负荷状态(2400r/min，93℃)及34.5MPa压力下操作，含锌液压油对青铜活塞箍磨损严重，据分析可能与ZDDP的热分解有关。从而产生了无锌(无灰)油，以及含稳定的伯烷基ZDDP低锌油。目前广泛应用的还是含稳定的ZDDP或硫/磷(无灰)型添加剂的液压油。

由于石油易燃，在使用于高温热源和明火附近的液压系统中有着火危险，20世纪50年代出现了能抗燃的磷酸酯(HFDR)、水-乙二醇(HFC)、合成酯型(HFDU)、水包油(HFAE)和油包水乳化液(HFB)等抗燃液压油。

目前，在全球液压油市场中，矿物油基础油占据主导，包括环烷基和石蜡基基础油，其中石蜡基基础油占矿物油的大多数，但是随着液压设备的技术提升以及节能环保的要求，合成型液压油的市场份额在不断提高，合成型液压油的基础油主要包括合成烃(PAO)和合成酯。此外，难燃液压油的消耗量也在逐年提升。

3.2　液压油复合添加剂品种

液压油的类型见表 6-38。

表 6-38　液压油的分类[40]

应用	产品名称	基础油类型	产品特性	具体应用
	L-HH	矿物油	HH 液压油是未添加任何抑制剂的精制矿物油	因其性能很差，现已很少直接用于液压系统
	L-HL	矿物油	HL 液压油是提高了防锈性能和抗氧化性能的液压油	可用于对抗磨性能压力要求不高的液压系统
	L-HM	矿物油基础油、合成型基础油	抗磨液压油，在 HL 液压油的基础上提高了抗磨性能	可用于高压液压系统及设备
	L-HV	矿物油基础油、合成型基础油	低温抗磨液压油，在 HM 液压油的基础上改善了油品的黏温性能	可应用于车辆和轮船设备
	L-HS	矿物油基础油、合成型基础油	具有更良好低温特性的抗磨液压油	适用于严寒区-40℃以上、环境温度变化较大的室外作业中、高压液压系统的机械设备
液压导轨系统	L-HG	矿物油基础油、合成型基础油	在 HM 液压油的基础上提高了油品的黏滑性能需求	适用于导轨及液压为一个油路的精密机床
用于环境可接受的液压液场合	HETG	甘油三酸酯	具有生物降解性、低毒性	适用于一般液压系统(活动装置的)
	HEPG	聚乙二醇		
	HEES	合成酯		
	HEPR	聚 α-烯烃及其他烃类产品		
用于难燃液压场合	HFAE	水包油型乳化液	通常含水量大于 80%	适用于煤矿液压支架静压液压系统和其他不要求回收废液和不要求有良好润滑性、但要求有良好难燃性液体的液压系统或机械部位
	HFAS	水的化学溶液	通常含水量大于 80%	适用于需要难燃性液体的低压液压系统和金属加工等机械
	HFB	油包水乳化液	通常含水量小于 80%	适用于冶金、煤矿等行业的中压和高压、高温和易燃系统
	HFC	含聚合物水溶液	通常含水量大于 35%	适用于冶金和煤矿等行业的低压和中压液压系统
	HFDU	磷酸酯无水合成液	可能对环境和健康有害	主要应用于飞机液压系统和接近高温热源或明火附近的高温、高压液压系统中
		其他成分的无水合成液	大多采用多元醇酯作为基础油	性能优异，可替代大部分难燃液压油使用

全世界液压油消耗是巨大的，应用于工业方面的叶片泵、活塞泵和齿轮泵等液压系统，包括工业、农业、林业、建筑、采矿、运输、船舶等[41]。从其性能来看，液压油有防锈抗氧液压油(R & O Hydraulic Oil)、抗磨液压油(Antiwear Hydraulic Oil)、低温液压油(Low-temperture Hydraulic Oil)和抗燃液压油(Fire-resistant Hydraulic Fluid)，并且国内外都有相应能满足其性能要求的液压油复合剂。

3.2.1 防锈抗氧液压油复合添加剂(R & O Hydraulic Fluid Additive Package)

抗氧防锈型液压油，主要以抗氧剂、防锈剂为主复合而成的复合剂，然后加入精制深度较高的中性油调配而成。具有优良的防锈性和氧化安定性能，适用于通用机床的液压系统。抗氧防锈型液压油一般在机床的液压箱、主轴箱和齿轮箱中使用时，可以减少机床润滑部位摩擦副的磨损，降低温升，防止设备锈蚀，延长机床加工精度的保持性，且使用时间比普通机械油延长一倍以上。

3.2.2 抗磨液压油复合添加剂

抗磨液压油是从抗氧防锈液压油的基础上发展而来的，其复合添加剂是以抗磨剂、防锈剂和抗氧剂为主，并加有金属减活剂、抗乳化剂和抗泡剂配制而成。与普通抗氧防锈液压油相比，抗磨液压油技术比较复杂，制作精细，它在中、高压系统中使用时不仅具有良好的防锈、抗氧性，而且抗磨性大为突出。据报道，用抗磨液压油运行的油泵比普通抗氧防锈液压油要长10~100倍。这主要是抗磨液压油的抗磨性提高，使泵的磨损大大降低的结果。抗磨液压油与抗氧防锈液压油泵试验见表6-39，从表中数据可见，抗磨液压油的磨损总量在100mg以下，而抗氧防锈液压油的磨损总量在100~1000mg。

表6-39 抗氧防锈液压油和抗磨液压油泵试验[42]

项目	磨损量/mg		试验方法和试验条件
	抗氧防锈液压油	抗磨液压油	
环失重	568.5	20.5	ASTM D 2882，IP 281 压力：14MPa 温度：65℃
叶片失重	62.4	1.4	
总失重	630.9	21.9	

国家或地区的标准仅涵盖了区域性的要求，而液压元件原始制造商(OEM)的业务遍及全球，为此一些液压元件制造商还形成了具有自己企业特点的液压油OEM标准，如Denison Hydraulic、Bosch Rexroth AG、Eaton Corporation、Vickers叶片泵公司、Cincinnati Milacron等。从技术指标来看，这些OEM标准往往还高于国家和地区标准。在上述OEM标准中，最受业界推崇的当属Denison Hydraulics(现ParkerDenison)的HF-0~HF-6系列[41,43]。HF-0、HF-1、HF-2均为矿物油型液压油，HF-3为油包水乳化液，HF-4、HF-5分别为水-乙二醇型和磷酸酯型抗燃液压液，HF-6则是被称为生物降解液压油的新一代环保型液压油。而在三种矿物油型液压油中，HF-0特别强调了油品的热安定性和水解稳定性、高压泵性能以及与黄色金属的相容性，是目前国际上公认的、性能要求最高的抗磨液压油标准；HF-6是可生物降解液压油产品，也适用于Denison Hydraulics的液压泵、马达和液压阀产品。Denision、Vickers和Cincinnati Milacron国外公司的部分产品规格指标列于表6-40。

表 6-40 国外液压油规格

项目	Denision				Vickers		Cincinnati Milacron		
	HF-0	HF-6	HF-1	HF-2	M-2950-S	I-286-S	P-68	P-69	P-70
T6H20C 混合泵试验 9 个柱塞失重/mg 叶片+柱销失重/mg	300		300						
T-5D 叶片泵试验①	15	—	—	15	—	—	—	—	—
T-5C 叶片泵试验②			—	—	—	—	—	—	—
P-46 柱塞泵试验③				—	—	—	—	—	—
35VQ-25 叶片泵试验④ 环失重/mg 叶片失重/mg 总失重/mg	—	—	—	—	<75 <15 <90	—	—	—	—
V-104 叶片泵试验⑤ 总失重/mg	—	—	—	—	—	≯50	≯50	≯50	≯50
D4310 沉积物试验 1000h 后酸值/(mgKOH/g) 不溶物/mg 铜含量/mg	<1.0 <100 <200	<1.0 <100 <200	<1.0 <100 <200	<1.0 <100 <200	—	—	—	—	—
D1401 抗乳化试验 (40-37-3mL)/min	<30	<30	<30	<30	—	—	—	—	—
D665 液相锈蚀试验 A 法(蒸馏水) B 法(合成海水)	通过 通过	通过 通过	通过 通过	通过 通过	—	—	通过	通过	通过
D130 铜腐蚀									
D2619 水解试验 水层总酸值/(mgKOH/g) 铜片腐蚀/mg	<4.0 <0.2	<4.0 <0.2	<4.0 <0.2	<4.0 <0.2	—	—	—	—	—
热稳定性(135℃×168h) 黏度变化/% 中和值变化/% 铜棒外观 铁棒外观 总沉渣重/(mg/100mL) 铜片失重/(mg/100mL)	报告 ≯100 ≯10	报告 ≯100 ≯10	报告 ≯100 ≯10	报告 ≯100 ≯10	—	—	≯5 ≯50 不变色 ≯25 ≯5	≯5 ≯50 不变色 ≯25 ≯5	≯5 ≯50 不变色 ≯25 ≯5
FZG/通过/级	≮9 级	≮9 级	≮9 级	≮9 级	—	—	—	—	—
过滤性/s(TP-02100)									
无水条件下过滤时间	<600	<600	<600	<600	—	—	—	—	—
2%水存在条件下过滤时间	<1200	<1200	<1200	<1200					
阶段 2 过滤性/%(ISO 13357)干式	>60		>60	>60	—	—	—	—	—

续表

项目	Denision				Vickers		Cincinnati Milacron		
	HF-0	HF-6	HF-1	HF-2	M-2950-S	I-286-S	P-68	P-69	P-70
湿式	>50		>50	>50					
泡沫试验 ASTM D882 10min 后允许的泡沫量	无	无	无	无	—	—	—	—	—
空气释放值/min	≯7	≯7	≯7	≯7	—	—	—	—	—
黏度指数	>90	>90	>90	>90	—	—	>90	>90	>90

①T-5D 叶片泵出口压力 17.5MPa，转速 2400r/min，试验温度和时间是 71.1℃、60h 和 98.9℃、40h。

②P-46 柱塞泵出口压力 34.5MPa，转速 2400r/min，试验温度和时间是 71.1℃、60h 和 98.9℃、40h。

③T6H20C 混合泵试验中，叶片泵出口压力 1~25.0MPa，转速 1700r/min，柱塞泵出口压力 12~28MPa。试验分两程序进行，第一程序温度 110℃，运行 300h；第二程序加 1%的水，温度 80℃，运行 300h。

④35VQ-25 叶片泵出口压力 21.0MPa，转速 2400r/rain，试验分三程序，温度和时间均是 93.3℃、50h。

⑤V-104 叶片泵出口压力 14.0MPa，转速 1200r/min，温度和时间是 79.4℃、100h。

随着液压技术的迅速发展，对抗磨液压油不断提出新的要求，其规格也不断地更新。

(1) 液压系统的压力从 15~20 MPa 提高到 30 MPa，甚至高达 40 MPa 以上。液压系统的压力升高，功率增大，油泵的负荷越来越重。这对油品的抗磨性提出了更高的要求。

(2) 液压装置的高压、高速、小型化。使油品在液压系统中循环的次数增加，油品在油箱中停留时间变短，油温也从 55℃提高到 80℃。高压系统也导致高速压力循环和空气夹带，空气夹带可能导致气塞；同时，设备接缝处的泄露、低油位和高泵速都是导致系统中空气夹带的原因。较小油箱不仅影响热性能、氧化和空气释放，也对泡沫有影响。高温会促进泡沫生成；泄露或设备、低油位和更高泵速是空气夹带的共同的根源。对油品的热氧化稳定性、抗泡性和橡胶适应性的要求更高。

(3) 液压控制系统变得更灵活更复杂。系统中的电力伺服阀和比例电磁阀部件灵敏度高、结构复杂、配合间隙小、精密度高，要求油品有更高的清洁度和更好的过滤性能[44]。因此，新润滑油的清洁度和使用过程中保持润滑油清洁是非常重要的。试验表明，液压系统中 80%的事故可能是由微粒和碎片引起的，所以设备和应用要求通过过滤润滑油来达到清洁是很重要的。

含锌型使用的抗磨剂主要是仲醇基的 ZDDP，这类 ZDDP 具有良好的抗磨、抗氧性能，抗乳化及水解安定性也不错，成本也低，唯一缺点是热稳定性差，使用的防锈剂多为烯基丁二酸和中性石油磺酸钡；其抗氧剂为 2，6-二叔丁基对甲酚和萘胺等；金属减活剂为噻二唑衍生物和苯三唑衍生物；还要使用抗乳化剂、降凝剂和抗泡等复合后，才能成为一个完整的复合剂。无锌型抗磨液压油复合剂又称无灰抗磨液压油复合剂，它是用烃类硫化物、磷酸酯、亚磷酸酯等或把它们和硫代磷酸酯复合使用作为抗磨剂来代替 ZDDP。无灰抗磨剂的代表性化合物列于表 6-41 中，同时还有含硫、磷和氮三种元素的极压抗磨剂，如各种酸性磷酸酯或其胺盐和二烷基二硫代磷酸衍生物的胺盐等，都是具代表性的 S-P-N 极压抗磨剂。

表 6-41　主要的无灰抗磨剂[45]

类型	主要化合物
磷酸酯	磷酸辛酯、磷酸二辛酯、酸磷三辛酯、磷酸二癸酯、磷酸二-十二烷基酯、磷酸三-十二烷基酯、磷酸三-十六烷基酯、磷酸三-十八烯基酯、三甲酚磷酸酯
亚磷酸酯	亚磷酸三辛酯、亚磷酸二癸酯、亚磷酸三-十六烷酯、亚磷酸三-十八烯基酯、亚磷酸三-(辛苯基)酯
硫代磷酸酯	硫代磷酸二辛酯、硫代磷酸三辛酯、硫代磷酸三-十六烷酯、硫代磷酸三-十八烯酯
烃类硫化物	二辛基多硫化物、二-十二烷基多硫化物、二癸基多硫化物、二苯基多硫化物、二环己基多硫化物、硫化二戊烯

含锌型抗磨液压油有很好的抗磨性，能满足叶片泵的要求，但在应用于柱塞泵时，ZDDP 会对柱塞泵的铜部件造成腐蚀，从而导致柱塞泵轴的磨损、斜盘破裂。此外，由于 ZDDP 的热稳定性差，在高压液压系统运行中容易产生油泥，堵塞滤网和阀芯，造成液压系统操作失灵。无灰型抗磨液压油的水解安定性能、热稳定性能、破乳化性、油品的过滤性均优于含锌抗磨液压油，广泛应用于高端液压系统及设备。抗磨液压油除具有好的抗氧性和防锈性能外，最突出的性能是抗磨性，可提高液压油泵(叶片泵、活塞泵、齿轮泵、凸轮泵、螺杆泵)的寿命，一般比普通防锈抗氧液压油延长数十倍。现把有灰和无灰抗磨液压油的性能对比、几种类型液压油的泵试验结果、抗磨液压油添加剂和液压油添加剂的种类分别列入表 6-42～表 6-45。

表 6-42　含锌型和无灰型抗磨液压油性能比较[44,45]

项目	含锌型抗磨液压油	无灰型抗磨液压油	项目	含锌型抗磨液压油	无灰型抗磨液压油
灰分	高	低	沉积物倾向	低到高	低
金属	锌(钙或钡)	无	泵性能	好	极好
总碱值/(mgKOH/g)	1.5	0.2	磨损	中等	极轻
水解稳定性	一般到好	很好	空穴	中等到严重	无
铜和黄铜腐蚀	可能性大	可能性小	污染管理	可能性高	可能性低
抗氧性	好	很好	多效性能	一般到好	很好
水分离性	好到差	好	成本	低	高

表 6-43　几种类型液压油对两种泵试验的结果

液压油种类	V-104C 叶片泵试验(14MPa，1200r/min，250h)定子和叶片总磨损量/mg	活塞泵(斜板式)试验(21MPa，300r/min，500h)	
		连杆轴瓦磨损量/g	间隙增大/mm
抗磨液压油(有灰型)	25(好)	2.21	2.4(差)
抗磨液压油(SPN 无灰型)	10(好)	0.17	0.08(好)
一般液压油(磷型)	250(差)	0.30	0.20(好)
防锈抗氧液压油	短时间异常磨损(差)	0.20	0.18(好)

表 6-44　抗磨液压油添加剂种类和浓度范围[45]

添加剂种类	浓度/%	最佳范围/%	添加剂种类	浓度/%	最佳范围/%
二烷基二硫代磷酸锌	0.5~1.0	—	抗氧剂	0.3	0.05~0.20
防锈剂	0.02~0.2	0.05~0.1	抗乳化剂	0.01~0.1	0.03~0.06
金属减活剂	0.001~1.0	0.01~0.5	抗泡剂	0.001	0.001~0.01

表 6-45　液压油添加剂的类型、品种和加量范围[27,46]

添加剂	化学名称	典型加量范围/%
抗氧剂	位阻酚 二芳胺 吩噻嗪 二烷基二硫代氨基甲酸金属盐 无灰二烷基二硫代氨基甲酸酯 二烷基二硫代磷酸金属盐 硫化烯烃 芳基胺	0.2~1.5
金属减活剂	苯并三氮唑 2-巯基苯并噻唑 噻二唑 甲苯甲酰三唑衍生物	0.001~1.0
锈蚀抑制剂	烷基丁二酸衍生物 乙氧基酚 脂肪酸盐和脂肪酸胺的盐 磷酸酯盐和磷酸胺盐 苯并三氮唑 金属磺酸盐 磺酸铵 烷基羧酸 咪唑啉衍生物	0.05~1.0
抗泡剂	聚硅氧烷 聚丙烯酸酯	2~20μg/g
抗磨剂	烷基磷酸酯和烷基磷酸盐 二烷基二硫代磷酸盐 二烷基二硫代氨基甲酸盐 有机硫/磷化合物 二烷基二硫代磷酸盐 磷酸酯 二硫代磷酸酯 2，5-二巯基-1，3，4-噻二唑衍生物 羧酸钼	0.5~2.0

续表

添加剂	化学名称	典型加量范围/%
黏度指数改进剂	聚甲基丙烯酸酯 苯乙烯二烯共聚物 烯烃共聚物	3~25
破乳剂	聚烷氧基酚 聚烷氧基多醇 聚烷氧聚胺	0.01~0.1
降凝剂	聚甲基丙烯酸酯	0.05~1.5
摩擦改进剂	脂肪酸酯 脂肪酸	0.1~0.75
清净剂	水杨酸盐 磺酸盐	0.02~0.2
密封膨胀剂	有机酯 芳香烃	1~5

3.2.3　低温液压油复合添加剂

低温液压油主要性能是凝点低、黏度指数高、低温黏度小、油膜强度大和稳定性好等，即以低温启动性和低温泵送性好的特点来适应在野外低温操作下的液压系统。低温性能好，其选择合适的基础油和黏度指数改进剂是关键；为了满足低温性能好的要求，必须选择凝点低和黏温特性好的基础油，一般有矿物油、合成油和半合成油，然后加入抗剪切性和低温性能都好的黏度指数改进剂，调到液压系统所要求的黏度。黏度指数改进剂一般用聚甲基丙烯酸酯较多，也有用聚异丁烯、聚烷基苯乙烯，然后加入液压油所要求的性能添加剂，如抗磨剂、抗氧剂、防锈剂和抗泡剂等。中国低温液压油按其使用要求分为两档：L-HV用于寒区(-30℃以上)，L-HS用于严寒区(-40℃以上)，ISO只有L-HV标准，有10~150八个黏度级别，国内有10~100七个黏度级别；L-HS是根据中国的实际情况增加的，有五个黏度级别。国内外低温液压油的主要指标列于表6-46中。

表6-46　国内外低温液压油的主要指标

项目	中国 GB 11118.1-2011				ISO 11158—2009		法国 E48-603—1983	
	L-HV		L-HS		L-HV		L-HV	
黏度等级	22	32	22	32	22	32	22	32
40℃黏度/(mm^2/s)	19.3~24.2	28.8~35.2	19.8~24.2	28.8~35.2	22 ±10%	32 ±10%	22 ±10%	32 ±10%
黏度达到1500(mm^2/s)时温度/℃　不高于	-24	-18	-30	-24	—	—	—	—
黏度指数　不小于	140	140	150	150	140		130	

续表

项目		中国 GB 11118.1-2011				ISO 11158—2009		法国 E48-603—1983	
闪点/℃	不低于	175	175	175	175	175	175	140	160
倾点/℃	不高于	-36	-33	-45	-45	-39	-30	-42	-36
密封适应性指数	不大于	14	13	14	13	—	—	—	—
空气释放值(50℃)/min	不大于	6	8	6	8	5	5	—	—
氧化安定性									
氧化后总酸值/(mgKOH/g)	不大于	2.0 (1500h 后)		2.0 (1500h 后)		2.0 (1000h 后)		—	
1000h 后油泥/mg		报告		报告		报告			
FZG		—	10	—	10	10		—	—
双泵(T6HC20)试验						—		—	—
叶片和柱销总失重/mg	不大于	—	15	—	15				
柱塞总失重/mg	不大于	—	300	—	300				
起泡性(ⅠⅡⅢ)/(mL/mL)		—		—		—			
程序Ⅰ	不大于	150/0		150/0		150/0		100/10	
程序Ⅱ	不大于	75/0		75/0		80/0		—	
程序Ⅲ	不大于	150/0		150/0		150/0			
剪切稳定性(40℃)/%	不大于	10	10	10	10	报告		10	
水解安定性						—		—	—
水层总酸度/(mgKOH/g)	不大于	4.0				—			
铜片失重/(mg/cm^2)	不大于	0.2				—		—	
铜片外观		未出现未出现灰、黑色							
热安稳定定性(135℃×168h)						—		—	—
40℃运动黏度变化率/%		报告							
酸值变化率/%		报告							
铜棒外观		报告							
铁棒外观		未变色							
总沉渣重/(mg/100mL)不大于		100							
铜棒失重/(mg/200mL)		10							
钢棒失重/(mg/200mL)		报告							

3.2.4　抗燃液压油复合添加剂(Fire-resistant Hydraulic Fluid Additive Package)

抗燃液压油(Fire-resistant Hydraulic Fluid)的特性是抗燃性好，主要用于高温和离明火近的液压系统。这类液压液不易燃，它所用的介质与前面几种截然不同，一般有以下几种类型。

1. 乳化型(Emulslon)

1）水包油型乳化液(HFAE)

水包油(O/W)型乳化液(Oil-in-water Emulslon)，是细小油粒分散在水连续相里的混合物。一般含油5%~15%，含水量高达80%以上。基础油的主要作用是各种添加剂的载体，加入乳化剂、防锈剂、防霉剂、抗泡剂和助溶剂等。使用时将配好的乳化油用水(约20份)冲配制成相对稳定的乳化混合体。这种抗燃液压油的低温性能、黏温性能和润滑性能较差，但抗燃性和冷却性较好，价格较便宜。

2）油包水乳化液(HFB)

油包水型(W/O)乳化液（Water-in-oil Emulslon)，是细小水粒分散在矿物油连续相里的混合物。一般含约40%的水和60%的矿物油，然后借助乳化剂的作用形成相对稳定的乳化混合体。在黏度、倾点合适的矿物油基础油和水中(一般是软水或去离子水)添加乳化剂、极压抗磨剂、防锈剂、抗氧剂等调和而成。油包水型抗燃液压油的特性接近于矿物油型液压油。它的润滑性好，具有抗燃性，最高使用温度60~70℃，防腐蚀性优于水包油型乳化液，与矿物油型液压油相适应的液压系统材料和密封件，与水乳化液也能适应。此外，它无毒、无味，价格较低，应用较广，但稳定性差。

3）HFAS高水基液

通常含水达95%和5%的水溶性化学添加剂组成，呈透明状的真溶液或微乳化液，其中有乳化剂、油性剂、抗磨剂、润湿剂、防锈剂、抗泡剂、杀菌剂和稠化剂等。高水基液抗燃液压油不燃，无压缩性，具有高的导热性和热容，冷却效果好，污染物沉降快，系统运行温度低于使用油的系统，黏度低，价廉，使用温度4~50℃。温度过低可能冻结，温度过高易蒸发。水的润滑性差，系统的压力要低于6.86MPa，此外它对铝、镁、锌、镉等金属材料不适应，使用中应注意。

2. 含聚合物水溶液(HFC)

HFC即水-乙二醇液(Water-glycol Solution)，它以水和乙二醇与添加剂一起来改进液相和气相的腐蚀及负荷的承载能力，其液体的基础组分是水和二元醇作为抗燃组分，再加稠化剂、抗磨剂、防锈剂和抗泡剂复合而成。水-乙二醇液中水含量仍然有30%~55%，所以使用温度仍低于65℃，系统压力小于9.8MPa。水-乙二醇液抗燃液压油具有优良的抗燃性、高黏度指数，良好的稳定性和流动性，呈透明真溶液。它能与矿物油一样使用相同的密封材料和软管，但与锌、镉、镁、钼及未经处理的铝不相容，也不能使用皮革和软木。它还使普通油漆涂料发生软化，因此须使用环氧树脂或乙烯基涂料。乙二醇液体具有一定毒性，使用中应注意。在使用中应定期监测黏度、水含量及pH，如超过规定指标，应补加水和添加剂。常使用于矿山及冶金设备中。

3. 磷酸酯型合成抗燃液压油(HFDR)

HFDR具有自燃点高、挥发性低、抗燃性好、热稳定性好和润滑性好等优点，一般使用温度范围可达-50~135℃，应用于高温热源和离明火近的高压液压系统。但由于磷酸酯具有较强的溶解性，对丁腈橡胶、氯丁橡胶、石棉橡胶板、聚氯乙烯塑料、有机玻璃以及乙烯类涂料等不适应，必须选择与其相适应的材料。

4. 其他无水合成液(合成酯型 HFDU)

合成酯型难燃液压油是以合成多元醇酯为基础油加精选的抗氧化、防水解、抗腐蚀等添加剂，以确保该产品具有优异的氧化安定性和水解安定性。合成酯型难燃液压油性能优异：具有优异的润滑性能和抗剪切安定性能；倾点低、闪点高、黏度指数高，应用温度范围宽；与液压系统材料有很好的相容性，能与大多数密封材料相容，特别是丁腈橡胶、氟橡胶、聚四氟乙烯、硅橡胶、氨基甲酸酯(URETHANE)；热稳定性能突出，使用寿命长，易生物降解，绿色环保。同时，HFDU 很容易和矿油型液压油互换。

HFDU 适用于苛刻条件下工作的连铸生产线液压系统和高炉、拆炉机、热轧厂、铸造厂、钢水包阀、电站、煤矿等要求抗燃、安全性设备的液压系统，并可替代磷酸酯型抗燃液压油。使用温度范围-30 ~150℃。使用压力可达 30MPa，因为 HFDU 性能优异，所以尽管其价格远高于矿油型液压油，仍然被使用在许多对于阻燃和环保要求较高的场所，其应用比例在持续增长。

目前，世界上有许多公司可以生产难燃液压油产品，主要集中在北美、欧洲和亚洲。在消费市场中，全球消费增长率相对平稳。北美、欧洲和中国是主要的消费地区。2017 年，这三个地区消耗了约 76.26%的防火液压油。在各个领域中，冶金的消费量最大。调查结果显示，2017 年有 52.01%的防火液压油属于 HFC 家族，18.71%为 HFA。

国内的液压油是为了适应国民经济、国防建设和机械加工工业的要求而发展起来的。20 世纪 60 年代中期已研制成功了精密机床用液压油、液压导轨油、普通液压油等。70 年代中期引进了大型成套工业生产设备，如武汉钢铁厂一米七轧机工程等。普通的液压油已不能满足先进液压系统的润滑要求，在过去精密机床液压油的基础上进行改进，于 80 年代试制出性能与国外相当的抗磨液压油，以及抗燃液压油和低温液压油等。生产这些液压油所用的添加剂，如 ZDDP 抗磨剂、酚类和胺类抗氧剂、石油磺酸盐和烯基丁二酸防锈剂、用作乳化剂的表面活性剂、苯三唑衍生物和噻二唑衍生物金属减活剂、硅型和非硅型化合物的抗泡剂及降凝剂等国内均有工业生产。目前，国内抗氧防锈液压油和抗磨液压油复合添加剂(无灰和有灰型抗磨液压油复合添加剂)均有工业生产。国内生产的单剂和复合添加剂所配制的高压抗磨液压油复合剂可满足 Denison HF-0、HF-1、HF-2，DIN51524(Ⅱ)，NFE48-603，Cincinnati-Milacron P-68、P-69、P-70，Vickers I-286-S 规格和 GB11118.1-94 HM 优级品规格，所生产的高压抗磨液压油可用在许多大型进口液压设备上，既能用于柱塞泵，又可用于叶片泵，柱塞泵压力最高可达 35MPa，在满足 Denison HF-0 规格的剂量上与进口复合剂相比，具有优异的经济性。

3.3 液压油复合添加剂的商品牌号

国内液压油复合剂商品牌号见表 6-47，国外莱茵化学有限公司液压油复合剂的商品牌号见表 6-48。

表 6-47 国内液压油产品商品牌号

产品代号	密度/(g/cm^3)	100℃黏度/(mm^2/s)	闪点/℃	硫/%	磷/%	锌/%	主要性能及应用	生产公司
5055012A(KT5012A)	实测	实测	≥170	≥11	≥5.5	≥6	含锌抗磨液压油复合剂，加0.65%和0.6%的量于合适的基础油中，可分别符合HM及HV规格要求	锦州康泰润滑油添加剂股份有限公司
KT55013	实测	实测	≥170	≥10	≥4	≥4.5 ≥1(氮)	低锌抗磨液压油复合剂，加0.65%和0.6%的量于合适的基础油中，可分别符合HM及HV规格要求	
KT55016(KT5012A)	实测	实测	实测	≥10	≥2	≥2.5	液压导轨油复合剂，加1.5%和2.0%的量于合适的基础油中，可调制机床导轨油	
WX 5130	0.95~1.10	5~15	≥120	≥9.5	≥4.5	≥5.0	抗磨液压油复合剂，具有良好的抗磨、抗氧和防锈性能，加0.4%~1.4%于合适的基础油中，可调制抗磨液压油	无锡南方石油添加剂有限公司
RF5012	报告	报告	142	4.4		5.0	含锌抗磨液压油复合剂，加0.8%的量于合适的基础油中，可配制N22、N32、N46、N68和N100黏度级别的抗磨液压油	新乡市瑞丰新材料股份有限公司
KH 5018	—	—	报告	≥6.2	≥4.2	≥5.0	抗磨液压油复合剂，加0.8%~1.2%的量于合适的基础油中，可满足中高档抗磨液压油的要求	滨州市坤厚化工有限责任公司
KH 5019	—	—	报告	≥7.5	≥4.2	≥5.0	高压抗磨液压油复合剂，加0.85%的量于合适的基础油中，可满足高档抗磨液压油的要求	

续表

产品代号	密度/(g/cm³)	100℃黏度/(mm²/s)	闪点/℃	硫/%	磷/%	锌/%	主要性能及应用	生产公司
KH 5022	—	—	报告	≥7.5	≥2.8	≥0.9(氮)	高效抗磨液压油复合剂，加0.8%~1.2%的量于合适的基础油中，可满足中高档抗磨液压油的要求	滨州市坤厚化工有限责任公司
KH 5024	—	—	报告	≥8.5	≥2.0	≥0.5(氮)	高效抗磨液压油复合剂，加0.8%~1.0%的量于合适的基础油中，可调制符合GB 11189.1—2011标准的要求	
H5036	0.9~1.1	—	≥100	≥5	≥4	3.0~5.0	低锌抗磨液压油复合剂，加0.8%的量于合适的基础油中，可符合GB 11189.1—2011、DIN 51524(Ⅱ)、DENISON HF-0标准	淄博惠华石油添加剂有限公司
H5039	1.0~1.1	25~40	≥105	≥6.5	≥3.0	—	无灰抗磨液压油复合剂，加0.8%的量于石蜡基基础油中，可配制N32、N46、N68和N100黏度级别的符合GB 11189.1—2011 L-HM及DENISON HF-0等规格要求	
H8069	1.0~1.1	实测	≥100	≥7.5	≥3.0	—	无灰抗磨液压油复合剂，加0.8%的量于石蜡基基础油中，可配制N32、N46、N68和N100黏度级别的符合GB 11189.1—2011 L-HM及DENISON HF-0等规格要求	
RHY589	—	—	145℃	—	8.5(氮)	—	优异的抗氧化性能，主要用于调制HFDU难燃液压油。推荐加剂量为0.65%	兰州润滑油研究开发中心

续表

产品代号	密度/（g/cm^3）	100℃黏度/（mm^2/s）	闪点/℃	硫/%	磷/%	锌/%	主要性能及应用	生产公司
RHY5012	—	84.27	—	—	—	—	含锌液压油复合剂，加0.8%~1.1%的量于合适的基础油中，能有效解决抗磨抗氧等问题，更适合于钢铁行业、工程机械等行业的液压设备润滑要求	中国石油润滑油分公司
RHY5018	—	11.69	—	—	—	—	抗燃液压油复合剂，加剂量10%，用于调制N46黏度级别的抗燃液压油	
RHY5019	—	37.6	—	3.67	3.02	—	无灰液压油复合剂，加剂量0.75%，可以调制黏度级别为15、22、32、46、68、100的HM、HV、HS质量级别的液压油	
RHY5251	—	59.95	—	4.5	—	—	液压传动两用油复合剂，加剂量2%，适用于拖拉机液压传动两用装置，也可用于各类机械液力变矩器、液力耦合器、变速系统和功能调节泵的工作介质	
XT-5066	—	8	160	9.5	4.5	4.8	抗磨液压油复合剂，加0.6%~0.8%的量，可调制各种黏度的抗磨液压油	锦州新兴石油添加剂有限责任公司
XT-5069	实测	实测	—	≥3.0	≥3.8	—	无灰抗磨液压油复合剂，加0.6%~0.8%的量，可调配各种黏度的油品	
DG5021	980~1100	5~6	≥150	≥8	≥4.0	≥5.0	抗磨液压油复合剂，加0.7%的量于合适的基础油中，可调制抗磨液压油的要求	锦州东工石化产品有限公司

表 6-48　莱茵化学有限公司液压油复合剂的商品牌号

添加剂代号	化学组成	锌/（约%）	磷/（约%）	硫/（约%）	钙/（约%）	氮/（约%）	40℃运动黏度/（mm^2/s）	矿油含量/（约%）	主要应用（动力传动油）	其他		备注
										压缩机油	透平油/润滑脂	
有灰												
RC 9200	抗磨/防锈/抗氧	4.0	3.7	8.5	1.0		75	30	●			HF-O、HLP
RC 9200N	抗磨/防锈/抗氧	4.7	4.2	9.2	1.2		145	20	●			HF-O、HLP
RC 9255	抗磨/防锈	8.0	6.0	14.0	—	—	220	10	●			HLP
RC 9205	抗磨/防锈	7.1	6.2	12.9	—	—	130	15	●			HLP
RC 9207	抗磨/防锈	7.6	6.6	13.8	—	—	120	10	●			HLP
RC 9216	抗磨/防锈/抗氧	6.0	5.4	12.0.	0.4	—	100	20	●			
无灰												
RC 9300	抗磨/防锈/抗氧		0.8	1.7		2.6	55	23	●	●	●/-	HLP-D
RC 9303	抗磨/防锈/抗氧		1.5	1.7	—	2.5	70	—	●	●	●/-	HF-O、HLP
RC 9305	抗磨/防锈/抗氧		1.0	—	—	3.1	120	5	●	●		HLP
RC 9308	抗磨/防锈		0.6	1.0	—	2.7	35	5	●	●	●/●	HLP
RC 9317	抗磨/极压/防锈/抗氧		0.4	14.4	—	2.3	580	13	●			HLP-D
RC 9320	抗磨/防锈		0.6	1.0	—	2.9	55	5	●	●	●/●	R&O 油
RC 9321	抗磨/防锈		0.5	7.0	—	3.6	80	5	●	●	●/●	R&O 油
RC 9330	抗磨/防锈/抗氧		1.0	—	—	1.5	70	—	●	●		HLP、CLP、NSF

第4节 自动传动液复合添加剂

4.1 概况

自动变速箱包括基于液力变矩器和行星齿轮机构的传统自动变速箱 AT(Automatic Transmission)、基于手动变速箱的手自一体变速箱 AMT(Automatic Manual Transmission)、无级变速箱 CVT(Continuously Variable Transmission)以及双离合器变速箱 DCT(Dual Clutch Transmission)。AT是最早出现的自动变速箱，技术最为成熟，稳定性好，但燃油经济性相对较差。ATF (Automatic Transmission Fluid)称为自动传动液，是一种多功能、多用途的液体。它主要用于轿车和轻型卡车的自动变速系统，也用于大型装载车的变速传动箱、动力转向系统、农用机械的分动箱。在工业上广泛用作各种扭矩转换器、液力耦合器、功率调节泵、手动齿轮箱及动力转向器的工作介质。

汽车行驶时换挡变速箱，由于手动变速装置操作麻烦，不利于家庭轿车使用。随着汽车工业的发展，许多高级轿车都使用自动变速装置，驾驶者只要手握方向盘，脚踩油门或刹车，便可顺利操纵汽车。由于自动变速装置能使汽车自动适应行使阻力的变化，提高汽车的动力性能，启动无冲击，变速时震动小，乘坐舒适平稳，驾驶方便，并使发动机经常处于最佳工况，过载时还能起保护作用，充分利用发动机功率，有利于消除排气污染。自动变速箱在美国汽车市场上的占有率接近90%，日本汽车市场上占有率在80%以上，欧洲乘用车市场上占有率在50%以上。在我国，每年新增的乘用车中，使用自动挡的变速箱约占30%，这个比例还在不断增加。

美国除美国通用汽车公司(GM)和福特(Ford)公司的ATF外，还有克莱斯勒(Chrysler)等其他公司的ATF规格。最初使用的自动传动液是不加添加剂的内燃机油或只加抗氧剂的内燃机油，这种油在运转过程中，有大量的油泥和漆膜产生，油品老化很快。

通用汽车公司是美国三大汽车公司(通用汽车、福特和克莱斯勒)中对自动变速箱传动液提出规格要求最早的一个公司，并开始研究ATF产品规格和试验方法，于1949年规格化，并制定出第一个TypeA规格；随着自动变速装置的改进及汽车性能的提高，又不断更新和修订规格，1957年制定了Type A Suffix A。此规格不久改为Type A Suffix B，随着汽车自动变速装置的改进及汽车性能的提高，相应进行了更新和修订。1967年发表了Dexron规格，1973年出现了Dexron-Ⅱ规格，1978年修订为ⅡD规格，1992年又修订为ⅡE规格，主要是应付当时各汽车厂推出的电控变速箱，1993年公布了Dexron-Ⅲ规格，适合于早期的电控变速箱。2003年发布Dexron-Ⅲ(H)规格，2005年4月1日发布了Dexron Ⅵ规格[48~50]，Dexron Ⅵ主要针对2006年现代汽车及重载卡车的自动变速箱而设计，以适应Hydra-Matic 6L80的要求。Hydra-Matic 6L80是一种六速自动变速箱，该变速箱最大的改变是离合器面直接接触，而不是用飞轮作为缓冲。离合器面直接接触将改善动力传递的速度和效率，但同时也对如何保证零部件间相互作用的一致性提出了更高的要求。Dexron Ⅵ规格在摩擦试验的稳定性和耐久性方面优于Dexron-ⅢH的2倍，同时在点蚀、抗泡沫以及氧化和剪切稳定性方面均有优异的表现。Dexron Ⅵ规格与Dexron-ⅢH规格性能的比较见表6

-49 和图 6-16[48,51]。

表 6-49　Dexron-VI 与 Dexron-ⅢH 修订后的变化

ATF 类别	Dexron-ⅢG	Dexron-ⅢH	Dexron-Ⅵ
循环周期/次	20000	32000	42000
盘式摩擦试验/h	100	150	200
带式摩擦试验/h	100	100	150
氧化试验/h 总酸值增加/(mgKOH/g)	300 ≯3.25	450 ≯3.25	450 ≯2.00
密封材料试验	6 种弹性材料	10 种弹性材料	与ⅢH 相同
100℃运动黏度/(mm²/s) Brookfield(-40℃)/mPa·s 100℃运动黏度/(mm²/s)，40h 抗剪切试验(KRL)后	报告 ≯20000 无	报告 ≯20000 无	≯6.4 ≯15000 ≮5.5

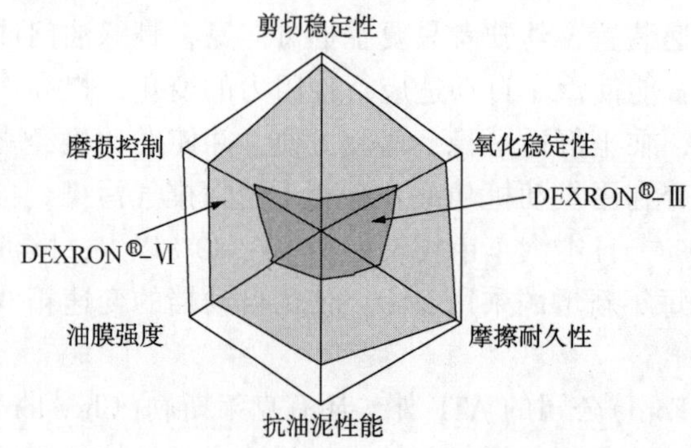

图 6-16　Dexron-Ⅵ与 Dexron-ⅢH 主要性能对比

同时，通用汽车公司已经准备为其所有轿车和轻型卡车采用这种新的变速箱规格。由此，ATF 油市场将变得更加复杂，产品价格也将更加昂贵。通用汽车公司不断更新的规格主要是提高了 ATF 的低温性能、抗氧性能、摩擦耐久性和密封材料适应性等。

福特汽车公司开始制定 ATF 规格比通用汽车公司晚 10 年，1959 年才开始制定出 M_2C-33A/B 规格，1961 年制定出 M_2C-33 C/D 规格，1967 年制定出以摩擦特性为特征的 M_2C-33E/F(Type F)。1972 年制定出 M_2C-33G 规格，该规格在欧洲部分地区作为工厂装车油用。在此以前的 ATF 规格都是不加摩擦改进剂的，与通用汽车公司的 ATF 在规格与性能上差别较大。后来，由于在大型自动变速器中出现曲轴噪声，从 1974 提出了 M_2C 138-CJ 规格，并表示可以与通用汽车公司的 Dexron 规格的自动传动液通用。1987 年又公布了 Mercon 规格的 ATF。1992 年公布的 New Dexron 规格与原 Mercon 规格相比，改进了低温性能，提高了抗磨性及抗氧性能，对摩擦特性要求更苛刻。1990 年公布了 ESP M_2C166H(与 Mercon 规格一致)，1995 年公布了 WSS M_2C202B(与 Mercon Ⅴ一致)。

阿里森(Allison)公司是通用汽车公司一个专门生产变速箱的分公司，为使自己的产品能可靠地工作，其对变速箱用油制定了专用规格，主要用于重负荷传动箱工作。1955 年首次提出了 C 型传动油规格，1968 年改为 C-2 规格，1973 年和 1989 年相应改为 Allison C-3 及 Allison C-4 规格，该规格中的一些评定方法与 Dexron-ⅡE 通用。

开特皮勒(Caterpilar)公司主要生产柴油机及使用柴油机的大型卡车、挖掘机、农用机械和各种矿山机械，大多在重负荷下操作，为了满足自己的变速箱用油要求，制定了专用的分动箱传动液规格。1973年开特皮勒公司公布了TO-1试验方法，用于评价润滑油青铜摩擦副的摩擦阻尼特性。1974年公布了TO-2 ATF规格(1E1634)，同时公布了TO-3。1994年推出了Caterpilar TO-4新方法，是用一台Link摩擦试验机代替SAE NO.2摩擦试验机，在摩擦尺寸、形状和材质等方面更接近该公司的产品要求。1991年公布了1E2785规格，也称为Caterpilar TO-4规格[52]。

克莱斯勒汽车公司也有自己的ATF规格，如Chrysler MS-3256及MS-4288规格。

ATF的发展从20世纪40年代开始已经有相当长的历史了。在40年中，通用汽车公司和福特汽车公司公布的各种ATF规格列于表6-50和图6-17中。

表6-50　ATF规格的发展历史[53]

通用汽车公司的牌号	摩擦类型（相对于动摩擦）	年代	福特汽车公司的牌号	摩擦类型（相对于动摩擦）
Type A[54]	低静摩擦系数	1949	—	—
Type A Suffix A[55]	低静摩擦系数	1957	—	—
—	—	1959	M_2C33 -A/B	低静摩擦系数
—	—	1961	M_2C33-C/D	高静摩擦系数
Dexron[56]	低静摩擦系数	1967	M_2C33-F	高静摩擦系数
—	—	1972	M_2C33-G(欧洲)	高静摩擦系数
Dexron-Ⅱ[57]	低静摩擦系数	1973	—	—
—	—	1974	M_2C 138-CJ	低静摩擦系数
Dexron-ⅡD	低静摩擦系数	1978	—	—
—	—	1981	M_2C 166H	低静摩擦系数
—	—	1987	Mercon	低静摩擦系数
—	—	1990	ESP M_2C166H	低静摩擦系数
Dexron-ⅡE	低静摩擦系数	1992.8	—	—
—	—	1992.9	New Mercon	低静摩擦系数
Dexron-Ⅲ	低静摩擦系数	1993.4	—	—
Dexron-Ⅳ	低静摩擦系数	1995	Mercon-V	低静摩擦系数
Dexron-ⅢG	低静摩擦系数	1997	—	—
Dexron-Ⅲ(H)	低静摩擦系数	2003	—	—
Dexron-Ⅵ	低静摩擦系数	2005，4	Mercon-C	低静摩擦系数

4.2　ATF的分类及规格

ISO 6743/A把液力传动系统工作介质分为HA油(适用于自动传动装置)和NH油(适用于功率转换器)。ASTM和API把自动传动液按使用分类为PTF-1、PTF-2和PTF-3，详见表6-51。

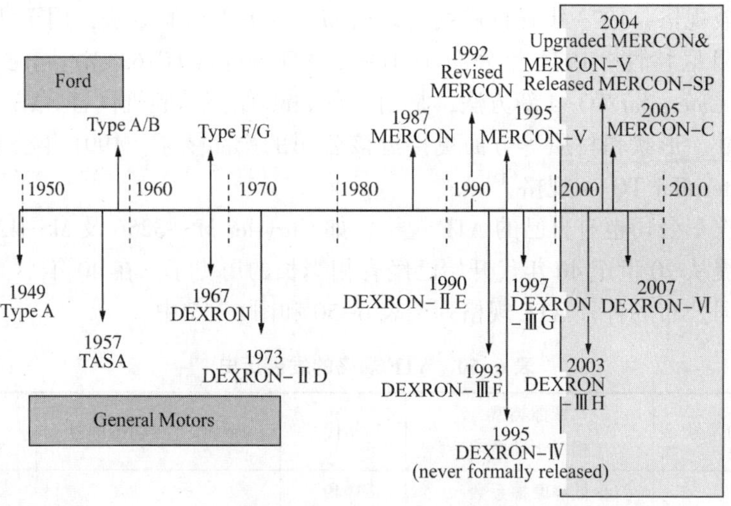

图 6-17　ATF 规格发展历程

表 6-51　国外自动传动液的使用分类

分类	符合的规格	应用
PTF-1	通用汽车公司(GM)：Dexron Dexron-Ⅱ、ⅡD、ⅡE、Dexron-Ⅲ 福特汽车公司(Ford)：M_2C33-F 或 G、M_2C136-G、M_2C166-H、Mercon、New Mercon 克莱斯勒(Chrysler)：MS-4228	轿车、轻卡车自动传动液装置
PTF-2	SAE J 1285-80 GM Track & Coach 阿里森(Allison)：C-2、C-3、C-4	适用于重负荷功率转换器，卡车、负荷较大的汽车的自动传动装置，多级变矩器和液力耦合器
PTF-3	约翰狄尔(John Deere)公司：J-20B、J-14B、JDT-303 福特汽车公司：M_2C41A、M_2C134A 玛赛-费格森(Massey-Ferguson)：M-1135	农业和建筑机器液压、齿轮、刹车和发动机共用的润滑系统

表 6-51 三类油中：PTF-1 类主要用于轿车、轻卡车，此类油对低温黏度要求较高，也要有好的低温启动性，PTF-2 类与 PTF-1 最大的不同是负荷高，因此对极压、抗磨要求较高，但对低温黏度要求放宽了；PTF-3 类油主要用在农业和建筑中低速运转的变速、变矩器中，对耐负荷性和抗磨性的要求比 PTF-2 类更严格。

由于自动变速器内装有液力变扭器、齿轮机构、液压机构、湿式离合器等，但只用一种油(ATF)来润滑，所以对 ATF 的要求很高。如对液力变扭器来说，要求 ATF 具有动力传递介质油的性能；对齿轮机构来说，要求 ATF 具有良好的极压抗磨性能；对液压机构要求具有良好的低温流动性。ATF 在运转过程中油温上升，长期使用不换油，同时又要求 ATF 具有良好的清净分散性、氧化安定性、抗泡性、防橡胶膨胀性和防锈性能等。要满足这样多的性能，需要加多种添加剂来满足，从而促进了满足各类 ATF 需要的复合添加剂的开发和发展。

4.3 ATF 的组成

4.3.1 ATF 中添加剂的元素组成及其性能

福特汽车公司公司从 1987 年公布 Mercon 规格后，已取代以前所有用摩擦改进剂的 M2C-138-CJ 和 M2C-166-H 规格的 ATF。通用汽车公司的 Dexron-Ⅱ应用已 10 多年了，已不能完全满足新的要求。通用汽车公司已经开始用添加剂来发展新的和改进原有的 ATF 规格，相继发布了 Dexron-Ⅲ、Dexron-Ⅲ(H)和 Dexron-Ⅵ。新的 ATF 配方技术的挑战是很大的，要在几个方面有重大进展，必须用新的添加剂来使配方达到目标。用复合剂来满足各种 ATF 规格表明了一些相似之处和不同之处，详见表 6-52 和表 6-53。

表 6-52　通用汽车公司规格的 ATF 复合添加剂的元素含量[53]

元素含量	Type ASuffix A	Dexron	Dexron-Ⅱ							
磷/%	1.625	0.30	0.045	0.17	0.16	0.3	0.26	0.40	0.38	0.30
硫/%	3.75	—	—	1.5	1.8	1.3	—	—	0.75	0.86
锌/%	1.86	—	0.32	—	—	0.23	0.20	0.30	—	—
氮/%	—	0.75	—	0.85	0.60	1.03	0.91	1.60	0.95	0.90
硼/%	—	—	—	0.18	0.17	0.04	—	—	0.17	—
钙/%	—	—	0.45	—	0.73	—	—	—	—	—
钡/%	13.75	—	—	—	—	—	—	—	—	—
镁/%	—	—	—	—	—	0.05	—	0.14	—	—
密度/(g/cm³)	1.12	0.94	0.96	0.94	0.94	0.94	0.93	0.94	0.93	0.94
添加剂浓度/%	6.2	11.0	10.0	9.9	10.9	10.1	11.8	7.7	9.8	10.0

从表 6-52 可以看出，在通用汽车公司规格的 ATF 复合剂中，从老的 Type A SuffixA 到现代的 Dexron-Ⅱ，所有 ATF 复合剂均含有磷和部分含有硫，其中至少一半含有锌，主要是含有作为抗磨剂的二硫代磷酸锌，只有老的 Type A 和 Suffix A 规格中一个含有钡，但有毒；两个含有钙，Dexron-Ⅱ规格中几乎都含有氮，说明配方中应用了无灰分散剂，其中一些是硼化的产品。

表 6-53　福特汽车公司规格的 ATF 复合添加剂的元素含量[53]

元素含量	M2C33-F 或 G		Mercon		
磷/%	1.2	0.34	0.16	0.38	0.39
硫/%	—	—	1.8	0.75	0.86
锌/%	0.42	0.25	—	—	—
氮/%	0.4	0.54	0.60	0.95	0.9
硼/%	0.08	—	0.17	0.17	—
钙/%	—	—	—	0.73	0.39
密度/(g/cm³)	0.93	0.917	0.935	0.93	0.94
添加剂浓度/%	8.25	10.1	10.9	9.8	10

从表6-53的福特汽车公司规格中同样可看出，所有ATF规格中均含有磷，所有的配方中都含有氮，这说明复合剂中应用了无灰分散剂，其中一些是硼化的分散剂产品。老式的M2C33F及G，没有硫，而现代Mercon含有硫；老式的M2C33-F含有锌，而现代的Mercon产品没有。从老式发展到现代产品中锌逐渐消失，可能是二硫代磷酸锌的热稳定性的限制，见表6-54。表中A和B两个油中都含有ZDDP，A是含仲醇和伯醇基ZDDP的混合物，而B为热稳定性好的长链伯醇基ZDDP。两个油的氧化试验均失败，产生像焦油式的固化的黑墨色斑点，红外谱图显示很严重的氧化。C油中不含Zn，但含大量的Ca，有A和B两个油的类似的斑点，红外显示的氧化比A和B轻一点，氧化仍很重。D和E两个油生成液体斑点，红外值越来越小，两个均不含金属，但两个油是不同的复合剂配方，而E比D的抗氧性好。两种油的斑点和红外值的差异，特别是抗磨剂组分，有助于深刻了解化学成分对ATF抗氧性的影响[53]。

表6-54　不同类型ATF的氧化稳定性[53]

ATF的类型	A	B	C	D	E
元素	Zn-P-S-Ca	Zn-P-S	P-S-Ca	P-S	P-S
斑点	黑焦油色	黑焦油色	黑焦油色	深色	浅褐色
IR(羰基)	1.00⁺	1.00⁺	0.95	0.70	0.20

ATF除了以上添加剂外，还有一个重要的添加剂就是黏度指数改进剂，因为ATF的使用温度一般为-25～+170℃，因此要求具有适宜的高温黏度、较小的低温黏度和较低的倾点。对于小轿车和轻型卡车，要求100℃黏度为7.0～8.5mm²/s；对于重负荷功率转换器用油，100℃黏度为8～12mm²/s；对于拖拉机液压、传动、齿轮三用油，其100℃黏度为3.8～16.3mm²/s。低温黏度是ATF重要性能指标之一，在考虑自动变速器低温启动和泵送效率外，还应考虑离合器板烧伤的危险，所以要求的低温黏度在不断降低，详见表6-55。由表6-55可看出，-40℃的Brookfield(布氏)黏度从Type A Suffix A的64000mPa·s，下降到Dexron-Ⅵ 15000mPa·s，这样低的低温黏度，实际上淘汰了Ⅰ类和Ⅱ类基础油配方，需要Ⅲ类或合成油才能满足新的要求。

表6-55　GM的ATF的布氏黏度的变化[52,58]

ATF规格	公布年代	Brookfield黏度/mPa·s				黏度指数	倾点/℃
		-20	-23.3	-30	-40		
Type A Suffix A	1957	—	≯4500	—	≯64000	—	没要求
Dexron	1967	—	≯4000	—	≯55000	—	-40
Dexron-Ⅱ	1973	—	≯4000	—	≯50000	—	没要求
Dexron-ⅡD	1978	—	≯4000	—	≯50000	—	—
Dexron-ⅡE	1990	≯1500	—	≯5000	≯20000	—	—
Dexron-Ⅲ	1993	≯1500	—	≯5000	≯20000	—	—
Dexron-Ⅲ(H)	2003	—	—	没要求	≯20000	—	—
Dexron-Ⅵ	2005	—	—	≯3200	≯15000	≮145	—

4.3.2　ATF 用的添加剂

ATF 各方面的性能平衡主要靠添加剂来实现。一般自动传动液需要添加黏度指数改进剂、降凝剂、清净剂、分散剂、抗氧剂、抗磨剂、防锈剂、金属减活剂、摩擦改进剂、抗泡剂、密封材料溶胀剂等多种添加剂。总剂量高达 10%~15%，其中约一半为黏度指数改进剂。ATF 的配方中所含添加剂类型和加量范围列于表 6-56 中。

表 6-56　一般自动传动液配方中所含的添加剂[52,53]

添加剂类型	使用的化合物	功能	油中加入量/%
清净剂和分散剂	磺酸盐、丁二酰亚胺	控制油泥和漆膜生成	2~6
抗氧剂	ZDDP、烷基酚、芳香胺	抑制油品氧化	0.5~1
腐蚀抑制剂	磺酸盐、脂肪酸、胺类	防锈和抑制其他金属腐蚀	0.2~0.4
抗磨剂	ZDDP、磷酸酯、硫化油脂、胺类	防止金属接触磨损	0.5~1.5
抗泡剂	硅油和非硅化合物	抑制泡沫产生	0.001~0.006
密封材料溶胀剂	磷酸酯、芳香族化合物、氯代烃类	控制橡胶膨胀和硬化	0~3
黏度指数改进剂	PMA、PIB、聚烷基苯乙烯	在保持 100℃ 的黏度时，-40℃ 的黏度要小	3~6
降凝剂	PMA、聚 α-烯烃	降低油品的倾点和改善低温流动性	0.1~0.5
摩擦改进剂	脂肪酸、酰胺类、高相对分子质量磷酸酯或亚磷酸酯、硫化鲸鱼代用品	在离合器中保持低的静摩擦系数和高的动摩擦系数	0.3~0.8
金属减活剂	有机氮杂环化合物	抑制其他金属腐蚀及催化氧化	0.01~0.2
染料	红色染料	自动传动液的识别	0.02~0.03

配方中添加剂的组成不同，其性能有较大的差异，表 6-57 和表 6-58 列出了三个配方组成及其评定的结果[59]。

表 6-57　ATF 的配方实例

添加剂	配方中添加剂的用量/%		
	1 号(ZDDP)	2 号(S-P+Ca)	3 号(S-P+无灰)
ZDDP	1.0	—	—
高碱值磺酸钙	—	0.8	—
分散剂	3.0	2.0	3.0
硫-磷型抗磨剂	—	1.0	1.0
腐蚀抑制剂	0.3	0.3	0.3
降凝剂	0.2	0.2	0.2
密封材料抗溶胀剂	1.0	1.0	1.0
抗氧剂	0.5	0.5	0.5
摩擦改进剂	0.3	0.3	0.3
硅酮抗泡剂(10%溶液)	0.02	0.02	0.02

续表

添加剂	配方中添加剂的用量/%		
	1 号(ZDDP)	2 号(S-P+Ca)	3 号(S-P+无灰)
红色染料	0.02	0.02	0.02
聚甲基丙烯酸酯(VII)	3.5	3.5	3.5
100 号中性石蜡基基础油	余量	余量	余量

表 6-58　三种 ATF 配方的试验结果

试验方法	1 号(ZDDP)	2 号(S-P+Ca)	3 号(S-P+无灰)
抗磨试验(液力转向泵)	一般~良好	一般~良好	良好
FZG 磨损试验(ASTM D 4998)	良好	差	良好以上
工业用叶片泵试验	良好	良好	良好
CRC L-20 齿轮试验	良好	差	良好
FZG 负载/级	10~11	10	11~13
氧化试验(THOT)	一般	良好	良好以上
催化氧化试验	差	一般	良好
摩擦试验(换挡感觉)	良好	良好	很好
125C 传送带试验	一般	一般~良好	很好

从表 6-57 可看出，三个配方中除抗磨剂、分散剂和清净剂不同外，其他添加剂完全一样。三个配方的特点是：

1 号是抗磨剂(ZDDP)与分散剂配合；

2 号是抗磨剂(无灰硫-磷型)与清净剂(高碱值磺酸钙)和分散剂和配合；

3 号是抗磨剂(无灰硫-磷型)与分散剂配合。

从液力转向泵的磨损来看，3 号最好；从 FZG 磨损试验和负载评分来看，2 号最差、3 号最好；从氧化和催化氧化试验来看，1 号最差，3 号最好。从以上结果来看，抗磨剂(无灰硫-磷型)与分散剂配合效果最好。这表明含 ZDDP 配方的抗氧性能没有无灰硫-磷型的好。

现代 ATF 配方中，无灰分散剂在复合剂中占大部分，主要是烯基丁二酰亚胺；抗氧剂中胺型或酚型品种非常重要，可控制氧化，延长油品的使用寿命；抗磨剂以磷为基础，从烷基磷酸酯或亚磷酸酯一直到含有锌或没有锌的二硫代磷酸酯，能防止金属之间的磨损；特殊类型的黏度指数改进剂已达到好的低温流动性，也是复合剂中添加量最大组分之一，主要类型有聚甲基丙烯酸酯和聚烷基苯乙烯等；密封膨胀剂用来防止橡胶膨胀、收缩和硬化以保证密封性好不泄漏，主要有磷酸酯、芳香族化合物和氯化烃；抗泡剂用来抑制 ATF 在狭小油路里高速循环时起泡，以保证油压稳定和防止烧结，主要是硅油或非硅抗泡剂；摩擦改进剂主要是由长链极性物质组成，如脂肪酸、酰胺类、高相对分子质量的磷酸酯或亚磷酸酯和硫化鲸鱼代用品等，使 ATF 有适当油性，保证有相匹配的静摩擦系数(μs)和动摩擦系数(μk)。摩擦特性是全部性能中最重要又最难达到的性能。一个性能优良的汽车 ATF 要求动摩擦系数尽可能高，静与动摩擦系数之比要小于 1.0，在全部操作温度范围内摩擦特性保持不变。动摩擦系数对扭矩传递和换挡时间有明显的影响，动摩擦系数过小会影响传递功率和离合器打滑，并使换挡时间延长。静摩擦系数过大，会使换挡后期扭矩急剧增大，产生“嘎嘎声”，使换挡感觉(Shift feeling)恶化。

由图 6-18[59]不难看出，设计 ATF 的配方时，首先是了解其每一项特性后，再选择适当的添加剂；在选择添加剂时，必须妥善处理众多特性的相互依存关系及每种添加剂对其他特性的副作用；最后，各种添加剂及其使用量与各项添加剂的效率加以平衡是复合剂配方的关键。由此可看出，ATF 配方设计的复杂性，对这些相互作用进行考虑和整体分析是构成 ATF 成套添加剂配方并使其中全部因素都处于平衡协调状态，而且要满足一切要求的正确途径。

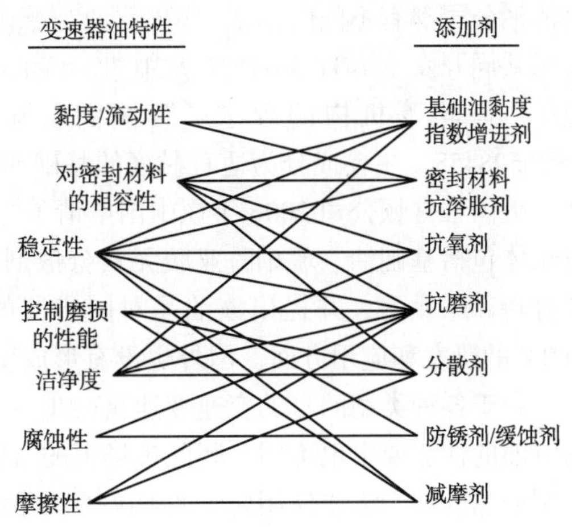

图 6-18　ATF 主要特性与添加剂的相互关系

自动变速箱的发展始终围绕着两个方面：(1)更好的燃油经济性；(2)更好的驾驶舒适性。在世界发达国家，自动变速箱主要有三种模式：美国以增加挡数的 AT 为主，日本以发展 CVT 为主，欧洲以发展 DCT 为主。由于中国轿车的 70%为各国外资品牌，因此中国的自动变速箱市场将以增加挡次的 AT 为主，同时 CVT 和 DCT 都有一定的发展。

CVT 最早由德国奔驰公司使用，最早采用橡胶带式传动，存在传动效率低、寿命短等缺点，直到 20 世纪 60 年代，荷兰的 VDT 公司采用金属带代替橡胶带，CVT 的发展才受到重视，因其较高传动效率和平顺性，在日系车中应用广泛[60]。CVTF(Continuously Variable Transmission Fluid)无级变速箱油不同于传统的 ATF 的配方。“CVT 要求临界钢-钢接触和薄膜”，在钢带驱动的无级变速器的钢-钢摩擦和薄膜要求与扭矩转换器摩擦相一致。含有不同材料(合成摩擦材料与钢配合)，除了平衡无级变速器与扭矩转换器摩擦要求外，添加剂-基础油系统的氧化控制、磨损控制和液压传动装置的操作也必须维持整个液体的性能。CVTF 要求改进金属与金属的摩擦性能、抗磨性能、低温流动性、热及氧化稳定性、剪切稳定性和抗腐蚀性等[61]。

DCT 由于节省燃油，同时具有较好的驾驶舒适性和便捷性，因而也越来越受到关注。

DCT 使用两个离合器，但没有离合器踏板。在 DCT 中，先进的电子系统和液压系统像控制标准自动变速器那样对离合器进行控制，各离合器可单独运转，瞬间转换通常在百分之几秒的时间内完成。因此 DCT 消除了换挡时的动力传递停滞现象，可以实现更加平顺的换挡。在 DCT 中，一个变速箱控制奇数挡(1 挡、3 挡、5 挡)，另一个变速箱控制偶数挡(2 挡、4 挡、6 挡)和倒挡。当动力被传送至一个变速箱的一半(如第 3 挡)时，另一个变速箱就会预选下一个期望的速度(如 4 挡或 2 挡)，通过精确的定时序列为第 1 个离合器的分离和第 2 个离合器的啮合做好准备。

对油品而言，用于干式 DCT 的润滑油可以用齿轮油来代替，但湿式 DCT 系统的工作特点不同于已有的 AT、CVT 系统。相比传统的 ATF，DCTF(Dual Clutch Transmission Fluid)双

离合器变速箱油需要满足齿轮、轴承、轴类等零件的润滑以及同步器摩擦特性的要求，用于 DCT 的润滑油要同时具有手动变速器油和自动变速器油的功能和技术要求[62]。

DCTF 和 ATF 发展类似，没有统一的标准，不同的变速器，各 OEM 厂商、汽车厂商、润滑油公司都有不同的要求。BP 石油与德国格特拉克(GETRAG)、美国福特发动机制造公司共同开发了 BOT 341DCT 专用油，该油可在高、低温条件下正常工作，并满足离合器、液压、齿轮等机构的要求。路博润公司 2003 年就申请了用于双离合器油的专利 USP6528458，主要成分为适宜黏度的基础油、摩擦改进剂、清净分散剂、专用 DMTD 添加剂。美国雅富顿公司 2006 年在中国申请了“用于双离合器传动装置的流体组合物”专利，润滑流体包括基础油、琥珀酰亚胺无灰分散剂、琥珀酰亚胺摩擦改进剂和磷酸酯，分散剂中含有磷和硼元素，并提出该油品对同步器的抗磨损保护性能明显，减小了摩擦系数。在 DCTF 的研发和应用方面，国外也没有形成统一的标准体系[63]。

由于各种类型的自动变速变速箱(AT/CVT/DCT)的变速机理、技术和材料等不同，对润滑油的性能要求也不同，因此市场上的 ATF、CVTF 和 DCTF 之间没有通用性。ATF 倾向使用低黏度油，需要使用防颤性能好的摩擦改进剂，CVTF 在 ATF 基础上需要增加钢对钢摩擦系数的添加剂，DCTF 在 ATF 基础上需要更强的极压抗磨性[64]。

随着新能源技术的不断发展，将会对润滑油的配方技术带来新的挑战。相比传统变速箱，新能源汽车的电驱动变速箱中增加了电机，而目前混动和电动汽车变速箱仍旧使用现有变速箱油。随着电气化技术的不断发展，需要油品在更高温度、更高系统电压、更多电子元器件以及更高转速的工作环境下进行润滑，因此对油品的性能如电性能、铜腐蚀与防锈性能、材料兼容性以及高转速下的轴承保护性能提出了新的要求。除了这些传动性能外，润滑油的导电性能越来越被关注[65]。

4.4 自动传动液复合添加剂品种

自动传动液复合添加剂的商品牌号见表 6-59，国外润英联添加剂公司自动传动液复合剂商品牌号见表 6-60。

表 6-59 国内自动传动液复合剂商品牌号

产品代号	黏度/(mm^2/s)	闪点/℃	钙/%	镁/钼/%	氮/硼/%	硫/%	磷/%	锌/%	TBN	主要性能及应用	生产公司
KT55023 (KT5023)	实测	实测	—	—	—	≥11	≥5	≥6	—	液力传动油复合剂，加 1.0%~1.6% 量于合适的基础油中，可配制液力传动油	锦州康泰润滑油添加剂股份有限公司
KH5026	—	—	—	—	—	≥7.5	≥5.0	≥4.0	—	液力传动油复合剂，加 1.0%~1.2% 的量于合适的基础油中，可配制液力传动油	滨州市坤厚化工有限责任公司

续表

产品代号	黏度/(mm²/s)	闪点/℃	钙/%	镁/钼/%	氮/硼/%	硫/%	磷/%	锌/%	TBN	主要性能及应用	生产公司
H1060	实测	≥100		—	≥0.5	≥2.5	≥1.5	—	—	自动传动液复合剂，加5.5%量于合适的基础油中，可配制符合Dexron－Ⅲ或Mercon/C-4性能要求	淄博惠华石油添加剂有限公司
H 5501	实测	≥100	—	—	—	≥3.5	≥3.0	—	—	液力传动液复合剂，具有较好低温流动性凝点低，以适应机械时开时停及冬季运转的工作条件，以满足液力变矩器和液力耦合器的工作条件	
RHY5211	95.37	—	—	—	—	—	0.358	—	—	ATF复合剂调和，加6.4%的量于合适的基础油中，可满足制GM Dexron Ⅲ等质量标准	中国石油润滑油分公司
XT-5025	6~10	实测	—	—	—	6.5~11.5	3.5~5.5	4~6	—	液力传动液复合剂，加1.0%~1.6%的量于合适的基础油中，可配制液力传动油	锦州新兴石油添加剂有限责任公司

表 6-60 润英联添加剂公司自动传动液复合剂商品牌号

产品代号	黏度/(mm²/s)	闪点/℃	钙/%	镁/钼/%	氮/硼/%	硫/%	磷/%	锌/%	TBN	主要性能及应用
Infineum T4294	65	198	0.10	—	1.93/0.18	—	0.06	—	—	ATF复合剂，加12%的量于类基础油中，可调配GM DEXRON-IIIH、Ford MERCON和Allison C-4规格的ATF
Infineum T4311	81	130	—	—	1.5	0.55	0.4	—	—	加10.0%的量与适当的黏度改进剂和基础油配合，适用于FFL2或FFL4的DCT应用
Infineum T4580	270	170	—	—	0.98/0.07	—	0.18	—	—	ATF复合剂，加8.4%的量于Ⅱ类基础油中，可调配大部分通用(DⅢH/M)和福特的自动变速箱，以及所有Allison C-4规格的ATF

第5节 其他复合添加剂

5.1 概况

除了前面叙述的几种复合剂以外，还有一些复合剂，其中用得较多的有补充复合剂、导轨油复合剂(Slideway Oil Additive Package)、液压导轨油复合剂(Hydraulic Slideway Oil Additive Package)、循环油(CIRCULATING Oil Additive Package)、汽轮机油复合剂(Turbine Oil Additive Package)、压缩机油复合剂 Compressor oil additive package)、链条油复合剂(Chain oil additive package)、蜗轮蜗杆油复合剂(Worm Gearoil Additive Package)、导热油复合剂(Heat Transfer Oil Additive Package)、油膜轴承油复合剂(Film Lubrication Bearing Oil Additive Package)、变压器油复合剂(Transformer Oil Additive Package)、针织油乳化复合剂(Knitting Machine Emulsifiable Oil Additive Package)和防锈油复合剂(Antirust Oil Additive Package)等。

5.2 其他复合添加剂品种

5.2.1 补充复合剂

补充复合剂不能单独使用，它主要是与主复合剂配合后才能起作用，一般可提高主复合剂的性能或等级。补充复合剂有几种类型，一种是与主复合剂复合后提高原复合剂的等级；一种是加不同的量与主复合剂复合后可满足不同等级的要求；也有成品油增强剂，在一定质量水平的油品中补加这种成品油加强剂就可提高原成品油的等级。

5.2.2 汽轮机油复合剂[66]

汽轮机包括蒸汽轮机、燃气轮机和水轮机等。汽轮机油主要用于汽轮发电机组的润滑系统和调速系统，在汽轮机的轴承中起润滑和冷却作用，在调速系统中起着传压调速作用。随着汽轮机设计制造技术的发展和国家电力工业的快速发展，现代蒸汽轮机的蒸汽温度和工作压力不断提高，装机容量不断增大，汽轮机润滑油的工作环境越来越苛刻，从而对汽轮机润滑油的抗高温氧化稳定性和抗承载能力等提出了更高要求，同时也推动了汽轮机油规格的发展。

我国汽轮机油质量标准经历了从 GB 2537—81《汽轮机油》(抗氧型)、SY 1230—83《防锈汽轮机油》(抗氧防锈型)、GB 11120—89《L-TSA 汽轮机油》到 GB 11120—2011《涡轮机油》的发展过程。GB 11120—2011 标准扩展了油品品种，同时包括了燃气轮机油和联合循环用油，在 L-TSA 品种的基础上，增加了 L-TSE、L-TGA、L-TGE、L-TGSB 和 L-TGSE 品种。

汽轮机油是质量要求较高的一种润滑油，要求用深度精制的基础油，添加性能优良的抗氧防锈等添加剂调制而成。汽轮机油的使用和生产经历了由抗氧型汽轮机油(精制矿物油)、抗氧防锈型汽轮机油、抗氧防锈抗磨型汽轮机油和抗高温氧化型汽轮机油的发展过程。

汽轮机油复合剂有的可调配普通汽轮机油，也能调配有极压抗磨性能要求的燃气轮机油，用于调配汽轮机油和燃气轮机油，复合剂用量一般在0.5%~0.8%范围，技术特点一剂多用，适应性强。

国内1997年研制出的T6001汽轮机油复合剂，由多种不同功能添加剂复配而成，低剂量、性能优良，便于运输与调和，加剂量为0.5%，采用深度精制的基础油或加氢基础油，可调制不同黏度级别汽轮机油。但该复合剂不适用于燃气轮机油，难以达到油品极压抗磨性能的要求。

为适应汽轮机油质量的提高和发展趋势，石油化工科学研究院研制出RP-T6011汽轮机油复合剂，该复合剂选用不同功效的添加剂复配而成，推荐剂量0.5%，具有低剂量、使用性能高的特点。该复合剂可满足大型燃气-蒸汽轮机联合循环发电机组的使用要求，满足“汽轮机油”国家新修订标准GB 11120—2011的技术要求，符合ISO 8068—2006标准的技术规格指标要求，同时也满足相关OEM规格要求。

5.2.3　压缩机油复合剂

压缩机油是一种专用润滑油，它主要用于压缩机的活塞和汽缸的摩擦部位以及进、排气阀和轴承、联杆等传动件的润滑[67]。压缩机油按压缩机的结构型式可分为往复式空气压缩机油和回转式空气压缩机油，按被压缩气体的性质不同分为空气压缩机油和气体压缩机油。回转式空气压缩机应用最广泛的是螺杆式和滑片式，螺杆式空气压缩机最广泛采用的润滑方式是油冷式。不同结构和类型的空气压缩机具有不同的润滑系统、润滑方式和工作条件，对润滑油的要求也不相同。

1987年，ISO发布了首个关于空气压缩机油和真空泵油分类的国际标准——ISO 6743-3A(ISO 6743-3B是冷冻压缩机油的国际标准)。该标准对压缩机油的生产和应用影响很大[68]。2003年，ISO发布新版标准ISO 6743-3：2003版本，3A和3B随之被取消。我国于1997年发布GB/T 7631.9—1997国家标准(旧版)，并于2014年修订发布了新版标准GB/T 7631.9—2014，规定了空气压缩机润滑剂、气体压缩机润滑剂和制冷压缩机润滑剂的详细分类，分别见表6-61~表6-63。

多年来，我国已开发出使用寿命在3000 h左右的矿物油型压缩机油和长寿命的合成型螺杆压缩机油(大于5000h)，形成较完整的压缩机油系列产品[69,70]。普通矿物油型螺杆压缩机油使用寿命较短，而合成型螺杆压缩机油价格又太昂贵。近年来，由于基础油生产工艺的发展，使得采用加氢基础油生产的润滑油的使用性能大大提高[71]。石油化工科学研究院研制成功了具有良好热稳定性、优异氧化安定性和寿命大于6000 h的长寿命螺杆压缩机油[67]。所研制的压缩机油使用加氢基础油并加有非对称型受阻酚抗氧剂等多种功能添加剂，具有润滑性能优异、低温性能优良、热氧化安定性优良等特点，添加剂的加剂量低于目前市场上国外相应油品添加剂的加剂量，与国外添加剂配方的技术水平相当。

表 6-61 空气压缩机润滑剂的分类

应用范围	特殊应用	更具体应用	产品类型和（或）性能要求	产品代号（ISO-L）	典型应用	备注
空气压缩机	压缩腔室有油润滑的容积型空气压缩机	往复的十字头和筒状活塞或滴油回转（滑片）式压缩机	通常为深度精制的矿物油，半合成或全合成液	DAA	普通负荷	A
			通常为特殊配制的半合成或全合成液，特殊配制的深度精制的矿物油	DAB	苛刻负荷	
		喷油回转（滑片和螺杆）式压缩机	矿物油，深度精制的矿物油	DAG	润滑剂更换周期≤2000h	
			通常为特殊配制的深度精制的矿物油或半合成液	DAH	2000h<润滑剂更换周期≤4000h	
			通常为特殊配制的半合成或全合成液	DAJ	润滑剂更换周期>4000h	
	压缩腔室无油润滑的容积型空气压缩机	液环式压缩机，喷水滑片和螺杆式压缩机，无油润滑往复式压缩机，无油润滑回转式压缩机	—	—	—	润滑剂用于齿轮、轴承和运动部件
	速度型压缩机	离心式和轴流式透平压缩机	—	—	—	润滑剂用于轴承和齿轮
真空泵	压缩腔室有油润滑的容积型真空泵	往复式、滴油回转式、喷油回转式（滑片和螺杆）真空泵	—	DVA	低真空，用于无腐蚀性气体	低真空为 10^2 ~ 10^{-1}kPa
			—	DVB	低真空，用于有腐蚀性气体	
		油封式（回转滑片和回转柱塞）真空泵	—	DVC	中真空，用于无腐蚀性气体	中真空为 10^{-1} ~ 10^{-4}kPa
			—	DVD	中真空，用于有腐蚀性气体	
			—	DVE	高真空，用于无腐蚀性气体	高真空为 10^{-4} ~ 10^{-6}kPa
			—	DVF	高真空，用于有腐蚀性气体	

表 6-62　气体压缩机润滑剂的分类

组别符号	应用范围	特殊应用	更具体应用	产品类型和（或）性能要求	产品代号（ISO-L）	典型应用	备　注
D	气体压缩机	容积型往复式和回转式压缩机，用于除制冷循环或热泵循环或空气压缩机以外的所有气体压缩机	不与深度精制矿物油发生化学反应或不会使矿物油的黏度降低到不能使用程度的气体	深度精制的矿物油	DGA	< 10^4kPa 压力下的 N_2、H_2、NH_3、Ar、CO_2，任何压力下的 He、SO_2、H_2S_2 < 10^3kPa 压力下的 CO	氨会与某些润滑油中所含的添加剂反应
			用于 DGA 油的气体，但含有湿气或凝缩物	特定矿物油	DGB	<10^4kPa 压力下的 N_2、H_2、NH_3、Ar、CO_2	氨会与某些润滑油中所含的添加剂反应
			在矿物油中有高的溶解度而降低其黏度的气体	通常为合成液	DGC①	任何压力下的烃类，> 10^4kPa 压力下的 NH_3、CO_2	氨会与某些润滑油中所含的添加剂反应
			与矿物油发生化学反应的气体	通常为合成液	DGD①	任何压力下的 HCl、Cl_2、O_2 和富氧空气，> 10^3kPa 压力下的 CO	对于 O_2 和富氧空气应禁止使用矿物油，只有少数合成液是合适的
			非常干燥的惰性气体或还原气（露点 -40℃）	通常为合成液	DGE①	> 10^4kPa 压力下的 N_2、H_2、Ar	这些气体使润滑困难，应特殊考虑

注：高压下气体压缩可能会导致润滑困难（咨询压缩机生产商）。

① 用户在选用 DGC、DGD 和 DGE 三种合成液时应注意，由于牌号相同的产品可以有不同的化学组成，因此在未向供应商咨询前不得混用。

表 6-63　制冷压缩机润滑剂的分类

组别符号	应用范围	制冷剂	润滑剂类别	部分润滑剂类型（典型・非包含）	产品代号（ISO-L）	典型应用	备注
D	制冷压缩机	氨（NH_3）	不互溶	深度精制的矿物油（环烷基或石蜡基），烷基苯，聚 α 烯烃	DRA	工业用和商业用制冷	开启式或半封闭式压缩机的满液式蒸发器
			互溶	聚（亚烷基）二醇	DRB	工业用和商业用制冷	直接膨胀式蒸发器；聚（亚烷基）二醇用于开启式压缩机或工厂组装装置
		氢氟烃（HFC）	不互溶	深度精制的矿物油（环烷基或石蜡基），烷基苯，聚 α 烯烃	DRC	家用制冷，民用和商用空调、热泵，公交空调系统	适用于小型封闭式循环系统

续表

组别符号	应用范围	制冷剂	润滑剂类别	部分润滑剂类型（典型·非包含）	产品代号（ISO-L）	典型应用	备注
D	制冷压缩机	氢氟烃（HFC）	互溶	多元醇酯，聚乙烯醚，聚(亚烷基)二醇	DRD	车用空调，家用制冷，民用和商用空调、热泵，商用制冷包括运输制冷	—
		氯氟烃（CFC）氢氯氟烃（HCFC）	互溶	深度精制的矿物油(环烷基或石蜡基)，烷基苯，多元醇酯，聚乙烯醚	DRE	车用空调，家用制冷，民用商用空调、热泵，商用制冷包括运输制冷	制冷剂中含氯有利于润滑
		二氧化碳（CO_2）	互溶	深度精制的矿物油(环烷基或石蜡基)，烷基苯，聚(亚烷基)二醇，多元醇酯，聚乙烯醚	DRF	车用空调，家用制冷，民用和商用空调、热泵	聚(亚烷基)二醇用于开启式车用空调压缩机
		烃类（HC）	互溶	深度精制的矿物油(环烷基或石蜡基)，烷基苯，聚α烯烃，聚(亚烷基)二醇，多元醇酯，聚乙烯醚	DRG	工业制冷，家用制冷，民用和商用空调、热泵	典型应用是工厂组装低负载装置

5.2.4 其他复合剂

其他复合剂有循环油复合剂、防锈油复合剂、导轨油复合剂、液压导轨油复合剂、链条油复合剂、蜗轮蜗杆油复合剂、导热油复合剂、油膜轴承油复合剂、变压器油复合剂、导热油复合剂、针织油乳化复合剂等。这些复合剂与补充复合剂不同，它们可单独使用。

5.3 其他复合添加剂的商品牌号

国内其他复合添加剂的商品牌号见表 6-64，国外范德比尔特公司其他复合剂的商品牌号见表 6-65。

表 6-64 国内其他复合剂产品商品牌号

产品代号	化学名称	密度/(g/cm^3)	100℃黏度/(mm^2/s)	闪点/℃	硫/磷/%	氮/%	主要性能及应用	生产公司
RP-T6012	非极压汽轮机油复合剂	实测	实测	≥160	—	—	用于在苛刻条件下使用的水轮机、蒸汽涡轮机、燃气轮机及单轴联合循环润滑系统，加0.5%~0.6%的量于Ⅱ类、Ⅲ类基础油，可满足“涡轮机油”GB 11120—2011 的技术要求	北京兴普精细化工技术开发公司

续表

产品代号	化学名称	密度/(g/cm^3)	100℃黏度/(mm^2/s)	闪点/℃	硫/磷/%	氮/%	主要性能及应用	生产公司
RP-T6011	汽轮机油复合剂	实测	实测	≥160	≤7.8	≥3.6	用于在苛刻条件下使用的蒸汽涡轮机、汽轮机、燃气和蒸汽涡轮机联合循环润滑系统，加0.5%~0.6%的量于Ⅱ类、Ⅲ类基础油，可满足“涡轮机油”GB 11120—2011的技术要求	北京兴普精细化工技术开发公司
KT6001	汽轮机油复合剂	实测	实测	≥93	—	—	具有良好的抗氧和防锈性能，加0.4%~0.5%和0.5%~0.6%的量于合适的基础油中，可分别调制N32、N46和N68、N100黏度级别的L-TSA汽轮机油	锦州康泰润滑油添加剂股份有限公司
KT6003	汽轮机油复合剂	实测	实测	≥100	—	—	具有良好的抗氧、抗磨和防锈性能，加0.7%的量于合适的基础油中，能满足L-TSE汽轮机油对氧化安定性，极压性及防锈性的要求。尤其适合于蒸汽-燃气联合发电机组的润滑与密封	
KT6004	抗氨汽轮机油复合剂	0.9~1.0	80~135	≥90	1.6	—	具有良好的抗氧、抗磨和防腐蚀性能，同时具有与氨不起反应和酸值低等特点。加0.6%~0.8%的量于合适的基础油中，可调制N32、N46、N68等各种黏度级别的抗氨汽轮机油	
KT120B	导轨油复合剂	实测	实测	≥180	—	≥2.0	具有热稳定性好、结焦少和导热效果好，加0.3%~0.5%、0.2%~0.3%、0.1%~0.2%的量可分别满足L-QD350、L-QC320、L-QB300和L-QB280等规格	
KT5620	高温链条油复合剂	实测	实测	≥180	≥2.0	TBN60	具有优异的高温稳定性和极低的蒸发损失，高温下积炭及结焦倾向极低，并能保持液体膜润滑，不产生有害气体，加1.2%~2.0%的量于合适的基础油中，可调制高温链条油	

续表

产品代号	化学名称	密度/(g/cm³)	100℃黏度/(mm²/s)	闪点/℃	硫/磷/%	氮/%	主要性能及应用	生产公司
KT6023	空压机油复合剂	实测	实测	≥150	≥1.0	—	具有优异的抗磨性、高温抗氧性、防锈性、优良的抗积炭性和良好的抗乳化性能。加0.3%~0.6%、0.6%~0.8%和1.15%的量于合适的基础油中，可分别调制L-DAA、L-DAB和回转螺杆压缩机油	锦州康泰润滑油添加剂股份有限公司
KT6024	空压机油复合剂	实测	实测	≥120	≥6.0/≥1.0	≥3.0	具有优异的抗磨性、高温抗氧性、防锈性、优良的抗积炭性和良好的抗乳化性能。加0.6%~1.0%的量于合适的基础油中，可调制回转螺杆压缩机油	
KT120B	导热油复合剂	实测	实测	≥180	≥2.0	—	具有加剂量小、酸值低、热稳定性好、结焦少、寿命长和导热效果显著的优势。加0.1%~0.2%、0.2%~0.3%、0.3%~0.5和1.15%的量于合适的基础油中，可分别配制L-QD280、L-QD300、L-QD320和L-QD350规格的导热油	
KH 6002	汽轮机油复合剂	0.9~1.0	报告	≥130	—	—	加0.4%~0.6%的量于合适的基础油中，可配制N32、N46、N68、N100等黏度级别的L-TSA汽轮机油	滨州市坤厚化工有限责任公司
KH 6003	抗氨汽轮机油复合剂	报告	实测	≥130	—	≥2.0	加0.6%~0.8%的量于N32、N46、N68等黏度级别的L-TSA汽轮机油，产品质量达到GB 11120的标准	
KH 5035	导轨油复合剂	0.9~1.2	实测	≥130	≥1.7/≥4.7	—	具有良好的抗氧、抗腐、防锈和抗磨损性能，加1.5%~3.0%的量于合适的基础油中，可调制不同黏度级别的导轨油	
KH 5035B	液压导轨油复合剂	1~1.2	—	≥130	≥3.0/≥5.5	—	具有良好的抗氧、抗腐、防锈和防爬行性能，加1.5%~2.5%的量于合适的基础油中，可有效地减低机器振动	

续表

产品代号	化学名称	密度/(g/cm³)	100℃黏度/(mm²/s)	闪点/℃	硫/磷/%	氮/%	主要性能及应用	生产公司
KH 6018	高温链条油复合剂	实测	报告	≥130	≥3.8/≥2.0	≥1.0	具有良好高温稳定性、良好的防锈及防腐性能，加1.4%~2.0%于优质的基础油中，可调制高温链条油	滨州市坤厚化工有限责任公司
KH 4306	空气压缩机油复合剂	—	10~15	报告	—	—	具有良好的氧化安定性、抗磨性能，加0.5%、0.6%、0.8%、1.0%、1.2%和1.5%，可分别符合L-DAA、L-DAB、L-DAC、LDAG、L-DAH和L-DAJ往返式、回转式压缩机油	
KH 6010	油膜轴承油复合剂	实测	报告	≥130	≥0.3	≥0.4	具有良好的抗氧、抗腐、防锈和极压性能，加3.1%~3.5%于优质的高黏度基础油中，可调制高速线材轧机的扎辊轴承油及主轴承的主轴油	
KH 7510	轴承防锈油复合剂	>0.90	—	>150	—	—	具有优异的防锈性能，适合黑色金属，加25%~35%的于75%~65%的量于黏度为N32油中，室内防锈期达1年以上	
KH 6041	冷冻机油复合剂	实测	报告	≥170	≥1.9	≥2.8	具有优良的抗氧、抗磨和防锈性能，加0.65%的量于合适的基础油中，用于各种冷冻设备的润滑油	
KH-LQC320	导热油复合剂	实测	≥0.8(钙)	≥200	≥0.8	≥1.8	具有优良的高温抗氧性及防腐蚀性能，加1.0%、1.2%、1.4%和2.0%的量于合适的基础油中，可分别满足L-QB280、L-QB300、L-QC320和L-QD350规格要求	
KH 7010	高效防锈油复合剂	>0.90	—	>150	—	—	具有优良的防锈性能、气味低、对人体无害等特点，加25%~35%的量于75%~65%的D40-D70中，可配制封存防锈油；加15%~25%的量于85%~75%的凡士林中，可配制防锈润滑脂	

续表

产品代号	化学名称	密度/(g/cm³)	100℃黏度/(mm²/s)	闪点/℃	硫/磷/%	氮/%	主要性能及应用	生产公司
KH 7110	置换型防锈油复合剂	>0.90	—	>150	—	—	具有优良的防锈性能，加15%~20%的量于80%~85%于航空煤油中和加25%~35%的量于75%~65%于低黏度油中，可分别配制脱水防锈油和置换型防锈油	滨州市坤厚化工有限责任公司
KH 7610	有色金属防锈油	>0.90	—	>150	—	—	具有优良的防锈性能、气味低、对人体无害等特点，加20%~35%的量于75%~65%于D70油中，适用于铜、铝、锌等有色金属的中短期防锈	
KH 7310	静电喷涂防锈油复合剂	—	13±2	>50	—	—	具有优良的防锈及抗氧化性能，加20%~30%于变压器油中，用于冷轧钢板静电途油机组；也适用于钢管、钢板及其他黑色金属制品的中间库存防锈和封存防锈	
KH 7210	溶剂型(软膜)防锈油复合剂	>0.90	—	>150	—	—	具有强烈的表面渗透性和优良的防锈性能，能迅速排除金属制品表面残留的微量水和手汗。一般加20%~30%于80%~70%的120号溶剂汽油或D40油中，喷涂在金属制品表面，经挥发后形成极薄的透明软膜起防锈作用	
KH 7210B	溶剂型(硬膜)防锈油复合剂	>0.90	—	>150	—	—	具有强烈的表面渗透性和优良的防锈性能，能迅速排除金属制品表面残留的微量水和手汗。一般加25%~35%于75%~65%的-120号溶剂汽油或D40-D60油中，然后在金属制品表面，经挥发后形成极薄的透明硬膜起防锈作用	

续表

产品代号	化学名称	密度/(g/cm³)	100℃黏度/(mm^2/s)	闪点/℃	硫/磷/%	氮/%	主要性能及应用	生产公司
H6011	汽轮机油复合剂	0.9~1.0	实测	≥90	—	—	具有良好的抗氧和防锈性能，加0.4%~0.7%的量于合适的基础油中，可调配各种黏度级别的系列产品，能满足L-TSA汽轮机油，符合GB 11120标准	淄博惠华石油添加剂有限公司
H6030	螺杆压缩机油复合剂	0.95~1.0	实测	≥150	—	≥1.6	具有优良的抗氧、防锈和分水性能，加1.2%~1.3%和1.3%~1.5%的量于合适的基础油中，可调配N32、N46和N68黏度级别的压缩机油，能分别满足L-DAA、L-DAB、L-DAC和L-DAG、L-DAH、L-DAJ规格水平	
H5130	导轨油复合剂	0.9~1.2	实测	≥90	≥2.0/≥3.0	—	具有良好的抗氧、抗腐、防锈及抗磨性能，加1.5%的量于合适的基础油中，可用于不同黏度的导轨油	
H-LQC	高效热传导液复合剂	—	—	≥170	—	—	加0.7%~1.0%的量于合适的基础油中，可符合ISOLQC标准的热传导油	
H6010	冷冻机油复合剂	0.9~1.0	实测	≥150	≥1.5	—	加1.2%~1.5%的量于合适的基础油中，可符合制冷系统的压缩机油，如大型中央空调、冰箱、空调以及汽车压缩机等	
H6015	油膜轴承油复合剂	—	实测	≥120	≥1.0/≥3.0	—	具有优良的抗氧、抗腐、防锈及极压抗磨性能，加1.2%的量于优质高黏度基础油中，可满足高速线材扎辊轴承使用	
H5301	真空泵油复合剂	1.0~1.1	实测	≥100	≥3.0/≥3.5	≥3.0（锌）	具有优良的抗氧、抗磨、防锈及抗乳化性能，加0.6%、0.8%和1.0%的量于合适的基础油中，可分别满足矿物油型真空泵油、扩散真空泵油和增压真空泵油	

续表

产品代号	化学名称	密度/(g/cm³)	100℃黏度/(mm²/s)	闪点/℃	硫/磷/%	氮/%	主要性能及应用	生产公司
RHY6602	—	—	—	—	3.2~3.7/1.8~2.2	—	冷冻机油复合剂，加 0.85%和 1.7%的量于合适的基础油中，可分别调制 M-K4001(A)及 L-DRA⁺ 和 KHP2000 系列冷冻机油	兰州润滑油研究开发中心
RHY6603	—	—	—	—	<0.07(氯)	>0.6%	冷冻机油复合剂，可有效改善冷冻机油的氧化安定性，加 1.5%的量于合适的基础油中，可调制 POE 酯类合成冷冻机油	
RHY6604	—	—	—	—	≥8.0/≥0.7	—	冷冻机油复合剂，可有效改善冷冻机油的氧化安定性，加 1.5%的量于合适的基础油中，可调各种醚类合成冷冻机油	
RHY6401A	—	—	383	—	—	0.7(钙)	导热油复合剂，加 1.2%~1.6%的量，满足 GB 23971—2009 有机热载体的要求	中国石油润滑油分公司
F606-1	防锈油复合剂	0.95	550	—	—	—	油溶性良好，具有良好的抗潮湿、抗盐雾及水置换性，8%~28%的添加量可生产多种型号的防锈油	洛阳润得利金属助剂有限公司
XT-5018	导轨油复合剂	—	实测	—	≥10	≥0.68	加 2.5%的量于合适的基础油中，可调制各种黏度的导轨油	锦州新兴石油添加剂有限责任公司
XT-5019	液压导轨油复合剂	—	实测	实测	≥13.0	≥2.50	加 1.5%~2.0%的量于合适的基础油中，可调制精密的机床导轨油	
XT-6001	汽轮机油复合剂	—	—	—	—	—	加 0.4%~0.5%和 0.5%~0.6%的量，可分别调制 32、46 和 68、100 黏度级别 L-TSA 汽轮机油	
XT-6025	空气压缩机油复合剂	—	实测	150	—	—	加 0.3%~0.6%、0.6%~0.8%和 1.15%的量于合适的基础油中，可分别调制 L-DAA、L-DAB 和回转螺杆压缩机油	
XT-135	淬火油复合剂	—	实测	≥158	—	—	加 3.0%、4.0%和 5.0%的量于合适的基础油中，可调制 SH/T 0564—93 标准的普通淬火油、快速淬火油和光亮淬火油	

续表

产品代号	化学名称	密度/(g/cm³)	100℃黏度/(mm²/s)	闪点/℃	硫/磷/%	氮/%	主要性能及应用	生产公司
XT-2811	乳化油复合剂	900	实测	—	—	—	加15%~20%的量于合适的基础油中调制成乳化油，再按照2%~10%的乳化油与地下水混合调成乳化液	锦州新兴石油添加剂有限责任公司
TC-2202	防锈油复合剂	实测	16~18	160	—	—	加12%、15%及20%的量于适当的基础油中，可分别调制薄层防锈油、软膜防锈油、润滑型防锈油的要求	石家庄市藁城区天成油品添加剂厂
T2028	针织机油复合剂	0.95~1.0	实测	≥160	0.2/0.1	0.5 0.6（锌）	加3%~10%可生产乳化型防锈、抗磨、极压型针织机油，可用于各种针织机的润滑	洪泽中鹏石油添加剂有限公司
T7100	通用防锈油复合剂	0.95~1.0	实测	≥150	10（钡）	1.0	添加3%~20%可生产脱水、薄层、软膜、封存防锈油	
Corrosion Inhibitor ELB	有机型发动机冷却液复合剂	1.110	pH值8.5	—	—	—	产品是稀释液加9.3%~13.4%的量于聚酯级乙二醇后可直接使用，冰点可达-20~-40℃；浓缩液需加25%，然后根据冰点要求加相应的去离子水进行稀释后方可使用	傲而特冷却液科技有限公司
Freecor FGB	有机型发动机冷却液复合剂	1.073	pH值8.5	—	—	—	产品是稀释液，加2.1%~3.5%的量于聚酯级乙二醇后可直接使用，冰点可达-18~-45℃；浓缩液需加6%，然后根据冰点要求加相应的去离子水进行稀释后方可使用	
Freecor HCB	重负荷发动机冷却液复合剂	1.102	pH值8.7	—	—	—	产品是稀释液，加3.1%~3.5%的量于聚酯级乙二醇后可直接使用，冰点可达-18~-45℃；浓缩液需加6%，然后根据冰点要求加相应的去离子水进行稀释后方可使用，适用重负荷车辆	

续表

产品代号	化学名称	密度/(g/cm^3)	100℃黏度/(mm^2/s)	闪点/℃	硫/磷/%	氮/%	主要性能及应用	生产公司
Freecor JNB	混合型发动机冷却液复合剂	1.145	pH 值 7.5	—	—	—	产品是稀释液，加 2.1%～3.5%的量于聚酯级乙二醇后可直接使用，冰点可达－18～－45℃；浓缩液需加 6%，然后根据冰点要求加相应的去离子水进行稀释后方可使用，适用于日系韩系车辆	傲而特冷却液科技有限公司
Freecor SHB	无机型发动机冷却液复合剂	1.262	pH 值 9.0	—	—	—	产品是稀释液，加 1.5%～3.0%的量于聚酯级乙二醇后可直接使用，冰点可达－18～－45℃；浓缩液需加 5%，然后根据冰点要求加相应的去离子水进行稀释后方可使用	

表 6-65　范德比尔特公司其他复合剂的商品牌号

产品代号	化学组成	添加剂类型	密度/(g/cm^3)	100 黏度/(mm^2/s)	闪点/℃	溶解性	性能及应用
Vanlube 0902	含磷、硫多功能复合剂	多功能复合剂	1.06	10～30	>90	溶于矿物油和合成油，不溶于水	具有优异的防腐、抗氧和抗磨性能的无灰复合剂，推荐用量 3.0%～4.0%，用于 12-OH 硬脂酸锂基脂和 12-OH 硬脂酸复合锂基脂中以及工业齿轮油中

参 考 文 献

[1] Kathryn Carnes. Lube Additives hold Steady[J]. Lubricants World, 2001, 11(8): Refined-Product Additives. Add-10～12.

[2] Shell Additives [R]. Introduction to Shell Additives.

[3] Automotive Engine Oile[R]. Chevron Chemical Company Ororite Additives Division: 1982; 2.

[4] Dr. Neil Canter. SPECIAL REPORT: Proper additive balance needed to meet GF-5 [J]. Tribology & Lubrication Technology , September 2010: 10-18.

[5] GF-6 挑战更高燃油经济性 引领发动机未来趋势 http://www.sohu.com/a/120195074_ 398675.

[6] 许小红. 排放标准对美国柴油机油规格及发展影响[J]. 润滑油, 2004(5): 1-6.

[7] 石顺, 王雪梅. 美国重负荷柴油机油新规格 CK-4 和 FA4 及其影响[J]. 润滑油, 2017.32(6):

47-55.
[8] 付兴国．润滑油及添加剂技术进展与市场分析[M]．北京：石油工业出版社，2004.
[9] 卢成锹．汽车内燃机和内燃机油的发展[M]．卢成锹科技论文选集，北京：中国石化出版社，2001：312-322.
[10] Vicky Villena-Derton. No Single Additive Can Do Everything[J]. Lubricants World，1993(9).
[11] Nehal S. Ahmed，Amal M. Nassar . Lubricating Oil Additives，Tribology - Lubricants and Lubrication [EB/OL]. http：//www. intechopen. com/books/tribology-lubricants-and-lubrication/lubricating-oil-additives.
[12] Dr. Neil Canter. Special Report：Additive challenges in meeting new automotive engine specifications[J]. Tribology & Lubrication Technology，Septemer 2006：10-19.
[13] Lubrizol Corporation[R]. Lubrizol Report On Treads(1979).
[14] Lubrizol Corporation [R]. Lubrizol Report On Treads(1981).
[15] 北田明治，和田寿之．2サイクルエンジン油[J]．トライボロジスト，1993，38(2)：101-106.
[16] [美]鲁德尼克．合成润滑剂及其应用[M]．李普庆，关子杰，耿英杰，等译．北京：中国石化出版社，2006：288.
[17] 徐惠昌．百润敏小型发动机用油新技术[R]．1997 年 7 月(北京).
[18] Sushmita Dutta. How power-generation systems drive the natural gas engine oil market[J]. Tribology & Lubrication Technology，2019(7)：18-21.
[19] 美国将于 2009 年内推出铁路内燃机车六代油规格[J]．润滑油，2009(4)：51.
[20] 许汉立，方之昌．内燃机润滑与用油[M]．北京：中国石化出版社，1997：511-512.
[21] Lubrizol. Ready Reference for Lubricant and Fuel Performance[R]. 1988：74-75.
[22] 石油工业部科学技术情报研究所[G]．润滑油(上册)1983：130-131.
[23] Lubrizol. . Marine Diesel Engines General Discussion[R]. Unison International，1986.
[24] Lubrizol. . Ready Reference for Lubricant and Fuel Performance[R]. 1988：77.
[25] G. J. Javne. Proceeding of the Institute of Petroleum[C]. Londen，1981：307.
[26] W. F. Olszewski . Proceeding of the Institute of Petroleum[C]. Londen，1981：293.
[27] Leslie. R. Rndnick. Lubricant additives chemistry and apllication[M]. Second Edition. New York：Marcel Dekker Inc，2008：614-625.
[28] 仇延生．车辆齿轮油．中高档润滑油系列小从书[M]．北京：中国石油化工总公司，1992：1-19.
[29] 周轶．重负荷车辆齿轮油规格发展情况[J]．2016(6)：4-9.
[30] 刘新，付喜胜，潘元青，续景，靡莉萍．齿轮润滑技术新进展[J]．润滑油，2012，27(3)：10-13.
[31] 石啸．国外工业齿轮油技术标准的最新变化[J]．合成润滑材料，2019，46(2)：38-41.
[32] 周康，姚元鹏，糜莉萍．从 Flender 规格的衍变看工业齿轮油的发展趋势[J]．石油商技，2017，35(6)：8-11.
[33] 匡奕九．含磷极压剂的结构对 GL-5 车辆齿轮油性能的影响[G]．国家“七五”重点科技攻关论文集，1992：231.
[34] PARAMINS. 润滑油工业最新概况与现行指标汇编[G]. 1997 年 4 月．
[35] 张龙华，伏喜胜．车辆齿轮油规格与技术发展趋势[J]．润滑油，2007(5)：59-63.
[36] Standard Specification for Performance of Rear Axle Gear Lubricants Intended for API Category GL-5 Service [S]. ASTM D 7450-08.
[37] 谢泉，顾军慧．润滑油品研究与应用指南[M]．2 版．北京：中国石化出版社，2007.
[38] 王明明，石顺友．我国重负荷车辆齿轮油规格的最新发展[J]．润滑油，2019，34(4)：41-49.

[39] 周康，糜莉萍，姚元鹏．合成工业齿轮油的发展及应用[J]．2016，32(2)：21-25.
[40] 润滑剂、工业用油和相关产品(L类)的分类 第2部分：H组(液压系统)．GBT 7631．2—2003.
[41] Gene RZehler. Performance Tiering of Biodegradable Hydraulic Fluids. Lubricants World，2001，11(8)：22-28.
[42] 冯明星．液压油和液力传动油．中高档润滑油系列小丛书[M]．北京：中国石油化工总公司，1992：7.
[43] H-30585，Hydraulic Fluids，Used in Piston，Vane，Valve[S].
[44] 苍秋菊，唐俊杰．抗磨液压油系列产品的研究[J]．润滑油，1996(6)：22-28.
[45] 黄文轩，韩长宁．润滑油与燃料添加剂手册[M]．北京：中国石化出版社，1994：187.
[46] Betty Catalina Rostro and Nancy Nalence [R]. HYDRAULIC FLUIDS：The pressure to perform better. Tribology & Lubrication Technology，April 2007：24-31.
[47] Kathryn Carnes. Automatic Transmission Fluids Travel Singular Courses[J]. Lubricants World，2001，11(4)：18.
[48] 郭正嚼，张昀．通用汽车公司 Dexron-Ⅵ规格和评定试验[J]．石油商技，2005(05)：62-64.
[49] Wan-Seop Kwon，H. Ernest Henderson，Tulsa，Okla. and Kyung-Woong Kim. Effects of dumbbell blending of light and heavy hydrocracked base oils on performance of automatic transmission fluids[J]. Tribology & Lubrication Technology，January 2007，40-52.
[50] 通用汽车发布 Dexron-VI 变速箱规格[S]．http：//hi. baidu. com/%CD%F5%CF%E9%C3%F1/blog/item/6cf829fbf4ae89d7b58f319d. html.
[51] Latest Trend on ATF. http：//www. vaches. cn/summit/download/ppt/05. ppt#260，1，Slide 1.
[52] 唐俊杰，苍秋菊．汽车自动传动液的研制[J]．润滑油，1996(5)：14-19.
[53] Andrew G. Papay. New Developments in Automatic Transmission Fluid[R]. SAE Paper 891194
[54] N. A. Hunstad et al. The Present Status of Automatic Transmission Fluid Type A[S]. Paper756-SAE Summer Meeting，Atlantic City，1956.
[55] Automatic Transmission Fluid . Type A Suffix Aidentification Specication General Motors ResearchLabs[S]. 1957.
[56] DEXRON Automatic Transmission Fluid Specication. Fuils and Lubricants Dept.，General Motors ResearchLabs[S]. 1967.
[57] DEXRON-Ⅱ Automatic Transmission Fluid Specication[S]. General Motors Corporation，Second Edition，1978.
[58] R. Graham and W. R. Oviatt. Automatic Transmission Fluid Specication-Developments Toward Rationalization [R]. Lubrizol，1985.
[59] A . G. Papay. Formulating Automatic Transmission Fluid[J]. Lubrication Enginering. 47(4)：271-275.
[60] 张鹏，史维玮，张洋，等．变速箱发展概述及市场分析[C]. 第十五届河南省汽车工程科技学术研讨会，2018：38-39.
[61] Kathryn Carnes. Driving Lubricant Additive Development[J]. Lubricants World，September 2001：Refined-Product . Add18-20.
[62] 市橋俊彦，藤田裕，合田隆，等．DCTF 的科技发展趋势[C]．中国汽车工程学会燃料与润滑油分会第十四届年会论文集，2010，36-43.
[63] 王稳，王库房，尹兴林，等．双离合器自动变速器润滑油性能要求和试验方法[J]．润滑油，2012，27(1)：50-55.
[64] 徐晶晶，黄东升，赵治宇，等．汽车自动传动液的规格变化及市场分析[J]．润滑油，2016，31(5)：

6-9.
[65] 徐晶晶，黄东升，赵治宇，等．汽车自动传动液电性能研究[J]. 液压气动与密封，2019，(2)：60-62.
[66] 侯芙生．中国炼油技术[M]. 3 版．北京：中国石化出版社，2011：736-743.
[67] 陈晓伟．非对称受阻酚抗氧剂在压缩机油中的应用[J]．润滑油，2015，30(1)：33-36.
[68] 吴旭东．从 ISO 标准的演变看空气压缩机油的发展[J]．合成润滑材料，2010，37(2)：36-40.
[69] 蔡叔华．我国压缩机润滑油研究的进展[J]. 润滑油，1995，10(1)：24-27.
[70] 徐平，孙东，杨界贤. DAC 重负荷空气压缩机油的研制[J]. 润滑油，2007，22(3)：31-36.
[71] 白嘉玲，梁群，林卫红．加氢基础油在喷油螺杆压缩机油中的应用[J]. 石油商技，2002，20(2)：18-22.

第七章　环境对添加剂及油品的影响

第1节　环境的要求和法规的制定

1.1　概况[1~15]

润滑剂除一部分由机械运转正常消耗掉或部分回收再利用外，在装拆、灌注、机械运转过程中，仍有4%～10%的润滑剂流入环境。多年来，人们逐渐认识到这些润滑剂对环境的影响，特别是对水生植物和动物的影响。人们对环境的保护意识越来越强，尤其是工业发达国家的环境不仅引起政府的高度重视，而且社会上也自发地成立了很多环境保护组织。

传统的润滑油大多数以矿物油作为基础油，而矿物油在自然环境中生物降解能力很差，在环境中积聚并对生态环境造成污染。而润滑剂在使用过程中，由于渗透、泄漏、溢出和对润滑剂处理不当，都可能造成对环境的污染，特别是对环境敏感的地区，如森林、矿山或靠近水源的地方更为严重。引起这些问题的油品是循环系统的液压油和一次性通过的润滑剂(如链锯油、二冲程发动机油、铁路轨道润滑剂、开式齿轮油和钢丝绳润滑脂等)用后直接进入环境。如链锯油在使用时油品直接加到高速运动的链锯上，由锯屑吸附带走流入到环境中。据统计，在北美每年有超过1亿加仑的润滑油从液压机械和其他润滑设备泄漏出来，这些润滑油的泄漏将会对敏感地区的环境长期造成负面影响。舷外二冲程发动机油，在使用过程中没烧尽的润滑剂也会溅射到水域中，在集中使用这种舷外二冲程发动机的瑞士/德国边界的Bodensee湖(博登湖)中，发现在湖床上累积了很厚一层烃化物。这种严重的污染引起一些国家的高度重视，直到用立法来加以保护。如德国1991年6月，润滑油准则规定，所有的开放式链锯油都必须采用可生物降解的润滑油；1992年5月，瑞士要求在湖上超过7.5kW的二冲程发动机禁止使用矿物润滑油；1992年5月，奥地利禁止用矿物油基的链锯油，禁止用非快速生物降解和水溶性物质(这意味着禁止矿物润滑产品及水溶性乙二醇的使用)；2011年，美国农业部(USDA)推出生物优先(BioPreferred)计划，要求政府优先购买和使用生物基环保产品，旨在通过减少对石化材料的依赖，来保护环境。2013年，美国环境保护局规定所有进入美国水域(沿海3海里)船舶，在油水界面上必须使用环保润滑油，除非技术上不可行。中国香港则在2000年开始逐步用生物基油品代替矿物燃料油；国际环境保护组织对废油排放提出了一定要求：锌含量不大于0.01mg/L，油水解后无酚、无金属分解物、无非金属磷、无氯及化合物析出等。

自20世纪80年代以来，由于环境的因素，人们对生物降解润滑剂的兴趣越来越大，可生物降解的润滑剂首先在森林开发中得到应用。德国75%的链锯油和10%的润滑剂已由可生物降解的润滑剂代替，而且每年以10%的速度递增。可生物降解润滑剂的品种已有舷外二冲程发动机油、电锯发动机油、液压油、金属加工用油、齿轮油、润滑脂等油品。虽然目前生物降解润滑剂的产量还不大，但是其品种和数量却在逐年增加，详见表7-1。由于环保法规的日益严格，全球生物基润滑油市场按5%的年复合增长率增长，2016年约为300000吨。其中欧美国家为主要消费国，2016年美国是最大的生物基润滑油市场，德国紧随其后，其次是韩国、巴西、加拿大和北欧国家(瑞典、挪威、芬兰、冰岛、丹麦)。2016年这六大主要市场约占生物基润滑油消费总量的85%。

表7-1 市场采用生物降解润滑剂的历史

完全损失的润滑剂及标准方法	
年代	润滑剂品种
1976年	二冲程发动机油
1976~1981年	苏黎世工作室开发油品可生物降解的标准方法
1982年	建立CEC-L-33-T-82可生物降解的标准方法
1985年	出现可生物降解液压油和链锯油以及防腐油
1987年	在农业和森林完全损失的润滑油
1988年	润滑脂
1989年	有关脱模油 德国环境署为链锯油颁发环境标志“蓝色天使”
1990年	切削油
1991年	中心润滑系统无流动润滑脂 “蓝色天使”颁发给开放系统油
1993年	出现可生物降解的内燃机油和拖拉机传动液 L-33试验方法被CEC(欧洲协作委员会)接受为舷外二冲程发动机油的评定方法
1995年	可生物降解液压油(DIN)德国工业标准颁布
2000年	欧洲环保法规定用于摩托车、操舟机、除草机、雪橇、链锯及其他二冲程操舟机油必须是生物降解的
2000年	ISO 15380—2000环境可接受的液压油产品标准，已将环保型绿色液压油正式列到规格标准中
2015年	植物糖基可再生聚α烯烃(PAO)Ⅳ类和可再生Ⅲ$^+$基础油

1.2 环境友好润滑剂的定义

关于环境友好润滑剂目前还没有严格的定义，大多数认为生物降解润滑剂就是环境友好润滑剂。也有一些学者认为，不能笼统把生物降解润滑剂就称为环境友好润滑剂，因为有的润滑剂在生物降解后，表现出增强了毒性；并认为那些虽然生物降解性差，但稳定性好，使用寿命长，能不断循环使用的润滑剂对环境更有利。

在欧美国家中，“生物降解润滑剂”这一概念包含了这个产品既是润滑油，同时又具有

对环境影响最小的双重意义，如表 7-2 所示[16]。就润滑油而言，要符合该种油品的规格性能要求；就环境来说，该油品又是可生物降解的。非常概括地定义，生物降解性是通过微生物活性使化合物分解成 CO_2 和水。实际上，分解作用比这复杂得多，润滑剂通过微生物（细菌、酵母和真菌）[17]对有机化合物进行酶分解（引起大范围的分子断链），若润滑剂完全分解，最后分解成 CO_2、水和新的微生物，见图 7-1[18]和图 7-2。氧化的第一步是碳氢化合物断裂成长链羧酸，然后在酶的作用下分解成乙酸，最后通过柠檬酸循环生成 CO_2 和水。在生物降解润滑剂中，温度对微生物繁殖起重要作用，在较冷的条件下，化合物的生物降解作用进行得非常缓慢，例如在深水的底部。矿物油润滑剂通过微生物降解要花很长时间，因此矿物油不能被称为生物降解润滑剂。

表 7-2　润滑油对环境的适合性

润滑油对环境的适合性	润滑油对环境的适合性
可更新的资源	生态适合的
环境接受的加工过程（低能耗、低废物、低排放）	用后容易生物降解的
无毒（新鲜的或用过的油）	无处理和回收循环的问题

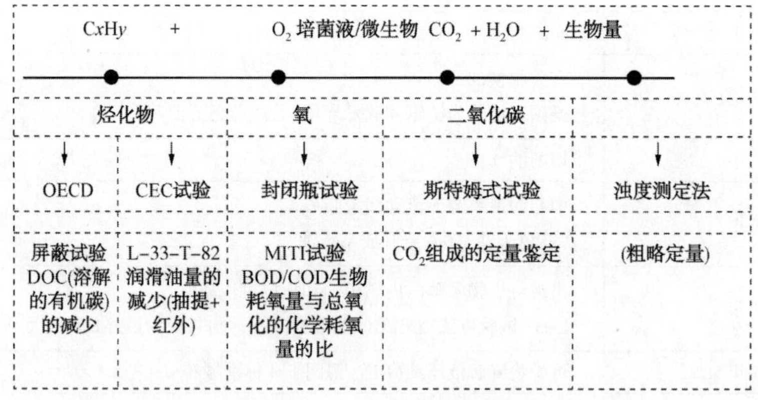

图 7-1　生物降解作用的方法

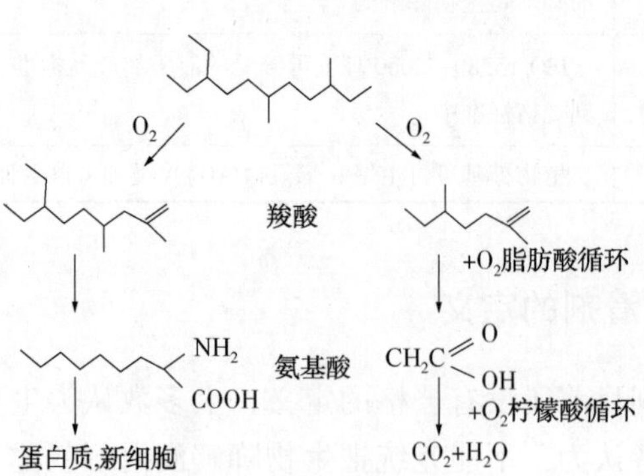

O_2　O_2

羧酸

$+O_2$脂肪酸循环

NH_2　COOH　氨基酸　CH_2C　O　OH

$+O_2$柠檬酸循环

蛋白质,新细胞　CO_2+H_2O

图 7-2　微生物氧化过程

环境合格润滑剂不仅包括生物降解能力，而且还包括润滑剂的生态毒性。这两个是不同的概念，有些有毒物质也可生物降解，降解后生成非毒物质；有些物质降解后的产物比原物质有更强的毒性。因此，环境合格润滑剂是生物降解性要好，而且生态毒性及毒性累集性要小。目前环境满意润滑剂的名称有环境意识润滑剂(Environmental Awareness Lubricants，简称 EAL)[9]、环境友好产品(Environmental Friendly Products)[10]、生物降解润滑剂(Biodegradable Lubricants)[10,19]、环境无害润滑剂(Environmentally Harmless Lubricants)[13]、环境兼容润滑剂(Environmentally Compatible Lubricants)[14]以及绿色润滑剂(Green Lubricant)[15]、生物基润滑剂(Biobased Lubricant)等。绿色润滑剂包含的意义更深刻，意味着对环境非常小的影响，不污染环境、毒性小、可以容易回收利用和更好的可生物降解性。绿色润滑剂由再生资源组成，当在自然界处理掉时(是埋在地下还是被废弃在海洋中)，不能损害任何微小或肉眼可见到的大生物体。

1.3 生物降解润滑剂的标志[9,14]

为了区别生物降解润滑剂与普通润滑剂，一些国家的环境管理部门制定了生态标志图，下面是德国的“蓝色天使”(Blue Angel)、加拿大的“环境选择程序”(Environmental Choice Program)、日本的“生态记号”(Ecomark)、美国的“USDA 认证”和欧盟生态标签(Eco-label)“欧洲之花”，见图 7-3 ~图 7-6。

图 7-3 德国的“Blue Angel”

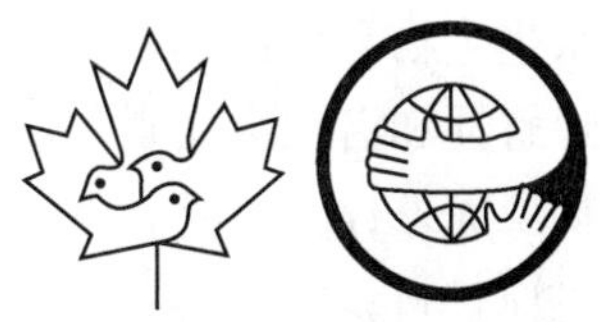

图 7-4 加拿大的“Environmental Choice Program”和日本的“Ecomark”

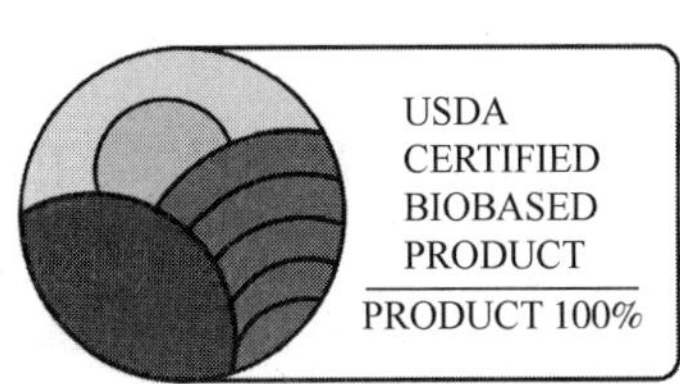

图 7-5 美国的 USDA 生物基标签

图 7-6 欧盟生态标签

每个图都列出了禁令、生物试验要求和生产者的说明，并且在不断修正。如“蓝色天使”是作为环境友好产品的符号，“蓝色天使”由德国环境局于 1977 年建立，其目的是：符号指出是环境友好产品；通告用户及简化选择；标志是支持生产者和销售者的理由；由应用确定产品的质量和性能。

通过对基础液以及成品润滑剂的审查确定标准，特别是与毒理学和环境有关的要求，因此基础液必须满足下列要求：

(1) 生物降解能力大于70%(OECD 301法)；

(2) 没有水污染(最大WGK 1)；

(3) 无氯；

(4) 低毒(无标志要求)。

符合“蓝色天使”规章的添加剂的主要要求是：

(1) 低毒(最大WGK 1)；

(2) 不含氯和亚硝酸盐；

(3) 不含金属(除K、Ca以外)；

(4) 最大允许7%具有潜在降解能力的添加剂(生物降解能力>20%，OECD302)；

(5) 最大允许可添加2%不可降解的添加剂，必须低量(最大WGK1)；

(6) 对生物降解的无限制。

欧盟生态标签又名“花朵标志”“欧洲之花”，1992年由欧盟委员会建立，旨在通过全生命周期评价来识别环境友好型产品和服务，鼓励生产商设计和生产环保产品，为消费者提供更多的环保选择。2005年，欧盟将润滑剂纳入标签体系。为获得“润滑剂”的生态标签，需满足以下要求：

(1) 危险警句标示环境和人体健康危害；

(2) 其他水生生物毒性；

(3) 生物降解性和潜在生物累积性；

(4) 特殊物质除外；

(5) 可再生原材料；

(6) 技术性能；

(7) 生态标签显示的信息。

1.4 生物降解性和相关的生态毒性及试验方法[8,9,20~22]

1.4.1 生物降解性和试验法

1. 生物降解性[8]

除了毒性和生物体内累积外，第三个主要标准是降解的速度和程度。在生态毒性评估的阵营中，对降解的关注度可能超过毒性和生物体内累积这样的有害特性。例如，一种不持续存在的化学品不会是一种生态上的威胁，即使该物质有毒性而且有可能在生物体内积聚。降解分为水解、光解和生物降解。因此在进行生物降解试验前，我们应先对物质的水解和光解能力进行评估。然而，以“加贴生态标签”的观点看来，对降解的关注大部分在生物降解这一领域内。

对生物降解的定义和描述可有几种可接受的方式：物质可被描述为在有氧或缺氧条件下能够无困难地进行生物降解；本质上能生物降解或相对能生物降解。一般来说，易生物分解试验最严格，通常是在一个封闭水系统中进行，于28天时间内测量氧气消耗量或二氧化碳生成量。一种在易生物分解试验中进行降解的物质可被认为在环境中可能会迅速彻底降解。本质性生物分解试验不像易生物分解试验那样严格，在这种试验中，利用增加暴露时间，增加受试化合物量和相对细菌比例等手段使试验条件有利于降解。但在这种试验中，降解的物质不一定在环境中就能生物降解。

对一种物质的生物降解能力的测定是非常困难的。原因是，大多数生物降解的试验方法都是为水溶性物质而开发的。然而，合成润滑剂和许多有生物降解评估要求的工业生产的物质一样，是疏水性的。

若干与生物降解有关的现象能利用传统的分析方法很方便地测量到，如下所示：

(1) 作用物的损失；

(2) 作为最终产物的水或 CO_2 的形成；

(3) 能量释放。

所以，生物降解最合理的表达方法显然是作用物的损失。有很多经典和现代的处理方法来试验显示作用物的损失，下列是目前获得生物降解性润滑剂方面所使用的几种生物降解性试验法。

2. 生物降解性试验法

(1) ECE L-33-A-93 试验方法：它是由 ECE L-33-T-82 试验方法发展而来的，ECE L-33-T-82 试验方法是1982年建立的暂定试验方法，1993年正式确定为 ECE L-33-A-93 试验方法。该方法是针对舷外二冲程发动机油而制定的，但很快成为润滑油工业的标准，并且得到欧洲广泛的承认，它是一个相对生物降解试验。其试验程序是：在试验瓶中装入润滑剂、营养液和活性污泥细菌，振动分散均匀，在25℃下放置21天，然后用1，1，2-三氯三氟乙烷抽提，抽提物用红外吸光度法测定碳氢化合物（CH3 键）的残余量，然后与"参考油"（标准中未提及参考油是什么物质）比较。该方法的再现性差，不同的试验室之间的结果误差达20%左右；另一个主要缺点是不能反映出降解产物的生态毒性，即化学物质对地球环境（人、动物、细菌、水、植物等）的有害影响。

(2) JIS-K-3363 法：日本1990年2月制定的为测合成洗涤剂的生物降解的试验方法。试验程序是：将试验物质与活性污泥振动混合，在25℃下放置8天，用吸光度法测定试物的残存量，然后与参考物1-十二碳烯和正十二烷基醚比较。

(3) ITF 法：日本国际贸易和工业部1973年制定的有关化学物质的审查及其制造规则的法律，是以法律形式规定的生物降解试验方法（化审法），主要对象是化学物质。试验程序是：将试验物质与活性污泥搅拌混合，在25℃下放置14天，从开始到结束连续测定化学耗氧量（BOD）及对试样的残留量进行分析。参考物为苯胺，7天内生物降解40%以上，试验物质的生物降解大于60%为通过。

(4) OECD 试验方法：由 OECD（经济协作开发组织）和欧洲联合体提出的6个试验已经被国际上接受，并应用了很多年，这些试验程序已经改进，能够试验水溶性较差的石油产品：

① OECD 301A：DOC 分离（当高细胞密度活性污泥无害时，测试溶液中溶解的有机碳的损失），是众所周知的改进的 ANOR（法国标准协会）试验。

② OECD 301B：改进的斯特姆式(Sturm)试验——通过测定 CO_2 产生量来确定降解率。

③ OECD 301C：改进的 MITI(日本国际贸易工业部)法——测定耗氧量。

④ OECD 301D：封闭瓶试验(测消耗的氧量)。

⑤ OECD 301E：改进的 OECD 筛选试验，测定溶解有机碳以确定降解率。

⑥ OECD 301F：压力呼吸计量法——美国环保局(EPA)格拉赫尔(Gledhill)振荡瓶最大生物降解试验，测定消耗人的氧量。

1.4.2 生态毒性

毒理学作为一门科学，本质上与暴露有关。剂量-反应(暴露-反应)关系被典型用来定义给定物质对某个群体的毒性。毒性评估的目标包括致死性及在生殖和成长方面的影响。最常确定的目标是 LC_{50}(致死浓度)—在规定时间内杀死某一群体的50%所需要的该物质(在空气和水中)浓度—通常称为半致死浓度。以直接口腔口服或皮肤剂量给出的这一参数值被定义为 LD_{50}或致死剂量 50—半致死量，这一参数是全世界管理机构在评估某一物质毒性时所采用的最重要数字。物质对水生环境影响的毒性分类是以德国的 Wassergef hrdungklasse (WGK)为基础的。

(1) 半致死量(LD_{50})或半致死浓度(LC_{50})——染毒动物半数死亡的剂量(mg/kg)或浓度(mg/L)，此值是将动物试验所得的数据经统计处理而得，其急性毒性极限列于表 7-3 中。

表 7-3　急性毒性极限

类别	急性水生毒性极限(EL_{50}或 LL_{50})①/(mg/L)	类别	急性水生毒性极限(EL_{50}或 LL_{50})①/(mg/L)
无害	>1000	中等程度毒性	1~10
实际无毒	100~1000	高度毒性	≤1
微毒性	10~100		

① EL_{50}是用作海藻和活性污泥试验；LL_{50}是用作鱼类试验。

环境兼容的润滑剂易生物降解，并且 LC_{50}或 LD_{50}值应大于 100mg/kg，如果生物毒性累集很低，在水生类中，LC_{50}为 10~100mg/kg 也可以接受。

(2) WGK 分类：水保护法律是通过水污染分类(WGK)体系确定物质对水污染的潜力，水污染分类的规定是以水污染数值(WEN)为基础的，WEN 是从配方的推算和从建立的试验方法中测得的毒性值得到的。水污染分类的评价和分类是由联邦环境部委员会(德国)执行，除毒性值(哺乳动物、鱼类和细菌的毒性)以外，标准体系是由生物降解能力和其他生物累积特性而产生的。1991 年中期，德国有 713 种物质被列为水污染物，表 7-4 列入了水污染分类。

表 7-4　环境无害润滑剂污染评价(水污染分类)

水污染分类(WGK)	水污染评价	水污染数值(WEN)	水污染物
0	一般无水污染	0~1.9	新一代润滑剂
1	轻微水污染	2~3.9	不含添加剂的矿物油
2	一般水污染	4~5.9	含添加剂的矿物油
3	严重水污染	6	润滑剂，可水乳化型

以急性口服哺乳动物毒性(AOMT)为基础的WENs的致死量列于表7-5中。

表7-5 WENs的致死量

WEN(AOMT)	LD_{50}/(μg/g)	WEN(AOMT)	LD_{50}/(μg/g)
7	<25	3	200~2000
5	25~200	1	>2000

对急性鱼类物毒性(AFT)的WENs是以NEC为基础的：

$$WEN(AFT) = -\log[NEC(mg/k)/10^6(mg/k)]$$

对急性细菌毒性(ABT)的WENs是以NEC为基础的：

$$WEN(ABT) = -\log[NEC(mg/k)/10^6(mg/k)]$$

水危害性或水污染数值是由总的WEN(见表7-6)来确定的，因为，同一物质对哺乳动物、鱼类和细菌的水污染数值是不同的，即由AOMT、AFT和ABT三个计算值之和的平均值。从表7-6的高级液压液对AOMT、AFT和ABT的WEN的值来看，分别为1、2.4和0.2，其总的WEN=(1+2.4+0.2)÷3=1.2。而1.2小于1.9，因此WGK应为0。

表7-6 高级液压液的值

项　目	WEN	项　目	WEN
AOMT(LD_{50} 28000 μg/g)	1	ABT(NEC 700000 μg/g)	0.2
AFT(NEC 3500 μg/g)	2.4	总的WEN	(1+2.4+02)÷3=1.2

毒性既取决于组分，又取决于浓度，详见表7-7。

表7-7 生物降解物液的毒性

液　体	最大容许浓度/(mg/kg)	液　体	最大容许浓度/(mg/kg)
矿物基础油	25	废油	1
发动机油	10	酯	无极限
液压油	5	植物油	无极限

(3) Microtox试验：近来用定量确定急性水生动物毒性而开发的方法。在这个试验中，生物性发光的海生细菌短期(数分钟)暴露在被试验的物质中，微生物代谢过程的任何变化将引起它的发光量的变化，发光量的减少是与试验的物质的毒性成比例的。根据EC_{50}定量毒性，EC_{50}是表示有效浓度光发射量减少50%。

1.4.3 生物体内累积[8]

在生态毒性方面，存在仅次于化学物质急性毒性的生物体内累积的可能性。生物体内累积是化学品从水和食物里进入生命机体后的浓聚度(累积)。生物体内的累积取决于一种化学品在机体内的吸收、分布，新陈代谢和清除的程度。例如一种物质会被快速吸收，广泛分布，但被新陈代谢并清除出体外，就不大可能在生物体内累积。同样道理，一种不被吸收的物质不会进行体内累积。但是，一些高脂溶性物质会被快速吸收和储存在脂质(脂肪)里，一个典型实例是多氯联苯(PCB)，曾经在大湖(Great Lake)生态系统某区域内引起极大恐慌，就是因为其出现并累积在鱼身上。

大多数水栖物种中发生的生物体内累积是直接从水里吸收而不是来自食物。用生物机体内的浓度除以在水中的浓度所表达的比值称为生物浓度因子或 BCF。BCF 和 LC_{50}一样，它的产生和使用的目标都是对环境公害进行评估。通常，昂贵和困难的生物体内浓度试验常被代之以对一种物质的相对亲脂性进行估算，然后再预估出 BCF。例如，大量文献证明，大部分水栖物种的亲脂性和生物体内浓度之间存在着线性关系。对亲脂性的估算可通过测量辛醇/水分配系数，即 lg *P* 来获得。这一物化参数的测定方法是测量一种物质析入或析出辛醇或水时的物质比例。对该物质取对数即为 lg *P*。现今，借助于结构-活性关系分析的电脑程序，可以计算出该数值而无须实际进行实验室操作。在一般情况下，lg *P* 值越高，该物质在生物体内累积的可能性越大。

然而，lg *P* 小于 1 或大于 6 或 7 的物质，预期不会在生物体内累积。以前，人们通常把所有 lg *P* 大于 3 的物质全部划归为生物体内会累积的物质。现在才认识到，由于已被文献大量证明的多个理由，高 lg *P* 值的物质不会进行生物体内累积。这些理由包括，高亲脂性物质很可能吸附和溶于沉淀物的有机成分上，疏水性物质穿过鱼鳃而不被吸收是由于其在水中溶解度低。另外还有相对分子质量方面的考虑。图 7-7 是 lg *P* 与 BCF 之间关系。具有高的 lg *P* 值(大于 7)的物质，包括像聚 α-烯烃这样的合成润滑剂在内，过去通常被认为会在生物体内聚集物，现在从生物体内累积的角度来说，则被认为是无害的。

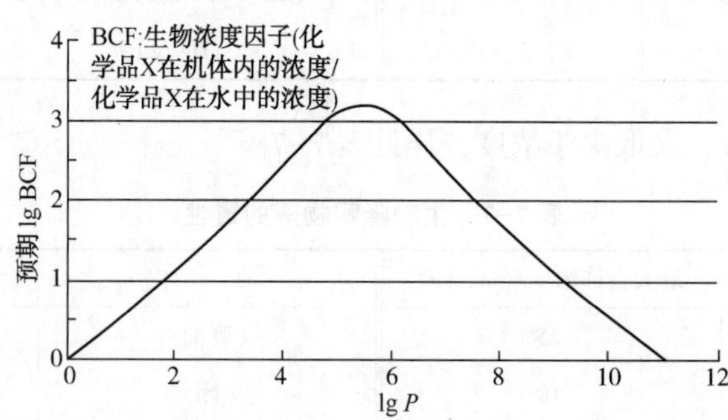

图 7-7 辛醇-水分子分配系数和水栖物种的生物体内浓度间关系示意图

1.5 环境和法规对油品及添加剂的影响

1.5.1 环境和法规促进了添加剂的发展

环境和法规不仅给添加剂带来挑战，而且也给添加剂发展提供了机遇。1968 年美国公布汽车排气法，控制排气中的烃、CO 及 NO_x，随着年代的推移，控制指标在不断提高。特别是美国的小汽车急剧增加，其后果是使环境污染加重和使城市交通阻塞。城市中行驶的汽车经常低速运转和停停开开，处于这种情况下的汽车曲轴箱油的温度低，使燃料烃和湿气(水分)不易从润滑油中排出去，使漆膜和油泥沉积物有所增加。为了降低排气中烃及 CO，首先增设了 PCV(Positive Crankcase Ventilation)正压曲轴箱通风系统，这样更加造成了润滑油中的漆状物与淤渣沉积物生成的趋势。产生的大量水汽部分被冷凝下来生成大量乳化油泥，造成了管道及滤网阻塞，严重影响曲轴箱油的正常使用。对这种油泥，以前使用的硫代磷酸盐、磺酸盐、酚盐等金属清净剂几乎没有效果，因此急需开发对这种低温油泥有效的添加剂。促使国外很多公司和研究单位进行了大量开发工作，终于在 20 世纪 60 年代开发出了丁二酰亚胺无灰分散剂，不但有效地解决了低温油泥问题，而且它与清净剂复合，还大大提高了油品的质量。

硫化鲸鱼油作为油性剂和极压剂在齿轮油、导轨油、蒸汽汽缸油、汽油机磨合油和润滑脂中得到了广泛应用，产量迅速增加。由于对鲸鱼油需求增加，1970 年达 7500t，世界的捕鲸量在增长，使鲸鱼面临绝种的危险。从环境资源来考虑[22]，1970 年 6 月美国政府通过法令，禁止捕鲸，禁止使用鲸鱼油及鲸鱼副产品。时代要求改变制造添加剂的原料和制备工艺，于是引起需要鲸鱼油的各公司争先寻找鲸鱼代用品的热潮。经过几年的研究工作，已经研究出很多不同种类的硫化鲸鱼代用品的商品牌号。

1.5.2　环境和法规将使一些添加剂在可生物降解液中受到限制或禁用[23~30]

1. 新法律对排放控制更加严格，从而限制了某些添加剂的应用

汽车排气法是为了降低排气中的有害物质（HC、CO、NO_x），于 1977 年在汽车上开始使用三元催化转化器（把烃转化为 CO_2 和水，把 CO 转化为 CO_2，把 NO_x 转化为 N_2）。为了适应催化转化器的需要，保护贵金属催化剂不致中毒，于 1980 年开始使用无铅汽油，并对汽油机油原料元素含量加以限制。随着油品等级的提高，对磷的限制越来越严格（见表 7-8），灰分要求小于 1.0%，这实际上是禁止了烷基铅抗爆剂的使用和控制润滑油中磷、硫以及灰分含量（限制 ZDDP 的加入量及一些含金属的添加剂的加入量）。目前，美国、日本和欧洲对排气要求更严格，对其有害物质控制更低，如表 7-9 和表 7-10 所示。

表 7-8　汽油机油限制磷含量的情况

油品	SH、GF-1	SJ、SL、GF-3	GF-4/SM	GF-5/SN	GF-6/SP
磷含量/%	≤0.12	≤0.10	≤0.08 ≥0.06	≤0.08① ≥0.06	≤0.08 ≥0.06
油中 ZDDP 大约含量/%	1.4	1.2	0.94~0.70	0.94~0.70	0.94~0.70

① 对 API SN 无要求。

表 7-9　美国、欧洲及日本汽油机排放标准的最近进展

法规	实施年份	不大于/(g/km)						
		CO	NMHC	NO_x	PM	NMOG+NO_x		HCHO
						NMOG	NO_x	
美国阶段Ⅱ	2004	2.6103	—	—	0.0062	0.0559	0.0435	0.0112
美国阶段Ⅲ	2017	2.6098	—	—	0.0019	0.0994		0.0025
欧Ⅴ	2009	1.0	0.068	0.06	0.005	—		—
欧Ⅵ	2014	1.0	0.068	0.06	0.005	—		—

续表

法规	实施年份	不大于/(g/km)						
		CO	NMHC	NO_x	PM	$NMOG+NO_x$		HCHO
						NMOG	NO_x	
日本	2009	1.15	0.05	0.05	0.005	—		—
	2018	1.15	0.10	0.05	0.005	—		—

注：NMHC-Non-Methane Hydrocarbons，非甲烷碳氢化合物。

NMOG-Non-Methane Organic Gases，非甲烷有机气体。

表 7-10　美国、欧洲及日本柴油机排放标准的最近进展

法规	实施年份	不大于/(g/kW·h)			
		CO	HC	NO_x	PM
美国	2007	21.09	0.19	0.27	0.014
	2015	21.09	0.19	0.027	0.014
欧Ⅴ	2008	1.5	0.46	2.0	0.02
欧Ⅵ	2013	1.5	0.13	0.40	0.01
日本	2009	2.22	0.17	0.7	0.01
	2016	2.22	0.17	0.4	0.01

对于汽油车，美国排放标准从 2004 年到 2017 年，PM 限值下降了 69.4%，甲醛限值下降了 77.7%，NMOG 与 NO_x的总和要求没有变化。欧洲近两次排放标准对这几类物质的要求没有变化；而日本 2018 年的排放标准对 NMHC 的要求较 2009 年增加了一倍。

对于重型柴油车，美国 2014 年排放标准中的 NO_x限值较 2007 年大幅降低；欧洲最近两次排放要求在碳氢化合物、NO_x和颗粒物上均有很大幅度降低；日本与美国类似，主要对 NO_x提出了更低的指标要求，2016 年的要求较 2009 年降低了 42.9%。

发动机油复合剂中的传统添加剂是以硫和磷为基础的。目前一般的趋势是要求朝含低硫酸盐灰分、低磷和硫配方的方向发展。润滑剂不仅要求保护发动机的传统作用，而且配方对后处理装置(催化剂转换器、柴油机微粒过滤器)影响减少到最小。在 2003 年下半年里，对硫酸盐灰分、磷和硫(Sulphated Ash，Phosphorous and Sulphur，SAPS)在发动机油中已经引入相当严格的极限值。在 2003 年末，DaimleChrysler(戴姆勒-克莱斯勒公司)已经引入高性能汽油发动机油的 MB p229.31 规格中。在 2004 年中期，ILSAC 已经引入有燃料经济性的 GF-4 规格中。两个规格的 SAPS 都比早期的汽车发动机油规格要求更为严格。因为汽车厂商认为，目前含 SAPS 的发动机油对尾气排放处理设备如三元催化剂转化器的性能和寿命是有害的。2004 年，汽车厂商面对在美国更加严格的尾气排放规则同样对 2005 年的欧洲及日本有效，包括至少要求汽车行驶 50000km 的后处理设备的寿命。这意味着润滑油中的 SAPS 对用于处理设备的催化剂中毒的可能性。在发动机油三大功能添加剂清净剂、抗氧抗腐剂和分散剂中，清净剂和抗氧抗腐剂都含有 SAPS。清净剂都含有金属(最高可达 16%左右)，所以灰分很高，多数还含硫(如磺酸盐和硫化烷基酚盐)，个别的添加剂同时含有这三种元素(硫代磷酸盐)，是限制的对象；抗氧抗腐剂(ZDDP)同时含有硫酸盐灰分、磷和硫，应严格限制。配方中降低磷和硫含量是非常明确地减少 ZDDP 的用量，这就需要加入无灰的非硫磷抗氧剂和抗磨剂。降低硫酸盐灰分和硫含量，意味着减少含硫清净剂(磺酸盐和硫化酚盐)的量。这样需要加入更多的分散剂和抗氧剂以及一些新开发的添加剂来达到要求。为了适应新的环境排放要求，添加剂公司要继续集中降低对在后处理设备有潜在负面影响的润滑剂元素(如 SAPS)。

2. 某些添加剂被禁止使用[31]

汽车应用不是环境法规唯一焦点，工业润滑油对环境影响和生态毒性也同样受到重视。此外，润滑剂必须考虑工人的安全和健康。

以金属加工液为例，广大用户和政府要求从金属加工液中除去氯，依此类推，预期降低或排除重金属，如铅、钙、钼和汞。因为金属加工中使用过的废油、废液若没经有效处理直接排放或焚烧，就会对水源、空气及土质造成污染，如常用的防锈剂磷酸钠的积累就会使江河、湖泊因营养富化而出现赤湖。另外，金属加工液会对人身健康、安全有一定的影响，如常用作杀菌剂的苯酚类物质具有较大毒性；金属加工液中的矿物油、表面活性剂等的脱脂功能、防腐杀菌剂的刺激性无机盐、有机胺等碱性物质的作用，会使人体皮肤干燥脱脂，甚至引起开裂、红肿、化脓等；油基金属加工液的主要成分矿物油和水基切削液中的碱性物质对人的呼吸器官也有一定危害。一些欧洲国家已经禁止将二乙醇胺(DEA)用于金属加工液。日本、美国和欧洲许多汽车厂禁止使用含单乙醇胺(MEA)的液体。因此配方开发过程中需要综合考虑环保与产品性能之间的平衡。可以选择环保型杀菌剂替代传统苯酚类、亚硝酸盐杀菌剂。应用于金属加工液中胺的选择需要遵循一定的规范。第一必须考虑它的环境、健康和安全状况(包括在生物稳定性和生物降解性、挥发性、pK_a、皮肤刺激、臭味)和浸析金属特性之间的适当平衡。第二个规范是在保证一定产品性能的前提下，如果要降低胺的添加量，就必须增加抗菌剂、腐蚀抑制剂和 pH 缓冲剂，甚至整体降低配方中添加剂的加入量。

又如美国环保局采用的毒性和废液处理条例[21]，要取缔一些常用有毒添加剂，从而促进含有新添加剂组分复合剂的开发。德国“蓝色天使”[32]规章的生物降解润滑脂要求是：低毒(最大 WGK 1)和无氯及亚硝酸盐，这样就禁止了在润滑脂中使用含氯添加剂和致癌杀菌剂。

1.5.3 添加剂对环境的贡献

1. 可以提高燃料经济性及降低二氧化碳的排放

为了降低排气中 NO_x 的含量，采取了延迟点火和降低压缩比措施，使发动机的热效率大大下降，动力消耗增加。在世界能源危机冲击下，美国颁布了节能法，规定了汽车油耗指标，达不到要罚款，油耗指标逐年下降，见表 7-11。奥巴马政府于 2012 年发布的 CAFE 规则要求，汽车和轻型卡车的平均燃油经济性每年提高 5%，最终在 2025 年达到 54.5mpg (4.3mL/km)。但是 2020 年 3 月，特朗普政府宣布安全经济燃油效率(SAFE)新规则将取代之前的企业平均燃油经济(CAFE)规则。新的 SAFE 规则，汽车制造商的 2021~2026 年型号乘用车和轻型卡车每年要把平均燃油经济性提高 1.5%，最终达到 40mpg(5.9mL/km)[33]。即使如此，燃油经济性逐年降低的趋势还是不变的。

表 7-11 美国小汽车油耗规定[25]

年份	1978	1979	1980	1981	1982	1983	1984	1985	2016
热效率/(km/L)	7.6	8.1	8.5	9.4	10.2	11.1	11.5	11.7	15.1
油耗/(L/100km)	13.1	—	11.8	—	9.8	—	8.7	—	6.6

1992 年 6 月在巴西召开联合国环境会议(UNCED)，讨论环境与开发的协调问题。在环境方面，重点议论的是防止地球变暖的对策问题。能够引起地球变暖的气体有二氧化碳、甲烷气、氟利昂等。但从温暖化效果及排出量来看，二氧化碳占的比重最大[34]。改善汽车燃料经济性是减少 CO_2 排放源[35]的有效手段[36]。而 CO_2 主要来源于矿物燃料的燃烧，通过润滑油来降低驱动机构的摩擦，以达到提高燃油经济性的目的，将成为减少 CO_2 排放的有效手段。对于发动机油的节能，主要依靠低黏度化和加摩擦改进剂(FM)来达到。低黏度的基础油加黏度指数改进剂配制多级发动机油，改善了油品的黏温性能，同时加摩擦改进剂(FM)来降低边界润滑领域的摩擦。由于降低摩擦阻力，改善汽车的燃料经济性，也就降低了汽车燃料消耗，CO_2 的排放量也就减少了。摩擦改进剂降低摩擦，减少摩擦阻力，效率提高了，改善了燃料经济性，少烧燃料也就减少了 CO_2 的排放量。

2. 延长换油期减少废油量

润滑油在常温下的氧化是很慢的，即温度在 94℃以下时和在正常大气下氧化是不明显的。当温度超过 94℃时，氧化速率增加得比较明显，一般温度的影响是：每升高 10℃时，氧化速率增加一倍。温度越高，润滑油的氧化就越剧烈。抗氧剂就是通过抑制自由基的生成来减少和延缓润滑油的氧化降解，从而延长润滑油的换油期。发动机油长寿命化、延长换油期、减少废油量，是添加剂对环境保护的直接贡献。添加剂及油品对环境的贡献见表 7-12[22]。

表 7-12 润滑油性能特征和环境益处

性能特征	减少排放	省能源	发动机长寿命	抑制泄漏	改善环境
油耗	√	√			√
燃料消耗	√	√			√
发动机磨损		√	√		√
密封适应性				√	√
催化剂适应性	√		√		√
换油期		√			√
FFV 适应性	√	√			√
再循环性		√			√
生物降解性					√

第 2 节 基础油

基础油是影响润滑油生物降解性能的决定因素。作为润滑剂的基础油有矿物油、合成油(合成烃和合成酯)和植物油，一般基础油在润滑剂中约占95%。目前矿物油约占90%左右，合成油和植物油约占10%左右。

2.1　矿物油

矿物油基础油来源于天然原油经过加工得到的油品，原油有石蜡基、中间基和环烷基三种，原油的类别不同，其结构和性质也有很大的差异。加工的方法不同，其性能也有差异，用传统的溶剂精制生产的基础油，其生物降解性差，一般10%~45%，而加氢裂解油达到25%~80%；另外基础油的馏分不同，生物降解性差也有差异，白油的生物降解性为25%~40%，而光亮油只有5%~15%[8]。

以矿物油作基础油的润滑油已经达到很高的技术水平，在成本、低温性能、抗氧性和与添加剂配伍性能方面都较好。在润滑系统中，润滑油直接污染水和土壤，而矿物油基的润滑剂生物降解性差，长期留在水和土壤中对环境造成不良影响，因此一般不宜作为环境兼容润滑剂的基础油。

2.2　合成油

合成油的种类有很多，常用的有合成烃(聚α-烯烃、聚内烯烃和聚丁烯)、合成酯、聚亚烷基二醇等。合成油具有高闪点、高燃点、高黏度指数、热稳定性好、氧化稳定性好和低倾点及低挥发性等优点。不同类别的合成润滑剂，在生物降解性上有很大不同，然而在同一类合成润滑剂中，不同化合物的生物降解性也会有很大的变动范围。另外，化学结构也会影响到生物降解性，生物降解性能力随化学链长的增加而趋于下降。支链的烷基苯的生物降解性低于线型烷基苯。

2.2.1　合成烃(聚α-烯烃)[37]

聚α-烯烃(PAO)的合成油除了具有高闪点、高燃点、高黏度指数、热稳定性好、氧化稳定性好、低倾点及低挥发性等优点以外，同时还具有水解稳定性好的特点，在润滑油中得到了广泛的应用。有的资料报道PAO是不易生物降解的，合成烃(PAO)生物降解是较差的(5%~30%)[38]。笼统地说，这种看法是不确切的，因为2 ~4mm^2/s(100℃)低黏度的PAO基础油是很容易生物降解的[39,40]。只不过是PAO基础油的生物降解性与黏度之间有一定的关系，PAO基础油的生物降解性随黏度的增加而降低。因此，要作为环境兼容的润滑剂的基础油，其生物降解性和毒性是很关键的。

1. 生物降解性

PAO是由高支链、全饱和、无环状烃组成的。PAO由1-癸烯(也有用蜡裂解的烯烃)在催化剂作用下进行齐聚后，再加氢和蒸馏成不同黏度级别的馏分。最低黏度等级的商品PAO 100℃黏度为2mm^2/s(PAO 2)，它主要由二聚物(20个碳)组成，高黏度的PAO是由三聚(30个碳)和四聚(40个碳)及带有痕量的高齐聚物组成的，其物理性质见表7-13。

表 7-13　聚 α-烯烃基础油的物理性质[39]

PAO	100℃黏度/(mm^2/s)	相对平均分子质量/(g/mol)	PAO	100℃黏度/(mm^2/s)	相对平均分子质量/(g/mol)
PAO 2	2	287	PAO 10	10	632
PAO 4	4	437	PAO 40	40	1400
PAO 6	6	529	PAO 100	100	2000
PAO 8	8	596			

PAO 基础油的生物降解性：PAO 基础油应用于液压油、钻井液和轿车发动机油。PAO 基础油具有优良的物理性质，如高闪点、高燃点、低倾点、高黏度指数和低挥发性，PAO 基础油还具有优异的热、氧化稳定性和水解稳定性。功能液市场不再强求性价比，反之非常重视材料对环境的影响，特别是在环境敏感地区的应用[36]。毒性和生物降解性是评价生态毒性的关键，低黏度的 PAO 基础油(100℃黏度 2～4mm^2/s)是容易生物降解的，图 7-8 比较了 100℃黏度为 2～4mm^2/s 的 PAO 2 基础油、环烷基及石蜡基矿物油基础油，在 CEC-33-T 82 试验条件下的生物降解性[39,40]。

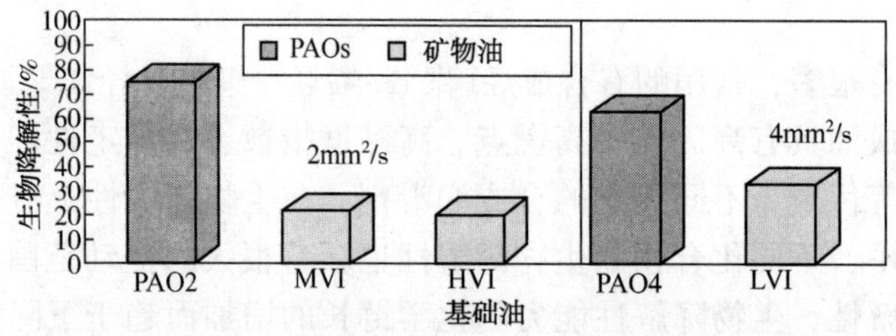

图 7-8　PAO 基础油与矿物油基础油的生物降解性的对比

MVI—中黏度指数矿物油(环烷基基础油，芳烃含量 1.9%)；
HVI—高黏度指数矿物油(石蜡基基础油，芳烃含量 2.6%)；
LVI—低黏度指数矿物油(环烷基基础油，芳烃含量 12.3%)。

从图 7-8 可看出：100℃黏度 2mm^2/s 的 PAO 2 基础油是容易生物降解的，而等黏度的 MVI-2 和 HVI-2 矿物油基础油的生物降解率有 20%左右，100℃黏度 4mm^2/s 的 PAO 4 基础油也有 65%的生物降解率，而 LVI-4 矿物油基础油的生物降解率约为 30%，PAO 基础油生物降解率明显优于传统矿物油基础油。还有资料报道了 PAO 2 基础油的 28 天和 56 天的快速生物降解数据[39]。图 7-9 中初级生物降解定义是损失母体物质的百分数，一般通过标准是大于 70%；终级生物降解定义是把母体物质转化成 CO_2 和水的百分数，一般通过标准是大于 60%。

从图 7-9 可看出，28 天的 PAO 2 初级生物降解达到了生物降解的试验标准，但终级生物降解没有达到试验标准；然而，两个月内的终级生物降解大于 70%，已达到试验标准，这也证明 PAO 2 在需氧环境中能相当快速地生物降解[41]。图 7-10 是不同黏度的 PAO 基础油在一年内不同时间和不同的实验室重复测定的结果，从结果可看出，PAO 基础油的生物降解率随黏度的增加而降低，高黏度的 PAO 基础油(6mm^2/s 和以上)是不能快速生物降解的。高黏度的 PAO 基础油之所以降低了生物降解率，是因为黏度从低到高增加时，相对平均相对分子质量和侧支链增加，这些化学性质降低了生物降解率[41]，被认为是极低的水溶性和极低的生物利用率所致[40]。

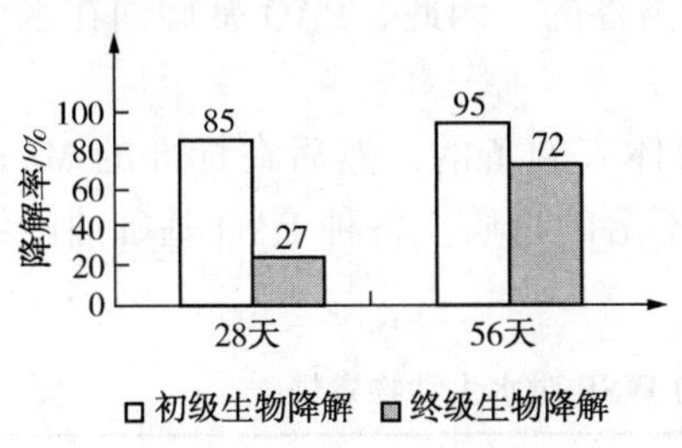

图 7-9　PAO 2 两个月内生物降解

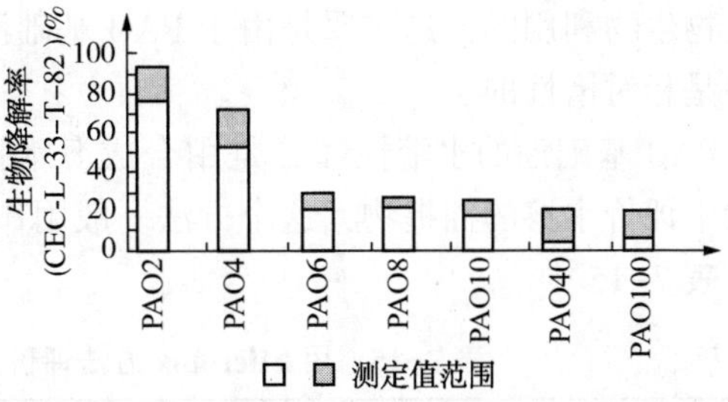

生物降解率(CEC-L-33-T-82)/%

PAO2　PAO4　PAO6　PAO8　PAO10　PAO40　PAO100

□ ■ 测定值范围

图 7-10　不同黏度的 PAO 基础油生物降解性

图 7-11 是 PAO 2、PAO 4 和 PAO 6 三个样品在延长时间的 CEC-L-33-T-82 试验中得到的结果，从数据看出，三个样品在超过 21 天后仍在继续生物降解[40]。

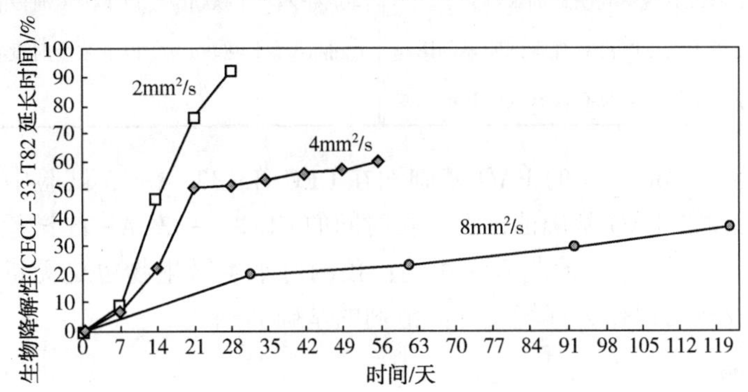

图 7-11　延长时间的 PAO 的生物降解性

2. PAO 的毒性

毒性是指毒物引起机体损伤的能力，它总是同进入体内的量相联系的。毒性计算所用的单位一般以化学物质引起实验动物某种毒性反应所需剂量表示，半致死量或浓度(LD_{50}或LC_{50})是一种主要表现形式。几种黏度的 PAO 基础油对哺乳动物的毒性列于表 7-14 中。

表 7-14　PAO 基础油对哺乳动物的毒性

PAO 基础油(100℃)	口服(LD_{50})①	对皮肤刺激②	对眼睛刺激③	诱发粉刺④
$2mm^2/s$	>5g/kg	阴性	阴性	阴性
$4mm^2/s$	>5g/kg	阴性	阴性	阴性
$6mm^2/s$	>5g/kg	阴性	阴性	阴性
$8mm^2/s$	>5g/kg	阴性	阴性	阴性
$10mm^2/s$	>5g/kg	阴性	阴性	阴性

① 老鼠口服 LD_{50}(统计计算药量，需毒死 50%的老鼠)用来稀释的试验材料。老鼠口服 LD_{50}值>5g/kg，被认为无毒。

② 在被加热材料或油雾发生时，向 MSDS 咨询处理办法。

③ 根据联邦危险物质法规(FHSA，16CFR 1500)。

④ 试验材料引发增加油脂材料聚集。

对水生动物：在 Microtox 试验中，PAO 基础油的水溶性馏分 WSF（Water-soluble fraction）浓度在 49000μg/g 时，对水生动物无毒性影响。一般，PAO 基础油是不容易被水生微生物生物利用的，这主要是由于 PAO 基础油是低水溶性的。因此，PAO 基础油在水生系统中是相对惰性的。

PAO 基础油的水溶性馏分是用合成海水抽提烃液体来制备的，然后在标准的 Microtox 试验中评价水溶的抽提物，这个方法一般用作评价水不溶的物质。各种 PAO 基础油的结果列入表 7-15 中。

表 7-15　用 Microtox 方法评价 PAO 液的 WSF 对水生动物毒性

PAO 基础油（100℃）	EC_{50}（5min）	PAO 基础油（100℃）	EC_{50}（5min）
$2mm^2/s$	49000μg/g 时没有观察到明显的影响	$10mm^2/s$	49000μg/g 以下浓度时没有观察到明显的影响
$4mm^2/s$	49000μg/g 时没有观察到明显的影响	$40mm^2/s$	49000μg/g 以下浓度时没有观察到明显的影响
$6mm^2/s$	49000μg/g 以下浓度时没有观察到明显的影响	$100mm^2/s$	49000μg/g 以下浓度时没有观察到明显的影响
$8mm^2/s$	49000μg/g 以下浓度时没有观察到明显的影响		

所以，黏度为 $2\sim4mm^2/s$ 的 PAO 基础油在 CEC-L-33-A-93 试验中是容易生物降解的。低黏度及高黏度的 PAO 基础油，在延长时间的 CEC-L-33-A-93 试验中将继续生物降解；同时对哺乳动物是无毒和无刺激作用的；预测对水生微生物也是无毒的。因此，黏度为 $2\sim4mm^2/s$ 的 PAO 可以作为环境友好润滑剂的基础油。

2.2.2　合成酯

1. 合成酯生物降解性

酯来源于再生资源，如用于制造多元醇酯的直链庚酸来自蓖麻油蒸气裂解，直链辛酸来自椰子油、棕榈油，$C_6\sim C_{20}$ 来自天然油，油酸来自牛油等。

合成酯的生物降解性与化学结构有很大关系，多羟基酯、双酯和聚环氧乙烷乙二醇酯的生物降解性好，而苯三酸酯是非常抗生物降解的。由聚环氧乙烷与聚环氧丙烷共聚的聚亚烷二醇，若聚环氧丙烷在共聚物中的比例越大，其生物降解性越差。通常，易生物降解的化合物是线型、非芳烃和无支链的短链分子，但大多数合成酯生物降解性较好，且毒性较小。合成酯作高性能的润滑剂的基础油已经应用了很长时间，一些类型的酯有很好的热稳定性，部分酯有极好的低温性能、非常高的黏度指数、较好的抗磨性、较低的摩擦性能以及低的挥发性，但价格较高[14]。所以在环境上，酯是被广泛接受的液体，通过水解使酯产生降解作用（通过水解使酯分解成酸和醇）。一般酯的分子链长度增加和结构的支链增多，其生物降解能力降低和浊点升高。将 CEC 试验及 WGK 值列于表 7-16 中[9]。除邻苯二甲酸酯和二聚酸酯（C36 聚酯）两个酯的生物降解性波动外，其他酯的生物降解性均在 70%以上，WGK 值为 0，因此线型、非芳烃和无支链的短链分子的生物降解性通常非常好。作为环境友好润滑剂的基础油的合成酯一般是双酯、多元醇酯、复合酯和混合酯，但合成酯的价格较贵，若不克服价格因素，将很难推广。

表 7-16　合成酯的生物降解性(CEC-L-33-A-93)

酯 的 类 型	21 天的生物降解能力	WGK 等级	酯 的 类 型	21 天的生物降解能力	WGK 等级
单酯(Monoesters)	90~100	0	聚合油酸酯(Polyleates)	80~100	
二元酯(Diesters)	75~100	0	邻苯二甲酸酯(Phthalates)	45~90	1
多元醇酯(Polyols)	70~100	0	二聚酸酯(Dimerrates，C36 二聚物)	20~80	0
复合多元醇酯(Complex Polyols)	70~100	0			

双酯是由二元羧酸，如己二酸、壬二酸、癸二酸等与 2-乙基己醇、异辛醇、壬醇、异癸醇等一元醇直接酯化而成；而多元醇酯是由新戊基多元醇与二元羧酸及一元醇经过二步酯化而生成。双酯的合成因用的酸醇的不同而有所差异(见表 7-17)。

表 7-17　酯类化合物的生物降解性/%(CEC-L-33-A-93)

种类	己二酸	癸二酸	壬二酸	十三烷二酸	邻苯二甲酸酐	1，2，4-苯三酐
异庚醇	97	96	—	100	92	17
2-乙基己醇	100	96	99	96	94	14
异壬醇	94	97	—	53	—	—
异癸醇	84	72	80	93	69	13

2. 毒性和生态毒性

酯液体大量的环境试验表明，其毒性很低。通常酯类造成极小的呼吸和皮肤吸收的毒性，矿物油和酯对皮肤都没有刺激性，但是长期接触矿物油会因脱脂而产生轻度皮炎，而酯有极性，因此溶解性比矿物油强，且反应更快。

2.2.3　聚亚烷基二醇[8]

聚亚烷基二醇(PAG)是环氧乙烷、环氧丙烷、环氧丁烷的均聚物或环氧乙烷、环氧丙烷、环氧丁烷的共聚物的通称。PAG 是独特的合成润滑剂，因为有高含氧量，它除了清洁外，还用于石油产品有积炭和有油泥的场合，并且具有优良的润滑油使用性能，往往也显示出高的可生物降解性，而且可变化结构成为水溶性或油溶性产品，它是仅有的水溶性润滑剂。聚醇醚类主要是单乙基丁二醇和聚氧乙二醇，它们的平均相对分子质量为 200~1500，能与水混溶，生物降解能力随相对分子质量的增加而明显降低，可调整工艺加以改变其性质，已被广泛应用。PAG 有很低的毒性，摄入的毒性很低，测定的 LD_{50} 值的范围从 4mL/kg 到超过 60mL/kg，用老鼠做动物试验，狗和鼠长期食用，表面无甚影响。对鱼类无毒性，对其他水栖动物同样无害。

2.2.4　聚丁烯[8]

1. 毒性

聚丁烯与 PAO 和酯类合成油比较，具有沉积物少、毒性低、稠化能力和剪切稳定性好等优点。与矿物油相比，聚丁烯具有燃烧清洁、无锈斑、低排烟、黏附性好、剪切稳定性好、低毒性和低沉积物的特性，这些性能有利于二冲程油、汽车和工业用油、金属加工液、压缩机润滑剂、润滑脂和钢缆防护剂的应用。聚丁烯与 PAO 和酯类结合用于相似的用途，改善了合成润滑剂的价格和性能优势，从而增强了对以上油品的使用。

聚丁烯的沉积物生成趋势与PAO、酯类油、矿物油比较是非常低的，在相同条件下，光亮油生成的残炭高达2.1%，酯类油也有0.6%，而聚丁烯小于0.01%，几乎没有残炭。

毒性方面，其口服毒性也是非常低的，在鼠上的LD_{50}值大于15.4~34.1g/kg；长期慢性口服研究中，给老鼠喂食含2%聚丁烯食物，给狗的喂食量则是1000μg/kg·d，经2年也没有相关影响。聚丁烯不溶于水，因而在水介质中很难生物降解，国际海事组织(IMO)把聚丁烯分为属于不会生物积累和对海洋无害的物质。

2. 生物降解性

聚丁烯的生物降解水平低于同黏度的PAO和矿物油，和大多数低水溶性物质一样，聚丁烯不会轻易生物降解，在28天易生物分解试验中，只有低于3%的生物降解(合格需要有60%)，由此可见，异丁烯是不易生物降解的。

其他合成润滑油，如聚丙二醇、硅杂烃、硅油和氯氟乙烯等是抗生物降解的。

2.3 植物油

植物油黏度指数高、黏温性能好、抗磨性好、无毒、易生物降解，对环境没有不良影响，但热氧化稳定性、水解性和低温流动性不好，价格比矿物油高。植物油之所以有这些特性，是由其组成和结构决定的。

2.3.1 植物油的组成

植物油主要由脂肪酸甘油酯组成，其脂肪酸有一个双键的油酸(Oleic Acid)、两个双键的亚油酸(Linoleic Acid)和三个双键的亚麻酸(Linolenic Acid)。(不同的植物油脂肪酸的含量也不同)。一般来说，油酸含量越高，亚油酸和亚麻酸含量越低，其热氧化越好，植物油的结构和植物油的性质见表7-18和表7-19。碘值是不饱和酸含量的量度，碘值越大，氧化安定性越差；浊度表示低温特性，浊度越高，其低温性能越差。

表7-18 植物油的组成结构[42]

植物油	含油量/%	黏度/(mm²/s)		黏度指数	油酸/%	亚油酸/%	亚麻酸/%
		40℃	100℃				
棉籽油	14~16	24	—	—	22~35	10~52	痕量
椰子油	60~70	27	5	132	—	—	—
亚麻油	32~43	24	6	207	20~26	14~20	51~54
玉米油	3~6	30	6	162	26~40	40~55	<1
橄榄油	38~49	34	6	123	64~86	4~5	<1
棕榈油	35~40	37	7	171	38~41	8~12	—
菜籽油	35~40	35	8	210	59~60	19~20	7~8
蓖麻油	50~60	23.3	17	72	2~3	2~5	80~90①
豆油	18~20	27.5	6	175	22~31	49~55	6~11
葵花油	42~63	28	7	188	14~35	30~75	<0.1

① 为蓖麻油酸。

表 7-19　主要植物油的性质及消耗量[9]

种类	稳定性	碘值/(gI/100mL)	浊点/℃	全世界消耗量/10^6t
可可油	好 ↓ 差	10	25	3
棕榈油		60	30	15
橄榄油		90	0~10	—
花生油		90	25	—
菜籽油		120	0~10	10
大豆油		130	0~10	19
葵花籽油		140	-5~5	8
亚麻油		190	-10	—

从表 7-18 和表 7-19 中可看出，菜籽油的油酸含量达 60%，黏度指数 210，碘值 120，浊点 0~10℃，相对来说是比较好的基础油，但仍不理想，需要进一步改进。因此，可通过精制处理菜籽油来提高氧化稳定性，如普通的菜籽油在 100℃通空气，氧化聚合的时间为 100h，而处理后可提高到 410h；直链菜籽油的操作温度的最高极限只有 80℃，而高油酸的菜籽油的性能就大大提高，可达到 130℃，见表 7-20。几种菜籽油的组成见表 7-21。

表 7-20　润滑油的操作温度[10]

润滑剂的来源	操作温度范围/℃	润滑剂的来源	操作温度范围/℃
标准菜籽油(Standard rapeseed)	-20~80	合成多元酯(Synthetic polyol ester)	-65~250
高油酸菜籽油(High oleic rapeseed)	-30~130		

表 7-21　几种菜籽油的组成[41]

菜籽油类型	单不饱和脂肪酸(油酸)/%	长链单不饱和脂肪酸/%	多不饱和脂肪酸/%	饱和脂肪酸/%
老的高芥酸菜籽油	12	60	24	4
一般低芥酸菜籽油	58	—	36	6
新的高油酸菜籽油	75	—	19	6

植物油可通过精制及化学改质来提高其质量，如菜籽油(三甘油酯)可连续改进成油酸甘油酯→三羟甲基丙烷三油酸酯→三羟甲基丙烷三硬脂酸酯，通过对菜籽油的改进，性能大大提高。此外，国外还利用现代生物技术培育高油酸含量的植物，如高油酸葵花籽油(High Oleic Sunflower Oil，简称 HOSO)，其油酸含量可达 90%以上，但成本比一般的植物油高。几种高油酸植物油及其他植物油的组成见表 7-22，通过对改进后成本也增加了，见表 7-23。欧洲润滑剂基础油成本比较见表 7-24。

表 7-22　高油酸植物油及其他植物油的组成[41]

植物油名称	单不饱和脂肪酸/%	多不饱和脂肪酸/%	饱和脂肪酸/%
高油酸葵花籽油	87	5	8
高油酸菜籽油	75	19	6
橄榄油	73	13	14
普通菜籽油	58	36	6
棕榈油	39	10	51
玉米油	25	62	13
普通葵花籽油	20	69	11
椰子油	6	2	92

表 7-23　天然植物油和经过化学处理后的成本比较[14]

天然油		化学改进的油		
植物油	高油酸植物油	三油酸甘油酯	三羟甲基丙烷三油酸酯	三羟甲基丙烷三硬脂酸脂
价格系数				
1	2	2.5	3	6

表 7-24　欧洲润滑剂基础油成本比较

项目	矿物油	酯	低芥酸菜籽油	Lubrizol 7600 系列高油酸菜籽油
目前	1.0	5~10	2	3.0
预测	1.2	6~10	2	2.2

应当指出的是，不同地区生长的同种类的植物油，其组成是有差异的，而不同的国家应用的植物油种类也不完全相同。英国植物油的一半是菜籽油，其次是大豆油和葵花籽油；在美国，大豆油是主要的植物油；法国更喜欢葵花籽油；在远东，棕榈油占主要地位。

2.3.2　基础油的性质比较

三种类型基础油和几种基础油的生物降解性能比较及各种基础油的性质比较见表 7-25、表 7-26[8,44] 及表 7-27 和图 7-12[44]。

表 7-25　三种类型基础油的生物降解性(CEC-L-33-A-93)[17]

基础油	化合物类别	化合物	40℃黏度/(mm²/s)	生物降解性/%
矿物油	烷烃	加氢精制：样品 A	16.3	73
		样品 B	45.1	50
		溶剂精制：样品 C	25.8	58
		样品 D	55.5	47
	环烷烃	样品 B	8.78	0

续表

基础油	化合物类别	化合物	40℃黏度/(mm^2/s)	生物降解性/%
合成油	酯类	三羟基甲基丙烷三庚酯	14.0	100
		季戊四醇四酯	33.5	99
		二-异癸基壬二酸酯	12.5	97
		二-十三烷基己二酸酯	26.1	84
		二-异癸基己二酸酯	14.1	90
		二-十三烷基邻苯二甲酸酯	81.6	18
	聚烷撑二醇	聚乙二醇	—	>70
		聚丙二醇	—	<15
	碳氢化合物	聚α-烯烃	32.0	10
天然油脂		菜籽油	32~50	98

表 7-26　几种基础油的生物降解性(CEC-L-33-T-82)

基础油种类	生物降解性/%	基础油种类	生物降解性/%
矿物油	10~40	邻苯二甲酸酯+三苯酯	5~80
加氢裂解油	25~85	菜籽油/天然油脂	70~10
白油	25~45	双酯+聚酯	68~100
光亮油	5~15	聚乙二醇	10~70
聚 α-烯烃	20~80	聚丙二醇	10~30
烷基苯	5~25	线性结构新戊基多元醇	约 100
聚异丁烯	0~25	球性结构新戊基多元醇	约 2
环氧乙烷/环氧丙烷聚乙二醇	0~25	新戊基多元醇	约 94

表 7-27　几种基础油的性质比较[10,17]

项　　目		150SN	350SN	菜籽油	精制菜籽油	葵花籽油	三羟甲基丙烷油酸酯	合成有机酯
密度/(g/cm^3)		—	0.86	0.915	—	0.925	—	—
黏度/(mm^2/s)	40℃	32	65	36	35	40	47	32
	100℃	—	8.2	8.7	—	8.4	—	—
黏度指数		100	97	211	214	206	191	170
倾点/℃		-12	18	-8~-12	-15	-12~-18	-42	-55
酸值/(mgKOH/g)		<0.01	—	—	0.1	—	0.1	0.05
碘值/(gI/100mL)		—	—	113	—	132	—	—
闪点/℃		225	250	340	315	250	320	260
颜色		0.5	—	—	0.5	—	1.0	0.5
生物降解率/%(CEC-L-33-T-82)		35	—	>95	>95	—	>90	>90
价格		1	—	—	1.5	—	4	7

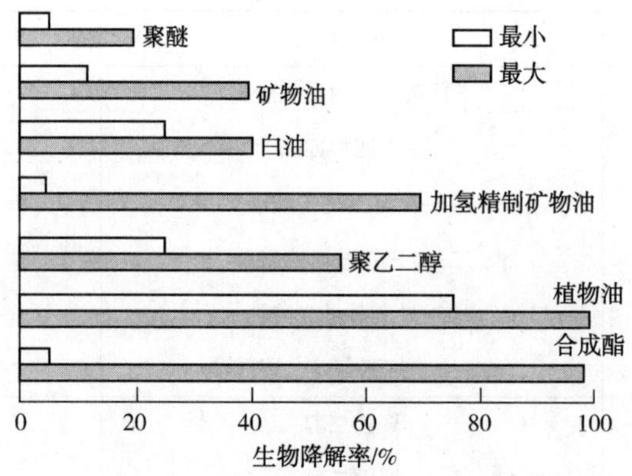

图 7-12 各种基础油生物降解性

从表 7-25 和表 7-26 中的数据来看：矿物油中环烷烃最差，生物降解率为 0；在烷烃中，因加工工艺不同而有差异，以加氢精制的基础油比溶剂精制基础油好，40℃黏度为 16.3mm²/s 的加氢精制的基础油，其生物降解率高达 73%，可认为是可生物降解的；而且，矿物油中黏度越小，其生物降解性越好，黏度最大的光亮油生物降解性最差。在合成油中：合成酯的生物降解性取决于结构，通常易生物降解的化合物是线型、非芳烃和无支链的短链分子，多羟基酯、双酯的生物降解性好，但是二-十三烷基邻苯二甲酸酯的生物降解性较差。总的来说，大多数合成酯生物降解性较好，且毒性较小，是环境上被广泛接受的液体，但价格较贵。聚醇类，因结构不同而有所差异，在聚环氧乙烷与聚环氧丙烷共聚的聚亚烷二醇中，若聚环氧丙烷在共聚物中的比例越大，其生物降解性越差；聚乙二醇的生物降解率大于 70%，而聚环氧丙二醇只有 18%。合成烃中的聚 α-烯烃，高黏度的生物降解性差，生物降解性随黏度增加而下降。植物油的生物降解性好，黏度指数高，毒性小，但它的热氧化稳定性不好，需要进行进一步精制和改进。在商业上，已经用“潜溶剂”改进植物油的低温黏度和长期流动性[43]，见表 7-28。

表 7-28 降凝剂(PPD)和共溶剂改进植物油的低温性质①

配方	黏度/(mm²/s)(D445)		黏度指数 D2270	倾点/℃ (D97)	布鲁克黏度/cp (-12/-25℃)
	40℃	100℃			
HOSO②	—	—	—	-15	固体/固体
HOSO+2%PPD	—	—	—	-21	固体/固体
HOSO：200N(7：3)	42.94	9.22	205	-12	2000/固体
HOSO：200N(7：3)+2%PPD	40.51	8.96	211	-36	980/4780
HOSO：TMP 三油酸③(7：3)	40.9	9.1	210	-24	36000/固体
HOSO：TMP 三油酸(7：3)+2%PPD	45.9	9.6	200	-33	750/3000

①是 LZ7671 的数据；

②HOSO=高油酸葵花籽油(LZ7671)；

③TMP 三油酸酯=三甲基丙烷三油酸酯，一种合成酯。

第3节　添加剂的毒性和生物降解性

3.1　概况

环境保护与其他相关法规制定与实施，已经对润滑油添加剂产生了深远的影响。人们对环境保护的关心和更严格的空气标准，已迫使石油工业按照指标要求提供更适合环境保护要求的燃料和润滑油。世界各大石油公司已将环境问题作为最重要的课题来对待，并已在开发和研究生物降解润滑油，反过来又促进添加剂的开发和应用。

添加剂不仅应满足润滑油的使用性能，而且也必须减少对环境污染的不利影响，环境友好润滑剂要求对环境不会造成危害，并有一定可生物降解性。开发生物降解性润滑油时，要求添加剂所含酚、胺、各种杂环化合物、磷酸衍生物、有机金属络合物和有机金属盐及其分解产物都应对水、土壤和大气没有太大的污染。一般含过渡金属元素的添加剂和某些影响微生物活动营养的清净剂对润滑油的生物降解性起副作用。若营养介质缺乏适当的氮和磷来维持微生物生长，则含氮和磷的添加剂就有利于微生物降解性。为了降低汽车尾气排放中的有害物质 NO_x、CO、HC 和 PM，要求汽油机油低磷化和低灰分化，对清净剂和 ZDDP 等添加剂有很大的限制。而现代润滑剂中加有各种各样的添加剂，也可以说没有添加剂也就没有现代润滑剂，但大多数添加剂对环境的不利影响及其毒性要比基础油大，对生物降解性也有不利的影响。因此，生物降解润滑剂对添加剂要求的最重要特性是毒性及其对环境的影响。通常，添加剂对生物降解性好的天然基础油有不良影响，选择添加剂的标准通常要考虑下列因素[42]：

(1) 低毒性(最大 WGK 1)；

(2) 无致癌、致残诱变因素；

(3) 不含氯和亚硝酸盐；

(4) 好的生物降解性(OECD 301 法，>70%)；

(5) 一个配方中可潜在可生物降解的添加剂最多只占 7%。

3.2　添加剂的毒性[41,45,46]

有害性的判断标准是根据 EEC 危险物质的命令及 US OSHA 危险信息标准，是否是急性有害性的判断标准列于表 7-29。

表 7-29　急性有害性的判断标准

有害性项目	判断标准	有害性项目	判断标准
急性口服毒性	LD_{50}<2g/kg	眼刺激性(24~72h 危险记录)	结膜浮肿≥2.0
急性皮肤毒性	LD_{50}<2g/kg	皮肤刺激性(24~72h 危险记录)	红斑≥2.0
眼刺激性(24~72h 危险记录)	角膜混浊≥2.0		浮肿≥2.0
	虹彩≥1.0	皮肤敏感性(Buechler 试验)	敏感发生率≥15%
	结膜发红≥2.5		

3.2.1 清净剂

1. 磺酸钙

磺酸盐既可由润滑油磺化(天然磺酸盐)，也可由合成的烷基苯磺化(合成磺酸盐)来制备。磺酸盐有钙盐、镁盐或不重要的钡盐和钠盐。磺酸盐有低碱值(LOB)和高碱值(HOB)的产品，高碱值的碱性碳酸金属盐存在于高碱值磺酸盐中作为可逆的胶体粒子。

磺酸钙一般来说不是有害物质，见表7-30，但稍有皮肤敏感性。经口服及皮肤吸收也无害，对眼睛及皮肤无刺激性，也未见诱变性及亚慢性毒性。在亚慢性毒性试验中，由于豚鼠的慢性毒性试验呈阳性，引起商界在1990年以后的强烈关注。磺酸钙的皮肤敏感性的试验结果示于表7-31。从Buehler试验结果来看，低碱值磺酸钙与高碱值磺酸钙不同：低碱值磺酸钙的皮肤敏感性强，即使是人类反复皮肤接触试验(Repeated-Insult Patch Test, HRIPT)也得到确认。使用合成磺酸钙进行的HRIPT的结果没有看到皮肤敏感性迹象。为了确认低碱值磺酸钙的实际皮肤敏感性，采用含7.5%的低碱值磺酸钙的铁路柴油机油配方及含0.9%低碱值磺酸钙的汽车柴油机油配方进行HRIPT的结果为阴性。从最近的数据及添加剂商界的数据来看，40多年使用于润滑油中的实践表明，含低碱值磺酸钙的油品不产生过敏性皮肤反应。

表7-30 磺酸钙的有害性

危险性	低碱值磺酸盐(天然系)	高碱值磺酸盐(天然系)	低碱值磺酸盐(合成系)
急性经口服毒性/LD_{50}	>5g/kg	>5g/kg	>5g/kg
急性经皮肤毒性/LD_{50}	>5g/kg	>5g/kg	>2g/kg
眼睛刺激性①：			
角膜混浊	0	0	0
虹彩	0	0	0
结膜发红	0.2	1.1	0
结膜红肿	0	0	0
皮肤刺激性①：			
红斑	0.2	0	1.9
浮肿	0	0	0.1
诱变性：			
Ames试验	—	阴性	阴性
小鼠淋巴瘤试验	—	阴性	—
CHO细胞染色体异常试验	—	—	阴性
亚慢性毒性：			
经皮28天反复投药	—	>250mg/kg	—
经口28天反复投药	—	—	500mg/kg

①24~72h EEC评分。

表 7-31　磺酸钙的皮肤敏感性

成　　分	过敏反应敏感发生率	人类反复皮肤接触试验
天然系低碱值磺酸钙	阳性—17/20	—
合成系低碱值磺酸钙	阳性—17/20	阳性
合成系低碱值磺酸钙(一部分精制品)	阳性—15/20	—
天然系高碱值磺酸钙	阳性—10/20	—
合成系高碱值磺酸钙	阳性—7/20	阴性
铁路柴油机油添加剂(含 7.5%低碱值磺酸盐)	阳性—13/20	阴性
汽车柴油发动机油(含 0.9%低碱值磺酸盐)	阳性—14/20	阴性

2. 烷基酚钙

烷基酚钙是由 C12 或更大烷基酚制备的。烷基酚与氢氧化钙中和后，或硫化和加氢氧化钙及二氧化碳碳酸化。烷基酚盐也可由烷基酚曼尼希型(Mannich)反应制得，曼尼希型烷基酚盐还可分为硫化和高碱化烷基酚盐。

一般认为烷基酚钙没有短期暴露毒性，见表 7-32。烷基酚钙经口服及皮肤吸收均未产生急性毒性，眼睛刺激性和皮肤刺激性也较低。Buehler 试验显示出皮肤敏感性为阴性。

表 7-32　烷基酚钙的有害性

危 险 性	低碱值烷基酚钙	高碱值烷基酚钙	曼尼希型烷基酚盐
急性经口服毒性/LD_{50}	>5g/kg	>5g/kg	>5g/kg
急性经皮肤毒性/LD_{50}	>5g/kg	>4g/kg	>5g/kg
眼睛刺激性①：			
角膜混浊	0	0	0
虹彩	0	0	0
结膜发红	0.7	1.6	0.5
结膜红肿	0	0.4	0.1
皮肤刺激性①：			
红斑	1.8②	0.8	0
浮肿	1.1②	0.2	0
皮肤敏感性	—	阴性	阴性
诱变性：			
Ames 试验	—	阴性	阳性
小鼠淋巴瘤试验	—	阴性	—
CHO 细胞染色体异常试验	—	—	阴性
亚慢性毒性：			
经皮 28 天反复投药	—	>250mg/kg	1000mg/kg
经口 28 天反复投药	—	>1000mg/kg	—

①24~72h EEC 评分；

②24h 暴露。

在诱变性试验的结果中，曼尼希型烷基酚盐与高碱硫化烷基酚钙不同，曼尼希型烷基酚盐由 Ames 试验结果显示阳性，而 CHO 细胞染色体异常试验显示阴性，表明无大的问题。

关于烷基酚钙的口服及皮肤暴露的亚慢性毒性也没有较大的影响。但是，在经皮亚慢性试验中，观察到对兔的雄性生殖器官产生影响。

3.2.2 丁二酰亚胺分散剂

无灰分散剂在汽车曲轴箱油配方中约占 50%，除汽车外，无灰分散剂还用在船用及铁路柴油机、天然气发动机和二冲程发动机润滑剂中。其中，丁二酰亚胺分散剂是用得最多的一种，约占分散剂总量的 80%。

丁二酰亚胺分散剂是用 PIB(相对分子质量 800~2200)、马来酸酐和多烯多胺制备得到的，有单、双、多丁二酰亚胺和高相对分子质量丁二酰亚胺品种，为了增加功能，还有用硼酸或有机酸进行改性的丁二酰亚胺分散剂。

丁二酰亚胺分散剂不是有害物质，经口服及皮肤吸收均无危险性(见表 7-33)，对眼睛及皮肤无刺激性，使用豚鼠进行的 Buehler 试验结果表明也没有皮肤敏感性。

表 7-33 丁二酰亚胺分散剂的有害性

危险性	单丁二酰亚胺	有机物改性的双丁二酰亚胺		硼酸改性的丁二酰亚胺
		1#	2#	
急性经口服毒性/LD_{50}	>5g/kg	>5g/kg	>5g/kg	>5g/kg
急性经皮肤毒性/LD_{50}	>5g/kg	>5g/kg	>5g/kg	>5g/kg
眼睛刺激性①：				
角膜混浊	0	0	0	0
虹彩	0	0	0	0
结膜发红	0.5	0.2	0.9	0.3
结膜红肿	0	0	0	0
皮肤刺激性①：				
红斑	0.1	0	1.8	1.9②
浮肿	0	0	1.1	0.4②
皮肤敏感性	阴性	阴性	阴性	阴性
诱变性：				
Ames 试验	阴性	阳性	—	阴性
小鼠淋巴瘤试验	阴性	—	—	阴性
CHO 细胞染色体异常试验	—	阴性	—	—
亚慢性毒性：				
经皮 28 天反复投药	0.8mL/kg	0.5mL/kg	—	—
经口 28 天反复投药	—	250mL/kg	—	—

① 24~72h EEC 评分；

② 24h 暴露。

关于诱变性，单丁二酰亚胺及硼酸改性的丁二酰亚胺在 Buehler 试验中显示阴性。有机物改性的丁二酰亚胺在 Buehler 试验中显示阳性，但在 CHO 细胞的染色体异常试验中显示阴性，没有大的问题。

即使在亚慢性毒性试验中，单丁二酰亚胺及有机物改性的丁二酰亚胺对生物体也没有大的影响。

3.2.3 二烷基二硫代磷酸锌(ZDDP)

ZDDP是具有抗氧、抗腐和抗磨性能的多功能添加剂，用于内燃机油和工业润滑油中。ZDDP是由醇、五硫化二磷和ZnO反应而制得的。制备ZDDP的醇，用于汽车润滑剂的多用$C_3 \sim C_6$的仲醇，在低温下分解具有非常好的抗磨性能；用于工业润滑油的ZDDP，多用$C_4 \sim C_8$的伯醇，相对于仲醇的ZDDP，增强了抗氧性能。

ZDDP对眼睛可能存在刺激性(见表7-34)，但对皮肤的刺激性低，没有皮肤的敏感性，即使经皮肤吸收也无害。动物试验中急性口服毒性的LD50值比上述几种添加剂低，毒性高。

表7-34 二烷基二硫代磷酸锌的有害性

危险性	仲烷基 C_4/C_6	伯烷基 C_4/C_6	伯烷基 C_8
急性经口服毒性/LD_{50}	2.9g/kg	0.5~5g/kg	3.1g/kg
急性经皮肤毒性/LD_{50}	>5g/kg	>5g/kg	>5g/kg
眼睛刺激性①			
角膜混浊	2.0	1.9	1.1
虹彩	0.7	0	0.8
结膜发红	2.3	2.4	3.0
结膜红肿	1.4	1.8	1.7
皮肤刺激性①			
红斑	1.3	1.2	1.4
浮肿	0.5	0.3	0.4/0.4
皮肤敏感性	—	—	阴性

①24~72h EEC评分。

关于诱变性，通过CMA(Chemical Manufactures Association，美国化学品制造商协会)在添加剂商界进行大量研究工作，暗示了ZDDP是诱变性物质。进一步研究表明，ZDDP的诱变性依赖于锌的存在。锌广泛存在于研究中，是必需的营养物，不是有害的。

3.2.4 抗氧剂

烷基化芳香胺、硫化链烯、乙氧基化C12烷基酚不是有害物质，见表7-35。这些化合物经皮肤摄入或经口吸收均没有伤害，也没有眼睛和皮肤的刺激性。烷基化芳香胺没有皮肤敏感性，诱变性试验也是阴性，硫化链烯的诱变性试验也是阴性。

表7-35 抗氧剂的有害性

危险性	烷基化芳香胺	受阻酚	乙氧化烷基酚	硫化链烯
急性经口服毒性/LD_{50}	>5g/kg	1.3g/kg	>5g/kg	>5g/kg
急性经皮肤毒性/LD_{50}	>5g/kg	>2g/kg	>5g/kg	>5g/kg

续表

危险性	烷基化芳香胺	受阻酚	乙氧化烷基酚	硫化链烯
眼睛刺激性①				
角膜混浊	0	1.4	0	0
虹彩	0	0.3	0	0
结膜发红	0.8	2.3	1.8	0.9
结膜红肿	0.3	2.2	0	—
皮肤刺激性①				
红斑	0.4	3.8	1.5	0
浮肿	0	2.8	0.8	0.1
皮肤敏感性	—	—	—	—
诱变性：Ames 试验	阴性	阴性	—	阴性

①24~72h EEC 评分。

受阻酚型抗氧剂对眼睛和皮肤有刺激性，经口摄取的情况下是有害的，但是通常的暴露试验，如经皮肤吸收是无害的。Ames 试验结果显示阴性。

3.2.5 抗磨剂

抗磨剂很大一部分是由有机化合物组成的。有机化合物抗磨剂，是由各种有机化合物与含硫、磷、烷基氮和氯化物反应而制得的。特别重要的是用于齿轮油中的硼酸盐添加剂，它是三硼酸钾稳定的分散液体。另外还有用于汽车、铁路和二冲程发动机油中的含钼添加剂，它在抗氧和抗磨性能方面都优于传统的非钼添加剂。

硼酸盐系和钼系抗磨剂是无害的，见表 7-36。这两类添加剂经口服或皮肤吸收都是无害的，也没有眼睛和皮肤刺激性，没有皮肤敏感性。钼-氮复合物没有诱变性，亚慢性毒性也没有大的影响。

表 7-36 抗磨剂和 PAO 的毒性

危险性	钼-氮复合物	硼酸盐分散体	PAO($2mm^2/s$)
急性经口服毒性/LD_{50}	>5g/kg	>5g/kg	>5g/kg
急性经皮肤毒性/LD_{50}	>5g/kg	>4g/kg	>2g/kg
眼睛刺激性①			
角膜混浊	0	0	0
虹彩	0	0	0
结膜发红	0.2	1.5	0.1
结膜红肿	0	0.7	0
皮肤刺激性①			
红斑	0.9	0.8	0.6
浮肿	0.1	0	0
皮肤敏感性	阴性	阴性	—

续表

危险性	钼-氮复合物	硼酸盐分散体	PAO($2mm^2/s$)
诱变性：			
Ames 试验	阴性	—	阴性
小鼠淋巴瘤试验	—	—	阴性
CHO 细胞染色体异常试验	阴性	—	—
亚慢性毒性：			
经皮 28 天反复投药	500mg/kg	—	1000mg/kg

①24~72h EEC 评分。

3.2.6 添加剂的生态毒性

对生态毒性评价应该对水栖及陆栖两类进行，但是水栖生物对化学物质敏感，因此通常以水栖生物进行试验。关于有代表性的水栖生物检测体(鱼、水栖无脊椎动物及藻)的毒性基准值见表 7-37。表 7-37 示出润滑油添加剂对水栖生物及活性污泥微生物的相对毒性。该数据是根据 Chevron Chemical Company 及 CMA 的石油添加剂小组、EEC 的有害物质与环境研究工作组水性试验程序而来的。

表 7-37 相对急性水性毒性①

添加剂类型	EL_{50}/(mg/L)				
	>1000	100~1000	10~100	1~10	<1
双丁二酰亚胺	F/M/S	A			
有机改性双丁二酰亚胺	F/M				
硼酸改性丁二酰亚胺	F/M/S	A			
低碱合成磺酸钙	F/M/A/S				
高碱合成磺酸钙	F/M/S	A			
低碱天然磺酸钙	M/S	A	F		
高碱天然磺酸钙	M				
高碱性硫化烷基酚钙	F/M/S	A			
碱性硫化烷基酚钙	F/M/S/A				
曼尼希型烷基酚盐	M				
C_3~C_6 仲烷基 ZDDP		S	A	F/M	
C_8 伯烷基 ZDDP			A	F/M	
受阻酚					F
硫化碳氢化合物	F/M	A/S			
钼氮复合体	M				
硼酸盐分散体	F	A			
聚α-烯烃	M/A/S	F			

注：A—单细胞绿色藻类；F—淡水鱼，无脊椎动物类；M—海水鱼，无脊椎动物类；S—活性污泥微生物。

① EL_{50}定义为在暴露期间影响 50%有机体浓度，EL_{50}越大，毒性越小。

从表 7-38 看出，除了 ZDDP 及受阻酚之外，其他润滑油添加剂对水栖试验生物实际上是无毒的。因此有人认为 ZDDP 有中等程度的毒性，而受阻酚具有高毒性。但是，实际上在润滑油产品中受阻酚的含量是在 1%以下的低浓度使用的。从表 7-38 也可看出，低碱磺酸钙、ZDDP、丁二酰亚胺硼化物及烷基酚钙(S 交联)等添加剂对眼睛和皮肤都有刺激性，与前面的数据基本一致。

表 7-38 各种添加剂的一般毒性[22]

添加剂类型	添加剂名称	口服 LD_{50}/(mg/kg)	经皮 LD_{50}/(mg/kg)	眼睛刺激性	皮肤刺激性	皮肤过敏性
EP 剂	硫化植物油	>5000	>2000	无	无	估计无过敏性
	硫化烯烃	>5000	>2000	无	无	未确认(数据不足)
腐蚀抑制剂	烷基胺	>5000	>2000	无	无	未确认(数据不足)
清净剂	低碱磺酸钙	>5000	>2000	有	有	有过敏性的可能性
	高碱磺酸钙	>5000	>2000	无	无	无过敏性
分散剂	丁二酰亚胺	>5000	>2000	无	无	估计无过敏性
	丁二酰亚胺硼化物	>5000	>2000	有	有	未确认(数据不足)
FM	磷酸酯胺盐	>5000	>2000	有	无	未确认(数据不足)
抗氧剂	ZDDP	2000~5000	>2000	有，腐蚀	有	估计无过敏性
清净剂	烷基酚钙(S 交联)	>5000	>2000	有	有	未确认
抗氧剂	羧酸酯硫化处理物	>5000	>2000	无	无	估计无过敏性

从活性污泥微生物的结果来看，试验的添加剂对环境中微生物没有坏的影响。

从表 7-38 可看出添加剂的一般毒性情况：从口服和经皮肤来看都是无毒的；低碱磺酸钙、丁二酰亚胺硼化物、ZDDP 和烷基酚钙(S 交联)对眼睛和皮肤都有刺激性，磷酸酯胺盐对眼睛有刺激性，而对皮肤没有。

3.3 添加剂的生物降解性的试验方法

如果润滑剂添加剂(或成品润滑剂)没有在发动机中燃烧消耗掉或再循环使用，我们就必须关心它对环境的影响。一个非常重要的结局是，这些物质是否能生物降解，是否会污染水源和土壤。几个易生物降解的试验方法，开始是在水系环境中测定物质耗氧的生物降解作用，并没有针对润滑剂添加剂这类相对非水溶性的石油产品。表 7-39 示出 EPA(美国环保局)和经济合作与发展组织(OECD)现有的易生物降解性试验和适合评价较差溶解性及挥发性产品试验指南。

表 7-39 现有的生物降解试验方法[41]①

试验方法	分析项目	差的水溶性物	挥发物	吸附
DOC Die-Away OECD 301A 40 CFR 796.3108	溶解的有机碳	-	-	+/-

续表

试验方法	分析项目	差的水溶性物	挥发物	吸附
CO_2 的释放 OECD 301B 40 CFR 796.3260	呼吸，CO_2 的释放	+	-	+
MITI OECD 301C 40 CFR 796.3220	呼吸，O_2 的消耗	+	+/-	+
封闭瓶 OECD 301D 40 CFR 796.3220	呼吸，溶解氧	+/-	+	+
改良的 OECD 筛选 OECD 301 E 40 CFR 796.3240	溶解有机碳	-	-	+/-
压差分析 OECD 301 F	氧的消耗	+	+/-	+
二冲程舷外润滑油 CEC L-33 T-82	母体化合物的损失， CH_3-CH_2 的 IR 吸收	+	-	+

① +—可接受的方法；-—不能接受的方法；+/-—方法的接受取决于石油产品。

大多数润滑剂添加剂的，降解率通常是非常低的，因为润滑剂添加剂水溶性非常小，一般<1%。这就限制了添加剂对微生物的生化利用和增加了降解时间。此外，添加剂一般有非常大的相对分子质量，使得它倾向于把水与土壤和微生物分开，这样使添加剂就不容易接近微生物而起降解作用。

表 7-40 所示为采用测定细菌数的简易试验方法测定的几种添加剂生物降解性情况。胺系和酚系抗氧化剂均具有良好的生物降解性。SP 系抗氧化剂、磺酸系防锈剂以及 ZDTP(二硫代磷酸盐)会抑制细菌繁殖，使生物降解性降低[47]。

表 7-40　添加剂的生物降解性①

项目	胺系抗氧化剂	酚系抗氧化剂	SP 系抗氧化剂	磺酸系防锈剂	ZDTP
生物降解性	良好	良好	稍差	差	差
状态	全面形成菌丛(106) 在滴有试样的部分 细菌也繁殖	全面形成菌丛(106) 在滴有试样的部分 细菌也繁殖	菌丛总体减少(105) 在滴有试样的部分 不生成菌丛	菌丛总体减少(105) 在滴有试样的部分 不生成菌丛	菌丛总体减少(104) 在滴有试样的部分 不生成菌丛

①试验方法：将细菌测定器浸渍于细菌数在 106 以上的工业废水、腐败油剂中，然后在测定器上滴少量试样，观察 25℃、24h 后的状态。

3.4　可生物降解的润滑剂添加剂

生物降解的润滑剂是 20 世纪 80 年代兴起的，与之配套的产量不多，欧洲发展比美国快，但到 1991 年，德国以菜籽油为基础油的快速生物降解的润滑剂销售量为 12000t，只占

总润滑剂的 1%[48]。美国 20 世纪 90 年代初期生产 $11355 \times 10^3 m^3$ 植物油，只有 $60560m^3$ 作润滑油[22]，只占 0.53%。与之配套的添加剂品种也比较少，因为适用于植物油的添加剂技术不同于矿物基础油的润滑油现有的添加剂技术，植物油所用的添加剂本身应该是可生物降解的，如何选用植物油用的添加剂是每个配方研制人员所需考虑的一部分。目前国外对可生物降解润滑剂添加剂的研究，主要集中在抗氧化剂、防锈剂和极压抗磨剂这几个方面。可生物降解润滑油添加剂应具备以下条件：(1)无致癌、诱变和致畸形物质；(2)不含氯、亚硝酸盐；(3)不含金属(钙除外，最大含量 0.1%)；(4)潜在可生物降解添加剂(生物降解性能大于 20%，OECD 法)的含量不超过 7%；(5)难降解但低毒性添加剂的含量不超过 2%。研究表明，只有很少一部分的传统添加剂适用于可生物降解润滑剂，一般含有过渡金属元素的添加剂和某些影响微生物活动和营养成分的清净剂及分散剂会降低润滑剂的可生物降解性，而含氮和磷元素的添加剂因为能提供有利于微生物成长的营养组分，可提高润滑剂的生物降解性。表 7-41 所示是一些现在使用的生物降解液压油、润滑脂所用添加剂类型[49]。

表 7-41 可生物降解润滑剂使用的添加剂类型

添加剂种类	主要的代表化合物	添加剂种类	主要的代表化合物
极压/抗磨剂	硫化脂肪	黏度指数改进剂	聚丙烯酸酯、聚异丁烯、天然树脂/聚合物
抗腐蚀剂	胺类、咪唑类、间二氮杂坞环烯、三唑	消泡剂	硅酮、硅氧烷、丙烯酸酯
抗氧剂	胺型、酚型、含铜化合物、维生素 E		

3.4.1 极压/抗磨剂[50]

硫化脂肪酸酯的生物降解性好，最适用于要求提高抗磨损性、极压性和可生物降解性润滑油的使用。硫化天然三甘油酯不仅有极好的极压性和抗磨性，而且还有提高油性的作用。德国莱茵化学公司开发出不同的极压剂、抗磨剂和抗腐蚀的产品。这些添加剂的定型配方都是基于选用天然材料经特殊硫化产品，特别是产品硫含量在 12%~15%。正因为硫化天然脂肪酸酯的生物降解性优异，才被选为环境友好润滑油的极压抗磨添加剂。一些硫化脂肪酸酯在不饱和脂肪酸酯基础油中的极压/抗磨效果优于矿物基础油，因此最适合作为以脂肪酸为基础油的极压/抗磨剂。

硫化物中最重要的问题是，硫对铜金属活性度、单硫或二硫化物对铜是无活性的或通过使用金属减活剂可以防止对铜的影响。但五硫化物能分解成单纯的硫，是非常富有反应性的硫化合物。每种硫化物的硫含量及活性硫含量见表 7-42，用四球机评价其极压和抗磨性能示于图 7-13 和图 7-14 中。从图中可看出，硫化天然的甘油三酸酯，不论在矿物油中或者在不饱和酯基础油中均表示出同样的结果。但是在抗磨性能方面，在矿物油中是随硫化物的硫含量及活性硫含量增加而降低；而在三羟甲基丙烷油酸酯及菜籽油中显示相反的结果。活性最高的硫化物-26 显示出最好的抗磨性能，但对铜的腐蚀也最强。综合考虑极压性/抗磨性/铜系金属腐蚀及对环境的影响，试验结果表明，从极压/抗磨性对铜金属的活性以及对环境的影响考虑，硫化物-15 是脂肪酸酯(三羟甲基丙烷油酸酯、菜籽油)基础油最适合的极压/抗磨剂。这些硫化物主要用于金属加工液、链锯油、润滑脂、齿轮油和液压油等。

表 7-42　每种硫化物的硫含量及活性硫含量

硫化物	硫含量/%	活性硫含量/%	硫化物	硫含量/%	活性硫含量/%
硫化物-10	10	1	硫化物-18	18	9
硫化物-15	15	5	硫化物-26	26	15

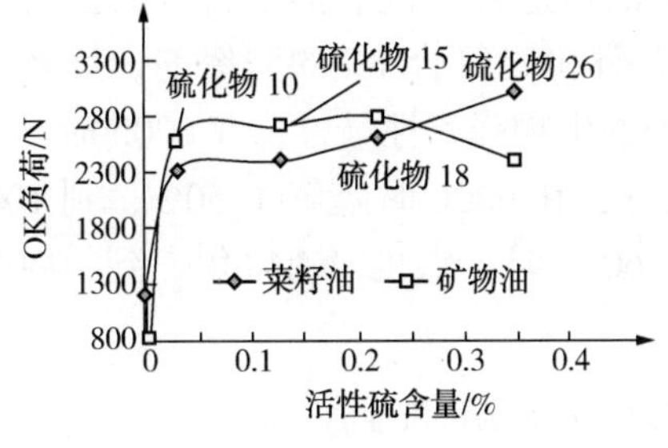

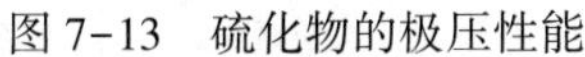
图 7-13　硫化物的极压性能

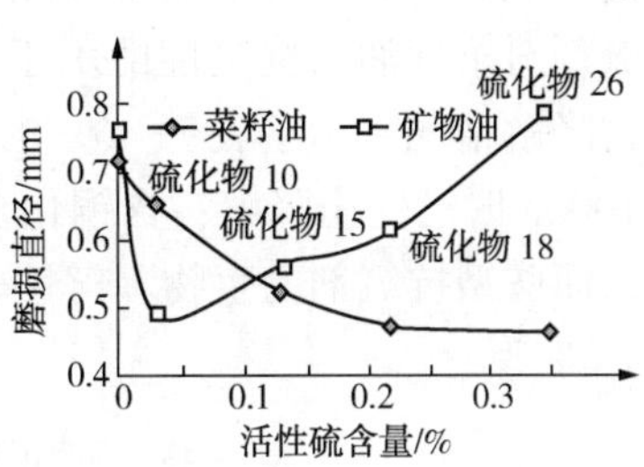

图 7-14　硫化物的抗磨性能

抗磨剂和极压剂的生物降解能力，列于表 7-43 中。表中数据表明，硫化天然脂及合成酯的生物降解性都在 80%以上。

表 7-43　抗磨剂和极压剂的生物降解性[32]

添加剂类型	主要成分	CEC-L33-T82
极压剂（硫-载体）	天然油和脂肪	>80%
	甲基酯	>80%
	天然油和烃的复合物	>80%
抗磨剂	三甲基丙烷酯	>90%

3.4.2　防锈剂[50]

标准防锈试验方法 ASTM D-665A（蒸馏水）与 D-665B（盐水）评价结果表明，无灰型生物降解性丁二酸衍生物防锈剂要满足菜籽油的防锈性能，比三羟甲基丙烷油酸酯基础油的防锈性能要困难得多。为使菜籽油的防锈性能满足 ASTM D-665A 要求，需成倍增加防锈剂用量。研究表明，最适合的防锈剂用量因菜籽油产地不同而异。为了达到较好的防锈性能，最后用三羟甲基丙烷油酸酯作基础油。

低碱性磺酸钙是脂肪酸酯基础油的优良防锈剂，能够保持低的碱值，以减少碱值对酯的加水分解稳定性产生的影响。常用的有磺酸钙及丁二酸半酯，其生物降解性示于表 7-44[42]。

表 7-44　腐蚀抑制剂的生物降解性

添加剂	化合物	CEC-L33-T-82
腐蚀抑制剂	丁二酸部分酯	>80%
	磺酸钙	>60%

3.4.3 抗氧剂

对菜籽油及三羟甲基丙烷油酸酯进行各种氧化试验，评价各种抗氧剂的效果，结果表明：作为液压油、链锯油和齿轮油的抗氧剂，酚系抗氧剂的抗氧化性能比胺系抗氧剂好。酚系抗氧剂中的丁基化羟基甲苯（BHT）适合作为菜籽油及三羟甲基丙烷油酸酯的抗氧剂，BHT是低毒的。由于BHT相对分子质量小，在100℃以上易挥发，因此双酚型抗氧剂将成为代替BHT的高温抗氧剂。抗氧剂2（2，6-二叔丁基酚油基丙酸酯）挥发性低，但分子中含有油基，使抗氧性变弱。对于脂肪酸酯型基础油的最适合的抗氧剂期待今后进行开发。四种酚型抗氧剂对菜籽油的抗氧性能示于表7-45，评价时复合1%的防锈剂。抗氧剂在菜籽油中的生物降解情况，示于表7-46。酚型抗氧剂的生物降解性最好，在600h时已经降解了75%，到1000h时已完全降解；含铜化合物也较好，在600h时降解了50%，到1000h时也完全降解；而胺型抗氧剂的生物降解性较差，到600h时一点也没有降解，到1000h时也只降解了41.5%[26]。

表7-45 四种酚型抗氧剂对菜籽油的抗氧性能

	酚系-1	酚系-2	酚系-3	酚系-4	菜籽油
抗氧剂添加量/%	BHT 2	2，6-二叔丁基酚油基丙酸酯 2	2，6-二叔丁基酚 1	甲撑双酚 2	未加
ASTM D2272 寿命/min	30	15	50	20	4
ASTM D2272 40℃黏度变化/%	33	194	15	50	>4000
总酸值变化/%	-0.1	5.2	0.1	25	18

表7-46 在菜籽油中的抗氧剂的生物降解情况

温度/℃	80~110				
时间/h	0	600		1000	
生物降解情况		剩余量	降解率	剩余量	降解率
酚型抗氧剂	1.4%	0.4%	71.4%	0	100%
含铜抑制剂	0.1%	<0.05%	50%	0	100%
胺型抗氧剂	0.65%	0.65%	0%	0.38%	41.5%

3.4.4 黏度指数改进剂

为了改进润滑油的黏温性能，需加黏度指数改进剂（VII）。在选择VII时，应考虑VII的生物化学分解性能，一般采用易分解的由植物油反应生成的聚甲基丙烯酸甲酯（PMMA）。这种酯不但有化学分解性，而且有耐热性，可用于内燃机油中。称为种子基（seed based）的PMMA广泛用于齿轮油、液压油、拖拉机液压油等，可用来提高润滑油的黏度指数并改善黏温性能。

3.5　环境友好润滑剂的应用

环境友好润滑剂最初用于舷外二冲程发动机油，后来发展到许多行业。环境友好润滑剂的应用情况见表7-47。

表7-47　环境友好润滑剂的应用

应用场合	现状或主要生产公司
舷外二冲程汽油机油	该类的基础油多为酯类油，国外研究已经证实，在酯中加入适宜的无灰分散剂和低芬烃可制得高稀释比(100∶1)、低污染的舷外二冲程发动机油
链锯油	主要有Fuchs及Bechem公司，其中Bechem公司生产的链锯油达到德国“蓝色天使”颁布的环境满意润滑剂要求
液压油	Mobil Shell Fuchs、Castrol Texaco等公司均有生产生物降解性液压油产品。在可生物降解液压液DN51524 Part 3分类中，对四类基础液制得的产品要求是不同的，产品类别为植物油、合成酯、聚二酯，其他的类别分别为HTG、HE、HPG、HX
机械加工润滑剂	Binol及Bechem公司生产环保型切削油(液)、磨削油(液)；德国Avantin公司、Phenus公司、澳大利亚Creative chemie公司、英国Novam ax Technologies公司、荷兰Cimcool Industral Products公司等生产环保型机械加工润滑剂
食品加工机械用润滑剂	USDA将本类产品分为H_1和H_2两类。美国FDA对100余种产品进行评价，并列出认可目录。欧洲的当地法规，如“德国药典DAB”，对该类润滑剂做了一定的限制。该种润滑剂操作条件苛刻，如要经历200℃以上的温度，又要在冷冻的低温条件下保持好的流动性，因此要考虑黏温特性等其他性能
其他润滑剂	这包括润滑脂、导轨油、防护油、农用拖拉机油和内燃机油等，有些已经得到应用

对于汽柴油机油，延长换油时间是最直接的减少废油对环境影响的方式，然而对于液压油、锯链油、舷外二冲程发动机油及开放式齿轮油等开放系统或一次性循环系统，由于运输、泄漏、溅射、自然更换等原因，润滑油将不可避免地直接排放到环境中，在森林、水源、农田、矿山等敏感区域尤其如此，而矿物基润滑油在自然环境中可生物降解能力很差，会在环境中积聚并对生态环境造成污染，所以一些发达国家已制定严格的法律来控制润滑油的排放[51]。

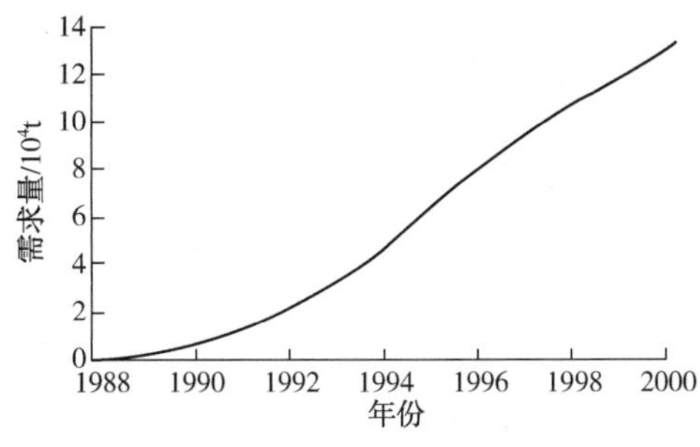

图7-15　德国以菜籽油和合成酯为基础油的润滑剂市场

3.5.1　链锯润滑油

在德国，80%的链锯油从矿物油转为脂肪酸酯系的生物降解性链锯润滑油，年使用量约6000t。高性能的链锯油是以菜籽油为基础油，添加2%的生物降解型硫化物-15，提高其极压和抗磨性能，添加1%BHT抗氧剂防止基础油的聚合和氧化。添加聚合物及高黏度酯类以提高黏度(40℃为100~200mm^2/s)。德国到1990年环境友好润滑剂实际产量为15000~17000t，到2000年已达到总需求量的10%~15%，见图7-15。而到

2000 年，欧洲各类可生物降解润滑剂产品用量达到 12 万吨；到 2006 年，每年 15%的速度上升(240kt)，相当于德国整个润滑剂消费市场的 10%。

3.5.2 二冲程发动机油

从 20 世纪 80 年代开始，为评定二冲程发动机油的生物降解性能，建立了 CEC L-33-T-82 试验方法。1993 年，欧共体正式批准为 CEC L-33-A-93 试验方法，目前已成为润滑油行业的标准测试方法[52]。一般在热负荷相同的情况下，二冲程汽油机的机械负荷大大高于相应的四冲程汽油机。同时，二冲程汽油机汽缸周围冷却不均匀，使热胀冷缩不均匀，使汽缸变形，易于擦伤和磨损。因此，二冲程润滑油要有更好的油膜强度和极压性能。抗磨剂在边界润滑中产生沉积膜已为很多研究工作所证实。如最常用的 ZDDP 能在摩擦表面形成深棕色的膜。ZDDP 在摩擦过程中还会因受热生成一些降解产物。这些油溶性降解产物具有很好的极压抗磨性。又如有机钼 MoDDP 的减摩作用也主要是能形成沉积膜。但 MoDDP 的更大的优点是分解产物中含有 MoS_2，它是一种具有层状结构的晶体，层与层之间较易滑动，能减少摩擦面间的摩擦阻力。

3.5.3 润滑脂[17]

润滑脂用的一般添加剂配方因增稠剂种类、润滑脂生产方式而不同，不能一概而论。如膨润土系润滑脂与锂基润滑脂相比，为了满足 DIN 50021 规定的 EMCOR 防锈试验，必须加 2 倍量的铁用防锈剂，表 7-48 列出一些生物降解型润滑脂配方用的添加剂。

表 7-48 一些生物降解型润滑脂配方用的添加剂

	底盘润滑脂 NLGI 0-00	EP-润滑脂	EP-润滑脂	EP-润滑脂
基础油	合成酯	菜籽油	菜籽油	矿物油
稠化剂	羟基硬脂酸锂	锂基皂	膨润土	锂基皂
添加剂	3%~5%含硫载体(12%S) 0.05%DMTD 衍生物 0.7%磺酸钙	6%含硫载体(12%S) 0.7%磺酸钙	6%含硫载体 4%丁二酸酯 1% DMTD 衍生物	4%ZDDP 1%DTC 衍生物 0.7%磺酸钙
Timken OK 负荷/lb	没有要求	60	50	50
四球机 烧结负荷/N	2600	2600	2400	2600
擦伤痕迹/mm 1h×300N 1min×1000N	 0.55 	 0.63 0.73	 0.55 0.80	 0.40 0.60
铜腐 3h×100℃ 24h×100℃ Emcor 试验(蒸馏水)	 1b 1b 通过	 1b 1b 通过	 1b 1b 通过	 1b 1b 通过

通过数据比较，生物降解润滑脂可以达到以传统矿物油为基础油润滑脂的相同性能。

3.6　未来环境兼容的润滑剂[53]

综合上述，环境兼容的润滑剂与普通的润滑剂一样，也是由基础油和添加剂两部分组成的。目前现有的基础油有矿物油、合成油和植物油三种：矿物油性能虽好，但生物降解性差，达不到环境的要求；合成油的性能和生物降解性都好，但价格较贵，用户难以接受；植物油的生物降解性好，但抗氧化性能和低温性能较差。理想的高性能环境兼容的基础油应该具有高生物降解性和低毒性、优良的氧化稳定性、良好的低温性能、改进了的菜籽油的性能、成本比合成酯低、使用性能可与矿物油和合成酯相匹敌。目前几种基础油都达不到以上要求，但可通过生物技术改进植物油来满足要求。

而目前的添加剂在生物降解性和毒性方面离环境要求还有一定的距离，要达到要求需要做很多工作。因此润滑剂工业和添加剂公司，通过生物技术，利用大量的研究和开发工作来生产高性能的环境兼容的基础油和添加剂，其过程见图 7-16。

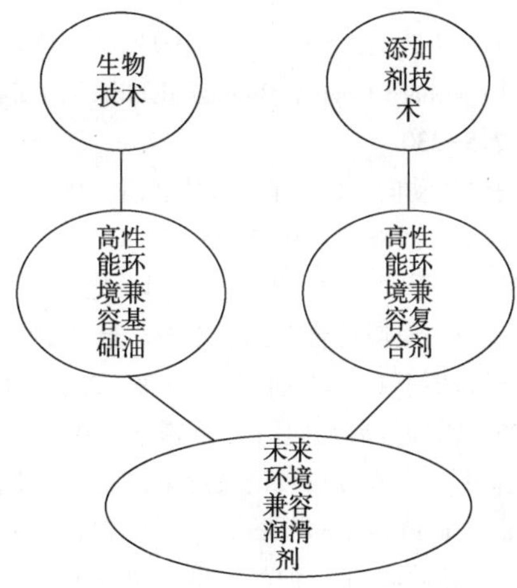

图 7-16　未来环境兼容润滑剂

参　考　文　献

[1] 曲建俊，陈继国，李强．环境友好润滑剂的研究与应用[J]．润滑油，2008，23(5)：1-6.

[2] 高军，陈波水，赵光哲，高来长．可生物降解润滑剂的发展概况[J]．化学工业与工程技术，2008，29(3)，1-4.

[3] 美国农业部推出生物基产品标签计划[J]．标签技术，2011，(1)，72-72.

[4] Final 2013 VGP，美国环保署(EPA).

[5] 黄丽敏．Nowi 公司成功生产可再生Ⅲ+和Ⅳ类基础油[J]．石油炼制与化工，2015(9)：15.

[6] 2005/360/EC Commission Decision of 26 April 2005 Establishing Ecological Criteria and the Related Assessment and Veri-fication Requirements for the Award of the Community Eco-Label to Lubricants.

[7] 2011/381/EU Commission Decision of 24 June 2011 on Establishing the Ecological Criteria for the Award of the EU Ecola-bel to Lubricants.

[8] [美]鲁德尼克．合成润滑剂及其应用[M]．李普庆，关子杰，耿英杰，等译．2 版．北京：中国石化出

版社，2006：598-607.

[9] Product review -Biodegradable fluids and lubricants[J]. Industrial Lubrication and Tribology，1996，48(2)：17-26.

[10] Dr. J. Korff ant Dr. Achim Febenbecker. Additives for Biodegradable Lubricants. 59th Annual Meeting of NLGI [C]. 1992.

[11] E. S. Lower. The Need for Biodegradable Lubricants[J]. Industrial Lubrication and Tribology，1992，44(4)：6-7.

[12] 赵兴中．国外生物降解润滑剂的现状及发展趋势[J]．润滑油，1994(1)：24-26.

[13] Dr. Theo Mang. Environmentally Harmless Lubricants[J]. NLGI，1993，57(.6)：233-239.

[14] Marc Jackson. Environmentally Compatible Lubricants：Focusing on the Long-term[J]. NLGI，1995，59(2)：16-20.

[15] Neil Canter. What is a "green" lubricant? [J]. Tribology & Lubrication Technology ，December 2010，P70-73.

[16] 中国石油天然气总公司科技发展局．第十四届世界石油大会译文集(上册)[G]．北京：石油工业出版社：1994：453-457.

[17] 北村奈美．生分解性潤滑油[J]．トライボロジスト，1993，40(4)：427-433.

[18] Martin Völtz、Neil C. Yater and Eberhard Gegner. Biodegradability of Lubricant Base Stocks and Fully Formulated Products[J]. JSL 12-3：215-230.

[19] 龚富生，陆福根．生物降解润滑油动向[G]．炼油科技通讯，1995，7(4)：15-20.

[20] 黄文轩．环境兼容润滑剂综述[J]．润滑油，1997(4)：1-8.

[21] 王广生．石油化工原料与产品安全手册[M]．北京：中国石化出版社，1996.

[22] R. J. C. Biggin. 潤滑油添加剤とその環境適合性[J]．トライボロジスト，1995，40(4)：292-297.

[23] 蒋琦．生物降解润滑剂用特殊添加剂[G]．石油要闻，1993(23)：16-17.

[24] 张英华．国外润滑油添加剂的供需和发展动向[J]．润滑油，1996(3)：16-23.

[25]卢成锹．汽车用油的若干问题[M]．卢成锹科技论文选集，北京：中国石化出版社，2001：409-420.

[26] G. P. Fetterman and Greg Shank. New Emissions Regulations[J]. Lubricants World，2000(7)：15-17.

[27] 杨道胜．汽车排放及油品升级的新阶段[J]．油品资讯，2006(02)：26-28.

[28] 徐小红．排放标准对美国柴油机油规格发展的影响[J]．润滑油，2004(5)：1-6.

[29] Dr. Neil Canter. Special Report：Additive challenges in meeting new automotive engine specifications[J]. Tribology & Lubrication Technology，September 2006：10-19.

[30] R. David Whitby. Chemical limits in automotive engine oils[J]. Tribology & Lubrication Technology，January 2005，P64.

[31] Kathryn Carnes. Additive Trends[J]. Tribology & Lubrication Technology，September 2005：32-40.

[32] Dr. Joachim Korff and Dr. Achim FeBenbecker. Additives for Biodegradable Lubricants[J]. NLGI，59th Annual Meeting，1992：25-28.

[33] Dr. Neil Canter：Proper additive balance needed to meet GF-5[J]. Tribology & Lubrication Technology，September 2010：10-18.

[34] 田中典義，山本雄二．省エネルギ-と潤滑油添加剤[J]．トライボロジスト，1995(40)：302-305.

[35] 滝川尚二．黏度指数向上剤．流動降下剤[J]．トぅイボロジヌト，1995，40(4)：345-348.

[36] 中里守国．排が問題とエンジン油添加剤[J]．トライボロジスト，1995(40)：298-301.

[37] 黄文轩，张英华．聚α烯烃基础油的生物降解性和毒性[J]．润滑油，1998(3)：1-4.

[38] Joel F. Carpenter. Biodegradability of Polyalphaolefin (PAO) Basestocks[J]. Lubrication Engineering，1994

(5)：359-362.

[39] Joel F. Carpenter. Biodegradability and Toxicity of Polyalphaolefin Base stocks[J] Jour. Syn. Lubr. , 1995, 12-1：13-20.

[40] Product review-Biodegradable fluids and lubricants[J]. Industrial Lubrication and Tribology, 1996, Vol. 48 (2)：17-26.

[41] C. Michael Cisson and Gary A. Rausina. Human Health and Environmental Hazard Characterisation of Lubricating Oil Additives[J]. Lubrication science, 1996, 8-2：145-176.

[42] 龚富生译．生物降解润滑油及其应用[G]．炼油科技通讯，1995，7(3)：12-14.

[43] Saurabh Lawate, et al. Vegetable Oil Lubricants[J]. Lubricants World, 1999(5)：43-45.

[44] 付兴国．润滑油及添加剂技术进展与市场分析[M]．北京：石油工业出版社，2004.

[45] P. M. Stonebraker , et al. 9th International Tribology Colloquium[C]. Esslingen 1994.

[46] 林茂美．潤滑油添加劑の有害性につぃいて[J]．トぅイボロジヌト，1995，40(4)：286-291.

[47] 曲建俊，陈继国，李强．环境友好润滑剂的研究与应用[J]．润滑油，2008(05)：1-6.

[48] 陈惠敏译．环境无害的润滑油基础油[G]．石油要闻，1991(42)：13-14.

[49] 姚淼．可促进润滑油生物降解的咪唑啉基润滑添加剂的性能研究[D]．重庆理工大学，2011.

[50] A. Fessenbecker, J. Korff. 生分解性润滑油添加剂[J]．トラィボロジスト，1994，40(4)：306-309.

[51] 王大璞，乌学东，张信刚，金辉，杨生荣．绿色润滑油的发展概况[J]．摩擦学学报，1999(02)：86-91.

[52] 居荫诚．环境友好润滑油润滑性、生物毒性及其评定技术的研究[D]．天津大学，2003.

[53] Lubrizol. Viscosity Modifiers/Base Fluids[R]. FUTURE DIRECTIONS'95.

第八章　国内石油添加剂标准

国内石油添加剂产品的国家和行业标准共制定了 29 个，其中 2 个为国家标准（都是燃料添加剂产品），其余皆为行业标准；有关石油添加剂的分析方法既有国家标准，也有行业和企业标准。29 个石油添加剂分类标准中，7 个为料添加剂产品，22 个为润滑剂添加剂产品。22 个润滑剂添加剂产品标准中的《108 系列清净剂》和《603 黏度指数改进剂（聚异丁烯）》2 个行业标准已经废除，目前实际上润滑剂添加剂产品的有效标准只有 20 个；燃料添加剂产品标准有 7 个（2 个国家标准和 5 个行业标准），目前实际上有效标准 27 个[1]。本章只介绍润滑油添加剂产品的行业标准，对 7 个燃料添加剂产品标准只介绍其标准号和名称（详见表 8-1）。

表 8-1　燃料添加剂产品的标准号和标准名称

标准号	标准名称	标准号	标准名称
GB 19592—2019	车用汽油清净剂	SH/T 0597—94（2005）	2201 十六烷值改进剂
GB//T 32859—2016	柴油清净剂	SH/T 0766—2005	T1602 喷气燃料抗磨添加剂
SH 0396—1992（1998）	1301 防冰剂	NB/SH/T 0947—2017	汽油调合用甲基叔丁基醚
SH/T 0044—1991（1998）	1501 抗静电剂		

第 1 节　国内《石油添加剂的分类》标准[1,2]

1.1　概况

石油添加剂按应用场合分成润滑剂添加剂、燃料添加剂、复合添加剂和其他添加剂四部分。

润滑剂添加剂部分按作用分为清净剂和分散剂、抗氧抗腐剂、极压抗磨剂、油性剂和摩擦改进剂、抗氧剂和金属减活剂、黏度指数改进剂、防锈剂、降凝剂、抗泡沫剂等组。

燃料添加剂部分按作用分为抗爆剂、金属钝化剂、防冰剂、抗氧防胶剂、抗静电剂、抗磨剂、抗烧蚀剂、流动改进剂、防腐蚀剂、消烟剂、十六烷值改进剂，清净分散剂、热安定剂、染色剂等组。

复合添加剂部分按油品分为汽油机油复合剂、柴油机油复合剂、通用汽车发动机油复合剂、二冲程汽油机油复合剂、铁路机车油复合剂、船用发动机油复合剂、工业齿轮油复合剂、车辆齿轮油复合剂、通用齿轮油复合剂、工业润滑油复合剂、防锈油复合剂等组。

1.2　SH/T 0389—92(1998)石油添加剂的分类(参考本书第1章第1节)

第2节　石油添加剂产品行业标准[2]

22个润滑剂添加剂产品中的行业标准，除《108系列清净剂》及《603黏度指数改进剂(聚异丁烯)》2个被废除外，其余20个标准文本中，2007年对SH/T 0622《乙丙共聚物黏度指数改进剂》进行了修订，2013年新增加了一个NB/SH/T 0855《合成烷基苯磺酸钙清净剂》。除此之外，基本没有变化，只是把润滑剂添加剂的强制性标准全部改为推荐标准。有效的20个润滑剂添加剂行业标准如下(其顺序按《石油添加剂的分类》标准来排列)。

2.1　SH/T 0042—1991(1998)《石油磺酸钙清净剂》

该标准规定了以润滑油馏分进行磺化、中和、钙化及后处理制得的石油磺酸钙的技术要求。该标准所属产品根据产品的碱值，分为T101(低碱值)、T102(中碱值)和T103(高碱值)三个品种。T101适用于配制中、高档内燃机油，一般与T103复合使用；T102适用于配制普通内燃机油；T103适用于配制中、高档内燃机油。

该标准所属产品中的中碱值和高碱值石油磺酸钙按质量分为一级品和合格品。其主要技术要求见表8-2。

表8-2　石油磺酸钙系列清净剂的技术要求[SH/T 0042—1992(1998)]

项　目		质量指标					试验方法
		T101	T102		T103		
		一级品	一级品	合格品	一级品	合格品	
密度(20℃)/(kg/m³)		950.0~1050	1000~1150	1000~1150	1100~1200		GB/T2540
运动黏度(100℃)/(mm²/s)	不小于	报告	30	40	100	150	GB/T265
闪点(开口)/℃	不低于	180					GB/T3536
碱值/(mgKOH/g)	不小于	20~30	140	130	290	270	SH/T0251
水分/%	不大于	0.08	0.08	0.10	0.08	0.10	GB/T260
机械杂质/%	不大于	0.08	0.08	0.10	0.08	0.10	GB/T511
有效组分①/%	不小于	45	40	35	50	48	SH/T0034
钙含量/%	不小于	2.0~3.0	6.0	5.0	11.0	10.0	SH/T0297
浊度/JTU	不大于	—	200	270	220	270	SH/T0028
中性磺酸钙②/%		报告					附录A

① 为保证项目，每季度抽查一次。

② 为保证项目，每半年抽查一次。

2.2 NB/SH/T 0855—2013《合成烷基苯磺酸钙清净剂》

该标准规定了用不同烯烃与苯烷基化得到的合成烷基苯为原料，经磺化、金属化制得的合成烷基苯磺酸钙清净剂的分类、要求、试验方法、检验规则及标志、包装、运输和贮存，适用于调制不同牌号内燃机油的合成烷基苯磺酸钙清净剂。

合成烷基苯磺酸钙按照碱值高低和100℃运动黏度的不同分为5个牌号，其分类见表8-3。

表8-3 合成烷基苯磺酸钙的分类

牌号	产品分类	产品特性
T-104	低碱值合成烷基苯磺酸钙	碱值在20~35mgKOH/g之间
T-105	中碱值合成烷基苯磺酸钙	碱值在145mgKOH/g以上
T-106A	高碱值合成烷基苯磺酸钙	碱值在295mgKOH/g以上，100℃运动黏度及浊度较大
T-106B	高碱值合成烷基苯磺酸钙	碱值在295mgKOH/g以上，100℃运动黏度及浊度较小
T-107	超高碱值合成烷基苯磺酸钙	碱值在395mgKOH/g以上

注：T-106A、T-106B的原料不同。

合成烷基苯磺酸钙的技术要求和试验方法见表8-4。

表8-4 合成烷基苯磺酸钙系列清净剂的技术要求和试验方法

项　目		质量指标					试验方法
		T104	T105	T106A	T106B	T107	
外　观		褐色透明液体	褐色透明液体	褐色透明液体	褐色透明液体	褐色透明液体	目测①
密度(20℃)/(kg/m³)		920~1000	1005~1100	1100~1200	1100~1200	1150~1250	GB/T 2540
运动黏度(100℃)(mm²/s)	不大于	80	30	150	60	180	GB/T 265
闪点(开口)/℃	不低于	180					GB/T 3536
碱值/(以KOH/g计)/(mg/g)	不小于	20~35	不小于145	不小于295	不小于295	不小于395	SH/T0251
钙含量(质量分数)/%	不小于	2.00	6.65	11.50	11.50	14.00	SH/T0297② SH/T0749
硫含量(质量分数)/%	不小于	2.00	1.80	1.25	1.25	1.20	GB/T 388③ SH/T0749
水分(质量分数)④/%	不大于	0.3					GB/T 260
机械杂质(质量分数)/%	不大于	0.08					GB/T 511
浊度/JTU	不大于	100	150	250	100	200	SH/T 0028
有效组分/%		40	45	52	52	58	SH/T 0034

① 将样品注入100mL玻璃量筒中，在室温(20℃±5℃)下观察，应当透明。

② 有异议时，以SH/T0297方法测定结果为准。

③ 有异议时，以GB/T388方法测定结果为准。

④ 当上述磺酸钙用于船用油时，水分(质量分数)要求不大于0.1%。

2.3 SH/T 0045—1991(1998)《109 清净剂》

该标准规定了用低含油蜡经裂解所得合适的烯烃馏分与苯酚合成的烷基酚，再经中和、干燥、羧化、酸化、钙化等工艺过程，所制得的烷基水杨酸钙添加剂的技术条件，产品代号为 T109。该标准所属产品可与抗氧抗腐剂或其他清净分散剂复合使用，调制中、高档内燃机油，也可以单独使用调制普通内燃机油。

该标准所属产品按质量分为一级品和合格品，其技术要求见表 8-5。

表 8-5 109 清净剂的技术要求

项目		质量指标		试验方法
		一级品	合格品	
外观		褐色透亮液体	褐色透亮液体	目测
密度(20℃)/(kg/m^3)		900~1100	900~1100	GB/T 2540
运动黏度(100℃)/(mm^2/s)		10~30	10~40	GB/T 265
闪点(开口杯)/℃	不低于	165	165	GB/T 3536
钙含量/%	不小于	6.0	5.5	SH/T 0297
硫酸盐灰分/%	不小于	18	18	GB/T 2433
水分/%	不大于	0.1	0.1	GB/T 260
机械杂质/%	不大于	0.08	0.08	GB/T 511
浊度/JTU	不大于	180	报告	SH/T 0028
总碱值/(mg KOH/g)	不小于	160	150	SH/T 0251

注：工艺控制稀释油不应大于 40%。

2.4 SH/T 0623—1995《双丁二酰亚胺分散剂》

该标准规定了用聚异丁烯、顺丁烯二酸酐、多烯多胺等为原料，经烃化、胺化反应等工艺过程制得的双丁二酰亚胺分散剂技术条件。产品代号为 T152、T154。

该标准所属产品可与清净剂、抗氧抗腐剂复合，适用于调制内燃机油，也可用于淬火油等油品。

该标准所属产品分为一级品和合格品，其技术要求见表 8-6。

表 8-6 双丁二酰亚胺系列分散剂的技术要求

项目	质量指标				试验方法
	T152		T154		
	一级品	合格品	一级品	合格品	
外观	黏稠透明液体				目测①
密度(20℃)/(kg/m^3)	890~935				GB/ 1884，1885

续表

项　　目		质量指标				试验方法
		T152		T154		
		一级品	合格品	一级品	合格品	
色度(稀释)/号	不大于	6	7	6	7	GB/T 6540
闪点(开口杯)/℃	不低于	170				GB/T 267
运动黏度(100℃)/(mm²/s)		150~250②	140~270②	185~225	150~250	GB/T 265
机械杂质/%	不大于	0.08				GB/T 511
水分/%	不大于	0.08				GB/T 260
氮含量/%		1.15~1.35		1.1~1.3		SH/T 0224
氯含量/%	不大于	0.3	0.5	0.3	0.5	SH/T 0161
碱值/(mgKOH/g)		15~30				SH/T 0251
分散性/SDT	不低于	55	45	55	45	附录 A

① 将样品注入 100mL 量筒中，在室温下对着阳光或白炽灯观察。

② 当 T152 用于化工领域时，运动黏度可不受本指标限制，可与用户协商确定。

2.5 SH/T 0394—1996《202 和 203 抗氧抗腐剂》(代替 SH 0394—92)

该标准首版为专业标准 ZB E61006—89，1989 年 5 月 20 日实施，后转为行业标准 SH 0394—92。本次在原 SH 0394—92 标准内容基础上进行修订，增加了 T203 产品标准内容。本标准在原标准指标项目基础上减少二项，即酸值和稀释油。

该标准实施之日起，SH 0394—92 即废止。

该标准附录 A(ZDDP 抗氧抗腐剂 pH 值测定法)为标准的附录。

该标准规定了以长、短链混合伯醇或长链伯醇经硫磷化、皂化反应并经过滤所制得的二烷基二硫代磷酸锌盐(ZDDP)的技术要求。按使用性能不同分为 T202 和 T203 两种牌号。

该标准所属产品适用于作汽油机油、柴油机油及工业润滑油。其中 T203 还适用于重负荷柴油机油和抗磨液压油等。

该标准所属产品按质量等级分为一级品和合格品，其技术要求见表 8-7。

表 8-7　202 和 203 系列抗氧抗腐剂技术要求

项　　目		质量指标				试验方法
		T202		T203		
		一级品	合格品①	一等品	合格品①	
外观		琥珀色透明液体		浅黄至琥珀色透明液体		目测④
色度/号	不大于	2.0	2.5	2.0	2.5	GB/T 6540
密度(20℃)/(g/m³)		1080~1130		1060~1150		GB/T 2540
运动黏度(100℃)/(mm²/s)		报告	报告	报告	报告	GB/T 265

续表

项　　目		质量指标				试验方法
		T202		T203		
		一级品	合格品①	一等品	合格品①	
闪点(开口杯)/℃	不低于	180				GB/T 3536
硫含量/%		14.0~18.0	12.0~18.0	14.0~18.0	12.0~18.0	SH/T 0303
磷含量/%		7.2~8.5	6.0~8.5	7.5~8.8	6.5~8.8	SH/T 0296
锌含量/%		8.5~10.0	8.0~10.0	9.0~10.5	8.0~10.5	SH/T 0226
pH值	不小于	5.5	5.0	5.8⑤	5.3	附录A
水分②/%	不大于	0.03	0.09	0.03	0.09	GB/T 260
机械杂质/%	不大于	0.07				GB/T 511
热分解温度/℃	不低于	220	220	230	225	SH/T0561
轴瓦腐蚀试验③:						
轴瓦失重/mg	不大于	25	25	25	25	SH/T 0264
40℃运动黏度增长率/%	不大于	50	50	50	50	GB/T 265

① 合格品原则上不宜用于调制中高档润滑油。

② 4月15日~9月15日，一等品水分可不大于0.06%。

③ 以HVI 500(或MVI 600)中性油为基础油，添加3%T108或(T108A)和0.5%T202(或T203)进行试验。每半年评定一次。

④ 将试样注入100mL量筒中，在室温下观测应为透明状。

⑤ 调制抗磨液压油，pH值不应小于6.0。

2.6　SH/T 0664—1998《321极压剂》

该标准是在321极压剂鉴定证书规定的产品技术指标基础上制定的含硫极压剂的技术要求，其中提高了水分、机械杂质、运动黏度、氯含量指标，增加四球机的烧结负荷指标。

该标准规定了采用一氯化硫、异丁烯、硫化钠、异丙醇等原料，在催化剂存在下进行加合反应、硫化脱氯反应及精制处理制得的硫化烯烃极压剂的技术要求。

该标准所属产品适用于用作润滑油的极压剂，用于配制车辆齿轮油、坦克齿轮油、工业齿轮油等。

根据SH/T 0389石油添加剂的分类，321极压剂产品代号为T321，其技术要求见表8-8。

表8-8　321极压剂的技术要求

项　　目		质量指标	试验方法
外观		橘黄至琥珀色透明液体	目测
水分(体)/%	不大于	痕迹	GB/T 260
机械杂质/%	不大于	0.05	GB/T 511
闪点(开口)/℃	不低于	100	GB/T 3536

续表

项　目		质量指标	试验方法
运动黏度(100℃)/(mm²/s)		5.50~8.00	GB/T 265
密度(20℃)/(kg/m³)		1100~1200	GB/T 13377
油溶性		透明无沉淀	目测
硫含量/%(m/m)		40.0~46.0	SH/T 03032)
氯含量/%	不大于	0.4	SH/T 0161
铜片腐蚀(121℃、3h)/级		3	GB/T 50963)
四球机试验　P_D/N	不小于	4900	GB/T 31423)

注：5%T321+95%基础油(60%HVI 150BS+40%HVI 500)在室温下(20℃)搅拌均匀后，目测应为透明无沉淀。

T321 硫含量除用 SH/T 0303 测定外，也可以用其他方法测定。

2.7　SH/T 0016—1990(1998)《361 极压抗磨剂》

该标准规定了用高碱值石油磺酸钙、硼酸等为原料与氢氧化钠反应而制得的硼酸盐极压抗磨剂的技术条件，产品代号为 T361。

该标准所属产品适用于作润滑油的极压抗磨剂。本产品具有优良的极压性能和减磨性能，用于配制车辆齿轮油、工业齿轮油、涡轮涡杆油、防锈润滑两用油和金属加工用油等，但不适用于与水接触的摩擦部位.

其技术要求见表 8-9。

表 8-9　361 抗磨剂的技术要求

项　目		质量指标	试验方法
外观①		红棕色透明黏稠液体	目测
密度(20℃)/(kg/m³)		1200~1400	GB/T1884，GB/T1885
运动黏度(100℃)/(mm²/s)		实测	GB/T265
硼含量/%	不小于	5.8	SH/T0227
闪点(开口杯法)/℃	不低于	170	GB/T267
水分/%	不大于	0.1	GB/T260
碱值/(mgKOH/g)		280~350	SH/T0251
铜片腐蚀(120℃×3h)/级	不大于	1	GB/T5096
四球机试验②最大无卡咬负荷值 P_B/N	不小于	900	GB/T3142
极压性能②梯母肯试验(OK 值)/N	不小于	267	GB/T11144

① 把产品注入 100mL 量筒中，在室温下观测应均匀透明。

② 以 650SN 中性油为基础油，加 T361 至油中，在硼量为 0.6%±0.01%时进行四球机试验和梯母肯试验，梯母肯试验为保证项目，每年评定一次。

2.8　SH/T 0395—1992(1998)(代替 ZB E61007—89)《405 系列油性剂》

该标准规定了以植物油和烯烃混合物在一定温度下进行硫化及后处理而得到的油性添加剂。

该标准根据产品的硫含量不同，分为 T405 和 T405A 两个品种，它们都具有极压抗磨和降低摩擦的性能。T405 适用于配制导轨油、液压导轨油、工业齿轮油和切削油等油品。T405A 适用于配制极压润滑脂。

其技术要求见表 8-10。

表 8-10　405 系列油性剂的技术要求

项　目		质量指标		试验方法
		T405	T405A	
外观		深红棕色透明黏稠液体		目测①
运动黏度(100℃)/(mm^2/s)		20～28	40～90	GB/T 265
闪点(开口杯)/℃	不低于	140		GB/T 267
水分/%	不大于	0.05		GB/T 260
机械杂质/%	不大于	0.07		GB/T 511
酸值/(mgKOH/g)	不大于	5	6	GB/T 264
硫含量/%		7.5～8.5	9.0～10.5	SH/T 0303
铜片腐蚀(100℃×3h)/级	不大于	1	2a	GB/T 5096②
四球机试验：P_B/N	不小于	697	588	GB/T 3142③
d_{20}^{60}/mm	不大于	0.4	0.4	
抗擦伤性能④OK 值/N	不大于	111	134	SH/T 0532
动静摩擦系数差值⑤		0.08	0.08	SH 0361 的附录 A

① 目测透明时，把试样注入到 100mL 量筒中，在室温下观察应均匀透明。

② 试验用试样，是把 10%T405 或 T405A 添加剂同 150SN 中性油或相当于 150SN 中性油配制而成。

③ P_B 试验用的试样是用 10%T405 或 5%T405A 添加剂同 150SN 中性油或相当于 150SN 中性油配制而成的。d_{20}^{60}试验用试样是用 10%T405 或 5%T405A 添加剂同 150SN 中性油或相当于 1505N 中性油配制而成的。

④ 是保证项目：试样是用 5%T405 或 T405A 添加剂同 150SN 中性油或相当的油配制而成的。

⑤ 是保证项目：每年测一次，试验是在 250SN 中性油中添加 4%T405 而成的。

2.9　SH/T 0555 — 1993(2005)《406 油性剂》

该标准规定了以苯三唑与脂肪胺在一定条件下反应和经后处理而制得的油性剂的技术条件。产品代号为 T406。

该标准所属产品具有油性、抗氧和防锈性能，主要适用于齿轮油、抗磨液压油、油膜轴承油等油品。其技术要求见表 8-11。

表 8-11　406 油性剂的技术要求

项　　目		质量指标	试验方法
		一级品	
外观		黄色固体	目测
熔程/℃		55~63	GB 617
铜腐蚀(100℃×3h)/级	不大于	1	GB/T5096①
油溶性		合格	目测②
水分/%	不大于	0.35	附录 A
磨斑直径(147N，60min，1200r/min，75℃)/mm	不大于	0.38	SH/T0189①

① 将 0.3%T 406 加入到40℃时的运动黏度等级为 220 的基础油中进行评定。

② 将 0.3%T 406 加入到40℃时的运动黏度等级为 220 的基础油中，边搅拌边升温至 70~80℃直至完全溶解，冷却到室温再放置 72h 后，目测透明为合格。

2.10　SH/T 0015—1990(1998)(代替 ZB E61 001-88)《501 抗氧剂》

该标准规定了以对甲酚与异丁烯进行烷基化反应，再经中和、结晶，制得 2，6-二叔丁基对甲酚的技术条件。产品代号为 T501。

该产品适用于作石油产品的抗氧和防胶添加剂、塑料和橡胶的防老剂。

该标准所属产品按质量分为一级品和合格品。其技术要求见表 8-12。

表 8-12　501 抗氧剂的技术要求

项　　目		质量指标		试验方法
		一级品	合格品	
外观①		白色结晶		目测
初熔点/℃		69.0~70.0	68.5~70.0	GB 617
游离甲酚/%	不大于	0.015	0.03	附录 A
灰分/%	不大于	0.01	0.03	GB/T 508
水分/%	不大于	0.05	0.08	GB 606②
闪点(闭口)/℃		报告	—	GB/T 261

① 交货验收时为白色结晶。

② 测定水分时，手续改为取 3~4mL 溶液甲，以溶液乙滴定至终点，不记录读数，然后迅速加入试样 1g，称准至 0.01g，在搅拌下使之溶解，再用溶液乙滴定至终点。

2.11　SH/T 0563—1993(2005)《551 金属减活剂》

该标准规定了用苯三唑、有机胺等为原料，经反应和后处理制得的苯三唑衍生物金属减活剂的技术条件。产品代号为 T551。

该标准所属产品适用于调制汽轮机油、液压油、油膜轴承油、工业齿轮油、变压器油、压缩机油和润滑脂等。T551 应避免与 ZDDP 或氨基甲酸盐类共用，它们相互作用易产生沉淀。其技术要求见表 8-13。

表 8-13 551 金属减活剂的技术要求

项 目		质量指标	试验方法
		一级品	
外观		棕色透明液体	目测
色度/号		实测	GB/T 6540①
密度(20℃)/(kg/m^3)		910~1040	GB/ T2540
运动黏度(50℃)/(mm^2/s)		10~14	GB/T 265
闪点(开口杯)/℃	不低于	130	GB/T 3536
碱值/(mgKOH/g)		210~230	SH/T 0251②
氧化试验(增值)/min	不小于	90	SHT 0193③
溶解度/%		合格	目测④
热分解温度⑤/℃		报告	附录 A

① 色度检验应在打开包装后 24h 之内进行。

② SH/T 0251 的指示剂改为结晶紫，石油醚用量为 40mL。指示剂配制方法是：称取 0. 2g 结晶紫指示剂，溶于 100mL 冰乙酸中。

③ 0. 05%T551+0. 5%T501+0. 03%T746+32 汽轮机油基础油(余量)配方的氧弹寿命与以上配方中不加 T551 的氧弹寿命之差值。该项目为保证项目，3 个月抽查检验一次。

④ 0. 5%T551 加到中性油中，搅拌加热到 60℃时至完全溶解后，在室温下放置 24h，目测透明。

⑤ 热分解温度为开始分解的温度，只作为 T551 性能指标，予以定期抽验，不作为出厂控制与交货验收的指标。

注意：在配制油品时，不能把 T551 与 T746 一起调制母液。要先将 T746 等剂调入油中后，再将 T551 调入油中。

2.12 SH/T 0622－2007(代替 SH/T 0622—1995)《乙丙共聚物黏度指数改进剂》

该标准代替 SH/T 0622—1995《乙丙共聚物黏度指数改进剂》

该标准与 SH/T 0622—1995 的主要差异：

——增加了 T614A 和 T615 两个品种。

——增加了第 3 章和第 6 章。

——增加了附录 D、E、F。

——增加了降凝度参数项目，质量指标为报告，试验方法采用附录 D。

——在密度项目测定中增加了 SH/T 0604《原油和石油产品密度测定法》(U 形振动管法)试验方法，密度(20℃)指标由 860~880kg/m^3 修订为报告。

——剪切稳定性指数测定法(超声波法)由原标准附录 A 改为本标准的附录 B，其中 T614 超声波法测定的剪切稳定性指数指标由不大于 25 修订为不大于 20；增加了用柴油喷嘴法测定剪切稳定性指数的质量指标，试验方法采用附录 C。

——稠化能力的测定方法由 SH/T 0566《润滑油黏度指数改进剂增稠能力测定法》改为本标准的附录 A。其中 T612 的稠化能力指标由不小于 6. 5mm^2/s 修订为不小于 4. 5mm^2/s；T612A 的稠化能力指标由不小于 6. 5mm^2/s 修订为不小于 5. 5mm^2/s；

T613 的稠化能力指标由不小于 4.2mm²/s 修订为不小于 4.8mm²/s；T614 的稠化能力指标由不小于 3.4mm²/s 修订为不小于 4.5mm²/s。

——T614 的运动黏度(100℃)指标由不小于 700mm²/s 修订为不小于 650mm²/s。

——T613、T614 的颜色指标由不大于 3.0 修订为不大于 2.5。

——闪点的指标由不低于 170℃修订为不低于 185℃，闪点仲裁方法由 GB/T 3536 修订为 GB/T 267。

——外观指标由浅黄色或黄色透明黏稠液体修订为透明黏稠液体。

——取消了干剂含量指标。

本标准的附录 A、B、C、D、E、F 为规范性附录。

该标准规定了用乙烯丙烯共聚物为原料，在 HVI 150 或 HVI 100 基础油(见附录F)中经热溶解、机械降解或热氧化降解制得的黏度指数改进剂系列产品的术语和定义、分类、要求和试验方法、检验规则、标志、包装、运输和贮存。

该标准所属产品适用于调制多级内燃机油。

该标准所属产品按剪切稳定性指数和稠化能力分为 T612、T612A、T613、T614、T614A 和 T615 六个牌号，其技术要求见表 8-14。

表 8-14 乙丙共聚物系列黏度指数改进剂的技术要求和试验方法

项目		质量指标						试验方法
		T612	T612A	T613	T614	T614A	T615	
外观		透明黏稠液体						目测
颜色/号	不大于	2.5					2.0	GB/6540
密度(20℃)/(kg/m³)		报告						GB/T 1884 和 GB/T 1885、SH/T 0604
运动黏度(100℃)/(mm²/s)	不小于	600	900	800	650	1400	550	GB/T265
闪点(开口)①/℃	不低于	185						GB/T267、GB/T3536
水分/%(质量分数)	不大于	0.05						GB/T260
机械杂质/%(质量分数)	不大于	0.08						GB/T511
稠化能力/(mm²/s)	不小于	4.5	5.5	4.8	4.5	5.0	4.0	附录 A
剪切稳定性指数(SSI)②(100℃)								
超声波法	不大于	40	40	25	20	20	15	附录 B
或								
柴油喷嘴法	不大于	50	50	35	27	27	20	附录 C
降凝度参数③/℃		报告						附录 D
低温表观黏度指数(CCSI)(-20℃)		—				报告	附录 E	

① 可用 GB/T 267、GB/T 3536 方法进行测定。如有争议，仲裁时以 GB/T 267 方法测定结果为准。

② 剪切稳定性指数(SSI)，二者选其一，客户有要求时按客户的要求选择方法，仲裁时以附录 C 方法测定结果为准。

③ 降凝度参数报告应注明采用何种降凝剂。

2.13　SH/T 0391—1995(2005)代替 SH 0391—1992)《701 防锈剂(油溶性石油磺酸钡)》

该标准规定了以润滑油馏分进行磺化、醇水萃取后再钡化等工艺而制得的油溶性石油磺酸钡的技术条件，产品代号为 T701。

该标准所属产品适用于在防锈油脂中作防锈剂。

701 防锈剂按含量多少分为 1 号和 2 号两个牌号，该标准所属产品按质量分为一级品和合格品，其技术要求见表 8-15。

表 8-15　701 系列防锈剂的技术要求

项目		质量指标				试验方法
		1号		2号		
		一级品	合格品	一级品	合格品	
外观		棕褐色、半透明、半固体				目测
磺酸钡含量/%	不小于	55	52	45	45	附录 A
平均分子量	不小于	1000				附录 A
挥发物含量/%	不大于	5				附录 B
氯根含量/%		无				附录 C
硫酸根含量/%		无				附录 C
水分①/%	不大于	0.15	0.30	0.15	0.30	GB/T260
机械杂质/%	不大于	0.10	0.20	0.10	0.20	GB/T511
pH 值		7~8				广泛试纸
钡含量②/%	不小于	7.5	7.0	6.0	6.0	SH/T0225
油溶性		合格				附录 E
防锈性能：						GB/T2361
湿热试验(49℃±1℃，湿度 95%以上)③级	不大于	72h	24h	72h	24h	
10#钢片	不大于	A	A	A	A	
62#黄铜片	不大于	1	1	1	1	
海水浸渍(25℃±1℃，24h)/级						附录 D
10#钢片	不大于	A				
62#黄铜片	不大于	1				

① 以出厂检验数据为准。

② 作为保证项目，每季抽查一次。

③ 湿热、海水浸渍试验在测定时以符合 GB 443 的 L-AN46 全损耗系统用油为基础油，加入 3%701 防锈剂(磺酸钡含量按 100%计算)配成涂油。

2.14　SH/T 0390—1992(1998)(代替 ZB E61 002—88)《704 防锈剂》

该标准规定了以环烷酸或由含环烷酸油品于碱洗所得碱渣而制得的环烷酸锌的技术条件。产品代号 T704。

该标准所属产品用于各种防锈油脂、乳化防锈切削液等防锈剂，对钢、铜、铝等金属

有良好的防锈性，其技术要求见表 8-16。

表 8-16　704 防锈剂的技术要求

项　　目		质量指标	试验方法
外观		棕色黏稠状物	目测
锌含量/%	不小于	8	附录 A
机械杂质/%	不大于	0.15	GB/T 511
水分/%	不大于	0.05	GB/T 260
水萃取试验：			
酸碱反应		中性	附录 B
硫酸根		无	
氯根		无	
腐蚀(T3 铜片，100℃×3h)		合格	SH/T 0195
防锈性能：潮湿箱试验(铜片、钢片)		报告	GB/T 2361

2.15　SH/T 0554—1993(2005)《705 防锈剂》

该标准规定了壬烯和萘经烃化、磺化、钡化等工艺制得的碱性二壬基萘磺酸钡的技术要求。产品代号为 T705。

该标准所属产品适用于作润滑油和润滑脂及其他有关产品的防锈添加剂，特别适用于黑色金属的防锈，其技术要求见表 8-17。

表 8-17　705 防锈剂的技术要求

项　　目		质量指标		试验方法
		一级品	合格品	
外观		棕色至褐色透明黏稠液体	棕色至褐色黏稠液体	目测①
密度(20℃)/(kg/m^3)	不小于	1000		GB/T 2540
闪点(开口)/℃	不低于	165		GB/T 3536
黏度(100℃)/(mm^2/s)	不大于	100	140	GB/T 265
水分/%	不大于	0.10		GB/T 260
机械杂质/%	不大于	0.10	0.15	GB/T 511
钡含量/%	不小于	11.5	10.5	GB/T 0225
总碱值/(mgKOH/g)		35~55		GB/T 7304
潮湿箱/级　96h	不低于	A	—	GB/T 2361②
72h	不低于	—	A	
液相锈蚀		无锈		GB/T11143B 法③
油溶性		合格		目测④

注：工艺控制稀释油加入量不大于 40%。

① 在直径 30~40mm、高度 120~130mm 的玻璃试管中，将试样注入至试管的 2/3 高度，在室温下从试管侧面观察。

② 150 号中性油中加入 5%T705 配成溶液后评定。

③ 150 号中性油中加入 0.05%T705 配成溶液后评定。

④ 在烧杯中加入一定量橡胶工业用溶剂油，加 5%T705 试样使之完全溶解，放置 24h 无白色沉淀和悬浮物为合格。

2.16 SH/T 0397—1994(2005)(代替 SH 0397—92)《706 防锈剂》

该标准中一级品参照国际标准 ISO36l18-1976《苯并三唑检验法(照相级)》。

该标准规定了以邻苯二胺与亚硝酸钠重氮化，经精制处理所得的防锈剂的技术要求。产品代号 T706。

该标准所属产品可作为有色金属防锈剂，适用于作防锈油、脂类产品以及工业循环水等的添加剂。

该标准按所属产品质量分为优等品、一等品、合格品，其技术要求见表 8-18。

表 8-18 706 防锈剂的技术要求

项　　目		质量指标			试验方法
		优等品	一等品	合格品	
外观		白色结晶	微黄色结晶	微黄色结晶	目测
色度/号	不大于	120	160	180	GB 605①
水分/%	不大于	0.15			附录 A
终熔点/℃	不低于	96	95	94	GB 617②
醇中溶解性		合格			目测③
pH 值		5.3~6.3			GB 9724④
灰分/%	不大于	0.10	0.15	0.20	GB 9741⑤
纯度⑦/%	不低于	98			附录 B
湿热试验：H62 号铜/d	不少于	7	5	3	GB/T 2361⑥

① 称取 5.00g 的 T706 样品加无水乙醇(分析纯)溶解并稀释至 50mL 评定。

② 试样预先在浓硫酸干燥器中干燥 24h，按 GB 617 测定。

③ 称取 1.00g 的 T706 样品于 50mL 烧坏中，加入 20mL 无水乙醇(分析纯)溶解，溶液应透明，无丝状物、无沉淀为合格。

④ 称取 0.50g 的 T706 样品溶解于 100mL pH 为 7.0 的蒸馏水中进行测定。

⑤ 称取 3.00g 的 T706 样品于已恒重约 50mL 瓷坩埚中，在电炉或电热板上慢慢蒸发至干，再在 600℃±50℃煅烧测定。

⑥ 称取 0.10g 的 T706 样品溶于 3.00g 邻苯二甲酸二丁酯中，再用 HV1 100 基础油稀释至 100.0g 进行试验，按 SH/T0080 判断一级为合格。

⑦ 为保证项目，每半年测定一次。

2.17 SH/T 0043—1991(1998)《746 防锈剂》

该标准规定了以叠合汽油或四聚丙烯与顺丁烯二酸酐反应，经蒸馏和水解等工艺而制得的 746 防锈剂的技术条件，产品代号为 T746。

该标准所属产品适用于作汽轮机油、液压油和齿轮油等工业润滑油的防锈添加剂。

该标准所属产品按质量分为一级品和合格品，其技术要求见表 8-19。

表 8-19　746 防锈剂的技术要求

项　目		质量指标		试验方法
质量等级		一级品	合格品	
外观		透明黏稠液体		目测
密度(20℃)/(kg/m^3)		报告		GB/T 1884 GB/T 1885
运动黏度(100℃)/(mm^2/s)		报告		GB/T 265
闪点(开口)/℃	不低于	100	90	GB/ 3536
酸值/(mg KOH/g)		300~395	235~395	GB/T 7304
pH	不小于	4. 3	4. 2	SH/T 0298
碘值/(gI/100g)		50~90		SH/T 0243
铜片腐蚀(100℃×3h)/级	不大于	1		GB/T 5096
液相锈蚀试验				GB/T 11143
蒸馏水		无锈	无锈	
合成海水		无锈	—	
坚膜韧性		无锈	—	

注：用 32 号未加防锈剂的汽轮机油添加 0. 03%T746。

2. 18　SH/T 0097—1991(1998)[(代替 SY-1701-66(1988 年确认)]《801 降凝剂》

该标准规定了由氯化石蜡和萘在三氯化铝催化剂作用下的缩合产物，经精制所制得的烷基萘降凝剂的技术条件。产品代号为 T801。

该标准所属产品主要用于润滑油降凝，改善其低温流动性。

该标准所属产品按质量分为合格品和一级品，其技术要求见表 8-20。

表 8-20　801 降凝剂的技术要求

项　目		质量指标		试验方法
		一级品	合格品	
运动黏度(100℃)/(mm^2/s)		实测	—	GB/T 265
闪点(开口)/℃	不低于	180	180	GB/T 267
倾点/℃		实测	—	GB/ 3535
色度/号	不大于	4	6	GB/ 6540①
有效组分/%	不低于	40	35	附录 A
氯含量/%	不大于	2	—	SH/T 0161
机械杂质/%	不大于	0. 1	0. 2	B/T 511
水分/%	不大于	痕迹	0. 2	B/T 260
灰分/%	不大于	0. 1	0. 2	B/T 508
残炭/%	不大于	4. 0	4. 0	B/T 268
降凝度/℃	不低于	13	12	B/T 510②

① T801 用不含添加剂、赛氏比色大于+25 的喷气燃料，按样品与喷气燃料 1：49 稀释后测定。

② 在凝点为-1~0℃的大庆 500SN 标准基础油中加入降凝剂 0. 5%进行测定。

2.19　SH /T0046 —1996(代替 SH 0046—1991)《803 系列降凝剂》

本标准是对 SH 0046 -91 803A 降凝剂进行修订并系列化。1991 年发布的 803A 降凝剂只有一个品种，本标准又增加了 803B 降凝剂品种。新制定的系列产品的质量指标，T803A 除对机械杂质、有效浓度和水分作适当修改外，基本保持 SH 0046—1991 的指标；T803B 除对合格品的黏度作适当修改外，其他按 803B 降凝剂的鉴定证书规定的指标制定。标准按 GB/T 1. 1—1993 规定编写，试验方法尽可能采用我国国家标准和行业标准。

该标准自实施之日起，同时代替 SH 0046—1991。

该标准规定了以α烯烃为原料，在催化剂的作用下进行聚合，再经后处理得到的 803 系列降凝剂的技术条件。

该标准所属产品按黏度大小分为 803A 降凝剂(代号 T803A)和 803B 降凝剂(代号 T803B)两个品种。T803A 分子量较大，运用于内燃机油、车轴油及其他润滑油中；T803B 分子量较小、剪切稳定性较好，除运用于内燃机油等油品外，还可用于液压油等油品中，两个品种的降凝度相当。

803 系列降凝剂按黏度大小分别定为 T803A 和 T803B 两个牌号，本标准中所属产品按质量分为一等品和合格品，其技术要求见表 8-21。

表 8-21　803 系列降凝剂的技术要求

项　　目		质量指标				试验方法
		T803A		T803B		
		一等品	合格品	一等品	合格品	
外观		橙黄色液体		橙黄色液体		目测①
运动黏度(100℃)/(mm^2/s)	不大于	4000	5000	1500	2300	GB/T265
闪点(开口)/℃	不低于	135	120	135	120	GB/T3536②
机械杂质/%	不大于	0. 06	0. 10	0. 06	0. 10	GB/T511③
灰分/%	不大于	0. 10	0. 15	0. 10	0. 15	GB/T508④
水分/%	不大于	0. 03	0. 05	0. 03	0. 05	GB/T260
有效组分/%	不小于	35	30	35	30	SH/T0034
降凝度/℃	不低于	18	15	18	16	GB/T510⑤
剪切稳定指数(SSI)/%		—	—	报告	报告	附录 A

① 将试样注入 50mL 量筒中，在室温下观察。

② 闪点允许用 GB/T267 进行测定，但仲裁试验时以 GB/T3536 为准。

③ 加 10g 试样于 100g HVI 150 基础油中，用 G3 漏斗过滤，其他操作条件按 GB/T511 进行。

④ 灰分测定取样为 10g，其他操作按 GB/T508 进行。

⑤ 向凝点-15℃(±1℃)HVI 150 基础油中加入 1%的试样，测定凝点，加剂后与加剂前的凝点差为降凝度。

2.20　SH/T 0598—1994(2005)《非硅抗泡剂》

该标准规定了非硅抗泡剂系列产品的技术条件。

该标准所属产品按相对分子质量大小分为 T911 和 T912。T911 适用于高黏度的润滑油，T912 适用于低、中黏度的润滑油。

该标准所属产品不适宜与 T109、T601、T705 复合使用，其技术要求见表 8-22。

表 8-22 非硅系列抗泡剂的技术要求

项目			质量指标		试验方法
			T911	T912	
外观			淡黄色黏液体		目测
密度(20℃)/(kg/m³)		不大于	900	—	GB/T 1884
		不小于	—	910	GB/T 1885
闪点(闭口)/℃		不低于	15	5	GB/T 261
平均相对分子质量/Mn			4000~10000	20000~40000	SH/T 0108
分子量分布/D		不大于	6.0	6.0	SH/T 0108
未反应单体含量/%		不大于	5.0	3.0	附录 A
起泡性泡沫倾向/泡沫稳定性(24℃)/(mL/mL)	在 HVI 100 基础油中	不大于	—	30/0	GB/T 12579①
	在 HVI 500 基础油中	不大于	20/0	30/0	

①起泡性的具体测法是：将非硅抗泡剂用 SH0005 油漆工业用溶剂油稀释成 15%的浓度，然后以大庆原油生产的 24℃起泡性大于 100mL 的 HV1 100 或 HV1 500 基础油为试验油，加热至 60~70℃，在转速为 400~600r/min 的机械搅拌下，加入上述非硅抗泡剂 50mg/L，继续搅拌 10min，即按 GB/T 12579 法测试油样在 24℃的起泡性。

第 3 节 石油添加剂有关的分析方法

3.1 概况

中国石油化工总公司成立后，负责石油及石油化工产品及其分析方法标准的归口管理，制定的标准有国家标准(GB)和部标准(SY)两种标准。国标的符号至今没有变化，只有从强制性的标准(GB)变成推荐性的标准(GB/T)时，符号才有差别。如“GB 260 石油产品水分测定法”，过去符号为“GB 260—77”，目前变成“GB/T 260—77(88)”，而标准名称没有变。但部标准这一级变化较大，1986 年以前执行部标准(SY)，1986 年开始同时又执行专业标准(ZBE)，1990 年开始同时又执行行业标准(SH)。1992 年以前是部标、专标和行标三者并用。1992 年决定废除部标和专业标准，全部执行国标和行标，过去的部标和专业标准绝大多数转为行标，但造成了一些麻烦和混乱。为了便于查找，我们把添加剂产品的行业标准所涉及的有关行标分析方法与专标和部标分析方法对照表列于后，供大家参考。

3.2 有关石油添加剂的国家标准的分析方法

有关石油添加剂的国家标准的分析方法对照表见表 8-23[1,3~6]。

表 8-23　有关石油添加剂的国家标准的分析方法

序号	标　准　号	标 准 名 称	被代替的标准号	参考国外标准号
1	GB/T 259—88(2004 年确认)	石油产品水溶性酸及碱测定法	GB 259—77	苏联 ГОСТ-6370-75
2	GB/T 260—2016(2004 年确认)	石油产品水含量的测定 蒸馏法	GB 260—64	
3	GB/T 261—2008	闪点的测定 宾斯基-马丁闭口杯法	GB/T 261—1983	ISO 2719：2002
4	GB/T 264—83(2004 年确认)	石油产品酸值测定法	GB 264—77	
5	GB/T265—88(2004 年确认)	石油产品运动黏度测定法和动力黏度计算法	GB 265—83	
6	GB/T 267—88(2004 年确认)	石油产品闪点与燃点测定法(开口杯法)	GB 267—77	
7	GB/T 268—87(2004 年确认)	石油产品残炭测定法(康氏法)	GB 263—77 GB 268—77	
8	GB/T 508—85(2004 年确认)	石油产品灰分测定法	GB 508—65	
9	GB/T 510—2018	石油产品凝点测定法	GB 510—77	
10	GB/T 511—2010	石油和石油产品及添加剂机械杂质测定法	GB/T 511—1988	ГОСТ-6370—1983(1997)
11	GB/T 606	化学试剂水分测定通用方法(卡尔·费休法)		
12	GB/T 617	化学试剂熔点范围测定通用方法		
13	GB 1657	增塑剂折光率的测定		
14	GB 1660	增塑剂运动黏度的测定品氏法		
15	GB 1679	增塑剂外观色泽的测定铂-钴比色法		
16	GB 1680	氯化石蜡热稳指数的测定		
17	GB/T 1884—2000	原油和液体石油产品密度实验室测定法(密度计法)	GB/T1884—1992	ISO 3675：1992
18	GB/T 1885—1998	石油计量表		ISO 91-2：1991
19	GB/T 2361—1992(2004 年确认)	防锈油脂湿热试验法	GB/T 2361—80	JIS K 2246—89
20	GB/T 2433—2001(2004 年确认)	添加剂和含添加剂润滑油硫酸灰分测定法	GB/T 2433—1981	ISO 3987：1994
21	GB/T 3142—1982(2004 年确认)	润滑剂承载能力测定法(四球机法)	SY 2665—77	

续表

序号	标 准 号	标 准 名 称	被代替的标准号	参考国外标准号
22	GB/T 3143—1982(2004 年确认)	液体化学产品颜色测定法(HAZEN 单位-铂-钴色号)		
23	GB/T 3535—2006	石油产品倾点测定法		ISO 30167：1994
24	GB/T 3536—2008	石油产品闪点和燃点的测定 克利夫兰开口杯法	GB/T 3536—1983	ISO 2592：2000
25	GB/T 3555—1992(2004 年确认)	石油产品赛波特颜色测定法(赛波特比色计法)	GB/T 3555—83	ASTM D 156—87
26	GB/T 4756—2015	石油液体手工取样法		GB/T1. 1—2009
27	GB/T 5096—1985(2004 年确认)	石油产品铜片腐蚀试验法	GB/T 5096—85	ASTM D 130—1983
28	GB/T 6488—2008	液体化工产品折光率的测定		
29	GB/T 6538—2010	发动机油表观黏度测定 冷启动模拟机法		(CRC)L-49
30	GB/T 6539—1997(2004 年确认)	航空燃料与馏分燃料电导率测定法	GB/T 6539—86(91)	ASTM D 2624-95
31	GB/T 6540—1986(2004 年确认)	石油产品颜色测定法		ASTM D1500-1982
32	GB/T 6541—1986(2004 年确认)	石油产品油对水界面张力测定法(圆环法)	SY 2209—77	
33	GB/T 6986—2014	石油产品浊点测定法		GB/T1. 1—2009
34	GB/T 7304—2014	石油产品酸值测定法 电位滴定法		GB/T1. 1—2009
35	GB/T 7305—2003	石油和合成液水分离性测定法	GB/T 7305—1987	ASTM D 1401—1998
36	GB/T 8022—1987(2004 年确认)	润滑油抗乳化性能测定法		2711—74(79)
37	GB/T 9170—1988(2004 年确认)	润滑油及燃料油中总氮含量测定法(改进的克氏法)		ASTM D 3225—83
38	GB/T 9171—88(2004 年确认)	发动机油边界泵送温度测定法		ASTM D 3829—79
39	GB/T 11133—2015	石油产品、润滑油和添加剂中水含量的测定 卡尔费休库伦测定法	GB/T11133—1989	GB/T1. 1—2009
40	GB/T 11140—2008	石油产品硫含量测定 波长色散 X 射线荧光光谱法	GB/T11140—1989	ASTM D 2622—2007
41	GB/T 11142—1989(2004 年确认)	绝缘油在电场和电离作用下析气性测定法		ASTM D 2300—81
42	GB/T 11143—2008	加抑制剂矿物油在水存在下防锈性能试验法	GB/T11143—1989	ASTM D 665—03

续表

序号	标准号	标准名称	被代替的标准号	参考国外标准号
43	GB/T 11144—2007	润滑液极压性能测定法 梯姆肯法	GB/T11144—1989	ASTM D 2782—01
44	GB/T 11145—2014	润滑剂低温黏度测定 勃罗克费尔特黏度计算法	GB/T11145—1989	GB/T1. 1—2009
45	GB/T 12577—1990(2004年确认)	冷冻机油絮凝点测定法		ASTM D 5135—82
46	GB/T 12579—2002(2004年确认)	润滑油泡沫特性测定法	GB/T 12579—1990	
47	GB/T 12580—1990(2004年确认)	加抑制剂矿物油绝缘油氧化安定性测定法		IEC 474—1974
48	GB/T 12581—2006	加抑制剂矿物油氧化安定性测定法		ASTM D 943—04a
49	GB/T 12583—1998(2004年确认)	润滑剂极压性能测定法(四球机法)	GB/T 12583—1990	ASTM D 2783—1988
50	GB/T 13377—2010	原油和液体或固体石油产品密度或相对密度测定法(毛细管塞比重瓶和带刻度双毛细管比重瓶法)		ISO 3838—2004
51	GB/T 14906—2018	内燃机油黏度分类	GB/T 14906—1994	
52	GB/T 17040—2008	石油和石油产品硫含量测定法 能量色散X射线荧光光谱法		ASTM D 4294—2003
53	GB/T 17477—2012	汽车齿轮油黏度分类	GB/T 17477—1998	
54	GB/T 28767—2012	车辆齿轮油分类		
55	GB/T 28772—2012	内燃机油分类		

3.3 有关石油添加剂的行业标准的分析方法

有关石油添加剂的行业标准的分析方法见表8-24[1,6~12]。

表8-24 有关石油添加剂的行业标准的新旧分析方法及参考标准对照

序号	标准号	标准名称	被代替的标准号	参考国外标准号
1	SH 0004—1990(2007)	橡胶工业用溶剂油	GB1922中的120号	ГОСТ 443-78
2	SH 0005—1990(1998)	油漆工业用溶剂油	GB1922中的200号	ASTM D2350-87
3	SH/T 0025—1999(2005年确认)	防锈油盐水浸渍试验法	SH/T0025—1990	JIS K 2246—1994
4	SH/T 0027—1990(2006年确认)	添加剂中镁含量测定法(原子吸收光谱法)		
5	SH/T 0028—1990(2006年确认)	润滑油清净剂浊度测定法		

续表

序号	标　准　号	标 准 名 称	被代替的标准号	参考国外标准号
6	SH/T 0034—1990(2006年确认)	添加剂中有效组分测定法		
7	SH/T 0080—1991(2006年确认)	防锈油脂腐蚀性试验法	SY 2752-82	JIS K 2246-89
8	SH/T 0081—1991(2006年确认)	防锈油脂盐雾试验法	SY 2757-76S	JIS K 2246-89
9	SH/T 0103—2007	含聚合物油剪切安定性测定 柴油喷嘴法		ASTM D3945
10	SH/T 0108—1992(2006年确认)	某些聚合型添加剂平均分子量和分子量分布测定法(体积排除色谱法)		ASTM D3593-80(86)
11	SH/T 0161—1992(2006)	石油产品中氯含量测定法(烧瓶燃烧法)	ZB E 30 002-86	IP244/71(79)
12	SH/T 0187—1992	润滑油极压性能测定法(法莱克斯法)	ZB E 34 004-87	ASTM D3233-73(1978)
13	SH/T 0188—1992	润滑油磨损性能测定法(法莱克斯轴和V形块法)	ZB E34 005-87	ASTM D2670-81
14	NB/SH/T 0189—2017	润滑油抗磨性能测定法 四球机法	ZB E34 007-87	ASTM D4172-82
15	SH/T 0190—1992(2006年确认)	液体润滑剂摩擦系数测定法(MM-200法)	ZB E34 008-87	
16	SH/T 0191—1992(2007年确认)	润滑油破乳化值测定法	ZB E34 009-87	BS 2000part 19：1982
17	SH/T 0193—2008	润滑油氧化安定性测定 旋转氧弹法		ASTM D2272-02
18	SH/T 0194—1992(2007年确认)	添加剂和含添加剂油的活性硫测定法	ZB E34 012-88	ASTM D1662-69(1979)
19	SH/T 0195—1992(2007年确认)	润滑油腐蚀性试验法	ZB E34 013-88	ГОСТ-2917-45
20	SH/T 0196—1992	润滑油抗氧化安定性测定法	ZB E34 014-88	ГОСТ-981-52
21	SH/T 0200—1992(2006年确认)	含聚合物润滑油剪切安定性测定法(齿轮机法)	ZB E34 019-88	IP 351-81
22	SH/T 0206—1992	变压器油氧化安定性测定法	ZB E38 003-88	IEC 74-1963(1974)
23	SH/T 0209—1992(2004年确认)	液压油热稳定性测定法	ZB E39 007-89	
24	SH/T 0210—1992(2004年确认)	液压油过滤性试验法	ZB E39 008-89	
25	SH/T 0217—1998(2004年确认)	防锈油脂试验试片锈蚀度试验法	SH/T0217-92	JIS K 2246—1994
26	SH/T 0218—1993(2004年确认)	防锈油脂试验用试片制备法	SH/T0218—1992	JIS K 2246—1989

续表

序号	标　准　号	标 准 名 称	被代替的标准号	参考国外标准号
27	SH/T 0223—1992(2004 年确认)	添加剂中钡含量测定法(络合滴定法)	ZB E60 001-86	
28	SH/T 0224—1992(2004 年确认)	石油添加剂中氮含量测定法(克氏法)	ZB E 60002-86	
29	SH/T 0225—1992(2004 年确认)	添加剂和含添加剂润滑油中钡含量测定法	ZB E60 004-88	ГОСТ 13538-68
30	SH/T 0226—1992(2004 年确认)	添加剂和含添加剂润滑油中锌含量测定法	ZB E60 005-88	IP 117/53
31	SH/T 0227—1992(2004 年确认)	添加剂中硼含量测定法	ZB E60 006-89	
32	SH/T 0228—1992(2004 年确认)	润滑油中钡、钙、锌含量测定法(原子吸收光谱法)	ZB E60 007-89	DIN 51391(81)T1
33	SH/T 0243—1992(2004 年确认)	溶剂汽油碘值测定法	SY 2301-82	
34	SH/T 0248—2006	柴油和民用取暖油冷滤点测定法	SH/T 0248—1992	IP 309/99
35	SH/T 0251—1993(2004 年确认)	石油产品碱值测定法(高氯酸电位滴定法)	SH/T 0251-92	ASTM D2896-88
36	SH/T 0255—1992(2004 年确认)	添加剂和含添加剂润滑油水分测定法(电量法)	SY 2508-83	
37	SH/T 0256—1992(2004 年确认)	润滑油破乳化时间测定法	SY 2610-66(82)	ГОСТ 1547-42
38	SH/T 0259—1992(2004 年确认)	润滑油热氧化安定性测定法	SY 2618-66(82)	
39	SH/T 0264—1992(2006 年确认)	内燃机油高温氧化和轴瓦腐蚀评定法(皮特 W-1 法)	SY 2629-84	CECL-02A—1978
40	SH/T 0265—1992(2006 年确认)	内燃机油高温氧化和轴瓦腐蚀评定法(L-38 法)	SY 2630-84	FED 3405.2(L-38)
41	SH/T 0270—1992(2004 年确认)	添加剂和含添加剂润滑油的钙含量测定法	SY 2659-65(82)	
42	SH/T 0296—1992(2004 年确认)	添加剂和含添加剂润滑油的磷含量测定法(比色法)	SY 2676-82	
43	SH/T 0297—1992(2004 年确认)	添加剂中钙含量测定法	SY 2678-82	
44	SH/T 0298—1992(2004 年确认)	含防锈剂润滑油水溶性酸测定法(pH 值法)	SY 2679-77S(88)	
45	SH/T 0299—1992(2004 年确认)	内燃机油氧化安定性测定法	SY 2681-82	
46	SH/T 0300—1992(2006 年确认)	曲轴箱模拟试验方法(QZX 法)	SY 2684-82	

续表

序号	标　准　号	标 准 名 称	被代替的标准号	参考国外标准号
47	SH/T 0303—1992(2004 年确认)	添加剂中硫含量测定法(电量法)	SY 2688-83	
48	NB/SH/T 0306—2013	润滑油承载能力的评定　FZG 目测法	SH/T 0306—1992	ASTM D5182-97
49	SH/T 0307—1992(2006 年确认)	石油基液压油磨损特性测定法(叶片泵法)	SY 2692-84	ASTM D2882-1974
50	SH/T 0308—1992(2004 年确认)	润滑油空气释放值测定法	SY 2693-85	ASTM D3427-75
51	SH/T 0309—1992(2004 年确认)	含添加剂润滑油的钙、钡、锌含量测定法(络合滴定法)	SY 2694-85	
52	NB/SH/T 0505—1992	含聚合物油剪切安定性测定法　超声波剪切法	SY 2626-83	
53	SH/T 0560—1993(2004 年确认)	润滑油热安定性试验法		JIS K 2540—1989
54	SH/T 0561—1993(2004 年确认)	抗氧抗腐添加剂热分解温度测定法(毛细管法)		
55	SH/T 0566—1993(2004 年确认)	润滑油黏度指数改进剂增稠能力测定法		
56	SH/T 0568—1993(2004 年确认)	油包水型乳化液贮存稳定性测定法(烘箱法)		ASTM D3707-89
57	SH/T 0569—1993(2004 年确认)	油包水型乳化液贮存稳定性测定法(低温-室温循环法)		ASTM D3709-89
58	SH/T 0577—1993(2006 年确认)	铁路柴油机油高温摩擦磨损性能测定法(青铜-钢法)		
59	SH/T 0578—1994(2004 年确认)	乳化液 pH 值测定法		
60	SH/T 0579—1994(2004 年确认)	乳化液热稳定性测定法		
61	SH/T 0580—1994(2004 年确认)	乳化液中油含量测定法		
62	SH/T 0582—1994(2004 年确认)	润滑油和添加剂中钠含量测定法(原子吸收光谱法)		
63	SH/T 0605—2008	润滑油及添加剂中钼含量的测定原子吸收光谱法	SH/T 0605—1994	DIN 51379 • T3(85)
64	SH/T 0618—1995(2004 年确认)	高剪切条件下的润滑油动力黏度测定法(雷范费尔特法)		CEC L-36-T-84
65	SH/T 0631—1996(2004 年确认)	润滑油和添加剂中钡、钙、磷、硫和锌测定法(X 射线荧光光谱法)		ASTM D4727-93

续表

序号	标　准　号	标准名称	被代替的标准号	参考国外标准号
66	SH/T 0667—1998(2006年确认)	风冷二冲程汽油机油清净性评定法		JASO M341-92
67	SH/T 0668—1998(2006年确认)	风冷二冲程汽油机油润滑性评定法		JASO M340-92
68	SH/T 0688—2000(2007年确认)	石油产品和润滑剂碱值测定法(电位滴定法)		ASTM D4739-1996
69	SH/T 0703—2001	润滑油在高温剪切速率条件下表观黏度测定法		ASTM D5481-96
70	NB/ SH/T 0704—2010	石油和石油产品中氮含量的测定法　舟进样化学发光法		ASTM D5762-09
71	SH/T 0719—2002	润滑油氧化诱导期测定法(压力差示扫描量热法)		ASTM D6186-98
72	SH/T 0722—2002	润滑油高温泡沫测定法		ASTM D6082-00
73	SH/T 0731—2004	润滑油蒸发损失测定法(热重诺亚克法)		ASTM D6375-99a
74	SH/T 0749—2004	润滑油及添加剂中添加元素含量测定法(电感耦合等离子体发射光谱法)		
75	SH/T 0750—2005	发动机油高温氧化沉积物测定法(热氧化模拟试验法)		ASTM D6335-98
76	SH/T 0751—2005	高温和高剪切速率下黏度测定法		ASTM D4741-00
77	SH/T 0762—2005	润滑油摩擦系数测定法(四球法)		ASTM D5183-95(1999)
78	SH/T 0782—2005	柴油机油性能评定法(开特皮勒1K/1N)		ASTM D6750-02
79	SH/T 0783—2006	内燃机油高温氧化和抗磨损性能评定法(CEPT-Ⅲ法)		
80	SH/T 0787—2006	石油基液压油高压叶片泵磨损特性测定法		ASTM D6973-05
81	SH/T 0788—2006	内燃机油高温氧化和轴瓦腐蚀评定法(程序Ⅷ法)		ASTM D6709-04
82	SH/T 0791—2007	发动机油过滤性能测定法(经水处理及长时间加热)		ASTM D6794-02

续表

序号	标 准 号	标 准 名 称	被代替的标准号	参考国外标准号
83	SH/T 0792—2007	电器绝缘油中2，6-二叔丁基对甲酚和2，6-二叔丁基苯酚含量测定法(红外吸收光谱法)		ASTM D2668-02
84	SH/T 0801—2007	发动机油中均匀性和混合性测定法		ASTM D6922-03
85	SH/T 0802—2007	绝缘油中2，6-二叔丁基对甲酚测定法		IEC 60666：1979
86	SH/T 0805—2008	润滑油过滤性测定法		ISO 13357
87	NB/SH/T 0830—2010	非石油基和石油基液压油磨损特性叶片泵测定法		ASTM D7043-04a
88	NB/SH/T 0834—2010	发动机油适度高温活塞沉积物的测定　热氧化模拟试验法(TEOST MHT)		ASTM D7097-06a
89	NB/SH/T 0841—2010	汽油发动机燃油经济性评定法		
90	NB/SH/T 0844—2010	涡轮机油腐蚀性和氧化安定性测定法		ASTM D4636-99(2004)
91	NB/SH/T 0846—2010	抗磨液压油高压柱塞泵试验法		Denison P46
92	NB/SH/T 0847—2010	极压润滑油摩擦磨损性能测定法 SRV试验机法		ASTM D6425-05
93	NB/SH/T 0867—2013	柴油机油烟炱含量测定法　热重分析法		ASTM D5967-10a
94	NB/SH/T 0878—2014	液压液性能的评定　TH620C双泵试验法		
95	NB/SH/T 0882—2014	润滑油极压性能测定法　SRV试验机法		ASTM D7421-11
96	NB/SH/T 0884—2014	柴油机油性能评定法　康明斯ISM法		ASTM D7468-11
97	NB/SH/T 0886—2014	石油产品倾点的测定 自动倾斜法		ASTM D5950-12
98	NB/SH/T 0891—2014	在用发动机油中烟炱含量测定法 分光光度法		CEC L-82-97
99	NB/SH/T 0893—2015	乘用车直喷柴油发动机油中温分散性评定法		CEC L-93-04

续表

序号	标 准 号	标 准 名 称	被代替的标准号	参考国外标准号
100	NB/SH/T 0894—2015	含聚合物超声波剪切安定性测定法		ASTM D2603-01
101	NB/SH/T 0904—2015	自动传动液氧化安定性测定法		JIS K2514—1996
102	NB/SH/T 0906—2015	发动机油热稳定性的测定 热管试验法		JPI 5S-55-99
103	NB/SH/T 0910—2015	无锌涡轮机油中受阻酚型抗氧剂含量测定法 线性扫描伏安法		ASTM D6810-13
104	NB/SH/T 0922—2016	润滑油抗微点蚀性能的测定 FZG 法		FVA 54 Ⅰ-Ⅵ
105	NB/SH/T 0924—2016	柴油机油抗磨损性能的评定 随动滚柱磨损(RFWT)法		ASTM D5966-13
106	NB/SH/T 0925—2016	手动变速箱同步啮合耐久性的评定 FZG SSP-180 法		CEC L-66-99(2014)
107	NB/SH/T 0926—2016	内燃机油节能性能的评定 程序ⅥD 法		ASTM D7589-15a
108	NB/SH/T 0957—2017	发动机油对水和模拟 Ed85 燃料乳化能力的评价方法		ASTM D7563-10(2016)
109	NB/SH/T 0968—2017	无锌涡轮机油中受阻酚型和芳香胺型抗氧剂含量测定 线性扫描伏安法		ASTM D6971-09(2014)
110	NB/SH/T 0974—2018	涡轮机油中芳香胺型抗氧剂含量测定 差分脉冲伏安法		GB/T 1.1—2009
111	NB/SH/T 0975—2018	在用涡轮机油中漆膜生成趋向值的测定 膜片比色法(MPC 法)		ASTM D7843-16
112	NB/SH/T 0976—2019	发动机油氧化安定性的测定 ROBO 试验法		ASTM D7528-17
113	NB/SH/T 0982—2019	润滑油金属清净剂浊度测定法		
114	NB/SH/T 0983—2019	传动系统润滑油低温黏度测定 恒剪切应力黏度计法		ASTM D6821-18

参 考 文 献

[1] 全国石油产品和润滑剂标准化技术委员会．石油和石油化工标准化工作简报，2020 年第 1 期，2020 年 3 月．

[2] 中国石油化工集团公司科技部．石油产品行业标准汇编 2016[G]．北京：中国石化出版社，2016：536-648.

[3] 中国石油化工集团公司科技部．石油和石油产品试验方法国家标准汇编 2016(上)[G]．北京：中国标准出版社，2016：18-710.

[4] 中国石油化工集团公司科技部．石油和石油产品试验方法国家标准汇编 2016(中)[G]．北京：中国标准出版社，2016：55-738.

[5] 中国石油化工集团公司科技部．石油和石油产品试验方法国家标准汇编 2016(下)[G]．北京：中国标准出版社，2016：1-178.

[6] 全国石油产品和润滑剂标准化技术委员会．石油和石油化工标准化工作简报，2019 年第 2 期，2019 年 7 月.

[7] 中国石油化工集团公司科技部．石油和石油产品试验方法行业标准汇编 2016(第一分册)[G]．北京：中国石化出版社，2016：37-1023.

[8] 中国石油化工集团公司科技部．石油和石油产品试验方法行业标准汇编 2016(第二分册)[G]．北京：中国石化出版社，2016：10-1053.

[9] 中国石油化工集团公司科技部．石油和石油产品试验方法行业标准汇编 2016(第三分册)[G]．北京：中国石化出版社，2016：89-793.

[10] 中国石油化工集团公司科技部．石油和石油产品试验方法行业标准汇编 2016(第四分册)[G]．北京：中国石化出版社，2016：538-829.

[11] 中国石油化工集团公司科技部．石油和石油产品试验方法行业标准汇编 2016(第五分册)[G]．北京：中国石化出版社，2016：4-812.

[12] 国家能源局．润滑油抗微点蚀性能的测定 FZG 法．北京：中国石化出版社，2017-05-01 实施.

第九章　润滑油的分类

第1节　润滑油的分类

1.1　国外发动机油的分类[1~16]

ISO(International Standardization Organization)1987 年在悉尼召开的会议上曾讨论了内燃机油的分类问题，汽油机油和柴油机油基本上采用 SAE J183 分类方法。于 2007 年提出了 ISO 6743-15：2007 润滑剂、工业润滑油和有关产品(L 类)分类第 15 部分：E 组(内燃机油)分类标准。在 1947 年前，对于美国汽车发动机油，SAE J300 仅按黏度来分类。1947 年，API(American Petroleum Institute)根据曲轴箱润滑油性质和操作条件，把汽油发动机油划分成普通型、优质型和重负荷型三类。一直没有基于燃料类型的发动机油分类规格，直到 1952 年 API 才发布了第一个分别用于汽油机油和柴油机油的发动机油规格，根据发动机使用的燃料和发动机操作条件苛刻度的不同，把汽油机油划分成 ML、MM 和 MS 三类；而柴油机油被划分成 DG、DM 和 DS 三类。第一个字母 M 和 D 分别代表汽油机油和柴油机油，第二个字母代表使用规格，对汽油机油来说，L 代表轻负荷，M 代表中负荷，S 代表重负荷；而柴油机油的 G、M、S 分别代表轻、中和重负荷。

1969 年至 1970 年，API、SAE(Society Automotive Engineers)和 ASTM(American Society for Testing Materials)三家共同协商制定了 SAE J183E 发动机油的分类。对于这个分类，世界上基本上按此执行，但欧洲及日本同时又制定了自己的标准或补充规定，而黏度分类完全按 SAE J300 执行。

1.1.1　SAE 发动机油黏度分类

SAE J300 黏度分类也在不断修订，在 1987 年前的黏度分类只有 5W、10W、20W、20、30、40 和 50 七个黏度级别，5W、10W、20W 三个级别统一测-18℃下的低温黏度。1987 年进行了修订，冬季带“W”级的增加了 0W、15W、25W，单级油增加了 SAE 60，这样 SAE J 300 黏度级别从 7 个增加到 11 个，而且还增加了“W”级别的不同温度下的低温启动黏度和低温泵送温度(过去只测-18℃下的低温黏度)。1995 年又进行了修订，这次修订两处有较大的变动：一是把泵送温度比过去降低 5℃，使低温启动温度与低温泵送温度相差 10℃；二是增加了低温泵送黏度及高温高剪切黏度(HTHS)。1999 年再次进行了修订，这次是把低温启动温度下调 5℃(低温启动温度与低温泵送温度的差值又回到 5℃)，并对低温启动黏度做了相应调整，详见表 9-1。SAE J300 黏度规格自 2001 年改变 MRV 的测定温度和指标

以来就没有更动，2004 年 5 月版只是做了一些补充。

表 9-1　1987 年至 1999 年的低温黏度及低温泵送温度三次变化情况

黏度级别	1987 年		1995 年		1999 年	
	低温(℃)启动黏度/mPa·s	低温泵送温度/℃	低温启动黏度/mPa·s	低温泵送黏度/mPa·s	低温启动黏度/mPa·s	低温泵送黏度/mPa·s
0W	-35，3250	-40	-30，3250	-40，60000	-35，6200	-40，60000
5W	-30，3500	-35	-25，3500	-35，60000	-30，6600	-35，60000
10W	-25，3500	-30	-20，3500	-30，60000	-25，7000	-30，60000
15W	-20，3500	-25	-15，3500	-25，60000	-20，7000	-25，60000
20W	-15，4500	-20	-10，4500	-20，60000	-15，9500	-20，60000
25W	-10，6000	-15	-5，6000	-15，60000	-10，13000	-15，60000

SAE 于 2007 年 11 月初发布了 SAE J300(2007) 以取代 SAE J300(2004)。这次对 0W/40、5W/40 和 10W/40 的高温高剪切黏度由原来的不小于 2.9mPa·s 改为不小于 3.5mPa·s，是经过 SAE 成立的一个任务小组做了许多工作，并经过成员投票通过的。这次更动并不是因为美国和日本两个汽车大国的需求，因为它们不用这个级别的油，而是使用更低黏度的油，如 5W/20 和 5W/30，而主要是欧洲 OEM 的要求，它们使用 J300 规格且喜欢用 0W/40、5W/40 和 10W/40 油，但是一直认为其高温高剪切黏度太低，例如德国大众其装车油规格 TL-52167 和它相应的服务油 VW502.00/505.00 均规定使用 5W/40，符合 J-300 规格，但特别注明其高温高剪切黏度不小于 3.5mPa·s，所以这个更动主要是反映了欧洲 OEM 的要求。其他没有变化，详见表 9-2。

表 9-2　SAE J300(2007 年 12 月) 发动机油黏度级别

黏度级别	低温黏度		高温黏度		
	低温(℃)启动黏度/mPa·s	低温(℃)泵送黏度/mPa·s	100℃时低剪切速率的运动黏度/(mm^2/s)		150℃时高剪切速率的动力黏度/mPa·s
	最大	最大	最小	最大	最小
0W	-35，6，200	-40，60，000	3.8	—	—
5W	-30，6，600	-35，60，000	3.8	—	—
10W	-25，7，000	-30，60，000	4.1	—	—
15W	-20，7，000	-25，60，000	5.6	—	—
20W	-15，9，500	-20，60，000	5.6	—	—
25W	-10，13，000	-15，60，000	9.3	—	—
20	—	—	5.6	<9.3	2.6
30	—	—	9.3	<12.5	2.9
40	—	—	12.5	<16.3	3.5(0W-40，5W-40 和 10W-40)

续表

黏度级别	低温黏度		高温黏度		
	低温(℃)启动黏度/mPa·s	低温(℃)泵送黏度/mPa·s	100℃时低剪切速率的运动黏度/(mm^2/s)		150℃时高剪切速率的动力黏度/mPa·s
	最大	最大	最小	最大	最小
40	—	—	12.5	<16.3	3.7(15W-40，20W-40，25W-40，40)
50	—	—	16.3	<21.9	3.7
60	—	—	21.9	<26.1	3.7

随着各国对汽车排放和节能的要求越来越高，汽车的燃油经济性备受关注，在流体润滑的情况下，摩擦系数随着黏度的降低而减小。在保证发动机部件正常润滑的条件下，降低内燃机油黏度可以减少流体动力学阻力，从而减少能源消耗，实现节能的目的。为满足OEM提高燃料经济性的要求和适应内燃机油低黏化发展趋势，SAE J300发动机油黏度分类标准也于2013(增加一个16黏度等级)、2015年再次做了修订。2015年1月，SAE发布了最新规格SAE J300—2015。与SAE J300—2007相比，最新规格要求：低温黏度等级的运动黏度指标保持不变；20黏度等级油的100℃运动黏度下限由“不小于5.6mm^2/s”修改为“不小于6.9mm^2/s”；增加8、12、16三个黏度等级的100℃运动黏度指标限值及HTHS黏度值。SAE J300—2015规格指标要求见表9-3。

表9-3 SAE J300(2015年1月)发动机油黏度级别

黏度级别	低温黏度		高温黏度		
	低温(℃)启动黏度/mPa·s	低温(℃)泵送黏度/mPa·s	100℃时低剪切速率的运动黏度/(mm^2/s)		150℃时高剪切速率的动力黏度/mPa·s
	最大	最大	最小	最大	最小
0W	-35，6，200	-40，60，000	3.8	—	—
5W	-30，6，600	-35，60，000	3.8	—	—
10W	-25，7，000	-30，60，000	4.1	—	—
15W	-20，7，000	-25，60，000	5.6	—	—
20W	-15，9，500	-20，60，000	5.6	—	—
25W	-10，13，000	-15，60，000	9.3	—	—
8	—	—	4	<6.1	1.7
12	—	—	5	<7.1	2.0
16	—	—	6.1	<8.2	2.3
20	—	—	6.9	<9.3	2.6
30	—	—	9.3	<12.5	2.9
40	—	—	12.5	<16.3	3.5(0W-40，5W-40和10W-40)

续表

黏度级别	低温黏度		高温黏度		
	低温(℃)启动黏度/mPa·s	低温(℃)泵送黏度/mPa·s	100℃时低剪切速率的运动黏度/(mm^2/s)		150℃时高剪切速率的动力黏度/mPa·s
	最大	最大	最小	最大	最小
40	—	—	12.5	<16.3	3.7(15W-40，20W-40，25W-40，40)
50	—	—	16.3	<21.9	3.7
60	—	—	21.9	<26.1	3.7

1.1.2 API汽油机油性能和使用试验

API汽油机油质量分类以S(Service)打头再冠以A、B、C……，目前已发展到API SP(于2020年出台)。为了了解API汽油机油发展情况，把美国汽油机油质量指标分别列入表9-4~表9-8。

表9-4 API汽油机油性能和使用试验分类

代号	性能要求	发动机试验	主要性能指标			
SA	无	无				
SB	加抗氧剂和抗擦伤添加剂，具有抗氧和抗磨性	L-4或L-38	轴承失重/mg	— 最大	L-4 500	L-38 50
		程序Ⅳ	凸轮擦伤	—	无	
			挺杆擦伤	最大	2	
SC	适合1964~1967年出厂汽车的要求，具有抗低温油泥和防锈性能	程序ⅡA和ⅢA	凸轮和挺杆擦伤		无	
			平均凸轮加挺杆磨损/mm	最大	0.0653	
			平均锈蚀评分	最小	8.2	
			平均油泥评分	最小	9.5	
			平均漆膜评分	最小	9.7	
		程序Ⅳ	凸轮擦伤		无	
			挺杆擦伤	最大	2	
		程序Ⅴ	发动机油泥总评分	最小	40	
			活塞裙部漆膜平均评分	最小	7.0	
			发动机漆膜总评分	最小	35	
			进气阀触点平均磨损/mm	最大	0.0508	
			油环堵塞/%	最大	20	
			环黏结	—	无	
			油过滤网堵塞/%	最大	20	
		L-38	轴承失重/mg	最大	50	
		L-1(含硫不小于0.95%的燃料)	顶环槽充满(体)/%	最大	25	
			第二环槽和以下	—	基本清洁	

续表

代号	性能要求	发动机试验	主要性能指标			
SD	适合1968~1971年出厂汽车的要求，具有抗低温油泥和防锈性能，比SC级油性能更好	程序ⅡB和ⅢB	凸轮和挺杆擦伤		无	
			平均凸轮加挺杆磨损/mm	最大	0.0762	
			平均锈蚀评分	最小	8.8	
			平均油泥评分	最小	9.6	
			平均漆膜评分	最小	9.6	
		程序Ⅳ	凸轮擦伤	—	无	
			挺杆擦伤	最大	2	
		程序ⅤB	发动机油泥总评分	最小	42.5	
			活塞裙部漆膜平均评分	最小	8.0	
			发动机漆膜总评分	最小	37.5	
			进气阀触点平均磨损/mm	最大	0.0381	
			油环堵塞/%	最大	5	
			油过滤网堵塞/%	最大	5	
					—	
		L-38	轴承失重/mg	最大	40	
					L-1	1-H2
		L-1(含硫不小于0.95%的燃料)	顶环槽充满(体)/%	最大	25	45
			第二环槽和以下	—	基本清洁	—
			加权评分	最大		
		Falcon	平均发动机锈蚀评分	最小	9	140
SE	适合1972年出厂汽车的要求，具有高低温抗氧和低温抗油泥和防锈性能，比SD或SC级油性能更好				ⅡC	ⅡD
		程序ⅡC或ⅡD	平均发动机锈蚀评分	最小	8.4	8.5
			挺杆黏结	—	无	无
					ⅢC	ⅢD
		程序ⅢC和ⅢD	40h黏度增长(37.8℃)	最大	400	—
			40h黏度增长(40℃)	最大	—	375
			平均活塞漆膜裙部评分	最小	9.3	9.1
			环台面漆膜评分	最小	6.0	4.0
			平均油泥评分	最小	9.2	9.2
			环黏结	—	无	无
			挺杆黏结	—	无	无
			凸轮和挺杆擦伤	—	无	无
			凸轮和挺杆磨损/mm	平均	0.0254	0.1016
				最大	0.0508	0.254

续表

代号	性能要求	发动机试验	主要性能指标			
SE	适合1972年出厂汽车的要求，具有高低温抗氧和低温抗油泥和防锈性能，比SD或SC级油性能更好	程序ⅤC或ⅤD			ⅤC	ⅤD
			平均发动机油泥评分	最小	8.7	9.2
			平均活塞裙部漆膜评分	最小	7.9	6.4
			平均发动机漆膜评分	最小	8.0	6.3
			油环堵塞/%	最大	5	10
			油过滤网堵塞/%	最大	5	10
			压缩环黏结		无	无
			凸轮磨损/mm	平均	—	0.0508
				最大	—	0.1016
		L-38	轴承失重/mg	最大	40	
SF	适合1980年出厂和用无铅汽油作燃料的汽车，与SE级油比提高了抗氧稳定性和改进了抗磨性能还具有抗沉积、防锈蚀和腐蚀的性能，可满足SE、SD、SC级油的要求	程序ⅡD	平均发动机锈蚀评分	最小	8.5	
			挺杆黏结		无	
		程序ⅢD	64h黏度增长(40℃)/%	最大	375	
			平均活塞裙部漆膜评分	最小	9.2	
			平均油泥评分	最小	9.2	
			环台面漆膜评分	最小	4.8	
			环黏结	—	无	
			挺杆黏结	—	无	
			凸轮和挺杆擦伤	—	无	
			凸轮和挺杆磨损/mm	平均	0.102	
				最大	0.203	
		程序ⅤD	平均发动机油泥评分	最小	9.4	
			平均活塞裙部漆膜评分	最小	6.7	
			平均发动机漆膜评分	最小	6.6	
			油环堵塞/%	最大	10	
			油过滤网堵塞/%	最大	7.5	
			压缩环黏结	—	无	
			凸轮磨损/mm	平均	0.0254	
				最大	0.0635	
		L-38	轴承失重/mg	最大	40	

续表

代号	性能要求	发动机试验	主要性能指标		
SG	适合1989年出厂的汽车，SG级油的性能包括CC级油的性能要求；它改进了抗沉积、抗氧化和抗磨损性能，还具有防锈和防腐性能，它还适用于SF、SF/CC、SE或SE/CC级油的性能要求	程序ⅡD	平均发动机锈蚀评分 挺杆黏结	最小	8.5 无
		程序ⅢE	64h黏度增长(40℃)/% 平均活塞裙部漆膜评分 平均油泥评分 环台面漆膜评分 挺杆黏结 凸轮和挺杆擦伤 凸轮和挺杆磨损/μm	最大 最小 最小 最小 — — 平均 最大	375 8.9 9.2 3.5 无 无 30 64
		程序ⅤE	平均发动机油泥评分 摇杆盖油泥评分 平均活塞裙部漆膜评分 平均发动机漆膜评分 油环堵塞/% 油过滤网堵塞/% 压缩环黏结 凸轮磨损/μm	最小 最小 最小 最小 最小 最小 — 平均 最大	9.0 7.0 6.5 5.0 15 20 无 122 381 —
		L-38	轴承失重/mg	最大	40
		1H2	顶环槽充满(体)/% 加权评分	最大 最大	45 140
SH		程序ⅡD (ASTM D 5844)	平均发动机锈蚀评分 挺杆黏结	最小 —	8.5 无
		程序ⅢE (ASTM D 5533)	40℃黏度增长到375%的小时/h 平均发动机油泥评分 平均活塞裙部漆膜评分 平均油环台沉积评分 挺杆黏结 擦伤和磨损 凸轮或挺杆擦伤 凸轮+挺杆磨损/μm　平均 环黏结	最小 最小 最小 最小 — — 最大 最大 最大	64 9.2 8.9 3.5 无 无 30 64 无

续表

代号	性能要求	发动机试验	主要性能指标		
SH		程序ⅤE（ASTM D5302）	平均发动机油泥评分 摇杆盖油泥评分 平均活塞裙部漆膜评分 平均发动机漆膜评分 油环堵塞/% 油过滤网堵塞/% 压缩环黏结（热黏结） 凸轮磨损/μm	最小 最小 最小 最小 最大 最大 — 平均 最大	9.0 7.0 6.5 5.0 报告 20.0 无 127 380 —
		L-38（D5119）	轴承失重/mg	最小	40
			剪切稳定性		10h 后保持原黏度级别

模拟台架试验和测定参数（SH）

方法	性能要求		5W30	10W30	15W40
ASTM D5800	挥发损失/%	最大	25	20	18
ASTM D-2887	挥发损失（371℃）/%	最大	20	17	15
GM 9099P EOFT	流动降低/%		50	50	无要求
D-4951 或 D-5185	磷含量/%	最大	0.12	0.12	无要求
ASTM D-92	闪点/℃	最小	200	205	215
ASTM D-93	闪点/℃	最小	185	190	200
ASTM D-892	发泡趋向：	最大			
	程序Ⅰ发泡/稳定		10/0	10/0	10/0
	程序Ⅱ发泡/稳定		50/0	50/0	50/0
	程序Ⅲ发泡/稳定		10/0	10/0	10/0
	高温发泡		报告	报告	报告
FTM 791C，3470.1	均相性/互溶性		与 SAE 参考油均相		

代号	性能要求	发动机试验	主要性能指标		
SJ		D5844（程序ⅡD）	平均发动机锈蚀评分	最小	8.5
			挺杆黏结	—	无
		D5533（程序ⅢE）	40℃黏度增长到 375%的时间/h	最小	64
			平均发动机油泥评分	最小	9.2
			平均活塞裙部漆膜评分	最小	8.9
			平均油环台沉积评分	最小	3.5
			挺杆黏结	—	无
			擦伤和磨损：		
			凸轮或挺杆擦伤	—	无
			凸轮+挺杆磨损/μm	平均	30
				最大	64
			环黏结（与油有关联的）		无

续表

代号	性能要求	发动机试验	主要性能指标		
		D5302(程序ⅤE)	平均发动机油泥评分	最小	9.0
			摇杆盖油泥评分	最小	7.0
			平均活塞裙部漆膜评分	最小	6.5
			平均发动机漆膜评分	最小	5.0
			油环堵塞/%	最大	报告
			油过滤网堵塞/%	最大	20.0
			压缩环黏结(热黏结)		无
			凸轮磨损/μm	平均	
				最大	127
					380
		L-38(D5119)	轴承失重/mg	最小	40
			剪切稳定性	—	10h后保持原黏度级别

代号	模拟台架试验和测定参数				
	方法	性能要求		0W20，5W20，5W30，10W30	所有其他黏度级别
	ASTM D5800	挥发损失/%	最大	22	20
SJ	ASTM D6417	挥发损失(371℃)/%	最大	17	15
	ASTM D5480	挥发损失(371℃)/%	最大	17	15
	EOFT	流动降低/%	最大	50	50
	EOWTT	流动降低/%	最大	—	—
		含0.6%水		报告	报告
		含1.0%水		报告	报告
		含2.0%水		报告	报告
		含3.0%水		报告	报告
	D-4951或D-5185	磷含量/%	最大	1.0	无要求
	ASTM D-92	闪点/℃	最小	200	无要求
	ASTM D-93	闪点/℃	最小	185	无要求
	ASTM D-892	发泡趋向：	最大		
		程序Ⅰ：发泡/稳定	最大	10/0	10/0
		程序Ⅱ：发泡/稳定	最大	50/0	50/0
		程序Ⅲ：发泡/稳定	最大	10/0	10/0
	ASTM D-6082	静止泡沫：趋势/稳定	最大	200/50	200/50
	FTM 791C，3470法	均相性/性		与SAE参考油均相	
	TEOST	高温沉积/mg	最大	60	60
	ASTM D5133	凝胶指数	最大	12	无要求

表 9-5　API SL 质量指标

试验方法	评分或测定的参数	主要性能指标
程序ⅢF	40℃黏度增长/%	≤275
	平均活塞裙部漆膜评分	≥9.0
	活塞沉积加权评分	≥4.0
	凸轮和挺杆平均磨损/μm　平均	≤20
	热黏结环	无
	低温黏度性能	报告
程序ⅣA	凸轮平均磨损/μm	≤120
ASTM D5302(程序ⅤE)①	凸轮平均磨损/μm　平均 最大	≤127 ≤380
ASTM D6593(程序ⅤG)	平均发动机油泥评分	≥7.8
	摇臂盖油泥评分	≥8.0
	平均活塞裙部漆膜评分	≥7.5
	平均发动机漆膜评分	≥8.9
	机油滤网堵塞/%	≤20
	热黏结压缩环	无
	冷黏结环	报告
	油网残留物/%	报告
	油环堵塞/%	报告
程序Ⅷ	轴承失重/mg 剪切稳定性	≤26.4 10h 后保持原黏度级别
模拟台架试验和测定的参数		黏度等级和性能指标
锈蚀试验(BRT)/平均值		≥100
蒸发损失(ASTM D5800)/%		≤15
在 371℃的蒸发损失(ASTM D6417)/%		≤10
EOFT/%流动下降		≤50
EOWTT/%流动下降		
含 0.6%水		≤50
含 1.0%水		≤50
含 2.0%水		≤50
含 3.0%水		≤50
磷含量(ASTM D4951 或 D5185)②/%		≤0.10
起泡倾向(ASTM D892)		
程序Ⅰ/mL		≤10/0
程序Ⅱ/mL		≤50/0
程序Ⅲ/mL		≤10/0

续表

试验方法	评分或测定的参数	主要性能指标
静止泡沫(ASTM D 6082)/趋势/稳定		100/0
均相性/互溶性(FTMS 791C、3470 法)		与 SAE 参考油均相
高温沉积(TEOST MHT-4)/mg		≤45
凝胶指数(ASTM D5133)		≤12

① 对含 ZDDP 中磷含量为 0.1%时没有要求。

② 仅对 SAE 0W-20、5W-20、0W-30、5W-30 和 10W-30 黏度级别。

表 9-6 API SM 规格指标

实验室要求		
项目要求	测定的参数	SM/GF-4 性能指标
黏度级别	SAE 0W-20，0W-30 SAE 5W-20 SAE 5W-30 SAE 10W-30	符合 SAE J300 规格要求
泡沫试验(ASTM D892)	趋势/稳定性/mL(最大) 程序Ⅰ 程序Ⅱ 程序Ⅲ 程序Ⅳ	 10/0 50/0 10/0 100/0
磷(ASTM D4951)	磷含量/%	≥0.6 ≤0.08①
EOFT(ASTM D6795)	EOFT 流量减少/%	≤50
EOWTT(ASTM D6794)	EOWTT 流量减少/% 含 0.6%的水 含 1.0%的水 含 2.0%的水 含 3.0%的水	 ≤50 ≤50 ≤50 ≤50
TEOST(ASTM D7097)	总沉积物/mg	≤35②
均匀性和混合性(ASTM D6922)	油的兼容性	通过
凝胶指数(ASTM D5133)	扫描 Brookfield	≤12
蒸发损失(ASTM D5800) (ASTM D5800)	250℃×1h/%(Noack) 371×1h/%(Gcd)	≤15 ≤10
BRT(ASTM D6557)	平均灰度值/分	≥100
硫(ASTM D4951 或 D2622)	SAE 0W 和 5W 硫含量 SAE 10W 硫含量	≤0.5 ≤0.7③

续表

实验室要求		
项目要求	测定的参数	SM/GF-4 性能指标
发动机试验		
程序Ⅲ(ASTM D7320)	100h 的黏度增长/% 平均活塞沉积评分 热黏环 平均凸轮挺杆磨损/μm	≤150 ≥3.5 无 ≤60
程序ⅢGA(ASTM D4684)	旧油的低温黏度/cP	满足原黏度等级的要求或次高黏度级别④
程序ⅣA(ASTM D6891)	平均凸轮磨损/μm	≤90
程序 VG	平均发动机油泥评分 平均摇杆盖油泥评分 平均发动机漆膜评分 平均活塞裙部漆膜评分 油滤网堵塞(面积)/% 热黏环 冷黏环 油环堵塞/% 随动件磨损/#8 平均 活塞环间增加/#1 和 8 平均 油滤网残渣/% 面积	≥7.8 ≥8.0 ≥8.9 ≥7.5 ≤20 无 评分和报告 评分和报告 评分和报告 评分和报告 评分和报告
程序Ⅷ(ASTM D6709)	轴瓦失重/mg 10h 黏度损失	≤26 保持在原级别内
程序ⅥB(ASTM D6837) (仅 ILSAC GF-4 有要求)	0W20 和 5W20/%FEI1/%FE12 0W30 和 5W30/%FEI1/%FE12 10W/30 和其他所有黏度级别/%FEI1/%FE12	≥2.3/≥2.0 ≥1.8/≥1.5 ≥1.1≥0.8

注：对 API SM 的限定；

①≥0.06，没有最大；②≥45；③不要求；④不要求。

表 9-7　API SN 规格指标

实验室试验		
项目要求	测定的参数	SN/GF-5 性能指标
黏度级别	SAE 0W-20，0W-30 SAE 5W-20 SAE 5W-30 SAE 10W-30	符合 SAE J300 规格要求

续表

实验室试验		
项目要求	测定的参数	SN/GF-5 性能指标
泡沫试验(ASTM D892)	趋势/稳定性(静置 1min)/mL 程序Ⅰ 程序Ⅱ 程序Ⅲ 程序Ⅳ	 ≤10/0 ≤50/0 ≤10/0 ≤100/0
EOFT(ASTM D6795)	EOFT 流量减少/%	≤50
EOWTT(ASTM D6794)	EOWTT 流量减少/% 含 0.6%的水 含 1.0%的水 含 2.0%的水 含 3.0%的水	 ≤50 ≤50 ≤50 ≤50
TEOST MHT(ASTM D7097)	沉积量(高温沉积)/mg	≤45
均匀性和混合性(ASTM D6922)	油的兼容性	通过
凝胶指数(ASTM D5133)	扫描 Brookfield 黏度	≤12
蒸发损失(ASTM D5800) (ASTM D5800)	250℃×1h(Noack)/% 371×1h(Gcd)/%	≤15 ≤10
球锈蚀试验(ASTM D6557)	平均灰度值/评分	≥100
橡胶相容性		
聚丙烯酸酯橡胶(ACM-1)	体积/% 硬度/Pts 拉伸强度/%	-5，9 -10，10 -40，40
氢化丁腈橡胶(HNBR-1)	体积/% 硬度/Pts 拉伸强度/%	-5，10 -10，5 -20，15
硅橡胶(VMQ-1)	体积/% 硬度/Pts 拉伸强度/%	-5，40 -30，10 -50，5
氟橡胶(FKM-1)	体积/% 硬度/Pts 拉伸强度/%	-2，3 -6，6 -65，10
乙丙橡胶(AEM-1)	体积/% 硬度/Pts 拉伸强度/%	-5，30 -20，10 -30，30

续表

项目要求	测定的参数	SN/GF-5 性能指标
实验室试验		
磷(ASTM D4951)	磷含量/%	≥0.6
硫(ASTM D4951) (ASTM D2622)	0W 和 5W 多级油 101W 多级油	≥0.5 ≥0.6
发动机试验		
程序Ⅲ(ASTM D7320)	100h 后的 40℃黏度增长/% 平均活塞沉积评分 平均凸轮挺杆磨损/μm 热黏环	≤150 ≥4.0 ≤60 无
ROBO 或程序ⅢGA(ASTM D4684)	旧油的低温模拟 CCS 黏度/10mPa·s	满足原黏度等级的要求或次高黏度级别
程序ⅣA(ASTM D6891)	平均凸轮磨损(7 凸轮平均)/μm	≤90
程序 VG(ASTM D6593)	平均发动机油泥评分 平均摇杆盖油泥评分 平均发动机漆膜评分 平均活塞裙部漆膜评分 油滤网油泥/% 面积 热粘压缩环 冷黏环 油环堵塞(面积)/% 油滤网残渣(面积)/%	≥8.0 ≥8.3 ≥8.9 ≥7.5 ≤15 无 评分和报告 评分和报告 评分和报告
程序Ⅷ(ASTM D6709)	轴瓦失重/mg 10h 后 100℃黏度损失	≤26 保持在原级别内

API SP 的性能指标与 GF-6 规格比较：SP 没有程序 VIE 节能、IIIHB 磷保持性的台架试验要求，也没有对 TEOST-33C 沉积物、乳化保持性试验的要求，其他和 GF-6 要求相同，详见表 9-8。

表 9-8　API SP 规格指标

项目	质量指标
新油黏度要求	
SAE J300	油将满足所有 SAE J300 的要求。黏度级别适用于 SAE 0W、5W 和 10W 多级油
凝胶指数(ASTM D5133)	≤12 在达到 40000cP 时，从 -5℃或-40℃，或低于 MRV TP-1 温度 2℃(由 SAE J300 确定)时开始评价

续表

项目	质量指标
发动机试验要求(程序 ⅢH) 磨损和油增稠 40℃运动黏度增长/% 平均加权活塞沉积评分 热黏环	 — ≤100 ≥4.2 无
磨损、油泥和漆膜(程序 VH) 平均发动机油泥评分 平均摇杆盖油泥评分 平均发动机漆膜评分 平均活塞裙部漆膜评分 热黏压缩环	 ≥7.6 ≥7.7 ≥8.6 ≥7.6 ≤15 无
阀组磨损(程序ⅣB) 进气挺杆磨损体积/mm^3 Fe 元素质量含量/(mg/L)	 不大于 2.7 不大于 400
轴承腐蚀 程序Ⅷ(ASTM D6709) 轴承重量失重/mg	 ≤26
模拟台架试验要求	
催化剂兼容性(ASTM D4951) 磷含量/%	 ≤0.08
硫含量(ASTM D4951 或 D2622) SAE 0W 和 5W 多级油/% SAE 10W-30/%	 ≤0.5 ≤0.6
磨损(ASTM D4951) 磷含量/%	 ≥0.06
挥发性(ASTM D5800) 蒸发损失/%	 ≤15,250℃×1h(注:允许用 D5800 计算转化确定)
过滤性 EOWTT/% 含 0.6%水 含 1.0%水 含 2.0%水 含 3.0%水	 ≤50,流量减少 ≤50,流量减少 ≤50,流量减少 ≤50,流量减少 注:试验配方用最高添加剂(DI/VI)浓度。用同样的配方读取所有其他基础油/黏度级别配方的交叉结果,或同一添加剂(DI/VI)的较低浓度复合,必须试验每个不同的 DI/VI 的结合
EOFT(ASTM D6795)/%	≤50,流量减少

续表

项目	质量指标
新油泡沫特性[ASTM D892(选项A和11除外)] 趋势/稳定性/mL 程序Ⅰ 程序Ⅱ 程序Ⅲ	 ≤10/0 ≤50/0 ≤10/0 (放置1min后进行观察测定)
新油高温泡沫特性 趋势/稳定性/mL	ASTM D6082(Option A) ≤100/0 (放置1min后进行观察测定)
旧油的低温黏度(ROBO试验)(ASTM D7528、D4684) EOT油的低温黏度 旧油的低温黏度Ⅰ(程序ⅢGA试验)(ASTM D7528、ASTM D4684) 程序ⅢGA EOT油的低温黏度	低温泵送黏度必须满足本黏度等级或次高黏度等级的要求，并无屈服应力 低温泵送黏度必须满足本黏度等级或次高黏度等级的要求，并无屈服应力
剪切稳定性 100℃运动黏度(10h运转)	ASTM程序VIII(ASTM D6709) 运动黏度必须在SAE原等级数值内
均匀性和混匀性(ASTM D6922)	当用ASTM试验检测中心(TMC)参考油混合后，仍保持均匀性
发动机锈蚀(ASTM D6557) 平均灰度值	 ≥100
橡胶兼容性(ASTM D7216 Annex A2)	橡胶兼容性的候选油试验将完全选用5个引用标准参考橡胶(SREs)和在SAE J2643中。候选油试验将按照ASTM D7216附件A2执行，候选油浸橡胶将符合下述详细的规格说明书

橡胶材料(SAE J2643)	试验程序	材料性质	单位	极限值
聚丙烯酸酯橡胶(ACM-1)	ASTM D471	体积	%Δ	-5，9
	ASTM D2240	硬度	Pts	-10，10
	ASTM D412	拉伸强度	%Δ	-40，40
氢化丁腈橡胶(HNBR-1)	ASTM D471	体积	%Δ	-5，10
	ASTM D2240	硬度	Pts	-10，5
	ASTM D412	拉伸强度	%Δ	-20，15
硅橡胶(VMQ-1)	ASTM D471	体积	%Δ	-5，40
	ASTM D2240	硬度	Pts	-30，10
	ASTM D412	拉伸强度	%Δ	-50，5

续表

项目			质量指标	
氟橡胶(FKM-1)	ASTM D471	体积	% Δ	-2, 3
	ASTM D2240	硬度	Pts	-6, 6
	ASTM D412	拉伸强度	% Δ	-65, 10
乙丙橡胶(AEM-1)	ASTM D471	体积	% Δ	-5, 30
	ASTM D2240	硬度	Pts	-20, 10
	ASTM D412	拉伸强度	% Δ	-30, 30

1.1.3　ILSAC 汽油机油性能和使用试验

ILSAC 是美国汽车制造商协会(AAMA)和日本汽车制造商协会(JAMA)联合成立的国际润滑剂标准与审查委员会(International Lubricant Standardization and Approval Committee，简称 ILSAC)，联合组织开发了汽油燃料轿车发动机油最低性能标准。与 API 一起又联合推出了新一代汽油机油规格，ILSAC 与 API 同步。于 1992 年实施 API SH/ILSAC GF-1，1996 年实施 API SJ/ILSAC GF-2，2000 年实施 API SL/ILSAC GF-3，2004 年实施 API SM/ILSAC GF-4，2010 年开发了 ILSAC GF-5 规格(API SN 于 2011 年推出)，2020 年 5 月发布 API SP/ILSAC GF-6。表 9-9、表 9-10、表 9-11 和表 9-12 分别列出 GF-1 和 GF-2、GF-3、GF-5、GF-6 的规格指标。关于 ILSAC GF-4 质量指标参见表 9-6。

表 9-9　ILSAC GF-1 和 ILSAC GF-2 规格指标

项目		GF-1	GF-2
黏度要求		由 SAE J 300 范围确定	
发动机试验要求： 程序ⅡD，ⅢE，ⅤE 及 L-38		API SG 范围应用，根据 CMA 实施规程试验	
台架试验要求：			
高温高剪切黏度(150℃和 106s-1)/mPa·s	最小	2.9	—
挥发性			
模拟分离(ASTM D 2887)			
或蒸发损失(CEC L-40-A-93/L-40-T-87)			
0W 和 5W 多级油	最大	20%(371℃)	—
	最大	25%(1h×250℃)	—
对所有其他黏度级别	最大	17%(371℃)	—
	最大	20%(1h×250℃)	—
CEC L-40-A-93/L-40-T-87(Noack)，	最大	—	22
起泡倾向/稳定/mL		10/0	10/0
程序Ⅰ	最大	50/0	50/0
程序Ⅱ	最大	10/0	10/0
程序Ⅲ	最大	报告/报告	—
程序Ⅳ		—	200/50
高温(ASTM D 1392)	最大	185℃	200℃

续表

项目		GF-1	GF-2
闪点/℃ ASTM D92	最小	200℃	
或 ASTM D93	最小	仍在黏度指标之内	
剪切稳定性：L-38 10h 后		与 SAE 参考油混合时保持	通过
均相性和互溶(FTM 791B，3470FA 法)		均相性和互溶性	
		50%	50%
GM EOFT 过滤性，流动降低	最大	—	
M EOFT 改进的		—	评分/报告
0.6/1.0%水		—	评分/报告
2.0/3.0%水		—	60
高温沉积(TEOST)/mg	最大	—	12.0
凝胶指数	最大		
附加要求：			
程序Ⅵ，燃料经济	最小	2.7%	—
程序ⅥA，燃料经济 0W-20 5W20		—	1.4%
其他 0W-X，5W-X		—	1.0%
10W-X		—	0.5%
催化剂兼容性/磷含量	最大	0.12%	0.10%
SAE J300 低温黏度/mPa·s			
启动	最大	3500(-20℃)	—
泵送	最大	3000(-25℃)	—

表 9-10 ILSAC GF-3 质量指标

发动机试验	项目	指标要求
SAE 黏度要求	0W-20、5W20、0W-30、5W-30、10W-30 和其他多级油	符合 SAE J300 的黏度级别
ⅢF(氧化、磨损和沉积)	40℃下运动黏度增长	≤275%
	油耗	对于 Noack 损失≤15%的油不大于 5.2L 对于 Noack 损失>15%的油不大于 6.5L
	在试验结束后低温冷启动试验	报告
	热黏环 活塞裙部漆膜平均评分 活塞沉积物加权评分 凸轮和挺杆平均磨损	无 ≥9.0 ≥4.0 ≤20μm
ⅣA(磨损)	凸轮平均磨损	≤120μm

续表

<table>
<tr><th>发动机试验</th><th>项目</th><th colspan="2">指标要求</th></tr>
<tr><td rowspan="2">ⅤG(油泥和漆膜)</td><td>发动机油泥平均评分
摇臂罩油泥评分
滤网堵塞
热黏环</td><td colspan="2">≥7.8
≥8.0
≤20%
无</td></tr>
<tr><td>发动机漆膜平均评分
活塞裙部漆膜平均评分
油环堵塞
凸轮从动部件销磨损
汽缸内径磨损
冷黏环
滤网残渣</td><td colspan="2">≥8.9
≥7.5
评估并报告
评估并报告
评估并报告
评估并报告
评估并报告</td></tr>
<tr><td rowspan="3">ⅥB(燃料经济性)</td><td rowspan="2">燃料经济性改进指数/PE1.1(16h)
燃料经济性改进指数/PE1.2(96h)
燃料经济性改进指数/PE1.1+PE1.2</td><td>0W-20、5W-20
最小</td><td>16h 期间/ 96h 期间/
2.0% 1.7%</td></tr>
<tr><td>0W-30、5W-30
最小
最小</td><td>16h 期间/ 96h 期间/
1.6% 1.3%
PE1.1+PE1.2 3.0%</td></tr>
<tr><td>10W-30 和其他所有多级油</td><td>10W-30 和其他所有多级油 最小
最小</td><td>16h 期间/ 96h 期间/
0.9% 0.6%
PE1.1+PE1.2 1.5%</td></tr>
<tr><td>Ⅷ(腐蚀)[①]</td><td>轴瓦失重
剪切安定性</td><td colspan="2">≤26.4mg
保持在原级别内</td></tr>
<tr><td>模拟台架试验</td><td>项目</td><td colspan="2">指标</td></tr>
<tr><td>锈蚀试验</td><td>平均值(AGV)</td><td colspan="2">≥100</td></tr>
<tr><td>挥发性</td><td>ASTM D5800(Noack 蒸发损失)
ASTM D5480
ASTM D6417</td><td colspan="2">在 250℃、1h 后/≤15%
在 371℃、1h 后/≤9%
在 371℃、1h 后/≤10%</td></tr>
<tr><td>过滤性(EOFT)</td><td>GM 9099P 流量损失</td><td colspan="2">≤50%</td></tr>
<tr><td>抗水性</td><td>含 0.6%的水
含 1.0%的水
含 2.0%的水
含 3.0%的水</td><td colspan="2">≤50%
≤50%
≤50%
≤50%</td></tr>
<tr><td>抗泡性</td><td>ASTM D892(停 10min)
程序Ⅰ
程序Ⅱ
程序Ⅲ</td><td colspan="2">
≤10/0
≤50/0
≤10/0</td></tr>
</table>

续表

发动机试验	项目	指标要求
高温抗泡性	ASTM D6082(停 10min)	≤100/0
最大橡胶指数	指数(ASTM D5133)	≤12
TEOST MHT-4	高温沉积物	≤45mg
均匀性和混溶性	FTM791C。3470.1	和 SAE 参考油混合后仍能保持均匀性
催化剂的适应性	ASTM D4951 或 ASTM D5185	磷含量≤0.10%

① EOT 油品的 D4684 黏度必须满足本黏度等级或次高黏度等级的要求。

表 9-11 ILSAC GF-5 轿车发动机油标准(2010 年 10 月 1 日生效)

项目	质量指标
新油黏度要求	
SAE J300	油将满足所有 SAE J300 的要求。黏度级别适用于 SAE 0W、5W 和 10W 多级油
凝胶指数(ASTM D5133)	≤12 在达到 40000cP 时，从 -5℃或-40℃，或低于 MRV TP-1 温度 2℃(由 SAE J300 确定)时开始评价
发动机试验要求 程序 ⅢG(ASTM D7320)	
磨损和油增稠	
40℃运动黏度增长/%	≤150
平均加权活塞沉积评分	≥4.0
热黏环	无
平均凸轮加挺杆磨损/μm	≤60
磨损、油泥和漆膜(程序 VGA STM D6593)	
平均发动机油泥评分	≥8.0
平均摇杆盖油泥评分	≥8.3
平均发动机漆膜评分	≥8.9
平均活塞裙部漆膜评分	≥7.5
油滤网油泥/% 面积	≤15
油滤网残渣/% 面积	评分和报告
热黏压缩环	无
冷黏环	评定和报告
油环堵塞/% 面积	评定和报告
阀组磨损(程序ⅣA ASTM D6891)	
平均凸轮磨损(7 个平均)/μm	≤90
轴承腐蚀 程序Ⅷ(ASTM D6709)	
轴承重量失重/mg	≤26

续表

项目	质量指标
燃料经济性(程序ⅥD ASTM D7589)	
SAE 0W-20 和 5W-20 黏度级别	
FEI SUM/%	≥2.6
FEI 2/%	≥1.2　100h 后老化
SAE 0W-30 和 5W-30 黏度级别	
FEI SUM/%	≥1.9
FEI 2/%	≥0.9 100h 后老化
SAE 10W-30 和所有其他没有上列的黏度级别	
FEI SUM/%	≥1.5
FEI 2/%	≥0.6　100h 后老化
模拟台架试验要求	
催化剂兼容性(ASTM D4951) 磷含量/%	≤0.08
磷挥发性/磷保留量(程序ⅢGB ASTM D7320)/%	≥79
硫含量(ASTM D4951 或 D2622) SAE 0W 和 5W 多级油/% SAE 10W-30/%	 ≤0.5 ≤0.6
磨损(ASTM D4951) 磷含量/%	≥0.06
挥发性(ASTM D5800) 蒸发损失/%	≤15，250℃×1h(注：允许用 D5800 计算转化确定)
模拟蒸馏/%(ASTM D6417)	≤10，在 371℃
高温沉积(TEOST MHT ASTM D7097) 沉积量/mg	≤35
高温沉积　(TEOST 33CASTM D6335) 总沉积量/mg	≤30(注：对 SAE 0W-20 没有 TEOST 33C 限定)
过滤性 EOWTT/% 含 0.6%水 含 1.0%水 含 2.0%水 含 3.0%水	 ≤50，流量减少 ≤50，流量减少 ≤50，流量减少 ≤50，流量减少 注：试验配方用最高添加剂(DI/VI)浓度。用同样的配方读取所有其他基础油/黏度级别配方的交叉结果，或同一添加剂(DI/VI)的较低浓度复合，必须试验每个不同的 DI/VI 的结合

续表

项目	质量指标
EOF(ASTM D6795T)/%	≤50，流量减少
新油泡沫特性[ASTM D892(选项 A 和 11 除外)] 趋势/稳定性/mL 程序 Ⅰ 程序 Ⅱ 程序 Ⅲ	 ≤10/0 ≤50/0 ≤10/0 (放置 1min 后进行观察测定)
新油高温泡沫特性 趋势/稳定性/mL	ASTM D6082(Option A) ≤100/0 (放置 1min 后进行观察测定)
旧油的低温黏度(ROBO 试验)(ASTM D7528、D4684) EOT 油的低温黏度	低温泵送黏度必须满足本黏度等级或次高黏度等级的要求，并无屈服应力
旧油的低温黏度 I(程序ⅢGA 试验)(ASTM D7528、ASTM D4684) 程序ⅢGA EOT 油的低温黏度	低温泵送黏度必须满足本黏度等级或次高黏度等级的要求，并无屈服应力
剪切稳定性 100℃运动黏度(10h 运转)	ASTM 程序Ⅷ(ASTM D6709) 运动黏度必须在 SAE 原等级数值内
均匀性和混匀性(ASTM D 6922)	当用 ASTM 试验检测中心(TMC)参考油混合后，仍保持均匀性
发动机锈蚀(ASTM D6557) 平均灰度值	 ≥100
乳化保持性 0℃/24h 25℃/24h	ASTM D7563 没有水分离 没有水分离
橡胶兼容性(ASTM D7216 Annex A2)	橡胶兼容性的候选油试验将完全选用 5 个引用标准参考橡胶(SREs)和在 SAE J2643 中。候选油试验将按照 ASTM D7216 附件 A2 执行，候选油浸橡胶将符合下述详细的规格说明书

橡胶材料(SAE J2643)	试验程序	材料性质	单位	极限值
聚丙烯酸酯橡胶(ACM-1)	ASTM D471	体积	% Δ	-5，9
	ASTM D2240	硬度	Pts	-10，10
	ASTM D412	拉伸强度	% Δ	-40，40

续表

项目		质量指标		
氢化丁腈橡胶（HNBR-1）	ASTM D471	体积	% Δ	-5, 10
	ASTM D2240	硬度	Pts	-10, 5
	ASTM D412	拉伸强度	% Δ	-20, 15
硅橡胶（VMQ-1）	ASTM D471	体积	% Δ	-5, 40
	ASTM D2240	硬度	Pts	-30, 10
	ASTM D412	拉伸强度	% Δ	-50, 5
氟橡胶（FKM-1）	ASTM D471	体积	% Δ	-2, 3
	ASTM D2240	硬度	Pts	-6, 6
	ASTM D412	拉伸强度	% Δ	-65, 10
乙丙橡胶（AEM-1）	ASTM D471	体积	% Δ	-5, 30
	ASTM D2240	硬度	Pts	-20, 10
	ASTM D412	拉伸强度	% Δ	-30, 30

表 9-12 ILSAC GF-6 轿车发动机油标准(2020 年 5 月开始实施)

项目	质量指标
新油黏度要求 SAE J300	油将满足所有 SAE J300 的要求。黏度级别适用于 SAE 0W、5W 和 10W 多级油
凝胶指数(ASTM D5133)	≤12 在达到 40000cP 时，从 -5℃或-40℃，或低于 MRV TP-1 温度 2℃(由 SAE J300 确定)时开始评价
发动机试验要求(程序 ⅢH) 磨损和油增稠	
40℃运动黏度增长/%	≤100
平均加权活塞沉积评分	≥4.2
热黏环	无
磨损、油泥和漆膜(程序 VH)	
平均发动机油泥评分	≥7.6
平均摇杆盖油泥评分	≥7.7
平均发动机漆膜评分	≥8.6
平均活塞裙部漆膜评分	≥7.6
热黏压缩环	≤15 无
阀组磨损(程序ⅣB)	
进气挺杆磨损体积/mm^3	不大于 2.7
Fe 元素质量含量/(mg/L)	不大于 400

续表

项目	质量指标
轴承腐蚀 程序Ⅷ(ASTM D6709) 轴承重量失重/mg	 ≤26
燃料经济性(程序ⅥE) SAE 0W-20 和 5W-20 黏度级别 FEI SUM/% FEI 2/% SAE 0W-30 和 5W-30 黏度级别 FEI SUM/% FEI 2/% SAE 10W-30 和所有其他没有上列的黏度级别 FEI SUM/% FEI 2/%	 ≥3.8 ≥1.8 100h 后老化 ≥3.1 ≥1.5 100h 后老化 ≥2.8 ≥1.3 100h 后老化
模拟台架试验要求	
催化剂兼容性(ASTM D4951) 磷含量/%	 ≤0.08
磷挥发性/磷保留量(程序ⅢGB ASTM D7320)/%	≥81
硫含量(ASTM D4951 或 D2622) SAE 0W 和 5W 多级油/% SAE 10W-30/%	 ≤0.5 ≤0.6
磨损(ASTM D4951) 磷含量/%	 ≥0.06
挥发性(ASTM D5800) 蒸发损失/%	 ≤15，250℃×1h(注：允许用 D5800 计算转化确定)
高温沉积 (TEOST 33CASTM D6335) 总沉积量/mg	 ≤30(注：对 SAE 0W-20 没有 TEOST 33C 限定)
过滤性 EOWTT/% 含 0.6%水 含 1.0%水 含 2.0%水 含 3.0%水	 ≤50，流量减少 ≤50，流量减少 ≤50，流量减少 ≤50，流量减少 注：试验配方用最高添加剂(DI/VI)浓度。用同样的配方读所有其他基础油/黏度级别配方的交叉结果，或同一添加剂(DI/VI)的较低浓度复合。必须试验每个不同的 DI/VI 的结合

续表

项目	质量指标
EOF(ASTM D6795T)/%	≤50，流量减少
新油泡沫特性[ASTM D892(选项A和11除外)] 趋势/稳定性/mL 程序Ⅰ 程序Ⅱ 程序Ⅲ	 ≤10/0 ≤50/0 ≤10/0 (放置1min后进行观察测定)
新油高温泡沫特性 趋势/稳定性/mL	ASTM D6082(Option A) ≤100/0 (放置1min后进行观察测定)
旧油的低温黏度(ROBO试验)(ASTM D7528、D4684) EOT油的低温黏度 旧油的低温黏度Ⅰ(程序ⅢGA试验)(ASTM D7528、ASTM D4684) 程序ⅢGA EOT油的低温黏度	低温泵送黏度必须满足本黏度等级或次高黏度等级的要求，并无屈服应力 低温泵送黏度必须满足本黏度等级或次高黏度等级的要求，并无屈服应力
剪切稳定性 100℃运动黏度(10h运转)	ASTM程序Ⅷ(ASTM D6709) 运动黏度必须在SAE原等级数值内
均匀性和混匀性(ASTM D6922)	当用ASTM试验检测中心(TMC)参考油混合后，仍保持均匀性
发动机锈蚀(ASTM D6557) 平均灰度值	 ≥100
乳化保持性 0℃/24h 25℃/24h	ASTM D7563 没有水分离 没有水分离
橡胶兼容性(ASTM D7216 Annex A2)	橡胶兼容性的候选油试验将完全选用5个引用标准参考橡胶(SREs)和在SAE J2643中。候选油试验将按照ASTM D7216附件A2执行，候选油浸橡胶将符合下述详细的规格说明书

橡胶材料(SAE J2643)	试验程序	材料性质	单位	极限值
聚丙烯酸酯橡胶(ACM-1)	ASTM D471	体积	%Δ	-5，9
	ASTM D2240	硬度	Pts	-10，10
	ASTM D412	拉伸强度	%Δ	-40，40

续表

项目			质量指标	
氢化丁腈橡胶（HNBR-1）	ASTM D471	体积	% Δ	-5, 10
	ASTM D2240	硬度	Pts	-10, 5
	ASTM D412	拉伸强度	% Δ	-20, 15
硅橡胶（VMQ-1）	ASTM D471	体积	% Δ	-5, 40
	ASTM D2240	硬度	Pts	-30, 10
	ASTM D412	拉伸强度	% Δ	-50, 5
氟橡胶（FKM-1）	ASTM D471	体积	% Δ	-2, 3
	ASTM D2240	硬度	Pts	-6, 6
	ASTM D412	拉伸强度	% Δ	-65, 10
乙丙橡胶（AEM-1）	ASTM D471	体积	% Δ	-5, 30
	ASTM D2240	硬度	Pts	-20, 10
	ASTM D412	拉伸强度	% Δ	-30, 30

ILSAC GF-6 这一新规格还首次细分为 GF-6A 和 GF-6B。GF-6A 主要用于现有乘用车采用的传统黏度等级油品，而 GF-6B 专门针对低黏度等级（SAE 0W-16 及以下）的润滑油。低黏度润滑油有利于实现燃油经济性，GF-6B 规格的润滑油不同于 GF-6A，二者不能在车辆设备上互换使用。GF-6A 油品的燃油经济性测试使用程序 VIE 发动机台架测试，但此测试程序不能精确地测量 0W-16 及以下黏度等级的润滑油的燃油经济性。因此针对 GF-6B 润滑油的超低黏度发动机油，专门开发了一个新的节能发动机试验，即程序 VIF 发动机台架进行燃油经济性测试。

1.1.4 ACEA 汽油机油使用性能分类

欧洲共同市场汽车制造商协会 CCMC 于 1983 年首次公布 CCMC 发动机油规格，该规格将汽油机油分为 G1、G2、G3 三种规格，柴油机油分为 D1、D2、D3 三种规格，并将柴油轿车用机油单独定义为 PDI 规格，这是欧洲轿车市场中柴油轿车的重要地位造成的，从此形成了欧洲独特的发动机油规格标准。

1992 年，CCMC 组织被新成立的 ACEA（欧洲汽车制造商协会）取代，ACEA 决定发展和制定新的发动机油规格。1996 年，ACEA 修改了 CCMC 的品质等级，发布新的发动机油规格，分为 A 系列汽油机油、B 系列小轿车用柴油机油和 E 系列重负荷柴油机油三个系列。ACEA 2004 开始将原来的汽油机油 A 系列及轿车柴油机油 B 系列合并为 A/B 系列（轻型发动机油），引入一类要求更好地保护催化剂的油品 C 系列（与后处理系统兼容的轻型发动机油），并保留 E（重负荷柴油发动机油）系列，该分类一直沿用至今。

ACEA 规格规定了 ACEA 成员对产品的最低质量水平要求，除规格中试验所包含的这些性能以外，性能参数或更严的限值由成员公司单独制定。目前 ACEA 的成员有宝马集团（BMW）、凯斯纽荷兰工业（CNH）、达夫卡车公司（DAF）、戴姆勒股份公司（Daimler）、菲亚特公司（Fiat）、福特汽车公司（Ford）、本田汽车公司（Honda）、现代汽车公司（Hyundai）、捷豹路虎公司(JLR)、标志雪铁龙集团(PSA)、雷诺汽车公司(Renault)、丰田汽车公司(Toyota)、大众汽车公司(Volkswagen)、沃尔沃集团(Volvo)、沃尔沃汽车公司(Volvo)。

ACEA 规格有 ACEA 1996、1998、1999、2002、2004、2007、2008、2010、2012、2016 十个，每次公布其新规格都对前一个规格进行了修订和补充。目前最新版本是 ACEA 2016，A/B 系列有 A3/B3、A3/B4、A5/B5 三类，C 系列有 C1、C2、C3、C4、C5 五类，E 系列有 E4、E6、E7、E9 四类。ACEA 计划于 2021 年推出 ACEA 2020 系列规格。

下面主要列出 ACEA 2012 和 ACEA 2016 两个最近版本的轻型发动机油规格。

(1) ACEA 2012 规格于 2012 年 12 月 14 日发布，保留了 ACEA 2004 的 A/B 系列、C 系列和 E 系列。

A/B-12 和 C-12 的性能及质量指标分别列入表 9-13 和表 9-14。

表 9-13 ACEA A/B-12 汽油机油和轿车柴油机油的规格指标

1. 实验室试验

项目	试验方法	要求	单位	质量指标			
				A1/B1-12	A3/B3-12	A3/B4-12	A5/B5-12
1.1 黏度等级	—	SAE J300 最新启用版本	—	除在剪切稳定性和 HT/HS 要求外，ACEA 没有其他要求。制造商可以根据相关环境温度提出明确的黏度标准			
1.2* 剪切稳定性	CEC L-014-93 或 ASTM D6278	30 个循环后的 100℃ 黏度	mm^2/s	xW-20≥5.6 xW-30≥9.3 xW-40≥12.0	所有级别都在原等级数值之内		
1.3 高温高剪切黏度	CEC L-036-90	150℃ 和 $10^6 s^{-1}$ 剪切速率下的黏度	mPa·s	≥2.9 &≤3.5；xW-20：≥2.6	≥ 3.5		≥ 2.9 和 ≤ 3.5
1.4 蒸发损失	CEC L-040-93 (Noack)	在 250℃、1h 后的最大失重	%	≤13			
1.5 总碱值	ASTM D2896	—	mgKOH/g	≥8.0	≥8.0	≥10.0	≥8.0
1.6* 硫	ASTM D5185	—	% m/m	报告			
1.7* 磷	ASTM D5185	—	% m/m	报告			
1.8* 硫酸灰分	ASTM D874	—	% m/m	≤1.3	≥0.9 和≤1.5	≥1.0 和≤1.6	≤1.6
1.9 氯	ASTM D6443	—	mg/L m/m	报告			

项目	试验方法	要求	单位	橡胶类型				
				RE1	RE2-99	RE3-04	RE4	DBL-AEM
1.10* 油/橡胶相容性	CEC L-039-96	新油中浸泡 7 天后性质的最大变化量 硬度 DIDC 变化度	度	-1/+5	-5/+8	-22/+1	-5/+5	-5/+10
		拉伸强度	%	-40/+10	-15/+18	-30/+10	-20/+10	-35/-
		断裂伸长率	%	-50/+10	-35/+10	-20/+10	-50/+10	-50/-
		体积变化	%	-1/+5	-7/+5	-1/+22	-5/+5	-5/+15

续表

1. 实验室试验

项目	试验方法	要求	单位	质量指标			
				A1/B1-12	A3/B3-12	A3/B4-12	A5/B5-12
1.11 泡沫倾向性	ASTM D892 不包括 A 选项	倾向/稳定性	mL	程序 I(24℃)10/0 程序 II(94℃)50/0 程序 III(24℃)10/0			
1.12 高温泡沫倾向性	ASTM D6082 高温泡沫试验	倾向/稳定性	mL	程序 IV(150℃)100/0			
1.13* 生物柴油存在下的氧化	GFC-Lu-43A-11	170℃ 下通空气 144h 催化老化试验： 1. 在纯油中 2. 加入 B10 144h 下的 PAI 100℃ 动力黏度变化值： 72h 后 96h 后 120h 后 144h 后	 % cSc,% cSc,% cSc,% cSc,%				报告 报告 报告 报告 报告 和 144h 后 <+200%(无凝固)
1.14 低温泵送性	CEC L-105	MRV 屈服应力 (SAE J300 对新油黏度级中温度下的 MRV)	mPa·s Pa	新油满足 SAE J300		新油满足 SAE J300	新油满足 SAE J300

2. 发动机试验

项目	试验方法	要求	单位	质量指标			
				A1/B1-12	A3/B3-12	A3/B4-12	A5/B5-12
2.1 高温沉积 环黏结 油增稠	CEC L-088-02 (TU5JP-L4) 72h 试验	环黏结(每个件) 活塞漆膜(5 个部分，4 个活塞的平均值) 40℃ 绝对黏度增长(介乎最大和最小值之间) 油耗	评分 评分 mm^2/s kg/test	≥ 9.0 ≥ RL216 ≤0.8 × RL216 报告			

续表

<table>
<tr><th colspan="8">2. 发动机试验</th></tr>
<tr><th rowspan="2">项目</th><th rowspan="2">试验方法</th><th rowspan="2">要求</th><th rowspan="2">单位</th><th colspan="4">质量指标</th></tr>
<tr><th>A1/B1-12</th><th>A3/B3-12</th><th>A3/B4-12</th><th>A5/B5-12</th></tr>
<tr><td>2.2* 低温油泥</td><td>ASTM D6593-00（程序 VG）参照 API 的协议和要求</td><td>发动机油泥平均值
摇臂罩油泥
活塞裙部漆膜平均值
发动机漆膜平均值
压缩环（热黏环）
油滤网堵塞</td><td>评分
评分
评分
评分

%</td><td colspan="4">≥7.8
≥8.0
≥7.5
≥8.9
无
≤20</td></tr>
<tr><td>2.3 阀组磨损</td><td>CEC L-038-94（TU3M）</td><td>凸轮磨损，平均
凸轮磨损，最大
衬垫评分（8 个平均值）</td><td>μm
μm
评分</td><td colspan="4">≤10
≤15
≥7.5</td></tr>
<tr><td>2.4* 黑油泥</td><td></td><td>发动机油泥，平均</td><td>评分</td><td colspan="4">≥ RL140+4σ</td></tr>
<tr><td>2.5* 燃油经济性</td><td>CEC L-054-96（M111）</td><td>与参比油 RL 191（15W-40）相比燃油经济性的增加值</td><td>%</td><td>≥2.5</td><td colspan="2">—</td><td>≥2.5</td></tr>
<tr><td>2.6 中温分散性</td><td>CEC L-093-04（DV4TD）将会被 DV6C 代替</td><td>在 100℃ 和 6% 烟炱时的绝对黏度增长
活塞评分</td><td>mm²/s
评分</td><td colspan="4">≤0.60 × RL223
≥（RL223 -2.5 pts）</td></tr>
<tr><td>2.7* 乘用车直喷柴油发动机中温下的油分散性</td><td>CEC L-106（DV6C）</td><td>在 100℃ 和 6% 烟炱时的绝对黏度增长
活塞评分</td><td>mm²/s
评分</td><td colspan="4">按规定的限值</td></tr>
</table>

续表

<table>
<tr><th colspan="8">2. 发动机试验</th></tr>
<tr><th rowspan="2">项目</th><th rowspan="2">试验方法</th><th rowspan="2">要求</th><th rowspan="2">单位</th><th colspan="4">质量指标</th></tr>
<tr><th>A1/B1-12</th><th>A3/B3-12</th><th>A3/B4-12</th><th>A5/B5-12</th></tr>
<tr><td rowspan="9">2.8* 磨损</td><td rowspan="9">CEC L-099-08
(OM646LA)</td><td>凸轮出口磨损
(8个磨损最大值的平均值)</td><td>μm</td><td>≤120</td><td colspan="2">≤140</td><td>≤120</td></tr>
<tr><td>凸轮入口磨损
(8个磨损最大值的平均值)</td><td>μm</td><td>≤100</td><td colspan="2">≤110</td><td>≤100</td></tr>
<tr><td>汽缸磨损</td><td>μm</td><td>≤5.0</td><td colspan="2">≤5.0</td><td>≤5.0</td></tr>
<tr><td>(4个平均值)</td><td>%</td><td>≤3.0</td><td colspan="2">≤3.5</td><td>≤3.0</td></tr>
<tr><td>孔抛光(13mm)
(4个汽缸的最大值)</td><td>μm</td><td>报告</td><td colspan="2">报告</td><td>报告</td></tr>
<tr><td>挺杆入口磨损
(8个磨损最大值的平均值)</td><td>μm</td><td>报告</td><td colspan="2">报告</td><td>报告</td></tr>
<tr><td>挺杆出口磨损
(8个磨损最大值的平均值)</td><td>评分</td><td>报告</td><td colspan="2">报告</td><td>≥12</td></tr>
<tr><td>活塞清净性
(4个活塞的平均值)</td><td>评分</td><td>报告</td><td colspan="2">报告</td><td>≥8.8</td></tr>
<tr><td>发动机油泥平均值</td><td></td><td></td><td colspan="2"></td><td></td></tr>
<tr><td rowspan="6">2.9* 直喷柴油机活塞清净性和环黏结</td><td rowspan="6">CEC L-078-99
(VW TDI)</td><td>活塞清净性</td><td>评分</td><td>≥RL206</td><td>≥RL206-4</td><td>≥RL206</td><td>≥RL206</td></tr>
<tr><td>环黏结(1和2环)
所有8个环平均值</td><td>ASF</td><td>≤1.0</td><td>≤1.2</td><td>≤1.0</td><td>≤1.0</td></tr>
<tr><td>任何第1环的最大值</td><td>ASF</td><td>≤1.0</td><td>≤2.5</td><td>≤1.0</td><td>≤1.0</td></tr>
<tr><td>任何第2环的最大值</td><td>ASF</td><td>0.0</td><td>0.0</td><td>0.0</td><td>0.0</td></tr>
<tr><td>试验后油的总碱值(ISO 3771)</td><td>mgKOH/g</td><td>≥4.0</td><td>≥4.0</td><td>≥6.0</td><td>≥4.0</td></tr>
<tr><td>试验后油的总酸值(ASTM D664)</td><td>mgKOH/g</td><td>报告</td><td>报告</td><td>报告</td><td>报告</td></tr>
<tr><td rowspan="3">2.10* 生物柴油的影响</td><td rowspan="3">CEC L-104</td><td>活塞清净性</td><td>评分</td><td colspan="3" rowspan="3"></td><td>报告</td></tr>
<tr><td>环黏结</td><td>ASF</td><td>报告</td></tr>
<tr><td>油泥</td><td>评分</td><td>报告</td></tr>
</table>

附注详细信息见表 9-14 的表述。

表 9-14 ACEA C-12 与催化剂兼容的汽油机油和轿车柴油机油的规格指标

1. 实验室试验

项目	试验方法	要求	单位	质量指标			
				C1-12	C2-12	C3-12	C4-12
1.1 黏度等级	—	SAE J300 最新启用版本	—	除在剪切稳定性和 HT/HS 要求外，ACEA 没有其他要求。制造商可以根据相关环境温度提出明确的黏度标准			
1.2* 剪切稳定性	CEC L-014-93 或 ASTM D6278	30 个循环后的 100℃ 黏度	mm^2/s	所有级别都在原等级数值之内			
1.3 高温高剪切黏度	CEC L-036-90	150℃和 $10^6 s^{-1}$ 剪切速率下的黏度	mPa·s	≥ 2.9		≥ 3.5	
1.4 蒸发损失	CEC L-040-93 (Noack)	在 250℃、1h 后的最大失重	%	≤ 13			≤ 11
1.5 总碱值	ASTM D2896	—	mgKOH/g			≥ 6.0	
1.6* 硫	ASTM D5185	—	% m/m	≤ 0.2	≤ 0.3		≤ 0.2
1.7* 磷	ASTM D5185	—	% m/m	≤ 0.05	≤ 0.09	≥ 0.07 ≤ 0.09	≤ 0.09
1.8* 硫酸盐灰分	ASTM D874	—	% m/m	≤ 0.5	≤ 0.8		≤ 0.5
1.9 氯	ASTM D6443	—	ppm m/m	报告			

项目	试验方法	要求	单位	橡胶类型				
		新油中浸泡 7 天后性质的最大变化量		RE1	RE2-99	RE3-04	RE4	DBL-AEM
1.10* 油/橡胶相容性	CEC L-039-96	硬度 DIDC 变化度	度	-1/+5	-5/+8	-22/+1	-5/+5	-5/+10
		拉伸强度	%	-40/+10	-15/+18	-30/+10	-20/+10	-35/-
		断裂伸长率	%	-50/+10	-35/+10	-20/+10	-50/+10	-50/-
		体积变化	%	-1/+5	-7/+5	-1/+22	-5/+5	-5/+15

项目	试验方法	要求	单位	质量指标
1.11 泡沫倾向性	ASTM D892 不包括选项 A	倾向/稳定性	mL	程序Ⅰ(24℃)10/0 程序Ⅱ(94℃)50/0 程序Ⅲ(24℃)10/0
1.12 高温泡沫倾向性	ASTM D6082 高温泡沫试验	倾向/稳定性	mL	程序Ⅳ(150℃)100/0

续表

1. 实验室试验

项目	试验方法	要求	单位	质量指标			
				C1-12	C2-12	C3-12	C4-12
1.13* 生物柴油存在下的氧化	GFC-Lu-43A-11	144h×170℃下通空气催化老化试验： 1. 在纯油中 2. 加入B10 144h下的PAI	%	报告			
		100℃动力黏度变化值： 72h后 96h后 120h后 144h后	cSc,% cSc,% cSc,% cSc,%	报告 报告 报告 报告和144h后<+200%(无凝固)			
1.14 低温泵送性	CEC L-105	MRV 屈服应力 (SAE J300对新油黏度级中温度下的MRV)	mPa·s Pa	新油满足SAE J300			

2. 发动机试验

项目	试验方法	要求	单位	质量指标			
				C1-12	C2-12	C3-12	C4-12
2.1 高温沉积环黏结油增稠	CEC L-088-T-02 (TU5JP-L4) 72h试验	环黏结(每个件)	评分	≥9.0			
		活塞漆膜(5个部分，4个活塞的平均值)	评分	≥RL216			
		40℃绝对黏度增长(介于最大和最小值之间)	mm^2/s	≤0.8×RL216			
		油耗	kg/test	报告			
2.2* 低温油泥	ASTM D6593-00 (程序VG) 参照API的协议和要求	发动机油泥平均值	评分	≥7.8			
		摇臂罩油泥	评分	≥8.0			
		活塞裙部漆膜平均值	评分	≥7.5			
		发动机漆膜平均值	评分	≥8.9			
		压缩环(热黏环)		无			
		油滤网堵塞	%	≤20			

续表

<table>
<tr><th colspan="8">2. 发动机试验</th></tr>
<tr><th rowspan="2">项目</th><th rowspan="2">试验方法</th><th rowspan="2">要求</th><th rowspan="2">单位</th><th colspan="4">质量指标</th></tr>
<tr><th>C1-12</th><th>C2-12</th><th>C3-12</th><th>C4-12</th></tr>
<tr><td rowspan="3">2.3 阀组磨损</td><td rowspan="3">CEC L-038-94 (TU3M)</td><td>凸轮磨损，平均</td><td>μm</td><td colspan="4">≤10</td></tr>
<tr><td>凸轮磨损，最大</td><td>μm</td><td colspan="4">≤15</td></tr>
<tr><td>衬垫评分(8个平均值)</td><td>评分</td><td colspan="4">≥7.5</td></tr>
<tr><td>2.4* 黑油泥</td><td></td><td>发动机油泥，平均</td><td>评分</td><td colspan="4">≥RL140+4σ</td></tr>
<tr><td>2.5* 燃油经济性</td><td>CEC L-54-96 (M111)</td><td>与参比油 RL 191 (15W-40)相比燃油经济性的增加值</td><td>%</td><td>≥3.0</td><td>≥2.5</td><td colspan="2">≥1.0(Xw30 级别)</td></tr>
<tr><td rowspan="2">2.6 中温分散性</td><td rowspan="2">CEC L-093-04 (DV4TD) 将被 DV6 代替</td><td>在 100℃ 和 6% 烟炱时的绝对黏度增长</td><td>mm²/s</td><td colspan="4">≤0.60×RL223</td></tr>
<tr><td>活塞评分</td><td>评分</td><td colspan="4">≥(RL223-2.5pts)</td></tr>
<tr><td rowspan="2">2.7* 乘用车直喷柴油发动机中温下的油分散性</td><td rowspan="2">CEC L-106 (DV6C)</td><td>在 100℃ 和 6% 烟炱时的绝对黏度增长</td><td>mm²/s</td><td colspan="4" rowspan="2">按规定的限值</td></tr>
<tr><td>活塞评分</td><td>评分</td></tr>
<tr><td rowspan="8">2.8* 磨损</td><td rowspan="8">CEC L-099-08 (OM646LA)</td><td>凸轮出口磨损(8个磨损最大值的平均值)</td><td>μm</td><td>≤120</td><td>≤120</td><td colspan="2">≤120</td></tr>
<tr><td>凸轮入口磨损(8个磨损最大值的平均值)</td><td>μm</td><td>≤100</td><td>报告</td><td colspan="2">≤100</td></tr>
<tr><td>汽缸磨损</td><td>μm</td><td>≤5.0</td><td>≤5.0</td><td colspan="2">≤5.0</td></tr>
<tr><td>(4个平均值)</td><td>%</td><td>≤3.0</td><td>≤3.0</td><td colspan="2">≤3.0</td></tr>
<tr><td>孔抛光(13mm)(4个汽缸的最大值)</td><td>μm</td><td>报告</td><td>报告</td><td colspan="2">报告</td></tr>
<tr><td>挺杆入口磨损(8个磨损最大值的平均值)</td><td>μm</td><td>报告</td><td>报告</td><td colspan="2">报告</td></tr>
<tr><td>挺杆出口磨损(8个磨损最大值的平均值)</td><td>评分</td><td>报告</td><td>报告</td><td colspan="2">≥12</td></tr>
<tr><td>活塞清净性(4个活塞的平均值)发动机油泥平均值</td><td>评分</td><td>报告</td><td>报告</td><td colspan="2">≥8.8</td></tr>
</table>

续表

2. 发动机试验							
项目	试验方法	要求	单位	质量指标			
				C1-12	C2-12	C3-12	C4-12
2.9* 直喷柴油机活塞清净性和环黏结	CEC L-078-99（VW TDI）	活塞清净性	评分	≥RL206	≥RL206-4	≥RL206	
		环黏结（1和2环） 所有8个环平均值	ASF	≤1.0	≤1.2	≤1.0	
		任何第1环的最大值	ASF	≤1.0	≤2.5	≤1.0	
		任何第2环的最大值	ASF	0.0	0.0	0.0	
		试验后油的总碱值（ISO 3771）	mgKOH/g	报告	报告	报告	
		试验后油的总酸值（ASTM D664）	mgKOH/g	报告	报告	报告	
2.10* 生物柴油的影响	CEC L-104	活塞清净性	评分	报告			
		环黏结	ASF	报告			
		油泥	评分	报告			

＊A/B-12和C-12系列中的附注信息参考如下要求：

1.2：xW-20油剪切后的最小黏度是5.6cSt。

1.6、1.7、1.8：最大限值，结果要考虑方法和产品误差。

1.6、1.7：必须使用内标法。

1.10：直到有新被认可的参考材料（CEC L-039-96提出）可以应用并且设置了合适的限值，RE1、RE2、RE3、RE4和DBL-AEM的所有参考材料和限值都可以使用。戴姆勒公司DBL-AEM D8948/200的要求是VDA 675301、7天±2h、150℃±2℃，闭杯试验。基于CEC的RE-1、RE-2、RE-3和基于戴姆勒AG数据的DBL-AEM可以在ACEA 2012规格有效期内持续用来“特许”。

1.13：在CEC方法提出之前，发动机油配方的氧化行为必须由GFC-Lu-43A-11来检验。若负责该试验的实验室已经参与了官方的一系列验证且满足GFC质量标准，则得到的试验结果将获得认可。

2.2：所列限值是基于用在美国市场要求的车辆。ACEA将会继续复审试验状况来确保这些限值也适用于欧洲车辆和润滑油。

2.4：在一项新的CEC试验方法提出前，发动机油配方的汽油油泥防护性能必须由戴姆勒AG描述的M271油泥试验来检验。只有实验平台是由戴姆勒AG公司正在参考使用并有质量监控时，由M271试验得到的试验结果会获得认可。限值是基于与旧M111油泥试验相同的参考油。

2.5：ACEA认为CEC L-54-T-96试验是唯一有效的比测仪，可以鉴定润滑油燃油经济性改进值。

2.7：只要它可以用来作为DV4试验的替换试验就可以执行。ACEA将决定DV4试验什么时候最终从该规格中删除。该试验不可执行且被CEC-L-106（DV6）试验取代后，按照ATIEL规则得到的CEC-L-093-04（DV4）试验结果也可以作为一个不受新规定限制的程序。

2.8：并不是所有参数均已是CEC官方参数。C2的进气凸轮磨损限值是定义的。

2.9：试验报告必须给出试验前后的测量值，所有的测试应该在同样的实验室。注意：考虑将总酸值列为性能标准，并不是所有参数均已是CEC官方参数。

2.10：该规格发布时试验仍正在改进。CEC（只执行程序）官方发布该试验时，2010发动机油规格中所有的规格都必须进行该试验。所有试验标准是比率和报告。

（2）ACEA 于 2016 年 12 月 1 日发布了欧洲润滑油规格的最新版本 ACEA 2016。

自 2016 年 12 月 1 日起，ACEA 开始核发满足新规格 ACEA 2016 的油品注册，在 2017 年 12 月 1 日前，ACEA 仍可注册 ACEA 2012 新配方。ACEA 2016 包括轻型发动机油 A/B 系列、带尾气后处理装置轻型发动机油 C 系列和重负荷柴油发动机 E 系列。A/B 系列废除了 A1/B1，分为 A3/B3-16、A3/B4-16、A5/B5-16 三类。C 系列在原有基础上增加 C5 规格要求，即为 C1-16、C2-16、C3-16、C4-16、C5-16 五类，C5 规格主要用于改善燃油经济性、适应尾气后处理装置的需要。2018 年 12 月 1 日，ACEA 发布该版本的修订版，下文主要列出最新修订版本的 ACEA 2016 规格指标。ACEA A/B-16 和 ACEA C-16 的性能及质量指标分别列入表 9-15 和表 9-16。

表 9-15　ACEA A/B-16 汽油机油和轿车柴油机油的规格指标

1. 实验室试验

项目	试验方法	要求	单位	质量指标		
				A3/B3-16	A3/B4-16	A5/B5-16
1.1 黏度等级	—	SAE J300 最新启用版本	—	除在剪切稳定性和 HT/HS 要求外，ACEA 没有其他要求。制造商可以根据相关环境温度提出明确的黏度标准		
1.2* 剪切稳定性	CEC L-014-93 或 ASTM D6278 或 ASTM D7109	30 个循环后的 100℃ 黏度	mm^2/s	所有级别都在原等级数值之内		
1.3.1 高温高剪切黏度	CEC L-036-90	150℃ 和 $10^6 s^{-1}$ 剪切速率下的黏度	mPa·s	≥3.5		≥2.9 和 ≤3.5
1.3.2* 100℃下的高温高剪切黏度	CEC L-036-90	100℃ 和 $10^6 s^{-1}$ 剪切速率下的黏度	mPa·s	—		报告
1.4 蒸发损失	CEC L-040-93（Noack）	250℃下 1h 后的最大失重	%	≤13		
1.5 总碱值	ASTM D2896	—	mgKOH/g	≥8.0	≥10.0	≥8.0
1.6* 硫	ASTM D5185	—	% m/m	报告		
1.7* 磷	ASTM D5185	—	% m/m	报告		
1.8* 硫酸盐灰分	ASTM D874	—	% m/m	≥0.9 和 ≤1.5	≥1.0 和 ≤1.6	≤1.6

续表

<table>
<tr><td colspan="16">1. 实验室试验</td></tr>
<tr><td rowspan="2">项目</td><td rowspan="2">试验方法</td><td rowspan="2">要求</td><td rowspan="2">单位</td><td colspan="12">质量指标</td></tr>
<tr><td colspan="4">A3/B3-16</td><td colspan="4">A3/B4-16</td><td colspan="4">A5/B5-16</td></tr>
<tr><td>1.9 氯</td><td>ASTM D6443</td><td>—</td><td>ppm m/m</td><td colspan="12">报告</td></tr>
<tr><td>1.10* 油/橡胶相容性</td><td>CEC L-112-16</td><td>新油中浸泡 7 天后性质的最大变化量：
拉伸强度
断裂伸长率
体积变化量</td><td>橡胶
%
%
%</td><td colspan="3">RE6
报告
-70/+20
-5.5/+2.1</td><td colspan="3">RE7
报告
-65/+15
-1.8/+8.9</td><td colspan="3">RE8
报告
-51/+9
0.0/+12.0</td><td colspan="3">RE9
报告
-65/+19
-2.5/+16.0</td></tr>
<tr><td>1.11 泡沫倾向性</td><td>ASTM D892
不包括 A 选项</td><td>倾向/稳定性</td><td>mL</td><td colspan="12">程序 I(24℃)10/0
程序 II(94℃)50/0
程序 III(24℃)10/0</td></tr>
<tr><td>1.12 高温泡沫倾向性</td><td>ASTM D6082
高温泡沫试验</td><td>倾向/稳定性</td><td>mL</td><td colspan="12">程序 IV(150℃)100/0</td></tr>
<tr><td>1.13 低温泵送性</td><td>CEC L-105-12</td><td>MRV
屈服应力
(SAE J300 对新油黏度级中温度下的 MRV)</td><td>mPa·s
Pa</td><td colspan="4">—
—</td><td colspan="8">新油满足 SAE J300</td></tr>
<tr><td>1.14 生物柴油存在下的氧化</td><td>CEC L-109-14</td><td>油氧化 168h 后(DIN 51453)
油氧化 216h 后(试验后油)(DIN 51453)
黏度增加，相对于 168h 后
黏度增加，相对于 216h 后</td><td>A/cm
A/cm
%
%</td><td colspan="4">≤ 120
报告
≤ 150
报告</td><td colspan="4">≤ 120
报告
≤ 150
报告</td><td colspan="4">≤ 100
≤ 120
≤ 60
≤ 150</td></tr>
<tr><td colspan="16">2. 发动机试验</td></tr>
<tr><td rowspan="2">项目</td><td rowspan="2">试验方法</td><td rowspan="2">要求</td><td rowspan="2">单位</td><td colspan="12">质量指标</td></tr>
<tr><td colspan="4">A3/B3-16</td><td colspan="4">A3/B4-16</td><td colspan="4">A5/B5-16</td></tr>
<tr><td>2.1 汽油直喷发动机清净性试验</td><td>CEC L-111-16
(EP6CDT)</td><td>活塞清净性
涡轮增压器清净性**，
C、D、E、F 区平均值</td><td>评分
评分</td><td colspan="12">≥ RL259
≥ 6.0</td></tr>
</table>

续表

2. 发动机试验						
项目	试验方法	要求	单位	质量指标		
				A3/B3-16	A3/B4-16	A5/B5-16
2.2* 低温油泥	ASTM D6593-00（程序 VG）参照 API 的协议和要求	发动机油泥平均值 摇臂罩油泥 活塞裙部漆膜平均值 发动机漆膜平均值 压缩环（热黏着） 油滤网堵塞	评分 评分 评分 评分 %	≥ 7.8 ≥ 8.0 ≥ 7.5 ≥ 8.9 无 ≤ 20		
2.3* 阀组磨损						
2.4* 黑油泥	CEC L-107-19（M271 EVO）	发动机油泥，平均	评分	≥8.3		
2.5 燃油经济性	CEC L-054-96（M111）	燃油经济性的增加值	%	—		≥ 2.5
2.6 中温下直喷柴油发动机的油分散性	CEC L-106-16（DV6C）	在 100℃ 和 5.5% 烟炱时的绝对黏度增长 活塞清净性**	mm^2/s 评分	≤ 0.9 × RL248 ≥ 2.5		
2.7 柴油发动机磨损	CEC L-099-08（OM646LA）	凸轮出口磨损（8 个磨损最大值的平均值）	μm	≤140	≤120	
		凸轮入口磨损（8 个磨损最大值的平均值）	μm	≤110	≤100	
		汽缸磨损（4 个平均值）	μm	≤5.0	≤5.0	
		孔抛光（13mm）（4 个汽缸的最大值）	%	≤3.5	≤3.0	
		挺杆入口磨损（8 个磨损最大值的平均值）	μm	报告	报告	
		挺杆出口磨损（8 个磨损最大值的平均值）	μm	报告	报告	
		活塞清净性（4 个活塞的平均值）	评分	报告	≥12	
		发动机油泥平均值	评分	报告	≥8.8	

续表

2. 发动机试验						
项目	试验方法	要求	单位	质量指标		
				A3/B3-16	A3/B4-16	A5/B5-16
2.8* 直喷柴油机活塞清净性和环黏结	CEC L-078-99 (VW TDI)	活塞清净性	评分	≥RL206-4	≥RL206	≥RL206
		环黏结(1和2环)所有8个环平均值	ASF	≤1.2	≤1.0	≤1.0
		任何第1环的最大值	ASF	≤2.5	≤1.0	≤1.0
		任何第2环的最大值	ASF	0.0	0.0	0.0
		试验后油的总碱值(ISO 3771)	mgKOH/g	≥4.0	≥6.0	≥4.0
		试验后油的总酸值(ASTM D664)	mgKOH/g	报告	报告	报告
2.9 生物柴油的影响	CEC L-104-16 (OM646LA Bio)	活塞清净性	评分		≥RL255+2	
		环黏结	ASF		报告	
		油泥	评分		报告	

附注详细信息见表9-16。

表9-16 ACEA C-16与催化剂兼容的汽油机油和轿车柴油机油的规格指标

1. 实验室试验								
项目	试验方法	要求	单位	质量指标				
				C1-16	C2-16	C3-16	C4-16	C5-16
1.1 黏度等级	—	SAE J300最新启用版本	—	除在剪切稳定性和HT/HS要求外，ACEA没有其他要求。制造商可以根据相关环境温度提出明确的黏度标准				
1.2* 剪切稳定性	CEC L-014-93 或 ASTM D6278 或 ASTM D7109	30个循环后的100℃黏度	mm^2/s	所有级别都在原等级数值之内				
1.3.1 高温高剪切黏度	CEC L-036-90	150℃和10^6s^{-1}剪切速率下的黏度	mPa·s	≥2.9		≥3.5		≥2.6和≤2.9
1.3.2* 100℃下的高温高剪切黏度	CEC L-036-90	100℃和10^6s^{-1}剪切速率下的黏度	mPa·s	报告		报告		报告

续表

1. 实验室试验								
项目	试验方法	要求	单位	质量指标				
				C1-16	C2-16	C3-16	C4-16	C5-16
1.4 蒸发损失	CEC L-040-93（Noack）	250℃下 1h 后的最大失重	%	≤13			≤11	≤13
1.5 总碱值	ASTM D2896	—	mgKOH/g	—		≥ 6.0		
1.6* 硫	ASTM D5185	—	% m/m	≤ 0.2	≤ 0.3		≤ 0.2	≤ 0.3
1.7* 磷	ASTM D5185	—	% m/m	≤ 0.05	≥ 0.07 ≤ 0.09		≤ 0.09	≥ 0.07 ≤ 0.09
1.8* 硫酸盐灰分	ASTM D874	—	% m/m	≤ 0.5	≤ 0.8		≤ 0.5	≤ 0.8
1.9 氯	ASTM D6443	—	ppm m/m	报告				
1.10* 油/橡胶相容性	CEC L-112-16	新油中浸泡 7 天后性质的最大变化量：	橡胶	RE6	RE7	RE8	RE9	
		拉伸强度	%	报告	报告	报告	报告	
		断裂伸长率	%	-70/+20	-65/+15	-51/+9	-65/+19	
		体积变化量	%	-5.5/+2.1	-1.8/+8.9	0.0/+12.0	-2.5/+16.0	
1.11 泡沫倾向性	ASTM D892 不包括 A 选项	倾向/稳定性	mL	程序 I（24℃）10/0 程序 II（94℃）50/0 程序 III（24℃）10/0				
1.12 高温泡沫倾向性	ASTM D6082 高温泡沫试验	倾向/稳定性	mL	程序 IV（150℃）100/0				
1.13 低温泵送性	CEC L-105-12	MRV 屈服应力 （SAE J300 对新油黏度级中温度下的 MRV）	mPa·s Pa	新油满足 SAE J300				
1.14 生物柴油存在下的氧化	CEC L-109-14	油氧化 168h 后（DIN 51453）	A/cm	≤ 100	≤ 100	≤ 100	≤ 100	≤ 100
		油氧化 216h 后（试验后油）（DIN 51453）	A/cm	≤ 120	≤ 120	≤ 120	≤ 120	≤ 120
		黏度增加，相对于 168h 后	%	≤ 60	≤ 60	≤ 60	≤ 60	≤ 60
		黏度增加，相对于 216h 后	%	≤ 150	≤ 150	≤ 150	≤ 150	≤ 150

续表

<table>
<tr><td colspan="9">2. 发动机试验</td></tr>
<tr><td rowspan="2">项目</td><td rowspan="2">试验方法</td><td rowspan="2">要求</td><td rowspan="2">单位</td><td colspan="5">质量指标</td></tr>
<tr><td>C1-16</td><td>C2-16</td><td>C3-16</td><td>C4-16</td><td>C5-16</td></tr>
<tr><td>2.1 汽油直喷发动机清净性试验</td><td>CEC L-111-16（EP6CDT）</td><td>活塞清净性
涡轮增压器清净性**，
C、D、E、F 区平均值</td><td>评分

评分</td><td colspan="5">≥ RL259

≥ 6.0</td></tr>
<tr><td>2.2* 低温油泥</td><td>ASTM D6593-00（程序 VG）参照 API 的协议和要求</td><td>发动机油泥平均值
摇臂罩油泥
活塞裙部漆膜平均值
发动机漆膜平均值
压缩环（热黏着）
油滤网堵塞</td><td>评分
评分
评分

评分

%</td><td colspan="5">≥ 7.8
≥ 8.0
≥ 7.5

≥ 8.9
无
≤ 20</td></tr>
<tr><td>2.3* 阀组磨损</td><td></td><td></td><td></td><td colspan="5"></td></tr>
<tr><td>2.4* 黑油泥</td><td>CEC L-107-19（M271EV0）</td><td>发动机油泥，平均</td><td>评分</td><td colspan="5">≥8.3</td></tr>
<tr><td>2.5 燃油经济性</td><td>CEC L-054-96（M111）</td><td>燃油经济性的增加值</td><td>%</td><td>≥ 3.0</td><td>≥ 2.5</td><td colspan="2">≥ 1.0
（只用于 xW-30，xW-40 无要求）</td><td>≥ 3.0</td></tr>
<tr><td>2.6 中温下直喷柴油发动机的油分散性</td><td>CEC L-106-16（DV6C）</td><td>在 100℃ 和 5.5% 烟炱时的绝对黏度增长
活塞清净性**</td><td>mm²/s

评分</td><td colspan="5">≤ 0.9 × RL248

≥ 2.5</td></tr>
<tr><td>2.7 柴油发动机磨损</td><td>CEC L-099-08（OM646LA）</td><td>凸轮出口磨损（8 个磨损最大值的平均值）
凸轮入口磨损（8 个磨损最大值的平均值）
汽缸磨损（4 个平均值）
孔抛光（13mm）（4个汽缸的最大值）
挺杆入口磨损（8 个磨损最大值的平均值）
挺杆出口磨损（8 个磨损最大值的平均值）
活塞清净性（4个活塞的平均值）
发动机油泥平均值</td><td>μm
μm
μm
%
μm
μm
评分
评分</td><td>≤120
≤100
≤5.0
≤3.0
报告
报告
报告
报告</td><td>≤120
≤100
≤5.0
≤3.0
报告
报告
报告
报告</td><td colspan="2">≤120
≤100
≤5.0
≤3.0
报告
报告
≥12
≥8.8</td><td>≤120
≤100
≤5.0
≤3.0
报告
报告
≥12
≥8.8</td></tr>
</table>

续表

<table>
<tr><th colspan="9">2. 发动机试验</th></tr>
<tr><th rowspan="2">项目</th><th rowspan="2">试验方法</th><th rowspan="2">要求</th><th rowspan="2">单位</th><th colspan="5">质量指标</th></tr>
<tr><th>C1-16</th><th>C2-16</th><th>C3-16</th><th>C4-16</th><th>C5-16</th></tr>
<tr><td rowspan="7">2.8* 直喷柴油机活塞清净性和环黏结</td><td rowspan="7">CEC L-078-99
(VW TDI)</td><td>活塞清净性</td><td>评分</td><td>≥RL206</td><td>≥RL206</td><td colspan="2">≥RL206</td><td>≥RL206</td></tr>
<tr><td>环黏结(1 和 2 环)
所有 8 个环平均值</td><td>ASF</td><td>≤1.0</td><td>≤1.2</td><td colspan="2">≤1.0</td><td>≤1.0</td></tr>
<tr><td>任何第 1 环的最大值</td><td>ASF</td><td>≤1.0</td><td>≤2.5</td><td colspan="2">≤1.0</td><td>≤1.0</td></tr>
<tr><td>任何第 2 环的最大值</td><td>ASF</td><td>0.0</td><td>0.0</td><td colspan="2">0.0</td><td>0.0</td></tr>
<tr><td>试验后油的总碱值(ISO 3771)</td><td>mgKOH/g</td><td>报告</td><td>报告</td><td colspan="2">报告</td><td>报告</td></tr>
<tr><td>试验后油的总酸值(ASTM D664)</td><td>mgKOH/g</td><td>报告</td><td>报告</td><td colspan="2">报告</td><td>报告</td></tr>
<tr></tr>
<tr><td rowspan="3">2.9 生物柴油的影响</td><td rowspan="3">CEC L-104-16
(OM646LA Bio)</td><td>活塞清净性</td><td>评分</td><td colspan="5">≥RL255+2</td></tr>
<tr><td>环黏结</td><td>ASF</td><td colspan="5">报告</td></tr>
<tr><td>油泥</td><td>评分</td><td colspan="5">报告</td></tr>
</table>

注：A/B-16 和 C-16 系列中的附注信息参考如下要求：

1.2：参考最新 SAE J300 版本，xW-20 油剪切后的最低黏度是 6.9 cSt。

1.3.2：CEC-L036-90 方法还没有批准为 100℃ HTHS 的参数。

1.6、1.7、1.8：最大限值，结果考虑方法和产品误差。

1.6、1.7：必须采用内标法。

1.10：对 A3/B3、A3/B4、A5/B5 和 C1、C2、C3、C4 系列，上一代试验 CEC L-039-96 得到的有效试验数据可代替 CEC L-112-16 用在 ACEA 2016 中，但需要全部 L-039 数据集包括 RE1、RE2、RE3 和 RE4+戴姆勒 DBL-AEM(按戴姆勒 AG 要求说明)，满足按 ACEA 2012 提出的要求。

2.1、2.6、2.9：** 参数非 CEC 官方参数。

2.2：所列限值是基于用在美国市场需求的车辆。ACEA 将会继续复审试验状况来确保这些限值也适用于欧洲车辆和润滑油。一旦 ASTM 许可了目前正在研制中的下一代试验程序ⅤH，ACEA 将会官方宣布程序ⅤH 的执行限值。

2.3：由于在 2017 年前期时硬件将会用完，这些发动机油规格删除了 CEC L-038-94(TU3M)试验。然而，尽管删除了 TU3 试验为确保考察磨损防护，ACEA 计划在下一版发动机油规格中引入 ASTM 程序ⅣB 试验作为关于阀系磨损 TU3 的替代试验，程序ⅣB 限值将会由 ILSAC 程序规定。

2.4：在新的 CEC 试验方法 L-107 提出前，发动机油配方的汽油油泥防护性能必须由戴姆勒 AG 描述的 M271 油泥试验来检验。只有实验平台是由戴姆勒 AG 公司正在参考使用并有质量监控时，由 M271 试验得到的试验结果会获得认可。限值是基于与旧 M111 油泥试验相同的参考油。一旦 CEC 许可了 L-107 程序，将会采用 L-107，其限值由 ACEA 官方发布。

2.8：试验报告必须给出试验前后的测量值，所有的测试应该在同样的实验室。

注意：考虑将试验后油的总酸值列为性能标准。不管是否有试验后油的总酸值数据，在 ACEA 2012 发动机油规格发布之前，任何运行的试验都可以采用。

1.1.5 API 柴油机油性能分类和使用试验

美国 API 以 C(Commerciai)打头代表柴油机油，后面冠以 A、B、C……为了了解 API 柴油机油发展情况，把美国柴油机油质量指标分别列于表 9-17 至表 9-21。

表 9-17 API 柴油机油性能分类历程

代号	性能要求	发动机试验	主要性能指标			
CA	适用于使用高质燃料的轻至中等负荷条件下的柴油机，具有防止轴承腐蚀和高温沉积的性能，符合 MIL-L-2104A 要求的性能	L-4 或 L-38			L-4	L-38
			轴承失重/mg	最大	120~135	50
			活塞裙部漆膜评分	最小	9.0	9.0
		L-1(含硫不小于0.35%燃料)	顶环槽冲满(体)/%	最大	25	
			第二环槽以下		基本清洁	
CB	适用于使用低质高硫燃料的轻至中等负荷条件下的柴油机，具有更好防止轴承腐蚀和高温沉积的性能	L-4 或 L-38			L-4	L-38
			轴承失重/mg	最大	120~135	50
			活塞裙部漆膜评分	最小	9.0	9.0
		L-1(含硫不小于0.95%燃料)	顶环槽冲满(体)/%	最大	30	
			第二环槽以下		基本清洁	
CC	适用于高负荷条件下运转的轻度增压柴油机和高负荷条件下的汽油机，具有抑制高温沉积及抑制轴承腐蚀性能，也能抑制汽油机低温沉积，符合 MIL-L-2104B 要求的性能	L-38	轴承失重/mg	最大	50	
			活塞裙部漆膜评分	最小	9.0	
		LTD 或改进的 LDT			LDT	改进 LDT
			活塞裙部漆膜评分	最小	7.5	7.5
			发动机漆膜总评分	最小	—	42
			发动机油泥总评分	最小	35	42
			油环堵塞/%	最大	25	10
			油滤网堵塞/%	最大	25	10
		ⅡC 或ⅡD			ⅡC 或ⅡD	
			平均发动机锈蚀评分	最小	7.6	7.7
		1H2	顶环槽充满/%	最大	45	
			总加权评分	最大	140	
CD	用于高速高功率增压柴油机，具有高效控制磨损和沉积，以及抑制轴承腐蚀性能，符合 MIL-L-45199 规格	1G2	顶环槽充满/%	最大	80	
			总加权评分	最大	300	
		L-38	轴承失重/mg	最大	50	
			活塞裙部漆膜评分	最小	9.0	

续表

代号	性能要求	发动机试验	主要性能指标		
CD-Ⅱ	适用于高速二冲程柴油发动机，具有优良磨损和沉积控制的性能，也适用于所有用CD级油的汽车	1G2	顶环槽充满/%	最大	80
			总加权评分	最大	300
		6V-53T	活塞沉积	最大	400
			热黏环		无
			2号和3号环损坏	最大	13
			衬里损坏	最大	12
			阀损坏	最大	无
		L-38	轴承失重/mg	不大于	50
			活塞裙部漆膜评分	不大于	9.0
CE	适用于低速高负荷和高速高负荷条件操作的高功率柴油发动机，并改进了CD级油的油耗、油的增稠、活塞沉积和磨损性能	1G2	顶环槽充满/%	最大	80
			总加权评分	最大	300
		Mack T-6	活塞评分	最大	600
			黏度增长(100℃)/(mm^2/s)	最大	5.5
			环失重/mg	最大	300
			油耗/(g/kW·h)	最大	0.616
			环凸出/μm	最大	38
		Mack T-7	100~150h间平均黏度增长率/($mm^2/s/h$)	最大	0.04
		NTC-400	冠部沉积(平均)/%	最大	25
			第三环台沉积	最大	40
			油耗/g/h	最大	
			20~40h		90.72
			180~200h		226.8
			全试验中		比参考油小
		L-38	轴承失重/mg	最大	40
			10h剥落后的黏度/(mm^2/s)		12.5~16.3

表 9-18　柴油机油使用性能分类

类别	试验方法	评分或测定参数		主要性能指标
CF-4	D5119(L-38)，T-6	轴承失重/mg	最大	50
		评分	最小	90
	或 D6483(T-9)	平均顶活塞环失重/mg	最大	150
		衬里磨损/μm	最大	40

续表

类别	试验方法	评分或测定参数		主要性能指标		
CF-4	T-7 或 D5967(T-8A)	最后 50h 试验的平均黏度增长/(mm²/s)(100℃)	最大	0.040		
		从 100~150h 试验的最大 100℃/h 黏度增长/(mm²/s)		0.20		
	D5968(CBT)	铜的增长/(mg/kg)	最大	20		
		铅的增长/(mg/kg)	最大	60		
		锡的增长/(mg/kg)	最大	报告		
		铜腐蚀	最大	3		
	1K			二次	三次	四次
		总加权评分(WDK)	最大	332	339	342
		顶环槽炭充满(TGF)/%	最大	24	26	27
		顶环台积炭(TLHC)	最大	4	4	5
		平均油耗/g/kW·h,(0~252h)	最大	0.5	0.5	0.5
		最后油耗/g/kW·h,(0~252h)	最大	0.27	0.27	0.27
		擦伤(活塞、环、衬里)允许试验数		无	无	无
		活塞环黏结		无	无	无
CF	D6618(1M-PC)	顶环槽充满(体)/%	最大	70	MTAC	MTAC
		总加权评分(WTD)	最大	240	MTAC	MTAC
		环面的间隙损失/mm	最大	0.013	MTAC	MTAC
		活塞环黏结		无	MTAC	MTAC
		活塞、环和衬里擦伤		无	MTAC	MTAC
	D5119(L-38)	轴承失重/mg		一次试验	二次试验	三次试验
				43.7	48.1	50.0
CF-2	D6618(1M-PC)	总加权评分(WTD)	最大	100	MTAC	MTAC
	D5862(6V 92TA)			一次	二次	三次
		汽缸衬里擦伤/%	最大	45.0	48.0	50.0
		汽缸衬里口堵塞面积				
		平均/%	最大	2	2	2
		单缸/%	最大	5	5	5
		活塞环面损坏评分				
		1 号(第一环)	最大	0.23	0.24	0.26
		2 和 3 号环	平均	0.20	0.21	0.22
	D5119(L-38)	轴承失重/mg	最大	43.7	48.1	50.0

续表

类别	试验方法	评分或测定参数		主要性能指标		
CG-4	1N			一次试验	二次试验	三次试验
		总加权评分(WDN)	最大	286.2	311.7	323.0
		顶环槽充满(TGF)/%	最大	20	23	25
		顶环台积炭(TLHC)	最大	3	4	5
		油耗/(g/kW·h)(0~252h)	最大	0.5	0.5	0.5
		擦伤(活塞、环、衬里)允许试验数		0	0	0
		活塞环黏结		无	无	无
	D5967(T-8)	黏度增长(3.8%烟灰)/(mm^2/s)	最大	11.5	12.5	13.0
		过滤器堵塞/差压 kPa	最大	138	138	138
		油耗/(g/kW·h)	最大	0.304	0.304	0.304
	D5533(ⅢE)	黏度增长到375%时的时间/h	最大	67.5	65.1	64.0
	D5119(L-38)	轴承失重/mg	最大	43.7	48.1	50.0
	D5966(RFWT)	磨损/μm	最大	11.4	12.4	12.7
	D892	起泡/稳定/mL	最大			
		程序Ⅰ		10/0		
		程序Ⅱ		20/0		
		程序Ⅲ		10/0		
	EOAT D5968	充气(体)/%	最大	10.0		
		铜的增长/(mg/kg)		20		
		铅的增长/(mg/kg)		60		
		锡的增长/(mg/kg)		报告		
		铜腐蚀	最大	3		
CH-4	发动机试验					
	1P			一次试验	二次试验	三次试验
		WDP	最大	350	376	390
		TGC 缺点评分	最大	36	39	41
		TLC 缺点评分	最大	40	46	49
		平均油耗/(g/h)(0~360h)	最大	12.4	12.4	12.4
		最终油耗/(g/h)(312~360h)	最大	14.6	14.6	14.6
		擦伤(活塞、环、衬里)允许试验数		0	0	0
	1K	WDK	最大	332	347	353
		TGF/%	最大	24	27	29
		TLHC/%	最大	4	5	5

续表

类别	试验方法	评分或测定参数		主要性能指标		
	1K	油耗，g/kW·h，(0~252h)	最大	0.5	0.5	0.5
		擦伤：活塞、环、衬里		0	0	0
	D6483(T-9)	平均衬里磨损，标准到1.75%烟炱/μm	最大	25.4	26.6	27.1
		平均顶环失重/mg	最大	120	135	144
		废油扣除新油铅含量/(μg/g)	最大	25	32	36
	D5966(RFWT)	平均销磨损/μm	最大	7.6	8.4	9.1
	M11	摇杆垫失重，正常到4.5%烟炱/mg	最大	6.5	7.5	8.0
		油过滤器压差/kPa	最大	79	93	100
		发动机油泥优点评分	最小	8.7	8.6	8.5
	D5967(T-8E)	烟灰4.8%时的相对黏度	最大	2.1	2.2	2.3
		烟灰3.8%时的黏度增长/(mm^2/s)	最大	11.5	12.5	13.0
	D6984	程序ⅢF 64h时40℃黏度增长/%	最大	295	295	295
	EOAT	充气量(体积分数)/%	最大	8.0	8.0	8.0
CH-4	模拟台架试验					
	D6594 (135℃，HTC BT)			铜	铅	锡
		试验后废油元素的浓度/μg/g	最大	20	120	50
		铜腐蚀/级	最大	3		
	D892	起泡/稳定/mL	最大			
		程序Ⅰ		10/0		
		程序Ⅱ		20/0		
		程序Ⅲ		10/0		
	D5800或 D6417			10W-30	15W-40	
		250℃重量蒸发损失/%		20	18	
		371℃重量蒸发损失/%		17	15	
	D6278			XW-30	XW-40	
		剪切后的黏度/(mm^2/s)	最小	9.3	12.5	

表9-19 API CI-4规格质量指标

发动机试验						
类别	试验方法	评分或测定参数		主要性能指标		
				第一次试验	第二次试验	第三次试验
CI-4	D6923(1R)	缺点加权评分(WDR)	最大	382	396	402
		顶环槽积炭缺点评分(TGC)	最大	52	57	59

续表

类别	试验方法	评分或测定参数		主要性能指标		
				第一次试验	第二次试验	第三次试验
CI-4	D6923(1R)	顶岸积炭缺点评分(TLC)	最大	31	35	36
		最初油耗(IOC)/(g/h)(432~504h)	平均	13.1	13.1	13.1
		最终油耗/(g/h)，(0~252h)平均	最大	IOC+1.8	IOC+1.8	IOC+1.8
		活塞、环和衬里磨损		无	无	无
		环黏结		无	无	无
	或 D6681(1P)	加权缺点评分(WDP)	最大	350	378	390
		顶环槽积炭缺点评分(TGC)	最大	36	39	41
		顶岸积炭缺点评分(TLC)	最大	40	46	49
		平均油耗/(g/h)(0~360h)	最大	12.4	12.4	12.4
		最终油耗/(g/h)(312~360h)	最大	14.6	14.6	14.6
		活塞、环和衬里磨损		无	无	无
	D6987(T-10)	优点评分	最小	1000	1000	1000
	D6975(M11 EGR)	十字头平均失重/mg	最大	20.0	21.8	22.6
		顶环平均失重/mg		175	186	191
		250h 的油过滤器压差/kPa	最大	275	320	341
		EOT 的平均发动机油泥评分	最小	7.8	7.6	7.5
	或 Cummins ISM	十字头磨损/mg	最大	7.5	7.8	7.9
		150h 的油过滤器压差/kPa	最大	55(8)	67(10)	74(11)
		油泥评分	最小	8.1	8.0	7.9
	D5967(Ext. T-8E)	4.8%烟炱时的相对黏度增长/%	最大	1.8	1.9	2.0
	D6984(程序ⅢF) 或 D7320(程序ⅢG)	40℃时的运动黏度增长/%	最大	275	275(MTAC)	275(MTAC)
		40℃时的运动黏度增长/%	最大	150	150(MTAC)	150(MTAC)
	D6750(1K)	加权缺点评分(WDK)	最大	332	347	353
		顶环槽积炭充填率(TGF)/%	最大	24	27	29
		顶环台积炭率(TLHC)/%	最大	4	5	5
		平均油耗(0~252h)/(g/kW·h)	最大	0.5	0.5	0.5
		活塞、环和衬里磨损		无	无	无
	D5966 (RFWT)	液压滚动挺杆销的平均磨损/mils	最大	0.30	0.33	0.36
		或(μm)	最大	(7.6)	(8.4)	(9.1)
	D6894(EOAT)	机油中空气体积/%	最大	8.0	8.0(MTAC)	8.0(MTAC)

续表

CI-4 模拟试验			
评定项目及方法	测定参数		主要性能指标
D4683(HTHS)	剪切后的黏度，最小		3.5mPa·s
D4684(MRV-TP-1)	下述限制适用于 SAE 0W、5W、10W 和 15W 黏度级别。 -20℃ 75h T-10(或 T-10A 试验)试验的废油黏度 mPa·s 如果发现屈服应力使用改进的 D4684(外部预热)/mPa·s 屈服应力/Pa	 最大 最大	 25000 25000 <35
D5800(Noack)	250℃时的蒸发损失/%	最大	15
	铜增重/(mg/kg)	最大	20
	铅增重/(mg/kg)	最大	120
	锡增重/(mg/kg)	最大	报告 t
	铜片评分	最大	3
D6278	剪切后的运动黏度/(mm^2/s)	最小	SAE XW-30/XW-40 9.3/12.5
D892(抗泡性)	倾向/稳定性/mL 程序Ⅰ 程序Ⅱ 程序Ⅲ	最大	 10/0 20/0 10/0
橡胶相容性	NBR(丁腈橡胶) 硬度变化/度 拉伸强度变化/% 断裂伸长率/% 体积变化/% VMO(硅橡胶) 硬度变化/度 拉伸强度变化/% 断裂伸长率/% 体积变化/% ACM(聚丙烯酸酯橡胶) 硬度变化/度 拉伸强度变化/% 断裂伸长率/% 体积变化/% FKM(氟橡胶) 硬度变化/度 拉伸强度变化/% 断裂伸长率/% 体积变化/%		 +7/-5 +10/-TMC1006 +10/-TMC1006 +5/-3 +5/-TMC1006 +10/-45 +20/-30 +TMC1006/-3 +8/-5 +18/-15 +10/-35 +5/-3 +7/-5 +10/-TMC1006 +10/-TMC1006 +5/-2

表 9-20 API CJ-4 规格质量指标

发动机试验						
类别	试验方法	评分或测定参数		主要性能指标		
				第一次试验	第二次试验	第三次试验
CJ-4	Mack T-12	优点评分	最小	1000	1000	1000
	Cummins ISM	优点评分	最小	1000	1000	1000
		顶环失重/mg	最大	100	100	100
	Cat C13	优点评分	最小	1000	1000	1000
		热黏附活塞环		无	无	无
	Mack T-11	100℃黏度增长 4.0mm²/s 时的 TGA 烟炱含量/%	最小	3.5	3.4	3.3
		100℃黏度增长 12.0mm²/s 时的 TGA 烟炱含量/%	最小	6.0	5.9	5.9
		100℃黏度增长 15.0mm²/s 时的 TGA 烟炱含量/%	最小	6.7	6.6	6.5
	Cummins ISB	滑动挺杆平均失重/mg	最大	100	108	112
		凸轮凸角平均磨损/μm	最大	55	59	61
		十字头平均失重/mg	最大	报告	报告	报告
	Cat 1N	加权缺点评分(WDN)	最大	286.2	311.7	323
		顶槽积炭充填率(TGF)/%	最大	20	23	25
		顶环台重炭率(TLHC)/%	最大	3	4	5
		油耗/(g/kW·h)(0~252h)	最大	0.5	0.5	0.5
		活塞、环和衬里磨损		无	无	无
		活塞环黏结		无	无	无
	RPWT	销的平均磨损/mils	最大	0.30	0.33	0.36
		或(μm)	最大	(7.6)	(8.4)	(9.1)
	Seq. ⅢF 或程序ⅢG	40℃下运动黏度增长/%	最大	275	275(MTAC)	275(MTAC)
		40℃下运动黏度增长/%	最大	150	150(MTAC)	150(MTAC)
	EOAT	机油中空气体积/%	最大	8.0	8.0(MTAC)	8.0(MTAC)

CJ-4 模拟台架试验			
评定项目及方法	测量参数		主要性能指标
D4683(HTHS)	150℃的黏度时/mPa·s	最小	3.5
D6594 (135℃ HTCBT)	铜/(mg/kg)	最大	20
	铅增长/(mg/kg)	最大	120
	铜片评级/级	最大	3
D7109	经过 90 次剪切后 100℃的运动黏度/(mm²/s)	最小	SAE XW-30/ SAE XW-40 9.3/12.5

续表

评定项目及方法	测量参数		主要性能指标
D5800(Noack)	250℃时的蒸发损失/%，最大(除 SAE 10W-30 以外黏度)		13
	250℃时的蒸发损失，/%，最大(SAE 10W-30 黏度)		15
D892(抗泡沫)	倾向/稳定性/mL	最大	
	程序Ⅰ		10/0
	程序Ⅱ		20/0
	程序Ⅲ		10/0
D6896(MRV TP-1)	-20℃ 180h T-11 试验的废油黏度/mPa·s	最大	25000
	如果发现屈服应力使用改进的试验方法(外部预热)		
	然后测黏度/mPa·s	最大	25000
	测量屈服应力/Pa		<35
橡胶相容性	NBR(丁腈橡胶)		
	硬度变化/度		+7/-5
	拉伸强度变化/%		+10/-TMC1006
	断裂伸长率/%		+10/-TMC1006
	体积变化/%		+5/-3
	VMO(硅橡胶)		
	硬度变化/度		+5/-TMC1006
	拉伸强度变化/%		+10/-45
	断裂伸长率/%		+20/-30
	体积变化/%		+TMC1006/-3
	ACM(聚丙烯酸酯橡胶)		
	硬度变化/度		+8/-5
	拉伸强度变化/%		+18/-15
	断裂伸长率/%		+10/-35
	体积变化/%		+5/-3
	FKM(氟橡胶)		
	硬度变化/度		+7/-5
	拉伸强度变化/%		+10/-TMC1006
	断裂伸长率/%		+10/-TMC1006
	体积变化/%		+5/-2
化学限制值(非关键指标)			
D874	硫酸灰分/%	最大	1.0
D4951	磷/%	最大	0.12
D4951	硫/%	最大	0.4

表 9-21 API CK-4 及 FA-4 规格质量指标

发动机试验						
类别	试验方法	评分或测定参数		主要性能指标		
				第一次试验	第二次试验	第三次试验
CK-4 及 FA-4	Mack T-12	优点评分	最小	1000	1000	1000
	Cummins ISM	优点评分	最小	1000	1000	1000
		顶环失重/mg	最大	100	100	100
	Cat C13	优点评分	最小	1000	1000	1000
		热黏附活塞环		无	无	无
	Mack T-11	100℃黏度增加 4.0mm^2/s 时的 TGA 烟炱含量/%	最小	3.5	3.4	3.3
		100℃黏度增加 12.0mm^2/s 时的 TGA 烟炱含量/%	最小	6.0	5.9	5.9
		100℃黏度增加 15.0mm^2/s 时的 TGA 烟炱含量/%	最小	6.7	6.6	6.5
	Cummins ISB	滑动挺杆平均失重/mg	最大	100	108	112
		凸轮凸角平均磨损/μm	最大	55	59	61
		十字头平均失重/mg	最大	报告	报告	报告
	Cat 1N	加权缺点评分(WDN)	最大	286.2	311.7	323
		顶槽积炭充填率(TGF)/%	最大	20	23	25
		顶环台重炭率(TLHC)/%	最大	3	4	5
		油耗/(g/kW·h)(0~252h)	最大	0.5	0.5	0.5
		活塞、环和衬里磨损		无	无	无
		活塞环黏结		无	无	无
	RFWT	销的平均磨损/mils	最大	0.30	0.33	0.36
		或 μm	最大	(7.6)	(8.4)	(9.1)
	Mack T-13	红外氧化峰高 Abs/cm^{-1}	最大	125	130	133
		40℃运动黏度增长(300~360h)/%	最大	75	85	90
	COAT	平均空气卷入(40~50h)/%	最大	11.8	11.8	11.8

从表 9-21 可以看出，CK-4 和 FA-4 的台架试验性能要求一致，但 CK-4 和 FA-4 的高温高剪切黏度要求不同，具体见表 9-22。CK-4 不仅适用于现有新型的高排放标准的非公路柴油机，也能向后兼容各种旧式的非公路重负荷柴油机，CK-4 可向下兼容 CH-4、Cl-4、Cl-4+、CJ-4 等现行的柴油机油规格。FA-4 则主要针对公路车辆所使用的柴油机，可满足更严苛的环保法规，具有低黏度特征，以提高车辆的燃油经济性。但 FA-4 不兼容现有的柴油机，只适用于新生产的符合道路尾气排放法规要求的新型柴油机。

表 9-22　API CK-4 与 FA-4 的理化指标对比

评定项目及方法		CK-4	FA-4
SAE J300 黏度等级		xW-30，xW-40	xW-30
D4683(HTHS)，150℃的黏度/mPa·s			
xW-30	最小	3.5	2.9
xW-30	最大	n/a	3.2
xW-40		符合 SAE J300	—
D7109，剪切安定性(90 个循环后 100℃运动黏度)/(mm^2/s)			
xW-30	最小	9.3	9.3
0W-40	最大	12.5	—
其他 xW-40		12.8	—
SAE xW-30 剪切后 HTHS 黏度/mPa·s		3.4	2.8

1.1.6　ACEA 重负荷柴油发动机油使用性能分类

本程序规定了 ACEA 成员的产品的最低质量水平。除了下列试验所包含的这些性能参数以外的性能参数由单独的成员公司来标明。ACEA 2016 重负荷柴油机油的规格指标见表 9-23。

表 9-23　ACEA 2016 重负荷柴油机油的规格指标

1. 实验室试验							
项目	试验方法	要求	单位	质量指标			
				E4-16	E6-16	E7-16	E9-16
1.1 黏度	—	SAE J300 最新启用版本	—	除在剪切稳定性和 HT/HS 要求外，ACEA 没有其他要求。制造商可以根据相关环境温度提出明确的黏度标准			
1.2 剪切稳定性	CEC-L-014—93 或 ASTM D6278 或 ASTM D7109	30 个循环后的 100℃ 黏度	mm^2/s	在原等级数值之内	—		
	ASTM D7109	90 个循环后的 100℃ 黏度	mm^2/s	—	在原等级数值之内		
1.3 高温高剪切黏度	CEC-L-036-90	150℃ 和 $10^6 s^{-1}$ 剪切率的黏度	mPa·s	≥ 3.5			
		100℃ 和 $10^6 s^{-1}$ 剪切率的黏度	mPa·s	报告			
1.4 蒸发损失	CEC-L-040-93(Noack)	在 250℃×1h 后的最大失重	%	≤13			
1.5 硫酸灰分	ASTM D874		%m/m	≤2.0	≤1.0	≤2.0	≤1.0

续表

1. 实验室试验							
项目	试验方法	要求	单位	质量指标			
				E4-16	E6-16	E7-16	E9-16
1.6 磷(1)	ASTM D5185		% m/m	—	≤0.080	—	≤ 0.12
1.7 硫	ASTM D5185		% m/m	—	≤0.3	—	≤0.4
				注：下列段落适用于所有程序			
1.8 油/橡胶相容性 *	CEC-L-112-16	新油中浸泡7天后性质的最大变化		橡胶类型			
				RE6	RE7	RE8	RE4
		拉伸强度	%	报告	报告	报告	报告
		断裂伸长率	%	-70/+20	-65/+15	-51/+9	-65/+19
		体积变化	%	-5.5/+2.1	-1.8/+8.9	0/+12	-2.5/+16
1.9 泡沫倾向性	ASTM D892 不包括A选项	倾向-稳定性	mL mL mL	程序 I(24℃)10/0 程序 II(94℃)50/0 程序 III(24℃)10/0			程序Ⅰ 10/0 程序Ⅱ 20/0 程序Ⅲ 10/0
1.10 高温泡沫倾向性	ASTM D6082	倾向-稳定性	mL	程序 IV(150℃)200/50			—
1.11 氧化	CEC-L-085-99(PDSC)	氧化诱导期	min	≥65			
1.12 腐蚀	ASTM D6594	铜增加 铅增加 铜片评分	mg/L mg/L max	报告 报告 报告		报告 ≤100 报告	≤20 ≤100 ≤3
1.13TBN *	ASTM D2896		mgKOH/g	≥12	≥7	≥9	≥7
1.14 低温泵送性能	CEC-L-105-12	MRV 屈服应力 (SAE J300 对新油黏度级中温度下的MRV)	mPa·s Pa	新油满足 SAE J300 规格要求			
1.15 抗氧化性能(生物柴油)	CEC-L-109-12	168h 后氧化峰增加 168h 后 100℃ 黏度增加	A/cm %	≤90 ≤130	≤80 ≤130	≤120 ≤300	≤90 ≤150

2. 发动机试验							
项目	试验方法	要求	单位	质量指标			
				E4-16	E6-16	E7-16	E9-16
2.1 磨损*	CEC-L-099-08(OM646LA)	出口凸轮磨损(8个凸轮最大磨损平均)	μm	≤140	≤140	≤155	≤155

续表

2. 发动机试验							
项目	试验方法	要求	单位	质量指标			
				E4-16	E6-16	E7-16	E9-16
2.2 油中烟炱*	ASTM D5967（Mack T-8E）	试验时间300h 4.8%烟炱和50%剪切损失1次/2次/3次试验的平均相对黏度		≤2.1/2.2/2.3	≤2.1/2.2/2.3	≤2.1/2.2/2.3	≤2.1/2.2/2.3
2.3 缸体抛光 活塞清净性*	CEC L-101-08（OM501LA）	缸体抛光，平均 活塞清净性，平均** 油耗** 发动机油泥，平均**	% 评分 kg/试验 评分	≤1.0 ≥26 ≤9 报告	≤1.0 ≥17 ≤9 报告	≤2.0 ≥17 ≤9 报告	≤2.0 ≥17 ≤9 报告
2.4 烟炱导致的磨损*	ASTM D7468（Cummins ISM）	评分 3.9%烟炱时摇臂垫平均失重 1/2/3次试验平均油过滤器压差，150h 1/2/3次试验平均发动机油泥 1/2/3次试验平均校准滤网的失重	mg kPa 评分 mg	—	—	≤7.5/7.8/7.9 ≤55/67/74 ≥8.1/8.0/8.0	≥1000 ≤7.1 ≤19 ≥8.7 ≤49
2.5磨损(衬里、环、轴承)*	ASTM D7422（Mack T12）	评分 衬里磨损 顶环失重 试验结束的铅 250~300h铅的增量 油耗（Ⅱ段）	μm mg μg/g mg/L mg/L g/hr	—	≥1000 ≤26 ≤117 ≤42 ≤18 ≤95 （12，13）	≥1000 ≤26 ≤117 ≤42 ≤18 ≤95 （12，13）	≥1000 ≤24 ≤105 ≤35 ≤15 ≤85
2.6 生物柴油对活塞清净性和发动机油泥影响	CEC L-104-16（OM646LA Bio）	活塞清净性平均 活塞黏环 发动机油泥，平均	评分 ASF 评分		≥RL255+4 报告 报告	—	≥RL255+4 报告 报告

注：1.8：数据满足2012年规格中CEC-L-039-96指标要求及DBL公司对DBL-AEM橡胶的要求，可以替代CEC-L-112-16方法。

1.13：E7规格要求TBN≥9。

2.1：额外一些经过CEC认可指标可能会加入到指标中。

2.2：API CI-4、CI-4+、CJ-4、CK-4、FA-4认可程序部分获得的Mack T-。

2.3、2.6：非CEC检验参数。

2.4：按照API CI-4规格将计算指标值。

2.5：对E6、E7规格按照API CI-4规格将计算指标值；

对E6、E7规格，CI-4及CI-4⁺通过Mack T-10台架获得的数据可以代替Mack T-12数据；

对于CK-4及FA-4油品，通过该规格油品要求的Mack T-12及Mack T-13台架试验，可以认定通过了ACEA规格中Mack T-12台架。

1.1.7 二冲程汽油机油规格

国际上二冲程汽油机油至今还没有统一的分类，但分类工作一直在进行，美国、日本等国家都有自己的分类。自1985年ASTM、SAE、API、CEC共同推出TSC-1~TSC-4系列的二冲程汽油机油规格，其中TSC-4为大功率水冷舷外机油规格。1988年根据舷外机的使用特性，NMMA公布了更高规格的TC-WⅡ代替TD，并增加了混溶性、流动性、防锈性和滤清器堵塞限制。

1. ASTM/CEC二冲程汽油机油润滑油性能和发动机使用分类

ASTM/CEC二冲程汽油机油润滑油性能和发动机使用分类见表9-24~表9-26。

表9-24 ASTM/CEC二冲程汽油机油润滑油性能和发动机使用分类

分类符号	发动机操作条件	应用	试验
TSC-1	易产生由沉积物引起非破坏性的提前点火 易于产生排气系统的堵塞	机动自行车 割草机 小型发动机	Yamaha CE50S (A)动力损失 (CEC L-20-A-79) (B)胀紧、擦伤、提前点火(CEC L-19-T-77)
TSC-2	易于产生由燃烧室积炭引起的擦伤、提前点火和动力损失易于高温黏环	小型摩托车 摩托车(在高功率负荷下操作) 链锯(燃油比高达32∶1)	Vespa 125T5 胀紧、动力损失、提前点火(CEC L-21-T-77)
TSC-3	中等负荷易于引起沉积 提前点火 损害 易于高温环黏结	链锯(燃油比>32∶1) 摩托车 雪车 不要求TC-W质量油的水冷发动机	Yamaha Y-350 M2 清净性 环黏结 Yamaha CE50S 胀紧、擦伤、提前点火 (CEC L-19-T-77)
TSC-4	包括极易于由沉积物引起的提前点火 易于环黏结(燃油比50∶1)	水冷舷外发动机	BIA TC-W OMC 85hp(1517cm^3) 擦伤、使用性能、提前点火、锈蚀试验、混溶性试验

表9-25 1985年ASTM、SAE、API、CEC共同推出二冲程汽油机油的使用分类

使用分类	使用范围	评定用发动机	CEC程序	评定程序/评定试验	参比油	
					CEC	ASTM
TSC-1	50~100cc 小型风冷机	Yamaha CE 0S	L-19-T-77 L-20--A-22	Ⅰ/润滑性 Ⅱ/排气系统沉积物	RL09(高) RL79(低) RL10(高) RL09(低)	Ⅵ-G(高)Ⅵ-D(中)Ⅵ-DD(低) Ⅵ-H(高)Ⅵ-T(中)Ⅵ-G(低)

续表

使用分类	使用范围	评定用发动机	CEC 程序	评定程序/评定试验	参比油	
					CEC	ASTM
TSC-	100cc 以上小型风冷机	Vespa125T5	L-21-T-77 L-21-T-77 L-21-T-77	Ⅰ/润滑性 Ⅱ/沉积物 Ⅲ/早燃	RL56(高) RL55(低) RL07(高) RL81(低) RL05(高) RL81(低)	Ⅵ-P(高) Ⅵ-O(低) Ⅵ-M(高) Ⅵ-N(低) Ⅵ-I(高) Ⅵ-N(低)
TSC-3	250cc 以上大功率风冷机	Yamaha Y-350MZ Yamaha CE50S		Ⅰ/润滑性 Ⅱ/沉积物 Ⅲ/早燃	—	Ⅵ-B(高) Ⅵ-D(中) Ⅵ-E(低) Ⅵ-D(通过) Ⅵ-E(通过)
TSC-4	大功率水冷舷外机	OMC90HP 1.5L 舷外机	L-28-T-79	Ⅰ/润滑性 Ⅱ/沉积物 Ⅲ/早燃	—	Ⅵ-D(通过) Ⅵ-D(通过) Ⅵ-D(通过)

表 9-26　1988 年二冲程汽油机油的使用分类

使用分类	使用范围	评定发动机	评定程序/评定试验	燃/油	运行时间	参比油
ASTM TC	高功率、稀混合比、风冷二冲程汽油机	Yamaha RD350B	Ⅰ/黏环、沉积物	50∶1	20h	Ⅵ-D 或 NMMA93738
		Yamaha CE50S	Ⅱ/润滑性	150∶1	5 次至 350℃对比，约 8h	Ⅵ-D 或 NMMA93738
		Yamaha CE50S	Ⅲ/早燃	20∶1	50h	Ⅵ-E
NMMA TC WⅡ	高功率、稀混合比、风冷二冲程汽油机	Yamaha CE50S	Ⅰ/润滑性	150∶1	5 次至 350℃对比，约 8h	NMMA93738
		OMC E40ECC Yamaha CE50S	Ⅱ/一般性能 Ⅲ/早燃	100∶1 20∶1	98h 100h	NMMA93738 Ⅵ-D

2. ISO 二冲程汽油机油的性能及分类

ISO 二冲程汽油机油指标及规格见表 9-27 和表 9-28。

表 9-27　ISO 二冲程汽油机油指标

台架试验/质量级别	EGB	EGC	EGD
相应 JASO 质量级别	FB	FC	FD
润滑性(LXI)	95	95	95

续表

台架试验/质量级别	EGB	EGC	EGD
起始扭矩(TIX)	98	98	98
清净性(1h)(DIX)	85	95	—
清净性(3h)(GDDIX)	—	—	125
活塞裙沉积物(1h)(VIX)	85	90	—
活塞裙沉积物(3h)(GDVIX)	—	—	95
排烟	45	85	85
废气堵塞指数	45	90	90

表 9-28　ISO 二冲程 EGE 规格

台架试验	试验项目	建议指标
清净性	Hexagon	≥110
清净性	ISO EGD DIX	≥125
活塞成漆性	ISO EGD VIX	≥95
润滑性	JASO LIX	≥100
起始扭矩	JASO TIX	≥100
排烟	JASO SIX	≥85
排气系统堵塞	JASO BIX	≥150

3. 美国二冲程汽油机油性能与分类

美国二冲程汽油机油性能与分类见表 9-29。

表 9-29　美国二冲程汽油机油性能与新分类

分类	主要润滑要求	应用范围
TA (已中止)	活塞擦伤 排气系统堵塞	机动自行车极小发动机(小于 $50cm^3$)
TB (已中止)	活塞擦伤 沉积引起早燃 由于燃烧室沉积引起功率损失	小型摩托车 高负荷小型摩托车到 ($50cm^3$ 至 $200cm^3$)
TC	环黏结 沉积引起早燃 活塞擦伤	各种高性能发动机 (不包括舷外发动机) ($50cm^3$ 至 $200cm^3$)
TD	活塞擦伤 环黏结 沉积引起早燃	舷外发动机

4. 日本JASO的二冲程汽油机油性能和分类

日本JASO的二冲程汽油机油标准和技术指标列入表9-30及表9-31。

表9-30 日本JASO二冲程汽油机油标准

台架试验/质量级别	FA	FB	FC
清净性指数(DX)	80	85	95
润滑性指数(LIX)	90	95	95
起始扭矩指数(TIX)	98	98	98
排烟指数(SIX)	30	45	85
排气管堵塞指数(BIX)	40	45	90

表9-31 JASO二冲程汽油机油技术指标

项目		质量级别			试验方法
		FA	FB	FC	
100℃运动黏度/(mm^2/s)		6.5	6.5	6.5	GB/T265
闪点/℃		70①	70	70	GB/T267
倾点/℃		-15	报告	报告	GB/T3535
硫酸灰分/%		—	0.25	0.25	GB/T2433
锌含量/%		—	报告	报告	SH/T0226
硼含量/%		—	报告	报告	ASTM D4951
氮含量/%		—	报告	报告	GB/T9170
硫含量/%		—	报告	报告	GB/T387
清净指数	不小于	80	85	95	JASO M341
润滑指数	不小于	90	95	95	JASO M 340
起始扭矩指数	不小于		98	98	JASO M340
烟雾指数	不小于	40	45	85	JASO M342
废气堵塞指数	不小于	30	45	90	JASO M343

① FA的闪点用GB/T261方法。

5. TISI 1040二冲程润滑油规格

自1991年以来，所有用于泰国的二冲程润滑油要满足TISI规格要求，见表9-32。

表9-32 TISI 1040二冲程润滑油规格

试验	参数	规格标准
台架试验	100℃黏度/(mm^2/s)	5.6~16.3
	黏度指数	最小95
	闪点/℃	最小70
	倾点/℃	最大-5

续表

试验	参数	规格标准
台架试验	硫酸灰分/%	最大 0.5
	金属元素含量/%	报告
Kawasaki KH 125M	活塞卡死和环擦伤(燃油比 200 : 1)	没有卡死
	清净性(总清洁度) 环黏结评分 活塞清净性评分 尾气口堵塞	 最小 8 最小 48 无
	5h，7500r/min，燃/油比 40 : 1	
Suzuki SX 800R (JASO M 342-92)	尾气烟量	最小 85

6. ASTM/JASO/CEC 全球二冲程汽油机油规格

ASTM/JASO/CEC 全球二冲程汽油机油规格指标见表 9-33。

表 9-33 ASTM/JASO/CEC 全球二冲程汽油机油规格指标

性能要求	—	GLOBAL‘GB’	GLOBAL‘GC’	GLOBAL‘GD’
	JASO FA	JASO FB	JASO FC	—
润滑性	最小 90	最小 95	最小 95	最小 95
扭矩指数	最小 98	最小 98	最小 98	最小 98
清净性	最小 80	最小 85	最小 95	最小 125①
排气烟量	最小 40	最小 45	最小 85	最小 85
排气堵塞	最小 30	最小 45	最小 90	最小 90

注：所有极限是以参考油为基准的指标，1996 年采用 JATRE-1 全球分类。

① 3h 试验。

7. 二冲程汽油机油的规格标准对应关系和分类汇总

二冲程汽油机油的规格标准对应关系和分类汇总见表 9-34 和表 9-35。

表 9-34 各国的二冲程汽油机油的规格标准对应关系

类型	国际标准	API/NMMA	API/CEC	美国 NMMA	日本 JASO	中国	使用对象
风冷	GA	TA	TSC-1	—	FA	RA	<50mL 摩托车
	GB	TB	TSC-2	—	FB	RB	50~200mL 摩托车
	GC	TC	TSC-3	—	FC	RC	50~500mL 摩托车
	GD	TC+	—	—	FD	RC+	无烟

续表

类型	国际标准	API/NMMA	API/CEC	美国 NMMA	日本 JASO	中国	使用对象
水冷	—	TD	TSC-4	TC-W	—	RD	舷外发动机
	—	—	—	TC-WⅡ	—	—	
	—	—	—	TC-WⅢ	—	—	

表 9-35 二冲程汽油机油质量附录汇总表

质量等级		FA	FB	EGB	FC	EGC	EGD	EGE
JASO M341×1h								
清净性指数	不小于	80	85	85	95	95	—	—
裙部漆膜指数	不小于	—	—	—	—	90	—	—
CECL-58-X×3h								
清净性指数	不小于	—	—	—	—	—	125	125
裙部漆膜指数	不小于	—	—	—	—	—	95	95
CEC L77-X								
清净性优点评价		—	—	—	—	—	—	好于参考油
JASO M340								
润滑性指数	不小于	90	95	95	95	95	95	100
初期扭矩指数	不小于	98	98	98	98	98	98	100
JASO M342								
排烟指数	不小于	40	45	45	85	85	85	85
JASO M343								
堵塞指数	不小于	30	45	45	90	90	90	100

1.1.8 美国和英国军用规格的发动机油的分类

下面主要列出美国和英国军用规格发动机油的分类和性能要求及分类。

1. 美国军用规格

美军用润滑油技术指标与 API 技术指标有一定的相关性，但是指标更严格一些，更强调油品的通用化。美国军用规格发动机油有 MIL-PRF-2104(作战装备内燃机润滑油)、MIL-L-46152(非作战部队后勤队伍轻负荷汽油和柴油发动机车辆用油)、MIL-L-46167(极寒区车辆发动机润滑油)和 MIL-L-21260B(内燃机封存、磨合润滑油)。其中 2104A~2104L、MIL-L-46152A~46152E、MIL-L-2160A~21260D 和 MIL-L-46167A~46167C 已废除，不再列出。美国军用规格发动机油的性能要求列入表 9-36~表 9-39。

表 9-36 美国军用规格发动机油的性能要求

发动机试验	MIL-PRF-2104M (2017 版)	MIL-PRF-21260E (1998 版)	MIL-PRF-46167D (2017 修订)
程序Ⅷ		√	√
DDC 6V92-TA、1M-PC 或 1N		√	√
1K	√		
1P 或 1R	√		
T-12	√		
EOAT	√	√	√
Roller follow wear test(RFWT)	√	√	√
ISM	√		
T-8		√	√
T-8E	√		
ⅢF 或ⅢG	√	√	√

表 9-37 MIL-PRF-2104M 附加试验要求

性能要求	试验方法	评定项目	指标要求	
传动系统的摩擦特性和磨损	TES-295	Allison 石墨片和纸质片摩擦试验,中点动态摩擦系数	测试样品中点摩擦系数需大于或等于标油的平均中点摩擦系数减去 0.012	
		Allison 石墨片和纸质片摩擦试验,啮合时间/s	啮合时间需小于或等于最大可接受啮合时间[a]	
	Caterpillar TO-4 或 TO-4M, SEQ1220	平均动态系数/% 平均静态系数/% 盘磨损/mm 最大 能量限值/(m/s) 最小	90.0~140.0 91.0~127.0 0.04 25	
	Caterpillar TO-4 或 TO-4M, SEQFRRET	平均动态系数,% 在 3000 循环 在 8000 循环 在 15000 循环 在 25000 循环	 85.0~130.0 90.0~125.0 90.0~125.0 95.0~125.0	
橡胶相容性	TES-295		体积变化/%	硬度变化/%
		V1(聚乙烯丙烯酸橡胶)	+7~+20	-15~-2
		V2(聚乙烯丙烯酸橡胶)	+2~+12	-7~+3
		V3(聚乙烯丙烯酸橡胶)	+7~+22	-14~-2
		P1(聚丙烯酸酯)	0.00~+8	-10~0.00
		P2(聚丙烯酸酯)	0.00~+8	-11~+3
		P3(聚丙烯酸酯)	0.00~+4	-8~+4
		F1(氟橡胶)	0.00~+4	-5~+4
		F2(氟橡胶)	0.00~+4	-2~+5
		N1(丁腈橡胶)	报告	报告

注:最大可接受啮合时间(t_{max})的计算如下:

1. 纸质片摩擦试验:$t_{max}=1.108-6.012\mu$
2. 石墨片摩擦试验:$t_{max}=1/[-211*(\mu-0.1421)^2+1.756]$

其中μ为最小可接受中点摩擦系数。

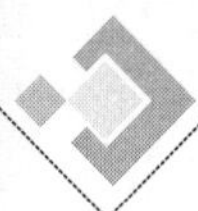

满足 MIL-PRF-2104 规范的油品能够满足作战装备的往复式压燃发动机，重负荷自动传动系统等部位。

表 9-38　MIL-PRF-21260E 附加试验要求

<table>
<tr><th>性能要求</th><th>试验方法</th><th>评定项目</th><th colspan="2">指标要求</th></tr>
<tr><td rowspan="4">传动系统的摩擦特性和磨损</td><td rowspan="2">ATD C-4</td><td>中点摩擦系数
石墨片(0~5500 循环)
纸质片(0~10000 循环)</td><td colspan="2">
0.097
0.080</td></tr>
<tr><td>啮合时间/s
石墨片(0~5500 循环)
纸质片(0~10000 循环)</td><td colspan="2">
0.74
0.67</td></tr>
<tr><td>Caterpillar TO-4，SEQ1220</td><td>平均动态系数/%
平均静态系数/%
盘磨损/mm　　最大
能量限值/(m/s)　　最小</td><td colspan="2">90.0~140.0
91.0~127.0
0.04
25</td></tr>
<tr><td>Caterpillar TO-4，SEQFRRET</td><td>平均动态系数/%
在 3000 循环
在 8000 循环
在 15000 循环
在 25000 循环</td><td colspan="2">
85.0~130.0
90.0~125.0
90.0~125.0
95.0~125.0</td></tr>
<tr><td rowspan="2">橡胶相容性</td><td rowspan="2">ATD C-4</td><td rowspan="2">丁腈橡胶
聚丙烯酸酯
硅橡胶
氟橡胶
聚乙烯丙烯酸橡胶</td><td>体积变化/%</td><td>硬度变化/%</td></tr>
<tr><td>0~+5
0~+10
0~+5
0~+4
+12~+28</td><td>0~±5
0~+5
0~-10
-4~+4
-6~-18</td></tr>
<tr><td>防锈试验</td><td>FED-STD-791 中的 5329</td><td>潮湿箱试验(720h)</td><td colspan="2">试验片上不超过 3 个锈点，其锈点的长度或直径不大于 1mm</td></tr>
<tr><td></td><td>自建方法，见 MIL-PRF-21260E</td><td>盐水浸渍试验</td><td colspan="2">试验件上不超过 3 个锈点，其锈点的长度或直径不大于 1mm</td></tr>
</table>

满足 MIL-PRF-21260E 规范的润滑油可用于各类型作战装备内燃机的封存、磨合，并使用到首次换油期，可同时用于动力传动系统等部位。

表 9-39 MIL-PRF-46167D 附加试验要求

<table>
<tr><th>性能要求</th><th>试验方法</th><th>评定项目</th><th colspan="2">指标要求</th></tr>
<tr><td rowspan="3">低温性能</td><td>D445</td><td>运动黏度/(mm^2/s)
100℃，不小于
-40℃，不大于
-48℃，不大于</td><td colspan="2">
9.3
18000
55000</td></tr>
<tr><td>D5293</td><td>低温动力黏度(-35℃)/mPa·s，不大于</td><td colspan="2">6200</td></tr>
<tr><td>D4684</td><td>低温泵送黏度(-40℃)/mPa·s，不大于
(无屈服应力)</td><td colspan="2">60000</td></tr>
<tr><td rowspan="4">传动系统的摩擦特性和磨损</td><td rowspan="2">ATD C-4</td><td>中点摩擦系数
石墨片(0~5500 循环)
纸质片(0~10000 循环)</td><td colspan="2">
0.097
0.080</td></tr>
<tr><td>啮合时间/s
石墨片(0~5500 循环)
纸质片(0~10000 循环)</td><td colspan="2">
0.74
0.67</td></tr>
<tr><td>Caterpillar
TO-4,
SEQ1220</td><td>平均动态系数/%
平均静态系数/%
盘磨损/mm 最大
能量限值/(m/s) 最小</td><td colspan="2">90.0~140.0
91.0~127.0
0.04
25</td></tr>
<tr><td>Caterpillar
TO-4,
SEQFRRET</td><td>平均动态系数/%
在 3000 循环
在 8000 循环
在 15000 循环
在 25000 循环</td><td colspan="2">
85.0~130.0
90.0~125.0
90.0~125.0
95.0~125.0</td></tr>
<tr><td rowspan="2">橡胶相容性</td><td rowspan="2">ATD C-4</td><td rowspan="2">丁腈橡胶
聚丙烯酸酯
硅橡胶
氟橡胶
聚乙烯丙烯酸橡胶</td><td>体积变化/%</td><td>硬度变化/%</td></tr>
<tr><td>0~+5
0~+10
0~+5
0~+4
+12~+28</td><td>0~±5
0~+5
0~-10
-4~+4
-6~-18</td></tr>
</table>

满足 MIL-PRF-46167D 规范的润滑油能够应用地面作战装备的内燃机，也可应用于传动装置和液压系统等部位，应用的环境温度可低至-46℃。

2. 美军发动机油与 API 内燃机油质量等级的对应关联

美军规格质量水平与 API 内燃机油质量等级的对应关联列入表 9-40 中。

表 9-40　美军规格质量水平与 API 内燃机油质量水平的对应关联

美军规格	类别	相当于 API 质量等级
MLI-PRF2104G	作战部队车辆用油	API CG-4、CF
MIL-PRF-2104H		API CI-4
MIL-PRF-2104J		CI-4　15W-40 CH-4 单级油，如 10W、30 和 40
MIL-PRF-2104L		CI-4　15W-40 CH-4 单级油，如 10W、30 和 40
MIL-PRF-2104M		CI-4　15W-40 CH-4 单级油，如 10W、30 和 40
MLI-L-21260E	封存磨合用油	API CG-4、CF
MLI-L-46167C	极寒地区车辆用油	API CG-4、CF
MLI-L-46167D		API CG-4、CF 和改进的 CF-2

3. 英国军用规格

英国军用规格发动机油有 TS 10033——用于汽油发动机和中负荷柴油发动机多级油(SAE 5W/20、10W/30 和 15W/40)，DEF STAN 91-43/1 Am 1——用于汽油发动机和中负荷柴油发动机单级油(SAE 10W、20W、30 和 50)，以及 DEF STAN 91-22/2 Am 2——用于重负荷船用发动机的多级油(SAE 30)。英国军用规格发动机试验要求见表 9-41。

表 9-41　英国军用规格发动机试验要求

规格		DEF STAN 91-22/2 Am 2	DEF STAN 91-43/1 Am 1	TS 10033
Petter W-1(CEC L-02-A-78)				
轴承失重/mg	最大	25	25	20
黏度增长(40℃)/%	最大	50	50	50
裙部漆膜评分	最小	—	—	9.5
腔下部评分	最小	—	—	8.5
Petter AV-1(CEC L-01-A-69)		—	等于或优于 ER-6	—
Petter AV-B(CEC L-24-A-78)				
活塞评分	最小	70	—	62
第二环台评分	最小	—	—	9.0，漆膜无
裙部外面评分	最小			9.5，比浅琥珀色深
Ford Cortina(CEC L-03-A-70)				
裙部漆膜评分	最小	—	—	8.5(每个活塞)
环黏结评分	最小	—	—	9.5(单个活塞)

续表

规格		DEF STAN 91-22/2 Am 2	DEF STAN 91-43/1 Am 1	TS 10033		
磨损				OMD30	OMD80	OMD85
凸轮和从动部件/mm	平均	—	—	0.10	0.05	0.05
	最大	—	—	0.15	0.15	0.15
100℃废油黏度(12h后的油)/(mm^2/s)		—	—	5.6	9.3	12.5
Roots TS-3						
总磨损/mg	最大	6500	—	—		
气门堵塞(输入的压力差)/kPa		最大0.068		—		

1.2 中国发动机油的分类[17~19]

1.2.1 内燃机油黏度分类标准

中国内燃机油的黏度分类基本参照SAE J300标准进行，而性能和使用试验的分类基本参照了SAE J183标准，再结合实际情况制定了国内的分类标准，于2018年制定了GB/T 14906—2018《内燃机油黏度分类》标准代替GB/T 14906—1994《内燃机油黏度分类》标准。新标准与旧标准比较主要变化有：增加了8、12、16黏度等级；“低温黏度”修改为“低温启动黏度”；“边界泵送温度”修改为“低温泵送黏度”；增加了高温高剪切黏度和增加了附录A“SE、SF质量等级汽油机油和CC、CD质量等级柴油机油以及农用柴油机油黏度分类”等。GB/T 14906—2018《内燃机油黏度分类》和附录A见表9-42及表9-43。

表9-42 内燃机油的黏度分类(GB/T 14906-2018)

黏度等级	低温启动黏度/mPa·s 不大于	低温泵送黏度(无屈服应力时)/mPa·s 不大于	运动黏度(100℃)/(mm^2/s) 不小于	运动黏度(100℃)/(mm^2/s) 小于	高温高剪切黏度(150℃)/mPa·s 不小于
试验方法	GB/T 6538	NB/SH/T 0562	GB/T 265	GB/T 265	SH/T 0751 *
0W	6200(-35℃)	60 000(-40℃)	3.8		
5W	6600(-30℃)	600001(-35℃)	3.8		
10W	7000(-25℃)	60000(-30℃)	4.1		
15W	7000(-20℃)	60000(-25℃)	5.6		
20W	9500(-15℃)	60000(-20℃)	5.6		
25W	13000(-10℃)	60000(-15℃)	9.3		
8			4.0	6.1	1.7
12			5.0	7.1	2.0

续表

黏度等级	低温启动黏度/mPa·s 不大于	低温泵送黏度（无屈服应力时）/mPa·s 不大于	运动黏度（100 ℃）/（mm²/s）不小于	运动黏度（100 ℃）/（mm²/s）小于	高温高剪切黏度（150 ℃）/mPa·s 不小于
16			6.1.	8.2	2.3
20			6.9	9.3	2.6
30			9.3	12.5	2.9
40			12.5	16.3	3.5（0W-40，5W-40 和 10W-40 等级）
40			12.5	16.3	3.7（15W-40，20W-40，25W-40 和 40 等级）
50			16.3	21.9	3.7
60			21.9	26.1	3.7

＊也可采用 SH/T 0618、SH/T 0703 方法，有争议时，以 SH/T 0751 为准。

表 9-43　SE、SF 质量等级汽油机油和 CC、CD 质量等级柴油机油以及农用柴油机油黏度分类

黏度等级	低温启动黏度/mPa·s 不大于	边界泵送温度/℃ 不大于	运动黏度（100 ℃）/（mm²/s）不小于	运动黏度（100 ℃）/（mm²/s）小于
试验方法	GB/T 6538	GB/T 9171	GB/T 265	GB/T 265
0W	3250（-30℃）	-35℃	3.8	
5W	3500（-25℃）	-30℃	3.8	
10W	3500（-20℃）	-25℃	4.1	
15W	3500（-15℃）	-20℃	5.6	
20W	4500（-10℃）	-15℃	5.6	
25W	6000（-5℃）	-10℃	9.3	
20			5.6	9.3
30			9.3	12.5
40			12.5	16.3
50			16.3	21.9
60			21.9	26.1

1.2.2　内燃机油使用性能分类

1. 汽油机油黏温性能和技术指标要求

参照 SAE J183：2002、SAE J300：1999、ASTM D4485：04、API 1509：2002 和 MILL-

2104G 等标准制定了国内汽油机油的技术指标的国标。国标 GB11121—2006（代替 GB11121—1995）见表 9-44～表 9-46。

表 9-44 汽油机油黏温性能要求

项目		低温动力黏度/mPa·s 不大于	边界泵送温度/℃ 不大于	运动黏度（100℃）/（mm^2/s）	黏度指数 不小于	倾点/℃ 不高于
试验方法		GB/T 6538	GB/T9171	GB/T265	GB/T1995 GB/T2541	GB/T3535
质量等级	黏度等级	—	—	—	—	—
	0W-20	3250（-30℃）	-35	5.6～<9.3		-40
	0W-30	3250（-30℃）	-35	9.3～<12.5		-40
	5W-20	3500（-25℃）	-30	5.6～<9.3		
	5W-30	3500（-25℃）	-30	9.3～<12.5		-35
	5W-40	3500（-25℃）	-30	12.6～<16.3		
	5W-50	3500（-25℃）	-30	16.3～<21.9		
	10W-30	3500（-20℃）	-25	9.3～<12.5		
	10W-40	3500（-20℃）	-25	12.6～<16.3		-30
SE、SF	10W-50	3500（-20℃）	-25	16.3～<21.9		
	15W-30	3500（-15℃）	-20	9.3～<12.5		
	15W-40	3500（-15℃）	-20	12.6～<16.3		-23
	15W-50	3500（-15℃）	-20	16.3～<21.9		
	20W-40	4500（-10℃）	-15	12.6～<16.3		-18
	20W-50	4500（-10℃）	-15	16.3～<21.9		-18
	30			9.3～<12.5	75	-15
	40			12.6～<16.3	80	-10
	50			16.3～<21.9	80	-5

项目	低温动力黏度/mPa·s 不大于	低温泵送黏度/mPa·s 在无屈服应力时，不大于	运动黏度（100℃）/（mm^2/s）	高温高剪切黏度（150℃，$10^6/s$）/mPa·s 不小于	黏度指数	倾点/℃ 不高于
试验方法	GB/T 6538 ASTM D5293[③]	SH/T 0562	GB/T 265	SH/T 0618[④] SH/T0703 SH/T 0751	GB/T1995 GB/T2541	GB/T3535
质量等级	黏度等级					

续表

项目		低温动力黏度/mPa·s 不大于	低温泵送黏度/mPa·s 在无屈服应力时，不大于	运动黏度（100℃）/(mm^2/s)	高温高剪切黏度（150℃，10^6/s）/mPa·s 不小于	黏度指数	倾点/℃ 不高于
SG SH GF-1① SJ GF-2② SL GF-3	0W-20	6200(-35℃)	60000(-40℃)	5.6~<9.3	2.6		-40
	0W-30	6200(-35℃)	60000(-40℃)	9.3~<12.5	2.9		
	5W-20	6600(-30℃)	60000(-35℃)	5.6~<9.3	2.6		-35
	5W-30	6600(-30℃)	60000(-35℃)	9.3~<12.5	2.9		
	5W-40	6600(-30℃)	60000(-35℃)	12.6~<16.3	2.9		
	5W-50	6600(-30℃)	60000(-35℃)	16.3~<21.9	3.7		
	10W-30	7000(-25℃)	60000(-30℃)	9.3~<12.5	2.9		-30
	10W-40	7000(-25℃)	60000(-30℃)	12.6~<16.3	2.9		
	10W-50	7000(-25℃)	60000(-30℃)	16.3~<21.9	3.7		
	15W-30	7000(-20℃)	60000(-25℃)	9.3~<12.5	2.9		-25
	15W-40	3500(-20℃)	60000(-25℃)	12.6~<16.3	3.7		
	15W-50	3500(-20℃)	60000(-25℃)	16.3~<21.9	3.7		
	20W-40	9500(-15℃)	60000(-20℃)	12.6~<16.3	3.7		-20
	20W-50	9500(-15℃)	60000(-20℃)	16.3~<21.9	3.7		
	30			9.3~<12.5		75	-15
	40			12.6~<16.3		80	-10
	50			16.3~<21.9		80	-5

① 10W 黏度等级低温动力黏度和低温泵送黏度的试验温度均高于 5℃，指标分别为不大于 3500mPa·s 和 20000mPa·s。

② 10W 黏度等级低温动力黏度的试验温度升高 5℃，指标为不大于 3500mPa·s。

③ GB/T6538—2000 正在修订中，在新标准正式发布前，0W 油使用 ASTM D5293—2004 方法测定。

④ 为仲裁方法。

表 9-45　汽油机油模拟性能和理化性能要求

项目		质量指标								试验方法
		SE	SF	SG	SH	GF-1	SJ	GF-2	SL、GF-3	
水分(体)/%	不大于	痕迹								GB/T260
泡沫性(倾向/稳定性)(mL/mL)										
24℃	不大于	25/0		10/0			10/0		10/0	GB/T12579[a]
93.5℃	不大于	150/0		50/0			50/0		50/0	
后 24℃	不大于	25/0		10/0			10/0		10/0	
150℃	不大于	—		报告			200/50		100/0	SH/T0722[b]

续表

项目	质量指标								试验方法
	SE	SF	SG	SH	GF-1	SJ	GF-2	SL、GF-3	
蒸发损失[c]/% 不大于		5W-30	10W-30	15W-40	0W 和	0w\ -20\ 5w-20			
Nack(250℃×1h)	—	25	20	18	5W	5w-30\ 10w-30			
或 气相色谱法(371℃出量)					25(20)①	22(20)①	22	15	SH/T0059
方法 1	—	20	17	15	20(17)	—			SH/T0558
方法 2	—					17(15)	17		SH/T0695
方法 3	—					17(15)	17	10	SH/T6417
过滤性/% 不大于			5W-30 15W-40 10W-30						
EOFT 流量减少	—		无要求		50	50	50	50	ASTM D5795
EOWTT 流量减少									ASTM D5794
用 0.5%H_2O	—		—		—	报告	—	50	
用 1.0%H_2O	—		—		—	报告	—	50	
用 2.0%H_2O	—		—		—	报告	—	50	
用 3.0%H_2O	—		—		—	报告	—	50	
均匀性和混合性	与 SAE 参比油混合均匀								ASTM D692
高温沉积物/mg 不大于									
TEOST	—		—		—	60	60	—	SH/T0750
TEOST MHT	—		—		—	—	—	45	ASTM D7097
凝胶指数	—		—		—	12 无要求	12[d]	12[d]	SH/T0732
机械杂质/% 不大于	0.01								GB/T511
闪点(开口)/℃(黏度等级) 不低于	200(0W、5W 多级油);205(10W 多级油);215(15W、20W 多级油);220(30);225(40);230(50)								GB/T3536
碱值(以 KOH 计)/(mg/g)	报告								SH/T0251
硫酸灰分/%	报告								SH/T2433
硫/%	报告								GB/T387、GB/T388
磷/%	报告		0.12[e]	0.12		0.10[f]	0.10[g]	0.10[g]	GB/T17476[h]、SH/T0296、SH/T0631
氮/%	报告								GB/T9170 SH/T0656

① 括弧内的数据为所有其他多级油。

a. 对于 SG、SH、GF-1、SJ、GF-2、SL 和 GF-3，需首先进行步骤 A 试验。

b. 为 1min 后测定稳定体积，对于 SL 和 GF-2 可根据需要确定是否首先进行步骤 A 试验。

c. 对于 SF、SG 和 SH，除了规定了指标的 5W/30、10W/30 和 15W/40 之外的所有其他多级油均为“报告”。

d. 对于 GF-2 和 GF-3 凝胶指数试验是从-5 ℃开始降温直到黏度达到 40000mPa·s 时的温度或温度达到-40℃时试验结果，任何一个结果先出现即为试验结果。

e. 仅适用于 5W/30 和 10W/30 黏度等级。

f. 仅适用于 0W/20、5W/20、5W/30 和 10W/30 黏度等级。

g. 仅适用于 0W/20、5W/20、0W/30、5W/30 和 10W/30 黏度等级。

h. 仲裁方法。

表 9-46 汽油机油发动机试验要求①②

质量等级	项目	质量指标	试验方法
SE	L-38 发动机试验		SH/T0265
	轴瓦失重[a]/mg　不大于	40	
	剪切安定性[b]	在本等级油黏度范围之内	SH/T0265
	100℃运动黏度/(mm^2/s)	（适用于多级油）	GB/T265
	程序ⅡD 发动机试验		
	发动机锈蚀评分　不小于	8.5	SH/T0512
	挺杆黏结数	无	
	程序ⅢD 发动机试验		
	黏度增长(40℃，40h)/%　不大于	375	
	发动机平均评分(64h)		
	发动机油泥平均评分　不小于	9.2	
	活塞裙部漆膜平均评分　不小于	9.1	
	油环台沉积物平均评分　不小于	4.0	
	环黏结	无	SH/T0513
	挺杆黏结	无	SH/T0783
	擦伤和磨损(64h)		
	凸轮或挺杆擦伤	无	
	凸轮或挺杆磨损/mm		
	平均值　不大于	0.102	
	最大值　不大于	0.254	
	程序ⅤD 发动机试验		
	发动机油泥平均评分　不小于	9.2	
	活塞裙部漆膜平均评分　不小于	6.4	
	发动机漆膜平均评分　不小于	6.3	
	机油滤网堵塞/%　不大于	10.0	SH/T0514
	油环堵塞/%　不大于	10.0	SH/T0672
	压缩环黏结	无	
	凸轮磨损/mm		
	平均值	报告	
	最大值	报告	
SF	L-38 发动机试验		SH/T0265
	轴瓦失重/mg　不大于	40	
	剪切安定性	在本等级油黏度范围之内	SH/T0265
	100℃运动黏度/(mm^2/s)	（适用于多级油）	GB/T265
	程序ⅡD 发动机试验		
	发动机锈蚀评分　不小于	8.5	SH/T0512
	挺杆黏结数	无	

续表

质量等级	项目		质量指标	试验方法
SF	程序ⅢD发动机试验(64h)			SH/T0513
	黏度增长(40℃)/%	不大于	375	SH/T0783
	发动机平均评分			
	发动机油泥平均评分	不小于	9.2	
	活塞裙部漆膜平均评分	不小于	9.2	
	油环台沉积物平均评分	不小于	4.8	
	环黏结		无	
	挺杆黏结		无	
	擦伤和磨损			
	凸轮或挺杆擦伤		无	
	凸轮或挺杆磨损/mm			
	平均值	不大于	0.102	
	最大值	不大于	0.202	
	程序ⅤD发动机试验			SH/T0514
	发动机油泥平均评分	不小于	9.4	SH/T0672
	活塞裙部漆膜平均评分	不小于	6.7	
	发动机漆膜平均评分	不小于	6.6	
	机油滤网堵塞/%	不大于	7.5	
	油环堵塞/%	不大于	10.0	
	压缩环黏结		无	
	凸轮磨损			
	平均值	不大于	0.25	
	最大值	不大于	0.064	
SG	L-38发动机试验			SH/T0265
	轴瓦失重/mg	不大于	40	
	活塞裙部漆膜评分	不小于	9.0	SH/T0265
	剪切安定性，运动10h后的运动黏度		在本等级油黏度范围之内(适用于多级油)	GB/T265
	程序ⅡD发动机试验			
	发动机锈蚀评分	不小于	8.5	SH/T0512
	挺杆黏结数		无	
	程序ⅢE发动机试验(64h)			SH/T0758
	黏度增长(40℃，375h%)/h	不小于	64	
	发动机油泥平均评分	不小于	9.2	
	活塞裙部漆膜平均评分	不小于	8.9	
	油环台沉积物平均评分	不小于	3.5	
	环黏结(与油相关)		无	
	挺杆黏结		无	
	擦伤和磨损(64h)			
	凸轮或挺杆擦伤		无	
	凸轮加挺杆磨损/mm			
	平均值	不大于	0.030	
	最大值	不大于	0.064	

续表

质量等级	项目		质量指标	试验方法
SG	程序ⅤE发动机试验			SH/T0759
	发动机油泥平均评分	不小于	9.0	
	摇臂罩油泥评分	不小于	7.0	
	活塞裙部漆膜平均评分	不小于	6.5	
	发动机漆膜平均评分	不小于	5.0	
	机油滤网堵塞/%	不大于	20.0	
	油环堵塞/%	不大于	报告	
	压缩环黏结(热黏结)		无	
	凸轮磨损/mm			
	平均值	不大于	0.130	
	最大值	不大于	0.38	
SH	L-38发动机试验			SH/T0265
	轴瓦失重/mg	不大于	40	
	剪切安定性，运动10h后的运动黏度		在本等级油黏度范围之内（适用于多级油）	SH/T0265 GB/T265
	或			
	程序Ⅷ发动机试验			
	轴瓦失重/mg	不大于	26.4	ASTM D6709
	剪切安定性，运动10h后的运动黏度		在本等级油黏度范围之内（适用于多级油）	
	程序ⅡD发动机试验			SH/T0512
	发动机锈蚀评分	不小于	8.5	
	挺杆黏结数		无	
	或			
	球锈蚀试验			SH/T0763
	平均灰度值/分	不小于	100	
	程序ⅢE发动机试验(64h)			
	黏度增长(40℃，375%)/h	不大于	64	
	发动机油泥平均评分	不小于	9.2	SH/T0758
	活塞裙部漆膜平均评分	不小于	8.9	
	油环台沉积物平均评分	不小于	3.5	
	环黏结(与油相关)		无	
	挺杆黏结		无	
	擦伤和磨损(64h)			
	凸轮或挺杆擦伤		无	
	凸轮加挺杆磨损/mm			
	平均值	不大于	0.030	
	最大值	不大于	0.064	
	或			
	程序ⅢF发动机试验			
	运动黏度增长(40℃，60h)/%	不大于	325	
	活塞裙部漆膜平均评分	不小于	8.5	ASTM D6984
	活塞沉积物评分	不小于	3.2	
	凸轮加挺杆磨损/mm	不大于	0.020	
	热黏环		无	

续表

质量等级	项目		质量指标	试验方法
SH	程序ⅤE 发动机试验			
	发动机油泥平均评分	不小于	9.0	
	摇臂罩油泥评分	不小于	7.0	
	活塞裙部漆膜平均评分	不小于	6.5	SH/T0759
	发动机漆膜平均评分	不小于	5.0	
	机油滤网堵塞/%	不大于	20.0	
	油环堵塞/%	不大于	报告	
	压缩环黏结(热黏结)		无	
	凸轮磨损/mm			
	平均值	不大于	0.127	
	最大值	不大于	0.380	
	或			
	程序ⅣA 阀系磨损试验			
	平均凸轮磨损/mm		0.120	
	加：程序ⅤG 发动机试验			
	发动机油泥平均评分	不小于	7.8	ASTM D6891
	摇臂罩油泥评分	不小于	8.0	
	活塞裙部漆膜平均评分	不小于	7.5	ASTM D6593
	发动机漆膜平均评分	不小于	8.9	
	机油滤网堵塞/%	不大于	20.0	
	压缩环热黏结		无	
GF-1	L-38 发动机试验			SH/T0265
	轴瓦失重/mg	不大于	40	
	活塞裙部漆膜评分	不小于	9.0	
	剪切安定性，运动 10h 后的运动黏度		在本等级油黏度范围之内（适用于多级油）	SH/T0265 GB/T265
	程序ⅡD 发动机试验			SH/T0512
	发动机锈蚀评分	不小于	8.5	
	挺杆黏结数		无	
	程序ⅢE 发动机试验(64h)			
	黏度增长(40℃，64h)/%	不大于	375	
	发动机油泥平均评分	不小于	9.2	
	活塞裙部漆膜平均评分	不小于	8.9	
	油环台沉积物平均评分	不小于	3.5	
	环黏结(与油相关)		无	
	挺杆黏结		无	SH/T0758
	擦伤和磨损			
	凸轮或挺杆擦伤		无	
	凸轮加挺杆磨损/mm			
	平均值	不大于	0.030	
	最大值	不大于	0.064	
	油耗/L		5.1	

续表

质量等级	项目		质量指标	试验方法
GF-1	程序ⅤE发动机试验			SH/T0759
	发动机油泥平均评分	不小于	9.0	
	摇臂罩油泥评分	不小于	7.0	
	活塞裙部漆膜平均评分	不小于	6.5	
	发动机漆膜平均评分	不小于	5.0	
	机油滤网堵塞/%	不大于	20.0	
	油环堵塞/%	不大于	报告	
	压缩环黏结(热黏结)		无	
	凸轮磨损/mm			
	平均值	不大于	0.130	
	最大值	不大于	0.380	
	程序Ⅵ发动机试验			SH/T0757
	燃料经济性改进评价/%	不小于	2.7	
SJ	L-38发动机试验			SH/T0265
	轴瓦失重/mg	不大于	40	
	剪切安定性，运动10h后的运动黏度		在本等级油黏度范围之内(适用于多级油)	SH/T0265 GB/T265
	或			
	程序Ⅷ发动机试验			
	轴瓦失重/mg	不大于	26.4	
	剪切安定性，运动10h后的运动黏度		在本等级油黏度范围之内(适用于多级油)	ASTM D6709
	程序ⅡD发动机试验			SH/T0512
	发动机锈蚀评分	不小于	8.5	
	挺杆黏结数		无	
	或			
	球锈蚀试验			SH/T0763
	平均灰度值/分	不小于	100	
	程序ⅢE发动机试验(64h)			SH/T0758
	黏度增长(40℃，375%)/h	不小于	64	
	发动机油泥平均评分	不小于	9.2	
	活塞裙部漆膜平均评分	不小于	8.9	
	油环台沉积物平均评分	不小于	3.5	
	环黏结(与油相关)		无	
	挺杆黏结		无	
	擦伤和磨损(64h)			
	凸轮或挺杆擦伤		无	
	凸轮加挺杆磨损/mm			
	平均值	不大于	0.030	
	最大值	不大于	0.064	
	或			
	程序ⅢF发动机试验			ASTM D6984
	运动黏度增长(40℃，60h)/%	不大于	325	
	活塞裙部漆膜平均评分	不小于	8.5	
	活塞沉积物评分	不小于	3.2	
	凸轮加挺杆磨损/mm	不大于	0.020	
	热黏环		无	

续表

质量等级	项目		质量指标	试验方法
SJ	程序ⅤE 发动机试验			SH/T0759
	发动机油泥平均评分	不小于	9.0	
	摇臂罩油泥评分	不小于	7.0	
	活塞裙部漆膜平均评分	不小于	6.5	
	发动机漆膜平均评分	不小于	5.0	
	机油滤网堵塞/%	不大于	20.0	
	油环堵塞/%	不大于	报告	
	压缩环黏结(热黏结)		无	
	凸轮磨损/mm			
	平均值	不大于	0.127	
	最大值	不大于	0.380	
	或			
	程序ⅣA 阀系磨损试验			
	平均凸轮磨损/mm		0.120	
	加			
	程序ⅤG 发动机试验			ASTM D6891
	发动机油泥平均评分	不小于	7.8	
	摇臂罩油泥评分	不小于	8.0	ASTM D6593
	活塞裙部漆膜平均评分	不小于	7.5	
	发动机漆膜平均评分	不小于	8.9	
	机油滤网堵塞/%	不大于	20.0	
	压缩环热黏结		无	
GF-2	L-38 发动机试验			SH/T0265
	轴瓦失重/mg	不大于	40	
	剪切安定性，运动 10h 后的运动黏度		在本等级油黏度范围之内（适用于多级油）	SH/T0265 GB/T265
	程序ⅡD 发动机试验			
	发动机锈蚀评分	不小于	8.5	SH/T0512
	挺杆黏结数		无	
	程序ⅢE 发动机试验(64h)			SH/T0758
	黏度增长(40℃，375%)/h	不大于	64	
	发动机油泥平均评分	不小于	9.2	
	活塞裙部漆膜平均评分	不小于	8.9	
	油环台沉积物平均评分	不小于	3.5	
	环黏结(与油相关)		无	
	凸轮加挺杆磨损/mm			
	平均值	不大于	0.030	
	最大值	不大于	0.064	
	油耗/L		5.1	

续表

质量等级	项目		质量指标	试验方法
GF-2	程序ⅤE 发动机试验			SH/T0759
	发动机油泥平均评分	不小于	9.0	
	摇臂罩油泥评分	不小于	7.0	
	活塞裙部漆膜平均评分	不小于	6.5	
	发动机漆膜平均评分	不小于	5.0	
	机油滤网堵塞/%	不大于	20.0	
	油环堵塞/%	不大于	报告	
	压缩环黏结(热黏结)		无	
	凸轮磨损/mm			
	平均值	不大于	0.127	
	最大值	不大于	0.380	
	活塞内腔顶部沉积物		报告	
	环台沉积物		报告	
	气缸筒磨损		报告	
	程序ⅥA 发动机试验			ASTM D6202
	燃料经济性改进评价/%	不小于		
	0W-20 和 5W-20		1.4	
	其他 0W-××和 5W-××		1.1	
	10W-××		0.5	
SL	程序Ⅷ发动机试验			ASTM D6709
	轴瓦失重/mg	不大于	26.4	
	剪切安定性，运动 10h 后的运动黏度		在本等级油黏度范围之内(适用于多级油)	
	球锈蚀试验			SH/T0763
	平均灰度值/分	不小于	100	
	程序ⅢF 发动机试验			ASTM D6984
	运动黏度增长(40℃，80h)/%	不大于	275	
	活塞裙部漆膜平均评分	不小于	9.0	
	活塞沉积物评分	不小于	4.0	
	凸轮加挺杆磨损/mm	不大于	0.020	
	热黏环		无	
	低温黏度性能		报告	GB/T6538 SH/T0562
	程序ⅤE 发动机试验			SH/T0759
	平均凸轮磨损/mm		0.127	
	最大徒劳磨损/mm		0.380	
	程序ⅣA 阀系磨损试验			ASTM D6891
	平均凸轮磨损/mm		0.120	

续表

质量等级	项目		质量指标	试验方法
SL	程序ⅤG 发动机试验			ASTM D6593
	发动机油泥平均评分	不小于	7.8	
	摇臂罩油泥评分	不小于	8.0	
	活塞裙部漆膜平均评分	不小于	7.5	
	发动机漆膜平均评分	不小于	8.9	
	机油滤网堵塞/%	不大于	20.0	
	压缩环热黏结		无	
	环冷黏结		报告	
	机油滤网残渣/%		报告	
	油环堵塞/%		报告	
GF-3	程序Ⅷ发动机试验			ASTM D6709
	轴瓦失重/mg	不大于	26.4	
	剪切安定性，运动 10h 后的运动黏度		在本等级油黏度范围之内（适用于多级油）	
	球锈蚀试验			SH/T0763
	平均灰度值/分	不小于	100	
	程序ⅢF 发动机试验			ASTM D6984
	运动黏度增长(40℃，80h)/%	不大于	275	
	活塞裙部漆膜平均评分	不小于	9.0	
	活塞沉积物评分	不小于	4.0	
	凸轮加挺杆磨损/mm	不大于	0.020	
	热黏环		不允许	
	油耗/L		5.2	GB/T6538
	低温黏度性能		报告	SH/T0562
	程序ⅤE 发动机试验			SH/T0759
	平均凸轮磨损/mm		0.127	
	最大凸轮磨损/mm		0.380	
	程序ⅣA 阀系磨损试验			ASTM D6891
	平均凸轮磨损/mm		0.120	
	程序ⅤG 发动机试验			ASTM D6593
	发动机油泥平均评分	不小于	7.8	
	摇臂罩油泥评分	不小于	8.0	
	活塞裙部漆膜平均评分	不小于	7.5	
	发动机漆膜平均评分	不小于	8.9	
	机油滤网堵塞/%	不大于	20.0	
	压缩环热黏结		无	
	环的冷黏结		报告	
	机油滤网残渣/%		报告	
	油环堵塞/%		报告	

续表

质量等级	项目	质量指标			试验方法
GF-3	程序ⅥB 发动机试验	0W-20 5W-20	0W-30 5W-30	10W-30 和其他 多级油	ASTM D6837
	16h 老化后燃料经济性改进评价-FEI1/%	2.0	1.6	0.9	
	96h 老化后燃料经济性改进评价-FEI2/%	1.7	1.3	0.6	
	FEI1+FEI2/%	—	3.0	1.6	

注：1. 对于一个确定的汽油机油配方，不可随意更换基础油，也不可随意进行黏度等级的延伸。在基础油必须变更时，应按照 API 1509 附录 E“轿车发动机油和柴油机油 API 基础油互换准则”进行相关的试验并保留试验结果备查；在进行黏度等级延伸时，应按照 API 1509 附录 F“SAE 黏度等级发动机油试验的 API 导则”进行相关的试验并保留试验结果备查。

2. 发动机台架试验的相关说明参见 ASTM D4485“C 发动机油类别”中的脚注。

a. 亦可用 SH/T 0264 方法评定，指标为轴瓦失重不大于 25mg。

b. 按 SH/T0265 方法运转 10h 后取样，采用 GB/T 265 方法测定 100℃运动黏度。在用 SH/T 0264 评定轴瓦腐蚀时，剪切安定性用 SH/T 0505 和 GB/T 265 方法测定，指标不变。如有争议时，以 SH/T 0265 和 GB/T 265 方法为准。

c. 根据油品低温等级指定的使用方法 ASTM D6538 和 SH/T 0562 测定 80h 试验后的油样。

2. 柴油机油黏温性能和技术指标要求

参照 SAE J183：2002、SAE J300：1999、ASTM D4485：2004 和 MIL-PRF-2104G 等标准制定了国内柴油机油的技术指标的国标。国标 GB 11122—2006(代替 GB 11122—1997)见表 9-47~表 9-49。

表 9-47　柴油机油黏温性能要求

项目		低温动力黏度/mPa·s 不大于	边界泵送温度/℃ 不高于	运动黏度(100℃)/(mm²/s)	高温高剪切黏度(150℃，10^6/s)/mPa·s 不小于	黏度指数 不小于	倾点/℃ 不高于
试验方法		GB/T 6538	GB/T 9171	GB/T 265	SH/T 0618[b] SH/T 0703 SH/T 0751	GB/T 1995 GB/T 2541	GB/T 3535
质量等级	黏度等级						
	0W-20	3250(-30℃)	-35	5.6~<9.3	2.6		-40
	0W-30	3250(-30℃)	-35	9.3~<12.5	2.9		
	0W-40	3250(-30℃)	-35	12.5~<16.3	2.9		
	5W-20	3500(-25℃)	-30	5.6~<9.3	2.6		-35
	5W-30	3500(-25℃)	-30	9.3~<12.5	2.9		
	5W-40	3500(-25℃)	-30	12.6~<16.3	2.9		
	5W-50	3500(-25℃)	-30	16.3~<21.9	3.7		

续表

项目		低温动力黏度/mPa·s 不大于	边界泵送温度/℃ 不高于	运动黏度(100℃)/(mm^2/s)	高温高剪切黏度(150℃,10^6/s)/mPa·s 不小于	黏度指数 不小于	倾点/℃ 不高于
	10W-30	3500(-20℃)	-25	9.3~<12.5	2.9		
CC[a]、CD	10W-40	3500(-20℃)	-25	12.6~<16.3	2.9		-30
	10W-50	3500(-20℃)	-25	16.3~<21.9	3.7		
	15W-30	3500(-15℃)	-20	9.3~<12.5	3.7		
	15W-40	3500(-15℃)	-20	12.6~<16.3	3.7		-23
	15W-50	3500(-15℃)	-20	16.3~<21.9	3.7		
	20W-40	4500(-10℃)	-15	12.6~<16.3	3.7		
	20W-50	4500(-10℃)	-15	16.3~<21.9	3.7		-18
	20W-60	4500(-10℃)	-15	21.9~<26.1	3.7		
	30			9.3~<12.5		75	-15
	40			12.6~<16.3		80	-10
	50			16.3~<21.9		80	-5
	60			21.9~<26.1		80	-5

a. CC 不要求测定高温高剪切黏度；

b. 为仲裁方法。

项目		低温动力黏度/mPa·s 不大于	低温泵送黏度/mPa·s 在无屈服应力时，不大于	运动黏度(100℃)/(mm^2/s)	高温高剪切黏度(150℃,10^6/s)/mPa·s 不小于	黏度指数 不小于	倾点/℃ 不高于
试验方法		GB/T 6538 ASTM D5293[b]	SH/T 0562	GB/T 265	SH/T 0618[c] SH/T 0703 SH/T 0751	GB/T 1995 GB/T 2541	GB/T 3535
	0W-20	6200(-35℃)	60000(-40℃)	5.6~<9.3	2.6		
	0W-30	6200(-35℃)	60000(-40℃)	9.3~<12.5	2.9		-40
CF、CF-4、CH-4、CI-4[a]	0W-40	6200(-35℃)	60000(-40℃)	12.5~<16.3	2.9		
	5W-20	6600(-30℃)	60000(-35℃)	5.6~<9.3	2.6		
	5W-30	6600(-30℃)	60000(-35℃)	9.3~<12.5	2.9		
	5W-40	6600(-30℃)	60000(-35℃)	12.6~<16.3	2.9		-35
	5W-50	6600(-30℃)	60000(-35℃)	16.3~<21.9	3.7		

续表

项目		低温动力黏度/mPa·s 不大于	低温泵送黏度/mPa·s 在无屈服应力时，不大于	运动黏度(100℃)/(mm²/s)	高温高剪切黏度(150℃，10^6/s)/mPa·s 不小于	黏度指数不小于	倾点/℃ 不高于
CF、CF-4、CH-4、CI-4[a]	10W-30	7000(-25℃)	60000(-30℃)	9.3~<12.5	2.9		-30
	10W-40	7000(-25℃)	60000(-30℃)	12.6~<16.3	2.9		
	10W-50	7000(-25℃)	60000(-30℃)	16.3~<21.9	3.7		
	15W-30	7000(-20℃)	60000(-25℃)	9.3~<12.5	3.7		-25
	15W-40	7000(-20℃)	60000(-25℃)	12.6~<16.3	3.7		
	15W-50	7000(-20℃)	60000(-25℃)	16.3~<21.9	3.7		
	20W-40	9500(-15℃)	60000(-20℃)	12.6~<16.3	3.7		-20
	20W-50	9500(-15℃)	60000(-20℃)	16.3~<21.9	3.7		
	20W-60	9500(-15℃)	60000(-20℃)	21.9~<26.1	3.7		
	30			9.3~<12.5		75	-15
	40			12.6~<16.3		80	-10
	50			16.3~<21.9		80	-5
	60			21.9~<26.1		80	-5

a. CI-4 所有黏度等级的高温高剪切黏度均为不小于 3.5mPa·s，相当 SAE J300 指标，高于 3.5mPa·s 时，允许以 SAE J300 为准；

b. GB/T 56588—2000 正在修订中；

c. 为仲裁方法。

表 9-48　柴油机油理化性能要求

项目		质量指标					试验方法
		CC CD	CF CF-4	CH-4		CI-4	
水分(体)/%	不大于	痕迹	痕迹	痕迹		痕迹	GB/T 260
泡沫性(泡沫倾向/泡沫稳定性)/mL/mL							
24℃	不大于	25/0	20/0	10/0		10/0	GB/T 12579 *
93.5℃	不大于	150/0	50/0	20/0		20/0	
后 24℃	不大于	25/0	/20/0	10/0		10/0	
蒸发损失/%	不大于			10W-30	15W-40		
诺亚克法(250℃×1h)				20	18	15	SH/T 0059
气相色谱法(371℃馏出量)				17	15	—	ASTM D6417

续表

项目	质量指标				试验方法
	CC CD	CF CF-4	CH-4	CI-4	
机械杂质/%	0.01				GB/T 511
闪点(开口)/℃(黏度等级)	200(0W、5W 多级油) 205(10W 多级油) 215(15W、20W 多级油) 220(30) 225(40) 230(50) 240(60)				GB/T 3536
碱值(以 KOH 计)[a]/(mg/g)	报告				SH/T 0251
硫酸灰分/%	报告				GB/T 2433
硫/%	报告				GB/T 387、 GB/T 388
磷/%	报告				GB/T 17476、 SH/T 0296
氮/%	报告				GB/T 9170、 SH/T 0704

① CH-4、CI-4 不允许用步骤 A。

* 生产者在每批产品出厂时要向使用者或经销者报告该项目的实测值，有争议时以发动机台架结果为准。

表 9-49 柴油机油使用性能要求①②

品种代号	项目		质量指标	试验方法
CC	L-38 发动机试验			SH/T 0265
	轴瓦失重[a]/mg	不大于	50	
	活塞裙部漆膜评分	不小于	9.0	SH/T 0265
	剪切安定性[b] 100℃运动黏度/(mm^2/s)		在本等级油黏度范围内 (适用于多级油)	GB/T 265
	高温清净性和抗磨试验(1H2 法) 顶环槽积炭充填体积(体)/%	不大于	45	GB/T 9932
	总缺点加权评分	不大于	140	
	活塞环侧间隙损失/mm	不大于	0.013	

续表

品种代号	项目		质量指标			试验方法
CD	L-38 发动机试验					SH/T 0265
	轴瓦失重/mg	不大于	50			
	活塞裙部漆膜评分	不小于	9.0			SH/T 0265
	剪切安定性		在本等级油黏度范围内			GB/T 265
	100℃运动黏度/(mm^2/s)		(适用于多级油)			
	高温清净性和抗磨试验(1G2 法)					
	顶环糟积炭充填体积(体)/%	不大于	80			GB/T 9932
	总缺点加权评分	不大于	300			
	活塞环测间隙损失/mm	不大于	0.013			
CF	L-38 发动机试验		一次试验	二次试验平均	三次试验平均[c]	
	轴瓦失重/mg	不大于	43.7	48.1	50.0	SH/T 0265
	剪切安定性		在本等级油黏度范围内			
	100℃运动黏度/(mm^2/s)		(适用于多级油)			SH/T 0265
	或程序Ⅷ发动机试验不大于					GB/T 265
	轴瓦失重/mg		20.3	31.9	33.0	ASTM D6709
	剪切安定性		在本等级油黏度范围内			
	100℃运动黏度/(mm^2/s)		(适用于多级油)			
	1M-PC 试验		二次试验平均	三次试验平均	四次试验平均	ASTM D6618
	总缺点加权评分(WTD)	不大于	240	MTACd	MTAC	
	顶环糟积炭充填体积(体)(TGF)/%	不大于	70[e]			
	环测间隙损失/mm	不大于	0.012			
	活塞环黏结		无			
	活塞、环和缸套擦伤		无			
CF-4	L-38 发动机试验[f]					
	轴瓦失重/mg	不大于	50			SH/T 0265
	剪切安定性		在本等级油黏度范围内			
	100℃运动黏度/(mm^2/s)		(适用于多级油)			SH/T 0265
	或程序Ⅷ发动机试验	不大于				GB/T 265
	轴瓦失重/mg		33.0			ASTM 6709
	剪切安定性		在本等级油黏度范围内			
	100℃运动黏度/(mm^2/s)		(适用于多级油)			

续表

<table>
<tr><th>品种代号</th><th>项目</th><th></th><th colspan="3">质量指标</th><th>试验方法</th></tr>
<tr><td rowspan="5">CF-4</td><td>1K 试验
缺点加权评分
顶环槽积炭充填体积(体)(TGF)/%
顶环台重炭率(TLHC)/%
平均油耗/(g/kW・h)
最终油耗/(g/kW・h)
活塞环黏结
活塞环和缸套擦伤</td><td>
不大于
不大于
不大于
不大于
不大于

</td><td>二次试验平均
332
24
3
0.5
27
无
无</td><td>三次试验平均
339
26
4
0.5
27
无
无</td><td>四次试验平均
342
27
5
0.5
27
无
无</td><td>SH/T 0782</td></tr>
<tr><td>Mack T-6 试验
优点评分
或 Mack T-9 试验
平均顶环失重
缸套磨损</td><td>
不小于

不大于
不大于</td><td colspan="3">
90

150
0.04</td><td>ASTM
RR：D-2-1219
或 SH/T 0761</td></tr>
<tr><td>Mack T-7 试验
后 50h 100℃运动黏度平均增长率/(mm^2/s・h)
或 Mack T-8 试验(T-8A)
100~150h 100℃运动黏度平均增长率/(mm^2/s・h)</td><td>
不大于

不大于</td><td colspan="3">
0.04

0.20</td><td>ASTM
RR：D-2-1220
或 SH/T 0760</td></tr>
<tr><td>腐蚀试验
铜浓度增加/(mg/kg)
铅浓度增加/(mg/kg)
锡浓度增加/(mg/kg)
铜片腐蚀/级</td><td>
不大于
不大于
不大于
</td><td colspan="3">
20
60
报告
3</td><td>GB/T 5096</td></tr>
<tr><td>柴油喷嘴剪切试验
剪切后 100℃运动黏度/(mm^2/s)</td><td>

不大于</td><td colspan="3">
ZW-30　　XW-40
9.3　　12.5</td><td>ASTM D 6278
GB/T 265</td></tr>
<tr><td>CH-4</td><td>1K 试验
缺点加权评分(WDK)
顶环槽积炭充填体积(体)(TGF)/%
顶环台重炭率(TLHC)/%
油耗/(g/kW・h)(0~252h)
活塞环和缸套擦伤</td><td>
不大于
不大于
不大于
不大于
</td><td>一次试验
332
24
4
0.5
无</td><td>二次试验平均
347
27
5
05
无</td><td>三次试验平均
353
29
5
0.5
无</td><td>SH/T 0782</td></tr>
</table>

续表

品种代号	项目		质量指标			试验方法
			一次试验	二次试验平均	三次试验平均	
CH-4	1P 试验		一次试验	二次试验平均	三次试验平均	ASTM D6681
	缺点加权评分(WTP)	不大于	350	378	390	
	顶环槽积炭充填体积(体)(TGC)缺点评分		36	39	41	
	顶环台炭(TLC)缺点评分	不大于	40	46	49	
	平均油耗/(g/h)(0~360h)	不大于	12.4	12.4	12.4	
	最终油耗/(g/h)(312~360h)	不大于	14.6	14.6	14.6	
	活塞环和缸套擦伤		无	无	无	
	Mack T-9 试验		一次试验	二次试验平均	三次试验平均	SH/T 0761
	修正到 1.75%烟炱量的平均缸套磨损/mm	不大于	0.0254	0.026 6	0.027 1	
	平均顶环失重/mg	不大于	120	135	144	
	用过油铅变化量/(mg/kg)	不大于	25	32	26	
	Mack T-8 试验(T-8E)		一次试验	二次试验平均	三次试验平均	SH/T 0760
	4.8%烟炱量的相对黏度(RV)	不大于	2.1	2.2	2.3	
	3.8%烟炱量的黏度增长/(mm^2/s)	不大于	11.5	12.5	13.0	
	滚动随动件磨损试验(RFWT)		一次试验	二次试验平均	三次试验平均	ASTM D5966
	液压滚轮挺杆销平均磨损/mm	不大于	0.0076	0.0084	0.0091	
	康明斯 M11(HST)试验		一次试验	二次试验平均	三次试验平均	ASTM D6838
	修正到 4.5%烟炱量的摇臂垫平均失重/mg	不大于	6.5	7.5	8.0	
	机油滤清器压差/kPa	不大于	79	93	100	
	平均发动机油泥，CRC 优点评分	不小于	8.7	8.6	8.5	
	程序ⅢE 发动机试验		一次试验	二次试验平均	三次试验平均	SH/T 0758
	黏度增长(40℃，64h)/%	不大于	200	200 (MTAC)	200 (MTAC)	
	或程序ⅢF 发动机试验					ASTM D6984
	黏度增长(40℃，60h)/%	不大于	295	295 (MTAC)	295 (MTAC)	

续表

品种代号	项目		质量指标			试验方法
CH-4	发动机油充气试验		一次试验	二次试验平均	三次试验平均	ASTM D6894
	空气卷入(体)/%	不大于	8.0	8.0 (MTAC)	8.0 (MTAC)	
	高温腐蚀试验					SH/T 0754
	试验后铜浓度增加/(mg/kg)	不大于	20			
	试验后铅浓度增加/(mg/kg)	不大于	120			
	试验后锡浓度增加/(mg/kg)	不大于	50			
	试验后铜片腐蚀/级	不大于	3			GB/T 5096
CI-4	柴油喷嘴剪切试验		ZW-30[g]		XW-40	ASTM D6278 GB/T265
	剪切后 100℃运动黏度/(mm²/s)	不大于	9.3		12.5	
	1K 试验		一次试验	二次试验平均	三次试验平均	SH/T 0782
	缺点加权评分(WDK)	不大于	332	347	353	
	顶环槽积炭充填体积(体)(TGF)/%	不大于	24	27	29	
	顶环台重炭率(TLHC)/%	不大于	4	5	5	
	平均油耗/(g/kW·h)(0~252h)	不大于	0.5	05	0.5	
	活塞、环和缸套擦伤		无	无	无	
	1R 试验		一次试验	二次试	三次试验平均	ASTM D6923
	缺点加权评分(WDR)	不大于	382	396	402	
	顶环槽炭(TGC)缺点评分	不大于	52	57	59	
	顶环台炭(TLC)缺点评分	不大于	31	35	36	
	最初油耗(IOC)/(g/h)(0~352h)		13.1	13.1	13.1	
	平均值	不大于	IOC+1.8	IOC+1.8	IOC+1.8	
	最终油耗/(g/h)(432~504h)平均值	不大于	无	无	无	
	活塞、环和缸套擦伤		无	无	无	
	环黏结					
	MackT-10 试验		一次试验	二次试验平均	三次试验平均	ASTM D6987
	优点评分	不小于	1000	1000	1000	
	Mack T-8 试验(T-8E)		一次试验	二次试验平均	三次试验平均	SH/T 0760
	4.8%烟炱量的相对黏度(RV)[h]	不大于	1.8	1.9	2.0	

续表

品种代号	项目		质量指标			试验方法
CI-4	滚动随动件磨损试验(RFWT)		一次试验	二次试验平均	三次试验平均	ASTM D5966
	液压滚轮挺杆销平均磨损/mm	不大于	0.007 6	0.008 4	0.009 1	
	康明斯 M11(EGR)试验		一次试验	二次试验平均	三次试验平均	ASTM D695
	气门塔桥平均失重/mg	不大于	20.0	21.8	22.5	
	顶环平均失重	不大于	175	186	191	
	机油滤清器压差(250h)/kPa	不大于	275	320	341	
	平均发动机油泥，CRC 优点评分	不小于	7.8	7.6	7.5	
	程序ⅢF 发动机试验		一次试验	二次试验平均	三次试验平均	ASTM D6984
	黏度增长(40℃，80h)/%	不大于	275	275 (MTAC)	275 (MTAC)	
	发动机充气试验		一次试验	二次试验平均	三次试验平均	ASTM D6894
	空气卷入(体)/%	不大于	8.0	8.0 (MTAC)	8.0 (MTAC)	
	高温腐蚀试验					SH/T 0754
	试验后铜浓度增加/(mg/kg)	不大于	20			
	试验后铅浓度增加/(mg/kg)	不大于	120			
	试验后锡浓度增加/(mg/kg)	不大于	50			
	试验后铜片腐蚀/级	不大于	3			GB/T 5096
	低温泵送黏度		0W、5W、10W、15W			
	Mack T-10 或 Mack T-10A 试验，75h 后试验油(-20℃)/mPa·s	不大于	25000			SH/T 0562
	如检测到屈服应力					ASTM D6896
	低温泵送黏度/mPa·s	不大于	25000			
	屈服应力/Pa	不大于	35(不含 35)			

续表

品种代号	项目	质量指标	试验方法
CI-4	橡胶相容性		ASTM D11.15
	体积变化/%		
	丁腈橡胶	+5/-3	
	硅橡胶	+TMC1006[i]/-3	
	聚丙烯酸酯	+5/-3	
	氟橡胶	+5/-2	
	硬度限值		
	丁腈橡胶	+7/-5	
	硅橡胶	+5/-TMC1006	
	聚丙烯酸酯	+8/-5	
	氟橡	+7/-3	
	拉伸强度/%		
	丁腈橡胶	+10/TMC1006	
	硅橡胶	+10/-45	
	聚丙烯酸酯	+18/-15	
	氟橡	+10/TMC1006	
	延伸率/%		
	丁腈橡胶	+10/-TMC1006	
	硅橡胶	+20/-30	
	聚丙烯酸酯	+10/-35	
	氟橡胶	+10/-TMC1006	

注：1. 对于一个确定的柴油机油配方，不可随意更换基础油，也不可随意进行黏度等级的延伸。在基础油必须变更时，应按照 API 1509 附录 E“轿车发动机油和柴油机油 API 基础油互换准则”进行相关试验并保留试验结果备查；在进行黏度等级延伸时，应按照 API 1509 附录 F“SAE 黏度等级发动机油试验的 API 导则”进行相关试验并保留试验结果备查。
2. 发动机台架试验的相关说明参见 ASTM D4485“C 发动机油类别”中的脚注。

a. 亦可用 SH/T 0264 方法评定，指标为轴瓦失重不大于 25mg。

b. 按 SH/T 0265 方法运转 10h 后取样，采用 GB/T 265 方法测定 100℃运动黏度。在用 SH/T 0264 评定轴瓦腐蚀时，剪切安定性用 SH/T 0505 和 GB/T 265 方法测定，指标不变。如有争议时，以 SH/T 0265 和 GB/T 265 方法为准。

c. 如进行三次试验，允许有一次试验结果偏高。确定试验结果是否偏离依据是 ASTM E178。

d. MTAC“多次试验通过准则”的缩写。

e. 如进行三次或三次以上试验，一次完整的试验结果可以被舍弃。

f. 由于缺乏关键试验部件，康明斯 NTC400 不能再作为一个标定试验，在这一等级上需要使用一个两次的 1K 试验和模拟腐蚀试验取代康明斯 NTC400。按照 SSTM D4485(1994)的规定，在过去标定的试验台架上运行康明斯 NTC400 试验所获得的数据也可用以支持这一等级。

原始的康明斯 NTC400 的极限值为：

凸轮轴滚轮随动件销磨损：不大于 0.051mm。

顶环台沉积物，重炭覆盖率，平均值(%)：不大于 15。

油耗(g/s)：试验油耗第二回归曲线应完全落在公布的平均值加上参考油标准参差之内。

g. XW 代表表 1 中规定的低温黏度等级。

h. 相对黏度(RV)为达到 4.8%烟炱量的黏度与新油采用 ASTM D6278 剪切后的黏度之比。

i. TMC1006 为一种标准油的代号。

第 2 节　齿轮油分类[20~25]

2.1　国际齿轮油分类

2.1.1　车辆齿轮油的黏度分类

国际上 ISO 一直未发布汽车齿轮润滑剂的相关标准，世界各国普遍采用 API 的性能分类和 SAE 黏度分类。SAE 黏度分类开始于 1929 年，当时只有 SAE 90、110 和 160 三个黏度等级，到 20 世纪 70 年代中期才出现了 SAE J306a、b 和 c。于 1985 年制定了 SAE J306 规格，提出 7 个黏度级别。随着汽车工业的发展，发动机的马力大幅度提高，齿轮传动的负荷也大幅增加，而政府法规不断要求更好的燃料经济性，同时是对汽车制造商的要求。为了满足燃料经济性和设备耐久性的要求，美国汽车工程师协会分别于 1991 年、1998 年、2005 年和 2019 年相继对 SAE J306 标准进行了修订，目前最新版本是 SAE J306—2019《汽车齿轮润滑剂黏度分类》，SAE 黏度分类的发展和最新版本分别见表 9-50 和表 9-51。

表 9-50　SAE J306 黏度分类的发展

年份	SAE规格	黏度号													
1929	SAE										90	110		160	
1959	SAE		75	80							90		140		250
1974	J306a		75W	80W	85W						90		140		250
1976	J306b		75W	80W	85W						90		140		250
1977	J306c	70W	75W	80W							90		140		250
1985	J306	70W	75W	80W	85W						90		140		250
1991	J306	70W	75W	80W	85W						90		140		250
1998	J306	70W	75W	80W	85W				80	85	90		140		250
2005	J306	70W	75W	80W	85W				80	85	90	110	140	190	250
2019	J306	70W	75W	80W	85W	65	70	75	80	85	90	110	140	190	250

表 9-51　SAE J306-2019 汽车齿轮润滑剂黏度分类

SAE 黏度级别	达到 150000mPa · s 时的最高温度/℃（ASTM D2983）	100℃运动黏度/(mm^2/s)（ASTM D445）	
		最小①	最大
70W	-55	4.1	—
75W	-40	4.1	—
80W	-26	7.0	—
85W	-12	11.0	—

续表

SAE 黏度级别	达到 150000mPa·s 时的最高温度/℃(ASTM D2983)	100℃运动黏度/(mm^2/s)(ASTM D445)	
		最小①	最大
65	—	3.8	5.0
70	—	5.0	6.5
75	—	6.5	8.5
80	—	7.0	<11.0
85	—	11.0	<13.5
90	—	13.5	<18.5
110	—	18.5	<24.0
140	—	24.0	<32.5
190	—	24.0	<41.0
250	—	41.0	—

① 经 CEC L-45-A-99 试验后仍维持原来的黏度级别。

车辆齿轮油的黏度分类在 1998 年 4 月进行了修订，增加了 80 和 85 两个单级油的黏度级别。2005 年对高黏度增加了 110 和 190 两个黏度级别。API J306—1998 年的 90 和 140 两个黏度级别的最小黏度为 13.5mm^2/s，最大为 41.0mm^2/s，两者相差 27.5mm^2/s，如此宽范围的黏度可能导致使用的齿轮油比设计油品的黏度更低或更高。

如 OEM 推荐使用 100℃黏度 19.5mm^2/s 的车辆齿轮油，如果按照 1998 年版本的要求会选 SAE 90(100℃黏度 13.5~<24.0mm^2/s)，按黏度要求是在其范围之内，但实际上可能会低至 13.5mm^2/s，这将比 OEM 所要求的黏度更低，润滑性的不足将缩短设备的寿命。若选 SAE140(100℃黏度 24.0~<41.0mm^2/s)，虽然确保了 100℃黏度不会低于 19.5mm^2/s，但油品的黏度可能会高达 41.0mm^2/s，这会给燃料经济性和传动性能带来不利影响。按照 2005 年规格，OEM 可以选 SAE 110(100℃黏度 18.5~<24.0mm^2/s)以满足 19.5mm^2/s 黏度的要求，而且油品的黏度不会高于 24.0mm^2/s，这样就确保了汽车在设计条件下齿轮油达到预期的性能。按照 2019 年最新规格，增加了 65、70 和 75 三个单级油的黏度等级。

表 9-52 多级车辆齿轮油规格指标的要求

黏度级别	100℃运动黏度/(mm^2/s)		达到 150000 mPa·s 时最高温度/℃	成沟点/℃ 最大	闪点/℃ 最小
	最小	最大			
75W/90	13.5	24.0	-40	-45	150
80W/90	13.5	24.0	-26	-35	165
85W/90	13.5	24.0	-12	-20	180
85W/140	24.0	41.0	-12	-20	180

2.1.2 车辆齿轮油的性能要求分类

全球范围内，车辆齿轮油的分类大多数采用美国化学会 API 1560—2012《汽车手动变速箱、手动驱动桥和车桥的使用分类》标准。API 1560—2012 标准包括 GL-1、GL-2、GL-3、GL-4、GL-5、GL-6 和 MT-1 七个类别。由于缺失配件或试验装置，API GL-1、GL-2、GL-3、GL-6 为无效分类，已不再使用，ASTM 也不再保留与这些分类有关的性能试验；API GL-4、GL-5 和 MT-1 为有效分类。API 车辆齿轮油使用规格要求见表 9-53。

表 9-53 API 车辆齿轮油使用规格要求

规格	使用范围	试验台架	评定性能及指标
GL-1	不加添加剂的矿物油，用于某些手动变速箱	无	—
GL-2	温和的极压性，用于蜗轮蜗杆结构	无	—
GL-3	温和的极压性，用于后桥及变速箱中的正齿轮和螺旋齿轮的结构	—	—
GL-4	中等的极压性，用于中等强度的双曲线齿轮和手动变速箱，与 MIL-L-2105 相当	L-19 L-20 L-21	高速擦伤试验，优于参考油 RGO-104 高扭矩试验，通过 潮湿腐蚀试验，通过
GL-5	高的极压性，用于所有双曲线齿轮后桥及某些手动变速箱，与 MIL-L-2105D 相当	L-60-1 或 L-60 L-33-1 或 L-33 L-37 L-42	氧化： 100℃黏度增长 <100% 戊烷不溶物 <3.0% 苯不溶物 <2.0% 最终锈蚀性能 ≥9.0 承载能力试验 通过 抗擦伤试验： 螺脊/评级 ≥8 波纹/评级 ≥8 磨损/评级 ≥5 点蚀/剥落/评级 ≥9.3 擦伤/评级 ≥10
GL-6	在极高速小型偏心齿轮规定用 GL-5 的油，其性能优于 GL-5，用于高偏置的轿车双曲线齿轮后桥	—	由于评价试验的设备和发展问题，GL-6 齿轮油在提出后不久就废除了
MT-1	以前是 PG-1，用于高使用性能的手动变速箱油，但并不源于 GL-5	L-60 L-60 密封件试验 变速箱试验 FZG 试验 ASTM D130 ASTM D892	氧化 沉积物生成 配伍性 磨损 铜片腐蚀 抗泡

API 1560—2012 标准规定了 API GL-5 重负荷车辆齿轮油的性能规格按照 ASTM D7450-13 标准的最新版本来定义；同时提出只要符合 SAE J2360 标准的润滑油，都符合 API GL-5 重负荷车辆齿轮油的范畴。

2.1.3　工业齿轮油和工业流体润滑剂的黏度分类

AGMA(American Gear Manufacturers Association，美国齿轮制造商协会)的相关工业齿轮油标准已经由 AGMA 250.04、ANSI/AGMA 9005-D94《*Industial GearLubrication*(工业齿轮润滑)》发展到 AGMA 9005-E02《*Industial Gear Lubrication*(工业齿轮润滑)》。ANSI/AGMA 9005-E02 标准采用国际标准化组织 ISO 的黏度分类方法，黏度牌号进一步向更低和更高黏度牌号扩展，在具体质量指标上进行了细化并更加苛刻。AGMA 于 2016 年发布了《工业齿轮油技术》：AGMA 9005-F16—2016 最新版本，替代原 AGMA 9005-E02—2014 版本。其主要变化是将"antiscuff/antiwear(EP)oils"规格变化为"antiscuff(AS)lubricants"规格，且增加了 DIN 51819-3 FE-8 轴承磨损保护性能测试，更为关注轴承的润滑保护。

表 9-54 列出 AGMA 250.04，该系统有 8 个级别。表 9-55 列出 ASTM D 2422-97 工业流体润滑剂黏度分类系统，该系统包括石油基和非石油基润滑剂，容易调和生产轴承油、齿轮油、压缩汽缸油和液压油等油品的黏度。分类规定了 40℃黏度在 2~3200mm^2/s 范围内分成 20 个黏度等级，对石油液体而言，大概包括从煤油到汽缸油的黏度范围。表 9-56 列出了 ISO 黏度级别的转换关系。

表 9-54　AGMA 润滑剂黏度范围

防锈和抗氧齿轮油	黏度级别	相当于 ISO 级别	极压齿轮润滑剂	AGMA 体系的黏度
AGMA 润滑剂号	40℃黏度/(mm^2/s)		AGMA 润滑剂号	100　F 黏度/SSU
1	4~50.6	46		193~325
2	61.2~74.8	68	2EP	248~347
3	90~110	100	3EP	417~510
4	135~165	150	4EP	626~765
5	198~242	220	5EP	918~1122
5	288~352	320	6EP	1335~1632
7 复合①	414~506	460	7EP	1919~2346
8 复合②	612~748	680	8EP	2837~3467
8A 复合②	900~1100	1000	8A EP	4171~5098

① AGMA 润滑剂号的黏度级别今后将与 ASTM 体系黏度级别相等。

② 复合润滑油含有 3%~10%脂肪或合成脂肪油。

表 9-55　工业液体润滑剂黏度系统

ISO 黏度等级	中间点运动黏度(40℃)/(mm^2/s)	运动黏度范围(40℃)/(mm^2/s)	
		最小	最大
2	2.2	1.98	2.42

续表

ISO黏度等级	中间点运动黏度(40℃)/(mm^2/s)	运动黏度范围(40℃)/(mm^2/s)	
		最小	最大
3	3.2	2.88	3.52
5	4.6	4.14	5.06
7	6.8	6.12	7.48
10	10	9.00	11.0
15	15	13.5	16.5
22	22	19.8	24.2
32	32	28.8	35.2
46	46	41.4	50.6
68	68	61.2	74.8
100	100	90.0	110
150	150	135	165
220	220	198	242
320	320	288	352
460	460	414	506
680	680	612	748
1000	1000	900	1100
1500	1500	1350	1650
2200	2200	1980	2420
3200	3200	2880	3520

表 9-56 ISO 黏度级别的转换

ISO黏度级别	运动黏度中间值	40℃运动黏度极限/(mm^2/s)		ASTM 赛波特黏度	37.8℃赛波特黏度/SUS	
		最小	最大		最小	最大
2	2.2	1.98	2.42	32	34.0	35.5
3	3.2	2.88	3.52	36	36.5	38.2
5	4.6	4.14	5.06	40	39.9	42.7
7	6.8	6.12	7.48	50	45.7	50.3
10	10	9.00	11.0	60	55.5	62.8
15	15	13.5	16.5	75	72	83
22	22	19.8	24.2	105	96	115
32	32	28.8	35.2	150	135	164
46	46	41.4	50.6	215	191	234

续表

ISO 黏度级别	运动黏度中间值	40℃运动黏度极限/(mm²/s)		ASTM 赛波特黏度	37.8℃赛波特黏度/SUS	
		最小	最大		最小	最大
68	68	61.2	74.8	315	280	345
100	100	90.0	110	465	410	500
150	150	135	165	700	615	750
220	220	198	242	1000	900	1110
320	320	288	352	1500	1310	1600
460	460	414	506	2150	1880	2300
680	680	612	748	3150	2800	3400
1000	1000	900	1100	4650	4100	5000
1500	1500	1350	1650	7000	6100	7500

2.1.4　工业齿轮油的性能要求分类

目前行业内通行的工业齿轮油分类标准为 ISO 6743-6—2018《润滑剂、工业润滑油和有关产品(L 类)分类第 6 部分：C 组(齿轮)》。ISO 6743-6—2018 为 28 年来的首次修订，与上一版本相比变化很大，具体见表 9-57。

美国钢铁公司 AIST 224 标准一直以来代表工业齿轮油最高规格，我国制定的《GB 5903—2011 工业闭式齿轮油》国家标准中 L-CKD 齿轮油质量达到了这一标准。此外，常用的工业齿轮油规格 还有 ISO 12925-1—2018、北美 AGMA 9005-E02 EP、欧洲 DIN 51517-3 等。国际上有代表性的不同工业齿轮油规格的比较见表 9-58。

2.2　中国齿轮油分类

2.2.1　车辆齿轮油的黏度分类

国内车辆齿轮油的黏度分类是等效采用美国汽车工程师协会标准 SAE J306-91《驱动桥和手动变速器润滑剂黏度分类》制定的，于 1998 年 8 月首次发布，并于 2012 年按照 SAE J306—2005《汽车齿轮润滑剂黏度分类》进行修订。新标准与原标准差别是：把标准名称由“驱动桥和手动变速器润滑剂黏度分类”改为“汽车齿轮润滑剂黏度分类”，在黏度上新增加了 80、85、110 和 190 四个黏度等级，相关的黏度牌号的黏度范围也进行重新划分，详见表 9-57。

表 9-57　汽车齿轮润滑剂黏度分类(GB/T 17477—2012)

黏度级别	最高温度①(黏度达 150000mPa·s)/℃	运动黏度②(100℃)/(mm²/s)③	运动黏度②(100℃)/(mm²/s)
70W	-55④	≥4.1	—
75W	-40	≥4.1	—

续表

黏度级别	最高温度① （黏度达150000mPa·s）/℃	运动黏度② （100℃）/（mm^2/s）③	运动黏度② （100℃）/（mm^2/s）
80W	-26	≥7.0	—
85W	-12	≥11.0	—
80	—	≥7.0	<11.0
85	—	≥11.0	<13.5
90	—	≥13.5	<18.5
110	—	≥18.5	<24.0
140	—	≥24.0	<32.5
190	—	≥32.5	<41.0
250	—	≥41.0	—

① 采用GB/T 11145测定。

② 采用GB/T 265测定。

③ 在经NB/SH/T 0845试验（20h）后，也应满足限值要求。

④ GB/T 11145方法尚未建立在测定温度低于-40℃的精确度，生产者与消费者中任何一方均应仔细考虑这一因素。

2.2.2 工业齿轮油的性能要求分类

本标准等效采用国际标准ISO 6743-6：2018《润滑剂、工业润滑油和有关产品（L类）—分类—第六部分：C组（齿轮）》。其详细情况参看表9-58。

表9-58 国内车辆齿轮油名称与API汽车变速器和驱动桥润滑剂的对应关系

国内油名	API的品种
中负荷车辆齿轮油（GL-4）	GL-4
重负荷车辆齿轮油（GL-5）（GB 13895—2018）	GL-5

2.2.3 工业齿轮油的黏度分类

工业润滑剂的黏度分类等效采用了国际标准ISO 3448—1992《工业液体润滑剂ISO黏度分类》，分类规定了40℃黏度在2~3200mm^2/s范围内分成20个黏度等级，对石油液体而言，大概包括从煤油到汽缸油的黏度范围，其ISO黏度分类同工业液体润滑剂黏度系统。其详细情况参看表9-56。

参 考 文 献

[1] M. W. Ranny. Lubricant Additives[G]. Noyes Data Corporation, 1973.

[2] 库利叶夫. 润滑油和燃料油添加剂化学和工艺[M]. 北京：石油工业出版社，1978.

[3] Leslie R. Rudnick. Lubricant Additives Chemistry and Application[M]. Marcel Dekker, Inc., New York, NY 10016, U.S.A. 2003.

[4] 黄文轩. 润滑剂添加剂性质及应用[M]. 北京：石化工业出版社，2012：646-717.

[5] 张景河，等. 现代润滑油与燃料添加剂[M]. 北京：中国石化出版社，1991.

[6] Lubrizol Corporation. Ready Reference for Lubricant and fuel Performance[G]. 1988.

[7] Ethyl Petroleum Additives Inc. . Lubricant Specification Handbook[G].

[8] Revision of D 4485. Standard Specification for Performance of Engine Oils[S]. ASTM D 4485-09.

[9] http：/www. api. org/certifications/engineoil/new/upload/1509techbull1complete. pdf. API 1509，*Engine Oil Licensing and Certification System.*

[10] ACEAAutomobile Manufacturers Association[S]. ACEA 2004 Oil Sequences Dct. 2004.

[11] ACEAAutomobile Manufacturers Association[S]. ACEA 2007 Oil Sequences，Feb. 2007.

[12] European Automobile Manufacturers Association[S]. ACEA 2008 Oil Sequences，Dec. 2008.

[13] European Automobile Manufacturers Association[S]. ACEA 2010 Oil Sequences. Dec. 2010.

[14] European Automobile Manufacturers Association[S]. ACEA 2012 Oil Sequences. Dec. 2012.

[15] European Automobile Manufacturers Association[S]. ACEA 2016 Oil Sequences. Dec. 2016.

[16] 卢成锹．论我国的润滑油市场[G]. 卢成锹科技论文选集，北京：中国石化出版社，2001：227.

[17] 吕兆歧，谢泉．润滑油研究与应用指南[M]. 北京：中国石化出版社，1987.

[18] 王慧宇，陈延．内燃机油黏度特性和分类标准[J]. 当代化工，2019，48(6)：1330-1333.

[19] 中国石油化工股份有限公司科技开发部．石油产品国家标准汇编 2005[G]. 北京：中国标准出版社，2005.

[20] 石油工业部科学技术情报研究所．提高油品质量专题之 3《润滑液(上册)》[G]. 炼油技术改造情报调查(内部资料)，1983.

[21] Automotive Gear Lubricant Viscosity Classifications-SAE J306 2005[S].

[22] GB/T17477—2012：汽车齿轮油润滑剂黏度分类[R]. 2012.

[23] 周轶．重负荷车辆齿轮油规格发展情况[J]. 石油商技，2016(6)：4-9.

[24] 华秀菱，伏喜胜，续景，翟国容．GB 5903—2011《工业闭式齿轮油》国家标准解读[J]. 石油商技，2012(2)：70-74.

[25] 石啸．国外工业齿轮油技术标准的最新变化[J]. 合成润滑材料，2019，46(2)：38-41.

第十章 油品添加剂和一些常用名词解释

第1节 油品添加剂名词解释[1~9]

1.1 石油添加剂(petroleum product additive)

以一定量加入基础油中，能赋予油品某种特殊性能或加强其本来具有的某种性能的化学品。添加剂对基础油具有增强现有的理想性能，抑制现有的不良性能，并赋予新的性能的三个主要功能。如矿物油本身具有一定的防锈能力，在潮湿箱中的防锈能力只有4h左右，而加有防锈剂的防锈油，防锈能力可高达几百小时以上；精炼后的基础油中一般也含有正构烷烃的蜡，低温时会凝固，加降凝剂后可降低凝固点来改善低温性能；加极压(EP)添加剂、清净剂、金属减活剂、乳化剂和黏附剂到基础油中将赋予新的性能，如加碱性清净剂后将赋予基础油具有酸中和、清净和分散的新功能。

1.2 内燃机油清净剂(detergent for internal combustion engine oils)

能使发动机部件得到清洗并保持发动机部件干净，同时有助于固体污染物颗粒悬浮于油中的化学品，具有酸中和、洗涤、分散和增溶等四个方面的作用。在发动机油配方中，清净剂大多是用碱性金属皂来中和氧化或燃烧中生成的有机酸或无机酸。常用的清净剂有磺酸盐(钙、镁和钠盐)、硫化烷基酚盐(钙和镁盐)、烷基水杨酸盐(钙和镁盐)和环烷酸钙盐四大类；原来应用较多的硫磷化聚异丁烯钡盐，由于重金属钡盐有毒和性能一般，于20世纪末期在国内外均被淘汰。清净剂一般与分散剂和ZDDP复合使用，主要应用于内燃机油。

1.3 润滑油分散剂(lubricating oil dispersant)

能使低温油泥分散于油中和使固体污染物以胶体状态悬浮于油中，防止油泥、漆膜和淤渣等物质沉积在发动机部件上的化学品。分散剂通常是非金属(无灰)，一般又称为无灰添加剂(ashless additive)，其实无灰添加剂不仅只有分散剂，而且包括所有不含金属的添加剂的总称。常用的分散剂有聚异丁烯丁二酰亚胺、聚异丁烯丁二酸酯、苄胺和硫磷化聚异丁烯氧乙烯酯等四大类，用得最多的是聚异丁烯丁二酰亚胺和聚异丁烯丁二酸酯。分散剂一般与清净剂复合使用。

1.4　抗氧抗腐剂(antioxidant and corrosion inhibitor 或 oxidation－corrosion inhibitor)

能抑制油品氧化及保护润滑表面不受水或其他污染物的化学侵蚀的化学品。

1.5　极压剂(extreme pressure agent 或 EP additive)

能与接触的金属表面起化学反应生成临界剪切强度低于本体金属的表面膜，这个膜能减轻高载荷下工作的摩擦副接触表面磨损，以防止其发生卡咬、胶合或刮伤的化学品。常用的有：(1)硫化物，如硫化脂肪油、硫化合成酯、硫化烃；(2)氯化物，如氯化石蜡、氯化联苯；(3)含硫、氯化合物，如硫氯化脂肪油、硫氯化石蜡、氯化苄基二硫化物；(4)磷化物，如磷酸酯、亚磷酸酯；(5)含硫、磷化合物，如 ZDDP；(6)含硫、氮化合物，如双(二戊基二硫代氨基甲酸)锌；(7)含磷、氮化合物，如磷酸酯胺盐；(8)含硫、磷、氮化合物，如二烷基二硫代磷酸胺盐；(9)硼化合物，如硼酸盐(钠、钾和钙盐)；(10)惰性极压剂，如高碱性磺酸盐。极压剂广泛应用于齿轮油、润滑脂和金属加工液中。

1.6　抗磨剂(antiwear agent)

能在较高负荷的部件上生成薄的韧性很强的膜来防止金属与金属接触的化学品。

1.7　惰性极压剂(passive EP additives)

惰性极压剂与传统含活性物质的极压剂不同，其作用机制并不是生成化学反应膜，而是形成物理沉积膜，以此提高油品的承载能力。高碱性磺酸盐(碱值 400~500KOH/g)，特别是钙盐和钠盐，是惰性极压剂，与活性硫极压剂复合使用，使金属加工液的极压性明显提高。

1.8　油性剂(oiliness additive)

在边界润滑条件下，能增加油膜强度、减小摩擦系数、提高抗磨损能力的化学品。油性剂通常是动植物油或在烃链末端有极性基团的化合物，这些化合物对金属有很强的亲和力，其作用是通过极性基团吸附在摩擦面上，形成分子定向吸附膜，阻止金属间的接触，从而减少摩擦和磨损。

1.9　摩擦改进剂(friction modifier，FM)

能在温和温度、压力下工作的摩擦副，在混合润滑开始阶段降低摩擦系数的化学品，又称减摩剂或油性剂。常用的有：(1)形成吸附膜的 FM，如脂肪酸、酯、醇、胺、酰胺、酰亚胺；(2)形成摩擦化学反应膜的 FM，如饱和脂肪酸、磷酸酯；(3)形成摩擦聚合物的 FM，如乙氧基化二羧酸半酯、甲基丙烯酸酯；(4)有机金属化合物，如二硫代磷酸钼、二硫代氨基甲酸钼、ZDDP；(5)固体润滑剂，如二硫化钼、石墨、氮化硼等；(6)聚合物型

FM，如具有分散性的黏度指数改进剂。摩擦改进剂广泛应用于各种润滑剂中，特别是节能的润滑油中。

1.10 无灰摩擦改进剂(ashless friction modifier)

不含金属元素的摩擦改进剂。

1.11 减摩剂(antifriction modifier)

能降低摩擦系数，减少机具能耗的添加剂。

1.12 防噪音剂(antisquawk aqents)

能减少具有不同材质摩擦副(青铜-钢、石棉-钢)的离合器由振动引起的噪声，其工作原理是使静摩擦系数小于动摩擦系数，消除黏滑现象。常用的有黄原酸酯、硫化脂肪油、硫化合成酯、亚磷酸酯与脂肪酸的混合物、二聚酸酯等。

1.13 无灰硫磷添加剂(ashless sulfur-phosphorus additives)

含硫磷元素的极压抗磨剂。二烷基二硫代磷酸与适当有机基质(如烯烃、二烯烃、不饱和酯、不饱和酸、醚)，反应生成二硫代磷酸酯。

1.14 润滑油补强剂(retrofit oil additives)

一种用于润滑油的补加剂，用于未使用的成品油或在用油，常用于内燃机油，减少摩擦、磨损，降低油品工作温度，提高发动机输出功率和燃料经济性。通常为有机铅、有机铜化合物、纳米软金属粉和金属氧化物。

1.15 固体润滑添加剂(solid lubricants as additive)

具有减轻在载荷下相对运动的固体表面间的摩擦和机械干涉作用的固体化学品。常用的有石墨、二硫化钼、氮化硼和聚四氟乙烯等。

1.16 纳米润滑添加剂(nano-scale lubricating additives)

具有润滑作用的纳米材料的化学品。纳米颗粒尺度的量变引起粒子理化性质的质变，化学活性、表面能、吸附性能大幅度提高，所以纳米边界润滑添加剂的油膜强度远高于传统的添加剂。纳米颗粒直径小，易于在油中形成稳定的胶体分散液，容易解决普通固体润滑剂在油中的沉淀问题。纳米粒子可填补磨损部位的凸凹不平，提高表面光洁度，或者渗入表面微小裂缝，防止裂缝扩展，延长表面疲劳寿命。

1.17 抗氧剂(antioxidant)

能提高油品的抗氧化性能和延长其使用或贮存寿命的化学品。抗氧剂也称氧化抑制剂

(oxidation Inhibitor)。抗氧剂分为自由基终止剂(称为主抗氧剂)和过氧化物分解剂(称为副抗氧剂)。

1.18　连锁反应终止剂(chain cessationer)

连锁反应终止剂又称自由基终止剂，属于主抗氧剂。此类抗氧剂的作用是将烃类分子受外界影响分解生成的自由基即时予以消除，从而阻止氧化反应进行。广泛使用的有机酚类、双酚类和芳香胺类化合物属于自由基终止剂。

1.19　过氧化物分解剂(peroxide decomposer)

过氧化物分解剂是另一类抗氧剂，又称副抗氧剂。其作用是使作为氧化中间体的过氧化物分解成为安定的化合物，使氧化反应终止。常用的有有机硫化物、硫磷型和硫脲型。

1.20　屏蔽酚抗氧剂(shielding phenolic antioxidant agent)

屏蔽酚抗氧剂属于游离基终止剂型抗氧剂，一般指邻位上具有产生空间位阻效应取代基的酚类，包括烷基化单酚、烷基化多酚等类型，此外还有多元酚及氨基酚衍生物。

1.21　芳香胺抗氧剂(aromatic amine type antioxidant)

芳香胺抗氧剂属于游离基终止剂，一般指芳香族仲胺的衍生物，使用温度相对较高，抗氧效果良好，但容易促进油品变色，常用的有烷基化二苯胺。

1.22　酚酯类抗氧剂(phenolic ester type antioxidant)

酚酯类抗氧剂属于屏蔽型抗氧剂，一般指在羟基对位含有酯类基团，用以提高产品的油溶性及热稳定性，常用的有3，5-二叔丁基-4-羟基苯基丙酸异辛酯。

1.23　金属减活剂(metal passivator)

能使金属钝化失去催化活性来抑制金属及其化合物对油品氧化起催化作用的化学品，被称为油品金属减活剂或金属钝化剂(metal deactivator)，又称抗催化剂添加剂(anti-catalytic additives)。烃的自动氧化是以自由基为媒介进行的连锁反应，在由中间体氢过氧化物分解成自由基的过程中，金属离子特别是铜离子起着很强的催化作用。常用的有苯三唑衍生物(benzotriazole derivatives)、噻二唑衍生物(thiadiazole derivatives)和杂环化合物(beterocyclic compound)等。

1.24　黏度指数改进剂(viscosity index improver，简称VII)

能增加油品的黏度和提高油品的黏度指数，改善润滑油的黏温性能的化学品。常用的有聚异丁烯(PIB)、聚甲基丙烯酸酯(PMA)、乙丙共聚物(ethylene-propylene)、苯乙烯双烯共聚物(styrene-diene copolymer)等。

1.25 防锈剂(rust Preventive 或 antirust additive)

在金属表面形成一层薄膜防止金属锈蚀的化学品。所谓锈是由于氧和水作用在金属表面生成氧化物和氢氧化物的混合物，铁锈是红色的，铜锈是绿色的，而铝和锌的锈称白锈。机械在运行和贮存中很难不与空气中的氧、湿气或其他腐蚀性介质接触，这些物质在金属表面将发生电化学腐蚀而生锈，要防止锈蚀就得阻止以上物质与金属接触。

1.26 烷基羧酸基防锈剂(carboxylic acid antirust additive)

含有羧酸类基的润滑油防锈剂，目前用得最多的是烯基丁二酸(烯基碳数 12~18)，通常用于工业润滑油中。

1.27 羧酸酯类基防锈剂(carboxylic ester antirust additive)

含有羧酸酯类基的润滑油防锈剂，常用的羧酸酯类基的防锈剂有三梨糖醇单油酸酯(司苯-80)、季戊四醇单油酸酯、十二烯基丁二酸半酯和羊毛脂等品种，通常不单独使用，常与磺酸盐等防锈剂复合使用。

1.28 防腐剂(anticorroseve additive)

能抑制油品本身氧化变质生成的酸和某些添加剂分解的活性物对金属的化学浸蚀的化学品。润滑油在使用过程中会不可避免地发生氧化，对内燃机油而言，燃料燃烧的副产品还会进一步催化氧化，产生酸性物质，从而引起金属部件腐蚀、磨损。防止这类腐蚀的添加剂有三类：一是降低润滑油氧化速度，如抗氧抗腐剂；二是将氧化生成的酸性物质及时进行中和，如某些含氮化合物；三是在金属表面形成保护膜以防止腐蚀物质接触，如磺酸盐、磷酸盐等。

1.29 抑制剂(inhibitor)

用于抑制或控制副反应过程的改善油品的有关性能的添加剂，如氧化抑制剂、腐蚀抑制、锈蚀抑制剂等。

1.30 缓蚀剂(corrosion inhibiter)

能保护设备及零部件，减轻腐蚀又不污染油品的添加剂。多采用能在金属表面形成一单分子保护膜的成膜缓蚀剂，其含有的氮、硫或氧极性官能团吸附在金属表面，而分子中的烃基部分则形成分子膜的外层。常用的缓蚀剂有咪唑啉、香胺、磺酸盐等类型化合物。

1.31 降凝剂(pour point depressant)

能降低石油产品的凝点和改善低温流动性的化学品。降凝剂又称倾点下降剂，是一些高分子有机化合物。常用的降凝剂有烷基萘、聚酯类和聚烯烃类三类化合物。

1.32　烷基萘降凝剂(alkylnaphthalene pour point depressant)

由氯化石蜡与萘在三氯化铝催化剂作用下缩合反应而成烷基萘，外观呈深褐色，对中质和重质润滑油有较好的效果，不宜用于浅色油品中。

1.33　苯乙烯富马酸酯降凝剂(styrene－fumarate ester copolymer pour point depressant)

由苯乙烯和富马酸经自由基聚合而成苯乙烯富马酸酯，具有良好的降凝效果和基础油适应性，与其他润滑油添加剂的配伍性好，主要用于内燃机油和齿轮油。

1.34　聚α－降凝剂(poly－α－olefine pour point depressant)

采用蜡裂解的α－烯烃为原料，在齐格勒、纳塔催化剂存在下聚合反应而成，颜色浅，降凝效果与PMA相当，而价格比PMA低，可用于各种润滑油中。聚α－降凝剂是国内独创的，国外目前还没有工业产品。

1.35　抗泡剂(antifoam agent 或 antifoaming additive)

能抑制油品在应用中的起泡倾向的化学品，常用的有硅油抗泡剂、非硅抗泡剂和复合抗泡剂等三类。

1.36　硅油抗泡剂(silicone antifoam additive)

主链具有Si—O—Si结构的聚硅氧烷化合物，如聚二甲基硅氧烷，又称二甲基硅油，黏度$20 \sim 100000mm^2/s$(25℃)，表面张力$21 \sim 25mN/m$(35℃)。在润滑油及水中的溶解度都很小，可用作润滑油及水基润滑剂的抗泡剂。硅油抗泡剂的特点：表面张力小、化学稳定性高、蒸汽压低、氧化稳定性好、热稳定性好凝点低、在宽温度范围内黏温性能好、易从油中析出、对油品的析气性有负面影响。使用时应使硅油在油中分数的液珠直径减少，才能降低硅油的沉降速度，因此分散方法十分重要。乙基或丙基硅油表面张力增大，在油中的溶解度也增大，失去抗泡能力。

1.37　非硅抗泡剂(nonsilicone antifoam additives)

主要指不含硅元素而且具有抗泡剂作用的化合物，如丙烯酸酯或甲基丙烯酸酯共聚物，即不同结构丙烯酸酯共聚物、丙烯酸酯(或甲基丙烯酸酯)与含双键的醚类或酯类化合物的共聚物。此外，还有聚乙二醇醚、聚丁二醇醚、脂肪醇及烷基磷酸酯、烷基磷酸酯等。非硅抗泡剂的效果不如硅油，添加量较大，但对油品析气性影响小，在油中不易析出，抗泡持久性好，对调合工艺要求不高。

1.38　复合抗泡剂(package of antifoam additives)

由硅油和非硅抗泡剂组成的复合剂，硅油抗泡剂效果好，用量少，但易使油品析气性变差，且在油中分散性差，长期储存易析出。非非硅抗泡剂效果不如硅油，加剂量较大，但对析气性影响小，抗泡持久性好。两种类型抗泡剂复合使用，可取长补短。

1.39　润滑油黏附剂(lubricating oil tackiness agents 或 tackifiers for lubricating oil)

能提高润滑油在金属表面黏附性、滞留性和防止流失或飞溅的化学品。黏附剂主要是一些高分子的聚异丁烯和乙烯-丙烯共聚物化合物，其分子量特别大，通常相对分子质量范围为 $4×10^5$ ~ $4×10^6$。它的主要作用是增加润滑油的伸长黏性，来改进润滑油在工作表面的滞留时间，减少润滑油的流失和飞溅，从而降低润滑油的损失。一般用在链条润滑油、开式齿轮油、导轨油、织布机油和润滑脂中。

1.40　密封件膨胀剂(seal swell additives)

润滑油对润滑系统密封件弹性体有侵蚀作用，有时引起弹性体收缩、硬化导致漏油。使弹性体保持轻微膨胀对润滑系统有利，有这种功能的添加剂称为密封件膨胀剂。常用的环烷基油、光亮油、烷基萘、长烷基链双酯、多元醇酯、聚烯烃、聚醚等。矿物润滑油中的芳烃和环烷烃是天然的密封件膨胀剂。API Ⅱ、Ⅲ、Ⅳ类油以及聚丙烯和费-托合成油需要加密封体膨胀剂，磷酸酯类和双酯类合成油不需要。

1.41　表面活性剂(surfactant)

能显著降低液体表面张力或改变两种液体之间或液体与固体之间界面张力的化学品。表面活性剂由亲水的极性基部分和亲油的非极性部分组成。一般分为阳离子表面活性剂、阴离子表面活性剂、两性表面活性剂和非离子表面活性剂及一些特殊类型的表面活性剂。

1.42　乳化剂(emulsifying agents)

能使两种以上互不相溶的液体(如油和水)形成稳定的分散体系(乳化液)的化学品。乳化剂也是一种表面活性剂，工业上应用的乳化剂有阴离子表面活性剂和非离子表面活性剂。在金属加工液中主要用于制备稳定的油包水型或水包油型乳化液或微乳液等。

1.43　抗乳化剂(demulsifying agent 或 demulsifier)

能增加乳化液中油水界面的张力，使稳定的乳化液成为热力学上不稳定的体系，加速油水分离或使乳化液完全分离成水和油的化学品。抗乳化剂也是一种表面活性剂，润滑油所使用的抗乳化剂主要有胺与环氧乙烷缩合物、环氧丙烷/环氧乙烷共聚物等类型。

1.44 杀菌剂(biocides 或 antimycotic agent)

能杀死或抑制细菌、霉菌、真菌等微生物生长的化学品。在水基金属加工液中，由于工作环境的影响易产生细菌和霉菌，常需要加此类添加剂进行抑制。常用的有三嗪衍生物、含硼化合物等。此类添加剂有毒性，对人体有刺激，使用时需要注意防范。

1.45 阴离子表面活性剂(anionic surfactants 或 anionic surface active agent)

能在水中电离产生负电荷并呈现出表面活性的一类表面活性剂化学品。常用的有羧酸盐、磺酸盐、硫酸酯盐和磷酸酯盐等，此类表面活性剂具有良好的渗透、去污、发泡、分散、乳化、润湿等作用。阴离子表面活性剂多作为乳化剂应用于金属加工液中，其乳化性能良好，具有一定的清洗和润滑性，但抗硬水能力差。

1.46 阳离子表面活性剂(cationic surfactants 或 cationic surface active agent)

能在水中生成具有表面活性的憎水性阳离子的一类表面活性剂化学品，溶于水后生成的亲水基团为带正电荷的原子团化合物。可以分为脂肪胺季铵盐、烷基咪唑啉季铵盐、烷基吡啶季铵盐等。可用于矿物浮选、抗静电、防腐、抗菌等用途。一般情况下，不与阴离子表面活性剂配合使用。

1.47 两性表面活性剂(amphoteric surface active agent)

能在水中同时产生具有表面活性的阴离子和阳离子的一类表面活性剂，即在酸性溶液中显阳离子性表面活性，在碱性溶液中显阴离子性表面活性，在中性溶液中显非离子性表面活性的化合物。在多数情况下，阳离子部分由铵盐或季铵盐作为亲水基，而阴离子可以是羧酸盐、硫酸酯盐和磺酸盐等。通常具有良好洗涤、分散、乳化、杀菌、柔软纤维和抗静电等性能。

1.48 非离子表面活性剂(nonionic surface active agent)

在水中生成一类不显电性的表面活性剂。其亲水基主要是由具有一定数量的含氧基团构成。由于其稳定性高，可与其他类型的表面活性剂混合使用，具有良好的乳化、渗透、润湿等作用。在金属加工液中，常与阴离子表面活性剂复合使用。其主要特点是抗硬水能力强，且不受 pH 值限制，但是价格较高。主要有聚氧乙烯型、多元醇型及醇酰胺型表面活性剂。聚氧乙烯型表面活性剂是将环氧乙烷与具有活泼氢的疏水性分子聚合，使其具有亲水性而形成表面活性剂。

1.49 抗雾剂(anti-mist agents)

能使在机械作用时分散在空气中的润滑剂的量减少到最少，防止或减少油雾形成的化学品。常用聚合物作为抗雾剂，如聚异丁烯，因为聚合物能提高液体的伸长黏性

(elongational viscosity)，但黏性流体细丝的延长受张力的约束，张力抑制了延长的破裂点，细丝缩短为相应的大滴，从而减少了雾的生成。

1.50 耦合剂(coupler；coupling agent)

耦合剂又称乳化稳定剂，主要作用是改善金属加工浓缩液及乳化液的稳定性，扩大乳化剂的乳化范围并增加油中皂的溶解度，通常与乳化剂一起使用。常用的耦合剂有甲基纤维素、乙二醇、三乙醇胺和乙醇胺等。

1.51 金属螯合剂(metal chelating agents)

也称水软化剂(water softeners)或调节剂(conditioners)。能降低硬水(钙和镁离子)对金属加工乳化液稳定的影响的化学品。金属螯合剂是通过分子与金属离子的强结合作用，将金属离子包合到螯合内部，变成稳定的相对分子质量更大的化合物，从而阻止金属离子起作用。通常使用的有烷醇胺的脂肪酸盐和乙二胺四十六烷酸。

1.52 碱贮备添加剂(alkali reserve agents)

也称 pH 碱性缓冲剂(pH alkalinity buffers)或中和剂。能通过中和金属加工液在使用和储存过程中产生的酸性物质。常用的是一些胺类化合物，如链烷醇胺、单乙醇胺、三乙醇胺、氨甲基丙醇、2-(氨基乙氧基)乙醇和磺酸盐等。

1.53 淬冷剂(quenching media)

金属工件淬火时使用的冷却物质。根据钢的种类或工件的特性采用的冷却剂可以分为液体和气体。钢件淬火时最常用的淬火剂分油基和水基两大类，如可满足不同工艺要求的各种淬火油、无机盐水溶液和有机聚合物水溶液等。

1.54 多效添加剂(multi-function additive)

能具有同时改善油品两种性能以上的化学品。其分子中具有不同的官能团、元素、碳链结构，使得该添加剂具有多种功能。

1.55 环境友好添加剂(environmentally friendly additive)

指无致癌物、致基因诱变和畸变物，不含氯和亚硝酸盐，不含除 K 和 Ca 以外的金属，生物降解能力大于 20%(OECD 302 试验)的添加剂。目前使用的有：(1)抗氧剂，如酚类、胺类和维生素 E；(2)极压抗磨剂，如硫化脂肪油；(3)抗腐蚀剂，如胺类、咪唑啉类；(4)黏度指数改进剂，如聚丙烯酸酯、聚异丁烯、天然树脂；(5)抗泡剂，如硅油、丙烯酸酯共聚物。

1.56　复合添加剂(combined additive package)

各种功能的单剂按照油品性能要求组成的复合物。与单剂相比，复合添加剂的性能更为全面，使用更方便，所以目前各种油品直接使用的添加剂多为复合添加剂。复合添加剂按油品分为润滑油复合添加剂和燃料油复合添加剂。润滑油复合添加剂包括内燃机油复合添加剂和工业润滑油复合添加剂。

1.57　内燃机油复合剂(internal combustion engine oil additive package)

用于生产内燃机油的复合添加剂，如汽油机油复合剂、柴油机油复合剂、通用汽车发动机油复合剂、二冲程汽油机油复合剂、四冲程汽油机油复合剂、拖拉机油复合剂、铁路机车油复合剂、船用发动机油复合剂、燃气发动机油复合剂等。

1.58　工业润滑油复合剂(industrial oil additive package)

用于生产工业润滑油的复合剂，如齿轮油复合剂、液压油复合剂、汽轮机油复合剂、压缩机油复合剂等品种

1.59　润滑脂结构改进剂(grease structure modifier；structure improver)

能改进润滑脂的胶体结构，从而达到改进润滑脂的某些性能目的的化学品。主要有水、甘油、醇、脂肪酸、碱金属或碱土金属氢氧化物等。另外，一些硼酸酯或磷酸酯也能起到结构改进剂的作用。

1.60　润滑脂稠化剂(grease thickener)

能悬浮油液并保持润滑脂在摩擦表面密切接触和较高的附着能力(与润滑油液比较)并能减少润滑油液的流动性，因而能降低流失、滴落或溅散的化学品。它同时也有一定的润滑、抗压、缓冲和密封效应。稠化剂是润滑脂的主要成分。润滑脂的稠化剂分为皂类和非皂类两大类，皂类主要是高级脂肪酸皂，非皂类是指有机稠化剂，主要有芳基脲、酞氰铜、阴丹士林等。

1.61　助分散剂(dispersant aid)

助分散剂又称极性活化剂，主要指具有一定极性的低分子有机化合物，如甲醇、乙醇、水、碳酸丙酯、丙酮等；某些碱土金属氧化物或盐也可作为助分散剂使用。在生产膨润土润滑脂过程中，助分散剂帮助聚集态的有机膨润土晶片膨胀，促进胶体形成。

1.62　石蜡改性剂(wax modifiers)

能改进石蜡理化性质的化学品。石蜡改性剂有硬脂酸、植物蜡及石油树脂等。硬脂酸可提高石油蜡的硬度。巴西棕榈蜡可提高石蜡熔点、滴熔点、黏度，硬度。马来西亚棕榈

蜡可降低石蜡熔点、滴熔点、硬度，提高黏度。石油树脂能改善蜡膜的附着力、耐水性和耐酸碱性。将用季铵盐改性蒙脱土加入石蜡乳液中，用此乳液处理纸张，可提高纸张的力学性能，因为季氨盐带正电荷，与带负电荷的纤维有较强的结合力。

1.63 石蜡乳化剂(emulsifier for wax)

石蜡乳化液使用的乳化剂 HLB 值为 8～18，各种类型的乳化剂都可以使用，例如：(1)阴离子型乳化剂有烷基磺酸钠、脂肪醇聚氧乙烯醚磷酸钠；(2)阳离子型乳化剂有十八烷基三甲基氯化铵；(3)非离子乳化剂有壬基酚聚氧乙烯醚、脂肪醇聚氧乙烯醚、聚氧乙烯失水山梨糖醇单油酸酯等。

1.64 石蜡抗氧剂(antioxidant for wax)

石蜡主要使用酚型抗氧剂，如 2，6-二叔丁基对甲醇、4，4′亚甲基-双(2，6-二叔丁基苯酚)等。

1.65 石蜡紫外线吸收剂(UV absorbers for wax)

石蜡中有微量硫、氮、氧杂环化合物和稠环芳烃等极性物质，在日光直射或散射下，颜色逐渐变深，使用价值降低。加入石蜡紫外线吸收剂可改善石蜡的光稳定性。常用的有二苯甲酮类和苯三唑类。

1.66 光稳定剂(light stabilizer)

能减轻有机物在日光或紫外线光照射下变色的化学品，又称颜色稳定剂。按作用分为四类：(1)紫外线吸收剂；(2)光屏蔽剂，能反射紫外线物质，如氧化锌、氧化钛；(3)猝灭剂，能量转移剂，能将吸收的光能转化为热能放出，主要有二价镍螯合物；(4)受阻胺，以 2，2，6，6 四甲基哌啶为母体的化合物，具有空间位阻效应。光稳定剂主要用于塑料、橡胶和涂料工业。紫外线吸收剂、猝灭剂和受阻胺亦可用于石蜡和浅色润滑油脂。与抗氧剂联用有协同效应。

1.67 染色剂(coloring matter；coloring agent)

能区别或改善油品色泽的化学品。染色剂主要用于汽油，以区别该汽油是否加入了烷基铅抗爆剂。为了宣传和检查泄漏，润滑油中也加入某种染料进行着色。如果一个系统使用两种以上的油品时，加入不同的染料后就容易判断油的泄漏及混合污染情况。

1.68 沥青添加剂(asphalt additive)

能改善沥青及沥青制品性能的化学品，其品种有沥青改性剂、沥青乳化剂、沥青抗剥离剂。

1.69　沥青改性剂(asphalt modifiers)

能改善沥青及沥青制品性能的化学品。其品种有：(1)沥青改性剂，用于改善沥青使用性能，如高低温性能、沥青路面抗车辙能力、抗疲劳性、抗水剥离性；(2)乳化剂，用于制备乳化沥青；(3)抗剥离剂，用于提高铺路沥青中骨料与沥青之间的黏附性；(4)抗老化剂，用于提高沥青的抗老化性，包括抗氧化剂和紫外线吸收剂；(5)纳米改性剂，用于改善沥青使用性能的纳米材料，是近年来的一个热门课题。

1.70　沥青乳化剂(asphalt emulsifiers)

能使沥青制品乳化并保持稳定的化学品，稳定的O/W型沥青乳化液的HLB值为10~13；稳定的W/O型沥青乳化液的HLB值为4~5。用二元复合乳化剂，由于协同效应的存在，对乳化剂稳定性有利。乳化剂的烷基链碳数增加，乳化液的稳定性提高。常用的乳化剂有：(1)阴离子型乳化剂，如有机磺酸盐、有机硫酸盐或酯；(2)阳离子型乳化剂，如烷基酚季铵盐、聚乙氧基季铵盐；(3)非离子型乳化剂，如烷基酚聚氧乙烯醚、多元醇酯、聚醚；(4)矿物型乳化剂，如膨润土、消石灰。路用骨料在水存在时表面带负电荷，阳离子型乳化剂带正电荷，由于静电的作用，与骨料的黏附性好，所以使用较广。非离子型乳化剂有起泡性小的优点。一般乳化剂复合使用比单独使用效果好。

1.71　沥青抗剥离剂(antistripping agent for asphalt)

能提高铺路骨料与沥青之间黏附性的化学品，通常有胺类和非胺类两种类型。常用的胺类抗剥离剂有二亚乙基三胺、三亚乙基四胺、四亚乙基五胺、酰氨基胺、氨基乙基哌嗪、多烯多胺-甲醛缩合物、多烯多胺-甲醛、酚反应生成的曼氏碱等。非胺类抗剥离剂主要有消石灰和水泥。

第2节　与润滑剂相关名词解释[4,6,8,9]

2.1　添加剂对抗效应(antagonistic effect of additives)

指以下两种情况：(1)在总剂量不变情况下，两种或多种添加剂复合使用的功效小于单独使用功效的加合；(2)由于添加剂之间的物理或化学作用，引起油品性质劣化。例如，在大多数情况下，防锈剂使载荷添加剂的功效降低；油酸与高碱性磺酸钙反应生成钙皂沉淀；烯基丁二酸半酯与高碱性磺酸钙反应生成烯基丁二酸半酯钙盐，油溶性变差；金属加工液中的三乙醇胺与脂肪酸反应生成乳化剂，使油品的乳化性改变。

2.2　边界摩擦(boundary friction)

做相对运动的两固体表面之间的摩擦磨损特性，主要由表面性质与极薄层的边界润滑

剂性质所决定，而与润滑剂膜体积黏度特性关系不大的摩擦状况。

2.3　光亮油(bright stock)

低倾点重残渣润滑油，用作成品油调和及提供良好的轴承油膜强度，防止咬接和降低润滑油油耗。通常用210℉赛氏黏度(SUS)或100℃运动黏度(mm^2/s)标志。

2.4　泵温界限(borderline pumping temperature)

泵温界限(泵送性)指油品在低温、低剪切及剪切应力速率下的黏度特性，足以保证发动机油的来回流动和运动部件的润滑。

2.5　边界润滑(boundary lubrication)

是在两个摩擦表面间没有液-液润滑膜情况下的润滑，乃指高负荷下和要求用抗磨剂或极压剂以防止金属与金属表面之间的接触。

2.6　布鲁克黏度(brookfield viscosity)

在控制温度和剪切速率下，用布鲁克黏度计测定非牛顿液体的表观黏度。

2.7　摩擦系数(coefficient of friction)

阻碍两物体做相对运动的摩擦力对压紧两物体的法向力的比值。

2.8　冷启动模拟器(cold cranking simulator)

一种中等剪切速率的黏度计，预测油品在发动机冷启动时产生令人满意的启动速度的能力。

2.9　胶体(colloid)

由非常小的不溶解粒子(作为大分子或较小分子的质量)的固体、液体或气体物质组成。胶体通常是稳定的，如牛奶。

2.10　抗乳化性(demulsibility)

使油水乳化液分为两层的能力。

2.11　发动机油的稀释(dilution of engine oil)

由未燃烧的燃料污染的发动机油导致黏度和闪点的降低，可能预示着部件的磨损或燃料系统的失调。

2.12 干摩擦(dry friction)

两物体间名义上无任何形式的润滑剂存在时的摩擦。严格地说，干摩擦时的接触表面无任何其他介质(如湿气及自然污染膜)。

2.13 发动机的沉积物(engine deposit)

由于未燃烧和燃烧燃料的漏气，油泥、清漆和炭残留物的硬质或稳固的累积物。燃烧产物的水、积炭、燃料或润滑剂添加剂的残留物、灰尘和金属粒子等也是成为沉积物原因之一。

2.14 弹性流体润滑(elastohydrodynamic lubrication)

系滚动轴承在高速和高负荷条件下润滑，轴承的弹性变形和高滚动速度有利于保持流体润滑。

2.15 乳化性(emulsibility)

油品和水形成乳化液的能力。

2.16 蒸发损失(evaporation loss)

油品在规定条件下蒸发后，其损失量所占的质量百分数。

2.17 尾气再循环(exhaust gas recirculation，EGR)

降低汽车氮氧化物发射系统：把尾气引入汽化器或进气管稀释空气/燃料混合物，降低燃烧温度，因而降低了氮氧化物生成的倾向。

2.18 外摩擦(external friction)

阻碍两物体接触表面发生切向相对运动的现象。摩擦亦常用于表示摩擦力。

2.19 液体摩擦(fluid friction)

在运动的气体或液体分子间发生。和固体摩擦不同，液体摩擦是随速度和面积而变的。

2.20 摩擦(friction)

一个物体在另一个物体上面运动的阻力，摩擦与接触表面的光滑度以及相互的受压力有关。

2.21 槽(grooves)

是活塞头部用以安放活塞环而铸造或加工的环槽。

2.22 高温高剪切黏度(HTHS)

采用高温高剪切率的黏度试验，用毛细管锥形轴承模拟机或 Havensfield 黏度计等仪器进行的黏度测定。

2.23 水解安定性(hydrolytic stability)

添加剂和某些合成润滑剂在水存在下，抗化学分解(水解)的能力。

2.24 内摩擦(internal friction)

同一物体内部之间位移产生的摩擦。

2.25 润滑剂相容性(lubricant compatibility)

两种或以上润滑剂按任意比例混合而在使用和贮存中不产生有害效应的能力。

2.26 动摩擦(kinetic friction 或 dynamic friction)

相对运动的两表面之间的摩擦。此时的摩擦系数称为动摩擦系数。

2.27 最大无卡咬负荷(maximum nonseizure load)

用四球法测定润滑剂极压性能时，在规定条件下，不发生卡咬的最高负荷，以牛顿或千克表示。

2.28 混合摩擦(mixed friction)

在两个固体的摩擦表面之间同时存在着干摩擦、边界摩擦或流体摩擦的混合状况下的摩擦。

2.29 多级油(multigrade oil)

满足大于一个 SAE 黏度级别的发动机油或齿轮油，应用的温度范围比单级油更宽。

2.30 牛顿流动(newtonian flow)

这是流体流动的一种形式，其剪切率直接与剪切力成正比。

2.31 氧化安定性(oxidation stability)

石油产品抵抗大气(或氧气)的作用而保持其性质不发生永久变化的能力。

2.32 缸套的抛光作用(polishing bore)

由于两面之间的相互运动而造成的抛光作用，如发动机的活塞环与缸套之间能发生抛光作用，从而引起密封不良、油耗增加和燃料经济性的下降。

2.33 永久性黏度损失(permanent viscosity loss)

测定新油黏度与同一油样在发动机运行以后黏度的差数，或者是在特殊试验条件下聚合物的降解。这种测定可以在低剪切或高剪切的条件下进行。永久性黏度损失是不可逆的。

2.34 永久性稠化损失百分数(percentage permanent thickening loss)

永久性黏度损失对新的稠化油黏度的百分数。

2.35 永久性黏度损失百分数(percentage permanent viscosity loss)

永久性黏度损失对新油黏度百分数。

2.36 暂时性黏度损失百分数(percentage temporary viscosity loss)

指油样在低剪切和高剪切应力下的黏度之差对该油在低剪切应力时黏度的百分数。

2.37 提前点火(pre-ignition)

汽油发动机内的燃料-空气混合物在火花塞点火之前提前燃烧的现象。这种现象在汽缸活塞上死点之前发生，从而损耗功率并导致发动机的破坏。提前点火多半是由于在燃烧室内有润滑油沉积物或炽热的燃料而引起的。

2.38 泵送能力(pumpability)

允许发动机油在油泵内来回流动并润滑运动部件的一种低温、低剪切速率的黏度特性。作为泵送温度的界限，这种黏度特性是按 ASTM D3829 方法用旋转黏度计测定的。

2.39 环(rings)

活塞环槽内嵌入的金属环，又称活塞环，用以防止燃烧时缸套窜气并在缸壁分散润滑油起到润滑作用。

2.40 滚动摩擦(rolling friction)

两接触物体接触点，具有相同的速度和方向的摩擦。

2.41 擦伤(searing)

在发动机内由于局部烧结和损坏而引起的异常磨损。这可以用极压剂、抗磨剂和摩擦改进剂进行抑制。

2.42 密封适应性(seal compatibility)

弹性密封体经受油品(主要指液压油)接触对其尺寸和机械性能影响的程度和适应能力。

2.43 剪切稳定性(shear stability)

石油产品抵抗剪切作用，保持其黏度和有关性质不变的能力。

2.44 滑动摩擦(sliding friction)

两接触物体接触点具有不同的速度和(或)方向时的摩擦。

2.45 油泥(sludge)

在发动机内由于油品的氧化并与水作用而生成一种不溶物，从油中析出并在发动机部件上沉淀出来，从而影响发动机的正常运行。

2.46 静摩擦(static friction)

两物体在外力作用下产生微观预位移，即弹性变形及塑性变形等，但尚未发生相对运动时的摩擦。在相对运动即将开始瞬间的静摩擦，被称为极限静摩擦或最大静摩擦，此时的摩擦系数称为静摩擦系数。

2.47 添加剂协同效应(synergistic effect of additives)

两种或多种添加剂复合使用的功效大于在总剂量不变情况下的各种添加剂单独使用功效的加合，又称协和效应。具有协同效应的例子如下：(1)抗氧剂与金属减活剂复合(抗氧化性)；(2)酚型抗氧剂与芳香胺型抗氧剂复合(抗氧化性)；(3)亚磷酸三烷基酯与第一类抗氧剂复合(抗氧化性)；(4)非活性硫化物与芳香胺型抗氧剂复合(抗氧化性)；(5)苯三唑脂肪胺盐与硫化烯烃复合(承载性)；(6)ZDDP 与 MoDTC 复合(抗磨性)；(7)酸性亚磷酸酯与磷酸三甲苯酯复合(极压抗磨性)；(8)非活性硫化脂肪油与高碱性磺酸钙盐复合(承载性)；(9)不同类型硫化脂肪油、硫化酯、硫化烯烃联用(极压性)。

2.48　暂时性黏度损失(temporary viscosity loss)

在高剪切下测定的动力黏度与低剪切下测定的动力黏度相比。暂时性黏度损失是可逆的。

2.49　暂时性剪切稳定指数(temporary viscosity shear stability index)

在高剪切条件下测定黏度指数改进剂在油品黏度损失百分数中的贡献值。暂时性剪切损失是指在发动机的高剪切区域黏度下降是可以恢复的，能提高燃料的经济性和冷启动速度。

2.50　热稳定性(thermal stability)

石油产品抵抗热(温度)影响，而保持其性质不发生永久变化的能力。

2.51　总碱值(Total Base Number)

在规定条件下，中和存在于1g试样中全部组分所需要的酸量，以相当的氢氧化钾毫克数表示。

2.52　气门挺杆(valve lifter)

依靠凸轮转动而使气门开关的一种机械装置或液压装置。

第3节　润滑剂的可生物降解性和生态毒性有关的标准术语*[11]

3.1　活性污泥(activated sludge)

本地生活污水处理厂产生的主要由细菌和水生微生物组成的沉淀的固体物质。活性污泥主要用于二次污水处理微生物氧化污水溶解的有机物。

3.2　需氧的(aerobic)

(1) 在氧气存在下发生；(2)在氧气存在下生活或活动。

3.3　生物降解(biodegradation)

由生物体或其酶引起的化学分解或物质转化。

3.4　生物质(biomass)

包括除化石燃料以外的任何生物材料、活性生物体或组分的产品。

3.5 空白(blank)

在生物降解试验中，试验系统中所含的除试验物质以外的全部系统组分。

3.6 慢性生态毒性试验(chronic ecotoxicity)

一种比较性生态毒性试验，在这种试验中，有代表性的微生物群暴露于不同的试验材料处理率之下，并在一段时间内进行观察，这一时期构成其寿命的主要部分。

3.7 生态毒性(ecotoxicity)

试验物质在非人类有机体或种群中产生不良行为，生化或生理效应的倾向。

3.8 效应负荷 XX[effect load XX(ELXX)]

一种统计或图形估计的测试材料的负荷率，预计在特殊条件下会对 XX%的代表性生物群造成一种或多种特殊效应。

3.9 环境区隔(environmental compartment)

基于物理或化学性质或两者兼而有之的环境细分。

3.10 淡水环境(fresh water environment)

在生态毒性试验中需氧的含水隔间，特征在于氯化钠含量低于 5.0g/kg(0.5wt%)。

3.11 优良实验室操作规范［good laboratory practices(GLP)］

由监管机构或其他公认团体公布的实验室实验管理指南，涉及组织过程和实验室研究的计划、执行、监测、记录和重新安排的条件。

3.12 抑制负荷 XX(inhibition load XX)

用统计或作图来估计试验物质的负荷率，预期在指定条件下会对代表性生物体的生物过程(如生长或繁殖)造成 XX%的抑制，并表示为模拟，而不是数字测量。

3.13 细菌培养液(inoculum)

细菌培养液把活性孢子、细菌、单细胞有机体或其他有生命的物质引入试验介质中。

3.14 致死因子负荷 XX[lethal load XX(LI XX)]

在规定的条件下，用统计或作图来估计测试材料的负荷率，预期其致死性占代表性生物的 XX%。

3.15　微生物降解作用(microbial degradation)

生物降解作用的同义词。

3.16　混合母液(mixed liquor)

在污水处理中曝气池的内容物，包括与一次污水或原料污水混合的活性污泥与返回的淤泥。

3.17　预配合(pre-adaptation)

在有试验物质(试验物质事先在试验开始前和在类似试验条件下)的情况下培菌液的培育做试验。

3.18　盐水(salt water)

特征是需氧的、含水部分的含盐量大于或等于千分之五。

3.19　声波作用(sonication)

使一种物质受到高频声波的剪切力的行为。

3.20　上层清液(supernatant)

沉积固体之上的液体。

3.21　陆地上的(或土壤)环境[terrestrial(or soil)environment]

在天然土壤里或土壤上得到的需氧的环境空间。

3.22　理论上的二氧化碳[theoretical CO_2(carbon dioxide)]

假定物质中所有的碳完全生物氧化所能产生的二氧化碳的量。

3.23　理论氧量 [theoretical O_2(oxygen)]

理论上完全氧化某种材料所需的氧气量。

3.24　毒性(toxicity)

试验物质对活性有机体产生的不利行为、生化或生理影响的倾向。

3.25　最终生物降解(ultimate biodegradation)

当试验物质被微生物完全利用生成二氧化碳(在需氧生物降解情况下，可能生成甲烷)、水、无机物和微生物细胞组成物(生物质或分泌物或二者皆有)时，所达到的降解。

3.26 最终生物降解试验(ultimate biodegradation test)

评价物质中的碳转化成二氧化碳或甲烷(或直接测量产生的二氧化碳或甲烷，或间接测量氧的消耗)程度的试验。

3.27 水容纳馏分[water accommodated fraction(WAF)]

在混合物达到规定的混合程度后，在规定的时间内分离开。它主要是水和在水中溶解较差物质的混合物的含水部分。它包括水、溶解的组分和较差水溶性物质的分散微滴。

3.28 水溶性馏分[water soluble fraction(WSF)]

它是水容纳馏分的过滤液或离心液，包含了除较差溶解性物质的分散微滴外的 WAF 的所有部分。

3.29 重量 ppm(Wppm)

重量百万分之一的缩写。

* ASTM D6384-99a(2005)后进行了 ASTM D6384-11、ASTM D6384-17、ASTM D6384-18 三次升级，升级后有如下更改：

(1) 修改了淡水环境和理论 O_2 的定义。

(2) 删除了多余的术语：急性生态毒性、急性生态毒性试验、负荷率、机械分散度、初级生物降解和初级生物降解试验。

第4节 常用计算方法[8,10,12,13]

4.1 由体积分数换算成质量分数

质量分数=添加剂密度×添加剂含量(体积%)÷油品密度

举例：假设油品密度为 0.883g/cm^3，添加剂密度为 0.961g/cm^3，添加剂的加入量为 7%(体)，换算添加剂加入的质量分数。

添加剂加入的质量分数=0.961×7÷0.883 =7.62%

4.2 硫酸灰分计算法

通常对油品规格的硫酸灰分是有限制的，而油品的硫酸灰分与加入复合添加剂的量和复合添加剂的金属含量多少是由两个因素决定的。一些添加剂的金属含量对硫酸灰分的贡献是用以下经验系数来计算的。

硫酸灰分的经验系数为：

元素	硫酸灰分系数
Ba	1.70
Ca	3.40
Mg	4.95
Na	3.09
Zn	1.24

例 1 成品润滑油元素(质量分数)分析为：Ca=0.16%，Mg=0.07%，Zn=0.09%，计算成品润滑油的硫酸灰分，其中 Ca、Mg 和 Zn 在成品润滑油中对灰分的贡献分别是：

0.16×3.40=0.54%

0.07×4.95=0.35%

0.09×1.24=0.11%

总硫酸灰分(计算值)=0.54%+0.35%+0.11%=1.00%(质量分数)

例 2 复合添加剂元素(质量分数)分析为：Ca=1.7%，Mg=0.65%，Zn=0.96%，添加剂密度为 0.973g/cm^3，成品油密度为 0.883g/cm^3，添加剂加入量为 8.7%(体)或 0.973×8.7÷0.883=9.59%(质量分数)。计算成品润滑油的硫酸灰分，其中 Ca、Mg 和 Zn 在成品润滑油中对灰分的贡献分别是：

1.7×3.40×0.0959=0.55%

0.65×4.95×0.0959=0.31%

0.96×1.24×0.0959=0.11%

总硫酸灰分(计算值)=0.55%+0.31%+0.11%=0.97%(质量分数)

4.3 黏度试验方法及计算

4.3.1 黏度试验方法

黏度试验方法如表 10-1 所示。

表 10-1 黏度试验方法

项目	符号	单位	测定仪器	方法/标准	
				国外	中国
低温动力黏度	VD(温度)	Pa·s	冷起动模拟机法 布氏黏度计 微型旋转黏度计	ASTM D5293 CEC-L-18-A-80 ASTM D3829	GB/T 6538 GB/T 11145 GB/T 9171
高温运动黏度	VE(温度)	m^2/s	毛细管黏度计	ASTM D445 NBN 52.503 IP 71 NF T60-136 DIN 51562	GB/T 265

续表

项目	符号	单位	测定仪器	方法/标准	
				国外	中国
黏度指数	VI	—	由 Vk40 和 Vk100 计算	ASTM D2270 IP 226 NBN 32-099 NF T60-136 ISO 2909	GB/T 1995 或 GB/T 2541
高温高剪切黏度（150℃，$10^6 s^{-1}$）	HSV（150℃，$10^6 s^{-1}$）	Pa·s	锥形轴承模拟机法 锥形塞黏度计法 毛细管黏度计 Ravenfild 黏度计	ASTM D4683 ASTM D4741 CEC L-36-T-84	SH/T 0618
100 运动黏度	$V_k 100$	m^2/s	柴油喷嘴 Peugeot 204	CEC L-14-8-78 ASTM D6278 CEC L-25-A-78	SH/T 0103

4.3.2 黏度计算

1. 永久黏度损失

$$PVL = V_k 100(f) - V_k 100(s)$$

2. 百分永久黏度损失

$$PPVL = \frac{V_k 100(f) - V_k 100(s)}{V_k 100(f)} 100 = SI$$

3. 百分永久稠度损失

$$PPTL = \frac{V_k 100(f) - V_k 100(s)}{V_k 100(f) - V_k 100(w)} 100 = SSI$$

式中，SI 为剪切指数；SSI 为剪切稳定指数；$V_k 100(f)$ 为 100℃时全配方新油的运动黏度；$V_k 100(s)$ 为 100℃时全配方剪切后油品的运动黏度；$V_k 100(w)$ 为 100℃时没有黏度指数改进剂的全配方新油的运动黏度。

4. 暂时黏度损失

$$TVL = V_{D(f)L} - V_{D(f)H}$$

5. 百分暂时黏度损失

$$PTVL = \frac{V_{D(f)L} - V_{D(f)H}}{V_{D(f)L}} 100 = TSI$$

6. 百分暂时稠度损失

$$PTVL = \frac{V_{D(f)L} - V_{D(f)H}}{V_{D(f)L} - V_{D(W)}} 100 = TSSI$$

式中，TSI 为暂时剪切指数；TSSI 为暂时剪切稳定指数；$V_{D(f)L}$ 为从运动黏度计算全配方新油的动力黏度，Pa·s；$V_{D(f)H}$为高剪切速率下测定全配方油的动力黏度，Pa·s；$V_{D(w)}$为没有黏度指数改进剂配方油的动力黏度，Pa·s。

参　考　文　献

［1］黄文轩．润滑剂添加剂性质及应用［M］．北京：中国石化出版社，2012：717-728

［2］Noria Corporation. Lubricant Additives - A Practical Guide，https：/www. machinerylubrication. com/Read/31107/oil-lubricant-additives.

［3］Muhannad A. R. Mohammed. Effect of Additives on the Properties of Different Types of Greases. Iraqi Journal of Chemical and Petroleum Engineering Vol. 14No. 3(September 2013)11-21.

［4］王基铭．石油炼制辞典［M］．北京：中国石化出版社，2013：269-350.

［5］王大全．精细化工词典［M］．北京：化学工业出版社，1998：1-939.

［6］Lubrizol Corporation. Ready Reference for Lubricant and fuel Performance［G］. 1988.

［7］L. F. Schiemann and J. J. Schwind. Fundamentals of Automotive Gear Lubrication［G］. Lubrizol，1985.

［8］Amoco Chemical Corporation. Handbook of Petroleum Additive Information［G］.

［9］张广林，王国良．炼油助剂应用手册［M］．北京：中国石化出版社，2003.

［10］黄文轩，韩长宁．润滑油与燃料添加剂手册［M］．北京：中国石化出版社，1994：244-247.

［11］ASTM D 6384-18. Standard Terminology Relating to biodegradability and Ecotoxicity of lubricants［S］.

［12］全国石油产品和润滑剂标准化技术委员会．石油和石油化工标准化工作简报，2020 年第 1 期，2020 年 3 月．

［13］全国石油产品和润滑剂标准化技术委员会．石油和石油化工标准化工作简报，2019 年第 2 期，2019 年 7 月．

第十一章　润滑剂主要评定方法和台架试验[1-12]

第 1 节　润滑剂主要实验室评定方法

1.1　四球试验机模拟试验

本方法在四球机上进行，主要测试元件由按等边四面体排列着的四个钢球组成，下面三个球用油盘固定在一起静止不动，上面的一个球按规定的负荷和速度旋转，四个球呈点接触，接触点都浸在油中，可测减摩性、抗磨性和极压性。减摩性用摩擦系数“f”表示，抗磨性用磨痕直径“mm”表示，极压性用最大无卡咬负荷“P_B”(试验钢球不发生卡咬的最高负荷，它代表油膜强度)、烧结负荷“P_D”(使转动球与下面三个静止球发生烧结的最小负荷，它表示已超过润滑剂的极限工作能力)和综合磨损值“ZMZ”(润滑剂在所加负荷下使磨损减少到最小的抗极压能力指数)表示。测定的项目不同，其压力、负荷和试验时间也不同。

方法标准有：

中国：GB/T 3142—2019：润滑剂承载能力测定法　四球法
　　　GB/T 12583—1998：润滑剂极压性能测定法(四球法)
　　　NB/SH/T 0189—2017：润滑油抗磨损性能测定法(四球机法)
　　　SH/T 0202—1992：润滑脂极压性能测定法(四球机法)
　　　SH/T 0204—1992(2004)：润滑脂抗磨性能测定法(四球机法)。
　　　SH/T 0762—2005 润滑油摩擦系数测定法(四球机法)

国外：ASTM D2266-01(2015)：润滑脂抗磨性能测定法(四球机法)
　　　ASTM D2783-03(2014)：液体润滑剂极压性能测定法(四球机法)
　　　ASTM D4172-18：润滑液抗磨特性测定法(四球机法)
　　　ASTM D5183-05(2016)：润滑剂摩擦系数测定法(四球机法)

1.2　梯姆肯(Timken)试验机模拟试验

本方法是在梯姆肯磨损和润滑试验机上评定润滑油的抗擦伤能力，用 OK 值作为评定指标。OK 值适于与同类润滑油抗擦伤能力的比较，试验开始将油预热到一定温度后，由试验机主轴带动试验环对着静止的试验块转动，主轴转速 800r/min，相应的试验环圆周速度 23m/min，试验时间 10min，它属于线接触和滑动摩擦。

该方法的标准有：

中国：GB/T 11144—2007：润滑液极压性能测定法(梯姆肯法)

NB/SH/T 0203—2014：润滑脂承载能力的测定（梯姆肯法）

SH/T 0532—92(2006)：润滑油抗擦伤能力测定法(梯姆肯法)

国外：ASTM D2509-14：润滑脂承载能力测定法(梯姆肯法)

ASTM D2782-17：液体润滑剂极压性能测定法(梯姆肯法)

1.3　法莱克斯(Falex-O 型)试验机模拟试验

本标准包括两种方法，都是将钢制的试验轴浸没在试样里，并被两个静止的 V 形块夹住，以 290r/min 的转速旋转。通过棘轮机构给 V 形块施加负荷，A 法是连续施加负荷，B 法是以 1112N 递加负荷，在每个负荷增加后恒定 1min。两种方法所得到的试验失效负荷值是判断极压性能水平的标准。

A 法：磨合，将试样加热到 52℃±3℃，开动电动机，置棘轮臂于棘轮上，自动增加负荷到 1334N，在该负荷下运转 5min。重新置棘轮臂于棘轮上，让其咬合直至试验失效或者表读数达到 20000N，停止电动机。记录失效时表负荷，若不失效，则记录 20000N。

B 法：磨合，将试样加热到 52℃±3℃，再开动电动机，置棘轮臂于棘轮上，自动增加负荷到 1334N，在该负荷下运转 5min。重新置棘轮臂于棘轮上，让其咬合直至表负荷达到相当于 2224N，在负荷下运转 1min。按相当于 1112N 的校正负荷增加负荷，每次增量加载后运转 1min。记录失效负荷，如果一直不失效，则记录 20000N。

该方法的标准是：

中国：SH/T 0187—1992：润滑油极压性能测定法(法莱克斯法)

SH/T 0188—1992 润滑油磨损性能测定法(法莱克斯轴和 V 形块法)

国外：ASTM D2625-94(2015)：固体膜润滑剂的耐磨寿命及负荷承载能力测定法(Falex 柱杆和 V 形块法)

ASTM D2670-95(2016)：液体润滑剂的抗磨性能测定法(Falex 柱杆和 V 形块法)

ASTM D2714-94(2014)：Falex 块对环摩擦磨损试验机的校准和操作方法

ASTM D3233-93(2014)：液体润滑剂极压性能测定法(Falex 柱杆和 V 形块法)

ASTM D3704-96(2017)：润滑脂抗磨性能测定法(Falex 块对环摆动试验机法)

1.4　成焦板试验

本方法适用于评定添加剂和含添加剂内燃机油的热氧化安定性，是科研工作中评选清净剂、抗氧抗腐剂和油品复合配方的一种模拟试验方法。

方法将加热的润滑油与高温(310～320℃)的铝板短暂接触而结焦的倾向来评定润滑油的热稳定性。试验开始将试油加入倾斜的润滑油箱中，装铝板，然后加热控制油温及板温到规定温度，开动电动机带动油飞溅到铝板上，由于热氧化的结果，在铝板上生成焦及漆膜。试油 250mL，试验运行 6h。漆膜评定分 10 级，10 级最差；测铝板增加的焦重，增重越多，试油的热稳定性越差。该方法与开特皮勒(Caterpillar)1-H 和 1-G 发动机试验有一定的相关性。

该方法的标准有：

中国：SH/T 0300—1992(2006)：曲轴箱模拟试验方法(QZX 法)

国外：FTM 791—3462：成胶板试验

1.5 润滑油氧化安定性测定法

测定润滑油氧化安定性的方法有很多，现主要介绍旋转氧弹法和薄层吸氧氧化安定性测定法两种。

1.5.1 润滑油氧化安定性测定法(旋转氧弹法)

旋转氧弹法适用于评定汽轮机油的氧化安定性。也可以用来评定含 2，6-二叔丁基对甲酚的矿物油，作为其氧化安定性的一种快速评定方法。

旋转氧弹法将 50g 试样、15mL 蒸馏水和铜催化剂线圈放到一个带盖的玻璃盛样器内，然后把它放进装有压力表的氧弹中。氧弹在室温下充入 620kPa 压力的氧气，放入规定的温度(绝缘油 140℃，汽轮机油 150℃)的油浴中。氧弹与水平成 30 °角，以 100r/min 的速度轴向旋转。当压力下降到 175kPa 时停止试验。记录试验时间，根据氧弹试验时间(min)表示，作为试样的氧化安定性，时间越长氧化安定性越好。

该方法的标准有：

中国：SH/T 0193—2008：润滑油氧化安定性测定　旋转氧弹法

国外：ASTM D2272-14a：汽轮机油氧化安定性测定法(旋转氧弹法)

1.5.2 薄层吸氧氧化安定性测定法(Thin Film Oxygen Uptake，TFOUT)

适用于评定黏度(100℃)范围为 4～21mm^2/s 的汽油机油在高温条件下的氧化安定性，可作为 MS 程序ⅢD 方法的筛选试验。

薄层吸氧氧化安定性测定法是用来评价汽油机油氧化稳定性。将 1.50g 试样与燃油组分催化剂 80μL、可溶性金属催化剂 70μL(环烷酸铅、环烷酸铁、环烷酸铜、环烷酸锰和环烷酸锡五种盐混合物)和水 30μL 混合于玻璃盛样器中，并放入一个装有压力表的氧弹中。氧弹在室温下充入 620kPa 的氧气放入 160℃油浴中，与水平成 30 °角，以 100r/min 的速度轴向旋转。这样在盛样器中形成油的薄膜，使油和氧气有效接触。当试验达到规定的压力降时(国内是 175kPa，国外 ASTM D 方法是压力降到拐点时)，记录时间。根据试验时间来评定汽油机油的高温氧化安定性。该方法与程序ⅢD 有一定的对应关系，可作为研制配方的筛选试验。

该方法的标准是：

中国：SH/T 0074—1991：汽油机油薄层吸氧氧化安定性测定法

国外：ASTM D4742-17：汽油机油氧化安定性测定法(薄膜氧化垂直管 TFOUT 法)

1.6 低温黏度测定法

本方法适用于测定发动机油在剪切应力 50000～100000Pa，剪切速率为 10^5～10^4s^{-1}的条件下，-5~-35℃的表观黏度，测定范围为5000~10000Pa·s，其结果与发动机油的启动性能有关。

本方法由模拟器、控制台和冷却剂循环器三部分组成，试验开始时，电动马达驱动一个与定子紧密配合的转子，在转子和定子的空隙间充满试样，通过调节流经定子的冷却剂的流量来维持试验温度，并在靠近定子内壁处测定这一温度。校正转子的转速使之作为黏度的函数。由校正的结果和转子的转速来确定试样的黏度，用Pa·s表示。

该方法的标准有：

中国：GB/T 6538—2010：发动机油表观黏度测定　冷启动模拟机法；

国外：ASTM D5293-17a：发动机油和基础组分的-30~-5℃表观黏度测定法(冷启动模拟机法)

1.7　低温泵送性测定法

本方法适用于测定发动机油-40~0℃范围内的边界泵送温度。边界泵送温度就是把机油连续、充分地供给发动机油泵入口的最低温度。

本方法用微型旋转黏度计测定，它由转子、9个可控制的黏度槽和提供冷源设备组成，用来预测发动机油在低剪切速率下，-40~0℃范围内的边界泵送温度。试验开始将试油在10h内以非线性程序冷却速率，把试油冷却到试验要求的温度，再恒温6h，然后在旋转黏度计上逐步施加规定的扭矩，观察并测定转动速度，记下转子不能转动的最大克数和转子转动三周所需的时间，用于计算该温度的屈服应力和表观黏度，由三个或三个以上的试验温度所得结果，确定试油的边界泵送温度。

该方法的标准有：

中国：GB/T 9171—1988：发动机油边界泵送温度测定法

国外：ASTM D3829-18：发动机润滑油边界泵送温度测定法

1.8　高温高剪切黏度

测定高温高剪切黏度的方法是将试样加入已固定的球形套筒中的转子和定子之间。转子和定子间以锥体配合，可调节它们之间的间隙来调节剪切速率。转子在已知速率下旋转，测出反作用的扭矩值，再从已用牛顿标准油得到的标准曲线上查出试样的动力黏度。试验温度为150℃，剪切速率为10^6s^{-1}。SAE J300黏度分类在1995年修订时就增加了高温高剪切黏度(HTHS)。

该方法的标准有：

中国：SH/T 0618—1995(2004)：高剪切条件下的润滑油动力黏度测定法(雷范费尔特法)

国外：ASTM D4683-17：未用和在用发动机润滑油在高温和高剪切速率下黏度测定法(150℃锥形轴承模拟机黏度计法)

ASTM D4741-18：高温和高剪切速率下黏度测定法(锥形塞黏度计法)

CEC L-36-T-84：高剪切条件下润滑油动力黏度测定法(雷范费尔特法)

1.9 剪切安定性测定法

本方法有超声波法、柴油喷嘴法、齿轮法和用发动机直接测定(L-38)等几种。现着重介绍超声波法、柴油喷嘴法和齿轮法三种。

1.9.1 含聚合物油剪切安定性测定法(超声波法)

本方法适用于测定含聚合物液压油和内燃机油的剪切安定性。

超声波法在超声波剪切仪上进行。试油在聚能器(超声波振荡器)中受超声波剪切作用所引起的黏度损失，以油的黏度下降率来评价其剪切安定性。试验开始时，先用标准油在标准剪切试验条件下工作15min，把黏度下降率调到规定的范围内，然后把装试油的杯子放入预定温度的水浴内，并把聚能器放入试油中，恒温10min。开动电源开关及调频使达到共振，当剪切到规定时间后，测定剪切后试油的黏度下降率，以 $X=100\times(V_0-V_s)/V_0$ 表示。

该方法的标准有：

中国：SH/T 0505—2017：含聚合物油剪切安定性测定法 超声波剪切法

国外：ASTM D2603-01(2013)：含聚合物润滑油超声剪切稳定性试验法

1.9.2 含聚合物油剪切安定性测定法(柴油喷嘴法)

本方法适用于测定含聚合物的油。柴油喷嘴法是测含聚合物油在一定剪切速率下，通过柴油喷嘴剪切安定性试验仪的柴油喷嘴，促使其中剪切安定性较差的聚合物分子解聚，降低了试样的黏度，以报告试样初始100℃运动黏度的下降百分数来衡量含聚合物油的剪切安定性，以 $X=100\times(V_0-V_s)/V_0$ 表示。

该方法的标准有：

中国：SH/T 0103—2007：含聚合物油剪切安定性测定柴油喷嘴法

国外：ASTM D6278-17：含流体聚合物剪切安定性测定法(欧洲柴油喷嘴设备法)

1.9.3 含聚合物润滑油剪切安定性测定法(齿轮法)

本方法适用于测定含聚合物齿轮油、液压油和内燃机油的剪切安定性。

将800g±2g试样加入齿轮箱内，在规定的温度(液压油60℃±2℃、齿轮油和内燃机油90℃±2℃)、载荷(齿轮油6级、液压油和内燃机油3级)及在2980r/min转速下运转一定时间(齿轮油20h，液压油和内燃机油14h)。根据试样在试验过程中受到机械剪切作用所引起的永久黏度损失，来评价试样的剪切安定性，以剪切试验前后试样的100℃运动黏度的差值表示其剪切安定性。

该方法的标准有：

中国：SH/T 0200—1992(2006)：含聚合物润滑油剪切安定性测定法(齿轮机法)

国外：IP 351-81：用FZG齿轮试验台架评定含聚合物润滑油的剪切稳定性

1.10 抗乳化试验

本方法用于测定油与水分离能力，具有代表性的方法有两个。

1.10.1 石油和合成液水分离性测定法

本方法适用于测定40℃运动黏度为28.8~90mm²/s的油品，试验温度54℃±1℃，也可用于40℃运动黏度超过90mm²/s的油品但试验温度为82℃±1℃。该方法步骤是：取试样和水各40mL装入量筒中，在规定温度下，以150r/min±15r/min的转速搅拌5min，停止搅拌后，每隔5min，观察并记录量筒内分离的油、水和乳化层体积数。以乳化液与水分离的时间来表示，如静置1h后，还不能分开，则报告油或合成液、水和余下乳化液体积毫升数来表示。如40-40-0(20)[油-水-乳化层(时间)]为完全分离时间为20min。

该方法的标准有：

中国：GB/T 7305—2003：石油和合成液水分离性测定法

国外：ASTM D1401-18b：石油和合成液水分离性能测定法

1.10.2　石油和合成液抗水分离性测定法

本方法适用于测定中、高黏度润滑油的油和水互相分离的能力。本方法对易受水污染和可能遇到泵送及循环流而产生油包水型乳化液的润滑油抗乳化性能的测定具有指导意义。该方法的步骤是：在专用分液漏斗中加入405mL试样和45mL蒸馏水，在82℃温度下，以4500r/min转速搅拌5 min，静止5h后测量，以油中分离出来的水的体积、乳化液的体积及油中水的百分数三项来表示。若是有极压添加剂的油品，加试样360mL和90mL蒸馏水，在82℃下，以250r/min转速搅拌5min，静止5h后测量，以上述相同三项指标来表示。

该方法的标准有：

中国：GB/T 8022—2019：润滑油抗乳化性能测定法

国外：ASTM D2711-17：润滑油抗乳化性能测定法

1.11　润滑油泡沫特性测定法

本方法适用于加或未加用以改善或遏止形成稳定泡沫倾向的添加剂的润滑油。

试样在24℃时，用恒定流速的空气吹5min，然后静止10min。在每个周期结束时，分别测定试样中泡沫的体积。取第二份试样在93.5℃下重复试验，当泡沫消失后，再在24℃下进行重复试验。每个阶段结束后，静置10min±10s，记录泡沫体积(mL)。

该方法的标准有：

中国：GB/T 12579—2002：润滑油泡沫特性测定法

国外：ISO 6247—1998：石油产品——润滑油泡沫特性测定法

ASTM D892-18 润滑油泡沫性能测定法

1.12　润滑油空气释放值测定法

本方法适用于汽轮机油、液压油等石油产品。

将180mL试样加热到25℃、50℃或75℃，通过对试样吹入过量的压缩空气，使试样剧烈搅动，空气在试样中形成小气泡，即雾沫空气。停气后记录试样中雾沫空气体积减到0.2%的时间，以分表示，即为该温度下的空气释放值。时间越短，润滑油分离雾沫空气能力越好。

该方法的标准有：

中国：SH/T 0308—1992(2004)润滑油空气释放值测定法

国外：ASTM D3427-15 石油油品的空气释放性能测定法

IP 313：空气释放值

第2节　内燃机油主要台架试验

2.1　柴油机台架

2.1.1　Caterpillar　1H2 发动机试验

适用于柴油机油(CC级)的性能评定，也适用于汽油机和柴油机的通用油、内燃机车用油等性能评定。

本方法用排量2136cm^3 中增压单缸柴油机，在高速、中等增压条件下评定柴油机油清净性的试验。试验用含硫量为0.4%的燃料油，转速为1800r/min，润滑油温度维持在82℃下运转480h，其中每120h换一次润滑油并检查其情况。

主要评定润滑油性能是环黏结、环及汽缸磨损和活塞沉积物生成倾向。可评定API CC及SC、MIL-L-2104B、MIL-L-46152A等级的润滑油。

方法的标准有：

中国：GB/T 9932—1988：内燃机油性能评定法(开特皮勒1H2法)

国外：ASTM STP509A-II：评定曲轴箱润滑油性能单缸发动机试验(Caterpillar 1H2法)

2.1.2　Caterpillar　1G2 发动机试验

适用于柴油机油(CD级)的性能评定，也适用于汽油机和柴油机的通用油、内燃机车用油等性能评定。

本方法用排量2136cm^3 的1Y73高增压单缸预燃式柴油机，是高速高增压条件下的柴油机清净性试验。试验用含硫0.4%的燃料，转速1800r/min，润滑油温度维持在96℃下运转480h，每120h换一次油，并检查润滑油和运转情况。

主要评定润滑油特性是环黏结、环及汽缸磨损和活塞沉积，可评MIL-L-210C/D，API CD/CD-Ⅱ、CE和CD级油。

方法的标准有：

中国：GB/T 9933—1988：内燃机油性能评定法(开特皮勒1G2法)

国外：ASTM STP 509A-I：评定曲轴箱润滑油性能单缸发动机试验(Caterpillar 1G2法)。

2.1.3　Caterpillar 1K 发动机试验

本方法用美国Caterpillar公司生产的1Y540型单缸专用柴油机，它是直喷式四气门，排量为2400cm^3，压缩比14.5∶1。IK与IG2的主要区别在于活塞，IK的活塞减少了顶环台与缸套之间的间隙，提高了顶环槽的位置，这种结构是为了满足柴油机排放要求。试验用含硫0.4%的燃料，转速2100r/min和润滑油温度维持在110℃下运转252h，中间不换油。每12h调整机油液面到初始位置。在运转24h、72h、156h、204h和252h时取样，并检查润滑油和运转情况。

主要评定润滑油的特性是在活塞上的沉积，即加权评分(WDK)、第一环槽充炭率(TGF)、油耗及擦伤等，可评 CF-4、CH-4、CI-4 级油。

方法的标准有：

中国：SH/T 0782—2005　柴油机油性能评定法(开特皮勒 1K/1N 法)

国外：ASTM D6750-18 高速单缸柴油发动机柴油机油评定法-1K 程序(燃料硫含量为 0.4%)和 1N 程序(燃料硫含量为 0.04%)

2.1.4　Caterpillar C13 发动机试验

本方法采用 Cat C13 发动机，该发动机配置电子控制、双涡轮增压器，为直喷、六缸、四气门发动机，采用内部热废气循环技术。试验用含硫 15mg/kg 的超低硫柴油，转速 1800r/min，润滑油温度维持在 98℃下运转 500h。

主要评定润滑油的特性在活塞上的沉积，即加权评分(WDK)、二环上沉积物、第一环槽充炭率(TGF)、油耗及擦伤等，可评 CJ-4、CK-4、FA-4 级油。

方法的标准

国外：ASTM　D7549-18 高输出条件下的重负荷发动机油的评价方法(有履带装置的 C13 测定程序)

2.1.5　Caterpillar 1M-PC 发动机试验

本方法用试验发动机同 1G2 试验，仍是 1Y73 高增压单缸预燃式柴油机，但主要试验件活塞、活塞环和缸套的质量提高了，要符合 Caterpillar 公司的新“3L”标准。试验条件同 1G2 试验，但试验时间缩短为 120h。主要评定活塞沉积、活塞环黏结、环及缸套擦伤、磨损等，可评 CF 和 CF-2 级柴油机油。

方法的标准有：

中国：SH/T 0786—2006　柴油机油清净性评定法(开特皮勒 1M-PC 法)

国外：ASTM D6618-14　四冲程增压发动机中柴油机油评定法(1M-PC)

2.1.6　Caterpillar 1N 发动机试验

试验机同 1K 一样为 1Y540 型单缸柴油机，但缸套、活塞和活塞环的质量提高了，要符合 Caterpillar 公司的新“3L”质量规格。试验条件同 1K 试验，试验用含硫 0.03%~0.05%的低硫燃料，实验内容同 1K，但要采用 MTAC 评分准则，可评 CJ-4、CK-4、FA-4 等级柴油机油。

方法标准有：

中国：SH/T 0782—2005　柴油机油性能评定法(开特皮勒 1K/1N 法)

国外：ASTM D6750-18 高速单缸柴油发动机柴油机油评定法-1K 程序(燃料硫含量为 0.4%)和 1N 程序(燃料硫含量为 0.04%)

2.1.7　Caterpillar 1P

试验用 1Y3700 单缸直喷式柴油发动机，四气门排量为 2400cm^3，压缩比 16.25：1，与 1K 和 1N 相比，顶环更靠近活塞顶部。高架凸轮和电子喷射控制。转速 1800r/min，在油温 90℃下试验 360h，燃料硫含量 0.03%~0.05%。试验结束后对活塞、活塞环和衬里进行评价，并且对旧油的黏度、TBN、总酸值、金属磨损等进行分析，可评 CH-4 级油。

方法标准有：

国外：ASTM D6681-17 高速单缸柴油发动机柴油机油性能评价法(Caterpillar 1P 试验程序)

2.1.8 Mack T-6 多缸柴油机试验

本方法用 Mack ETAI 673 六缸透平增压中冷柴油发动机，在满负荷和 1400r/min、1800r/min 和 2100r/min 之间变速下运转，用含 0.1%~0.3%硫的燃料，油温维持在 113℃，不换油，12h 循环 50 次后，评定润滑油增稠、活塞沉积、油耗和活塞环磨损，可评定 EO-K 和 API CE CF-4 级规格的润滑油。国内无此发动机，主要应用于美国。

方法标准有：

国外：ASTM RR：D-2-1219　汽车发动机油性能规格(评价润滑油的多缸发动机试验程序-Mack-6)

2.1.9 Mack T-7 多缸柴油机试验

本方法用 Mack EM6-285 六缸透平增压中冷柴油发动机，燃料含 0.5%的硫，油温维持在 113℃下满负荷，在 1200r/min 转速下运转 150h 后评定润滑油的黏度增长，可评定 EO-K/2 和 API CE CF-4 级规格的润滑油。国内无此发动机，主要应用于美国。

方法标准有：

国外：ASTM RR：D-2-1219　汽车发动机油性能规格(评价润滑油的多缸发动机试验程序 Mack-7)

2.1.10 Mack T-8 多缸柴油机试验

本方法用 Mack 公司的 E7-350 型、直列六缸、开式燃烧室、四冲程、涡轮增压、中冷、排量为 $1200cm^3$ 柴油机，用含 0.03%~0.05%硫的燃料，在转速为 1800r/min 时和油温维持在 102~107℃下运转 250h 后，评定润滑油 100℃的黏度和分析油中金属含量及油耗，可评定 CH-4、CI-4 级柴油机油。

方法标准有：

中国：SH/T 0760—2005　柴油机油性能评定法(Mack T-8 法)

国外：ASTM D5967-17：T-8 柴油机用柴油机油评价

2.1.11 Mack T-8A 多缸柴油机试验

本试验与 Mack T-8 基本相同，但运行时间是 150h，而不是 250h。

2.1.12 Mack T-9

本方法用 Mack 1994 350 bhpVNAC Ⅱ Mack 同轴六汽缸发动机，试验时间 500h，最初 75h 固定转速和动力以便产生烟炱。最后 425h 是在 15%燃油过量情形下，其转矩转速使活塞环和衬里产生最大的磨损。主要评价润滑油最大程度降低汽缸衬里和活塞环磨损性能，可评 EO-L+、EO-M、EO-M+和 CH-4 级润滑油。

方法标准有：

中国：SH/T 0761—2005 柴油机油性能评定法(Mack T-9 法)

国外：ASTM D6483-04 柴油机油 T-9 发动机评定法

2.1.13　MackT-10

Mack T-10 和 Mack T-10A 试验方法评价带 EGR 设备的四冲程柴油机涡轮增压器和中冷增压柴油机油磨损性能。试验用带废气再循环(EGR)的 Mack E-TECH V-MAC Ⅲ柴油发动机。预热和试运行 1h，随后在 1800r/min 转速下运行 75h，在 1200r/min 转速下运行 225h，两项均在恒速和负荷条件下运行。最初 75h 固定转速和动力以便产生烟炱。最后 225h 是在燃油过量情形下，其最大转矩转速使活塞环和衬里产生最大的磨损，可评价 CH-4、CI-4 级润滑油。

方法标准有：

国外：ASTM D6987/D6987M-13a 柴油机油性能评定法(T-10 废气循环试验法)

2.1.14　MackT-11

Mack T-11 新型 ASET 发动机采用 EGR 系统和新的燃烧室设计，低旋涡燃烧和 EGR 系统都增加了烟炱的生成。ASET 发动机用 Mack E-TECH V-MAC Ⅲ带废气循环(EGR)柴油发动机。试验时间 252h。V-MAC III 是带 6 个电动泵的电子控制的燃料喷射嘴，直列、六缸、四冲程涡轮增压、空气冷却和压缩点火发动机。本试验用来评估 EGR 发动机油烟炱分散性能和烟炱相关黏度增长，可评定 CI-4⁺、CJ-4、CK-4、FA-4 规格润滑油。

方法标准有：

国外：ASTM D7156-17　T-11 废气循环柴油发动机中柴油机油评价方法

2.1.15　Mack T-12

Mack T-12 试验使用 Mack E-TECH V-MAC Ⅲ带废气循环(EGR)柴油发动机。T-12 使用一种几何可变的涡轮增压器(VGT)，VGT 可确保在高速路、高 EGR 率下发动机运行有足够的空气，而空气燃料比的选择保持烟炱生成量刚好高于测试失败水平。先预热和试运行 1h，随后在 1800r/min 转速下运行 100h、在 1200r/min 转速下运行 200h 两阶段试验，两阶段试验均在恒速和负荷条件下运行。第一阶段，调节入口管和冷却器温度，使雾化发生在汽缸壁而不是在入口管，油路和油箱温度被提高。第二阶段，压力从 20.69MPa 增加到 24.14MPa，来确保 300h 测试能够产生足够的活塞环和衬里磨损。本试验用来评价带 EGR 设备的涡轮增压器和中冷增压四冲程发动机油的磨损性能，并且在超低硫柴油燃料下运行，可评定 CH-4、CI-4、CI-4⁺、CJ-4、CK-4 和 FA-4 规格润滑油。

方法标准有：

国外：ASTM D7422-17a　T-12 废气再循环柴油机中柴油机油的评估测定法

2.1.16　Mack T-13

Mack T-13 试验使用 Mack MP-8 柴油发动机，该发动机由马克和沃尔沃动力总成部门联合研制，带废气再循环和几何可变的涡轮增压器(VGT)。试验用含硫 15mg/kg 的超低硫柴油，转速 1500r/min，载荷为 2200Nm，润滑油温在 88℃下运转 360h。

主要评定润滑油的抗氧化特性：测定油品氧化值硝化值及油品氧化造成的黏度增长，可评定 CK-4 和 FA-4 规格润滑油。

方法的标准

国外：ASTM D8048-17　柴油机油在 T-13 柴油发动机上的性能评价

2.1.17 GM 6.2L 试验

本方法用通用汽车公司的 6.2L 间接喷射式柴油机，在转速 1000r/min 和油温维持在 120℃下运转 50h 后，评定润滑油磨损，测量新油及 25h、50h 油样的 40℃和 100℃的运动黏度，TAN、TBN 及金属含量，可评定 CG-4 级柴油机油。

方法标准有：

国外：ASTM D5966-13：轻负荷柴油机油滚动式随动件磨损评价法

2.1.18 Cummins M-11 HST(高烟炱试验)

本方法用 1994 年 Cummins M-11 330-E 发动机，试验时间 200h，以转速 1600r/min 运转 100h，另 100h 以转速 1800r/min 运转。评定顶部磨损、滤网堵塞和油泥等项目，可评定 CH-4 和 Cummins CES 20076 油。

方法标准有：

国外：ASTM D6838-04(2010)康明斯 M11 高烟点试验法

2.1.19 Cummins ISM 试验

本方法用 Cummins ISM 发动机，试验 200h，用 500μg/g 的低硫燃料，台架主要用于评价 API CI-4、$CI-4^+$、CJ-4、CK-4、FA-4 柴油机油的抗磨损性能。

方法标准有：

国外：ASTM D7468-16 康明斯 ISM 评定法

2.1.20 Cummins ISB 试验

本方法用 Cummins ISB 发动机，采用新型旋转摇臂罩技术，试验 350h，用 15μg/g 的超低硫燃料，台架主要用于评价 API CJ-4、CK-4、FA-4 柴油机油的抗烟炱磨损性能。

方法标准有：

国外：ASTM D7484-18 用于 Cummins ISB 中型柴油发动机的发动机油阀-轮磨损性能评定法

2.1.21 Cummins NTC-400 发动机试验

本方法用 Cummins NTC-400 直列六缸涡轮增压直喷式柴油机，使用含 0.4%硫的燃料，油温维持在 121℃下转速 2100r/min 运转 200h 后，评定润滑油磨损、活塞沉积和油耗，可评定 CE 和 CF-4 级柴油机油。国内无此发动机，主要应用于美国。

方法标准有：

国外：ASTM D5290-91：重负荷高速柴油机——NTC-400 作业过程油耗、活塞沉积物和磨损测定法

2.2 汽油机台架

2.2.1 CRC L-38

本方法用 Labeco CLR 单缸汽油机，用来评定内燃机油在高温条件下的氧化和轴瓦腐蚀性能。试验在转速 3150r/min 和油温 135℃或 143℃条件下运转 36h 后，通过测定连杆铜-铅轴瓦的失重以及生成沉积物和试样的黏度变化等对油样做出评价。

方法标准有：

中国：SH/T 0265—1992(2006)：内燃机油高温氧化和轴瓦腐蚀评定法(L-38 法)

国外：ASTM D5119-02：CRC L—38 火花点燃式发动机上汽车发动机润滑油评定法

2.2.2 MS 程序ⅡD

本方法用 1977 年排量为 5700cm^3 的 Oldsmoble V 型八缸汽油机，用来评定汽车在低温短途行驶条件下的润滑油对阀组抗锈蚀或腐蚀能力。试验用含铅汽油，开始先在 1500r/min 中速下运转 30h 后，再在 3600r/min 高速下运转 2h 后进行评定。本方法可评定 API SE、SF、SG、SH、SJ 级汽油机油。

方法标准有：

中国：SH/T 0512—1992(2006)：汽油机油低温锈蚀评定法(MS 程序ⅡD 法)

国外：ASTM D5844-98：汽车发动机润滑油锈蚀评价法(程序ⅡD)

2.2.3 球锈蚀试验(BRT)

本方法模拟在典型冬天天气下的短途旅行工况，它与含铅汽油工况非常接近，用来评价润滑油抑制铁质部件腐蚀性能。试验用一个特制台架，中间配一个温控盘、一个特制的液压起重器，检查阀门中的圆球。试验 18h，将圆球浸泡在被测油样中，温度控制在 40℃。试验中，将空气和酸混合按一定流速注入油样中。试验完后，将金属球从台架上取出，洗净，用光学仪器、计算机、录像带测量金属球表面颜色变化。可评定 GF-3 润滑油，并可代替ⅡD 试验。

方法标准有：

中国：SH/T 0763—2005 汽油机油防锈性评定法(BRT 法)

国外：ASTM D6557-18 汽车发动机润滑油防锈性能评定法

2.2.4 MS 程序ⅢD

本方法用 1987 年排量为 3800cm^3 Buick V8 汽油机，用来评定润滑油高温氧化及增稠、油泥、漆膜沉积和发动机的磨损等。试验用含铅汽油，试验在转速 3000r/min 和油温 149℃条件下运转 64h 后进行评定，可评定 API SE/SF 级汽油机油。

方法标准有：

中国：SH/T 0513—1992(2006)：汽油机油高温氧化和磨损评定法(MS 程序ⅢD 法)

国外：ASTM STP 315H 第二部分：汽油机油高温氧化和磨损评定法(程序ⅢD)

2.2.5 MS 程序ⅢE

本方法用 1987 年排量为 3800cm^3 Buick V8 汽油机，压缩比为 8 : 1。它主要模拟在美国南部夏季汽车在高速公路上高速行驶的条件。用来评定润滑油高温氧化及增稠、油泥、漆膜沉积和发动机的磨损等。试验用含铅汽油，试验在转速 3000r/min 和油温 149℃条件下运转 64h 后进行评定。ⅢE 比ⅢD 试验苛刻，对同一油样，在ⅢD 上试验 64h 黏度增长 375%，而ⅢE 只要 50h 就能达到。ⅢE 可评定 API SG、SH 和 SJ 级汽油机油。

方法标准有：

中国：SH/T 0758—2005 内燃机油高温氧化和抗磨损性能评定法(程序ⅢE 法)

国外：ASTM D5533-98：汽车用发动机油在程序ⅢE 点燃式发动机上的评定法

2.2.6 MS 程序ⅢF

ⅢF 是用来替代程序ⅢE，并采用了通行的 GM 3800 系列ⅡV-6 发动机。特殊的凸轮和挺杆冶炼以及表面处理用来增加磨损。程序ⅢF 用来评定在高速和高温操作条件下润滑油的抗氧化能力和抗磨损能力。

发动机：GM 3800 系列ⅡV-6(231CID)

发动机转速：3600r/min

发动机负荷：200N·m

油温：155℃

冷却温度：115℃

试验时间：90h

平均突出部分和挺杆磨损：30μm

方法标准有：

国外：ASTM D6984-18 点燃式车用发动机润滑油性能评定法(ⅢF 程序)

2.2.7 程序 IIIH、IIIHA 和 IIIHB 发动机台架试验方法

程序 IIIH 台架试验用于评定汽油机油的高温抗氧化性能，测试机油变稠、高温活塞沉积物生成、机油消耗。试验用克莱斯勒公司 2012 年生产的排量 3.6L 水冷四冲程 V-6 电喷发动机，试验结束后对相关部件进行评分。程序 IIIHA 台架评价试验后老化油的低温泵送性能，程序 IIIHB 台架评价试验后老化油的磷元素保持性能。

方法标准有：

ASTM D8111-19b 点燃式发动机润滑油性能评定法(ⅢH 程序)

2.2.8 MS 程序ⅣA

本方法用的是 KA-24E 日产尼桑 2.4L 水冷式燃油喷射的发动机、四缸直排，每个汽缸两个进气阀，一个排气阀、顶置凸轮轴。试验 100h，用来评定润滑油在防止顶置凸轮式发动机中的凸轮轴凸部磨损方面的性能，可评定 GF-3 级油品。

方法标准有：

国外：ASTM D6891-15 点燃式发动机油性能评定法(程序ⅣA)

2.2.9 程序 IVB 发动机台架试验方法

程序 IVB 试验用于评价汽油机油降低凸轮轴磨损的性能。试验发动机为丰田 2NR-FE 型号四缸水冷 1.5L 发动机，双顶置凸轮轴，每缸 4 个气门(2 进 2 排)。每次试验使用新的凸轮轴、摇臂和摇臂轴。程序ⅣA 试验时间为 100h，进行 24000 个循环。

方法标准有：

ASTM 方法编写完成中，还未有方法号。

2.2.10 MS 程序ⅤD

本方法用 1987 年排量为 2300cm^3 福特直列四缸化油器汽油机，它主要模拟汽车从市区到中速快车道停停开开的现象，用来评定发动机润滑油抗油泥漆膜沉积和阀组磨损的能力，尾气再循环。ⅤD 是一个循环试验，每 4h 为一循环，每循环分为 3 个阶段，总试验在 48 个

循环 192h 后进行评定，可评定 API SE 和 SF 级汽油机油。

方法标准有：

中国：SH/T 0514—1992(2006)：汽油机油低温沉积物评定法(MS 程序ⅤD 法)

国外：ASTM STP 315H 第三部分

2.2.11　MS 程序ⅤE

本方法用排量为 2300cm^3 福特直列四缸 Ranger 卡车型汽油机，压缩比 9.5∶1，不用尾气再循环。它主要模拟汽车从市区到中速快车道停停开开的现象，用来评定发动机润滑油抗油泥漆膜沉积和阀组磨损的能力。试验以每 4h 为一循环，总共 72 个循环 288h 后进行评定，可评定 API SG、SH 和 SJ 级汽油机油。

方法标准有：

中国：SH/T 0759—2005 内燃机油低温油泥和抗磨损性能评定法(程序ⅤE 法)

国外：ASTM D5302-01：在火花点燃式内燃机上用汽油作燃料于低温轻负荷操作条件下评定汽车发动机油抑制沉积物生成和防止磨损的评定法

2.2.12　MS 程序ⅤG

本方法用 1993 年产的燃油喷射式福特 4.6L 汽油发动机，八汽缸、滚动从动件、冷却外套、气门摇臂盖和凸轮轴挡板。试验 216h，分 54 个循环单元，每单元中有 3 个不同操作模式，用来评定润滑油在新式发动机中抑制油泥和漆膜形成方面的性能。与ⅤD 相比，油泥倾向增加了，磨损的性能可以更好鉴别。本试验可以用来代替ⅤE 试验，可以评定 GF-3。

方法标准有：

国外：ASTM D6593-18 低温轻负荷下汽油机油抗沉积物生成评定法

2.2.13　程序ⅤH 发动机台架试验方法

程序ⅤH 试验用于评定发动机油的抗油泥和漆膜沉积物生成性能。试验发动机为福特 4.6L 的四冲程 V-8 双顶置凸轮发动机，每缸两个气门。每次试验使用新的发动机，试验时间为 216h，包括 54 个 4h 的试验循环。

方法标准有：

ASTM D8256-19 低温轻负荷下汽油机油抗沉积物生成评定法(VH 程序)

2.2.14　MS 程序Ⅵ

本方法用通用汽车公司的 1982 Buick 3.8L V-6 型汽油机。其燃料用无铅和不加清净剂的研究法辛烷值不小于 96 的汽油。发动机在中等转速低负荷下运转，分别测出两种不同冷却液温度和机油温度下，经老化后试验油和新的 HR 参比的“制动燃油比消耗(RSFC)”，计算出试验油相对于 HR 油的 RSFC 的减少百分率。用来评定节能型内燃机油的节能效果。

方法标准有：

中国：SH/T 0757—2005 内燃机油节能性能评定法(程序Ⅵ法)

2.2.15　MS 程序ⅥA

本方法用美国福特公司的 1993 年 4600cm^3 Modular V-8 汽油发动机。程序ⅥA 试验是

测量内燃机油在“低摩擦”发动机内部的节省燃油效果，用来评定要求达到CEⅢ级节能效果的内燃机油的节能性能。参比油是黏度为5W-30的BC油，试验分6个阶段，在变速和变温条件下运行50h。然后计算出BC油和试验油的每个阶段实际消耗，再加上一个常量0.254kg，为总燃油消耗。再通过下式计算出燃油经济改进(FEI)。

FEI%=(BC油平均消耗-试验油消耗)×100/BC油平均消耗，可评定GF-2级润滑油。

方法标准有：

国外：ASTM D6202-02 小轿车和轻负荷卡车内燃机油对燃油经济性评定法(程序ⅥA法)

2.2.16 MS程序ⅥB

本方法用美国福特公司的1993年产标准型V-8汽油发动机，试验先以SAE 5W-30为基准油测量在5种不同的速度、负荷、温度的试验条件下的燃油消耗，然后采用被测油样，在第一级试验中，按与基准油相同的5种条件运行16h后测量其燃油消耗。将油样保留在发动机内继续第二级试验，运行时间80h，按与基准油完全相同的5种试验条件测量各种条件下的燃料消耗。试验结果以被测油样占基准油平均消耗量的质量分数(%)来表示，可评GF-3级润滑油。

方法标准有：

国外：ASTM D6837-13 轿车和轻型卡车用发动机油燃料经济性能评定法(ⅥB程序)

2.2.17 程序ⅥE发动机台架试验方法

程序ⅥE试验用于评定发动机油的燃油经济性。通过6个不同阶段的运行，对试验油和BC油(基准参比油)进行BSFC(燃油消耗率)测量，比较试验油相对BC油的节能性能。试验发动机为通用3.6L的V6发动机，双顶置凸轮轴，每缸4个气门，电控燃油喷射。试验结果用试验油相对基准参比油的节能率来表示。

方法标准有：

ASTM D8114-19b 轿车和轻型卡车用发动机油燃料经济性能评定法(ⅥE程序)

2.2.18 MS程序Ⅷ

本方法采用697cm^3排量化油器、单缸、火化点火和一个外部加热器，使用含铅汽油，转速3150r/min条件下不间断运行40h，用外部油加热到143℃，用发动机油在高温条件下测定对铜、铅轴瓦腐蚀性能，并用来测定各种黏度下的剪切安定性。可评到SL、GF-3等级润滑油。

方法标准有：

国外：ASTM D6709-15a 汽车发动机在程序Ⅷ试验(CLR油试验发动机)中的评价方法

2.2.19 程序Ⅸ发动机台架试验方法

程序Ⅸ用于评定发动机油降低低速早燃发生次数的性能。程序Ⅸ试验采用福特四冲程水冷直喷发动机，双顶置凸轮轴，每缸4个气门(2个进气，2个排气)。发动机测试重复4次，每次包含175000次循环。

方法标准有：

ASTM D8291-19 涡轮增压直喷点燃式发动机的润滑油低速早燃性能评定法(Ⅸ程序)

2.2.20　程序 X 发动机台架试验方法

用于评定发动机油降低正时链条磨损的性能。程序 X 采用福特四冲程水冷直喷发动机，双顶置凸轮轴，每缸 4 个气门(2 个进气，2 个排气)。试验每次使用新的正时链条。试验结束后测量正时链条的增长率。

方法标准有：

ASTM D8279-19 涡轮增压直喷点燃式发动机的润滑油正时链条磨损性能评定法(X 程序)

第 3 节　齿轮油主要台架试验

3.1　CRC L-37 高扭矩试验

本方法用道奇 3/4 吨的军用卡车双曲线后桥进行试验。在高速低扭矩和低速高扭矩的特殊条件下，用来评定齿轮润滑剂承载负荷的能力、磨损和极压特性。试验先在高速条件下运转 100min 后，用同一套齿轮和润滑剂在高扭矩低速下运转 24h，试验结束后检查整个后桥的沉积、腐蚀和大小齿轮的损坏情况。对 GL-5 和 MIL-L-2105D 润滑剂来说，齿轮表面没有波纹、螺脊、点蚀或剥落，则认为该润滑剂是合格的，但允许齿轮表面上有轻微磨损和轻微划痕。

方法标准有：

国内：NB/SH/T 0518—2016：车辆齿轮油承载能力评定法(L-37 法)

国外：ASTM D6121-17 车辆后双曲面齿轮驱动轴用润滑剂在低速和高扭矩下承载能力评价方法

3.2　RC L-42 高速冲击试验

本方法用斯比塞(Spicer)44-1 型双曲线后桥进行试验。在高速和冲击负荷条件下，用来评价齿轮润滑剂的抗擦伤性能。试验是在一系列油门全开加速和油门全关减速条件下所产生的高速和冲击负荷条件下，来评价大、小轮齿表面破坏情况。最后与标准参考油 RGO-110 进行比较，对 GL-5 和 MIL-L-2105D 齿轮油的抗擦伤防护性能要等于或好于标准参考油 RGO-110 试验的轮齿表面的抗擦伤性能才算通过，反之则算失败。

方法标准有：

中国：SH/T 0519—1992(2006)：车辆齿轮油抗擦伤性能评定法(L-42 法)

国外：ASTM D7452-17　在高速和冲击负荷条件下终端驱动轴用润滑剂承载性能的评估。

3.3　RC L-33 齿轮润滑剂的潮湿腐蚀试验

本方法用达纳(Dana)3 型汽车后桥进行试验，用来评价含水齿轮油对金属零件的腐蚀情况。试验时向试验齿轮中加入带一定量水的齿轮油，放入汽车后桥并密封保持 6.895kPa

压力，在 82.2℃和 2500r/min 转速下运转 4h，然后在 51.7℃下存放 162h，对 GL-5 和 MIL-L-2105D 齿轮油要求工作件表面无锈，在盖板上最大锈蚀面积小于 3.2cm^2。

方法标准有：

中国：NB/SH/T 0517—2014：车辆齿轮油锈蚀评定法(L-33-1 法)

国外：ASTM D7038-18a 车用齿轮润滑剂抗潮湿腐蚀性能评价法

3.4 RC L-60 齿轮润滑剂热氧化稳定性试验

本方法是将 120mL 的试样加入旁热式的齿轮箱中，齿轮箱内有两个直齿轮和一个试验轴承，在规定的负荷和铜片催化条件下运转，空气以 1.1L/h 流量鼓泡通过齿轮箱中的试样，油温保持在 163℃，连续运转 50h。然后以铜片催化剂失重、试样失重、总酸值、黏度增长率、戊烷不溶物和苯不溶物等项来评定齿轮油的热氧化稳定性。

方法标准有：

中国：SH/T 0520—1992(2006)：车辆齿轮油热氧化安定性评定法(L-60 法)

SH/T 0755—2005 手动变速箱油和后桥用油的热氧化安定性评定法(L-60-1 法)

国外：ASTM D5704-17 手动变速和终端驱动轴用过润滑油热氧化安定性评定法

3.5 润滑剂齿轮试验机承载能力测定法

本方法是由一对齿轮(国产 QCL-003 型或德国 FZG“A”型)组成齿轮箱，用于评定钢/钢直齿轮所用润滑剂的相对承载能力。试验是在加入试油后，控制初始温度 90±3℃，恒温运转 15min，然后齿面承载负荷按级增加，每次试验 15min，每级载荷运转结束后，对齿面目测或称重检查评定，试验一直进行到失效载荷级数为止。最大级数为 12 级，若 12 级仍没发生破坏，试验不再进行。最后以级数表示试油的承载能力。级数越大，润滑剂的相对承载能力越大，该方法也适用于 FZG 试验机。

方法标准有：

中国：NB/SH/T 0306—2013：润滑油承载能力的评定 FZG 目测法

国外：IP 334-80：润滑剂承载能力测定法

3.6 高速冲击试验

本方法是把双曲线后桥安装在一个底盘测功机上，用来评价润滑油在高滑速和具有高冲击负荷及在齿轮表面没有疲劳时润滑双曲线汽车后桥的能力。按 CS3000 规定要求试验润滑油性能等于或优于参考油(参考油为 CRC 参考油 10/90)。

方法标准有：

国外：高速冲击试验 CS3000 ANNEXD。

第 4 节 液压油评定台架试验

随着液压技术的不断发展，液压油的评定台架设备从早期普遍使用的 Vickers 104 叶片泵发展到更高规格的评定台架设备。为使试验台架更接近某些特殊环境下的使用条件，还发展了一些特殊试验条件下的台架试验，如加水试验等。由此产生了 Denison HF-0、Vickers 35VQ25、Sundstrand 22、Denison T6H20C 双泵试验台架等液压评定台架。这里主要介绍 Vickers 104 叶片泵台架试验和 Denison T6H20C 双泵试验台架。

4.1　Vickers 104C 叶片泵试验台架

Vickers 104C 叶片泵台架试验压力为 13.8MPa，转速为 1200r/min，试验温度为 77℃(或 79℃)。该试验台架通常只用来评定普通抗磨液压油，而对于一些可使用在高压液压系统的液压油，该台架只能作为辅助台架。由于该试验台架设备相对简单，试验泵亦较便宜而被普遍采用。Vickers 104C 泵试验的评分主要根据称量(失重)来决定。对于一般抗磨液压油，100h 试验后定子与叶片的总失重不应多于 100mg；对于高压抗磨液压油，100h 试验后的总失重不应高于 50mg。

方法标准有：

中国：SH/T 0307—1992(2006)石油基液压油磨损特性测定法(叶片泵法)

国外：美国 ASTM D2882、英国 IP 281 V-104 叶片泵试验法

4.2　Denison T6H20C 双泵试验台架

Denison T6H20C 双泵试验台架是基于 Denison T6H20C 混合泵测试程序的 Denison HF-0 高压抗磨液压油规格标准建立的，在叶片泵压力为 25MPa 及柱塞泵压力为 28MPa，转速为 1700r/min，在高温、无水和加水条件下测试液压油的黏度、过滤性、热稳定性、剪切安定性、抗腐蚀性能及泵磨损特性的试验台架。该试验是目前最为苛刻的液压油评定台架试验方法。

方法标准有：

中国：NB/SH/T 0878—2014 液压液性能的评定　T6H20-C 双泵试验法

国外：Denison A-TP 30533

参考文献

[1] 中国石油化工股份有限公司科技开发部编．石油和石油产品试验方法国家标准汇编 2016(上)[S]．北京：中国标准出版社，2016 年 1 月．

[2] 中国石油化工股份有限公司科技开发部编．石油和石油产品试验方法国家标准汇编 2016(中)[S]．北京：中国标准出版社，2016 年 1 月．

[3] 中国石油化工股份有限公司科技开发部编．石油和石油产品试验方法国家标准汇编 2016(下)[S]．北京：中国标准出版社，2016 年 1 月．

[4] 颜志光．润滑剂性能测试技术手册[M]．北京：中国石化出版社，2000.

[5] 中国石油化工集团公司科技部编．石油和石油产品试验方法行业标准汇编 2016(第一分册)[S]．北京：中国石化出版社，2017.

[6] 中国石油化工集团公司科技部编．石油和石油产品试验方法行业标准汇编 2016(第二分册)[S]．北京：中国石化准出版社，2017.

[7] 中国石油化工集团公司科技部编．石油和石油产品试验方法行业标准汇编 2016(第三分册)[S]．北京：中国石化准出版社，2017.

[8] 中国石油化工集团公司科技部编．石油和石油产品试验方法行业标准汇编 2016(第四分册)[S]．北京：中国石化准出版社，2017.

[9] 中国石油化工集团公司科技部编．石油和石油产品试验方法行业标准汇编 2016(第五分册)[S]．北京：中国石化准出版社，2017.

[10] 全国石油产品和润滑剂标准化技术委员会．石油和石油化工标准化工作简报．石化标委会秘书处石油化工科学研究院，2020 年第 1 期．

[11] 全国石油产品和润滑剂标准化技术委员会．石油和石油化工标准化工作简报，石化标委会秘书处石油化工科学研究院，2019 年第 2 期．

[12] Lubricant Specification Handbook[G]. Ethyl Petroleum Additives.

附　录

I. 国内部分润滑剂添加剂生产厂(公司)

表 1　国内主要润滑剂添加剂生产厂(公司)及品种

地区	生产厂或公司	添加剂类型
华北地区	中国石化石油化工科学研究院兴普公司 北京市海淀区学院路 18 号 914-46 信箱 邮编：100083 电话：010-82369760 手机：13240382449 邮箱地址：zhangh. ripp@ sinopec. com	无灰抗氧抗磨剂、酚型、酚酯型及胺型抗氧剂，苯三唑衍生物金属减活剂，聚甲基丙烯酸酯降凝剂；汽轮机油复合剂以及汽油和柴油清净剂等
	中国石油润滑油分公司 地址：北京市朝阳区太阳宫金星园 8 号中油昆仑大厦 A7 层 电话：010-63592415 网址：www. kunlunlube. cnpc. com. cn/rhy/	磺酸盐、水杨酸盐清净剂及丁二酰亚胺分散剂、硫磷型极压抗磨剂、OCP 黏度指数改进剂、聚 α-烯烃降凝剂；汽车发动机油、铁路机车润滑油、船用柴油机油、抗磨液压油、车辆齿轮油、压缩机油等复合剂
	北京苯环精细化工产品有限公司 地址：北京市海淀区学清路 38 号金码大厦 B 座 1808 室 电话：010-82306841 E-mail：bhlht@ etang. com 网站：http：/www. benhuan. com	经营国内润滑油单剂及复合添加剂；Lubrizol 公司的金属加工液添加剂等
	太平洋联合(北京)石油化工有限公司 地址：北京市朝阳区东十里堡路 1 号楼未来时 303 室 电话：010-53386837/39， 移动电话：15811225305 E-mail：fyrsummer@ 163. com 网址：http：/www. poupc. com	有机钼盐系列摩擦改进剂、含硫极压抗磨剂、有机胺类抗氧剂、苯三唑系列及噻二唑系列金属减活剂、无灰减摩剂等
	石家庄鑫润润滑油添加剂有限公司 地址：石家庄经济技术开发区兴业街 电话：0311-88086166 E-mail：sjzxinrun@ 163. com	聚甲基丙烯酸酯型系列共聚物降凝剂

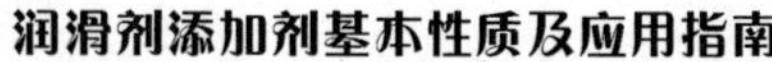

续表

地区	生产厂或公司	添加剂类型
华北地区	河北拓孚润滑油添加剂有限公司 地址：河北省晋州市工业园区 电话：0311-84317827， 邮箱：lituoaini@ 126. com， 网址：www. hebeituofu. com	富马酸酯型及聚甲基丙烯酸酯型降凝剂，氢化苯乙烯异戊二烯及聚甲基丙烯酸酯型黏度指数改进剂
	石家庄四方石油添加剂有限公司 地址：石家庄良村经济技术开发区丰产路大同北 电话：18931135379 E-mail：liyuezheng001@ 126. com 网址：www. liyuezheng. cn	醋酸乙烯-反丁烯二酸酯共聚物系列降凝剂，甲基丙烯酸酯与马来酸酯共聚物复合物降凝剂
	石家庄市藁城区天成油品添加剂厂 地址：河北省石家庄市藁城区南董镇东四公 电话：0311-88467258 E-mail：tianchengoil@ 163. com 网址：www. sinotiancheng. com	醋酸乙烯-富马酸共聚物及聚甲基丙烯酸酯降凝剂，聚甲基丙烯酸酯黏度指数改进剂，汽车发动机油及防锈油复合剂
东北和西北地区	锦州康泰润滑油添加剂有限公司 电话：0416-3884372、3884376 网站：http：/www. cnlubadd. com E-mail：jzkt@ 21cn. com	无灰分散剂、清净剂和汽油机油、柴油机油、二冲程汽油机油、船用柴油机油、抗磨液压油、车辆齿轮油、汽轮机油、导热油等油品复合剂等，并销售国内生产的添加剂品种
	锦州新兴石油添加剂有限责任公司 电话：0416-7996130/7996127/7996121 网址：http：/www. jzxxpa. com E-mail：jzxxpa@ 163. com	汽柴油机油、天然气发动机油、铁路机车润滑油、船用发动机油、拖拉机油、齿轮油和液压油等油品复合剂以及汽轮机油、压缩机油、导轨油、淬火油等复合剂
	沈阳华仑油品化学有限公司 电话：024-25757560、25752360 网站：http：/www. tianpu. org/corp-355009. html	硫化物、磷化物、硫磷化合物和硫磷氮化合物等极压抗磨剂
	大连新意业新材料开发有限公司 公司地址：大连市中山区金城街 2A 号二单元 2908 电话：0411-82353652，13604269618 mail：2778896147@ qq. com 网址：www. tk-chem. com	聚甲基丙烯酸酯系列黏度指数改进剂和降凝剂

续表

地区	生产厂或公司	添加剂类型
东北和西北地区	锦州东工石化产品有限公司 地址：锦州市古塔区何屯盘锦市兴隆台区高新技术产业园区 电话：0416-3808611 E-mail：jzdonggong@ 163. com 网址：www. jzdonggong. com	磺酸盐及硫化烷基酚盐清净剂、磺酸盐防锈剂、胺类抗氧剂、抗泡剂和柴油机油、液压油和齿轮油复合剂
	大连宏辰化工有限公司 地址：辽宁省大连市旅顺口区启新街 1-1 号 电话：0411-86370968 E-mail：shunhonge-mail@ 163. com 网址：http：/www. dlhchy. com	羧酸型、酯型防锈剂
	营口星火化工有限公司 地址：辽宁省营口市老边区路南镇前塘村 电话：0417-3800938、3803938 E-mai：ykxh@ ykxh. com 网址：http：/www. ykxh. com	缓蚀剂和合成酯系列基础油
	沈阳长城润滑油制造有限公司 地址：辽宁省沈阳市沈北新区杭州西路 4 号 电话：024-89609006 网址：www. syccrhy. com	聚甲基丙烯酸酯系列黏度指数改进剂及降凝剂，齿轮油、柴油机油复合剂
	中国石油兰州润滑油研究开发中心 电话：0931-7933821 网址：http：/www. youbian. com/huangye/info1531315/	低、中和高碱值烷基水杨酸钙，中及高碱值硫化烷基酚钙等清净剂，单、双和多丁二酰亚胺及高相对分子质量丁二酰亚胺、丁二酸酯等无灰分散剂，伯醇、伯仲醇和仲醇 ZDDP 抗氧抗腐剂，苯三唑衍生物和噻二唑衍生物金属减活剂，分散型 OCP 黏度指数改进剂，咪唑啉盐和羧酸型防锈剂，聚 α-烯烃降凝剂，汽油和柴油机油复合剂
华东地区	无锡南方石油添加剂有限公司 电话：0510-83260848/82238085/82238086 网址：http：/www. wxnfcn. com E-mail：sale@ wxnfcn. com	磺酸盐、硫化烷基酚钙和水杨酸盐清净剂，丁二酰亚胺型系列分散剂，ZDDP 系列抗氧抗腐剂，羧酸型防锈剂，OCP 黏度指数改进剂，烷基萘、聚 α-烯烃降凝剂，汽油和柴油机油、通用齿轮油、船用油、液压油等油品复合剂

续表

地区	生产厂或公司	添加剂类型
华东地区	淄博惠华化工有限公司(山东淄博化工厂) 山东省淄博市淄川区经济开发区奂山路5号(255130) 电话：0533-5281018 网址：www. huihuachem. com E-mail：zhaoyu@ huihuachem. com	有机磷化合物、硫化合物和硫-磷-氮化合物极压抗磨剂，油性剂，苯三唑衍生物金属减活剂，通用齿轮油、无灰抗磨液压油、涡轮涡杆油和导热油等油品复合剂
	滨州市坤厚工贸有限责任公司 滨州市北办事处梧桐七路511号 电话 0543-2113780 网址：http：/bzkhgm. cn. alibaba. com	苯三唑衍生物金属减活剂，苯三唑胺盐油性剂，车用润滑油、铁路机车润滑油、船用润滑油、齿轮油、液压油、汽轮机油、高温链条油、压缩机油、防锈油等油品复合剂以及淬火油复合剂
	上海海润添加剂有限公司 地址：上海市浦东新区浦东北路3759弄98号 电话：021-50415558、50416298 网址：www. highlubesh. com	丁二酰亚胺型系列分散剂，汽油机油、柴油机油、铁路机车油和船用发动机油等油品复合剂
	青岛索孚润化工科技有限公司 地址：山东省青岛市崂山区王哥庄街道商园工业园 电话：18505322255 E-mail：suofurun@ vip. 126. com 网站：www. suofurun. com	硼化稀土清净剂、硼酸摩擦改进剂、硼化稀土极压抗磨剂和水性稀土极压润滑剂等，以及汽柴油机油、燃气发动机油、摩托车油、船用发动机油、齿轮油、液压油、汽轮机油、空压机油、热传导液油等油品复合剂
	上海纳克(NACO)润滑技术有限公司 地址：上海市上海化学工业区谣工路88号 电话：021-58585556	系列聚α-烯烃合成油、合成酯类油、二烷基苯合成油和烷基萘(AN)合成油
	青岛博士德润滑科技有限公司 地址：青岛市城阳区宝路莱路168号 电话：0532-67760229，13700007820 E-mail：bossdekj@ 163. com 网址：www. boss-de. com/	纳米稀土摩擦改进剂、极压抗磨剂以及铜腐蚀抑制剂
	青岛润士通节能油剂有限公司 地址：青岛市即墨科技创新谷3#-101 电话：13709627800、18562810806 E-mial：410108972@ qq. com，panda_ upc@ 163. com	纳米陶瓷抗磨剂、黏度指数改进剂，内燃机油和齿轮油复合剂

续表

地区	生产厂或公司	添加剂类型
华东地区	青岛摩赛尔润滑剂有限公司 地址：青岛市平度市凤台街道何家楼朝阳街 19 号 手机：13553062013、13583262013 E-mail：moseer@ qq. com 网址：www. moseer. com	纳米渗硼抗磨分散剂、摩擦改进剂、极压抗磨剂，内燃机油、船用润滑油、齿轮油、抗磨液压油、导轨油、空气压机油等油品复合剂
	上海宏泽化工有限公司 地址：上海浦东新区新金桥路 1888 号 9 号楼四层 电话：021-51095899，13817003945 E-mail：nini@ starrychem. com 网址：www. starrychem. com	齿轮油复合剂，硫-氮-磷型极压抗磨剂，抗氧剂，抗乳化剂，抗泡剂，金属减活剂等；代售 DIC Corporation 和 Sonneborn Refined Products B. V. 公司产品
	江苏洪泽中鹏石油添加剂有限公司 地址：江苏省洪泽县工业园区东二道五号电话：0517-87203188，18936779169 网址：http：/www. zppc. com. cn	油性剂、极压抗磨剂、黏度指数改进剂、破乳剂、针织机油和防锈油复合剂
	山东瑞兴阻燃科技有限公司 地址：山东省枣庄市峰域区峨山镇(峨山工业园) 电话：0632-7785666 E-mail：rxzrkj@ 163. com 网址：www. sdrxzr. com	磷酸酯系列极压抗磨剂
	上海傲而特冷却液科技有限公司 地址：上海市福州路 666 号华鑫海欣大厦 7 楼 F3 电话：021-63916093 网址：https：/www. arteco-coolants. com	发动机冷却液系列复合剂
华中和华南地区	洛阳润得利金属助剂有限公司 地址：洛阳市渡河区中窑工业园 电话：0379-62320020 E-mail：490431907@ qq. com 网址：lyrdl，com	乳化复合剂系列、水基及油溶性防锈油复合剂
	新乡市瑞丰新材料股份有限公司 电话：0373-5466555 网址：www. sinoruifeng. com E-mail：sale2@ sinoruifeng. com	磺酸盐及硫化烷基酚盐系列清净剂、丁二酰亚胺系列型分散剂、ZDDP 系列抗氧抗腐剂、酚型及胺型抗氧剂

续表

地区	生产厂或公司	添加剂类型
华中和华南地区	长沙望城石油化工有限公司 电话：0731-88491781 网址：http：/www. cwsh. cn/index. html	硫化烯烃棉籽油油性剂，磷酸酯摩擦改进剂，二烷基二硫代氨基甲酸盐极压抗磨剂，杂环衍生物金属减活剂
	武汉径河化工有限公司 电话：027-83231898、83231968 网站：http：/www. whjhchem. com E-mail：whjhchem@ whjhchem. com	二烷基氨基甲酸钼、锑、铅盐极压抗磨剂
	多润石化有限公司 地址：广东省江门市高新区东丹蹈 20 号 电话：0750-3807990 E-mail：lgflrn@ ollyun. com	乙丙共聚物和苯乙烯双烯共聚物黏度指数改进剂

Ⅱ. 国外主要添加剂公司概况及产品汇总

1. Infineum International Ltd.（润英联国际公司）

公司总部：Milton Hill Business and Technology Centre，P. O. Box 1，Abingdon，Oxfordshire OX13 6BB*，United Kingdom

电话：+44(0)1235 54 9500

传真：+44(0)1235 54 9523

网址：www. Infineum. com

北京代表处：北京朝阳区霄云路甲 26 号海航大厦 902 室

邮编：100125

电话：010-59541900

传真：010-59789552

网址：www. Infineum. com

公司概况：1995 年埃克森美孚的 Paramins 添加剂部与壳牌添加剂部各出资 50%组建了润英联(Infineum)公司，以 Infineum 的商标销售添加剂，润英联在 1999 年初开始运转(营业)。其总产量和销售量居全球第二位，几乎生产所有润滑剂和燃料用的组分添加剂和复合剂。生产和销售清净剂、分散剂、抗氧抗腐剂、抗氧剂、防锈剂、抗腐蚀剂、极压抗磨剂、摩擦改进剂、黏度指数改进剂、降凝剂、金属减活剂、乳化剂等组分添加剂以及汽油及柴油机油、二冲程汽油机油、自动传动液、船用润滑油的复合添加剂。在美国、阿根廷、巴西、英国、法国、德国、意大利、日本、墨西哥、新加坡有生产厂，在英国、美国、日本和新加坡有研究开发中心，在中国的锦州和上海有合资企业。润英联公司产品汇总见表 2。

表 2　润英联国际公司产品汇总

产品代号	黏度/(mm^2/g)	闪点/℃	钙/%	镁/钼/%	氮/硼/%	硫/%	磷/%	锌/%	TBN	主要性能及应用
Infineum S1880	126	184	2. 67	—	0. 64	—	1. 70	1. 87	84	汽油机油复合剂，加 6. 6%、5. 25% 和 4. 5%（+ 0. 22% ZDDP)的量于合适基础油中，可满足 10W-30 黏度级别以上的 SL、SJ 和 SG 多级润滑油规格，以及 JASO MA/MA2 四冲程摩托车用油规格

续表

产品代号	黏度/(mm^2/g)	闪点/℃	钙/%	镁/钼/%	氮/硼/%	硫/%	磷/%	锌/%	TBN	主要性能及应用
Infineum P5206	134	180	2.44	—/0.11	0.85/—	—	1.01	1.11	89	汽油机油复合剂，加7.6%的量于合适基础油中，配合非分散型VII，可调配满足5W-20以上SN多级润滑油规格
Infineum P5706	72	—	2.46	—/0.04	0.79/—	—	0.77	0.84	85	PCMO复合剂，加9.8量于合适基础油中，可调配分别满足0W-20以上SN和10W-40以上的GF-5/SN多级润滑油规格
Infineum P5810	144	178	1.08	1.1/—	0.9/0.06	2.5	1.0	1.1	102	ACEA汽油机油复合剂，加10.8%的量于Ⅱ类基础油中，可调配分别满足10W-40以上的ACEA A3/B4以及SN多级润滑油规格，以及MB-229.3等规格
Infineum P6660	179	≥110	2.02	—	0.69/0.05	—	0.72	0.79	76	“全SAPS”客车润滑油复合剂，加13.3%的量于Ⅲ类基础油中，符合API SL、API SM、SN和CF、ACEA A3/B4-10、A3/B3-10、A5/B5-10和A1/B1-10、MB 229.5和MB批准229.3、VW 501 01、502 00、505 00、等规格
Infineum D1248	129	183	0.67	2.51/—	0.53/—	—	1.48	1.62	141	柴油机油复合剂，加6.5%的量于合适基础油中，可满足10W-30黏度级别以上的CF-4多级油规格
Infineum D3384	164	180	1.07	1.01/—	0.72/—	—	1.28	1.41	93.5	内燃机油复合剂，加9.2%、8.05%和6.9%的量于合适基础油中，可分别满足10W-40的CH-4/SJ、CG-4/SH/SG及CF-4/SH/SG多级油性能要求的油品
Infineum D3451	146	182	0.89	0.88/—	0.70/—	—	1.08	1.18	77	内燃机油复合剂，加11.9%和11.0%的量于Ⅰ或Ⅱ类基础油中，可分别满足15W-40的CI-4/SL和CH-4/SJ性能级别的油品

续表

产品代号	黏度/(mm^2/g)	闪点/℃	钙/%	镁/钼/%	氮/硼/%	硫/%	磷/%	锌/%	TBN	主要性能及应用
Infineum D3494	170	201	—	—/0.05	—	2.21	—	—	75	柴油机油复合剂，加13.2%的量于合适基础油中，可满足15W-40黏度级别CJ-4质量规格以及OEM特定的油品
Infineum D3503	183	184	—	0.69/0.05	0.75/—	1.99	0.79	0.87	68	优质柴油机油复合剂，加14.5%的量于合适基础油中，可满足10W-30黏度级别的API CK-4及FA-4和OEM性能规范的发动机油
Infineum M7280	125	188	1.06	—	0.9/—	—	0.24	0.26	53.5	天然气发动机油复合剂，加9.2%、10.5%、11.7%和12.1%的量于合适基础油中，可分别满足SAE40/15W-40黏度级别的含0.41%、0.47%、0.54和0.54%灰分的天然气发动机油
Infineum M7180A	85	180	13.0	—	—	—	—	—	350	350TBN的钙清净剂，专门为调合高性能船用中速筒状柴油机油而开发的清净剂，该剂与M7081A复合剂一起用于调配各种高碱值润滑油，详见Infineum M7081A
Infineum M7081A	46	155	—	—	1.11/—	—	0.95	1.05	31	船用中速筒状柴油机油复合剂，加(M7081A+M7180A)1.5+1.6%、4.6+3.4%、4.6+8.4、4.6 + 11.4%、4.6 + 14.4%%和4.6+15.8%的量于合适基础油中，可分别配制6、12、30、40、50和55TBN船用中速筒状柴油机油
Infineum S810	195	160	—	—	1.24/—	—	—	—	—	二冲程舷外机油复合剂，具有极低的水生动物毒性，加20.3-21.1%的量于合适的溶剂和基础油中，可满足NMMA TC-W3规格要求

续表

产品代号	黏度/(mm^2/g)	闪点/℃	钙/%	镁/钼/%	氮/硼/%	硫/%	磷/%	锌/%	TBN	主要性能及应用
Infineum S911	89	≥120	—	—	0.76/—	—	—	—	46	二冲程摩托车油复合剂，配合PIB的使用，加1.3%、1.7%、2.25%和2.5%的量于合适基础油中，可分别满足JASO FB及ISO-L-EGB、JASO FC及ISO-L-EGC、API TC和ISO-L-EGD规格要求
Infineum T4294	65	198	0.10	—	1.93/0.18	—	0.06	—	—	ATF复合剂，加12%的量于类基础油中，可调配GM DEXRON-IIIH，Ford MERCON和Allison C-4规格的ATF
Infineum T4311	81	130	—	—	1.5/—	0.55	0.4	—	—	加10.0%的量与适当的黏度改进剂和基础油配合，适用于FFL2或FFL4的DCT应用
Infineum T4580	270	170	—	—	0.98/0.07	—	0.18	—	—	ATF复合剂，加8.4%的量于Ⅱ类基础油中，可调配大部分通用(DⅢH/M)和福特的自动变速箱，以及所有Allison C-4规格的ATF
Infineum SV163	固体	218	—	—	—	—	—	—	—	氢化苯乙烯-二烯嵌段共聚物，黏度指数改进剂，SSI为9，优异的低温性能和对高温黏度的最佳贡献，用于配制柴油和汽油润滑剂
Infineum SV203	123	210	—	—	SSI0-5	—	—	—	—	异戊二烯苯乙烯星型共聚物，黏度指数改进剂，是SV200在Ⅲ类基础油中溶解而成的，具有极优的低温性能和最优的高温黏度表现，用于配制柴油和汽油润滑剂
Infineum SV260	—	—	—	—	SSI≤25	—	—	—	—	聚氢化苯乙烯异戊二烯型的黏度指数改进剂的干胶，可以直接溶解于矿物油或者其他合适的液体中，以制备黏度指数改进剂

续表

产品代号	黏度/(mm^2/g)	闪点/℃	钙/%	镁/钼/%	氮/硼/%	硫/%	磷/%	锌/%	TBN	主要性能及应用
Infineum SV261	1600	195	—	—	SSI≤25	—	—	—	—	聚氢化苯乙烯异戊二烯型的黏度指数改进剂，低温流动性及对降凝剂的感受性很好，用于配制柴油和汽油润滑剂
Nfineum C7180A	15.1	≥150	—	—/5.5	—	—	—	—	—	硫代氨基甲酸钼盐，具有异的抗磨损和抗氧化性能，也有减摩性能，用于提高曲轴箱润滑油的燃料经济性

2. Chevron Oronite Company LLC(谢夫隆奥罗耐特有限公司)

公司总部：1301 McKinney Street-Houston，Texas 77010-USA

电话：1-713-7545300

传真：1-713-7545523

北京办事处：北京朝阳区呼家楼京广中心 3001-3012 室

邮编：100004

电话：010-65973611

传真：010-65973337

公司概况：美国雪佛龙公司是世界著名的能源化工企业，业务覆盖 90 多个国家，在全球范围内拥有全资、合资及合作机构 500 余家。经营领域有三个方面：石油、化工品和矿产品。Oronite 为雪佛龙旗下的全资机构，专业开发、生产和经销燃料与润滑油添加剂。Oronite 添加剂分部是世界上四大润滑油添加剂厂商之一，其总产量和销售量居第三位。Oronite 的全球运作网涵盖面极广，包括美国、欧洲、非洲、中东和亚太地区。Oronite 的主流产品选择在世界 7 个适中的地点制造，保障及时快捷的供货。并在新加坡建造亚太地区第一大润滑油添加剂制造厂，生产超过 20 种单剂及 150 种添加剂产品。生产分散剂、清净剂、极压抗磨剂、黏度指数改进剂等组分添加剂以及汽车发动机油、天然气发动机油、铁路机车柴油机油、二冲程汽油机油、液压油、自动传动液、船用润滑油等复合添加剂和燃料添加剂。在美国(得克萨斯州的锡达拜乌和路易斯安那州贝尔沙斯)、法国、日本、巴西和新加坡有生产添加剂的工厂。

表 3　雪佛龙公司关注网站上公布的产品代号

添加剂类型	添加剂代号	添加剂类型	添加剂代号
磺酸钙清净剂	OLOA 249SX	铁路及内河航运油复合剂	OLOA 42015
硫化烷基酚钙清净剂	OLOA 219C	船用发动机复合剂	OLOA 49835
分散剂	OLOA 11000	—	OLOA 49838
分散剂	OLOA 11001	拖拉机用油复合剂	OLOA 9727V
	OLOA 12002	—	OLOA 9727XV
二烷基二硫代磷酸锌	OLOA 269R	—	OLOA 20020
二烷基二硫代磷酸锌	OLOA 262	—	OLOA 20008

续表

添加剂类型	添加剂代号	添加剂类型	添加剂代号
黏度指数改进剂	Paratone 8935E	固定式燃气发动机油复合剂	OLOA 44507
黏度指数改进剂	Paratone 9330	—	OLOA 46600
内燃机油复合剂符合 API/IL-SAC/dexos 规格标准	OLOA 55600	—	OLOA 1299W
	OLOA 55603	工程机械多用油复合剂(TO-4)	OLOA 21030A
	OLOA 55526	—	OLOA 9790F
	OLOA 55516	自动变速箱油复合剂(ATF)	OLOA 24800
	OLOA 55501	四冲程摩托车油复合剂	OLOA 22025
	OLOA 55503	—	OLOA 22038
符合 ACEA 规格标准	OLOA 54120	—	OLOA 22020
	OLOA 54510	—	OLOA 22021
	OLOA 54499	—	OLOA 22005
	OLOA 54050	二冲程摩托车油复合剂	OLOA 340R(水冷)
	OLOA 54720	—	OLOA 936(风冷)
HDFIEX ADDvantage	OLOA 61105	液压油复合剂	OLOA 4994C
	OLOA 61106	—	OLOA 26006
	OLOA 61107	—	OLOA 4900C
	OLOA 61011	—	—
	OLOA 61005	—	—
	OLOA 61530	—	—
	OLOA 59770	—	—
	OLOA 59766	—	—
	OLOA 59762	—	—

3. R. T. Vanderbilt Company, Inc(范德比尔特有限公司)

公司总部：30 Winfield Street, Norwalk, CT 06856

电话：(203)853-1400

传真：(203)853-1452

北京办事处：范德比尔特(北京)贸易有限公司

地址：北京丰台区科学城航丰路 8 号 A 座 220 室

邮编：100070

电话：010-56541176

传真：010-56541175

E-mail：aili_ ma@ rtvanderbilt. com. cn

网址：http：/www. rtvanderbiltholding. com/

公司概况：范德比尔特公司于 1916 年在美国纽约第 42 街道成立，到目前为止，它在全美有 7 家工厂，生产超过 60 个种类的 800 个矿物和化工产品，应用于 12 个不同的行业，并销往全世界 80 多个国

家。目前生产多种润滑油脂添加剂，适用于汽油机油、柴油机油、齿轮油、自动传动液、液压油、汽轮机油、金属加工液和润滑脂。抗氧剂、极压剂、抗磨剂和防锈剂的商标为 Vanlube，有机钼产品商标为 Molyvan，金属钝化剂的商标为 Cuvan。

表 4　Vanderbilt 公司产品汇总

产品代号	化学组成	添加剂类型	密度/(g/cm^3)	100 黏度/(mm^2/s)	闪点/℃	溶解性	性能及应用
Cuvan 303	*N*，*N*-二(2-乙基己基)-甲基-1 H-苯并三唑-1-甲胺	金属减活剂	0.95	5.81	125	溶于矿物油和合成油，不溶于水	是一种油溶性腐蚀抑制剂和金属钝化剂，能有效地保护铜、铜合金、镉、钴、银和锌。用于 ATF、压缩机油、发动机油、燃料、齿轮油、润滑脂、液压油、金属加工液、合成油、涡轮机油
Cuvan 484	2，5-二巯基-1，3，4-噻二唑衍生物	金属减活剂	1.07	11	76	溶于矿物油和合成油，不溶于水	用于工业和汽车润滑油、润滑脂及金属加工液的铜腐蚀抑制剂和金属减活剂
Cuvan 826	2，5-二巯基-1，3，4-噻二唑衍生物	金属减活剂	1.04	3.32	192	溶于矿物油	用于工业和汽车润滑油、润滑脂及金属加工液的铜腐蚀抑制剂和金属减活剂，还可抑制硫化氢的腐蚀作用及增强油品的抗磨和抗氧化性能
Molyvan A	二正丁基二硫代氨基甲酸钼	摩擦改进剂	1.59			微溶于芳烃，不溶于水	黄色粉末，应用于长效底盘润滑脂，具有极佳的高温稳定性，同时还有抗氧和抗磨性
Molyvan L	二(2-乙基己基)二硫代磷酸钼	摩擦改进剂	1.08	8.6	142	溶于矿物油和合成油，不溶于水	具有减摩、抗氧、抗磨和极压性能，用于发动机油、金属加工液和多种工业及汽车重载下的齿轮油和润滑脂作抗磨和抗氧剂
Molyvan FEI+	抗氧剂、抗磨剂和摩擦改进剂复配物	摩擦改进剂	1.01	10.8	178	溶于矿物油和合成油，不溶于水	含有清净剂、分散剂、VII、抗氧剂和有机钼添加剂。用以配制低磷、高钼发动机油，满足高燃料经济性的要求，并改善与汽车尾气催化转换器的相容性
Molyvan 807NT	二烷基二硫代氨基甲酸钼油剂	摩擦改进剂	0.97	13	135	溶于矿物油和合成油，不溶于水	具有减摩、抗磨和极压性能，可与无灰型氨基甲酸酯复合使用，可使发动机油在低磷条件下保持减摩性
Molyvan 822NT	二烷基二硫代氨基甲酸钼油剂	摩擦改进剂	0.97	13	135	溶于矿物油和合成油，不溶于水	具有减摩、抗磨和极压性能，可使发动机油在低磷条件下保持减摩性

续表

产品代号	化学组成	添加剂类型	密度/(g/cm³)	100 黏度/(mm^2/s)	闪点/℃	溶解性	性能及应用
Molyvan 855	有机钼复合物	摩擦改进剂	1.08	55	193	溶于矿物油和合成油，不溶于水	油溶性的有机钼摩擦改进剂，特别适用于曲轴箱油，能显著降低油品的摩擦系数，提高油品的燃料经济性
Molyvan 3000	二硫代氨基甲酸钼油剂	摩擦改进剂	1.05	50~100	145	溶于矿物油和合成油，不溶于水	应用于汽油机油，可在油品低磷含量下改善发动机油的减摩、抗磨和抗氧化性能，提高油品的燃料经济性
NACAP	50%浓度的2-巯基苯并噻唑钠水溶液	腐蚀抑制剂	1.27	—	—	溶于水、乙醇和乙二醇，不溶于矿物油	用于水基、乙醇和乙二醇的腐蚀抑制剂，对抑制铜金属腐蚀特别有效。广泛用于防冻液产品，作为铜腐蚀抑制剂和碱缓冲剂，同时对铝金属和铜合金也有效
Vanchem DMTD	2，5-二巯基-1，3，4-噻二唑	金属减活剂	1.79	—	—	溶于水、乙醇和丙酮和双酯	化学中间体，与可溶性盐复分解反应，与碱金属成盐反应巯基的氧化反应，与含氧基团的反应等，可制备一些添加剂
Vanchem NATD	30%浓度的2，5-二巯基噻二唑二钠水溶液	金属减活剂	1.22	—	—	溶于水	用于水基体系的非铁金属的腐蚀抑制剂和金属减活剂，也是化学中间体，可制取双巯基化合物等添加剂
Vanlube AZ	二戊基二硫代氨基甲酸锌油剂	含硫抗氧剂	1.02	9.8	136	溶于矿物油和合成油，不溶于水	用于发动机油、工业润滑油和润滑脂作抗氧剂、轴承腐蚀和磨损抑制剂，特别适用于重负荷曲轴箱油、工业润滑油和汽车变速器油的高温抗氧和腐蚀抑制剂
Vanlube EZ	二戊基二硫代氨基甲酸锌和二戊基二硫代氨基甲酸铵液体	抗氧剂	1.1	40~70	93	溶于矿物油和合成油，不溶于水	多功能添加剂，对工业润滑油和润滑脂具有优异的抗磨、极压、腐蚀抑制和抗氧性能，是 Vanlube AZ 的浓缩物
Vanlube PA	烷基二苯胺、受阻酚复合物	抗氧剂	0.97	255	200	溶于矿物油和合成油，不溶于水	具有抗氧、抗磨和极压性能，用于涡轮机油、液压油、压缩机油、导热油、金属加工液和润滑脂，以及汽、柴油机油中
Vanlube RD	聚1，2-二羟基-2，2，4三甲基喹啉	抗氧剂	1.06	片状固体	—	溶于双酯、聚乙二醇，不溶于水及油	用于聚乙二醇和双酯等合成油作抗氧剂，广泛用于聚乙二醇类刹车油中，也是润滑脂的高温抗氧剂

续表

产品代号	化学组成	添加剂类型	密度/(g/cm³)	100 黏度/(mm²/s)	闪点/℃	溶解性	性能及应用
Vanlube SB	硫基添加剂	极压抗磨剂	1.14	10	79	溶于矿物油和合成油，不溶于水	用于工业齿轮油、各种车辆及工业润滑脂作极压抗磨剂，也可用于需要非腐蚀硫的润滑剂中，是一种良好性价比的硫源
Vanlube SS	辛基二苯胺	高温抗氧剂	1.02	浅黄褐色粉末	—	溶于矿物油和合成油，不溶于水	用于矿物油和合成油的通用抗氧剂，在液压油、工业油、汽车变速箱油、合成或矿物油型发动机油作抗氧剂
Vanlube BHC	酯型受阻酚	抗氧剂	0.97	6.2	152	溶于矿物油和合成油，不溶于水	一种有效多用途无污染无灰抗氧剂，低温下不结晶及不易挥发，在工业油或汽车润滑剂中与烷基二苯胺、钼化合物、含硫抗氧剂或亚硝酸盐有协同效应
Vanlube RI-A	十二烯基丁二酸衍生物	防锈剂	0.96	19	165	溶于矿物油	用于汽轮机油、导轨油、工业齿轮油和液压油及润滑脂中作防锈剂
Vanlube RI-BSN	中性二壬基萘磺酸钡轻质矿物油溶液	防锈剂	1.01	65	165	溶于矿物油和合成油，不溶于水	具有高效通用防锈性能，适用于高防锈和高耐水性的油品。可用在潮湿环境下各种渠道油品，如造纸机油、涡轮油、液压油和循环油
Vanlube RI-CSN	中性二壬基萘磺酸钙轻质矿物油溶液	防锈剂	0.98	125	165	溶于矿物油和合成油，不溶于水	具有高效通用防锈性能，适用于高防锈和高耐水性的油品。可用在潮湿环境下各种渠道油品，如造纸机油、涡轮油、液压油和循环油
Vanlube RI-G	4，5-二羟基-1H-咪唑的脂肪酸衍生物	防锈剂	0.94	117	271	溶于矿物油，不溶于水	具有优异的防锈性能，专门用于润滑脂作防锈剂
Vanlube RI-ZSN	中性二壬基萘磺酸锌轻质矿物油溶液	防锈剂	0.971	32	160	溶于矿物油和合成油，不溶于水	具有高效通用防锈性能，适用于高防锈和高耐水性的油品。可以使用在潮湿环境下工作的润滑剂中，如造纸机油、涡轮油、液压油和循环油
Vanlube TK-100	乙丙共聚物溶液	黏附性增强剂	0.88	4500	121	溶于矿物油和合成油，不溶于水	用于导轨油、链条油和润滑脂中，可提高链条油、导轨油和润滑脂的黏附性能

续表

产品代号	化学组成	添加剂类型	密度/(g/cm^3)	100 黏度/(mm^2/s)	闪点/℃	溶解性	性能及应用
Vanlube TK-200	聚异丁烯溶液	润滑油脂黏附性增强剂	0.9	2400	160	溶于矿物油和合成油	该剂为高分子量、低黏度的 PIB 聚合物溶液，可使润滑脂和工业润滑油黏附于需要润滑和保护的表面，也可作为金属加工液的抗雾剂
Vanlub TK-223	聚异丁烯溶液	润滑脂黏附性增强剂	0.9	7300	160	溶于矿物油和合成油	该剂为高分子量、低黏度的 PIB 聚合物溶液，可使润滑脂和工业润滑油黏附于需要润滑和保护的表面，也可作为金属加工液的抗雾剂
Vanlube W-324	有机钨酸酯复合物	抗磨、抗氧、减摩剂		11.6	140	溶于含分散剂的润滑油中	具有抗磨性能、抗氧化、高温沉积物控制和减摩性能，适用于润滑脂和发动机油中
Vanlube 73	二烷基二硫代氨基甲酸锑油溶液	抗氧、极压抗磨剂	1.03	11	171	溶于矿物油和合成油，不溶于水	具有抗磨、极压和抗氧性能，用于内燃机油、压缩机油中作抗磨剂和腐蚀抑制剂；在润滑脂中作抗氧和极压抗磨剂
Vanlube 73^{++}	二烷基二硫代氨基甲酸盐混合物	抗氧、极压抗磨剂	1.10	33.34	118	溶于矿物油和合成油，不溶于水	该剂是二烷基二硫代氨基甲酸锑盐(SDDC)特有混合物，其承载能力高于SDDC，相当于 SDDC 与硫化烯烃的混合物。应用于齿轮油和润滑脂
Vanlube 81	对，对′-二辛基二苯胺	抗氧剂	1.01	灰白色粉末	—	溶于矿物油和合成油，不溶于水	是矿物油和合成油的无灰高温抗氧剂，也是硅氧烷润滑脂的抗氧剂。用于 ATF、压缩机油、发动机油润滑脂和合成油中
Vanlube 289	有机硼酸酯	抗磨、减摩剂	0.99	22.3	191	溶于矿物油	具有良好的抗磨性能，同时该添加剂不含硫、磷和金属等元素，是配制低 SASP 油品的最佳选择。用于 ATF、压缩机油、发动机油润滑脂和合成油中
Vanlube 289HD	有机硼酸酯	抗磨、减摩剂	0.968	—	160	溶于矿物油和合成油，不溶于水	具有良好的抗磨性能，与其他抗磨剂复合具有抗磨、减摩的协同作用，是配制低 SASP 油品的最佳选择。用于 ATF、压缩机油、发动机油、润滑脂和合成油中
Vanlube 407	辛基-*N*-苯基-α-甲萘胺与专用抗氧剂复合物	抗氧剂	1.02	23.7	212	溶于矿物油、聚醚、合成酯	该剂低剂量时在 PDSC 及 RPVOT 试验中有卓越的抗氧化性能。用于工业油、压缩机油、润滑脂和食品级 HX-1 润滑剂

续表

产品代号	化学组成	添加剂类型	密度/(g/cm^3)	100 黏度/(mm^2/s)	闪点/℃	溶解性	性能及应用
Vanlube 601	硫氮杂环化合物	金属减活剂	1.02	23.7	212	溶于矿物油和合成油，不溶于水	是成膜性铜金属减活剂和腐蚀抑制剂及防锈剂，用于矿物油基和合成润滑脂作腐蚀抑制剂和防锈剂
Vanlube 601E	硫氮杂环化合物	金属减活剂	0.98	7	157	溶于矿物油和合成油，不溶于水	是成膜性铜金属减活剂和腐蚀抑制剂及防锈剂，用于矿物油基和合成润滑脂作腐蚀抑制剂和防锈剂
Vanlube 622	二烷基二硫代磷酸锑的油溶液	极压抗磨剂	1.20	5	150	溶于矿物油和合成油，不溶于水	钢板压延油和车辆及工业车辆齿轮油的极压抗磨剂，同时还具有减摩性能。用于发动机油、齿轮油、润滑脂和合成油
Vanlube 672E	磷酸酯胺盐	极压抗磨剂	1.02	250	113	溶于矿物油和合成油，不溶于水	具有抗磨和极压性能，能提高传统抗磨剂的极压性能，用于齿轮油、润滑脂、金属加工液和合成油
Vanlube 692E	磷酸酯胺盐	极压抗磨剂	0.99	53	≥65	溶于矿物油和合成油，不溶于水	具有抗磨/抗擦伤、极压性能，用于无灰工业齿轮油中，提供高负载性能。可增强硫化烯烃、氯化石蜡、硫代硫酸盐和硫代氨基甲酸盐剂的极压性能
Vanlube 704S	磷酸酯胺盐复合物	抗氧、抗磨和腐蚀抑制剂	1.03	72	188	溶于矿物油和合成油，不溶于水	多功能防锈剂和腐蚀抑制剂外，还具有减活作用，用于齿轮油、金属加工液和合成油中
Vanlube 719	磷酸铵复合剂	极压抗磨剂	0.99	48	85	溶于矿物油和合成油，不溶于水	具有极压抗磨、高温稳定和破乳化性能，用于钢板压延油、工业齿轮油中，具有极佳的极压抗磨、高温稳定性和破乳化性能
Vanlube 727	有机硫磷化合物	极压抗磨剂	1.01	2.6	100	溶于矿物油和合成油，不溶于水	用于汽车发动机油、铁路机车柴油机油、压缩机油、气体发动机油、抗磨液压油、汽轮机油作无灰抗磨及抗氧剂
Vanlube 739	无灰锈蚀剂油溶液	防锈剂	0.92	5	130	溶于矿物油和合成油，不溶于水	改进润滑油和润滑脂的防锈性能

续表

产品代号	化学组成	添加剂类型	密度/(g/cm^3)	100 黏度/(mm^2/s)	闪点/℃	溶解性	性能及应用
Vanlube 829	5，5-二代双(1，3，4-硫代二唑-2(3H)-硫酮)	抗氧/极压抗磨剂	2.09			分散于润滑脂	黄色固体粉末，可分散于润滑脂中作极压/抗磨剂和抗氧剂，对铜腐蚀性小
Vanlube 871	2，5-巯基-1，3，4-噻二唑的烷基聚羧酸酯衍生物	抗氧/极压抗磨剂	1.01	19.6	178	溶于矿物油和合成油，不溶于水	无灰抗氧/抗磨剂，用于发动机油和润滑脂，可改善现有汽、柴油机油复合剂的性能
Vanlube 887	甲基苯三唑油溶液	抗氧剂	1.00	17	146	溶于矿物油和合成油，不溶于水	高温热稳定性好的抗氧剂，与屏蔽酚和硫代氨基甲酸酯抗氧剂复合使用效果更佳
Vanlube 887E	甲基苯三唑酯溶液	抗氧剂	1.01	20	180	溶于矿物油和合成油，不溶于水	高温热稳定性好的抗氧剂，与屏蔽酚和硫代氨基甲酸酯抗氧剂复合使用效果更佳，具有特别好的高温热稳定性
Vanlube 887FG	甲基苯三唑酯溶液	抗氧剂	1.01	20	180	溶于矿物油和合成油，不溶于水	具有特别好的高温稳定性，与受阻酚抗氧剂、无灰氨基甲酸酯复合其抗氧效果最佳，用于ATF、压缩机油、发动机油、齿轮油、润滑脂、液压油和涡轮油中
Vanlube 961	混合辛基丁基二苯胺	抗氧剂	0.98	9.9	190	溶于矿物油和合成油，不溶于水	用于各类润滑脂和压缩机油、液压油、汽轮机油、气体发动机油和循环润滑油作抗氧剂
Vanlube 972M	噻二唑衍生物的聚乙二醇溶液	极压抗磨剂	1.24	6.0	110	不溶于矿物油和水，溶于聚醚	是溶于聚醚PAG中噻二唑衍生物，是无灰极压剂，用于润滑脂、PGA和合成酯中，无灰易混合，可生物降解，无含硫剂的刺激性气味
Vanlube 972NT	噻二唑衍生物的聚乙二醇溶液	极压抗磨剂	1.30	20	188	不溶于矿物油和水，溶于聚醚	是溶于聚醚PAG中噻二唑衍生物，是无灰极压剂，用于润滑脂、PGA和合成酯中，无灰易混合，可生物降解，无刺激性气味

续表

产品代号	化学组成	添加剂类型	密度/(g/cm³)	100 黏度/(mm²/s)	闪点/℃	溶解性	性能及应用
Vanlube 981	二硫代氨基甲酸酯衍生物	抗氧剂	1.03	6	120	溶于矿物油和合成油，不溶于水	无灰氢过氧化物分解型抗氧剂，用于压缩机油、齿轮油、润滑脂、液压油、合成油和涡轮油等油中
Vanlube 996E	甲基双(二丁基二硫代氨基甲酸酯)与甲基苯三唑衍生物	抗氧剂	1.06	16.4	191	溶于矿物油和合成油，不溶于水	用于各类石油基润滑剂作抗氧剂，同时具有极压性能，虽然含硫量高，但不腐蚀金属
Vanlube 0902	含磷、硫多功能复合剂	多功能复合剂	1.06	10~30	>90	溶于矿物油和合成油，不溶于水	具有优异的防腐、抗氧和抗磨性能的无灰复合剂，推荐用量 3.0%~4.0%，用于 12-OH 硬脂酸锂基脂和 12-OH 硬脂酸复合锂基脂中以及工业齿轮油中
Vanlube 1202	烷基化 *N*-苯基-α-萘胺	抗氧剂	—	—	186	溶于矿物油和合成油，不溶于水	浅白色至红棕色粉末，用于压缩机油、液压油、涡轮油、气体发动机油、循环油等，特别适合发动机油和高温润滑剂
Vanlube 1305	专利配方	补强复合剂	1.0	230	186	溶于全配方发动机油，不溶于水	低灰分、不含磷的发动机油性能强化复合剂，可提高发动机油的燃料经济性、抗氧化性、沉积抑制性能和补强的抗磨性能
Vanlube 7611M	无灰二硫代磷酸酯	极压抗磨剂	1.08	2.54	142	溶于矿物油和合成油，不溶于水	该添加剂是无灰含硫、磷抗磨剂，可满足无灰或低灰分油品，其性能与 ZDDP 相当，其抗磨性优于 ZDDP
Vanlube 7723	亚甲基(二丁基二硫代氨基甲酸酯)	抗氧剂	1.06	15	177	溶于矿物油和合成油，不溶于水	用于润滑脂、汽轮机油、液压油和导轨油作抗氧剂，同时还有极压性能。与其他极压、抗磨剂具有协同作用。推荐用量：抗氧剂 0.1%~1.0%；极压剂 2.0%~4.0%
Vanlube 8610	二烷基二硫代氨基甲酸锑/硫化烯烃混合物	极压抗磨剂	1.16	28.5	100	溶于矿物油和合成油，不溶于水	用于各种润滑油和润滑脂作极压剂和抗氧剂。2%的量就可达到 90~100lb 的梯姆肯 OK 值，该剂与其他防锈/抗氧剂和金属减活剂的相容性好
Vanlube 8912E	磺酸钙	防锈剂	0.97	19	150	溶于矿物油和合成油，不溶于水	具有良好的防锈性和水置换性能，用于齿轮油、润滑脂、液压油、金属加工液、防锈油和涡轮油等

续表

产品代号	化学组成	添加剂类型	密度/(g/cm³)	100黏度/(mm²/s)	闪点/℃	溶解性	性能及应用
Vanlube 9123	中性磷酸胺盐化合物	防锈剂	0.94	24	96	溶于矿物油和合成油，不溶于水	在工业润滑油和润滑脂中作抗磨和防锈剂，用于齿轮油、润滑脂
Vanlube 9317	有机胺化合物的酯溶液	高温抗氧剂	0.98	128	254	溶于矿物油和合成油，不溶于水	优秀的胺类抗氧剂，特别适用于合成酯润滑油，具有卓越高温抗氧性能，与常规抗氧剂比，能显著减少高温油泥及沉积的生成
TPS 20	二叔十二烷基多硫化物	极压抗磨剂	0.95	53mPa·s(40℃)	>100	溶于矿物油和植物油，不溶于水	非活性的多硫化物，用于黑色加工成型金属加工液中，因为无味也用于扎制油以及齿轮油、润滑脂及导轨油中
TPS 32	二叔十二烷基多硫化物	极压抗磨剂	1.01	64mPa·s(50℃)	153	溶于矿物油和植物油，不溶于水	高活性的多硫化物，用于黑色加工成型金属加工液中，低气味极压剂，也用于半合成金属加工液及工业/汽车润滑脂
TPS 44	二叔丁基硫化物	极压抗磨剂	1.01	4mPa·s(20℃)	71	溶于矿物油和植物油，不溶于水	性价比高、热稳定性好的含硫添加剂，应用于需要非活性硫的油品，提供良好的极压和抗磨性能，如齿轮油、润滑脂、导轨油等

4. BASF(巴斯夫)Company

上海办事处 BASF(CHINA)COMPANY：上海市西藏中路 18 号港陆广场 20 层

电话：021-63851630

传真：021-63851629

公司网站：http：/www. greater-china. basf. com/apw/GChina/GChina/zh_ CN/portal

E-mail：lubeadds@ basf. con

公司概况：汽巴-嘉基公司的经营分三个部门 14 个分部：医疗部、农用产品部和工业产品部(纺织染料和化学品、添加剂等)。润滑油添加剂是由汽巴-嘉基公司添加剂部分经营的，生产塑料添加剂、纤维和涂料以及润滑油添加剂，添加剂有胺型和酚型抗氧剂、金属减活剂、防腐蚀剂、极压抗磨剂、摩擦改进剂、抗光添加剂以及其他复合剂，后被 BASF 公司收购。BASF 公司还生产其他添加剂，如聚异丁烯(PIB)及金属加工液用添加剂，分别列入表 5 及表 6 中。

亚洲

BASF East Asia RHQ Ltd

Fuel and Lubricant Solutions

45/F. Jardine House，No. 1 Connaught Place

Central. Hongkong

E-mail. lubricant-additives@ basf. com

网址：www. basf. com/lubes

表5 BASF公司生产的抗氧剂、抗磨剂等系列产品

添加剂代号	化合物名称	40℃黏度/(mm^2/s)	熔点/℃	硫含量/%	磷含量/%	氮含量/%	TAN/TBN/(mgKOH/g)	应用
抗氧剂——胺类								
Irganox"´L 06	烷基化苯基甲基胺	固态	>75	—	—	4.2	<10/—	推荐用量0.1%~1.0%，用于空压机油、涡轮机油、液压油、润滑脂、发动机油
Irganox L 57	液态辛/丁基二苯胺	280	—	—	—	4.5	—/180	推荐用量0.2%~1.0%，用于空压机油、涡轮机油、液压油、润滑脂、齿轮油、发动机油、ATF、金属加工液
抗氧剂——酚类								
Irganox L 101	高分子量苯酚类	固态	110~126	—	—	—	<10/—	推荐用量0.2%~1.0%，用于润滑脂和金属加工液
Irganox L 107	高分子量苯酚类	固态	50	—	—	—	<10/—	推荐用量0.2%~1.0%，用于空压机油和润滑脂
Irganox L 109	高分子量苯酚类	固态	105	—	—	—	<10/—	推荐用量0.2%~0.6%，用于空气压缩机油、润滑脂和金属加工液
Irganox L 115	带硫醚基团的高分子量苯酚	固态	70	4.9	—	—	<10/—	推荐用量0.1%~0.8%，用于润滑脂、齿轮油和发动机油
Irganox L 135	液态高分子量苯酚	120	—	—	—	—	<10/—	推荐用量0.2%~1.0%，用于空压机油、涡轮机油液压系统、润滑脂、齿轮油、发动机油、ATF和金属加工液
抗氧剂——亚磷酸盐								
Irgafos4Þ 168	亚磷酸三(二叔丁基苯基)酯	固态	183~186	—	4.8	—	<10/—	推荐用量0.1%~0.3%，用于润滑脂、齿轮油和ATF
抗氧剂-复合剂								
Irganox L 55	胺类抗氧剂混合液	565	—	—	—	4.3	—/175	推荐用量0.2%~1.0%，用于空压缩机油、涡轮机油、液压系统、润滑脂、齿轮油、发动机油和ATF

续表

添加剂代号	化合物名称	40℃黏度/(mm^2/s)	熔点/℃	硫含量/%	磷含量/%	氮含量/%	TAN/TBN/(mgKOH/g)	应用
Irganox L 64	胺类抗氧剂与高分子量苯类抗氧剂混合液	800	—	10	—	3.8	—/145	推荐用量0.2%~1.0%，用于空压机油、涡轮机油液压系统、润滑脂、齿轮油、发动机油、ATF和金属加工液
Irganox L 74	无灰抗氧剂与抗氧剂混合液	98	—	75	2.3	2.3	<10/91	推荐用量0.5%~1.0%，用于空压机油、润滑脂和齿轮油
rganox L 150	胺类抗氧剂与高分子量苯酚类抗氧剂混合液	2800	—	0.8	—	3.2	<10/127	推荐用量0.1%~0.8%，用于空压机油、涡轮机油、液压系统、润滑脂、齿轮油、发动机油、ATF和金属加工液
Irganox L 620	胺类抗氧剂与高分子量苯酚类抗氧剂混合液	225	—	—	—	2.3	<10/90	推荐用量0.2%~1.0%，用于空压机油、涡轮机油、液压油、润滑脂、齿轮油、发动机油、ATF和金属加工液
摩擦改进剂-/抗氧剂								
Irgalube F 10A	液态高分子量多效单剂	400	—	—	—	—	<10/—	推荐用量0.5%~1.5%，用于液压油、齿轮油、发动机油、ATF和金属加工液
Irgalube F 20	液态高分子量多效单剂	175	—	—	—	—	<10/—	推荐用量0.5%~1.5%，用于液压油、齿轮油、发动机油、ATF和金属加工液
极压抗磨剂								
Irgalube TPPT	三苯基硫代磷酸酯	固态	52	9.3	8.9	—	<10/—	推荐用量0.2%~1.0%，用于空压机油、液压油、润滑脂、齿轮油和金属加工液
Irgalube 232	无灰液态丁基三苯基硫代磷酸酯	55	—	8.1	7.9	—	<10/—	推荐用量0.2%~1.0%，用于空压机油、液压油、润滑脂、齿轮油、发动机油、ATF和金属加工液
rgalube 211	无灰液态壬基化二苯基硫代磷酸醋	3000	—	4.4	4.3	—	<1/—	推荐用量0.5%~2.0%，用于空压机油、液压系统油、润滑脂、齿轮油、发动机油、ATF和金属加工液

续表

添加剂代号	化合物名称	40℃黏度/(mm^2/s)	熔点/℃	硫含量/%	磷含量/%	氮含量/%	TAN/TBN/(mgKOH/g)	应用
Irgalube 63	无灰液态二硫代磷酸盐	5	—	21.5	9.7	—	<10/—	推荐用量 0.2%~0.8%，用于空压机油、液压油、润滑脂、齿轮油和金属加工液
Irgalube 353	无灰液态二硫代磷酸盐	90	—	19.8	9.3	—	160/—	推荐用量 0.01%~2.0%，用于空压机油、涡轮机油、液压油、润滑脂、齿轮油、发动机油、ATF 和金属加工液
Irgalube OPH	无灰液态二(辛基)磷酸盐	5	—	—	9.5	—	<10/—	推荐用量 0.3%~2.0%，用于空压机油、液压油脂、齿轮油和金属加工液
Irgafos 168	亚磷酸三{二叔丁基苯基)酯	固态	183~186	—	4.8	—	<10/—	推荐用量 0.1%~0.3%，用于润滑脂、齿轮油和 ATF
Irgalube 349	磷酸胺混合液	2390	<10	—	4.8	2.7	140/95	推荐用量 0.1%~1.0%，用于空压机油、涡轮机油、液压油、润滑脂、齿轮油、发动机油、ATF 和金属加工液
油溶性金属减活剂								
Irgamet4Þ 30	液态三唑衍生物	33	—	—	—	17.3	<10/175	推荐用量 0.05%~0.1%，用于空压机油、涡轮机油、液压油、齿轮油、发动机油、ATF 和金属加工液
Irgamet 39	液态甲基苯并三唑衍生物	80	—	—	—	14.8	—/145	推荐用量 0.02%~0.1%，用于空压机油、涡轮机油、液压油、润滑脂、齿轮油、发动机油、ATF 和金属加工液
水溶性金属减活剂								
Irgamet 42	水溶性液态甲基苯并三唑衍生物	33	<5	—	—	175	165/170	推荐用量 0.1%~0.3%，用液压油和金属加工液
Irgamet BTZ	苯并三唑	固态	93	—	—	35.3	—	推荐用量 0.01%~1.0%，用液压油和金属加工液

续表

添加剂代号	化合物名称	40℃黏度/(mm²/s)	熔点/℃	硫含量/%	磷含量/%	氮含量/%	TAN/TBN/(mgKOH/g)	应用
rgamet TTZ	甲基苯并三唑	固态	85	—	—	31.6	—	推荐用量0.01%~1.0%，用液压油和金属加工液
rgamet TT 50	50%甲基苯并三唑钠盐水溶液	18	-8	—	—	14	—	推荐用量0.5%~2.0%，用液压油和金属加工液
油溶性防锈剂								
Amine O	液态咪唑啉衍生物	114	≤-15	—	—	8.2	—/160	推荐用量0.05%~2.0%，用于液压油、润滑脂、齿轮油、ATF和金属加工液
Irgacor 843	液态羧酸	62	—	—	—	—	115/—	推荐用量0.01%~0.07%，用于空压机油、涡轮机油、液压油、润滑脂、齿轮油、发动机油和ATF
Irgaco~L 12	液态烯基琥珀酸半酯	1500	—	—	—	—	160/215	推荐用量0.02%~0.1%，用于空压机油、涡轮机油、液压油、齿轮油和金属加工液
Irgacor NPA	液态异构壬基苯氨基乙酸	1750	<0	—	—	—	200/—	推荐用量0.02%~0.1%，用于空压机油、涡轮机油和液压油
Irgalube 349	磷酸胺混合液	2390	<10	—	4.8	2.7	140/95	推荐用量0.1%~1.0%，用于空压机油、涡轮机油、液压油、润滑脂、齿轮油、发动机油、ATF和金属加工液
Sarkosyl O	液态N-油酸基肌氨酸	350	—	—	—	3.7	160/—	推荐用量0.03%~1.0%，用于液压油、润滑脂、齿轮油、和金属加工液
水溶性防锈剂								
Irgacor DSS G	癸二酸双钠盐	固态	>200	—	—	—	—	推荐用量0.3%~3.0%，用于润滑脂和金属加工液
Irgacor L 184	Irgacor L 190中和了TEA的水溶液	80	—	—	—	—	—	推荐用量0.5%~2.2%，用于液压油和金属加工液

续表

添加剂代号	化合物名称	40℃黏度/(mm^2/s)	熔点/℃	硫含量/%	磷含量/%	氮含量/%	TAN/TBN/(mgKOH/g)	应用
Irgacor L 190	湿糕状有机聚羧酸	固态	180~182	—	—	18	355/—	推荐用量 0.2%~1.1%，用于液压油和金属加工液
Irgacor L 190 Plus	湿糕状有机聚羧酸	固态	180~182	—	—	22.8	—	推荐用量 0.2%~1.5%，用于液压油和金属加工液
降凝剂								
Irgaflo 610 P	甲基丙烯酸酯聚合物的矿物油溶液	65	—	—	—	—	—	推荐用量 0.1%~0.8%，用于润滑脂
Irgaflo 649 P	甲基丙烯酸酯聚合物的矿物油溶液	90	—	—	—	—	—	推荐用量 0.1%~0.8%，用于液压油、齿轮油、发动机油和 ATF
Irgaflo 710 P	甲基丙烯酸酯聚合物的矿物油溶液	70	—	—	—	—	—	推荐用量 0.1%~0.8%，用于发动机油
Irgaflo 720 P	甲基丙烯酸酯聚合物的矿物油溶液	65	—	—	—	—	—	推荐用量 0.1%~0.8%，用于液压油、润滑脂、齿轮油和发动机油
黏度指数改进剂								
Irgaflo 1100 V	甲基丙烯酸酯聚合物的矿物油溶液	800	—	—	—	—	—	推荐用量 3%~15%，用于液压油、齿轮油和发动机油
lrgaflo 6100 VI	甲基丙烯酸酯聚合物的矿物油溶液	800	—	—	—	—	—	推荐用量 3%~15%，用于液压油、齿轮油和发动机油
Irgaflo 6300 V	甲基丙烯酸酯聚合物的矿物油溶液	800	—	—	—	—	—	推荐用量 3%~15%，用于液压油、齿轮油和发动机油
碱值储备剂								
Irgalube Base 10	十二烷酸哌啶基酯	13	—	—	—	—	—/160	推荐用量 0.6%~5%，用于空压机油、涡轮机油、发动机油和金属加工液

表 6　金属加工液用添加剂

添加剂代号	化合物名称	添加剂类别	40℃黏度	闪点/℃	HLB	羟值	皂化值	应用
Synative ACB33V	环氧油酸酯	乳化剂	27mPa（20℃）	208	—	—	—	优秀低温性能及乳化能力，无皮肤刺激，用于水溶性金属加工液
Synative AC 2142	蓖麻油乙氧基化物	乳化剂	163mPa（20℃）	162	8	150~155	—	良好乳化性，用于矿物油或高酯类配方中的水溶性金属加工液
Synative AC 3370V	脂肪醇乙氧基化物（植物油基）	乳化剂	37mPa（20℃）	202	5	157~167	—	优秀低温性能及乳化能力，硬水中稳定，无皮肤刺激，用于水溶性金属加工液和轧钢油
Synative AC 3412V	脂肪醇乙氧基化物（植物油基）	乳化剂	14mPa（50℃）	198	5.5	155~165	—	良好乳化能力和低温性能，硬水中稳定，无皮肤刺激，用于水溶性金属加工液和轧钢油。
Synative AC 3499	脂肪酸单乙醇胺衍生物	乳化剂	308mPa（20℃）	246	3.7	142~172	—	具有防锈性、助乳化能力和硬水稳定性及良好低温及低泡性能，用于水溶性金属加工液和轧钢油
Synative AC 3830	脂肪醇乙氧基化物（植物油基）	乳化剂	41mPa（20℃）	212	6.6	148	—	具有良好低温性、乳化性，硬水中稳定，无度肤刺激，用于水溶性金属加工液和轧钢油
Synative AC 5102	脂肪醇乙氧基化物（植物油基）	乳化剂	13mPa（50℃）	155~165	5.5	—	—	具有良好乳化能力，硬水中稳定，无皮肤刺激，用于水溶性金属加工液和轧钢油
Synative AC EP 5LV	脂肪醇乙氧基化物（植物油基）	乳化剂	62mPa（20℃）	116~1213	8.5	232	—	具有良好低温性及乳化性，硬水中稳定，无皮肤刺激，用于水溶性金属加工液和轧钢油
Synative AC ET 5V	脂肪醇乙氧基化物（植物油基）	乳化剂	67mPa（20℃）	115~125	9.1	20	—	具有良好乳化能力，硬水中稳定，无皮肤刺激，用于水溶性金属加工液和轧钢油
Synative AC K100	乙氧基化椰油胺	乳化剂	187mPa（20℃）	>250℃	14.2	—	—	具有良好乳化能力，可与非离子、阴离子和阳离子表面活性剂匹配，用于水溶性金属加工液和轧钢油
Synative AC LS 4L	月桂醇乙氧基化物	乳化剂	—	—	9.4	150~160		具有良好低泡性能，用于水溶性金属加工液

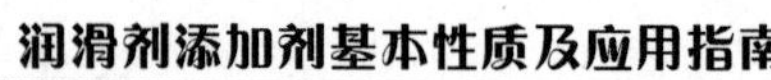

续表

添加剂代号	化合物名称	添加剂类别	40℃黏度	闪点/℃	HLB	羟值	皂化值	应用
Synative AC LS 24	脂肪醇乙氧基化物（植物油基）	乳化剂	—	—	10.3	110~120		具有良好低泡性能，用于水溶性金属加工液
Synative AC LS 54	脂肪醇乙氧基化物（植物油基）	乳化剂	—	—	14.7	87~90		具有良好低泡性能，用于水溶性金属加工液
Synative AC RT 5	蓖麻油乙氧基化物	乳化剂	936mPa（20℃）	266	4	142	—	具有良好低温性、乳化性，用于矿物油或高酯类油配方中，用于水溶性金属加工液和轧钢油
Synative AC RT 40	蓖麻油乙氧基化物	乳化剂	1329mPa（20℃）	—	13	—	—	可乳化酯类和矿物油基础油，适用于水包油型乳化液及水溶性金属加工液
Synative XA 40	格尔伯特醇乙氧基化物	乳化剂	29mPa（20℃）	>170	10.5	150	—	具有良好的润湿、分散和乳化性能，可与非离子、阴离子和阳离子表面活性剂匹配，用于水溶性金属加工液
Synative XA 60	格尔伯特醇乙氧基化物	乳化剂	60mPa（20℃）	>200	12.5	—	—	具有良好的润湿、分散和乳化性能，可与非离子、阴离子和阳离子表面活性剂匹配，用于水溶性金属加工液
Synative X AO 3	羰基醇乙氧基化物	乳化剂	38mPa（20℃）	130	8	65	—	具有良好的润湿、分散和乳化性能，可与非离子、阴离子和阳离子表面活性剂匹配，用于水溶性金属加工液
Synative XLF 403	支链与线性醇丙氧基化物	乳化剂	60mPa（20℃）	—	—	—	—	具有良好的润湿、消泡和生物降解性能，用于水溶性金属加工液
Synative X700	格尔伯特醇乙氧基化物	乳化剂	41mPa（20℃）	>140	10.5	150	—	具有良好的润湿、分散和乳化性能，可与非离子、阴离子和阳离子表面活性剂匹配，用于水溶性金属加工液
Synative X710	格尔伯特醇乙氧基化物	乳化剂	80mPa（20℃）	>180	12.5	100	—	具有良好的润湿、分散和乳化性能，可与非离子、阴离子和阳离子表面活性剂匹配，用于水溶性金属加工液

续表

添加剂代号	化合物名称	添加剂类别	40℃黏度	闪点/℃	HLB	羟值	皂化值	应用
Synative X720	格尔伯特醇乙氧基化物	乳化剂	400mPa（20℃）	9	14	90	—	具有良好的润湿、分散和乳化性能，可与非离子、阴离子和阳离子表面活性剂匹配，用于水溶性金属加工液
Synative X730	格尔伯特醇乙氧基化物	乳化剂	30mPa（60℃）	>180	15	75	—	具有良好的润湿、分散和乳化性能，可与非离子、阴离子和阳离子表面活性剂匹配，用于水溶性金属加工液
Breox E 200	聚乙二醇	乳化剂	60mPa（60℃）	>170	—	563	—	具有良好润滑性、脱模能力，用于水基金属加工液
Breox E 400	聚乙二醇	乳化剂	110mPa（60℃）	>250	—	281	—	具有良好润滑性、脱模能力，用于水基金属加工液
Breox E 600	聚乙二醇	乳化剂	40mPa（50℃）	>250	—	187	—	具有良好润滑性、脱模能力，用于水基金属加工液
Synative 17R2	环氧乙烷/环氧丙烷嵌段共聚物	乳化剂	450mPa（20℃）	—	6	50	—	具有良好的润湿、分散、乳化和润滑性能，容易清洗，与硬水兼容，用于水溶性金属加工液
Synative 17R4	环氧乙烷/环氧丙烷嵌段共聚物	乳化剂	600mPa（20℃）	—	12	40	—	具有良好的润湿、分散、乳化和润滑性能，容易清洗，与硬水兼容，用于水溶性金属加工液
Synative PE 6100	环氧乙烷/环氧丙烷嵌段共聚物	乳化剂	350mPa（20℃）	226	—	56	—	具有良好的润湿、分散、乳化和润滑性能，低泡，与硬水兼容，用于水溶性金属加工液
Synative PE 6400	环氧乙烷/环氧丙烷嵌段共聚物	乳化剂	1000mPa（20℃）	—	—	40	—	具有良好的润湿、分散、乳化和润滑性能，低泡，与硬水兼容，用于水溶性金属加工液
Synative PE 6800	环氧乙烷/环氧丙烷嵌段共聚物	乳化剂	—	—	—	15	—	具有良好的润湿、分散、乳化和润滑性能，低泡，与硬水兼容，用于水溶性金属加工液
Synative PE 10100	环氧乙烷/环氧丙烷嵌段共聚物	乳化剂	800mPa（20℃）	—	—	34	—	具有良好的润湿、分散、乳化和润滑性能，低泡，与硬水兼容，用于水溶性金属加工液

续表

添加剂代号	化合物名称	添加剂类别	40℃黏度	闪点/℃	HLB	羟值	皂化值	应用
Synative RPE 1720	环氧乙烷/环氧丙烷嵌段共聚物	乳化剂	450mPa (20℃)	—	6	—	—	具有良好的润湿、分散、乳化和润滑性能，低泡，容易清洗与硬水兼容，用于水溶性金属加工液
Synative RPE 1740	环氧乙烷/环氧丙烷嵌段共聚物	乳化剂	600mPa (20℃)	—	12	—	—	具有良好的润湿、分散、乳化和润滑性能，低泡，容易清洗与硬水兼容，用于水溶性金属加工液
Synative RPE 2520	环氧乙烷/环氧丙烷嵌段共聚物	乳化剂	600mPa (20℃)	—	—	—	—	具有良好的润湿、分散、乳化和润滑性能，低泡，容易清洗与硬水兼容，用于水溶性金属加工液
Synative X 300	环氧乙烷/环氧丙烷嵌段共聚物	乳化剂	660mPa (25℃)	—	14	35	—	具有良好的润湿、分散、乳化和润滑性能，低泡，容易清洗与硬水兼容，用于水溶性金属加工液
Synative X 310	环氧乙烷/环氧丙烷嵌段共聚物	乳化剂	700mPa (25℃)	—	6	30	—	具有良好的润湿、分散、乳化和润滑性能，低泡，容易清洗，与硬水兼容，用于水溶性金属加工液
Synative X 320	环氧乙烷/环氧丙烷嵌段共聚物	乳化剂	350mPa (60℃)	—	8	20	—	具有良好的润湿、分散、乳化和润滑性能，低泡，容易清洗，与硬水兼容，用于水溶性金属加工液
Synative AL 50/55V	油醇/十六烷混合醇（基于植物油）	耦合剂	—	—	—	215	<1.0	具有高的添加剂兼容能力，可减少泡沫，在酯类油和矿物油有良好的溶剂性，用于润滑脂、水溶性金属加工液和纯油
Synative AL 80/85V	油醇/十六烷混合醇（基于植物油）	耦合剂	—	~180	—	210	<1.0	具有高的添加剂兼容能力及良好低温性能，可减少泡沫，在酯类油和矿物油中有良好的溶剂性，用于润滑脂、水溶性金属加工液和纯油

续表

添加剂代号	化合物名称	添加剂类别	40℃黏度	闪点/℃	HLB	羟值	皂化值	应用
Synative AL 90/95V	油醇/十六烷混合醇（基于植物油）	耦合剂	19	~180	—	210	<1.0	具有高的添加剂兼容能力及良好低温性能，可减少泡沫，在酯类油和矿物油中有良好的溶剂性，用于润滑脂、水溶性金属加工液和纯油
Synative AL C12/98-100	月桂醇	增溶剂	12	136	—	298~302	<0.4	适用于铝加工和微量润滑，并可作为乳化液浓缩液增溶剂
Synative AL C_{12}~C_{14} 50/50	饱和 C_{12}~C_{14}脂肪醇	增溶剂	—	—	—	275~285	<0.5	适用于铝加工和微量润滑，并可作为乳化液浓缩液增溶剂
Synative AL G16	格尔伯特醇	耦合剂	—	160	—	212	<6	极佳的低温性能和良好的氧化安定性，在酯类油和矿物油中有良好的溶剂性，用于润滑脂、水溶性金属加工液和纯油
Synative AL G20	格尔伯特醇	耦合剂	26	~180	—	162	<3	极佳的低温性能和良好的氧化安定性，在酯类油和矿物油中有良好的溶剂性，用于润滑脂、水溶性金属加工液和纯油
Synative AL S	C12-C14 脂肪醇	耦合剂	13	~140	—	289	<0.5	具有良好高温稳定性、添加剂兼容能力和消泡效果，用于润滑脂和铝加工油
Synative AL T	C12-C18 脂肪醇	耦合剂	—	~130	—	272	<1.2	具有良好高温稳定性、添加剂兼容能力和消泡效果，用于润滑脂和铝加工油
Synative AC 3499	脂肪酸单乙醇胺衍生物	腐蚀抑制剂	—	—	—	—	—	具有良好防锈性、助乳化能力和硬水稳定性以及润滑性、低温性能和低泡性能，用于水溶性金属加工液、纯油、轧钢油
Synative CI 500	烷基磷酸酯	腐蚀抑制剂	—	—	—	—	—	适用于钢铁，尤其是用于铝和铝钢合金可生物降解，用于水溶性金属加工液、纯油、轧钢油
Synative CI 510	聚醚磷酸酯	腐蚀抑制剂	—	—	—	—	—	适用于钢铁和铝，具有润滑性，可生物降解，用于水溶性金属加工液、纯油、轧钢油

续表

添加剂代号	化合物名称	添加剂类别	40℃黏度	闪点/℃	HLB	羟值	皂化值	应用
Synative L 190 PLUS	多元羧酸	腐蚀抑制剂	—	—	—	—	—	对多金属体系具有良好的腐蚀抑制能力，与硬水兼容，低泡和优秀的空气释放性，用于水溶性金属加工液、纯油、轧钢油
Synative FCC P12	100%烷氧基非离子表面活	消泡剂	—	—	—	—	—	高性能泡沫抑制剂，专用于低温(10~30℃)下的应用冷水环境下，比如蔬菜和淀粉加工、造纸工艺等，用于水溶性金属加工液
Synative AC AMH 2	混合型消泡剂	消泡剂	—	—	—	—	—	纯油消泡剂，使用浓度低，溶于酯类和矿物油，用于水溶性金属加工液

5. Rhein Chemie Rheinau GmbH(德国莱茵化学公司)

Rhein Chemie 开发、生产和销售橡胶、润滑剂和塑料添加剂。在润滑剂方面，生产抗磨剂、极压剂、抗氧剂、腐蚀抑制剂和复合添加剂。公司总部在德国 Mannheim(headquartered in Mannheim, Germany)，在欧洲和美洲设立了子公司。

公司总部：Düsseldorfer Strasse 23-27 68219 Mannheim，Germany

电话：+49(0)621-8907-0

网址：http：/www. rheinchemie. com/company. html

莱茵化学(青岛)有限公司

地址：中国青岛四流北路 43 号

电话：0532-8482 9196

德国莱茵化学公司产品汇总见表 7~表 21。

表 7　德国莱茵化学公司产品系列

产品代号	产品类别	化学描述	功能特	应用领域
Additin EP	极压剂(含浅色及黑色、活性及非活性硫载体)	硫化脂肪、硫化脂肪酸、硫化烯烃、硫化酯类	改善极压性能、(载荷能力)和磨损保护	金属加工，传动及导轨油，润滑脂
Additin AW	抗磨剂	二烷基基二硫代磷酸盐、磷酸半酯、有机磷酸盐、氨基甲酸盐。	防止和减少金属之间的接触，同时改善表面光滑程度	液压液，传动压缩液，内燃机及齿轮油，金属加工，润滑脂
Additin CI	防锈剂	磺酸盐、羧酸盐、半酯类	表面腐蚀防护	抗腐蚀，防护类，压缩机，内燃机，传动滚，透平机及齿轮油，金属加工液，润滑脂

续表

产品代号	产品类别	化学描述	功能特	应用领域
Additin WM	水溶性添加剂	聚醚类、聚合物、含硫剂、苯并三氮唑衍生物、碳酸衍生物	多种精选剂种的组合以提高极压、腐蚀防护表现	水溶性金属加工液，槽边添加，抗燃液压液，水性金属清洗液、防冻液等
Additin AO	抗氧化剂	酚类及胺类衍生物	减缓氧化过程	液压，传动，透平机，压缩机，内燃机及特种油，润滑脂等
Additin SP	特殊功能品	酯类、含氯的杂环化合物、碳化二亚胺、三氮唑衍生物、高分子固体极压剂	改善润滑性及抗磨效果，充当有色金属减活剂，阻止酯类水解，提供载荷性能	液压，传动，透平机，压缩机，内燃机及特种油，金属加工，润滑脂等
Additin PA	复合添加剂	—	包含多种精心匹配成分以满足专门的应用标准	无灰及有灰级液压油，乳化及清净型液压油，工业齿轮油，导轨油，润滑脂，金属加工液等

表 8　极压添加剂浅色、低气味含硫系列产品

产品代号	化学组成	总硫含量/(约%)	活性硫含量/(约%)	40℃黏度/(mm^2/s)	色度/(典型值)	铜片腐蚀(3h/100℃)/(典型值)	主要应用				
							切削	成型	水基	工业齿轮油/润滑脂	导轨油
硫化脂肪酸酯类											
RC2310	脂肪酸酯	11	1	30	3.5	1b	●	●		-/●	
RC2315	脂肪酸酯	15	4	45	3.5	1b	●	●		-/●	
RC2317	脂肪酸酯	17	8	55	4.5	3a~3b	●		●	-/●	
硫化甘油三酯类											
RC2410	甘油三酯	10	1	350	3.5	1b	●	●	●	-/●	●
RC2411	甘油三酯	9.5	<1	230	3	1b	●	●	●	-/●	●
RC2415	甘油三酯	15	5	300	4	3a~3b	●	●	●		
RC2416	甘油三酯	15	5	230	5.5	1b~3a	●	●	●		
RC2418	甘油三酯	18	9	230	4.5	3b~4c	●	●	●		
硫化烯烃类类											
RC2515	脂肪酸酯/烯烃	15	4	640	4	1b	●	●		●/●	●
RC2516	脂肪酸酯/烯烃	15	4	650	4	1b	●	●		●/●	●

续表

产品代号	化学组成	总硫含量/（约%）	活性硫含量/（约%）	40℃黏度/（mm^2/s）	色度/（典型值）	铜片腐蚀（3h/100℃）/（典型值）	主要应用				
							切削	成型	水基	工业齿轮油/润滑脂	导轨油
RC2519	脂肪酸酯/烯烃	20	10	40	4	1b	●	●			
RC2522	二叔十二烷基三硫化物	21	<1	45	1	1b	●	●	●	●/●	●
RC2526	脂肪酸酯/烃类	26	15	750	4.5	3a~4b	●	●	●		
RC2532	二叔十二烷基五硫化物	32	23	100	1	4c	●	●	●	-/●	
RC2540	二烷基五硫化物	40	36	45	2.5	3b~4b	●	●	●	-/●	
RC2541	二烷基五硫化物	40	35	45	2.5	1b	●	●		-/●	
RC2542	二烷基五硫化物	40	35	45	3	1b	●	●		-/●	
RC2545	硫化异丁烯	45	<5	65	2.5	1b				●/●	

表9　极压添加剂深色含硫系列产品

产品代号	化学组成	总硫含量/（约%）	活性硫含量/（约%）	40℃黏度/（mm^2/s）	色度/（典型值）	铜片腐蚀（3h/100℃）/（典型值）	主要应用				
							切削	成型	水基	工业齿轮油/润滑脂	导轨油
RC2811	甘油三酯	11	1	1400	D8	1b	●	●	●	-/●	●
RC2818	脂肪酸酯	18	10	60	D8	3a~3b	●		●	-/●	

表10　二烷基二硫代磷酸盐抗磨剂系列

产品代号	化学组成	锌钼/（约%）	硫含量/（约%）	磷含量/（约%）	色度级/（约%）	矿物油量/（约%）	主要应用				
							金属加工油	金属加工液	液压油	工业齿轮油/发动机油	润滑脂
RC3038	伯/仲烷基ZnDTP	9.0	17.0	8.5	1.5	20	●				●
RC3045	伯烷基-ZnDTP	10.5	19.0	9.5	4	10	●		●	●/●	●
RC3048	伯烷基-ZnDTP	9.0	16.5	8.5	1.5	15	●		●	●/-	●

续表

产品代号	化学组成	锌钼/（约%）	硫含量/（约%）	磷含量/（约%）	色度级/（约%）	矿物油量/（约%）	主要应用				
							金属加工油	金属加工液	液压油	工业齿轮油/发动机油	润滑脂
RC3058	伯烷基-ZnDTP	9.5	18.0	9.0	5	20	●		●	●/-	●
RC3080	2-乙基已基ZnDTP	8.0	15.0	7.5	1.5	10		●	●		●
RC3180	2-乙基已基ZnDDP	9.5	16.0	8.0	1.5	10	●	●	●	-/●	●
RC3580	2-乙基已基MoDDP	8.0	12.0	6.8	—	20			●	●/●	●
RC3880	二烷基二硫代磷酸胺	0	11.0	5.0	2	10	●		●	●/●	●
RC3890	磷-硫添加剂	0	11.0	5.0	0.5	0	●	●	●	●/●	●

表 11　磺酸盐类防锈剂系列产品

产品代号	化学组成	钡，钙，镁，钠/（约%）	运动黏度/（mm^2/s）	碱值/（mgKOH/g）	矿物油量/（约%）	主要应用				
						动力传动油	工业齿轮油	金属加工油/液	防锈油	润滑脂
RC4103	磺酸钡	8.0	中等黏度	33	50			●	●	●
RC4202	磺酸钙/羧酸钙	2.5	高黏度	40	28			●	●	●
RC4203	磺酸钙/羧酸钙	2.6	高黏度	40	28			●	●/-	●
RC4205	中性磺酸钙	1.3	中等黏度	<5	50		●	●	●/-	●
RC4210N	羧酸钙/磺酸钙	0.9	—	10	10			●	●/-	●
RC4211	羧酸钙/磺酸钙	0.4	—	50	30			●	●/-	●
RC4220	中性合成磺酸钙	2.0	高黏度	<6	45	●	●	●	●/-	●
RC4242	高碱值烷基苯磺酸钙	16	中等黏度	400	40			●	●/-	●
RC4295	复合磺酸钙	2.5	高黏度	>20	30			●	●/-	●
RC4302	石油磺酸钠	2.5	高黏度	<5	30			●	●/-	●

表 12　羧酸盐类防锈剂系列产品

产品代号	化学组成	锌/(约%)	运动黏度/(mm^2/s)	矿物油量/(约%)	主要应用				
					动力传动油	工业齿轮油	金属加工油/液	防锈油	润滑脂
RC4530	环烷酸锌	6	中等黏度	45		●	●		●
RC4590	脂肪酸锌盐	15	高黏度	0			●	●	●

表 13　羧酸衍生物防锈剂系列产品

产品代号	化学组成	运动黏度/(mm^2/s)	酸值/(mgKOH/g)	矿物油量/(约%)	主要应用				
					动力传动油	工业齿轮油	金属加工油/液	防锈油	润滑脂
RC4801	琥珀酸半酯衍生物	1100	160	30	●	●	●	●	●
RC4802	琥珀酸酰胺衍生物	2300	50	50	●	●	●	●	●
RC4803	琥珀酸酰胺衍生物	中等黏度	85	0	●	●	●	●	●
RC4810	中性天然原材料合成磺酸酯	800	—	10			●	●	●
RC4820	胺中和的脂肪醇磺酸半酯	1050	—	0	●	●	●		●

表 14　水溶性极压添加剂

产品代号	化学组成	水溶性	运动黏度/硫含量	主要应用				
RC5001	聚亚烷基二醇	水溶	160		●	●	●	●
RC5007	聚亚烷基二醇	水溶	1100			●		●
RC5010	高分子聚合物	水溶	750	●	●	●	●	
RC5201	硫-氮添加剂	中和后水溶	63		●	●		
RC5202	硫-氮添加剂	水溶	21		●	●		
RC5250	硫化脂肪酸	中和后可乳化	15	●	●	●		

表 15　腐蚀抑制剂系列产品

产品代号	化学组成	水溶性(20℃)	防腐材料	主要应用					
				乳化型金属加工液	半合成金属加工液	水溶性金属加工液	水基金属加工液槽边添加	水基抗燃液压液	水基金属清洗液与防冻液
RC5401	中和的有机腐蚀抑制剂(三胺基己酸三嗪)	水溶	铁		●	●	●	●	●

续表

产品代号	化学组成	水溶性（20℃）	防腐材料	主要应用					
				乳化型金属加工液	半合成金属加工液	水溶性金属加工液	水基金属加工液槽边添加	水基抗燃液压液	水基金属清洗液与防冻液
RC5402	合成有机腐蚀抑制剂（三胺基己酸三嗪）	水溶	铁、铜、钴		●	●	●	●	●
RC5428	芳磺基羧酸	中和后水溶	铁		●	●		●	●
RC5800	中和的甲基苯三唑	水溶	铜、钴	●	●	●	●	●	●
RC5801	溶解的甲基苯三唑	水溶（高达1%）	铜、钴	●	●	●	●	●	●

复合剂

产品代号	化学组成	水溶性（20℃）	硫含量/（约%）	运动黏度/（mm^2/s）	主要应用				
					半合成金属加工液	水溶性金属加工液	水基金属加工液槽边添加	水基抗燃液压液	水基金属清洗液与防冻液
RC5902	水溶性极压复合剂	水溶	13	50		●		●	

表16　酚型抗氧剂系列产品

产品代号	化学组成	闪点/℃	密度/（kg/m^3）	纯度	主要应用					
					金属加工油/液	动力传动油	工业齿轮油	车辆齿轮油	润滑脂	其他
RC7110	2，6-二-叔丁基对甲酚	127	1030	>99.8	●	●	●		●	透平油、压缩机油
RC7115	空间位阻酚衍生物	198	1040	>99.0		●	●	●	●	中性合成酯类油、透平油、压缩机油、发动机油
RC7120	2，6-二-叔丁基酚	110	910	>99.0	●	●	●	●	●	液压油、中性合成酯类油

续表

产品代号	化学组成	闪点/℃	密度/(kg/m³)	纯度	主要应用					
					金属加工油/液	动力传动油	工业齿轮油	车辆齿轮油	润滑脂	其他
RC7201	四[β-(3，5-二叔丁基-4-羟基苯基)丙酸]季戊四醇酯	295	1150	>99.0	●				●	高温应用
RC7207	3-(3，5-二叔丁基-4-羟基苯基)丙酸正十八烷醇酯	270	1020	>99.0					●	高温应用、压缩机油、发动机油
RC7209	己二醇双[3-(3，5-二叔丁基-4-羟基苯基)丙酸酯]	270	1080	>99.0	●				●	高温应用、工业润滑油
RC7215	硫代二乙撑双[3-(3，5-二叔丁基-4-羟基苯基)丙酸酯]	280	1000	>99.0			●		●	高温应用、发动机油
RC7235	3，5-二(1，1-二甲基乙基)-4-羟基苯丙酸酯(C_7~C_9)	150	960	>99.0	●	●	●	●	●	高温应用、工业润滑油

表 17　胺类抗氧剂系列产品

产品代号	化学组成	氮含量/(约%)	密度/(kg/m³)	运动黏度/(mm²/s)	主要应用					
					金属加工油/液	动力传动油	工业齿轮油	车辆齿轮油	润滑脂	其他
RC7001	对，对二辛基二苯胺	3.5	900	固体				●	●	合成航空透平油、聚乙二醇、硅油
RC7010	三甲基化喹啉聚合物	7.5	1100	固体					●	刹车油、聚乙二醇、合成酯
RC7130	苯基-α-萘胺	6	1200	固体		●	●	●	●	发动机油、航空透平油

续表

产品代号	化学组成	氮含量/(约%)	密度/(kg/m^3)	运动黏度/(mm^2/s)	主要应用					
					金属加工油/液	动力传动油	工业齿轮油	车辆齿轮油	润滑脂	其他
RC7132	胺衍生物	5	1090	300	●	●	●	●	●	导热油、淬火油、链条油
RC7135	二苯胺衍生物	4.3	1090	650	●	●	●	●	●	发动机油、高温链条油、透平油、压缩机油

表 18 极压剂及有色金属减活剂

产品代号	化学组成	密度/(kg/m^3)	总硫含量/(约%)	矿物油含量/(约%)	主要应用					
					金属加工油/液	动力传动油	工业齿轮油	车辆齿轮油	润滑脂	其他
RC8210	二巯基噻二唑衍生物	1070	30	0	●	●	●	●	●	
RC8213	二巯基噻二唑衍生物	1080	36	0	●	●	●	●	●	
RC8220	苯并三氮唑	—	0	0	●	●	●	●	●	
RC8221	甲基苯三唑	—	0	0	●	●	●	●	●	
RC8223	甲基苯三唑衍生物	950	0	0	●	●	●	●	●	燃料
聚合物固体添加剂										
RC8400	聚合物固体极压添加剂	1580	28	0					●	

表 19 液压油复合剂

添加剂代号	化学组成	锌/(约%)	磷/(约%)	硫/(约%)	钙/(约%)	氮/(约%)	40℃运动黏度/(mm^2/s)	矿油含量/(约%)	主要应用动力传动油	其他		备注
										压缩机油	透平油/润滑脂	
有灰												
RC9200	抗磨/防锈/抗氧	4.0	3.7	8.5	1.0	—	75	30	●			HF-O、HLP
RC9200N	抗磨/防锈/抗氧	4.7	4.2	9.2	1.2	—	145	20	●			HF-O、HLP

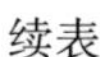

续表

添加剂代号	化学组成	锌/(约%)	磷/(约%)	硫/(约%)	钙/(约%)	氮/(约%)	40℃运动黏度/(mm^2/s)	矿油含量/(约%)	主要应用动力传动油	其他		备注
										压缩机油	透平油/润滑脂	
RC9255	抗磨/防锈	8.0	6.0	14.0	—	—	220	10	●			HLP
RC9205	抗磨/防锈	7.1	6.2	12.9	—	—	130	15	●			HLP
RC9207	抗磨/防锈	7.6	6.6	13.8	—	—	120	10	●			HLP
RC9216	抗磨/防锈/抗氧	6.0	5.4	12.0.	0.4	—	100	20	●			HLP
无灰												
RC9300	抗磨/防锈/抗氧	—	0.8	1.7	—	2.6	55	23	●	●	●/-	HLP-D
RC9303	抗磨/防锈/抗氧	—	1.5	1.7	—	2.5	70	—	●	●	●/-	HF-O、HLP
RC9305	抗磨/防锈/抗氧	—	1.0	—	—	3.1	120	5	●	●		HLP
RC9308	抗磨/防锈	—	0.6	1.0	—	2.7	35	5	●	●	●/●	HLP
RC9317	抗磨/极压/防锈/抗氧	—	0.4	14.4	—	2.3	580	13	●			HLP-D
RC9320	抗磨/防锈	—	0.6	1.0	—	2.9	55	5	●	●	●/●	R&O 油
RC9321	抗磨/防锈	—	0.5	7.0	—	3.6	80	5	●	●	●/●	R&O 油
RC9330	抗磨/防锈/抗氧	—	1.0	—	—	1.5	70	—	●	●		HLP、CLP、NSF

表 20 润滑脂复合剂(有灰)

添加剂代号	化学组成	锌/(约%)	磷/(约%)	硫/(约%)	氮/(约%)	40℃运动黏度/(mm^2/s)	矿油含量/(约%)	性能				
								抗磨	极压	抗氧	防锈	铜片腐蚀 24h/120℃
RC99502	极压抗磨/防锈	4.5	3.7	15.6	1.1	80	9	++	+++	++	++	+
RC9505	极压/抗磨/防锈	5.1	4.5	14.5	0.3	250	21	++	+	++	+	++
RC9506	极压/抗磨/防锈	3.3	2.4	22.2	0.3	80	15	++	+++	+++	+	+++

注：+++=极好；++=很好；+=好。

表 21　PA 金属加工复合剂

添加剂代号	化学组成	磷/(约%)	硫/(约%)	40℃运动黏度/(mm^2/s)	材质					主要应用		
					钢	不锈钢	铝	黄色金属	钛	切削	成型	冲压
RC9720	极压抗磨/防锈	0.3	16.0	105	●	●	●	●	●	●	●	
RC9730	极压/抗磨/防锈	0.7	16.0	220	●	●	●	●		●	●	●

6. Evonik Additives GmbH(罗曼克斯有限公司)

公司总部：电话：+49(0)6151-18-09
传真：+49(0)6151-1841
网址：http：/www. rohmax. com
　　　http：/www. evonik. com
赢创油品添加剂(Evonik Oil Additives)
赢创德固赛(中国)投资有限公司
北京市朝阳区东三环北路 38 号院 1 号楼泰康金融大厦 12 层
邮编：100026
电话：010-65875300
传真：010-85275986
亚太技术服务中心
上海莘庄工业区春东路 55 号
赢创德固赛(中国)投资有限公司上海分公司研发中心 3 楼
邮编：201108
传真：021-61191038
电话：021-61191437

公司概况：该公司隶属于世界上著名的赢创工业集团，成立于 1996 年 7 月 1 日，原为美国罗门哈斯公司和德国罗姆公司 50∶50 的全资企业，现为德国罗姆公司的全资子公司，在德国和美国有研发中心，在加拿大、法国、德国、美国和新加坡有生产基地。其专门生产润滑油用的聚甲基丙烯酸酯型(PAMA)的黏度指数改进剂和降凝剂，生产各种分子量的 PAMA 来分别满足汽车发动机油、齿轮油、液压油和自动传动液等油品要求的黏度指数改进剂，其产量超过全球半数以上。

表 22　Evonik 公司产品汇总

产品代号	化学名称	应用
Series 0 系列——剪切稳定的多级齿轮油黏度指数改进剂		
Viscoplex 0-022	PAMA	多级齿轮油的 VII 和低温流动改进剂，可配制 75W-90 和其他多级齿轮油。用于矿物油、加氢基础油和合成润滑油
Viscoplex 0-030	PAMA	具有增黏降凝作用的 VII，可配制 75W-90 和其他多级齿轮油。用于矿物油、加氢基础油和合成润滑油
Viscoplex 0-050	PAMA	具有增黏降凝作用的 VII，可配制 75W-90 和其他多级齿轮油。用于矿物油、加氢基础油和合成润滑油

续表

产品代号	化学名称	应用
Viscoplex 0-101	PAMA	具有增黏降凝作用的 VII，可配制 80W-140、75W-90 和其他多级齿轮油。用于矿物油、加氢基础油和合成润滑油
Viscoplex 0-110	PAMA	具有增黏降凝作用的 VII，可配制 75W 多级齿轮油，也可用于 ATF。用于矿物油、加氢基础油和合成润滑油
Viscoplex 0-111	PAMA	具有增黏降凝作用的 VII，可配制 75W-90 和其他多级齿轮油。用于矿物油、加氢基础油和合成润滑油
Viscoplex 0-112	PAMA	具有增黏作用的 VII，可配制 75W-90 和其他多级齿轮油。用于矿物油、加氢基础油和合成润滑油
Viscoplex 0-113	PAMA	具有增黏作用的 VII，可配制 75W-90 和其他 75W 多级齿轮油。用于矿物油、加氢基础油和合成润滑油
Viscoplex 0-114	PAMA	具有增黏作用的 VII，可配制 75W-90 和其他多级齿轮油。用于矿物油、加氢基础油和合成润滑油
Series 1 系列——倾点下降剂		
Viscoplex 1-154	PAMA	用于发动机油、液压油和齿轮油的剪切稳定的降凝剂
Viscoplex 1-156	PAMA	用于内燃机油、液压油和齿轮油的剪切稳定的降凝剂，在溶剂精制的基础油中特别有效
Viscoplex 1-158	PAMA	用于发动机油、液压油和齿轮油的剪切稳定的降凝剂，在溶剂精制的基础油中特别有效
Viscoplex 1-180	PAMA	用于发动机油、液压油和齿轮油的剪切稳定的降凝剂，在溶剂精制的基础油中特别有效
Viscoplex 1-201	PAMA	用于发动机油、液压油和齿轮油的剪切稳定的降凝剂，在溶剂精制的基础油中特别有效
Viscoplex 1-211	PAMA	用于发动机油、液压油和齿轮油的剪切稳定的降凝剂，在溶剂精制的基础油中特别有效
Viscoplex 1-254	PAMA	用于发动机油、液压油和齿轮油的剪切稳定的降凝剂，在溶剂精制的基础油中特别有效
Viscoplex 1-256	PAMA	用于发动机油、液压油和齿轮油的剪切稳定的降凝剂，在溶剂精制的基础油中特别有效
Viscoplex 1-257	PAMA	用于发动机油、液压油和齿轮油的剪切稳定的降凝剂，在溶剂精制的基础油中特别有效
Viscoplex 1-300	PAMA	用于发动机油、液压油和齿轮油的剪切稳定的降凝剂，特别适用于催化脱蜡基础油和高乙烯含量 OCP 配方
Viscoplex 1-301	PAMA	用于发动机油、液压油和齿轮油的剪切稳定的降凝剂，特别适用于催化脱蜡基础油和高乙烯含量 OCP 配方

续表

产品代号	化学名称	应用
Viscoplex 1-302	PAMA	用于发动机油、液压油和齿轮油的剪切稳定的降凝剂，特别适用于催化脱蜡基础油和高乙烯含量 OCP 配方
Viscoplex 1-303	PAMA	用于发动机油、液压油和齿轮油的剪切稳定的降凝剂，特别适用于催化脱蜡基础油和高乙烯含量 OCP 配方
Viscoplex 1-304	PAMA	用于发动机油、液压油和齿轮油的剪切稳定的降凝剂，特别适用于催化脱蜡基础油和高乙烯含量 OCP 配方
Viscoplex 1-312	PAMA	用于发动机油、液压油和齿轮油的剪切稳定的降凝剂，特别适用于催化脱蜡基础油和高乙烯含量 OCP 配方
Viscoplex 1-313	PAMA	用于发动机油、液压油和齿轮油的剪切稳定的降凝剂，特别适用于催化脱蜡基础油和高乙烯含量 OCP 配方
Viscoplex 1-314	PAMA	用于发动机油、液压油和齿轮油的剪切稳定的降凝剂，特别适用于催化脱蜡基础油和高乙烯含量 OCP 配方
Viscoplex 1-315	PAMA	用于发动机油、液压油和齿轮油的剪切稳定的降凝剂，特别适用于催化脱蜡基础油和高乙烯含量 OCP 配方
Viscoplex 1-316	PAMA	用于发动机油、液压油和齿轮油的剪切稳定的降凝剂，特别适用于催化脱蜡基础油和高乙烯含量 OCP 配方
Viscoplex 1-322	PAMA	用于发动机油、液压油和齿轮油的剪切稳定的降凝剂，特别适用于催化脱蜡基础油和高乙烯含量 OCP 配方
Viscoplex 1-325	PAMA	用于发动机油、液压油和齿轮油的剪切稳定的降凝剂，特别适用于催化脱蜡基础油和高乙烯含量 OCP 配方
Viscoplex 1-330	PAMA	用于发动机油、液压油和齿轮油的剪切稳定的降凝剂，特别适用于催化脱蜡基础油和高乙烯含量 OCP 配方
Viscoplex 1-333	PAMA	用于发动机油、液压油和齿轮油的剪切稳定的降凝剂，特别适用于催化脱蜡基础油和高乙烯含量 OCP 配方
Viscoplex 1-500	PAMA	用于发动机油、液压油和齿轮油的剪切稳定的降凝剂，在控制 MRV 产生的应力和 Brookfield 凝胶指数特别
Viscoplex 1-813	PAMA	广泛的降凝剂/增黏剂，同时增加黏度及黏度指数
Viscoplex 1-850	PAMA	广泛的降凝剂/增黏剂，同时增加黏度及黏度指数
Viscoplex 1-851	PAMA	广泛的降凝剂/增黏剂，同时增加黏度及黏度指数
Series 2 系列——发动机油黏度指数改进剂		
Viscoplex 2-360	甲基丙烯酸酯与苯乙烯共聚物	SSI 由 ASTM D6278 方法评定。具有黏度指数改进剂(VII)和降凝剂(PPD)的多功能润滑油添加剂，用于发动机油
Viscoplex 2-540	甲基丙烯酸酯与苯乙烯共聚物	SSI 由 ASTM D 3495(A)方法 30 循环测定，为甲基丙烯酸酯与苯乙烯的共聚物，具有增黏、降凝和分散性能，用于汽油机油和柴油机油中

续表

产品代号	化学名称	应用
Viscoplex 2-602	甲基丙烯酸酯与苯乙烯共聚物	SSI 由 ASTM D 3495(A)方法 30 循环测定，为甲基丙烯酸酯与苯乙烯的共聚物，具有增黏、降凝和分散性能，用于汽油机油和柴油机油中
Series 3 系列——发动机油黏度指数改进剂		
Viscoplex 3-500	PAMA	具有增黏和降凝的多级发动机油 VII
Viscoplex 3-700	PAMA	具有增黏和降凝的多级发动机油 VII
Series 4 系列——高浓度发动机油黏度指数改进剂		
Viscoplex 4-477	高浓度乙丙共聚物低黏度乳液	具有增黏和降凝的多功能的汽油和柴油发动机油 VII。配制的汽油和柴油机油可满足 API、ACEA 和 OEM 的最高标准
Viscoplex 4-560	乙丙共聚物油溶液	多级发动机油的 VII，配制的汽油和柴油机油可满足 API、ACEA 和 OEM 的标准
Viscoplex 4-577	高浓度乙丙共聚物低黏度乳液	具有增黏和降凝的多功能汽油和柴油发动机油 VII。配制的汽油和柴油机油可满足 API、ACEA 和 OEM 的最高标准
Viscoplex 4-677	高浓度乙丙共聚物低黏度乳液	具有增黏和降凝的多功能汽油和柴油发动机油 VII。配制的汽油和柴油机油可满足 API、ACEA 和 OEM 的最高标准
Series 6 系列——分散型发动机油黏度指数改进剂		
Viscoplex 6-325	分散型的烷基甲基丙烯酸酯共聚物油溶液	具有分散、增黏和降凝作用的 VII，用于长换油期的轿车发动机油的多功能发动机油 VII。提供燃料经济性和磨损防护，提高配制的分散性能以及与密封材料兼容性
Viscoplex 6-954	分散型的烷基甲基丙烯酸酯聚物合油溶液	具有分散型的 VII，用于汽油和柴油机油中特别有效，在控制油泥和漆膜沉积有重大贡献，特别是遇到停停开开的情况，以及对出租车和警车队有效
Series 7 系列——液压油黏度指数改进剂		
Viscoplex 7-300	聚甲基丙烯酸酯深精制油溶液	是航空液压油和类似产品的 VII，与低黏度基础油配合应用。满足航空液压油低温性能要求，即 MIL-H-5606F、NATO 型 H-515、DEF STAN91-48、Air3520 和相似的产品
Viscoplex 7-305	聚甲基丙烯酸酯深精制油溶液	是航空液压油和类似产品的 VII，与低黏度基础油配合应用。满足航空液压油低温性能要求，即 MIL-H-5606G、NATO 型 H-515、DEF STAN91-48、Air3520 和相似的产品
Viscoplex 7-711	聚甲基丙烯酸酯深精制油溶液	提供剪切稳定的黏度指数的经济配方，满足苛刻的低温、过滤性、水分离性和酸值的性能要求。用于航空、汽车和工业润滑油中，还可用于合成、环烷基和石蜡基基础油中
Series 8 系列——液压油黏度指数改进剂		
Viscoplex 8-100	PAMA	特殊液压油的增黏和降凝的 VII，即数控机床液压油，满足过滤性和破乳化性的要求

续表

产品代号	化学名称	应用
Viscoplex 8-112	PAMA	SSI 非常稳定的液压油的增黏和降凝 VII。用于石蜡基础油或石蜡基与环烷基调和的基础油
Viscoplex 8-200	PAMA	具有增黏和降凝的液压油 VII，满足过滤性和破乳化的要求
Viscoplex 8-219	PAMA	液压油的 VII，满足过滤性和破乳化性的要求
Viscoplex 8-251	PAMA	液压油的 VII，满足过滤性和破乳化性的要求
Viscoplex 8-450	PAMA	具有增黏和降凝的液压油 VII，提供剪切稳定的高黏度指数的经济配方，满足过滤性和破乳化性的要求
Viscoplex 8-954	PAMA	具有分散性的液压油 VII，推荐用于 JDM-J20B 的液压/传动拖拉机液，满足低温要求和 John Deere 的剪切稳定性规格
Series 9 系列——油田和炼油厂添加剂		
Viscoplex 9-144	PAMA 油溶液	改进脱蜡过程中过滤速度和油收率及基础油的低温性质的脱蜡助剂。该产品可生产食品级石蜡，可用于食品和医药方面
Viscoplex 9-213	PAMA 中性油溶液	改进低温流动性和石油基液体性质的蜡结晶改进剂
Viscoplex 9-300	PAMA 中性油溶液	改进脱蜡过程中过滤速度和油收率及基础油的低温性质的脱蜡助剂
Viscoplex 9-303	PAMA 中性油溶液	改进脱蜡过程中过滤速度和油收率及基础油的低温性质的脱蜡助剂
Viscoplex 9-305	PAMA 中性油溶液	改进脱蜡过程中过滤速度和油收率及基础油的低温性质的脱蜡助剂
Series 10 系列——可生物降解的增黏降凝添加剂		
Viscoplex 10-171	聚甲基丙烯酸酯中性油溶液	用于环境友好润滑剂的降凝剂和低温流动改进剂。提供生物降解润滑剂基础油的低温性能和贮存稳定性的低温添加剂，包括植物油和合成酯
Viscoplex 10-310	聚甲基丙烯酸酯生物降解液溶液	提供生物降解润滑剂基础油的低温性能和贮存稳定性的低温添加剂，包括植物油和合成酯
Viscoplex 10-930	聚甲基丙烯酸酯生物降解液溶液	用于可生物降解载体的环境友好液压油的 VII 和降凝剂，包括植物油和合成酯，有效降低倾点至-30℃和改善极低温度下的贮存稳定性
Series 11 系列——合成基础油		
Viscobase 11-570	α-烯烃和甲基丙烯酸酯低聚体的衍生物	适合配制无聚合物的半合成油和全合成油高性能的汽车和工业润滑剂的润滑组分和基础液

续表

产品代号	化学名称	应用
Viscobase 11-572	α-烯烃和甲基丙烯酸酯低聚体的衍生物	适合配制无聚合物的半合成油和全合成油高性能的汽车和工业润滑剂润滑组分和基础液
Viscobase 11-574	α-烯烃和甲基丙烯酸酯低聚体的衍生物	能有效提高半合成和全合成润滑剂的黏度及改进黏度指数的润滑组分和基础液
Series 12 系列——ATF 黏度指数改进剂		
Viscoplex 12-115	分散型聚甲基丙烯酸酯油溶液	ATF 和手动传动液的分散型黏度指数改进剂和低温流动改进剂，以及类似高性能润滑剂应用的要求，如 CTV 液
Viscoplex 12-150	聚甲基丙烯酸酯油溶液	ATF 黏度指数改进剂和低温流动改进剂
Viscoplex 12-292	分散型聚甲基丙烯酸酯油溶液	ATF 和手动传动液的分散型黏度指数改进剂和低温流动改进剂，以及类似高性能润滑剂应用的要求，如 CTV 液
Viscoplex 12-320	分散型聚甲基丙烯酸酯油溶液	ATF 和手动传动液的分散型黏度指数改进剂和低温流动改进剂
Viscoplex 12-410	分散型聚甲基丙烯酸酯油溶液	ATF 和手动传动液的分散型黏度指数改进剂和低温流动改进剂
Viscoplex 12-501	分散型聚甲基丙烯酸酯油溶液	用于 ATF 的分散型黏度指数改进剂和低温流动改进剂
Viscoplex 12-709	分散型聚甲基丙烯酸酯油溶液	用于 ATF 的分散型黏度指数改进剂和低温流动改进剂

7. 埃克森美孚化工合成基础油

https：/www. exxonmobilchemical. com/en/products/synthetic-base-stocks

聚 α-烯烃合成油(PAO)

SpectraSyn Elite 高性能、高黏度的茂金属聚 α-烯烃(mPAO)基础油。与传统的合成聚α-烯烃(PAO)相比，SpectraSyn Elite mPAO 具有更好的剪切稳定性、更高的黏度指数(VI)和更低的倾点，可提供更高的调和效率和更好的性能(见表 23)。

表 23　SpectraSyn Elite mPAO 产品

牌号	密度/(g/cm³)	运动黏度/(mm²/s)		黏度指数	倾点/℃	闪点/℃
		100℃	40℃			
SpectraSyn Elite 65	0.846	65	614	179	-42	277
SpectraSyn Elite 150	0.849	156	1705	206	-33	282

SpectraSyn PAO

从低黏度到高黏度的 SpectraSyn 合成聚 α-烯烃基础油全系列产品组合，在极端的温度条件下也能表现出优异的性能(见表 24)。

表 24 SpectraSyn PAO 产品

牌号	密度/(g/cm³)	运动黏度/(mm²/s)		黏度指数	倾点/℃	CCS(A/B)*/cP	挥发率/%	闪点/℃
		100℃	40℃					
SpectraSyn 2	0.798	1.7	5.0	N/A	-66	—	—	157
SpectraSyn 2B	0.799	1.8	5.0	N/A	-54	—	—	149
SpectraSyn 2C	0.798	2.0	6.4	N/A	-57	—	—	>150
SpectraSyn 4	0.820	4.1	19.0	126	-66	1424A	<14.0	220
SpectraSyn 5	0.824	5.1	25.0	138	-57	2420A	6.8	240
SpectraSyn 6	0.827	5.8	31.0	138	-57	2260B	6.4	246
SpectraSyn 8	0.833	8.0	48	139	-48	4800B	4.1	260
SpectraSyn 10	0.835	10.0	66	137	-48	8840B	3.2	266
SpectraSyn 40	0.850	39.0	396	147	-36	—	—	281
SpectraSyn 100	0.853	100.0	1240	170	-30	—	—	283

注：CCS(A/B)：A=-35℃、B=-30℃。

SpectraSyn Plus PAO

SpectraSyn Plus PAO 具有卓越的低挥发性、低温流动性以及较低的黏度，可以调配出满足延长换油周期和提高燃油经济性/能效等要求的创新润滑油(见表 25)。

表 25 SpectraSyn Plus PAO 产品

牌号	密度/(g/cm³)	运动黏度/(mm²/s)		黏度指数	倾点/℃	CCS(-35℃)/cP	挥发率/%	闪点/℃
		100℃	40℃					
SpectraSyn Plus 3.6	0.816	3.6	15.4	120	<-65	1050	<17	224
SpectraSyn Plus4	0.820	3.9	17.2	126	<-60	1290	<12	228
SpectraSyn Plus 6	0.827	5.9	30.3	143	<-54	3600	<6	246

Esterex 合成酯

Esterex 合成醋可以单独用作基础油，也可与其他基础油共同使用，以提高润滑油的性能，尤其是对于需要生物可降解合成液的应用领域(见表 26)。

表 26 Esterex 合成酯产品

牌号	密度/(g/cm³)	运动黏度/(mm²/s)		黏度指数	倾点/℃	闪点/℃	水/(mg/L)	总碱值/mgKOH	生物可降解性/%
		100℃	40℃						
Esterex A32	0.9728	2.8	9.5	149	-65	207	<500	<0.08	70.2
Esterex A34	0.922	3.2	12	137	-60	199	<1000	<0.08	78.5

续表

牌号	密度/(g/cm³)	运动黏度/(mm²/s)		黏度指数	倾点/℃	闪点/℃	水/(mg/L)	总碱值/mgKOH	生物可降解性/%
		100℃	40℃						
Esterex A41	0.921	3.6	14	144	-57	231	<500	0.01	76.5
Esterex A51	0.915	5.4	27	136	-57	247	<350	0.02	58.5
Esterex NP343	0.945	4.3	19	136	-48	257	<350	0.02	76.4
Esterex NP451	0.993	5.0	25	130	-60	255	<500	0.01	83.6
Esterex P61	0.967	5.4	38	62	-42	224	<1000	<0.07	71.4
Esterex P81	0.955	8.3	84	52	-33	265	<1000	<0.14	54.5
Esterex TM111	0.978	11.9	124	81	-33	274	<1000	<0.16	<1.0

注：A=己二酸酯、NP=多元醇酯、P=邻苯二甲酸酯、TM=偏苯三酸酯。

烷基萘基础油(SynessticAN)

Synesstic AN 是一种具备优异的水解稳定性和热氧安定性的合成基础油。凭借出色的添加剂溶解性和密封剂相容性，Synesstic 烷基萘(AN)在与 PAO 或矿物油一起调配时，可以提高汽车及工业等诸多应用领域的润滑性能(见表 27)。

表 27 烷基萘基础油(Synesstic AN)产品

牌号	密度/(g/cm³)	运动黏度/(mm²/s)		黏度指数	倾点/℃	闪点/℃	色度	水/(mg/L)	总碱值/mgKOH
		100℃	40℃						
Synesstic 5	0.908	4.7	29	74	-39	222	<1.5	<50	<0.05
Synesstic 12	0.887	12.4	109	105	-36	258	<4.0	<50	<0.05

8. 法国 NYCO 公司系列酯类产品

法国 NYCO 公司有系列单酯、双酯、新多元醇酯、复酯、食品级合成酯和高密度耐溶剂酯(见表 28)，推荐用于基于 PAO 的润滑油脂、高低温、可生物降解、食品及其他特殊规格的润滑脂配方中。

PAO 可用于生产低温润滑脂，在此类配方中，推荐使用 NYCO 的双酯和新多元醇酯。

Nycobase ADD 和 Nycobase ADT，为己二酸的双酯，具有极好的低温性能，可提高添加剂溶解性和分散性，对抗非极性合成基础油引起的弹性体收缩作用，推荐用于生产低温润滑脂。

Nycobase 7300 是饱和三羟甲基羧酸酯，是优良的低黏度基础油，具有卓越的抗氧化、抗结焦能力、挥发性小和极好的低温流变学特性，推荐用于低温润滑脂和高温润滑脂中。

Nycobase 9300 是饱和三羟甲基羧酸酯，集高抗氧化性、低挥发性、高黏度指数、低倾点和摩擦改良/抗磨性能等特点于一体，推荐用于需要高性能的润滑脂用途中。

NYCO 公司

电话：+33 1 45 61 50 00

网址：www. nyco. fr

邮箱：info@ nyco. fr

中国代理商：布伦泰格(上海)企业管理有限公司

地址：上海市静安区裕通路 100 号宝矿洲际商务中心 45 层 200070

电话：021-62632720

邮箱：info-china@ brenntag-asia. com

表 28　单酯、双酯、新多元醇酯、复酯系列产品

产品代号	产品名称	40℃运动黏度/(mm^2/s)	黏度指数	倾点/℃	闪点/℃	NOACK 蒸发损失(1h，250℃)	应用
Nycobase ADD	己二酸的双酯	14	145	-69	232	11.5%	具有极好的低温性能，可提高添加剂溶解性和分散性，推荐用于生产低温润滑脂
Nycobase ADT	己二酸的双酯	26	136	-58	240	4.2%	
Nycobase 7300	饱和三羟甲基羧酸酯	14	120	-66	235	8.5%	具有卓越的抗氧化、抗结焦能力、挥发性小和极好的低温流变学特性，推荐用于低温润滑脂和高温润滑脂中
Nycobase 9300	饱和三羟甲基羧酸酯	21	140	-45	260	2.3%	具有高抗氧化性、低挥发性、高黏度指数、低倾点和摩擦改良/抗磨性能，推荐用于高性能的润滑脂中
Nycobase 1040X	羧酸单季戊四醇酯	94	88	-27	272	2.0%	具有卓越的抗氧化性能，挥发性慢，清净性高，推荐用于高温链条油和润滑脂中
Nycobase 1060X	羧酸双季戊四醇酯	250	92	-25	296	0.4%	具有极高的热稳定性和水解稳定性，是高温润滑脂的绝佳选择
Nycobase 9600X	羧酸型双季戊四醇酯	380	88	-15	295	0.3%	该结构最大程度地提高热稳定性，挥发性低，抗氧化能力强，抗结焦性能极低。与 NYCOPERF AO337 抗氧剂体系联用，可生产优异的高温润滑油脂
Nycobase 9670X	羧酸型双季戊四醇酯	174	107	-30	285	0.3%	
Nycobase 8397	复合酯	1000	164	-21	292	79［生物降解性 OECD 301B(%)］	具有高度生物降解性，可用于生产符合欧洲生态标签、VGP 要求和其他环境标准的可生物降解润滑脂。特别适用于高黏性可生物降解的海洋开放齿轮润滑脂
Nycobase 6001	三羟基丙烷羧酸复合酯	10077	230	-6	286	1.2%	抗氧化能力强，润滑性能和膜厚度良好。适用于需要高黏度的高温用途的润滑脂或齿轮油。还可替代光亮油或作为增稠及用于润滑油脂中
Nycobase 32409 FG	食品级饱和新多元醇酯	21.2	141	-48	255	2.4	产品热稳定性优异，低温性能良好，具有可生物降解性和可再生碳含量高等性能，与不同等级的基础油具有良好的整体相容性。可用于偶尔接触食品的 NSF H1 注册润滑剂。
Nycobase 32506 FG	食品级饱和新多元醇酯	390	89	-20	295	0.3	

Ⅲ. 发动机尾气排放标准

由于车体重量和发动机点火方式对发动机尾气排放有较大影响，目前世界各国在制定发动机尾气排放标准时均先按重量和发动机点火方式对车型进行分类，对不同类型车辆制定相应的排放标准。各个国家的分类标准略有差别，主要是轻型机动车的分类不同，包括轻型乘用汽油车、轻型乘用柴油车、轻型商用汽油车、轻型商用柴油车等类型。下文主要介绍美国、欧洲、日本、中国的轻型乘用汽油车及重型柴油车尾气排放标准。

1. 美国

美国有两个机动车排放标准体系，分别为美国联邦、美国加利福尼亚州(简称加州)排放标准体系。美国联邦机动车排放标准是由美国联邦环境保护署(EPA)制定的，加州机动车排放标准是由加利福尼亚大气资源局(CABR)制定的。

美国 EPA 排放法规到目前有三个阶段，即 Tier1、Tier2 和 Tier3。Tier1 于 1991 年 6 月 5 日发布，在 1994 年至 1997 年分阶段实施；Tier2 于 1999 年 12 月 21 日通过，在 2004 年至 2009 年分阶段实施；Tier3 于 2014 年 3 月 3 日确定，在 2017 年至 2025 年分阶段实施。表 29所示为 EPA 的 Tier3 排放标准。

表 29　美国轻型汽车 EPA Tier3 排放标准

Bin	NMOG+NO_x/(mg/mi)	PM/(mg/mi)	CO/(g/mi)	HCHO/(mg/mi)
Bin 160	160	3	4.2	4
Bin 125	125	3	2.1	4
Bin 70	70	3	1.7	4
Bin 50	50	3	1.7	4
Bin 30	30	3	1.0	4
Bin 20	20	3	1.0	4
Bin 0	0	0	0	0

注：Bin 是按 NMOG+NO_x限值划分的汽车认证类别；

NMOG——Non-Methane Organic Gases，非甲烷有机气体；

mg/mi——mi 为 mile，表示汽车每行驶 1 英里排放物质的质量，1mg/mi=0.621371 mg/km。

加州是美国第一个实施机动车排放标准的州，1998 年加州空气资源委员会采纳 LEV Ⅱ排放标准，2004 年开始实施。2012 年颁布 CARB LEV Ⅲ排放标准，于 2015 年开始实施，有效期到 2025 年(见表 30、表 31)。

表 30　加州乘用车排放标准

车辆排放分类	NMOG+NO_x(g/mi)	CO/(g/mi)	HCHO/(mg/mi)	PM[a]/(g/mi)
LEV160	0.160	4.2	4	0.01
ULEV125	0.125	2.1	4	0.01
ULEV70	0.070	1.7	4	0.01
ULEV50	0.050	1.7	4	0.01
SULEV30	0.030	1.0	4	0.01
SULEV20	0.020	1.0	4	0.01

注：a—仅适用于不包括在分阶段实施最终 PM 标准的车辆中；

LEV—Low Emission Vehicles，低排放汽车；

ULEV—Ultra Low Emission Vehicles，极低排放汽车；

SULEV—Super Ultra Low Emission Vehicles，超低排放汽车。

表 31　美国 EPA 和加州重型柴油发动机排放标准　　　单位：g/bhp · hr

年份	CO	HC[a]	HC[a]+NO_x	NO_x	PM	
					通用型	城市公交
1974	40	1.5	16	—	—	
1979	25	1.3	10	—	—	
1985	15.5	1.3	—	10.7	—	
1987	15.5	1.3	—	10.7[d]	0.60[f]	
1988	15.5	1.3[b]	—	10.7[d]	0.60	
1990	15.5	1.3[b]	—	6.0	0.60	
1991	15.5	1.3[c]	—	5.0	0.25	0.25[g]
1993	15.5	1.3[c]	—	5.0	0.25	0.10
1994	15.5	1.3[c]	—	5.0	0.10	0.07
1996	15.5	1.3[c]	—	5.0[e]	0.10	0.05[h]
1998	15.5	1.3	—	4.0	0.10	0.05[h]
2004[j]	15.5	—	2.4[i]	—	0.10	0.05[h]
2007	15.5	0.14[k]	—	0.20[k]	0.01	
2015	15.5	0.14	—	0.02[l]	0.01	

注：a—2004 年及之后的标准为 NMHC。

b—对甲醇燃料发动机，该标准为总碳氢当量(THCE)。

c—加州：除 THC 限值，NMHC = 1.2g/bhp · hr。

d—加州：NO_x = 6.0g/bhp · hr。

e—加州：城市公交 NO_x = 4.0g/bhp · hr。

f—只用于加州，联邦没有 PM 限值。

g—加州标准为 0.10g/bhp · hr。

h—在用 PM 标准 0.07g/bhp · hr。

i—备选标准：NMHC+NO_x = 2.5g/bhp · hr，NMHC = 0.5g/bhp · hr。

j—1998 年签署的法令中，许多制造商从 2002 年 10 月起提供满足 2004 要求的发动机。

k—NO_x 和 NMHC 标准是基于一定百分值基础上分阶段的：2007～2009 年 50%，2010 年 100%。根据一项快速平均计算方法，大部分制造商认证它们 2007～2009 年发动机的限值约 1.2g/bhp · hr。

l—可选项。制造商可以选择按照加州 0.10、0.05 或 0.02g/bhp · hr 的低 NO_x 标准认证发动机。

g/bhp · hr—bhp 为 brake horse power(马力)，单位表示汽车每小时做 1 马力功排放物的质量，1bhp = 0.735kW。

2. 欧洲

欧洲经济委员会(ECE)排放法规和欧盟排放指令共同组成了欧盟排放标准。2014 年 9 月欧盟开始实施欧Ⅵ标准(见表 32、表 33)。

表 32　欧洲乘用汽油车排放标准

阶段	日期	CO	HC	NO_x	HC+NO_x	PM	PN
		g/km					个#/km
欧Ⅰ[a]	1992 年 7 月	2.72 (3.16)	—	—	0.97 (1.13)	—	—
欧Ⅱ	1996 年 1 月	2.2	—	—	0.5	—	—
欧Ⅲ	2000 年 1 月	2.3	0.2	0.15	—	—	—

续表

阶段	日期	CO	HC	NO_x	$HC+NO_x$	PM	PN
		g/km					个#/km
欧Ⅳ	2005 年 1 月	1.0	0.1	0.08	—	—	—
欧Ⅴ	2009 年 9 月[b]	1.0	0.1[c]	0.06	—	0.005[d,e]	—
欧Ⅵ	2014 年 9 月	1.0	0.1[c]	0.06	—	0.005[d,e]	$6×10^{11}$[d,f]

注：a—括号内的值使符合生产(COP)限值。

b—2011 年 1 月用于所有型号。

c—以及 NMHC=0.068g/km。

d—仅适用于点燃式发动机。

e—用 PMP 测试程序为 0.0045g/km。

f—自欧Ⅵ有效之日起第一个三年为 $6×10^{12}$。

PN—粒子数量。

表 33　欧洲重型柴油车排放标准(含卡车及客车)

阶段	日期	CO	HC	NO_x	PM	PN	烟度
		g/kW·h				1/kW·h	1/m
欧Ⅰ	1992，≤85kW	4.5	1.1	8.0	0.612	—	—
	1992，>85kW	4.5	1.1	8.0	0.36	—	—
欧Ⅱ	1996 年 10 月	4.0	1.1	7.0	0.25	—	—
	1998 年 10 月	4.0	1.1	7.0	0.15	—	—
欧Ⅲ	1999 年 10 月 仅限环境友好汽车	1.5	0.25	2.0	0.02	—	0.15
	2000 年 10 月	2.1	0.66	5.0	0.10[a]	—	0.8
欧Ⅳ	2005 年 10 月	1.5	0.46	3.5	0.02	—	0.5
欧Ⅴ	2008 年 10 月	1.5	0.46	2.0	0.02	$8.0×10^{11}$	0.5
欧Ⅵ	2013 年 12 月	1.5	0.13	0.40	0.01	—	—

注：a—对于每个汽缸有效体积<$0.75dm^3$和额定功率转速>$3000min^{-1}$的发动机 PM=0.13g/kWh。

3. 日本

日本的排放法规限值有两个数值，即平均值和最高值。任何单个车辆或发动机的排放不能超过最高值。同时，规定期内(如三个月)工厂按一定百分比抽检某一批型号的车辆或发动机，所测得的排放平均值不得超过限值规定的平均值(见表 34、表 35)。

表 34　日本汽油和 LPG 乘用车排放标准　　单位：g/km

日期	试验	CO	NMHC	NO_x	PM[a]
		平均值	平均值	平均值	平均值
2009	JC08	1.15	0.05	0.05	0.005
2018	WLTP	1.15	0.10	0.05	0.005

注：a—PM 值仅适用于配备了吸收型 NO_x 还原催化剂的直喷稀薄燃烧型车辆。

NMHC—Non-Methane Hydrocarbons，非甲烷碳氢化合物。

JC08——项关于轻型汽车的排放测试循环。

WLTP—Worldwide Harmonized Light Vehicles Test Procedure，全球统一轻型汽车测试规程，一项关于轻型汽车的排放和燃油经济性测试规程。

表 35　日本重型柴油商用车排放标准

日期	试验	单位	CO	HC	NO_x	PM
			平均值（最大值）	平均值（最大值）	平均值（最大值）	平均值（最大值）
1988/89	6 型	mg/L	790(980)	510(670)	DI：400(520) IDI：260(350)	—
1994	13 型	g/kW·h	7.40(9.20)	2.90(3.80)	DI：6.00(7.80) IDI：5.00(5.80)	0.70(0.96)
1997[a]			7.40(9.20)	2.90(3.80)	4.50(5.80)	0.25(0.49)
2003[b]			2.22	0.87	3.38	0.18
2005[c]	JE05		2.22	0.17[d]	2.0	0.027
2009[e]			2.22	0.17[d]	0.7	0.01
2016[f]	WHTC		2.22	0.17[d]	0.4	0.01

注：a—1997：GVW≤3500kg；1998：3500<GVW≤12000kg；1999：GVW>12000kg。

b—2003：GVW≤12000kg；2004：GVW>12000kg。

c—到 2005 年底全面实施。

d—非甲烷碳氢化合物。

e—2009：GVW>12000kg；2010：GVW≤12000kg。

f—2016：GVW>7500kg；2017：拖拉机；2018：3500<GVW≤7500kg。

GVW—Gross Vehicle Weight，车辆总重量。

WHTC—World Harmonized Transient Cycle，全球统一瞬态测试循环，一项关于城市用重型车的排放测试循环。

4. 中国

为贯彻《中华人民共和国环境保护法》和《中华人民共和国大气污染防治法》，防治污染，保护和改善生态环境，保障人体健康，环保部和国家质量监督检验检疫总局于 2016 年 12 月 23 日联合发布了《轻型汽车污染物排放限值及测量方法（中国第六阶段）》（GB 18352.6—2016）。自发布之日起生效，可依据该标准进行新车型式检验。自 2020 年 7 月 1 日起，该标准替代《轻型汽车污染物排放限值及测量方法（中国第五阶段）》（GB 18352.5—2013），所有销售和注册登记的轻型汽车应符合该标准要求。但在 2025 年 7 月 1 日前，第五阶段轻型汽车的“在用符合性检查”仍执行 GB 18352.5—2013 的相关要求，表 36 为该标准要求。

表 36　中国汽油机 I 型试验排放限值

车辆类别		基准质量（RM）/kg	限值													
			CO/(g/km)		THC/(g/km)		NMHC/(g/km)		NO_x/(g/km)		THC+NO_x/(g/km)		PM/(g/km)		PN[a]/(个/km)	
类别			PI	CI	PI	CI	PI	CI	PI	CI	PI	CI	PI[a]	CI	PI	CI
第一类车		全部	1.00	0.50	0.100	—	0.068	—	0.060	0.180	—	0.230	0.0045	0.0045	—	6.0×10^{11}
第二类车	Ⅰ	RM≤1305	1.00	0.50	0.100	—	0.068	—	0.060	0.180	—	0.230	0.0045	0.0045	—	6.0×10^{11}
	Ⅱ	1305<RM≤1760	1.81	0.63	0.130	—	0.090	—	0.075	0.235	—	0.295	0.0045	0.0045	—	6.0×10^{11}
	Ⅲ	1760<RM	2.27	0.74	0.160	—	0.108	—	0.082	0.280	—	0.350	0.0045	0.0045	—	6.0×10^{11}

注：a—仅适用于装缸内直喷发动机的汽车。

PI—点燃式；CI—压燃式。

自2020年7月1日起，所有销售和注册登记的轻型汽车应符合GB 18352.6—2016标准要求，其中表37所示为Ⅰ型试验负荷6a阶段限值要求。自2023年7月1日起，所有销售和注册登记的轻型汽车应符合GB 18352.6—2016标准要求，其中表38所示为Ⅰ型试验负荷6b阶段限值要求。

表37　中国汽油机Ⅰ型试验排放限值(6a阶段)

车辆类别		测试质量(TM)/kg	限值						
			CO/(mg/km)	THC/(mg/km)	NMHC/(mg/km)	NO_x/(mg/km)	N_2O/(mg/km)	PM/(mg/km)	PN[a]/(个/km)
第一类车		全部	700	100	68	60	20	4.5	6.0×10^{11}
第二类车	Ⅰ	TM≤1305	700	100	68	60	20	4.5	6.0×10^{11}
	Ⅱ	1305<TM≤1760	880	130	90	75	25	4.5	6.0×10^{11}
	Ⅲ	1760<TM	1000	160	108	82	30	4.5	6.0×10^{11}

注：a—2020年7月1日前，汽油车过渡限值为6.0×10^{12}个/km。

表38　中国汽油机Ⅰ型试验排放限值(6b阶段)

车辆类别		测试质量(TM)/kg	限值						
			CO/(mg/km)	THC/(mg/km)	NMHC/(mg/km)	NO_x/(mg/km)	N_2O/(mg/km)	PM/(mg/km)	PN[a]/(个/km)
第一类车		全部	500	50	35	35	20	3.0	6.0×10^{11}
第二类车	Ⅰ	TM≤1305	500	50	35	35	20	3.0	6.0×10^{11}
	Ⅱ	1305<TM≤1760	630	65	45	45	25	3.0	6.0×10^{11}
	Ⅲ	1760<TM	740	80	55	50	30	3.0	6.0×10^{11}

注：a—2020年7月1日前，汽油车过渡限值为6.0×10^{12}个/km。

为贯彻《中华人民共和国环境保护法》和《中华人民共和国大气污染防治法》，防治装用压燃式及气体燃料点燃式发动机的汽车排气对环境的污染，保护生态环境，保障人体健康，生态环境部和国家市场监督管理总局于2018年6月22日联合发布了《重型柴油车污染物排放限值及测量方法(中国第六阶段)》(GB 17691—2018)，车辆排放限值见表39。该标准自2019年7月1日起实施，自实施之日起，《装用点燃式发动机重型汽车曲轴箱污染物排放限值》(GB 11340—2005)中气体燃料点燃式发动机相关内容及《车用压燃式、气体燃料点燃式发动机与汽车排气污染物排放限值及测量方法(中国Ⅲ、Ⅳ、Ⅴ阶段)》(GB 17691—2005)废止。

表39　重型柴油车整车试验排放限值[a]

发动机类型	CO/[mg/(kW·h)]	THC/[mg/(kW·h)]	NO_x/[mg/(kW·h)]	PN[b]/[mg/(kW·h)]
压燃式	6000	—	690	1.2×10^{12}
点燃式	6000	240(LPG) 750(NG)	690	—
双燃料	6000	1.5×WHTC限值	690	1.2×10^{12}

注：a—应在同一次试验中同时测量CO_2并同时记录。

b—PN限值从6b阶段开始实施。

本标准分为6a和6b两个阶段实施，主要技术要求不同点见表40。自表41规定的实施之日起，凡不满足标准相应阶段要求的新车不得生产、进口、销售和注册登记，不满足本标准相应阶段要求的新发动机不得生产、进口、销售和投入使用。各省、自治区、直辖市人民政府可以在条件具备的地区，提前实施本标准。提前实施本标准的地区，应报国务院生态环境主管部门备案后执行。

表40　标准实施时间

标准阶段	车辆类型	实施时间
6a阶段	燃气车辆	2019年7月1日
	城市车辆	2020年7月1日
	所有车辆	2021年7月1日
6b阶段	燃气车辆	2021年1月1日
	所有车辆	2023年7月1日

表41　6a和6b阶段主要技术要求不同点

技术要求	6a阶段	6b阶段
PEMS方法的PN要求	无	有
远程排放管理车载终端数据发送要求	无	有
高海拔排放要求	1700m	2400m
PEMS测试载荷范围	50% ~ 100%	10% ~ 100%

Ⅳ. 常用的与油品和石油添加剂有关的缩写词——中英对照

1. AA-Automobile Association(UK)，汽车协会(英国)；
2. AAA-American Automobile Association，美国汽车协会；
3. AAMA-American Automobile Manufacturers' Association，美国汽车制造厂协会；
4. ACEA-Association des Constructers des Europeans d' Automobiles 或(European Automobile Constructors Association)，欧洲汽车制造厂协会；
5. ACS-American Chemical Society，美国化学协会；
6. AFV-Alternative Fuel Vehicle，代用燃料汽车；
7. AGMA-American Gear Manufactures' Association，美国齿轮制造厂商协会；
8. AHEM-Association of Hydraulic Equipment Manufactures，液压设备制造厂商协会；
9. ANFOR-Association Francais Petroles de Normalisation，法国标准石油协会；
10. ANSI-American National Standards Institute，美国国家标准协会；
11. APE-Association of Petroleum Engineers(USA)，石油工程师协会；
12. API-American Petroleum Institute，美国石油协会；
13. APR-American of Petroleum Refiners(USA)，石油精研厂商协会；
14. ASLE-American Society Lubrication Engineers，美国润滑工程师协会；
15. ASME-American Society of Mechanical Engineers，美国机械工程师协会；
16. ATA-American Trucking association，美国卡车运输协会；
17. ASTM—American Society for Testing and Materials，美国材料与试验协会；
18. ATC-Additive Technical Committee，添加剂技术委员会；

19. ATC-Technical Committee of Petroleum Additive Manufacturers in Europe，欧洲石油添加剂厂商协会；

20. ATF-Automatic Transmission Fluid，自动传动液；

21. ATIEL-Association Technique de l’Industries Europeenne des Lubrifiants，欧洲润滑剂工业协会；

22. BHRA-British Hydromechanics Research Association，英国流体力学研究协会；

23. BIA-Boating Industry Association(USA)，小船工业协会(美国)；

24. BICERT-British Internal Combustion Engine Research Institute，英国内燃机研究协会；

25. BLF-British Lubricant Federation，英国润滑剂联合会；

26. BNP-Bureau de Normalisation des Petroles，法国石油标准局；

27. BOCLE-Ball On Cylinder Lubricity Evaluator，球-柱润滑性评定方法(测试承载力的一种方法)；

28. BOI-Base Oil Interchange，基础油互换；

29. BSI-British Standards Institute，英国标准协会；

30. BTC-British Technical council of the Motor and Petroleum Industries(member CEC)，英国发动机和石油工业技术委员会；

31. BTU-British Thermal Units，英国热单位；

32. CAFE-Corporate Average Fuel Economy，公司平均燃料经济性；

33. CARB-California Air Resources Board，加州空气资源管理委员会；

34. CCD-Combustion Chamber Deposit，燃烧室沉积物；

35. CCMC-Comite’des Constructeurs d’Automobiles du Marche’Commun，共同市场汽车制造商协会(欧洲)；

36. CCMC/ACEC-Committee of Common Market Automobile Constructors/Association of Automobile Constructors in Europe，欧洲共同汽车制造委员会/欧洲汽车制造商协会；

37. CEC-Co-ordinating Europea Committee for the Development of Performance Tests for Lubricants and Engine Fuels，欧洲润滑剂和发动机燃料性能试验开发合作委员会；(Coordinating Europeen Council Test Standardization，欧洲联合委员会)；

38. CEC-Conseil Europeen de Co-ordination pour les Developments des Essais de Performance des Lubrifiiants et des Combustibles pour Moteurs(Coordinating European Council)，欧洲发动机燃料和润滑油试验性能开发合作协会；

39. CEC-Finish Petroleum Federation(member CEC)，石油产品协会；

40. CEC/SB-Conseil Europeen de Coordination/Societe Belge(member CEC)，CEC 成员，比利时社会协调协会；

41. CEN-Conseil Europeen de Normalisation，欧洲标准化委员会；

42. CERL-Central Electricity Research Laboratories(UK)，中央电学研究实验所；

43. CETIM-Centre Technigue des Industries Mecanigues(France)，机械工业技术中心(法)；

44. CFPP-Cold Fluid Plugging Point，冷滤点试验；

45. CIA-Chemical Industries Association(UK)，化学工业协会(英)；

46. Class 8->33，000 Pounds Gross Vehicle Weight，第八类卡车，定义为净重大于 3.3 万磅的卡车；

47. CLR-Committee on Lubricant Research(USA)，润滑剂研究委员会(美国)；

48. CMA-Chemical Manufacturers Association，化学品制造商协会；

49. CNG-Compressed Natural Gas，压缩天然气；

50. CONCAWE-Conservation of Clean Air and Water(Europe)，欧洲清洁空气和水资源保护研究小组；

51. CORC-C-operative Octane Requirement Committee(USA)，协调辛烷值规格委员会；

52. CFPP—Cold Fluid Plugging Point，冷滤点试验；

53. CRC-Coordinating Reseach Council(USA)，美国协调研究协会；

54. CSMA-Chemical Specialites Manufacturing Association(USA)，化学特制品厂商协会(美)；

55. CUNA-Commissione Tecnica di Unificazione nel l' Autoveicolo(member CEC)，(意大利)统一汽车技术委员会；

56. CVT-Continuously Variable Transmission，连续可变转换器；

57. DAP-Detroit Advisory Panel(of the API)，(美国石油协会)底特律咨询小组；

58. DEOAP-Diesel Engine Oil Aavisory Panel(API/EMA)，柴油机油顾问委员会；

59. DFI-Direct Fuel Injection，燃料直喷；

60. DI-Direct Injection(Fuel)，直喷(燃料)；

61. DIN-Deutsche Industrie Norm，德国工业规格；

62. DKA-Deutscher Koordinierungsausschuss im Coordianting Europear Council(member CEC)，欧洲合作委员会德国协调委员会；

63. DOC—Diesel Oxidation Catalyst，柴油机氧化催化器；

64. DOHC-Double Overhead Cam(Engine)，双顶凸轮轴(发动机)；

65. DPFs-Diesel Particulate Filters，柴油微粒过滤器；

66. EC-European Community，欧盟；

67. EC3-Electronically-Controlled Converter Clutch，电子控制扭矩转换器；

68. ECA——European Chemical Agency，欧洲化学代理处；

69. ECE-Economic Commission for Europe，欧洲经济委员会；

70. ECETOC-European Chemical Industry Ecology and Toxicology Centre，欧洲化学工业生态学和毒物学中心；

71. EEC-European Economic Community，欧洲经济共同体；

72. EELQMS-European Engine Lubricants Management System，欧洲发动机润滑剂管理体系；

73. EEV-Enhanced environmentally friendly vehicle，强化环保友好车辆；

74. EFTC-Engine Fuel Technical Committee(of CEC)，发动机燃料技术委员会(CEC)；

75. EGR-Exhaust Gas Recirculation，尾气再循环；

76. EINECS——European Inventory of Existing Chemical Substances，现有化学物质欧洲详细目录；

77. ELTC-Engine Lubricants Technical Committee(of CEC)，发动机润滑技术委员会(CEC)；

78. EMA-Engine Manufacturers Association，发动机制造商协会(美)；

79. EOLCS-Engine Oil Licensing And Certification System，发动机油发牌及认证系统(美国石油学会颁布)；

80. EPA-Environmental Protection Association，环境保护局(美)；

81. ERA-Engine Regulatory Administration(USA)，能源规章管理局(美)；

82. ESI-Extended Service Interval，延长换油期；

83. ESCS-Engine Service Classification System，发动机油分类(美国石油学会颁布)；

84. ETLP-Engine Tests of Lubricants Panel(of IP)，润滑剂发动机试验小组；

85. ETMC-Engine Test Monitoring Center(of ASTM)，发动机试验监测中心；

86. FE-Fuel Economy，燃料经济性；

87. FEA-Federal Energy Agency(USA)，联邦能源局(美)；

88. FF-Factory Fill，装车油；

89. FFL-Fill-for-Life，终身不换油；

90. FFV-Flexible Fuel Vehicle，能选用多种燃料的汽车；

91. FF-1-Proposed ILSAC Specification for Fuel Flexible Vehicle-ILSAC，润滑油标准可用多种燃料的汽车使用的润滑油标准；

92. FQP-Fuel Quality Position-EMA，燃料质量要求-EMA；

93. FVV-Fprschungsvereinigung Vebrennungs-Kraftmaschinen W Germany)，西德内燃机协会；

94. FZG-Forschungstelle fur Zahnrader und Getriebau，齿轮及联动装置研究会(德)；

95. GDI-Gasoline Direct Injection，汽油直接喷射；

96. GFC-Groupement Fracais de Co-ordination(member CEC)，CEC 法国合作小组；

97. GF-1-First ILSAC Specification for Fuel Gasoline Fueled Vehicles-ILASC 颁布的第一种汽油机油标准；

98. GF-2. etc. -Second ILSAC Specification，ete. -ILASC 颁布的第二种汽油机油标准；

99. GPF-Gasoline particulate Filters，汽油机微粒过滤器；

100. GRAPE-Group of Rapporteurs on Pollution and Energy，污染和能源大会起草报告人小组；

101. HDDO-Heavy Duty Engine Oil，重负荷发动机油；

102. HEUI-Hydraulically-Operated Electronically-Controlled Unit Injectors(Fuel)，液压驱动电子控制喷注装置；

103. HFRR-High Frequency Reciprocating Rig，高频往覆试验机；

104. HSE-Health and Safety Executive(UK)，健康和安全执行机构(英)；

105. IChemE-Institute of Chemical Engineers(UK)，化学工程师协会；

106. IGL-Investigation Group Lubricants(of CEC)，润滑油调查小组(CEC)；

107. ILMA-Independent Lubricant Manufacturers Association，独立商润滑油制造商会；

108. ILSAC-International Lubricant Standardization and Approval Committee，国际润滑油标准及认证委员会(成员包括美国 AMMA 及日本 JAMA)；

109. IP-Institute of Petroleum(UK)，石油协会(英)；

110. ISO-International Organization for Standardization，国际标准化组织；

111. JAMA-Japan Automobile Manufacturers Association，Inc，日本汽车厂商联合会；

112. JARI-Japanese Automobile Research Organization，日本汽车研究组织；

113. JASO-Japanese Automobile Standards Organization，日本汽车标准化组织；

114. JIS-Japanese Industrial Standards，日本工业标准；

115. JSAE-Society of Automobile Engineers Japan，汽车工程师协会(日本)；

116. LAC-Lowest Acceptable Concentration，最低可接受浓度；

117. LETAP-Lubricants Engine Testing Advisory Panel(of the MQAD)，润滑剂发动机试验咨询小组；

118. LEV-Low Emission Vehicle，低排放汽车；

119. LMOA-Locomotive Mainterance Operation Association，美国机车维修者协会；

120. LMOA-Locomotive Maintenance Officers Association，美国机车维修管理者协会；

121. LTFT-Low Temperature Flow Test，低温流动试验(美式柴油流动试验)；

122. LRI-Lubricants Review Institute(USA)，润滑油评论协会；

123. MIL-Military Specification，美国军用规格；

124. MIRA-Motor Industry Research Association(UK)，发动机工业研究会(英)；

125. MPG-Miles Per Gallon，每加仑燃料行走的里程；

126. MPH-Miles Per Hour，时速(英里)；

127. MQAD-Materials Quality Assurance Directorate(UK)，材料质量保证管理局(英)；

128. MTAC-Multiple Test Acceptance Criteria，多重试验数据采用手册；

129. MTF-Manual Transmission Fluid，手动变速箱液；

130. MY-Model Year，当年车型款式；

131. MVMA-Motor vehicle Manufacturers Association(USA)，机动车制造厂商会(美国)AMMA的前身；

132. NACE-National Association of Corrosion Engineers(USA)，全国腐蚀工程师协会(美)；

133. NAFTA-North American Free Trade Agreement，北美自由贸易协议；

134. NBS-National Bureau of Standards(USA)，国家标准局(美)；

135. NCM-National Comite Motorproeven(Netherlands)(member CEC)，国家汽车试验委员会(荷兰)；

136. NGV-Natural Gas Vehicle，天然气汽车；

137. NHTSA-National Highway Traffic Safety Administration，国家高速公路交通安全局；

138. NLGL-National Lubricating Grease Association(USA)，全国润滑脂协会(美)；

139. NMHC-Non-Methane Hydrocarbons，非甲烷碳氢化合物；

140. NMMA-National Marine Manufactures Association，国家海洋机器制造商会；

141. NPRA-National Petroleum Refinery Association(USA)，全国炼油协会(美)；

142. NVMA-National Vehicle Manufactures Association，全国车辆制造厂商协会；

143. OEM-Original Equipment Manufacture，原设备制造厂；

144. OMC-Outboard Marine Corporation，舷外海洋公司(主要舷外机厂之一)；

145. PAJ-Petroleum Association of Japan，日本石油协会；

146. PAPTG-Product Approval Protocol Task Group(CMA)，产品认证草案工作小组(CMA属下工作小组)；

147. PC-Passenger Car，轿车；

148. PC-7-API Proposed Category #7 for Diesel Engines-API提出的第七种柴油机油标准；

149. PC-8，ete-API Proposed Category #8 for Diesel Engines，ete-API提出的第八种柴油机油标准，如此类推；

150. PCMO-Passenger Car Motor Oil，汽油机油；

151. PM-Particulate Matter，颗粒物质；

152. PN-Solid Particle Number，固体粒子数；

153. REACH—Registration，Evaluation and Authorization of Chemicals，化学品注册、评价和认可；

154. PEI-Phosphorus Emission Index，磷排放指数；

155. PTF-Power Transmission Fluid，动力传动液；

156. PFI-Port Fuel Injector，燃料喷射器；

157. RVP-Reid Vapor Pressure，雷德蒸汽压；

158. SAE-Society of Automotive Engineers，汽车工程师协会；

159. SAPS-sulphated ash，phosphorous and sulphur，硫酸灰分、磷和硫；

160. SCR-Selective Catalytic Reduction，选择性催化还原法；

161. S. F. -Service Fill，售后用油；

162. SMR-Svenska Mekanisters Riksforenig(member CEC)，瑞典机械工程协会；

163. SNV-Schweizerische Normenvereiniung(member CEC)，瑞士标准协会；

164. SOHC-Single Overhead Cam(Engine)，单顶凸轮(发动机)；

165. STLE-Society of Tribologists and Lubrication Engineers，摩擦和润滑工程师协会；

166. 2T-Two-Stroke Engine，二冲程发动机；

167. TBD-To Be Determined，待定；

168. TCC-Torque Converter Clutch，扭矩转换离合器；

169. TLEV-Transitional Low Emission Vehicle，过渡性低排放汽车；

170. TUV-Technischer Uberwachungs Verien(Germany)，技术检查协会(德)；
171. ULEV-Ultra Low Emission Vehicle，超低排放汽车；
172. USCAR-United States Council for Automotive Research，美国汽车研究委员会；
173. VAR-Volumetric Additive Reconciliation，容积添加剂调合；
174. VCI-Vevein der Chemischen Industrieu(W Germany)，化学工业联合会(德)；
175. VDMA-Verband Deutscher Maschinen und Anstagenbau，德国机械厂商协会；
176. VEIL-Vnion Europeene des Indepantsen Lubrifia，欧洲润滑油独立联合体；
177. VGRA-Viscosity Grade Read Across，黏度级别互换；
178. VOC-Volatile Organic Compounds，有机挥发性化合物；
179. VVT-Variable Valve Timing，可变阀门定时；
180. WW-Worldwide，全球性；
181. ZEV-Zero Emission Vehicle，零排放汽车。

参 考 文 献

[1] G. P. Fetterman and Greg Shank. New Emissions Regulations[J]. Lubricants World Vol. 10，No6，July 2000，15-18.

[2] 佚名．美国出台首个汽车燃油能耗排放标准[J]. 润滑油，2010，8(4)：25.

[3] 佚名．重型车用汽油机与汽车排放限值及测量方法新标准实施[J]. 润滑油，2009，10(4)：45.

[4] GB 14762—2008. 重型车用汽油发动机与汽车排气污染物排放限值及测量方法(中国Ⅲ、Ⅳ阶段)[S].

[5] GB 18352. 5—2013. 轻型汽车污染物排放限值及测量方法(中国第五阶段). 环境保护部和国家质量监督检验检疫总局．

[6] GB 18352. 6—2016. 轻型汽车污染物排放限值及测量方法(中国第六阶段). 环境保护部和国家质量监督检验检疫总局．

[7] 张润香，孙翔兰，刘功德．中国国排放法规对柴油发动机润滑油影响及对策[J]. 润滑油，2011(2)：49-55.

[8] 杜荷聪，陈维新，张振威．计量单位及换算[M]. 北京：中国计量出版社，1982.

[9] LUBRIZOL. Ready Reference for Lubricant and Fuel performance[G]. 1988.

[10] AMOCO. Handbook of Petroleum Additive Information[G]. Amoco Chemicals Corporation.

[11] Lubricant Additives：Use and Benefits. 2017 ATC(Additive Technical Committee). https：//www. atc-europe. org/public/ATC-TF-DOC-118-Presentation-website. pdf.